R02

Werkstoffkunde STAHL   Band 1: Grundlagen

Werkstoffkunde STAHL

Band 1: Grundlagen

Herausgeber:
Verein Deutscher Eisenhüttenleute

Verantwortlich für Entwurf und Durchführung:
**W. Jäniche, W. Dahl, H.-F. Klärner,
W. Pitsch, D. Schauwinhold,
W. Schlüter, H. Schmitz**

Mit 568 Abbildungen

1984
Springer-Verlag Berlin Heidelberg New York Tokyo
Verlag Stahleisen m.b.H. Düsseldorf

Verein Deutscher Eisenhüttenleute
D-4000 Düsseldorf

Werkstoffkunde Stahl.
Hrsg.: Verein Deutscher Eisenhüttenleute.
Berlin; Heidelberg; New York; Tokyo: Springer;
Düsseldorf: Verlag Stahleisen

Bd. 1. Grundlagen. – 1984.
ISBN 3-540-12619-8 Springer-Verlag Berlin Heidelberg New York
ISBN 0-387-12619-8 Springer-Verlag New York Heidelberg Berlin
ISBN 3-514-00251-7 Verlag Stahleisen m.b.H., Düsseldorf

Das Werk ist urheberrechtlich geschützt. Die dadurch begründeten Rechte, insbesondere die der Übersetzung, des Nachdrucks, der Entnahme von Abbildungen, der Funksendung, der Wiedergabe auf photomechanischem oder ähnlichem Weg und der Speicherung in Datenverarbeitungsanlagen bleiben, auch bei nur auszugsweiser Verwertung, vorbehalten.
Die Vergütungsansprüche des § 54, Abs. 2 UrgG werden durch die „Verwertungsgesellschaft Wort", München, wahrgenommen.

© Springer-Verlag Berlin/Heidelberg und Verlag Stahleisen m.b.H., Düsseldorf 1984. Printed in Germany.

Die Wiedergabe von Gebrauchsnamen, Handelsnamen, Warenbezeichnungen usw. in diesem Buch berechtigt auch ohne besondere Kennzeichnung nicht zu der Annahme, daß solche Namen im Sinne der Warenzeichen- und Markenschutz-Gesetzgebung als frei zu betrachten wären und daher von jedermann benutzt werden dürften.

Satzarbeiten: Graphischer Großbetrieb Friedrich Pustet, Regensburg
Offsetdruck: Saladruck, Steinkopf & Sohn, Berlin
Bindearbeiten: Lüderitz & Bauer Buchgewerbe GmbH, Berlin
2060/3020 – 5 4 3 2 1

Mitarbeiterverzeichnis

Verantwortlich für Entwurf und Durchführung

Dr.-Ing. Dr.-Ing. E. h. Walter Jäniche, Duisburg-Rheinhausen
Prof. Dr. rer. nat. Winfried Dahl, Aachen
Prof. Dr.-Ing. Heinz-Friedrich Klärner, Völklingen
Prof. Dr. rer. nat. habil. Wolfgang Pitsch, Düsseldorf
Dr.-Ing. Dieter Schauwinhold, Duisburg-Hamborn
Dr. rer. nat. Wilhelm Schlüter, Düsseldorf
Dr.-Ing. Hans Schmitz, Düsseldorf

Autoren

Dr.-Ing. Hans-Egon Arntz, Dortmund-Aplerbeck
Dr. rer. nat. Fritz Aßmus, Hanau
Dr.-Ing. Klaus Barteld, Witten
Dipl.-Ing. Wilhelm Bartels, Peine
Dr.-Ing. Herbert Beck, Duisburg-Hochfeld
Ing. (grad.) Günter Becker, Duisburg-Ruhrort
Dipl.-Ing. Hans-Josef Becker, Witten
Prof. Dr.-Ing. Hans Berns, Düsseldorf-Oberkassel
Dr.-Ing. Harald de Boer, Duisburg-Hamborn
Dr.-Ing. Wolf-Dietrich Brand, Duisburg-Hamborn
Dipl.-Ing. Dieter Christianus, Gelsenkirchen
Prof. Dr. rer. nat. Winfried Dahl, Aachen
Dipl.-Ing. Richard Dawirs, Duisburg-Hamborn
Dr. rer. nat. Dipl.-Chem. Joachim Degenkolbe, Duisburg-Hamborn
Dr.-Ing. Hans-Heinrich Domalski, Witten
Prof. Dr. rer. nat. Hans-Jürgen Engell, Düsseldorf
Dr. phil. Dipl.-Phys. Heinz Fabritius, Duisburg-Huckingen
Dr. rer. nat. Karl Forch, Hattingen
Dipl.-Ing. Heinz Fröber, Dortmund
Dr.-Ing. Ewald Gondolf, Völklingen
Prof. Dr. rer. nat. Hans Jürgen Grabke, Düsseldorf
Dr.-Ing. Dietmar Grzesik, Salzgitter
Dr. rer. nat. Klaus Günther, Duisburg-Hamborn
Dr.-Ing. Ives Guinomet, Dortmund
Dipl.-Ing. Hellmut Gulden, Siegen-Geisweid
Dr.-Ing. Herbert Haas, Werdohl
Dr.-Ing. Hermann Peter Haastert, Duisburg-Huckingen

Dr.-Ing. Peter Hammerschmid, Duisburg-Rheinhausen
Dr.-Ing. Max Haneke, Dortmund-Hörde
Dr.-Ing. Winfried Heimann, Krefeld
Friedrich Helck, Duisburg-Hamborn
Dr.-Ing. Wilhelm Heller, Duisburg-Rheinhausen
Dr.-Ing. Bernd Henke, Dortmund
Dr. rer. nat. Dietrich Horstmann, Düsseldorf
Dr.-Ing. Hans Paul Hougardy, Düsseldorf
Dr.-Ing. Gerhard Kalwa, Duisburg-Huckingen
Dr.-Ing. Konrad Kaub, Dortmund
Dipl.-Ing. Heinz Klein, Völklingen
Dipl.-Ing. Walter Knorr, Bochum
Dipl.-Ing. Wilhelm Krämer, Duisburg-Rheinhausen
Dr. rer. nat. Dipl.-Phys. Max Krause, Bochum
Dr.-Ing. Karl-Josef Kremer, Siegen-Geisweid
Dr.-Ing. Rolf Krumpholz, Völklingen
Dr.-Ing. Werner Küppers, Krefeld
Dipl.-Ing. Jürgen Lippert, Bremen
Dipl.-Ing. Erich Märker, Düsseldorf
Dr.-Ing. Dipl.-Phys. Armin Mayer, Duisburg-Hamborn
Dr. rer. nat. Dipl.-Chem. Bernd Meuthen, Dortmund
Dr.-Ing. Lutz Meyer, Duisburg-Hamborn
Dr. rer. nat. Dipl.-Phys. Horst Müller, Saarbrücken
Dr.-Ing. Wolfgang Müschenborn, Duisburg-Hamborn
Dr.-Ing. Bruno Müsgen, Duisburg-Hamborn
Dr. rer. pol. Dipl.-Ing. Günter Oedinghoven, Osnabrück
Dr.-Ing. Rudolf Oppenheim, Krefeld
Dr. rer. nat. Werner Pappert, Dortmund
Prof. Dr. rer. nat. Werner Pepperhoff, Duisburg-Huckingen
Dr.-Ing. Jens Petersen, Salzgitter
Prof. Dr. rer. nat. habil. Wolfgang Pitsch, Düsseldorf
Dr. mont. Dipl.-Ing. Alfred Randak, Bochum
Dipl.-Phys. Hans Günter Ricken, Bochum
Dr.-Ing. Walter Rohde, Düsseldorf
Dipl.-Ing. Karl Sartorius, Völklingen
Dr. rer. nat. Dipl.-Phys. Gerhard Sauthoff, Düsseldorf
Dr. rer. nat. Wilhelm Schlüter, Düsseldorf
Dr.-Ing. Herbert Schmedders, Duisburg-Hamborn
Dr. rer. nat. Karl-Heinz Schmidt, Bochum
Dr.-Ing. Dipl.-Phys. Werner Schmidt, Krefeld
Dr.-Ing. Hans Schmitz, Düsseldorf
Dr. rer. nat. Dietrich Schreiber, Hohenlimburg
Dr.-Ing. Johannes Siewert, Neuwied
Dr. rer. nat. Dipl.-Phys. Helmut Stäblein, Essen
Dipl.-Ing. Anita Stanz, Siegen-Geisweid
Dr.-Ing. Albert von den Steinen, Krefeld
Dr. rer. nat. Dipl.-Phys. Erdmann Stolte, Duisburg-Rheinhausen

Prof. Dr.-Ing. Christian Straßburger, Duisburg-Hamborn
Dipl.-Ing. Helmut Sutter, Neunkirchen (Saar)
Dr.-Ing. Gerhard Tacke, Bochum
Dr.-Ing. Klaus Täffner, Dortmund-Hörde
Dr.-Ing. Ulrich Tenhaven, Dortmund
Dr. rer. nat. Hans Thomas, Hanau
Dipl.-Ing. Friedrich Ulm, Düsseldorf-Oberkassel
Dipl.-Ing. Walter Verderber, Siegen-Geisweid
Dipl.-Ing. Klaus Vetter, Siegen-Geisweid
Dr.-Ing. Constantin M. Vlad, Salzgitter
Dr.-Ing. Hans Vöge, Siegen-Geisweid
Dr.-Ing. Klaus Vogt, Bochum
Dipl.-Ing. Helmut Weise, Dortmund
Dipl.-Phys. Karl Werber, Hattingen
Dipl.-Ing. Wilhelm Weßling, Siegen-Geisweid
Dipl.-Ing. Ingomar Wiesenecker-Krieg, Völklingen
Dipl.-Ing. Siegfried Wilmes, Düsseldorf-Oberkassel
Dr.-Ing. Peter-Jürgen Winkler, Duisburg-Huckingen

Vorwort

Diese „Werkstoffkunde STAHL" entstand als Folge von Überlegungen im Werkstoffausschuß des Vereins Deutscher Eisenhüttenleute, das „Handbuch der Sonderstahlkunde", das außerordentlich verdienstvolle Werk von E. Houdremont, neu herausgegeben. Bei den Erörterungen kam man jedoch zu dem Ergebnis, daß es aus verschiedenen Gründen nicht möglich, aber auch nicht zweckmäßig ist, einfach eine Folgeausgabe für den berühmten „Houdremont" zu schaffen. Zunächst erscheint eine Beschränkung des Buches auf Sonderstähle im Sinne von E. Houdremont nach dem heutigen Stand nicht mehr gerechtfertigt. Wenn man nämlich den Begriff „Sonderstahl", der sich in offiziellen Festlegungen oder Normen nie durchgesetzt hat, ersetzt durch den heute normenmäßig festgelegten Begriff „Edelstahl", was mit gewissen Einschränkungen zulässig erscheint, und wenn man bedenkt, daß die Grenzen zwischen den Edelstählen und den Nicht-Edelstählen, den Grund- und Qualitätsstählen, in Normen zwar fixiert (siehe Teil A), in den technischen Gegebenheiten aber fließend sind, so liegt es – auch im Hinblick auf die große Bedeutung der Nicht-Edelstähle – nahe, in einem solchen Buch alle Stahlarten zu erfassen. Bei der Vielfalt und Verschiedenartigkeit der Stähle bedeutet das aber einen Zwang zur Heranziehung einer großen Zahl von Fachleuten, also zur Gemeinschaftsarbeit. Im übrigen führt auch das kaum noch überschaubare Schrifttum auf diesem Gebiet, dessen Gesamtauswertung durch einzelne Fachleute kaum möglich ist, zwangsläufig zu dem Gedanken, das neue Buch in einer Gemeinschaftsarbeit herauszugeben.
Im Zusammenhang mit der Ausweitung des Stoffes auf alle Stahlarten hielt man es für zweckmäßig, ein anderes Konzept des Buches zu wählen: Es wird nicht mehr nach Legierungselementen eingeteilt, als Leitlinie dient vielmehr der Grundgedanke, daß die Eigenschaften der Stähle in erster Linie vom Gefüge abhängig sind, das wiederum von der chemischen Zusammensetzung beeinflußt wird. Dementsprechend werden zunächst in einem Teil B des neuen Buchwerkes die bei Stahl möglichen Gefügearten und ihre Entstehungsbedingungen und -mechanismen unter Berücksichtigung der chemischen Zusammensetzung sowie der thermischen und mechanischen Behandlung erörtert. In einem weiteren Teil C wird beschrieben, wie die wesentlichen Gebrauchseigenschaften, d. h. Verarbeitungs- und Verwendungseigenschaften (mechanische und chemische Eigenschaften, Eignung zur Wärmebehandlung, Umformbarkeit, Zerspanbarkeit usw.) von den vorher beschriebenen Gefügearten und der chemischen Zusammensetzung abhängen, ohne dabei im einzelnen auf bestimmte Stahlarten oder Stahlsorten einzugehen. Erst im folgenden Teil D werden unter Berücksichtigung der vorher geschilderten Grundlagen konkrete Stahlarten (allgemeine Baustähle, Vergütungsstähle, Werkzeugstähle usw.) mit einer Auswahl kennzeichnender Stahlsorten vorgestellt,

wobei jeweils die aus Verarbeitung und Verwendung folgenden Anforderungen an die Eigenschaften, ihre Kennzeichnung und – unter Rückgriff auf die in den vorgeschalteten Teilen B und C dargelegten metallkundlichen Zusammenhänge – die speziellen werkstofftechnischen Maßnahmen zur Einstellung der für die jeweilige Stahlart maßgebenden Gefüge und Eigenschaften behandelt werden. Den drei Teilen B, C und D ist ein Teil A über die wirtschaftliche und technische Bedeutung der Stähle vorgeschaltet und ein Teil E über den Einfluß der Erzeugungsbedingungen auf die Stahleigenschaften nachgeschaltet. Wegen der gebotenen Kürze konnten nicht alle Einzelheiten oder alle Stahlsorten erschöpfend behandelt werden, es wurde vielmehr angestrebt, dem Leser die metallkundlichen Zusammenhänge zwischen chemischer Zusammensetzung, thermischer und mechanischer Behandlung, Gefügeentstehung und Eigenschaften nahezubringen.

Das Konzept des Buches zwang auch dazu, den Titel gegenüber dem „Handbuch der Sonderstahlkunde" zu ändern. Da bei dem oben skizzierten Grundgedanken des Buches notwendigerweise der Handbuch-Charakter gegenüber einem Lehrbuch-Charakter, bei dem die Didaktik im Vordergrund steht, zurücktritt, kam es zu dem Titel „Werkstoffkunde STAHL".

Bei dem großen Umfang des zu verarbeitenden Stoffes war es technisch nicht möglich, das Buch in einem Band unterzubringen. Die notwendige Unterteilung wurde so vorgenommen, daß im ersten Band die Teile A bis C und im zweiten Band die Teile D und E erscheinen. Wenn damit auch der Schnitt gerade zwischen den mehr grundlegenden Ausführungen und den mehr praktischen Darlegungen erfolgte, so soll das keinesfalls eine Unterbrechung des für das Werk maßgebenden Grundgedankens bedeuten, vielmehr wird die Einheit immer wieder durch entsprechende Verweise deutlich gemacht.

Das Konzept des Buches wurde von W. Dahl, H.-F. Klärner, W. Pitsch, D. Schauwinhold, W. Schlüter und H. Schmitz unter der Leitung von W. Jäniche erarbeitet. Dieser Lenkungskreis, dessen Geschäftsführung bei W. Schlüter lag, hat sich mit großem Einsatz auch um den Fortgang der Arbeiten und um eine dem Konzept entsprechende Gestaltung der einzelnen Beiträge bemüht. Den Herren ist dafür sehr herzlich zu danken. Ein besonderer Dank ist den vielen Mitarbeitern auszusprechen, die trotz der stetig zunehmenden Belastung durch die Tagesarbeit in den Werken oder Forschungsstätten geduldiges Verständnis für die Gedanken des Lenkungskreises aufgebracht und ihre Beiträge entsprechend gestaltet haben. Sehr zu danken ist auch den Herren H. Schmitz, W. Schlüter und W. Liedtke, die es mit viel Mühe und Arbeit erreicht haben, daß trotz der Vielzahl von Mitarbeitern diese Werkstoffkunde redaktionell gesehen ein einheitliches Bild bietet. Nicht zuletzt sei dem Springer-Verlag und dem Verlag Stahleisen gedankt für die gute Zusammenarbeit, das weitgehende Verständnis im Hinblick auf den großen Umfang und für die vorbildliche Gestaltung der „Werkstoffkunde STAHL".

Düsseldorf, im Frühjahr 1984   Verein Deutscher Eisenhüttenleute

Inhalt

Vorwort IX

Hinweise zur Benutzung des Buches XXII

Teil A Die technische und wirtschaftliche Bedeutung des Stahls 1
Von H. Schmitz

A 1	Geschichtlicher Rückblick auf die Entwicklung der Stahlerzeugung bis 1870	3
A 2	Die heutige Bedeutung des Stahls	8
A 2.1	Die Stahlerzeugung in der Welt seit 1870	8
A 2.2	Heutige Bedeutung des Stahls in der Technik der Welt	8
A 2.3	Wandel in den Stahlerzeugungsverfahren seit 1870	11
A 2.4	Vergleich der in der Stahlerzeugung größten Länder	14
A 2.5	Herkunft der Rohstoffe für die Stahlherstellung	16
A 3	Derzeitige Einteilung des Stahls nach Eigenschaften, Verwendungsbereichen und Erzeugnisformen	19
A 3.1	Für die Stahlsorten gebräuchliche Gruppeneinteilungen	19
A 3.2	Einteilung des Stahls nach Fertigungsstufen und Erzeugnisformen	23
A 4	Stahl als unentbehrlicher Bau- und Werkstoff	26

Teil B Gefügeaufbau der Stähle 29
Von W. Pitsch und G. Sauthoff (B 1 bis B 8) und H. P. Hougardy (B 9)

B 1	Einleitung	31
B 2	Thermodynamik des Eisens und seiner Legierungen	33
B 2.1	Reine Metalle	33
B 2.1.1	Nichtmagnetische Metalle	35
B 2.1.2	Eisen	36
B 2.2	Legierungen	39
B 2.2.1	Austauschmischkristalle	40
	Formulierungen der Gibbsschen Energien. Gleichgewichte in Austauschmischkristallen. Chemisches Potential und chemische Aktivität einer Komponente. Anwendungsbeispiele.	
B 2.2.2	Einlagerungsmischkristalle	49

B 2.2.3	Austausch-Einlagerungs-Mischkristalle	53
B 2.2.4	Stöchiometrische Verbindungen	54
B 2.2.5	Graphit	58
B 2.2.6	Zahlenwerte der themodynamischen Funktionen und der Gleichgewichte	59
B 2.3	Einfluß von Gitterstörungen	59
B 3	**Keimbildung**	**64**
B 3.1	Vorbereitende Energiebetrachtungen	64
B 3.2	Keimbildungsenergie	66
B 3.3	Keimbildung mit elastischer Gitterverzerrung	70
B 3.4	Heterogene Keimbildung	72
B 3.5	Zeit-Temperatur-Keimbildungs-Diagramme	73
B 4	**Diffusion**	**77**
B 4.1	Diffusion von Einlagerungsatomen	78
B 4.1.1	Diffusionsstrom	78
B 4.1.2	Diffusionskoeffizient	80
B 4.2	Diffusion von Austauschatomen in einkomponentigen Kristallen	84
B 4.3	Diffusion an Korngrenzen und Versetzungen	86
B 4.4	Diffusion von Austauschatomen in binären Mischkristallen	87
B 4.5	Diffusion des Kohlenstoffs in Austausch-Einlagerungs-Mischkristallen	91
B 4.6	Diffusion von Austauschatomen in ternären Mischkristallen	93
B 4.7	Zeitliche Änderung einer Konzentrationsverteilung	94
B 4.8	Diffusion in Verbindungen	96
B 5	**Typische Stahlgefüge**	**97**
B 5.1	Bestimmung des Begriffs „Gefüge"	97
B 5.2	Gefüge in niedriglegierten Stählen nach der Austenitumwandlung	98
B 5.3	Gefüge in niedriglegierten Stählen nach einer Anlaßbehandlung	107
B 5.4	Einfluß substitutioneller Legierungselemente	112
B 6	**Kinetik und Morphologie verschiedener Gefügereaktionen**	**115**
B 6.1	Austenit	115
B 6.1.1	Austenitisierung im einphasigen γ-Bereich	115
B 6.1.2	Austenitisierung im zweiphasigen Bereich	117
B 6.1.3	Einfluß von substitutionellen Legierungselementen	118
B 6.1.4	Homogenisierungsgrad	120
B 6.2	Ausscheidungen	121
B 6.2.1	Energiebetrachtungen	121
B 6.2.2	Keimbildung	123
B 6.2.3	Wachstumskinetik	124
B 6.2.4	Wachstumshemmungen	129
B 6.2.5	Einfluß substitutioneller Legierungselemente	130
B 6.2.6	Vergröberung	131
B 6.2.7	Gesamtverlauf einer Ausscheidung	134
B 6.3	Perlit	138
B 6.3.1	Energiebetrachtungen	138
B 6.3.2	Keimbildung	140
B 6.3.3	Wachstumskinetik von lamellarem Perlit	141
B 6.3.4	Einfluß substitutioneller Legierungselemente	146
B 6.4	Martensit	150
B 6.4.1	Charakterisierung der Martensitumwandlung	150
B 6.4.2	Energiebetrachtungen	151

B 6.4.3	Das kristallographische Modell zur Bildung des Plattenmartensits . . . . Umwandlungsbedingungen. Gitterverändernde (Bain-)Deformation. Gittererhaltende Deformationen. Habitusebene. Orientierungszusammenhang. Gesamtdeformation.	153
B 6.4.4	Lanzettmartensit	159
B 6.4.5	Keimbildung des Martensits	161
B 6.4.6	Thermoelastischer Martensit	163
B 6.5	Bainit	165
B 6.5.1	Einige Merkmale der bainitischen Umwandlungen und Gefüge	165
B 6.5.2	Mechanismen und Arten der bainitischen Umwandlungen	170
B 6.5.3	Kristallographische Untersuchungen der bainitischen Umwandlungen	174
B 7	**Gefügeentwicklung durch thermische und mechanische Behandlungen**	177
B 7.1	Einphasige Gefüge bei Wärmebehandlungen nach Kaltumformung	177
B 7.1.1	Erholung	177
B 7.1.2	Rekristallisation	178
B 7.1.3	Kornvergröberung	181
B 7.2	Einphasige Gefüge bei Warmumformung	183
B 7.3	Gefüge mit ausgeschiedenen Teilchen bei Wärmebehandlungen nach Kaltumformung	185
B 7.4	Umwandlungsfähige ferritische Gefüge bei Wärmebehandlungen nach einer Verformung	188
B 7.5	Umwandlungsfähige austenitische Gefüge bei Wärmebehandlungen nach einer Verformung	191
B 7.6	Umwandlungsfähige Gefüge bei gleichzeitiger thermischer und mechanischer Behandlung	193
B 8	**Vergleichende Übersicht über die Gefügereaktionen in Stählen**	196
B 9	**Darstellung der Umwandlungen für technische Anwendungen und Möglichkeiten ihrer Beeinflussung**	198
B 9.1	Gleichgewichtsschaubilder	198
B 9.2	Zeit-Temperatur-Austenitisierungs-Schaubilder	201
B 9.2.1	ZTA-Schaubilder für isothermische Austenitisierung untereutektoider Stähle .	203
B 9.2.2	ZTA-Schaubilder für isothermische Austenitisierung übereutektoider Stähle .	204
B 9.2.3	ZTA-Schaubilder für kontinuierliche Erwärmung	204
B 9.2.4	Einfluß der chemischen Zusammensetzung und des Ausgangszustandes auf die Austenitisierung	207
B 9.2.5	Beeinflussung der Korngröße	207
B 9.2.6	Genauigkeit der ZTA-Schaubilder	209
B 9.2.7	Zusammenhang zwischen den ZTA-Schaubildern und dem Gleichgewichtsschaubild	210
B 9.3	Zeit-Temperatur-Umwandlungs-Schaubilder	210
B 9.3.1	ZTU-Schaubilder für isothermische Umwandlungen	212
B 9.3.2	ZTU-Schaubilder für kontinuierliche Abkühlung	213
B 9.3.3	Andere Darstellungsformen der ZTU-Schaubilder	218
B 9.4	Beeinflussung des Umwandlungsverhaltens	220
B 9.4.1	Auswirkung der Austenitisierung	220
B 9.4.2	Einfluß der Legierungselemente	221
B 9.4.3	Auswirkung von Seigerungen	223
B 9.4.4	Messung und Genauigkeit der ZTU-Schaubilder	228
B 9.5	Mathematische Beschreibung des Umwandlungsverhaltens	228
B 9.5.1	Berechnung von Umwandlungstemperaturen	229
B 9.5.2	Berechnung kritischer Abkühlzeiten	230
B 9.5.3	Vollständige Beschreibung des Umwandlungsverhaltens	230

Teil C Die Eigenschaften des Stahls in Abhängigkeit von Gefüge und chemischer Zusammensetzung 233

C 1	Mechanische Eigenschaften	235
	Von W. Dahl	
C 1.1	Verhalten bei einsinniger Beanspruchung und bei Temperaturen um und unter Raumtemperatur	235
C 1.1.1	Fließverhalten	235
C 1.1.1.1	Die Spannungs-Dehnungs-Kurve	245
	Meßverfahren und Auswertung. Ausgeprägte Streckgrenze. Einfluß von Prüftemperatur und -geschwindigkeit.	
C 1.1.1.2	Andere Untersuchungsverfahren	260
	Zylinderstauchversuch. Verdrehversuch (Torsionsversuch). Biegeversuch. Härteprüfung. Fließkriterien.	
C 1.1.1.3	Möglichkeiten zur Festigkeitssteigerung von Stahl durch Beeinflussung des Gefüges	262
	Festigkeitssteigerung durch Kornfeinung, durch Mischkristallbildung, durch Versetzungen, durch Ausscheidungen. Kombination der Möglichkeiten zur Festigkeitssteigerung, Einfluß des Gefüges.	
C 1.1.1.4	Anisotropie des Fließverhaltens	278
	Einfluß der Textur. Einfluß von Eigenspannungen.	
C 1.1.2	Zähigkeit und Bruchverhalten	279
C 1.1.2.1	Kennzeichnung der Brucharten	280
C 1.1.2.2	Äußere Einflüsse auf das Bruchverhalten	284
	Einfluß von Temperatur und Beanspruchungsgeschwindigkeit. Einfluß des Spannungszustandes.	
C 1.1.2.3	Ablauf der Vorgänge beim Bruch	293
C 1.1.2.4	Verfahren zur Prüfung des Zähigkeits- und Bruchverhaltens	294
	Prüfung mit Kleinproben. Prüfung mit bauteilähnlichen Proben. Vergleich der Verfahren, Übertragbarkeit der Ergebnisse.	
C 1.1.2.5	Einfluß des Gefüges auf Zähigkeit und Bruchverhalten	306
C 1.1.2.6	Modellvorstellungen zum Bruchvorgang	313
	Metallkundliche Deutung des Spaltbruchs. Vorgänge beim Gleitbruch. Bruchmechanik. Sicherheitskonzepte.	
C 1.1.3	Gefüge mit optimaler Kombination von Festigkeit und Zähigkeit	337
C 1.2	Verhalten bei wechselnder Beanspruchungsrichtung und bei Temperaturen um und unter Raumtemperatur	341
C 1.2.1	Einmaliger Wechsel der Beanspruchungsrichtung (Bauschinger-Effekt) . . .	341
C 1.2.2	Verhalten bei schwingender Beanspruchung	345
C 1.2.2.1	Prüfverfahren	345
C 1.2.2.2	Diskussion der Einzelprozesse	350
	Anrißfreie Phase. Rißbildung und -ausbreitung.	
C 1.2.2.3	Einflußgrößen für das Verhalten bei schwingender Beanspruchung	358
	Einfluß der Beanspruchungsart, des Gefüges, der Geometrie und der Umgebung	
C 1.2.2.4	Betriebsfestigkeit	368
C 1.2.2.5	Vorhersage der Lebensdauer	372
C 1.3	Verhalten bei höheren Temperaturen	374
C 1.3.1	Verhalten bei leicht erhöhten Temperaturen	375
C 1.3.2	Verhalten bei der Warmumformung	377
C 1.3.2.1	Messung der Fließspannung (Formänderungsfestigkeit)	377
C 1.3.2.2	Im Werkstoff ablaufende Vorgänge bei der Warmumformung	381
C 1.3.3	Zeitstandverhalten	383
C 1.3.3.1	Prüfung des Zeitstandverhaltens	384
C 1.3.3.2	Verhalten unter komplexen Beanspruchungen	389
C 1.3.3.3	Deutung	393
	Beim Kriechen ablaufende Vorgänge. Bruchverhalten. Einfluß des Gefüges.	

C 2	**Physikalische Eigenschaften**	401
	Von W. Pepperhoff	
C 2.1	Physikalische Eigenschaften des reinen Eisens	401
C 2.1.1	Kristallstruktur und Atomvolumen	401
C 2.1.2	Wärmekapazität	404
C 2.1.3	Elastische Eigenschaften	406
C 2.1.4	Magnetische Eigenschaften	406
C 2.1.5	Leitungseigenschaften	410
C 2.1.6	Optische Eigenschaften	412
C 2.1.7	Eigenschaften des γ-Eisens im instabilen Temperaturbereich	413
C 2.2	Physikalische Eigenschaften von α-Eisenmischkristallen	415
C 2.3	Physikalische Eigenschaften von γ-Eisenmischkristallen	419
C 2.3.1	Magnetismus der γ-Eisenlegierungen	419
C 2.3.2	Wärmeausdehnung und Wärmekapazität	425
C 2.4	Weitere Gefügeeinflüsse auf die physikalischen Eigenschaften	428
C 2.4.1	Einphasige Gefüge mit Gitterstörungen	428
C 2.4.2	Mehrphasige Gefüge	430
C 3	**Chemische Eigenschaften**	434
	Von H.-J. Engell und H. J. Grabke	
C 3.1	Problemstellung	434
C 3.2	Gleichgewichte des Eisens mit Gasen	435
C 3.2.1	Gleichgewichte, Fehlordnung der Oxide und Diffusion im System Eisen-Sauerstoff	436
C 3.2.2	Gleichgewichte, Fehlordnung der Sulfide und Diffusion im System Eisen-Schwefel	438
C 3.2.3	Gleichgewichte der wichtigsten Legierungselemente mit Sauerstoff und Schwefel	440
C 3.3	Kinetik und Mechanismen der Reaktionen mit Gasen	442
C 3.3.1	Sauerstoffadsorption, Oxidfilme, Keimbildung	442
C 3.3.2	Oxidation von Eisen	444
C 3.3.3	Oxidation von Stählen	448
	Kohlenstoff im Stahl. Legierungen mit edleren Legierungskomponenten. Legierungen mit unedleren Legierungskomponenten. Unlegierte und niedriglegierte Stähle. Hochlegierte Stähle.	
C 3.3.4	Sulfidierung von Eisen und Stählen	452
C 3.3.5	Aufkohlung und Entkohlung	453
C 3.3.6	Aufstickung und Entstickung	456
C 3.4	Elektrochemische Gleichgewichte des Eisens und der Legierungselemente Nickel und Chrom mit wäßrigen Elektrolyten	459
C 3.5	Kinetik und Mechanismen der elektrochemischen Korrosion des Eisens und der Stähle	461
C 3.5.1	Abtragende Korrosion	461
C 3.5.2	Atmosphärische Korrosion	465
C 3.6	Passivierung von Eisen, Nickel, Chrom und der Legierungen des Eisens mit Nickel und Chrom	466
C 3.7	Selektive Korrosion des passiven Eisens und seiner Legierungen	470
C 3.7.1	Lochfraß und Spaltkorrosion	471
C 3.7.2	Interkristalline Korrosion	472
C 3.8	Spannungsrißkorrosion	475
C 3.8.1	Allgemeines	475
C 3.8.2	Spannungsrißkorrosion in austenitischen Chrom-Nickel-Stählen	476
C 3.8.3	Spannungsrißkorrosion von unlegierten Baustählen	477
C 3.9	Aufnahme von Wasserstoff durch Eisen bei Korrosionsvorgängen und Wasserstoffversprödung	479
C 3.9.1	Wasserstoffaufnahme	479
C 3.9.2	Wasserstoffversprödung	481

C 4	**Eignung zur Wärmebehandlung**	483
	Von H. P. Hougardy	
C 4.1	Begriffsbestimmungen	483
C 4.2	Einfluß der Gefügeausbildung auf die Eigenschaften	485
C 4.2.1	Einfluß der Ausbildung kennzeichnender Gefüge auf die mechanischen Eigenschaften	485
	Zusammenhang zwischen Festigkeit und Zähigkeit. Gefüge der Perlitstufe. Gefüge der Bainitstufe. Gefüge der Martensitstufe. Mischgefüge. Gefüge nach Anlassen.	
C 4.3	Während und nach einer Wärmebehandlung auftretende Spannungen	500
C 4.4	Einfluß der Abmessungen von Werkstücken auf die Gefügeausbildung nach einer Wärmebehandlung	502
C 4.5	Gesteuerte Einstellung einer Korngröße	506
C 4.6	Einstellung eines über den Querschnitt gleichmäßigen Gefüges	508
C 4.6.1	Erzeugen eines nicht dem Gleichgewicht entsprechenden Gefüges	508
	Umwandlung zu Gefügen der Perlitstufen. Umwandlung zu Gefügen der Bainitstufe. Umwandlungen in der Martensitstufe.	
C 4.6.2	Änderung eines Gefüges in Richtung auf das Gleichgewicht	514
	Ausscheidungen aus übersättigten Mischkristallen.	
C 4.6.3	Bildung von Gefügen unter Einbeziehung einer Umformung	519
C 4.7	Einstellung eines über den Querschnitt ungleichmäßigen Gefüges	522
C 4.7.1	Wärmebehandlung ohne Änderung der chemischen Zusammensetzung	522
C 4.7.2	Wärmebehandlung unter Änderung der chemischen Zusammensetzung	523
	Einsatzhärten. Verschleiß-Schutzschichten.	
C 5	**Eignung zum Schweißen**	529
	Von H. P. Hougardy	
C 5.1	Definitionen und Begriffe	530
C 5.2	Übersicht über die Schweißverfahren	532
C 5.3	Aus Konstruktion und Schweißbedingungen sich ergebende Temperatur-Zeit-Verläufe bei Erwärmung und Abkühlung	534
C 5.3.1	Erwärmung	534
C 5.3.2	Abkühlung	538
C 5.4	Auswirkung der Temperatur-Zeit-Verläufe auf Grundwerkstoff und Schweißgut	541
C 5.4.1	Beschreibung der entstehenden Gefüge durch ZTU-Schaubilder	541
C 5.4.2	Eigenschaften der Schweißzone und der Wärmeeinflußzone	546
	Mechanische Eigenschaften. Sonstige Eigenschaften.	
C 5.4.3	Entstehung und Auswirkung von Spannungen	551
C 5.4.4	Durch Nichtbeachten von Werkstoffeigenschaften bedingte Fehler	552
	Heißrisse. Kaltrisse. Durch Wasserstoff beeinflußte Risse. Ausscheidungsrisse. Lamellenrisse.	
C 5.5	Wärmebehandlung von Schweißverbindungen	559
C 5.6	Beurteilung der Schweißeignung	561
C 5.6.1	Das Kohlenstoffäquivalent	561
C 5.6.2	Schweißversuche	562
C 5.6.3	Bewertung nach kausalen Zusammenhängen	562
C 6	**Warmumformbarkeit**	564
	Von P.-J. Winkler und W. Dahl	
C 6.1	Allgemeines	564
C 6.2	Kennwerte für die Warmumformbarkeit und ihre Ermittlung	564
C 6.3	Einflußgrößen für das Formänderungsvermögen	565
C 6.3.1	Einfluß des Spannungszustandes	565

C 6.3.2	Einfluß des Werkstoffs . . . . Warmumformbarkeit einphasiger Legierungen. Warmumformbarkeit zwei- und mehrphasiger Legierungen.	567
C 6.4	Warmumformbarkeit verschiedener Stahlgruppen	576
C 7	**Kalt-Massivumformbarkeit** . . . . Von W. Schmidt	578
C 7.1	Allgemeines	578
C 7.2	Kennwerte für die Kalt-Massivumformbarkeit und ihre Ermittlung	579
C 7.2.1	Fließspannung (Formänderungsfestigkeit), Formänderungsvermögen	579
C 7.2.2	Fließkurve . . . . Allgemeines. Einfluß des Prüfverfahrens auf den Verlauf der Fließkurve. Einfluß der Umformgeschwindigkeit und Eigenerwärmung beim Versuch. Ableitung der Fließkurve aus anderen Werkstoffkennwerten.	580
C 7.3	Einflußgrößen für die Kalt-Massivumformbarkeit	584
C 7.3.1	Allgemeine Zusammenhänge	584
C 7.3.2	Einfluß der chemischen Zusammensetzung und des Gefüges	587
C 8	**Kaltumformbarkeit von Flachzeug** . . . . Von W. Müschenborn, W. Küppers und D. Grzesik	595
C 8.1	Allgemeines	595
C 8.2	Bewertungskriterien für die Kaltumformbarkeit	596
C 8.2.1	Grundsätzliche Anforderungen	596
C 8.2.2	Kennwerte des Zugversuchs	596
C 8.2.3	Kennwerte des Kerbzugversuchs	599
C 8.2.4	Kennwerte aus nachbildenden und technologischen Prüfverfahren	600
C 8.2.5	Oberflächenmerkmale	600
C 8.2.6	Kennzeichnung der Umformbeanspruchung	603
C 8.3	Werkstoffeinflüsse auf die Kaltumformbarkeit weicher und hochfester Stähle . .	603
C 8.3.1	Allgemeine Kennzeichnung der Einflußgrößen für die Kaltumformbarkeit von Flachzeug	603
C 8.3.2	Chemische Zusammensetzung und Gefügeausbildung	604
C 8.3.3	Reinheitsgrad (Freiheit von nichtmetallischen Einschlüssen)	612
C 8.3.4	Textur	613
C 8.3.5	Oberflächenzustand	614
C 8.3.6	Oberflächenveredlung	615
C 9	**Zerspanbarkeit** . . . . Von W. Knorr und H. Vöge	616
C 9.1	Grundlagen und Begriffe der Zerspanung und Zerspanbarkeit	616
C 9.2	Zusammenhang zwischen mechanischen Eigenschaften und Zerspanbarkeit . . .	618
C 9.3	Einfluß des Gefüges	620
C 9.3.1	Ferrit-Perlit-Gefüge	620
C 9.3.2	Martensit- und Bainitgefüge	622
C 9.3.3	Körniger Zementit	623
C 9.3.4	Austenitisches Gefüge	623
C 9.4	Einfluß von nichtmetallischen Einschlüssen	623
C 9.4.1	Sulfide	623
C 9.4.2	Oxide	626
C 9.5	Verbesserung der Zerspanbarkeit durch Legieren mit Blei, Wismut, Selen oder Tellur	628
C 9.6	Hinweise zur Bearbeitung, Berechnung von Schnittbedingungen und auf Sonderverfahren	628

C 10	**Verschleißwiderstand**	630
	Von E. Stolte	
C 10.1	Abhängigkeit des Verschleißwiderstands vom Verschleißmechanismus	630
C 10.2	Einfluß von Gefüge und Eigenschaften der Stähle auf ihren Widerstand gegen die hauptsächlichen Verschleißmechanismen	632
C 10.2.1	Abrasion (Furchungsverschleiß)	632
C 10.2.2	Oberflächenzerrüttung (Ermüdungsverschleiß)	634
C 10.2.3	Adhäsion (Haftverschleiß)	636
C 10.2.4	Tribochemische Reaktion (Schichtverschleiß)	637
C 10.2.5	Kombinierte Verschleißvorgänge	637
C 10.3	Einfluß von Gefüge und Eigenschaften der Stähle auf das Einsetzen bestimmter Verschleißmechanismen	638
C 10.3.1	Vermeidung der Abrasion	638
C 10.3.2	Vermeidung der Adhäsion	639
C 10.4	Schlußbemerkung	641
C 11	**Schneidhaltigkeit**	643
	Von H.-J. Becker	
C 11.1	Begriffsbestimmung für Schneidhaltigkeit	643
C 11.2	Einflüsse auf die Schneidhaltigkeit	643
C 11.3	Abhängigkeit der Schneidhaltigkeit vom Gefüge des Stahls	643
C 11.3.1	Einteilung der Stahlsorten nach Zusammensetzung und Gefüge	644
C 11.3.2	Erzielung des für Schneidhaltigkeit günstigen Gefüges	647
C 11.4	Hartmetallegierungen und Oxidkeramik	647
C 11.4.1	Hartmetalle	648
C 11.4.2	Oxidkeramik	649
C 11.5	Einfluß von Schneidengeometrie und Arbeitsbedingungen auf die Schneidhaltigkeit	649
C 11.6	Prüfung der Schneidhaltigkeit	651
C 11.6.1	Temperaturstandzeit-Drehversuch	651
C 11.6.2	Verschleißstandzeit-Versuch	652
C 11.6.3	Temperaturstandzeit-Drehversuch mit ansteigender Schnittgeschwindigkeit	653
C 11.6.4	Notwendigkeit von Prüfverfahren in Anpassung an die Betriebsbedingungen	654
C 12	**Eignung zur Oberflächenveredlung**	654
	Von U. Tenhaven, Y. Guinomet, D. Horstmann, L. Meyer und W. Pappert	
C 12.1	Allgemeines	654
C 12.2	Eignung zur Oberflächenveredlung durch Aufbringen metallischer Überzüge nach Schmelztauchverfahren	656
C 12.2.1	Allgemeingültiges zu den Verfahren	656
C 12.2.2	Eignung zum Feuerverzinken	656
C 12.2.3	Eignung zum Feueraluminieren	661
C 12.2.4	Eignung zum Schmelztauchen in Aluminium-Zink-Legierungen	662
C 12.2.5	Eignung zum Feuerverzinnen	663
C 12.2.6	Eignung zum Feuerverbleien	663
C 12.3	Eignung zur Oberflächenveredlung durch elektrolytisch aufgebrachte Metallüberzüge	663
C 12.3.1	Allgemeingültiges zu den Verfahren	663
C 12.3.2	Eignung zum elektrolytischen Verzinnen	665
C 12.4	Eignung zur Oberflächenveredlung durch Aufbringen metallischer Überzüge nach sonstigen Verfahren	665
C 12.4.1	Allgemeines	665
C 12.4.2	Eignung zum Plattieren	665
C 12.4.3	Eignung zum Abscheiden im Vakuum oder aus der Gasphase	666

C 12.4.3	Eignung zum Abscheiden im Vakuum oder aus der Gasphase	666
C 12.4.4	Eignung zum Diffusionsglühen im Einsatzverfahren	668
C 12.4.5	Eignung für Spritzverfahren	668
C 12.5	Eignung zur Oberflächenveredlung durch Aufbringen anorganischer Überzüge: Emaillieren	669
C 12.6	Eignung zum Aufbringen anorganischer Überzüge nach sonstigen Verfahren	672
C 12.7	Eignung zum Beschichten mit organischen Stoffen	673

Zusammenstellung wiederholt verwendeter Kurzzeichen 675

Literaturverzeichnis 679

Sachverzeichnis 721

Inhaltsverzeichnis von Band 2

Teil D Stähle mit kennzeichnenden Eigenschaften für bestimmte Verwendungsbereiche

D 1 **Allgemeiner Überblick über den Teil D und seine Zielsetzung**
Von W. Schlüter

D 2 **Normalfeste und hochfeste Baustähle**
Von B. Müsgen, H. de Boer, H. Fröber und J. Petersen

D 3 **Bewehrungsstähle für den Stahlbeton- und Spannbetonbau**
Von H. Weise, W. Bartels, W.-D. Brand und W. Krämer

D 4 **Stähle für warmgewalzte, kaltgewalzte und oberflächenveredelte Flacherzeugnisse zum Kaltumformen**
Von Chr. Straßburger, B. Henke, B. Meuthen, L. Meyer, J. Siewert und U. Tenhaven

D 5 **Vergütbare und oberflächenhärtbare Stähle für den Fahrzeug- und Maschinenbau**
Von G. Tacke, K. Forch, K. Sartorius, A. von den Steinen und K. Vetter

D 6 **Stähle mit Eignung zur Kalt- Massivumformung**
Von H. Gulden und I. Wiesenecker-Krieg

D 7 **Walzdraht zum Kaltziehen**
Von H. Beck und C. M. Vlad

D 8 **Höchstfeste Stähle**
Von K. Vetter, E. Gondolf und A. von den Steinen

D 9 **Warm- und hochwarmfeste Stähle**
Von H. Fabritius, D. Christianus, K. Forch, M. Krause, H. Müller und A. von den Steinen

D 10 **Kaltzähe Stähle**
Von M. Haneke, J. Degenkolbe, J. Petersen und W. Weßling

D 11	**Werkzeugstähle**	
	Von S. Wilmes, H.-J. Becker, R. Krumpholz und W. Verderber.	
D 12	**Verschleißbeständige Stähle**	
	Von H. Berns	
D 13	**Nichtrostende Stähle**	
	Von W. Heimann, R. Oppenheim und W. Weßling	
D 14	**Druckwasserstoffbeständige Stähle**	
	Von E. Märker	
D 15	**Hitzebeständige Stähle**	
	Von W. Weßling und R. Oppenheim	
D 16	**Widerstands- und Heizleiterlegierungen**	
	Von H. Thomas	
D 17	**Stähle für Ventile von Verbrennungsmotoren**	
	Von W. Weßling und F. Ulm	
D 18	**Federstähle**	
	Von D. Schreiber und I. Wiesenecker-Krieg	
D 19	**Automatenstähle**	
	Von G. Becker und H. Sutter	
D 20	**Weichmagnetische Werkstoffe**	
	Von E. Gondolf, F. Aßmus, K. Günther, A. Mayer, H.-G. Ricken und K.-H. Schmidt	
D 21	**Dauermagnetwerkstoffe**	
	Von H. Stäblein und H.-E. Arntz	
D 22	**Nichtmagnetisierbare Stähle**	
	Von W. Heimann und W. Weßling	
D 23	**Stähle mit bestimmter Wärmeausdehnung**	
	Von H. Thomas und H. Haas	
D 24	**Stähle mit guter elektrischer Leitfähigkeit**	
	Von K. Weber und H. Beck	
D 25	**Stähle für Fernleitungsrohre**	
	Von G. Kalwa, K. Kaup und C. M. Vlad	
D 26	**Wälzlagerstähle**	
	Von K. Barteld und A. Stanz	
D 27	**Stähle für den Eisenbahn-Oberbau**	
	Von W. Heller, H. Klein und H. Schmedders	
D 28	**Stähle für rollendes Eisenbahnzeug**	
	Von K. Vogt, K. Forch und G. Oedinghofen	
D 29	**Stähle für Schrauben, Muttern und Niete**	
	Von K. Barteld und W.-D. Brand	
D 30	**Stähle für geschweißte Rundstahlketten**	
	Von H.-H. Domalski, H. Beck und H. Weise	

Teil E Einfluß der Erzeugungsbedingungen auf chemische Zusammensetzung, Gefüge und Eigenschaften des Stahls

E 1 **Allgemeine Übersicht über die Bedeutung der Erzeugungsbedingungen für die Eigenschaften der Stähle und der Stahlerzeugnisse**
Von A. Randak

E 2 **Rohstahlerzeugung**
Von H. Peter Haastert

E 3 **Gießen und Erstarren**
Von P. Hammerschmid

E 4 **Sonderverfahren des Erschmelzens und Vergießens**
Von H. Vöge

E 5 **Warmumformung durch Walzen**
Von K. Täffner

E 6 **Warmumformung durch Schmieden**
Von H. G. Ricken

E 7 **Kaltumformung durch Walzen**
Von J. Lippert

E 8 **Wärmebehandlung**
Von H. Vöge

E 9 **Qualitätssicherung bei der Herstellung von Hüttenwerkserzeugnissen**
Von W. Rohde, R. Dawirs, F. Helck und K.-J. Kremer

Hinweise zur Benutzung des Buches

Das Werk besteht aus zwei Bänden, in Band 1 sind die Teile A bis C, in Band 2 die Teile D und E jeweils mit ihren von 1 an zählenden Kapiteln enthalten. Kapitel, Abschnitte, Gleichungen, Bilder und Tabellen führen immer den betreffenden Teil-Buchstaben mit, Gleichungen, Bilder und Tabellen zusätzlich die Kapitel-Nr. vor der laufenden Nummer (eine Ausnahme bildet Teil A, hier sind Bilder und Tabellen durchlaufend numeriert).

Bei Verweisen innerhalb eines Bandes oder auch bei Verweisen auf den anderen Band wird nicht die Nummer des Bandes, sondern immer nur der Teil-Buchstabe mit der Nummer des betreffenden Kapitels oder Abschnitts angegeben, und zwar jeweils ohne die Bezeichnungen „Teil", „Kapitel" oder „Abschnitt". Verweise auf bestimmte Seiten wurden nicht vorgenommen.

Die Literaturzitate zu allen Teilen und Kapiteln eines Bandes befinden sich am Ende des jeweiligen Bandes, vor dem Sachverzeichnis. Eine Fußnote am Beginn eines jeden Kapitels erleichtert das Auffinden der betreffenden Literatur.

Die Prozentangaben bei Konzentrationen gelten immer als Massengehalte, wenn nicht ausdrücklich ein anderer Hinweis gegeben wird.

Bei Meßgrößen wurden durchweg SI-Einheiten benutzt, bei Bildern aus älteren Veröffentlichungen wurde entsprechend umgerechnet.

Bei Kapiteln mit mehreren Verfassern ist der Federführende jeweils an erster Stelle genannt, die Namen der Mitverfasser folgen in alphabetischer Reihenfolge.

Teil A
Die technische und wirtschaftliche Bedeutung des Stahls

Von Hans Schmitz

A1 Geschichtlicher Rückblick auf die Entwicklung der Stahlerzeugung bis 1870

Die Entdeckung des Eisens, der Möglichkeit, es aus seinen Erzen zu gewinnen, und seiner vielfältigen Gebrauchseigenschaften brachten gegenüber den bis dahin verwendeten Werkzeugen aus Holz, Stein, Knochen und Bronze eine solche Verbesserung der Lebensbedingungen und Kultur der Menschheit, daß die Historiker mit ihr die *Kulturperiode der Eisenzeit* als Nachfolgerin der Steinzeit und der Bronzezeit beginnen lassen. Auch wenn man heute wegen des über Jahrhunderte währenden Nebeneinanders von Bronze und Eisen diese Zeitabschnitte in den Begriff „Metallicum" zusammenfaßt [1], so bleibt doch unbestritten, daß die Auffindung und Entwicklung der Eisenwerkstoffe, als deren wichtigster und vielseitigster Vertreter sich der Stahl erwiesen hat, die Möglichkeiten, die Erde zur Verbesserung der Lebensverhältnisse einer ständig sich mehrenden Zahl der Menschen zu nutzen, eindeutig erweitert haben. Nach den bisherigen Ergebnissen der Geschichtsforschung für den Mittelmeerraum und für Europa hat die Erzeugung und Anwendung des Eisens in Kleinasien und Ägypten etwa im 2. Jahrtausend v. Chr. begonnen und sich langsam im Laufe der Jahrhunderte über Griechenland und das Römische Reich nach Mittel- und Nordeuropa ausgebreitet. Im Anfang war das metallische Eisen sehr selten und wurde deshalb als so wertvoll angesehen, daß es bevorzugt zu Schmuck verarbeitet wurde. Man erkannte aber bald seine Überlegenheit gegenüber den bisherigen Materialien für Werkzeuge zur Bearbeitung des Bodens, von Holz und Gestein, für Jagdgeräte und – leicht verständlich – auch für Angriffs- und Verteidigungswaffen.

Eisenerze – meist oxidischer Art – sind *weit verbreitet*. Eisen macht nämlich etwa 5 Gew.-% an der Zusammensetzung der Erdkruste aus, steht nach Sauerstoff mit 46%, Silizium mit 28% und Aluminium mit 8% an der vierten Stelle.

Die Gewinnung des metallischen Eisens aus den Erzen ist durch Reduktion mit Kohlenstoff aus Holz oder Holzkohle schon bei mittleren Temperaturen (800 bis 1000 °C) möglich. In kleinen Öfen genügte dazu der natürliche Luftzug, wie er sich beim Verbrennen von Holz oder Holzkohle ergibt. Später – bei Vergrößerung der Öfen und Zufuhr der Verbrennungsluft durch Blasebälge – kam man zu höheren Temperaturen im Ofen. Dadurch wurde die Reduktion des Erzes beschleunigt, aber auch die Löslichkeit von Kohlenstoff im Eisen erhöht, mit dem Ergebnis, daß schließlich die Schmelztemperatur des kohlenstoffreichen Gußeisens (rd. 1300 °C) erreicht wurde und dieses in Sand- oder Lehmformen zu fast gebrauchsfertigen Stücken vergossen werden konnte.

Darauf ist es zurückzuführen, daß den schmiedbaren Eisenwerkstoffen, die man

---

Literatur zu Teil A siehe Seite 679, 680

heute als *Stahl* bezeichnet, zunächst *im Gußeisen ein Wettbewerber* entstand, ja, daß dieses in der Zeit von etwa 1450 bis 1850 in der Menge eine größere Rolle spielte als der Stahl. Dieser war zunächst nur in kleineren Erzeugungseinheiten in teigigem Zustand herzustellen, dementsprechend teuer und zudem mit Schlackenresten durchsetzt. Erst mit der Erfindung des Herdfrischens von kohlenstoffreichem Eisen kehren sich die Verhältnisse um. Das Puddelverfahren von H. Cort (1783) hatte noch den Nachteil, daß in seinen mit Kohle ohne Vorwärmung der Verbrennungsluft beheizten Öfen die Schmelztemperatur des Stahls (rd. 1500 °C) nicht erreicht wurde und deshalb nur in teigigem Zustand verhältnismäßig kleine Stahlluppen, wie sie von Menschenkraft noch gerade im Ofen bewegt werden konnten, anfielen. Es dauerte Jahrzehnte, bis F. Siemens (1856) die Möglichkeit der Vorwärmung der Verbrennungsluft mit den Abgasen desselben Ofens erkannte und E. Martin sowie dessen Sohn P. Martin (1864) die Verwendung eines derartigen Regenerativofens zum Erschmelzen von Stahl gelang. Inzwischen hatte H. Bessemer (1855) das Windfrischen von Roheisen erfunden, dessen Gehalt an Kohlenstoff, Silizium und Mangan so viel Wärme bei der Verbrennung mit durchgeblasener Luft lieferte, daß sich die Temperatur des Metallbades gegenüber der Einsatztemperatur erhöhte und damit der Stahl im flüssigen Zustand vergossen werden konnte. Durch diese Neuerungen wurde der Stahl so billig, daß er mit den besseren Gebrauchseigenschaften und den weiteren Anwendungsmöglichkeiten das Gußeisen zurückdrängte. Heute erreicht Gußeisen in der Welt nur noch eine Erzeugungsmenge von etwa 8 bis 10 % der Rohstahlerzeugung, während sein Anteil in der Mitte des vergangenen Jahrhunderts noch bei 30 % lag.

Zahlen über die Erzeugung von Eisen und Stahl und über ihre Verwendung liegen bis zur Mitte des vergangenen Jahrhunderts nur für einige Gebiete, noch nicht einmal für Länder vor; dabei bleibt vielfach offen, um welche Art von „Eisen" – ob Gußeisen oder Stahl [2] – es sich handelt.

Johannsen [1] schätzt die Erzeugung an Gußeisen und Stahl in *Europa* für das Ende des Mittelalters, d.h. etwa des 15. Jahrhunderts n. Chr., roh – nach seiner eigenen Meinung eher zu hoch als zu niedrig – auf folgende Mengen (in t zu 1000 kg):

im damaligen Deutschland		30 000 t,
davon in der Steiermark und in Kärnten	10 000 t,	
in der Oberpfalz	10 000 t,	
in den Nassauer Ländern	3 000 t,	
im Lütticher Land	2 000 t;	
in anderen Bezirken	5 000 t;	
in Frankreich		10 000 t,
in Schweden		5 000 t,
in England		5 000 t,
in anderen Ländern Europas		10 000 t,
in Europa gesamt		60 000 t.

Für denselben Zeitabschnitt – etwa 1500 – kommt Sprandel [3] aufgrund seiner Quellenstudien zu einer Erzeugung von 595 000 Zentnern – d.h. um 30 000 t – „Schmiedeeisen" in ganz Europa, an der beteiligt waren

Wandel in der Bedeutung der Länder für die Stahlerzeugung

das damalige Deutschland mit		20 900 t,
von denen entfielen auf		
Österreich	7 400 t,	
die Oberpfalz	6 500 t,	
Böhmen, Schlesien, Ungarn	4 000 t,	
die Länder zwischen Elbe und Rhein	1 750 t,	
Lothringen, Ardennen und Eifel	800 t,	
die Schweiz	450 t,	
Schweden und England mit		3 300 t,
Spanien mit		2 550 t,
Frankreich mit		2 250 t,
und Italien mit		1 750 t.

Der Unterschied zwischen den Zahlen von Johannsen und Sprandel ist beträchtlich; er mag zum Teil darauf zurückzuführen sein, daß Johannsen die gesamte Erzeugung an Eisenwerkstoffen zu erfassen versuchte, während Sprandel sich auf Schmiedeeisen = Stahl beschränkte, zeigt aber deutlich, wie unsicher Angaben über die Erzeugungsmengen im Mittelalter sind.

Deshalb seien auch noch Zahlen (umgerechnet auf metrische Tonnen) angeführt, zu denen Ress [4] aufgrund einer umfangreichen Suche nach schriftlichen Zeugnissen über Erzeugung und Handel der Oberpfalz mit Eisen und Stahl gekommen ist; sie lauten für 1387 4700 t, 1475 9600 t, 1545 7800 t, 1581 7700 t, 1609 8050 t.

Marchand [5] hat Schätzungen über die *deutsche Eisenerzeugung* erst wieder für die Zeit um 1800 als möglich gefunden wie folgt:

	Erzeugung an Roheisen und Gußeisen	Erzeugung an Frischfeuer- und Puddelstahl
	in t zu 1 000 kg	
Schlesien	18 777	11 745
Harz	10 887	3 956
Kursachsen	4 000	2 187
Thüringen	1 000	
Nassau-Siegen	4 930	7 450
Fürstentümer zwischen Lippe und Wied	10 800	3 000
Lahn- und Dillgebiet	6 000	800
Grafschaft Mark		3 280
Eifel	4 740	3 000
Saarland	3 000	2 000
Bayern	11 160	6 813
Württemberg	1 500	1 000
Baden	4 000	5 000
	80 794	50 231

Mit Beginn des Deutschen Zollvereins im Jahre 1834 gibt es für seinen Bereich eine amtliche Statistik, nach der hier, nur um den Anschluß an Bild A 1 zu geben, die Entwicklung gekennzeichnet sei:

	Erzeugung an Roheisen und Gußeisen in t	Erzeugung an Frischfeuer- und Puddelstahl in t
1834	138 751	52 748
1840	190 724	83 390
1850	216 995	168 962
1860	529 087	335 102
1870	1 391 124	740 831

Für andere Länder als Deutschland sind die zahlenmäßigen Angaben über Erzeugung oder Verbrauch an Eisen und Stahl im Übergang vom Mittelalter zur Neuzeit noch spärlicher und ungenauer. Aus Johannsens „Geschichte des Eisens" [1] ist zu entnehmen, daß die Ausfuhr *Schwedens* an Eisen – wahrscheinlich von Frischfeuereisen und Gußeisen zusammen – von 32 600 t im Jahre 1720 auf 51 000 t im Jahre 1739 stieg; welchen Anteil die Ausfuhr an der gesamten Erzeugung ausmachte oder wie hoch diese war, ist nicht angegeben.

Die Eisenerzeugung *Rußlands* erreichte nach Johannsen 1744 rd. 10 000 t. Die Ausfuhr an Eisen nach England betrug 1793 genau 18 330 t und erreichte 1798 mit 47 000 t einen Höhepunkt; Rußland soll damit der größte Eisenexporteur der Welt gewesen sein.

Für *England* sind von Hunt [6], der 1848 mit regelmäßigen jährlichen „Mineral Statistics" seines Landes begann, folgende Zahlen über die Roheisenerzeugung – nicht über die Stahlerzeugung – aus früheren Jahren angegeben worden (hier umgerechnet von tons zu 2240 lbs in metrische t):

Jahr	t
1740	17 628,
1788	69 393,
1796	127 080,
1806	247 700,
1818	330 200,
1825	590 702,
1830	688 238,
1840	1 418 742.

In den Zahlen kommt zum Ausdruck, daß die in England um 1790 einsetzende Verwendung von Steinkohlenkoks – anstelle von Holzkohle – zur Erzeugung von Roheisen und die englische Erfindung des Puddelverfahrens zur Umwandlung des Roheisens in Stahl die Eisenindustrie dieses Landes besonders förderte und sie für lange Zeit an die Spitze der Stahlerzeuger brachte. Aus diesem Grunde seien auch die Zahlen von Hunt angeführt für 1850 mit 2 284 984 t, 1860 mit 3 951 988 t und für 1870 mit 6 058 916 t.

Die Bedeutung der Eisenerzeugung in *Frankreich* um 1800 kann nur durch Angaben aus zwei Jahren gekennzeichnet werden; 1789 betrug sie 69 000 t, 1811 dagegen 480 000 t.

In den *Vereinigten Staaten von Amerika (der damaligen föderativen Union der amerikanischen Gliedstaaten)* begann die betriebsmäßige Stahlerzeugung nach den Untersuchungen von Hogan [7] wahrscheinlich erst nach 1800, wenn auch vereinzelte, meist erfolglose Versuche schon früher angestellt worden waren. 1810 sind etwa 800 t erzeugt worden, davon die Hälfte in Pennsylvanien. Nach einem Bericht aus dem Jahre 1831 gab es in den damaligen Unionsstaaten 14 Stahlöfen mit einer Leistungsfähigkeit von 1600 t/Jahr; 1850 berichtete die „Association of Pennsylvania Ironmasters" von einer Stahlerzeugung von 6078 t.

Über die Erzeugung von Eisen und Stahl vor dem 19. Jahrhundert in den *übrigen Erdteilen* liegen keine zahlenmäßigen Angaben vor.

A 2 Die heutige Bedeutung des Stahls

A 2.1 Die Stahlerzeugung in der Welt seit 1870

Für die Zeit von 1870 an ist innerhalb der Vereinten Nationen nachträglich eine alle Länder erfassende Statistik über die Rohstahlerzeugung vereinbart worden, auf der Bild A 1 und A 2 fußen [8]. Sie beginnt mit einer Rohstahlerzeugung in der Welt von 9 800 000 t, an der beteiligt waren Großbritannien mit 34,4%, die Vereinigten Staaten von Amerika mit 16,2%, Deutschland im damaligen Gebietsumfang mit 10,6%, Frankreich mit 10,0%, Belgien mit 8,0%, Österreich-Ungarn mit 3,6%, Schweden mit 2,9%, Italien und Spanien mit je 0,6%, Rußland mit etwa 0,2%, Japan noch gar nicht. Die Länder, die heute der Europäischen Gemeinschaft für Kohle und Stahl angehören, trugen damals rd. zwei Drittel zur Welterzeugung bei; 1982 war ihr Anteil auf 17% gesunken, wenn auch ihre Erzeugung im selben Zeitraum von 6,7 auf 111,3 Mio. t gestiegen ist. In diesen Zahlen kommt zum Ausdruck, in welchem Maße in den letzten 100 Jahren die Erzeugung und damit der Verbrauch von Stahl zugenommen haben, aber auch, daß weit mehr Länder sich an der Stahlerzeugung beteiligen, um den Bedürfnissen der steigenden Zahl von Menschen mit höheren Ansprüchen an ihre Lebensverhältnisse zu genügen.

A 2.2 Heutige Bedeutung des Stahls in der Technik der Welt

Die *Unentbehrlichkeit von Stahl* für die Aufrechterhaltung oder Schaffung der heute als zeitgemäß geltenden „Lebensqualität" in allen Ländern und Völkern der Erde möge *an einigen* wichtigen *Beispielen erläutert* werden.

Die *Energieversorgung* wird allgemein als Grundlage für die heutige Zivilisation und Kultur angesehen, da der Mensch von körperlicher Arbeit möglichst befreit werden soll, aber Leistungen erwartet werden, die mit den Körperkräften eines Menschen oder eines Tieres nicht erreicht werden können. Ob man nun Wasser, Steinkohle, Braunkohle, Erdöl oder Erdgas als Energiequelle wählt, so müssen diese zunächst der Natur abgewonnen werden. Der Bau von Staudämmen, der Abbau von Kohle über Tage oder erst recht unter Tage, das Erbohren von Öl- und Gasquellen, vor allem aus Vorküsten-Lagerstätten ist technisch ohne neuzeitliche Stähle unmöglich. Man denke an die Fortleitung von Gas und Öl unter hohen Drücken, je nach der Lagerstätte auch noch bei tiefen Temperaturen. Die Umsetzung der Primärenergieträger in elektrischen Strom erfordert – außer bei Wasserkraft – zunächst Erzeugung von Wasserdampf bei Temperaturen und Drücken so hoch wie eben möglich; auch bei Kernenergie kommt man daran nicht vorbei. Für die dazu benötigten Kessel, Leitungen und Turbinen kommen nur warmfeste oder

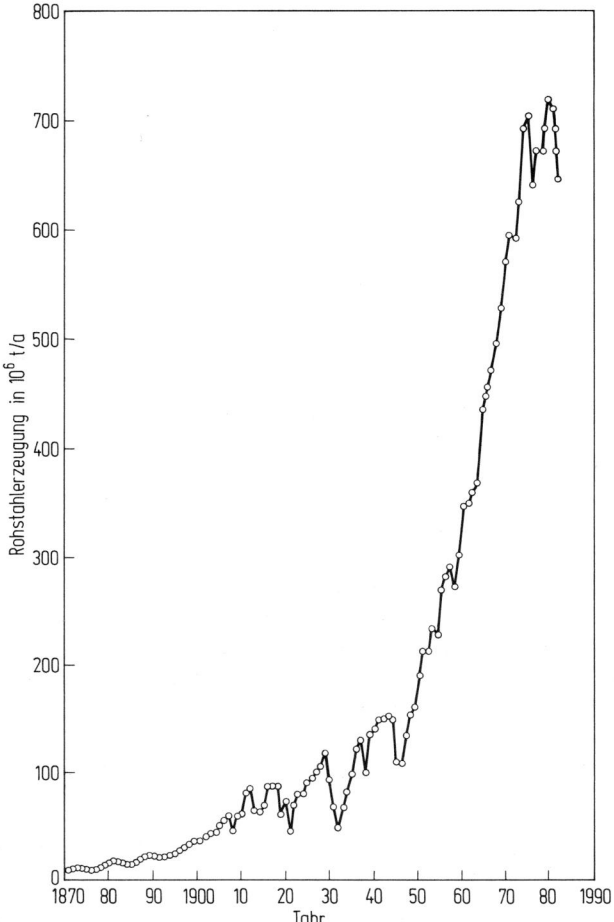

Bild A 1. Entwicklung der Rohstahlerzeugung in der Welt von 1870 bis 1982. (Für 1982 fehlten bei der Fertigstellung des Beitrags für verschiedene Länder noch amtliche Zahlen; sie wurden durch Schätzungen ersetzt.)

hochwarmfeste Stähle in Betracht; allenfalls müssen zu deren Verbindung durch Schweißen Nickellegierungen verwendet werden, trotz ihres weit höheren Preises als für Stahl. Für die Generatoren und Transformatoren sind technisch wieder nur bestimmte Stahlsorten wirtschaftlich zu verwenden. Im Überland-Hochspannungsnetz verringert man den Verbrauch an Aluminium, dessen elektrische Leitfähigkeit von keinem Eisenwerkstoff erreicht werden kann, aus wirtschaftlichen Gründen durch den Verbund mit Stahl, der mit höherer Festigkeit größere Spannweiten zwischen den Stahlgittermasten erlaubt.

Das moderne *Verkehrswesen* ist ein weiteres hervorragendes Beispiel dafür, daß neuzeitliche Technik und Lebensweise auf Stahl angewiesen sind. Begonnen hat es mit dem Bau von Eisenbahnen, für deren Schienen nur Stahl geeignet ist. Ob

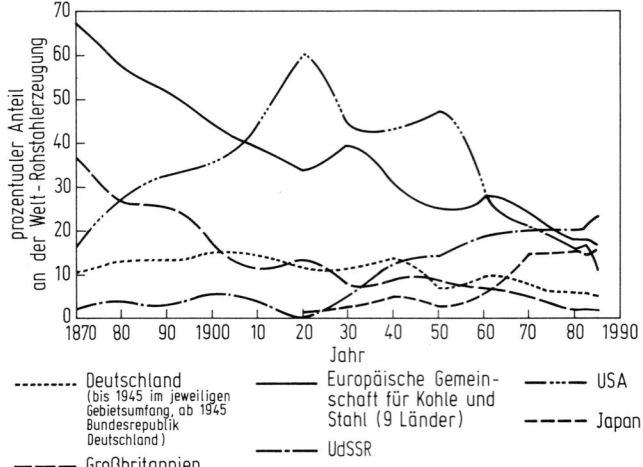

Bild A 2 Entwicklung des Anteils der wichtigsten Länder an der Rohstahlerzeugung der Welt von 1870 bis 1982. Das Mittel für jeweils 5 Jahre – z. B. 1963 bis 1967, 1968 bis 1972 – (bis 1980) ist eingetragen worden.

Dampf-, Diesel- oder Elektrolokomotiven benutzt werden, sie bestehen genauso wie die Güter- und Reisezugwagen in ihrem Gewicht weitgehend aus Stahl, auch wenn die Verringerung des Totgewichts durch Leichtbauweise angestrebt wird. Wie die Erfahrungen in noch wenig erschlossenen Gebieten gelehrt haben, ist für die Beförderung großer Mengen an Gütern über Land die Eisenbahn am wirtschaftlichsten. Große Schiffe aus einem anderen Stoff zu bauen als aus Stahl, ist nur für Sonderfälle, bei denen die Kosten keine entscheidende Rolle spielen, üblich. Das gleiche gilt für Personen- und Lastkraftwagen, deren Beliebtheit in der ganzen Welt ja für die so stark gestiegene Nachfrage nach hochwertigen Stahlblechen vor allem verantwortlich ist. Das einzige Gebiet des Verkehrswesens, auf dem Stahl nicht die Hauptrolle spielt, ist die Luftfahrt, bei der es auf Gewichtseinsparung sehr ankommt und deshalb die Flugzeugzellen aus Leichtmetallegierungen bestehen, während in den neuzeitlichen Strahltriebwerken wegen der hohen Temperaturen neben Stahl auch Nickellegierungen angewendet werden müssen.

Als drittes Beispiel für die technische und wirtschaftliche Unentbehrlichkeit von Stahl sei die *chemische Industrie* angeführt. Die Entwicklung von Stählen mit guter Beständigkeit gegen Korrosion durch die verschiedensten Medien, gegen Druckwasserstoff bei hoher Warmfestigkeit haben manche Arbeitsverfahren erst möglich gemacht, wie die Herstellung von künstlichen Stickstoffdüngemitteln, das Kracken und Raffinieren von Erdöl, auch die Herstellung von Kunststoffen.

Nach solchen Überlegungen über die Bedeutung des Stahls für die Erfüllung von Wünschen der derzeit lebenden Menschen ist es *deshalb sehr wahrscheinlich, daß die in der ganzen Welt jährlich erzeugte Stahlmenge weiter ansteigt,* wobei aber nicht mehr die für den Zeitraum von 1950 bis 1979 erreichte Zuwachsrate gelten wird. Das läßt auch der große Unterschied im Stahlverbrauch je Einwohner von Ländern, die sich schon Jahrzehnte mit der Stahlerzeugung und -verarbeitung beschäftigt haben, und Staaten, die erst in der jüngsten Zeit in der Eisenindustrie tätig wurden, erwarten (Tabelle A 1).

In Bild A 2 ist wiedergegeben, wie sich der *Anteil der jeweils wichtigsten Eisenindustrieländer* an der Rohstahlerzeugung der Welt geändert hat. Von etwa 1886 bis 1971 waren die Vereinigten Staaten von Amerika dank ihrem Reichtum an allen Rohstoffen und dem Unternehmungsgeist ihrer sich ständig vergrößernden Bevölkerung führend. Erst nach dem Zweiten Weltkrieg rückte die Union der Sozialistischen Sowjetrepubliken (Rußland) an die erste Stelle, ebenso wie Japan in dieser Zeit seine Eisenindustrie besonders förderte und etwa denselben Anteil an der Welterzeugung wie die Vereinigten Staaten von Amerika erreichte. Daß damit der Anteil der alten Eisenerzeuger in Westeuropa kleiner wurde, ist selbstverständlich. Hinzu kommt für sie eine Verschlechterung der Standortbedingungen, da ihre Eisenerzvorkommen erschöpft sind oder deren Abbau nicht mehr wirtschaftlich ist, und selbst die Förderung der eigenen Steinkohle teurer wird als die über See eingeführte gleichwertige Kohle.

A 2.3 Wandel in den Stahlerzeugungsverfahren seit 1870

In starkem Maße ist die Bedeutung der Länder für die Eisenindustrie auch durch den Wandel in den Stahlerzeugungsverfahren beeinflußt worden. In Bild A 3 ist zu verfolgen, daß schon viermal in dem verflossenen Jahrhundert Verfahren durch andere abgelöst wurden.

Das *Puddelverfahren,* nach dem 1870 etwa 90% des Stahls in der Welt hergestellt wurden, mußte den Verfahren weichen, die den qualitativ und auch kostenmäßig günstigeren Flußstahl brachten.

Von den beiden *Windfrischverfahren* – nach H. Bessemer (1855) mit phosphorarmem Roheisen, nach S. G. Thomas (1878) mit phosphorreichem Roheisen arbeitend – gewann das Thomas-Verfahren in Westeuropa die stärkste Anwendung, da

Tabelle A 1 Stahlverbrauch je Einwohner in einigen Ländern, umgerechnet auf kg Rohstahl. (Aus „1979/80 Statistical Yearbook" [8]).

	1970	1975	1978	1979	1980	1981
Belgien/Luxemburg	477	314	402	376	324	319
Brasilien	64	106	112	122	132	115
VR China	29	38	46	47	45	41
BR Deutschland	660	489	526	602	549	503
Indien	12	14	16	17	16	20
Japan	676	580	535	637	629	651
Tschechoslowakei	611	733	756	720	729	735
UdSSR	454	554	587	576	570	571
USA	620	594	672	640	508	565

Anmerkung: Als Stahlverbrauch wird von den Vereinten Nationen errechnet: Erzeugung − Ausfuhr + Einfuhr ± Lagerbewegung, wobei die verschiedenen Walzstahlerzeugnisse der eisenschaffenden Industrie mit festgelegten Einsatzzahlen (etwa dem Walzwerksausbringen entsprechend) auf Rohblockgewicht umgerechnet werden.

mit ihm die phosphorreichen Erze in Lothringen, Luxemburg und Schweden sehr günstig verarbeitet werden konnten.

Das *Herdfrischen* nach F. Siemens sowie E. und P. Martin (1864) hatte gegenüber den Windfrischverfahren den Vorteil, daß man nicht nur Roheisen, sondern auch Schrott einsetzen konnte, der je nach der Wirtschaftslage billiger als Roheisen zu haben war. Im späteren Wettbewerb zwischen Bessemer- bzw. Thomas-Stahl und dem Siemens-Martin-Stahl schlugen auch qualitative Vorteile des Herdfrischens zu Buche. Es ergibt gegenüber dem Durchblasen von natürlicher Luft durch das Metallbad geringere Gehalte des Stahls an Stickstoff, der sich nur in Sonderfällen günstig auswirkt, und läßt bei der viel längeren Zeit von der einen zur nächsten Schmelze die Einhaltung engerer Spannen für die chemische Zusammensetzung, also größere Gleichmäßigkeit, zu. Darauf ist es zurückzuführen, daß in den Vereinigten Staaten von Amerika das Siemens-Martin-Verfahren in der Stahlerzeugung führend wurde und in den Jahren, in denen dort über die Hälfte zur Welterzeugung – im Jahre 1945 sogar 63,4 % – beigetragen wurde, auch dieses Verfahren seinen Höhepunkt erreichte.

Nach dem Zweiten Weltkrieg schaltete das *Blasen mit technisch reinem Sauerstoff* (1949) nach und nach bis Ende der 70er Jahre das Thomas-Verfahren vollständig aus; es ergab einen Stahl mit sehr niedrigen Stickstoffgehalten und war auch noch kostengünstiger, nachdem durch das Verfahren von Linde und Fränkl [9] die Gewinnung von reinem Sauerstoff aus der Luft erheblich verbilligt worden war und die aus Gründen des Umweltschutzes notwendige Reinigung des Abgases, dessen Mengen je Tonne Stahl viel kleiner als beim Windfrischen sind, tragbar wurde. Der einzige Nachteil lag darin, daß phosphorreiche Erze nicht mehr wie in der Zeit des Thomas-Verfahrens gesucht waren, dagegen die Nachfrage nach phosphorarmen Erzen, die in Westeuropa nicht häufig sind, stieg.

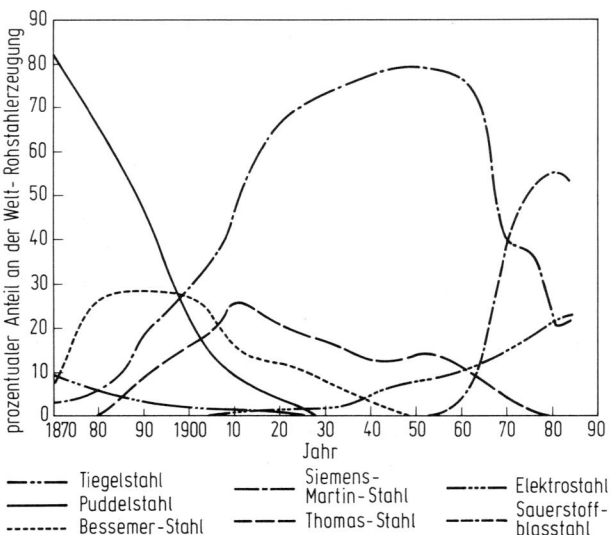

Bild A 3 Anteil der Erzeugungsverfahren an der in der Welt hergestellten Stahlmenge von 1870 bis 1982.

Nach Bild A 3 hat der Anteil des *Elektrostahls* seit seiner Erfindung zu Anfang dieses Jahrhunderts (in Deutschland von 1906 an) ständig zugenommen. Zunächst war dafür die wachsende Nachfrage nach höher legierten Stählen verantwortlich, die sich unter der in Lichtbogenöfen möglichen reduzierenden Schlacke bei geringem Abbrand der Legierungselemente mit der notwendigen Reinheit und Gleichmäßigkeit erschmelzen lassen. Später kam die wirtschaftliche Überlegung hinzu, daß sich in Großraumöfen bei günstigen Strompreisen auch unlegierter Stahl aus Schrott allein erschmelzen läßt.

Nach der in Bild A 3 zu verfolgenden Entwicklung sieht es also so aus, daß in Zukunft für die Stahlerzeugung das Sauerstoffblasverfahren vorherrschen wird – 1982 lag sein Anteil in der Welt bei 55%, in Japan bei rd. 73% und in der Bundesrepublik Deutschland schon bei rd. 81% –. Der Elektrostahl wird seinen Anteil von derzeit 23% noch vergrößern, das Siemens-Martin-Verfahren – noch 22% – geht weiter zurück.

Der Vollständigkeit halber muß erwähnt werden, daß *Stahl auch pulvermetallurgisch hergestellt* wird. Anfänglich handelte es sich darum, Kleinteile aus Mischungen von Stahlpulvern mit Zusätzen, die nicht zum Schmelzfluß kommen sollen, durch Pressen und Sintern herzustellen, wobei ein erheblicher Teil der Kosten bei der Formgebung durch Zerspanen erspart wurde. Nach guten Erfahrungen mit derartigen Teilen aus Stahl-Kupfer-Mischungen u. a. kam man auf den Gedanken, höherlegierte Stähle zu zerstäuben oder zu pulvern, sie dann in die gewünschte Fertigform zu pressen und zu sintern. Bisher ist die Menge der so hergestellten Teile noch klein [10].

Eine ähnlich wichtige Entwicklung in der Stahlherstellung wie die der Erschmelzungsverfahren läßt sich bei der *Desoxidation, Legierung und Behandlung beim Vergießen* statistisch leider nicht genau verfolgen.

Erst in den Anfängen des Windfrischens stieß man auf die schädliche Wirkung des Sauerstoffgehalts des Stahls, nämlich auf die Gefahr des Rotbruchs bei der Warmumformung; man lernte, sie durch den Zusatz von Mangan aufzuheben, zumindest wesentlich zu verringern. Im Laufe der Jahre erkannte man die Möglichkeiten und besonderen Wirkungen der Desoxidation mit anderen Elementen als Mangan. Silizium führt zur Beruhigung des Stahls beim Vergießen, da die Reaktion des mit sinkender Temperatur frei werdenden Sauerstoffs mit Kohlenstoff zu Kohlenmonoxid unterbunden wird, und verringert damit die Blockseigerung. Mit Aluminium bindet man nicht nur den im Stahl vorhandenen Sauerstoff, sondern auch den Stickstoff ab und erzielt damit Unempfindlichkeit gegen Sprödbruch und Alterung sowie arteigene Feinkörnigkeit mit Erhöhung der Streckgrenze. Mit dem Zusatz von Aluminium beeinflußt man also nicht nur die Auswirkungen des vom flüssigen Stahl während des Erzeugungsgangs aufgenommenen Sauerstoffs. Man bleibt aber doch bei dem Ausdruck „Desoxidation" für diese Behandlung des Stahls vor oder beim Vergießen, oder man spricht von einer „besonderen Beruhigung" des Stahls. Unter sie ordnet man im deutschen Sprachgebrauch auch den Zusatz von Niob, Titan oder Vanadin ein, mit dem die Bildung von Karbonitriden erzielt wird und die heutigen höherfesten schweißbaren Feinkornstähle erreicht werden.

Mangan war auch das erste Element, das betriebsmäßig zur Herstellung einer besonderen Stahlart – des verschleißfesten Hartmanganstahls (1888) – verwendet wurde und das *Legieren* von Stahl erfolgversprechend erscheinen ließ. Viel bedeutungsvoller war die Erfindung des mit Wolfram und Chrom legierten Schnellarbeitsstahls, der Verbesserungen durch Zusatz von Vanadin, Kobalt und Molybdän folgten. In dieselbe Zeit fiel die Entwicklung der mit Silizium legierten Generatoren- und Transformatorenstähle. Man erkannte die Vorteile des Nickel- und Chromzusatzes zu Einsatz- und Vergütungsstählen. Einen besonderen Fortschritt in der Anwendung von Stahl brachte die Erfindung der mit Chrom und weiter mit Nickel legierten nichtrostenden Stähle (1912), denen man später zur Erzielung größerer Korrosionsbeständigkeit unter bestimmten Bedingungen noch Molybdän, Niob oder Titan zusetzte. Diese Erfolge der Legierunstechnik veranlaßten planmäßige Forschungen über die Anwendbarkeit fast aller Elemente zur Verbesserung bekannter Stähle oder zur Erfindung von Stählen mit neuartigen Gebrauchseigenschaften.

Wie bei den Stahlerschmelzungsverfahren und den Stahlsorten haben sich auch *bei den Walzwerksverfahren und den Walzwerksfertigerzeugnissen* im letzten Jahrhundert wesentliche *Änderungen* ergeben. Am auffälligsten ist der Anstieg des Anteils von Flacherzeugnissen. In ihm wirken sich die Nachfrage der Automobilindustrie, der Hersteller von Blechpackungen, Konservendosen und Fässern für die verschiedensten Waren aus, die Erzeugung von Kaltprofilen, durch die warmgewalzter Formstahl ersetzt wird, besonders auch die Schweißtechnik, die nicht mehr walzbare Profilformen, z. B. Blechträger, und Rohre mit sehr großen Abmessungen möglich macht. Dagegen ist der Anteil an Eisenbahnoberbau-Stoffen an den Walzwerkserzeugnissen allgemein zurückgegangen.

A 2.4 Vergleich der in der Stahlerzeugung größten Länder

Es liegt nahe, die Verhältnisse in der *Stahlerzeugung der Bundesrepublik Deutschland mit denen der* drei in der Erzeugungsmenge *bedeutendsten Staaten zu vergleichen,* wie das in Tabelle A 2 geschehen ist. Es muß vorausgeschickt werden, daß die Zahlen nicht immer streng vergleichbar sind; die Begriffsbestimmungen – z. B. für legierten Stahl, Edelstahl, Blech, Band – sind nicht einheitlich und die Statistiken nicht gleichartig angelegt. In den Merkmalen für neuzeitliche metallurgische Technik – Anteil des Sauerstoffblasverfahrens, des Stranggießens, der hochwertigen Stähle, der Breitbänder – findet sich die Bundesrepublik Deutschland in der Spitzengruppe. Der Schluß ist wohl berechtigt, daß die deutsche Stahlindustrie neuestem Stand der Technik gerecht wird. Nebenbei soll die Aufstellung in Tabelle A 2 auch ein Gefühl für die Mengenverhältnisse und damit für die Bedeutung der Erzeugnisformen und der für sie in Betracht kommenden Stahlsorten vermitteln.

Im Hinblick darauf, daß die deutsche Stahlindustrie schon lange um die Erzeugung höherwertiger Stähle bemüht ist, wäre ein Vergleich über die *Erzeugungsverhältnisse bei Edelstahl und legiertem Stahl mit weiteren Ländern* erwünscht. Die öffentlichen Statistiken liefern aber nur geringe Aufschlüsse über die Tabelle A 2 hinaus. Der Anteil des legierten Edelstahls ist in Schweden mit 32 % am höchsten; an zweiter Stelle folgt dann die Bundesrepublik mit rd. 17,4 %. Innerhalb der Europäischen Gemeinschaft liegt der Anteil nur bei 13,3 %, für Frankreich bei 13,5 % und für Großbritannien bei 9,7 %.

Tabelle A 2 Verteilung der Erzeugungsmengen auf Stahlsorten und Erzeugnisformen. (Mittel der Jahre 1980, 1981 und 1982).

	Einheit	UdSSR	Japan	USA	BR Deutschland
Rohstahlerzeugung	10^3 t/Jahr	147 904	104 206	92 984	40 443
Anteil Sauerstoffblasstahl	%	30,0	74,8	60,9	79,8
Elektrostahl	%	11,0	25,2	28,5	16,0
Siemens-Martin-Stahl	%	59,0	0	10,6	4,2
legierter Stahl	%	a	a	14,8	17,8
Edelstahl	%	a	16,6[b]	a	20,4
im Strang vergossener Rohstahl	%	12,2	69,3	22,4	54,0
Walzstahl-Fertigerzeugnisse	10^3 t/Jahr	99 742	90 690	60 219[c]	29 431
davon Flacherzeugnisse	%	49,4	61,0	66,7	65,1
Band < 600 mm Breite	%	10,7	1,8	2,3	7,9
Band ≥ 600 mm Breite	%	a	44,4	a	13,5[e]
Band < 3 mm Dicke	%	18,2	–	54,5	28,0
Blech ≥ 3 mm Dicke	%	20,5	14,8	9,9	15,4
Breitflachstahl	%	a	a	a	0,3
davon Profilerzeugnisse	%	50,6	39,0	33,3	34,9
Eisenbahnoberbau-Stoffe	%	4,1	0,5	1,7	1,6
Formstahl	%	38,5	8,2	6,8	6,9
Stabstahl	%	a	22,7	18,4	14,1
Walzdraht	%	8,0	7,6	6,4	12,3
Rohre	10^3 t/Jahr	18 042	9 264	7 383	4 935
davon nahtlos	10^3 t/Jahr	7 314	1 874	3 408	1 865
geschweißt	10^3 t/Jahr	10 728	7 390	3 975	2 229
Präzisionsrohre	10^3 t/Jahr	a	a	a	841
Schmiedestücke	10^3 t/Jahr	1 371	689	a	680
Stahlguß	10^3 t/Jahr	a	678	142	276
Weiterverarbeiteter Walzstahl	10^3 t/Jahr	a	9 464	10 178	3 260
davon Feinstblech und -band	10^3 t/Jahr	a	a	383	38
Weißblech und -band	10^3 t/Jahr	a	1 724	4 131	875
verzinktes Band	10^3 t/Jahr	a	6 566	4 980	1 669
Band mit sonstigen Überzügen	10^3 t/Jahr	a	1 174	684	678

[a] Nicht ausgewiesen
[b] Berechnet aus warmgewalzter Edelstahlerzeugung
[c] Lieferung von Walzstahlerzeugnissen
[d] Walzstahlerzeugung warmgewalzt, einschl. warmgewalzte Edelstahlerzeugnisse
[e] Soweit als Fertigerzeugnisse für Verwendung außerhalb der eisenschaffenden Industrie bestimmt

Für die deutsche Edelstahlerzeugung weist die Statistik eine weitere Unterteilung aus, und zwar im Mittel der Jahre 1980 bis 1982 für

unlegierten Edelstahl mit		18,3 %,
davon für		
Baustahl	17,9 %,	
Werkzeugstahl	0,4 %,	
legierten Edelstahl mit		81,7 %,
davon für		
Edelbaustahl	32,0 %,	
höherfeste schweißbare Feinkorn-Baustähle	31,3 %,	
Wälzlagerstahl	3,8 %,	
Werkzeugstahl	4,6 %,	
nichtrostenden Stahl	8,5 %,	
hitzebeständigen Stahl	1,1 %,	
Stahl mit besonderen physikalischen Eigenschaften	0,4 %.	

Nur in der amerikanischen und britischen Statistik findet man ebenfalls eine weitere Unterteilung der Erzeugungsmenge an legiertem Stahl; die Zahlen für 1981 seien hier angeführt:

	Großbritannien	Vereinigte Staaten von Amerika
Gesamte Erzeugung 10^3 t	1485	17 568
davon	%	%
Manganstähle	–	4,0
Silizium-Mangan-Stähle	–	3,1
Chromstähle	8,8	4,1
Molybdänstähle	–	5,7
Nickelstähle	0,5	1,9
Mangan-Molybdän-Stähle	7,3	0,2
Chrom-Molybdän-Stähle	18,5	14,2
Chrom-Nickel-Stähle	1,6	0,6
Chrom-Vanadin-Stähle	0,1	0,2
Nickel-Molybdän-Stähle	–	0,7
Chrom-Nickel-Molybdän-Stähle	17,7	9,4
nichtrostende und hitzebeständige Stähle	16,4	9,0
Schnellarbeitsstähle	0,3	–
sonstige legierte Stähle	21,6	46,7
legierter Stahlguß	7,2	0,2

A 2.5 Herkunft der Rohstoffe für die Stahlherstellung

Bei Industriezweigen, für die natürliche Rohstoffe grundlegend sind, ist *zur Beurteilung der Zukunftsaussichten notwendig zu wissen, woher die Rohstoffe geholt* werden müssen und wie lange ihre Lagerstätten vorhalten. Die Bundesrepublik Deutschland gehört zu den Gebieten, in denen nach dem heutigen Stand der Technik keine wirtschaftlich ausbeutbaren Eisenerze zu finden sind; sie bezieht sie schon heute fast vollständig über See, wie aus Tabelle A 3 hervorgeht. In der Welt sind aber

Eisenerze in den derzeit wirtschaftlich abbaubaren Lagerstätten mit einem Eiseninhalt von 99 305 · 10^9 t vorhanden, der bei dem gegenwärtigen Bedarf von 883 · 10^6 t rd. 1 100 Jahre reicht [11]. Über den Verbrauch an Desoxidations- und Legierungsmitteln bei der deutschen Stahlerzeugung, geschätzt für 1980, unterrichtet Tabelle A 4. Auch hier ist zu berücksichtigen, daß die in Betracht kommenden Erze fast nur in außereuropäischen Ländern zu finden sind ([12], s. Tabelle A 5), also die Versorgung mit den Legierungsmitteln Schwierigkeiten machen kann.

Tabelle A 3 Ursprung der von der Bundesrepublik Deutschland bezogenen Eisenerze einschl. Sinter, Pellets und Eisenschwamm. (Mittel der Jahre 1980, 1981 und 1982. Nach 4. Vierteljahrsheft 1982 der Fachstatistik über Eisen und Stahl [8]).

Ursprungsland	10^3 t Erz	Eisengehalt %
Brasilien	14 065	62,5
Liberia	6 942	60,2
Kanada	6 678	62,3
Schweden	4 160	61,9
Südafrika	3 916	65,0
Australien	3 693	60,9
Venezuela	1 275	60,7
Norwegen	1 178	63,2
Frankreich	1 124	29,8
Sonstige Länder	1 035	51,2
Ausland gesamt:	44 066 Mittelwert:	61,0
Inland	1 610	30,2
Verbrauch, gesamt	45 676	
Eisengehalt, Mittelwert		60,0

Tabelle A 4 Verbrauch an Desoxidations- und Legierungsmitteln bei der deutschen Stahlerzeugung (Schätzungen für 1982, zum Teil fortgeschrieben nach Angaben in [12]).

Element	Verbrauch in t Reinmetall	Element	Verbrauch in t Reinmetall
Aluminium	59 000	Niob	1 300
Cer	250	Nickel	38 000
Kobalt	400	Silizium	82 000
Chrom	118 000	Titan	2 200
Mangan	230 000	Vanadin	3 300
Molybdän	7 000	Wolfram	600

Tabelle A 5 Derzeitige Herkunft der Erze für die Erzeugung von Eisen und Stahl sowie von wichtigen Stahllegierungsmitteln [12].

Element	Fördermenge im Jahr 1978 in 10^3 t Metallinhalt	
	in der Welt	in den Ländern mit dem größten Anteil
Eisen[a]	530 200	UdSSR: 133 894; Australien: 54 739; USA: 50 512; Brasilien: 45 133
Kobalt[b]	25,3	Zaire: 13,3; UdSSR: 2,0; Kuba: 1,6; Australien: 1,4
Chrom[a]	4 260	Südafrika: 1 380; UdSSR: 960; Albanien: 390; Simbabwe: 300; Türkei: 259
Mangan[a]	9 380	UdSSR: 2 945; Südafrika: 1 950; Gabun: 940
Molybdän[a]	100,1	USA: 59,8; Kanada: 14,1; Chile: 13,2; UdSSR: 9,9
Niob[c]	15,4	Brasilien: 12,7; Kanada: 1,6; UdSSR: 0,7; Nigeria: 0,2
Nickel[a]	798	UdSSR: 148; Kanada: 130; Neukaledonien: 115; Australien: 87
Titan[b]	1 854[d]	Australien: 626[e]; Kanada: 399; Norwegen: 228; USA: 218
Vanadin[a]	29,1	Südafrika: 11,3; UdSSR: 9,0; USA: 3,9; Finnland: 2,9
Wolfram[a]	55,5	China: 11,3; UdSSR: 10,7; Nord- und Südkorea: 6,0; Bolivien: 4,0

[a] Nach 1979/80 Statistical Yearbook [8].
[b] Für 1978, nach Bulletin 671 des Bureau of Mines: Mineral facts and problems, 1980 Edition [8].
[c] Für 1980, nach „Untersuchungen über Angebot und Nachfrage mineralischer Rohstoffe. Bd. 16" [12].
[d] Davon 1 511 · 10^3 t aus Ilmenit, 171 · 10^3 t aus Rutil.
[e] Davon 422 · 10^3 t aus Ilmenit, 146 · 10^3 t aus Rutil.

A 3 Derzeitige Einteilung des Stahls nach Eigenschaften, Verwendungsbereichen und Erzeugnisformen

Bei der Vielfalt der Stahlsorten und ihrer Erzeugnisformen ist es fast eine Notwendigkeit, zumindest aber angebracht, eine Einteilung nach Gruppen gleichartiger Merkmale anzustreben, sei es im Hinblick auf volkswirtschaftliche Statistiken über Erzeugung, Einfuhr und Ausfuhr, auf technische Erörterungen zwischen Erzeugern, auf Verhandlungen mit Verbrauchern über die für sie in Betracht kommenden Sorten und über Lieferbedingungen, mit Behörden über Zölle und Zulassungen, auf die Aufstellung von Normen, schließlich auch im Hinblick auf planmäßige Sorten- und Kurzbezeichnungen oder Benummerungen.

A 3.1 Für die Stahlsorten gebräuchliche Gruppeneinteilungen

Am ältesten ist wohl die *Unterscheidung der Stahlsorten nach dem Erzeugungsverfahren*. Es bestimmte im Anfang der technischen Entwicklung fast allein die Eigenschaften des Stahls. Auch heute noch hängen manche Fragen der erreichbaren chemischen Zusammensetzung des Stahls wie auch der verwendbaren Rohstoffe von ihm ab. Deshalb ist es verständlich, daß die Statistiken sämtlicher Länder und der übergeordneten Organisationen – wie der Europäischen Gemeinschaft für Kohle und Stahl oder der Vereinten Nationen – nach Erzeugungsverfahren unterscheiden. Heute sind es die Sauerstoffblasverfahren, die Erschmelzung nach dem Siemens-Martin-Verfahren und die Stahlerzeugung in Elektroöfen. Der Stahlhersteller möchte zunächst aus derartigen Statistiken die Entwicklungsrichtung erkennen und aus ihr Folgerungen für sein eigenes Werk und etwaige Neuanlagen wie auch für die langzeitige Versorgung mit Rohstoffen ziehen. Zur Kennzeichnung der Güte einer Stahlsorte ist meist die Angabe der Erschmelzungsart überflüssig oder unzureichend. In den Verhandlungen über Normen oder Lieferbedingungen ist man heute bestrebt, Prüfungen und Prüfwerte festzulegen, die am abzuliefernden Erzeugnis ermittelt werden können, dem Hersteller aber in der Wahl seiner Erzeugungsbedingungen freie Hand lassen. So verzichtet man mehr und mehr in den Normen, gerade internationaler Art, auf verbindliche Vorschriften über das Erschmelzungsverfahren.

Auf jahrzehntelanger Übung und Erfahrung beruht ebenfalls die *Einteilung* der Stähle *in Grund-, Qualitäts- und Edelstähle,* bei der Überlegungen zur Zahl der in Betracht kommenden Sorten, zur Auftragsgröße und dem möglichen Schmelzengewicht, zur Höhe der qualitativen Anforderungen an Gebrauchseigenschaften und damit zum Aufwand bei Herstellung und Prüfung eine Rolle spielen. In Euronorm 20-74 finden sich folgende Kennzeichnungen.

Als *Grundstähle* gelten unlegierte Stahlsorten, deren Eigenschaften in folgenden Grenzen liegen:

Mindestzugfestigkeit $\leq 690\,\text{N/mm}^2$,
Mindeststreckgrenze $\leq 360\,\text{N/mm}^2$,
Mindestbruchdehnung $A_5 \leq 26\,\%$,
Mindestdorndurchmesser beim Faltversuch $\geq 1 \times$ Probendicke,
Kerbschlagarbeit mit ISO-V-Probe bei $+20\,°\text{C} \leq 27$ Joules,
höchstzulässige Härte $\geq 60\,\text{HRB}$,
höchstzulässiger Kohlenstoffgehalt $\geq 0{,}10\,\%$,
höchstzulässiger Phosphorgehalt $\geq 0{,}050\,\%$,
höchstzulässiger Schwefelgehalt $\geq 0{,}050\,\%$,
höchstzulässiger Stickstoffgehalt $\geq 0{,}007\,\%$.

Vorschriften über weitere Gütemerkmale oder für eine Wärmebehandlung – ausgenommen für Glühbehandlungen – kommen nicht in Betracht.

Qualitätsstähle sind Stahlsorten, für die im allgemeinen kein gleichmäßiges Ansprechen auf eine Wärmebehandlung – wieder ist das Glühen nicht einbezogen – gefordert wird. Die Anforderungen an ihre Gebrauchseigenschaften machen jedoch besondere Sorgfalt bei der Herstellung vor allem im Hinblick auf Oberflächenbeschaffenheit, Gefüge und Sprödbruchunempfindlichkeit notwendig.

Edelstähle sind Stahlsorten, die im allgemeinen für eine besondere Wärmebehandlung bestimmt sind und deshalb auf sie gleichmäßig ansprechen müssen. Daneben weisen sie aufgrund ihrer besonderen Herstellungsbedingungen im allgemeinen eine größere Reinheit – vor allem von nichtmetallischen Einschlüssen – als die Qualitätsstähle auf.

Da es noch nicht möglich war, die Grenzen der Güteanforderungen an Qualitäts- und Edelstähle durch eindeutige Zahlenwerte für Prüfungen festzulegen, blieb nichts anderes übrig, als die unlegierten und legierten Sorten, die entweder als Qualitäts- oder als Edelstähle gelten, durch Verwendungszwecke mit wenigen Angaben zu ihren Eigenschaften zu kennzeichnen. Auf die Anführung dieser Einzelheiten soll hier verzichtet werden. Wohl sei aber darauf hingewiesen, daß die Einteilung nach Grund-, Qualitäts- und Edelstählen für organisatorische und kaufmännische Belange auf der Seite der eisenschaffenden Industrie der Bundesrepublik Deutschland von Bedeutung ist.

Die International Organization for Standardization hat sich ebenfalls mit dieser Art der Stahleinteilung befaßt, ist aber noch nicht zu einer Entscheidung gekommen.

In der einfacheren *Grenzziehung zwischen unlegiertem und legiertem Stahl* sind die für Euronormen und ISO-Normen verantwortlichen Kreise zu ungefähr gleicher Lösung gekommen; die Massengehalte (in %), unterhalb deren ein Stahl als unlegiert gilt, lauten sowohl in Euronorm 20-74 als auch in ISO 4948 für:

Aluminium	0,10,	Blei	0,40,
Bor	0,0008,	Selen	0,10,
Chrom	0,30,	Silizium	0,50,
Kobalt	0,10,	Tellur	0,10,
Kupfer	0,40,	Titan	0,05,
Lanthanide	0,05,	Vanadin	0,10,
Mangan	1,60[a],	Wismut	0,10,
Molybdän	0,08,	Wolfram	0,10,
Nickel	0,30,	Zirkonium	0,05,
Niob	0,05[b],	Sonstige	0,05.

[a] in der ISO 1,65; [b] in der ISO 0,06

Für die Einordnung einer Stahlsorte soll in der Regel die in der Lieferbedingung oder Norm oder Bestellung angegebene Zusammensetzung herangezogen werden. Wird in ihnen ein Mindestwert – auch in Form einer Spanne – angegeben, ist er maßgebend; bei Nennung nur eines Höchstwertes gelten 70% dieses Wertes. Da in den Sätzen für Einfuhr- und Ausfuhrzölle vieler Länder nach unlegierten und legierten Stählen unterschieden wird und man in Zweifelsfällen sich auf die Analyse der Waren an der Grenze stützt, sind in den beiden Normen noch Regelungen für Stückanalysen vorgesehen.

Im übrigen lohnt es sich zu erwähnen, daß Euronorm und ISO auch *Begriffsbestimmungen für Eisenwerkstoffe* – im Hinblick auf die Abgrenzung von Nichteisenmetall-Legierungen – *und für Stahl* – zum Unterschied von Gußeisen – wie folgt bringen.

Als Eisenwerkstoffe werden Metallegierungen bezeichnet, bei denen der mittlere Gewichtsanteil an Eisen höher als der jedes anderen Elements ist.

Als Stahl werden Eisenwerkstoffe bezeichnet, die im allgemeinen für eine Warmformgebung geeignet sind. Mit Ausnahme einiger chromreicher Sorten enthält er höchstens 2% Kohlenstoff.

Nach der Höhe des Legierungszusatzes wird vielfach unterschieden nach niedrig- und hochlegierten Stählen, ohne daß hierfür klare Grenzen vereinbart worden sind. In der zurückgezogenen DIN 17006 – Systematische Kurzbezeichnung von Eisenwerkstoffen – war nur im Hinblick auf die Vereinfachung der Namensgebung für Stähle mit einem Gehalt an einem Legierungselement von mehr als 5% eine besondere Regelung vorgesehen worden, ohne die Absicht, damit eine Begriffsbestimmung für hochlegierte Stähle zu geben.

In den letzten Jahren sind die mikrolegierten Stähle im Hinblick auf ihre wirtschaftliche Verwendung für geschweißte Bauwerke und Rohrleitungen weit bekannt geworden; sie haben Zusätze von Bor, Niob, Titan, Vanadin, Zirkon, gelegentlich auch von Lanthaniden und Cer in tausendstel bis 0,20%.

Wie die chemische Zusammensetzung bietet sich auch das *Gefüge für die Unterscheidung der Stahlsorten* an. Für den Fachmann reicht in manchen Fällen die Angabe, ob es sich um einen ferritischen, perlitischen, bainitischen, martensitischen oder austenitischen Stahl handelt, zumal wenn die Zusammensetzungsart bekannt ist. Es ist geläufig, bei nichtrostenden Stählen weiter zu unterteilen in die ferritische, martensitische und austenitische Gruppe, weil dadurch bestimmte Unterschiede in den Eigenschaften angedeutet werden. Bei Werkzeugstählen ist eine Gruppe der ledeburitischen Stähle geläufig.

Für viele Verarbeiter und Verbraucher sagt dagegen die Art des Gefüges zu wenig als Sortenkennzeichnung; das hat nichts damit zu tun, daß selbstverständlich im Hinblick auf weitere Formgebungsarbeiten man z.B. Glühen auf kugeligen Zementit wünscht. In der ganzen Welt eingeführt hat sich dagegen die Bezeichnung „Feinkornstähle" für die Baustähle mit höherer Streckgrenze und guter Schweißbarkeit, nachdem für ihre Eigenschaften die Wichtigkeit eines kleinen Sekundärkorns für Schweißverhalten, Streckgrenze und Kerbschlagwert erwiesen ist. Bei der Einteilung von Stählen nach dem Gefüge wird auch der Ausdruck „perlitarme Stähle" verwendet, der aber keine zahlenmäßige Grenzen für den Perlitanteil beinhaltet.

Weit verbreitet ist die *Bezeichnung* von Stahlgruppen *nach dem Verwendungszweck,* wie sie Bestellern und Verbrauchern naheliegt. Für sie sind verständlicherweise Bezeichnungen wie Betonstähle, Schiffbaustähle, Schienenstähle genügend eindeutig, so daß nur eine übersichtliche Zahl von Stahlsorten zu einer Gruppe zusammengefaßt zu werden braucht. Entsprechend dieser Einstellung sind viele Normen – vielleicht sogar ihre Mehrzahl – nach Stählen für Verwendungsbereiche abgefaßt. Das hat aber den Nachteil, daß gleichartige Werkstoffsorten je nach den jeweiligen Anforderungen in mehreren Normen oder Lieferbedingungen erwähnt werden, diese in unterschiedlichen Kreisen und zu verschiedenen Zeiten behandelt werden und so sich leicht widersprüchliche Angaben für gleichartige Sorten entwickeln können.

Dieser Einwand gegen die Ausrichtung von Stahlsorten und ihrer Gütebedingungen nach Verwendungszwecken wird seit langem durch das Bestreben, aus technischen und wirtschaftlichen Gründen die Zahl der Stahlsorten zu verringern, bestärkt. Gerade in den Verhandlungen der International Organization for Standardization wurde deshalb vereinbart, die Festigkeitsstufen der Stähle für Druckbehälter und für Bauwerke (Hoch-, Brückenbau) zu vereinheitlichen. Diesem Leitgedanken sind inzwischen die Festlegungen für die höherfesten schweißbaren Feinkornbaustähle sowohl in der International Organization for Standardization (ISO 2604) als auch in der Europäischen Gemeinschaft für Kohle und Stahl (Euronormen 113 und 137) und in der Bundesrepublik Deutschland (DIN 17102) gefolgt; gleiche Festigkeitsstufen werden für den Druckbehälter-, Hoch- und Tiefbau vorgesehen, wobei neben den mechanischen Eigenschaften bei klimatischen Temperaturen für sie auch der Nachweis von Werten bei höheren oder tiefen Temperaturen vereinbart werden kann.

So scheint der Gedanke, Stahlsorten nach den für ihre *Verarbeitung und endgültige Verwendung erforderlichen Eigenschaften* zu beurteilen und zu Gruppen zusammenzufassen, an Boden zu gewinnen. Bei der großen Zahl von Eigenschaften, die zudem noch von unterschiedlicher Bedeutung für die Fertigung und die Verwendung eines Bauwerks, eines Geräteteils oder eines Werkzeugs sein können, muß man wohl für die Erzielung einer für technische und kaufmännische Zwecke brauchbaren Einteilung trennen nach maßgebenden Gebrauchseigenschaften, die für die endgültige Berechnung oder Beanspruchung im Betrieb oder bei der Herstellung unentbehrlich sind, und nach zusätzlichen Eigenschaften, die bei der Verarbeitung oder in der Verwendung des fertigen Gerätes wichtig sein können oder auch nur erwünscht zu sein brauchen. Anzustreben ist verständlicherweise, daß diese Eigenschaften durch zahlenmäßige Prüfwerte einwandfrei zu kennzeichnen sind. In dieser Richtung fehlt es aber noch in vielen Fällen, weshalb die Beratungen in den interessierten Kreisen trotz langer Verhandlungen noch nicht zu einem Ziel gekommen sind. So lassen sich nur zur Kennzeichnung einer solchen Einteilung folgende Beispiele anführen für Eigenschaftsgruppen und die bei ihnen einzuordnenden Stahlsorten.

Als maßgebende Eigenschaften kommen z. B. in Betracht
– die Festigkeit in dem vom Hüttenwerk angelieferten Zustand
  – bei klimatischen Temperaturen
    (allgemeine Baustähle wären hier einzuordnen),
  – bei höheren Temperaturen (z. B. Stähle für Dampfkraftwerke),

- bei tiefen Temperaturen (z. B. kaltzähe Stähle);
- das Formänderungsvermögen (z. B. Tiefziehstähle);
- die Eignung zur Wärmebehandlung (z. B. Einsatz- und Vergütungsstähle);
- die Zerspanbarkeit (Automatenstähle);
- die chemische Beständigkeit (nichtrostende Stähle);
- physikalische Eigenschaften, z. B.
  - Ummagnetisierungsverhalten (Generatoren- und Transformatorenbleche),
  - elektrische Leitfähigkeit oder elektrischer Widerstand bei klimatischen Temperaturen (z. B. Telephon- und Telegraphendraht), bei hohen Temperaturen (Heizleiterlegierungen).

Als zusätzliche Eigenschaften kommen z. B. in Betracht:
- Sprödbruchunempfindlichkeit,
- Schweißeignung,
- Kaltumformbarkeit,
- Eignung zum Blankziehen,
- Witterungsbeständigkeit.

Für die Zuordnung von Stählen zu einer Gruppe sollte also *eine* Gebrauchseigenschaft *maßgebend* sein, jedoch jeweils noch mehrere andere Merkmale, die für die Verarbeitung oder den Endzweck mehr oder minder wichtig sind, berücksichtigt werden. Die Zusammenfassung (Kombination) solcher Eigenschaften, die sich in den meisten Fällen durch Prüfwerte zahlenmäßig kennzeichnen lassen sollten, führt dann zu Gruppen gleichartiger Stahlsorten, wie sie für die technischen oder wirtschaftlichen Fragen sowohl dem Verbraucher als auch dem Erzeuger erwünscht sind.

Es bedeutete ohne Zweifel einen Fortschritt, wenn eine internationale Vereinheitlichung der Stahlsorteneinteilung erreicht würde. Die Verständigung über die Grenzen in technischen und kaufmännischen Fragen würde leichter. Das gilt sowohl für die Verhandlungen innerhalb der Europäischen Gemeinschaft oder der International Organization for Standardization als auch für die weltweite Ausfuhr von Stahl, auf die die deutsche Volkswirtschaft angewiesen ist.

A 3.2 Einteilung des Stahls nach Fertigungsstufen und Erzeugnisformen

Zur unmißverständlichen Bezeichnung eines Stahlerzeugnisses gehört nicht nur die Angabe der Stahlsorte, ebenso notwendig ist die Kennzeichnung der Erzeugnisform, die vielfach mit der Fertigungsstufe verbunden ist; das gilt gerade für die wichtigsten Lieferungen der eisenschaffenden Industrie, nämlich für Walzstahl mit dem großen Bereich der Formen und Abmessungen. Im Hinblick auf Eindeutigkeit in technischen und kaufmännischen Verhandlungen zu Bestellungen, Lieferbedingungen und Normen gibt es seit Jahrzehnten Festlegungen in den interessierten Industriezweigen oder Ländern; auch in den Zolltarifen der Länder finden sich diesbezügliche Begriffsbestimmungen. Es ist leicht verständlich, daß sich die Europäische Gemeinschaft für Kohle und Stahl, die International Organization for Standardization und der Zollrat der Vereinten Nationen (Customs Cooperation Council) um eine Vereinheitlichung bemühen, die aber noch keine endgültige Form gefunden hat. Nach Euronorm 79, Ausgabe März 1982, sieht die „Einteilung und Benennung von Stahlerzeugnissen nach Formen und Abmessungen" etwa folgendes vor, ohne alle Einzelheiten und Feinheiten in der Unterscheidung von Erzeugnissen anzuführen.

Sie hat den Zweck, die Erzeugnisse der „Stahlindustrie im engeren Sinne", wie sie im folgenden angeführt werden, nach Fertigungsstufen, Formen und Maßen sowie nach Oberflächen einzuteilen und zu benennen. Sie bringt aber auch nach denselben Einteilungsmerkmalen Begriffsbestimmungen für pulvermetallurgische Erzeugnisse, Gußstücke, Fertigerzeugnisse der Freiform- und Gesenkschmieden, Blankstahl, kaltprofilierte Erzeugnisse sowie für geschweißte Profile.

Als Hauptgruppen der Erzeugnisse der eisenschaffenden Industrie werden nach ihrer Fertigungsstufe unterschieden:

1. Roherzeugnisse, zu denen zählen
   - flüssiger Rohstahl für Blockguß, Strangguß und Stahlguß
   - fester Rohstahl, der nach seiner Querschnittsform unterteilt wird nach
     – Rohbrammen mit etwa rechteckigem Querschnitt, dessen Breite mindestens doppelt so groß ist wie die Dicke.
     – Rohblöcken mit anderen Querschnitten.

   In einer Fußnote der Euronorm 79–82
   wird darauf aufmerksam gemacht, daß Strangguß im Hinblick auf seine Form und Maße in Lieferstatistiken zum Halbzeug gezählt wird, während er in den Erzeugungsstatistiken dem Rohstahl zugeordnet wird.

2. Halbzeug. Von ihm spricht man, wenn die Rohblöcke oder Rohbrammen eine Warmumformung durch Walzen oder Schmieden erfahren haben oder die Erzeugnisse im Strang vergossen worden sind. Nach dem Querschnitt unterscheidet man
   - flaches Halbzeug mit rechteckigem Querschnitt, zu dem gehören
     – Vorbrammen mit einer Dicke ≥ 50 mm und einer Breite $\geq 2 \times$ Dicke,
     – Platinen mit einer Dicke $\geq 6 \times 50$ mm und einer Breite ≥ 150 mm;
   - quadratisches Halbzeug, das unterteilt wird in
     – Vorblöcke mit einer Seitenlänge > 120 mm,
     – Quadratknüppel mit einer Seitenlänge $\geq 50 \leq 120$ mm;
   - rechteckiges Halbzeug, das unterteilt wird in
     – Rechteckvorblöcke mit einem Querschnitt $> 14\,400$ mm^2 und einem Verhältnis von Breite zu Dicke zwischen > 1 und < 2,
     – Rechteckknüppel mit einem Querschnitt $\geq 2\,500 \leq 14\,400$ mm^2 und einem Verhältnis von Breite zu Dicke zwischen > 1 und < 2;
   - vorprofiliertes Halbzeug, im allgemeinen mit einem Querschnitt $> 2\,500$ mm^2, aber zur Herstellung von Formstahl oder Stabstahl vorgeformt;
   - Halbzeug für nahtlose Rohre.

3. Walzstahlfertigerzeugnisse. Als solche werden zusammengefaßt unter
   - Langerzeugnissen (bisher in der Bundesrepublik Deutschland die Bezeichnung „Profilerzeugnisse" gebraucht)
     – Formstahl (einschließlich Breitflanschträgern), I-, H-, U-Profile, Grubenausbauprofile,

- Stabstahl, der runden, quadratischen, rechteckigen (bei Breite ≦ 150 mm), sechs- oder achtkantigen Querschnitt, U-, L-, T-Querschnitt bei einer Höhe < 80 mm hat, auch Wulstflachstahl sein kann,
- Walzstahlfertigerzeugnisse zur Bewehrung von Beton (Stäbe können auch eine Kaltverformung, z. B. durch Recken oder Verdrillen erfahren haben),
- Gleisoberbau-Erzeugnisse (Schienen, Schwellen, Laschen, Klemmplatten, Unterlagen usw.),
  Spundwanderzeugnisse (Bohlen, Kanaldielen, Kastenprofile, Rammpfähle);

● Flacherzeugnissen
  - Breitflachstahl mit einer Breite > 150 mm und i. a. einer Dicke > 4 mm,
  - Blech (Feinblech < 3 mm Dicke, Grobblech ≧ 3 mm Dicke),
  - Warmbreitband mit ≧ 600 mm Breite,
  - Bandstahl mit < 600 mm Breite, der auch in Stäben und Faltbunden geliefert werden kann.

  Diese Flacherzeugnisse können auch kaltgewalzt sein, wobei die Einteilung wie bei den warmgewalzten Erzeugnissen bleibt. Bei Kaltwalzung muß die Querschnittsverminderung ohne vorausgehende Erwärmung mindestens 25% betragen haben; nur bei Band in Walzbreiten < 600 mm und bei bestimmten Edelstahlsorten kommen kleinere Querschnittsabnahmen in Betracht. Das Nachwalzen (Dressieren) – im allgemeinen < 5% – ist nicht als Kaltwalzen im Sinne dieser Einteilung zu verstehen.

● Walzdraht wird gesondert aufgeführt als
  Walzstahl-Fertigerzeugnis, das im warmen Zustand regellos aufgehaspelt wird. Sein Querschnitt kann kreisrund, oval, quadratisch, rechteckig, sechs- oder achteckig, halbrund oder anders geformt sein, der Durchmesser oder die Dicke ist im allgemeinen ≧ 5,5 mm.

4. Als Enderzeugnisse werden schließlich aufgeführt
   ● oberflächenveredelte Bleche und Bänder mit
     metallischen Überzügen aus Zinn (Weißblech und Weißband), Chrom und/oder Chromoxid, Blei-Zinn-Legierungen (Ternblech und Ternband), Zink, Aluminium oder sonstigen Legierungen,
     organischen oder anorganischen Beschichtungen,
   ● zusammengesetzte Erzeugnisse, d. h. Bleche und Bänder, die mit verschleißfesten oder chemisch beständigen Stählen und Legierungen plattiert sind;
   ● Elektroblech und Elektroband sowie
   ● Feinstblech und Feinstband.

A 4 Stahl als unentbehrlicher Bau- und Werkstoff

Die Geschichte – auch der Eisenwerkstoffe – zeigt, daß es im Wettbewerb nicht nur darauf ankommt, die eigenen Erzeugnisse ständig zu verbessern und zu verbilligen, sondern auch die *Entwicklung auf benachbarten Gebieten* zu verfolgen. Das gilt erst recht für den Stahl mit seinen weit gestreuten Anwendungsmöglichkeiten. Tabelle A 6 möge deshalb über die Menge an den hauptsächlichen Metallen und Stoffen unterrichten, die in der Bundesrepublik Deutschland und in den drei größten Eisenindustrieländern sowie in der Welt erzeugt wurden. In ihr erscheint nur Zement mit einer Erzeugung – und entsprechend einem Verbrauch – ähnlich der des Rohstahls, nämlich von 827 Mio. t im Jahre 1981. Es leuchtet sofort ein, daß in vielen Ländern das Bauen mit Beton und Mauerwerk, zu dem der Zement notwendig ist, noch einfacher und billiger als in der Bundesrepublik ist. Ebenso klar ist aber, daß für diese Bauweisen auch Stahl benötigt wird, er also nicht verdrängt wird. Man denke weiter daran, daß Zement wirtschaftlich nicht ohne Öfen und Mühlen aus Stahl hergestellt werden kann. Die übrigen in Tabelle A 6 erwähnten Stoffe bleiben in ihrer Menge weit hinter Stahl zurück. Ein Wettbewerb hat sich nur in kleinen Verwendungsbereichen, z. B. mit Aluminium und Titan im Flugzeugbau, mit

Tabelle A 6 Erzeugungsmengen einiger Werk- und Baustoffe im Vergleich zur Rohstahlerzeugung.

Stoff	Erzeugung 1981 in 10^3 t				
	Welt	UdSSR	USA	Japan	BR Deutschland
Rohstahl[a]	706 856	148 517	108 782	101 676	41 610
Aluminium[b]	15 700	2 400	4 489	771	729
Blei[b]	5 316	800	1 068	317	348
Kunststoffe[c]	43 732	3 300	12 276	5 705	6 756
Kupfer[b]	9 640	1 460	1 984	1 050	387
Magnesium[b]	298	76	130	6	–
Nickel[b]	702	170	44	94	–
Titan[d]	100	36*	41	11	4
Zement[c]	827 000	130 000	77 548	84 882	33 959
Zink[b]	6 195	1 060	393	670	366
Zinn[b]	240	16	2	1	2

* geschätzt

[a] Nach 4. Vierteljahrsheft 1982 der Fachstatistik über Eisen und Stahl [8].
[b] Nach Metallstatistik 1971–1981 [12].
[c] Nach United Nations, Statistical Yearbook 1979/80 [8].
[d] Rüdinger, K.: Metall 35 (1981) S. 778/79; Thyssen Edelstahl Techn. Ber. 8 (1982), S. 57/63; fortgeschrieben.

Nickel bei Anforderungen an Warmfestigkeit und Hitzebeständigkeit, ergeben. Viel wichtiger ist die Verwendung dieser Stoffe zur Legierung und Oberflächenveredelung des Stahls, wie schon vorher erwähnt wurde.

Aus der sich nunmehr über 3 500 Jahre erstreckenden Entwicklung der Erzeugung und Anwendung von *Stahl* ist die Schlußfolgerung gerechtfertigt, daß dieser Werkstoff heute die *Grundlage der Kultur und Zivilisation* der ganzen Menschheit ist und voraussichtlich bleiben wird. Es bietet sich unter den Elementen, die weltweit zu finden sind, keines an, das als Bau- und Werkstoff mit dem Eisen im Hinblick auf seine vielseitigen Gebrauchseigenschaften in Wettbewerb treten könnte. Die breite Palette der Eigenschaften der Eisenwerkstoffe, von denen die zahlreichen Stahlsorten die weiteste Verwendung finden, liegt in den besonderen Eigenschaften des Eisenkristalls begründet – in seinem Polymorphismus und in seiner Eignung, sich mit einer sehr großen Zahl anderer Elemente zu legieren, feste Lösungen und Verbindungen zu bilden. So lassen sich mehr als bei einem anderen Element durch chemische Zusammensetzung, Wärmebehandlung und Formgebung Gefüge mit den unterschiedlichsten Eigenschaften erzeugen. Da Eisenerzlagerstätten über die Welt verteilt sind und die Gewinnung des Stahls aus ihnen auf viele Jahrhunderte wirtschaftlich bleiben wird, braucht man um die Zukunft der Eisenindustrie auf der Welt nicht besorgt zu sein, wenn auch – wie schon manchmal in der Vergangenheit – ihre Standorte und die Bedeutung von Regionen sich ändern können.

Teil B
Gefügeaufbau der Stähle

B 1 Einleitung

Von Wolfgang Pitsch und Gerhard Sauthoff

Die verschiedenartigen Mikrogefüge im Werkstoff Stahl bewirken die Vielfalt seiner Eigenschaften. Je besser die Einstellung dieser Mikrogefüge durch die Wahl der chemischen Zusammensetzung und dann durch geeignete thermische und mechanische Behandlungen beherrscht wird, um so eher können Stähle mit gewünschten Eigenschaften gezielt erzeugt werden. Deshalb sollen im folgenden metallkundliche und metallphysikalische Modellvorstellungen zusammengestellt werden, die ein vertieftes Verständnis für die Reaktionen ermöglichen, durch die die Werkstoffgefüge entstehen.

Die Werkstoffgefüge sind aus Phasen aufgebaut, unter denen man gemeinhin die chemisch und physikalisch homogenen, durch Grenzflächen voneinander getrennten Mikrobereiche im Gefüge versteht. Die Entwicklung eines Werkstoffgefüges resultiert also aus der Konkurrenz verschiedener, jeweils möglicher Reaktionen, die zur Neu- und Umbildung der verschiedenen Phasen führen. Zur Beurteilung einer solchen Gefügeentwicklung müssen die Entstehungsorte und Mengen der verschiedenen, miteinander konkurrierenden Reaktionsprodukte – das sind die Phasen – festgestellt und miteinander verglichen werden. Die Zunahme jedes Reaktionsproduktes folgt aus seinen Keimbildungs- und Wachstumsmöglichkeiten oder – abstrakt ausgedrückt – aus der Zahl seiner aktiven Reaktionsstellen im Gefüge und aus dem jeweils auftretenden Reaktionsstrom (Bild B 1.1). Der Reaktionsstrom wiederum wird bestimmt durch die Konzentration, durch die treibende Kraft und durch die Beweglichkeit der Atome, die an der Reaktion teilnehmen (Bild B 1.2).

Die Bilder B 1.1 und B 1.2 enthalten in formelartiger Kurzschrift die Begriffe, auf denen letztlich alle darzustellenden Modellvorstellungen basieren. Deshalb wird zunächst die Bedeutung dieser Begriffe dargelegt. „Treibende Kraft", „aktive Reaktionsstellen" und „Beweglichkeit" werden in den drei grundlegenden Kapiteln Thermodynamik, Keimbildung und Diffusion erörtert; hierbei werden auch die unmittelbar verständlichen Begriffe „Reaktionsfläche" und „Konzentration" behandelt. Daran anschließend wird eine einführende Übersicht über die wichtigsten

```
Zunahme des Reaktionsproduktes je Zeiteinheit
 = Anzahl der aktiven Reaktionsstellen*
   × Reaktionsfläche je Stelle
   × Reaktionsstrom**
```
*Keime **Wachstum

Bild B 1.1 Schema zur quantitativen Behandlung einer Reaktion.

```
Reaktionsstrom = Konzentration × Geschwindigkeit
Geschwindigkeit = treibende Kraft × Beweglichkeit
(jeweils der Reaktionsteilnehmer = Atome)
```

Bild B 1.2 Schema zur quantitativen Beschreibung eines Reaktionsstroms.

in Stählen auftretenden Gefüge und deren jeweilige Entstehungsbedingungen gegeben. Die Entstehungsmechanismen dieser Gefüge werden dann, soweit möglich, unter Benutzung der Inhalte der ersten Abschnitte modellmäßig beschrieben. Danach wird auch der Einfluß einer Umformung auf die Gefügeentwicklungen erörtert. Abschließend werden die Darstellungsformen angegeben, in denen die für eine technische Anwendung wichtigen Daten der Gefügeentwicklungen zusammengefaßt sind.

Die vielfältigen Reaktionsmöglichkeiten in technischen Stählen werden nicht stets so vollständig beherrscht, daß sozusagen die Reißbrettkonstruktion eines Stahles mit gewünschtem Gefüge möglich wäre. Die Werkstoffentwicklung stützt sich häufig auf die Erfahrung. Dann ist es aber möglich, mit Hilfe der Modellvorstellungen, in denen ja Erfahrungen abstrahiert werden, die Richtungen anzugeben, in denen Bemühungen um eine Werkstoffverbesserung Erfolg versprechen. Was an Erfahrungen vor rd. 25 Jahren vorlag, ist umfassend von *E. Houdremont* in seinem „Handbuch der Sonderstahlkunde" dargestellt worden. Dieses Wissen soll hier natürlich nicht noch einmal vorgelegt werden. Es wird aber im folgenden häufig darauf aufgebaut werden.

B2 Thermodynamik des Eisens und seiner Legierungen

Von Wolfgang Pitsch und Gerhard Sauthoff

Es werden die eine Phasenumwandlung antreibenden Kräfte – kurz: die Umwandlungskräfte – in Anlehnung an die Vorstellungen der Mechanik aus dem Begriff des Potentials – hier: des thermodynamischen Potentials – entwickelt. Dazu wird in diesem Kapitel beschrieben, wie das thermodynamische Potential einer Phase und die aus ihm abgeleiteten integralen und partiellen thermodynamischen Größen bei konstant gehaltenem Druck in Abhängigkeit von der Legierungszusammensetzung und der Temperatur ausgedrückt und zahlenmäßig abgeschätzt werden können. Außerdem werden mit Hilfe atomistischer Vorstellungen die physikalischen Ursachen beschrieben, um dadurch ein besseres Verständnis zu gewinnen. Einige Grundvorstellungen aus dem Gebiet der Thermodynamik metallischer Legierungen werden vorausgesetzt. Für ein umfassenderes Studium sei deshalb auf die Lehrbuchliteratur z. B. [1-6] verwiesen.

B2.1 Reine Metalle

Für das thermodynamische Potential einer Phase wird ihre Gibbssche Energie G genommen, die sich aus der Enthalpie H und der Entropie S zusammensetzt nach

$$G(T) = H(T) - TS(T). \tag{B2.1}$$

G, H und S werden, wenn nicht anders vermerkt, auf die Stoffmenge von 1 mol Atome bezogen. Die für eine Phasenumwandlung zur Verfügung stehende Kraft – oder mit anderen Worten: der Grad der Stabilität einer Phase im Vergleich zu einer anderen Phase – wird stets aus der Differenz der Gibbsschen Energien der beiden Phasen abgeleitet. Um diese Differenz bilden zu können, sollte $G(T)$ möglichst für jeden in Betracht kommenden Phasenzustand φ im ganzen Temperaturbereich bekannt sein. Das Kriterium für Stabilität beim Vergleich mehrerer Phasen untereinander lautet dann: Je negativer die Gibbssche Energie einer Phase ist, um so stabiler ist diese Phase, oder – anders ausgedrückt – bezüglich jeder anderen Phase, die eine negativere Gibbssche Energie hat als die vorliegende Phase, besteht eine Tendenz zur Umwandlung.

Die Funktion $G(T)$ läßt sich aus der bei konstantem Druck gemessenen spezifischen Wärme $c_p(T)$ gewinnen. Es ist [7]

$$dH = c_p(T)\,dT \quad \text{und} \quad dS = \frac{c_p(T)}{T}\,dT. \tag{B2.2}$$

Literatur zu B2 siehe Seite 680, 681

Daraus folgt

$$H(T) = H(0) + \int_0^T c_p(\vartheta)\, d\vartheta \tag{B 2.3}$$

und

$$S(T) = S(0) + \int_0^T \frac{c_p(\vartheta)}{\vartheta}\, d\vartheta, \tag{B 2.4}$$

und damit nach Gl. (B 2.1)

$$G(T) = H(0) - TS(0) - \int_0^T \left(\frac{T}{\vartheta} - 1\right) c_p(\vartheta)\, d\vartheta. \tag{B 2.5}$$

Die Entropie ist außer durch Gl. (B 2.4) auch durch die Steigung der $G(T)$-Kurven gegeben, denn nach Differenzierung der Gl. (B 2.1) und mit Berücksichtigung der Gl. (B 2.2) folgt

$$\frac{dG(T)}{dT} = -S(T). \tag{B 2.6}$$

Man erkennt an Gl. (B 2.5), daß die Funktion $G(T)$ für eine Phase φ vollständig gegeben ist, wenn die Größen $H(0)$, $S(0)$ und $c_p(T)$ bekannt sind. Allerdings ist die Bestimmung von $c_p(T)$ oft nicht direkt durch Messungen möglich. Dann werden geeignete Abschätzungen durch Extra- oder/und Interpolationen angewendet, wobei physikalische Modelle eine wichtige Hilfe abgeben. Diese sind für die durch verschiedene physikalische Effekte verursachten $c_p(T)$-Anteile getrennt entwickelt worden. Sie berücksichtigen im wesentlichen die Energieaufnahme der Atomrümpfe (Gitterschwingungen, thermische Ausdehnung), die Energiezustände des Elektronengases sowie bei Eisen und seinen Legierungen die lokalisierten Energiezustände der 3d-Elektronen, d. h. magnetische und ähnliche Effekte. (Näheres s. C 2).

Für eine qualitative Beurteilung der Phasenstabilität ist oft eine gewisse anschauliche Vorstellung von $H(T)$ und $S(T)$ hilfreich. Eine solche Vorstellung erhält man, wenn man unter $H(0)$ die Kohäsionsenergie der Atome bei $T=0$ versteht. Dann ist unmittelbar verständlich, daß $H(0)$ um so negativer – d. h. günstiger – ist, je fester die Atome gebunden sind [8]. Mit steigender Temperatur lockert sich der Atomverbund; es wird thermische Energie aufgenommen, indem energetisch ungünstigere Atom- und Elektronenzustände angeregt werden. Die Funktion $H(T)$ nimmt dementsprechend nach Gl. (B 2.3) mit der Temperatur positivere Werte an; ihr Beitrag zur thermodynamischen Stabilität wird geringer.

Die Entropie kann man sich als ein Maß für die Ungewißheit vorstellen, mit der die Kenntnis über den jeweiligen Phasenzustand behaftet ist [8]. Diese Ungewißheit wächst mit der Häufigkeit, mit der dieser Phasenzustand aus den verschiedenen Atom- und Elektronenzuständen aufgebaut werden kann. Bei $T=0$ besitzen die Kristalle – wenn sie nur eine einzige Realisierungsmöglichkeit haben, d. h. wenn sie nicht „entartet" [9] sind – entsprechend dem Nernstschen Wärmesatz die Nullpunktentropie $S(0)=0$. Mit steigender Temperatur geht der Kristall in Zustände höherer Energie über, wofür es eine zunehmende Zahl von energetisch gleichwertigen Realisierungsmöglichkeiten gibt. Dies drückt sich in einem nach Gl. (B 2.4) ansteigenden Wert der Entropie aus; ihr Beitrag zur thermodynamischen Stabilität wird damit nach Gl. (B 2.1) mit steigender Temperatur größer. Insgesamt überwiegt nach Gl. (B 2.5) sogar der Einfluß der Entropie, so daß die Gibbssche Energie $G(T)$ mit steigender Temperatur stets auf negativere Werte absinkt.

B 2.1.1 Nichtmagnetische Metalle

Die in Gl. (B 2.3) und (B 2.5) enthaltenen Zusammenhänge zwischen $c_p(T)$ und den thermodynamischen Funktionen sind für den einfachsten Fall reiner nichtmagnetischer Metalle in Bild B 2.1 schematisch dargestellt. Der Startpunkt der $G(T)$-Kurve bei $T=0$ wird durch die Enthalpie $H(0)$, die Anfangsneigung durch $S(0) = 0$ gegeben. Entsprechend dem im vorigen Abschnitt Gesagtem steigt $H(T)$ und fällt $G(T)$ mit zunehmender Temperatur.

Für den Stabilitätsvergleich zweier Phasenzustände $\varphi = \alpha, \beta$ eines Metalls ist die Differenz

$$\Delta G^{\alpha/\beta}(T) = G^\beta(T) - G^\alpha(T) \tag{B 2.7}$$

zu bilden. Dazu müssen die $c_p(T)$-Kurven der beiden Phasen durch Messungen oder Abschätzungen einzeln gewonnen werden. Die Nullpunktentropien $S(0)$ können für nichtentartete Metalle gleich Null gesetzt werden. Die zunächst unbekannte gegenseitige Lage der Nullpunktenthalpien $H^\alpha(0)$ und $H^\beta(0)$, d. h. ihre Differenz $\Delta H^{\alpha/\beta}(0)$, ergibt sich aus der Gleichgewichtsbedingung bei der bekannten Umwandlungstemperatur T_0

$$G^\alpha(T_0) = G^\beta(T_0). \tag{B 2.8}$$

Mit diesen Angaben sind die Kurven $G^\alpha(T)$ und $G^\beta(T)$ relativ zueinander vollständig bestimmt (Bild B 2.2). Man erhält folgende Aussagen. Die bei tiefer Temperatur

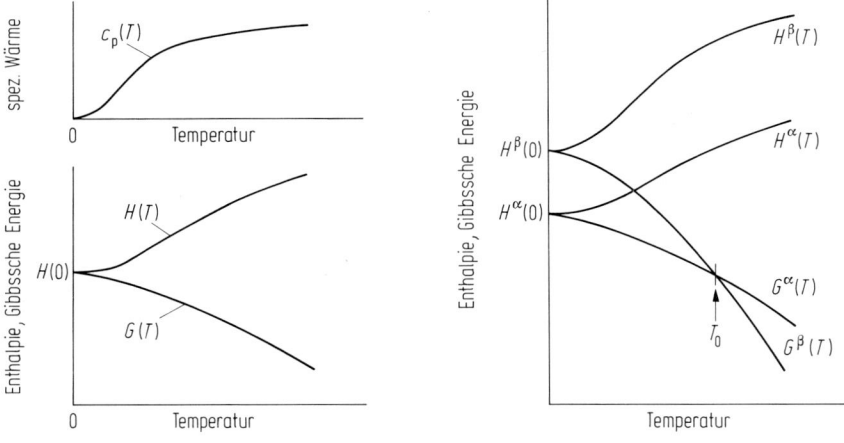

Bild B 2.1   **Bild B 2.2**

Bild B 2.1 Temperaturverlauf der spezifischen Wärme c_p, der Enthalpie H und der Gibbsschen Energie G eines reinen nichtmagnetischen Metalls (schematisch).

Bild B 2.2 Temperaturverlauf der Enthalpien H und der Gibbsschen Energien G zweier nichtmagnetischer Phasen α, β (schematisch).

stabilere Phase α hat ein negativeres $H(0)$ als die Phase β. Physikalisch heißt dies [8], daß in der α-Phase die Atome fester aneinander gebunden und deshalb weniger beweglich sind als in der β-Phase. Deshalb nimmt bei Erwärmung die β-Phase leichter Energie auf als die α-Phase; dies führt dazu, daß $c_p^\beta(T)$ und $H^\beta(T)$ steiler ansteigen als $c_p^\alpha(T)$ und $H^\alpha(T)$ und daß $G^\beta(T)$ steiler abfällt als $G^\alpha(T)$. Die Gibbsschen Energiekurven überschneiden sich bei der Gleichgewichtstemperatur T_0. Oberhalb T_0 ist die β-Phase stabiler als die α-Phase. Zur besseren Anschauung kann man sich z. B. unter α eine feste Phase und unter β die Schmelzphase vorstellen.

Die Umwandlungsenthalpie $H^\beta(T_0) - H^\alpha(T_0)$ ist oft durch direkte Messungen bekannt. Aus Gl. (B 2.1) und (B 2.8) ergibt sich dann die Änderung der Entropie bei T_0 zu

$$S^\beta(T_0) - S^\alpha(T_0) = \frac{H^\beta(T_0) - H^\alpha(T_0)}{T_0}. \tag{B 2.9}$$

Anschaulich gibt diese Gleichung die Änderung der Neigung der beiden G-Kurven am Umwandlungspunkt T_0 an.

Die Differenzen der Gibbsschen Energien zweier Phasenzustände $\Delta G^{\alpha/\beta}(T)$ (s. Bild B 2.2) sind für viele Elemente und Phasenzustände α, β, γ usw. abgeschätzt worden [10, 11]. Dabei ergab sich, wenn man von der Nähe des Temperaturnullpunktes absieht, in guter Näherung ein einfacher linearer Verlauf mit der Temperatur [12]:

$$\Delta G^{\alpha/\beta}(T) = \Delta H^{\alpha/\beta} - T \Delta S^{\alpha/\beta}. \tag{B 2.10}$$

In Bild B 2.3 sind die in dieser Gleichung enthaltenen Konstanten, die „Stabilitätsparameter" für eine Reihe von Metallen und für die beiden Phasen α (kubisch-raumzentriert (krz)) und γ (kubisch-flächenzentriert (kfz)) angegeben. Daraus läßt sich für die auch aufgeführten magnetischen Metalle Chrom, Mangan, Eisen, Kobalt und Nickel der Anteil von $\Delta G^{\alpha/\beta}$ entnehmen, der allein auf die nichtmagnetischen Energiebeiträge zurückgeht.

B 2.1.2 Eisen

Die thermodynamische Stabilität der bisher betrachteten nichtmagnetischen Metalle wird hauptsächlich durch die Energiezustände der Atomrümpfe und der Leitungselektronen bestimmt. Bei Elementen mit einem magnetischen Moment kommt durch magnetische Effekte ein Beitrag m hinzu, welcher der Einfachheit wegen in additiver Form behandelt wird. Zur Unterscheidung werden die nichtmagnetischen Beiträge in diesem Abschnitt durch ein n gekennzeichnet, wobei aber betont sei, daß dieser Aufteilung nur eine formale Bedeutung zugeordnet werden kann. Dann gilt für die spezifische Wärme dieses Elements K im Phasenzustand φ

$$c_p^\varphi(K, T) = {}^n c_p^\varphi(K, T) + {}^m c_p^\varphi(K, T). \tag{B 2.11}$$

Diese beiden Beiträge sind z. B. für Eisen (K = Fe) im krz-Zustand (φ = α) in Bild C 2.6 wiedergegeben. Entsprechend läßt sich die Gibbssche Energie des α-Eisens formulieren:

Gibbssche Energie beim Eisen

$$G^\alpha(\text{Fe}, T) = {}^nG^\alpha(\text{Fe}, T) + {}^mG^\alpha(\text{Fe}, T), \tag{B 2.12}$$

oder konkret wie in Gl. (B 2.5):

$$G^\alpha(\text{Fe}, T) = {}^nH^\alpha(\text{Fe}, 0) - T\, {}^nS^\alpha(\text{Fe}, 0) - \int_0^T \left(\frac{T}{\vartheta} - 1\right) {}^nc_p^\alpha(\text{Fe}, \vartheta)\, d\vartheta$$
$$+ {}^mH^\alpha(\text{Fe}, 0) - T\, {}^mS^\alpha(\text{Fe}, 0) - \int_0^T \left(\frac{T}{\vartheta} - 1\right) {}^mc_p^\alpha(\text{Fe}, \vartheta)\, d\vartheta. \tag{B 2.13}$$

Der vollständig geordnete Zustand bei $T=0$ ist nicht entartet, so daß neben ${}^nS^\alpha(\text{Fe}, 0) = 0$ auch ${}^mS^\alpha(\text{Fe}, 0) = 0$ zu setzen ist. Mit zunehmender Temperatur löst sich, wie jede Ordnung, so auch die magnetische Ordnung auf, bis bei sehr hohen Temperaturen ($T \to \infty$) die magnetischen Momente regellos eingestellt sind. Dadurch verschwindet die magnetische Ordnungsenthalpie und damit der magnetische Beitrag zur Kohäsionsenergie des α-Kristalls. Es ist ${}^mH^\alpha(\text{Fe}, \infty) = 0$. Aus diesen Randbedingungen folgt nach Gl. (B 2.3) für die magnetische Ordnungsenthalpie

$${}^mH^\alpha(\text{Fe}, T) = -\int_T^\infty {}^mc_p^\alpha(\text{Fe}, \vartheta)\, d\vartheta, \tag{B 2.14}$$

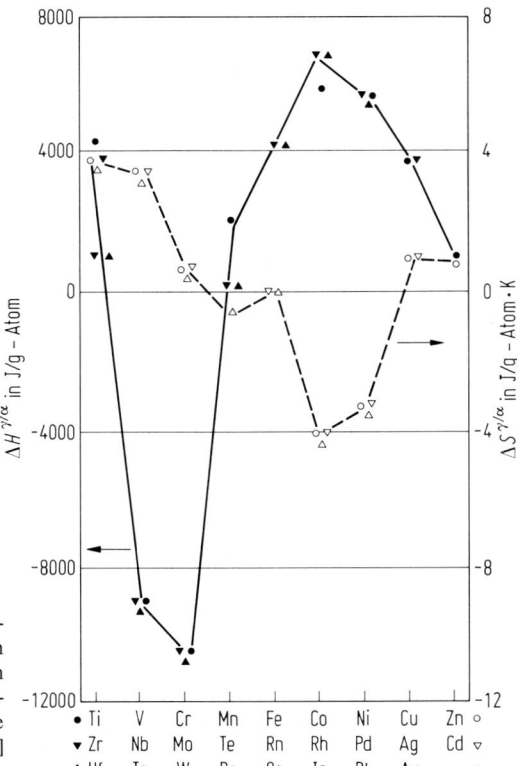

Bild B 2.3 Die Enthalpiedifferenzen (geschlossene Symbole) und Entropiedifferenzen (offene Symbole) der kubisch-raumzentrierten (α)- und der kubisch-flächenzentrierten (γ)- Phasenzustände in reinen Metallen, ohne magnetische Effekte. Nach Angaben in [10] gezeichnet.

bzw. nach Gl. (B 2.4) für die magnetische Ordnungsentropie

$$^mS^\alpha(\text{Fe}, T) = \int_0^T \frac{^mc_p^\alpha(\text{Fe}, \vartheta)}{\vartheta} \, d\vartheta. \quad (B\,2.15)$$

Die vorstehenden Beziehungen geben die in $^mG^\alpha(\text{Fe}, T)$ enthaltenen magnetischen Enthalpie- bzw. Entropiebeiträge des Magnetismus zur Stabilität des α-Kristalls an. Mit diesen Beiträgen läßt sich die Gibbssche Energie des α-Eisens wie folgt zusammensetzen [13] (Bild B 2.4). Die Stabilität eines α-Kristalls ohne magnetische Atommomente würde durch Enthalpie- und Gibbssche Energie-Kurven wie in Bild B 2.1, also in Bild B 2.4 durch $^nH^\alpha(\text{Fe}, T)$ und $^nG^\alpha(\text{Fe}, T)$ charakterisiert werden. In einem magnetischen α-Kristall wird die Gibbssche Energie $G^\alpha(\text{Fe}, T)$ im Vergleich zu $^nG^\alpha(\text{Fe}, T)$ bei allen Temperaturen durch die magnetischen Enthalpie- und Entropiebeiträge auf negativere, also günstigere Werte verschoben. Im einzelnen folgt aus dem $^mc_p^\alpha(\text{Fe}, T)$-Verlauf in Bild C 2.6, daß der Beitrag des Magnetismus zur Enthalpie des α-Kristalls $H^\alpha(\text{Fe}, T)$ bei $T=0$ mit dem Höchstwert $^mH^\alpha(\text{Fe}, 0) \approx -8000$ J/mol Eisenatome beginnt und in der Nähe der Curie-Temperatur aufgrund

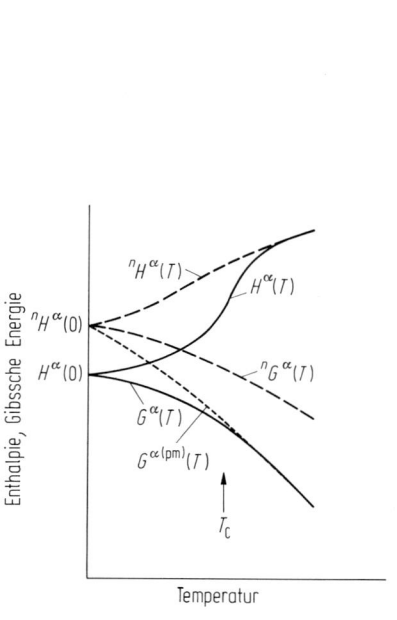

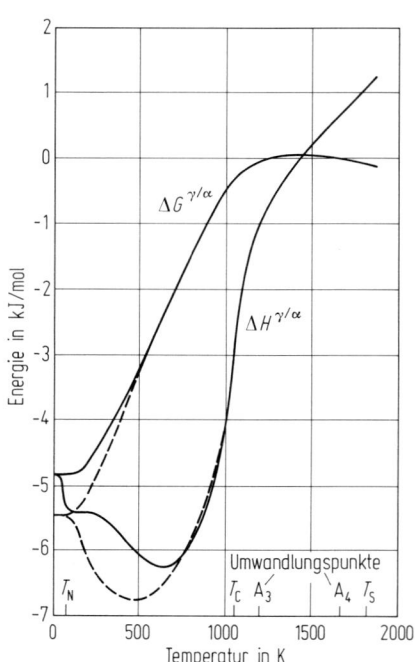

Bild B 2.4 **Bild B 2.5**

Bild B 2.4 Temperaturverlauf der Enthalpie H und der Gibbsschen Energie G des reinen kubischraumzentrierten α-Eisens, getrennt in die Beiträge der Atomrümpfe und Elektronen ohne magnetische Effekte (n, α), mit magnetischem Ordnungseffekt (α) und mit bei allen Temperaturen paramagnetischer, d. h. regelloser, Momenteneinstellung ($\alpha_{(pm)}$) (schematisch). Der Kürze wegen wurde bei allen Größen der Hinweis „Fe" weggelassen. T_C ist die Curie-Temperatur.

Bild B 2.5 Die Differenzen der Gibbsschen Energien G und der Enthalpien H des α- und des γ-Eisens in Abhängigkeit von der Temperatur. Die Umwandlungstemperaturen sind angegeben. Ausgezogene Linien nach [14], gestrichelte Linien nach [15].

der besonders starken Abnahme der magnetischen Ordnung besonders deutlich zurückgeht. Umgekehrt beginnt der magnetische Entropiebeitrag bei $T=0$ mit Null und strebt mit steigender Temperatur dem Höchstwert $^mS^\alpha(\text{Fe},\infty) \approx 9\,\text{J/K}\cdot\text{mol}$ Eisenatome zu.

Zum besseren Verständnis ist in Bild B 2.4 auch die Gibbssche Energie $G^{\alpha(\text{pm})}(T)$ eines fiktiven, bei allen Temperaturen paramagnetischen (pm) Zustandes eingetragen. Bei hohen Temperaturen sind naturgemäß $G^{\alpha(\text{pm})}(\text{Fe},T)$ und $G^\alpha(\text{Fe},T)$ nahezu identisch. Da aber bei tiefen Temperaturen keine magnetische Ausrichtung stattfinden soll, ist $H^{\alpha(\text{pm})}(\text{Fe},T) = {}^nH^\alpha(\text{Fe},T)$, d. h. es gibt keinen magnetischen Enthalpiebeitrag zur Stabilität. Dies führt im Vergleich zum magnetischen Zustand zu einer geringeren Stabilität. Es bleibt aber wegen der bei allen Temperaturen einschließlich $T=0$ fest gehaltenen Entartung der Momenteneinstellung die höchstmögliche Entropie $^mS^\alpha(\text{Fe},\infty)$ erhalten, die im Vergleich zum nichtmagnetischen Zustand zu einer höheren Stabilität führt. $^mS^\alpha(\text{Fe},\infty)$ stellt die in diesem Fall von Null verschiedene Nullpunktentropie dar.

Die in Bild B 2.4 skizzierten magnetischen Effekte treten am stärksten im krz α- und δ-Eisen in geringerem Maße im kfz γ-Eisen und noch weniger im (instabilen) hexagonal dichtgepackten ε-Eisen und im schmelzflüssigen Eisen auf (s. [10, S. 16 ff.] und C 2.). Die Differenzen der Gibbsschen Energien der verschiedenen Phasen des Eisens zeigen daher einen komplizierten Temperaturverlauf. Eine der jüngsten zahlenmäßigen Ausarbeitungen ist in Bild B 2.5 für die α(=δ)- und γ-Phase wiedergegeben [14, 15]. Man erkennt, daß mit abnehmender Temperatur zunächst, wie zu erwarten, die weniger dicht gepackte α-Phase gegenüber der dichter gepackten γ-Phase an Stabilität verliert. Von rd. 1400 K an kehrt sich diese Tendenz aber wieder um, weil mit Einsetzen der starken magnetischen Effekte in der α-Phase diese wieder stabiler wird. Da bei 1400 K die γ-Phase stabiler als die α-Phase ist, ergeben sich zwei Umwandlungspunkte, der eine bei 1665 K (A$_4$) und der andere bei 1183 K (A$_3$). Die Umwandlungen bei und unterhalb A$_3$ aber sind es, die zu den vielfältigen Gefügen in Eisenwerkstoffen führen.

B 2.2 Legierungen

Wie die reinen Elemente treten auch die Legierungen in verschiedenen Phasenzuständen auf, wobei diese Zustände nun nicht nur von der Temperatur, sondern auch von der Zusammensetzung abhängen. Es soll wieder für jeden Zustand festgestellt werden können, mit welchem Energieunterschied er von jedem anderen Zustand – also nicht nur vom Gleichgewicht – entfernt ist. Dazu müssen die Gibbsschen Energien nicht nur für die Gleichgewichtszustände, sondern möglichst für jeden Phasenzustand bei allen Temperaturen und Legierungszusammensetzungen zahlenmäßig ermittelt werden. Im Laufe der Zeit sind dazu verschiedene Ansätze formuliert worden, die hier nicht umfassend wiedergegeben werden können. Stattdessen wird in erster Linie die in den letzten Jahren von einer Gruppe von Forschern in einer Gemeinschaftsarbeit [16] entwickelte Methode (nach „Calculated Phase Diagrams" kurz „Calphad"-Methode genannt) dargestellt werden, nach der bislang die umfangreichste Datensammlung für Eisenlegierungen in einheitlicher Form erarbeitet worden ist.

B 2.2.1 Austauschmischkristalle

Formulierungen der Gibbsschen Energien

Die Zusammensetzung eines Austausch- oder substitutionellen Mischkristalls wird bei thermodynamischen Modellbehandlungen, wie sie in diesem Abschnitt durchgeführt werden, zweckmäßigerweise in Stoffmengengehalten und nicht in Massengehalten beschrieben. Wenn der Mischkristall die Komponenten K = A, B, C ... mit den Atomzahlen N_K enthält, so lauten die Stoffmengengehalte, ausgedrückt als Atomzahlenbrüche

$$x_K = \frac{N_K}{N} \quad \text{mit} \quad N = \sum_K N_K. \tag{B 2.16}$$

Als Gesamtatomzahl N wird in der Regel die Loschmidt-Zahl $L \approx 6 \cdot 10^{23}$ genommen, d. h. die Gibbssche Energie G wird auf 1 mol Legierungsatome bezogen. Die Gesamtzusammensetzung wird im folgenden oft statt durch alle Atomzahlenbrüche x_A, x_B ... kurz durch das Symbol x ausgedrückt.

Zunächst wird jede Phase eines Mischkristalls in dem (vielleicht ganz oder teilweise fiktiven) Zustand betrachtet, der bei allen Temperaturen homogen ist und nicht umwandelt. Dies ist die gleiche Betrachtung, wie sie bei den reinen Komponenten angewendet wurde. Folglich ist die Gibbssche Energie ähnlich wie in Gl. (B 2.5) anzusetzen:

$$G^\varphi(x, T) = H^\varphi(x, 0) - TS^\varphi(x, 0) - \int_0^T \left[\frac{T}{\vartheta} - 1\right] c_p^\varphi(x, \vartheta) \, d\vartheta. \tag{B 2.17}$$

Leider ist es aber nicht möglich, die unter dem Integral benötigte spezifische Wärme in allen Fällen zu messen oder wenigstens abzuschätzen; das erste ist oft wegen der Instabilität des homogenen Phasenzustandes φ unmöglich, das letzte scheitert häufig an der ungenügenden Kenntnis der verschiedenen physikalischen Beiträge zur spezifischen Wärme, wie sie z. B. durch magnetische oder chemische Ordnungseffekte oder durch besondere Anregungszustände der nicht abgeschlossenen Elektronenschalen (s. C2) verursacht werden. Um trotzdem zu zahlenmäßigen Angaben über $G^\varphi(x, T)$ zu kommen, sind analytische Ausdrücke formuliert worden, deren Parameter jeweils im Einzelfall mit Hilfe experimenteller thermodynamischer Daten bestimmt wurden [17–19]. In diesen analytischen Ausdrücken sind im Gegensatz zu Gl. (B 2.17) die Einflüsse der verschiedenen physikalischen Effekte auf die Phasenstabilität nicht mehr direkt erkennbar. Deshalb ist es nützlich, zunächst Gl. (B 2.17) den analytischen Formulierungen der Gibbsschen Energie gegenüberzustellen und dadurch wenigstens eine qualitative Interpretation dieser Formulierungen zu ermöglichen.

Bei der Suche nach einem möglichst sinnvollen Ausdruck für $G^\varphi(x, T)$ geht man versuchsweise von der Summe der nach ihrer Menge gewichteten Beiträge der reinen Komponenten („$_0$") aus. Alle weiteren Beiträge werden durch einen Überschuß- oder Extraterm („$_E$") berücksichtigt. Dann erhält man für die in Gl. (B 2.17) auftretenden Größen

Formulierung der Gibbsschen Energien für Austauschmischkristalle

$$H^\varphi(x,0) = \sum_K x_K \, ^0H^\varphi(K,0) + {}^EH^\varphi(x,0), \tag{B 2.18}$$

$$S^\varphi(x,0) = \sum_K x_K \, ^0S^\varphi(K,0) + {}^ES^\varphi(x,0), \tag{B 2.19}$$

$$c_p^\varphi(x,T) = \sum_K x_K \, ^0c_p^\varphi(K,T) + {}^Ec_p^\varphi(x,T). \tag{B 2.20}$$

Mit diesen Beziehungen läßt sich Gl. (B 2.17) umschreiben in

$$G^\varphi(x,T) = \sum_K x_K \, ^0G^\varphi(K,T) - T\,{}^ES^\varphi(x,0) + {}^EG^\varphi(x,T) \tag{B 2.21}$$

mit

$$^EG^\varphi(x,T) = {}^EH^\varphi(x,0) - \int_0^T \left[\frac{T}{\vartheta} - 1\right] {}^Ec_p^\varphi(x,\vartheta)\,d\vartheta. \tag{B 2.22}$$

In Gl. (B 2.21) gibt das Glied mit der Summe die Gibbssche Energie an, die einem Gemenge der Komponenten entsprechen würde. Die Beiträge, die durch die Bildung des homogenen φ-Mischkristalls entstehen, werden durch die weiteren Extraterme erfaßt. Die verschiedenen Modellbeschreibungen von $G^\varphi(x,T)$ können nun durch die verschiedenen Formulierungen der Extraterme gekennzeichnet werden:
1) Das einfachste Modell der „idealen Lösung" [20, 21] behandelt eine stets regellose Verteilung der Atome auf die Gitterplätze des φ-Mischkristalls. Dementsprechend wird angenommen, daß die paarweise definierten und als temperaturunabhängig angenommenen Bindungsenergien zwischen gleichen und ungleichen Atomen (z. B. V_{AA}, V_{BB}, V_{AB}) in allen Atomabständen gleich sind, so daß durch die Bildung des homogenen Mischkristalls keine zusätzliche Nullpunktenthalpie, sondern lediglich eine von Null verschiedene Nullpunktentropie – die sog. Konfigurationsentropie – entsteht. Die temperaturabhängigen Beiträge zu G^φ sollen bereits durch die in Gl. (B 2.21) enthaltenen Anteile der reinen Komponenten berücksichtigt sein. Damit folgt

$$^ES^\varphi(x,0) = -R \sum_K x_K \ln x_K \quad (R = \text{Gaskonstante}), \tag{B 2.23}$$

$$^EH^\varphi(x,0) = 0, \tag{B 2.24}$$

$$^Ec_p^\varphi(x,T) = 0. \tag{B 2.25}$$

2) Im Modell der „regulären Lösung" [20, 21] werden für den kleinsten und gegebenenfalls auch für die größeren Atomabstände ungleiche Bindungsenergien bei der Formulierung der Nullpunktenthalpie berücksichtigt, also im binären Fall $2V_{AB} > V_{AA} + V_{BB}$ bei einer Entmischungstendenz oder $2V_{AB} < V_{AA} + V_{BB}$ bei einer Ordnungstendenz. Bei der Formulierung der Entropie wird allerdings wieder eine stets regellose Atomverteilung auf allen Gitterplätzen angenommen. Man erhält

$$^ES^\varphi(x,0) = -R \sum_K x_K \ln x_K \tag{B 2.26}$$

$$^EH^\varphi(x,0) = \sum_{K_i} \sum_{\substack{K_j \\ j>i}} L^\varphi_{K_i K_j} x_{K_i K_j}. \tag{B 2.27}$$

Hierbei berücksichtigt der Parameter $L^\varphi_{K_i K_j}$ die unterschiedlichen Bindungsenergien der verschiedenen Atompaare. Es ist z. B. für $K_i = A$ und $K_j = B$

$$L^\varphi_{AB} = LZ^\varphi (2V_{AB} - V_{AA} - V_{BB})/2, \tag{B 2.28}$$

wobei Z^φ die Zahl der nächsten Atomnachbarn im φ-Kristall angibt. Ähnliche Beiträge zu $^EH^\varphi(x,0)$ können auch für höhere Nachbarschaften angesetzt werden. Im Falle einer binären Legierung ist

$$^EH^\varphi(x,0) = L^\varphi_{AB} x_A x_B.\tag{B 2.29}$$

Außerdem ist wieder

$$^Ec^\varphi_p(x,T) = 0.\tag{B 2.30}$$

3) Die Modelle der chemischen Ordnungsgleichgewichte [22, 23] wie sie in einfachster Form von Bragg, Williams und Gorski, in komplexerer Form u. a. von Kikuchi entwickelt worden sind, berücksichtigen sowohl $2V_{AB} < V_{AA} + V_{BB}$ als auch die Tatsache, daß in diesem Fall die Atome bei tiefen Temperaturen nicht regellos verteilt, sondern geordnet sind. Die Inkonsequenz des Modells der regulären Lösungen wird dadurch aufgehoben. Die Folge ist, daß ähnlich wie bei der Behandlung des Magnetismus von α-Eisen für die Extraterme bestimmte, von Null verschiedene Ausdrücke erhalten werden. Auf Einzelheiten kann hier der notwendigen Kürze wegen nicht eingegangen werden.

4) Der Calphad-Formalismus [10, 17–19] lehnt sich an die genannten Modelle insoweit an, als er für den Extraterm der Nullpunktentropie wieder den Ansatz der idealen Lösung übernimmt:

$$^ES^\varphi(x,0) = -R \sum_K x_K \ln x_K.\tag{B 2.31}$$

Für den dann noch in Gl. (B 2.21) verbleibenden Extraterm der Gibbsschen Energie wird in formaler Erweiterung des Modells der regulären Lösung eine Reihenentwicklung in x und T angesetzt:

$$^EG^\varphi(x,T) = \sum_{K_i} \sum_{\substack{K_j \\ j>i}} x_{K_i} x_{K_j} [{}^0L^\varphi_{K_i K_j}(T) + {}^1L^\varphi_{K_i K_j}(T)(x_{K_i} - x_{K_j})$$
$$+ \ldots {}^nL^\varphi_{K_i K_j}(T)(x_{K_i} - x_{K_j})^n + \ldots]\tag{B 2.32}$$

mit

$$^nL^\varphi_{K_i K_j}(T) = {}^nM^\varphi_{K_i K_j} + {}^nN^\varphi_{K_i K_j} T + {}^nQ^\varphi_{K_i K_j} T^2 + \ldots,\tag{B 2.33}$$

wobei $n=0,1,2\ldots$ und die Konstanten M, N, Q usw. die anzupassenden Parameter sind. In der vorstehenden Reihenentwicklung sind gegebenenfalls noch weitere Glieder in x mit höheren Potenzen anzusetzen; sie sind der Übersichtlichkeit wegen hier nicht angegeben. Im Falle binärer Legierungen erhält man etwas einfacher

$$^EG^\varphi(x,T) = x_A x_B [{}^0L^\varphi_{AB}(T) + {}^1L^\varphi_{AB}(T)(x_A - x_B) + \ldots].\tag{B 2.34}$$

Es sei darauf hingewiesen, daß dieser Formalismus die Modelle der idealen und der regulären Lösung umfaßt; das erste erhält man bei $^nL^\varphi_{K_i K_j}(T)=0$ für alle n, das zweite bei $^0L^\varphi_{K_i K_j}(T)\neq 0$ und $^nL^\varphi_{K_i K_j}(T)=0$ für $n\geq 1$. Die nächsthöhere Näherung in der Reihenentwicklung mit $^0L^\varphi_{K_i K_j}(T)\neq 0$, $^1L^\varphi_{K_i K_j}(T)\neq 0$ und $^nL^\varphi_{K_i K_j}(T)=0$ für $n\geq 2$ wird oft als die Näherung der „subregulären Lösung" bezeichnet.

Gleichgewichte in Austauschmischkristallen

Stellen wir uns vor, daß die Gibbsschen Energien der verschiedenen Mischkristallzustände $\varphi = \alpha, \beta \ldots$ ermittelt worden sind. Dann geschieht der Stabilitätsvergleich zwischen zwei Zuständen der homogenen Legierung mit fester Zusammensetzung x, ähnlich wie in Gl. (B 2.7) für reine Komponenten, durch die Beziehung

$$\Delta G^{\alpha/\beta}(x, T) = G^{\beta}(x, T) - G^{\alpha}(x, T). \qquad (B\,2.35)$$

Falls also keine Entmischung in der Legierung stattfindet, sind zwei Phasen α, β nur bei einer Temperatur T_0 im sogenannten allotropen (häufig nur metastabilen) Gleichgewicht, wenn

$$\Delta G^{\alpha/\beta}(x^0, T_0) = 0. \qquad (B\,2.36)$$

Bei binären Legierungen erhält man aus dieser Bedingung die allotrope α/β-Umwandlungslinie $T_0 = T_0(x_B^0)$ (mit $x_A^0 + x_B^0 = 1$); bei ternären Legierungen erhält man eine α/β-Umwandlungsfläche usw.

Darüberhinaus besteht die Möglichkeit, daß ein Mischkristall seine Energie durch Entmischung erniedrigt. Für binäre Legierungen läßt sich dies leicht anschaulich darstellen (s. Bild B 2.6): Für Legierungen mit einem Gehalt x_B' innerhalb des Bereichs $x_B^\alpha(T)$ bis $x_B^\beta(T)$ kann die Gibbssche Energie auf einen Wert $G^{Gm}(x_B', T)$ erniedrigt werden, der einem Gemenge Gm aus den beiden Phasen α und β mit den verschiedenen Gehalten $x_B^\alpha(T)$ und $x_B^\beta(T)$ entspricht. Dieser günstigste (also negativste) Wert von $G^{Gm}(x_B', T)$ liegt auf der gemeinsamen Tangente an die beiden $G^\varphi(x_B, T)$-Kurven; die Werte $x_B^\alpha(T), x_B^\beta(T)$ sind die Berührungspunkte dieser Tangente; sie stellen die Grenzen des stabilen Zweiphasengebietes dar.

Die Ermittlung von x_B^α, x_B^β (bei vorgegebener Temperatur) kann hier in folgender Weise geschehen: Aus Bild B 2.7 ist zu ersehen, daß für die Ordinatenabschnitte G_A^φ, G_B^φ der Tangente an die G^φ-Kurve

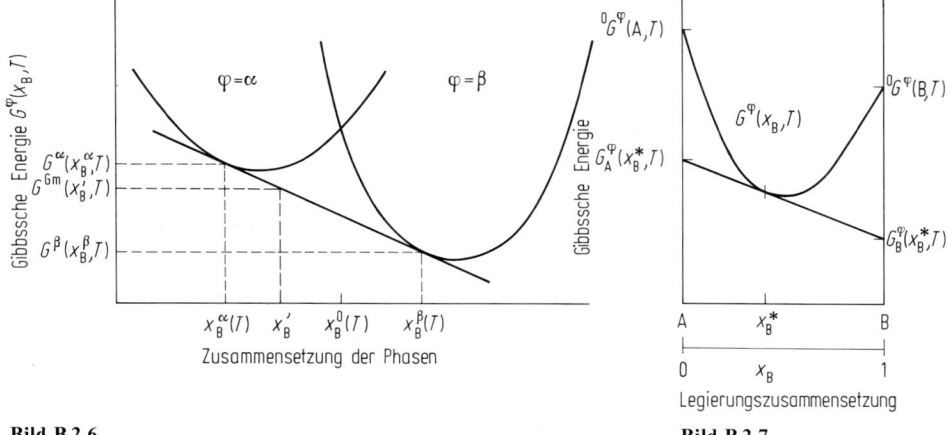

Bild B 2.6

Bild B 2.7

Bild B 2.6 Die Gibbsschen Energien zweier Phasen $\varphi = \alpha, \beta$ in Abhängigkeit von der Legierungszusammensetzung x_B bei festgehaltener Temperatur (schematisch).

Bild B 2.7 Die partiellen Gibbsschen Energien G_A^φ, G_B^φ der Komponenten A, B in der Phase φ bei der Legierungszusammensetzung x_B^* und der Temperatur T.

$$G_A^\varphi = G^\varphi - x_B \frac{\partial G^\varphi}{\partial x_B} \quad \text{und} \quad G_B^\varphi = G^\varphi + (1 - x_B) \frac{\partial G^\varphi}{\partial x_B} \tag{B 2.37}$$

gilt. Dabei sind G_A^φ, G_B^φ die „partiellen", d. h. die jeweils auf eine Komponente bezogenen Gibbsschen Energien [24]. Die Gehalte x_B^α und x_B^β in Bild B 2.6 werden durch die gemeinsame Tangente an beide G^φ-Kurven festgelegt, so daß

$$G_A^\alpha(x_B^\alpha, T) = G_A^\beta(x_B^\beta, T) \quad \text{und} \quad G_B^\alpha(x_B^\alpha, T) = G_B^\beta(x_B^\beta, T) \tag{B 2.38}$$

gelten muß. Mit Hilfe von Gl. (B 2.21), (B 2.37) und (B 2.38) erhält man dann für x_K^α und x_K^β (K = A, B) zwei Beziehungen, von denen eine lautet

$$\frac{x_K^\alpha}{x_K^\beta} = \exp\left[\frac{{}^0G^\beta(K, T) + {}^EG_K^\beta - {}^0G^\alpha(K, T) - {}^EG_K^\alpha}{RT}\right]. \tag{B 2.39}$$

Das Symbol ${}^EG_K^\varphi$ steht für eine Größe, die man durch Anwendung der zu G_K^φ gehörigen Rechenvorschrift in Gl. (B 2.38) auf ${}^EG^\varphi$ erhält. Mit der vorstehenden Beziehung lassen sich die Gleichgewichtsdaten der Phasen α, β berechnen, wenn die Funktionen ${}^EG^\alpha$, ${}^EG^\beta$ bekannt sind. Umgekehrt können aus dieser Beziehung unter Verwendung bekannter Gleichgewichtsdaten Aussagen über ${}^EG^\alpha$, ${}^EG^\beta$ abgeleitet werden [17].

Ähnlich wie für binäre Systeme lassen sich auch für mehrkomponentige Systeme die partiellen Gibbsschen Energien angeben, indem man z. B. bei ternären Systemen die Tangentenfläche an die Gibbssche Energiefunktion anlegt und deren Werte an den Eckpunkten des Systems feststellt. Man erhält für ein System mit den Komponenten K = A, B, ..., M

$$G_A^\varphi = G^\varphi - \sum_{J=B}^{M} x_J \frac{\partial G^\varphi}{dx_J} \tag{B 2.40}$$

und

$$G_K^\varphi = G^\varphi + \sum_{J=B}^{M} (\delta_{JK} - x_J) \frac{\partial G^\varphi}{\partial x_J} \tag{B 2.41}$$

für K≠A mit $\delta_{JK} = 1$ für J = K sowie $\delta_{JK} = 0$ für J≠K.
Die Gleichgewichtsbedingungen zwischen zwei Phasen α, β lauten analog wie in Gl. (B 2.37):

$$G_K^\alpha(x^\alpha, T) = G_K^\beta(x^\beta, T) \quad \text{mit} \quad K = A, B, \ldots, M.$$

Chemisches Potential und chemische Aktivität einer Komponente

Vorangehend wurden die Gleichgewichtsbedingungen mit Hilfe der partiellen Gibbsschen Energien angegeben, die als Funktionen der Gehalte x_B, x_C, ... (mit $\sum x_K = 1$) ausgedrückt wurden (Gl. (B 2.37) bzw. (B 2.40 und 41)). Zum besseren Verständnis soll der Anschluß an andere Darstellungsweisen und insbesondere an die chemischen Aktivitäten hergestellt werden. Aus Gl. (B 2.37) bzw. (B 2.40 und 41) folgt unmittelbar

$$G^\varphi(x, T) = \sum_K x_K \, G_K^\varphi(x, T), \tag{B 2.42}$$

und für eine reine, z. B. die A-Komponente, erhält man mit $x_A = 1$ und $x_K = 0$ für $K \neq A$ daraus

$$^0G^\varphi(A, T) = {}^0G_A^\varphi(A, T). \tag{B 2.43}$$

Gl. (B 2.42) läßt sich mit Gl. (B 2.16) umschreiben in

$$N G^\varphi(N_A, N_B, \ldots, T) = \sum_K N_K\, G_K^\varphi(N_A, N_B, \ldots, T), \tag{B 2.44}$$

wobei die thermodynamischen Größen jetzt als Funktionen aller Atomzahlen behandelt werden. Hieraus folgt aufgrund der thermodynamischen Gesetzmäßigkeiten [24], daß sich die G_K^φ auch als

$$G_K^\varphi = \frac{\partial (N G^\varphi)}{\partial N_K} \quad \text{bei } T \text{ und } N_J = \text{const. für } J \neq K \tag{B 2.45}$$

ausdrücken lassen. In dieser Form werden in der Regel die Gibbsschen partiellen Energien definiert [24] und häufig auch als die chemischen Potentiale mit dem Symbol μ_K^φ bezeichnet [25]. Im folgenden werden beide Bezeichnungsweisen entsprechend dem üblichen Gebrauch nebeneinander benutzt werden.

Durch Gleichsetzen der Gl. (B 2.21) und (B 2.42) erhält man

$$^E G^\varphi(x, T) = \sum_K x_K\, [\mu_K^\varphi(x, T) - {}^0\mu_K^\varphi(K, T)] - RT \sum_K x_K \ln x_K. \tag{B 2.46}$$

An dieser Beziehung erkennt man, wie die Änderung des chemischen Potentials gegenüber dem Potential $^0\mu_K^\varphi(K, T)$ der reinen Komponente im gleichen Phasenzustand φ die Überschußgröße der Gibbsschen Energie bestimmt. Gl. (B 2.46) wird noch vereinfacht, wenn man die chemischen Aktivitäten a_K^φ der Komponenten einführt. Diese Größen werden definiert durch [26]

$$RT \ln a_K^\varphi(x, T) = \mu_K^\varphi(x, T) - {}^0\mu_K^\varphi(K, T). \tag{B 2.47}$$

Man erhält damit für $^E G^\varphi$

$$^E G^\varphi(x, T) = RT \sum_K x_K \ln \frac{a_K^\varphi(x, T)}{x_K}. \tag{B 2.48}$$

Das Verhältnis der chemischen Aktivität a_K^φ zum Legierungsgehalt x_K wird als Aktivitätskoeffizient der jeweiligen Komponente K im Phasenzustand φ bezeichnet. Aus der Definition der chemischen Aktivität in Gl. (B 2.47) folgt zwangsläufig für den Bezugszustand, hier für die reine Komponente:

$$^0 a_K^\varphi(K, T) = 1. \tag{B 2.49}$$

Es sei auf eine Schwierigkeit hingewiesen, die immer dann auftritt, wenn die chemischen Potentiale (oder Aktivitäten) für einen bestimmten Phasenzustand nicht durchgehend im ganzen Gehaltsbereich gemessen werden können, weil z. B. die reine A-Komponente im Zustand Ψ (und nicht φ!) auftritt. In diesem Fall ist nur die Differenz $\mu_A^\varphi(x, T) - {}^0\mu_A^\Psi(A, T)$ direkt meßbar. Will man hieraus mit Gl. (B 2.46) eine Information über $^E G^\varphi(x, T)$ gewinnen, so muß man den Ausdruck bilden:

$$\mu_A^\varphi(x, T) - {}^0\mu_A^\Psi(A, T) = \mu_A^\varphi(x, T) - {}^0\mu_A^\varphi(A, T) + \Delta^0\mu_A^{\Psi/\varphi}(A, T) \tag{B 2.50}$$

Man sieht, daß die linke Seite keine Information über $^E G^\varphi(x, T)$ ergibt, solange die Differenz $\Delta^0 \mu_A^{\Psi/\varphi}(A, T)$ unbekannt ist. Es sind jedoch für viele Metalle und verschiedene Phasen diese Differenzen

$$\Delta^0 G^{\Psi/\varphi}(A, T) = \Delta^0 \mu_A^{\Psi/\varphi}(A, T) \tag{B 2.51}$$

abgeschätzt worden (s. z. B. Bild B 2.3 oder B 2.5 und [10, 11]). Mit Hilfe dieser Werte sind $^E G^\varphi(x, T)$ und damit $G^\varphi(x, T)$ auch dann bestimmbar, wenn die Legierung und die betrachtete reine Komponente nicht im gleichen Phasenzustand vorliegen.

Anwendungsbeispiele

Einen qualitativen Eindruck vom Verlauf der Gibbsschen Energie mit der Legierungszusammensetzung vermittelt bereits das Modell der regulären Lösung. Nach Gl. (B 2.21) erhält man bei binären Legierungen für die Differenz der Gibbsschen Energien des φ-Mischkristalls und des Gemenges (Gm) der reinen Komponenten im φ-Zustand, also die Gibbssche Mischungsenergie

$$\Delta G^{Gm/\varphi}(x_A, x_B, T) = L_{AB}^\varphi x_A x_B + RT (x_A \ln x_A + x_B \ln x_B). \tag{B 2.52}$$

Es sei angenommen, daß die AB-Atompaare weniger fest gebunden sind als die AA- und BB-Paare, d. h. es bestehe eine Tendenz zur Entmischung. Dann ist $2 V_{AB}$ positiver als $V_{AA} + V_{BB}$, so daß $L_{AB} > 0$ ist. Dementsprechend wird $\Delta G^{Gm/\varphi}$ zusammengesetzt aus einem positiven Enthalpieglied und einem negativen Entropieglied. Es folgen aus Gl. (B 2.52) je nach Temperatur die in Bild B 2.8 dargestellten Kurven. Der Mischkristall ist jetzt nur bei höheren Temperaturen durch das Übergewicht

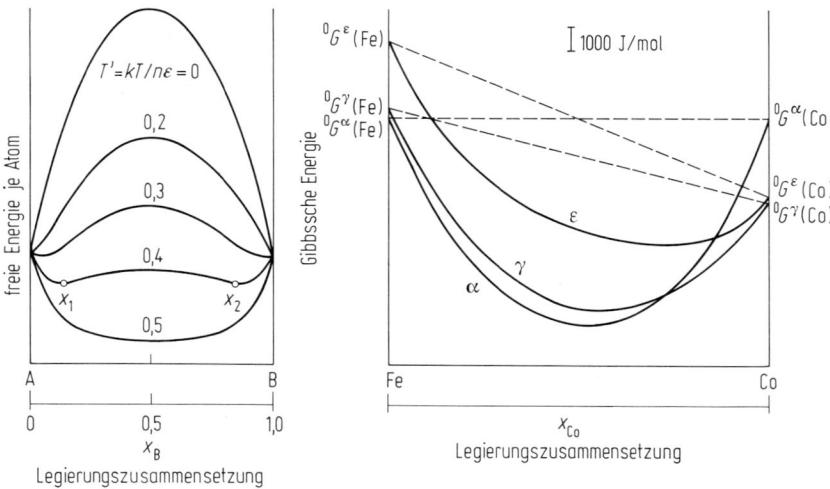

Bild B 2.8 **Bild B 2.9**

Bild B 2.8 Freie Energien F (sie entsprechen den Gibbsschen Energien G, wenn das Probenvolumen konstant gehalten wird) für einen Mischkristall mit Tendenz zur Entmischung, d. h. $L_{AB}^\varphi > 0$, bei verschiedenen mit $n\varepsilon = -L_{AB}^\varphi/L$ reduzierten Temperaturen. Nach [27].

Bild B 2.9 Die Gibbsschen Energien der krz α-, kfz γ- und hexagonal dicht gepackten ε-Phase im System Eisen-Kobalt bei 1000 K. Nach Angaben in [29] gezeichnet.

des Entropieglieds im mittleren Legierungsbereich stabiler als ein Gemenge der reinen Komponenten.

Das Modell der regulären Lösungen ist gut geeignet, die Abhängigkeiten der thermodynamischen Funktionen von den atomaren Bindungsverhältnissen anschaulich zu machen. Für eine Anwendung auf Eisenmischkristalle ist es jedoch zu einfach. Hier hat sich stattdessen der Calphad-Formalismus bewährt, wenn man für binäre Substitutionsmischkristalle den Ansatz

$$^{E}G^{\varphi}(x_A, x_B, T) = x_A x_B \left[^{0}L^{\varphi}_{AB}(T) + (x_A - x_B)\,^{1}L^{\varphi}_{AB}(T)\right] \tag{B 2.53}$$

macht [17, 19]. Dabei sind die durch eine möglichst optimale Anpassung an gemessene Gleichgewichtsdaten und andere thermodynamische Daten zu bestimmenden temperaturabhängigen Funktionen $^{0}L^{\varphi}_{AB}(T)$, $^{1}L^{\varphi}_{AB}(T)$ unter Umständen in verschiedenen Temperaturintervallen verschieden. Als Beispiel sind in Tabelle B 2.1 die für das System Eisen–Kobalt und die Phasen α (krz), γ (kfz), ε (hexagonal dichtgepackt) und σ (intermetallische Phase) ermittelten Funktionen $^{E}G^{\varphi}$ sowie die Differenzen der Gibbsschen Energien der reinen Komponenten Eisen und Kobalt zusammengestellt [28, 29]. Mit diesen Zahlenwerten sind nach Gl. (B 2.21) die Gibbsschen Energien der angegebenen Phasen für alle Zustandspunkte bis auf eine additive, in x_{Co} lineare Funktion bekannt. Als Beispiel sind in Bild B 2.9 die Gibbsschen Energien der drei Phasen α, γ, ε bei 1000 K zahlenmäßig dargestellt worden. Über die additive, lineare Funktion wurde dabei willkürlich verfügt, indem der Einfachheit wegen die Bezugsgrößen $^{0}G^{\alpha}(\text{Fe}, 1000\,\text{K}) = {}^{0}G^{\alpha}(\text{Co}, 1000\,\text{K})$ gesetzt wurden. Dies ist erlaubt, da die aus Bild B 2.9 abzuleitenden thermodynamischen Aussagen z. B. über Phasengleichgewichte von einer additiven, in x_{Co} linearen Funktion unabhängig sind. Man kann aus Bild B 2.9 entnehmen, wie stark auf der eisenreichen Seite die α-Phase stabiler ist als die γ- und erst recht als die ε-Phase; auf der kobaltreichen

Tabelle B 2.1 Thermodynamische Daten des Systems Eisen–Kobalt für Temperaturen zwischen 1000 und 1500 K (in J/mol Atome). Nach [28]

α-Phase
$^{E}G^{\alpha} = x_{Fe}x_{Co}\,[-38\,417{,}5 + 0{,}04687\,T^2 - 1{,}91318 \cdot 10^{-5}\,T^3$
$\qquad\qquad + (x_{Fe} - x_{Co})\,(1472{,}77 + 3{,}1652 \cdot 10^{-3}\,T^2 - 2{,}569 \cdot 10^{-6}\,T^3)]$

γ-Phase
$^{E}G^{\gamma} = x_{Fe}x_{Co}\,[-1652{,}68 + 3{,}909 \cdot 10^{-3}\,T^2 - 0{,}8053 \cdot 10^{-6}\,T^3$
$\qquad\qquad + (x_{Fe} - x_{Co})\,(-669{,}44 - 1{,}824 \cdot 10^{-3}\,T^2 + 0{,}3758 \cdot 10^{-6}\,T^3)]$
$^{0}G^{\gamma}(\text{Fe}, T) - {}^{0}G^{\alpha}(\text{Fe}, T) =$
$\qquad\qquad 5237{,}52 - 9{,}4051\,T + 5{,}29738 \cdot 10^{-3}\,T^2 - 0{,}92259 \cdot 10^{-6}\,T^3 \quad \text{bei } 1100\,\text{K} \leq T \leq 1800\,\text{K}$
$\qquad\qquad = 6111{,}56 - 3{,}4635\,T - 7{,}47536 \cdot 10^{-3}\,T^2 + 5{,}12785 \cdot 10^{-6}\,T^3 \quad \text{bei } 300\,\text{K} \leq T \leq 1100\,\text{K}$
$^{0}G^{\gamma}(\text{Co}, T) - {}^{0}G^{\alpha}(\text{Co}, T) = -6953{,}81 + 0{,}63137 \cdot 10^{-2}\,T^2 - 2{,}8037 \cdot 10^{-6}\,T^3$

δ-Phase
$^{E}G^{\delta} = x_{Fe}x_{Co}\,[2112{,}92 + 3{,}9091 \cdot 10^{-3}\,T^2 - 0{,}80542 \cdot 10^{-6}\,T^3$
$\qquad\qquad + (x_{Fe} - x_{Co})\,(-669{,}44 - 1{,}8242 \cdot 10^{-3}\,T^2 + 0{,}3758 \cdot 10^{-6}\,T^3)]$
$^{0}G^{\delta}(\text{Fe}, T) - {}^{0}G^{\alpha}(\text{Fe}, T) = 984{,}997 + 0{,}2615\,T + 1{,}94556 \cdot 10^{-3}\,T^2 - 0{,}18192 \cdot 10^{-6}\,T^3$
$^{0}G^{\delta}(\text{Co}, T) - {}^{0}G^{\alpha}(\text{Co}, T) = -7414{,}05 + 0{,}6276\,T + 0{,}63137 \cdot 10^{-2}\,T^2 - 2{,}8037 \cdot 10^{-6}\,T^3$

σ-Phase
$^{E}G^{\sigma} = 0$
$^{0}G^{\sigma}(\text{Fe}, T) - {}^{0}G^{\alpha}(\text{Fe}, T) = 4693{,}279 + 0{,}22259\,T$
$^{0}G^{\sigma}(\text{Co}, T) - {}^{0}G^{\alpha}(\text{Co}, T) = -6535{,}41 + 8{,}368\,T + 0{,}63137 \cdot 10^{-2}\,T^2 - 2{,}8037 \cdot 10^{-6}\,T^3$

Seite gilt ähnliches für die γ-Phase, dazwischen bildet ein (α+γ)-Gemenge den stabilsten Zustand.

Das vollständige aus den Angaben in Tabelle B 2.1 (numerisch) berechnete Eisen-Kobalt-Diagramm [29] ist in Bild B 2.10 wiedergegeben; es stellt sozusagen den aus den verschiedenen experimentellen Bestimmungen dieses Diagramms gewonnenen „Mittelwert" dar. Dabei bieten die zahlenmäßigen Abschätzungen der Gibbsschen Energien die Möglichkeit, die Gleichgewichtslinien auch da zu ermitteln, wo sie nur mit Unsicherheit oder sogar überhaupt nicht gemessen werden konnten. Außerdem ist es möglich, die Gleichgewichtsdiagramme verschiedener Systeme auf ihre Konsistenz zu prüfen, indem natürlich dieselbe Funktion $\Delta^0 G^{\alpha/\beta}(A, T)$ in allen A-haltigen Systemen, in denen die Phasen α und β auftreten, gültig sein muß.

Aufbauend auf Werten wie in Tabelle B 2.1, können auch mehrkomponentige Systeme behandelt werden. Dazu wird für $^E G^\varphi$ in Gl. (B 2.21) der erweiterte Ansatz des Calphad-Formalismus benutzt. Dies geschieht aber in einer solchen Form, daß die Beschreibungen der beteiligten Systeme mit niedrigerer Komponentenzahl ungeändert übernommen werden können [17]. Für ternäre Systeme hat sich der Ausdruck

$$^E G^\varphi(x_A, x_B, x_C, T) = x_A x_B \, [^0 L^\varphi_{AB}(T) + (x_A - x_B) \, ^1 L^\varphi_{AB}(T)]$$
$$+ x_B x_C \, [^0 L^\varphi_{BC}(T) + (x_B - x_C) \, ^1 L^\varphi_{BC}(T)]$$
$$+ x_C x_A \, [^0 L^\varphi_{CA} T) + (x_C - x_A) \, ^1 L^\varphi_{CA}(T)]$$
$$+ x_A x_B x_C L^\varphi_{ABC}(T) \tag{B 2.54}$$

bewährt [19]. Die drei ersten Glieder sind von den binären Randsystemen her bekannt. Mit ihnen allein würden bereits in einer ersten Näherung die Phasengleichgewichte im ternären Bereich ohne zusätzliche Meßinformation vorhersagbar sein. Durch das ternäre Glied in dem $^E G^\varphi$-Ansatz können aber solche Messungen mit berücksichtigt werden. Zur Anschauung sind in Bild B 2.11 die berechneten Gleichgewichte des Systems Eisen–Kobalt–Chrom für einige Temperaturen wiedergegeben [28]. Soweit vorhanden, haben die Autoren zum Vergleich die entsprechenden Messungen miteingetragen. Die Linien fallen nicht ganz genau zusammen; aber die Tendenzen sind so gut getroffen, daß die in experimentell nicht

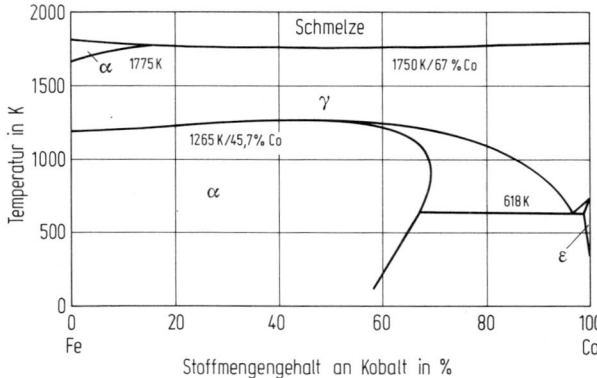

Bild B 2.10 Berechnetes Phasendiagramm Eisen-Kobalt. Nach [29].

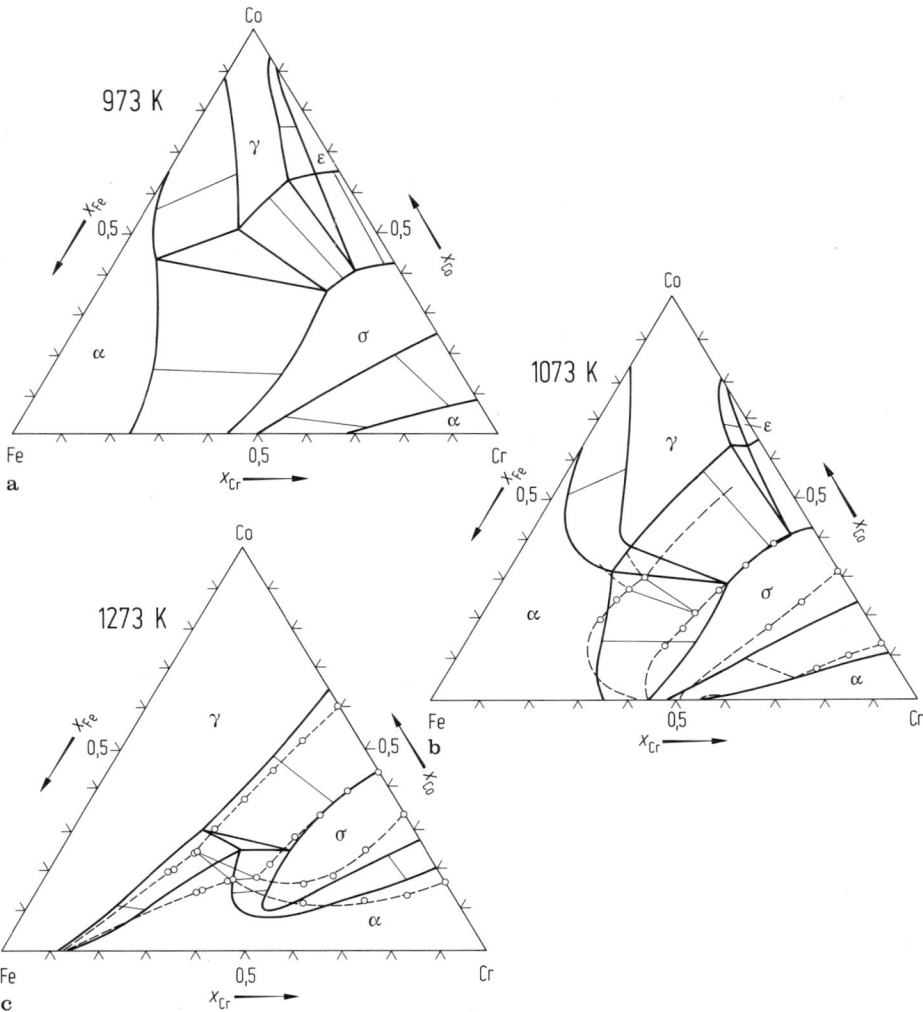

Bild B 2.11 Berechnete isothermische Schnitte des Systems Eisen-Kobalt-Chrom. **a** für 973 K; **b** für 1073 K; **c** für 1273 K. Zum Vergleich sind Meßpunkte (°), soweit bekannt, miteingetragen. Nach [28].

untersuchte Legierungs- und Temperaturbereiche hinein gemachten Extrapolationen einen guten Anhalt darstellen.

B 2.2.2 Einlagerungsmischkristalle

Neben den Austausch- oder substitutionellen Mischkristallen treten in den Gefügen der Stähle vielfach Einlagerungs- oder interstitielle Mischkristalle auf. In diesen Mischkristallen sind die in Hohlräumen des Wirtsgitters eingelagerten Legierungsatome (z. B. Kohlenstoff) mit den Wirtsatomen (z. B. Eisen) nicht austauschbar. Dies führt bei der Beschreibung der Gibbsschen Energie eines Einlagerungsmischkristalls zu gewissen Änderungen gegenüber dem Austauschmischkristall [19]. Sinngemäß gelten jedoch die gleichen Überlegungen, wenn man davon ausgeht, daß die Hohlräume des Wirtsgitters die Rolle übernehmen, die bei Austauschmischkristallen die Gitterplätze haben. Zur Verdeutlichung sind in Tabelle B 2.2 einige Größen der Austausch- und Einlagerungsmischkristalle einander gegenübergestellt, die bei der thermodynamischen Behandlung die gleiche Rolle spielen. Der Faktor b gibt im jeweiligen Gitter die Zahl der Hohlräume je Metallatom an. Da im kfz γ-Gitter die Oktaeder-Hohlräume die Einlagerungsplätze sind und dies auch für das krz α-Gitter gelten soll, hat man $b^\gamma = 1$ und $b^\alpha = 3$ (s. Bild B 5.21).

Um im Rahmen der bisherigen Betrachtungen einen Ansatz für die Gibbssche Energie von Einlagerungsmischkristallen zu formulieren, wird zunächst Gl. (B 2.21) mit Hilfe von Gl. (B 2.16) umgeschrieben in

$$G^\varphi(N_A\ldots, T) = \sum_K \frac{N_K}{N} {}^0G^\varphi(K, T) + kT \sum_K N_K (\ln N_K - \ln N) + {}^EG^\varphi(N_A\ldots, T), \quad (B\,2.55)$$

wobei die Boltzmann-Konstante $k = R/N$ mit $N = L \approx 6 \cdot 10^{23}$ ist. Aus dieser Beziehung folgt dann durch sinngerechten Umtausch der Größen aus Tabelle B 2.2 für die Gibbssche Energie eines binären Einlagerungsmischkristalls (z. B. Eisen-Kohlenstoff)

$$\begin{aligned}G^\varphi(N_{Fe}, N_C, T) &= \frac{N_C}{b^\varphi N_{Fe}} {}^0G^\varphi(FeC_b, T) \\ &+ \frac{(b^\varphi N_{Fe} - N_C)}{b^\varphi N_{Fe}} {}^0G^\varphi(Fe, T) \\ &+ kT\,[N_C \ln N_C + (b^\varphi N_{Fe} - N_C) \ln (b^\varphi N_{Fe} - N_C) \\ &- b^\varphi N_{Fe} \ln (b^\varphi N_{Fe})] + {}^EG^\varphi(N_{Fe}, N_C, T). \end{aligned} \quad (B\,2.56)$$

Hierin bedeutet ${}^0G^\varphi(FeC_b, T)$ die Gibbssche Energie eines fiktiven Kristalls FeC_b, der definitionsgemäß 1 mol Eisenatome enthalten soll, die ein φ-Kristallgitter bilden, dessen Einlagerungsplätze vollständig von Kohlenstoffatomen besetzt sind.

Tabelle B 2.2 Gegenüberstellung einiger Begriffe zur Beschreibung von Austausch- und Einlagerungsmischkristallen

Austauschmischkristall (z. B. Eisen-Kobalt)	Einlagerungsmischkristall (z. B. Eisen-Kohlenstoff)
Gitter der Atomplätze mit der Platzzahl: $N_{Fe} + N_{Co}$	Gitter der Hohlräume mit der Platzzahl: bN_{Fe}
Zahl der im Austausch zulegierten Atome: N_{Co}	Zahl der besetzten Hohlräume: N_C
Zahl der verbleibenden Wirtsatome: N_{Fe}	Zahl der unbesetzten Hohlräume: $bN_{Fe} - N_C$
Reine Komponente: Fe	Kein Hohlraum ist besetzt
Reine Komponente: Co	Alle Hohlräume sind besetzt; dies entspricht einer fiktiven „Verbindung" mit der Zusammensetzung FeC_b

Unterschiede zwischen Austausch- und Einlagerungsmischkristallen

Dieser fiktive Kristall wird als Bezugszustand auf der kohlenstoffreichen Seite betrachtet (deshalb die Markierung durch „o"). Durch den Faktor $(b^\varphi N_{Fe})^{-1}$ werden die Gibbsschen Energien der Bezugszustände – wie es diesem Ansatz entspricht – auf ein Kohlenstoffatom bzw. auf einen Hohlraum (statt auf ein Eisenatom) bezogen. Die Mischungsentropie entspricht der regellosen Verteilung der zulegierten Kohlenstoffatome auf die Hohlräume.

Die Gehaltsangabe für einen Einlagerungsmischkristall kann auf verschiedene Weisen formuliert werden. Man könnte, ähnlich wie in Gl. (B 2.21), den Atomzahlenbruch

$$x_C = \frac{N_C}{N_{Fe} + N_C} \tag{B 2.57}$$

benutzen; die Gehaltsskala der Mischkristalle würde dann von $x_C = 0$ auf der Eisenseite bis $x_C = b/(1+b)$ auf der kohlenstoffreichen Seite reichen; die Lage des kohlenstoffreichen Bezugszustandes ist dann für Phasen mit unterschiedlichem b auch unterschiedlich. Man kann auch das Verhältnis der eingelagerten Kohlenstoffatome zur Hohlraumzahl einführen:

$$y_C = \frac{N_C}{bN_{Fe}} \, . \tag{B 2.58}$$

In diesem Fall umfaßt die Gehaltsskala den Bereich $0 \leq y_C \leq 1$ für jede Phase; allerdings wäre auf dieser Skala dieselbe, durch (N_{Fe}, N_C) beschriebene Legierung bei verschiedenen Gehaltspunkten y_C einzutragen, wenn sie in verschiedenen Phasenzuständen vorliegt. Schließlich kann auch der Atomzahlenbruch

$$z_C = \frac{N_C}{N_{Fe}} \tag{B 2.59}$$

benutzt werden; mit $0 \leq z_C \leq b$ hängt auch hier die Lage des einen Bezugszustandes vom Phasenzustand ab. Im folgenden wird diese Beschreibung verwendet werden. Da aber im Schrifttum auch die anderen Darstellungen benutzt werden, seien die Umrechnungsformeln angegeben:

$$by_C = x_C + by_C x_C \quad \text{und} \quad by_C = z_C. \tag{B 2.60}$$

Aus Gl. (B 2.56) und (B 2.59) folgt als Formulierung der Gibbsschen Energie G, die auf 1 mol Metallatome (also $N_{Fe} = L$) bezogen wird:

$$G^\varphi(z_C, T) = {}^0G^\varphi(Fe, T) + \frac{z_C}{b^\varphi} [{}^0G^\varphi(FeC_b, T) - {}^0G^\varphi(Fe, T)]$$
$$+ RTb^\varphi \left[\frac{z_C}{b^\varphi} \ln \frac{z_C}{b^\varphi} + \left(1 - \frac{z_C}{b^\varphi}\right) \ln \left(1 - \frac{z_C}{b^\varphi}\right) \right] + {}^EG^\varphi(z_C, T) \tag{B 2.61}$$

Für die Größe ${}^EG^\varphi$ hat sich ein ähnlicher Ansatz wie bei den Austauschmischkristallen bewährt [19]:

$${}^EG^\varphi(z_C, T) = \frac{z_C}{b^\varphi} \left(1 - \frac{z_C}{b^\varphi}\right) L_C^\varphi(T). \tag{B 2.62}$$

Die Funktionen $^0G^\varphi(\text{FeC}_b, T)$ und $L_C^\varphi(T)$ sind zunächst unbekannt; sie müssen wieder durch Anpassung an bekannte Daten ermittelt werden. Soweit dazu Phasengleichgewichte herangezogen werden, geht man von der komponentenweisen Gleichsetzung der jeweiligen chemischen Potentiale aus. Diese Potentiale können entweder durch Anwendung der in Gl. (B 2.45) enthaltenen Rechenvorschrift auf die Gibbssche Energie in Gl. (B 2.56) erhalten werden oder direkt aus Gl. (B 2.61) und (B 2.62), weil sich durch Umrechnung zeigen läßt, daß

$$\mu_{\text{Fe}}^\varphi = G^\varphi - z_C \frac{\partial G^\varphi}{\partial z_C} \quad \text{und} \quad \mu_C^\varphi = \frac{\partial G^\varphi}{\partial z_C} \tag{B 2.63}$$

ist; das chemische Potential des Wirtsatoms wird wie bei Austauschmischkristallen durch den zugehörigen Tangentenendpunkt dargestellt, das Potential des eingelagerten Atoms durch die Tangentenneigung. Aus Gl. (B 2.61) bis (B 2.63) erhält man

$$\mu_{\text{Fe}}^\varphi(z_C, T) = {}^0G^\varphi(\text{Fe}, T) + b^\varphi RT \ln\left(1 - \frac{z_C}{b^\varphi}\right) + \left(\frac{z_C}{b^\varphi}\right)^2 L_C^\varphi(T) \tag{B 2.64}$$

und

$$\mu_C^\varphi(z_C, T) = {}^0G^\varphi(C, T) + RT \ln \frac{z_C}{b^\varphi - z_C} - \frac{2 z_C}{(b^\varphi)^2} L_C^\varphi(T) \tag{B 2.65}$$

mit der Abkürzung

$$^0G^\varphi(C, T) = (b^\varphi)^{-1} [{}^0G^\varphi(\text{FeC}_b, T) - {}^0G^\varphi(\text{Fe}, T) + L_C^\varphi(T)]. \tag{B 2.66}$$

Mit den vorstehenden Gleichungen sind die Ferrit(α)/Austenit(γ)-Gleichgewichte im System Eisen–Kohlenstoff analysiert worden [30]. Die dabei erhaltenen Daten der Gibbsschen Energien sind in Tabelle B 2.3 angegeben. Die daraus für die Temperatur des Perlitpunktes, (ungefähr) 1000 K, berechneten Energiekurven sind in Bild B 2.12 als Beispiel dargestellt. In dieser Darstellung wurden die Gibbsschen Energien der reinen Komponenten $^0G^\alpha(\text{Fe}, 1000\,\text{K})$ und $^0G^{\text{Gr}}(C, 1000\,\text{K})$ mit Gr (Graphit) als Nullpunkte gewählt, d. h. gleich Null gesetzt. Nach Bild B 2.12 stehen die α- und die γ-Phase bei 1000 K über ein Zweiphasengebiet mit den Grenzen $z_C^\alpha = 0{,}00093$ und $z_C^\gamma = 0{,}036$ (das entspricht den Massengehalten 0,02 und 0,77 %) miteinander im Gleichgewicht. Die in [30] für den ganzen Temperaturbereich

Tabelle B 2.3 Die thermodynamischen Funktionen der Phasen Ferrit (α), Austenit (γ), Zementit ($\Theta = \text{FeC}_{1/3}$) und Graphit (Gr) im System Eisen-Kohlenstoff bei 873 bis 1373 K (in J/mol Eisenatome). Nach [37, 30]

α-Phase
$L_C^\alpha = 0$
$\frac{1}{3}[{}^0G^\alpha(\text{FeC}_3, T) - {}^0G^\alpha(\text{Fe}, T)] = 111\,713 - 43{,}037\,T + {}^0G^{\text{Gr}}(C, T)$

γ-Phase
$L_C^\gamma = -21\,058 - 11{,}581\,T$
$[{}^0G^\gamma(\text{FeC}, T) - {}^0G^\gamma(\text{Fe}, T)] = 67\,208 - 7{,}640\,T + {}^0G^{\text{Gr}}(C, T)$
$^0G^\gamma(\text{Fe}, T) - {}^0G^\alpha(\text{Fe}, T)$: in [38] tabelliert (s. auch Tabelle B 2.1)

Θ-Phase
$^0G^\Theta(\text{FeC}_{1/3}, T) = {}^0G^\gamma(\text{Fe}, T) + \frac{1}{3}{}^0G^{\text{Gr}}(C, T) + 13\,320 - 64{,}720\,T + 7{,}4834\,T \ln T$

zwischen 800 und 1500 K auf ähnlichem Wege erhaltenen Löslichkeitslinien sind im Bild B 2.13 wiedergegeben. Diese Linien geben oberhalb 1000 K den Mittelwert der bekannten Meßdaten wieder; unterhalb 1000 K stellen sie eine Extrapolation dar.

B 2.2.3 Austausch-Einlagerungs-Mischkristalle

Die Mischkristalle in Stählen sind häufig keine reinen Austausch- oder Einlagerungsmischkristalle. Vielmehr sind die beiden Arten des Atomeinbaus gemischt, indem z. B. in einem Eisen-Mangan-Kohlenstoff-Stahl die Manganatome gegen die

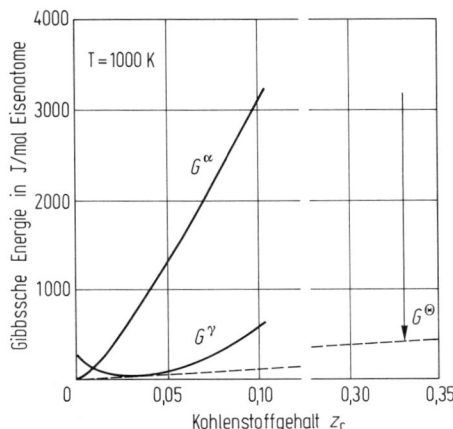

Bild B 2.12 Die Gibbsschen Energien der Phasen Ferrit (α), Austenit (γ) und Zementit (Θ) im System Eisen-Kohlenstoff bei 1000 K. Nach Angaben in [30] und Tabelle B 2.3 gezeichnet.

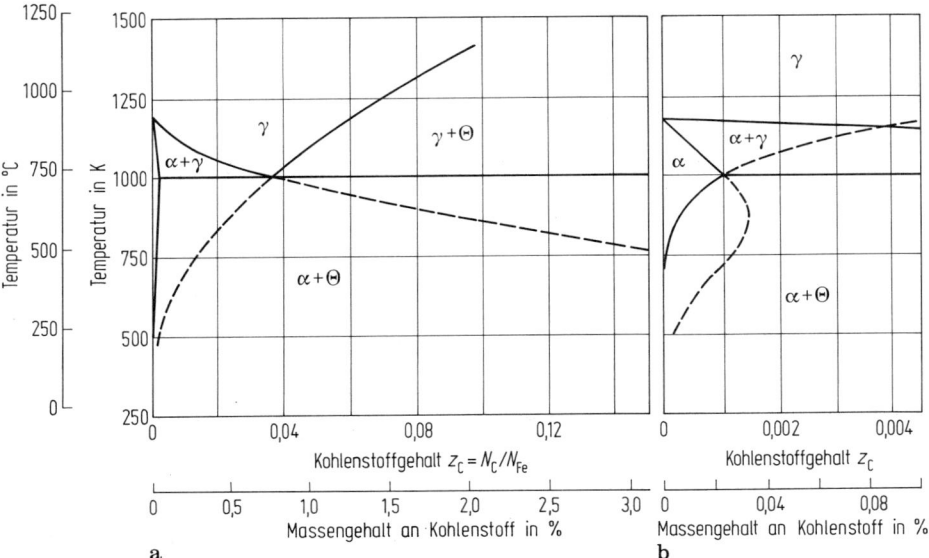

Bild B 2.13 Teil des Phasendiagramms Eisen-Kohlenstoff mit Gleichgewichtslinien der Phasen Ferrit (α), Austenit (γ) und Zementit (Θ). Nach [30]. **b** = vergrößerter Ausschnitt aus **a**.

Eisenatome ausgetauscht, die Kohlenstoffatome eingelagert sind. Dementsprechend müssen die Gibbsschen Energien durch eine sinnvolle Zusammenfassung von Gl. (B 2.21) mit Gl. (B 2.61) beschrieben werden. Dazu werden bei der Angabe der Mischkristallzusammensetzung die Austauschatome (z. B. Eisen, Mangan, ...) und die Einlagerungsatome (z. B. Kohlenstoff, ...) auf die Gesamtzahl N_A nur der Austauschatome bezogen

$$z_K = \frac{N_K}{N_A} \quad \text{mit} \quad K = \text{Fe, Mn, C, ...} . \tag{B 2.67}$$

Dann läßt sich die Gibbssche Energie eines (z. B.) Eisen-Mangan-Kohlenstoff-Mischkristalls darstellen, indem man $^0G^\varphi(\text{Fe}, T)$ in Gl. (B 2.61) gegen $G^\varphi(z_{\text{Fe}}, z_{\text{Mn}}, T)$ nach Gl. (B 2.21) austauscht und einige Größen in folgender, sinngerechter Weise ersetzt:

in Gl. (B 2.21) und (B 2.53):

$$x_K \text{ durch } z_K \text{ mit } K = \text{Fe, Mn sowie } L_{\text{FeMn}}^\varphi \text{ durch } \left(1 - \frac{z_C}{b^\varphi}\right) L_{\text{FeMn}}^\varphi + \frac{z_C}{b^\varphi} L_{\text{FeMn}}^{\varphi+C},$$

in Gl. (B 2.61) und (B 2.62):

$$L_C^\varphi \text{ durch } z_{\text{Fe}} L_C^{\varphi-\text{Fe}} + z_{\text{Mn}} L_C^{\varphi-\text{Mn}} \text{ und}$$

in Gl. (B 2.61):

$$[^0G^\varphi(\text{FeC}_b, T) - {}^0G^\varphi(\text{Fe}, T)] \text{ durch}$$

$$[z_{\text{Fe}} ({}^0G^\varphi(\text{FeC}_b, T) - {}^0G^\varphi(\text{Fe}, T)) +$$

$$z_{\text{Mn}} ({}^0G^\varphi(\text{MnC}_b, T) - {}^0G^\varphi(\text{Mn}, T))].$$

Die Bedeutung der neu eingeführten Symbole wird verständlich, wenn man die Grenzfälle betrachtet: den reinen Austauschmischkristall (Fe, Mn) bei $z_C = 0$, den fiktiven Kristall (Fe, Mn) C_b bei $z_C = b$ sowie die reinen φ-Einlagerungsmischkristalle (Fe, C) bei $z_{\text{Fe}} = 1$ und (Mn, C) bei $z_{\text{Mn}} = 1$. Danach ist z. B. L_{FeMn}^φ bzw. $L_{\text{FeMn}}^{\varphi+C}$ ein Maß für die Bindung der Eisen- und Manganatome untereinander in einem kohlenstofffreien φ-Kristall bzw. in einem fiktiven φ-Kristall, dessen Hohlräume vollständig mit Kohlenstoffatomen besetzt sind. Mit den angegebenen Vorschriften kann der Ansatz für die Gibbssche Energie eines Austausch-Einlagerungsmischkristalls formuliert werden.

B 2.2.4 Stöchiometrische Verbindungen

Verbindungen mit einem größeren Löslichkeitsbereich, wie z. B. die σ-Phase im Eisen-Chrom-System, können wie Mischkristalle behandelt werden (s. z. B. Tabelle B 2.1).

Wenn die Verbindungen nur mit einem schmalen Löslichkeitsbereich auftreten, wie z. B. Karbide und Oxide, genügt es für viele Abschätzungen, sie nur bei ihrer stöchiometrischen Zusammensetzung zu behandeln. Die Gibbssche Energie ist dann, wie bei einer reinen Komponente, nur noch eine Funktion der Temperatur (bei konstantem Druck). Ihre zahlenmäßige Ermittlung ist jedoch nur selten nach Gl. (B 2.5) möglich, weil die dazu erforderlichen Daten fehlen. In der Regel wird die Gibbssche Energie deshalb aus dem Gleichgewicht mit einer anderen Phase ermittelt. Dies wird am Beispiel des Zementits (Θ) im System Eisen-Kohlenstoff gezeigt [17].

Die Gleichgewichtsbedingung soll wie in Bild B 2.6 aus der Tangentenkonstruktion abgeleitet werden. Dazu sind in Bild B 2.14 die Gibbsschen Energien des Zementits und eines der Mischkristalle Ferrit oder Austenit skizziert; z_C^φ gibt den Gleichgewichtsgehalt des Mischkristalls an, der Zementit hat den konstanten Gehalt $z_C^\Theta = 1/3$ (deshalb die Markierung von G durch den Index „0"). Aus Bild B 2.14 folgt sofort als Gleichgewichtsbedingung

$$^0G^\Theta(z_C^\Theta, T) - \frac{1}{3} \frac{\partial G^\varphi}{\partial z_C}\bigg|_{z_C^\varphi} = G^\varphi(z_C^\varphi, T) - z_C^\varphi \frac{\partial G^\varphi}{\partial z_C}\bigg|_{z_C^\varphi} \tag{B 2.68}$$

und daraus mit Gl. (B 2.63)

$$^0G^\Theta(z_C^\Theta, T) = \left[\mu_{Fe}^\varphi(z_C^\varphi, T) + \frac{1}{3} \mu_C^\varphi(z_C^\varphi, T)\right]. \tag{B 2.69}$$

Man sieht an dieser Gleichung, daß das Symbol Θ für die Zementitformel $FeC_{1/3}$ steht. Die Gibbssche Energie des Zementits, bezogen auf 1 mol Eisenatome ($N_{Fe} = L$), kann nach Gl. (B 2.69) aus der Kenntnis der thermodynamischen μ_K^φ-Funktionen und den gemessenen Gleichgewichtsdaten (z_C^φ, T) ermittelt werden. Das in [30] erhaltene Ergebnis ist in Tabelle B 2.3 miteingetragen. Für die Perlittemperatur 1000 K erhält man daraus $^0G^\Theta(z_C^\Theta, 1000\,K) = 630\,J/mol$ Eisenatome. Dieser Wert ist in Bild B 2.12 an der Stelle $z_C^\Theta = 1/3$ angegeben. Die gemeinsame Tangente an G^α und G^γ zeigt das Dreiphasengleichgewicht der Perlitumwandlung an.

Wenn $^0G^\Theta(z_C^\Theta, T)$ bekannt ist, können umgekehrt die stabilen und metastabilen Gleichgewichte des Ferrits und Austenits mit dem Zementit berechnet werden. Durch Einsetzen der Ausdrücke von Gl. (B 2.64) und (B 2.65) in Gl. (B 2.69) erhält man in der Näherung $z_C^\varphi \ll 1$:

$$\left(\frac{z_C}{b^\varphi}\right)^{1/3} = \exp\left[\frac{^0G^\Theta(z_C^\Theta, T) - {^0G^\varphi}(Fe, T) - \frac{1}{3}{^0G^\varphi}(C, T)}{RT}\right]. \tag{B 2.70}$$

Diese Löslichkeitslinien sind in Bild B 2.13 miteingetragen.

Ähnliche Überlegungen gelten auch bei der Behandlung einer stöchiometrischen Verbindung ohne Eisen, wie z. B. eines Karbides $MC_{1/m}$, in einem mit dem

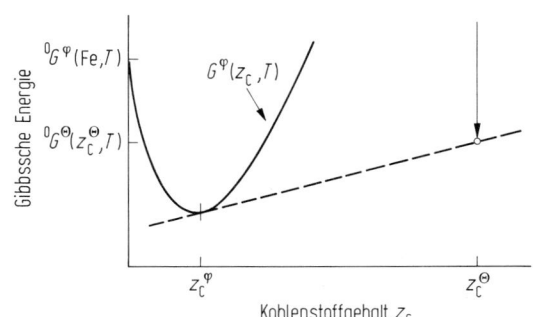

Bild B 2.14 Die Gibbsschen Energien eines binären Mischkristalls φ und einer Karbidphase Θ mit fester Zusammensetzung z_C^Θ im System Eisen-Kohlenstoff (schematisch).

Metall M legierten Stahl, also im System Fe-M-C. In diesem Fall sind die Tangentenebenen zu betrachten, die G^φ jeweils in einem Punkt $G^\varphi(P^\varphi, T)$ berühren und außerdem den Punkt $^0G(MC_{1/m}, T)$ enthalten (Bild B 2.15). Es läßt sich unmittelbar ablesen

$$^0G(MC_{1/m}, T) = G^\varphi(P^\varphi, T) + (1 - z_M^\varphi) \frac{\partial G^\varphi}{\partial z_M}\bigg|_{P^\varphi} + \left(\frac{1}{m} - z_C^\varphi\right) \frac{\partial G^\varphi}{\partial z_C}\bigg|_{P^\varphi}. \quad (B\,2.71)$$

Ist also G^φ bekannt, so kann bereits aus einem einzelnen gemessenen Gleichgewichtsgehalt $(z_M^\varphi, z_C^\varphi)$ der Wert von $^0G(MC_{1/m}, T)$ ermittelt werden. Umgekehrt kann bei Kenntnis von G^φ und $^0G(MC_{1/m}, T)$ aus Gl. (B 2.71) die Löslichkeitslinie $(z_M^\varphi, z_C^\varphi)$ bei der jeweiligen Temperatur berechnet werden. Man erhält mit den im vorigen Abschnitt beschriebenen Ansätzen in der Näherung $z_M^\varphi \ll 1$ und $z_C^\varphi \ll 1$ für das Löslichkeitsprodukt

$$z_M^\varphi \left(\frac{z_C^\varphi}{b^\varphi}\right)^{1/m} = \exp\left[\frac{^0G(MC_{1/m}, T) - {}^0G^\varphi(M, T) - L_{FeM}^\varphi(T) - \frac{1}{m}\,{}^0G^{\varphi-Fe}(C, T)}{RT}\right]. \quad (B\,2.72)$$

Dies ist die bekannte, auch experimentell erhaltene Form eines Löslichkeitsprodukts. So wurde z. B. in [31] für die Ausscheidung von Niobkarbid (also M = Niob, m = 1) im γ-Mischkristall (mit $b^\gamma = 1$) einer Eisen-Niob-Kohlenstoff-Legierung gefunden, daß bei Temperaturen zwischen 1270 und 1590 K und Gehalten $z_{Nb}^\gamma \ll 1$ und $z_C^\gamma \ll 1$

$$\ln z_{Nb}^\gamma z_C^\gamma = -\frac{20\,950}{T} + 0{,}34 \quad (B\,2.73)$$

ist. Man folgert aus dieser Beziehung, daß die Lösungswärme von Niobkarbid im γ-Mischkristall $20\,950\,R = 174\,000$ J je mol Niobkarbid beträgt [31]. Zur Anschauung sind in Bild B 2.16 die daraus folgenden Löslichkeitslinien für drei Temperaturen dargestellt. Die Umrechnung der angegebenen Atomzahlenbrüche z_K (K = Niob, Kohlenstoff) in Massengehalte w_K erfolgt punktweise nach

$$w_K = \frac{z_K A_K}{A_{Fe} + z_{Nb}(A_{Nb} - A_{Fe}) + z_C A_C}, \quad (B\,2.74)$$

wobei A_K das Atomgewicht der Komponente K angibt.

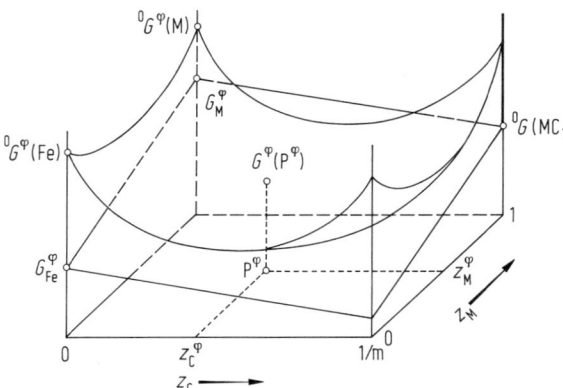

Bild B 2.15 Die Gibbsschen Energien eines ternären Mischkristalls φ und einer Karbidphase $MC_{1/m}$ mit fester Zusammensetzung im System Eisen-Metall-Kohlenstoff bei einer festen Temperatur (schematisch).

Häufig treten in legierten Stählen aber auch Verbindungen auf, die nur teilweise stöchiometrisch sind. So ist z. B. bei (Fe, M)-Karbiden nur das Verhältnis der Kohlenstoffatome zu den Metallatomen stöchiometrisch, das Verhältnis der Metallatome zueinander ist es nicht. Dementsprechend wird die Gibbssche Energie dieser Karbide in bezug auf die Metallatome ähnlich wie in Gl. (B 2.21) angesetzt. Man erhält dann z. B. für das Karbid $Fe_{1-z}M_zC_{1/m} = \Theta$ mit $1-z = z_{Fe}$ und $z = z_M$

$$G^{\Theta}(z_{Fe}, z_M, T) = z_{Fe}\,{}^0G(FeC_{1/3}, T) + z_M\,{}^0G(MC_{1/3}, T)$$
$$+ RT(z_{Fe} \ln z_{Fe} + z_M \ln z_M) \qquad (B\,2.75)$$
$$+ z_{Fe}z_M L^{\Theta}.$$

Die Gleichgewichtsbeziehungen an der Stelle P folgen unmittelbar aus der Darstellung in Bild B 2.17 zu

$$G^{\Theta}(P^{\Theta}) - z_M^{\Theta} \left.\frac{\partial G^{\Theta}}{\partial z_M}\right|_{P^{\Theta}}$$
$$= G^{\varphi}(P^{\varphi}) - z_M^{\varphi} \left.\frac{\partial G^{\varphi}}{\partial z_M}\right|_{P^{\varphi}} + \left(\frac{1}{m} - z_C^{\varphi}\right) \left.\frac{\partial G^{\varphi}}{\partial z_C}\right|_{P^{\varphi}} \qquad (B\,2.76)$$

und

$$\left.\frac{\partial G^{\Theta}}{\partial z_M}\right|_{P^{\Theta}} = \left.\frac{\partial G^{\varphi}}{\partial z_M}\right|_{P^{\varphi}}. \qquad (B\,2.77)$$

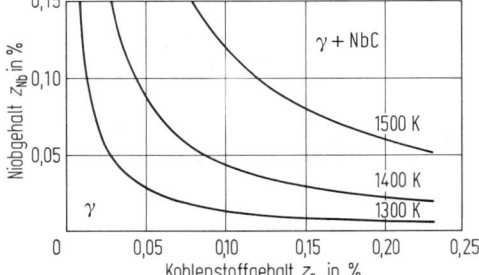

Bild B 2.16 Löslichkeitslinien des Karbids NbC im Austenit von Eisen-Niob-Kohlenstoff-Legierungen für verschiedene Temperaturen. Nach Angaben in [31] gezeichnet.

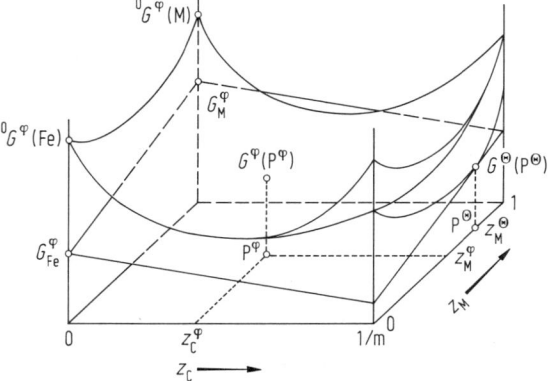

Bild B 2.17 Die Gibbsschen Energien eines ternären Mischkristalls und einer Karbidphase $(Fe, M)C_{1/m}$ im System Eisen-Kohlenstoff-Legierungselement M bei einer festen Temperatur (schematisch).

Aus diesen Beziehungen läßt sich bei Kenntnis von G^φ, z_M^φ, z_C^φ, z_M^Θ eine Aussage über G^Θ ableiten. Umgekehrt können bei Kenntnis von G^φ, G^Θ aus diesen Gleichungen die Löslichkeitsgehalte z_M, z_C in Abhängigkeit von z_M^Θ ermittelt werden. Zur Illustrierung der zuletzt genannten Anwendungsmöglichkeit sind in Bild B 2.18 die in [32] für Eisen-Mangan-Kohlenstoff-Legierungen berechneten Grenzlinien des Austenits $\gamma/(\gamma+\Theta)$ mit $(Fe, Mn)C_{1/3} = \Theta$ und $\gamma/(\alpha+\gamma)$ eingetragen. Zur vollständigen Beschreibung der Gleichgewichte muß – wenn man von der weniger interessierenden Ausscheidung des Graphits absieht – noch das Ferrit-Zementit-Gleichgewicht mit einbezogen werden. Dies ist in Bild B 2.19 für eine der Temperaturen aus Bild B 2.18 geschehen [32]; einige der in [32] berechneten Verbindungslinien zwischen den im Gleichgewicht befindlichen Phasen (Konoden oder im Angelsächsischen tie lines) sind miteingetragen. Eine Umrechnung der Atomzahlenbrüche in Massengehalte erfolgt ähnlich, wie es zu Bild B 2.16 beschrieben wurde.

B 2.2.5 Graphit

Es muß erwähnt werden, daß in Stählen die Karbidgleichgewichte im Vergleich zu dem entsprechenden Graphitgleichgewicht metastabil sein können. Trotzdem kommt es in der Regel nur unter besonderen Bedingungen, wie langen Glühzeiten, zu einer Graphitausscheidung, da bei den niedrigen Kohlenstoffgehalten der mögliche Gewinn an Gibbsscher Energie nur gering und die Keimbildung des Graphits

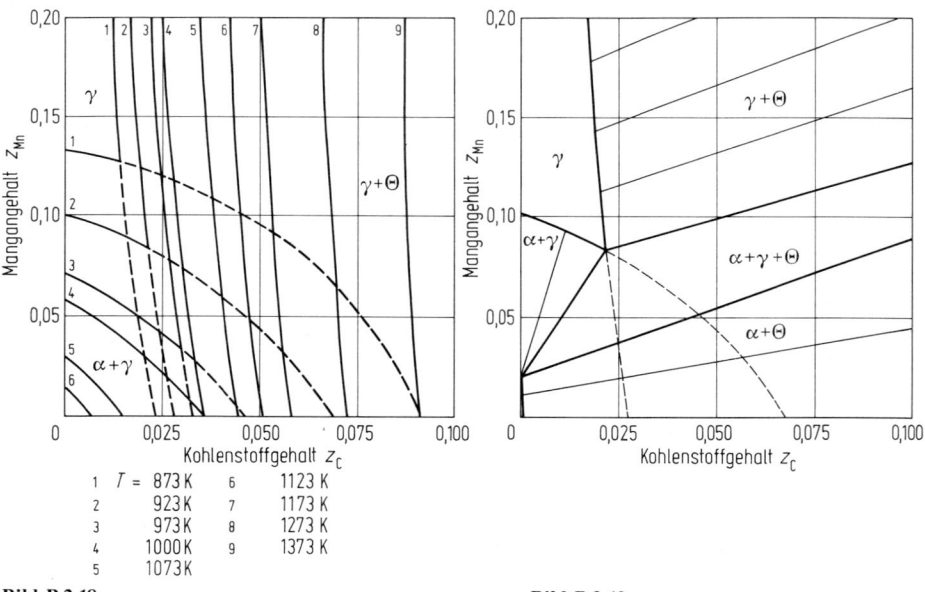

Bild B 2.18

Bild B 2.19

Bild B 2.18 Berechnete stabile (ausgezogen) und metastabile (gestrichelt) Löslichkeitslinien des Austenits (γ) im Gleichgewicht mit Ferrit (α) und Zementit ($\Theta = (Fe, Mn)C_{1/3}$) im System Eisen-Mangan-Kohlenstoff für verschiedene Temperaturen. Nach [32].

Bild B 2.19 Berechnete Gleichgewichte zwischen den Phasen α, γ und Θ im System Eisen-Mangan-Kohlenstoff für 923 K. Nach [32]. Einige Konoden sind miteingetragen.

erschwert ist. Zur Verdeutlichung seien die Graphitgleichgewichte im System Eisen–Kohlenstoff bei 1000 K betrachtet.

Die Position des Graphits (Gr) auf der z_C-Skala in den Bildern B 2.12 oder B 2.14 liegt bei $z_C^{Gr} \to \infty$. Deshalb läßt sich aus einer Darstellung wie in Bild B 2.14 die Gleichgewichtsbeziehung mit einem Mischkristall φ ablesen zu

$$\frac{\partial G^\varphi(z_C, T)}{\partial z_C}\bigg|_{z_C^\varphi} = \frac{{}^0G^{Gr}(C, T) - G^\varphi(z_C^\varphi, T)}{z_C^{Gr} - z_C^\varphi}\bigg|_{z_C^{Gr} \to \infty} = 0. \tag{B 2.78}$$

Diese Beziehung besagt, daß zur Bestimmung der Gleichgewichtsgehalte z_C^α und z_C^γ die horizontalen Tangenten an G^α und G^γ zu legen sind, unabhängig von der Größe ${}^0G^{Gr}(C, T)$. In Bild B 2.12 erhält man dann die negativsten Gibbsschen Energien auf der horizontalen Tangente an G^α. Das α/Gr-Gleichgewicht ist also bei 1000 K stabiler als alle anderen Gleichgewichte. Die Berührungspunkte der horizontalen Tangenten an G^α und G^γ geben die jeweilige Löslichkeit des Kohlenstoffs im Gleichgewicht mit Graphit an. Für eine zahlenmäßige Erörterung ist die Darstellung in Bild B 2.12 über z_C allerdings nicht gut geeignet; für sie wäre eine Darstellung über x_C besser.

B 2.2.6 Zahlenwerte der thermodynamischen Funktionen und der Gleichgewichte

Die Formulierungen der Gibbsschen Energien und der daraus zu berechnenden Phasengleichgewichte werden um so vielfältiger, je mehr Komponenten zu berücksichtigen sind. In geschriebener oder gezeichneter Form sind sie deshalb kaum noch darstellbar. Für den praktischen Gebrauch hat sich deshalb die numerische Erfassung der thermodynamischen Funktions- und Gleichgewichtsdaten weitgehend durchgesetzt [33]. Der Formalismus, der dabei in jüngerer Zeit zunehmend benutzt wird, wurde in den vorangehenden Abschnitten dargestellt. Die von verschiedenen Autoren verwendeten Nomenklaturen sind zwar in Einzelfällen immer noch unterschiedlich, sie sollten aber aufgrund dieser Ausführungen trotzdem verstanden werden können. In Tabelle B 2.4 ist der Teil des Schrifttums gesammelt worden, in dem die thermodynamischen Funktionen und Gleichgewichte einer Reihe von wichtigen Legierungssystemen erarbeitet und nach dem beschriebenen Formalismus dargestellt worden sind.

Es muß noch einmal betont werden, daß in Tabelle B 2.4 und im vorangehenden Text das Schrifttum über die thermodynamischen Bearbeitungen der Eisenlegierungen bei weitem nicht vollständig berücksichtigt wurde. Eine umfassendere Sammlung von Schrifttumsstellen, die auch andere thermodynamische Formalismen berücksichtigt und sich dabei auch auf andere als nur Systeme des Eisens bezieht, findet sich z. B. in [33].

B 2.3 Einfluß von Gitterstörungen

In den vorangehenden Abschnitten wurden die Phasen in idealisierter Weise als einheitlich störungsfreie Kristalle behandelt. Dieser Zustand ist nicht unbedingt thermodynamisch am stabilsten. Durch die Bildung von Störungen wird zwar die

Tabelle B 2.4 Zusammenstellung der Literatur über Ausarbeitungen der thermodynamischen Funktionen von Systemen des Eisens und verwandten Systemen

Zweistoffsysteme des Eisens
    Fe-C [1-3]   Fe-Mn [7]   Fe-Si [10]
    Fe-Al [2]   Fe-Mo [4, 8]   Fe-Sn [11]
    Fe-Co [4, 5]   Fe-N [9]   Fe-Ti [4]
    Fe-Cr [5]   Fe-Nb [4]   Fe-V [12]
    Fe-Cu [6, 23, 30]   Fe-Ni [5, 24]   Fe-W [4, 8, 25]
                                                                     Fe-Zn [13]

Zweistoffsysteme
    Co-Al [2]   Cr-C [2]   Nb-C [2]
    Co-C [2]   Cr-N [14]   Ni-Al [2]
    Co-Cr [5]   Cr-Ni [5]   Ni-C [2]
    Co-Ni [5]   Mn-C [2]   Ni-Si [10]
    Co-Si [10]   Mo-C [2]   W-C [2]

Dreistoffsysteme
    Fe-Al-Ti [29]   Fe-Cu-C [3]   Fe-Mo-C [3, 20]
    Fe-Co-Cr [15]   Fe-Cu-Mn [18]   Fe-Mo-W [8]
    Fe-Cr-C [3, 16]   Fe-Cu-Ni [18]   Fe-Ni-C [3, 21, 26]
    Fe-Cr-Mn [17]   Fe-Mn-C [3, 19]   Fe-Si-C [3, 28]
    Fe-Cr-Ni [18]   Fe-Mn-Ti [29]   Fe-V-C [3]
                                                                     Fe-W-C [3, 27]

Vierstoffsystem
    Fe-Cr-Ni-Si [22]

1. Harvig, H.: Jernkont. Ann. 155 (1971) S. 157/61.
2. Kaufman, L., u. H. Nesor: Calphad 2 (1978) S. 325/48.
3. Uhrenius, B.: In: Hardenability concepts with application to steel. Ed.: D. V. Doane, u. J. S. Kirkaldy. Publ. of the Metallurgical Society of AIME. New York 1978, S. 28/81.
4. Kaufman, L., u. H. Nesor: Calphad 2 (1978) S. 55/80.
5. Kaufman, L., u. H. Nesor: Z. Metallkde. 64 (1973) S. 249/57.
6. Harvig, H., G. Kirchner u. M. Hillert: Metallurg. Trans. 3 (1972) S. 329/32.
7. Kaufman, L.: Calphad 2 (1978) S. 117/46.
8. Kirchner, G., H. Harvig u. B. Uhrenius: Metallurg. Trans. 4 (1973) S. 1059/67.
9. Hillert, M., u. M. Jarl: Metallurg. Trans. 6A (1975) S. 553/58.
10. Kaufman, L.: Calphad 3 (1979) S. 45/76.
11. Nüssler, H. D., O. v. Goldbeck u. P. J. Spencer: Calphad 3 (1979) S. 19; dieselben in: Berichte der VIII. Calphad-Konferenz in Stockholm 1979, S. 267/74.
12. Hack, K., H. D. Nüssler, J. P. Spencer u. G. Inden: wie [11] S. 244/65.
13. Kirchner, G.; H. Harvig, K. R. Moquist u. M. Hillert: Arch. Eisenhüttenwes. 44 (1973) S. 227/34.
14. Jarl, M.: Calphad 1 (1977) S. 201/23.
15. Allibert, C., C. Bernard, G. Effenberg, H. D. Nüssler u. P. J. Spencer: wie [11] S. 207/43; sowie Calphad 5 (1981) S. 227/37.
16. Lundberg, R., M. Waldenström u. B. Uhrenius: Calphad 1 (1977) S. 159/99.
17. Kirchner, G., u. B. Uhrenius: Acta metallurg., New York, 22 (1974) S. 523/32.
18. Hasebe, M., u. T. Nishizawa: In: Applications of phase diagrams in metallurgy and ceramics, Vol. 2. Ed.: G. C. Carter. Washington 1978. (Nat. Bur. Standards. Spec. publ. 496.) S. 911/54.
19. Hillert, M., u. M. Waldenström: Metallurg. Trans. 8A (1977) S. 5/13; Calphad 1 (1977) S. 97/132.
20. Chatfield, Ch., u. M. Hillert: Calphad 1 (1977) S. 201/23.
21. Rao, M. M., R. J. Russell u. P. G. Winchall: Trans. metallurg. Soc. AIME 239 (1967) S. 634/42.
22. Chart, T., F. Putland u. A. Dinsdale: Calphad 4 (1980) S. 27/46.
23. Lindqvist, P. A., u. B. Uhrenius: Calphad 4 (1980) S. 193/200.
24. Larrain, J. M.: Calphad 4 (1980) S. 155/71.
25. Uhrenius, B., u. L. Kaufman: Calphad 3 (1979) S. 223/24.
26. Bradley, D. J., R. O. Williams u. F. H. Horne: Calphad 4 (1980) S. 265/70.
27. Uhrenius, B.: Calphad 4 (1980) S. 173/91.

28. Schmid, R.: Calphad 5 (1981) S. 255/66.
29. Dew-Hughes, D., u. L. Kaufman: Calphad 3 (1979) S. 175/203.
30. Hasebe, M., u. T. Nishizawa: Calphad 5 (1981) S. 105/8.

Enthalpie des Systems auf ungünstigere Werte angehoben, gleichzeitig wird aber auch die Entropie vergrößert, so daß oberhalb einer bestimmten Temperatur der gestörte Zustand thermodynamisch stabiler ist. Der Übergang in den Schmelzzustand ist hierfür ein geläufiges Beispiel. Das jeweilige Verhältnis der Enthalpie- zur Entropieänderung bestimmt, in welchem Ausmaß die verschiedenartigen punkt-, linien- oder flächenartigen Gitterstörungen als Gleichgewichtserscheinungen auftreten. Zahlenmäßige Abschätzungen zeigen allerdings, daß nur bei punktartigen Störungen, wie Leerstellen, die Bildungsenthalpie im Vergleich zur Bildungsentropie genügend klein ist, um unterhalb des Schmelzpunktes (etwa ab 2/3 der Schmelztemperatur) nachweisbare Mengen an Störungen im thermischen Gleichgewicht auftreten zu lassen (s. B 4). Diese Mengen (rd. 0,01 % dicht unter dem Schmelzpunkt) sind in der Regel jedoch zu gering, als daß die Gibbsschen Energien der Phasen und die daraus folgenden Gleichgewichte nennenswert beeinflußt würden.

Die für die Erzeugung der linien- und flächenartigen Störungen, wie Versetzungen oder Korn- und Phasengrenzflächen, notwendigen Energien werden entweder durch Umformkräfte aufgebracht oder bei Umwandlungen aus dem Energievorrat des anfänglichen Ungleichgewichtszustandes entnommen. Bei tieferer Temperatur bleiben diese Störungen dann als metastabile Gefügebestandteile erhalten, da die notwendigen Ausheilprozesse zu langsam sind. Die in diesen Störungen gespeicherte Energie ist in der Regel so gering, daß sie mit den Gibbsschen Energien der Phasen nur dann vergleichbar sind, wenn diese Phasen nur in geringer Menge vorliegen. Dies ist vor allem bei der Keimbildung der Fall, und in diesem Zusammenhang können die Gitterstörungen eine wesentliche Rolle spielen.

Eine weitere Wirkung der Gitterstörungen entsteht dadurch, daß sie besonders günstige Plätze für bestimmte Legierungsatome darstellen und dadurch das „normale" Gleichgewicht zwischen zwei Phasen verändern können. Dies soll am Beispiel der Ansammlung (Segregation) von Einlagerungsatomen an Versetzungen in einem Mischkristall (z. B. α-Fe-C dargestellt werden. Mit einer ähnlichen Überlegung könnte aber auch die Ansammlung von Legierungsatomen an Korngrenzen behandelt werden [34].

Die Betrachtung gilt für alle Temperaturen, bei denen einerseits die Gitterstörungen stabil sind, also noch nicht ausheilen, aber anderseits die Legierungsatome für die Anlagerung genügend beweglich sind. Für die Anlagerung eines einzelnen Kohlenstoffatoms an einer Stufen- oder Schraubenversetzung im α-Eisengitter wurde ein Enthalpiegewinn von rd. $u = -0,5\,\text{eV} = -5800\,k$-Einheiten abgeschätzt [35]. (Eine k-Einheit = $1,38 \cdot 10^{-20}$ J. Sie gibt die Energieänderung von kT bei einer Temperaturänderung um 1 K an.) Die Zahl N^v der um diesen Betrag begünstigten Einlagerungsplätze steigt mit der Versetzungsdichte; sie ist aber in jedem Fall deutlich geringer als die Zahl N^α der nicht beeinflußten Einlagerungsplätze im ungestörten Gitterbereich. Dann erhält man aus einer in üblicher Weise durchgeführten statistischen Abschätzung [34] die Zahl N_C^v der im Gleichgewicht an den Versetzungen gebundenen Kohlenstoffatome im Vergleich zur Zahl N_C^α der im ungestörten α- Gitter eingelagerten Kohlenstoffatome

$$\frac{N_C^V}{N^V - N_C^V} = \frac{N_C^\alpha}{N^\alpha - N_C^\alpha} \exp\left(-\frac{u}{kT}\right). \tag{B 2.79}$$

Für sehr hohe Temperaturen geht der Wert der Exponentialfunktion gegen 1, und man erhält

$$\frac{N_C^V}{N^V} = \frac{N_C^\alpha}{N^\alpha}. \tag{B 2.80}$$

Dieser Fall ist zwar praktisch nicht realisierbar; er zeigt aber, daß sich in diesem Grenzfall, so wie es sein muß, eine gleichmäßige Verteilung der Kohlenstoffatome auf alle Einlagerungsplätze einstellt. Für sehr niedrige Temperaturen ($T \to 0$) wird der Wert der Exponentialfunktion beliebig groß. Man erhält dann entweder $N_C^V = N^V$ oder $N_C^\alpha = 0$.

Je nach der Zahl N^V, also der Versetzungsdichte, oder der Gesamtzahl $N_C^V + N_C^\alpha$ der eingelagerten Kohlenstoffatome sind dann entweder alle Versetzungsplätze besetzt oder alle vorhandenen Kohlenstoffatome an den Versetzungen eingebaut. Hier zeigt sich als Besonderheit der durch Gitterstörungen bewirkten Gleichgewichte, daß die Kohlenstoffatome bei $T \to 0$ zwar bevorzugt in den Versetzungsplätzen eingebaut werden, aber – da die Zahl der Einbaumöglichkeiten unabhängig von thermodynamischen Wirkungen fest vorgegeben ist – natürlich nur so lange, wie solche Plätze noch frei sind.

Mit diesen Angaben kann nun festgestellt werden, wie z. B. die Löslichkeit des Kohlenstoffs im Ferrit im Gleichgewicht mit Zementit (s. Bild B 2.13) verändert wird, nachdem im Ferrit Versetzungen einer bestimmten Dichte λ erzeugt worden sind [36]. Durch Einsetzen der Löslichkeitswerte $z_C^\alpha = N_C^\alpha / N_{Fe}^\alpha = b^\alpha N_C^\alpha / N_V^\alpha$ aus Bild B 2.13 in Gl. (B 2.79) erhält man direkt die Zahl N_C^V der an den Versetzungen gebundenen Kohlenstoffatome, bezogen auf die Zahl N^V aller Versetzungsplätze und das – wie gesagt – für den Fall, daß im unbeeinflußten Gitter die Gleichgewichts-

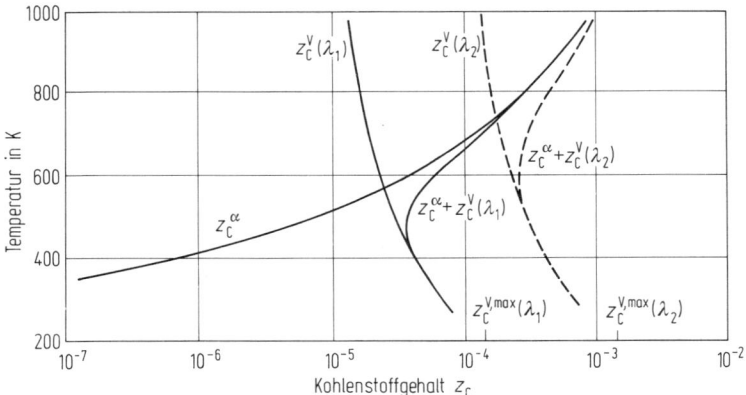

Bild B 2.20 Verteilungen der Kohlenstoffatome in α-Eisenkristallen mit verschiedener Versetzungsdichte $\lambda_1 = 10^{15} \text{m}^{-2}$ oder $\lambda_2 = 10^{16} \text{m}^{-2}$ im Gleichgewicht mit Zementit auf den ungestörten Gitterbereich (z_C^α) und den Versetzungsbereich (z_C^V) in Abhängigkeit von der Temperatur. Nach [36].

Einfluß von Versetzungen

löslichkeit des Kohlenstoffs mit Zementit eingestellt ist. Die so mit dem Wert $u = -5800\ k$-Einheiten erhaltenen Zahlen für N_C^α und N_C^V sind in Bild B 2.20 aufgetragen worden als

$$z_C^\alpha = \frac{N_C^\alpha}{N_{Fe}^\alpha + N_{Fe}^V} \quad \text{und} \quad z_C^V = \frac{N_C^V}{N_{Fe}^\alpha + N_{Fe}^V}. \tag{B 2.81}$$

In dieser Auftragung werden N_C^α und N_C^V auf die Gesamtzahl aller Eisenatome bezogen, so daß die Größe $z_C^\alpha + z_C^V$ den mittleren Kohlenstoffgehalt des Ferrits angibt. Dabei wurde postuliert, daß es in jeder Gitterebene senkrecht zu einer Versetzungslinie jeweils nur einen Einlagerungsplatz für die Kohlenstoffatome gibt, und daß

$$2N^V = N_{Fe}^V \quad \text{und} \quad N_{Fe}^V = 3 \cdot 10^{-19} \lambda N_{Fe}^\alpha \tag{B 2.82}$$

ist [36]. Als Beispiele werden die beiden Versetzungsdichten $\lambda_1 = 10^{15}\ m^{-2}$ und $\lambda_2 = 10^{16}\ m^{-2}$ betrachtet.

Man erkennt in Bild B 2.20 den entgegengesetzten Verlauf der Löslichkeitskurven z_C^α und z_C^V. Mit steigender Temperatur nimmt die Menge z_C^α an Kohlenstoff, die im Gleichgewicht mit Zementit gelöst werden kann, zu; die Menge z_C^V der daneben an den Versetzungen begünstigt eingebauten Kohlenstoffatome nimmt trotzdem durch den Einfluß der Entropie ab. Da die chemische Aktivität der an den Versetzungen gebundenen und der im übrigen Gitter gelösten Kohlenstoffatome gleich ist, folgt, daß eine Zementitausscheidung nur stattfinden kann bzw. beständig ist, wenn der Kohlenstoffgehalt der Probe größer als $z_C^\alpha + z_C^V$ ist. In diesem Sinne ist in einer verformten Probe die Kohlenstofflöslichkeit um den Betrag z_C^V erhöht worden.

B3 Keimbildung

Von Wolfgang Pitsch und Gerhard Sauthoff

Die allgemeinen Gesetzmäßigkeiten einer Keimbildung werden hier der Einfachheit wegen am Beispiel der Ausscheidung behandelt. Die erhaltenen Aussagen gelten jedoch sinngemäß auch für die anderen Umwandlungsarten, einschließlich der Erstarrung einer Schmelze und der Rekristallisation. Auf spezielle Gesichtspunkte wird später bei der Behandlung der verschiedenen Umwandlungen hingewiesen.

B3.1 Vorbereitende Energiebetrachtungen

Bisher wurden die treibenden Kräfte für Gefügeänderungen anhand der Unterschiede der Gibbsschen Energien der beteiligten Phasen erörtert. Nun führt aber die Koexistenz zweier Phasen unabdingbar auch zu einer Grenzfläche zwischen ihnen, die bisher unberücksichtigt blieb. Wie bei Oberflächen ist ihr Energiegehalt durch eine Grenzflächenenergie γ (je Flächeneinheit) gekennzeichnet [1–5], die in praktischen Fällen größenordnungsmäßig zwischen 10 und 1000 mJ/m² liegt [2]. Diese zusätzliche Energie, $4\pi r^2 \gamma$ für ein kugelförmiges Teilchen mit dem Radius r, ist mit dem Energieumsatz der miteinander reagierenden Phasen – z. B. Teilchen und umgebende Matrix – zu vergleichen.

Zur Berechnung dieses Energieumsatzes, im folgenden Umwandlungsenergie genannt, sei angenommen, daß sich in einem α-Mischkristall mit N Legierungsatomen A und B sowie dem Gehalt x^α an B-Atomen ein β-Teilchen mit N^β Legierungsatomen und dem Gehalt x^β bildet, wodurch der Mischkristallgehalt auf $\hat{x}^\alpha$ absinkt [6]. Wegen der Massenerhaltung ist

$$Nx^\alpha = (N - N^\beta)\hat{x}^\alpha + N^\beta x^\beta, \tag{B3.1}$$

so daß $\quad x^\alpha - \hat{x}^\alpha = \dfrac{N^\beta (x^\beta - x^\alpha)}{N - N^\beta}.$ \hfill (B3.2)

Dementsprechend ergibt sich als Umwandlungsenergie

$$-\Delta G = Ng^\alpha(x^\alpha) - N^\beta g^\beta(x^\beta) - (N - N^\beta)g^\alpha(\hat{x}^\alpha), \tag{B3.3}$$

wobei g^α und g^β die Gibbsschen Energien (je Legierungsatom) der jeweiligen Phasen sind (Bild B3.1).

Literatur zu B3 siehe Seite 681, 682.

Vorbereitende Energiebetrachtungen

Wegen $N \gg N^\beta$ ist $x^\alpha - \hat{x}^\alpha$ sehr klein gegen $x^\beta - x^\alpha$, so daß

$$g^\alpha(\hat{x}^\alpha) = g^\alpha(x^\alpha) + (\hat{x}^\alpha - x^\alpha) \left. \frac{\partial g^\alpha}{\partial x^\alpha} \right|_{x^\alpha}. \tag{B 3.4}$$

Mit Gl. (B 3.2) bis (B 3.4) erhält man für die auf N^β bezogene Umwandlungsenergie – im folgenden $\tilde{g}$ genannt –

$$\tilde{g} \stackrel{\text{def}}{=} -\frac{\Delta G}{N^\beta} = g^\alpha(x^\alpha) + (x^\beta - x^\alpha) \left. \frac{\partial g^\alpha}{\partial x^\alpha} \right|_{x^\alpha} - g^\beta(x^\beta), \tag{B 3.5}$$

d. h. im g-x-Diagramm (Bild B 3.1) ist $\tilde{g}$ der Abstand zwischen der Tangente an die g^α-Kurve an der Stelle x^α und der g^β-Kurve an der Stelle des Keimgehaltes x^β. Es sei betont, daß $\tilde{g}$ sowohl von x^α als auch von x^β abhängt: Bei festem x^β nimmt $\tilde{g}$ mit steigendem x^α entsprechend zunehmender Übersättigung zu, und bei festem x^α erreicht die Umwandlungsenergie ihr Maximum, wenn – wie in Bild B 3.1 gezeichnet – x^β gleich dem Abszissenwert des Berührungspunktes der Tangente an die g^β-Kurve ist, die parallel zu der bei x^α an die g^α-Kurve gelegten Tangente läuft. Mit abnehmender Übersättigung fällt schließlich x^α mit dem durch die gemeinsame Tangente gegebenen Gleichgewichtswert x_e^α (vgl. B 2.2) zusammen, so daß dann $\tilde{g}$ verschwindet.

In praktischen Fällen – z. B. bei einer Zementitausscheidung im Ferrit – liegen die auf das Atomvolumen v^β (d. h. auf das Volumen je Legierungsatom) der zu bildenden Phase bezogenen Umwandlungsenergien $\tilde{g}/v^\beta$ in der Größenordnung von 1000 MJ/m³ [7]. Die Grenzflächenenergie außer acht zu lassen, ist nur gerechtfertigt, wenn diese gegenüber der Umwandlungsenergie vernachlässigbar klein ist, also bei einem kugelförmigen Teilchen

$$4\pi r^2 \gamma \ll \frac{4}{3} \pi r^3 \tilde{g}/v^\beta \tag{B 3.6}$$

bzw.

$$\frac{3}{r} \frac{\gamma}{\tilde{g}/v^\beta} \ll 1. \tag{B 3.7}$$

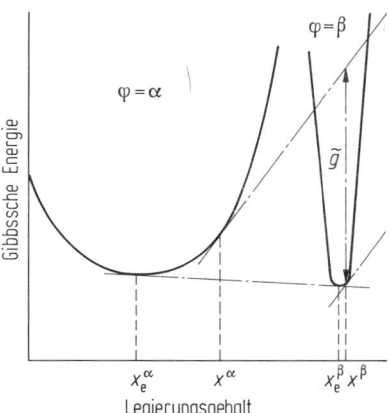

Bild B 3.1 Die Gibbsschen Energien g^φ zweier Phasen $\varphi = \alpha, \beta$ in Abhängigkeit vom Legierungsgehalt x bei festgehaltener Temperatur (schematisch).

Mit den angegebenen Zahlenwerten für γ und $\tilde{g}/v^\beta$ ist diese Ungleichung erfüllt, sobald sogar die kleinsten Durchmesser der Zementitteilchen wesentlich größer als 6 nm sind, z. B. 6 μm oder mehr. Andernfalls – das gilt besonders im Anfangsstadium der Bildung einer neuen Phase – muß berücksichtigt werden, daß zur Bildung der Grenzfläche zusätzliche Energie benötigt wird. Es ergibt sich also, daß die Bildungsreaktion erst nach Überwindung einer Energieschwelle ablaufen kann. Dieser Vorgang wird als Keimbildung bezeichnet und im folgenden genauer besprochen. Dabei soll deutlich gemacht werden, in welcher Weise durch den Keimbildungsprozeß der zeitliche und örtliche Beginn der Bildungsreaktionen und damit die Reaktionsstellen im Gefüge im Sinne der Vorstellungen in B1 festgelegt werden.

B 3.2 Keimbildungsenergie

Wenn sich durch Unterkühlung – d. h. durch Übersättigung – in einem gegenüber einer neuen β-Phase instabilen α-Mischkristall β-Teilchen bilden, wird Umwandlungsenergie frei und Grenzflächenenergie verbraucht. Folglich ergibt die Energiebilanz als Bildungsenergie für ein kugelförmiges β-Teilchen

$$A(r) = -\frac{4}{3}\pi r^3 \tilde{g}_{total}/v^\beta + 4\pi r^2 \gamma, \tag{B 3.8}$$

was auch für die ersten nur wenige Gitterzellen umfassenden β-Teilchen – im folgenden Keime genannt – gelten soll. Dabei enthält die Umwandlungsenergie $\tilde{g}_{total}$ alle dem Volumen proportionale Energiebeiträge wie z. B. auch eine etwaige elastische Verzerrungsenergie des Keims (vgl. B 3.3)[1]. $A(r)$ hat ein Maximum $A^*(r^*)$ (Bild B 3.2), so daß der Keim erst von einer kritischen Größe an – gekennzeichnet durch den kritischen Radius r^* bzw. nach Überwindung einer Energieschwelle der Höhe A^* (kritische Keimbildungsenergie) spontan – d. h. unter Energiegewinn –

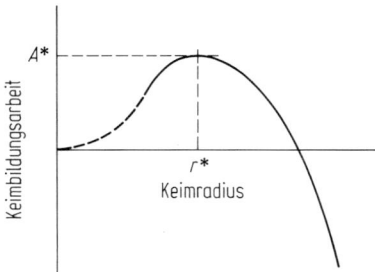

Bild B 3.2 Keimbildungsarbeit A in Abhängigkeit vom Keimradius r bei festgehaltener Keimzusammensetzung (schematisch).

---

[1] Die Behandlung der Keime einer neuen Phase als makroskopische Teilchen ist Ausgangspunkt der „klassischen" Keimbildungstheorie [6], die wiederholt in Übersichtsartikeln (z. B. [8]) auch im Hinblick auf einschlägige Experimente behandelt worden ist. Sie dient im folgenden als Basis für die Erörterung der Keimbildung. Darüber hinaus sind weitere Theorien entwickelt worden, die jedoch wegen ihrer Komplexität und des Fehlens von Daten zur Zeit noch von geringerer praktischer Bedeutung sind. Erwähnt seien die Theorien der spinodalen Entmischung (z. B. [9]) und die Modelle, die die Methoden der statistischen Physik benutzen (z. B. [10]).

wachsen kann. Der kritische Keim selbst steht also im labilen Gleichgewicht mit dem umgebenden α-Kristall. Aus Gl. (B 3.8) erhält man für den kritischen Radius

$$r^* = \frac{2\gamma}{\tilde{g}_{\text{total}}/v^\beta} \tag{B 3.9}$$

und für die kritische Keimbildungsenergie

$$A^* = \frac{16\pi}{3} \frac{\gamma^3}{(\tilde{g}_{\text{total}}/v^\beta)^2}, \tag{B 3.10}$$

woraus sich die beiden nützlichen Beziehungen

$$A^* = \frac{2}{3} \pi r^{*3} (\tilde{g}_{\text{total}}/v^\beta) \tag{B 3.11}$$

und

$$A^* = \frac{4}{3} \pi r^{*2} \gamma \tag{B 3.12}$$

ergeben.

Gl. (B 3.10) weist darauf hin, daß die Keimbildung am empfindlichsten von der Grenzflächenenergie γ abhängt, die allerdings im konkreten Anwendungsfall häufig nicht bekannt ist und in geeigneter Weise geschätzt werden muß [8]. Gl. (B 3.9) bis (B 3.12) zeigen weiterhin, daß mit zunehmender Umwandlungsenergie $\tilde{g}_{\text{total}}$ die kritische Keimgröße und die kritische Keimbildungsarbeit abnehmen.

Nun hängt, wie bereits angemerkt wurde, $\tilde{g}_{\text{total}}$ auch von der Keimzusammensetzung x^β ab, so daß die Keimbildungsenergie A eine Funktion der beiden Variablen r und x^β ist. Dies kann am einfachsten für das Modell der regulären Lösung (Gl. (B 2.21) sowie Fall 2 in B 2.2.1 und Gl. (B 2.52)) veranschaulicht werden, denn dort ist $g^\varphi(x)$ ($\varphi = \alpha, \beta$) geschlossen formulierbar, so daß $\tilde{g}_{\text{total}}$ für alle x^α und x^β berechnet werden kann (elastische Energiebeiträge treten dabei nicht auf). Desgleichen kann für dieses Modell die spezifische Grenzflächenenergie abgeschätzt werden [6]:

$$\gamma = \frac{W}{2a_0^2} (x^\alpha - x^\beta)^2. \tag{B 3.13}$$

(W = für die jeweilige Legierung charakteristischer Energieparameter $2L_{\text{AB}}^\varphi/LZ^\varphi$, vgl. Gl. (B 2.28), a_0 = Gitterkonstante eines einfach kubischen Gitters.)

Damit kann für eine gegebene Legierung mit der Zusammensetzung x^α und der Temperatur T die Bildungsarbeit (Gl. (B 3.8)) der Keime als Funktion von x^β und r angegeben werden. Bild B 3.3 gibt ein Beispiel wieder, bei dem in Anlehnung an praktische Fälle [11] $W = 1000\ k = 1{,}38 \cdot 10^{-20}$ J gewählt wurde. Außerdem wurden dabei ein einfach kubisches Gitter und würfelförmige Keime angenommen [6]. Der auf diesem „Keimbildungsgebirge" erkennbare Sattelpunkt entspricht der Situation des kritischen Keimes, denn es ist anschaulich klar, daß die Keime, die ihren Weg durch diesen Punkt nehmen, die größte Bildungswahrscheinlichkeit haben. Deshalb stellt ihre Bildung den geschwindigkeitsbestimmenden Schritt bei der Keimbildung dar. Für eine genauere Erörterung solcher Keimberechnungen und der angemessenen Definition des kritischen Keims sei auf das Schrifttum verwiesen [12–16].

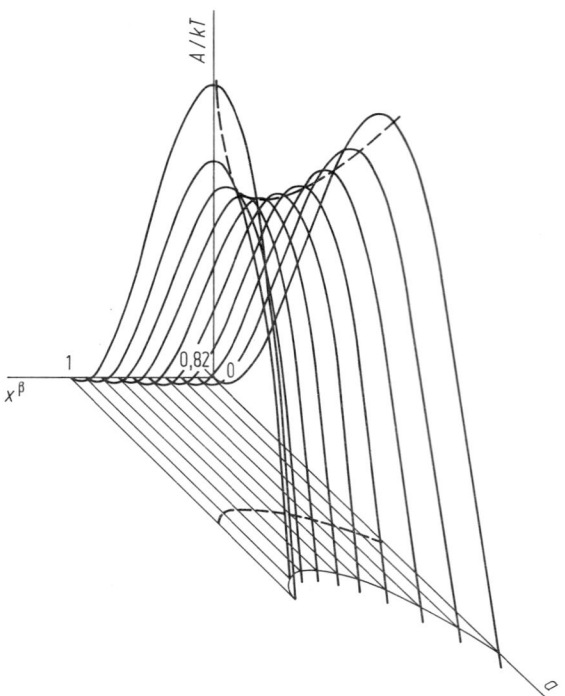

Bild B 3.3 Die für 800 K berechneten Bildungsarbeiten A/kT würfelförmiger Keime in einer regulären Lösung (Energieparameter $W (= 2L^{\varphi}_{AB}/LZ^{\varphi}) = 1000\,k$) in Abhängigkeit von der Würfelkantenlänge a, die in Vielfachen der Gitterkonstanten gemessen wird, für Keimgehalte x^{β} zwischen 0,82 und 1,0, d. h. in der Nachbarschaft des Minimums der g^{β}-Kurve in Bild B 3.1. Die die jeweiligen Maxima verbindende Linie und ihre Projektion sind gestrichelt eingezeichnet. Der Sattelpunkt liegt bei 6,5 Gitterkonstanten, $A = 41\,kT$ und $x^{\beta} = 0,92$.

Zu einer realistischen Abschätzung der kritischen Keimbildungsarbeit bedarf es experimentell gesicherter Daten. Für die Grenzflächenenergie sind solche Daten nicht immer mit der gewünschten Genauigkeit vorhanden. Aber für Schätzungen genügt es zu wissen, daß im Falle vollkommener Passung (Kohärenz) zwischen den beiden Phasen die Grenzflächenenergie in der Größenordnung von 20 mJ/m² liegt, was einer Zwillingsgrenze entspricht; im Falle einer inkohärenten Grenzfläche liegt der Wert in der Größenordnung von 700 mJ/m², was einer Großwinkelkorngrenze entspricht [2, 8], (vgl. B 3.3). Abhängig von der tatsächlichen Grenzflächenstruktur gibt es gleitende Übergänge zwischen diesen extremen Fällen; zusätzlich kann die Segregation einer Legierungskomponente die Grenzflächenenergie merklich vermindern [17].

Die Umwandlungsenergie $\tilde{g}_{\text{total}}$ kann nach Bild B 3.1 ermittelt und nach Gl. (B 3.5) berechnet werden, wenn die Gibbssche Energie $G(x)$ für beide Phasen und der Keimgehalt bekannt und keine zusätzlichen elastischen Verzerrungen des Keims zu berücksichtigen sind. In vielen Anwendungsfällen kann sich die Zusammensetzung der auszuscheidenden β-Phase nur innerhalb enger Grenzen ändern, so daß der Verlauf der $G^{\beta}(x^{\beta})$-Kurve einer schmalen „Haarnadel" ähnelt. Dann kann in guter Näherung unabhängig von der Definition des kritischen Keims der Gehalt

Keimbildungsenergie

im Keim stets dem Gleichgewichtsgehalt x_e^β (Berührungspunkt der gemeinsamen Tangente (s. B 2.2) gleichgesetzt werden [6]. (Dies entspricht dem Gleichgewicht zwischen den Phasen α und β ohne Berücksichtigung der Grenzfläche). Dann gilt [18]

$$\tilde{g} = (1 - x_e^\beta)(\mu_A^\alpha(x^\alpha) - \mu_A^\alpha(x_e^\alpha)) + x_e^\beta(\mu_B^\alpha(x^\alpha) - \mu_B^\alpha(x_e^\alpha)). \tag{B 3.14}$$

Da weiterhin im Stahl häufig $x^\alpha \ll 1$ ist, können in genügender Näherung die Aktivitäten den Gehalten gleichgesetzt werden, so daß nach Ersetzen der chemischen Potentiale durch die Aktivitäten bzw. Gehalte und Vernachlässigung kleiner Glieder

$$\tilde{g} = kTx_e^\beta \ln \frac{x^\alpha}{x_e^\alpha} \tag{B 3.15}$$

erhalten wird. Mit diesem Ausdruck kann in praktischen Anwendungsfällen die Keimbildungsenergie abgeschätzt werden, wobei nur die Kenntnis des Zustandsdiagrammes erforderlich ist.

Zur Veranschaulichung sei abschließend als Zahlenbeispiel die kritische Keimbildungsenergie und Keimgröße für die Zementitausscheidung im Ferrit vorgeführt. Für Zementit ist $x_e^\Theta = 1/4$, das Volumen je „Legierungsatom" (entsprechend 1/4 Fe_3C) beträgt 0,01 nm³ [19], und als Übersättigung sei $x^\alpha / x_e^\alpha = 10$ gewählt. Dann ist für $T = 400$ K nach Gl. (B 3.15) $\tilde{g}/v^\beta \approx 320$ MJ/m³. Damit ist der Radius eines kritischen Keims mit einer inkohärenten Grenzfläche ($\gamma = 700$ mJ/m²) $r^* \approx 4,4$ nm (Gl. (B 3.9)); ein solcher Keim enthält rd. 36 000 Atome. Entsprechend groß ist die kritische Keimbildungsarbeit (Gl. (B 3.10) bis Gl. (B 3.12)): $A^* \approx 5200\, kT$. Hier kann man also keine spontane Keimbildung durch thermische Aktivierung erwarten, denn erfahrungsgemäß ist für eine beobachtbare Keimbildung $A^* \approx 60\, kT$ eine obere Grenze [20]. Daran ändert auch eine Erhöhung der Übersättigung auf $x^\alpha / x_e^\alpha = 100$ nichts, weil dies $\tilde{g}/v^\beta$ nur um den Faktor 2 vergrößert und damit nach Gl. (B 3.10) A^* nur um den Faktor 4 vermindert, was bei weitem nicht ausreicht. Umgekehrt ist der kritische Radius eines kohärenten Keims mit $\gamma = 20$ mJ/m² um den Faktor 35 und damit A^* um den Faktor $35^3 \approx 43\,000$ kleiner, so daß nun die Keimbildung sehr leicht möglich ist. Zwar ist bei einem kohärenten Keim wegen der elastischen Verzerrungen eine elastische Volumenenergie von $\tilde{g}/v^\beta$ abzuziehen, jedoch kann dieser Effekt bei der hier betrachteten starken Unterkühlung vernachlässigt werden.

Bei kohärenter Keimbildung erhält man geringe Keimgrößen, die nur wenige Atome enthalten. Dies legt den Einwand nahe, daß hier die makroskopischen thermodynamischen Größen die Grenzen ihrer Anwendbarkeit erreicht haben. Trotzdem zeigt die Erfahrung [8], daß das dargestellte Keimbildungsmodell die Beobachtungen, insbesondere in Abhängigkeit von Temperatur, Übersättigung und Gefügezustand mindestens halb-quantitativ richtig beschreibt. Infolgedessen ist das Modell vor allem für die Inter- und Extrapolation von Meßdaten sehr wertvoll.

B 3.3 Keimbildung mit elastischer Gitterverzerrung

Im letzten Abschnitt wurde bereits die Wichtigkeit der Grenzflächenstruktur wegen ihres starken Einflusses auf die Grenzflächenenergie deutlich: die Bildung eines Keims ist nur dann wahrscheinlich, wenn er von einer Grenzfläche niedriger Energie umgeben ist. Dies ist der Fall, wenn Keim und Matrix möglichst kohärent, d. h. möglichst ohne Gitterdefekte in der Grenzfläche aneinanderstoßen. Wenn die beiden Gitter sich nur in der Gitterkonstanten unterscheiden, ist der Keim noch kohärent, solange die Fehlpassung

$$\delta = \frac{\Delta a_0}{a_0} \tag{B 3.16}$$

(a_0 = Gitterkonstante, Δa_0 = Differenz der Gitterkonstanten im unverspannten Keim und in der Matrix) durch „Verbiegung der Netzebenen", d. h. durch elastische Verzerrungen, akkomodiert werden kann (Bild B 3.4). Dann aber liefert die elastische Verzerrung einen erschwerenden Beitrag zur Keimbildungsenergie A (Gl. (B 3.8) und [8]).

Für ein isotropes Gitter läßt sich die elastische Verzerrungsenergie noch relativ einfach berechnen [22]. So gilt im Fall einer isotropen Verzerrung, d. h. einer reinen Dilatation oder Kompression, bei gleichen Elastizitätskonstanten in Keim und Matrix für die auf das Teilchenvolumen bezogene elastische Verzerrungsenergie unabhängig von der Keimform [8]

$$E_{el}/V = E\delta^2/(1-\nu) \tag{B 3.17}$$

(E = Elastizitätsmodul, ν = Poisson-Zahl). Diese sogenannte elastische Selbstenergie erhöht also die Keimenergie unabhängig vom Vorzeichen der Fehlpassung proportional zum Volumen V. Damit wird die „chemische" Umwandlungsenergie $\tilde{g}/v^\beta$ um den konstanten Betrag E_{el}/V vermindert:

$$\tilde{g}_{total}/v^\beta = \tilde{g}/v^\beta - E_{el}/V \tag{B 3.18}$$

wodurch sich die kritische Keimbildungsenergie vergrößert (Gl. (B 3.10)).

Wenn die Fehlpassung nicht isotrop ist, hängt die elastische Energie auch von der Keimform ab. Wenn eine Fehlpassung nur in einer Richtung besteht, kann man sich bereits anschaulich vorstellen, daß eine Platte senkrecht zu dieser Richtung energetisch günstiger ist als eine Kugel, und ihre elastische Energie nimmt – bei konstantem Volumen – mit abnehmender Plattendicke ab [23]. Umgekehrt ist die Nadelform energetisch günstig, wenn nur in einer Gitterrichtung eine gute Passung besteht.

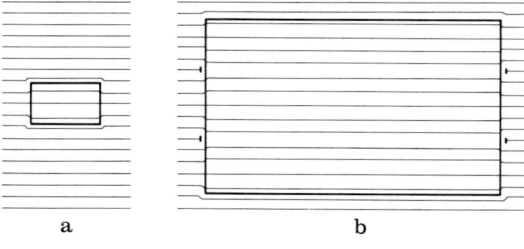

Bild B 3.4 Kohärentes Teilchen (**a**) und teilkohärentes Teilchen (**b**) mit Fehlpassungsversetzungen (schematisch). Nach [21].

Als konkretes Beispiel für eine anisotrope Fehlpassung sei eine Martensitplatte betrachtet, deren Fehlpassung sich aus einer gleichmäßigen Dehnung δ in alle drei Raumrichtungen, aus einer zusätzlichen Dehnung ξ senkrecht zur Plattenebene und aus einer Scherung s (Tangens des Scherwinkels) in der Plattenebene zusammensetzt. Für die volumenbezogene elastische Energie dieser Platte, die durch ein flaches Rotationsellipsoid mit den Halbachsen $a=b \gg c$ angenähert wird [23], gilt:

$$E_{el}/V = \frac{E}{1-\nu} \delta^2 + \frac{\pi}{8} \frac{E}{(1+\nu)(1-\nu)} \frac{c}{a} \xi^2 + \frac{\pi}{2} \frac{E}{1-\nu} \frac{c}{a} \delta \xi$$
$$+ \frac{\pi}{16} \frac{E}{1+\nu} \frac{2-\nu}{1-\nu} \frac{c}{a} s^2. \qquad (B\,3.19)$$

Abschätzungen zeigen [22, 23], daß für die Bildung einer Martensitplatte mit einem Achsenverhältnis von $c/a \approx 0{,}07$ im Ferrit neben der Grenzflächenenergie eine Dilatationsenergie von rd. 15 MJ/m³ und eine Scherenenergie von rd. 165 MN/m³ erforderlich ist, wodurch die treibende Kraft $\tilde{g}/v^\beta$ merklich herabgesetzt wird (vgl. B 6.4).

Mit zunehmender Fehlpassung nehmen die Kohärenzspannungen bis zu einer oberen Grenze zu, die durch die lokale Fließspannung gegeben ist. Dem entspricht eine obere Grenze für die elastisch akkomodierbare Fehlpassung in der Größenordnung von 5% [24]. Wenn die Fehlpassung diese Grenze übersteigt, ist zu erwarten, daß sich der Keim nur mit einer teilkohärenten Grenzfläche bildet, die durch die eingebauten Fehlpassungsversetzungen eine erhöhte Grenzflächenenergie aufweist (Bild B 3.4). Die Bildung einer solchen Grenzfläche ist durch einen Austausch von Leerstellen zwischen dem Keim und beispielsweise einer in der Matrix kletternden Versetzung möglich. Dadurch kommt es zur Bildung von „Teilchenkolonien", die von einem Versetzungsring umschlossen sind. Solche Kolonien wurden z. B. bei der Ausscheidung von Goldteilchen in einer Eisen-Molybdän-Legierung [25] (Bild B 3.5) und bei der Ausscheidung von Vanadincarbid in α-Eisen [26] beobachtet.

Zusammenfassend ist festzuhalten, daß bei der Keimbildung neben der Größe, Zusammensetzung und Form der Keime auch der Kohärenzzustand der Keimgrenzfläche sich optimal einstellt. Infolgedessen hängt der tatsächliche Reaktionsablauf empfindlich von verschiedenen Bedingungen ab, deren Analyse nicht nur eine möglichst genaue Kenntnis der thermodynamischen und elastischen Eigenschaften der beteiligten Phasen, sondern auch die Kenntnis der Gitterstrukturen in den Phasen und in der Grenzfläche erfordert.

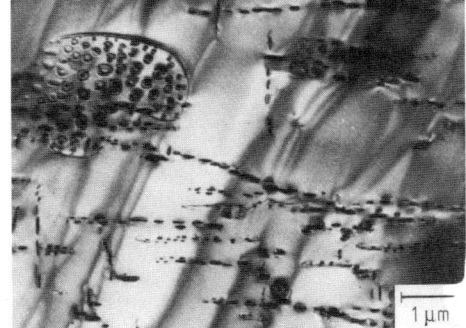

Bild B 3.5 Elektronenmikroskopisches Durchstrahlungsbild einiger „Kolonien" von Goldteilchen in einer Eisen-Molybdän-Gold-Legierung (nach einer Auslagerung von 23 h bei 612 °C). Nach [25].

B 3.4 Heterogene Keimbildung

Wenn wegen zu hoher Grenzflächenenergie oder/und elastischer Energie oder/und nicht ausreichender Umwandlungsenergie die Keimbildungsschwelle zu hoch ist ($A^* > 60\,kT$), kann es nicht zur sogenannten homogenen Keimbildung, d. h. zu einer Keimbildung im ungestörten Kristallgitter an statistisch verteilten Gitterplätzen kommen. Stattdessen wird oft eine sogenannte heterogene Keimbildung beobachtet, bei der sich Keime an vorhandenen Gitterdefekten wie Korngrenzen oder Versetzungen bilden. Dies ist möglich, weil beispielsweise an einer Versetzung die elastischen Spannungen der Versetzung und eines kohärenten Keims sich – mindestens teilweise – gegenseitig ausgleichen oder/und weil eine teil- oder inkohärente Keimgrenzfläche ein Stück Versetzungslinie oder Korngrenze unter Energiegewinn ersetzt. Als Beispiel für den letzten Fall ist in Bild B 3.6 an einer Korngrenze mit der Grenzflächenenergie γ_{KG} ein Keim skizziert, der zu beiden Körnern hin eine inkohärente Grenzfläche mit der Grenzflächenenergie γ_i ausgebildet hat. Die dargestellte Linsenform des Keims ist energetisch am günstigsten, wenn durch die schnelle Diffusion in der Grenzfläche diese Fläche minimalisiert wird und an den Berührungspunkten mit der Korngrenze ein Kräftegleichgewicht herrscht, für das

$$\gamma_{KG} = 2\gamma_i \cos\Theta \tag{B 3.20}$$

gilt. Wegen der einfachen Geometrie läßt sich die Keimbildungsenergie leicht aus einer Energiebilanz wie in B 3.2 berechnen, und man erhält für die kritische Keimbildungsarbeit [8, 20] ganz analog zum kugelförmigen Keim bei der homogenen Keimbildung

$$A^* = \kappa \frac{\gamma_i^3}{(\tilde{g}_{\text{total}}/v^\beta)^2}, \tag{B 3.21}$$

wobei κ ein Faktor ist, der vom Verhältnis γ_{KG}/γ_i der Grenzflächenenergien abhängt. Für $\gamma_i = \gamma_{KG}$ ist $\kappa = 5/3\,\pi$, was mit $\kappa = 16\pi/3$ für die Keimbildung einer Kugel im ungestörten Gitter (Gl. (B 3.10)) zu vergleichen ist.

Die Keimbildungsschwelle A^* wird noch weiter erniedrigt, wenn der Keim wenigstens zu einem Korn hin eine (möglichst) kohärente Grenze mit der niedrigeren Energie γ_k ausbilden kann. Dann ist die Halbkugel die günstigste Keimform (Bild B 3.7), und die Keimbildungsschwelle erniedrigt sich noch einmal um den Faktor

Bild B 3.6   **Bild B 3.7**

Bild B 3.6 Linsenförmiger Keim (Grenzflächenenergie γ_i) mit Krümmungsradius r an einer Korngrenze KG (Grenzflächenenergie γ_{KG}, „Benetzungswinkel" Θ) (schematisch). Nach [7].

Bild B 3.7 Halbkugelförmiger Keim (Grenzflächenenergie γ_k) mit Krümmungsradius r an einer Korngrenze KG (Grenzflächenenergie γ_{KG}) (schematisch). Nach [7].

$2(\gamma_i/\gamma_k)^3$ gegenüber der homogenen Keimbildung. Diese stark reduzierte kritische Keimbildungsarbeit macht den häufig zu beobachtenden Fall verständlich, daß die Ausscheidung einer Phase bereits an Korngrenzen erfolgt, während sie im Korn noch stark gehemmt ist (vgl. [7]). Eingehend wird die Ausscheidung an Korngrenzen in [27] diskutiert.

Die Keimbildung an Versetzungen wird entsprechend behandelt. Dabei zeigen numerische Berechnungen [28, 29], daß im Vergleich zur homogenen Keimbildung die Energieschwelle bei der Bildung inkohärenter Keime an Versetzungen in der Tat merklich niedriger ist, insbesondere bei geringer Umwandlungsenergie. Die günstigste Keimform ist – wegen des Liniencharakters der Versetzung – im allgemeinen die Nadel, wobei die Keimenergie von der genauen Keimform nicht empfindlich abhängt. Allgemein ist zu erwarten, daß mit zunehmender Defektenergie sich die Keimbildungsenergie zunehmend erniedrigt, so daß beim Übergang von normalen Gitterplätzen zu Versetzungen, Versetzungsknoten, Versetzungsnetzen, Kleinwinkelkorngrenzen und Großwinkelkorngrenzen die inkohärente Keimbildung immer günstiger wird. Entsprechende Keimbildungsmechanismen sind in großer Vielfalt beobachtet worden (z. B. [30]). Insbesondere zeigen gemessene Keimbildungsdiagramme, auf die im nächsten Abschnitt eingegangen wird, die angesprochene Keimbildungsfolge [31].

B 3.5 Zeit-Temperatur-Keimbildungs-Diagramme

Abschließend soll der Einfluß der kritischen Keimbildungsarbeit auf die Keimbildungsrate, d.h. die Zahl der je Zeit und Volumeneinheit gebildeten Teilchen, erörtert werden. Die Energie zur Überwindung der Keimbildungsschwelle entnimmt der Mischkristall seiner thermischen Energie (thermische Aktivierung): thermische Schwankungen führen zu lokalen Änderungen der Struktur und Zusammensetzung, so daß sich spontan Keime – mit erhöhter Energie – bilden. Dabei stellt die kritische Keimbildungsarbeit A^* die Aktivierungsenergie der thermisch aktivierten Keimbildung dar, so daß für die Keimbildungsrate J analog zur Beschreibung der Diffusion (B 4) eine Arrhenius-Gleichung formuliert werden kann:

$$J = J_0 \exp\left(-\frac{A^*}{kT}\right). \tag{B 3.22}$$

Der Vorfaktor J_0 ist u. a. der Zahl der möglichen Keimbildungsplätze (je Volumeneinheit) N_0 proportional [8]. Bei homogener Keimbildung ist jeder Gitterplatz ein möglicher Keimbildungsplatz, so daß z. B. bei α-Eisen mit

$$N_0 = 2 a_0^{-3} \tag{B 3.23}$$

(a_0 = Gitterkonstante) N_0 in der Größenordnung von $10^{29}\,\mathrm{m}^{-3}$ liegt. In analoger Weise ist die Keimplatzkonzentration an einer Korngrenze $2^{2/3} a_0^{-2}$ und an einer Versetzung $2^{1/3} a_0^{-1}$, sodaß man mit einer gesamten Korngrenzfläche je Volumeneinheit von $3/d$ (d = Korndurchmesser) (vgl. [7]) für die heterogene Keimbildung an Korngrenzen

$$N_0 = 3 \cdot 2^{2/3}/(d\, a_0^2) \tag{B 3.24}$$

erhält und an Versetzungen (mit der Versetzungsdichte λ (je Flächeneinheit)

$$N_0 = 2^{1/3} \lambda / a_0. \tag{B 3.25}$$

Damit ist z. B. bei α-Eisen mit einer relativ kleinen Korngröße von 500 µm bzw. einer (relativ hohen) Versetzungsdichte von 10^{14} m^{-2} die Keimplatzzahl bei heterogener Keimbildung um den Faktor 10^6 geringer als bei homogener Keimbildung [30], was im Hinblick auf die Rate J (Gl. (B 3.21)) durch einen entsprechenden Unterschied in A^* aufgewogen werden muß.

Des weiteren ist es plausibel, die Keimbildungsrate als proportional zu der Frequenz β^*, mit der die Atome in den kritischen Keim eingebaut werden, anzusetzen [8, 20]. Diese Einbaufrequenz β^* ist das Produkt aus der Zahl der Atome im Kontakt mit dem kritischen Keim, die proportional zur Oberfläche des kritischen Keims ist, und zur Platzwechselfrequenz dieser Atome, die proportional zu ihrem Diffusionskoeffizienten ist. Infolgedessen hängt β^* stark von der Temperatur ab, und zwar näherungsweise wie der Diffusionskoeffizient. Mit den genannten Größen N_0 und β^* erhält der Ausdruck für die Keimbildungsrate die Form

$$J = \kappa' \beta^* N_0 \exp(-A^*/kT). \tag{B 3.26}$$

Der verbleibende Proportionalitätsfaktor κ' in Gl. (B 3.26) kann für den Fall der stationären Keimbildung, d. h. wenn alle Größen einschließlich der Übersättigung zeitlich konstant bleiben, berechnet werden [8, 20] und wird dann Zeldovich-Faktor Z genannt. Die vollständige Diskussion, auf die hier nicht eingegangen werden kann, zeigt, daß – verglichen mit den übrigen Faktoren – Z nur schwach von den Keimbildungsbedingungen abhängt und für die homogene Keimbildung in der Größenordnung von 0,01 liegt. Daher kann für die weitere Diskussion κ' in Gl. (B 3.26) näherungsweise als Konstante angesehen werden.

Von Gl. (B 3.26) ausgehend kann nun die Zeit- und Temperaturabhängigkeit der Keimbildung erörtert werden. In der Praxis wird die Ausscheidung im Mischkristall durch eine entsprechende Wärmebehandlung hervorgerufen, indem durch Unterkühlung in ein Zweiphasengebiet eine Übersättigung eingestellt wird (Bild B 3.8a). Dann bilden sich nach Maßgabe der Keimbildungsrate kritische Keime, die in die übersättigte Matrix hineinwachsen können. Sowohl durch die Keimbildung als auch durch das Wachstum wird die Übersättigung – gemessen an dem Gehaltsverhältnis x^α / x_e^α (vgl. Gl. B 3.15)) – und damit die als treibende Kraft wirkende Umwandlungsenergie $\tilde{g}$ abgebaut, bis sie für eine weitere Keimbildung nicht mehr ausreicht (Bild B 3.8b). Die Keimbildungsrate steigt nach einer Inkubationszeit (s. [8]) bis zu einem Maximum an und fällt dann wegen der Entsättigung wieder auf Null ab, so daß die Teilchenzahl N (Bild B 3.8c) während der Keimbildung zunächst steil ansteigt, bei maximaler Keimbildungsrate einen Wendepunkt durchläuft und am Ende der Keimbildung ihr Maximum erreicht. Danach folgt weiteres Teilchenwachstum durch Teilchenvergröberung mit einer Teilchenzahlverminderung, worauf in B 6.2 eingegangen wird.

Die Zahl N der während der Keimbildungszeit t gebildeten Teilchen (je Volumeneinheit) ist näherungsweise proportional zur mittleren Bildungsrate $\bar{J}$

$$N = \bar{J} t, \tag{B 3.27}$$

da die Inkubationszeit gewöhnlich gegenüber der Zeit für die Bildung einer beob-

Zeit-Temperatur-Keimbildungs-Diagramme

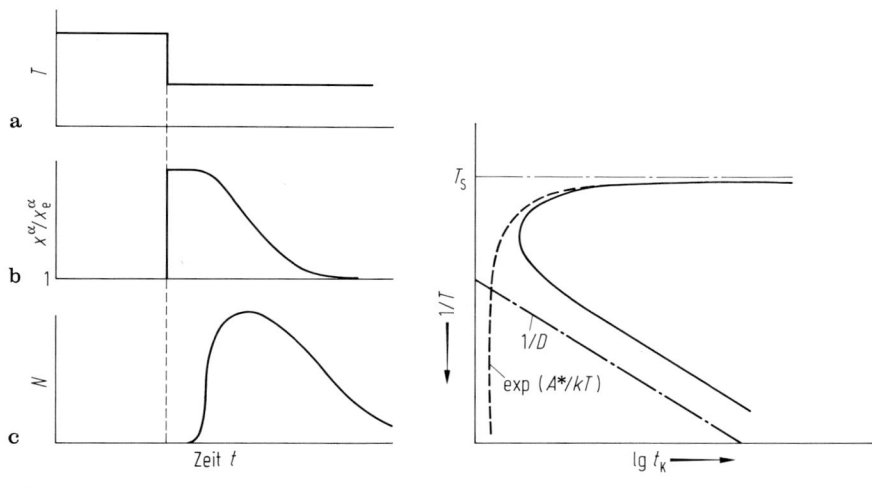

Bild B 3.8
Bild B 3.9

Bild B 3.8 Ausscheidungsverlauf in Abhängigkeit von der Zeit t: (**a**) vorgegebene Temperatur T, (**b**) Übersättigung x^α/x_e^α, (**c**) Keim- bzw. Teilchenzahl N; (schematisch). Nach [7].

Bild B 3.9 Schematische Darstellung der Keimbildungszeit t_k in Abhängigkeit von der Temperatur T (T_s = Sättigungstemperatur, D = Diffusionskoeffizient, A^* = kritische Keimbildungsarbeit). Nach [7].

achtbaren Keimzahl vernachlässigt werden kann. Wenn nun Gl. (B 3.26) als Näherungsausdruck für $\bar{J}$ benutzt wird, gilt für die Zeit t_K zur Bildung von N Teilchen

$$t_K \approx \frac{N}{N_0}\,(\kappa')^{-1}\,\beta^{*-1}\,\exp(A^*/kT). \tag{B 3.28}$$

Anhand dieses Näherungsausdrucks kann die Temperaturabhängigkeit der Keimbildungszeit erläutert werden. Mit zunehmender Temperatur nimmt die Löslichkeit im Mischkristall zu, so daß die Übersättigung und damit die treibende Kraft abnimmt und die kritische Keimbildungsenergie A^* bzw. der Faktor $\exp(A^*/kT)$ schnell sehr große Werte annimmt (Bild B 3.9). Bei der Sättigungstemperatur T_s ist $x^\alpha/x_e^\alpha = 1$ und $A^* = \infty$. Umgekehrt nimmt mit abnehmender Temperatur, wegen der exponentiell abnehmenden Löslichkeit, die treibende Kraft stark zu, so daß A^* abnimmt, und zwar stärker (vgl. Gl. (B 3.15) und Gl. (B 3.10)) als T selbst. Demgemäß strebt mit abnehmender Temperatur $\exp(A^*/kT)$ gegen den Wert 1. Dann wird die Temperaturabhängigkeit der Keimbildungszeit nur noch durch die des Frequenzfaktors β^* bestimmt, der proportional zum Diffusionskoeffizienten D ist. Die Temperaturabhängigkeit von D wird in Bild B 3.9 durch eine Gerade entsprechend dem Arrhenius-Gesetz (s. B. 4) wiedergegeben. Die Überlagerung beider Abhängigkeiten ergibt für die Temperaturabhängigkeit der Keimbildungszeit die bekannte Nasenkurve im $1/T$-lg$t$-Diagramm des Bildes B 3.9, die gleichzeitig den Ausscheidungsbeginn markiert.

Keimbildungszeiten wurden mit direkten Methoden (z. B. Elektronenmikroskopie) oder indirekt (z. B. Messung des elektrischen Widerstands, Dilatometrie) für verschiedene Legierungen gemessen [8, 31] und in Form von Zeit-Temperatur-Keimbildungsdiagrammen, wie z. B. in Bild B 3.10 [31, 32] dargestellt. Bei der Interpretation gemessener Keimbildungsdiagramme ist zu berücksichtigen, daß für die Messung die Teilchen nicht nur in beobachtbarer Zahl gebildet sein, sondern auch durch Wachstum eine beobachtbare Größe erreicht haben mußten. Demgemäß enthalten gemessene Keimbildungszeiten, wie die in Bild B 3.10, auch eine Wachstumszeit, die, solange die Teilchen in gleicher Weise wachsen, die Keimbildungskurve parallel zu größeren Zeiten verschoben hat.

Obwohl also Einschränkungen nicht nur bei den Modellansätzen, sondern auch bei den Messungen zu machen sind, gestattet die Messung von Keimbildungszeiten und Keimzahlen die experimentelle Prüfung der geschilderten Modellvorstellungen. In den untersuchten Fällen zeigt sich eine mindestens halb-quantitative Gültigkeit des Modells. Des weiteren sind Messungen von Keimbildungszeiten oder Zeit-Temperatur-Keimbildungsdiagrammen der erste Schritt zur Aufstellung von Zeit-Temperatur-Ausscheidungs- und Zeit-Temperatur-Umwandlungsschaubildern, die als Grundlage der technischen Wärmebehandlungen von großer praktischer Bedeutung sind [33] (vgl. B 9 und C 4).

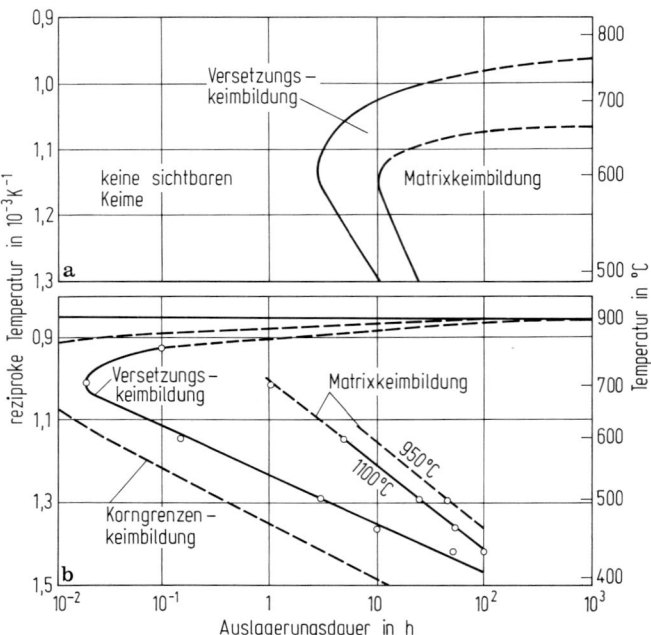

Bild B 3.10 Zeit-Temperatur-Keimbildungs-Diagramm für (**a**) Eisen mit 0,9 % Cu (Massengehalt); die Sättigungstemperatur beträgt 765 °C. Nach [32]; **b** Eisen mit 3,17 % P (Stoffmengengehalt). Der Beginn der Matrixkeimbildung hängt von der Abschrecktemperatur ab, deren Werte deshalb angegeben sind. Nach [31].

B4 Diffusion

Von Wolfgang Pitsch und Gerhard Sauthoff

Die Atome in den Kristalliten eines Metallgefüges sind trotz ihrer dichten Packung nicht fest an ihre Plätze gebunden. Aufgrund ihrer thermischen Energie schwingen sie vielmehr um ihre Ruhelage und wechseln von Zeit zu Zeit sogar ihren Platz. Wenn dieser Vorgang im Mittel bevorzugt in einer Richtung erfolgt und damit zu einem makroskopischen Strom der Atome führt, wird er Diffusion genannt.

Ein Atom kann seinen Platz leicht wechseln, wenn sich in seiner Nachbarschaft ein freier Platz – Leerstelle genannt – befindet. Bei Einlagerungsatomen im Zwischengitter (Bild B 4.1, s. auch Bild B 5.21) ist dies praktisch immer gewährleistet, da in Stählen ihre Zahl klein ist, verglichen mit der Zahl der Zwischengitterplätze. Bei Austauschatomen auf regulären Gitterplätzen (Bild B 4.2) ist dagegen umge-

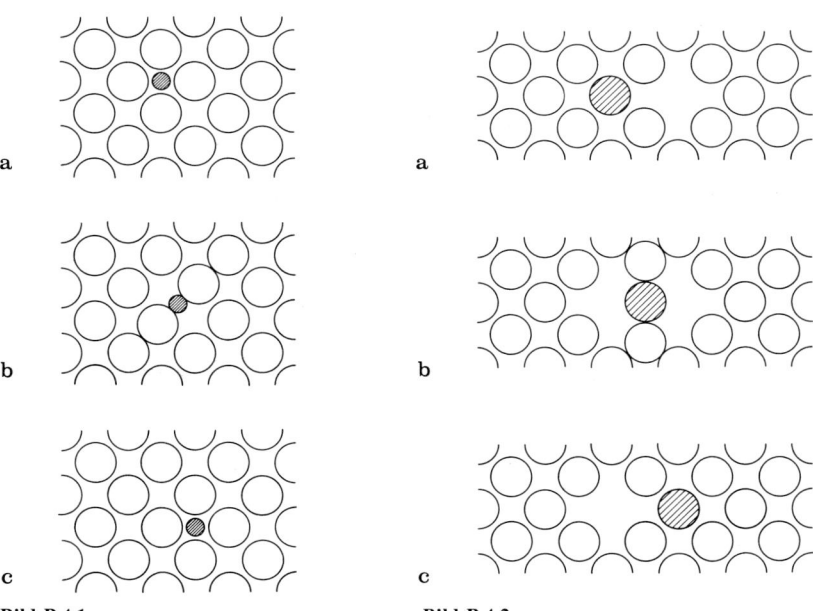

Bild B 4.1　　　　　　　　**Bild B 4.2**

Bild B 4.1 Wechsel eines Einlagerungsatoms von seinem Zwischengitterplatz (**a**) über eine instabile Zwischenlage (**b**) auf einen benachbarten Zwischengitterplatz (**c**) (schematisch).

Bild B 4.2 Wechsel eines Austauschatoms von seinem Gitterplatz (**a**) über eine instabile Zwischenlage (**b**) auf einen benachbarten freien Gitterplatz (**c**) (schematisch).

Literatur zu B 4 siehe Seite 682, 683.

kehrt die Zahl der Leerstellen immer klein gegenüber der Atomzahl, so daß hier die Diffusion nur in einem geringeren Maße möglich ist. Günstiger ist die Situation wieder in gestörten Gitterbereichen, also an Korn- und Phasengrenzen und an Versetzungen.

Im folgenden wird auf die zahlenmäßige Beschreibung von Diffusionsströmen in Abhängigkeit von der Atom- und Gitterart und von den Diffusionsbedingungen näher eingegangen. Für eine vollständige Diskussion der Diffusion sei auf die Lehrbuchliteratur (z. B. [1-6]) verwiesen.

B 4.1 Diffusion von Einlagerungsatomen

B 4.1.1 Diffusionsstrom

Die Diffusion von Einlagerungsatomen, z. B. von Kohlenstoff im Eisengitter, läßt sich besonders einfach behandeln. Die Kohlenstoffatome halten sich in den Lücken zwischen den Metallatomen auf (Bilder B 4.1a und c, s. auch Bild B 5.21), die in ihrer Gesamtheit als *Zwischengitter* bezeichnet werden. Jeder Zwischengitterplatz stellt für ein Kohlenstoffatom eine Potentialmulde dar, so daß es beim Platzwechsel eine Potentialschwelle zu überwinden hat, oder anschaulich: Es muß sich zwischen den Atomen hindurchquetschen (Bild B 4.1b). Diese Potentialschwelle ist schematisch in Bild 4.3a anhand der Gibbsschen Energie G des Kristalls in Abhängigkeit vom Weg des sich bewegenden Atoms dargestellt. Die maximale Energiezunahme auf diesem Weg, d. h. die Höhe der Potentialschwelle, ist mit G_m gekennzeichnet.

Für die Wahrscheinlichkeit eines solchen Platzwechsels, d. h. für die Zahl dN_C der Kohlenstoffatome, die in dem Kristall z. B. an der Stelle s in der Zeit dt in einer bestimmten Richtung über die Potentialschwelle springen, macht man den Ansatz [5]

$$\frac{dN_C}{dt} = \frac{1}{6}\, \nu\, N_C \exp\left(-\frac{G_m}{RT}\right) \tag{B 4.1}$$

(R = Gaskonstante, T = Temperatur).

Der Faktor 1/6 berücksichtigt die 6 Raumrichtungen, in die jedes der N_C Kohlenstoffatome mit gleicher Wahrscheinlichkeit springen kann; die Schwingungsfre-

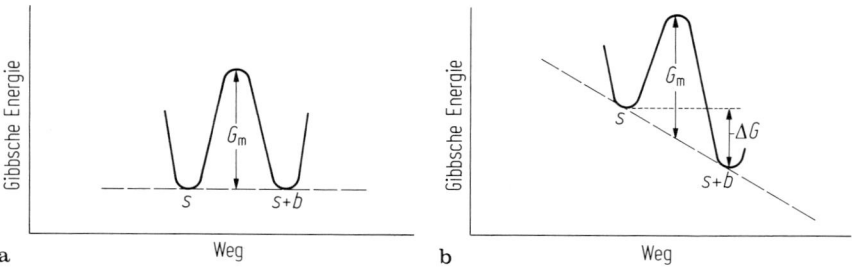

Bild B 4.3 Gibbssche Energie eines Kristalls beim Platzwechsel eines Atoms von der Stelle s zu der Stelle $s+b$ (schematisch). **a** bei gleichmäßiger Konzentrationsverteilung; **b** bei Vorliegen eines Konzentrationsgefälles.

quenz ν ist ein Maß für die Häufigkeit, mit der jedes Atom gegen die Potentialschwelle G_m anläuft, während der Exponentialfaktor den üblichen Ansatz für deren thermische Überwindung darstellt.

Existiert nun in dem Kristall ein Gefälle der Kohlenstoffkonzentration (bei sonst gleicher Zusammensetzung), dann bewirkt der Diffusionssprung eines Kohlenstoffatoms von s nach $s+b$ eine Änderung der Gibbsschen Energie des Kristalls um ΔG (Bild B 4.3b). Diese Änderung läßt sich aus den Änderungen der Gibbsschen Energien der beiden an den Stellen s und $s+b$ gelegenen scheibenförmigen Kristallbereiche von der Breite b ableiten zu

$$\Delta G = G(N_C(s+b)+1) + G(N_C(s)-1) - G(N_C(s+b)) - G(N_C(s))$$

$$= \frac{dG}{dN_C}\bigg|_{N_C(s+b)} - \frac{dG}{dN_C}\bigg|_{N_C(s)}. \tag{B 4.2}$$

Nach Gl. (B 2.45) ist dies gleichbedeutend mit

$$\Delta G = \mu_C(s+b) - \mu_C(s). \tag{B 4.3}$$

Die Größe $\mu_C(s+b) - \mu_C(s) = \Delta\mu_C$ gibt den Unterschied der chemischen Potentiale des Kohlenstoffs an den Stellen s und $s+b$ vor dem Diffusionssprung an.

Damit läßt sich die Platzwechselhäufigkeit, hier von s nach $s+b$, ausdrücken wie in Gl. (B 4.1), wobei nur nach Bild B 4.3b die Größe G_m durch $G_m + \Delta\mu_C/2$ zu ersetzen ist. Ähnliches gilt für die Platzwechsel in Gegenrichtung.

Der sich insgesamt ergebende Nettostrom J_C der Kohlenstoffatome (bezogen auf den Kristallquerschnitt q) in Richtung des μ_C-Gefälles ist dann

$$J_C = \frac{1}{q}\left\{\frac{dN_C}{dt}\bigg|_s - \frac{dN_C}{dt}\bigg|_{s+b}\right\} \tag{B 4.4}$$

$$= \frac{1}{q}\frac{\nu}{6}\left\{N_C(s)\exp\left(\frac{-G_m-\Delta\mu_C/2}{RT}\right) - N_C(s+b)\exp\left(\frac{-G_m+\Delta\mu_C/2}{RT}\right)\right\}.$$

In der Praxis ist immer die Temperatur T klein im Vergleich zu G_m/R, so daß $\exp(-G_m/RT)$ die bestimmende Größe für J_C ist. Der Unterschied zwischen $N_C(s)$ und $N_C(s+b)$ ist vernachlässigbar. Weiter ist $\Delta\mu_C$ so klein gegen RT, daß $\exp(\pm\Delta\mu_C/2RT)$ entwickelt werden kann. Mit der Konzentration $c_C = N_C/bq$ und mit $\Delta\mu_C/b = d\mu_C/ds$ ergibt sich schließlich

$$J_C = -c_C \frac{\nu b^2}{6RT} \exp\left(-\frac{G_m}{RT}\right) \frac{d\mu_C}{ds}. \tag{B 4.5}$$

Dieser Diffusionsstrom läßt sich phänomenologisch als Produkt von Konzentration c_C, Beweglichkeit B_C und treibender Kraft K_C formulieren (Bild B 1.2):

$$J_C = c_C B_C K_C. \tag{B 4.6}$$

Wenn man also getreu dem mechanischen Vorbild für den einzelnen Diffusionssprung schreibt:

$$\Delta G = -K_C b, \tag{B 4.7}$$

dann folgt mit Gl. (B 4.3) direkt für die Kraft

$$K_\text{C} = -\frac{d\mu_\text{C}}{ds}, \qquad (B\,4.8)$$

und damit folgt aus Gl. (B 4.5) für die Beweglichkeit

$$B_\text{C} = \frac{\nu b^2}{6RT} \exp\left(-\frac{G_\text{m}}{RT}\right). \qquad (B\,4.9)$$

Mit dem bisher Gesagten läßt sich noch eine Besonderheit der Diffusion deutlich machen. Dazu wird in Gl. (B 4.5) umgeschrieben:

$$\frac{d\mu_\text{C}}{ds} = \frac{d\mu_\text{C}}{dc_\text{C}}\frac{dc_\text{C}}{ds}. \qquad (B\,4.10)$$

Dann zeigt sich sofort, daß bei $dc_\text{C}/ds<0$ und $d\mu_\text{C}/dc_\text{C}>0$ der Diffusionsstrom in Richtung des Konzentrationsgefälles fließt. Ist dagegen $d\mu_\text{C}/dc_\text{C}<0$, wie es im Bereich nach unten gewölbter Kurven der Gibbsschen Energie der Fall ist (s. z. B. den mittleren Gehaltsbereich in Bild B 2.8), dann fließt der Diffusionsstrom entgegen dem örtlichen Konzentrationsgefälle („up-hill"-Diffusion; spinodale Entmischung [7]).

B 4.1.2 Diffusionskoeffizient

Der als treibende Kraft für den Diffusionsstrom wirkende Gradient des chemischen Potentials der diffundierenden Komponente – hier der Kohlenstoffatome – kann auch andere Ursachen als eine örtlich unterschiedliche Legierungszusammensetzung haben. Beispielsweise führt der Temperaturgradient in einem einseitig gekühlten Bauteil zu einem sog. Thermotransport oder der Gradient des elektrischen Potentials in einem stromdurchflossenen Leiter zu einem sog. Elektrotransport [8]. Ebenso führen Gradienten elastischer Spannungen zu Diffusionsströmen [9], so daß ein belastetes Bauteil bei erhöhter Temperatur durch Diffusion kriecht [10]. Die wichtigste Ursache für ein $d\mu_\text{C}/ds$ sind jedoch Konzentrationsunterschiede im Kristall, und nur dieser Fall wird im folgenden weiter besprochen. Dazu wird unter Benutzung der Gl. (B 4.9) und Gl. (B 4.10) und mit $c_\text{C} = N_\text{C}/(N_\text{Fe} V_\text{Fe}) = z_\text{C}/V_\text{Fe}$ (V_Fe = Kristallvolumen je Eisenatom) die Gl. (B 4.5) umgeschrieben in

$$J_\text{C} = -B_\text{C} \frac{d\mu_\text{C}}{d\ln z_\text{C}} \frac{dc_\text{C}}{ds}. \qquad (B\,4.11)$$

Mit Einführung der Kohlenstoffaktivität a_C (vgl. Gl. (B 2.47) und (B 2.65)) ergibt sich daraus:

$$J_\text{C} = -(B_\text{C} RT) \frac{d\ln a_\text{C}}{d\ln z_\text{C}} \frac{dc_\text{C}}{ds}. \qquad (B\,4.12)$$

Hier stellt der sogenannte thermodynamische Faktor $d\ln a_\text{C}/d\ln z_\text{C}$ die Änderung des chemischen Potentials mit dem Legierungsgehalt und der letzte Faktor das direkt meßbare räumliche Konzentrationsgefälle dar. Gl. (B 4.12) ist als erstes Ficksches Gesetz bekannt, in dem

$$RTB_C \frac{d \ln a_C}{d \ln z_C} = D_C \qquad (B\,4.13)$$

als Diffusionskoeffizient – hier der Kohlenstoffatome – definiert wird, also:

$$J_C = -D_C \frac{dc_C}{ds}. \qquad (B\,4.14)$$

Dieser Diffusionskoeffizient hängt gemäß Gl. (B 4.13) von der Atombeweglichkeit und von dem Verlauf des chemischen Potentials und über beide Größen von der Legierungszusammensetzung ab. Allerdings, wenn die Konzentration – hier der Kohlenstoffatome – sehr gering ist, wenn also eine ideale Lösung vorliegt (s. B 2.2), dann wird wenigstens $d \ln a_C / d \ln z_C \approx 1$. Die Kenntnis des thermodynamischen Faktors reicht aber allein nicht aus, um die Konzentrationsabhängigkeit des Diffusionskoeffizienten vollständig zu erfassen (s. z. B. Bild B 4.4).

Die Temperaturabhängigkeit des Diffusionskoeffizienten wird hauptsächlich durch die Beweglichkeit bestimmt, wobei die wesentliche Größe die Höhe der Potentialschwelle G_m ist. Nach Gl. (B 2.1) gilt

$$G_m = H_m - TS_m, \qquad (B\,4.15)$$

d. h. G_m läßt sich zusammensetzen aus einer Enthalpie H_m – üblicherweise Aktivierungsenergie Q genannt – und einer Entropie S_m, die ein Maß für die Schwingungsmannigfaltigkeit des Gitters beim Platzwechsel eines Atoms ist. Damit folgt aus Gl. (B 4.9) und (B 4.13)

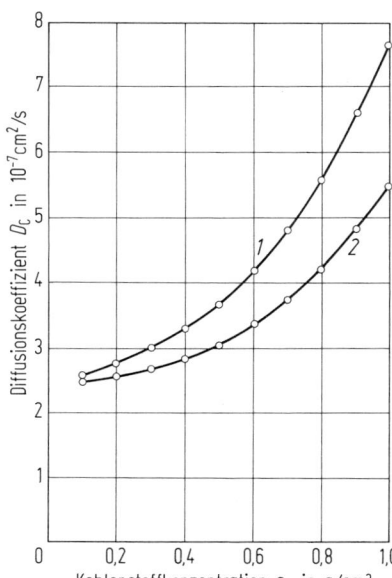

Bild B 4.4 Bei 1000 °C gemessener Diffusionskoeffizient D_C von Kohlenstoff in γ-Eisen in Abhängigkeit von der Kohlenstoffkonzentration c_C (Kurve *1*); Kurve *2* zeigt den durch den thermodynamischen Faktor dividierten Diffusionskoeffizienten. Nach [11].

$$D_C = \left[\frac{vb^2}{6} \frac{d\ln a_C}{d\ln z_C} \exp\left(\frac{S_m}{R}\right)\right] \exp\left(-\frac{H_m}{RT}\right), \tag{B 4.16}$$

so daß sich der Diffusionskoeffizient phänomenologisch formulieren läßt als

$$D_C = D_0 \exp\left(-\frac{Q}{RT}\right) \tag{B 4.17}$$

mit einer Aktivierungsenergie Q und einem Vorfaktor D_0, der erfahrungsgemäß nicht sehr von der Temperatur abhängt. Dagegen hängt er, ebenso wie Q, von der Zusammensetzung ab. In dieser Form werden gemessene Diffusionskoeffizienten analysiert und in Datensammlungen (z.B. [12, 13]) angegeben.

Als Beispiel zeigt Bild B 4.5 den für Kohlenstoff und Stickstoff in Eisen gemessenen Diffusionskoeffizienten. Deutlich wird zum einen die wegen der dichteren Atompackung gegenüber α- bzw. δ-Eisen langsamere Diffusion in γ-Eisen und der von einer Geraden abweichende Verlauf in α-Eisen, der auf den Einfluß des Magnetismus zurückzuführen ist. Bild B 4.6 zeigt die Konzentrationsabhängigkeit der Kohlenstoffdiffusion in γ-Eisen anhand der Änderung von Q und D_0 (Gl. (B 4.17) mit dem Kohlenstoffgehalt. In α- und δ-Eisen ist dagegen die Kohlenstofflöslichkeit so gering, daß die Konzentrationsabhängigkeit des Diffusionskoeffizienten vernachlässigbar wird.

Ähnlich verhalten sich auch andere interstitiell gelöste Legierungselemente des Eisens. So hat z.B. der Diffusionskoeffizient von Sauerstoff in Eisen die gleiche Größenordnung wie der von Kohlenstoff oder Stickstoff [13]. Dagegen diffundiert

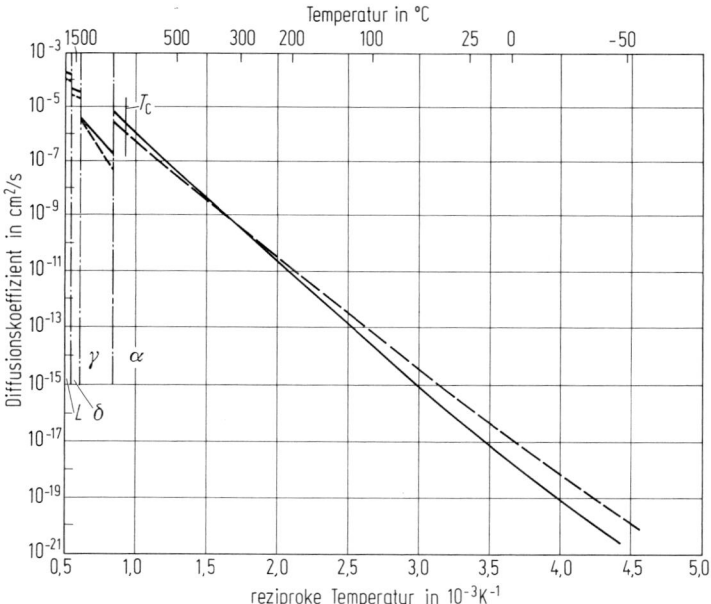

Bild B 4.5 Gemessener Diffusionskoeffizient von Kohlenstoff (durchgezogen) und Stickstoff (gestrichelt) in reinem Eisen in Abhängigkeit von der Temperatur (im α-, γ-, δ-Eisen und im flüssigen (L) Zustand, T_C = Curie-Temperatur). Nach [13, 14].

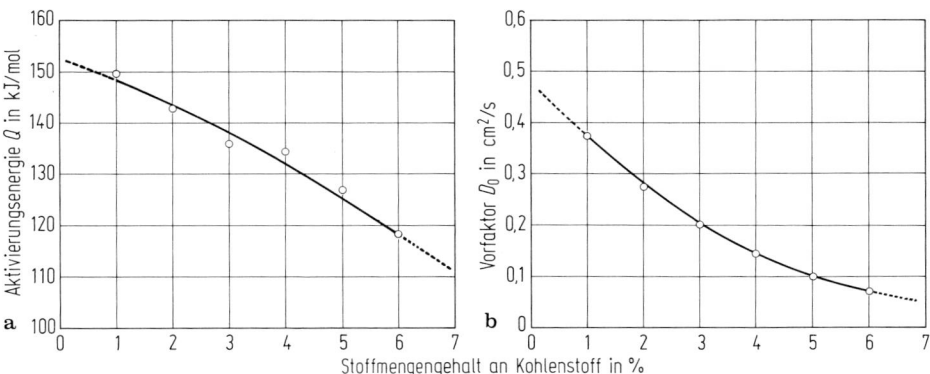

Bild B 4.6 Gemessene Aktivierungsenergie Q (Teilbild **a**) und Vorfaktor D_0 (Teilbild **b**) für die Kohlenstoffdiffusion in γ-Eisen in Abhängigkeit vom Kohlenstoffgehalt. Nach [15].

Wasserstoff erheblich schneller, wie Bild B 4.7 im Vergleich zu Bild B 4.5 zeigt. Die makroskopische Untersuchung der Wasserstoffdiffusion wird dadurch erheblich erschwert, daß der Wasserstoff leicht von Fehlstellen („Traps") im Gitter gebunden wird, und zwar mit abnehmender Temperatur in zunehmendem Maße. Dies führt

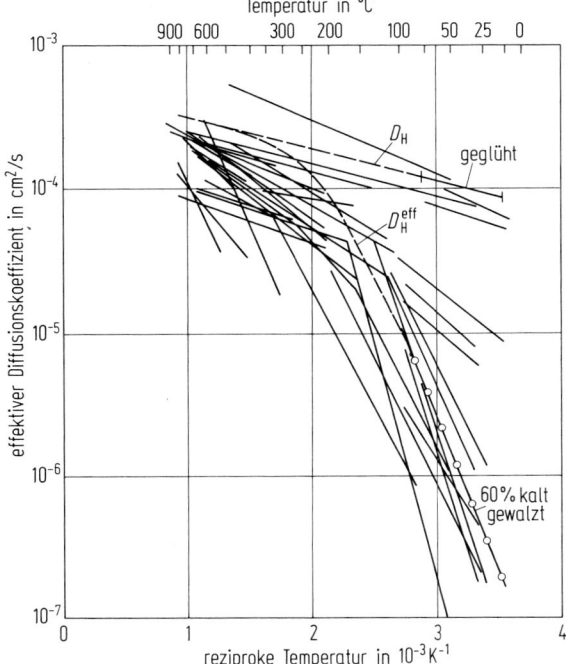

Bild B 4.7 Gemessener effektiver Diffusionskoeffizient D_H^{eff} von Wasserstoff in 60 % kalt gewalztem α-Eisen (s. Meßpunkte) und in geglühtem α-Eisen ($D_H = 5{,}12 \cdot 10^{-4} \exp(-4{,}15 \text{ kJ/mol } RT)$) in Abhängigkeit von der Temperatur; zusätzlich eingetragen sind die Ergebnisse anderer Autoren an Eisen unterschiedlichen Reinheitsgrades. Nach [16].

zu einem je nach Fehlstellendichte mehr oder weniger verminderten effektiven Diffusionskoeffizienten, der außerdem stark von geringen Mengen an weiteren Legierungselementen abhängt. Dementsprechend zeigt Bild B 4.7 ein ganzes Spektrum von D_H^{eff}-Werten. Nur in reinen und gut erholten Proben konnte der „echte" Diffusionskoeffizient D_H gemessen werden [16].

B 4.2 Diffusion von Austauschatomen in einkomponentigen Kristallen

Wie bereits bemerkt, kann ein Austauschatom seinen Platz nur wechseln, wenn ein Nachbarplatz frei ist, wenn es also Nachbar einer Leerstelle ist (Bild B 4.2a). Leerstellen sind Gitterfehler, die – im Gegensatz zu Versetzungen und Korngrenzen – wegen ihrer verhältnismäßig geringen Bildungsenergie schon im thermischen Gleichgewicht im Kristall vorhanden sind. Bei einer Zahl von N_0 Gitterplätzen ist die Zahl $N_\square$ dieser Leerstellen

$$N_\square = N_0 \exp\left(-\frac{G_{LB}}{RT}\right), \tag{B 4.18}$$

wobei G_{LB} die Bildungsenergie (je 1 mol $\approx 6 \cdot 10^{23}$ Leerstellen) ist [17]. Größenordnungsmäßig gilt für alle Metalle $G_{LB} \approx 10 RT_m$ (T_m = Schmelztemperatur), so daß in der Nähe des Schmelzpunktes der Leerstellengehalt des Kristalls $N_\square/N_0 \approx 10^{-4}$ ist [17].

Um in einem einkomponentigen Kristall einen Diffusionsstrom überhaupt feststellen zu können, ist es zweckmäßig, einen geeigneten Teil der Probe aus radioaktiven Isotopen der jeweiligen Atomsorte aufzubauen. Wird z. B. ein Eisenkristall mit einem radioaktiven Isotop („Tracer") des Eisens (Fe*) bedeckt, so tritt ein meßbarer Diffusionsstrom der radioaktiven Eisenatome in den Eisenkristall hinein auf, ohne daß sich die chemische Zusammensetzung ändert.

Auch für den Tracer-Diffusionsstrom J_{Fe^*} gelten sinngemäß die Ansätze des vorhergehenden Abschnitts. Dabei ist aber zu berücksichtigen, daß nur die einer Leerstelle benachbarten Tracer-Atome diffusionsfähig sind, deren Zahl durch $N_{Fe^*\square} = N_\square Z N_{Fe^*}/N_0$ gegeben ist (Z ist die Zahl der nächsten Nachbarn im Gitter). Ferner ist wegen der chemischen Gleichartigkeit der Fe- und Fe*-Atome das Fe-Fe*-System eine ideale Lösung, so daß das chemische Potential der Atome allein durch die Konfigurationsentropie bestimmt wird (s. B 2.2), also $\mu_{Fe^*}(s) = RT \ln x_{Fe^*}(s)$ mit $x_{Fe^*}(s) = N_{Fe^*}(s)/N_0$. Damit folgt in erster Näherung

$$\Delta\mu_{Fe^*} = RT \frac{x_{Fe^*}(s+b) - x_{Fe^*}(s)}{x_{Fe^*}(s)}. \tag{B 4.19}$$

Mit diesen Angaben läßt sich der Tracer-Diffusionsstrom aus einer der Gl. (B 4.5) ähnlichen Beziehung unter Benutzung von Gl. (B 4.18) ableiten zu

$$J_{Fe^*} = -\frac{vZb^2}{6} \exp\left(-\frac{G_{LB} + G_{LW}}{RT}\right) \frac{dc_{Fe^*}}{ds}. \tag{B 4.20}$$

Die Schwellenenergie G_m in Gl. (B 4.5) wird hier als Wanderungsenergie G_{LW} der Leerstellen bezeichnet. Im übrigen ist diese Beziehung wieder das erste Ficksche

Gesetz, das als Vorfaktor den Tracer-Diffusionskoeffizienten – oft Selbstdiffusionskoeffizient genannt – enthält, der wie Gl. (B 4.16) auch formuliert werden kann als

$$D_{Fe^*} = \left[\frac{vb^2Z}{6} \exp\left(\frac{S_{LB}+S_{LW}}{R}\right)\right] \exp\left(\frac{-H_{LB}-H_{LW}}{RT}\right). \quad (B\,4.21)$$

Hier umfaßt also die Aktivierungsenergie Q (vgl. Gl. (B 4.17)) nicht nur die Wanderungsenthalpie H_{LW} der Leerstellen, sondern auch deren Bildungsenthalpie H_{LB}, denn die Zahl der wandernden Leerstellen ändert sich mit der Temperatur entsprechend Gl. (B 4.18). Die Gl. (B 4.21) ist nur ein Näherungsausdruck, weil unberücksichtigt geblieben ist, daß ein Atom nach einem Platzwechsel auch wieder auf seinen Ausgangsplatz zurückspringen kann und dadurch der durch den vorhergehenden Platzwechsel erzeugte Diffusionsfortschritt wieder annulliert würde. Dies führt in Gl. (B 4.21) noch zu einem zusätzlichen Korrelationsfaktor $f \approx 0{,}7$ für krz-Gitter bzw. $f \approx 0{,}8$ für kfz-Gitter [18].

Zu Beginn dieses Abschnitts wurde angemerkt, daß bei gleicher homologer Temperatur T/T_m (T_m = Schmelztemperatur) die Leerstellengehalte verschiedener Metalle von gleicher Größenordnung sind. Entsprechendes gilt auch für den Diffusionskoeffizienten; für Abschätzungen kann man für die Aktivierungsenergie der Selbstdiffusion in krz- und kfz-Metallen $Q \approx 18 RT_m$, für den Vorfaktor $D_0 \approx 1\,\text{cm}^2/\text{s}$ und damit für den Selbstdiffusionskoeffizienten in der Nähe des Schmelzpunkes $D_M \approx 10^{-8}\,\text{cm}^2/\text{s}$ annehmen [19].

Als Beispiel zeigt Bild B 4.8 die Meßwerte für den Selbstdiffusionskoeffizienten in α-, γ- und δ-Eisen. Deutlich wird wie bei der Kohlenstoffdiffusion der Einfluß

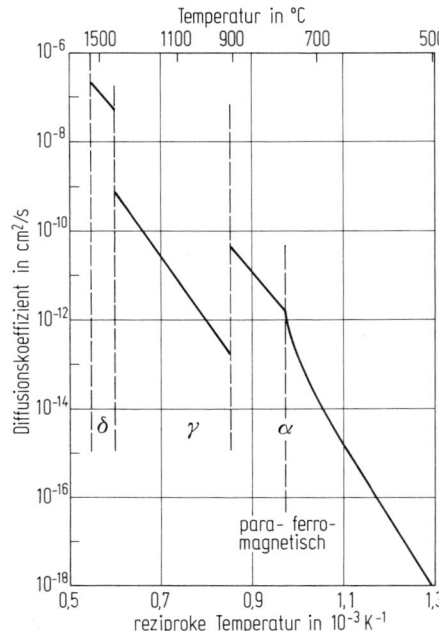

Bild B 4.8 Gemessene Temperaturabhängigkeit des Selbstdiffusionskoeffizienten von Eisen. Nach [5, 20, 21].

des Magnetismus, die wegen der dichteren Atompackung gegenüber dem α- bzw. δ-Zustand verlangsamte Diffusion im γ-Zustand (größenordnungsmäßig um den Faktor 100) und die Gleichheit von Q und D_0 im α- und δ-Zustand.

B 4.3 Diffusion an Korngrenzen und Versetzungen

Die bisherige Erörterung bezog sich auf ungestörte Kristalle, die außer Leerstellen keine Gitterfehler enthalten. Korngrenzen bzw. Versetzungen sind flächen- bzw. linienhafte Gitterstörungen, an denen gegenüber dem ungestörten Kristall die Packung der Atome weniger regelmäßig und weniger dicht ist (vgl. Bild B 5.1). Dies entspricht einer höheren Leerstellendichte und einer niedrigeren Schwellenergie für Platzwechsel. Demzufolge stellen Korngrenzen und Versetzungen Wege einer schnelleren Diffusion dar.

Für die Diffusionsströme J entlang den Korngrenzen (KG) und Versetzungen (VS) gelten sinngemäß die gleichen Gesetzmäßigkeiten wie für die Diffusion im ungestörten Kristallvolumen (V), so daß wie bisher (s. Gl. (B 4.14)) formuliert werden kann [22]:

$$J_i = -D_i \left(\frac{dc}{ds}\right)_i, \qquad (B\,4.22)$$

$$D_i = D_{i0} \exp(-Q_i/RT), \qquad (B\,4.23)$$

wobei i für V, KG, VS steht. Der Messung zugänglich ist allerdings nur der makroskopische Gesamtdiffusionsstrom, der sich nach Maßgabe der Gefügegeometrie aus den Teilströmen J_i zusammensetzt. Wenn die Probe aus würfelförmigen Körnern der Kantenlänge d besteht und daneben λ Versetzungen (je Querschnitt) parallel zu einer Kantenrichtung enthält, gilt für den Gesamtstrom J_{ges} durch den Kristallquerschnitt einfach:

$$q_{ges} J_{ges} = q_V J_V + q_{KG} J_{KG} + q_{VS} J_{VS}. \qquad (B\,4.24)$$

In der Regel sind die Querschnitte q_{KG} und q_{VS} klein gegen q_V, so daß $q_V \approx q_{ges}$. Mit einer effektiven Korngrenzendicke δ (von der Größenordnung der Gitterkonstanten a) und einem Versetzungsquerschnitt φ (größenordnungsmäßig gleich a^2) gilt $q_{KG} = 2 q_{ges} \delta/d$ und $q_{VS} = q_{ges} \varphi \lambda$, so daß bei gleichem Konzentrationsgefälle bei allen Teilströmen mit Gl. (B 4.22) folgt:

$$D_{ges} = D_V + \frac{2\delta}{d} D_{KG} + \varphi \lambda D_{VS}. \qquad (B\,4.25)$$

Diese Gleichung ist auch bei realistischeren Anordnungen von Korngrenzen und Versetzungen immer noch als Näherungsausdruck für den effektiven Diffusionskoeffizienten gut verwendbar. Er weist darauf hin, daß der Einfluß von Gitterfehlern auf Diffusionsprozesse z. B. bei Ausscheidungsvorgängen nicht nur von der Größe des jeweiligen Diffusionskoeffizienten, sondern auch von dem jeweiligen Diffusionsquerschnitt abhängt (Näheres s. [23]).

Gemessen wurden bisher die verschiedenartigen Diffusionskoeffizienten nur in wenigen Fällen [12, 22]. Immerhin stimmen bei Bezug auf die Schmelztemperatur

T_m auch in gestörten Gitterbereichen die jeweiligen Diffusionskoeffizienten verschiedener Elemente größenordnungsmäßig überein. Für Austauschatome gibt Bild B 4.9 die Größenordnung der verschiedenen Diffusionskoeffizienten an. Anzumerken ist zum einen, daß in der Nähe des Schmelzpunktes aufgrund einer gasähnlichen Atomkonfiguration an der Oberfläche dort die Atome schneller als im flüssigen Zustand diffundieren können. Zum anderen wird wegen des geringen Diffusionsquerschnittes der Beitrag der Diffusion an Gitterfehlern in der Regel nur bei tieferen Temperaturen (unter $T=0{,}4\,T_\mathrm{m}$) wesentlich, wenn aufgrund der höheren Aktivierungsenergie die Diffusion im ungestörten Gitter praktisch „eingefroren" ist.

Auch die Diffusion von Einlagerungsatomen wird an Korngrenzen erleichtert [24], allerdings in sehr viel geringerem Maße als bei Austauschatomen. Daneben wirken Versetzungen wie im Fall der Wasserstoffdiffusion als Einfangstellen (vgl. B 2.3), was den effektiven Diffusionskoeffizienten verringern kann [25].

Gitterstörungen in großer Konzentration werden in Metallen außer durch Umformen auch durch energiereiche Bestrahlung, z. B. im Reaktor, erzeugt. Für eine Diskussion der damit verbundenen Effekte sei auf die Literatur verwiesen (z. B. [26]).

B 4.4 Diffusion von Austauschatomen in binären Mischkristallen

Liegt in einem binären Austauschmischkristall A-B ein A-Konzentrationsgefälle vor, so ist ein ähnliches B-Gefälle in Gegenrichtung unvermeidbar. Deshalb treten in einem solchen Mischkristall entsprechend dem Gefälle der beiden chemischen

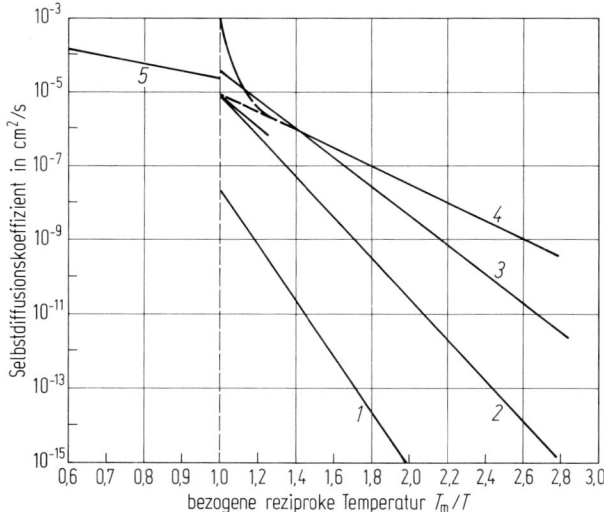

Bild B 4.9 Selbstdiffusionskoeffizient von Austauschatomen (größenordnungsmäßig) in Abhängigkeit von der auf die Schmelztemperatur T_m bezogenen reziproken Temperatur T_m/T. Nach [22]: 1 = im kfz-Gitter ($Q = 17\,RT_\mathrm{m}$, $D_0 = 0{,}5\,\mathrm{cm^2/s}$); 2 = an Teilversetzungen ($Q = 13\,RT_\mathrm{m}$, $D_0 = 2\,\mathrm{cm^2/s}$); 3 = an Korngrenzen in kfz-Kristallen und an Versetzungen ($Q = 9\,RT_\mathrm{m}$, $D_0 = 0{,}3\,\mathrm{cm^2/s}$); 4 = an Oberflächen von kfz-Kristallen ($Q = 7\,RT_\mathrm{m}$; $D_0 = 0{,}01\,\mathrm{cm^2/s}$); 5 = im flüssigen Metall ($Q = 5\,RT_\mathrm{m}$, $D_0 = 0{,}002\,\mathrm{cm^2/s}$).

Potentiale gleichzeitig A- und B-Diffusionsströme in entgegengesetzter Richtung auf. Diese Diffusionsströme finden, ähnlich wie in reinen Komponenten, durch *Platztausch* der Atome mit Leerstellen statt. Die dabei von den A- und B-Atomen zu überwindenden Aktivierungsschwellen sind nun in der Regel voneinander verschieden; deshalb finden die Platzwechsel der beiden Atomsorten verschieden häufig statt.

Dadurch wird dieser Diffusionsvorgang in einer besonderen Weise kompliziert. Nehmen wir an, daß die A-Atome leichter als die B-Atome mit einer Leerstelle ihren Platz tauschen. Dann reichert sich die zunächst A-reiche Seite einer Diffusionsprobe (Bild B 4.10a) an Leerstellen über deren ursprünglich eingestellten Gleichgewichtswert an, während sie auf der zunächst A-armen Seite unter diesen Wert absinkt. Dadurch entsteht ein Gefälle der Leerstellenkonzentration (Bild B 4.10b), und verbunden damit entstehen elastische Verzerrungen im Kristallgitter. Diese Effekte bewirken eine Kopplung der beiden Teilströme, von der die Größe der wirksamen Diffusionskoeffizienten mitbestimmt wird. Dies soll im folgenden anhand zweier Grenzfälle erläutert werden.

Im ersten Fall wird angenommen, daß aufgrund genügend naher und zahlreicher Leerstellenquellen und -senken (Grenz- und Oberflächen oder Versetzungen) Abweichungen vom Leerstellengleichgewicht örtlich sofort wieder ausgeglichen werden. Das bedeutet, daß auf der zunächst A-reichen Seite Leerstellen eliminiert und auf der zunächst A-armen Seite neue Leerstellen geschaffen werden. Der Einfachheit wegen sei dabei vorausgesetzt, daß die Gleichgewichtskonzentration der Leerstellen unabhängig von der Legierungszusammensetzung an allen Probenstellen gleich ist, so daß die Mengen der eliminierten und der neugebildeten Leer-

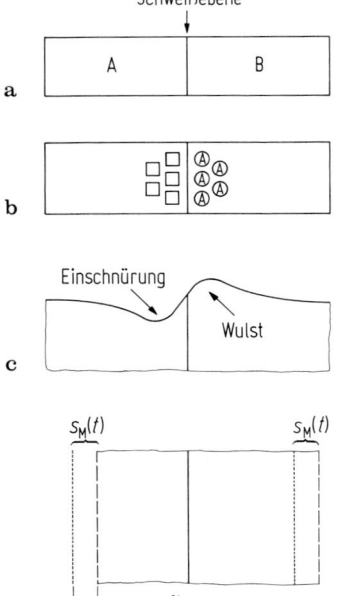

Bild B 4.10 Diffusionsprobe aus einem A- und einem B-Kristall (schematisch). **a** Ausgangszustand; **b** nach Diffusion ohne Erhaltung der örtlichen Leerstellengleichgewichte (A schneller diffundierend als B, □ = überschüssige Leerstellen, Ⓐ = durch A besetzte Leerstellen; **c** vergrößerter Oberflächenausschnitt nach Diffusion mit Erhaltung der örtlichen Leerstellengleichgewichte; **d** vergrößerter Ausschnitt aus der Mitte der Diffusionsprobe.

stellen auf beiden Seiten der Diffusionsprobe gleich sind. Als unmittelbare Folge bilden sich im Innern der zunächst A-reichen Probenhälfte Poren (Kirkendall-Effekt [27]) und an der Oberfläche eine Einschnürung, während in der anderen Probenhälfte Ausdehnungen und eine oberflächliche Wulstbildung auftritt (Bild B 4.10c).

Um die atomistischen Prozesse dieser Diffusion genauer zu analysieren, betrachten wir einen Probenausschnitt aus der Mitte der Diffusionsprobe, z. B. in der Umgebung einer Schweißebene, der in Diffusionsrichtung und senkrecht dazu nur wenig ausgedehnt sein soll (Bild B 4.10d). Wir können annehmen, daß hier senkrecht zur Diffusionsrichtung keine Leerstellenwanderung stattfindet, weil die Probenoberfläche weit entfernt ist. Das Ausheilen der Überschußleerstellen soll dann in einer vereinfachenden Vorstellung an der zunächst A-reicheren Grenzfläche des Probenausschnittes in Bild B 4.10d erfolgen, während auf der anderen Seite an der dortigen Grenzfläche neue Leerstellen durch das Heraustreten von Atomen geschaffen werden sollen. Diese beiden Vorgänge wirken sich makroskopisch so aus, als ob der betrachtete Probenabschnitt selbst in Richtung des A-Diffusionsstroms verschoben würde.

Man kann diese Verschiebung beschreiben, indem man zwei Wegkoordinaten in Richtung der A-Diffusion definiert [4]: einmal die s-Koordinate, deren Nullpunkt laborfest an der ursprünglichen Position der linken Grenzfläche fixiert sein soll, und zum anderen die $\tilde{s}$-Koordinate, deren Nullpunkt mit der linken Grenzfläche des Probenabschnitts in Richtung der A-Diffusion wandert (Bild B 4.10d). Mit dem Verschiebeweg $s_M(t)$ des Probenabschnittes und damit auch seiner linken Grenzfläche gilt für alle Probenorte $s = \tilde{s} + s_M(t)$.

Damit lassen sich die A- und B-Diffusionsströme in jeweils zwei Anteile aufteilen. Es besteht z. B. der A-Strom, der an der Stelle s in bezug auf einen Querschnitt im s-System durch $J_A(s, t)$ gegeben ist, aus einem Strom $\tilde{J}_A(\tilde{s}, t)$ in bezug auf einen Querschnitt im $\tilde{s}$-System plus dem Verschiebungsanteil $\dot{s}_M(t) c_A(\tilde{s}, t)$; es ist also

$$J_A(s, t) = \tilde{J}_A(\tilde{s}, t) + \dot{s}_M(t) c_A(\tilde{s}, t) \tag{B 4.26}$$

mit $s = \tilde{s} + s_M(t)$ und $\dot{s}_M = ds_M/dt$.

Nach einer ähnlichen Überlegung erhält man für den B-Strom

$$J_B(s, t) = \tilde{J}_B(\tilde{s}, t) + \dot{s}_M(t) c_B(\tilde{s}, t). \tag{B 4.27}$$

Die beiden Ströme $\tilde{J}_A$ und $\tilde{J}_B$ sind nun gerade so definiert, daß an ihnen in beiden Richtungen gleich viele Leerstellen beteiligt sind (nur der Überschuß an Leerstellen in der einen Richtung führt zu der s_M-Verschiebung). Deshalb gilt

$$\tilde{J}_A(\tilde{s}, t) = -\tilde{J}_B(\tilde{s}, t). \tag{B 4.28}$$

Für die Stromdichten J_A und J_B würde eine solche Beziehung natürlich nicht gelten. Nach dem ersten Fickschen Gesetz lassen sich nun für die verschiedenen Diffusionsströme die jeweils zugehörigen Diffusionskoeffizienten definieren:

$$J_A = -D_A \frac{dc_A}{ds}, \quad J_B = -D_B \frac{dc_B}{ds},$$

$$\tilde{J}_A = -\tilde{D}_A \frac{dc_A}{d\tilde{s}}, \quad \tilde{J}_B = -\tilde{D}_B \frac{dc_B}{d\tilde{s}}. \tag{B 4.29}$$

Wegen des eingehaltenen Leerstellengleichgewichts ist die Atomzahldichte $c_A + c_B = c$ überall konstant, und es gilt demzufolge

$$\frac{dc_A}{ds} = -\frac{dc_B}{ds} \quad \text{und} \quad \frac{dc_A}{d\tilde{s}} = -\frac{dc_B}{d\tilde{s}}. \tag{B 4.30}$$

Man erhält also aus Gl. (B 4.28) sofort

$$\tilde{D}_A = \tilde{D}_B = \tilde{D}. \tag{B 4.31}$$

Durch Einsetzen der damit abgeleiteten Beziehungen in Gl. (B 4.26) und (B 4.27) ergibt sich dann

$$-D_A \frac{dc_A}{ds} = -\tilde{D} \frac{dc_A}{d\tilde{s}} + \dot{s}_M c_A$$

$$D_B \frac{dc_A}{ds} = \tilde{D} \frac{dc_A}{d\tilde{s}} + \dot{s}_M c_B \tag{B 4.32}$$

Daraus läßt sich mit der Umrechnungsformel $c_A/c = x_A$ sofort entnehmen:

$$\dot{s}_M = (D_B - D_A) \frac{dx_A}{ds}. \tag{B 4.33}$$

Dies ist die erste Darkensche Gleichung [4], die eine Aussage macht über den Zusammenhang zwischen der Geschwindigkeit der lokalen Probenverschiebung s_M und den in dem laborfesten Ortssystem s zu messenden partiellen Diffusionskoeffizienten D_A und D_B.

Andererseits gilt für jeden Zeitpunkt t, daß $dc_A/ds = dc_A/d\tilde{s}$ ist. Damit erhält man aus Gl. (B 4.32) auch $D_A c_B + D_B c_A = \tilde{D}(c_A + c_B)$ oder

$$\tilde{D} = x_B D_A + x_A D_B. \tag{B 4.34}$$

Dies ist die zweite Darkensche Gleichung [4], die einen Zusammenhang herstellt zwischen den beiden partiellen Diffusionskoeffizienten und dem den beiden Diffusionsströmen gemeinsamen sogenannten Darkenschen Diffusionskoeffizienten $\tilde{D}$, der die Diffusion relativ zu einem fest mit der Probe verbundenen Ortssystem beschreibt.

Aufgrund der vorstehend geführten Diskussion leuchtet ein, daß für die Erfassung von Konzentrationsänderungen in einer Probe, z.B. bei einer Homogenisierungsglühung, der gemeinsame Diffusionskoeffizient maßgebend ist. Günstigerweise kann dieser Koeffizient direkt gemessen werden [1, 5], so daß er für viele Legierungen bekannt ist [12, 21]. Für eine Analyse der atomistischen Diffusionsmechanismen der beiden Komponenten müssen dagegen die partiellen Diffusionskoeffizienten herangezogen werden. Deren unmittelbare Ermittlung ist schwierig; sie lassen sich näherungsweise abschätzen unter Benutzung der Werte für den entsprechenden Selbstdiffusionskoeffizienten und den thermodynamischen Faktor [28].

Im zweiten Grenzfall wird angenommen, daß die durch die unterschiedlichen Teilströme entstandenen Änderungen der Leerstellenkonzentration (Bild B 4.10b) aufgrund fehlender Quellen und Senken nicht schnell genug wieder ausgeglichen werden. Dies kann z. B. die Situation mitten im Korn in der Umgebung eines wachsenden Ausscheidungsteilchens sein. Dann entstehen ein Konzentrationsgefälle der Leerstellen entsprechend Bild B 4.10b und verbunden damit elastische Gitterverzerrungen. Diese Effekte bewirken zusätzliche Kräfte, welche die A-Diffusion hemmen und die B-Diffusion verstärken. Es ist unmittelbar einzusehen, daß dann nach Erreichen eines stationären Zustandes $J_A = -J_B$ sein muß. Verschiedene Analysen dieses Falls [29, 30] führten wieder auf einen gemeinsamen Diffusionskoeffizienten $\hat{D}$, der jetzt lautet

$$\hat{D} = \frac{D_A D_B}{x_A D_A + x_B D_B} \quad . \tag{B 4.35}$$

$\hat{D}$ wie $\tilde{D}$ sind Beispiele für verschiedenartige gemeinsame Diffusionskoeffizienten, die aufgrund einer Kopplung der Diffusionsströme der Komponenten entstehen. Für eine vollständigere Diskussion dieses Problems, die auch einen nur teilweisen Ausgleich der Leerstellenungleichgewichte berücksichtigt, sei auf [31] verwiesen. Andere gemeinsame Diffusionskoeffizienten ergeben sich bei anderer Kopplung der Teildiffusionsströme, z. B. bei der Ausscheidung stöchiometrischer Verbindungen [32] oder bei Warmumformung bzw. beim Kriechen [33, 34], wo die äußere Belastung eine Diffusion bewirken kann [35].

Einfach wird die Situation nur im stark verdünnten – also idealen – Mischkristall. Mit $x_B \ll x_A \approx 1$ folgt aus Gl. (B 4.34) und (B 4.35) $\hat{D} \approx \tilde{D} \approx D_B$, d. h. die Diffusion wird hier hauptsächlich von der Minoritätskomponente bestimmt.

B 4.5 Diffusion des Kohlenstoffs in Austausch-Einlagerungs-Mischkristallen

Die Diffusionsvorgänge in Legierungen mit mehr als zwei Komponenten sind vielfältiger als in binären Legierungen und noch keineswegs vollständig erfaßt. Für ternäre Legierungen gibt es jedoch sowohl phänomenologische als auch thermodynamisch begründete Ansätze, die zur Abrundung dieses Kapitels skizziert werden sollen.

Wir betrachten zunächst als relativ einfaches Beispiel die Kohlenstoffdiffusion in Fe-M-C-Legierungen (M = Silizium, Mangan, Chrom, Nickel usw.) mit den in Stählen üblichen geringen Kohlenstoffgehalten. Auch hier wird, wie in den vorangehenden Abschnitten, die Diffusion in erster Linie vom Gradienten des chemischen Potentials der Kohlenstoffatome bestimmt [36]. Dieser Gradient hängt aber nun außer vom Verlauf der Kohlenstoffkonzentration auch vom Verlauf der M-Konzentration ab. Dies wurde zuerst durch die klassische Untersuchung von Darken [37] deutlich gemacht. Zwei Stähle mit fast gleichen Kohlenstoffgehalten (0,48 bzw. 0,44%), aber verschiedenen Siliziumgehalten (3,80 bzw. 0,05%) wurden als Diffusionsprobe aufeinander geschweißt und die nach 13 Tagen bei 1050°C im Austenit abgelaufene Kohlenstoffdiffusion gemessen. Bild B 4.11 zeigt die aufgetretene Kohlenstoffzunahme im siliziumarmen Probenteil und die Kohlenstoffabnahme im siliziumreichen Probenteil (vgl. auch Bild B 9.31). Man erkennt, daß der schnell diffundierende Kohlenstoff sich zunächst der Konzentrationsverteilung des langsameren Siliziums anpaßt, indem er den siliziumreichen Probenteil verläßt.

Erst nach längeren Zeiten, nach denen sich die Siliziumkonzentration ausgeglichen hat, wird sich auch diese Kohlenstoffverteilung wieder ausgleichen.

Diese Abhängigkeit des chemischen Potentials und damit der Diffusion einer Komponente vom Konzentrationsverlauf aller Legierungskomponenten macht es verständlich, daß für die phänomenologische Beschreibung eines Diffusionsstromes nach dem ersten Fickschen Gesetz der Ansatz aufgestellt wird [38–40], hier für die Diffusion des Kohlenstoffs:

$$J_C = -D_{CC}\frac{\partial c_C}{\partial s} - D_{CM}\frac{\partial c_M}{\partial s} - D_{CFe}\frac{\partial c_{Fe}}{\partial s}. \tag{B 4.36}$$

Wegen des näherungsweise konstanten Wertes der Gitterplatzkonzentration $c = c_{Fe} + c_M$ läßt sich z. B. das letzte Glied in Gl. (B 4.36) ersetzen, und man erhält die kürzere Beziehung [36, 40]

$$J_C = -D_{CC}\frac{\partial c_C}{\partial s} - D_{CM}^{Fe}\frac{\partial c_M}{\partial s} \tag{B 4.37}$$

mit der Abkürzung $D_{CM}^{Fe} = D_{CM} - D_{CFe}$.

In dieser Form ist die Kohlenstoffdiffusion im Austenit von ternären Eisenlegierungen untersucht worden [36]. Bild B 4.12 zeigt das Verhältnis der Diffusionskoeffizienten D_{CM}^{Fe} und D_{CC} für M = Silizium, Nickel, Mangan, Chrom, wie es in Abhängigkeit vom Kohlenstoffgehalt für eine Diffusion bei 1050 °C ermittelt wurde [36]. Die (Massen-)Gehalte des Legierungselementes M betrugen einige %; sie beein-

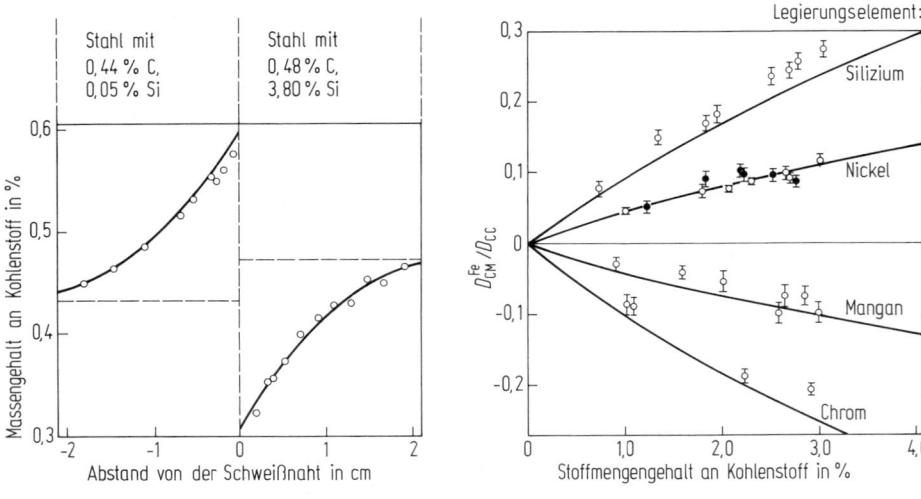

Bild B 4.11   **Bild B 4.12**

Bild B 4.11 Kohlenstoffverteilung in einem Probenpaar aus einem siliziumarmen und einem siliziumreichen Stahl mit ursprünglich gleichen Kohlenstoffgehalten nach 13 Tagen Glühung bei 1050 °C (Meßdaten nach [37], zugehörige thermodynamisch berechnete Kurven nach [38].

Bild B 4.12 Verhältnis der Kohlenstoffdiffusionskoeffizienten D_{CM}^{Fe} und D_{CC} (M = Silizium, Nickel, Mangan, Chrom) in Abhängigkeit vom Kohlenstoffgehalt in legierten Stählen: für eine Diffusion bei 1050 °C im Austenit gemessene Werte und thermodynamisch berechnete Kurven. Nach [36].

flussen das Verhältnis der zugehörigen Kohlenstoffdiffusionskoeffizienten nicht wesentlich. Ähnliches wurde in einzelnen Stichversuchen auch für eine Absenkung der Temperatur bis auf 800 °C gefunden.

Die zeitliche Änderung der Kohlenstoffkonzentration kann also, ausgehend von Gl. (B 4.37), erst abgeschätzt werden, wenn beide Diffusionskoeffizienten D_{CC} und D_{CM}^{Fe} zahlenmäßig bekannt sind. Für D_{CC} kann in der Regel der Wert von D_C des legierungsfreien Stahls verwendet werden, weil durch Messungen festgestellt worden ist, daß z. B. Mangangehalte bis 14% oder Siliziumgehalte bis 6,7% keine wesentlichen Änderungen des Diffusionskoeffizienten D_{CC} gegenüber D_C verursachen [41]. Der Wert für D_{CM}^{Fe} läßt sich dann aus Messungen wie in Bild B 4.12 ermitteln. Man erkennt am Vorzeichen der Daten in diesem Bild sehr schön, daß nach Gl. (B 4.37) bei Vorliegen eines M-Konzentrationsgefälles der Kohlenstoff bei M = Silizium, Nickel in die Bereiche geringer M-Konzentration, bei M = Mangan, Chrom in die Bereiche hoher M-Konzentration getrieben wird. Dies entspricht den bekannten Kohlenstoffaffinitäten dieser Elemente im Vergleich zum Eisen.

Aus den bisher gewonnenen Erfahrungen ist zu schließen, daß der Einfluß der substitutionell gelösten Komponenten auf die Kohlenstoffdiffusion wenigstens bei nicht zu hohen Legierungsgehalten additiv ist. Dementsprechend läßt sich auch in mehr- als dreikomponentigen Legierungen die Kohlenstoffdiffusion nach Gl. (B 4.37) behandeln, nachdem weitere, dem letzten Glied entsprechende Glieder hinzugefügt worden sind. Allerdings sind die bisher für solchen Zweck ermittelten Daten (wie in Bild B 4.12) nicht sehr umfangreich.

B 4.6 Diffusion von Austauschatomen in ternären Mischkristallen

Das Ausmaß, in dem ein Konzentrationsgefälle der schnell beweglichen Kohlenstoffatome die langsamere Diffusion der Austauschatome beeinflußt, ist unbedeutend [36]. Die gegenseitige Beeinflussung der Diffusion von Austauschatomen in ternären reinen Austauschmischkristallen kann aber wesentlich sein.

Diese Diffusion ist vielfältiger als in binären Kristallen. Ausgehend von einer der Gl. (B 4.36) ähnlichen Beziehung kommt man hier wegen der konstanten Gitterplatzkonzentration $c = c_A + c_B + c_H$ (A, B seien die zulegierten Elemente und H die Hauptkomponente) nach Ersetzen des c_H-Gradienten zu dem Ansatz [38, 39, 42]:

$$\tilde{J}_A = -\tilde{D}_{AA}^H \frac{\partial c_A}{\partial \tilde{s}} - \tilde{D}_{AB}^H \frac{\partial c_B}{\partial \tilde{s}} \qquad (B\,4.38)$$

mit $\tilde{D}_{AA}^H = \tilde{D}_{AA} - \tilde{D}_{AH}$ und $\tilde{D}_{AB}^H = \tilde{D}_{AB} - \tilde{D}_{AH}$. Eine ähnliche Beziehung gilt auch für den Diffusionsstrom der B-Atome. Aus diesen beiden Strömen lassen sich die Änderungen der c_A und c_B-Verläufe im Kristall ableiten (s. B 4.7) und damit die Verteilung aller drei Komponenten ermitteln. Die dabei benötigten vier Diffusionskoeffizienten $\tilde{D}_{AA}^H$, $\tilde{D}_{AB}^H$, $\tilde{D}_{BA}^H$ und $\tilde{D}_{BB}^H$ hängen außer von der Temperatur noch von den Legierungsgehalten längs des Diffusionsweges ab. Die damit für eine vollständige Beschreibung der Diffusion in einem ternären Mischkristall benötigte Menge an Daten ist sehr groß; sie ist bisher noch nicht in weitem Umfang ermittelt worden.

Um wenigstens die vorkommenden relativen Größenordnungen zu illustrieren, sind in Tabelle B 4.1 einige Zahlenbeispiele aufgeführt. Wie man sieht, gibt es Fälle, in denen z. B. die A-Diffusion wegen $\tilde{D}_{AB}^H \ll \tilde{D}_{AA}^H$ in erster Linie vom Verlauf von c_A bestimmt wird, jedenfalls so lange, wie das c_A-Gefälle im Vergleich zum c_B-Gefälle (s. Gl. (B 4.38)) nicht zu flach ist. Man sieht aber auch, daß die beiden Diffusionskoeffizienten einer Komponente auch von gleicher Größe sein können. Untersuchungen, in denen ähnliche Zahlenwerte u. a. für die Systeme Eisen-Chrom-Nickel, Eisen-Nickel-Kobalt und Kobalt-Nickel-Chrom gemessen wurden, sind in [44] zitiert. In dieser Arbeit werden auch die Grundlagen für die Beschreibung einer Diffusion in vielkomponentigen Systemen ausführlich behandelt.

B 4.7 Zeitliche Änderung einer Konzentrationsverteilung

Bisher wurde der an einer einzelnen Stelle im Kristall auftretende Diffusionsstrom in Abhängigkeit von der Temperatur und der örtlichen Legierungszusammensetzung beschrieben. Aus der Kenntnis solcher Diffusionsströme an allen Stellen des Kristalls läßt sich dann die zeitliche Änderung einer ursprünglich vorhandenen Konzentrationsverteilung ableiten. Darauf soll noch kurz eingegangen werden.

Aus der Tatsache, daß die Änderung des Diffusionsstroms mit dem Ort gleich der zeitlichen Änderung der Konzentration an diesem Ort ist, läßt sich eine Differentialgleichung ableiten, die als das zweite Ficksche Gesetz bekannt ist (Einzelheiten s. z. B. in [5, 44]). Unter Berücksichtigung der jeweiligen Randbedingungen, also der Konzentrationsverteilung zum Anfangszeitpunkt und z. B. einer zu allen Zeiten konstanten Konzentration an der Oberfläche, geben die Lösungen dieser Differentialgleichung die sich zeitlich ändernden Konzentrationsverteilungen an (s. z. B. [45]).

Bild B 4.13 soll dies an einem Beispiel veranschaulichen. Betrachtet wird ein sehr langer Stab, der zur Zeit $t = 0$ in der Mitte an der Stelle $s = 0$ eine auf die kleine Breite b begrenzte Konzentration $c_K(0,0)$ der Legierungskomponente K aufweist, während im übrigen Stabvolumen die Konzentration $c_K(s,0) = 0$ ist. Bei genügend hoher Temperatur gleicht sich diese Konzentrationsspitze nach beiden Seiten hin

Tabelle B 4.1 Zahlenwerte von Diffusionskoeffizienten in ternären austenitischen Legierungen

Legierungszusammensetzung*			Temperatur	Diffusionskoeffizient				Literatur
A	B	H		$\tilde{D}_{AA}^H$	$\tilde{D}_{AB}^H$	$\tilde{D}_{BB}^H$	$\tilde{D}_{BA}^H$	
Massengehalt								
%			°C	10^{-11} cm²/s				
2 Al	10 Cr	88 Ni	1100	5	0,2	9	10	[43]
2 Al	10 Cr	88 Co	1100	5	0,6	2	1	[43]
8 Cr	37 Ni	55 Co	1300	123	3,7	66	34	[42]

* A, B = Legierungselemente, H = Hauptkomponente

Zeitliche Änderung einer Konzentrationsverteilung

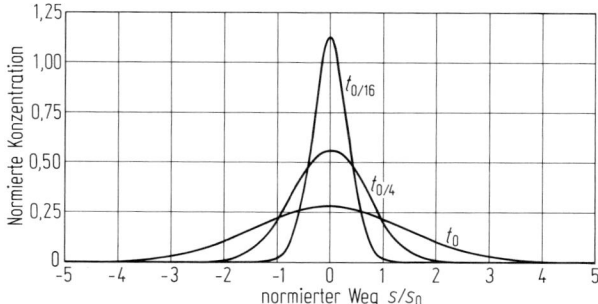

Bild B 4.13 Gemäß Gl. (B 4.39) normierter Verlauf der Konzentration nach verschiedenen Zeiten t_0, $t_0/4$ und $t_0/16$. Nach [45].

aus. Für diese örtliche und zeitliche Änderung der Konzentration $c_K(s, t)$ erhält man den Ausdruck

$$\frac{s_0 c_K(s, t)}{b c_K(0,0)} = \frac{1}{2\sqrt{\pi}} \left[\frac{t_0}{t}\right]^{1/2} \exp\left[-\frac{(s/s_0)^2}{4 t/t_0}\right]. \tag{B 4.39}$$

In dieser normierten Form ist in Bild B 4.13 die Konzentrationsverteilung für drei verschiedene Zeiten über der Ortskoordinate aufgetragen. Die Parameterwerte an Kurven geben die Zeiten t an, nach denen die Konzentrationsverteilung der zugehörigen Kurve entspricht (t_0 ist die Zeit bis zur Einstellung der untersten Kurve). Der Längenparameter s_0 ist eine Abkürzung für $s_0 = (D_K t_0)^{1/2}$; für ihn muß, wenn die Kurven in Bild B 4.13 zutreffen sollen, $s_0 \gg b$ vorausgesetzt werden können.

Deutlich wird, wie sich mit der Zeit die Konzentrationsspitze immer mehr ausgleicht. Die an der Stelle $s = 0$ nach den Zeiten t_1 bzw. t_2 noch vorhandenen Konzentrationswerte verhalten sich nach Gl. (B 4.39) wie

$$\frac{c_K(0, t_2)}{c_K(0, t_1)} = \left[\frac{t_1}{t_2}\right]^{1/2}, \tag{B 4.40}$$

d. h., daß z. B. nach $t_2 = 4 t_1$ die Konzentration weiter auf die Hälfte abgesunken ist. Ein Maß für die Reichweite der Diffusion ist die Entfernung s_e, bei der die Konzentration auf $1/e \approx 1/3$ ihres Wertes bei $s = 0$ abgefallen ist. Aus Gl. (B 4.39) folgt hierfür

$$s_e = 2 (D_K t)^{1/2}. \tag{B 4.41}$$

Mit dieser Beziehung läßt sich bei bekanntem Wert von D_K aus der Diffusionszeit t die zugehörige Diffusionsweite s_e abschätzen und umgekehrt.

Auch für weitere Anwendungsfälle sind die Lösungen der zweiten Fickschen Gleichung in [45] angegeben. Selbst in komplexeren Fällen ist die Konzentrationsverteilung eine Funktion von $s^2/D_K t$, so daß allgemein s_e als ein Maß für die jeweilige Diffusionsweite angesehen werden kann.

B 4.8 Diffusion in Verbindungen

Die Diffusion in Verbindungen wie Oxiden, Karbiden usw. muß noch erwähnt werden, weil derartige Verbindungen gewünschte oder auch unerwünschte Sperrschichten bilden können, die einen Materietransport von einer Seite zur anderen weitgehend verhindern. So bieten z. B. oxidische Oberflächenschichten auf Stählen, die Chrom, Silizium oder Aluminium enthalten, einen Schutz gegen weiteren Angriff aus der Gasphase (s. C 3.2.3). Andererseits kann die Bildung einer Oberflächenschicht aus Karbid während einer Aufkohlung die gewünschte Oberflächenhärtung beeinträchtigen (s. C 4.7.2).

Die genannten Verbindungen zeichnen sich dadurch aus, daß die Atome durch kovalente oder heteropolare Kräfte aneinander gebunden sind, wodurch eine Diffusion gegenüber einer solchen in Metallen erschwert werden kann. So sind z. B. in den heteropolaren Oxiden die negativ geladenen Sauerstoffionen praktisch unbeweglich, so daß die Diffusion im wesentlichen nur über die positiv geladenen Metallionen ablaufen kann. Außerdem kann die Löslichkeit für weitere Elemente in einer Verbindung so gering sein, daß von daher eine Diffusion dieser Elemente weitgehend unterdrückt wird. Im einzelnen sind aber auch für diese Fälle Diffusionsmechanismen beschrieben und Ausdrücke für die zugehörigen Diffusionskoeffizienten abgeleitet worden (s. C 3 und [46, 47]).

B 5 Typische Stahlgefüge

Von Wolfgang Pitsch und Gerhard Sauthoff

B 5.1 Bestimmung des Begriffs „Gefüge"

Die umfassendste Beschreibung des Gefüges einer Stahlprobe würde darin bestehen, von allen Atomen, die eine solche Probe aufbauen, anzugeben, an welchem Ort sie sich befinden und von welcher chemischen Art sie sind. Diese Gesamtinformation kann aber in der Praxis weder gewonnen werden, noch könnte man sie handhaben. Deshalb muß die Beschreibung eines Gefüges den Beobachtungsmöglichkeiten angepaßt und stark vereinfacht sein [1, 2].

Die erste Vereinfachung besteht darin, die einphasigen, d. h. chemisch und physikalisch homogenen Mikrobereiche eines Gefüges jeweils zusammenzufassen und sie pauschal durch ihre chemische Zusammensetzung, ihr Kristallgitter und ihren Anteil am Volumen der Probe zu charakterisieren. Darüber hinaus werden diese Mikrobereiche noch einzeln durch ihre Größe, Gestalt, Kristallorientierung und örtliche Lage beschrieben.

Bei dieser Betrachtung stößt man unausweichlich auch auf die Übergangsbereiche zwischen den gleich- oder verschiedenphasigen Mikrobereichen, den Korn- oder Phasengrenzen – z. B. K und G in Bild B 5.1 –, die in vielen Fällen vereinfacht als zweidimensionale Grenzflächen behandelt werden. Diese Übergangsbereiche unterscheiden sich strukturmäßig und oft auch chemisch von den angrenzenden einphasigen Mikrobereichen [3]. Da sie sowohl die Gefügeumwandlungen als auch die Eigenschaften des Stahls wesentlich beeinflussen, werden sie in die Gefügebeschreibung nach Möglichkeit mit aufgenommen.

Schließlich müssen die einphasigen, zunächst als „homogen" bezeichneten Mikrobereiche noch genauer erfaßt werden. In Gefügen, in denen gerade eine Umwandlung abläuft, befinden sich z. B. auch einphasige Mikrobereiche mit örtlich variierender chemischer Zusammensetzung. Außerdem enthält jeder Mikrobereich Gitterdefekte, die teils im thermischen Gleichgewicht (z. B. Leerstellen), teils nur im Ungleichgewicht (z. B. Versetzungen) auftreten. Bild B 5.1 zeigt schematisch eine Zusammenstellung derartiger Defekte. Wie man erkennt, gehören auch lokale Verzerrungen dazu. Dies gilt ebenso für weitreichende Verzerrungen, wie sie durch Eigenspannungen verursacht werden. Wenigstens dort, wo derartige Störungen einen wesentlichen Einfluß auf die Umwandlungsvorgänge oder auf die Eigenschaften des Stahls ausüben, sollten sie bei der Charakterisierung der Stahlprobe durch ihr Gefüge berücksichtigt werden. Ansonsten beschränken sich die folgenden Darstellungen in erster Linie auf die für die Erfassung eines Gefüges durch optische Beobachtungen wesentlichen einphasigen Mikrobereiche.

Literatur zu B 5 siehe Seite 683.

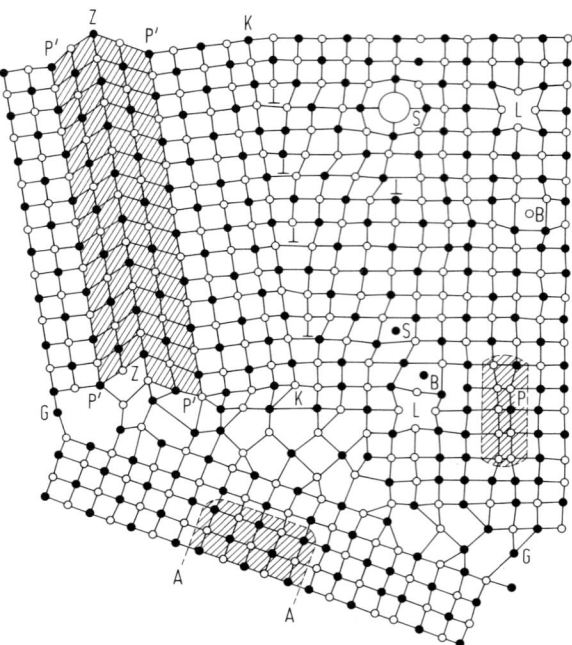

Bild B 5.1 Zweidimensionaler Ausschnitt aus einem schematischen Gefüge von geordneten Substitutionsmischkristallen. Nach [1]. L = Leerstelle, B = Zwischengitteratom, S = Fremdatom, A = Antiphasengrenze, Z = Zwillingsgrenze, K = Kleinwinkelkorngrenze, G = Großwinkelkorngrenze, P = kohärente Phasengrenze durch Entmischung, P′ = kohärente Phasengrenze durch Scherung, ⊥ = Versetzung.

B 5.2 Gefüge in niedriglegierten Stählen nach der Austenitumwandlung

Die Stahlgefüge sind so extrem vielfältig, weil die Hochtemperaturphase Austenit während der Abkühlung auf sehr verschiedene Weisen in die Tieftemperaturphasen Ferrit und Karbid umwandeln kann. Einzelheiten hängen dabei empfindlich von der chemischen Zusammensetzung des Stahls, vom Zustand des Austenits (Korngröße, Homogenitätsgrad) und vor allem vom zeitlichen Verlauf der Abkühlung ab. Eine ausgezeichnete Zusammenstellung möglicher Stahlgefüge ist von Schrader und Rose veröffentlicht worden [4].

In diesem Abschnitt soll eine Übersicht über die Bestandteile der Gefüge gegeben werden, die in niedriglegierten Stählen während einer Abkühlung auf Raumtemperatur entstehen. Dazu sind zunächst in Bild B 5.2 in den Rahmen der Temperatur- und Kohlenstoffgehaltachsen die Bereiche eingetragen, in denen der Austenit in diese Gefügebestandteile umwandelt. Dabei ist versucht worden, die verschiedenen in der Literatur [4–9] enthaltenen Erfahrungsangaben wenigstens grob-qualitativ zusammenzufassen. Diese Angaben stimmen natürlich nicht stets genau überein, weil sie von allen Versuchsparametern, also auch z. B. von der vollständigen Legierungszusammensetzung oder der Abkühlungsgeschwindigkeit abhängen. Für eine schnelle Orientierungshilfe ist ein derartiges Gefügeschaubild jedoch sehr nützlich. Aus dem gleichen Grund sind in Bild B 5.2 auch einige Linien des Eisen-Kohlenstoff-Gleichgewichtsdiagramms (s. B 2 und B 9) mit eingetragen.

Nach genügend schneller Abkühlung bilden sich bei vollständig isothermischer Umwandlung je nach Umwandlungstemperatur und Stahlzusammensetzung vorwiegend die in Bild B 5.2 angegebenen Gefügetypen. Bei der Umwandlung während einer kontinuierlichen Abkühlung – kurz, bei kontinuierlicher Umwandlung – gilt: Je langsamer die Abkühlung, um so mehr bilden sich die an den Austenitbereich direkt angrenzenden Gefügebestandteile; je schneller die Abkühlung, um so mehr bilden sich die bei tieferer Temperatur angegebenen Gefügebestandteile. Dabei ist zu beachten, daß häufig nach Maßgabe der Gleichgewichtslinien der Austenit während seiner Umwandlung seinen Kohlenstoffgehalt ändert, so daß am Ende der Abkühlung Gefügebestandteile mit unterschiedlichem Kohlenstoffgehalt nebeneinander vorliegen. Ein ähnlicher Effekt tritt nach längerem Halten bei höheren Temperaturen auch in bezug auf die substitutionellen Legierungselemente auf.

Bei sehr langsamer Abkühlung beginnt die Umwandlung eines zunächst homogenen Austenits in untereutektoidischen Stählen mit der Bildung von globularen Ferritkörnern (voreutektoidischer Ferrit genannt) auf den Korngrenzen des Austenits (Bild B 5.3), denn bei der vorliegenden geringen Unterkühlung kann nur hier eine ausreichende Keimbildung stattfinden (vgl. B 3). Wird die Abkühlungsgeschwindigkeit etwas gesteigert und damit die Unterkühlung vergrößert, so wächst dieser voreutektoidische Ferrit plattenförmig in die Austenitkörner hinein (Bild B 5.4); er wird dann als Widmannstätten-Ferrit bezeichnet. In ähnlicher Weise bildet sich in übereutektoidischen Stählen zunächst der (voreutektoidische) Zementit (Bilder B 5.5 bis B 5.7). Während der voreutektoidischen Umwandlungen verändert sich der Kohlenstoffgehalt des Austenits in Richtung auf die eutektoidische Zusammensetzung. Wird nach Erreichen dieser Zusammensetzung die eutektoidische Temperatur unterschritten, so ist der Austenit auch in bezug auf die zweite Tieftemperaturphase übersättigt. Bei nur geringer Unterkühlung findet dann bevorzugt an den Grenzflächen zum noch vorhandenen Austenit eine Keimbil-

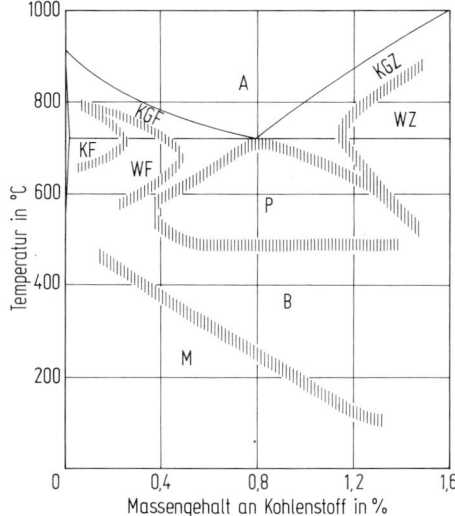

Bild B 5.2 Gefügeschaubild niedriglegierter Stähle: In den verschiedenen Temperatur-Kohlenstoffgehalt-Bereichen sind die nach verschieden schneller Abkühlung jeweils vorwiegend entstehenden Gefügetypen eingetragen. (Aus Angaben in [4–9] zusammengestellt.)
A = Austenit, KGF = Korngrenzenferrit, KGZ = Korngrenzenzementit, KF = körniger Ferrit, WF = Widmannstätten-Ferrit, WZ = Widmannstätten-Zementit, P = Perlit, B = Bainit und M = Martensit.

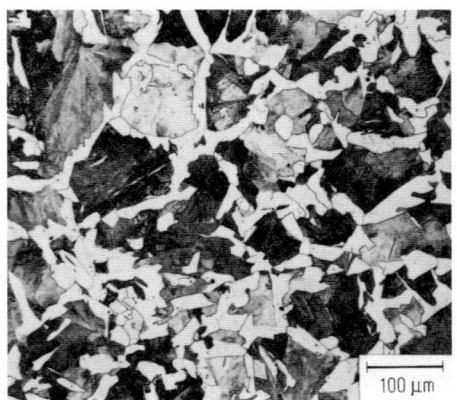 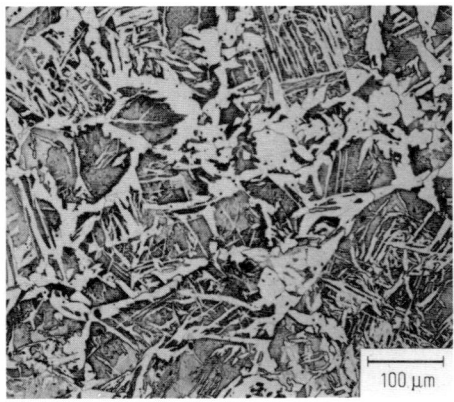

Bild B 5.3   **Bild B 5.4**

Bild B 5.3 Gefüge aus hellen Ferritkörnern (netzartig längs der Korngrenzen des ehemaligen Austenits gebildet) und dunkler getöntem Perlit in einem Stahl mit 0,44 % C, 0,22 % Si und 0,66 % Mn (Massengehalte) nach 1100 °C 16 min/Ofen. (Bildtafel 313 aus [4].)

Bild B 5.4 Gefüge mit Korngrenzen- und Widmannstätten-Ferrit (hell) zwischen optisch nicht aufgelöstem Perlit (dunkel) in einem Stahl mit 0,23 % C, 0,45 % Si und 1,32 % Mn (Massengehalte) nach 1050 °C 3 min/425 s → 500 °C. (Bildtafel 307 aus [4].)

dung dieser zweiten Phase statt. Danach wachsen beide Phasen, bis der Austenit vollständig umgewandelt ist. Bild B 5.5 zeigt ein in einem übereutektoidischen Stahl unter solchen Bedingungen entstandenes Gefüge, das gern als „anomal" oder „entartet" bezeichnet wird; es enthält voreutektoidische Zementitsäume und -platten, zwischen denen sich schließlich der an Kohlenstoff verarmte Austenit in Ferrit umgewandelt hat.

In diesem Gefüge mußte der Kohlenstoff über größere Abstände hinweg diffundieren, bis der Austenit vollständig umgewandelt war. Mit größer werdender Unterkühlung dagegen bilden sich die beiden Phasen Ferrit und Zementit zunehmend Seite an Seite in einer gekoppelten Doppelreaktion. Die Bilder B 5.6 bzw. B 5.8

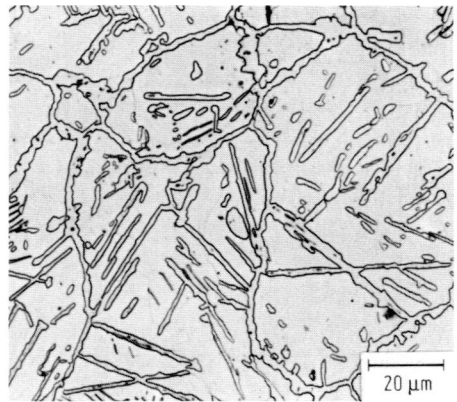

Bild B 5.5 Aus Zementit (auf den ehemaligen Austenitkorngrenzen und als meist plattenförmige Einzelkristalle) und aus Ferrit (Rest) bestehendes Gefüge in einem Stahl mit 1,29 % C nach 970 °C 10 min/725 °C 2 h 46 min/Wasser. (Bildtafel 309 aus [4].)

Bildung von Ferrit, Zementit und Perlit bei langsamer Abkühlung

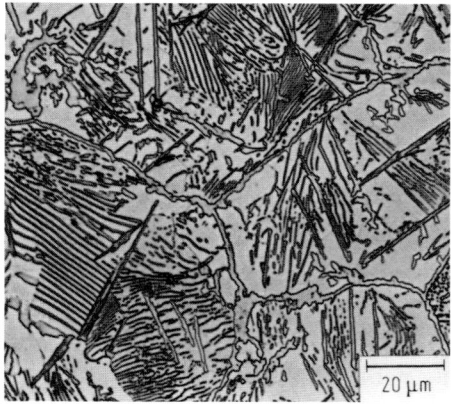
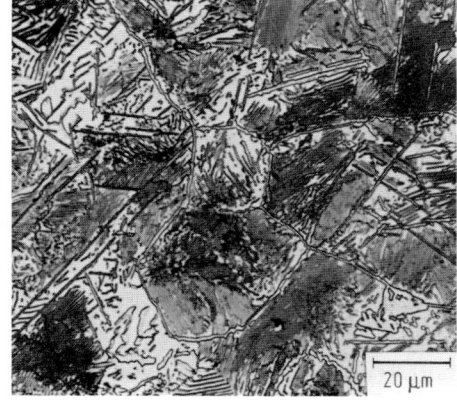

Bild B 5.6   **Bild B 5.7**

Bild B 5.6 Wie Bild 5.5, jedoch nach 970 °C 10 min/715 °C 5 min/Wasser. (Bildtafel 309 aus [4].)

Bild B 5.7 Gefüge mit Korngrenzen- und Widmannstätten-Zementit; dazwischen Perlit und vereinzelt (helle) Ferritbereiche; in einem Stahl mit 1,29 % C (Massengehalt) nach 970 °C 10 min/690 °C 25 min/Wasser. (Bildtafel 309 aus [4].)

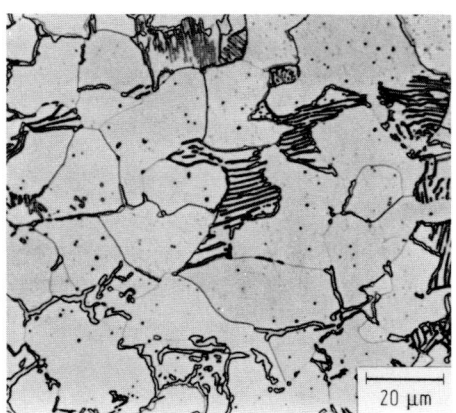
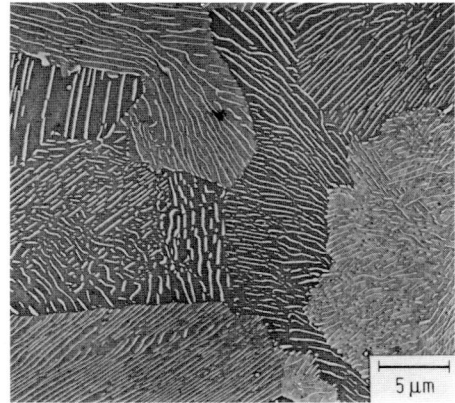

Bild B 5.8   **Bild B 5.9**

Bild B 5.8 Aus Ferritkörnern und Zementit (in Restbereichen des Austenits, also zwischen den Ferritkörnern gebildet, zum Teil perlitähnlich) bestehendes Gefüge in einem Stahl mit 0,5 % C (Massengehalt) nach 850 °C 10 min/715 °C 500 s/Wasser. (Bildtafel 310 aus [4].)

Bild B 5.9 Reliefabdruck eines Perlitgefüges in einem Stahl mit 0,73 % C, 0,19 % Si und 0,33 % Mn (Massengehalte) nach 1000 °C 1 h/Ofen. (Bildtafel 307 aus [4].)

zeigen in einem über- bzw. untereutektoidischen Stahl die ersten Ansätze zu dieser Gefügebildung, und die Bilder B 5.7 bzw. B 5.9 zeigen sie nach einer Umwandlung bei noch größerer Unterkühlung in reiner Form, das bekannte perlitische Gefüge. Der Kohlenstoff braucht hierbei nur über kürzere Abstände zu diffundieren. Mit weiter absinkender Umwandlungstemperatur werden die Lamellen dieses Perlits immer feiner; der gesamte Bildungsbereich ist aber, wie in Bild B 5.2 grob skizziert, nach unten begrenzt. In genügend langsam, also z. B. in ruhender Luft abgekühlten Stählen besteht das Gefüge aus voreutektoidischen Ferritkörnern oder Zementit – je nach Legierungszusammensetzung – und lamellarem Perlit (s. z. B. Bild B 5.3 oder B 5.10).

Die Umwandlung des Austenits verläuft völlig andersartig, wenn der Stahl so schnell abgekühlt wird, daß die bisher genannten Reaktionen praktisch nicht stattfinden können. Wird dabei der Austenit in einen Zustand des Bereiches M in Bild B 5.2 gebracht, so herrscht ein solcher Zwang zur Umwandlung, daß ganze austenitische Kristallbereiche schlagartig in den ferritischen Zustand umklappen, ohne daß sich dabei die Legierungszusammensetzung durch Diffusionsprozesse verändern kann. Diesen speziellen Ferrit nennt man Martensit. Die mit dieser Umwandlung verbundene Volumen- und vor allem Gestaltsänderung verursacht starke elastische Gitterverspannungen, die der Umwandlung natürlich entgegenwirken. Dort wo

Bild B 5.10 Gefüge aus hellen Ferritkörnern und dunklen Perlitinseln in einem Stahl mit 0,44 % C, 0,26 % Si, 0,62 % Mn, 0,14 % Cr, 0,21 % Cu und 0,14 % Ni (Massengehalte) nach 825 °C 15 min/Luft.

 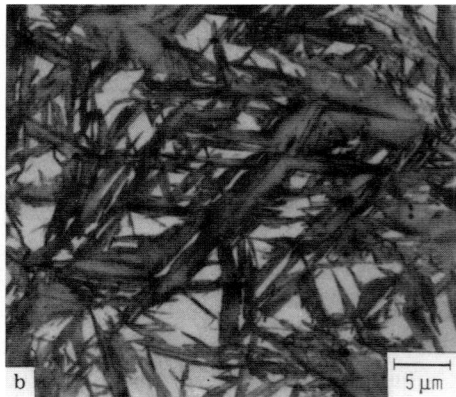

Bild B 5.11 Plattenförmiger Martensit neben Restaustenit in einem Stahl mit 1,31 % C, 0,18 % Si und 0,2 % Mn (Massengehalte) nach 970 °C 15 min/Wasser. (Bildtafel 337 aus [4].) **a** Im abgeschreckten Zustand ist der Martensit hell, der Restaustenit dunkel getönt; **b** nach zusätzlichem Anlassen bei 150 °C erscheint durch eine Karbidausscheidung der Martensit dunkler als der Restaustenit.

diese Gitterverspannungen nur wenig durch plastische Gleit- und Erholungvorgänge niedrig gehalten werden können – bei hohem Kohlenstoffgehalt und tiefer Temperatur –, kann deshalb die Umwandlung nur in begrenztem Umfang und nur in plattenförmigen Bereichen ablaufen (s. B 6.4). Bild B 5.11 zeigt das typische Gefüge solcher plattenförmigen Martensitkristalle in noch nicht umgewandeltem Restaustenit. Bei weiterer Abkühlung, d. h. Erhöhung der die Umwandlung treibenden Kräfte, wandelt auch dieser Restaustenit weiter in Martensit um.

Bei niedrigem Kohlenstoffgehalt und höherer Temperatur können elastische Gitterspannungen durch Gleitvorgänge leichter abgebaut werden. Der Martensit besteht dann nicht mehr aus einzelnen Kristallplatten, sondern aus länglichen lanzettenförmigen Kristallen, die blockweise dicht gebündelt und in verschiedenen Richtungen angeordnet sind (Bild B 5.12). Bei mittleren Kohlenstoffgehalten

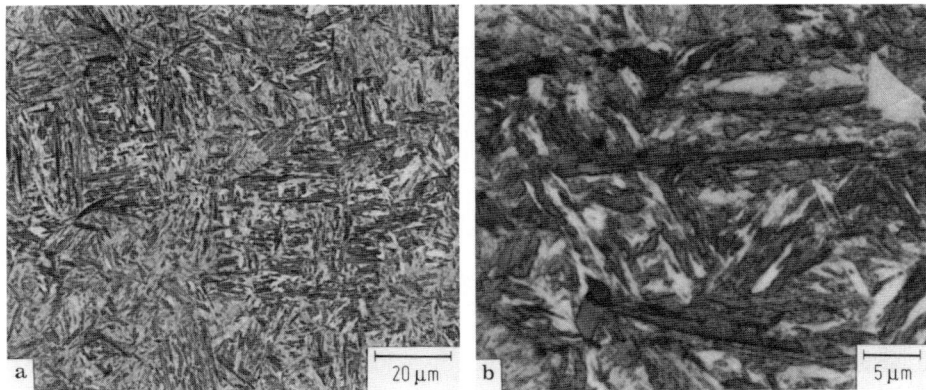

Bild B 5.12 Blockartig gepackte Martensitlanzetten in einem Stahl mit 0,44 % C, 0,22 % Si, 0,66 % Mn und 0,15 % Cr (Massengehalte) nach 830 °C 20 min/Wasser und 150 °C 2 h/Luft. Die Anlaßbehandlung hat nur zu Tönungsunterschieden der Martensitlanzetten geführt. (Bildtafel 343 aus [4].)

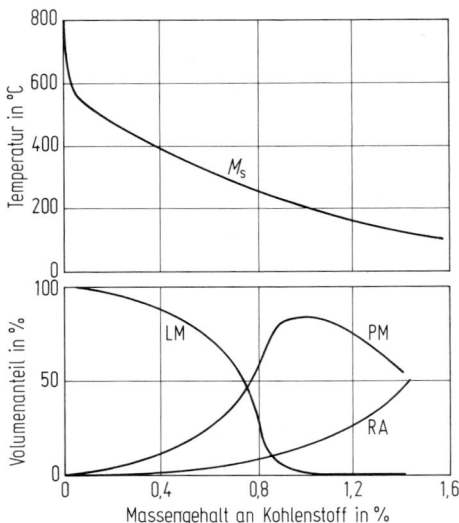

Bild B 5.13 Volumenanteile von Lanzettmartensit (LM), Plattenmartensit (PM) und Restaustenit (RA) sowie die Martensittemperatur (M_s) von Eisen-Kohlenstoff-Legierungen nach Abschrecken auf Raumtemperatur in Abhängigkeit vom Kohlenstoffgehalt. Nach [10].

besteht das Martensitgefüge aus einer Mischung der beiden genannten Gefügetypen, wobei erfahrungsgemäß in Legierungen mit mehr als rd. 0,7 % C zunehmend der Plattenmartensit überwiegt. Abgesehen davon, nimmt parallel hierzu auch der nicht umgewandelte Restaustenit im Gefüge zu, wie dies in Bild B 5.13 für auf Raumtemperatur abgeschreckte Proben dargestellt ist.

Durch den fast „gewaltsam" zu nennenden Verlauf der Martensitbildung entstehen im Innern der neuen Kristalle Versetzungsstrukturen in einer Dichte, die leicht 10^{15} m^{-2} und mehr betragen kann. Wie Bild B 5.14 zeigt, sind wegen dieser hohen Dichte selbst bei hoher elektronenoptischer Vergrößerung Einzelheiten der Defekte nicht zu erkennen. Stattdessen bewirken die Spannungsfelder der Versetzungsknäuel und der durch die Umwandlung zwangsweise übersättigt gelösten Kohlenstoffatome optisch nicht aufzulösende, unrelgelmäßige Bildkontraste (s. auch [11]).

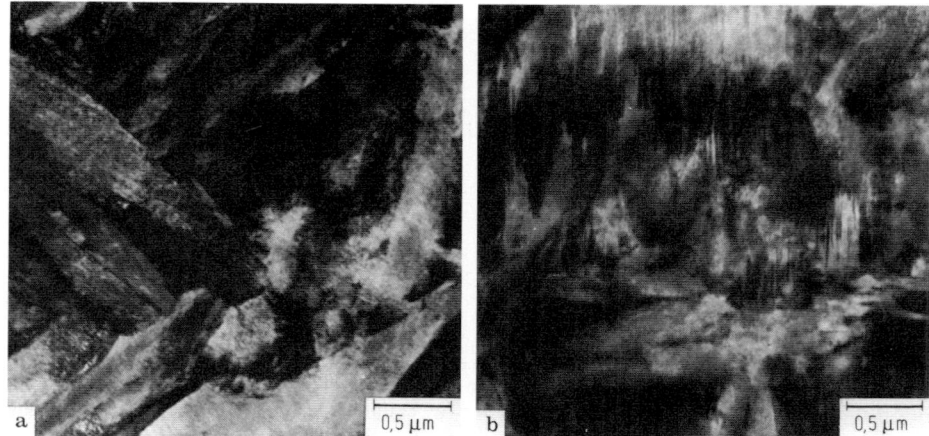

Bild B 5.14 In Stahl mit rd. 0,8 % C (Massengehalt) nach 1150 °C 30 min/Eiswasser entstandene Martensitgefüge. Durchstrahlungsaufnahmen. **a** Lanzettmartensit; **b** Plattenmartensit.

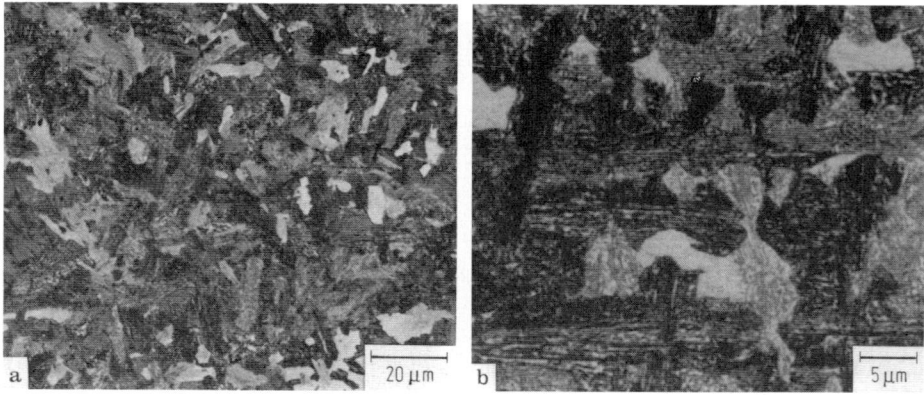

Bild B 5.15 Mischgefüge aus oberem Bainit (dunkel, streifig) und Perlit (hell, fleckenartig) in einem Stahl mit 0,76 % C, 0,23 % Si, 0,61 % Mn und 0,15 % Cr (Massengehalte) nach 810 °C 10 min/425 °C 5 min/Wasser.

Oberhalb des Martensit- und unterhalb des Perlitgebietes in Bild B 5.2 liegt ein weiter Bereich, in dem der Austenit weder schlagartig in kohlenstoffübersättigten Martensit noch in Form einer gekoppelten Doppelreaktion in Perlit umwandelt. Die Bildungsmechanismen, die in diesem Bereich die bainitischen Gefüge erzeugen, sind vielfältig und noch keineswegs geklärt. Nähere Einzelheiten werden in B 6.5 erörtert. Fest steht aber, daß zunächst durch eine Diffusion des Kohlenstoffs im Austenit mehr oder weniger stark kohlenstoffverarmte Bezirke entstehen, die dann in Ferrit umwandeln. Der Zementit bildet sich daneben in den an Kohlenstoff angereicherten Austenitbezirken oder/und in den an Kohlenstoff übersättigten Ferritkristallen. Einzelheiten dieser Vorgänge hängen sehr von der Umwandlungstemperatur und dem Kohlenstoffgehalt ab. So ist es verständlich, daß der bei tiefen Temperaturen gebildete „untere" Bainit dem Martensit in mancher Hinsicht ähn-

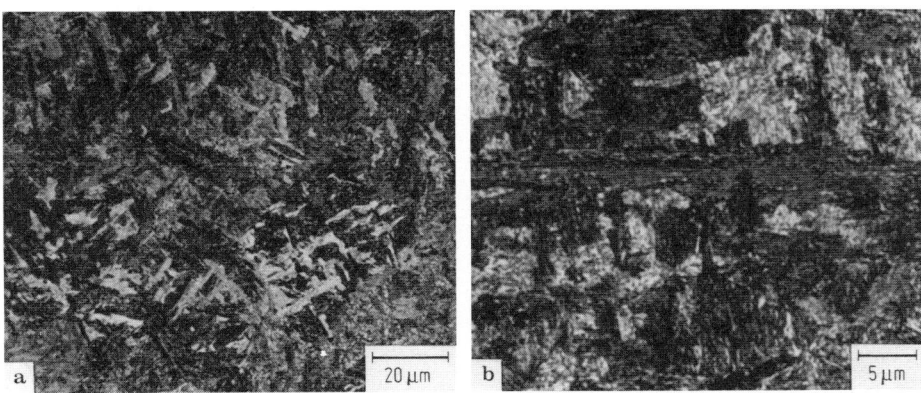

Bild B 5.16 Oberer Bainit in Stahl wie im Bild B 5.14 nach 810 °C 10 min/375 °C 5 min/Wasser. (Bildtafel 319 aus [4].)

Bild B 5.17 Unterer Bainit in Stahl wie in Bild B 5.14 nach 810 °C 10 min/265 °C 50 min/Wasser. (Bildtafel 319 aus [4].)

lich ist, während der bei höheren Temperaturen entstehende „obere" Bainit eher Ähnlichkeiten zum Perlit hat. Die Bilder B 5.15 bis B 5.19 zeigen einige typische Gefüge mit oberem und unterem Bainit in Stählen mit verschiedenem Kohlenstoffgehalt.

Abschließend sei gesagt, daß in dem Bereich des Gefügeschaubildes B 5.2, der an das reine Eisen angrenzt, eine Unterscheidung zwischen Martensit, Bainit und plattenförmigem Ferrit mit abnehmendem Kohlenstoffgehalt zunehmend schwieriger wird. In jedem Fall erhält man nämlich ferritische Gefüge, die bei tieferen Entstehungstemperaturen, z. B. zwischen rd. 650 und 450 °C bei Kohlenstoffgehalten um rd. 0,05%, immer feinkristalliner und innen defektreicher werden (z. B. Bild B 5.20). Damit wird eine Feststellung der verschiedenen Entstehungsmechanismen immer unsicherer. Jedoch konnte selbst bei Eisen mit nur 0,005% C am Verlauf der in Abhängigkeit von der Abschreckgeschwindigkeit gemessenen $(\gamma \rightarrow \alpha)$-Umwandlungstemperatur festgestellt werden [12], daß bei extrem hohen Abschreckgeschwindigkeiten von mehr als 35 000 °C/s die $(\gamma \rightarrow \alpha)$-Umwandlung martensitisch

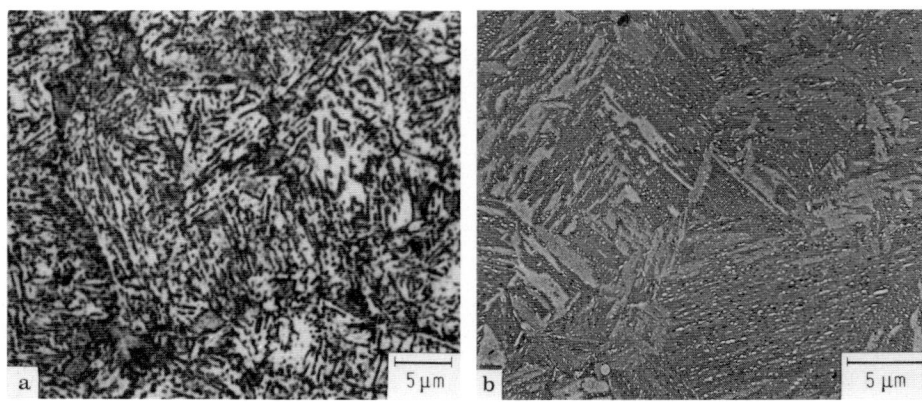

Bild B 5.18 Gefüge in einem Stahl mit 0,33 % C, 0,25 % Si, 0,55 % Mn und 0,14 % Cr (Massengehalte) nach unterschiedlicher Wärmebehandlung. (Bildtafel 316 aus [4].) **a** Gefüge aus vorwiegend oberem Bainit nach 860 °C 5 min/475 °C 5 min/Wasser; **b** Reliefabdruck eines Bainitgefüges nach 860 °C 5 min/ 400 °C 5 min/Wasser.

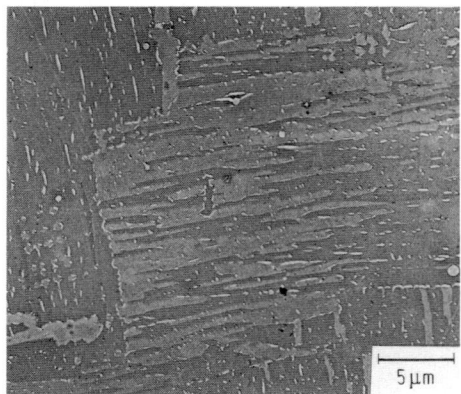

Bild B 5.19 Reliefabdruck eines Bainitgefüges in einem Stahl mit 0,15 % C, 0,29 % Si, 0,39 % Mn, 0,12 % Cr und 0,22 % Cu (Massengehalte) nach 920 °C 5 min/500 °C 5 min/Wasser. (Bildtafel 314 aus [4].)

verläuft; die M_s-Temperatur liegt dann bei 700 °C. Mit bereits geringfügigen Erhöhungen des Kohlenstoffgehaltes sinken aber sowohl die M_s-Temperatur als auch die kritische Abschreckgeschwindigkeit sehr deutlich (vgl. Bild B 5.13). So erhält man bereits bei 0,013 % C nennenswerte Martensitanteile im Gefüge bei Abschreckgeschwindigkeiten um 10 000 °C/s (s. [13]).

B 5.3 Gefüge in niedriglegierten Stählen nach einer Anlaßbehandlung

Die Änderung des Martensits beim Anlassen spielt für betriebliche Wärmebehandlungsvorgänge eine große Rolle und wird deshalb besonders erörtert. Es ist nur natürlich, dazu als erstes den Zustand des frisch gebildeten Martensits zu beschreiben. Er entsteht durch die Schlagartigkeit der Umwandlung zunächst als ein an Kohlenstoff zwangsweise übersättigter Mischkristall. Dabei ist der in Lösung gehaltene Kohlenstoff nicht gleichmäßig auf alle Einlagerungsplätze (Bild B 5.21) verteilt. Vielmehr muß man annehmen, da das Kristallgitter von nicht angelassenem unlegiertem Martensit tetragonal verzerrt ist (Bild B 5.22), daß die Einlagerungsplätze mit einer einheitlich tetragonalen Verzerrungsrichtung bevorzugt besetzt sind. Die erste Erklärung für diese Beobachtung liefert der von Bain [14] vorgeschlagene Umwandlungsverlauf (vgl. Bild B 6.35), nach dem die im Austenit auf Oktaederplätzen eingelagerten Kohlenstoffatome zwangsläufig auch im Martensit Oktaederplätze besetzen, und zwar nur solche mit einer einheitlichen tetragonalen Verzerrungsrichtung.

Es ist immer wieder versucht worden, durch Röntgen- oder Mößbauer-Messungen zu ermitteln [15, 16], ob die Kohlenstoffatome neben den Oktaeder- auch Tetraederplätze einnehmen (Bild B 5.21); die beiden Plätze unterscheiden sich dadurch, daß die Besetzung eines Oktaederplatzes eine stärker tetragonale Verzerrung hervorruft. In einer der jüngsten Arbeiten [16] ist schließlich an einer Eisen-Kohlenstoff-Legierung mit 1,86 % C und ähnlich an einer Eisen-Stickstoff-Legierung mit 2,34 % N festgestellt worden, daß hier nur die Oktaederplätze im Martensit besetzt sind. Dieser Befund ist nicht selbstverständlich, weil der vollständige

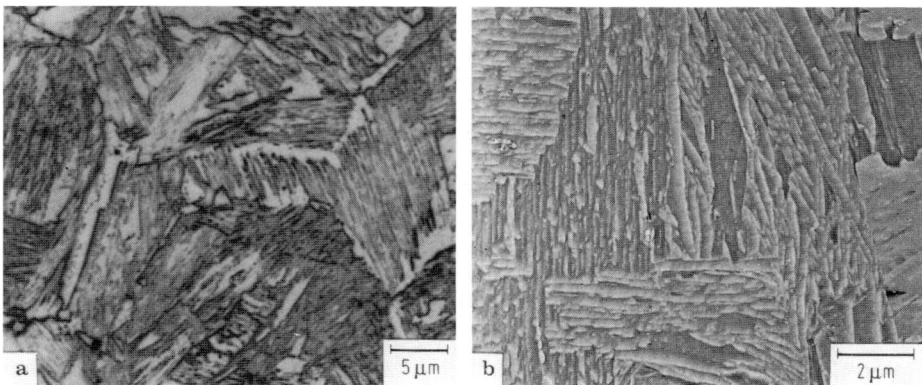

Bild B 5.20 Ferritisches Abschreckgefüge in einem Stahl mit 0,057 % C und 0,32 % Mn (Massengehalte) nach 950 °C 10 min/(10 % NaCl + Eis)-Wasser. (Aufnahmen von Dr. A. Schrader, Max-Planck-Institut für Eisenforschung, Düsseldorf). **a** lichtoptisch; **b** Reliefabdruck.

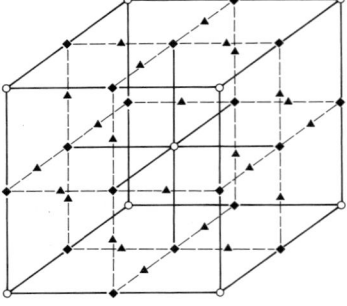
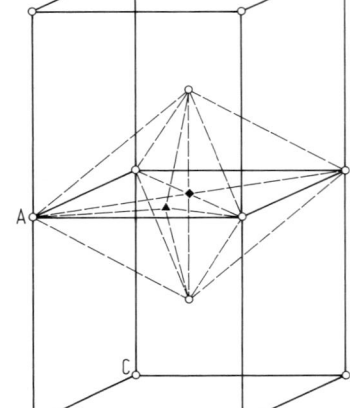

○ Eisenatomplätze
♦ Oktaederlücken
▲ Tetraederlücken

Bild B 5.21 Die Einlagerungsplätze im krz Kristallgitter. **a** Übersicht; **b** die tetragonalen Verzerrungsrichtungen AB einer Oktaederlücke und BC einer Tetraederlücke.

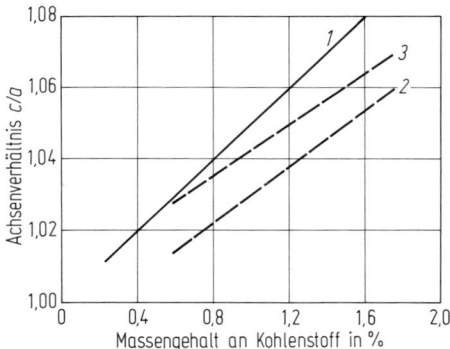

Bild B 5.22 Das Achsenverhältnis c/a des Martensitgitters in Abhängigkeit vom Kohlenstoffgehalt. Nach [15, 17]. *1* = für unlegierte Stähle nach Abschrecken auf 20 °C, *2* = für Manganstähle mit $M_s < 0$ °C unmittelbar nach Abschrecken auf $T < M_s$ und *3* = für die gleichen Manganstähle nach einer Auslagerung bei Raumtemperatur.

Mechanismus der Martensitbildung noch weitere Prozesse als nur die Bain-Deformation umfaßt (s. B 6.4), die die Korrelation zwischen den γ- und den α-Einlagerungsplätzen aus Bild B 6.35 ändern können. Dementsprechend gibt es Hinweise dafür, daß offenbar unter besonderen Umständen auch Tetraederplätze besetzt sind: Legierte Stähle mit so hohen Gehalten an Mangan und Kohlenstoff, daß die M_s-Temperatur unter 0 °C liegt, enthielten nach Abschrecken auf Temperaturen unter M_s Martensit mit einer ungewöhnlich niedrigen Tetragonalität, die sich aber während eines Haltens bei Raumtemperatur der Tetragonalität des Martensits in binären Eisen-Kohlenstoff-Legierungen annäherte (Bild B 5.22) [15]. Diese Beobachtung wurde mit einer Teilbesetzung auch der Tetraederplätze gedeutet, weil dies die geringere Tetragonalität erklären kann. Der Tetragonalitätsanstieg bei Raumtemperatur wurde dann darauf zurückgeführt, daß durch die ersten Platzwechsel der Kohlenstoffatome übergangsweise Oktaederplätze mit gleicher tetragonaler Verzerrungsrichtung eingenommen werden. Das läßt sich sogar thermodynamisch mit der besonderen elastischen Wechselwirkung zwischen benachbarten Kohlenstoffatomen begründen [17]. Damit kann man sich in der Tat den Martensit so vorstellen, daß unmittelbar nach der Umwandlung oder wenigstens nach den allerersten Diffusionsschritten die Kohlenstoffatome größtenteils Oktaederplätze mit einer einheitlich tetragonalen Verzerrungsrichtung einnehmen. Diese Aussage konnte naturgemäß nur an Legierungen gewonnen werden, deren M_s-Temperaturen unter 0 °C liegen, so daß die Kohlenstoffatome auf ihren Plätzen eingefroren sind. Sie dürfte aber auch für die Legierungen mit höheren M_s-Temperaturen gelten, wenn man nur die ersten Augenblicke nach der Umwandlung betrachtet.

Die ersten Vorgänge beim Anlassen von Martensit bestehen nun darin, daß sich der Kohlenstoff an den in hoher Dichte vorhandenen Gitterdefekten ansammelt. Diese Defekte sind die Grenzflächen zwischen den Martensitkristallen und die Versetzungsknäuel, -zellwände oder -stränge innerhalb dieser Kristalle [10]. Die thermodynamische Ursache dieser Ansammlung wurde bereits in B 2.3 erörtert. Sie verläuft so schnell, daß sie bereits bei Raumtemperatur verfolgt werden kann und bei höheren Temperaturen bereits während des Abschreckens stattfindet, wenn M_s nur genügend hoch liegt.

Außer der Ansammlung des Kohlenstoffs findet bevorzugt an den Versetzungen auch eine Karbidkeimbildung statt. Im Temperaturbereich um 100 bis 200 °C wird dadurch die Ausscheidung des hexagonalen ε-Karbids eingeleitet, das faserartig längs der <100>-Richtungen des Martensitgitters wächst und dabei dichte Netzwerke bildet [18] (Bild B 5.23). Diese ε-Karbidausscheidung wird oft als die erste Anlaßstufe bezeichnet.

Bei höheren Temperaturen bis zu 700 °C scheidet sich an Stelle des ε-Karbids in zunehmendem Maße der stabilere Zementit aus (Bilder B 5.24 bis B 5.27). Bei Temperaturen um 300 bis 400 °C bildet sich der Zementit in Form kleiner platten-

Bild B 5.23 Ausziehabdruck des ε-Karbidnetzwerkes im Martensit des Stahls nach Bild B 5.11 b. (Bildtafel 337 aus [4].)

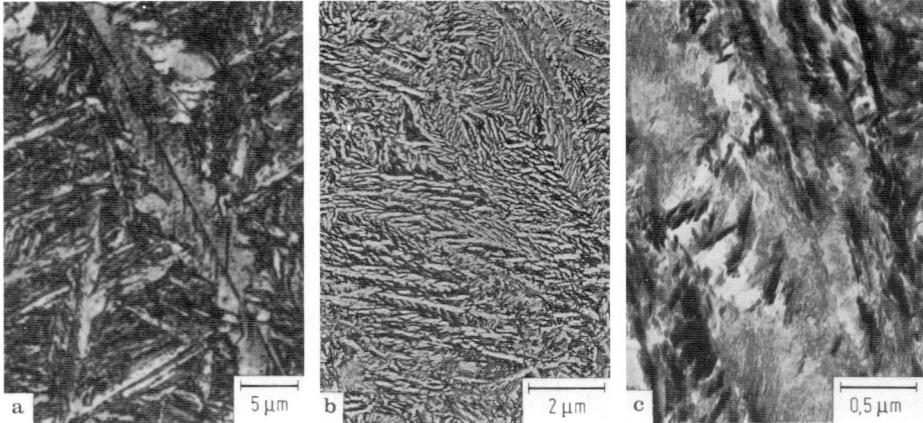

Bild B 5.24 Stahl wie in Bild B 5.11 nach 970 °C 15 min Eiswasser/300 °C 2 h/Luft. **a** lichtoptisch; **b** Reliefabdruck; **c** Ausziehabdruck. Restaustenit ist nicht mehr feststellbar. Die angelassenen Martensitkristalle enthalten gröbere Zementitteilchen und dazwischen ein feineres ε-Karbidnetzwerk, das auch im Extraktionsabdruck nicht aufgelöst ist.

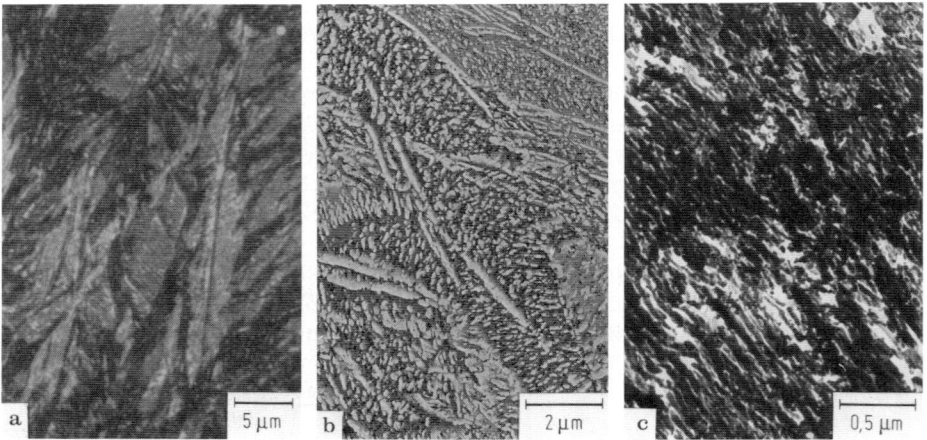

Bild B 5.25 Stahl wie in Bild B 5.11 nach 970 °C 15 min/Eiswasser/400 °C 2 h/Luft. **a** lichtoptisch; **b** Reliefabdruck; **c** Ausziehabdruck dicht beieinanderliegender Zementitteilchen.

artiger Dendriten (s. Bild B 6.6), deren Arme in $\langle 111 \rangle$-Richtung des Martensitgitters wachsen [19]. Im angeätzten Oberflächenrelief ist zu erkennen, wie diese Zementitplättchen auf bestimmten kristallographischen Ebenen innerhalb eines Martensitkristalls parallel zueinander angeordnet sind. Bei Temperaturen um 500 °C und höher formen sich die Zementitteilchen zunehmend zu Kugeln ein (Bild B 5.27). Die Zementitausscheidungen werden oft als die dritte Anlaßstufe bezeichnet.

Ist der Stahl legiert, vor allem mit starken Karbidbildnern wie Molybdän, Vanadin, Titan oder Niob, so wird bei Temperaturen über 500 °C der Zementit jeweils durch die stabileren Sonderkarbide z. B. Mo_2C, V_4C_3, TiC oder NbC ersetzt. Diese

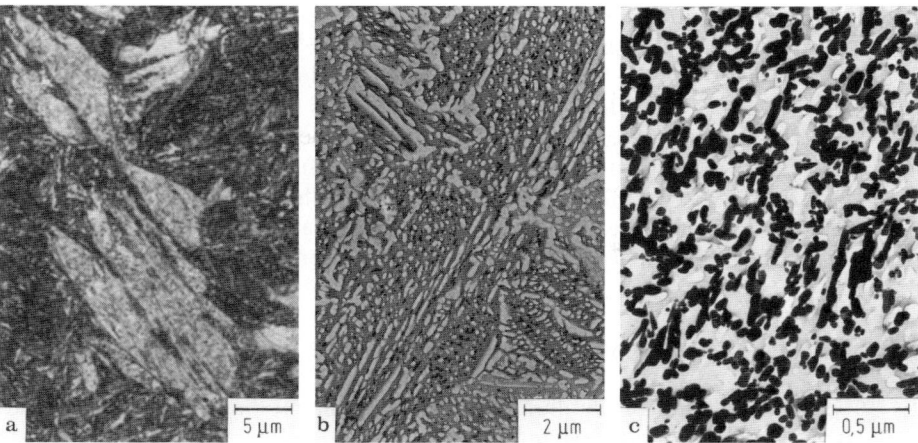

Bild B 5.26 Stahl wie in Bild B 5.11 nach 970 °C 15 min/Eiswasser/500 °C 2 h/Luft. **a** lichtoptisch; **b** Reliefabdruck; **c** Ausziehabdruck. Im Ausziehabdruck sind die Zementitteilchen einzeln erkennbar.

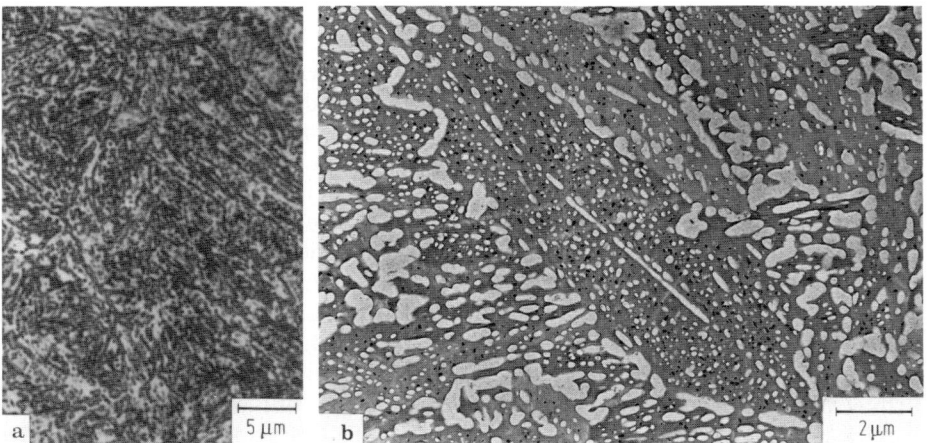

Bild B 5.27 Stahl wie in Bild B 5.11 nach 970 °C 15 min/Eiswasser/600 °C 2 h/Luft. **a** lichtoptisch; **b** Reliefabdruck.

Sonderkarbide bilden sich im Gegensatz zu den groben Zementitteilchen in feiner Dispersion; ihre Ausscheidung wird oft als die vierte Anlaßstufe bezeichnet, die wegen der Feinheit der Karbide zu einer besonderen Härtung führt.

In Stählen mit mehr als 0,4 % C liegt nach dem Abschrecken auf Raumtemperatur in zunehmendem Maße Restaustenit vor (Bild B 5.13), der an Kohlenstoff übersättigt ist. Eine Karbidkeimbildung findet hier an den Grenzflächen zum Martensit oder an den Versetzungen statt, die im Restaustenit u. a. während des Abschreckens entstanden sind. Durch die damit eingeleitete Karbidausscheidung verarmt der Restaustenit an Kohlenstoff und wandelt sich in Ferrit um. In legierten Stählen laufen diese Vorgänge mit deutlich feststellbarer Geschwindigkeit erst bei Temperaturen über 300 °C, in unlegierten Stählen bereits bei Temperaturen um 200 bis 300 °C ab. In diesem Fall haben sie Ähnlichkeit mit den Vorgängen bei der Bainitbildung und werden oft als die zweite Anlaßstufe bezeichnet.

Schließlich betreffen die Vorgänge beim Anlassen des Martensits auch das Ausheilen der Gitterdefekte. Bei Temperaturen um 400° findet eine Verminderung der Versetzungsdichte innerhalb der Martensitkristalle durch Erholungsvorgänge statt. Um 700 °C beginnt eine Rekristallisation wie nach einer starken Verformung. Dies geschieht in Stählen mit niedrigem Kohlenstoffgehalt leichter als bei höherem Kohlenstoffgehalt, weil das Vorrücken der Rekristallisationsfronten von ausgeschiedenen Karbidteilchen ihrer Menge entsprechend behindert wird.

B 5.4 Einfluß substitutioneller Legierungselemente

Es ist bekannt, daß die Umwandlungsvorgänge und damit die Gefüge oft empfindlich davon abhängen, welche weiteren substitutionellen Begleitelemente der Stahl enthält [20]. Ein solcher Einfluß folgt daraus, daß diese Elemente die $\gamma \to \alpha$-Umwandlungstemperatur verschieben oder an Stelle des Zementits stabilere Sonderkarbide bilden können. Außerdem können diese Elemente durch Beeinflussung der Grenzflächenenergien oder Diffusionsvorgänge die zeitliche Abfolge der Keimbildungs- und Wachstumsprozesse verändern.

Die Einflüsse auf die Temperatur der $\gamma \to \alpha$-Umwandlung sind systematisch beobachtet und dementsprechend zusammenfassend dargestellt worden [21]. Man unterscheidet dabei die Elemente, die – wie Kohlenstoff und Stickstoff – den γ-Zustand stabilisieren (z. B. Mangan, Nickel) von den Elementen, die den α-Zustand stabilisieren (z. B. Silizium, Molybdän) oder von den Elementen, die in geringen Mengen zunächst den γ-Zustand stabilisieren, dann aber bei größerem Legierungsanteil den α-Zustand bei allen Temperaturen stabil machen (z. B. Chrom). Außerdem gibt es noch Elemente wie Kobalt, die bis zu hohen Gehalten die $\gamma \to \alpha$-Umwandlungstemperatur nur wenig beeinflussen.

In geringen Beimengungen verändern diese substitutionellen Legierungselemente das Umwandlungsverhalten der Stähle zwar nicht grundsätzlich, der zeitliche Umwandlungsverlauf kann jedoch stark beeinflußt werden. So wird z. B. bereits durch Zulegieren von weniger als 0,5 % Mo der Beginn der Ferrit- und der Perlitbildung deutlich verzögert, während der Beginn der Bainitbildung nur wenig gebremst wird [22]. Molybdän gehört allerdings zu den Legierungselementen, die einen besonders starken Einfluß ausüben. Lediglich Bor erzeugt sogar bei noch geringerer Zulegierung (<0,005 %) ähnlich starke Effekte [23, 24]. Andere Stahlbegleitelemente wie Mangan, Chrom, Silizium oder Nickel bewirken zwar ebenfalls Reaktionsverzögerungen, sind aber weniger effektiv als Molybdän [25].

Für praktische Zwecke ist es sehr nützlich, derartige Einflüsse in Erfahrungsformeln auszudrücken, wenn auch solche Formeln natürlich nur unter den Bedingungen anwendbar sind, unter denen sie gewonnen wurden. So wurde für die Abhängigkeit der M_s-Temperatur (in °C) von der chemischen Zusammensetzung in Massengehalten (in %) gefunden [26]:

$$M_s = 561 - 474\,(\%\,C) - 17\,(\%\,Cr) - 33\,(\%\,Mn) - 21\,(\%\,Mo, Si, W)$$
$$- 17\,(\%\,Ni). \tag{B 5.1}$$

In B 6.4 werden bestimmte Einschränkungen für die Anwendbarkeit dieser M_s-Formeln erörtert. Andere Erfahrungsformeln wurden für die Abschreckgeschwindigkeit g_A (in °C/h) aufgestellt, die mindestens eingehalten werden muß, um aus einem lange homogenisierten Austenit ein martensitisches Gefüge zu erzeugen [27]:

$$\ln g_A = 9{,}81 - 4{,}62\,(\%\,\text{C}) - 0{,}50\,(\%\,\text{Cr}) - 1{,}05\,(\%\,\text{Mn}) - 0{,}66\,(\%\,\text{Mo})$$
$$- 0{,}54\,(\%\,\text{Ni}). \tag{B 5.2}$$

Bei einem Versuch, die Effekte, die sich in derartigen Formeln ausdrücken, zu erklären, wird man von den Veränderungen der thermodynamischen Umwandlungskräfte ausgehen. Als ein Maß für diese Änderungen zeigt Bild B 5.28 für den Fall der γ→α-Umwandlung die durch Zulegieren von 2 oder 5 % Cr, Mn oder Mo (Stoffmengengehalte) verursachte Verschiebung ΔT_0 der allotropen γ/α-Gleichgewichtstemperatur in Abhängigkeit vom Kohlenstoffgehalt. Wie man sieht, ist bei allen Kohlenstoffgehalten die Tendenz gleich: Mangan stabilisiert den Austenit am stärksten, Chrom tut dies schon schwächer, Molybdän stabilisiert den Austenit erst bei höheren Kohlenstoffgehalten und dann im Vergleich zu Mangan nur minimal. Diese Tendenz stimmt mit den Tendenzen, die sich in den Formeln ausdrücken, nicht immer überein; nach Bild B 5.28 hätte man z. B. bei einem Vergleich zwischen Chrom und Molybdän einen deutlich schwächeren Einfluß des Molybdän auf die Martensittemperatur erwartet.

Es liegt natürlich auf der Hand, daß neben den die γ→α-Umwandlung bewirkenden Kräften weitere Einflüsse zu berücksichtigen sind, wie z. B. die Kräfte der Karbidbildung, die Änderungen der Diffusionskonstanten und der Grenzflächenenergien, die wesentlich die Keimbildungsvorgänge bestimmen. Außerdem wirkt sich auf die Umwandlungsvorgänge auch das elastische und plastische Verhalten der umwandelnden Kristalle aus, wodurch besonders bei der Martensitumwandlung die Lage der Umwandlungstemperatur M_s mitbestimmt wird [26]. Viele dieser Größen sind in ihrer Abhängigkeit von der Legierungszusammensetzung nicht in aus-

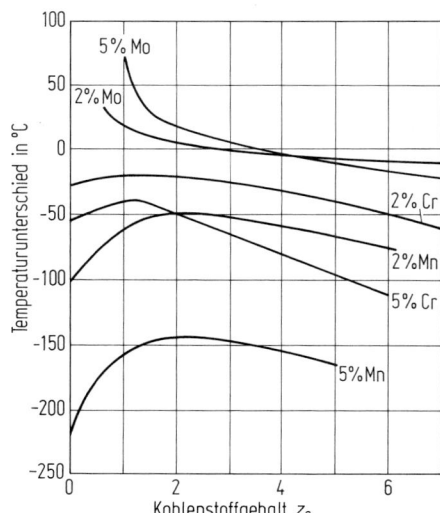

Bild B 5.28 Änderungen der allotropen γ/α-Gleichgewichtstemperatur T_0 von unlegiertem Stahl durch Zulegierung von 2 oder 5 % (Stoffmengengehalte) Molybdän, Chrom oder Mangan in Abhängigkeit vom Kohlenstoffgehalt z_C (berechnet nach Angaben in [3, 16, 19, 20] der Tabelle B 2.4).

reichendem Umfang und nur ungenügend genau bekannt. Außerdem sind die Umwandlungsvorgänge zu vielfältig, um das Umwandlungsverhalten der verschiedenen Stähle vollständig durch Modelle beschreiben und dadurch quantitativ vorhersagen zu können. Derartige Vorhersagen sind bisher nur über Teilvorgänge gemacht worden, die allerdings oft für die Entstehung eines bestimmten Gefüges die wesentlichen Vorgänge sind. Die modellmäßigen Grundlagen für diese Teilvorgänge werden in B 6 und B 7 beschrieben.

Durch höhere Beimengungen substitutioneller Legierungselemente lassen sich Stahlarten erzeugen, die je nach Legierungsart bei Abkühlung auf Raumtemperatur umwandlungsfrei austenitisch oder ferritisch bleiben. Erwähnt seien nur die austenitischen Chrom-Nickel-Stähle und die ferritischen Silizium-(Aluminium-) und Chromstähle. Die Siliziumstähle zeigen die Besonderheit, daß in ihnen eine ungewöhnlich starke Bindungsenergie zwischen den Eisen-Silizium- (bzw. Eisen-Aluminium-) Atompaaren existiert, die zu geordneten Atomverteilungen im ferritischen Mischkristall führt. Dieser Zustand erzeugt eine erhöhte Festigkeit, die die Herstellung dieses Stahls als weichmagnetischen Werkstoff erschwert ([28] und C 2). Umgekehrt tritt in den ferritischen Chromstählen eine Entmischung in chromreiche (bis etwa 80% Cr) und chromarme (bis etwa 10% Cr) Bereiche auf, die ebenfalls verfestigend wirkt und dadurch die sogenannte „475°-Versprödung" verursacht. Auch die in diesen Stählen unterhalb 850°C auftretende intermetallische Verbindung, die σ-Phase, wirkt versprödend und ist deshalb unerwünscht.

In niedriglegierten Stählen, die gleichzeitig gute Festigkeit und Zähigkeit haben sollen, wird der Austenit stark unterkühlt und erst bei tieferen Temperaturen um 500°C umgewandelt. Dadurch entstehen feinkristalline Gefüge (z. B. Bild B 5.20), die die genannten Eigenschaften bewirken. In Stählen, die im festen Zustand nur austenitisch oder nur ferritisch sind, wäre eine entsprechende Gefügeverfeinerung durch eine starke Unterkühlung des Schmelzzustandes zu erreichen. Derartige Unterkühlungen sind in den letzten Jahren durchgeführt worden, allerdings an Legierungen, deren Zusammensetzungen nicht den gebräuchlichen Stählen entsprechen, sondern bei 80% Fe oder Ni und 20% B, P, Si oder C liegen. Dann aber ist es sogar möglich, durch Abkühlgeschwindigkeiten von rd. 10^6 °C/s den nichtkristallinen Zustand bis zur Raumtemperatur zu erhalten. Man erzielt die sogenannten metallischen Gläser (s. z.B. [29, 30]). Die Entwicklung dieser Werkstoffgruppe ist noch nicht abgeschlossen.

B 6 Kinetik und Morphologie verschiedener Gefügereaktionen

Von Wolfgang Pitsch und Gerhard Sauthoff

B 6.1 Austenit

Die Wärmebehandlung eines Stahls zur Einstellung eines bestimmten Gefüges wird in der Regel durch eine Glühung im Austenitbereich, d.h. durch das Austenitisieren eingeleitet. Dabei wird der Stahl oberhalb der Temperatur für vollständige Austenitbildung gehalten, um das Gefüge – mehr oder weniger vollständig – in Austenit (γ) umzuwandeln und damit den Ausgangszustand für die folgenden Gefügeumwandlungen einzustellen. Das zu austenitisierende Gefüge ist gewöhnlich ein Gemenge aus Ferrit (α) und Zementit (Θ), das im einzelnen – nach Maßgabe der Legierungszusammensetzung und der vorangegangenen Abkühlung – in Form von z.B. Perlit, Bainit oder/und angelassenem Martensit vorliegt. Demgemäß kann die beim Austenitisieren ablaufende Gefügereaktion pauschal durch $\alpha + \Theta \rightarrow \gamma$ beschrieben werden. Die dabei ablaufenden Einzelreaktionen sollen näher erläutert werden, um die für die Reaktionsgeschwindigkeit wichtigen Punkte zu verdeutlichen.

B 6.1.1 Austenitisierung im einphasigen γ-Bereich

Es wird ein relativ kohlenstoffarmer unlegierter Stahl mit 0,1% C betrachtet, dessen Gefüge – Ferrit mit ausgeschiedenen Zementitteilchen – unter 500°C ins Gleichgewicht gebracht worden ist. Für die Austenitisierung wird eine Temperatur über 910°C (1183 K) gewählt, so daß sich das Gefüge im γ-Bereich des Zustandsdiagramms (Bild B 2.13) befindet. Dann ist sowohl der Ferrit als auch der Zementit instabil.

Der Ferrit kann sich – ohne seine Zusammensetzung ändern zu müssen – in Austenit umwandeln. Die treibende Kraft dafür folgt aus der Differenz der Gibbsschen Energien der beiden Phasen, die aufgrund des geringen Kohlenstoffgehalts des Ferrits näherungsweise der des kohlenstofffreien Eisens (Bild B 2.5) entspricht. Sie ist damit so klein, daß sie gemäß B 3.2 nicht für eine homogene Keimbildung ausreicht. Stattdessen bilden sich einzelne Austenitkeime an Ferritkorngrenzen, die dann in Form einer massiven Umwandlung in die Umgebung hineinwachsen [1].

Der instabile Zementit kann sich dagegen nicht spontan in Austenit umwandeln. Da aber die α/Θ-Phasengrenze ebenso gut wie die α/α-Korngrenze als Keimbildungsort geeignet ist, findet auch an den Zementitteilchen die Austenitkeimbildung statt, was durch den Kohlenstoffvorrat des Zementits zusätzlich erleichtert

---

Literatur zu B 6 siehe Seite 684–687.

wird. In jedem Falle schließt der wachsende Austenit schließlich die vorhandenen Zementitteilchen ein, die sich dann durch Kohlenstoffabgabe an den Austenit vollständig auflösen können. Weil die Diffusion im Austenit um zwei Größenordnungen langsamer verläuft als im Ferrit [2], ist diese Zementitauflösung im Austenit der langsamste und damit der geschwindigkeitsbestimmende Schritt. Sofern keine noch langsamere Grenzflächenreaktion ihrerseits die Geschwindigkeit der Zementitauflösung bestimmt, ist die Auflösungsgeschwindigkeit dr/dt eines kugelförmigen Zementitteilchens mit dem Radius r durch den Diffusionsfluß im Austenit gegeben [3]:

$$(c^\Theta - c^{\gamma\Theta}) \frac{dr}{dt} = D \left. \frac{\partial c^\gamma (\rho)}{\partial \rho} \right|_r , \tag{B 6.1}$$

wobei c^Θ bzw. $c^{\gamma\Theta}$ die dem lokalen Gleichgewicht entsprechenden Konzentrationen im Teilchen bzw. am Teilchen sind, während c^γ die Konzentration in der γ-Matrix in Abhängigkeit vom Abstand ρ ist (Bild B 6.1). D ist der effektive Diffusionskoeffizient.

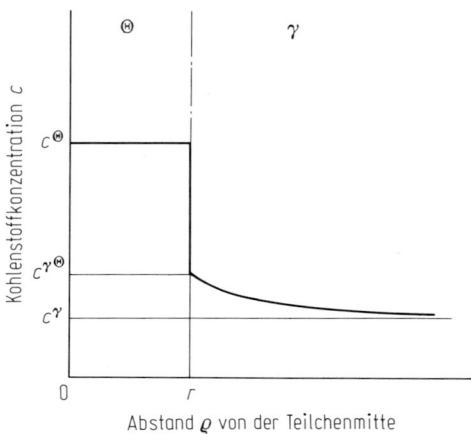

Bild B 6.1 Radialer Konzentrationsverlauf $c(\varrho)$ bei der Auflösung eines kugelförmigen Zementitteilchens Θ (Radius r) in einer Austenitmatrix γ (schematisch).

Der Konzentrationsgradient in der γ-Matrix kann näherungsweise berechnet werden, wenn, wie im betrachteten Beispiel bei geringem Kohlenstoffgehalt und nicht zu hoher Auflösungstemperatur, $c^{\gamma\Theta} - c^\gamma \ll c^\Theta - c^{\gamma\Theta}$ ist. Dann ändert sich $r(t)$ so langsam, daß zur Lösung des Diffusionsproblems die Änderung von r vernachlässigt werden kann, und man erhält als stationäre Lösung für die Auflösungsgeschwindigkeit des Teilchenvolumens V [3]:

$$\frac{dV}{dt} = -8\pi \cdot \frac{c^{\gamma\Theta} - c^\gamma}{c^\Theta - c^{\gamma\Theta}} \left[rD + r^2 \sqrt{\frac{D}{\pi t}} \right]. \tag{B 6.2}$$

Zur Berechnung der Auflösungszeit in Abhängigkeit von der Ausgangsteilchengröße, dem Gesamtkohlenstoffgehalt des Stahls und dem temperaturabhängigen Diffusionskoeffizienten ist Gl. (B 6.2) zu integrieren, wobei die Zunahme von c^γ durch die Zementitauflösung zu berücksichtigen ist [3, 4]. Die Auflösungszeit wird dabei zweckmäßigerweise durch den dimensionslosen Parameter Dt/r_0^2 ausgedrückt (r_0 = anfänglicher Teilchenradius). Dann zeigt sich, daß beispielsweise bei $Dt/r_0^2 = 2$

die Auflösungsreaktion ungefähr zur Hälfte und bei $Dt/r_0^2 = 10$ ungefähr zu 90 % abgelaufen ist [4]. Beispielsweise beträgt der Diffusionskoeffizient von Kohlenstoff im Austenit (mit etwa 0,1 % C) bei 1000 °C $2,5 \cdot 10^{-7}$ cm^2/s [2]. Bei einem Teilchenradius von 1 µm ist dann innerhalb von 1/2 s die Auflösungsreaktion zu ungefähr 90 % abgelaufen.

Beim Erreichen kleiner Teilchengrößen ist entsprechend der Keimbildungsdiskussion (B 3) der Beitrag der Grenzflächenenergie zur Teilchenenergie zu berücksichtigen. Dies erhöht, wie in B 6.2 besprochen wird, die Teilchenlöslichkeit $c^{\gamma\Theta}$ mit abnehmendem r, so daß zum Lebensdauerende der Teilchen hin die Auflösungsgeschwindigkeit sich vergrößert. Die entsprechende Verkürzung der Auflösungszeit ist aber in der Regel zu vernachlässigen [3].

Es bleibt noch die Möglichkeit zu erörtern, daß die Reaktionsgeschwindigkeit nicht durch die Volumendiffusion in der γ-Matrix bestimmt wird. Es könnte nämlich auch die Umlagerung der Atome von der Θ- in die γ-Phase so stark gehemmt sein, daß diese Grenzflächenreaktion langsamer als die Diffusion im Austenit abläuft und damit ihrerseits die Geschwindigkeit der Auflösung bestimmt. Dies würde zu einer beträchtlichen Verlängerung der Auflösungszeiten führen [3]. Bei der Zementitauflösung im Austenit ließen sich jedoch die Versuchsergebnisse bei Verwendung der angemessenen Diffusionskoeffizienten als diffusionsbestimmtes Auflösen deuten [4]. Dagegen wurde bei einer kurzzeitigen teilweisen Auflösung von Zementit im Ferrit, wo die Volumendiffusion noch sehr schnell ist, auch der hemmende Einfluß einer Grenzflächenreaktion gefunden [5].

B 6.1.2 Austenitisierung im zweiphasigen Bereich

Bei einer Glühung im α/γ-Zweiphasengebiet des Zustandsdiagramms kann sich der vorhandene Ferrit bei der Auflösung des Zementits nicht vollständig in Austenit umwandeln. Die Kohlenstoffkonzentration des Ferrits vor dem Austenitisieren, die sich bei tieferer Temperatur im Gleichgewicht mit dem Zementit eingestellt hat, ist im allgemeinen geringer als die Sättigungskonzentration $c^{\alpha\gamma}$ bei der Austenitisierungstemperatur im Gleichgewicht mit dem Austenit. Daher kann zunächst kein Austenit durch spontane Keimbildung entstehen. Stattdessen stellt sich entsprechend der verlängerten α/(α+Θ)-Gleichgewichtslinie des Phasendiagramms (Bild B 2.13b) das metastabile α-Θ-Gleichgewicht ein, indem der Zementit sich so weit auflöst, daß in der Umgebung des Θ-Teilchens die Kohlenstoffkonzentration den der höheren Temperatur entsprechenden Sättigungswert $c^{\alpha\Theta}$ erreicht (Bild B 6.2a). Da dann $c^{\alpha\Theta}$ größer als $c^{\alpha\gamma}$ ist (Bild B 2.13b), wird dadurch in der Umgebung des Θ-Teilchens die α-Matrix so übersättigt, daß sich am Θ-Teilchen γ-Keime bilden. Daraus bilden sich γ-Schalen um die Θ-Teilchen, die die Teilchen von der α-Matrix trennen (Bild B 6.2b). Die γ-Schale wächst dann unter Kohlenstoffaufnahme in den eingeschlossenen Zementit hinein und ebenso in den umgebenden Ferrit in dem Maße, wie der Kohlenstoff zum äußeren Schalenrand diffundiert (Bild B 6.2c). Geschwindigkeitsbestimmend ist dabei die Diffusion des Kohlenstoffs vom Zementit durch die Austenitschale zum umzuwandelnden Ferrit [4]. Der Vorgang ist beendet, wenn sich der Zementit vollständig aufgelöst und sich das α-γ-Gleichgewicht eingestellt hat (Bild B 6.2d).

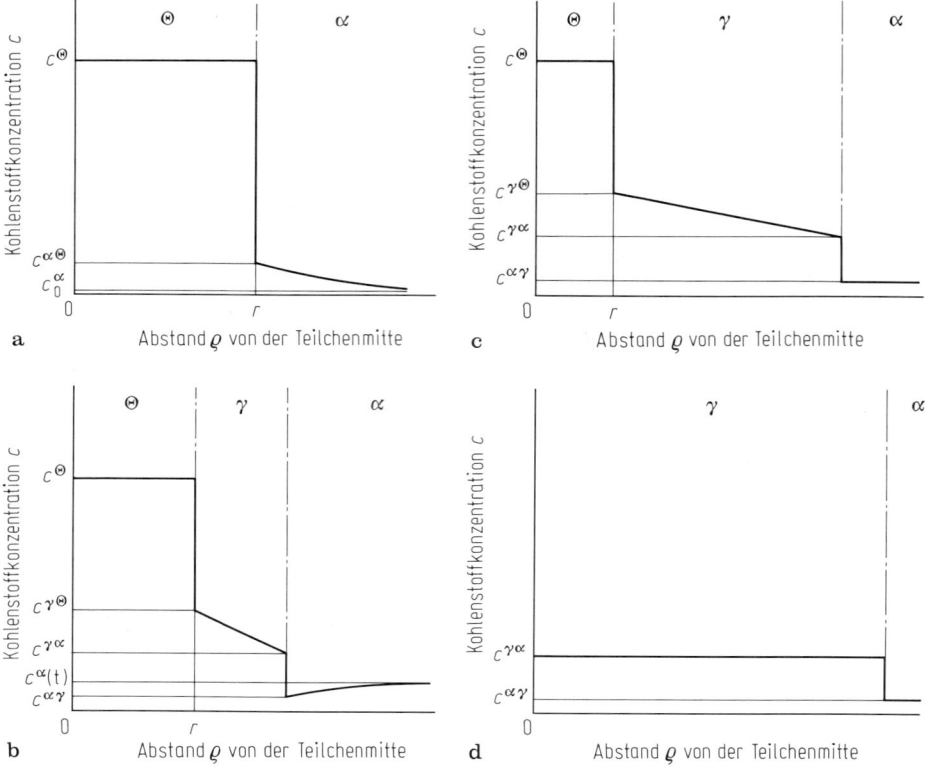

Bild B 6.2 Radialer Verlauf der Kohlenstoffkonzentration $c(\varrho)$ in aufeinanderfolgenden Stadien der Auflösung eines kugelförmigen Zementitteilchens Θ mit dem Radius r. **a** beginnende Auflösung des Θ-Teilchens in der metastabilen α-Matrix, deren Konzentration c_0^α noch dem α/Θ-Gleichgewicht bei tiefer Temperatur entspricht; **b** Wachstum einer γ-Schale zwischen Θ und der inzwischen übersättigten α-Matrix mit der Konzentration $c^\alpha(t)$; **c** Wachstum der γ-Schale zwischen Θ und gesättigter α-Matrix mit der Konzentration $c^{\alpha\gamma}$; **d** γ-α-Gemenge nach Auflösung des Θ-Teilchens.

Wird ein Stahl mit einem übereutektoidischen Kohlenstoffgehalt im $(\gamma+\Theta)$-Zweiphasengebiet austenitisiert, so läuft die Reaktion in entsprechender Weise ab. Allerdings sind wegen der größeren Zementitmenge die Teilchenabstände geringer, so daß zu einem relativ frühen Zeitpunkt die wachsenden Austenitschalen verschiedener Zementitteilchen sich berühren und miteinander verschmelzen [4]. In diesem Fall ist nach der Glühung im Zweiphasengebiet neben Austenit Restzementit statt Restferrit vorhanden.

B 6.1.3 Einfluß substitutioneller Legierungselemente

Bisher war nur von der Kohlenstoffdiffusion die Rede, d. h. es war vorausgesetzt worden, daß es sich um reine Eisen-Kohlenstoff-Legierungen handelt. Außerdem bedeutet die ausschließliche Betrachtung der Kohlenstoffdiffusion, daß die Atomvolumenunterschiede (je Eisenatom) von rd. 3 % zwischen α und γ und von rd. 10 %

Einfluß substitutioneller Legierungselemente

zwischen Θ und γ, die die Diffusion von Kohlenstoff mit der von Eisen koppeln und dadurch verlangsamen (s. B 6.2.4), vernachlässigt werden. Stähle enthalten aber neben dem interstitiell gelösten Kohlenstoff auch substitutionell gelöste Legierungselemente, die bei der Austenitisierung im Gefüge ebenfalls umverteilt werden müssen, dabei aber nur um Größenordnungen langsamer diffundieren können als der Kohlenstoff. Wie in B 4 besprochen wurde, führt eine voneinander unabhängige Diffusion verschiedener Atome mit verschiedenen Beweglichkeiten (und Atomvolumina) zu elastischen Verzerrungen. Dadurch treten Kräfte auf, die für eine Kopplung der Diffusionsströme der verschiedenen Atome sorgen. In welchem Maße sich die Kopplung auf den Reaktionsablauf auswirkt, hängt von der Größe der Kopplungskräfte und ihrem Verhältnis zur treibenden Kraft der Umwandlung ab. Bei genügend großer Triebkraft für die Austenitisierung können die Kopplungskräfte überwunden werden, so daß in einem solchen Fall der Kohlenstoff zunächst unabhängig von den langsameren Substitutionsatomen diffundiert. Dadurch kommt es zu einer verhältnismäßig schnellen Umverteilung des Kohlenstoffs bei „eingefrorener" Verteilung der übrigen Atome. Durch die alleinige Diffusion des Kohlenstoffs stellt sich zunächst ein metastabiles Gleichgewicht nur bezüglich der Kohlenstoffverteilung ein, das „Paragleichgewicht" genannt wird [6]. In dem Maße wie sich durch die fortschreitende Reaktion die Triebkraft vermindert, kommen die Kopplungskräfte ins Spiel, so daß sich der Kohlenstoff nun nur noch gemeinsam mit den übrigen Substitutionsatomen in Richtung auf das endgültige Gleichgewicht umverteilt.

Ein Beispiel für den sich so ergebenden mehrstufigen Reaktionsablauf enthält Bild B 6.3. Ein Stahl mit 0,8 % C und 0,5 % Cr wurde im einphasigen γ-Bereich austenitisiert, wobei zu Beginn der Ferrit ohne Änderung seiner Zusammensetzung so schnell in Austenit umwandelte, daß dieser Vorgang von der Messung nicht erfaßt wurde. Während der daran anschließenden Auflösung der chromhaltigen

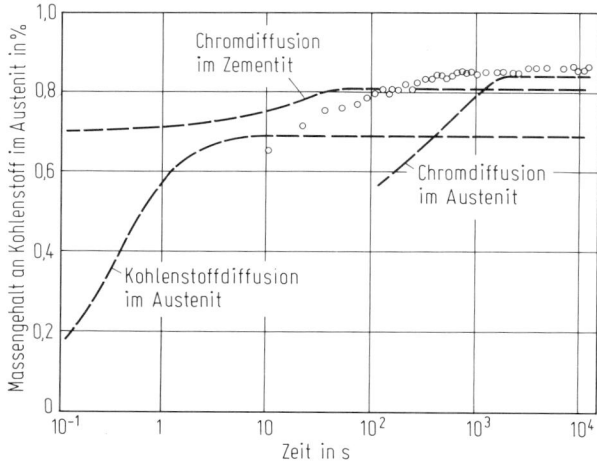

Bild B 6.3 Zeitlicher Verlauf des Kohlenstoffgehalts im Austenit eines Strahls mit 0,8 % C und 0,5 % Cr (Massengehalte) während einer Austenitisierung bei 910 °C (Anfangsradius der Karbidteilchen rd. 1,2 µm): Messungen (Punkte) und für verschiedene Teilreaktionen modellmäßig berechnete Kurven (gestrichelt). Nach [4].

Karbide wurde die Zunahme des Kohlenstoffgehaltes des Austenits gemessen. Sie ist in Bild B 6.3 punktweise angegeben. Daneben sind die drei Kurven eingetragen, die modellmäßig berechnet wurden für drei idealisierte Teilprozesse, die sich während der Karbidauflösung nebeneinander abspielen.

Zunächst wird nur die Kohlenstoffdiffusion berücksichtigt. Dann schrumpfen die Karbidteilchen schnell und ohne Umverteilung der Chromatome, wobei der Kohlenstoff an den Austenit abgegeben wird (Kurve „Kohlenstoffdiffusion in γ"). Dadurch stellt sich innerhalb von rd. 10 s ein „parastabiles" Gefüge ein, in dem die Karbidreste von Austenitschalen umgeben sind, deren Chrom- und Kohlenstoffgehalt höher als im übrigen Austenit ist.

Für längere Zeiten ist auch die Eisen- und Chromdiffusion zu berücksichtigen. Dann treten einerseits Chromatome aus der chromreichen Austenitschale in das Karbid über, weil sie dort stärker gebunden sind. Gekoppelt an diesen Vorgang schrumpfen die Karbide um ein weiteres Stück, so daß wiederum Kohlenstoff an den Austenit abgegeben wird (Kurve „Chromdiffusion in Θ"). Andererseits findet ein Chrom-, und damit auch ein Kohlenstoffausgleich zwischen den Austenitschalen und der Austenitmatrix statt. Die Diffusionswege dieses Vorganges sind groß, so daß er erst nach längeren Zeiten bemerkbar wird. Gekoppelt damit lösen sich die Karbide restlos auf, wodurch eine letzte Erhöhung des Kohlenstoffgehalts im Austenit bewirkt wird (Kurve „Chromdiffusion in γ").

Bei der bisherigen Erörterung wurde der Einfachheit wegen als Ausgangsgefüge immer ein ferritisches Gefüge mit einzelnen Karbidteilchen angenommen. Eine wesentlich andere Karbidverteilung liegt bei perlitischen Gefügen vor. Dies berührt jedoch nur die Diffusionsgeometrie bei der Austenitisierung, so daß zwar die Geschwindigkeiten der Teilreaktionen im einzelnen geändert sein können, die besprochenen grundsätzlichen Gesetzmäßigkeiten aber auch hier gelten [1, 4].

B 6.1.4 Homogenisierungsgrad

Unmittelbar nach Auflösung des Ferrits und Zementits ist der Austenit noch inhomogen. Diese Konzentrationsinhomogenitäten vermindern sich bei einer weiteren Austenitglühung durch ausgleichende Diffusionsströme. Bei allen Diffusionsvorgängen ist der zurückgelegte Weg proportional zu $\sqrt{Dt}$ (s. B 4). Infolgedessen ist plausibel, daß sich bei einer Konzentrationsschwankung der Wellenlänge 2 l die Zeit τ bis zur Verminderung der Schwankungshöhe auf rd. ein Drittel durch

$$\tau = l^2/(\pi^2 D) \tag{B 6.3}$$

abschätzen läßt, wobei D der effektive Diffusionskoeffizient ist [7]. Auch hier bestimmt das am langsamsten diffundierende Legierungselement die Homogenisierungszeit. Wenn dementsprechend für D im Austenit bei 1050 °C als repräsentativer Wert 10^{-11} cm^2/s (nach [8]) gewählt wird, erhält man für $l = 1$ μm eine Abklingzeit τ in der Größenordnung von 1,5 min, während bei $l = 0{,}1$ mm bereits 12 Tage erforderlich sind. Mit derartigen Abschätzungen kann die Wirkung einer Austenitisierungsglühung im Hinblick auf den erreichten Homogenisierungsgrad beurteilt werden.

B 6.2 Ausscheidungen

Unter dem Stichwort Ausscheidungen sollen im folgenden alle Reaktionen zusammengefaßt werden, die durch diffusionsgesteuerte Keimbildungs- und Wachstumsvorgänge in einer festen übersättigten Lösung zur Bildung einer neuen Phase führen. Zu dieser Reaktionsart gehören z. B. in binären Eisen-Kohlenstoff-Legierungen die voreutektoidische Ferrit- und Zementitausscheidung aus dem Austenit oder die Ausscheidung des Zementits aus dem an Kohlenstoff übersättigten Ferrit, Martensit oder Bainit. In legierten Stählen können weitere Phasen ausgeschieden werden, wie die Sonderkarbide, die sich sowohl bei hohen Temperaturen im Austenit als auch bei tieferen Temperaturen im Ferrit bilden, und intermetallische Phasen, wie z. B. die σ-Phase.

Bei Ausscheidungsgefügen interessiert in der Regel die Zahl, Größe und Form der Teilchen sowie deren örtliche Verteilung. Diese Ausscheidungsmorphologie bildet sich während der Keimbildung aus und ändert sich während des anschließenden Wachstums und der Vergröberung der Teilchen. Die energetischen Bedingungen und die zeitlichen Verläufe dieser Vorgänge werden im folgenden erörtert.

B 6.2.1 Energiebetrachtungen

Ausscheidungen bilden sich, wenn durch Absenken der Temperatur die Löslichkeit einer Phase so weit erniedrigt wird, daß die (ferritische oder austenitische) Matrix bezüglich dieser Phase übersättigt ist (Bild B 6.4). Dadurch steht eine bestimmte Gibbssche Energie – nämlich die Umwandlungsenergie $\tilde{g}$ (s. Bild B 3.1) – für die Keimbildung und das spätere Wachstum der neuen Phase zur Verfügung, die während dieser Vorgänge möglichst ökonomisch verbraucht wird: Die aufzubringenden Energien für die neuen Phasengrenzflächen und für die im Kristallvolumen entstehenden Verzerrungen werden möglichst niedrig gehalten, indem die neuen Teilchen bevorzugt in Richtungen wachsen, in denen die Gitterpassung zwischen Matrix und Teilchen möglichst gut ist. Dies ist dann gewährleistet, wenn zwischen

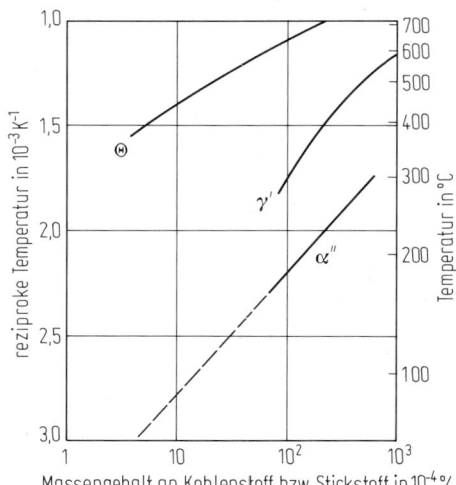

Bild B 6.4 Gemessene Temperaturabhängigkeit der Löslichkeit (Sättigungsgehalt) des Zementits Fe_3C (Θ) in Eisen-Kohlenstoff-Legierungen sowie des metastabilen Eisennitrids $Fe_{16}N_2$ (α'') und des stabilen Eisennitrids Fe_4N (γ') in Eisen-Stickstoff-Legierungen. Nach [9, 10].

der alten und der neuen Phase eine Gitterkorrespondenz existiert, die sich durch einen bestimmten Orientierungszusammenhang der beiden Kristallgitter ausdrückt [11]. In der Tat werden bei Ausscheidungen mit gleichen Gitterumwandlungen immer wieder die gleichen Orientierungszusammenhänge – bis auf geringe Schwankungen – beobachtet [12].

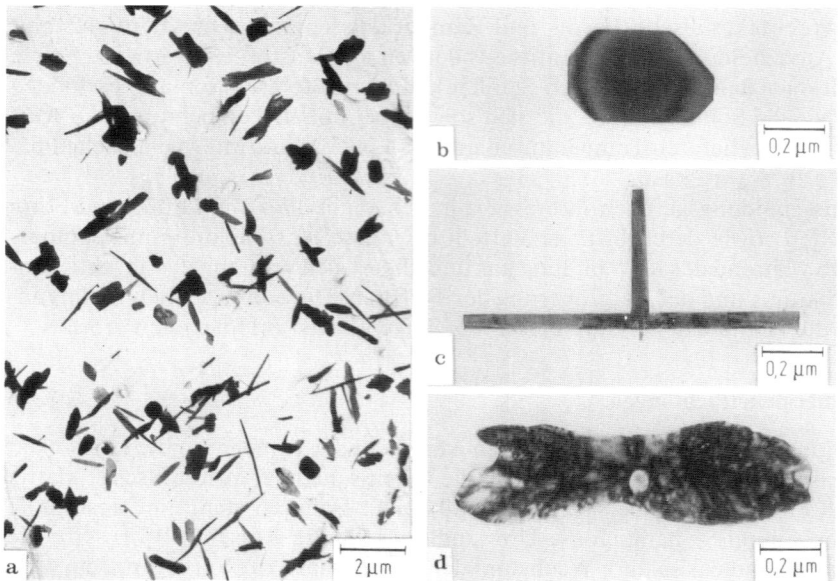

Bild B 6.5 Im Ferrit ausgeschiedene Sonderkarbidteilchen in einem Stahl mit 0,1% C, 2,25% Cr und 1,0% Mo (Massengehalte) nach 930°C 20 min/langsam bis 700°C abgekühlt/700°C 1h/Luft. Ausziehabdrücke. **a** Übersicht; **b** prismenförmiges Teilchen; **c** stabförmiges Teilchen; **d** Teilchen mit unregelmäßiger Grenzfläche.

Bild B 6.6 In Eisen mit 0,057% C, 0,32% Mn, 0,044% Al und 0,006% N (Massengehalte) nach 950°C 1h/Luft/250°C 2h/Luft ausgeschiedene Zementitteilchen (Dendriten) und Aluminiumnitrid-Teilchen (Plättchen); Ausziehabdruck. (Bildtafel 305 aus [14].)

Die bei den so entstandenen Teilchen noch vorhandenen Fehlpassungen werden nach Möglichkeit durch elastische Verzerrungen akkomodiert, so daß diese Grenzflächen kohärent und damit energiearm sind [13]. Die Teilchenform ist dann optimal, wenn die Summe von Grenzflächen- und Verzerrungsenergien minimal ist, wozu insbesondere ausgedehnte kohärente Grenzflächen beitragen. Je nach Ausscheidungsfall bilden sich auf diese Weise Kuben, Prismen, Platten oder Nadeln. Die Bilder B 6.5 und B 6.6 zeigen einige Beispiele.

Mit zunehmender Teilchengröße nimmt die elastische Volumenergie schneller zu als die Energie der (zunächst) kohärenten Grenzflächen. Dann findet ein Einbau von Fehlpassungsversetzungen in die Grenzfläche statt, wodurch zwar die Grenzflächenenergie dieser – nun nur noch teilkohärenten – Teilchen erhöht, die elastische Volumenergie aber stärker vermindert wird. Mit zunehmendem Kohärenzverlust unterscheiden sich die Grenzflächen energetisch weniger voneinander, so daß sich im Laufe der Ausscheidung die Teilchenform ändern und insbesondere mehr globular werden kann.

B 6.2.2 Keimbildung

Die allgemeinen Gesetzmäßigkeiten der Keimbildung wurden in B 3 ausführlich erörtert. Deshalb genügt hier die kurze Feststellung, daß die örtliche Verteilung der Teilchen vor allem von der Keimbildung bestimmt wird. Bei nur geringen Übersättigungen wirkt sich aus, daß bei Teilchen mit Passungsschwierigkeiten der mit der Gitteranpassung verbundene Energieverbrauch an Korngrenzen, Subkorngrenzen und Versetzungen geringer ist als im ungestörten Gitter. Dies führt bei solchen

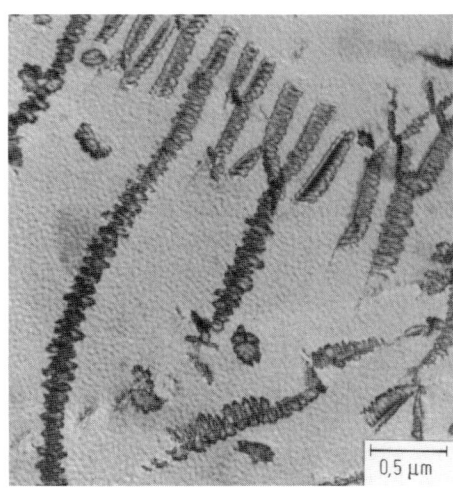

Bild B 6.7   **Bild B 6.8**

Bild B 6.7 In dichter Folge längs Versetzungen ausgeschiedene Fe_8N-Plättchen in Eisen mit 0,02 % N (Massengehalt) nach 580 °C/Wasser/40 °C 115 h. Durchstrahlaufnahme. Nach [138].

Bild B 6.8 Drei Ferritkörner mit gleichmäßig verteilt ausgeschiedenen Fe_8N-Plättchen in Eisen mit 0,085 % N (Massengehalt) nach 580 °C 5h/Wasser/200 °C 10 min Durchstrahlaufnahme. Nach [136].

Teilchen, je nach Anordnung der Defekte, zu einer inhomogenen Verteilung (Bild B 6.7).

Eine besondere Art von inhomogener Teilchenanordnung tritt auf, wenn der keimbildungsfördernde Defekt – durch die Ausscheidung getrieben – in die übersättigte Matrix hineinwandert und immer wieder als Keimbildungsort dient. So wurde beobachtet, daß in austenitischen und ferritischen Stählen sich Vanadinkarbidteilchen an wandernden Versetzungen bilden und dabei flächenhafte Ausscheidungskolonien auf bestimmten Ebenen entstehen [15, 16]. Bild B 3.5 zeigt dies am Beispiel einer Ausscheidung von Goldteilchen in Eisen. Im Prinzip gleichartige Effekte können auch bei Bewegung einer zweidimensionalen Reaktionsfront während einer diskontinuierlichen Ausscheidung auftreten (s. auch B 6.3).

Eine andere Art von inhomogener Ausscheidungsverteilung entsteht natürlich, wenn Legierungsinhomogenitäten – z. B. aufgrund von Seigerungen oder Entkohlung an Oberflächen – zu örtlich verschiedenen Übersättigungsgraden führen. In beabsichtigter Form tritt dies in der Nähe von Oberflächen durch Eindiffundieren gelöster Atome auf, wie z. B. beim Aufkohlen [17], Nitrieren [18] oder innerem Oxidieren [19], wobei die entstehende Teilchenverteilung modellmäßig berechnet werden kann [20].

Bei genügend starken Übersättigungen durch größere Unterkühlung ist auch die Keimbildung ohne sichtbare Defekte im Kristall möglich, vermutlich oft mit Hilfe von Leerstellenclustern. Die führt dann zu homogeneren Ausscheidungsverteilungen im Gefüge (Bild B 6.8).

B 6.2.3 Wachstumskinetik

Das sich an die Keimbildung anschließende Teilchenwachstum wird anhand eines vereinfachten Falles erörtert. In einem binären α-Mischkristall sollen kugelige Teilchen der sich ausscheidenden β-Phase regellos verteilt sein. Diese Teilchen wachsen, indem gelöste Atome aus der übersättigten Matrix zu den β-Teilchen diffundieren und dort eingebaut werden. Gewöhnlich sind die Einbaureaktionen so schnell, daß die Diffusion in der Matrix zum Teilchen hin der langsamste und damit geschwindigkeitsbestimmende Schritt ist. Der sich dann ergebende Konzentrationsverlauf $c(\rho)$ der gelösten Atome[1] ist als Funktion der Entfernung vom Teilchenmittelpunkt schematisch in Bild B 6.9 für zwei wachsende Teilchen dargestellt. Dabei ist c_0 die Anfangskonzentration und $c^\alpha(t)$ die mit der Zeit abnehmende Konzentration im übersättigten Mischkristall. Für die Konzentration im Teilchen wird die Gleichgewichtskonzentration c_e^β angenommen. Die Konzentrationen $c^{\alpha\beta}$ im α-Mischkristall unmittelbar an den α/β-Grenzflächen sollen im lokalen Gleichgewicht mit dem jeweiligen β-Teilchen stehen und werden im folgenden als Teilchenlöslichkeit bezeichnet; sie sind abhängig vom Teilchenradius r, wobei stets $c^{\alpha\beta}(r) \geqq c_e^\alpha$ ist und das Gleichheitszeichen nur für $r \to \infty$ gilt:

Weil das β-Teilchen im lokalen Gleichgewicht mit dem umgebenden Mischkristall steht, ist es physikalisch in der gleichen Situation wie der kritische Keim eines

---

[1] In diesem Abschnitt werden die Legierungszusammensetzungen durch Konzentrationsangaben (*c*) statt durch Gehaltsangaben (*z* oder *x*) beschrieben. Umrechnungen erfolgen mit dem Atom- oder dem Molvolumen.

α-Mischkristalls mit der räumlich konstanten Konzentration $c^{\alpha\beta}(r)$ (s. B 3.2). Demgemäß besteht zwischen dem Teilchenradius r und der aus der noch vorhandenen Übersättigung $c^{\alpha\beta}(r) > c_e^{\alpha}$ herrührenden Umwandlungsenergie $\tilde{g}$ nach Gl. B 3.9 der Zusammenhang

$$\tilde{g}_{\text{total}} = v^{\beta} \frac{2\gamma}{r} \tag{B 6.4}$$

(v^{β} = mittleres Atomvolumen in β, γ = flächenbezogene Grenzflächenenergie). Da die zusätzlichen elastischen Energiebeiträge (s. Gl. (B 3.18)) in der Regel klein gegenüber der „chemischen" Umwandlungsenergie $\tilde{g}$ sind und sie außerdem während des Wachstums abnehmen, sollen sie im folgenden zunächst vernachlässigt werden, so daß sich mit der für verdünnte Lösungen geltenden Gl. B 3.15 näherungsweise die Teilchenlöslichkeit

$$c^{\alpha\beta}(r) = c_e^{\alpha} \exp \frac{2\gamma}{c_e^{\beta} kTr} \tag{B 6.5}$$

ergibt (Gibbs-Thomson-Gleichung [22]). Zur Veranschaulichung werde die Zementitausscheidung im Ferrit betrachtet mit $\gamma = 700$ mJ/m², $x_e^{\beta} = 1/4$, $v^{\beta} = \frac{1}{2} (0,3 \text{ nm})^3$ und $T = 800$ K. Dann beträgt nach Gl. (B 6.5) bei einem Teilchenradius $r = 10$ nm die Löslichkeitserhöhung $c^{\alpha\beta}(r)/c_e^{\alpha} = 2$, bei $r = 70$ nm beträgt sie 1,1 und bei $r = 700$ nm nur noch 1,01.

Für das Wachstum eines Teilchens mit dem Radius r gilt nun ähnlich wie in Gl. (B 6.1)

$$(c_e^{\beta} - c^{\alpha\beta}(r)) \frac{dr}{dt} = D \left. \frac{\partial c^{\alpha}(\rho)}{\partial \rho} \right|_r , \tag{B 6.6}$$

wobei D wieder einem effektiven Diffusionskoeffizienten entspricht. Wenn die ausscheidbare Menge gering ist, so daß die Teilchenabstände im Vergleich zu den Teilchendurchmessern groß sind, kann die Konzentrationsverteilung am wachsenden Teilchen näherungsweise als stationär angesehen werden, und die Lösung der Diffusionsgleichung ergibt den Konzentrationsverlauf in der α-Matrix [23]:

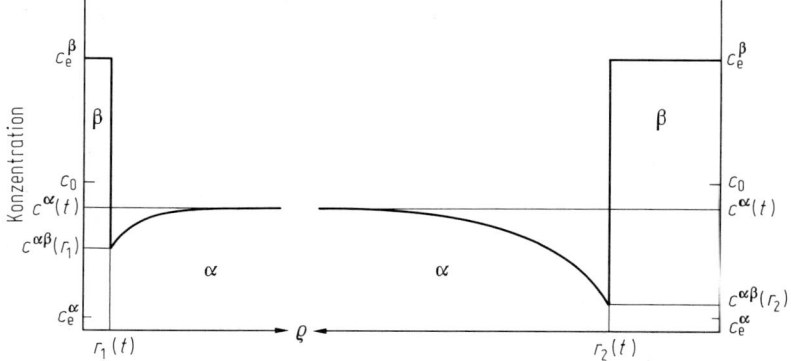

Bild B 6.9 Radialer Konzentrationsverlauf $c(\varrho)$ zwischen zwei wachsenden β-Teilchen mit den Radien $r_1(t)$ und $r_2(t)$ in einer α-Matrix (schematisch). Nach [21].

$$c^\alpha(\rho \geq r) = c^\alpha(t) - \{c^\alpha(t) - c^{\alpha\beta}(r)\}\frac{r}{\rho}. \tag{B 6.7}$$

Daraus erhält man mit Gl. (B 6.6)

$$\frac{dr}{dt} = \frac{D}{c_e^\beta - c^{\alpha\beta}(r)} \frac{c^\alpha(t) - c^{\alpha\beta}(r)}{r} \tag{B 6.8}$$

als Ausdruck für die Teilchenwachstumsgeschwindigkeit, die über $c^\alpha(t)$ von der augenblicklichen Übersättigung und über $c^{\alpha\beta}(r)$ von der augenblicklichen Teilchengröße abhängt.

Zu Beginn des Teilchenwachstums erreichen gemäß Gl. (B 6.8) die Teilchen aufgrund ihres kleinen Radius schnell eine Größe, bei der einerseits die Teilchenlöslichkeiten $c^{\alpha\beta}(r)$ gegenüber $c^\alpha(t)$ bereits so klein sind, daß ihre r-Abhängigkeit vernachlässigbar wird und sie durch c_e^α ersetzt werden können; andererseits sind die Teilchen aber noch so klein, daß die mittlere Konzentration $c^\alpha(t)$ noch näherungsweise durch c_0 ersetzt werden kann. Dann läßt sich Gl. (B 6.8) integrieren, und man erhält das bekannte parabolische Wachstumsgesetz [23, 24]

$$r^2 - r_0^2 = \frac{c_0 - c_e^\alpha}{c_e^\beta - c_e^\alpha} 2D(t - t_0). \tag{B 6.9}$$

Dabei ist r_0 die Teilchengröße und t_0 die Zeit, von der an das Teilchen entsprechend diesem parabolischen Gesetz wächst. Sind die Teilchen nicht kugelig, so ergibt sich eine andere Konzentrationsverteilung am Teilchen, die durch Lösung des Diffusionsproblems berechnet werden kann und zu einer anderen Wachstumsgeschwindigkeit führt [24, 25]. Immerhin läßt sich feststellen, daß nadel- und plattenförmige Teilchen qualitativ wie Kugeln mit einer parabolischen Zeitabhängigkeit für jede Teilchendimension wachsen, solange sich ihre Form nicht mit der Zeit ändert [25].

Wegen der gemachten Voraussetzungen gilt Gl. (B 6.9) nur während eines verhältnismäßig kurzen Übergangsstadiums nach der Keimbildung, solange die Teilchen noch nicht zu groß sind bzw. die „Diffusionshöfe" sich noch nicht überlappen. Demgemäß ist die experimentelle Verifikation dieses Falles schwierig und gelingt am ehesten, wenn – wie bei der Ferritausscheidung im Austenit – einzelne an den Austenitkorngrenzen gebildete Teilchen in das jeweilige ausscheidungsfreie Korninnere hineinwachsen. Dieses Ferritwachstum ist wiederholt untersucht worden, wobei sich eine gute Übereinstimmung zwischen den Experimenten und dem Modell gezeigt hat [26]. Als Beispiel zeigt Bild B 6.10 das Wachstum des Korngrenzenferrits in einem untereutektoidischen Stahl.

Ein ganz anderer Wachstumsfall liegt vor, wenn beim Wachsen die Teilchenform nicht konstant bleibt. Ein Beispiel ist das Wachstum von Widmannstätten-Ferrit in Form von Platten, bei denen nur die Länge, nicht aber die Dicke zunimmt. Hier ist der Diffusionshof an der Vorderkante der wachsenden Platte wegen der konstanten Plattendicke bzw. des konstanten Krümmungsradius der Kante zeitlich konstant. Auch dieser Fall konnte modellmäßig behandelt werden [27]. Es ergab sich, daß die Ferritplatten mit konstanter Geschwindigkeit in den Austenit hineinwachsen (Bild B 6.11).

Bei weiterem Teilchenwachstum ist der ausgeschiedene Anteil $c_0 - c^\alpha(t)$ nicht mehr vernachlässigbar klein, so daß bei der Integration der Gl. (B 6.8) die Abnahme

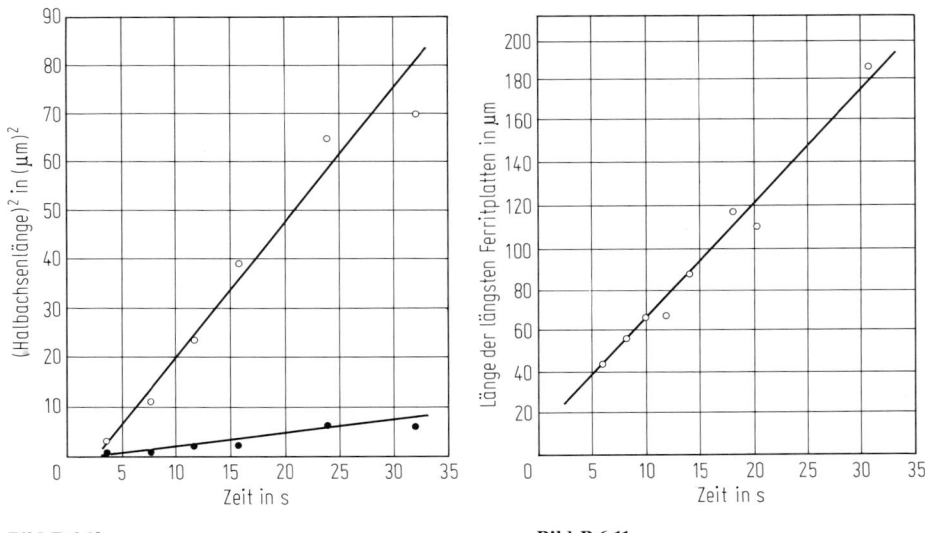

Bild B 6.10

Bild B 6.11

Bild B 6.10 Gemessene Zeitabhängigkeit des Quadrats des größten (○) und kleinsten (●) Halbmessers eines ellipsoidförmigen Korngrenzenferritteilchens, das bei 775 °C in einem unlegierten Stahl mit 0,23 % C (Massengehalt) wächst. Nach [26].

Bild B 6.11 Gemessenes Längenwachstum der längsten Ferritplatten bei der Bildung von Widmannstätten-Ferrit in einem unlegierten Stahl mit 0,43 % C bei 700 °C. Nach [27].

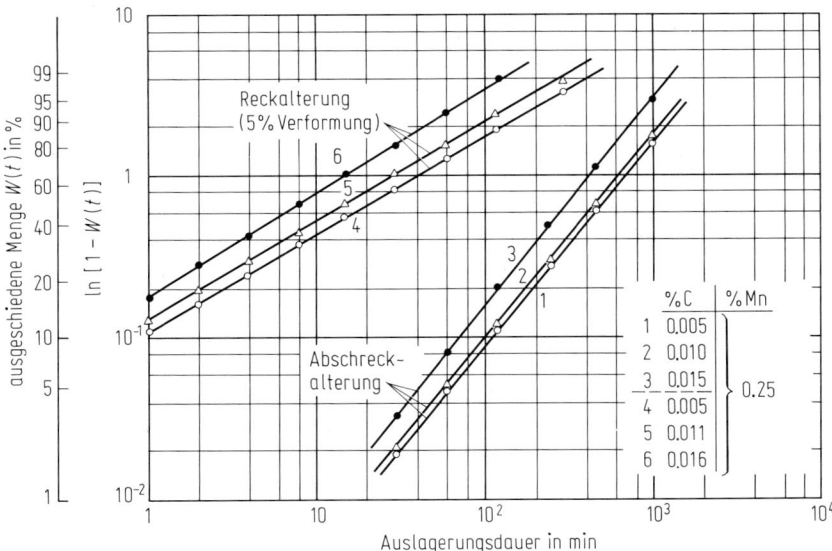

Bild B 6.12 Gemessene Zeitabhängigkeit der Karbidausscheidungsmenge bei 100 °C in Stählen mit 0,005 bis 0,016 % C, 0,25 % Mn und 0,003 % Al (Massengehalte) ohne Verformung (Abschreckalterung) und nach Kaltverformung um 5 % (Reckalterung). Nach [28].

der Mischkristallübersättigung – ausgedrückt durch die Konzentration $c^\alpha(t)$ – zu berücksichtigen ist. Aber auch dann kann die Gleichung geschlossen integriert werden, sofern man zusätzlich annimmt, daß nicht nur die Teilchenzahl konstant bleibt, sondern daß auch alle Teilchen jeweils die gleiche Größe sowie den gleichen Diffusionshof und damit die gleiche Wachstumsgeschwindigkeit haben. Der dann durch Integration aus Gl. (B 6.8) resultierende Ausdruck für $r(t)$ [24] strebt für lange Ausscheidungszeiten dem Grenzwert r_e zu, der mit der Teilchenzahl N je Volumeneinheit durch die Volumenbilanz

$$\frac{4}{3}\pi r_e^3 N = \frac{c_0 - c_e^\alpha}{c_e^\beta - c_e^\alpha} \tag{B 6.10}$$

bestimmt ist (nach wie vor sei das Atomvolumen konstant). Es muß aber bemerkt werden, daß r_e eine fiktive Größe ist, da bei langen Ausscheidungszeiten die Teilchen merklich vergröbern bei gleichzeitiger Verminderung der Teilchenzahl; darauf wird in B 6.2.6 eingegangen.

Da der Teilchenradius $r(t)$ mit dem ausgeschiedenen Volumenanteil $W(t)$ nach der Gleichung

$$W(t) = [r(t)/r_e]^3 \tag{B 6.11}$$

verknüpft ist, läßt sich, wie in [21, 24] gezeigt wurde, mit Hilfe von Gl. (B 6.9) das Ausscheidungsgesetz in folgender übersichtlicher Form formulieren:

$$W = 1 - \exp(-(t/\tau)^n) \tag{B 6.12}$$

(Johnson-Mehl-Gleichung) mit dem Exponenten

$$n = \frac{3}{2}, \tag{B 6.13a}$$

der das parabolische Wachstumsgesetz widerspiegelt, und der Zeitkonstanten

$$\frac{1}{\tau} = 2D\left(\frac{4}{3}\pi N\right)^{2/3}\left(\frac{c_0 - c_e^\alpha}{c_e^\beta - c_e^\alpha}\right)^{1/3}, \tag{B 6.13b}$$

die nicht nur vom Diffusionskoeffizienten bestimmt wird, sondern auch von der Übersättigung und der Zahl der gebildeten Teilchen.

Ausscheidungsgleichungen von der Form der Gl. (B 6.12), die auch für andere Ausscheidungsfälle mit anderen Teilchenformen oder auch mit noch andauernder Keimbildung abgeleitet wurden [24], sind geeignet zur Beschreibung von gemessenen Ausscheidungsverläufen mit anzupassenden Parametern n und τ. Dabei beschreibt Gl. (B 6.12) Meßergebnisse häufig besser, als aufgrund der Einfachheit der Modelle zu erwarten ist. Infolgedessen werden solche Gesetze in der Praxis oft im Sinne von phänomenologischen Gleichungen angewendet.

Als Beispiel zeigt Bild B 6.12 für einige Eisen-Kohlenstoff-Legierungen mit 0,25% Mn die durch Dämpfungsmessungen bestimmten Ausscheidungsverläufe bei +100°C, und zwar bei der einen Gruppe nach dem Abschrecken („Abschreckalterung") und bei der anderen Gruppe nach einer Kaltverformung um 5% („Reckalterung"). Durch die vorgeschaltete Verformung wird die Ausscheidung nicht nur zu kürzeren Zeiten hin verschoben – entsprechend einer kleineren

Zeitkonstanten τ – wie bei Erhöhung der Übersättigung, sondern es ändert sich auch ihr Verlauf entsprechend einem deutlich kleineren Zeitexponenten n.

B 6.2.4 Wachstumshemmungen

Erfahrungsgemäß laufen viele Ausscheidungsreaktionen langsamer ab, als von den bisher beschriebenen Modellen vorhergesagt würde. Im folgenden sollen mögliche Ursachen für ein solches Verhalten diskutiert werden.

Wenn beispielsweise das Ausscheidungsteilchen von ebenen kohärenten Grenzflächen umgeben ist, kann die Anlagerung einzelner Atome sehr schwierig sein. Das Wachstum erfolgt dann über die Keimbildung von Wachstumsstellen auf solchen Grenzflächen und deren Ausbreitung. Dann besteht die Möglichkeit, daß diese Einbaureaktion langsamer als die Diffusion in der Matrix ist und dadurch das Teilchenwachstum abbremst. Die modellmäßige Beschreibung eines solchen einbaubestimmten Wachstums (z. B. [29]) ist nur möglich, wenn der Einbaumechanismus bekannt ist, was in der Regel nicht der Fall ist. Immerhin soll festgehalten werden, daß in jedem Fall die durch die Diffusion in der Matrix bestimmte Wachstumsgeschwindigkeit eine obere Grenze für die Wachstumskinetik darstellt. In welchem Maße sie unterschritten wird, hängt auch von der Teilchengröße ab. Während die diffusionsbestimmte Wachstumsgeschwindigkeit mit zunehmender Teilchengröße abnimmt, ist das bei reaktionsbestimmtem Wachstum nicht der Fall, so daß auch bei einer einbaubestimmten Kinetik nach genügend langem Wachstum schließlich doch die Diffusion der langsamste Reaktionsschritt wird [30].

Eine andere mögliche Ursache für ein gehemmtes Wachstum sind die bisher vernachlässigten elastischen Spannungen, die aus den bei der Ausscheidung entstehenden Volumendifferenzen resultieren. Diese können sowohl die treibende Kraft für das Wachstum als auch den effektiven Diffusionskoeffizienten vermindern, was im folgenden an zwei Beispielen erläutert werden soll.

Bei der Zementitausscheidung im Ferrit ist das Teilchenvolumen, bezogen auf ein Eisenatom, um ungefähr 10% größer als das der umgebenden Matrix. Wenn also beim Teilchenwachstum keine Volumenrelaxation auftritt, z. B. durch Eisendiffusion oder durch Versetzungsbewegungen, dann erreicht die für die Kohärenzspannungen verantwortliche Volumenfehlpassung ihren maximalen Wert von 10%, was einer linearen Fehlpassung von rd. 3% entspricht. Mit Gl. (B 3.17) läßt sich dann die elastische Verzerrungsenergie zu $E_{el}/V \approx 250 \text{ MJ/m}^3$ abschätzen (mit einem Elastizitätsmodul $E \approx 2 \cdot 10^{11} \text{ N/m}^2$ und einer Poisson-Zahl $\nu = 0{,}3$). Für die dadurch bedingte Löslichkeitserhöhung gilt – analog zu Gl. (B 6.5) – (siehe z. B. [31])

$$c^{\alpha\beta}(E_{el}) = c_e^\alpha \exp\left(\frac{E_{el}/V}{c_e^\beta kT}\right), \tag{B 6.14}$$

woraus mit den für Gl. (B 6.5) benutzten Zahlenwerten eine Löslichkeitserhöhung von $c^{\alpha\beta}(E_{el})/c_e^\alpha \approx 10$ folgt. Das Teilchen kann also nach Maßgabe der Kohlenstoffdiffusion nur wachsen, wenn die Matrixübersättigung noch höher ist. Andernfalls wächst das Teilchen nur in dem Maße, wie der Volumenunterschied z. B. durch Abdiffusion von Eisenatomen wieder ausgeglichen wird [32].

Im Fall der Graphitausscheidung sind die Matrixatome im Teilchen unlöslich, so daß jedes ausgeschiedene Kohlenstoffatom mit seinem Atomvolumen die Volumenfehlpassung und damit die Kohärenzspannung vergrößert, bis die treibende Kraft nicht mehr für ein weiteres Wachstum ausreicht. Dann kann das Teilchen wieder nur in dem Maße wachsen, wie Matrixatome unter dem Einfluß der Kohärenzspannung abdiffundieren oder mit Gitterdefekten der Volumenunterschied ausgeglichen wird [33].

Wenn aber in beiden besprochenen Fällen z. B. die Eisendiffusion die elastischen Spannungen am Teilchen relaxiert, kann das Teilchenwachstum wieder als diffusionsbestimmter Vorgang beschrieben werden. Nur ist jetzt die Kohlenstoffdiffusion mit der sehr viel langsameren Eisendiffusion gekoppelt, und demgemäß muß der Wachstumsvorgang mit Hilfe eines entsprechend zu berechnenden effektiven Diffusionskoeffizienten beschrieben werden [32].

Schließlich bleibt anzumerken, daß auch bei Ausscheidungen ohne Fehlpassungsprobleme die Diffusionsströme der verschiedenen Atome aufgrund unterschiedlicher Beweglichkeiten zu Volumenverzerrungen und damit zu elastischen Spannungen führen, was wieder eine Kopplung dieser Ströme bedingt (s. Kirkendall-Effekt in B 4).

B 6.2.5 Einfluß substitutioneller Legierungselemente

Enthält der Stahl weitere substitutionelle Legierungselemente, so bleiben die geschilderten Gesetzmäßigkeiten im Prinzip erhalten. Als Beispiel zeigt Bild B 6.13 das parabolische Wachstum voreutektoidischer Ferritteilchen in Stählen mit unterschiedlichen kleinen Zusätzen von Mangan, Niob oder Bor, die empfindlich die Wachstumsgeschwindigkeit beinflusssen.

Die in den vorhergehenden Abschnitten diskutierten physikalischen Größen haben hier allerdings eine komplexe Bedeutung. Die Löslichkeit eines wachsenden Karbidteilchens wird nicht mehr durch die konstante Sättigungskonzentration des Kohlenstoffs gegeben, sondern durch die Sättigungskonzentration aller an der Ausscheidung beteiligten Komponenten, wobei diese Konzentrationen nach Maßgabe

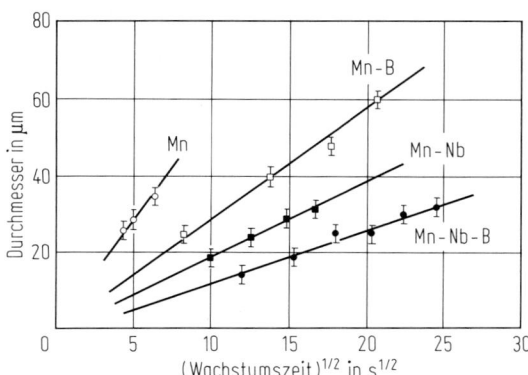

Bild B 6.13 Gemessene Zeitabhängigkeit (parabolische Auftragung) des Teilchendurchmessers beim Wachsen des voreutektoidischen Ferrits bei 750 °C (nach Austenitisierung bei 1150 °C) in Stählen mit 0,1 % C und 1,2 % Mn (Massengehalte) mit Zusätzen von 0,04 % Nb oder 0,005 % B oder beiden. Nach [34].

des Zustandsdiagramms (z. B. Bild B 2.16) voneinander abhängen. Demgemäß steht in Gl. (B 6.5) das aus diesen Konzentrationen gebildete Löslichkeitsprodukt [35, 36] statt der Löslichkeiten c_e^α und $c^{\alpha\beta}(r)$. Nur in Sonderfällen ist die Situation so einfach, daß die Legierung sich quasibinär verhält: Wenn die auszuscheidenden Komponenten in der Legierung im gleichen Mengenverhältnis wie in der Ausscheidungsphase vorliegen („stöchiometrische Zusammensetzung") oder wenn eine dieser Komponenten nur in sehr geringer Menge vorliegt, so daß sich die Menge der übrigen durch die Ausscheidung praktisch nicht ändert, kann die Löslichkeit durch eine effektive Sättigungskonzentration beschrieben werden [35].

Aufgrund der komplexeren Gleichgewichtsbedingungen für das nun wachsende Teilchen wird auch die Wachstumskinetik komplexer. Wenn beispielsweise in einem Karbid ein substitutionelles Legierungselement M stärker löslich ist als in der Matrix, wird sich zunächst aufgrund der schnellen Kohlenstoffdiffusion ein an M untersättigtes Karbid mit dem M-Gehalt der Matrix bilden, sofern die treibende Kraft ausreicht. Erst nachdem sein Wachstum aufgrund der Kohlenstoffverarmung der Matrix zum Stillstand gekommen ist, wird es sich langsam durch Herandiffusion von M bis zur Sättigung an M anreichern [32].

Wenn umgekehrt das auszuscheidende Karbid eine geringere M-Löslichkeit hat als die Matrix, ist das zunächst gebildete Karbid an M übersättigt. Wegen des kurzen Diffusionsweges im Teilchen kann M verhältnismäßig schnell ausgeschieden und dadurch in der Matrix am Teilchen angereichert werden. Dies kann wiederum die treibende Kraft für die Kohlenstoffausscheidung so stark vermindern, daß das Karbid nur in dem Maß wächst, wie M in die weitere Umgebung abdiffundiert [32].

B 6.2.6 Vergröberung

Während des ersten Wachstumsstadiums der Ausscheidung ist die Konzentration $c^\alpha(t)$ in der übersättigten Matrix wesentlich größer als die Teilchenlöslichkeiten $c^{\alpha\beta}(r)$ (s. Bild B 6.9). Der das Teilchenwachstum bestimmende Konzentrationsunterschied $c^\alpha(t) - c^{\alpha\beta}(r)$ (Gl. (B 6.8)) ist bei den größeren Teilchen wegen ihrer niedrigeren Löslichkeit (Gl. (B 6.5)) größer als bei den kleineren. Weil nun während des Wachstumsstadiums die Matrixkonzentration $c^\alpha(t)$ laufend absinkt, wird zu einem Zeitpunkt $c^\alpha(t)$ gleich der Löslichkeit $c^{\alpha\beta}$ des kleinsten Teilchens sein, so daß dieses als erstes Teilchen nicht mehr wächst. Dann hat dieses Teilchen die kritische Größe

$$r^*(t) = \frac{2\gamma}{c_e^\beta \, kT \ln \dfrac{c^\alpha(t)}{c_e^\alpha}} \qquad (B\,6.15)$$

(entsprechend Gl. (B 6.5)) erreicht. Zu einem späteren Zeitpunkt ist $c^\alpha(t)$ noch weiter abgesunken, so daß nun ein größeres Teilchen die kritische Größe hat. Die kleineren Teilchen haben dann Löslichkeiten $c^{\alpha\beta}(r)$, die sogar oberhalb der momentanen Matrixkonzentration $c^\alpha(t)$ liegen, so daß sie sich wieder auflösen. Es wachsen stets nur die Teilchen mit $r > r^*(t)$. Diese Situation ist schematisch in Bild B 6.14 dargestellt.

Dieser Vergröberungsvorgang – Auflösung der kleinen Teilchen zugunsten der großen – wird Ostwald-Reifung genannt. Er führt also zu einer Abnahme der Teilchenzahl und zu einer Zunahme der mittleren Teilchengröße. Zur modellmäßigen

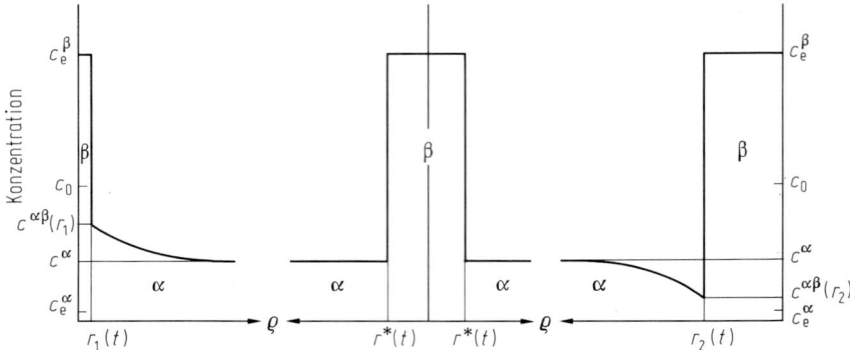

Bild B 6.14 Radialer Konzentrationsverlauf $c(\varrho)$ während der Vergröberung bei einem sich auflösenden Teilchen (Radius $r_1(t)$), einem „kritischen" Teilchen (Radius $r^*(t)$) und einem wachsenden Teilchen (Radius $r_2(t)$) (schematisch).

Beschreibung wird zusätzlich zur Gültigkeit der Gl. (B 6.8) vorausgesetzt, daß die Matrixübersättigung praktisch abgebaut ist. Dann unterscheiden sich $c^\alpha(t)$, c_e^α und $c^{\alpha\beta}(r)$ höchstens um wenige Prozent. Gl. (B 6.5) kann dann linearisiert werden, und das Verhalten eines Teilchens läßt sich mit Hilfe von Gl. (B 6.5), (B 6.8) und (B 6.15) durch

$$\frac{d(r^3)}{dt} = \frac{6\gamma D c_e^\alpha}{c_e^{\beta 2} kT} \left(\frac{r}{r^*(t)} - 1 \right) \qquad (B\,6.16)$$

beschreiben. Das ist die Grundgleichung für den Vergröberungsprozeß: Teilchen mit $r > r^*(t)$ wachsen, während Teilchen mit $r < r^*(t)$ sich auflösen.

Ausgehend von dieser Gleichung haben Wagner bzw. Lifshitz und Slezov ihre Theorie der Ostwald-Reifung entwickelt [20, 35]. Sie gilt für das spätere Stadium einer Ausscheidung mit geringem Volumenanteil f, das durch eine praktisch abgebaute Übersättigung $c^\alpha/c_e^\alpha \approx 1$ gekennzeichnet ist. Dann folgt mit der Teilchenzahl N

$$N(t) \frac{4}{3} \pi \overline{r^3(t)} \approx f \ll 1, \qquad (B\,6.17)$$

wobei ⎯ das (arithmetische) Mittel andeutet. Die jetzt noch vorhandene treibende Kraft resultiert aus der Verminderung der Gesamtenergie der Grenzflächen. Unmittelbar läßt sich die treibende Kraft aus der kleinen noch vorhandenen Restübersättigung bestimmen, denn die Teilchenlöslichkeiten $c^{\alpha\beta}(r)$ sind immer noch größer als c_e^α. Nach Aussage der Theorie stellt sich eine Verteilung der Teilchengrößen $\tilde{N}(r,t)$ ein, die in normierter Form

$$\frac{\tilde{N}\left(\frac{r}{r^*}, t\right)}{\tilde{N}\left(\frac{r}{r^*} = 1, t\right)} = \text{const } h\left(\frac{r}{r^*}\right) \qquad (B\,6.18)$$

unabhängig von der Zeit ist. Die theoretische Funktion $h(r/r^*)$ ist für den hier diskutierten Fall - diffusionsbestimmtes Vergröbern kugeliger Teilchen - in Bild B 6.15 dargestellt. Wegen der Zeitunabhängigkeit der Verteilungsfunktion $h(r/r^*)$ ist der der Messung zugängliche mittlere Teilchenradius $\bar{r}$ proportional zu r^*. Im vorliegenden Fall gilt sogar

$$\bar{r} = r^*. \tag{B 6.19}$$

Ferner beschreibt die Theorie das zeitliche Verhalten der Teilchenverteilung während der Vergröberung. Insbesondere gilt hier für den mittleren Radius

$$\bar{r}^3 - \bar{r}_0^3 = \frac{t - t_0}{\tau}, \tag{B 6.20}$$

wobei $\bar{r}_0$ und t_0 den Vergröberungsbeginn bezeichnen. Für den Parameter τ gilt

$$\frac{1}{\tau} = \frac{8}{9} \frac{Dy c_e^\alpha}{c_e^{\beta\,2} kT}. \tag{B 6.21}$$

Mit Gl. (B 6.15) und (B 6.19) beschreibt Gl. (B 6.20) auch den Verlauf der Matrixkonzentration $c(t)$ während der Vergröberung. Es ist anzumerken, daß nach Gl. (B 6.20) die mittlere Teilchengröße unbegrenzt wächst, so daß der wahre Endzustand - ein einziges stabiles Ausscheidungsteilchen - nicht behandelt wird; sie gilt also nur für ein beschränktes Zeitintervall [38]. Dies bedeutet aber praktisch keine Einschränkung der Anwendbarkeit der Theorie, da der stabile Einteilchen-Endzustand in der Praxis bei weitem nicht erreicht wird.

Zur Veranschaulichung zeigt Bild B 6.15a–c das Vergröberungsverhalten von Chromkarbid-Ausscheidungen in einem Stahl mit 2,4 % Cr bei 700 °C. Die gemessenen Größenverteilungen (in normierter Form) verändern sich nach diesem Bild in der Tat nicht mit der Zeit während der Vergröberung, jedoch sind sie breiter als die theoretische Kurve und lassen sich - wie in vielen anderen Fällen - eher als logarithmische Normalverteilungen beschreiben [39]. Dies ist auf statistische Schwankungen der kritischen Teilchengröße im Gefüge, auf Abweichungen von den vereinfachenden Annahmen der Theorie und auf die begrenzte Meßgenauigkeit zurückzuführen [40]. Die gemessene Vergröberungsgeschwindigkeit (Bild B 6.15d) entspricht dem theoretischen Zeitgesetz (Gl. (B 6.20)), und insbesondere wird im Vergleich zur Zementitvergröberung im reinen Ferrit der verlangsamende Einfluß des substitutionell gelösten Chroms deutlich.

Die Theorie der Ostwald-Reifung ist in vielen Fällen zur Beschreibung der Teilchenvergröberung angewendet worden, wobei bezüglich der Vergröberungsgeschwindigkeit wiederholt eine quantitative Gültigkeit der Theorie festgestellt wurde [39]. Der Vollständigkeit halber sei angemerkt, daß im Rahmen dieser Theorie auch weniger einfache Fälle behandelt worden sind: Vergröberung von plattenförmigen [41] oder stäbchenförmigen Teilchen [42], Vergröberung an Korngrenzen und Versetzungen [31, 43, 44], Vergröberung bei großer Ausscheidungsmenge [45], bei gehemmtem Teilchenwachstum [35, 46, 47], in Anwesenheit von Verunreinigungen oder mit gleichzeitiger Verformung [31]. In diesen Fällen wirken sich die speziellen Vergröberungsbedingungen auf die Form der (zeitunabhängigen) Größenverteilung, auf den Exponenten und den Parameter τ in Gl. (B 6.20) aus.

B 6.2.7 Gesamtverlauf einer Ausscheidung

Die Ausscheidungsstadien Keimbildung, Wachstum und Vergröberung laufen in gegenseitiger Abhängigkeit und teilweise nebeneinander ab; sie bestimmen zusammen die Kinetik des gesamten Ausscheidungsvorganges. Bild B 6.16 zeigt in einer schematischen Übersicht den typischen Verlauf dieser drei Stadien: Durch Abkühlung auf die konstante Auslagerungstemperatur wird eine Übersättigung $c^\alpha(t)/c_e^\alpha$ hergestellt, aufgrund derer die die Übersättigung abbauende Ausscheidung über Keimbildung (zunehmende Teilchenzahl N), Wachstum (konstante Teilchenzahl) und Vergröberung (abnehmende Teilchenzahl) abläuft. Jedes als Keim gebildete Teilchen wächst, und die zuletzt gebildeten kleinsten Teilchen beginnen sich aufzulösen, sowie die Übersättigung absinkt, d.h. die kritische Teilchengröße (Gl.

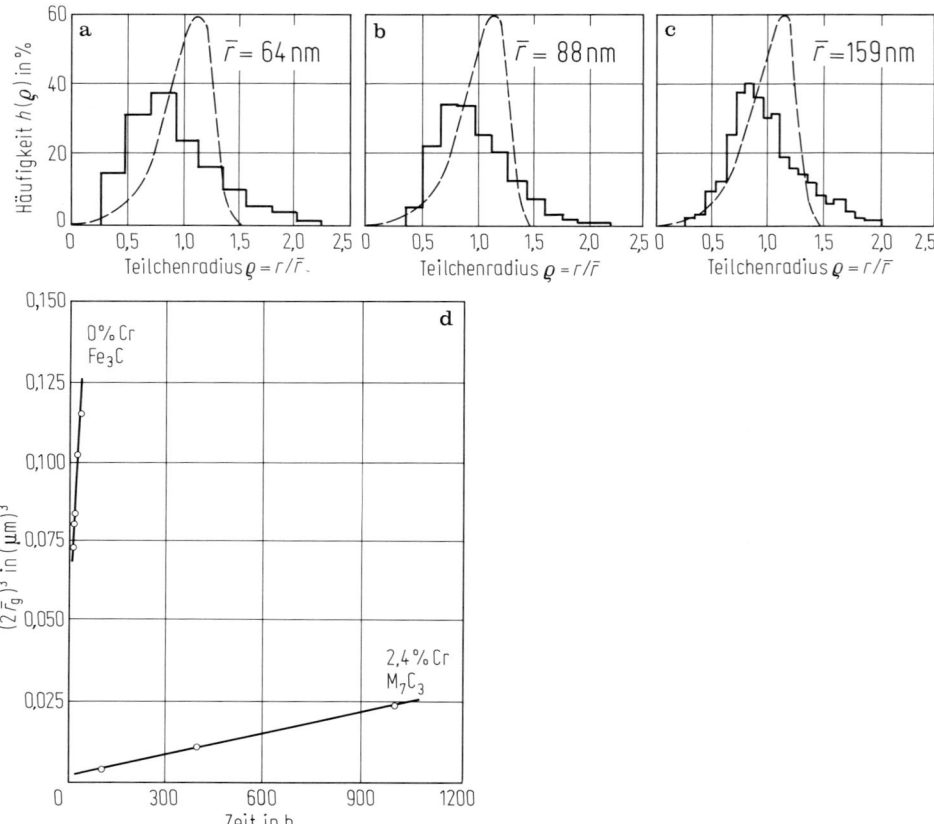

Bild B 6.15 Vergröberungsverhalten von M_7C_3-Teilchen in einem Stahl mit 0,2 % C und 2,4 % Cr (Massengehalte) bei 700 °C. Nach [37]. **a** bis **c**, Größenverteilungen $h(\varrho)$ in Abhängigkeit vom auf den (arithmetischen) Mittelwert bezogenen Teilchenradius $\varrho = r/\bar{r}$. Gestrichelt: gemäß Gl. (B 6.18) und (B 6.19) berechnete Kurve; durchgezogen: nach 10 h (**a**), 100 h (**b**) und 1000 h (**c**) gemessene Werte, (**d**) gemessene Zeitabhängigkeit der mittleren Teilchendurchmesser $2\bar{r}_g$ (aus den in a) bis c) gemessenen logarithmischen Normalverteilungen gewonnene geometrische Mittelwerte, die sich in diesem Fall von den arithmetischen Mittelwerten nur um einen konstanten Faktor unterscheiden). Zum Vergleich sind entsprechende Messungen an Fe_3C-Teilchen eines chromfreien Stahls mit eingetragen.

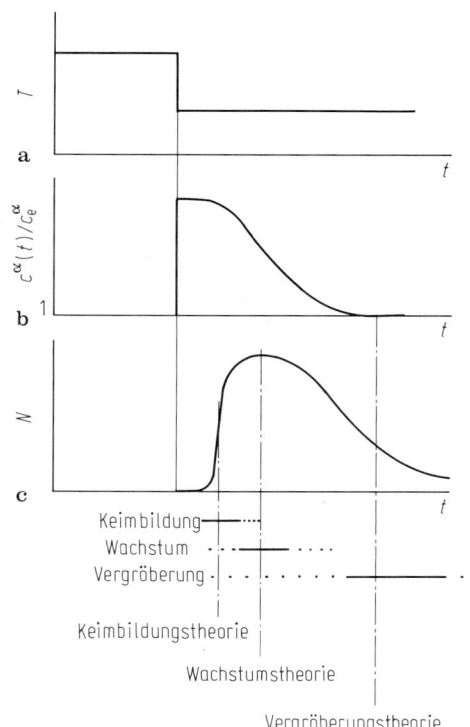

Bild B 6.16 Veränderung der (vorgegebenen) Temperatur T (Teilbild **a**), der Übersättigung $c^\alpha(t)/c_e^\alpha$ (Teilbild **b**) und der Keim- bzw. Teilchenzahl N (Teilbild **c**) mit der Zeit t während der Ausscheidung (schematisch). Zusätzlich sind die Dauern der einzelnen Ausscheidungsstadien eingetragen und die Zeitpunkte markiert, auf die sich die entsprechenden Theorien beziehen. Nach [21].

(B 6.15)) ansteigt. Zu Beginn laufen also die Ausscheidungsstadien nebeneinander ab und setzen dann bei abgesunkener Übersättigung nacheinander aus, bis nur noch Vergröberung stattfindet.

Zur weiteren Verdeutlichung zeigt Bild B 6.17 durchgezogen die zeitlichen Verläufe $r(t)$ der Radien verschiedener Teilchen als sogenannte Wachstumslinien und gestrichelt den Verlauf des kritischen Radius $r^*(t)$ (Gl. (B 6.15)), der die Matrixübersättigung kennzeichnet. Zu Beginn ist $r^*(t)$ so klein, daß durch spontane Fluktuationen wachstumsfähige Teilchen ($r > r^*(t)$) entstehen (Keimbildung KB). Durch das Teilchenwachstum (W) verarmt die Matrix, so daß $r^*(t)$ ansteigt und die Wachstumsgeschwindigkeit dr/dt abnimmt. Die Wachstumslinien schneiden sich nicht, da die jüngeren Teilchen kleiner als die älteren sind und im Wachstum stets zurückbleiben. Nacheinander werden die kleineren Teilchen vom kritischen Radius „überholt", so daß sie sich auflösen (Vergröberung V). Der Endzustand – ein Teilchen mit $r(t \to \infty) = r^*(t \to \infty)$ – ist nur asymptotisch erreichbar. Die Gültigkeitsbereiche der besprochenen Modelle sind durch strichpunktierte Linien angedeutet.

Die der Zunahme von $r^*(t)$ entsprechende Abnahme der treibenden Kraft macht verständlich, daß die späteren Ausscheidungsstadien gewöhnlich langsamer ablaufen als die früheren. Insbesondere ist meist die Keimbildung schnell im Vergleich zu Wachstum und Vergröberung, und die Wachstums- bzw. Vergröberungsgeschwindigkeit nimmt mit zunehmender Teilchengröße noch ab. Das sich ausbildende Ausscheidungsgefüge hängt dabei vom Verhältnis der Geschwindigkeiten der einzelnen Ausscheidungsstadien ab. Bei mangelnder Übersättigung bzw. gehemmter Keimbildung werden nur wenige Keime gebildet, deren Wachstum die Übersättigung nur langsam abbaut und zu einem groben Ausscheidungsgefüge führt. Bei starker Übersättigung, d. h. schneller Keimbildung bilden sich dagegen viele Keime, so daß nach einem kürzeren Wachstumsstadium eine feine Verteilung der Ausscheidungen vorliegt.

Auch komplexere Ausscheidungsverläufe lassen sich im Rahmen der geschilderten Modelle diskutieren. Beispielsweise besteht zur Erzielung eines feinen Ausscheidungsgefüges die Möglichkeit, das Material zunächst durch starke Unterkühlung „anzukeimen" und dann die Ausscheidung durch beschleunigtes Wachstum bei höherer Temperatur zu vervollständigen. Die Temperaturerhöhung bedeutet jedoch auch eine Löslichkeitserhöhung, so daß in Bild B 6.17 die kritische Größe $r^*(t)$ sprunghaft ansteigt. Mit anderen Worten: Alle Teilchen, deren Wachstumslinien durch $r^*(t)$ dabei übersprungen werden, lösen sich nach der Temperaturerhöhung auf, und das Gefüge wird dadurch gröber.

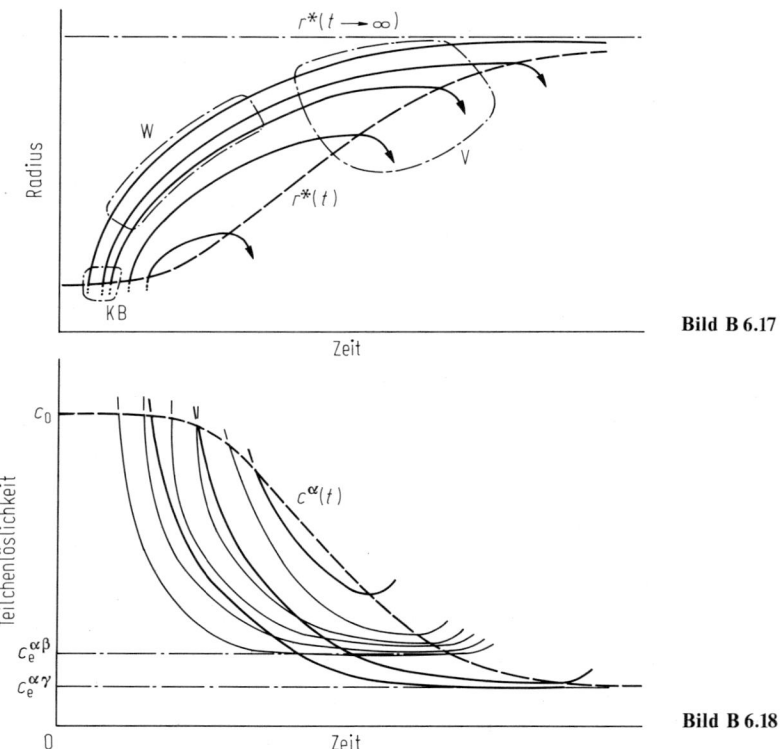

Bild B 6.17

Bild B 6.18

Bild B 6.17 „Wachstumswege" (durchgezogen) von Ausscheidungsteilchen im Radius-Zeit-Diagramm, d. h. Teilchenradien in Abhängigkeit von der Zeit in Konkurrenz mit dem kritischen Radius $r^*(t)$ (gestrichelt), wobei KB den Keimbildungsbereich, W den Wachstumsbereich und V den Vergröberungsbereich andeutet (schematisch). Nach [21].

Bild B 6.18 Änderung der Löslichkeiten ausgeschiedener β- (dünn durchgezogen) und γ-Teilchen (dick durchgezogen) und Abnahme der Matrixkonzentration $c_\alpha(t)$ (gestrichelt) mit der Zeit während der Ausscheidung (schematisch). Nach [31].

In Stählen scheiden sich oft mehrere Phasen neben- und nacheinander aus. Dabei sind die zunächst erscheinenden Phasen in der Regel metastabil, während die stabileren Phasen – mit geringerer Löslichkeit – aufgrund von Keimbildungsschwierigkeiten sich erst später oder nur an speziellen Gitterdefekten ausscheiden. Dann beeinflussen sich die Ausscheidungsstadien der verschiedenen Phasen gegenseitig. Zur Diskussion des Ausscheidungsverlaufes empfiehlt sich hier nicht mehr das r-t-Diagramm des Bildes B 6.17, da für verschiedene Phasen $\beta, \gamma, \ldots$ jeweils verschiedene kritische Radien zu definieren sind. Bestimmend für das Teilchenverhalten ist in jedem Fall der Unterschied zwischen der mittleren Matrixkonzentration $c^\alpha(t)$ und der Teilchenlöslichkeit $c^{\alpha\beta}$ bzw. $c^{\alpha\gamma}$. Demgemäß veranschaulicht Bild B 6.18 das Ausscheidungsverhalten im Rahmen eines Konzentration-Zeit-Diagramms. Die Wachstumslinien sind hier durch die Verläufe der Löslichkeiten einzelner Teilchen gegeben, und $c^\alpha(t)$ spielt die Rolle einer kritischen Konzentration. Wegen der höheren Löslichkeit der als metastabil angenommenen β-Phase bleiben die β-Teilchen auch bei einem anfänglichen Wachstumsvorsprung in ihrem Wachstum zurück, um sich nach Absinken von $c^\alpha(t)$ unter $c_e^{\alpha\beta}$ vollständig aufzulösen. In einem solchen Fall gibt es also nicht nur die Ostwald-Reifung zwischen Teilchen einer Phase, die zur Vergröberung führt, sondern auch die Ostwald-Reifung zwischen Teilchen verschiedener Phasen, die die Auflösung der weniger stabilen Phase bewirkt und hier „Transkristallisation" genannt werden soll. Dieser Vorgang findet z. B. unter Zeitstandbedingungen in warmfesten Stählen statt. Die Geschwindigkeit der Transkristallisation kann auf der Basis der geschilderten Modellvorstellungen in grober Weise abgeschätzt werden [31], worauf hier jedoch nicht eingegangen werden soll.

Die Grundlage für Vorhersagen des Ausscheidungsverhaltens sind experimentell bestimmte Ausscheidungsdiagramme, denn die für Abschätzungen benötigten Daten sind im konkreten Einzelfall oft nicht mit der gewünschten Genauigkeit vorhanden. Als Beispiel zeigt Bild B 6.19 das Zeit-Temperatur-Ausscheidungs-Diagramm des Stahls 10 CrMo 9 10, dem die Zeiten für das Erscheinen und Verschwinden der verschiedenen Karbide entnommen werden können [48]. Davon ausgehend

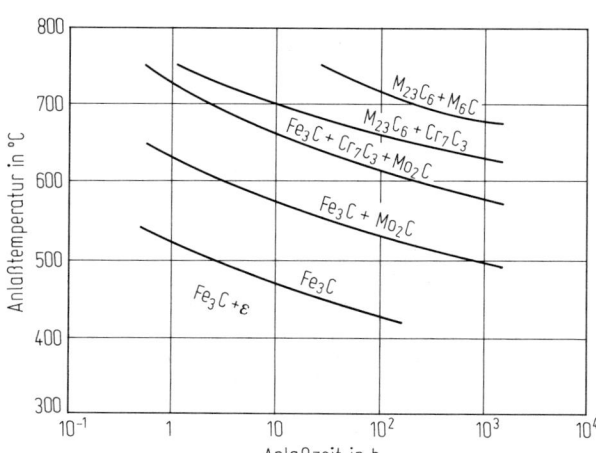

Bild B 6.19 Gemessenes Zeit-Temperatur-Ausscheidungs-Diagramm des Stahls 10 CrMo 9 10. Nach [48].

läßt sich durch Extrapolation mit Hilfe der geschilderten Modelle die Ausscheidungskinetik auch für andere Wärmebehandlungen abschätzen.

B 6.3 Perlit

Der Perlit läßt sich sowohl durch seine Kinetik als auch gefügemäßig von anderen Umwandlungen unterscheiden: Das zeitliche Bildungsgesetz ist durch eine je nach Legierungszusammensetzung mehr oder weniger deutlich abgegrenzte Umwandlungsstufe charakterisiert (s. Bild B 9.15), in der die Reaktion Austenit → Ferrit + Zementit abläuft; gefügemäßig stellt der Perlit eine Anordnung von im Idealfall parallel gelegenen Ferrit- und Karbidlamellen dar. Im folgenden werden die bei der Entstehung dieses Gefüges ablaufenden atomistischen Vorgänge und ihr zeitlicher Verlauf modellmäßig analysiert (s. auch die Übersichtsberichte [49–53]).

B 6.3.1 Energiebetrachtungen

Bei der eutektoidischen Temperatur des Eisen-Kohlenstoff-Systems $T_E \approx 1000\,\text{K}$ sind die drei Phasen Austenit (γ), Ferrit (α) und Zementit (Θ) miteinander im Gleichgewicht. Es existiert keine Umwandlungskraft, weder in Richtung auf den rein austenitischen Zustand noch in Richtung auf das Phasengemenge Ferrit und Zementit. Die Gibbsschen Energien G^α, G^γ und G^Θ werden von einer Dreifachtangente gleichzeitig in den Punkten[2] $z^\alpha = 0{,}00093$, $z_E = 0{,}036$ und $z^\Theta = 0{,}33$ berührt (siehe Bild B 2.12). Es gilt

$$G^\gamma(z_E, T_E) = m_\alpha(T_E)\, G^\alpha(z^\alpha, T_E) + m_\Theta(T_E)\, G^\Theta(T_E), \tag{B 6.22}$$

wobei die Mengenanteile m_α des Ferrits und m_Θ des Zementits aus den Mengenbilanzen zu ermitteln sind:

$$m_\alpha(T_E) = \frac{0{,}33 - z_E}{0{,}33 - z^\alpha} \approx 90\% \quad \text{und} \quad m_\Theta(T_E) = \frac{z_E - z^\alpha}{0{,}33 - z^\alpha} \approx 10\%; \tag{B 6.23}$$

(Der Volumenanteil des Ferrits ist etwas kleiner als dieser Mengenanteil, der des Zementits etwas größer.)

Wird die Temperatur aber unter T_E abgesenkt, so tritt eine Differenz zwischen der Gibbsschen Energie des (homogenen) Austenits und der des Phasengemenges Ferrit plus Zementit auf (s. z. B. Bild B 6.20):

$$\Delta G(T) = G^{\alpha\Theta}(T) - G^\gamma(z_E, T) < 0 \tag{B 6.24}$$

mit

$$G^{\alpha\Theta}(T) = m_\alpha(T)\, G^\alpha(z^\alpha(T), T) + m_\Theta(T)\, G^\Theta(T), \tag{B 6.25}$$

die zu einer Umwandlung des Austenits führt. Dabei gilt näherungsweise in einem Temperaturbereich von wenigstens $850\,\text{K} \leq T \leq 1000\,\text{K}$

---

[2] Der Einfachheit wegen wird in diesem Abschnitt bei der Angabe der Kohlenstoffgehalte der Index „C" fortgelassen.

Energiebetrachtungen zur Austenit-Perlit-Umwandlung

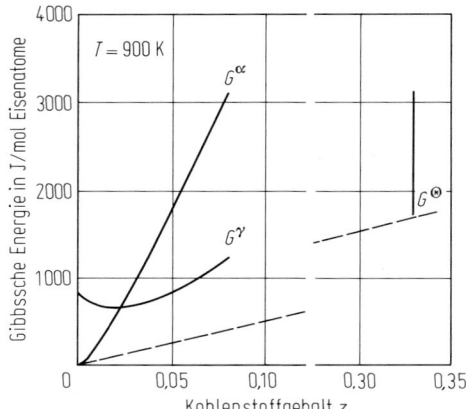

Bild B 6.20 Gibbssche Energien der Phasen Ferrit (α), Austenit (γ), und Zementit (Θ) im System Eisen-Kohlenstoff bei 900 K (nach Angaben in [61] und Tabelle B 2.3 gezeichnet).

$$\Delta G(T) = \Delta S(T_E)(T_E - T) \qquad (B\,6.26)$$

mit dem Wert $\Delta S(T_E) \approx -5{,}5\,\text{J/(mol Eisenatome}\cdot\text{K)}$ (aus Tabelle B 2.3 abgeschätzt) oder mit dem Wert des Molvolumens $V_m \approx 7{,}6\cdot 10^{-6}\,\text{m}^3/\text{mol Eisenatome}$ umgerechnet in $\Delta S_v(T_E) = \Delta S(T_E)/V_m \approx -0{,}7\cdot 10^6\,\text{J/m}^3\,\text{K}$.

Diese Gibbssche Energie wird bei der Keimbildung und dem Wachstum des Perlits wie bei jeder anderen Umwandlung verbraucht. Allerdings ist hier zu beachten, daß auf Grund der perlitischen Doppelreaktion ein lamellares Gefüge mit nebeneinander liegenden Ferrit- und Zementitplatten entsteht, die mit konstanter Dicke in den Austenit hineinwachsen. Dies bedeutet, daß beim Wachstum sich die Grenzflächen zwichen den Lamellen proportional zum umgewandelten Volumen vergrößern. Der dafür laufend aufzubringende Energiebeitrag ist, wenn λ den Abstand der Mitten zweier Ferrit- bzw. Zementitlamellen und $\gamma_{\alpha\Theta}$ die (mittlere) flächenbezogene Grenzflächenenergie bedeuten,

$$G_v^F = \frac{2\gamma_{\alpha\Theta}}{\lambda}.$$

Damit ist – abgesehen von ebenfalls abzuziehenden elastischen Verzerrungsenergien – die für die Perlitbildung effektiv zur Verfügung stehende (negative) Gibbssche Energie nur

$$\Delta G(\lambda, T) = \Delta G(T) + 2\gamma_{\alpha\Theta}/\lambda. \qquad (B\,6.27)$$

$\Delta G(T)$ gibt die Umwandlungsenergie im Grenzfall $\lambda \to \infty$ an, d. h. bei sehr grobem Perlit. Jeder realistische λ-Wert führt dazu, daß $\Delta G(\lambda, T)$ weniger negativ als $\Delta G(T)$ ist. Außerdem läßt sich aus Gl. (B 6.27) ein Minimalwert $\lambda_{\min}$ ablesen, der eine Grenze für die Feinheit angibt, bis zu der bei der Temperatur T im äußersten Fall Perlit gebildet werden könnte: Aus $\Delta G(\lambda_{\min}, T) = 0$ folgt direkt $\lambda_{\min}(T) = 2\gamma_{\alpha\Theta}/|\Delta G(T)|$, und mit Hilfe von Gl. (B 6.26) folgt daraus

$$\lambda_{\min}(T) = 2\gamma_{\alpha\Theta}/[|\Delta S_v(T_E)|(T_E - T)]. \qquad (B\,6.28)$$

Aus dieser Gleichung läßt sich mit den Werten $\gamma_{\alpha\Theta} = 1\,\text{J/m}^2$ und $|\Delta S_v(T_E)| =$

$0{,}7 \cdot 10^6 \, \text{J/m}^3 \, \text{K}$ der Mindestabstand der Perlitlamellen in Abhängigkeit von der Unterkühlung abschätzen zu $\lambda_{\min}(T)$ (in m) $= 3 \cdot 10^{-6}/(T_E - T)$.

Dies ist natürlich noch keine Aussage über den tatsächlichen Lamellenabstand, denn der Perlit wächst bei der Temperatur T mit einem Lamellenabstand $\lambda > \lambda_{\min}(T)$, weil erst dabei nach Gl. (B 6.27) ein endlicher (negativer) Überschuß $\Delta G(\lambda, T)$ für die Umwandlung, d. h. zunächst für die Keimbildung, zur Verfügung steht.

B 6.3.2 Keimbildung

Viele Beobachtungen haben gezeigt, daß die Keimbildung des zweiphasigen Perlits, ähnlich wie die des voreutektoidischen Ferrits oder Zementits, bevorzugt an den Korngrenzen des Austenits stattfindet oder gegebenenfalls auch an den Phasengrenzen des Austenits mit einer dieser voreutektoidischen Ausscheidungen (Bild B 6.21). Die thermodynamische Begründung dieses Effektes wurde bereits in B 3.4 diskutiert. Weitere Einzelheiten über den Mechanismus dieser Keimbildung konnten jedoch kaum aufgeklärt werden.

Es ist lange die Frage erörtert worden, ob bei dieser Keimbildung je nach Legierungszusammensetzung der Ferrit oder der Zementit eine „führende" Rolle spiele. Die Perlitkeimbildung an den genannten Phasengrenzen mag eine solche Frage nahegelegt haben. In Wirklichkeit ist aber davon auszugehen, daß wegen der zweiphasigen Natur des Perlits auch bei der Keimbildung beide Phasen eine gleichrangige Rolle spielen, so daß die erste Perliteinheit aus einem Ferrit- und daneben aus einem Zementitanteil bestehen muß. Über die Weiterentwicklung eines solchen Gebildes gab es zunächst die Vorstellung [50], daß in dem auf der Ferrit- bzw. Zementitseite gelegenen Austenit durch den jeweils erhöhten bzw. erniedrigten Kohlenstoffgehalt eine erneute Zementit- bzw. Ferritkeimbildung für eine Verbreiterung der Perlitkolonie sorgt, während senkrecht dazu die beiden neuen Phasen direkt miteinander gekoppelt vorwachsen. Hiergegen spricht die Beobachtung, daß eine Perlitkolonie nicht aus voneinander getrennten Ferrit- und Zementitkristallen besteht, sondern daß die beiden Phasen durch dendritenartige Verzweigungen aus einem einzigen (zweiphasigen) Ursprung entstanden sind [51].

Bild B 6.21 Beginnende Perlitbildung an den Korngrenzen des Austenits und an den Phasengrenzen mit voreutektoidischem Zementit nach 1185°C 2h/500°C 3h/Luft in einem Manganhartstahl mit rd. 1,2%C und 12%Mn (in alkoholischer Salpetersäure geätzt).

Diese Beobachtung steht mit der Feststellung in Einklang, daß die Kristallgitter der beiden Phasen im Perlit stets in einer von zwei bestimmten kristallographischen Beziehungen zueinander auftreten, die innerhalb einer Perlitkolonie unverändert bleibt [54, 55]. Diese Feststellung legt die Annahme nahe, daß während der Keimbildung sich Ferrit und Zementit so nebeneinander bilden, daß die entstehenden Grenzflächen- und vor allem die elastischen Verzerrungsenergien im Volumen durch bestimmte kristallographische Passungen minimal gehalten werden [56]. Dies führt natürlich nicht nur zu festen kristallographischen Beziehungen zwischen den sich neu bildenden Phasen, sondern auch zwischen diesen und dem umwandelnden Austenit.

Die direkte Beobachtung der zuletzt genannten Orientierungsbeziehungen wird dadurch erschwert, daß sie zu demjenigen Austenitkorn bestehen, in welches die Perlitkolonie *nicht* hineinwächst [51]. Die Ursache ist ähnlich wie die des gleichen Effekts bei der Korngrenzenausscheidung von voreutektoidischem Ferrit [57]: Die Grenzfläche der neuen Phase zu dem Austenitkorn, zu dem eine bestimmte kristallographische Beziehung existiert, ist kohärent, die Grenzfläche zu dem anderen Korn ist inkohärent; bei den vorliegenden geringen Unterkühlungen wandert aber eine inkohärente Wachstumsfront weit schneller als eine kohärente [58]. Der Austenit, den man vor der Perlitfront beobachtet, hat also in der Regel an der Keimbildung direkt gar nicht teilgenommen. Deshalb ist es bislang auch von daher nicht gelungen, den Keimbildungsvorgang wirklich zu erfassen. Im Gegensatz hierzu konnte für den Wachstumsvorgang ein vollständiges Modell entwickelt werden.

B 6.3.3 Wachstumskinetik von lamellarem Perlit

Das charakteristische am Mechanismus des Perlitwachstums besteht darin, daß der Kohlenstoff nicht über lange Distanzen im Austenit zu diffundieren braucht. Stattdessen wird er durch kurzweitige Diffusionsströme so umverteilt, daß sich in benachbarten Bereichen mit erhöhter bzw. erniedrigter Kohlenstoffkonzentration nebeneinander Zementit bzw. Ferrit bilden. Dieser Mechanismus einer gekoppelten Bildung zweier neuer Phasen ist zwar noch nicht in allen Einzelheiten aufgeklärt, die Grundzüge dieses Vorganges können' aber in guter Näherung zutreffend beschrieben werden [52, 59].

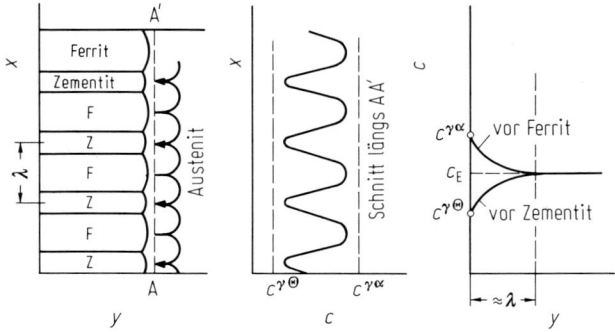

Bild B 6.22 Konzentrationsverlauf c und Diffusionsströme des Kohlenstoffs an der Wachstumsfront des Perlits. Nach [53].

Wir bleiben bei der Idealisierung des perlitischen Gefüges durch planparallele Lamellen. Dann läßt sich die Wachstumsfront, wie in Bild B 6.22 angegeben, skizzieren. Der Konzentrationsverlauf[3] des Kohlenstoffs im Austenit vor den Ferrit-und Zementitlamellen ist eingetragen. Er lehnt sich nach dem „Prinzip des lokalen Gleichgewichts" an die (extrapolierten) Gleichgewichtswerte des Austenits $c^{\gamma\alpha}$ bzw. $c^{\gamma\Theta}$ mit dem Ferrit bzw. Zementit an (vgl. Bild B 2.13a) wobei allerdings nicht die für die jeweilige Reaktionstemperatur T gültigen Werte benutzt werden dürfen. Wie oben ausgeführt wurde, würden diese Werte nur für den Grenzfall $\lambda \to \infty$ gelten. Die aufzubringende Grenzflächenenergie der Perlitlamellen bewirkt, daß für die Umwandlung nur eine nach Gl. (B 6.27) verminderte thermodynamische Energie zur Verfügung steht, die man deshalb einer etwas höher gelegenen Temperatur T' zuordnen kann. Mit der Definitionsgleichung für T'

$$\Delta G(\lambda, T) = \Delta S(T_E)(T_E - T') \qquad (B\,6.29)$$

folgt aus Gl. (B 6.27) und (B 6.26)

$$\Delta S(T_E)(T_E - T') = \Delta S(T_E)(T_E - T) + \frac{2\gamma_{\alpha\Theta}}{\lambda} \qquad (B\,6.30)$$

und daraus mit Gl. (B 6.28):

$$T_E - T' = (T_E - T)\left(1 - \frac{\lambda_{\min}(T)}{\lambda}\right). \qquad (B\,6.31)$$

Diese Beziehung gilt wegen $\infty > \lambda > \lambda_{\min}$ innerhalb der Temperaturgrenzen $T < T' < T_E$. Bei der so erhaltenen Temperatur T' und nicht direkt bei der Umwandlungstemperatur T sind also aus Bild B 2.13a die Grenzkonzentrationen $c^{\gamma\alpha}$ bzw. $c^{\gamma\Theta}$ abzulesen. Die auf diese Weise erhaltenen Konzentrationsunterschiede im Austenit liegen je nach dem Lamellenabstand in dem Bereich $[c^{\gamma\alpha}(T) - c^{\gamma\Theta}(T)] > [c^{\gamma\alpha}(T') - c^{\gamma\Theta}(T')] > 0$. Wie man aus Bild B 2.13a direkt ableiten kann, nehmen diese Konzentrationsdifferenzen näherungsweise linear mit der Unterkühlung zu:

$$[c^{\gamma\alpha}(T') - c^{\gamma\Theta}(T')] \text{ (in mol Kohlenstoffatome/m}^3\text{)} = 77{,}7(T_E - T'). \quad (B\,6.32)$$

Vor der Wachstumsfront des Perlits treten also im Austenit Konzentrationsgradienten auf, die z. B. direkt an der Wachstumsfront in tangentialer Richtung annähernd gleich $[c^{\gamma\alpha}(T') - c^{\gamma\Theta}(T')]/(\lambda/2)$ sind. Wenn die Perlitfront nun mit der Geschwindigkeit v vorwächst, wird dieses Konzentrationsprofil in einem stationären Gleichgewicht durch drei Reaktionsströme aufrecht erhalten, die gleichartig vor und in der Wachstumsfront an jedem Flächenelement auftreten, das in Bild B 6.22 senkrecht zur Bildebene von einer Einheitslänge und senkrecht dazu in x-Richtung von dem Abstand zwischen zwei benachbarten Konzentrationswerten $c^{\gamma\alpha}$ und $c^{\gamma\Theta}$ aufgespannt wird.

Auf der Ferritseite bedeutet das Vorrücken jeder halben Ferritlamelle in der Zeit dt um das Stück vdt eine Volumenvergrößerung des Ferrits um $vdt\,\omega\lambda/2$, wobei ω den Volumenanteil des Ferrits im lamellaren Perlit angibt. Mit dieser Vergrößerung ist unter Beibehaltung des lokalen Gleichgewichts eine Abgabe des Kohlenstoffs an

---

[3] Siehe Fußnote 1 auf S. 124.

den angrenzenden Austenit von $v dt [c^{\gamma\alpha}(T') - c^{\alpha\gamma}(T')] \omega \lambda/2$ verbunden. Als Reaktionsstrom läßt sich diese Kohlenstoffabgabe so formulieren:

$$J_1 = \omega \frac{\lambda}{2} v [c^{\gamma\alpha}(T') - c^{\alpha\gamma}(T')]. \tag{B 6.33}$$

In ähnlicher Weise wird beim Vorrücken jeder (halben) Zementitlamelle Kohlenstoff dem angrenzenden Austenit entzogen; der zugehörige Reaktionsstrom lautet

$$J_2 = (1-\omega) \frac{\lambda}{2} v [c^{\Theta} - c^{\gamma\Theta}(T')]. \tag{B 6.34}$$

Aufgrund der so entstandenen Konzentrationsunterschiede diffundiert der Kohlenstoff im Austenit vor der Perlitfront, wodurch die aufgebauten Konzentrationsunterschiede sich wieder ausgleichen. Für eine Abschätzung genügt es, den Strom zu betrachten, der – wie in Bild B 6.22 angedeutet – durch ein Flächenelement der Breite λ fließt, das senkrecht zur Perlitfront in den Austenit hineinragt:

$$J_3 = D \frac{[c^{\gamma\alpha}(T') - c^{\gamma\Theta}(T')]}{\lambda/2} \lambda, \tag{B 6.35}$$

wobei D der Diffusionskoeffizient der Kohlenstoffdiffusion im Austenit ist. Da dieser Diffusionskoeffizient nicht nur von der Temperatur, sondern auch von der Kohlenstoffkonzentration abhängt, die hier im Diffusionsgebiet unterschiedlich ist, muß für D ein effektiver Mittelwert eingesetzt werden. Wenn man berücksichtigt, daß in der Perlitfront der Ferrit den Zementit räumlich deutlich überwiegt, so erscheint es vernünftig, den Mittelwert für D mehr bei Konzentrationen in Nähe der $c^{\gamma\alpha}(T)$- als in der Nähe der $c^{\gamma\Theta}(T)$-Linie zu suchen. Auf diese Weise erhält man für Temperaturen im Intervall $850\,\text{K} < T < 1000\,\text{K}$ D-Werte, die praktisch temperaturunabhängig sind [52]; die gegenläufigen Einflüsse von Temperatur und Kohlenstoffkonzentration auf D heben sich gegenseitig auf. Der so gewonnene Mittelwert beträgt im genannten Temperaturintervall $D = 1{,}35 \cdot 10^{-12}\,\text{m}^2/\text{s}$ [52].

Im stationären Zustand müssen die drei Ströme J_i ($i = 1, 2, 3$) gleich sein. Die erste der dadurch erhaltenen Beziehungen $J_1 = J_2$ ist gleich der bekannten Beziehung der Stofferhaltung

$$\omega(T')[c^{\gamma\alpha}(T') - c^{\alpha\gamma}(T')] = (1 - \omega(T'))[c^{\Theta} - c^{\gamma\Theta}(T')], \tag{B 6.36}$$

die die Volumenanteile von Ferrit und Zementit im Perlit angibt. Aus einer der weiteren Beziehungen, z. B. $J_1 = J_3$, folgt dann

$$v = \frac{4D}{\lambda} [c^{\gamma\alpha}(T') - c^{\gamma\Theta}(T')] \left[\frac{1}{c^{\Theta} - c^{\gamma\Theta}(T')} + \frac{1}{c^{\gamma\alpha}(T') - c^{\alpha\gamma}(T')} \right]. \tag{B 6.37}$$

Diese Gleichung stellt zunächst nur die Verknüpfung einer bestimmten Wachstumsgeschwindigkeit v mit einer bestimmten Breite λ der Lamellenstruktur dar. Die beiden Größen selbst werden noch nicht festgelegt. Man kann dies aber sofort tun, wenn man zusätzlich die plausible Forderung aufstellt, daß sich diejenige Perlitkolonie im Gefüge durchsetzt, welche mit maximaler Geschwindigkeit wächst [60].

Bei einer solchen Abschätzung der optimalen Lamellenstruktur kann man wegen $[c^{\Theta} - c^{\gamma\Theta}] \gg [c^{\gamma\alpha} - c^{\alpha\gamma}]$ in Gl. (B 6.37) $[c^{\Theta} - c^{\gamma\Theta}]^{-1}$ gegen $[c^{\gamma\alpha} - c^{\alpha\gamma}]^{-1}$ vernachlässigen und

$[c^{\gamma\alpha} - c^{\gamma\Theta}]$ durch Gl. (B 6.32) ausdrücken. Wenn man zusätzlich $[c^{\gamma\alpha} - c^{\alpha\gamma}]$ durch den eutektoidischen Wert $c_E = 4865$ mol Kohlenstoffatome/m³ ersetzt, erhält man mit Gl. (B 6.31) aus Gl. (B 6.37) den einfachen Ausdruck:

$$v \text{ (in m/s)} = 0{,}0639 \, \frac{D \, (T_E - T)}{\lambda_{\min}(T)} \, \frac{\lambda_{\min}(T)}{\lambda} \left(1 - \frac{\lambda_{\min}(T)}{\lambda}\right). \tag{B 6.38}$$

Die Wachstumsgeschwindigkeit v hat also eine parabolische Abhängigkeit von $\lambda_{\min}/\lambda$ im Gültigkeitsbereich $0 \leq \lambda_{\min}/\lambda \leq 1$. Daraus folgt sofort, daß v einen Höchstwert bei $\lambda_{\min}/\lambda = 0{,}5$, also bei

$$\lambda(T) = 2\lambda_{\min}(T) \tag{B 6.39}$$

annimmt. Nach der gemachten Annahme sollte sich dieser Lamellenabstand im realen Perlitgefüge vorwiegend durchsetzen. Mit (B 6.28) folgt daraus

$$\lambda(T) = 4\gamma_{\alpha\Theta}/[\,|\Delta S_v(T_E)|(T_E - T)], \tag{B 6.40}$$

eine Beziehung, die den Lamellenabstand des Perlits in Abhängigkeit von der Unterkühlung angibt und die sich experimentell direkt prüfen läßt. In Bild B 6.23 sind die Ergebnisse von Messungen an isotherm gebildeten Perlitkolonien wiedergegeben [62, 63]. Man erkennt, daß die Vorhersage von Gl. (B 6.40) mit den experimentellen Daten für nicht zu große Unterkühlungen gut übereinstimmt, wodurch die durchgeführte Modellbetrachtung gerechtfertigt wird.

Aus Gl. (B 6.38) bis (B 6.40) läßt sich auch der Zusammenhang zwischen der isothermischen Wachstumsgeschwindigkeit und der Umwandlungstemperatur entnehmen:

$$v \text{ (in m/s)} = 0{,}008 \cdot \frac{|\Delta S_v(T_E)|D}{\gamma_{\alpha\Theta}} (T_E - T)^2. \tag{B 6.41}$$

Auch diese Beziehung läßt sich unmittelbar mit experimentellen Werten vergleichen. In Bild B 6.24 sind entsprechende Messungen wiedergegeben; man sieht, daß die Aussagen von Gl. (B 6.41) mit diesen Messungen für nicht zu große Unterkühlung gut übereinstimmen. Dies bestätigt wieder die Gültigkeit des vorgetragenen Modells.

Man kann nun davon ausgehen, daß eine Perlitfront bei konstant gehaltener Umwandlungstemperatur mit konstanter Geschwindigkeit wächst, d.h., daß die Ausdehnung einer Perlitkolonie in dieser Richtung proportional zur Umwandlungszeit t zunimmt. Wenn man nun die Beobachtung berücksichtigt, daß eine Perlitkolonie in etwa kugelförmig wächst, wobei die Lamellen sich durchweg so verzweigen, daß sie senkrecht auf der Wachstumsfront stehen, dann folgt, daß das Volumen einer Kolonie mit $V \approx (vt)^3$ zunimmt. Dieses Gesetz gilt so lange, bis benachbarte Kolonien aneinanderstoßen.

Das makroskopische Zeitgesetz der Perlitbildung folgt aus den Zeitgesetzen des Koloniewachstums und der Keimbildung. Das letzte konnte bislang nicht mit Sicherheit ermittelt werden. Deshalb wird hier nur der einfachste Fall einer spontanen Keimbildung betrachtet. Es sei N die Zahl der im Einheitsvolumen gebildeten Keime, so daß das Endvolumen einer Perlitkolonie im Mittel durch $\bar{V} = N^{-1}$ ange-

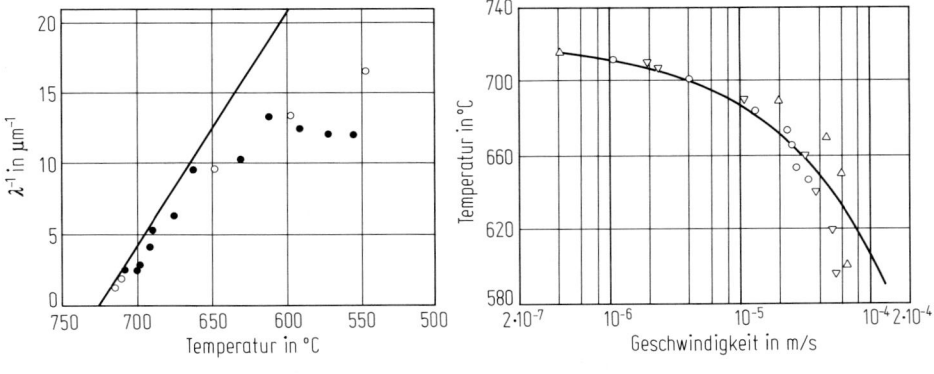

Bild B 6.23

Bild B 6.24

Bild B 6.23 Abhängigkeit des Lamellenabstandes λ im Perlit von der Unterkühlung: Meßwerte ● aus [62] und ○ aus [63]; die ausgezogene Linie wurde nach Gl. (B 6.40) berechnet mit den Werten $\gamma_{\alpha\Theta} = 1\,\text{J/m}^2$ und $|\Delta S_v(T_E)| = 0{,}7 \cdot 10^6\,\text{J/m}^3\,\text{K}$.

Bild B 6.24 Zusammenhang zwischen der Wachstumsgeschwindigkeit einer Perlitkolonie und der Temperatur. Die Meßwerte verschiedener Autoren für binäre Eisen-Kohlenstoff-Legierungen sind dem Übersichtsbericht [52] entnommen; die ausgezogene Linie wurde nach Gl. (B 6.41) berechnet mit den Werten $\gamma_{\alpha\Theta} = 1\,\text{J/m}^2$ und $|\Delta S_v(T_E)| = 0{,}7 \cdot 10^6\,\text{J/m}^3\,\text{K}$ sowie $D = 1{,}35 \cdot 10^{-12}\,\text{m}^2/\text{s}$.

nähert wird. Dann erhält man, ähnlich wie bei der Ableitung von Gl. (B 6.12), für den Volumenbruchteil $W(t) = V(t)/\bar{V}$ des Perlits

$$W(t) = 1 - \exp\left[-(t/\tau)^3\right] \tag{B 6.42}$$

mit der Abklingkonstanten $\tau \sim 1/(N^{1/3})$. Experimentell sind solche Zeitgesetze gefunden worden [64, 65], allerdings mit Exponenten, die über den Wert 3 bis auf 4 oder 5 hinausgehen. Solche Abweichungen lassen sich auf eine zeitlich ausgedehnte Keimbildung zurückführen, durch die der Exponent erhöht wird und die auch mit entsprechenden Beobachtungen besser übereinstimmt als eine spontane Keimbildung [66].

Unsicherheiten bei der Beschreibung des Perlitwachstums bestehen noch z. B. bei der Frage, ob der Kohlenstofftransport aus den Ferritbereichen in die Zementitbereiche wirklich nur im Austenit stattfindet. Eine andere, ebenfalls naheliegende Möglichkeit wäre die Diffusion in der Perlit-Austenit-Grenzfläche, wo der Diffusionskoeffizient sogar wesentlich größer (vgl. B 4), der Diffusionsquerschnitt allerdings wesentlich kleiner wären. In diesem Fall ist in dem Reaktionsstrom J_3 für D der Grenzflächen-Diffusionskoeffizient und für die Breite des Diffusionsquerschnitts der (feste) Wert einer Phasengrenzfläche (statt λ) einzusetzen. Dann erhält man für die Wachstumsgeschwindigkeit einen ähnlichen Ausdruck wie Gl. (B 6.37), in dem an Stelle von λ^{-1} jetzt λ^{-2} auftritt. Daraus läßt sich sofort ableiten, daß die maximale Wachstumsgeschwindigkeit bei $\lambda_{\min}/\lambda = 2/3$ liegen sollte [67]. Solche Einzelheiten bewirken zwar, wie angedeutet, gewisse zahlenmäßige Änderungen in den Modellaussagen, lassen deren Grundzüge jedoch ungeändert.

B 6.3.4 Einfluß substitutioneller Legierungselemente

Die Perlitbildung wird durch substitutionelle Legierungselemente stark beeinflußt, meistens verzögert. Dies ist seit langem bekannt und wird immer dann ausgenutzt, wenn an Stelle des Perlits bainitische oder martensitische Gefüge erzeugt werden sollen. Daß hierfür bereits relativ geringe Legierungszusätze ausreichen, wird zum Teil einer Anreicherung dieser Legierungselemente auf den Korngrenzen zugeschrieben, wodurch sich ihr Einfluß auf die Perlitkeimbildung verstärkt. Im folgenden soll angegeben werden, wie sich die thermodynamischen Eigenschaften der beteiligten Phasen und von daher die Umwandlungskräfte bei der Perlitbildung ändern.

Im einfachen Fall einer ternären Legierung Fe-M-C (M = Mangan, Silizium, Chrom usw.) gelten für die Phasen Austenit bzw. Ferrit ($\varphi = \gamma$ bzw. α) und Zementit (Θ) Gibbssche Energiefunktionen, wie sie in Bild B 2.17 skizziert sind. Daraus lassen sich die zugehörigen Gleichgewichte ableiten (s. B 2). In Bild B 6.25 sind als Beispiele drei auf diese Weise erhaltene isothermische Schnitte des Eisen-Mangan-Kohlenstoff-Systems dargestellt.

Mangan gehört zu den γ-stabilisierenden Elementen. Dementsprechend sind bei der Perlittemperatur des binären Eisen-Kohlenstoff-Systems von rd. 1000 K fast alle manganhaltigen Legierungen vollständig oder wenigstens teilweise noch im austenitischen Zustand. An der auf der eutektoidischen Rinne markierten Legierung erkennt man, wie mit sinkender Temperatur (1000 K → 973 K → 923 K) der einphasige γ-Zustand über ein 3-Phasengleichgewicht ($\alpha + \gamma + \Theta$) in das Zweiphasengleichgewicht ($\alpha + \Theta$) übergeht. Bei Einhaltung des lokalen Gleichgewichts an der Perlitfront müssen dementsprechend Umverteilungen sowohl des Kohlenstoffs als auch des Mangans stattfinden. Daten für solche Umverteilungen können direkt aus Angaben wie in Bild B 6.25 abgeleitet werden. Die Modelle für diesen Mechanismus sind aber so kompliziert [59, 68], daß sie hier nicht dargestellt werden können. Es soll nur festgehalten werden, daß bei Beteiligung von substitutionellen Legierungselementen wegen ihrer langsameren Diffusion die ganze Reaktion verlangsamt

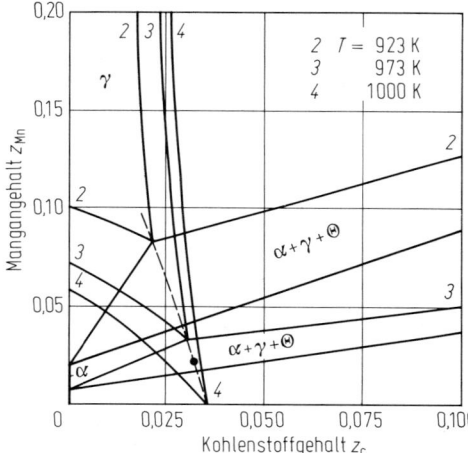

Bild B 6.25 Für die Temperaturen 923 K (*2*), 973 K (*3*) und 1000 K (*4*) berechnete isothermische Schnitte aus dem Phasendiagramm des Systems Eisen-Mangan-Kohlenstoff; die gestrichelte Linie gibt die Projektion der eutektoidischen Rinne an. Nach [61]; (vgl. auch Bild B 2.18).

wird und nur bei höheren Temperaturen in der angegebenen Weise ablaufen kann [69].

Bei tieferer Temperatur wird beobachtet, daß sich zunächst ein metastabiler Perlit bildet, in dem eine Konzentrationsaufspaltung des substitutionellen Legierungselementes nicht nachgewiesen werden kann [69]. Dies ist verständlich, weil mit absinkender Temperatur die thermische Beweglichkeit der Substitutionsatome schneller einfriert als die der Kohlenstoffatome. Die Umwandlung kann für den Grenzfall, daß gar keine Konzentrationsaufspaltung der Substitutionsatome stattfindet, ähnlich wie bei der binären Eisen-Kohlenstoff-Legierung behandelt werden. Natürlich können dabei die thermodynamischen Umwandlungskräfte nicht mehr aus ternären Gleichgewichtsdaten wie z. B. denen in Bild B 6.25 abgeleitet werden. Stattdessen muß von den Konzentrationsschnitten der Gibbsschen Funktionen G^α, G^γ, G^Θ ausgegangen werden, in denen die jeweilige Legierungskonzentration des substitutionellen Elementes konstant gehalten wird. Als Beispiel sind solche Schnitte in Bild B 6.26 für die in Bild B 6.25 auf der eutektoidischen Rinne markierte Legierung und die Temperaturen 1000 und 900 K dargestellt. Die Angaben sind mit den entsprechenden des binären Eisen-Kohlenstoff-Systems (Bilder B 2.12 und B 6.20) zu vergleichen. Man erkennt auch hier die γ-stabilisierende Wirkung des Mangans, durch die die Perlittemperatur auf einen Wert unter 1000 K gesenkt wird. Aus solchen Daten kann ein dem Eisen-Kohlenstoff-Diagramm (Bild B 2.13) ähnliches ($Fe_{0,98}Mn_{0,02}$)-Kohlenstoff-Diagramm berechnet werden (Bild B 6.27) und in ähnlicher Weise bei der Modellbetrachtung benutzt werden. Die Werte der außerdem auftretenden Diffusionskonstante des Kohlenstoffs weichen in der Regel nur geringfügig von den entsprechenden Werten der binären Eisen-Kohlenstoff-Zusammensetzung ab.

Der so gebildete Perlit ist metastabil. Das Gleichgewicht wird erst bei längerem isothermischen Anlassen erreicht, wodurch im Austausch mit Eisenatomen ein Übertritt von (hier) Manganatomen vom Ferrit in den Zementit ermöglicht wird, so

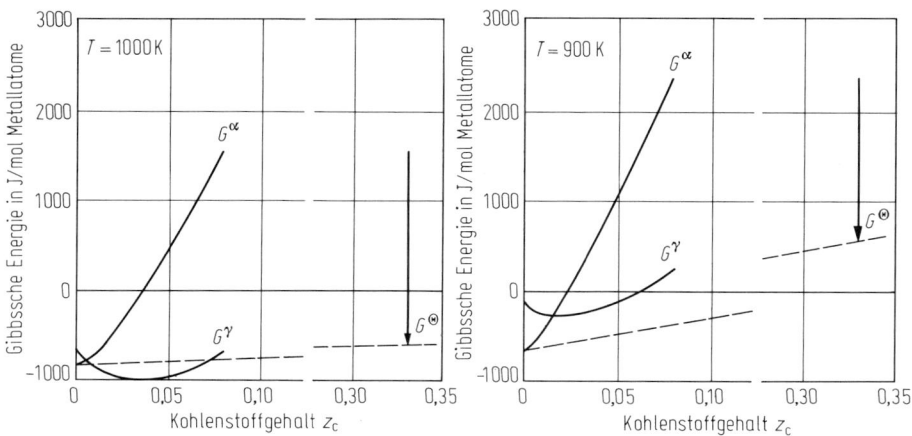

Bild B 6.26 Gibbssche Energien der Phasen Ferrit (α), Austenit (γ) und Zementit (Θ) im System ($Fe_{0,98}Mn_{0,02}$)-C bei 1000 und 900 K. Nach Angaben in [61] gezeichnet.

daß sich schließlich das der jeweiligen Temperatur und Legierungszusammensetzung entsprechende Gleichgewicht einstellt [69].

Die bisherige Diskussion wurde am Beispiel eines γ-stabilisierenden Elementes geführt, das im betrachteten Legierungsbereich keine Sonderkarbide bildet. Der Einfluß eines γ-destabilisierenden Elements, das ebenfalls keine Sonderkarbide bildet, wie z. B. Silizium, unterscheidet sich hiervon dadurch, daß die 3-Phasengleichgewichte (α + γ + Θ) bei höheren Temperaturen durchlaufen werden als bei den binären Eisen-Kohlenstoff-Legierungen (Bild B 6.28 und B 6.29). Man sieht,

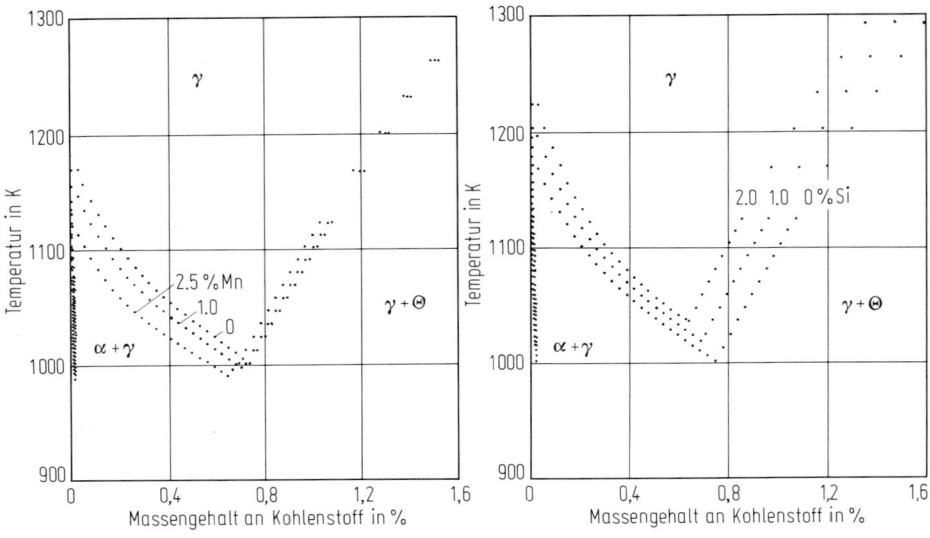

Bild B 6.27

Bild B 6.28

Bild B 6.27 (Fe, Mn)-C-Phasendiagramme mit jeweils konstanten Massengehalten an Mangan von 0 oder 1 oder 2,5%. Nach [70].

Bild B 6.28 (Fe, Si)-C-Phasendiagramme mit jeweils konstanten Massengehalten an Silizium von 0 oder 1 oder 2%. Nach [70].

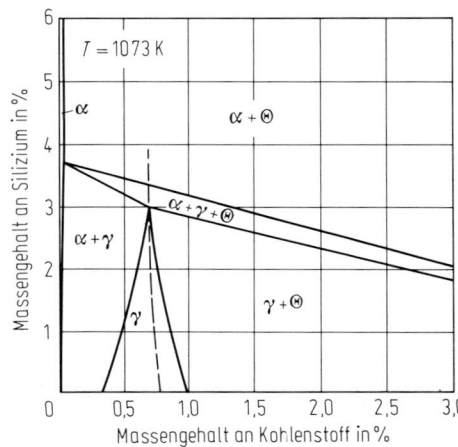

Bild B 6.29 Für 1073 K berechneter isothermischer Schnitt des Eisen-Silizium-Kohlenstoff-Phasendiagramms; die gestrichelte Linie gibt die Projektion der eutektoidischen Rinne an. Nach [71].

Einfluß von Karbide bildenden Legierungselementen

daß im Gegensatz zum Eisen-Mangan-Kohlenstoff-System, in dem sich das 3-Phasengebiet mit sinkender Temperatur zu höheren Metall (M)-Gehalten verschiebt, hier dieses Gebiet mit sinkender Temperatur immer mehr auf das siliziumfreie binäre Eisen-Kohlenstoff-Randsystem zuläuft.

Schließlich ist noch der Fall zu behandeln, in dem das substitutionelle Legierungselement Sonderkarbide bildet. Die unter solch einer Bedingung auftretenden Reaktionen lassen sich beispielhaft an Hand der drei berechneten Schnitte aus dem System Eisen-Chrom-Kohlenstoff in Bild B 6.30 veranschaulichen. Danach sollten z. B. Legierungen mit rd. 5,5 % Cr und 0,175 % C bei Temperaturen zwischen 1123 und 1023 K im Gleichgewicht die eutektoidische Reaktion $\gamma \rightleftarrows \alpha + M_7C_3$ (mit M = Eisen, Chrom) durchlaufen. In ähnlicher Weise wird bei höheren Chromgehalten und bei höheren Temperaturen die Reaktion $\gamma \rightleftarrows \alpha + M_{23}C_6$ angegeben. Nur bei Chromgehalten unter rd. 1% ist, wie bisher, der Zementit $\Theta = M_3C$ (im Gleichgewicht) an der eutektoidischen Reaktion beteiligt.

Die durch diese Reaktionen erzeugten perlitartigen Gefüge treten bekanntlich in Stählen auch wirklich auf [14, 72]. Die genauen Entstehungsbedingungen konnten bisher aber kaum ermittelt werden. Deshalb ist ein Vergleich mit den Vorhersagen

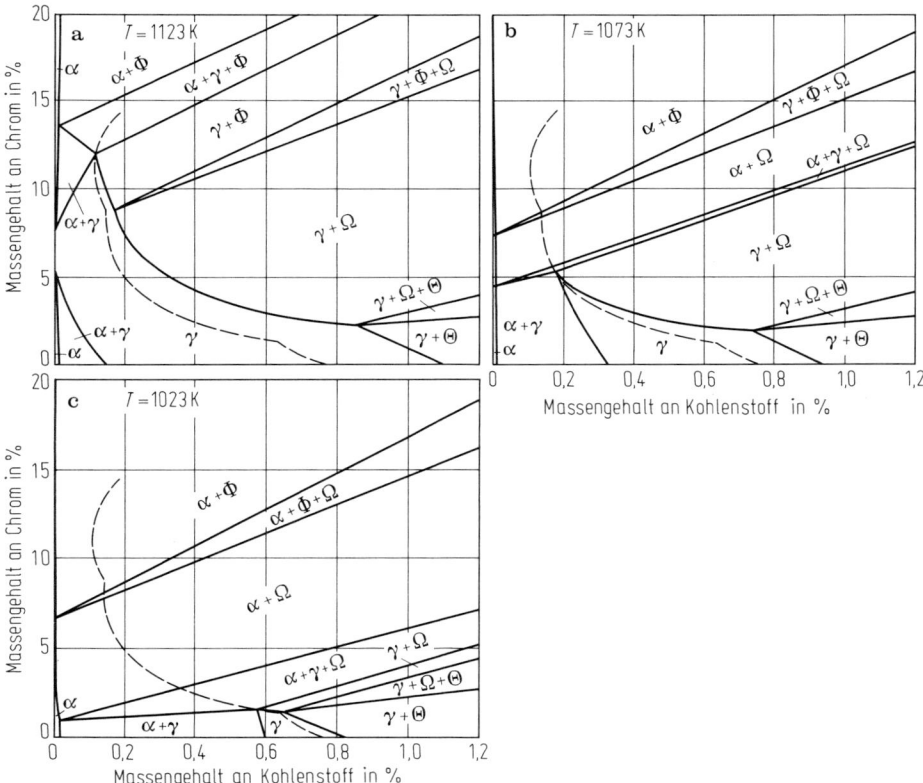

Bild B 6.30 Für 1123, 1073 und 1023 K berechnete isothermische Schnitte aus dem Phasendiagramm des Systems Eisen-Chrom-Kohlenstoff; die gestrichelten Linien geben die Projektion der eutektoidischen Rinne an. $\Phi = M_{23}C_6$, $\Omega = M_7C_3$, $\Theta = M_3C$. Nach [71].

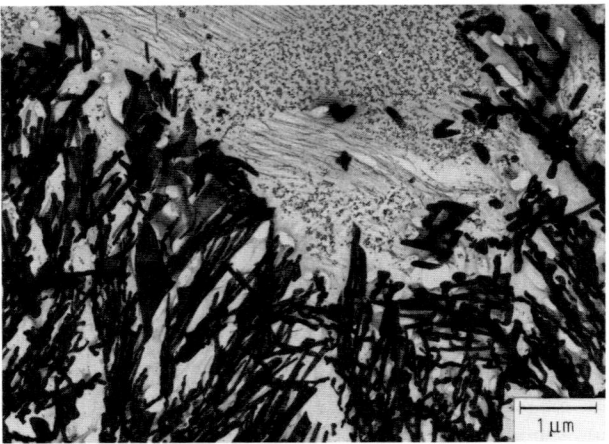

Bild B 6.31 Ausziehabdruck eines eutektoidischen Gefüges mit Sonderkarbiden in einem Stahl mit 0,38 % C, 5,0 % Cr, 1,0 % Mo und 0,3 % V nach 1030 °C 15 min/730 °C 45 min/Wasser. Nach [14].

berechneter Phasendiagramme zur Zeit nicht möglich, insbesondere weil auch in diesen Fällen je nach Führung der Wärmebehandlung statt der stabilen auch metastabile eutektoidische Reaktionen ablaufen können.

Morphologisch können die erhaltenen Gefüge sich von dem lamellaren Perlit dadurch unterscheiden, daß sich die Sonderkarbide auch in verzweigten Stab- oder Faserformen bilden (Bild B 6.31). Eine weitere Besonderheit wird bei etwas tieferen Temperaturen beobachtet [73]: An Stelle des beschriebenen gekoppelten Wachstumsvorganges findet dann in der Phasengrenzfläche zum Austenit eine sich regelmäßig wiederholende Karbidkeimbildung statt, die zu einem Gefüge mit im Ferrit perlschnurartig angeordneten Karbidteilchen führt [74].

B 6.4 Martensit

Die Austenit-Martensit-Umwandlung hat den Eisenwerkstoffen ihre Sonderstellung gegeben, weil durch sie die hervorragende Härtbarkeit dieser Werkstoffe bewirkt wird. Dementsprechend ist diese Umwandlung vielfach unter den verschiedensten Gesichtspunkten untersucht worden (s. z. B. die Übersichten [49, 75–81]). Die folgenden Ausführungen befassen sich mit den energetischen Bedingungen und dem kristallographischen Verlauf dieser Umwandlung.

B 6.4.1 Charakterisierung der Martensitumwandlung

Martensitumwandlungen haben eine Reihe von Eigentümlichkeiten, die sie von den diffusionsgesteuerten Umwandlungen deutlich unterscheiden und durch die sie bereits frühzeitig als eine eigene Umwandlungsklasse erkannt wurden.

1) Die Martensitumwandlungen finden bei tiefen Temperaturen athermisch statt, d. h., sie setzen während der Abkühlung bei Erreichen einer bestimmten Tempe-

ratur schlagartig ein und laufen erst bei weiterer Abkühlung kaskadenartig in Bruchteilen von Sekunden ab.
2) Wird die Abkühlung gestoppt, so hört auch die weitere Umwandlung auf, obwohl das Gleichgewicht noch nicht erreicht ist.
3) Die umgewandelten Kristallbereiche sind bereits vor dem Anätzen auf der ursprünglich glatten Probenoberfläche durch klar umrissene Reliefstrukturen erkennbar (s. Bild B 6.32).

Wegen der tiefen Umwandlungstemperatur und der trotzdem hohen Umwandlungsgeschwindigkeit ist es ausgeschlossen, daß Diffusion für die Bewegung der Atome bestimmend ist. Dementsprechend kann durch eine martensitische Umwandlung die Konzentration der Legierungsatome nicht verändert werden. Es wird nur durch eine koordinierte Atombewegung die Gitterstruktur geändert (s. Bild B 6.33). Diese Koordinierung der Atombewegungen ist das entscheidende Charakteristikum der Martensitumwandlungen im Gegensatz zu den individuell verlaufenden Atombewegungen bei diffusionsgesteuerten Umwandlungen.

B 6.4.2 Energiebetrachtungen

Die eine Martensitumwandlung antreibenden Kräfte lassen sich wie folgt deutlich machen. Betrachten wir einen γ-Mischkristall mit dem Legierungsgehalt x^0, der mit

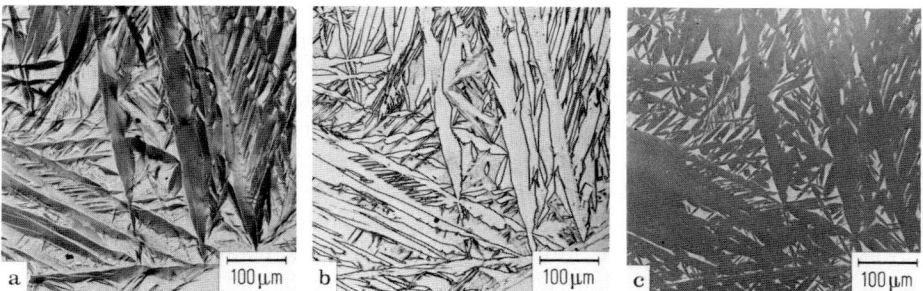

Bild B 6.32 Eisenlegierung mit 32 % Ni (Massengehalt), zum größten Teil in Martensit umgewandelt. **a** das Relief auf der vor der Umwandlung glatten Probenoberfläche; **b** nach dem Abpolieren mit Königswasser geätzt; **c** nach dem Abpolieren mit TiO₂ bedampft: Der Martensit erscheint dunkel, der Restaustenit hell. Der angegebene Maßstab beträgt 100 μm.

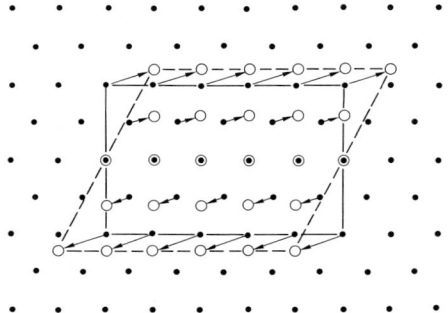

Bild B 6.33 Umwandlung einer dicht gepackten Gitterstruktur (Punkte) in eine weniger dicht gepackte Gitterstruktur (Kreise) durch koordinierte Atombewegungen.

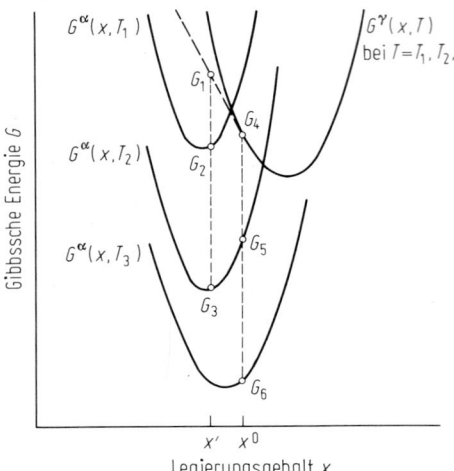

Bild B 6.34 Die Gibbsschen Energien G^α und G^γ der Phasen α und γ als Funktion der Legierungszusammensetzung x bei verschiedenen Temperaturen T_1, T_2 und T_3. Da nur die relative Lage interessiert, ist für G^γ nur eine Kurve eingetragen. (schematisch).

abnehmenden Temperaturen T_1, T_2, T_3 im Vergleich zum Phasenzustand α zunehmend instabil wird. Die Gibbsschen Energien der beiden Phasenzustände sind in Bild B 6.34 skizziert worden. Bei der höheren Temperaur T_1 steht für die Bildung eines α-Keims (hier willkürlich mit der Zusammensetzung x' angenommen) die treibende Energie $(G_2 - G_1)$ zur Verfügung (vgl. B 3.1). Die thermische Beweglichkeit der Atome sei noch so groß, daß weitreichende Diffusion in nicht zu langen Zeiten stattfindet. Die Umwandlung läuft unter diesen Umständen als diffusionsgesteuerter Vorgang ab (vgl. B 6.2). Wird der γ-Mischkristall aber durch eine höhere Abkühlgeschwindigkeit stärker unterkühlt, so nimmt einerseits die treibende Energie laufend zu, z. B. beträgt sie bei T_2 bereits $(G_3 - G_1)$ statt nur $(G_2 - G_1)$; andererseits friert die thermische Beweglichkeit der Atome zunehmend ein, wodurch eine diffusionsgesteuerte Umwandlung unmöglich wird. Dieses Dilemma wird durch die Art der martensitischen Umwandlung überwunden: In dem auf die tiefe Temperatur T_3 unterkühlten γ-Mischkristall mit der Zusammensetzung x^0 steht für die Bildung eines α-Keims der unveränderten Zusammensetzung x^0 jetzt die Energie $(G_6 - G_4)$ zur Verfügung, die mit zunehmender Unterkühlung noch anwächst, z. B. von $(G_5 - G_4)$ bei T_2 auf $(G_6 - G_4)$ bei T_3. Dies führt dazu, daß ohne Änderung der Legierungszusammensetzung eine ganze Gruppe von Atomen in einer koordinierten Bewegung die Plätze der neuen Gitterstruktur einnimmt.

Dieser Vorgang ist in Bild B 6.33 schematisch skizziert worden. Wie anschaulich zu erkennen ist, bewirken diese koordinierten Atombewegungen notwendigerweise außer einer Volumenänderung auch eine ausgeprägte Gestaltänderung des umwandelnden Kristallbereiches. Dadurch wird die oben erwähnte Reliefbildung verständlich. Durch die Gestaltänderung entstehen aber auch elastische Verzerrungen im Kristallvolumen. Erfahrungsgemäß werden diese Gitterverspannungen zwar nach Möglichkeit durch plastische Verformung des umgebenden Austenits abgebaut, aber die koordinierten Atombewegungen verlaufen trotzdem so, daß die elastischen Volumenenergien auf ein Minimum beschränkt bleiben. Diese Minimierung der elastischen Gitterverspannungen hat sich als Schlüssel zum Verständnis der geometrischen und kristallographischen Eigenschaften der martensitischen Umwandlungen herausgestellt, insbesondere der Beobachtung, daß der Martensit sich plattenförmig bildet entlang einer kristallographisch in einem kleinen Streubereich wohldefinierten Ebene, der Habitusebene, die jedoch im allgemeinen nicht niedrig indiziert ist.

Es ist nämlich davon auszugehen, daß diese Habitusebene bei der Umwandlung wenig oder gar nicht verzerrt wird, da plattenförmige α-Bereiche parallel zu solchen unverzerrten Ebenen nur geringe elastische Verzerrungen im Volumen erzeugen (s. B 3.3). Diese Ebene darf natürlich durch die Umwandlung auch nicht rotiert werden, da sonst Umwandlungsprodukt und Matrix auseinanderklaffen oder aber große elastische Spannungen entstehen würden. Die Habitusebene muß daher eine invariante Ebene der Umwandlung sein. Die Suche nach einer solchen invarianten Ebene führt unmittelbar auf das folgende Modell [82, 83].

B 6.4.3 Das kristallographische Modell zur Bildung des Plattenmartensits

Umwandlungsbedingungen

Nach dem oben Gesagten soll das Modell einen Umwandlungsverlauf angeben, der
1) das kubisch-flächenzentrierte Gitter der Ausgangsphase mit bekannter Gitterkonstante a_γ in das kubisch-raumzentrierte Gitter der neuen Phase mit bekannter Gitterkonstante a_α überführt, und
2) der Plattenform der neuen Phase dadurch Rechnung trägt, daß es eine invariante Habitusebene liefert, d. h. wenigstens eine Ebene während der Umwandlung a) in sich unverzerrt und b) im Raum ungedreht läßt.

Gitterverändernde (Bain-)Deformation

Ein naheliegender Umwandlungsvorgang, der durch eine sogenannte gitterverändernde Deformation (kurz: Gitterdeformation) bereits die erste Forderung erfüllt, wurde zuerst von Bain [84] beschrieben (Bild B 6.35). Da das γ-Gitter unter anderem auch aus tetragonal-raumzentrierten Zellen zusammengesetzt werden kann, läßt sich das Martensitgitter durch eine Stauchung in der Würfelkantenrichtung $[001]_\gamma$ und durch eine in allen Richtungen senkrecht dazu gleich große Dehnung erzeugen. Dabei ist in Substitutionsmischkristallen (z. B. Eisen-Nickel) das Martensitgitter wieder kubisch, während in Einlagerungsmischkristallen (z. B. Eisen-Kohlenstoff) das neue Gitter durch die erzwungene Lage der Einlagerungsatome (mindestens zunächst) geringfügig tetragonal verzerrt ist. Da das Grundsätzliche nicht verschieden ist, wird im folgenden der Einfachheit wegen hauptsächlich der kubische Martensit behandelt.

Durch diese Gitterdeformation wird jeder Ortsvektor im γ-Gitter in einen neuen Ortsvektor des Martensitgitters umgewandelt. Dies läßt sich so ausdrücken, daß für beide Gitter jeweils drei aufeinander senkrecht stehende Vektoren angegeben werden, die durch die Gitterdeformation ineinander übergehen:

$$[100]_\gamma \to [1\bar{1}0]_\alpha, \; [010]_\gamma \to [110]_\alpha, \; [001]_\gamma \to [001]_\alpha . \tag{B 6.43}$$

Die Zahlenwerte der in diesen Beziehungen enthaltenen Längenänderungen hängen von den Werten der Gitterkonstanten a_φ der beiden Kristalle $\varphi = \alpha$ oder γ und

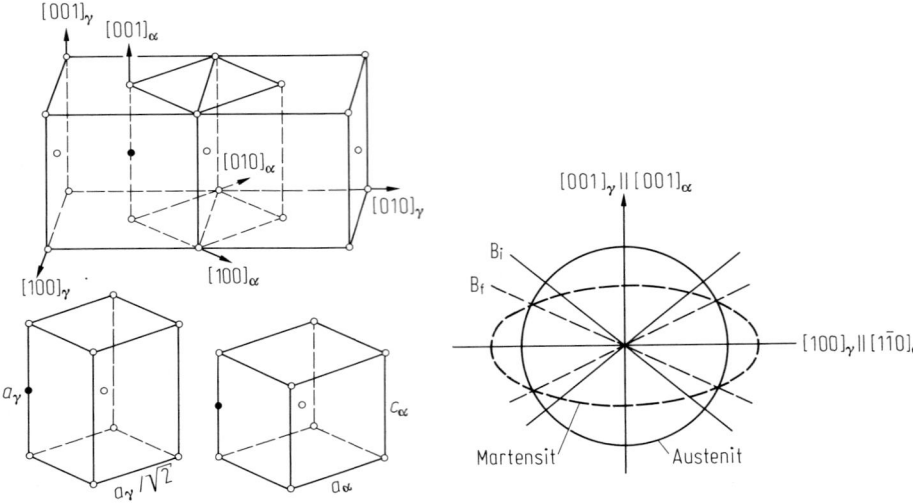

Bild B 6.35   **Bild B 6.36**

Bild B 6.35 Die Deformation der tetragonalen raumzentrierten Zellen des kubisch-flächenzentrierten Austenitgitters in die tetragonal ($c_\alpha \neq a_\alpha$) bzw. kubisch ($c_\alpha = a_\alpha$) raumzentrierten Zellen des Martensitgitters.

Bild B 6.36 Umwandlung eines kugelförmigen γ-Bereichs in einen ellipsoidförmigen α-Bereich durch eine Bain-Deformation. Vektoren, die auf der Kegelfläche B_i liegen, gehen dabei ohne Längenänderung in Vektoren der Kegelfläche B_f über. (Rotationssymmetrisch um die senkrechte Richtung).

damit von der jeweiligen Legierung ab. Um einen Anhalt zu gewinnen, kann man erfahrungsgemäß die Beziehung $\sqrt{3}\,a_\alpha = \sqrt{2}\,a_\gamma$ verwenden. Man erhält dann für die beiden ersten Beziehungen die gleich großen Dehnungen um den Faktor $\eta = \sqrt{2}\,a_\alpha/a_\gamma = 1{,}15$ und für die dritte Beziehung eine Stauchung $\eta' = a_\alpha/a_\gamma = 0{,}82$. Die durch die Gl. (B 6.43) beschriebene Gitterdeformation wird in Bild B 6.36 veranschaulicht: Ein Kugelbereich des γ-Gitters wird in einen Ellipsoidbereich des α-Gitters übergeführt, wobei die Vektoren, der Kegelfläche B_i des Austenits ohne Längenänderung in Vektoren der Kegelfläche B_f des Martensits übergehen. Die gegenseitige Lage der beiden Kristallbereiche wird dabei zunächst so angesetzt, daß die in Gl. (B 6.43) genannten Kristallrichtungen zueinander parallel sind. Dieser Orientierungszusammenhang wird im Schrifttum kurz Bain-Zusammenhang genannt.

Würden nun im Austenitgitter Atombewegungen gemäß dieser Gitterdeformation ohne Hinzunahme von weiteren Atombewegungen ablaufen, so würde keine Ebene invariant bleiben, d. h., die Forderung 2a wäre nicht erfüllt. Dies läßt sich gut an Bild B 6.36 einsehen. Die meisten Ortsvektoren ändern sowohl ihre Länge als auch ihre Richtung. Nur die auf dem Kegel B_i gelegenen Austenitvektoren, die in die auf dem Kegel B_f gelegenen Martensitvektoren übergehen, ändern zwar ihre Richtung, nicht aber ihre Länge. Die innerhalb B_i liegenden γ-Vektoren werden durch die Gitterdeformation verkürzt, die außerhalb liegenden verlängert. Es folgt, daß selbst die Kegelfläche als Ganzes keineswegs invariant ist und sich daher als

Deformationen bei der Austenit-Martensit-Umwandlung

spannungsfreie Grenzfläche zwischen Martensit und Austenit nicht eignet. Erst recht gibt es keine invariante Ebene.

Gittererhaltende Deformationen

Entscheidend ist nun, ob durch einen weiteren Umwandlungsschritt wenigstens in einer Ebene die durch die Gitterdeformation nach Gl. (B 6.43) erzeugten Verzerrungen wieder rückgängig gemacht werden können. Allerdings muß dieser zweite Umwandlungsschritt die besondere Eigenschaft haben, daß das bereits erzeugte Martensitgitter als Strukturtyp erhalten bleibt.

Solche „gittererhaltenden" Deformationen sind die Kristallabgleitungen durch Versetzungen und die Zwillingsbildung. In Bild B 6.37 ist schematisch dargestellt, wie durch solche Vorgänge die Gestaltsänderung einer Gitterdeformation wenigstens im groben wieder rückgängig gemacht werden kann. Überzeugende Hinweise dafür, daß solche Vorgänge bei der Martensitbildung wirklich stattfinden, liefern die elektronenmikroskopischen Beobachtungen der Martensitkristalle. In hoher Vergrößerung erkennt man, daß die Martensitkristalle dichte Innenstrukturen enthalten; die Bilder B 6.38 und B 6.39 zeigen besonders eindeutige Beispiele für eine Versetzungs- und für eine Zwillingsstruktur.

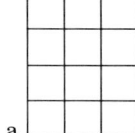 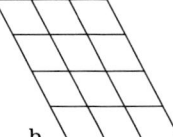 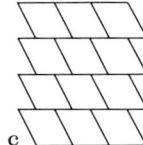 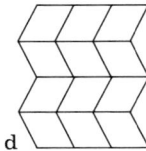

a b c d

Bild B 6.37
Strukturänderung des Gitters (**a**) durch eine Gitterdeformation (**b**); Beseitigung der durch die Gitterdeformation verursachten Gestaltsänderung durch Gleitung (**c**) oder durch Zwillingsbildung (**d**).

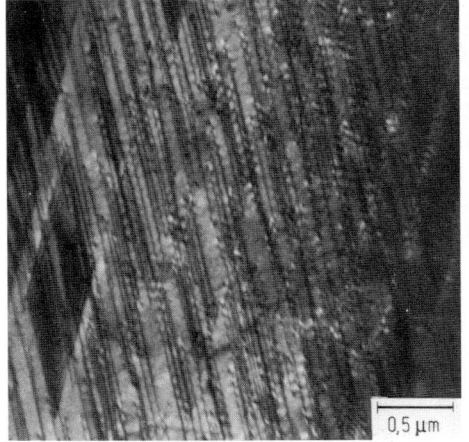 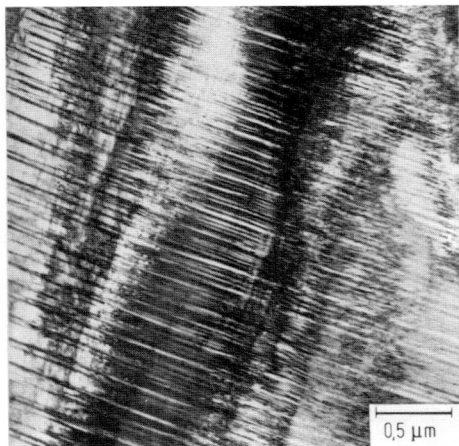

Bild B 6.38 **Bild B 6.39**

Bild B 6.38 Elektronenmikroskopische Durchstrahlungsaufnahme der aus Versetzungen bestehenden Innenstruktur einer Martensitplatte in einer Eisenlegierung mit 32,6% Ni..
Bild B 6.39 Innenstruktur einer Martensitplatte, aus Zwillingslamellen bestehend.

Beide (gittererhaltenden) Deformationen lassen sich makroskopisch als eine Scherung beschreiben (Bild B 6.40), bei der die Scherebene K_1 gleich der Gleitebene oder der Zwillingsebene ist, die Scherrichtung **b** gleich der Gleitrichtung oder der Zwillingsscherrichtung ist und der Scherwinkel 2ψ bestimmt wird durch den Abstand der betätigten Gleitebenen oder durch den Abstand der alternierenden Zwillingsscherungen (s. Bild B 6.37). Bei einer solchen Scherung gibt es nun ebenfalls Gebiete, in denen die Ortsvektoren gedehnt oder gestaucht werden. Sie lassen sich an Hand von Bild B 6.40 übersehen. Alle Vektoren bleiben in ihrer Länge ungeändert, die entweder in der Scherebene K_1 liegen oder in einer Ebene K_2, die gegen die Scherebene um den Winkel $(90°-\psi)$ geneigt ist. Die Ebene K_2 geht durch die Scherung in die Ebene K_2' über. Sie teilt außerdem den in Bild B 6.40 dargestellten Halbraum in zwei Abschnitte. Die Ortsvektoren im linken Abschnitt werden durch die Scherung gestaucht, im rechten Abschnitt gedehnt. Damit ist es grundsätzlich vorstellbar, daß durch eine geeignete Scherung wenigstens in einer Ebene die durch die vorhergehende Gitterdeformation verursachten Längenänderungen wieder behoben werden. In dieser Ebene sollten dann wegen der Verzerrungsfreiheit die Martensitplatten entstehen. Die zahlenmäßige Prüfung dieser Möglichkeit ergab, daß bei Verwendung verschiedener Schersysteme und jeweils bei bestimmten Werten des Scherwinkels 2ψ solche Ebenen erzeugt werden; die Werte für ψ liegen meist nahe bei 10° und variieren nur wenig von Legierung zu Legierung [76].

Habitusebene

In Bild B 6.41 sind die Lagen einer nach den beiden beschriebenen Umwandlungsschritten unverzerrt gebliebenen Ebene in bezug auf das Ausgangs- und das Endgitter in einer stereographischen Projektion dargestellt [85], und zwar als Spurkreise H_γ bzw. H_α und als Polrichtung n_γ bzw. n_α. Als gittererhaltende Deformation ist in diesem Fall eine Scherung mit $K_1 = (\bar{1}12)_\alpha$ und $\boldsymbol{b} = [111]_\alpha$ verwendet worden, weil dieses Schersystem sowohl ein Gleit- als auch das Zwillingsschersystem des krz Martensitgitters ist. Bild B 6.42 gibt die Lagen von n_γ wieder, die nach dieser Methode in Abhängigkeit von den Werten der Gitterkonstanten a_γ, a_α ermittelt wurden; sie geben als erste Aussage des Modells die kristallographischen Lagen der Martensitplatten im Austenitgitter, d. h. die Habitusebenen an.

Zur Prüfung des Modells werden diese Habituspole mit entsprechenden Messungen verglichen. Dabei kann sich dieser Vergleich nicht auf die nach abgelaufener Umwandlung beobachtbaren Austenit-Martensit-Grenzflächen beziehen, die vom

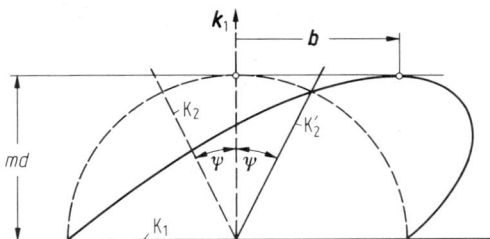

Bild B 6.40 Scherung, die den gestrichelt gezeichneten Halbkreis in die durchgehend gezeichnete Ellipse überführt. Die Spuren der Scherebene K_1 und zweier Ebenen K_2 und K_2' sind angegeben.

Verlauf der Wachstumsprozesse abhängen und deshalb von Stelle zu Stelle verschieden orientiert sind. Nur die Ebene, in der der Martensitkristall angefangen hat sich zu bilden, entspricht der Beschreibung des Modells. Diese Ebene ist in manchen Legierungen durch das Phänomen der sog. Mittelrippen-Ebene deutlich erkennbar (Bild B 6.43). Daß diese Ebene wirklich der Ausgangsort der Martensitbildung ist, erwies sich durch Beobachtungen an Martensitkristallen, die in einem Austenit mit eingelagerten Fremdteilchen entstanden waren [86]. Die durch Röntgenmessungen bestimmten Lagen von Mittelrippen-Ebenen in Eisen-Nickel-Legie-

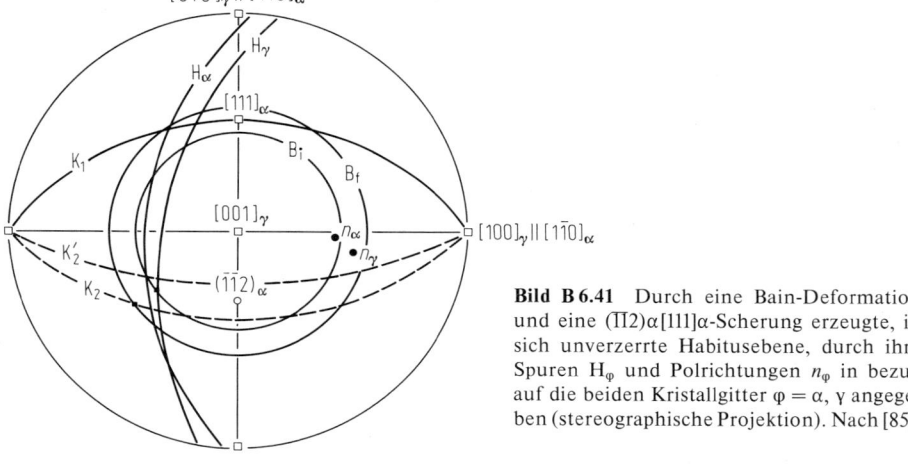

Bild B 6.41 Durch eine Bain-Deformation und eine $(\bar{1}12)\alpha[111]\alpha$-Scherung erzeugte, in sich unverzerrte Habitusebene, durch ihre Spuren H_φ und Polrichtungen n_φ in bezug auf die beiden Kristallgitter $\varphi = \alpha, \gamma$ angegeben (stereographische Projektion). Nach [85].

Bild B 6.43 Martensitplatten im Austenit einer Eisenlegierung mit 32,6 % Ni. Die Mittelrippenebenen der Platten sind als dunkle Spurlinien erkennbar.

rungen sind in Bild B 6.44 wiedergegeben. Ein Vergleich mit Bild B 6.42 zeigt die gute Übereinstimmung zwischen Modellaussagen und Messung.

In anderen, z. B. Eisen-Kohlenstoff-Legierungen werden auch andere Habitusebenen, wie z. B. $\{225\}_\gamma$, gefunden. Es ist versucht worden, diese Beobachtungen darauf zurückzuführen, daß die gittererhaltende Deformation in komplizierterer

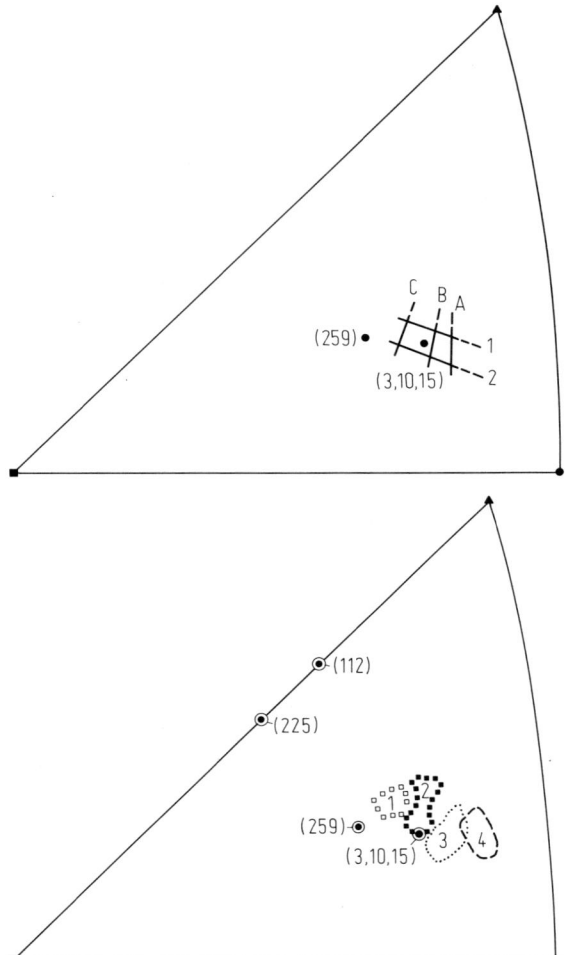

Bild B 6.42 In bezug auf das Austenitgitter theoretisch vorhergesagte Lagen der Martensitplatten, wenn die gittererhaltende Deformation eine $<111>_\alpha\{112\}_\alpha$-Scherung ist. Verschiedene Werte der Gitterkonstanten ergeben eine geringe Variation entlang der Kurvenstücke 1,2,A,B,C. Nach [77].

Bild B 6.44 In bezug auf das Austenitgitter gemessene Lagen der Martensit-Mittelrippenebenen in Eisenlegierungen mit 30,9 % Ni (Bereich 1), 31,9 % Ni (Bereich 2), 33,1 % Ni (Bereich 3) und 34,8 % Ni (Bereich 4) (Massengehalte). Nach [77].

Weise aus verschiedenen Gleitprozessen zusammengesetzt ist [87, 88]. Obwohl diese Versuche nicht zu zweifelsfreien Erklärungen der Beobachtungen geführt haben, muß man davon ausgehen, daß das Grundsätzliche des beschriebenen Umwandlungsvorgangs auch hier zutrifft.

Orientierungszusammenhang

Schließlich muß die am Anfang von B 6.4.3 gestellte Forderung 2b erfüllt werden. Dazu wird in einem dritten Umwandlungsschritt eines der beiden Kristallgitter,

z. B. das neue α-Gitter starr so gedreht, daß die unverzerrt gebliebene Ebene H_α wieder in ihre ursprüngliche Lage H_γ gebracht wird. Da hierbei die Forderungen 1 und 2a erfüllt bleiben, ist damit ein kristallographischer Umwandlungsmechanismus gefunden, der alle Forderungen an das Modell erfüllt. Durch die starre Drehung des α-Gitters wird der im ersten Umwandlungsschritt zunächst eingestellte Bain-Orientierungszusammenhang geändert. Es stellt sich der wirklich zu erwartende Zusammenhang ein, der von dem Bain-Zusammenhang um die Orientierungsänderung abweicht, die durch die starre Drehung bewirkt wird. Ein Teil dieser Orientierungsänderung besteht darin, in Bild B 6.41 die beiden Habituspole n_α, n_γ zur Deckung zu bringen; der restliche Teil besteht in einer Drehung um den Habituspol. Erfahrungsgemäß ist für jeden Ortsvektor seine Gesamtdrehung stets kleiner als rd. 11°. Der genaue Betrag hängt natürlich wieder von den Zahlenwerten der jeweiligen Gitterkonstanten a_α, a_γ ab.

Das kristallographische Modell liefert damit die Vorhersage, daß bei martensitischen Umwandlungen in Eisenlegierungen die Orientierungszusammenhänge in bestimmten Lagen innerhalb eines rd. 11°-Bereichs um den Bain-Zusammenhang liegen. Diese Aussage wird in Bild B 6.45 mit gemessenen Zusammenhängen [89–93] verglichen. Neben dem Bain-Zusammenhang mit einem 11°-Streubereich sind die gemessenen Zusammenhänge aus Tabelle B 6.1 in allen kristallographisch gleichberechtigten Varianten eingetragen. Die Übereinstimmung ist gut.

Gesamtdeformation

Aus der Zerlegung der Austenit-Martensit-Umwandlung in Teilschritte wird die Entstehung ihrer verschiedenen kristallographischen Phänomene, also der Innenstruktur, der Habituslage usw., verständlich. Die Vorstellung von der Gesamtdeformation der Umwandlung läßt sich sofort gewinnen, ohne daß die einzelnen Teilschritte wieder aufgegriffen zu werden brauchten: Aus dem Ergebnis, daß die Habitusebene völlig invariant bleibt, folgt notwendig, daß die Gesamtdeformation nur aus einer Längenänderung senkrecht und einer Scherung parallel zu dieser Ebene bestehen kann. Zahlenmäßig ist diese Längenänderung gleich der Volumenzunahme bei der Austenit-Martensit-Umwandlung, d.h. sie beträgt durchweg rd. +3%. Der makroskopische Scherwinkel wird für die meisten Legierungen in der Größenordnung von rd. 10° berechnet und gemessen [95].

B 6.4.4 Lanzettmartensit

Wenn die Martensitbildung bei höheren Temperaturen, also bei niedrigeren Legierungsgehalten abläuft, besteht die Grundeinheit des Martensitgefüges nicht mehr aus Platten, sondern aus abgeflachten Lanzetten, die dicht an dicht zu Schichten längs der $(111)_\gamma$-Ebenen und darüber hinaus schichtweise zu massiven Blöcken zusammengepackt sind (Bild B 6.46). Dementsprechend nennt man diesen Martensit Lanzett-, Block- oder Massivmartensit (im Angelsächsischen lath-, blokky- oder massive-martensite) [96].

Den Grund für diese andersartige Martensitbildung muß man darin suchen, daß bei den höheren Umwandlungstemperaturen die entstehenden elastischen Gitterverspannungen in größerem Umfang durch Gleit- und Erholungsvorgänge abgebaut werden. Ein Modell für die unter solchen Umständen ablaufende Umwand-

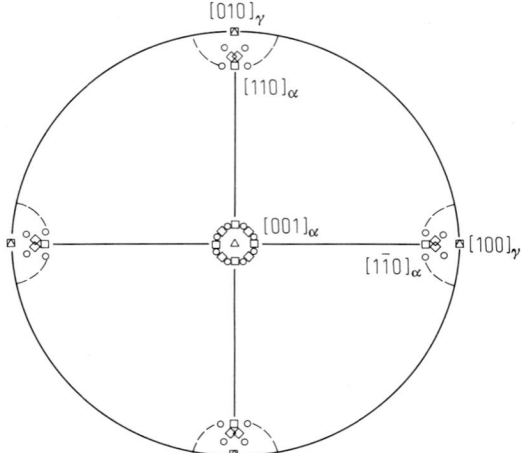

Bild B 6.45 Darstellung der α/γ-Orientierungszusammenhänge aus Tabelle B 6.1 in einer stereographischen Projektion mit [001]$_\gamma$ als Polrichtung. Die Lagen der Richtung [001]$_\alpha$ und der Richtungen [1$\bar{1}$0]$_\alpha$ und [110]$_\alpha$ sind in Bezug auf die Grundachsen des Austenitgitters eingetragen. Nach [94]. Dabei werden die kristallographisch gleichbedeutenden Varianten des Orientierungszusammenhangs Nr. 1 durch Kreise, Nr. 2 durch auf die Spitze gestellte Quadrate, Nr. 3 durch Dreiecke und Nr. 4 durch auf einer Seite stehende Quadrate angegeben. Orientierungsbereiche von 11° sind gestrichelt als Kreise um die <100>γ-Richtungen eingetragen; der Kreis um den Mittelpol [001]$_\gamma$ fällt mit den dort liegenden [001]$_\alpha$-Polen zusammen.

Tabelle B 6.1. Bei Austenit-Martensit-Umwandlungen gemessene Orientierungszusammenhänge. Nach [94].

Nr.	Orientierungsangaben in gewöhnlicher Schreibweise	Winkel zwischen den Richtungen			und
		[100]$_\gamma$	[010]$_\gamma$	[001]$_\gamma$	
1	($\bar{1}$11)$_\gamma$ ∥ (011)$_\alpha$	9,5°	93°	80°	[1$\bar{1}$0]$_\alpha$
	[101]$_\gamma$ ∥ [1$\bar{1}$1]$_\alpha$	86°	6°	94,5°	[110]$_\alpha$
	(Kurdjumov-Sachs-Zusammenhang)	99°	85°	10,5°	[001]$_\alpha$
2	($\bar{1}$11)$_\gamma$ ∥ (011)$_\alpha$	7°	90°	84°	[1$\bar{1}$0]$_\alpha$
	[110]$_\gamma$ ∥ [100]$_\alpha$	89,5°	7°	97°	[110]$_\alpha$
	(Nishiyama-Wassermann-Zusammenhang)	97°	83°	9,5°	[001]$_\alpha$
3	[110]$_\gamma$ ∥ [100]$_\alpha$	0°	90°	90°	[1$\bar{1}$0]$_\alpha$
	[001]$_\gamma$ ∥ [001]$_\alpha$	90°	0°	90°	[110]$_\alpha$
	(Bain-Zusammenhang)	90°	90°	0°	[001]$_\alpha$
4	[01$\bar{1}$]$_\gamma$ ∥ [11$\bar{1}$]$_\alpha$	0°	90°	90°	[1$\bar{1}$0]$_\alpha$
	[100]$_\gamma$ ∥ [1$\bar{1}$0]$_\alpha$	90°	9,5°	99,5°	[110]$_\alpha$
		90°	81°	9,5°	[001]$_\alpha$

(Austenit = γ, Martensit = α)

Orientierungszusammenhänge in Bild B 6.45 gekennzeichnet: 1 durch Kreise; 2 durch auf Spitze gestellte Quadrate; 3 durch Dreiecke; 4 durch auf einer Seite stehende Quadrate.

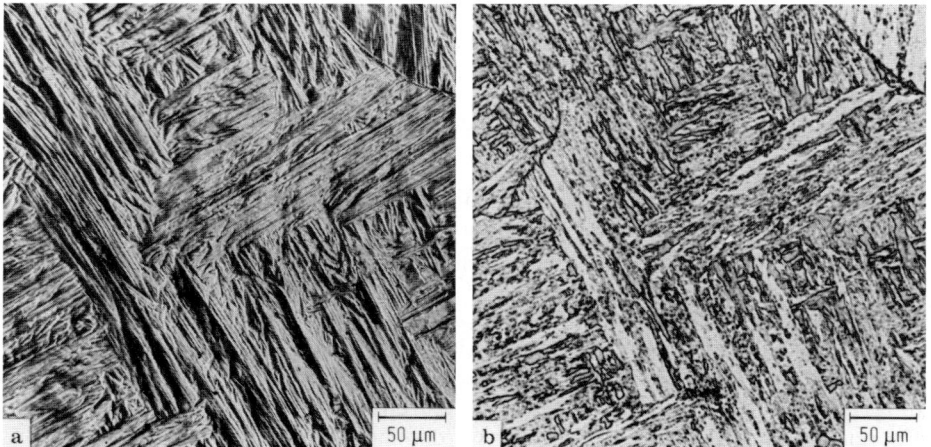

Bild B 6.46 Martensitisches Gefüge (Lanzettmartensit) einer Eisenlegierung mit 20 % Ni nach Abschrecken von 1100 °C in Wasser: **a** Relief auf der vor der Umwandlung glatten Probenoberfläche; **b** nach dem Abpolieren des Reliefs mit einer Lösung aus 10 Teilen HCl und 1 Teil HNO_3 geätzt.

lung konnte bisher nicht entwickelt werden. Deshalb kann hier nur festgestellt werden, daß auch dieser Martensit durch koordinierte Atombewegungen entsteht, die zu Reliefstrukturen wie in Bild B 6.46 und zu inneren Defekten führen, die jedoch im Gegensatz zu Bild B 6.38 mehr aus unregelmäßig ineinander verknäulten Versetzungen bestehen.

B 6.4.5 Keimbildung des Martensits

Da das Wachstum eines Martensitkristalls in der Regel in Bruchteilen von 1 s abläuft, wird außer der Starttemperatur M_s auch die Kinetik der Martensitumwandlung in erster Linie durch die Keimbildungshäufigkeit bestimmt. Die M_s-Temperatur liegt erfahrungsgemäß in Eisenlegierungen etwa 100 bis 200 °C unterhalb der allotropen α/γ-Umwandlungstemperatur T_0. Die bei M_s die Umwandlung antreibende Gibbssche Energie beträgt rd. $\Delta G^{\alpha/\gamma} \approx 1200$ J/mol Atome oder, auf das Volumen des Martensits bezogen, rd. $\tilde{g}/v^\alpha \approx 170$ J/cm³. Diese Energie steht zur Verfügung, um die durch die Umwandlung erzeugten elastischen Volumen- und Grenzflächenenergien zu überwinden. Für eine Abschätzung der kritischen Keimbildungsarbeit A^* nach dem Modell der homogenen Keimbildung werde die in der Innenstruktur des Martensits enthaltene Energie vernachlässigt und die Martensitplatte als Ellipsoid mit dem Radius r und der halben Dicke c beschrieben [97]. Dann folgt aus Gl. (B 3.8), (B 3.17) und (B 3.18) für die Keimbildungsarbeit

$$A(r, c) = -\frac{4\pi}{3} r^2 c \frac{\tilde{g}}{v^\alpha} + \frac{4\pi}{3} r^2 c \Gamma \frac{c}{r} + 2\pi r^2 \gamma \qquad (B\,6.44)$$

mit

$$\Gamma = \frac{\pi}{8} \frac{E}{(1-v^2)} \left(\xi^2 + \left(1 - \frac{v}{2}\right) s^2\right). \qquad (B\,6.45)$$

Man sieht, daß die elastische Volumenenergie einer Platte bei festem Volumen dem Achsenverhältnis c/r proportional, d. h. bei dünnen Platten kleiner als bei dickeren Platten ist. Die Bestimmung des Sattelpunktes ergibt die niedrigste Aktivierungsschwelle

$$A^* = 32\pi \Gamma^2 \gamma^3 / 3 \, (\tilde{g}/v^\alpha)^4 \tag{B 6.46}$$

bei $r^* = 4\Gamma\gamma/(\tilde{g}/v^\alpha)^2$ und $c^* = 2\gamma/\tilde{g}/v^\alpha$. Zahlenmäßig erhält Cohen [97] dann mit $\tilde{g}/v^\alpha = 184\,\mathrm{J/cm^3}$, mit dem für Eisenlegierungen zutreffenden Wert $\Gamma = 2100\,\mathrm{J/cm^3}$ und entsprechend der Vorstellung, daß die α/γ-Grenzfläche aus Versetzungen aufgebaut ist, mit $\gamma = 2{,}1 \cdot 10^{-5}\,\mathrm{J/cm^2}$: $A^* = 1{,}17 \cdot 10^{-15}\,\mathrm{J}$ je Keim bei $r^* = 516 \cdot 10^{-8}\,\mathrm{cm}$ und $c^* = 23 \cdot 10^{-8}\,\mathrm{cm}$.

Mit diesen Werten wird nun eine kritische Keimgröße vorhergesagt, die fast $6 \cdot 10^6$ Atome enthält. Die Energieschwelle A^* ist dementsprechend so hoch, daß sie mit Hilfe der bei den tiefen M_s-Temperaturen noch vorhandenen thermischen Energie der Atome nicht überwunden werden kann. Erfahrungsgemäß darf A^* für eine thermisch angeregte Keimbildung höchstens $60\,kT$ je Keim betragen [98]. Diese Schranke beträgt aber z. B. bei 300 K nur $2{,}5 \cdot 10^{-19}\,\mathrm{J}$ je Keim. Damit steht außer Zweifel, daß eine homogene Keimbildung nicht möglich ist.

Als Alternative wurde die Hypothese entwickelt, daß im unterkühlten Austenitgitter Martensitkeime durch Defektstrukturen unbekannter Art vorgebildet sind, deren Größe bereits in der Nähe der angegebenen (r^*, c^*)-Schwelle liegen [75, 97]. Da mit sinkender Temperatur die (r^*, c^*)-Schwelle noch abnimmt, können diese vorgebildeten Keime von einer bestimmten $(M_s\text{-})$Temperatur an abwärts schlagartig weiterwachsen. Diese Hypothese ist im einzelnen als das Modell der „operationalen Keimbildung" ausgearbeitet und zur Erklärung der Kinetik von Martensitumwandlungen in Eisen-Nickel-Mangan-Legierungen verwendet worden [75, 97].

Trotzdem kann dieses Modell nicht allgemein zur quantitativen Behandlung der

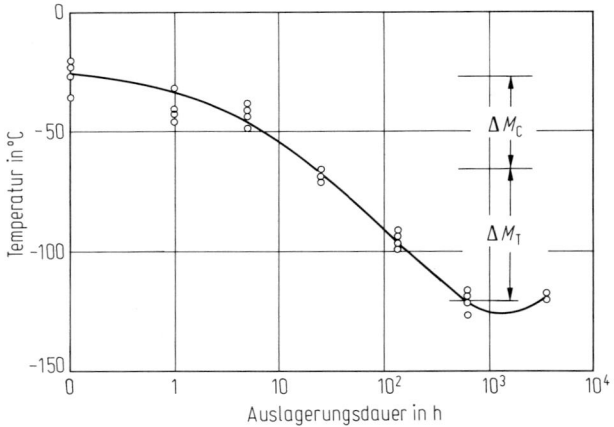

Bild B 6.47 Änderung der M_s-Temperatur einer Eisenlegierung mit 32,3 % Ni und 0,7 % P (Massengehalte) mit der Dauer einer Phosphidausscheidung bei 600 °C. Nach [101]. Bei der Zeit 625 h sind die Anteile ΔM_c bzw. ΔM_T der M_s-Erniedrigung eingetragen, die auf die Änderung der chemischen Zusammensetzung des austenitischen Grundgitters bzw. auf die Anwesenheit der inkohärenten Phosphidteilchen zurückgehen.

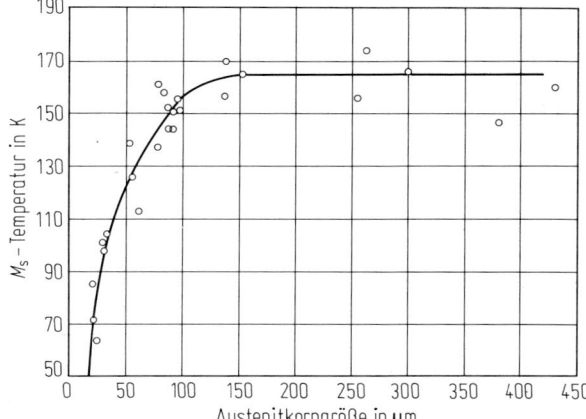

Bild B 6.48 Die Änderung der M_s-Temperatur eines Stahles mit 0,28 % C und 31 % Ni (Massengehalte) mit der Austenitkorngröße. Nach [102].

Martensitkeimbildung verwendet werden. Es gibt vielfältige Parameter, die die Energiebilanz der koordinierten Atombewegungen beeinflussen oder die Versetzungsbewegungen im Austenit, die zur Vorausbildung des Martensitkeims oder zur Gitterentspannung des Austenits führen. Modellvorstellungen [100], in denen die Versetzungen nicht in Form von hypothetischen Defektstrukturen, sondern über plastische, zum Abbau der elastischen Gitterverzerrungen führende Vorgänge betrachtet werden, können eher zu allgemein gültigen Aussagen führen. In jedem Fall ist eine zahlenmäßige Abschätzung z. B. der M_s-Temperatur einer vorgegebenen Legierung nicht möglich. Es ist vielmehr Vorsicht angebracht, selbst beim Umgang mit Erfahrungsformeln, die die M_s-Temperatur z. B. in Abhängigkeit von der Legierungszusammensetzung angeben [99]. Solche Formeln sind in einem begrenzten Anwendungsbereich ohne Zweifel sehr nützlich. Ihre allgemeine Verwendung ist jedoch nicht möglich, weil auf Grund der beschriebenen Zusammenhänge die M_s-Temperatur außer von der Legierungszusammensetzung z. B. vom Ausscheidungszustand oder von der Korngröße des Austenits wesentlich abhängt. Die beiden Beispiele in Bild B 6.47 und B 6.48 machen dies deutlich.

B 6.4.6 Thermoelastischer Martensit

So wie die Martensitumwandlung in der Regel erst nach einer Unterkühlung um rd. 100 bis 200 K beginnt, so beginnt auch die Martensit-Austenit-Rückumwandlung erst nach einer starken Überhitzung, d. h. bei einer Temperatur A_s, die wesentlich oberhalb der Gleichgewichtstemperatur T_0 liegt. Diese Rückumwandlung läuft oft, wie der Martensit, mit koordinierten Atombewegungen ab. Dann entsteht wie beim Martensit ein charakteristisches Oberflächenrelief der im Martensit rückgebildeten Austenitplatten [103].

Die starke Temperaturhysterese des Austenit-Martensit-Umwandlungszyklus entsteht durch den Abbau der die Umwandlung begleitenden elastischen Gitterspannungen infolge irreversibler Gleitprozesse. Dies wird deutlich, wenn man den Martensit in einem Austenit erzeugt, der die elastischen Spannungen nur schwer durch Gleitung abbauen kann. Ein solcher Fall wurde in einer Eisenlegierung mit einem Stoffmengengehalt von 24% Pt demonstriert [104]. Bild B 6.49 zeigt den Verlauf der Hin- und Rückumwandlung in dieser Legierung, wenn sie als γ-Mischkristall ohne eine geordnete Atomverteilung vorliegt. In diesem Zustand ist eine plastische Verformung gut möglich; dementsprechend wird eine große Temperaturhysterese festgestellt. Wird jedoch im γ-Mischkristall durch eine vorgeschaltete Glühung bei höherer Temperatur eine Fe_3Pt-Überstruktur erzeugt, die wegen der geordneten Atomverteilung eine höhere Festigkeit hat, so finden Hin- und Rückumwandlung fast ohne Temperaturhysterese statt (Bild B 6.50). Das tritt ein, weil ein Abbau der durch die Umwandlung erzeugten Gitterverspannungen durch plastische Verformung nicht stattfindet und deshalb der Martensit kohärent mit dem umgebenden Austenit verbunden bleibt. Dieser Zustand verhält sich wie eine gespannte Feder: Bei Temperaturerhöhung wandelt sich der bei Abkühlung gebildete Martensit auf Grund der elastischen Spannungen sofort wieder in Austenit zurück, obwohl die Probentemperatur noch unterhalb der α/γ-Gleichgewichtstemperatur T_0 liegt. Dieses Umwandlungsverhalten nennt man „thermoelastisch".

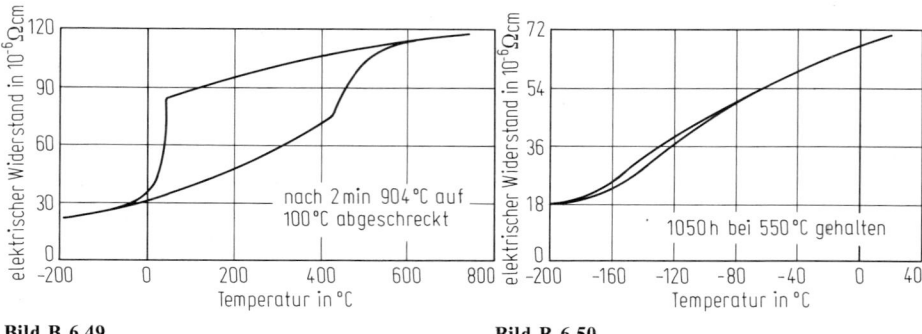

Bild B 6.49   **Bild B 6.50**

Bild B 6.49 und B 6.50 Änderung des elektrischen Widerstandes mit der Temperatur in einer ungeordneten (Bild B 6.49) und einer geordneten (Bild B 6.50) Eisenlegierung mit 24 % Pt (Stoffmengengehalt) während eines Austenit-Martensit-Umwandlungszyklus. Nach [104].

Bild B 6.51 Martensitplatten im Austenit einer Eisenlegierung mit 32 % Ni und 1 % P (Massengehalte) mit sehr fein dispers ausgeschiedenen Phosphidteilchen. Nach [101].

Das Gefüge des thermoelastisch gebildeten Martensits ist dadurch charakerisiert, daß die Martensitplatten ungewöhnlich dünn sind, ähnlich wie in dem Beispiel in Bild B 6.51, in dem der Austenit durch feinverteilte Phosphidteilchen verfestigt worden ist. Die Erklärung hierfür ist, daß mit größer werdender Plattendicke die Gesamtdeformation des umwandelnden Kristallbereiches zunehmend elastische Gegenspannungen erzeugt, die nicht durch plastische Verformung abgebaut werden; das radiale Wachstum wird dagegen erst durch Hindernisse, wie Korngrenzen oder andere Martensitplatten, angehalten.

Abschließend sei noch einmal betont, daß sich der thermoelastische und der nicht thermoelastische Martensit in Eisenlegierungen nur dadurch unterscheiden, daß im ersten höchstens ein geringer Abbau der elastischen Gitterspannungen durch Verformung des Austenits stattfindet.

B 6.5 Bainit

Eingermaßen übereinstimmend werden als Bainit die zweiphasigen Gefüge bezeichnet, die sich bei Temperaturen unterhalb der Perlitstufe und oberhalb der Martensitbereichs-Linie (vgl. Bild B 5.2) aus dem Austenit in Form nichtlamellarer Ferrit-Karbid-Aggregate bilden [105, 106]. Diese Bezeichnung ist mehr eine Abgrenzung gegenüber dem Perlit und dem Martensit als eine Definition des Bainits, da noch nichts Wesentliches über den Bainit selbst ausgesagt wird, etwa wie das Ferrit-Karbid-Aggregat im einzelnen aufgebaut ist oder nach welchem Mechanismus und nach welchem Zeitgesetz es zustande kommt. Hier spiegelt sich die Tatsache wider, daß über den Ablauf der verschiedenartigen zum Bainit führenden Vorgänge, wie der Bildung des Ferrits, der Umverteilung des Kohlenstoffs auf Austenit und Ferrit, der Ausscheidung der Karbide im Ferrit und Austenit sowie gewisser Spannungsrelaxationsvorgänge unterschiedliche Vorstellungen existieren [106]. Die Unsicherheit wird noch dadurch vermehrt, daß die Bainitbildung durch bereits geringe Zulegierungen von substitutionell gelösten Elementen sie Chrom, Molybdän und Nickel stark beeinflußt wird. Auch hier existiert keine vollständige, gesicherte Vorstellung über die Art und die Ursachen dieser Einflüsse. Trotzdem soll im folgenden versucht werden, ein möglichst zusammenhängendes Bild der verschiedenartigen Gefügeformen sowie ihres Zustandekommens darzustellen, die unter der Bezeichnung „Bainit" zusammengefaßt werden. Dabei können allerdings nicht alle in zahlreichen Untersuchungen erarbeiteten Einzelheiten berücksichtigt werden. Deshalb sei für ein umfassenderes Studium auf einschlägige Übersichten verwiesen [14, 49, 105–109].

B 6.5.1 Einige Merkmale der bainitischen Umwandlungen und Gefüge

Zur Einführung sollen einige Beobachtungen über bainitische Umwandlungen und Gefüge zusammengestellt werden, die sowohl Ähnlichkeiten mit als auch Unterschiede zu der konkurrierenden Bildung von voreutektoidischem Ferrit oder Zementit, von Perlit oder von Martensit erkennen lassen.

Messungen der Umwandlungskinetik zeigten zuerst [110, 111], daß im Temperaturbereich zwischen der Perlit- und der Martensitumwandlung noch (mindestens)

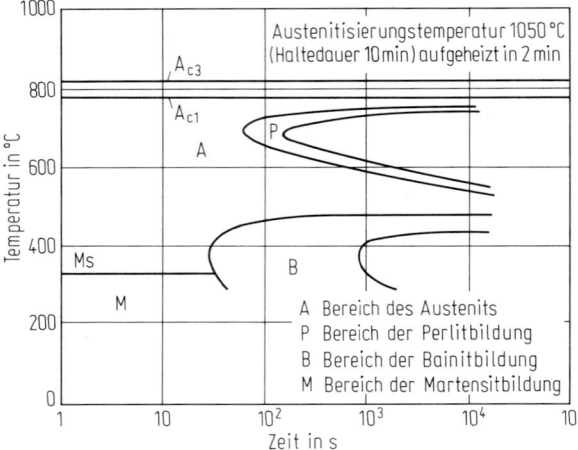

Bild B 6.52
Isothermisches Zeit-Temperatur-Umwandlungs-Schaubild eines Stahls mit 0,45 % C und 3,5 % Cr nach 10 min Austenitisierung bei 1050 °C. Nach [112], S. 371.

eine weitere Umwandlungsart existiert. Dies läßt sich sehr deutlich an den isothermischen Zeit-Temperatur-Umwandlungs-Diagrammen von niedriglegierten Stählen erkennen (s. z. B. Bild B 6.52 und B 9.17). Allerdings treten diese zusammenfassend bainitisch genannten Umwandlungen nur bei geeigneter Zulegierung von Chrom, Molybdän, Nickel u. ä. deutlich abgegrenzt in Erscheinung. In den Umwandlungsdiagrammen der reinen Eisen-Kohlenstoff-Legierungen ist dies nicht der Fall [49, 106]. Die Höchsttemperatur, bei der noch eine Bainitbildung festgestellt werden kann, wird als die (kinetische) B_s-Temperatur bezeichnet. Der zeitliche Verlauf der Mengenkurve des gebildeten Bainits zwischen Beginn und Ende der Umwandlung zeigt die für thermisch aktivierte Reaktionen typische Form [105], die auch bei anderen Reaktionen z. B. der Ausscheidung (Bild B 6.12) oder der Rekristallisation (Bild B 7.3) auftritt.

Während damit die Kinetik der bainitischen Umwandlung sich deutlich von der des Martensits unterscheidet, gibt es andere Merkmale, die auf eine enge Verwandschaft zur Martensitumwandlung hinweisen: Beobachtungen von ursprünglich glatt polierten Probenoberflächen zeigen, daß im Gegensatz zum Perlit, aber ähnlich wie beim Martensit die Bainitumwandlung mit der Bildung eines Oberflächenreliefs verbunden ist. Im einzelnen wurde auf diese Weise festgestellt – auch dies ähnlich wie beim Martensit –, daß bei tiefen Temperaturen der bainitische Ferrit hauptsächlich in Form einzelner Kristallplatten gebildet wird [113] (Bild B 6.53), während er bei höheren Temperaturen zunehmend aus gruppenweise Seite an Seite gewachsenen lanzettenartigen Kristallen besteht [107, 114] (Bilder B 6.54 und B 6.55).

Durch die Reliefbildung ist es möglich, die Entstehung einzelner Kristalle während der Bainitumwandlung direkt zu beobachten. Es zeigte sich, daß das Wachstum einer bainitischen Ferritplatte im Gegensatz zum Wachstum eines Martensitkristalls nicht schlagartig erfolgt, sondern langsam verläuft. Im einzelnen wurde festgestellt, daß eine solche Platte in ihrer Ebene mit einer zeitlich konstanten Geschwindigkeit wächst, die mit sinkender Umwandlungstemperatur abnimmt [115] (Bild B 6.56). Für das Dickenwachstum wurde in einer anderen Untersuchung

Ähnlichkeiten und Unterschiede zwischen Bainit und Martensit 167

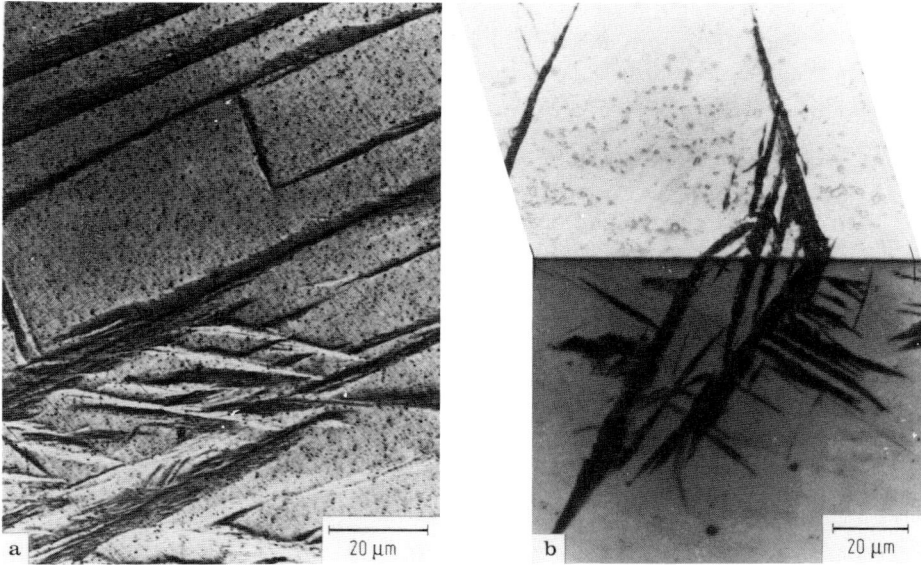

Bild B 6.53 Bainitische Umwandlung bei 285 °C in einem Stahl mit 1,11 % C und 8 % Cr (Massengehalte). Nach [113]. **a** Oberflächenrelief einzelner Bainitplatten; **b** zusammengesetztes Gefügebild zweier aufeinander senkrecht stehender Schliffflächen.

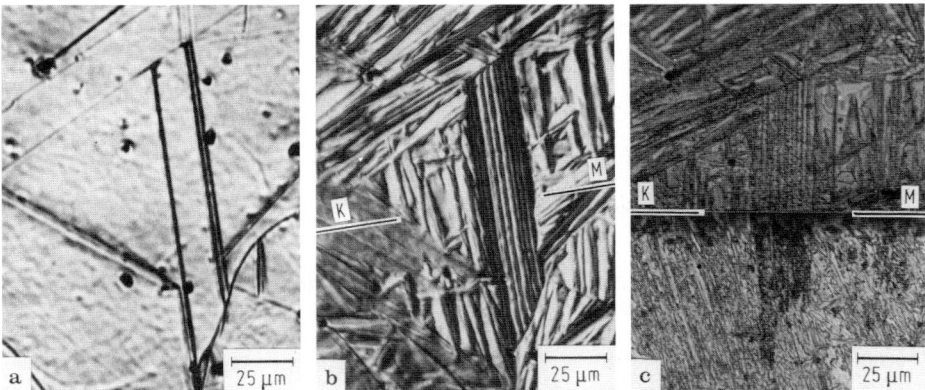

Bild B 6.54 Bainitische Umwandlung bei 365 °C in einem Stahl mit 0,34 % C, 0,25 % Si, 0,6 % Mn, 1,3 % Cr und 4,5 % Ni (Massengehalte). Nach [114]. **a** Oberflächenrelief einzelner Bainitlanzetten, nach 30 s gebildet; **b** Oberflächenrelief mehrerer Bündel von Bainitlanzetten, nach 510 s gebildet; **c** zusammengesetztes Gefügebild zweier aufeinander senkrecht stehender Schliffflächen; die obere Bildhälfte entspricht der Gefügestelle oberhalb der Linie KM in **b**.

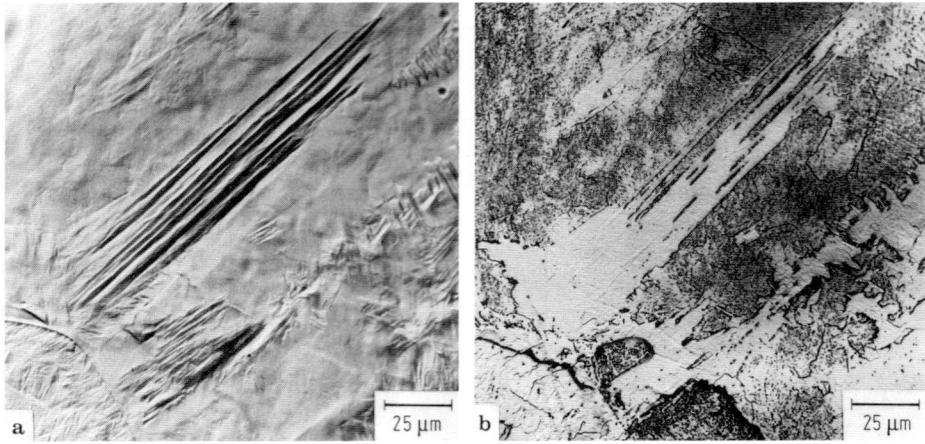

Bild B 6.55 Unvollständige bainitische Umwandlung bei 500 °C in einem Stahl mit 0,17 % C und 5,1 % Ni (Massengehalte). Nach [107]. **a** Oberflächenrelief eines Bündels von Bainitlanzetten; **b** Schliffbild der gleichen Gefügestelle.

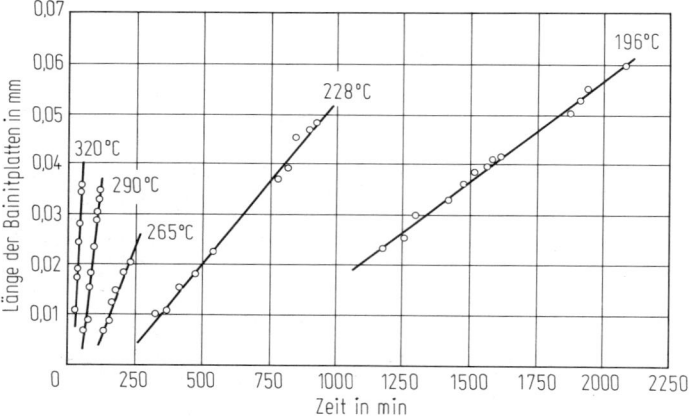

Bild B 6.56 Wachstum einzelner Bainitplatten jeweils in Richtung ihres Durchmessers bei verschiedenen Temperaturen in einem Stahl mit 1,12 % C und 5,3 % Ni (Massengehalte). Nach [115].

– allerdings an Stählen mit anderer Zusammensetzung – ein parabolisches Zeitgesetz gefunden [116]. Zeitlich sehr hoch auflösende Beobachtungen der Umwandlung zeigten darüber hinaus, daß das Wachstum in der Plattenebene genau besehen schubweise und damit nur im zeitlichen Mittel linear verläuft [117].

Ein wichtiges Merkmal des Bainits ist die Anordnung der Ferrit- und der Karbidkristalle im Gefüge. Bei dem Karbid handelt es sich in der Regel um Zementit, in Sonderfällen, wenn die Umwandlung bei Temperaturen deutlich unter 300 °C abläuft, auch um das hexagonale ε-Karbid [118]. Sonderkarbide treten dagegen in der Regel wegen der hierfür durchweg zu langsamen Diffusion der substitutionell gelösten Elemente nicht auf.

Die Beobachtungen der Bainitgefüge zeigen im einzelnen eine Vielfalt von

Ferrit-Karbid-Morphologien. Es sind jedoch häufig bei höheren bzw. niedrigeren Umwandlungstemperaturen zwei besonders charakteristische Gefüge anzutreffen, die deshalb zur Unterscheidung des sog. „oberen" und „unteren" Bainits geführt haben [119]. Bild B 6.57 zeigt einen Ausschnitt aus dem plattenförmigen Gefüge des unteren Bainits. Die Bainitplatten bestehen aus Ferrit, in dem sich, wie man bei der hohen Vergrößerung erkennt, Karbidteilchen in gerichteter Anordnung ausgeschieden haben. Dieser untere Bainit entspricht dem durch Reliefbildung erkennbaren Bainit in Bild B 6.53 (vgl. auch Bild B 5.17). Bild B 6.58 zeigt dagegen einen Ausschnitt aus einem Gefüge des oberen Bainits, das aus einem Bündel aus länglichen Ferrit- und dazwischen gelegenen Karbidkristallen besteht. Dieser obere Bainit entspricht mehr dem Bainit in Bild B 6.54b (vgl. auch Bild B 5.18).

Derartige Beobachtungen haben zu prägnanten, allerdings die bainitischen Gefüge doch noch nicht vollständig erfassenden Gefügetypen geführt [108 (a)]:

1) Der untere Bainit besteht aus Ferritplatten, in denen sich Karbidteilchen gerichtet ausgeschieden haben; dieses Gefüge hat Ähnlichkeit mit angelassenem kohlenstoffreichen Martensit (vgl. Bild B 5.25b).
2) Der obere Bainit besteht dagegen aus Anordnungen jeweils parallel gelegener lanzettenartiger Ferritkristalle, zwischen denen sich je nach Legierungszusam-

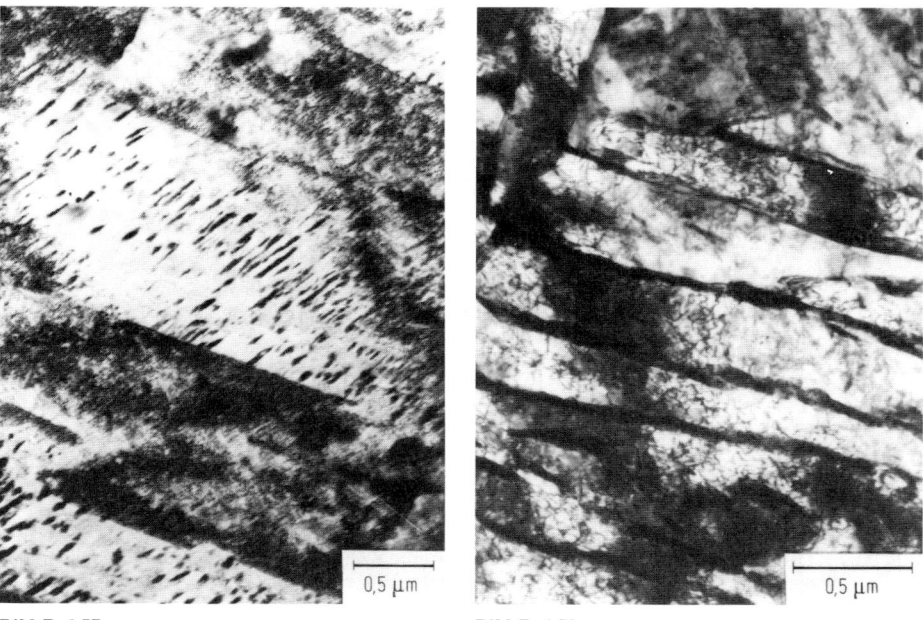

Bild B 6.57 **Bild B 6.58**

Bild B 6.57 In einem Stahl mit 0,7 % C (Massengehalt) nach Abschrecken von 950 °C isothermisch bei 300 °C gebildeter unterer Bainit: Die Ferritkristalle (hell) enthalten gerichtet ausgeschiedene Karbidteilchen (dunkel). Nach [120].

Bild B 6.58 In einem Stahl mit 0,7 % C (Massengehalt) nach Abschrecken von 950 °C isothermisch bei 450 °C gebildeter oberer Bainit: Zwischen den länglichen Ferritkristallen (heller) haben sich parallel zu deren Längsrichtung Karbidsäume (dunkel) gebildet. Nach [120].

mensetzung an Kohlenstoff angereicherter Restaustenit oder Zementit gebildet hat; hier wird eine Ähnlichkeit zu angelassenem kohlenstoffarmen Martensit gesehen [108 (a)].

Es ist klar, daß die Diffusion des Kohlenstoffs bei der Bildung dieser Gefüge eine wesentliche Rolle spielt. Eine wichtige Frage dabei ist, unter welchen Bedingungen diese Diffusion hauptsächlich im Austenit oder hauptsächlich im Ferrit abläuft. Kristallographische Analysen der bainitischen Gefüge haben auf indirektem Wege wesentlich zur Klärung dieser Frage beigetragen. Darauf wird in B 6.5.3 noch näher eingegangen. Einen direkten Anhalt erhält man dagegen aus einer örtlich hochauflösenden Vermessung der Kohlenstoffverteilung im Gefüge. Derartige Messungen sind in jüngster Zeit mit Hilfe des Feldionenmikroskops gelungen [121]. Bild B 6.59 zeigt die in unmittelbarer Umgebung einer Bainit/Austenit (nach dem Abschrecken Bainit-Martensit)-Grenzfläche gemessenen Konzentrationen an Kohlenstoff, Chrom und Molybdän in einem Stahl mit 1,4 % C, 2,8 % Cr und 1,6 % Mo (Stoffmengengehalte). Man erkennt deutlich den höheren Kohlenstoffgehalt im Austenit, vor allem unmittelbar an der Grenzfläche, während die substitutionell gelösten Elemente Chrom und Molybdän praktisch, bis auf statistische Schwankungen innerhalb der Kristalle und auf gewisse Schwankungen im Übergangsbereich gleichverteilt geblieben sind. Daraus folgt, daß der Kohlenstoff, im Gegensatz zu den substitutionell gelösten Elementen, aus den umgewandelten Gitterbereichen in den angrenzenden Austenit abgewandert ist.

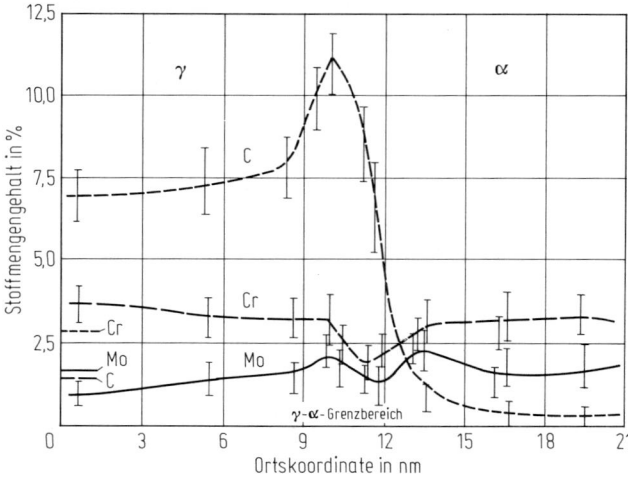

Bild B 6.59 Örtlicher Konzentrationsverlauf der Elemente Kohlenstoff, Chrom und Molybdän in der Umgebung einer Bainit/Austenit-Grenze in einem Stahl mit 1,4 % C, 2,8 % Cr und 1,6 % Mo (Stoffmengengehalte) nach teilweiser Umwandlung zwischen 435 und 400 °C. Nach [121]. Die mittleren Gehalte sind miteingetragen.

B 6.5.2 Mechanismen und Arten der bainitischen Umwandlungen

Aus den vorhergehenden Darstellungen geht bereits hervor, daß die Vorgänge, die bei den verschiedenen bainitischen Umwandlungen ablaufen, wesentlich von der

Umwandlungstemperatur, vom Kohlenstoffgehalt und von den weiteren Legierungselementen abhängen. Die zuerst genannte Abhängigkeit kommt in der Unterscheidung zwischen unterem und oberem Bainit zum Ausdruck. Zusätzlich ist aber der Einfluß des Kohlenstoffgehalts zu beachten. Dabei ist, da das Bainitgebiet nach unten durch die M_s-Linie begrenzt wird, die bei tieferer Temperatur ablaufende Umwandlung nur bei höheren Kohlenstoffgehalten möglich. Bei höherer Temperatur kann sich dagegen auch bei kleineren Kohlenstoffgehalten Bainit bilden. Die Wirkungen substitutionell gelöster Legierungselemente sind vielfältig. An erster Stelle werden durch sie die Gleichgewichtslinien der Phasen Austenit (γ), Ferrit (α) und Zementit (Θ) und die M_s-Linie verschoben (s. z. B. Bild B 5.28 oder die Erfahrungsformeln für M_s in B 5.4 und Gl. (B 9.3)); außerdem werden Keimbildungs- und Wachstumsbedingungen geändert. Wegen fehlender Kenntnisse können diese Einflüsse nur in Einzelfällen berücksichtigt werden. Statt dessen werden in erster Linie die Verhältnisse bei reinen Eisen-Kohlenstoff-Legierungen betrachtet.

Angesichts der vielfältigen Reaktionsmöglichkeiten ist es hilfreich, die Änderungen der Gibbsschen Energie bei den verschiedenen Umwandlungen im Auge zu behalten [122]. Bild B 6.60 zeigt dazu als Beispiel den für reine Eisen-Kohlenstoff-Legierungen geltenden Verlauf dieser Energien mit dem Kohlenstoffgehalt bei einer Temperatur im Bainitgebiet von 700 K (= 427 °C) für die Phasen γ, α und Θ. Eine martensitische Umwandlung bei dieser Temperatur ist nach dem Verlauf der M_s-Linie in Bild B 5.13 nur bei $w_C \leq 0{,}3\%$ möglich. Trotzdem wird bei dieser Temperatur auch für $w_C > 0{,}3\%$ eine martensitartige, d. h. durch Umklappen des Austenitgitters bewirkte Bildung des bainitischen Ferrits angenommen [105, 106, 108 (a) und

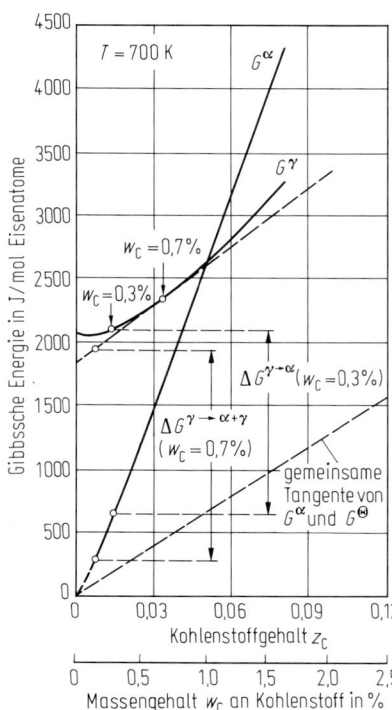

Bild B 6.60 Die Gibbsschen Energien G^α und G^γ sowie die G^α-G^Θ-Tangente im System Eisen-Kohlenstoff bei 700 K (aus den Angaben in Tabelle B 2.3 extrapoliert; vgl. auch Bild B 2.12).

(c), 109], um die beobachteten Reliefeffekte [123] und Gefügeeinzelheiten [124, 125] oder die gemessenen kristallographischen Eigenschaften [113, 114, 120, 124, 126] zu erklären. Die hierfür nach Maßgabe des Bildes B 6.60 benötigte Gibbssche Energie von mindestens $\Delta G^{\gamma \to \alpha}$ ($w_C=0{,}3\%$) steht jedoch nur dann zur Verfügung, wenn gleichzeitig mit dem Umklappvorgang auch eine Kohlenstoffentmischung im Austenit einhergeht. Es ist denkbar, daß hier thermische Konzentrationsfluktuationen eine Rolle spielen. In erster Linie aber legt die Beobachtung [116], daß der Martensitbildung oberhalb von M_s eine Verstärkung bestimmter Gitterschwingungen vorausgeht (im Angelsächsischen: pre-transformation strains), folgende Hypothese nahe: Der Kohlenstoff reagiert aufgrund seiner schnellen Beweglichkeit auf derartige Gitterschwingungen, indem er die betroffenen, dem Ferritgitter angenäherten Austenitbereiche verläßt; dadurch werden diese ferritähnlichen Bereiche zunehmend stabilisiert, bis schließlich eine Gitterumklappung zur endgültigen Bildung des Ferrits führt. Die diese Vorgänge „treibende" Energie sollte mindestens so groß sein wie die für eine Martensitbildung bei dieser Temperatur mindestens erforderliche Gibbssche Energie $\Delta G^{\gamma \to \alpha}$ ($w_C=0{,}3\%$). Die zur Verfügung stehende Energie, bezogen auf die Menge der neuen Phase α, ist in Bild B 6.60 als $\Delta G^{\gamma \to \alpha + \gamma}$ für eine Legierung mit $w_C=0{,}7\% > w_C(M_s)=0{,}3\%$ eingezeichnet (vgl. auch Bild B 3.1); sie übersteigt bei genügend kleinem Kohlenstoffgehalt des Ferrits (hier $<0{,}3\%$ C) den Betrag von $\Delta G^{\gamma \to \alpha}$ ($w_C=0{,}3\%$), wobei die Zusammensetzung der neuen α-Phase zwischen $w_C(M_s)$ und dem sehr kleinen Wert von $w_C^{\alpha/\alpha+\gamma}$ liegt (vgl. auch Bild B 2.13b).

Die damit erreichte erste Zwischenstation der bainitischen Umwandlung besteht demnach aus einem martensitisch gebildeten Ferritkristall mit einem Kohlenstoffgehalt, der in Bild B 5.13 bei konstant gehaltener Temperatur (z. B. 427 °C) im Vergleich zum Gesamtgehalt der Legierung (z. B. $w_C=0{,}7\%$) jenseits der M_s-Linie, aber natürlich nicht unterhalb $w_C^{\alpha/\alpha+\gamma}$ liegt. Der an diesen Ferritkristall unmittelbar angrenzende Austenit ist, ähnlich wie in Bild B 6.59 gemessen, gegenüber der übrigen austenitischen Matrix an Kohlenstoff angereichert. Es bestehen damit verschiedenartige, jeweils lokal begrenzte Ungleichgewichte, so daß von nun an verschiedene weitere Prozesse beginnen können, die teilweise miteinander konkurrieren:
1) Wegen seines Kohlenstoffgehaltes oberhalb von $w_C^{\alpha/\alpha+\gamma}$ ist der Ferrit gegenüber dem Zementit übersättigt; begünstigt durch die hohe Temperatur und durch während der martensitartigen Umwandlung erzeugte Gitterdefekte scheidet sich also Zementit aus, wobei der Kohlenstoffgehalt des Ferrits in der Umgebung der Zementitteilchen auf $w_C^{\alpha/\alpha+\Theta}$ sinkt.
2) In der Nähe der α/γ-Phasengrenze treten bei der Umwandlung noch weitere Kohlenstoffatome aus dem Ferrit in den Austenit über.
3) Innerhalb des Austenits findet ein Konzentrationsausgleich zwischen dem Austenitgebiet, das unmittelbar an den Ferritkristall angrenzt, und dem restlichen Austenit statt. Außerdem ist
4) unter geeigneten Bedingungen eine Ausscheidung des Zementits besonders in den kohlenstoffreichen Bezirken des Austenits möglich. Natürlich führt eine solche Karbidausscheidung dann wieder zu einer Erniedrigung der Kohlenstoffkonzentration im Austenit und damit wieder zu der anfangs geschilderten Ferritbildung.

Das Zusammenwirken all dieser Vorgänge ist sehr vielfältig. Eine umfassende Modellvorstellung hierüber ist bisher nicht entwickelt worden. Einzelne Teilvorgänge können jedoch dargestellt werden.

Zunächst soll aber die der Vorstellung von einem martensitartigen Umwandlungsmechanismus gegenüberstehende Vorstellung erwähnt werden [106]. Sie geht davon aus, daß sich Ferrit wie Zementit gleichrangig nebeneinander nach ähnlichen diffusionsgesteuerten Mechanismen, wie sie bei den voreutektoidischen Reaktionen ablaufen, aus dem Austenit ausscheiden [106, 127]. Die Ferritausscheidung wird dabei nicht als martensitartig genommen. Auch in diesem Bild begünstigt die jeweils durch die Ausscheidung der einen Phase α oder Θ bewirkte Änderung der Kohlenstoffkonzentration im angrenzenden Austenit die Bildung der anderen Phase Θ oder α (s. auch [128]). In diesem Sinne hat dieser Mechanismus Ähnlichkeit mit der Perlitbildung, wenn man von der Besonderheit absieht, daß die strikte Kopplung der beiden Reaktionen $\gamma \to \alpha$ und $\gamma \to \Theta$, die gerade zu dem für den Perlit typischen lamellaren Gefüge führt, hier nicht vorliegen soll. Die bainitische Reaktion wird dementsprechend als eine eutektoidische, aber nicht lamellar-perlitische Reaktion charakterisiert [106]. Zur Erklärung der Reaktionsverzögerung, die in z. B. mit Chrom oder Molybdän legierten Stählen zwischen der Perlit- und der Bainitstufe auftritt, wird im Rahmen dieser Vorstellung eine Anreicherung der Substitutionselemente an der Phasengrenze Austenit/Bainit angenommen, die deren Bewegung in diesem Temperaturbereich verzögern soll [129].

Man kann die vielfachen, entweder zugunsten der einen oder der anderen Vorstellung angeführten Beobachtungen [106, 118, 124, 137] so deuten, daß die Vorstellung einer Bainitumwandlung mit martensitartiger Ferritbildung um so zutreffender ist, je näher der durch Umwandlungstemperatur und Gesamtzusammensetzung der Legierung bestimmte Zustandspunkt bei der M_s-Linie liegt, d. h. bei niedriger Umwandlungstemperatur und höherem Kohlenstoffgehalt oder bei höherer Umwandlungstemperatur und niedrigerem Kohlenstoffgehalt. Die Vorstellung einer nicht-martensitartigen Bainitumwandlung trifft vermutlich bei höherer Umwandlungstemperatur und höherem Kohlenstoffgehalt zu, wenn die Umwandlungsenergie $\Delta G^{\gamma \to \alpha + \gamma}(w_C)$ für eine martensitartige Ferritbildung nicht mehr ausreicht. Jedoch besteht selbst hier die Möglichkeit, daß sich durch Ausscheidung des Zementits genügend große Austenitbereiche mit so geringem Kohlenstoffgehalt bilden, daß in diesen Bereichen die beschriebene martensitartige Bildung von Ferrit stattfindet. Dies trifft vor allem auf übereutektoidische Stähle zu, in denen sich sogenannter inverser Bainit [107] nach einer solchen Zementitausscheidung bildet.

Zusammenfassend ergibt sich folgendes Bild: Da sich bei der martensitartigen Umwandlungsart die Ausbildungsformen des Martensits als Platten- bzw. Lanzettmartensit auswirken müssen, sollte man als unteren Bainit denjenigen Bainit bezeichnen, in dem sich der Ferrit martensitartig in Plattenform gebildet hat. Bei dem oberen Bainit sollte man aber noch die Möglichkeit offen lassen, daß zu unterscheiden ist zwischen dem bei niedrigeren Kohlenstoffgehalten auftretenden Bainit, dessen Ferrit sich martensitartig in Form von gebündelten, lanzettenartigen Kristallen bildet, und dem sich bei höheren Kohlenstoffgehalten nach Art einer nicht-martensitartigen Zementit- und Ferritausscheidung bildenden Bainit. Über die Grenzen zwischen diesen drei Bainitgebieten können keine genauen Angaben gemacht werden, insbesondere weil der Einfluß der in vielen der untersuchten

Stähle vorhandenen substitutionellen Legierungselemente unverstanden ist. Diese aus der Art der Ferritbildung abgeleitete Einteilung deckt sich ungefähr mit der bisher üblichen [119, 130], nach der der untere Bainit dadurch charakterisiert wird, daß die Karbidteilchen innerhalb der Ferritkristalle liegen, während sie im oberen Bainit hauptsächlich zwischen ihnen angeordnet sind (vgl. Bild B 6.57 und B 6.58).

Wesentliche Hinweise über das Auftreten bestimmter Teilreaktionen bei den bainitischen Umwandlungen haben die kristallographischen Untersuchungen des Bainits [113, 114, 118, 120, 124, 126] erbracht. Da die Bedeutung der dabei gewonnenen Aussagen besser zu verstehen ist, nachdem die Vorstellungen über die Umwandlungsmechanismen bereits bekannt sind, erfolgt ihre Darstellung erst jetzt.

B 6.5.3 Kristallographische Untersuchungen der bainitischen Umwandlungen

Die kristallographischen Unterschungen haben sich hauptsächlich auf die Klärung zweier Fragestellungen konzentriert: Einmal wurde, um eine Information über die Umverteilung des Kohlenstoffs zu erhalten, festgestellt, ob und gegebenenfalls zu welcher der beiden Phasen Ferrit oder Austenit der Zementit in einem bestimmten kristallographischen Zusammenhang steht. Eine solche kristallographische Gesetzmäßigkeit läßt erkennen, welche der beiden Phasen die an Kohlenstoff übersättigte Ausgangsmatrix bei der Zementitausscheidung gewesen sein muß. Zum anderen wurden, um zu prüfen, ob der Austenit sich martensitartig in den bainitischen Ferrit umwandelt, die kristallographischen Eigenschaften dieses Ferrits gemessen und mit denen des in derselben Legierung gebildeten Martensits verglichen.

Ausgangspunkt der zuerst genannten Untersuchungen ist die Erfahrung, daß die Umwandlung eines Kristallgittertyps in einen anderen stets unter Einhaltung einer sogenannten Gitterkorrespondenz verläuft, wobei alle Atomreihen und -ebenen des alten Gitters in bestimmte, zugeordnete Atomreihen und -ebenen des neuen Gitters übergehen [131, 132]. Die Folge davon ist, daß das alte und das neue Kristallgitter in einem bestimmten Orientierungszusammenhang zueinander stehen, der erfahrungsgemäß innerhalb eines engbegrenzten Streubereichs unabhängig von den besonderen Umwandlungsbedingungen ist und nur von den beiden ineinander umwandelnden Gittertypen abhängt [125]. Für die Ausscheidung des Zementits im Ferrit (oder Martensit) wurde der nach Bagaryatski benannte Zusammenhang [133, 134], für die Ausscheidung des Zementits im Austenit ein anderer Zusammenhang [135] gemessen. Für die Umwandlungen des Austenits in den Ferrit (oder Martensit) sind stets Orientierungszusammenhänge in der Nähe des sogenannten Bain-Zusammenhangs gefunden worden [125] (vgl. Bild B 6.45).

Es ist also möglich, anhand der kristallographischen Zusammenhänge zu prüfen, ob ein Zementitkristall aus dem Austenit oder aus dem Ferrit entstanden ist. Leider wird diese Prüfung bei den bainitischen Umwandlungen dadurch eingeschränkt, daß in der Regel das bainitische Gefüge nach der Abkühlung auf Raumtemperatur den (Rest-)Austenit für eine direkte Messung nicht in ausreichender Menge enthält. Diese Einschränkung läßt sich aber durch folgende Überlegung in einem gewissen Ausmaß überwinden. Wenn ein Zementitkristall in einem bainitischen Gefüge sich aus dem Ferrit ausgeschieden hat, muß der kristallographische Zusammenhang zwischen diesem Zementitkristall und seiner ferritischen Umgebung mit dem Bagaryatski-Zusammenhang übereinstimmen. Wenn sich dagegen Ferrit und Zementit nebeneinander direkt aus dem Austenit gebildet haben, muß der dann vorliegende Zementit-Ferrit-Zusammenhang einer der verschiedenen, formalen Kombinationen des Austenit-Zementit-Zusammenhangs [135] mit einem der Austenit-Ferrit-Zusammenhänge aus Bild B 6.45 entsprechen. Ist also der gemessene Zementit-Ferrit-Zusammenhang verschieden von dem Bagaryatski-Zusammenhang, aber zugehörig zu den erwähnten Kombinationen, so ist dies ein eindeutiger Hinweis dafür, daß sich dieser Zementitkristall nicht aus dem Ferrit, sondern aus dem Austenit gebildet hat. Umgekehrt ist die Schlußfolgerung nicht so eindeutig, weil der Bagaryatski-Zusammenhang auch mit einer der erwähnten Kombinationen übereinstimmt.

Die vorstehend skizzierte Überlegung ist bei Untersuchungen an Stählen mit Kohlenstoffgehalten zwischen 0,1 und 1,0 % und nach Umwandlungen bei Temperaturen zwischen 250 und 500 °C angewendet worden [118, 124]. Dabei wurden in der Tat nach Umwandlungen im oberen Temperaturbereich Zementit-Ferrit-Zusammenhänge gemessen, die zu einem Teil mit dem Bagaryatski-Zusammenhang, zu einem nennenswerten anderen Teil aber mit den anderen der erwähnten Kombinationen von Austenit-Ferrit- und Austenit-Zementit-Zusammenhängen übereinstimmten. Damit ist die Zementitausscheidung aus dem Austenit als ein Teilvorgang dieser bainitischen Umwandlungen direkt nachgewiesen worden.

Im unteren Temperaturbereich wurden dagegen ausschließlich Zementit-Ferrit-Zusammenhänge in der Nähe des Bagaryatski-Zusammenhangs gefunden. Diese Ausschließlichkeit wurde einerseits als Hinweis dafür gewertet, daß sich hier der Zementit aus dem bainitischen Ferrit ausgeschieden hat. Diese Art der Zementitausscheidung ist ein wesentlicher Teilvorgang bei der martensitartigen Bildung des bainitischen Ferrits, die damit durch diesen Befund gestützt wird. Andererseits wurde die auch mögliche Gleichsetzung mit einer der erwähnten Kombinationen von Austenit-Ferrit- und Austenit-Zementit-Zusammenhängen benutzt, um die Vorstellung zu stützen, daß sich auch dieser Zementit aus dem Austenit ausgeschieden hat. Diese Deutung ist jedoch wegen der Ausschließlichkeit, mit der nur der eine Typ eines Zementit-Ferrit-Zusammenhangs gemessen wurde, nicht so überzeugend wie die zuerst genannte Deutung, so daß insgesamt die kristallographischen Untersuchungen den martensitartigen Charakter der beobachteten bainitischen Umwandlungen dokumentieren [137].

Zu einem ähnlichen Resultat kommt man auch nach einer Bewertung der zweiten Gruppe kristallographischer Untersuchungen. Hier sind vor allem in den Arbeiten [113, 114, 120] die kristallographischen Merkmale des Bainits und zum Teil auch des Martensits in derselben Legierung gemessen und miteinander verglichen worden. Dabei wurden in [113] für einen bei 285 °C in der unteren Bainitstufe gebildeten plattenförmigen Bainit (s. Bild B 6.53) die Habitusebene, die Orientierungsbeziehungen zum Austenit und die zu dem Oberflächenrelief führende Gesamtdeformation gemessen. Zahlenmäßig stimmten die erhaltenen Ergebnisse nicht überein mit den entsprechenden Ergebnissen, die an unterhalb $M_S = -34$ °C in der gleichen Legierung gebildeten Martensitplatten gemessen worden waren. Dieser Unterschied überrascht aber nicht, wenn man nach dem vorstehend Gesagten bedenkt, daß der Bainit nur einem Martensit kristallographisch gleich sein kann, der bei gleicher Umwandlungstemperatur, aber in einer Legierung mit niedrigerem

Kohlenstoffgehalt gebildet wird. Und selbst in diesem Fall ist es ungewiß, ob der unterschiedliche Kohlenstoffgehalt des umgebenden Austenits in den beiden Fällen nicht zu unterschiedlichen Relaxationsvorgängen der Umwandlungsspannungen und damit zu unterschiedlichen kristallographischen Umwandlungsverläufen führt. Immerhin wurde in [113] auch gefunden, daß die für die Bainitplatten gemessenen kristallographischen Daten in den Rahmen des kristallographischen Modells passen, das die Bildung von Martensitplatten längs einer umwandlungsinvarianten Ebene beschreibt (s. B 6.4.3). Dies spricht nun deutlich für die martensitartige Bildung dieses bainitischen Ferrits.

In der Arbeit [114] wurde ein Stahl mit einer M_S-Temperatur von 295 °C nach einer bainitischen Umwandlung bei 365 °C untersucht. Das erhaltene Gefüge (s. Bild B 6.54) ist ähnlich dem des bei höherer Temperatur sich bildenden Lanzettmartensits. Dies spricht wieder für die martensitartige Bildung dieses bainitischen Ferrits. Außerdem wurden innerhalb einer geringen Streuung die kristallographischen Lagen der Ebenen ermittelt, parallel zu denen sich vorzugsweise die Bündel der lanzettenartigen Ferritkristalle gebildet hatten. Es zeigte sich, daß die Lagen dieser Ebenen nicht durch das kristallographische Modell der Bildung plattenförmiger Martensitkristalle erklärt werden können. Auch dieser Befund trifft auf die entsprechenden Merkmale des Lanzettmartensits zu (s. B 6.4.4).

Zu erwähnen ist noch, daß durch eine kristallographische Analyse auch die genaue Umkehrung der martensitartigen Bildung des bainitischen Ferrits festgestellt werden konnte [136]. Die Ausscheidung des γ'-Nitrids Fe_4N im Ferrit einer Eisen-Stickstoff-Legierung verläuft bei Temperaturen um 300 °C nach einem solchen Mechanismus, indem die übersättigt gelösten Stickstoffatome sich in bestimmten Bereichen des krz-Ferrits anreichern, die dann martensitartig in die kfz-Gitterstruktur des γ'-Nitrids umklappen. Der zeitliche Verlauf dieses Vorgangs wird durch die Diffusion der Stickstoffatome bestimmt. Im einzelnen wurden für die plattenförmigen Nitridteilchen, ähnlich wie beim Plattenmartensit, eine feinschichtige Innenstruktur und die Lage ihrer Habitusebene vermessen. Außerdem wurde ihr Orientierungszusammenhang mit dem Ferrit ermittelt. Die erhaltenen Daten ließen sich quantitativ durch das kristallographische Modell erklären, das auch für die Bildung des Plattenmartensits gilt. Deshalb kann auch diese Ausscheidung, ähnlich wie die Bildung des bainitischen Ferrits, als eine zwar zeitlich durch die Diffusion der interstitiell gelösten Legierungsatome gesteuerte, sonst aber martensitartige Umwandlung charakterisiert werden.

Zusammenfassend sei als Ergebnis festgehalten, daß die kristallographischen Befunde besonders deutlich den martensitartigen Verlauf der Bildung des bainitischen Ferrits erhärten und – in Abhängigkeit von den Umwandlungsbedingungen – die Zuordnung des Zementits zum Austenit oder zum Ferrit als Mutterkristall ermöglicht haben. Diese Befunde fügen sich gut in das am Ende von B 6.5.2 beschriebene Bild der bainitischen Umwandlungen ein.

B 7 Gefügeentwicklung durch thermische und mechanische Behandlungen

Von Wolfgang Pitsch und Gerhard Sauthoff

Bei der Herstellung metallischer Werkstücke wird in großem Umfang die plastische Formgebung verwendet. Die dadurch im Werkstoff erzeugten Defekte können, wenn das Werkstück noch während der Herstellung auf höheren Temperaturen gehalten oder später wieder erwärmt wird, gewollte oder auch unerwünschte Gefüge- und damit Eigenschaftsänderungen verursachen. Die Grundvorstellungen über die dabei ablaufenden vielfältigen Vorgänge werden in diesem Kapitel besprochen; eingehendere Darstellungen finden sich z. B. in [1–5].

B 7.1 Einphasige Gefüge bei Wärmebehandlungen nach Kaltumformung

Durch Kaltumformung entsteht in den Kristallkörnern ein Netzwerk von miteinander verhakten oder verknäulten Versetzungen. Ihre mittlere Dichte λ erhöht sich mit zunehmendem Umformgrad von rd. $10^{12}\,\mathrm{m^{-2}}$ bis zu einem Sättigungswert von rd. $10^{16}\,\mathrm{m^{-2}}$. Dementsprechend erreichen die mittleren Versetzungsabstände Werte bis zu $\lambda^{-½} = 10\,\mathrm{nm}$. Im einzelnen sind die Versetzungen oft nicht gleichmäßig verteilt; so sind z. B. in kaltverformtem α-Eisen die Versetzungen vorzugsweise in sogenannten Zellwänden konzentriert [6] (Bild B 7.1).

B 7.1.1 Erholung

Die von den Versetzungen erzeugten Gitterverzerrungen verursachen eine Energieerhöhung, die sich mit einer Energie je Versetzungslänge von $0{,}5\,Gb^2$ (G = Schubmodul, beim Ferrit etwa $80\,000\,\mathrm{N/mm^2}$; b = Burgers-Vektor $\approx 0{,}25\,\mathrm{nm}$) und bei einer Versetzungsdichte von $\lambda \leq 10^{16}\,\mathrm{m^{-2}}$ auf Werte bis zu $0{,}5\,\lambda\,Gb^2 \leq 25\,\mathrm{MJ/m^3}$ abschätzen läßt [1]. Diese Energie erzeugt treibende Kräfte für alle Gefügeänderungen, die durch Verminderung der Zahl der Versetzungen oder wenigstens durch Umordnung der Versetzungen zur Verminderung der Gitterverzerrungen führen. Makroskopisch läßt sich dies gut an einer Eigenschaftsänderung, z. B. der der Härte, verfolgen (Bild B 7.2). Bei niedrigen Anlaßtemperaturen reicht die thermische Beweglichkeit im wesentlichen nur für eine Versetzungsumordnung aus. Bei diesem gleichmäßig und kontinuierlich ablaufenden Vorgang ändert sich das Korngefüge nicht sehr; die Härte sinkt aber geringfügig ab. Man spricht von einer Erholung des Gefüges [1].

Literatur zu B 7 siehe Seite 687, 688.

B 7.1.2 Rekristallisation

Oberhalb einer bestimmten Temperatur fällt dagegen die Härte plötzlich deutlich ab. Gleichzeitig ändert sich das Korngefüge in diskontinuierlicher Weise: Es entstehen neue, nahezu versetzungsfreie Kristallkörner, die in ihre noch verformte Umgebung hineinwachsen. Die treibende Kraft dafür ist die in den Versetzungsstrukturen gespeicherte Energie, die bei dieser Gefügeausheilung verbraucht wird. Man spricht von einer Rekristallisation des Gefüges und nennt die Temperatur des

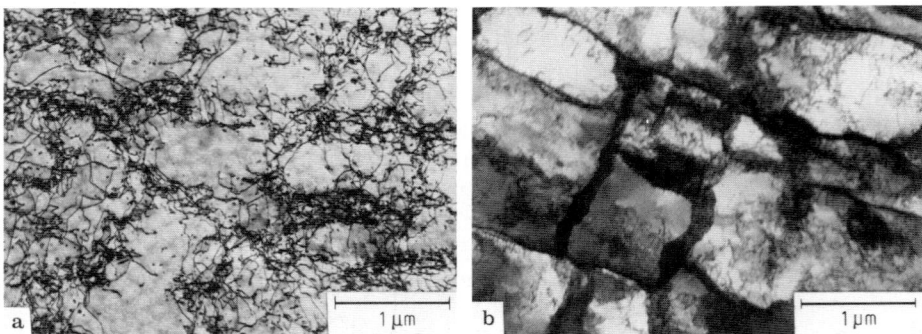

Bild B 7.1 Elektronenmikroskopische Durchstrahlungsaufnahmen von ferritischem Eisen mit <0,01% C und 0,6% Mo (Massengehalte). Nach [7]. **a** nach Kaltwalzung um 10%; **b** nach Kaltwalzung um 30%.

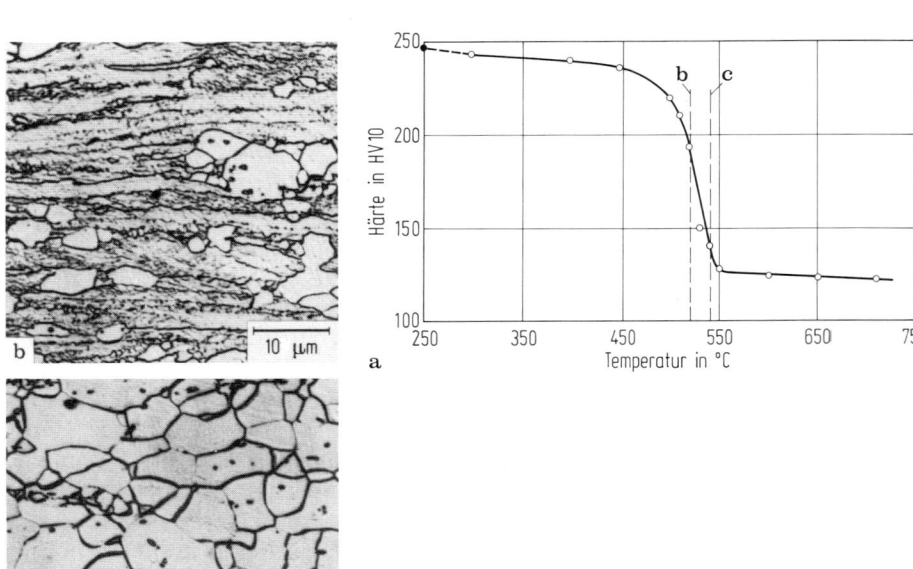

Bild B 7.2 Verlauf der Härte eines Stahls mit 0,03% C, 0,54% Si, 0,20% Mn und 0,07% P (Massengehalte). Nach [8]. **a** während einer langsamen Erwärmung (20 °C/h) nach Kaltwalzen um 80%; **b** Gefüge bei 520 °C; **c** Gefüge bei 540 °C.

Beginns dieser Reaktion die Rekristallisationstemperatur. Sie nimmt mit steigendem Umformgrad, also mit steigender Versetzungsdichte, ab.

Die Rekristallisation beginnt mit einer Keimbildung, deren kritische Energieschwelle im Falle einer Keimbildung durch thermische Schwankungen ähnlich wie in Gl. (B 3.10) abgeleitet werden kann [1] zu

$$A^* = \frac{16\pi}{3} \frac{\gamma^3}{(0{,}5\lambda G b^2)^2} \,. \tag{B 7.1}$$

(γ = Grenzflächenenergie). Mit den Werten $\gamma = 1\,\text{J/m}^2$ und $0{,}5\lambda G b^2 = 25\,\text{MJ/m}^3$ ergibt sich daraus eine kritische Keimbildungsenergie von etwa $A^* = 2 \cdot 10^6 kT$, bei einer Temperatur von 1000 K. Mit diesem großen Wert für A^* folgt, daß eine thermisch aktivierte Keimbildung hier nicht möglich ist. Es bleibt nur die Möglichkeit, daß die Rekristallisationskeime beispielsweise schon während der Kaltverformung oder während einer vorlaufenden Erholung in Form von Zwillingen oder anderen Subkörnern vorgebildet werden [1]. Die Häufigkeit einer derartigen Keimbildung steigt mit zunehmender Versetzungsdichte an.

An die Keimbildung schließt sich das Wachstum der neugebildeten Körner an. Die Geschwindigkeit dieses Vorgangs hängt in der Regel stark von der Orientierung des neuen Korns zu dem alten noch verformten Korn ab [1]. Deshalb werden sich hauptsächlich solche neuen Körner im Probenvolumen ausbreiten, die zu all ihren Nachbarkörnern eine wenigstens einigermaßen günstige Orientierung besitzen. Es findet also eine Auslese statt, die einerseits durch die Art des orientierungsabhängigen Wachstums gesteuert wird, sich aber andererseits nur unter den Körnern abspielt, die durch die Keimbildung zur Verfügung gestellt werden [1]. Diese Auslese führt dazu, daß in dem rekristallisierten Korngefüge in der Regel nicht alle Kornorientierungen gleichhäufig vertreten sind. Vielmehr haben sich bestimmte Orientierungen vorzugsweise durchgesetzt; man sagt, daß der Werkstoff eine Textur habe, in diesem Fall eine Rekristallisationstextur [1].

Derartige Texturen werden auch bereits durch den Verformungsvorgang erzeugt. Die Verformungstexturen und die daraus entstehenden Rekristallisationstexturen sind je nach den Versuchsbedingungen mehr oder weniger stark voneinander verschieden [5]. Alle Texturen bewirken natürlich eine Richtungsabhängigkeit derjenigen Eigenschaften, die anisotrop sind, d. h. von der Kristallrichtung abhängen, wie etwa die Magnetisierung oder die Zugfestigkeit (s. z. B. Bild C 2.10 oder Bild C 1.18). Das hier vorliegende Erfahrungswissen ist wiederholt zusammengefaßt worden [9]. Es gestattet die praktische Nutzung der gezielten Einstellung einer für die vorgesehene Anwendung gewünschten Textur.

Die Erfahrung hat gezeigt, daß sich die zeitliche Zunahme des rekristallisierten Volumenanteils W des Gefüges mindestens näherungsweise in Form einer Johnson-Mehl-Gleichung (vgl. Gl. (B 6.12)) ausdrücken läßt [1]:

$$W = 1 - \exp(-(t/\tau)^n). \tag{B 7.2}$$

Das Bild B 7.3 zeigt dies am Beispiel zweier ferritischer Mischkristalle. Man erkennt aus dem Bild weiter, daß eine Legierungsbeimengung – 0,60 gegenüber 0,02 % Mn – einen verzögernden Einfluß auf die Rekristallisation ausübt und den Exponenten n in Gl. (B 7.2) stark beeinflußt, nämlich von 0,5 auf 1,5 erhöht. Von der Reaktionszeit τ kann man annehmen, daß sie (wie in Gl. (B 6.13b) bei einer Ausscheidung)

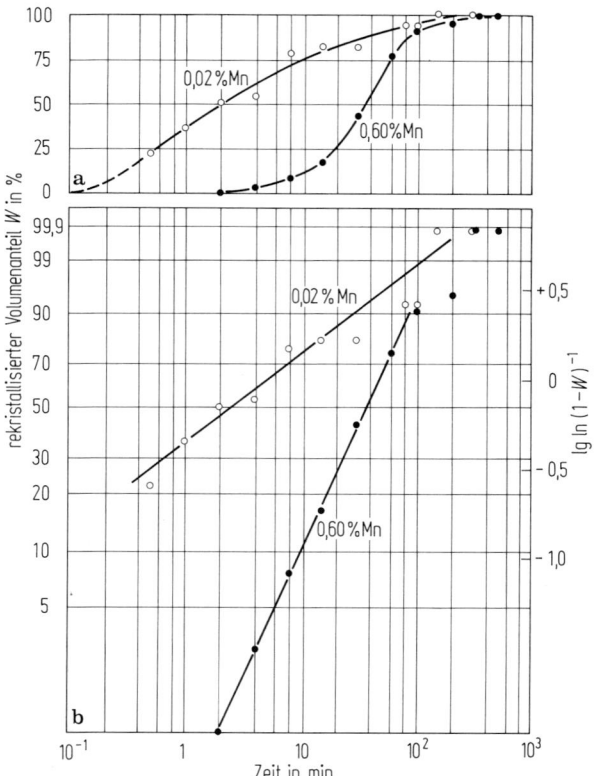

Bild B 7.3 Zeitlicher Rekristallisationsverlauf eines Eisenmischkristalls mit 0,003 % C und 0,02 % Mn bzw. mit 0,001 % C und 0,60 % Mn (Massengehalte) nach 60 % Kaltverformung bei 595 °C. Nach [10]. **a** übliche halb-logarithmische Auftragung des rekristallisierten Volumenanteils W; **b** Auftragung entsprechend Gl. (B 7.2).

dem Diffusionskoeffizienten, hier der Grenzflächendiffusion, umgekehrt proportional ist, also

$$\tau = \tau_0 \exp\left(\frac{Q}{RT}\right). \tag{B 7.3}$$

In dieser Beziehung für die Reaktionzeit τ hängt der Vorfaktor τ_0 auch von der treibenden Kraft der Reaktion, hier der Rekristallisation ab. Da diese Kraft aber im Gegensatz zu der einer Ausscheidung nahezu unabhängig von der Temperatur ist, bestimmt im wesentlichen allein der Exponentialfaktor in Gl. (B 7.3) die Temperaturabhängigkeit von τ. Dies wird durch eine Auswertung der Rekristallisationskurven in Bild B 7.3 sowie weiterer, bei anderen Temperaturen gemessener Rekristallisationskurven bestätigt (Bild B 7.4). Dabei wird an Stelle der Zeit $\tau = t\,(W = 1-1/e)$ die Rekristallisationszeit $t\,(W = 0,5)$ betrachtet, die sich aber von τ nur um einen Zahlenfaktor nahe 1 unterscheidet; für diese Rekristallisationszeit wird im Bild B 7.4 in der Tat gefunden, daß $\lg t\,(W = 0,5)$ und damit auch $\ln \tau$ linear von $1/T$ abhängen.

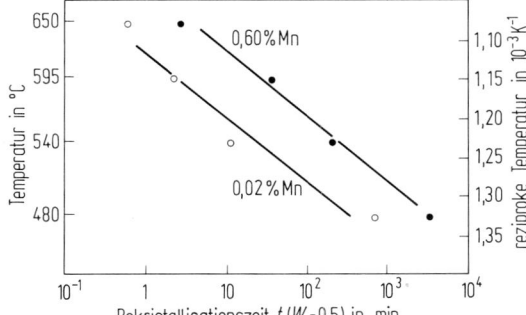

Bild B 7.4 Zeit-Temperatur-Rekristallisationsdiagramm (für einen rekristallisierten Volumenanteil von 50%) der beiden Stähle des Bildes B 7.3. Nach [10].

B 7.1.3 Kornvergröberung

Bei fortgesetzter Glühung, insbesondere bei höheren Temperaturen, wachsen von den rekristallisierten Kristallkörnern die größeren auf Kosten der kleineren noch weiter. Dieser Vorgang wird Kornvergröberung genannt, der im übrigen bei jeder Hochtemperaturglühung, d. h. auch ohne vorhergehende Kaltverformung stattfindet [1]; seine treibende Kraft stammt aus der Abnahme der in den Korngrenzen gespeicherten Energie, die bei einem mittleren Korndurchmesser $D = 10^{-3}$ cm und einer flächenbezogenen Korngrenzenenergie von $\gamma = 1$ J/m^2 gleich

$$\frac{3D^2\gamma}{D^3} = \frac{3\gamma}{D} = 0{,}3 \text{ MJ/m}^3 \tag{B 7.4}$$

ist. Die hier treibende Kraft ist also niedriger als die der Rekristallisation, so daß die Kornvergröberung entsprechend langsamer abläuft. In der Regel findet dieser Vorgang so statt, daß sich die Häufigkeitsverteilung der Korngrößen mit der Zeit stetig zu höheren Korngrößenwerten verschiebt. Bild B 7.5 zeigt dies für einen einphasigen krz Titanmischkristall mit 15,2% Mo (Stoffmengengehalt). Diese Kornvergröberung ist in mancher Hinsicht der Teilchenvergröberung bei einer Ausscheidung ähnlich [12] (vgl. Bild B 6.15).

Zur modellmäßigen Beschreibung des zeitlichen Verlaufs dieser Kornvergröberung wird davon ausgegangen [1], daß die Wanderungsgeschwindigkeit v eines Korngrenzenelements mit dem mittleren Krümmungsradius r proportional dem aus der Grenzflächenspannung γ resultierenden Druck $2\gamma/r$ (entsprechend der Grenzflächenzunahme einer kugelförmigen Blase je Volumenzunahme, vgl. B 3.2) ist:

$$v = B \frac{2\gamma}{r} \tag{B 7.5}$$

(B = Beweglichkeit). Ferner wird angenommen, daß der mittlere Krümmungsradius r dem mittleren Korndurchmesser D und die mittlere Wanderungsgeschwindigkeit v der Änderungsgeschwindigkeit von D jeweils proportional sind; dann folgt

$$\frac{1}{2}\frac{dD}{dt} = \frac{k}{D} \quad \text{bzw.} \quad D^2 - D_0^2 = kt, \tag{B 7.6}$$

wobei D_0 die Ausgangskorngröße ist und k alle zeitunabhängigen Faktoren enthält

[1]. Experimentell wird Gl. (B 7.6) zwar bestätigt, jedoch wird meist ein höherer Exponent als 2 gefunden; beispielsweise liefert die Auswertung von Bild B 7.5a ein zeitliches Vergröberungsverhalten entsprechend Gl. (B 7.6), aber mit dem Exponenten 3 (Bild B 7.5b). Außerdem ist zu erkennen, daß D_0 in diesem Fall vernachlässigbar klein ist.

Im einzelnen hängt die Beweglichkeit der Korngrenzen bei der Kornvergröberung wie auch bei der Rekristallisation stark vom Verunreinigungsgehalt der Legierung ab. Wenn sich gelöste Atome aus thermodynamischen Gründen bevorzugt an

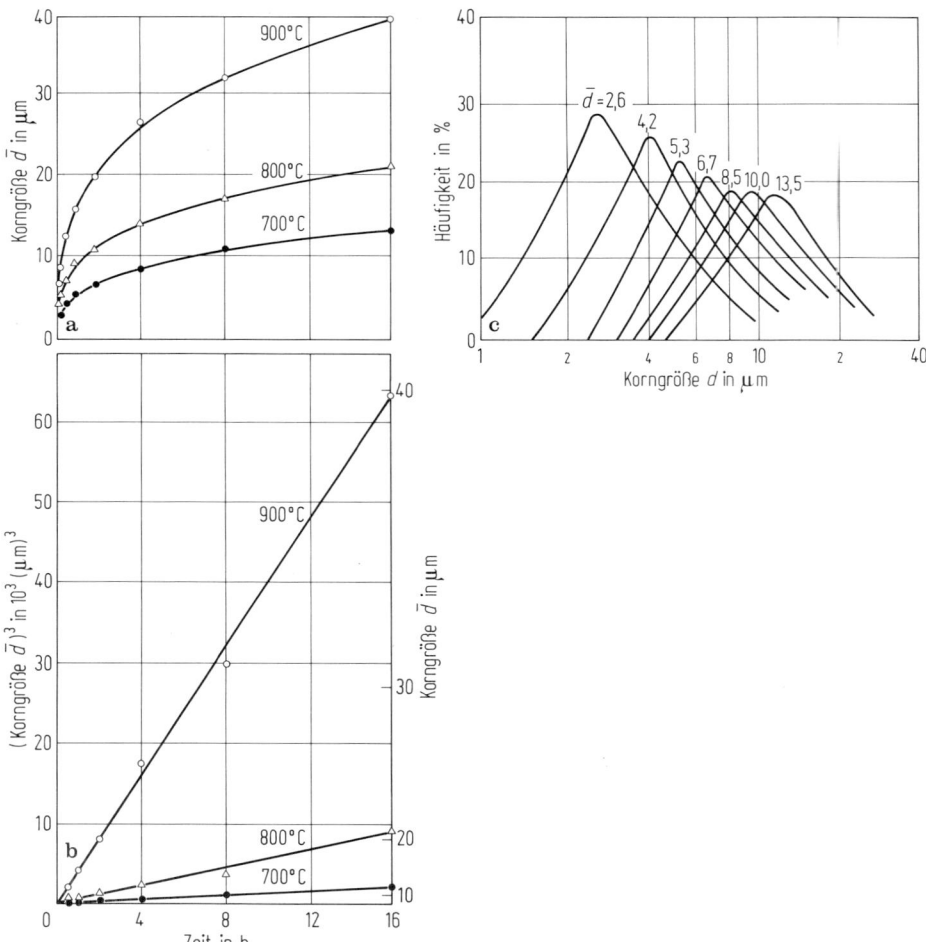

Bild B 7.5 Zeit- und Temperaturabhängigkeit der mittleren Korngröße (als mittlere Schnittlänge $\bar{d}$ auf dem Schliff gemessen) bei der stetigen Kornvergröberung in einem Titanmischkristall mit 15,2 % Mo (Stoffmengengehalt) bei 700, 800 und 900 °C nach 93 % Kaltverformung. Nach [11].
a lineare Skalen für Korngrößen und Zeit;   jeweils mittlere Korngröße
b kubische Korngrößenskala und lineare Zeitskala;   aus Bild 7.5c
c nach verschiedenen Zeiten gemessene Häufigkeitsverteilungen der Korngrößen bei 700 °C.

den Korngrenzen anreichern (vgl. B 2.3), müssen diese Atome bei einer Korngrenzenbewegung mitdiffundieren, da sonst ein energetisch ungünstigerer Zustand geschaffen würde. Dies vermindert die Korngrenzenbeweglichkeit [1, 13, 14]. Bild B 7.6 liefert ähnlich wie bereits Bild B 7.3 hierfür ein Beispiel. Stähle mit 0,04 % C und 3,1 % Si und unterschiedlichen Gehalten an Schwefel, Stickstoff und Bor weisen nach einer Rekristallisation bei 800 °C mit anschließender einstündiger Glühung bei 800 bis 1025 °C unterschiedliche Korngrößen auf; Auger-Messungen zeigten, daß von diesen Beimengungen vor allem der Stickstoff an den Korngrenzen segregierte und dadurch für die Behinderung des Kornwachstums maßgebend war. Ähnliche Behinderungen werden auch durch ausgeschiedene Teilchen verursacht [16] (vgl. Bild B 9.12), worauf in B 7.3 noch näher eingegangen wird.

Wenn die Korngrenzen durch Fremdatome oder durch ausgeschiedene Teilchen stark blockiert sind, diese Blockierung aber an einzelnen Gefügestellen überwunden wird, dann kann eine unstetige Kornvergröberung ausgelöst werden, wobei nur wenige, aber sehr große Körner gebildet werden (weitere Einzelheiten siehe in [1]).

B 7.2 Einphasige Gefüge bei Warmumformung

Bei erhöhten Temperaturen, etwa oberhalb der halben Schmelztemperatur, sind Versetzungen und Korngrenzen so beweglich, daß die im vorhergehenden Abschnitt geschilderten Erholungs- und Rekristallisationsvorgänge bereits während der Umformung ablaufen. Diese Vorgänge werden dann als dynamische Erho-

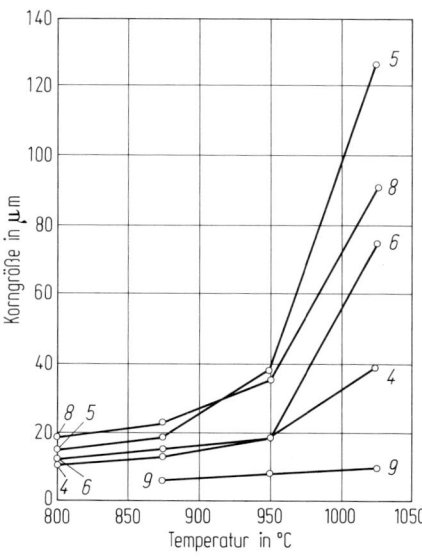

Probe	Massengehalt an				
	B	Mn	N	S	Σ
			10^{-4} %		
4	9	40	98	80	227
5	1	20	51	30	102
6	<1	30	53	100	183
8	70	30	70	20	190
9	6	20	150	90	266

Bild B 7.6 Einfluß von Beimengungen auf die Kornvergröberung von Stahlproben mit 0,04 % C und 3,1 % Si (Massengehalte) nach 87 % Kaltverformung, 8 min Rekristallisation bei 800 °C in Wasserstoff und 1 h Glühen bei Temperaturen zwischen 800 und 1025 °C. Nach [15].

lung bzw. Rekristallisation bezeichnet und sind in verschiedenen Übersichtsartikeln, z. B. [4, 17, 18] erörtert worden. Im folgenden sollen einige Merkmale erwähnt werden.

Selbst bei geringen Umformgeschwindigkeiten führt die Umformung zu einer Erhöhung der Versetzungsdichte und damit einerseits zu einer Verfestigung, aber andererseits auch bereits zu einer laufenden, d. h. dynamischen Erholung. Beide Vorgänge kommen zu einem Gleichgewicht, das über den resultierenden Gefügezustand auch die resultierende Verfestigung, d. h. die Fließspannung bestimmt. Zahlenmäßig bestimmend für das Gegeneinander von Verfestigung und Erholung ist das Verhältnis der Verfestigungsgeschwindigkeit, die mit der Umformgeschwindigkeit zunimmt, zur Erholungsgeschwindigkeit, die mit der Temperatur anwächst.

Wird die Umformgeschwindigkeit erhöht, so reicht die erzielte Versetzungsdichte auch für die Auslösung der dynamischen Rekristallisation aus. Dadurch bilden sich während der Umformung neue zunächst unverfestigte Körner, wodurch die angestiegene Fließspannung plötzlich wieder absinkt, d. h. ein Maximum durchläuft. Durch die weitere Umformung verfestigt sich aber das rekristallisierte Material wieder, so daß sich der Vorgang periodisch wiederholt und die Fließspannung

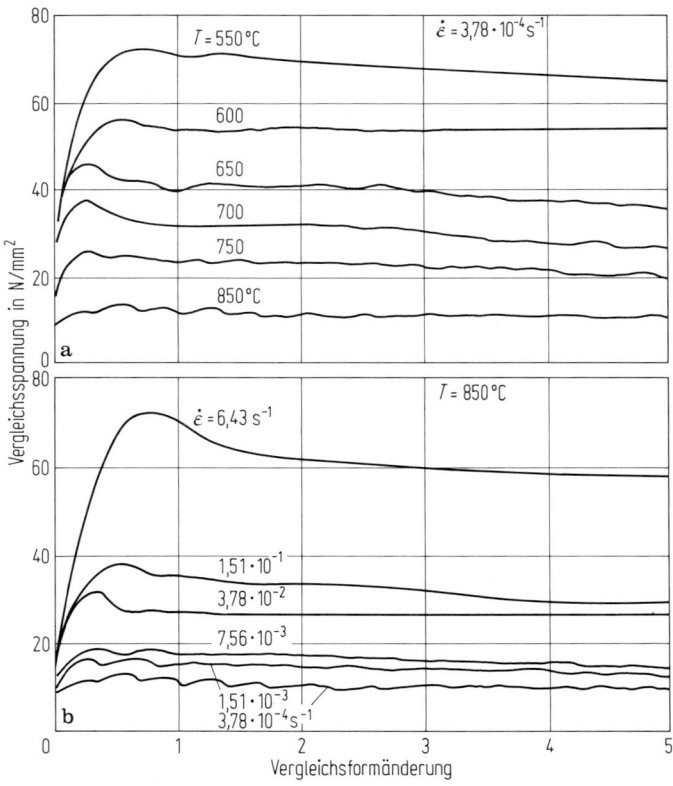

Bild B 7.7 Verfestigungskurven (gemessen im Verdrehversuch nach [19]) von Reinsteisen. Nach [20]. **a** bei verschiedenen Temperaturen; **b** bei verschiedenen Umformgeschwindigkeiten $\dot{\varepsilon}$.

entsprechend schwankt. Als Beispiel dafür enthält Bild B 7.7 typische Verfestigungskurven von Reinsteisen, die in Torsionsversuchen bei verschiedenen Temperaturen und Umformgeschwindigkeiten gemessen wurden [20]. Bei genügend starker Erhöhung der Umformgeschwindigkeit oder Erniedrigung der Umformtemperatur können die einzelnen Rekristallisationszyklen aber nicht mehr aufgelöst werden. Statt dessen kommt es – makroskopisch gesehen – nach dem ersten Verfestigungsmaximum zu einer kontinuierlichen dynamischen Rekristallisation mit praktisch konstanter Fließspannung. Außerdem wird diese Fließspannung durch die höhere Umformgeschwindigkeit oder durch die mit der niedrigeren Umformtemperatur verbundene Verlangsamung der Erholung und der Rekristallisation deutlich erhöht. Der Vollständigkeit wegen sei angemerkt, daß bei noch höherer Umformgeschwindigkeit bzw. noch geringerer Umformtemperatur die Rekristallisation nicht mehr zur Ausbildung kommt und statt dessen höchstens wieder eine dynamische Erholung stattfindet.

Allgemein hängt das Einsetzen der dynamischen Rekristallisation davon ab, ob genügend Verformungsenergie eingebracht werden kann, um für ein schnelles Wachsen der Rekristallisationskeime eine ausreichende treibende Kraft zu bewirken. Da nun die Erholung die Verformungsenergie mindert, ist die Stapelfehlerenergie über ihren Einfluß auf die Beweglichkeit der Versetzungen und damit auf die Erholung auch eine wesentliche Einflußgröße für das Einsetzen der dynamischen Rekristallisation. Außerdem müssen die Grenzflächen zwischen den rekristallisierten und den noch verformten Körnern leicht beweglich sein; deshalb sind auch Legierungsbeimengungen wichtig. Zur theoretischen Erfassung all dieser Bedingungen sind Modelle entwickelt worden, die jedoch empirische Anpassungsparameter enthalten derart, daß das Auftreten der dynamischen Rekristallisation nicht ohne Experimente vorhergesagt werden kann [4, 18]. Als Regel läßt sich aber festhalten, daß die dynamische Rekristallisation vorwiegend in Legierungen mit niedriger Stapelfehlerenergie beobachtet wird, wo die Erholung wegen der großen Versetzungsaufspaltung und der damit verbundenen Behinderung der Versetzungsbewegungen gehemmt ist. Demgemäß ist bei Stählen die dynamische Rekristallisation im austenitischen Zustand eher möglich als im ferritischen.

Als Beispiel sei eine Untersuchung der dynamischen Rekristallisation in zwei austenitischen nichtrostenden Stählen genannt, bei der die experimentellen Ergebnisse sogar mit einem Modell halb-quantitativ erklärt werden konnten [21]. Andererseits stellt Bild B 7.7 dar, wie in besonders reinem α-Eisen trotz der hohen Stapelfehlerenergie und der damit erleichterten Erholung eine dynamische Rekristallisation wegen der guten Beweglichkeit der Korngrenzen stattfinden kann.

B 7.3 Gefüge mit ausgeschiedenen Teilchen bei Wärmebehandlungen nach Kaltumformung

Ein großer Teil der metallischen Werkstoffe enthält Gefüge mit ausgeschiedenen Teilchen. Weil diese Teilchen bereits die Vorgänge bei der Kaltumformung beeinflussen, ist auch mit einem Einfluß auf die Vorgänge bei der Erholung und der Rekristallisation zu rechnen. Dabei ist zu unterscheiden zwischen „weichen" Teilchen, die sich mit der Matrix beim Durchlauf der Versetzungen abscheren, und

„harten" Teilchen, die nicht verformbar sind [5]. Je nach Art, Größe und Verteilung der Teilchen werden unterschiedliche Effekte beobachtet.

Die Abscherung weicher Teilchen kann den Verformungswiderstand in der betätigten Gleitebene vermindern und dadurch zur Ausbildung von Verformungsbändern, d. h. zu einer stark inhomogenen Verformung führen, die erfahrungsgemäß die Keimbildung der Rekristallisation begünstigt [22]. Darüber hinaus kann es durch wiederholtes Abscheren zu einer weitgehenden Auflösung der Teilchen kommen [5, 23]. Die Wiederausscheidung dieser Teilchen und ihre Beeinflussung durch die Gitterdefekte werden in den folgenden Abschnitten behandelt. Wenn derartige Teilchen jedoch nur zerkleinert und ihre Bruchstücke vorzugsweise in Verformungsrichtung aufgereiht werden, dann führt dies, wie später noch erläutert wird, zu einem anisotropen Kornwachstum [5].

Harte Teilchen sind insbesondere solche mit starken zwischenatomaren Bindungskräften, wie sie in Oxiden, Karbiden u. ä. vorkommen. In der unmittelbaren Umgebung derartiger Teilchen entstehen bei Kaltumformung durch Versetzungsansammlungen besonders stark gestörte Gitterbereiche (Bild B 7.8). Bei kleinen Teilchen mit kleinen Abständen überlappen sich diese Bereiche, so daß eine besonders gleichmäßige Verformung resultiert, die erfahrungsgemäß die Keimbildung der Rekristallisation erschwert [24]. Bei großen Teilchen ($>0,5\,\mu m$) mit großen Abständen konzentriert sich dagegen die Verformung in der Umgebung der Teilchen so, daß dort eine bevorzugte Keimbildung der Rekristallisation stattfinden kann [5, 24] (Bild B 7.9). Nach dem anschließenden Kornwachstum liegt ein Gefüge vor, dessen mittlere Korngröße durch die Anordnung der großen Teilchen mitbestimmt ist [5].

Alle Teilchen behindern, je nach Art, Größe, Zahl und Verteilung mehr oder weniger stark, sowohl die Bewegung der Wachstumsfronten während der Rekristallisation als auch die Bewegung der Korngrenzflächen während der Kornvergröberung. Eine Abschätzung dieser Behinderung läßt sich für den einfachen Fall kugelförmiger Teilchen mit dem Radius r auf Korngrenzen mit der mittleren Energie γ durchführen [16]. Man erhält für die maximale Rückhaltekraft eines Teilchens den

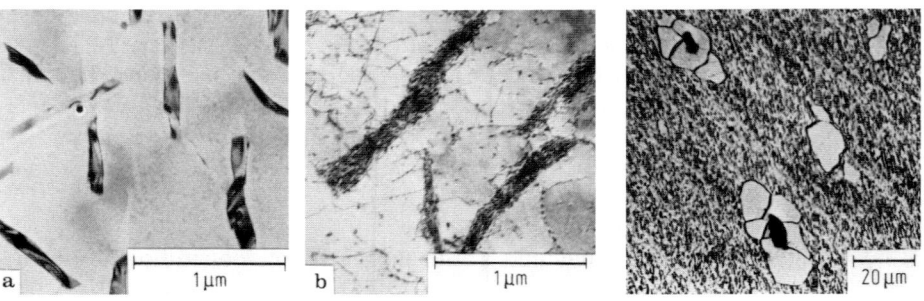

Bild B 7.8   **Bild B 7.9**

Bild B 7.8 Elektronenmikroskopische Durchstrahlungsaufnahmen einer Eisenlegierung mit rd. 0,1% N (Massengehalt) mit ausgeschiedenen α''-Nitridteilchen nach Abschrecken von 580 °C und Glühung. Nach [7]. **a** nach 10 min bei 200 °C; **b** nach 2 h bei 200 °C und anschließendem Kaltwalzen um 2,5%.

Bild B 7.9 Lichtoptisches Schliffbild einer Eisenlegierung mit 0,033% O (Massengehalt) nach der Bildung von rekristallisierten Körnern an Oxideinschlüssen. Nach [25].

Wert $\gamma\pi r$. Mit dem Volumenanteil f der Teilchen ist die Zahl der Teilchen, die von den Korngrenzen berührt oder geschnitten werden, gleich $3f/2\pi r^2$, also proportional zu f/r^2. Damit folgt, daß die Rückhaltekraft je Flächeneinheit der Korngrenzen proportional zu $\gamma f/r$ ist. Diese Kraft ist mit der treibenden Kraft für die Korngrenzenwanderung zu vergleichen, die im Falle der Kornvergröberung (B 7.1) proportional zu γ/D ist (D = mittlerer Korndurchmesser). Aufgrund der Rückhaltekraft verhindern die Teilchen das Kornwachstum und die Kornvergröberung so lange, wie die treibende Kraft kleiner ist. Da mit zunehmender Korngröße die treibende Kraft wie $1/D$ abnimmt, wird in Gegenwart ausgeschiedener Teilchen die Kornvergröberung bei einer kritischen Korngröße zum Stillstand kommen, die sich durch Gleichsetzen der beiden Kräfte zu

$$D_k = k_0 \frac{2r}{f} \tag{B 7.7}$$

abschätzen läßt (der Proportionalitätsfaktor k_0 ist größenordnungsmäßig 1/2) [16]. Diese Korngröße stellt damit eine obere Grenze für die durch Teilchen behinderte Kornvergröberung dar.

Die dadurch erreichte Kornstabilisierung ist von großer praktischer Bedeutung für die Herstellung feinkörniger Stähle oder von Stählen mit bestimmter Rekristallisationstextur (s. D 1, D 3 und D 19). Die durch Teilchen bewirkte Stabilisierung ist allerdings nicht absolut. Bei höheren Temperaturen vergröbern die Teilchen selbst (vgl. B 6.2.6) und damit im gleichen Maße die Körner. Wird die Lösungstemperatur der Ausscheidungsphase überschritten, so lösen sich die Teilchen sogar wieder auf, und die Körner vergröbern ungehemmt. Zu beachten ist: Bei örtlich inhomogener Verteilung der Teilchengrößen können sich bei steigender Temperatur oder während der Teilchenvergröberung Kristallbereiche bilden, die frei von Teilchen sind; hier entstehen dann besonders große Körner, die bei weiterer Teilchenauflösung bzw. -vergröberung im übrigen Gefüge Ausgangspunkte für die in B 7.1 angesprochenen unstetigen Kornvergröberungen werden. Dieser Vorgang wird auch „sekundäre Rekristallisation" genannt [1].

Natürlich behindern ausgeschiedene Teilchen nicht nur die Korngrenzenbewegung, sondern auch Versetzungsbewegungen und damit die mit der Rekristallisation konkurrierenden Erholungsvorgänge. Wie sich diese widerstreitenden Effekte im Einzelfall insgesamt auswirken, kann bisher nur durch Experimente festgestellt werden [5, 26].

Als besonderer Effekt ist noch zu erwähnen, daß nach einer Kaltumformung eines Perlitgefüges durch (Weich)Glühen bei rd. 700°C eine beschleunigte Einformung der Karbidlamellen zu gröberen, globularen Teilchen stattfindet. Dies beruht darauf, daß Glühen ohne vorhergehende Verformung nur eine langsam voranschreitende Einformung der lang ausgedehnten Karbidlamellen von den Enden her bewirkt, während durch die Kaltverformung Störungen der Lamellenoberflächen oder sogar Zerteilungen der Lamellen hervorgerufen und damit zusätzliche Ausgangspunkte für Einformungsvorgänge geschaffen werden [27].

B 7.4 Umwandlungsfähige ferritische Gefüge bei Wärmebehandlungen nach einer Verformung

Wird eine Legierung nach vorausgegangener Verformung in einem instabilen Zustand wärmebehandelt, so können sich Ausscheidung oder Umwandlung und Erholung und Rekristallisation gegenseitig beeinflussen. Einerseits erhöhen besonders in den stark gestörten Gitterbereichen die erzeugten Versetzungen, Versetzungsnetzwerke und Subkorngrenzen (s. Bild B 7.1) die Keimzahl der neuen Phase und beschleunigen damit ihre Bildung, andererseits hemmen die neu gebildeten Teilchen die Bewegung dieser Gitterdefekte und behindern dadurch Erholung und Rekristallisation. Mit steigendem Verformungsgrad werden dabei neben der Erholung und Rekristallisation auch die Ausscheidung und Umwandlung zu kürzeren Reaktionszeiten verschoben. Eine gewisse Übersicht über diese Einflüsse läßt sich mit Hilfe eines isothermen Zeit-Temperatur-Reaktions-Diagramms gewinnen [5]. Im linken Teil von Bild B 7.10 sind schematisch die Zeiten für den Reaktionsbeginn von *Ausscheidung* (t_A) und *Rekristallisation* (t_R) so skizziert, wie sie ohne gegenseitige Beeinflussung sein würden (vgl. Bild B 7.4, B 3.9 und B 3.10). Der rechte Bildteil stellt dann den häufig erreichten Fall dar, daß durch die gegenseitige Beeinflussung Ausscheidung und Rekristallisation etwa gleichzeitig ablaufen. Der Verlauf der Reaktionen ist nun je nach Temperatur der Wärmebehandlung verschieden. Im Bereich I oberhalb der Löslichkeitstemperatur T_0 der neuen Phase β rekristallisiert der stabile α-Mischkristall unbeeinflußt, wie bisher beschrieben. Im Bereich II ist die Unterkühlung des α-Mischkristalls noch so gering, daß die β- Bildung für die Beeinflussung der Rekristallisation zu spät erfolgt. Erst im Bereich IIIa unterhalb der Temperatur T_1 kommen die beiden Effekte deutlich zur Wirkung; dabei nimmt mit sinkender Temperatur die Zahl der β-Teilchen zu, und die Blockierung der Gitterdefekte wird immer stärker. Schließlich sind bei einer Temperatur um T_2 diese Defekte so stark verankert, daß die Rekristallisation erst mit einer stärker werdenden Vergröberung der β-Teilchen und entsprechender Abnahme ihrer Anzahl einsetzen kann; in diesem Bereich IIIb bestimmt damit die Kinetik der Teilchenvergröberung auch die Kinetik der Rekristallisation. Im einzelnen hängt die Beeinflussung der Rekristallisation durch die Ausscheidungsteilchen von der Art, der Größe und der Verteilung der Teilchen ab, wofür zu Beginn von B 7.3 bereits einige Beispiele genannt wurden.

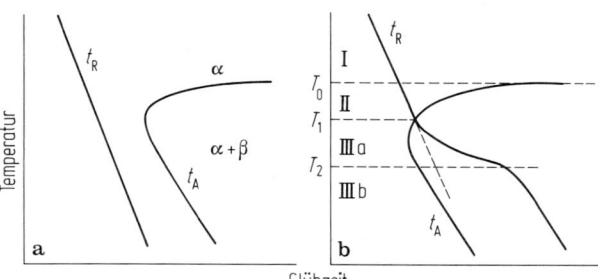

Bild B 7.10 Zeit-Temperatur-Reaktions-Diagramme (schematisch) für den Beginn der Rekristallisation (t_R) der α-Phase bzw. der Ausscheidung (t_A) der β-Phase in der α-Phase. Nach [5]. **a** bei unabhängigem Verlauf der beiden Reaktionen; **b** bei gegenseitiger Beeinflussung.

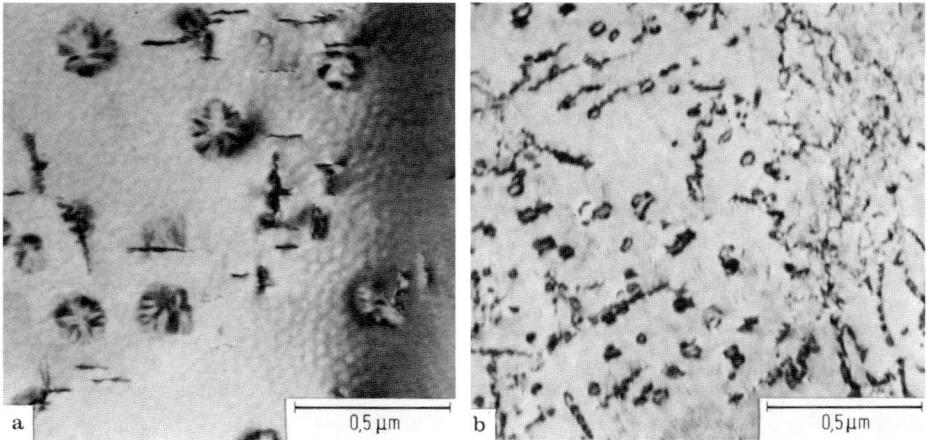

Bild B 7.11 α″-Nitridausscheidungen in einem Stahl mit 0,02 % N (Massengehalt) nach einer Auslagerung von 95 h bei 40 °C (elektronenmikroskopische Durchstrahlungsbilder). Nach [7]. **a** ohne Verformung; **b** nach Kaltzwalzen um 15 %.

Zur Illustration dieser Übersicht seien einige konkrete Beispiele erwähnt. Die durch Kaltverformung bewirkte Beschleunigung und Verfeinerung der Karbid- oder Nitridausscheidung im Ferrit (Bild B 7.11) ist vielfach untersucht worden (z. B. [7, 28], vgl. auch B 3.4 und B 6.2.3). Die Randbedingungen dieses Falles sind niedrige Wärmebehandlungstemperaturen (zwischen 20 °C und nicht mehr als etwa 300 °C), niedriger Verformungsgrad (rd. 10 %), geringer Kohlenstoffgehalt und damit geringer Volumenanteil der neuen Phase. Diese Reaktion ist in den Bereich IIIb von Bild B 7.10 einzuordnen. Die Reihenfolge der einzelnen Behandlungsschritte zur Einstellung eines solchen Gefüges läßt sich gut im Rahmen des betreffenden Zeit-Temperatur-Ausscheidungs- bzw. Umwandlungsdiagramms veranschaulichen, wie es Bild B 7.12 (Fall I) zeigt und von dem in den folgenden komplexeren Fällen Gebrauch gemacht werden wird. Da diese und auch andere Behandlungen sowohl mechanische als auch thermische Behandlungsschritte enthalten, werden alle solche Behandlungen unter dem Begriff der „thermomechanischen Behandlungen" zusammengefaßt.

Durch Umwandlungen mitten in einem Zweiphasengebiet nach einer stärkeren Vorverformung lassen sich feinkristalline Phasengemische, sogenannte Duplexgefüge, erzeugen (Fall II in Bild B 7.12), die wegen ihrer bei tiefen Temperaturen guten Festigkeit und Zähigkeit interessant sind [5]. So besteht z. B. ein Stahl mit 9 % Ni bei etwa 600 °C im Gleichgewicht aus einem Gemisch von Ferrit und Austenit mit ungefähr gleichen Volumenanteilen. Wird eine solche Legierung zunächst im Austenitgebiet homogenisiert (H in Bild B 7.13), dann nach Abkühlung im martensitischen Zustand (a in Bild B 7.14) um (erfahrungsgemäß) mindestens 50 % verformt (V in Bild B 7.13 und c in Bild B 7.14) und schließlich bei 600 °C geglüht (G in Bild B 7.13), so führen folgende Vorgänge zum Duplexgefüge [5]. Da der Verformungsgrad hoch genug ist, können sich die erzeugten Versetzungen noch zu Subkorngrenzen umordnen; an deren Knotenpunkten entstehen dann Austenitteilchen zusätzlich zu den an den alten Korngrenzen (d und später e in Bild B 7.14). Mit

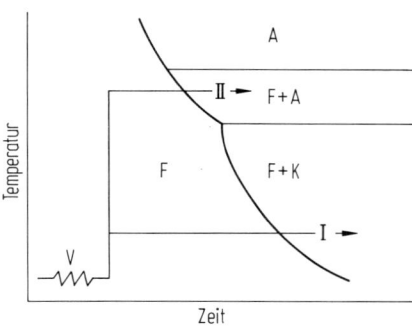

Bild B 7.12 Isothermisches Zeit-Temperatur-Reaktions-Diagramm (stark vereinfacht) für einen instabilen Ferrit (F = Ferrit, A = Austenit, K = Karbid). Zusätzlich eingetragen sind als durchgezogene Linien die Behandlungsschritte Verformung (V bzw. „Sägezahn") und Glühen zur Einstellung eines besonderen Karbidausscheidungsgefüges (I) bzw. eines Duplexgefüges (II).

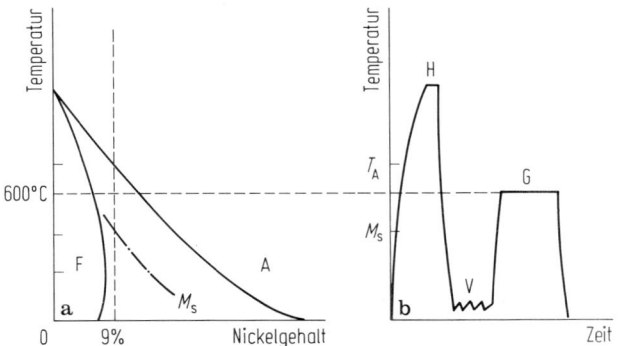

Bild B 7.13 a Ausschnitt aus dem Eisen-Nickel-Phasendiagramm. **b** zeitlicher Temperaturverlauf bei der Einstellung eines Duplexgefüges in einem Stahl mit 9% Ni (Massengehalt). Nach [5]. (F = Ferrit, A = Austenit, M_s = Martensitbildungstemperatur, T_A = Temperatur der beginnenden α → γ-Umwandlung, V = Verformung zwischen den Glühungen H und G).

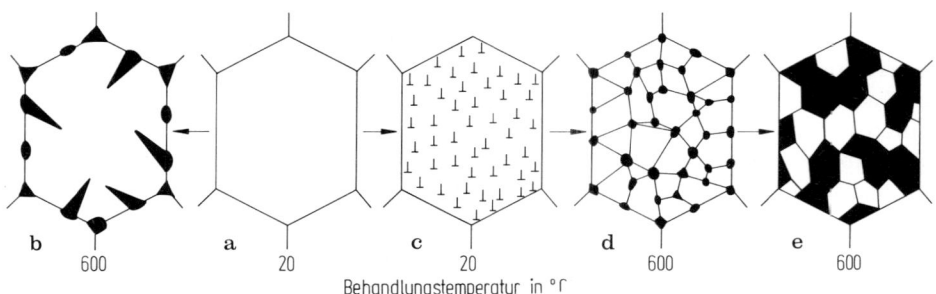

Bild B 7.14 Gefügeentwicklung beim Anlassen eines Martensits in einer Eisenlegierung mit 9% Ni (Massengehalt) (**a**). Ohne Kaltverformung geht die Austenitausscheidung nur von den vorhandenen Korngrenzen aus (**b**), während mit Kaltverformung (**c**) sich durch Subkornbildung und Austenitausscheidung (**d**) ein feinkörniges Duplexgefüge bildet (**e**). Nach [5].

zunehmendem Verformungsgrad nimmt die Zahl der wirksamen Knotenpunkte und damit auch die Feinkörnigkeit des Gefüges zu. Diese Vorgänge entsprechen Reaktionen in den Bereichen II und IIIa in Bild B 7.10. Durch wiederholtes Walzen und Glühen bei unterschiedlichen Temperaturen kann ein besonders feinkörniges Phasengemisch, ein sogenanntes Mikroduplexgefüge, mit weiter verbesserten Eigenschaften erzeugt werden, das besonders großes Umformungsvermögen (Superplastizität) aufweist.

Zum Vergleich sei erwähnt, daß ohne Vorverformung die Glühung im Zweiphasengebiet zur Bildung des Austenits hauptsächlich längs der Ferritkorngrenzen führt (b in Bild B 7.14), ähnlich wie es umgekehrt bei der Ausscheidung des Ferrits im Austenit beobachtet wird (s. Bild B 5.2). Diese Gefügeausbildung führt zu deutlich ungünstigeren Festigkeits- und Zähigkeitswerten als die der Duplexgefüge.

In einer ähnlichen Weise lassen sich auch die sogenannten Dualphasengefüge in Stählen mit beispielsweise 0,15% C, 0,5% Si, 1,5% Mn und 0,05% V herstellen [29, 30]. Bei diesen Zusammensetzungen stehen bei Temperaturen kurz oberhalb des Dreiphasengleichgewichts (Ferrit + Austenit + Karbid) der Ferrit mit einem Volumenanteil von 85 bis 70% und der Austenit mit einem Anteil von 15 bis 30% miteinander im Gleichgewicht. Dementsprechend bilden sich bei diesen Temperaturen nach einer Verformung im ferritischen Zustand feinkörnige Ferritgefüge mit inselartig eingelagerten Austenitkristallchen, die nach dem Wiederabkühlen ein gleichartiges Gefüge aus den kohlenstoff- und defektarmen und deshalb weicheren Ferritkörnern sowie den kohlenstoff- und defektreichen und deshalb härteren Martensit- (oder Bainit-)Körnern ergeben. Auch diese Gefüge weisen günstige mechanische Eigenschaften auf [29, 30] (s. C 1 und C 3).

Der Unterschied zwischen den Duplex- und Dualphasengefügen beruht auf dem unterschiedlichen Mengenverhältnis der beiden Phasen α und β. Während in einem Duplexgefüge beide Mengenanteile etwa gleich groß sind und dementsprechend $\alpha\alpha$-, $\beta\beta$- und $\alpha\beta$-Grenzflächen auftreten, ist in einem Dualphasengefüge die Menge der zweiten Phase β geringer, so daß $\beta\beta$-Grenzen praktisch nicht vorkommen. Dies beeinflußt u. a. die Eigenschaften des jeweiligen Gefüges (Einzelheiten s. [29]).

B 7.5 Umwandlungsfähige austenitische Gefüge bei Wärmebehandlungen nach einer Verformung

Es besteht die Möglichkeit, bereits mit der Warmumformung und der anschließenden $\gamma \rightarrow \alpha$-Umwandlung ein verfeinertes Gefüge mit guten mechanischen Eigenschaften einzustellen, wodurch dann weitere Behandlungen – Kaltverformung u. a. – erspart werden [31]. Diese Vorgehensweise eröffnet zusätzlich zu den bereits geschilderten Verfahren viele neue Behandlungsmöglichkeiten. Der Einfachheit wegen sei hier nur der Fall betrachtet, daß der Austenit vor der Umformung homogen ist und keine Karbidteilchen enthält. Wird dieser Austenit in seinem stabilen Zustandbereich warm umgeformt (Bild B 7.15), so entsteht durch dynamische Rekristallisation mit abnehmender Endtemperatur des Umformvorgangs ein immer feinkörnigerer Austenit. Um also eine gewünschte Austenitkorngröße einzustellen,

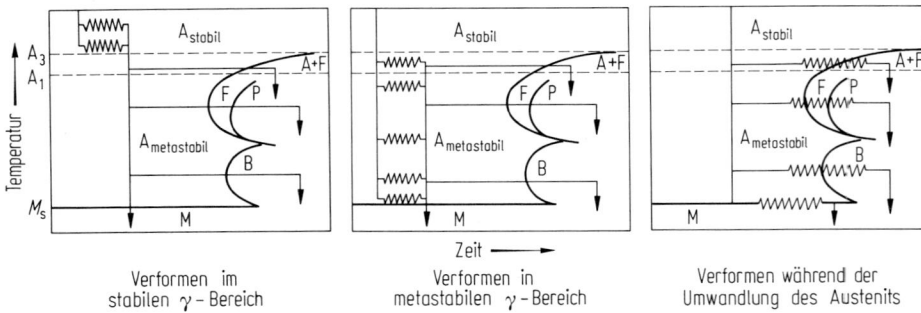

Verformen im stabilen γ-Bereich   Verformen in metastabilen γ-Bereich   Verformen während der Umwandlung des Austenits

Bild B 7.15 In isothermische Zeit-Temperatur-Umwandlungs-Diagramme eingetragene thermomechanische Behandlungen von Stahl (schematisch). Nach [31, 32]. (A = Austenit, B = Bainit, F = Ferrit, M = Martensit, P = Perlit, wwww = Verformung).

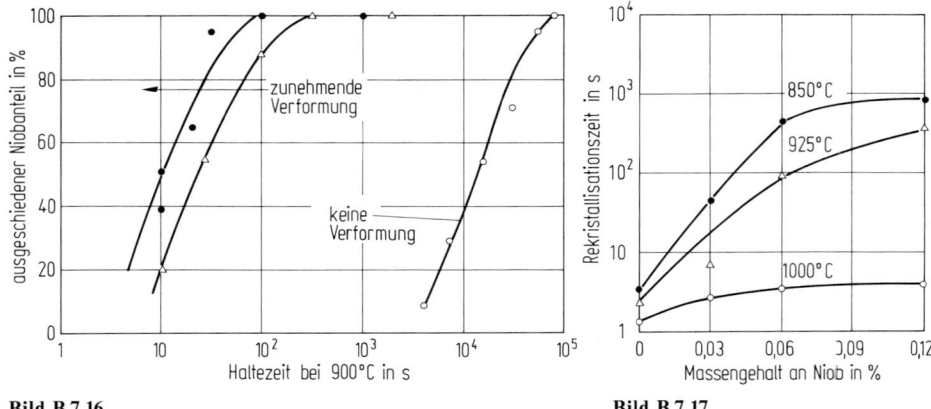

Bild B 7.16   **Bild B 7.17**

Bild B 7.16 Beschleunigung der Niobkarbonitridausscheidung in einem mikrolegierten Baustahl durch vorherige Warmumformung. Wärmebehandlung: 1260 °C 30 min/900 °C teils ohne, teils nach unterschiedlicher Verformung gehalten. Nach [33, 34].

Bild B 7.17 Einfluß des Niobgehalts eines Stahls mit 0,05 % C und 1,8 % Mn (Massengehalte) auf die Zeit zur Rekristallisation von 70 %. Nach [34].

wird der letzte Schritt der Umformung in einem entsprechenden Temperaturbereich ausgeführt.

Enthält der Austenit noch Karbid, Nitrid oder Karbonitrid bildende Legierungselemente wie Niob, Titan oder Vanadin, so wird nach Unterschreiten der jeweiligen Löslichkeitsgrenzen (vgl. Bild B 2.16) die Ausscheidung feiner Teilchen beschleunigt (Bild B 7.16), gleichzeitig die Rekristallisation verzögert (Bild B 7.17) und dadurch ein besonders feines Austenitkorn erzeugt (vgl. Bild B 9.12). Ähnliche Vorgänge laufen ab, wenn die Umformung im metastabilen Bereich des Austenits vor Beginn der Umwandlung durchgeführt wird (Bild B 7.15). Dabei bleibt mit abnehmender Umformtemperatur die Rekristallisation des Austenits sogar unvollständig. Insgesamt wird durch diese Vorverformung des Austenits eine erwünschte Verfeinerung des Gefüges erzielt, die auch nach den verschiedenartigen Umwandlungen erhalten bleibt.

Läßt man die Legierung im Anschluß an die Umformung im Austenit+Ferrit-Bereich ((A+F) in Bild B 7.15) umwandeln, so erhält man auf diese Weise bei geeigneter Legierungszusammensetzung und nach anschließender schneller Abkühlung das feinkörnige Zweiphasengefüge eines Dualphasenstahls [35]. Läßt man die Legierung dagegen in der Ferrit-Perlit-Stufe umwandeln (F, P in Bild B 7.15), so entspricht das entstehende Gefüge dem normalgeglühten Zustand, der aber jetzt eine höhere Feinkörnigkeit aufweist. Läßt man die Legierung im Anschluß an die Umformung in der Bainitstufe umwandeln (B in Bild B 7.15), so erhält man ein besonders feinkristallines Gefüge, dessen Kristallite, bedingt durch den unvollständig rekristallisierten Zustand des Austenits und durch den umklapppartigen Umwandlungsmechanismus, sehr defektreich sind. Vor allem bei niedrigen Kohlenstoffgehalten – unter 0,1% – weisen diese Gefüge günstige mechanische Eigenschaften auf (s. C 4). Läßt man schließlich Legierungen martensitisch umwandeln (M in Bild B 7.15), so entsteht ein verfeinertes Härtungsgefüge. Dieses Verfahren wird Austenitformhärten genannt. Seine Anwendung ist nur bei höheren Legierungsgehalten möglich, die ein für die Umformung ausreichend großes Feld der Austenitmetastabilität bewirken [36]. Allgemein gilt, daß der durch die Verformung erzeugte Spannungszustand und die entstandenen beweglichen Versetzungen die Bildung des Martensits begünstigen; die Temperatur des Beginns der Martensitbildung M_s wird durch Verformung auf einen höheren Wert M_D verschoben.

Der Vollständigkeit wegen ist noch zu erwähnen, daß im Anschluß an die Umwandlungen in der Bainit- oder Martensitstufe auch, genau wie ohne Umformung, weitere Anlaßbehandlungen mit gleichartigen Gefügeänderungen durchgeführt werden können [36, 37].

B 7.6 Umwandlungsfähige Gefüge bei gleichzeitiger thermischer und mechanischer Behandlung

Natürlich kann man die Verformung und Ausscheidung oder Umwandlung auch gleichzeitig durchführen. Im Grunde ist mit einer solchen Gleichzeitigkeit bereits bei jeder Vorverformung eines metastabilen Zustandes zu rechnen, weil die zu stabileren Zuständen führenden Ausscheidungs- oder Umwandlungsreaktionen durch die erzeugten Defektstrukturen beschleunigt werden. Im einzelnen hängt die gegenseitige Beeinflussung der verschiedenen Reaktionen wieder von der Temperatur und nun besonders von der Verformungsgeschwindigkeit ab.

In der schematischen Übersicht, Bild B 7.15, sind derartige Verfahren angegeben. Sie werden unter der Bezeichnung „Isoforming" zusammengefaßt. Auch hier besteht der Haupteffekt in der (erwünschten) Verfeinerung und Gleichverteilung der verschiedenen Phasen im Gefüge. Bild B 7.18 zeigt eine solche Gefügeverfeinerung bei unlegiertem Stahl mit rd. 0,45% C und 0,70% Mn nach einer Wärmebehandlung mit gleichzeitiger Verformung im Gebiet A+F und anschließender Abschreckung; die Veränderung des (Ferrit + Martensit)-Gefüges ist augenfällig. Wird die Verformung während der Perlitumwandlung (P in Bild B 7.15) eines eutektoidischen Stahls durchgeführt, so kann bei genügend starker Verformung die

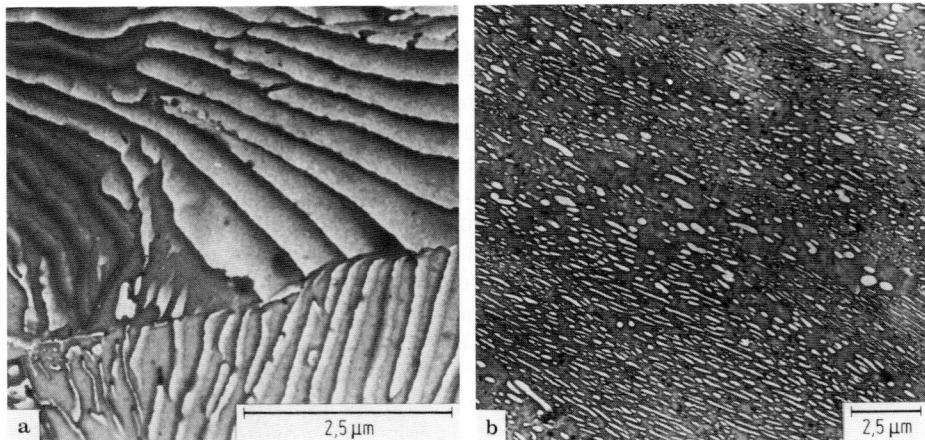

Bild B 7.18 Gefügebilder (Lackabdrücke) eines Stahls mit 0,78 % C, 0,33 % Si und 0,8 % Mn (Massengehalte) nach Austenitisierung bei 900 °C und Umwandlung bei 690 °C. Nach [39]. **a** ohne Verformung bildet sich lamellarer Perlit; **b** Warmwalzen (Umformgrad 1,77) während der Umwandlung führt zu einem ferritischen Gefüge mit Zementitteilchen.

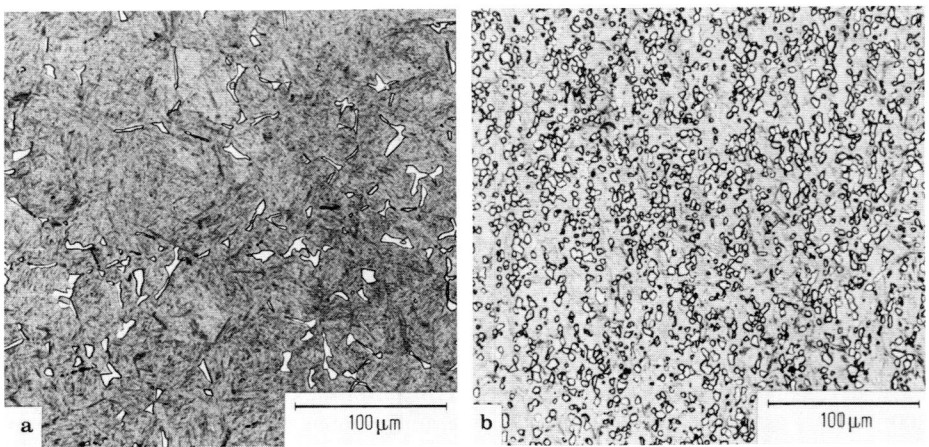

Bild B 7.19 Gefüge eines Stahls mit 0,45 % C und 0,70 % Mn (Massengehalte) nach einer Austenitisierung von 30 min bei 850 °C, einer unmittelbar anschließenden Ausscheidungsglühung von 6 h bei 730 °C und einer Abschreckung in Wasser. Nach [38]. **a** ohne Verformung; **b** mit Verformung (56 % Stauchung) während der Ausscheidung.

gekoppelte Bildung von Ferrit und Zementit völlig unterdrückt werden; statt dessen bildet sich wegen der vielen Keimbildungsmöglichkeiten ein feinkörniger Ferrit mit feinverteilten Zementitteilchen (Bild B 7.19) [39].

Als Beispiel für eine Umwandlung in der Martensitstufe sei die durch eine Kaltverformung (unterhalb der betreffenden Martensitbildungstemperatur M_D) in den austenitischen sogenannten TRIP-Stählen bewirkte Bildung von gleichmäßig verteiltem feinen Martensit erwähnt, die zu einer größeren Gleichmaßdehnung und damit zu einer zusätzlichen Verfestigung des nun austenitisch-martensitischen Gefüges führt (TRIP entsprechend „transformation-induced plasticity") [40].

Diese Einzelbeispiele zeigen bereits die Vielfalt der möglichen thermomechanischen Gefügebeeinflussungen. Der notwendigen Kürze wegen konnten dabei nur einige Merkmale genannt werden. Für darüber hinausgehende Darstellungen sei nochmals auf zusammenfassende Literaturberichte verwiesen [5, 31, 40-43].

B 8 Vergleichende Übersicht über die Gefügereaktionen in Stählen

Von Wolfgang Pitsch und Gerhard Sauthoff

Die Darstellungen in den vorangehenden Kapiteln zeigen, daß die in Stählen beobachtete Vielfalt der Gefüge ihre Ursache in der großen Zahl möglicher Gefügereaktionen hat. Dabei bestimmen die verschiedenen Geschwindigkeiten der Reaktionen den jeweiligen Anteil am Aufbau des Gefüges und die Geschwindigkeit(en) der dominierenden Reaktion(en) den zeitlichen Verlauf der Gefügebildung. Bei voneinander unabhängigen und dementsprechend konkurrierend nebeneinander ablaufenden Reaktionen (z. B. Ausscheidungen auf den Korngrenzen und im Korninnern) ist der schnellste Vorgang für den zeitlichen Verlauf der Gefügeeinstellung maßgebend. Bei voneinander abhängigen und damit nacheinander ablaufenden Reaktionen (z. B. einer Austenit-Ferrit-Umwandlung mit anschließender Karbidausscheidung im Ferrit) bestimmt der langsamste Vorgang den zeitlichen Verlauf.

Für den Zeitverlauf einer Gefügereaktion sind die Keimbildung und das Teilchenwachstum wesentlich (s. Bild B 1.1). Das Keimbildungsverhalten konnte aufgrund eines einfachen Modells geschlossen beschrieben werden. Dagegen war dies im Hinblick auf das Wachstum wegen der Verschiedenartigkeit der möglichen Mechanismen nicht der Fall (B 6.1 bis B 6.5 und B 7). Trotzdem läßt sich für das Wachstum wie für die Keimbildung allgemeingültig feststellen, daß der Reaktionsverlauf außer von der treibenden Kraft, die aus dem Gewinn an Gibbsscher Energie resultiert (B 2.2), von der Beweglichkeit der beteiligten Atome bestimmt wird (s. Bild B 1.2). Die verschiedenen Umwandlungen lassen sich deshalb durch die jeweilige Art des Umlagerungsmechanismus der Atome kennzeichnen. Dies soll dazu benutzt werden, die Gefügereaktionen in einer zusammenfassenden Übersicht einander gegenüberzustellen und miteinander zu vergleichen.

Häufig wird eine Reaktion durch die thermisch aktivierten Platzwechsel einzelner Atome gesteuert. Die daraus resultierenden Reaktionsgeschwindigkeiten können aber sehr verschieden sein. So sind *Austauschatome* (A) bei einer weitreichenden Diffusion (wd) im Kristallvolumen deutlich langsamer als *Einlagerungsatome* (E). Eine weitreichende Diffusion tritt bei allen Reaktionen auf, die mit Konzentrationsänderungen einhergehen. Dort, wo Konzentrationsänderungen nicht stattfinden, ergibt sich eine erhöhte Reaktionsgeschwindigkeit daraus, daß nur ein Atomdurchtritt durch eine (meist defektreiche) Grenzfläche nötig ist, der im Vergleich zur Diffusion im Kristallvolumen leichter ist. Dies ist eine Diffusion mit kurzer Reichweite (kd). Allerdings ist anzumerken, daß bei allen Umwandlungen eine weitreichende Diffusion dann erzwungen wird, wenn die durch die Umwandlung möglicherweise erzeugten Gitterverzerrungen auszugleichen sind.

Sehr hohe Umwandlungsgeschwindigkeiten werden durch Gitterumklappungen (uk) erzielt, die ohne thermisch aktivierte Platzwechsel der Atome ablaufen. Allerdings erfordert dies wegen der dabei verursachten nicht ausgeglichenen Gitterver-

B 8 Vergleichende Übersicht über die Gefügereaktionen

Tabelle B 8.1 Charakterisierung der verschiedenen Gefügereaktionen unter kinetischen Gesichtspunkten[1]

Vorgang	Für den zeitlichen Verlauf wesentliche Vorgänge in den Systemen			
	Fe	Fe-C	Fe-M$^{(2)}$	Fe-M$^{(2)}$-C
γ→α-Umwandlung	$kd_A^{(3)}$	$kd_A^{(3)} + wd_E$	$wd_A^{(4)}$	$wd_A^{(5)} + wd_E$
Karbidausscheidung	–	$kd_A^{(3)} + wd_E$	–	$wd_A^{(5)} + wd_E$
Perlitbildung	–	$kd_A^{(3)} + wd_E$	–	$wd_A^{(5)} + wd_E$
Martensitbildung	uk	uk	uk	uk
Bainitbildung	–	$uk + wd_E$ (u. U. auch $kd_A + wd_E$)	–	$uk + wd_E$ (u. U. auch $kd_A + wd_E$)
Rekristallisation und Kornvergröberung	kd_A	$kd_A + kd_E$	kd_A	$kd_A + kd_E$

(1) A: Austauschatome; E: Einlagerungsatome; kd: Diffusion mit kurzer Reichweite durch eine Grenzfläche; wd: weitreichende Diffusion; uk: Gitterumklappung
(2) M = Mangan, Chrom, Molybdän u. ä.
(3) Falls durch die Reaktion Gitterverzerrungen erzeugt werden, dann weitreichende Diffusion der Austauschatome zur Spannungsrelaxation
(4) Falls die Reaktion ohne Änderung der Konzentration der Austauschatome erfolgt, dann wie bei Fe
(5) Falls die Reaktion ohne Änderung der Konzentration der Austauschatome erfolgt, dann wie bei Fe-C

zerrungen besonders große treibende Kräfte, d. h. starke Unterkühlungen. Derartige Unterkühlungen werden nur durch Abschrecken auf Temperaturen erreicht, bei denen die thermisch aktivierten Atombewegungen eingefroren sind. Dabei stellen sich in der Regel keine Gleichgewichte im Gefüge ein, sondern nur metastabile Zustände. Ähnliches gilt für einen mittleren Temperaturbereich, in dem die langsame Diffusion der Austauschatome im Kristallvolumen bereits eingefroren und damit deren Konzentrationsänderung ausgeschlossen ist, während die Atombewegung in Grenzflächen oder die Diffusion von Einlagerungsatomen im Kristallvolumen noch möglich sind.

Mit Hilfe dieser Charakteristika kann die beabsichtigte vergleichende Übersicht über die Gefügereaktionen in Stählen gewonnen werden (Tabelle B 8.1). Dabei werden wegen der unterschiedlichen Beweglichkeiten der Einlagerungs- und Austauschatome nebeneinander das reine Eisen und die Legierungen des Eisens allein mit Einlagerungsatomen (z. B. Kohlenstoff), allein mit Austauschatomen und mit beiden Atomarten zusammen betrachtet. Das Schema der Tabelle B 8.1 bedeutet teilweise eine beträchtliche Vereinfachung der Wirklichkeit und eine Beschränkung auf die wesentlichen Fälle; jedoch gestattet es den gewünschten Überblick über die vielfältigen Gefügereaktionen unter kinetischen Gesichtspunkten. Natürlich reicht dies für eine direkte Anwendung auf praktische Probleme nicht aus. Die dazu erforderlichen Darstellungen sind Gegenstand von B 9.

B 9 Darstellung der Umwandlungen für technische Anwendungen und Möglichkeiten ihrer Beeinflussung

Von Hans Paul Hougardy

In B 2 bis B 8 wurden die Thermodynamik und Kinetik der Gefügeausbildungen in Stählen beschrieben. In technischen Prozessen werden in der Regel Ungleichgewichtszustände angestrebt. In diesem Kapitel soll die Darstellung der Abfolge der Umwandlungen, wie sie bei technischen Wärmebehandlungen auftritt, erläutert werden. Den dafür verwendeten Zeit-Temperatur-Austenitisierungs-Schaubildern und Zeit-Temperatur-Umwandlungs-Schaubildern kann man entnehmen, welche Gefügeanteile bei bestimmten Temperatur-Zeit-Verläufen entstehen. Damit läßt sich der Bereich der Erwärmungen und Abkühlungen abstecken, die zu den gewünschten Gefügen und damit Eigenschaften führen. Umgekehrt kann nach den Zeit-Temperatur-Umwandlungsschaubildern ein Stahl ausgesucht werden, der für einen durch die Fertigungseinrichtungen vorgegebenen Temperatur-Zeit-Verlauf die gewünschte Gefügeausbildung und damit die gewünschten Eigenschaften ergibt.

Die Austenitisierungs- und Umwandlungsschaubilder gelten wegen der unvermeidlichen Analysenstreuungen zwar lediglich für die Schmelze, aus der jeweils die Proben für die Untersuchung stammen, sie geben jedoch das kennzeichnende Umwandlungsverhalten der betreffenden Stahlsorte wieder. Für eine genaue Festlegung der Wärmebehandlung einer Schmelze ist die Schmelzenprüfung über die Stirnabschreckprobe erforderlich. Bei der Herstellung der Stähle wird durch eine Legierungsberechnung sichergestellt, daß trotz der Schwankungen in dem Gehalt einzelner Legierungselemente z. B. die Streuungen in der Härtbarkeit einzelner Schmelzen in engen Grenzen liegen. Die Beeinflussung der Umwandlungen, wie sie im folgenden dargestellt wird, kann nur als Möglichkeit angegeben werden. Welches Verfahren für die Einstellung eines bestimmten Gefüges eingesetzt wird, hängt von den zur Vefügung stehenden Einrichtungen und den entstehenden Gesamtkosten ab.

B 9.1 Gleichgewichtsschaubilder

Grundlage für die Beschreibung des Umwandlungsverhaltens der Stähle ist das metastabile Gleichgewichtsschaubild Eisen–Zementit [1, 2], Bild B 9.1. Die stabile Phase in reinen Eisen-Kohlenstoff-Legierungen ist der Graphit. Auf diese, für Gußeisen wichtigen Gleichgewichte soll hier jedoch nicht eingegangen werden. In Tabelle B 9.1 sind die Temperaturen und Konzentrationen der ausgezeichneten

---

Literatur zu B 9 siehe Seite 688–690.

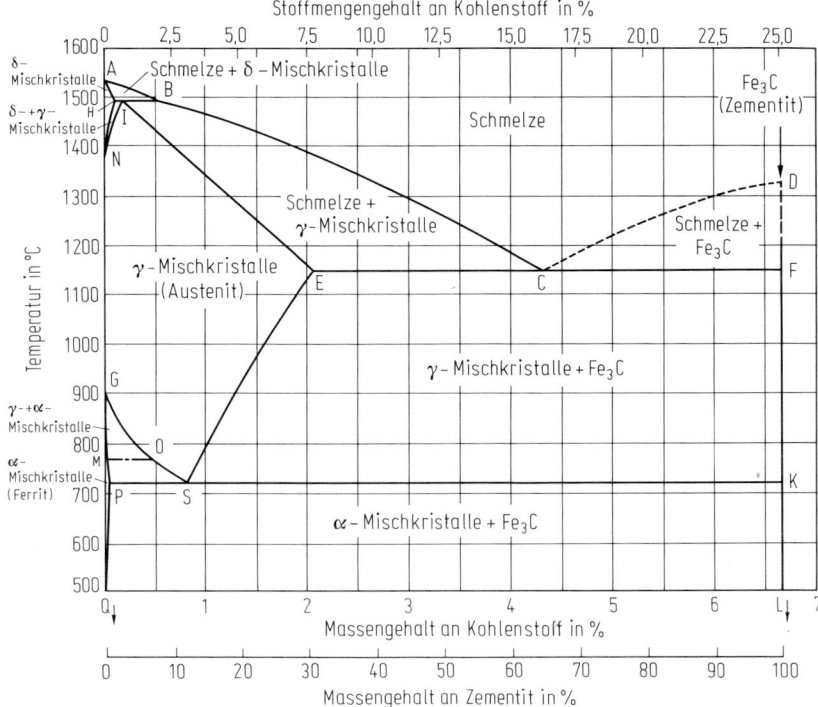

Bild B 9.1 Zustandsfelder in dem metastabilen System Eisen-Eisenkarbid [1].

Tabelle B 9.1 Temperaturen und Konzentrationen der ausgezeichneten Punkte des metastabilen Gleichgewichtsschaubildes Eisen-Eisenkarbid (s. Bild B 9.1)

Punkt	Massengehalt an Kohlenstoff in %		Temperatur in °C	
	nach [1]	nach [4]	nach [1]	nach [4]
A	0	0	1536	1536
B	0,51	0,53	1493	1493
C	4,3	4,3	1147	1147
D	6,69	6,69	rd. 1330	1252
E	2,06	2,14	1147	1147
F	6,69	6,69	1147	1147
G	0	0	911	911
H	0,10	0,09	1493	1493
I	0,16	0,16	1493	1493
K	6,69	6,69	723	727
M	~ 0*	–	768*	–
N	0	0	1392	1392
O	0,47*	–	768*	–
P	0,02	0,034	723	727
Q	–**	–	–**	–
S	0,80	0,76	723	727

* Nach C 2. – ** Vgl. B 2.2.2 und Bild B 6.4

Punkte des Gleichgewichtsschaubildes nach Bild B 9.1 nach dem Stand von 1961 [1] sowie einer Untersuchung aus dem Jahre 1979 [3] zusammengestellt. Nach einer Übersicht über die Daten [4] dürfte der größte relative Fehler für die Temperaturangaben bei ±0,5%, für die Konzentrationsangaben bei ±5% liegen. Die Unsicherheit in der Temperaturlage des Punktes D ist jedoch erheblich größer, da dieser Wert wegen der Instabilität des Zementits nur durch Extrapolation thermodynamischer Daten zu erhalten ist [5]. Aus Bild B 9.1 geht hervor, daß im Bereich des austenitischen Mischkristalls bis zu 2% Kohlenstoff gelöst werden können, im Bereich des ferritischen Mischkristalls dagegen höchstens 0,02%. Dieser Sprung in der Löslichkeit des Kohlenstoffs wird bei technischen Wärmebehandlungen zum Einstellen definierter Gefügeausbildungen ausgenutzt. Wird durch schnelles Abschrecken aus dem Gebiet des Austenits die nach dem Gleichgewichtsschaubild erforderliche Ausscheidung des Kohlenstoffs in Form von Fe_3C unterdrückt, entsteht Martensit mit einer sehr hohen Härte (vgl. Bild B 9.6). Bei kleineren Geschwindigkeiten, als zur Bildung von Martensit erforderlich, kann das Gefüge sich mehr oder weniger vollständig dem Gleichgewichtszustand weniger großer Karbide in einer ferritischen Matrix nähern. Es entstehen die Gefüge des Bainits, Ferrits, Perlits oder die entarteten und Weichglühgefüge mit kennzeichnenden mechanischen Eigenschaften, die durch Art, Menge, Form und Anordnung der das Gefüge bildenden Phasen [6] sowie die Korngrößen bestimmt werden (vgl. B 5 und C 4).

Das in Bild B 9.1 wiedergegebene Gleichgewichtsschaubild wird durch Legierungselemente verändert. Es entstehen Drei- und Mehrstoffsysteme, welche die möglichen Gleichgewichtszustände für die einzelnen Stähle angeben. Bereits durch geringe Zusätze an Mangan, Chrom oder anderen Karbidbildnern wird der Zementit die stabile Phase [7]; hohe Gehalte an Nickel, insbesondere an Silizium begünstigen die Bildung von Graphit (vgl. B 2.2.5). In Bild B 9.2 ist ein Schnitt durch ein Dreistoffsystem Fe-C-M – der Buchstabe M steht für metallische Legierungselemente – wiedergegeben, in das die üblichen Bezeichnungen für die Messungen der Umwandlungspunkte bei einer Erwärmung mit 3 °C/min, die Ac-Punkte, eingezeichnet sind. In höher legierten Stählen können weitere Phasenräume, z. B. mit Sonderkarbiden auftreten [8], vgl. auch Bild B 6.30a bis c.

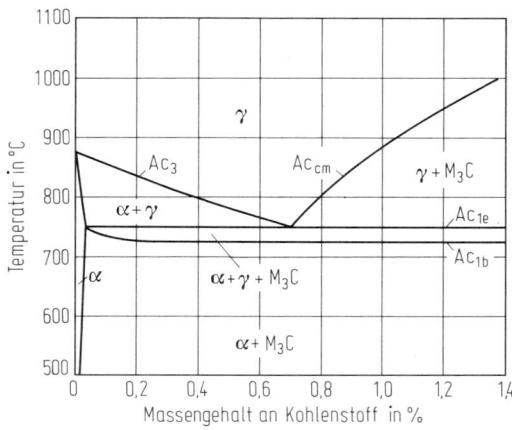

Bild B 9.2 Schnitt durch ein Dreistoffsystem Eisen-Kohlenstoff-Legierungsmetall M bei einem geringen konstanten Gehalt an M zur Definition der Ac-Punkte (cm = Zementit).

Bildung des Austenits

Gleichgewichtsschaubilder gelten lediglich für unendlich langsames Erwärmen oder unendlich langsames Abkühlen. Unter technischen Bedingungen endlicher Erwärmungs- oder Abkühlungsgeschwindigkeit verschieben sich die Temperaturen für die Umwandlungspunkte, es können von den Gleichgewichten abweichende Phasen und Phasenanordnungen auftreten. Der Ablauf der Bildung von Austenit unter technischen Erwärmbedingungen wird in den Zeit-Temperatur-Austenitisierungs(ZTA)-Schaubildern, der Ablauf der Umwandlung des Austenits während einer Abkühlung wird in den Zeit-Temperatur-Umwandlungs(ZTU)-Schaubildern beschrieben.

B 9.2 Zeit-Temperatur-Austenitisierungs-Schaubilder

Die Bildung des Austenits aus einem Gemenge aus Ferrit und Karbid läuft nach Überschreiten der Gleichgewichtstemperatur für die Bildung des Austenits nach den Gesetzen von Keimbildung und Wachstum ab (vgl. B 6.1). Sind in den Karbiden – vor allem nach langzeitigen Glühungen unter A_1 – Legierungselemente angereichert [9], wird die Auflösung zusätzlich verzögert (vgl. B 6.1.3). Unmittelbar nach Abschluß der Ferritumwandlung und der Karbidauflösung ist der Kohlenstoff noch an den Stellen angereichert, an denen vorher Karbide lagen [10], (vgl. Bild B 6.1). Bei einer sofort anschließenden Abkühlung sind die kohlenstoffangereicherten Zonen bevorzugte Ausscheidungsstellen für Karbide. Eine gleichmäßige Kohlenstoffverteilung wird erst nach langer Haltedauer erreicht.

Neben der zeitlich begrenzten Anreicherung des Kohlenstoffs in der Umgebung von sich im Austenit lösenden Karbiden führt die Seigerung der Legierungselemente zu einer ungleichmäßigen Kohlenstoffverteilung innerhalb des Austenits [11]. Elemente, die eine stärkere Affinität zum Kohlenstoff haben als Eisen, wie Chrom oder Mangan, erniedrigen die Kohlenstoffaktivität im Austenit (vgl. B 2.2), so daß der Gehalt an Kohlenstoff in den manganreichen Restfeldern höher ist als in den manganarmen Bereichen. Silizium dagegen erhöht die Aktivität des Kohlenstoffs. Erst eine technisch nicht realisierbare, langzeitige Glühung bei möglichst hohen Temperaturen führt zu einem Ausgleich der Seigerungen der Legierungselemente und damit zu einem metallkundlich gesehen homogenen Austenit (vgl. dazu den Text zu Bild B 4.13).

Die Seigerungen der Legierungselemente im Austenit können durch eine gezielte Wärmebehandlung sichtbar gemacht werden [11]. In Bild B 9.3 ist eine Seigerung von Mangan angenommen worden. Für den Bereich der Dendriten mit *erniedrigtem Mangangehalt* x_m gilt das in Bild B 9.3a wiedergegebene, gestrichelt gezeichnete Gleichgewichtsschaubild (vgl. auch Bild B 2.18). Für den Bereich der Restfelder mit *erhöhtem Mangangehalt* x_M gilt das mit ausgezogenen Linien gezeichnete Gleichgewichtsschaubild, das eine erniedrigte A_1-Temperatur hat. In Bild B 9.3a ist ein Punkt eingetragen, der für die angenommene Legierung eine Temperatur T_B bezeichnet, bei der im Bereich der Restfelder Austenit vorliegt, im Bereich der Dendriten dagegen die A_1-Temperatur noch nicht überschritten ist. Wird von dieser Temperatur nach ausreichender Austenitisierungszeit abgeschreckt, so entsteht, wie in Bild B 9.3b angedeutet, im Bereich der Restfelder Martensit, im Bereich der Dendriten bleiben Ferrit und Karbid bestehen. Damit die nur unter A_1 ange-

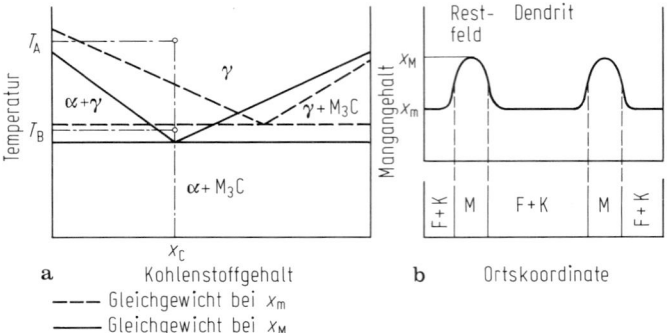

a   Kohlenstoffgehalt   b   Ortskoordinate
--- Gleichgewicht bei x_m
——— Gleichgewicht bei x_M

Bild B 9.3 a Lage der Zustandslinien im Gleichgewichtsschaubild für einen geringen (x_m) und einen hohen (x_M) Mangangehalt entsprechend b; **b** Zuordnung der Gefüge Ferrit (F), Karbid (K) und Martensit (M) zu den Mangankonzentrationen in Restfeld und Dendrit nach Abschrecken von einer Temperatur T_B entsprechend a. Das Gefüge F + K in b entspricht den Phasen α + M_3C in a.

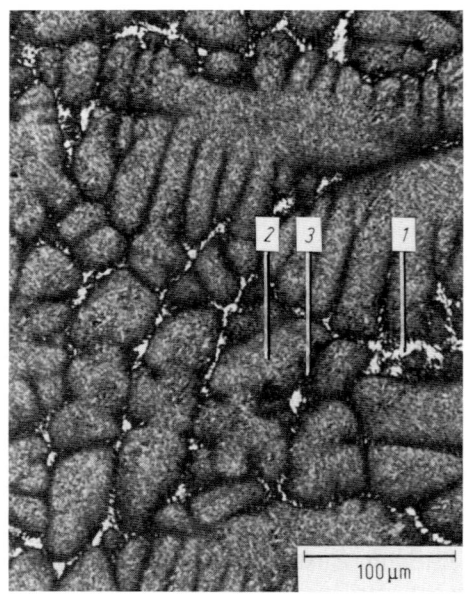

Bild B 9.4 Gefüge eines Stahls mit 0,57 % C und 0,03 % Mn im Gußzustand nach Wärmebehandlung: 950 °C 10 min/Wasser + 675 °C 5 min/Wasser. Nach [11]. Die Temperatur von 675 °C entspricht dem Wert T_B in Bild B 9.3. Die manganreichen Restfelder sind durch Martensit (weiß) *(1)* markiert. Das Anlaßgefüge (Ferrit + Karbid) *(2)* ist um so dunkler *(3)* (karbidreicher), je höher der Mangangehalt ist.

lassenen Bereiche der Dendriten sich eindeutig von dem Martensit unterscheiden, wird die Probe zweckmäßigerweise vorher von einer Temperatur T_A martensitisch gehärtet. Der Martensit in den Anreicherungen der Legierungselemente hebt sich dann hell gegen das dunkle Anlaßgefüge ab (Bild B 9.4). Durch Silizium wird die A_1- Temperatur angehoben. Eine Bild B 9.3 entsprechende Glühung führt zu einer Markierung der siliziumarmen Dendriten durch Martensit.

Die für die ZTA-Schaubilder verwendeten Proben werden in der Regel so ausgewählt, daß über die Seigerungen der Legierungselemente gemittelt wird. Soweit möglich, ist eine Grenze zwischen einem inhomogenen und einem technisch homogenen Austenit eingetragen, die z. B. aus Härtemessungen gewonnen worden ist [12, 13]. In dem technisch homogenen Zustand sind die Seigerungen der Legierungselemente nicht ausgeglichen.

Zur Kennzeichnung des Austenitisierungszustandes gehört neben der Verteilung der Legierungselemente und des Kohlenstoffs in dem austenitischen Mischkristall die Beschreibung der Austenitkorngröße. Zur Bewertung des Austenitisierungszustandes vgl. die Vorbemerkungen zu B 9.3.

B 9.2.1 ZTA-Schaubilder für isothermische Austenitisierung untereutektoidischer Stähle

In den ZTA-Schaubildern für isothermische Austenitisierung wird angenommen, daß die Proben sehr schnell auf die gewünschte Temperatur erwärmt und dort gehalten werden [12–14]. Während der Haltedauer mißt man den Ablauf der Austenitbildung und verbindet z. B. die Punkte Ac_{1b} für den Beginn der Austenitbildung, d.h. die Haltedauer, nach der 1% Austenit gebildet ist, durch Linien (Bild B 9.5). Entsprechendes gilt für die Punkte Ac_{1e} (Haltedauer, nach der noch 1% Karbid vorliegen) und Ac_3 (Bildung von 99% Austenit). Bei dieser Meßtechnik sind die gewonnenen ZTA-Schaubilder nur entlang horizontaler Linien zu lesen.

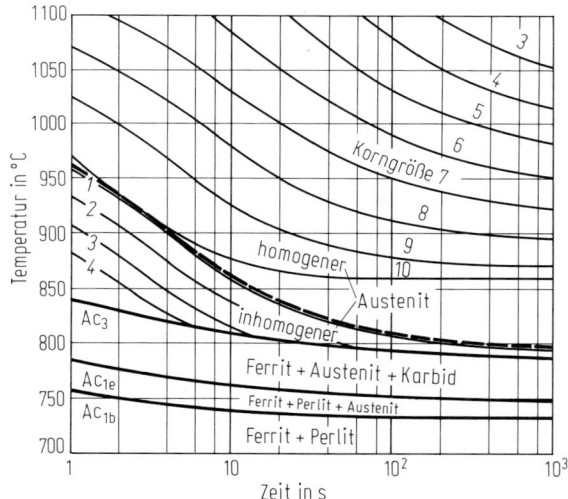

Bild B 9.5 ZTA-Schaubild eines Stahls 34 CrMo 4 für isothermische Austenitisierung. Nach [12]. Zusammensetzung der untersuchten Schmelze: 0,34% C, 0,34% Si, 0,65% Mn, 0,008% Al, 1,07% Cr, 0,17% Mo, 0,0072% N, 0,18% Ni und 0,01% V; Ausgangsgefüge: 40% Ferrit + 60% Perlit. Erwärmung auf Austenitisierungstemperatur mit 130°C/s. Die gestrichelte Linie gibt die Trennung zwischen dem Bereich des homogenen und des inhomogenen Austenits wieder. Zusätzlich eingetragen sind zwischen Ac_3 und der Grenze zum homogenen Austenit Linien gleicher Härte und gleicher M_s-Temperatur nach Abschrecken dünner Plättchen in Salzwasser. In das Feld des homogenen Austenits sind Linien gleicher Austenitkorngröße (Kennzahl nach DIN 50601) eingezeichnet. Im Feld des inhomogenen Austenits entsprechen

Linie 1: $M_s = 325\,°C$, HV1 = 610
Linie 2: $M_s = 330\,°C$, HV1 = 610
Linie 3: $M_s = 340\,°C$, HV1 = 605
Linie 4: $M_s = 350\,°C$, HV1 = 595.

Bei dem Stahl 34 CrMo 4 (Bild B 9.5) entspricht die eingetragene Temperatur Ac_{1e} nicht der üblichen Definition als Ende der Karbidauflösung [15]. Vielmehr gibt es oberhalb dieser Linie lediglich keine Ferrit-Karbid-Anordnungen mehr, die kennzeichnend für den Perlit sind. Die Auflösung der Karbide ist bei diesem Stahl so stark verzögert, daß sie erst mit Überschreiten von Ac_3 mikroskopisch nicht mehr nachweisbar sind. Der in Bild B 9.5 wiedergegebene Verlauf der Härte nach dem Abschrecken oberhalb von Ac_3 zeigt die mit zunehmender Haltedauer zunehmende Homogenisierung des Austenits (vgl. auch Bild B 6.3). Dies drückt sich auch in der abfallenden Temperatur für den *Beginn der Martensitbildung* M_s aus, die sehr stark vom Kohlenstoffgehalt abhängt (vgl. Bild B 5.13 und B 9.6). Die in Bild B 9.5 angegebenen Werte für M_s und die Härte entsprechen dem in Bild B 9.6 angegebenen Zusammenhang. Nach Erreichen des Gebietes des „homogenen Austenits" sind erwartungsgemäß sowohl die Härte als auch die M_s-Temperatur unabhängig von den Austenitisierungsbedingungen, da sich Kohlenstoff- und Legierungsgehalt des Austenits nicht mehr ändern. In Bild B 9.5 sind zusätzlich Linien gleicher Austenitkorngröße eingetragen. Aus ihnen geht hervor, daß für die verwendete Schmelze bei Austenitisierungstemperaturen um 900°C erst nach sehr langen Haltedauern das Korn grob wird. Bei hohen Temperaturen dagegen entsteht bereits nach kurzen Austenitisierungsdauern ein grobes Korn (vgl. Bild B 9.13). Die Zunahme der Korngröße im Bereich des homogenen Austenits (Bild B 9.5) hat keine Auswirkung auf Härte und M_s-Temperatur (vgl. Bild B 6.48).

B 9.2.2 ZTA-Schaubilder für isothermische Austenitisierung übereutektoidischer Stähle

Übereutektoidische Stähle werden für technische Wärmebehandlungen in dem Zweiphasengebiet Austenit + Karbid austenitisiert. Nach Bild B 9.7 ist in diesem Bereich mit einem merklichen Austenitkornwachstum in der Regel nicht zu rechnen. Während einer Austenitisierung z. B. bei 900°C nimmt mit zunehmender Haltedauer der Karbidanteil im Austenit ab, d. h. es geht mehr Kohlenstoff in Lösung. Hierdurch steigt nach Bild B 9.6 die Martensithärte zunächst an, nimmt jedoch bei hohen Kohlenstoffgehalten wieder ab. Dies ist verursacht durch die mit steigendem Anteil an gelöstem Kohlenstoff abfallende Temperatur für das Ende der Martensitbildung (Bild B 9.6). Es treten zunehmende Mengen an Restaustenit auf. Dieser Verlauf der Härte, der sich auch bei gleicher Austenitisierungsdauer mit zunehmender Austenitisierungstemperatur ergibt, wird in der Praxis in der Regel durch die Härte-Härtetemperatur-Schaubilder wiedergegeben [17, 18] (Bild B 9.8).

B 9.2.3 ZTA-Schaubilder für kontinuierliche Erwärmung

ZTA-Schaubilder für isothermische Austenitisierung können für die Abschätzung der Vorgänge bei sehr schneller Erwärmung, z. B. einer Induktionshärtung oder einem Randschichtkurzzeithärten [19] nicht eingesetzt werden. Für diese Anwendung werden in den ZTA-Schaubildern für kontinuierliche Erwärmung die Umwandlungen während einer Erwärmung mit konstanter Erwärmgeschwindigkeit ermittelt. Die während der Erwärmung für die Ac-Punkte ermittelten Temperaturen werden miteinander verbunden [12–14]. Entsprechend dem Meßverfahren sind

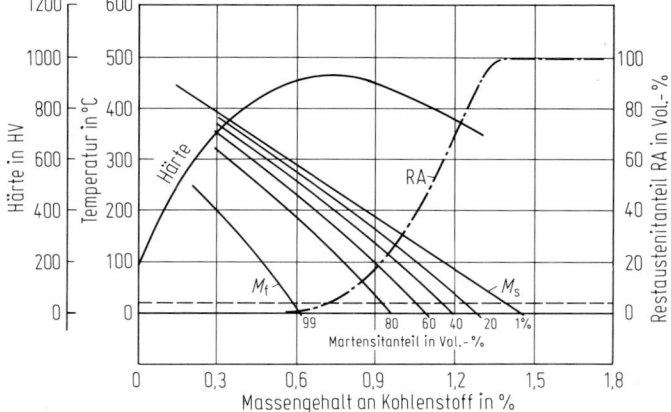

Bild B 9.6 Abhängigkeit der Härte unlegierter Stähle nach [16], des Restaustenitgehalts, der M_s-Temperatur (berechnet nach Gl. (B 9.3.b)) und der M_f-Temperatur vom Kohlenstoffgehalt nach einer Austenitisierung im Einphasengebiet des Austenits. In Bild B 5.13. sind Restaustenitgehalte unter 1% berücksichtigt. RA = Restaustenit, M = Martensit.

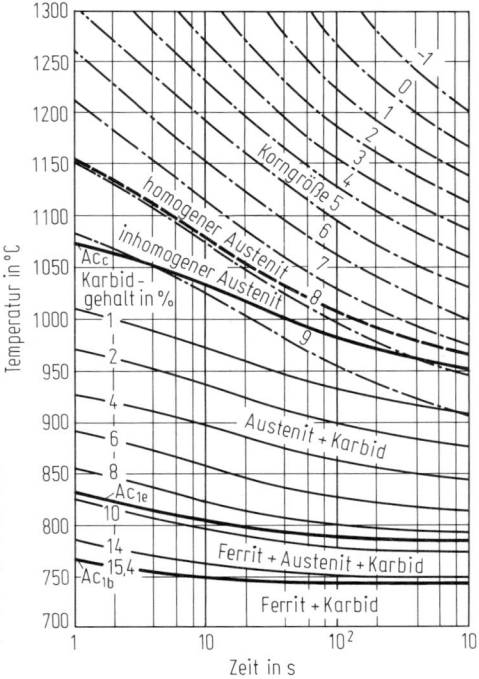

Bild B 9.7 ZTA-Schaubild für isothermische Austenitisierung eines Stahls 100 Cr 6 mit 1,00 % C, 0,22 % Si, 0,34 % Mn, 1,52 % Cr, 0,10 % Ni und 0,01 % V (Massengehalte). Nach [12]. Ausgangszustand weichgeglüht, Erwärmungsgeschwindigkeit auf Austenitisierungstemperatur 130 °C/s. Zusätzlich eingetragen sind Linien gleicher Karbidgehalte sowie Linien gleicher Austenitkorngröße (Kennzahl nach DIN 50 601).

diese Schaubilder nur entlang der eingezeichneten Linien gleicher Erwärmgeschwindigkeit zu lesen (Bild B 9.9). Damit man neben der Erwärmgeschwindigkeit die Größenordnung der jeweiligen Zeiten ablesen kann, wird dem Raster der Erwärmkurven vielfach noch ein Zeitraster unterlegt. Das Beispiel in Bild B 9.9 zeigt, daß damit gerechnet werden muß, daß auch bei kontinuierlicher Erwärmung die Karbide erst mit Überschreiten von Ac_3 voll aufgelöst sind. Das Kornwachstum setzt bei um so niedrigeren Temperaturen ein, je geringer die Erwärmgeschwindigkeiten sind. Im Bereich des inhomogenen Austenits nimmt bei gleicher Erwärm-

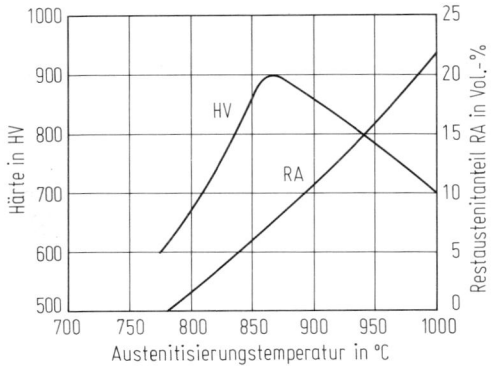

Bild B 9.8 Härte und Restaustenitanteile in Salzwasser abgeschreckter Plättchen von 2 mm Dicke aus einem Stahl 100 Cr 6 in Abhängigkeit von der Austenitisierungstemperatur. Nach [12] für eine Haltedauer von 300 s ermittelt.

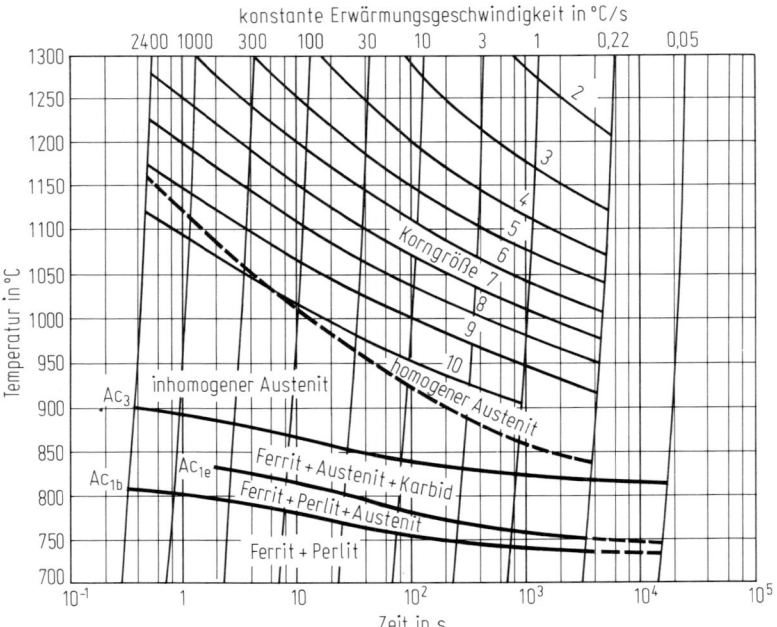

Bild B 9.9 ZTA-Schaubild für kontinuierliche Austenitisierung des Stahls 34 CrMo 4 aus Bild B 9.5 im selben Ausgangszustand. Nach [12]. Zusätzlich eingetragen sind Linien gleicher Austenitkorngröße (Kennzahl nach DIN 50 601).

geschwindigkeit die Abschreckhärte mit zunehmender Temperatur zu, die M_s-Temperatur sinkt mit zunehmender Temperatur ab. Im Bereich des homogenen Austenits sind beide Werte konstant. In übereutektoidischen Stählen durchläuft die Martensithärte bei gleicher Erwärmgeschwindigkeit mit steigender Austenitisierungstemperatur ein Maximum. Die ZTA-Schaubilder für kontinuierliche Erwärmung sind vor allem für Randschichthärtungen von Bedeutung.

B 9.2.4 Einfluß der chemischen Zusammensetzung und des Ausgangszustandes auf die Austenitisierung

Sowohl Unterschiede in der chemischen Zusammensetzung (Bild B 9.10) als auch Unterschiede im Ausgangszustand (Bild B 9.11) führen zu einem anderen Verlauf des Austenitisierungsverhaltens und müssen bei der praktischen Anwendung der ZTA-Schaubilder berücksichtigt werden. Durch die Eindiffusion von Legierungselementen in die Karbide bei langzeitigen Glühungen unter A_1 wird deren Auflösung verzögert (vgl. Bild B 6.3), wodurch die Ac_{1e}-Temperatur zu höheren Werten verschoben wird, evtl. bis zum Zusammenfallen mit der Ac_3-Temperatur. Die kennzeichnenden Unterschiede in den ZTA-Schaubildern zwischen einzelnen Stählen sind jedoch größer als die angegebenen Streuungen zwischen einzelnen Schmelzen und Ausgangszuständen. Zur rechnerischen Beschreibung der Austenitisierung vgl. B 9.5.

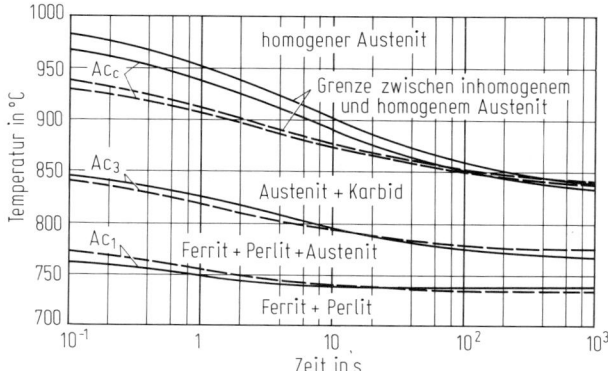

Bild B 9.10 Einfluß der Schwankungen in der chemischen Zusammensetzung eines Stahls 50 CrV 4 auf das ZTA-Schaubild für isothermische Austenitisierung. Nach [12]. Ausgangsgefüge 1% Ferrit + 99% Perlit; Erwärmung auf Austenitisierungstemperatur mit 130°C/s

	% C	% Si	% Mn	% Al	% Cr	% N	% V
Schmelze 1 ——	0,47	0,27	0,90	0,017	1,10	0,0065	0,08
Schmelze 2 - - -	0,47	0,31	0,94	0,002	1,13	0,0052	0,10

B 9.2.5 Beeinflussung der Korngröße

Die während der Austenitisierung entstehende Korngröße, die Teil der Beschreibung des Austenitisierungszustandes ist, kann durch Einlagerung feiner Partikel beeinflußt werden, die das Kornwachstum hemmen [20, 21]. In Bild B 9.12 ist die

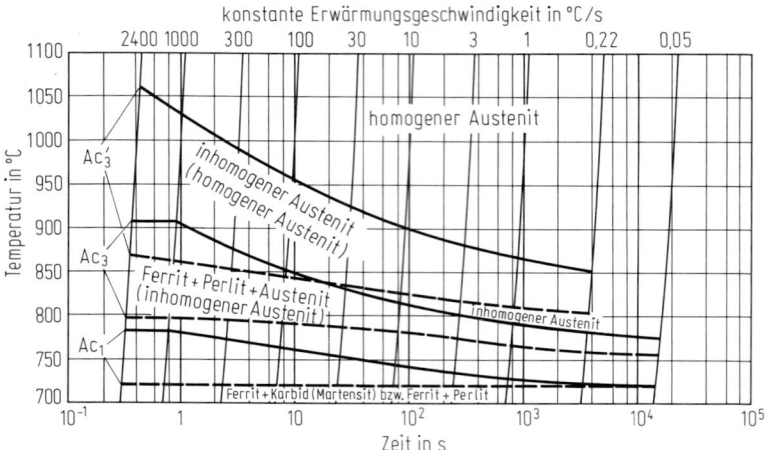

Bild B 9.11 Einfluß des Ausgangszustandes auf die Austenitbildung bei kontinuierlicher Erwärmung für einen Stahl Cf 53 mit 0,51 % C, 0,28 % Si, 0,64 % Mn, 0,022 % Al und 0,0050 % N. Nach [13].

—— Ausgangszustand Ferrit + Perlit;

- - - Ausgangszustand Martensit, Gefügeangaben hierzu in Klammern

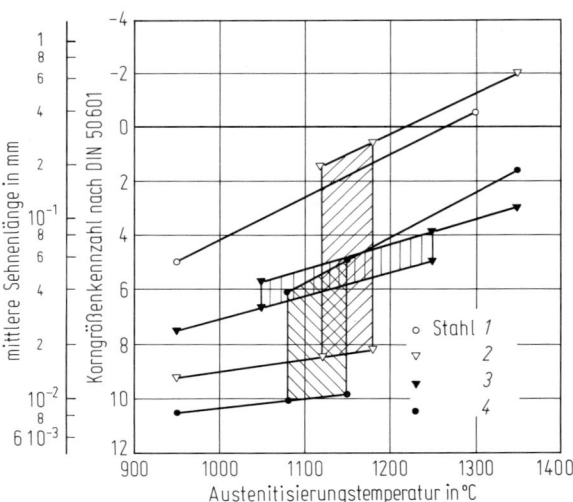

Bild B 9.12 Einfluß der Austenitisierungstemperatur auf die Austenitkorngröße für vier Werkstoffe. Nach [21]. Haltedauer auf Austenitisierungstemperatur 30 min. In den schraffierten Bereichen tritt Mischkorn auf, die Punkte bezeichnen den Bereich der Messungen und die Bereiche der Mischkornbildung.

Stahl	% C	% Mn	% Al	% N	% Ti
1	0,21	1,16	0,004	0,010	
2	0,17	1,35	0,047	0,017	
3	0,18	1,43	0,004	0,024	0,067
4	0,19	1,34	0,060	0,018	0,14

erreichte Korngröße für vier Stähle in Abhängigkeit von der Austenitisierungstemperatur dargestellt. Ohne Zusätze an kornwachstumshemmenden Einschlüssen entsteht ein bei allen Temperaturen grobes Austenitkorn (Stahl *1*). Durch sehr hohe Gehalte von AlN kann der Beginn des Kornwachstums auf 1100 °C hinausgeschoben werden (Stahl *2*). Diese Temperatur entspricht der Koagulation und Auflösung der Aluminiumnitride, die damit unwirksam werden. Bei einer vorgegebenen Austenitisierungstemperatur, z. B. 950 °C (Bild B 9.13) nimmt die Korngröße nur langsam zu, da nur wenige Aluminiumnitride in Lösung gehen. Bei einer Temperatur von 1050 °C sind nach einer Glühdauer von rd. 6 h so viele Aluminiumnitride in Lösung gegangen, daß das Korn sehr stark anwächst. In Seigerungszonen liegen noch Nitride, die erst bei höheren Temperaturen in Lösung gehen. An diesen Stellen bleibt das Korn noch fein: Es entsteht ein Mischkorn. Während einer Austenitisierung bei 1150 °C gehen die kornwachstumshemmenden Nitride so schnell in Lösung, daß bei längeren Haltedauern ein weitgehend kontinuierliches Kornwachstum einsetzt. Durch Zusatz von Titankarbid oder Titannitrid (Stahl *3* in Bild B 9.12), die erst bei hohen Temperaturen in Lösung gehen, kann das Kornwachstum auch bei hohen Temperaturen behindert werden, jedoch ist dann der Kornfeinungseffekt bei niedrigen Temperaturen gering. Beide positiven Auswirkungen können durch eine Kombination beider Teilchenarten gleichzeitig eingestellt werden (Stahl *4*).

Ein grobes Austenitkorn ist in der Härtebruchprobe [22] gut zu erkennen, die eine schnelle Prüfung der Austenitisierung neben der Härte-Härtetemperatur-Kurve nach Bild B 9.8 ermöglicht.

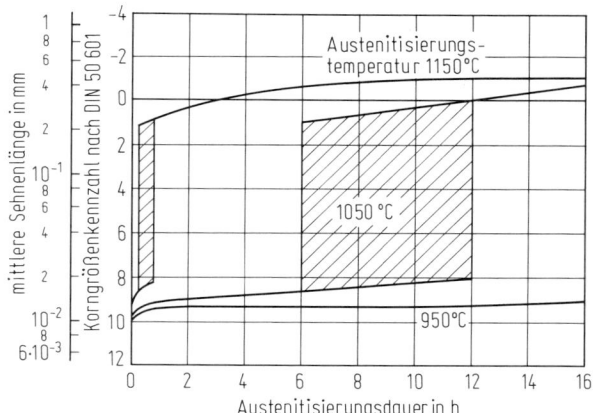

Bild B 9.13 Einfluß der Austenitisierungstemperatur und -dauer auf die Austenitkorngröße bei Stahl *2* aus Bild B 9.12. Nach [21]. In den schraffierten Bereichen liegt Mischkorn vor.

B 9.2.6 Genauigkeit der ZTA-Schaubilder

Aus den Untersuchungsverfahren ergibt sich eine Genauigkeit für die Temperaturangaben von rund ±10 °C, für die Zeitangaben von rund ±10 %. Diese Streubreiten sind für praktische Anwendungen evtl. noch zu vergrößern, wenn die chemische Zusammensetzung oder der Ausgangszustand der für das Schaubild verwendeten Proben von dem der zu untersuchenden Proben abweichen (vgl. Bild B 9.10 und B 9.11). Die ZTA-Schaubilder geben das kennzeichnende Austenitisierungsverhalten eines Stahls wieder.

B 9.2.7 Zusammenhang zwischen den ZTA-Schaubildern und dem Gleichgewichtsschaubild

In Bild B 9.14 ist ein ZTA-Schaubild für kontinuierliche Erwärmung dargestellt. Die Zeitachse ist bis zur Zeit „unendlich" verlängert. Dieser Zeitpunkt entspricht einem unendlich langsamen Erwärmen und damit den Bedingungen für das Gleichgewichtsschaubild, das an diesem Punkt eingezeichnet ist. Die Linien für die Ac-Temperaturen münden bei der Zeit unendlich in die entsprechenden Linien des Gleichgewichtsschaubildes. Das Gleichgewichtsschaubild ist der Grenzfall des ZTA-Schaubildes für unendlich langsame Erwärmung.

Eine entsprechende Darstellung kann für das ZTA-Schaubild für isothermische Austenitisierung konstruiert werden: Das Gleichgewichtsschaubild ist der Grenzfall des ZTA-Schaubildes für isothermische Austenitisierung für eine unendlich lange Haltedauer.

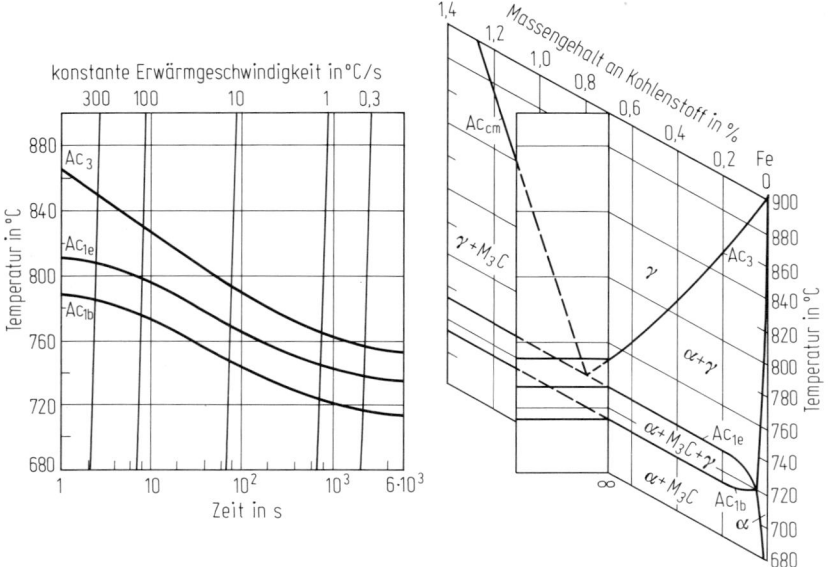

Bild B 9.14 Das Gleichgewichtsschaubild Eisen-Zementit als Grenzfall des ZTA-Schaubildes für kontinuierliche Erwärmung bei unendlich kleiner Erwärmungsgeschwindigkeit. Nach [23].

B 9.3 Zeit-Temperatur-Umwandlungs-Schaubilder

Die Umwandlungen eines austenitischen Mischkristalls während einer Abkühlung folgen den Gesetzen von Keimbildung und Wachstum (vgl. B 5). Vor allem die Keimbildung ist stark abhängig von der Homogenität des Austenits, die unter technischen Bedingungen aber nicht meßbar ist. Der Austenitisierungszustand vor dem Beginn der Abkühlung für eine Umwandlung wird daher durch die Austenitisierungstemperatur, die Dauer der Erwärmung auf die Austenitisierungstemperatur sowie die Austenitisierungsdauer beschrieben. Bei kurzer Austenitisierungsdauer

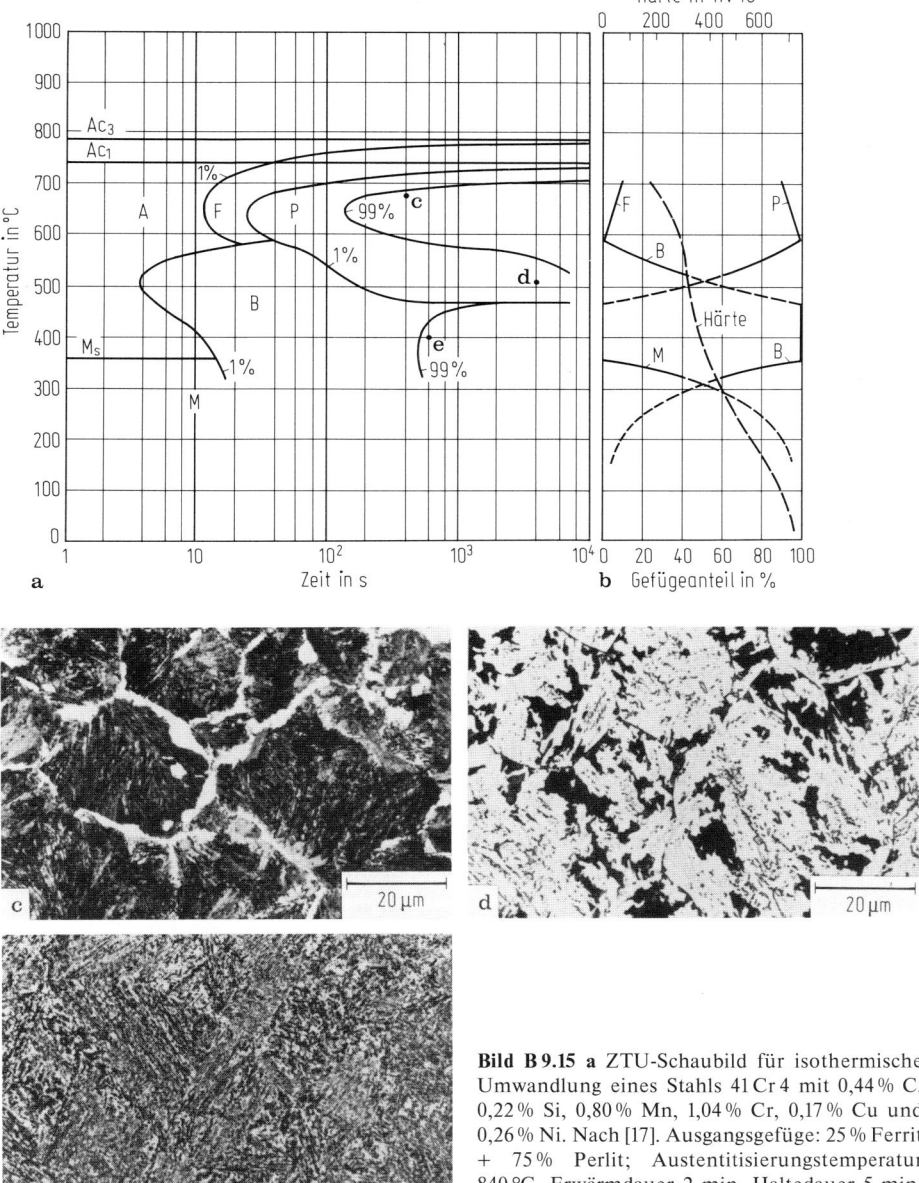

Bild B 9.15 a ZTU-Schaubild für isothermische Umwandlung eines Stahls 41 Cr 4 mit 0,44 % C, 0,22 % Si, 0,80 % Mn, 1,04 % Cr, 0,17 % Cu und 0,26 % Ni. Nach [17]. Ausgangsgefüge: 25 % Ferrit + 75 % Perlit; Austentitisierungstemperatur 840 °C, Erwärmdauer 2 min, Haltedauer 5 min. A = Austenit, F = Ferrit, P = Perlit, B = Bainit, M = Martensit;
b Gefügeanteile und Härtewerte, gemessen bei Raumtemperatur. Haltedauer auf Umwandlungstemperatur jeweils bis zur Linie für 99 % Umwandlungsgefüge. Die Werte zwischen 320 °C und Raumtemperatur sind geschätzt.
c bis e Beispiele für die Gefügeausbildung: **c** 680 °C 400 s/Wasser: voreutektoidischer Ferrit (weiß) und Perlit; **d** 520 °C 4000 s/Wasser: Perlit (große dunkle Flächen) und Bainit, bestehend aus Ferrit (weiße Flächen) und Karbid (dunkle Punkte); **e** 400 °C 600 s/Wasser: Bainit

ist zusätzlich der Ausgangszustand zu berücksichtigen. Ergänzend sollte die Austenitkorngröße angegeben werden. Zur rechnerischen Berücksichtigung des Austenitisierungszustandes s. B 9.5. Zur Kennzeichnung der gleichgewichtsnahen Umwandlungstemperaturen werden in die Umwandlungsschaubilder die mit einer Erwärmungsgeschwindigkeit von 3 °C/min in der Regel im Dilatometer ermittelten Ac-Temperaturen eingetragen.

B 9.3.1 ZTU-Schaubilder für isothermische Umwandlung

In einem niedriglegierten Stahl wandelt der Austenit während der Abkühlung nach Unterschreiten der Gleichgewichtstemperatur in die Phasen Ferrit bzw. Martensit und Karbid um (vgl. B 5 und B 6). Aus meßtechnischen Gründen wird als Beginn der Umwandlung die Zeit angegeben, zu der sich 1% des neuen Gefüges gebildet hat. Aus dem gleichen Grunde wird als Ende der Umwandlung die Zeit angegeben, zu der lediglich noch 1% des Austenits nachweisbar ist. Der Beginn der Martensitbildung wird durch die Starttemperatur M_s gekennzeichnet [14, 17, 23]. Der weitere Ablauf der Umwandlung in der Martensitstufe entsprechend Bild B 9.6 wird durch Gefügemengenkurven (Bild B 9.15), die Angabe von Temperaturen für bestimmte Martensitmengen oder den Restaustenitgehalt bei Raumtemperatur beschrieben.

Zur Begrenzung des Versuchsaufwandes werden in den Bereichen der Überschneidung von zwei verschiedenartigen Umwandlungen die Linien für das Ende der vorauslaufenden Umwandlungen nicht ermittelt, sondern lediglich die Linie für 99% insgesamt umgewandelter Menge eingetragen. Die Bildung des Bainits bei Temperaturen unterhalb von M_s wird ebenfalls in der Regel nicht dargestellt. Im Bereich der voreutektoidischen Ausscheidung wird das Ende dieser Ausscheidung nicht angegeben [24]. Mit diesen Vereinfachungen ergibt sich Bild B 9.15a. Entsprechend der Messung sind die ZTU-Schaubilder für isothermische Umwandlung nur entlang der Isothermen zu lesen. Die zu erwartende Aufspaltung der Ac_1-Temperatur in Ac_{1b} und Ac_{1e} (vgl. Bild B 9.2) war in diesem Fall nicht meßbar, sie ist im Dilatometer im allgemeinen lediglich an übereutektoidischen Stählen nachzuweisen (vgl. Bild B 9.20).

Neben dem ZTU-Schaubild sind in Bild B 9.15b die Gefügemengen und Härten dargestellt, die bei Raumtemperatur gemessen werden, wenn nach Überschreiten der Zeit für 99% Umwandlung abgekühlt wird. Soweit nach einer Haltedauer von 10^4 s die Linie für 99% Umwandlungsgefüge noch nicht erreicht ist, sind die Gefügemengen, die bei längerer Haltedauer entstehen würden, geschätzt, die Kurven gestrichelt gezeichnet. Neben dem Mengenanteil ändert sich auch die Ausbildung der einzelnen Gefügebestandteile mit der Umwandlungstemperatur. In Bild B 9.15c bis e sind Gefügeausbildungen wiedergegeben, die bei drei unterschiedlichen Umwandlungstemperaturen entstanden sind. Bei einer Bildungstemperatur von 680 °C ist der Perlit sehr feinlamellar (Bild B 9.15c) und hat eine hohe Härte (Bild B 9.15b), die mit sinkender Umwandlungstemperatur weiter ansteigt. Bainit ist grober als bei gleicher Temperatur entstandener Perlit (Bild B 9.15d) und hat eine geringere Härte. Dies führt z. B. in Bild B 9.15b zwischen 600 und 450 °C zu einem nur geringen Anstieg der Härte mit sinkender Umwandlungstemperatur. Bei einigen Stählen kann in diesem Temperaturbereich die Härte niedriger sein als nach einer Umwandlung in der unteren Perlitstufe [25]. Die Anordnung von Ferrit und

Karbid im Bainit wird ebenfalls mit sinkender Bildungstemperatur feiner (Bild B 9.15e). Mit Annäherung an die Gleichgewichtstemperaturen, z. B. Ac_1, werden die Umwandlungszeiten sehr groß, die Gefügeausbildung wird grob. In der Perlitstufe geht dies so weit, daß bei Umwandlungen kurz unter Ac_1 Ferrit und Zementit unabhängig voneinander entstehen, die gekoppelte Ausscheidung ist nicht mehr möglich (vgl. Bild B 9.16).

Derartige Gefüge wurden früher als „entartet" oder „anomal" bezeichnet [26] (vgl. auch B 5.2). Aufgrund des vergleichbaren Umwandlungsmechanismus werden die Umwandlungen des Austenits zu voreutektoidischem Ferrit, voreutektoidischem Karbid sowie Perlit als Umwandlung in der Perlitstufe bezeichnet. Demgemäß spricht man von Umwandlungen in der Bainitstufe und der Martensitstufe.

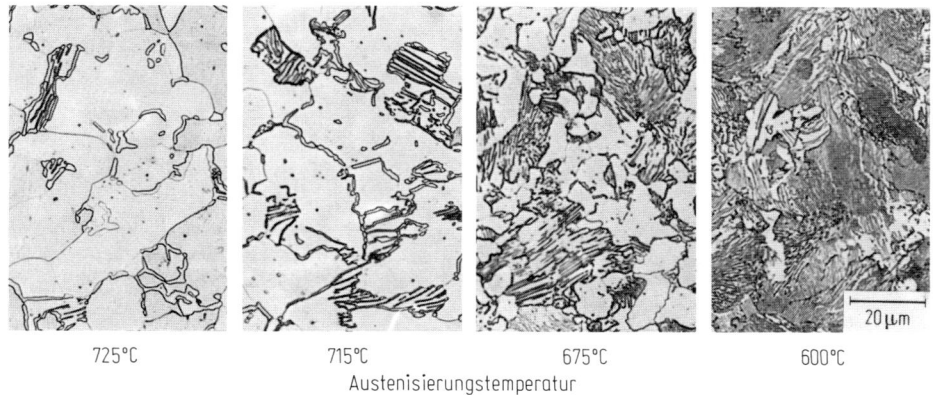

Bild B 9.16 Gefügeausbildung in einer Eisen-Kohlenstoff-Legierung mit 0,5 % C in Abhängigkeit von der Umwandlungstemperatur. Nach [26]. Austenitisierung: 850 °C 10 min.

B 9.3.2 ZTU-Schaubilder für kontinuierliche Abkühlung

Die ZTU-Schaubilder für kontinuierliche Abkühlung entstehen durch Verbinden der Punkte gleichen Umwandlungszustandes – in der Regel mit Dilatometern gemessen – auf den Abkühlungskurven [14, 17]. Eingetragen werden, analog zu der Vorgehensweise bei den Schaubildern für isothermische Umwandlung, die Linien für 1 % – bezogen auf die Gesamtmenge – der gebildeten Gefüge sowie für 99 % umgewandelten Austenit (Bild B 9.17). Die Linien für das Ende der Ferritbildung werden nicht ermittelt. Das gleiche gilt für das Ende der Perlitbildung, wenn zu tieferen Temperaturen hin die Umwandlung durch eine Bainitbildung fortgesetzt wird. Ebenso wird das Ende der Bainitbildung nicht eingetragen, wenn sie zu tieferen Temperaturen hin durch eine Martensitbildung fortgesetzt wird. Das Ende der Martensitbildung ist meist nur näherungsweise zu ermitteln. Hinweise gibt Bild B 9.6 Vielfach wird der bei Raumtemperatur vorliegende Anteil an Restaustenit zur Kennzeichnung des Umwandlungszustandes bei geringen Abkühlungsdauern angegeben [17, 27]. Die in das Schaubild eingezeichneten Abkühlungskurven werden häufig durch die Abkühldauer von 800 bis 500 °C oder von Ac_3 bis 500 °C gekennzeichnet. Voraussetzung für diese Beschreibung ist, daß die Art der Abküh-

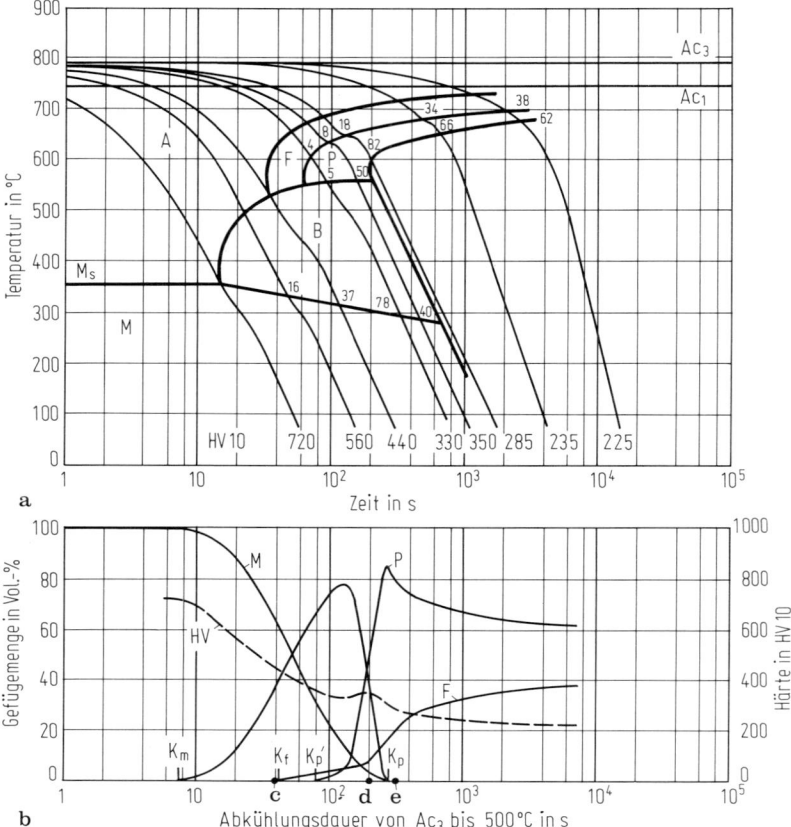

Bild B 9.17 a und b. a ZTU-Schaubild für kontinuierliche Abkühlung des Stahls 41 Cr 4 aus Bild B 9.15. Nach [17]. Ausgangsgefüge: 25 % Ferrit + 75 % Perlit; Austenitisierungstemperatur 840 °C, Erwärmdauer 3 min, Haltedauer 8 min. Die Zahlen an den Abkühlungskurven kennzeichnen den jeweils gebildeten Gefügeanteil.
b Gefügemengenkurven und Härteverlauf. Zur Erläuterung von K_m, K_f, K_p und $K_{p'}$ vgl. B 9.3.3.
Die Zahlenwerte sind: $K_m = 7{,}5$ s, $K_f = 43$ s, $K_{p'} = 80$ s, $K_p = 280$ s.
Beispiele für die Gefügeausbildung siehe Seite 215.

lung – linear oder exponentiell – bekannt ist. Entlang einer Abkühlungskurve – und nur in dieser Form dürfen die Bilder gelesen werden – beschreibt ein derartiges Schaubild den Ablauf der Umwandlungen sowie die bei Raumtemperatur vorliegenden Gefügeanteile und die erreichten Härtewerte, die in Bild B 9.17b zusätzlich über der Abkühlungsdauer aufgetragen sind.

Aus Bild B 9.17b geht hervor, daß das Verhältnis von Ferrit und Perlit für ein und denselben Stahl sehr stark von den Abkühlungsbedingungen abhängig ist. Dies bedeutet, daß man aus dem Perlitanteil in der Regel nicht auf den Kohlenstoffgehalt eines Stahls schließen kann. Ähnlich wie bei dem ZTU-Schaubild für isothermische Umwandlung gilt für die kontinuierliche Abkühlung, daß sich bei sehr langsamen Abkühlungen neben dem Mengenanteil auch die Ausbildung des Gefüges ändert. Bei sehr langsamer Abkühlung kann es zu einer „Entartung" des

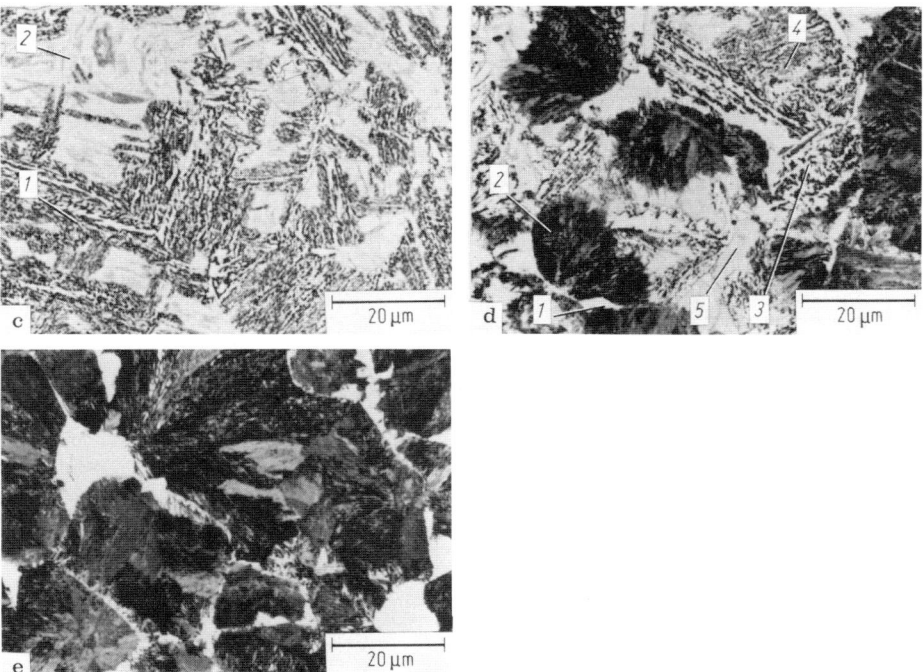

Bild B 9.17 c bis e. Beispiele für die Gefügeausbildung: **c** Abkühlung auf 500 °C in 43 s: Bainit *(1)* und Martensit *(2)*; **d** Abkühlung auf 500 °C in 210 s: Ferrit auf den ehemaligen Austenitkorngrenzen *(1)*, Perlit *(2)*, grober Bainit *(3)*, feinausgebildeter Bainit *(4)*, Martensit *(5)*; **e** Abkühlung auf 500 °C in 300 s: Ferrit auf den ehemaligen Austenitkorngrenzen (weiß) und Perlit (dunkel).

Perlits entsprechend Bild B 9.16 kommen. In Bild B 9.17c bis e sind für drei Abkühlungsverläufe die bei Raumtemperatur vorliegenden Gefüge wiedergegeben. Bild B 9.17e entspricht weitgehend Bild B 9.15c. Aus der Anordnung der Gefüge ist zu ersehen, daß sowohl bei isothermischer Umwandlung (Bild B 9.15) als auch bei kontinuierlicher Abkühlung (Bild B 9.17) die Bildung des voreutektoidischen Ferrits auf den Austenitkorngrenzen beginnt. In Bild B 9.17c ist Bainit unterschiedlicher Feinheit zu erkennen entsprechend dem großen Temperaturbereich der Umwandlung während der Abkühlung, während in Bild B 9.15e der Bainit eine einheitliche Ausbildung hat. Der Perlit ist bei einer isothermischen Umwandlung bei 520 °C (Bild B 9.15d) *nach* dem Bainit aus dem restlichen, noch nicht umgewandelten Austenit entstanden. Er hat daher eine andere äußere Begrenzung als der Perlit in Bild B 9.17d, der bei der kontinuierlichen Abkühlung *vor* dem Bainit entstanden ist.

Bei kleinen Kohlenstoffgehalten entsteht in legierten Stählen bei kontinuierlicher Abkühlung ein Gefüge, das aus bainitischem Ferrit und Martensit besteht (Bild B 9.18). Derartige Gefüge werden in der Praxis wegen der schlechten Auflösbarkeit in der Regel einheitlich als Bainit bezeichnet. Entsprechend der Gesamtzusammensetzung des Stahls liegt die Temperatur für M_s bei 400 °C, so daß der Mar-

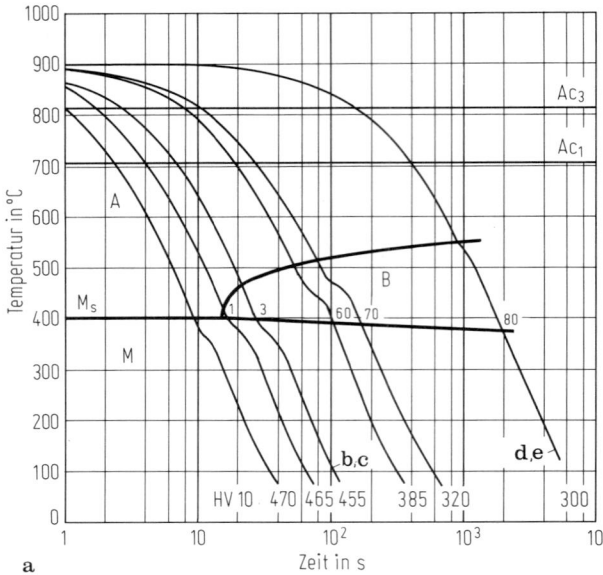

Bild B 9.18 a. ZTU-Schaubild für kontinuierliche Abkühlung eines Stahls StE 690. Nach [27]. Zusammensetzung der untersuchten Schmelze: 0,19 % C, 0,26 % Si, 0,75 % Mn, 0,70 % Cr, 0,38 % Mo, 2,25 % Ni, 0,12 % V. Ausgangszustand: vergütet; Austenitisierungstemperatur 1300 °C, Erwärmdauer 2 min, Haltedauer 0 min.

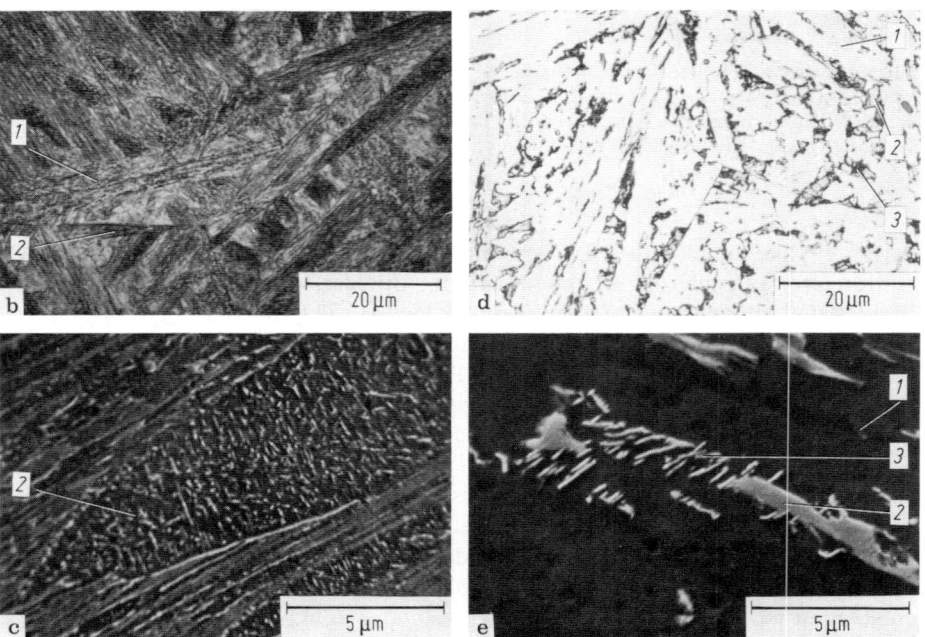

Bild B 9.18 b bis e. Beispiele für die Gefügeausbildung: **b** Abkühlung auf 500 °C in 18 s: lichtoptische Aufnahme: Bainit *(1)* und Martensit *(2)*; **c** wie b): Aufnahme im Rasterelektronenmikroskop: Ferrit dunkel, Karbid hell; **d** Abkühlung auf 500 °C in 1200 s: lichtoptische Aufnahme; **e** wie d): Aufnahme im Rasterelektronenmikroskop: bainitischer Ferrit *(1)* und Martensit *(2)* vereinzelt Bildung von Karbid *(3)*; in der Praxis wird dieses Gefüge einheitlich als Bainit bezeichnet.

tensit (Bild B 9.18b und c) bereits angelassen ist [28]. Er ist daher von dem Bainit nicht immer eindeutig zu unterscheiden. Bei großen Abkühldauern (Bild B 9.18d und e) entsteht ein Gefüge, das aus bainitischem Ferrit, Karbid und an Kohlenstoff angereichertem Martensit besteht. Auch diese Gefüge werden in der Praxis einheitlich als Bainit bezeichnet. Bei hohen Vergrößerungen findet man Bereiche, in denen teilweise Karbid, teilweise Martensit entstanden ist (Bild B 9.18e). Mit weiter zunehmender Abkühldauer nehmen die Anteile an bainitischem Ferrit mit Karbid zu, die Anteile an bainitischem Ferrit mit Martensit ab. Vor allem bei Stählen mit sehr niedrigen Kohlenstoffgehalten entsteht ein Gefüge, bestehend aus bainitischem Ferrit und Martensit, das als Bainit bezeichnet wird, zum Teil im Anschluß an eine Perlitbildung (Bild B 9.19). Bei übereutektoidischen Stählen tritt anstelle der voreutektoidischen Ferritausscheidung die voreutektoidische Karbidausscheidung. Bild B 9.20 zeigt ein Beispiel für einen legierten Stahl. Ausgangszustand ist im Gegensatz zu den untereutektoidischen Stählen im allgemeinen ein zweiphasiger Zustand Austenit + Karbid [29].

In der Form der ZTU-Schaubilder für kontinuierliche Abkühlung prägt sich deutlich die gegenseitige Beeinflussung der Umwandlungen aus. Die voreutektoidische Ferritausscheidung sowie die Umwandlung in der oberen Bainitstufe führen zu einer Kohlenstoffanreicherung in dem umgebenden Austenit und damit zu einem Absinken der M_s-Temperatur (vgl. Bild B 9.6), wie aus Bild B 9.17 und B 9.18 hervorgeht. Eine voreutektoidische Karbidausscheidung in übereutektoidischen Stählen dagegen führt zu einer Kohlenstoffverarmung des Austenits und damit zu einer Anhebung des M_s-Punktes (Bild B 9.20, vgl. auch Bild B 5.13).

Entsprechend Bild B 9.14 ist in Bild B 9.21 die Zeitachse eines ZTU-Schaubildes für kontinuierliche Abkühlung bis zur Zeit „unendlich" verlängert. Für diesen Fall der unendlich langsamen Abkühlung geht das ZTU-Schaubild in das Gleichge-

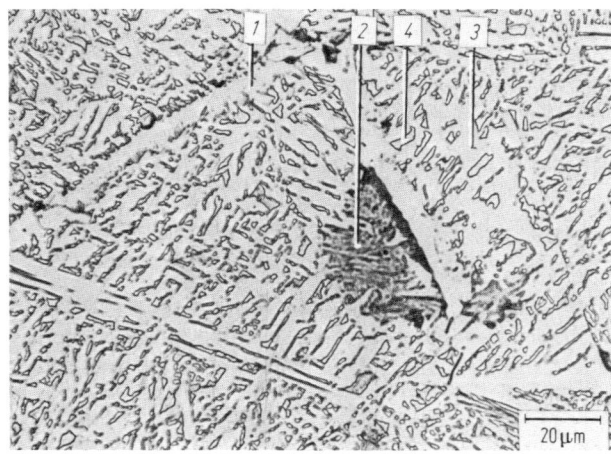

Bild B 9.19 Gefüge eines Stahls StE 355 nach Austenitisieren bei 1300 °C und sofortigem Abkühlen in 68 s auf 500 °C. Zusammensetzung der untersuchten Schmelze: 0,17% C, 0,51% Si, 1,39% Mn, 0,069% Al und 0,005% N. Ferrit auf den ehemaligen Austenitkorngrenzen *(1)*, Perlit *(2)*, bainitischer Ferrit *(3)* und Martensit *(4)*. Die Gefügebestandteile *(3 + 4)* werden in der Praxis zusammengefaßt meist einheitlich als Bainit bezeichnet.

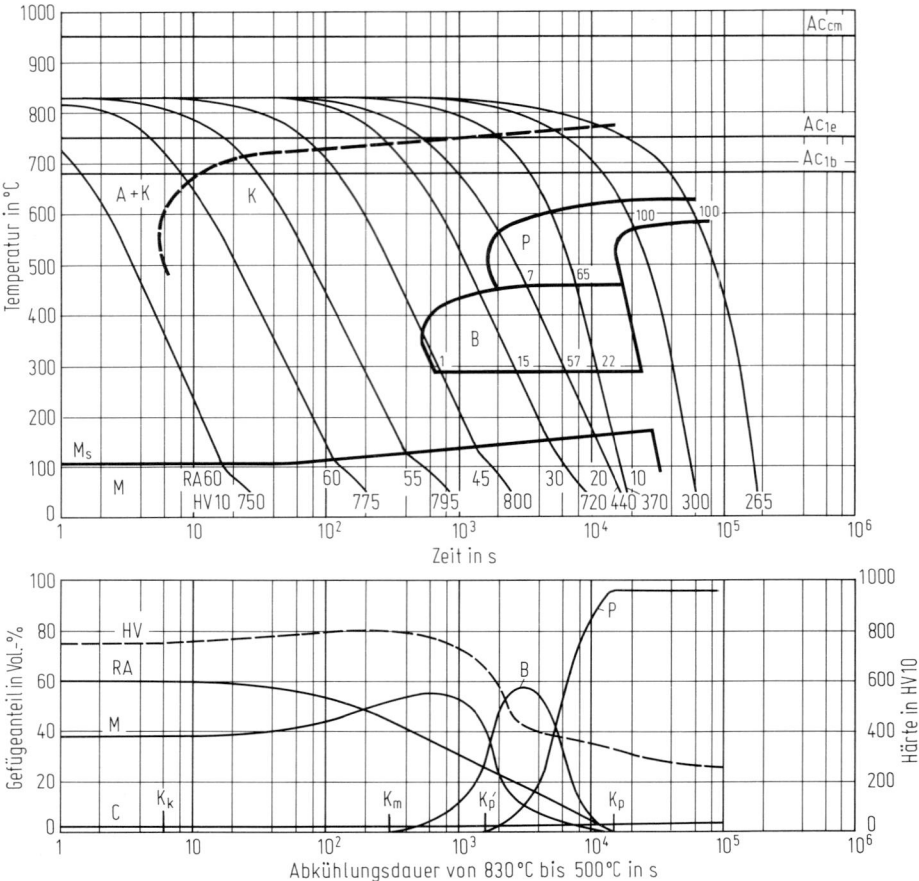

Bild B 9.20 ZTU-Schaubild für kontinuierliche Abkühlung eines Stahls 14 NiCr 14, aufgekohlt auf 1,03 % C. Nach [27]. Zusammensetzung der untersuchten Schmelze: 0,26 % Si, 0,46 % Mn, 0,012 % Al, 0,78 % Cr, 0,16 % Cu und 3,69 % Ni. Ausgangsgefüge: Bainit; Austenitisierungstemperatur 830 °C, Erwärmdauer 2 min, Haltedauer 15 min. RA = Restaustenit. Zur Erläuterung von K_k, K_m, K_p und $K_{p'}$ vgl. B 9.3.3. Die Zahlenwerte sind: $K_k = 6$ s, $K_m = 300$ s, $K_{p'} = 1600$ s, $K_p = 15\,000$ s.

wichtsschaubild für den entsprechenden Kohlenstoffgehalt über. In gleicher Weise geht das ZTU-Schaubild für isothermische Umwandlung für eine unendlich lange Haltedauer in das Gleichgewichtsschaubild über. Das Gleichgewichtsschaubild ist der Grenzfall der ZTU-Schaubilder für unendlich langsame Abkühlung bzw. unendlich lange Haltedauer.

B 9.3.3 Andere Darstellungsformen der ZTU-Schaubilder

Für eine verkürzende Beschreibung des Umwandlungsverhaltens bei kontinuierlicher Abkühlung werden vielfach die Abkühlungsdauern von 800 bis 500 °C angegeben, die zu bestimmten Gefügeausbildungen führen [14, 17]. Diese Werte sind

Kritische Abkühlungsdauern

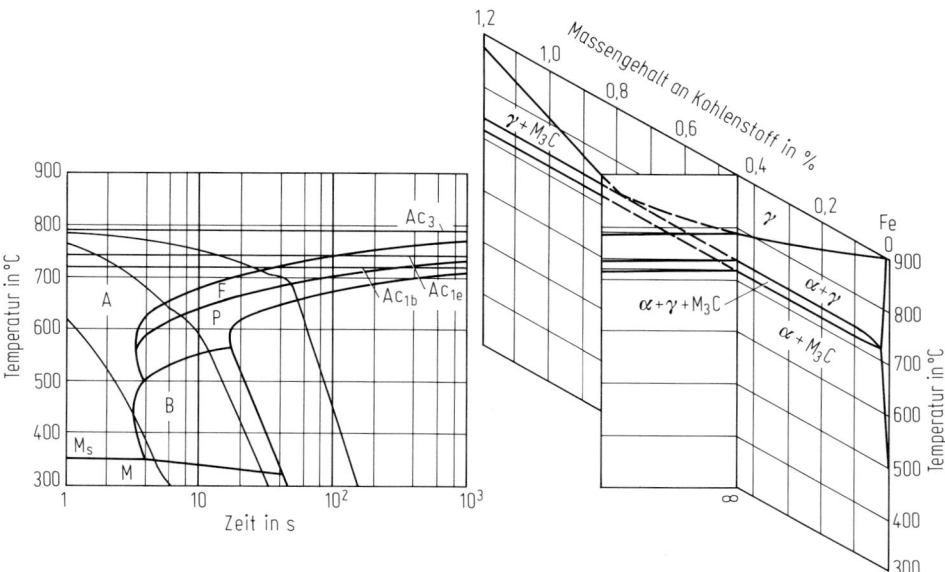

Bild B 9.21 Das Gleichgewichtsschaubild Eisen-Zementit als Grenzfall des ZTU-Schaubildes für kontinuierliche Abkühlung mit unendlich kleiner Abkühlungsgeschwindigkeit.

jeweils in die Gefügemengenkurven der Bilder B 9.17 und B 9.20 eingetragen. Die Zeit K_m ist die *längste Abkühlungsdauer* (kleinste Abkühlungsgeschwindigkeit), bei der noch 100% *Martensit* gebildet werden. Sie wird auch als obere kritische Abkühlungsgeschwindigkeit bezeichnet. Die Zeit K_p ist die *kürzeste Abkühlungsdauer*, bei der nur *Gefüge der Perlitstufe* gebildet werden. Sie wird auch als untere kritische Abkühlungsgeschwindigkeit bezeichnet. Der nur bei untereutektoidischen Stählen auftretende Wert K_f, als *kürzeste Abkühlungsdauer* für die Bildung von *voreutektoidischem Ferrit*, wird bei den übereutektoidischen Stählen ersetzt durch den Wert K_k für den *Beginn der voreutektoidischen Karbidausscheidung* (vgl. Bild B 9.20). Mitunter wird noch die Zeit K_p als *kürzeste Abkühlungsdauer* für die Bildung von *Perlit* angegeben. In Bild B 9.22 sind für einen Stahl die Änderungen der kritischen Abkühlungsdauern mit dem Kohlenstoffgehalt wiedergegeben.

Als Konsequenz aus dieser Beschreibung der Abkühlungskurven ist vorgeschlagen worden, die Schaubilder unmittelbar über der Abkühlungsdauer von 800 bis 500°C aufzutragen [30]. Der entscheidende Nachteil ist, daß der Verlauf der Abkühlung dem Schaubild nicht mehr zu entnehmen ist, der mitunter auch innerhalb des Schaubildes aus praktischen Gründen wechselt [17]. In diesem Fall ist eine wichtige Information zugunsten einer einfachen Ablesung der Daten aufgegeben worden. Bei gleicher Abkühlungsdauer – aber unterschiedlichem Temperatur-Zeit-Verlauf ober-oder unterhalb von 500°C – können vor allem bei Umwandlungen in der Bainitstufe unterschiedliche Eigenschaften entstehen [31]. Eine weitere Darstellungsform der ZTU-Schaubilder ist in C 5 beschrieben.

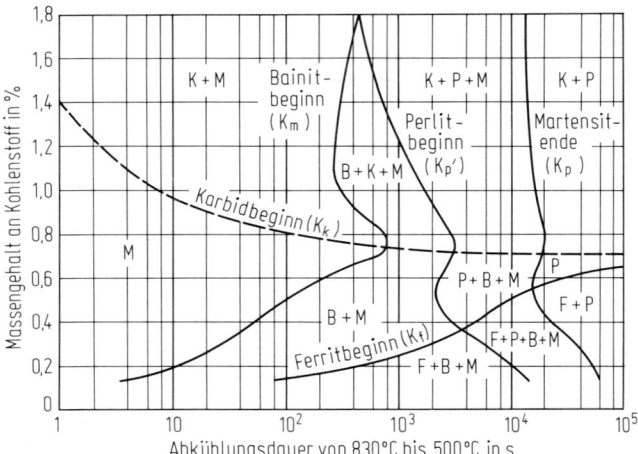

Bild B 9.22 Einfluß des Kohlenstoffgehalts auf die Lage der kritischen Abkühlungsdauern für einen Stahl mit der Grundzusammensetzung des Stahls 14 NiCr 14 aus Bild b 9.20. Nach [27]. Austenitisierung: 830 °C 15 min. F = Ferrit, K = Karbid, P = Perlit, B = Bainit, M = Martensit.

B 9.4 Beeinflussungen des Umwandlungsverhaltens

B 9.4.1 Auswirkung der Austenitisierung

Der Zustand des Austenits wirkt sich über seine Homogenität, seine Korngröße sowie seine Fehlstellendichte und -anordnung auf die Umwandlung aus. Zunehmende Homogenisierung des Austenits führen zu einer Verzögerung der Umwandlung. Die Umwandlungen in der Perlitstufe gehen bei nicht zu großen Unterkühlungen von den Korngrenzen aus und werden daher durch ein grobes Korn besonders stark verzögert (vgl. B 6.3). Übereutektoidische Stähle, wie z. B. Werkzeugstähle, werden in dem Zweiphasengebiet Austenit + Karbid austenitisiert. Dadurch wird der Kohlenstoffgehalt des Austenits begrenzt, so daß durch Abschrecken Martensit neben relativ geringen Gehalten an Restaustenit entsteht und damit eine hohe Härte erreicht wird (vgl. Bild B 5.13). Werden alle Karbide aufgelöst, steigt der Kohlenstoffgehalt im Austenit, gleichzeitig setzt ein starkes Kornwachstum ein (vgl. Bild B 9.7). Beide Vorgänge führen zu einer Verzögerung der Umwandlung sowie einem Absinken der M_s-Temperatur und damit zu einer Zunahme des Restaustenitgehaltes [18, 29] (vgl. Bild B 9.6). Durch die Wahl der Austenitisierungstemperatur und -dauer können der Gehalt an ungelösten Karbiden (vgl. Bild B 9.7) sowie der Restaustenitanteil und die Härte nach Abschrecken gesteuert werden [18] (vgl. Bild B 9.8). Bei hochlegierten Stählen ist der Austenit nach üblicher Austenitisierung mitunter noch so inhomogen, daß zwei Martensitpunkte meßbar sind und die Gefüge deutliche Unterschiede in der Umgebung der Karbide, im Vergleich zur übrigen Matrix, zeigen [17, 32]. Durch eine Verformung des Austenits ohne anschließende Rekristallisation wird die Umwandlung beschleunigt, die Korngröße der entstehenden Gefüge stark verringert [33].

ZTU-Schaubilder gelten daher nur für die Austenitisierungsbedingungen, für die sie aufgenommen worden sind.

Bei untereutektoidischen Stählen führt ein Abschrecken aus dem Zweiphasengebiet Ferrit + Austenit zu einem Gefüge aus Ferrit und Martensit, das in Stählen mit Kohlenstoffgehalten um 0,1% als Dualphasen-Gefüge bezeichnet wird [16, 34]. Durch Wahl der Austenitisierungstemperatur kann der Mengenanteil an Martensit gesteuert werden. Diese Wärmebehandlung wird jedoch auch bei Vergütungsstählen eingesetzt, wenn keine hohe Festigkeit aber gute Zähigkeiten verlangt werden. Zur rechnerischen Beschreibung des Austenitisierungszustandes vgl. B 9.5.

B 9.4.2 Einfluß der Legierungselemente

Mit zunehmendem Kohlenstoffgehalt wird bis zum eutektoidischen Gehalt die Umwandlung sowohl des Perlits als auch des Bainits merklich verzögert. Nach Bild B 9.22 ist die Umwandlungsgeschwindigkeit im Bereich der eutektoidischen Zusammensetzung des Stahls am geringsten. Der Kohlenstoffgehalt, bei der ein Legierungssystem am umwandlungsträgsten ist, ist von der Verschiebung des eutektoidischen Punktes durch den Legierungsgehalt abhängig. Weitere Darstellungen hierzu sind in C 4 aufgeführt.

Die Temperatur M_s für den Beginn der Martensitbildung wird durch Kohlenstoff stärker als durch die übrigen Legierungselemente beeinflußt (vgl. Gl. (B 9.3) sowie B 5.4 und Bild B 5.13)). Die Temperaturdifferenz $M_s - M_f$ steigt nach Auswertung der aus der Aufstellung der ZTU-Schaubilder vorliegenden Daten [17, 27] mit sinkender M_s-Temperatur an (Bild B 9.6). Danach werden bei unlegierten Stählen bei Kohlenstoffgehalten oberhalb von 0,6% bei Raumtemperatur weniger als 99% Martensit gebildet, bei üblichem Abschrecken bleiben dementsprechend zunehmende Mengen an Restaustenit bei Raumtemperatur bestehen, wenn nicht aus dem Zweiphasengebiet Austenit + Karbid abgeschreckt wurde (vgl. Bild B 9.8).

Nach Bild B 9.3, B 6.27 und B 6.28 werden durch unterschiedliche Gehalte an substitutionellen Legierungselementen die Gleichgewichtstemperaturen verschoben (vgl. Gl. (B 9.1) und (B 9.2)). Verbunden mit dem Einfluß der Legierungselemente auf die Martensitbildungstemperatur (vgl. Gl. (B 9.3)) und den Ablauf der Umwandlung, ergeben sich für isothermische ZTU-Schaubilder für den Übergang von der Perlit- sowie der Bainit- zur Martensitstufe kennzeichnende Formen [35] (Bild B 9.23). Die Bild B 9.23 und Tabelle B 9.2 zugrunde liegenden Daten waren nach Angabe der Autoren nicht ausreichend, um den Einfluß der Legierungselemente auf die zeitliche Verschiebung der Umwandlung zu beschreiben. Hierzu liegen für die Perlitstufe Messungen über den Einfluß einiger Legierungselemente M in Fe-C-M-Systemen auf den Umwandlungsablauf vor [9, 36-41] (vgl. B 6.3.4). Diese Wirkungen sind jedoch nicht additiv. Eine quantitative Beschreibung der Verschiebung der Umwandlung durch die Legierungselemente gegenüber reinen Eisen-Kohlenstoff-Legierungen ist wegen ihrer gegenseitigen Beeinflussung daher erst für sehr begrenzte Konzentrationsbereiche näherungsweise möglich (vgl. B 9.5). Qualitativ ergibt sich aus vorliegenden Schaubildern, daß Molybdän und Bor vor allem die Umwandlungen in der Perlitstufe verzögern (Bild B 9.24) [36, 39]. Durch Kobalt wird die Perlitbildung beschleunigt [38]. Durch Silizium wird vor allem – bezogen auf gleiche Umwandlungstemperatur – die Ferritbildung begünstigt

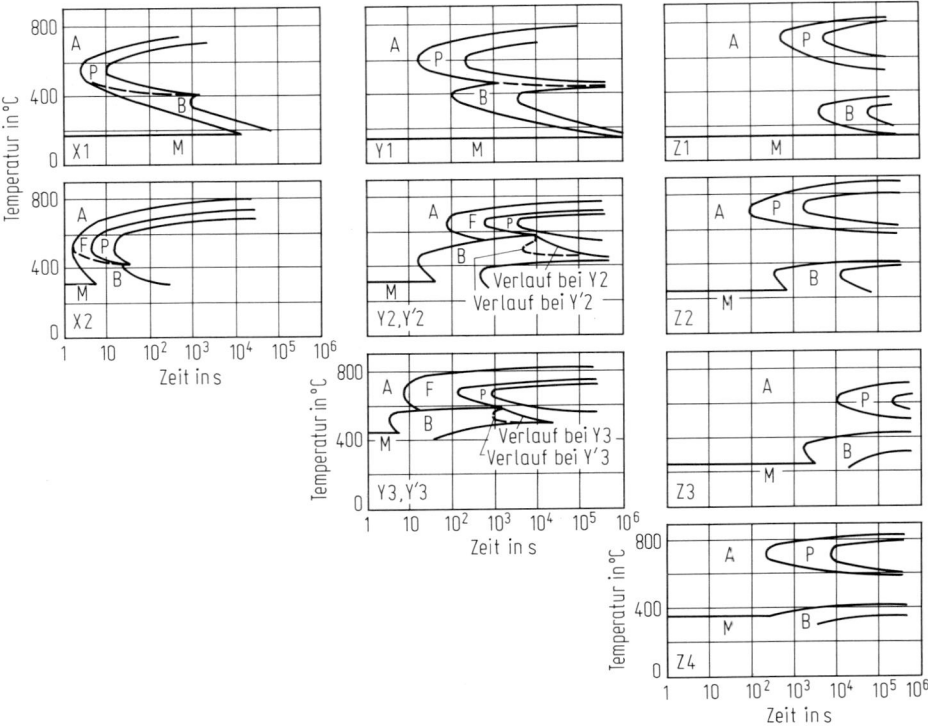

Bild B 9.23 Kennzeichnende Grundformen von ZTU-Schaubildern für isothermische Umwandlung. Nach [35]. Zur Bedeutung der Buchstaben X1 bis Z4 vgl. Tabelle B 9.2. Die Grundformen beschreiben nur die Temperaturlage der Umwandlungen, nicht ihre zeitliche Lage.

Tabelle B 9.2 Zuordnung der kennzeichnenden Formen X1 bis Z4 von ZTU-Schaubildern für isothermische Umwandlung in Bild B 9.23 zu dem Kohlenstoffgehalt und einem Legierungsparameter L.
$L = \%\,Mn + \%\,Cr + \%\,Mo + \%\,V + 0{,}3\,(\%\,Ni + \%\,W + \%\,Si)$. Nach [35].

	$L < 1{,}7$	$1{,}7 \leq L < 3$	$3 \leq L < 10$	$L \geq 10$
mehr als 0,75 % C	X1*	Y1	Z1	Z1 Z2
0,75 % C bis 0,2 % C	X2*	Y2 (0,4 % C) / Y2 u. Y'2 (0,25 % C) / Y2, Y'2 u. Y3	Z2 $\left(\frac{L}{C-0{,}2}<27\right)$ / Z3 $_{0{,}31\%C}$ / $\left(\frac{L}{C-0{,}2}>27\right)$	$_{0{,}57\%C}$ Z3 / Z4
weniger als 0,2 % C	X2*	Y3, Y'3 und bei Mn > 0,8% Y2	Z4	Z4

* bei reinen Nickelstählen auch bis $L \geq 1{,}7$

Einfluß der Legierungselemente auf das Umwandlungsverhalten 223

[37, 40]. Durch Chrom wird im eutektoidischen Bereich vor allem die Umwandlung in der Bainitstufe gegenüber der Perlitstufe verzögert (Bild B 9.24). Die übrigen Elemente verschieben im wesentlichen alle Umwandlungen zu längeren Zeiten. Durch im Vergleich zum eutektoidischen Gehalt sehr kleine oder sehr große Kohlenstoffgehalte wird die Umwandlung in der Perlitstufe gegenüber der Bainitstufe begünstigt. Dies geht z. B. aus Bild B 9.22 sowie einem Vergleich von Bild B 9.24f mit Bild B 9.25 hervor. Einen Eindruck über das Ausmaß der Verzögerung der Umwandlung durch die Legierungselemente geben Bild B 9.17, B 9.18, B 9.20, B 9.22 und B 9.24 bis B 9.26. Wegen dieses Einflusses der Legierungselemente auf die Umwandlung gelten ZTU-Schaubilder daher streng nur für die Schmelze, aus der die Proben für die Messungen entnommen wurden.

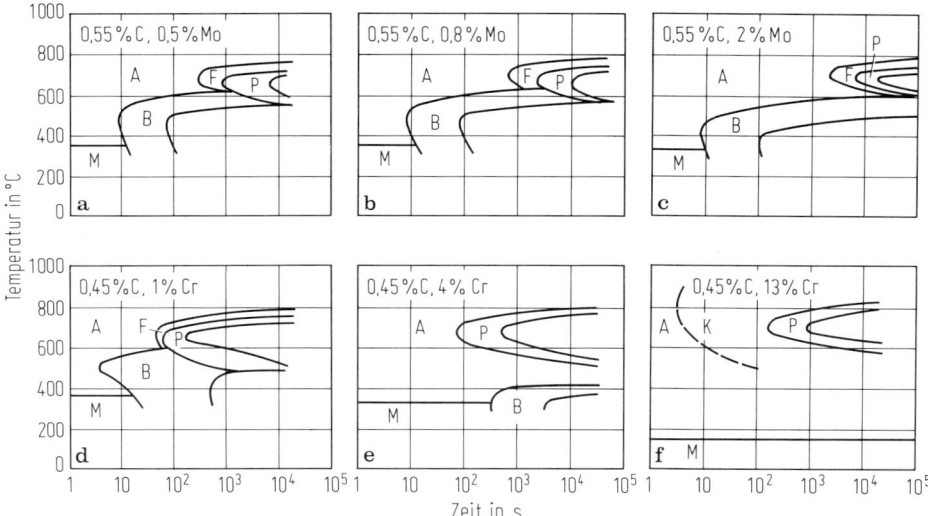

Bild B 9.24 Einfluß von Molybdän und von Chrom auf den Ablauf der isothermischen Umwandlung. Austenitisierungstemperatur jeweils 50 °C über Ac_3, Austenitisierungsdauer 15 min. **a** bis **c** nach [42], **d** und **f** nach [17], **e** nach [43].

B 9.4.3 Auswirkung von Seigerungen

Bisher wurden Seigerungen außer acht gelassen. In Wirklichkeit stellen alle ZTU-Schaubilder ein Mittel über die im Stahl vorliegenden Legierungskonzentrationen dar. Die Linie für 1% umgewandelten Austenit bezeichnet den Beginn der Umwandlung in den legierungsarmen, umwandlungsfreudigen Dendriten. Die Linie für 99% umgewandelten Austenit bezeichnet das Ende der Umwandlung in den legierungsreichen, umwandlungsträgen Bereichen der Restschmelze. Die Verschiebung der Umwandlungstemperatur und die dadurch bedingte Änderung der ZTU-Schaubilder durch die Legierungsanreicherung führt nach Bild B 9.27 zu einer örtlichen Zuordnung der Umwandlungsgefüge zu den Seigerungen [11]. In z.B. überwiegend mit Silizium legierten untereutektoidischen Stählen beginnt die Umwandlung mit der voreutektoidischen Ferritausscheidung in den siliziumreichen

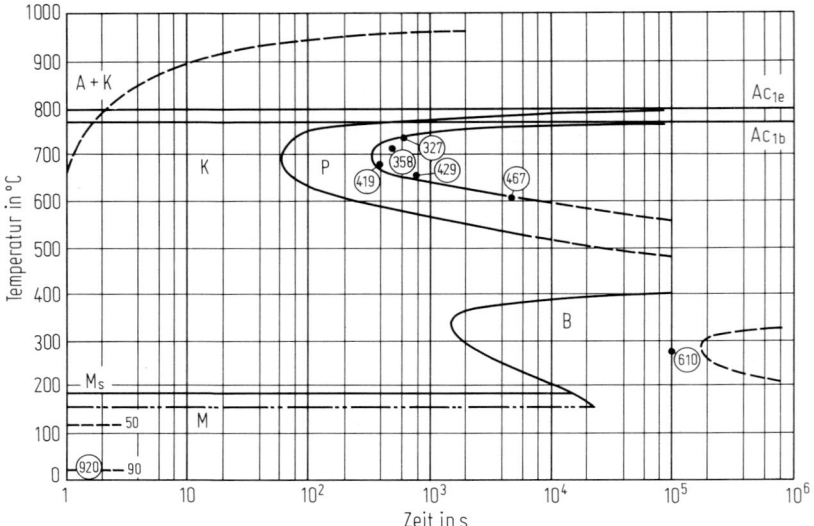

Bild B 9.25 ZTU-Schaubild für isothermische Umwandlung eines Stahls X 210 Cr 12 mit 2,08 % C, 0,28 % Si, 0,39 % Mn, 11,48 % Cr, 0,15 % Cu, 0,31 % Ni und 0,04 % V. Nach [17].
Ausgangszustand: weichgeglüht; Austenitisierungstemperatur 970 °C, Erwärmdauer 3 min, Haltedauer 15 min. Die Zahlen in den Kreisen sind Härten HV 10 an den jeweils bezeichneten Punkten, gemessen bei Raumtemperatur.

Restfeldern; die Umwandlung endet mit der Perlitbildung im Bereich der Dendriten (Bild B 9.27). Es entstehen Zeilen voreutektoidischen Ferrits in den legierungsreichen Restfeldern, die in Bild B 9.28 durch die Lage der sulfidischen nichtmetallischen Einschlüsse gekennzeichnet sind, die vorzugsweise in den Restfeldern liegen. In überwiegend mit Mangan legierten Stählen dagegen liegen in den manganarmen Zonen der Dendriten die Umwandlungstemperaturen höher als im Bereich der manganreichen Restschmelze (vgl. Bild B 9.3). Dort ist die Umwandlung zudem verzögert: Die voreutektoidische Ferritausscheidung setzt im Bereich der Dendriten ein, die legierungsreichen Zwischenräume sind durch Perlit markiert. In Bild B 9.29 liegen die sulfidischen nichtmetallischen Einschlüsse, welche die Lage der Restfelder zwischen den Dendriten kennzeichnen, innerhalb der Perlitzeilen.

Die Seigerung der Legierungselemente führt vor allem in Bereichen mit zwei deutlich verschiedenen, aufeinanderfolgenden Umwandlungen bei gewalzten Stählen zu einer zeiligen Gefügeausbildung. Die Ausbildung derartiger Zeilengefüge wird begünstigt durch ein feines Korn, eine langsame Abkühlung und große Dendritenabstände [11].

Bei allen Wärmebehandlungen diffundiert der Kohlenstoff entsprechend seinem Aktivitätsgefälle (vgl. B 4). Im Austenit ist der Einfluß von Schwankungen der Legierungskonzentration auf die Kohlenstoffaktivität geringer als im Ferrit. Dies führt z. B. unter Annahme einer Siliziumverteilung wie in Bild B 9.30a und einer Kohlenstoffverteilung wie in Bild B 9.30b im Austenit zu einem Aktivitätsverlauf nach dem Abschrecken und Umwandlung zu Martensit wie in Bild B 9.30c. Wird durch Anlassen eine Diffusion des Kohlenstoffs, nicht aber der Legierungsele-

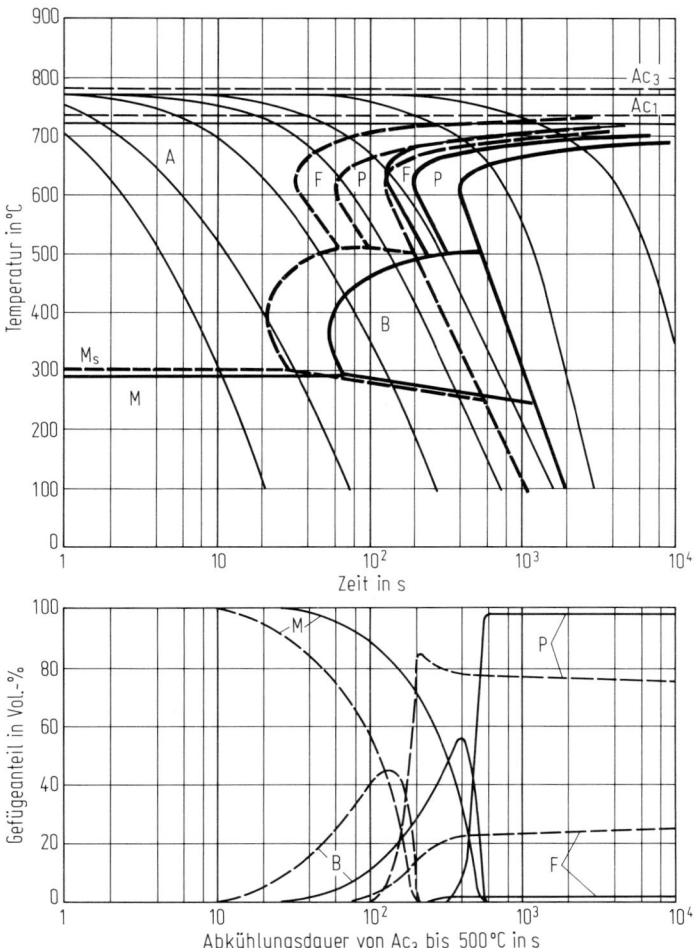

Bild B 9.26 Einfluß von Schwankungen in der chemischen Zusammensetzung des Stahls 50 CrV 4 auf sein Umwandlungsverhalten, dargestellt im ZTU-Schaubild für kontinuierliche Abkühlung. Nach [17]. Ausgangsgefüge bei Schmelze *1*: 2% Ferrit, 98% Perlit, bei Schmelze *2*: 25% Ferrit, 75% Perlit; Austenitisierungstemperatur 880°C, Erwärmdauer 2 min (Schmelze *1*) bzw. 3 min (Schmelze *2*), Haltedauer 5 min.

	% C	% Si	% Mn	% Cr	% V
Schmelze *1* ———	0,47	0,35	1,04	1,20	0,12
Schmelze *2* - - -	0,47	0,35	0,82	1,20	0,11

mente ermöglicht, so bleibt das Konzentrationsprofil nach Bild B 9.30a bestehen, der Kohlenstoff strebt jedoch einen Ausgleich der Aktivität an (Bild B 9.30d), der durch ein Konzentrationsprofil nach Bild B 9.30e erreicht wird. Entsprechend entstehen in Siliziumstählen im Bereich der Restfelder karbidfreie Ferritbänder, die mit zunehmender Glühzeit deutlicher hervortreten (Bild B 9.31). Elemente mit einer höheren Affinität zum Kohlenstoff als Eisen, z.B. Mangan, senken die

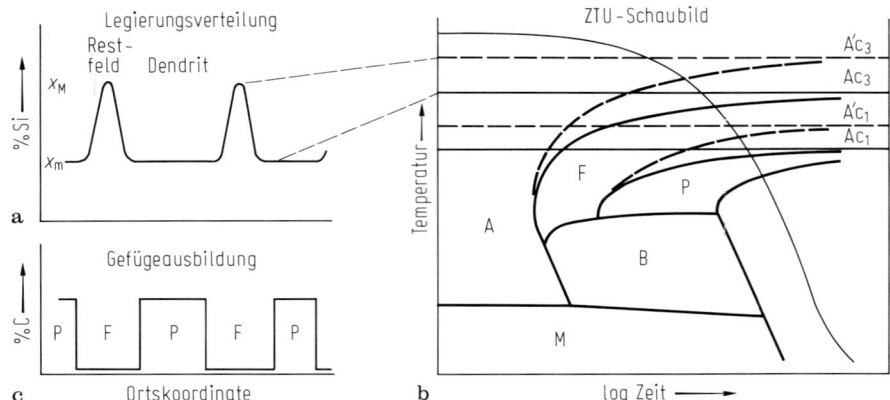

Bild B 9.27 Auswirkung der Legierungsverteilung von Silizium zwischen Restfeld (x_M) und Dendrit (x_m) gem. **a** auf den Beginn der voreutektoidischen Ferritausscheidung **b** und dadurch bedingte Zuordnung der Gefügeausbildungen zu Restfeld und Dendrit **c**. A = Austenit, F = Ferrit, B = Bainit, M = Martensit.

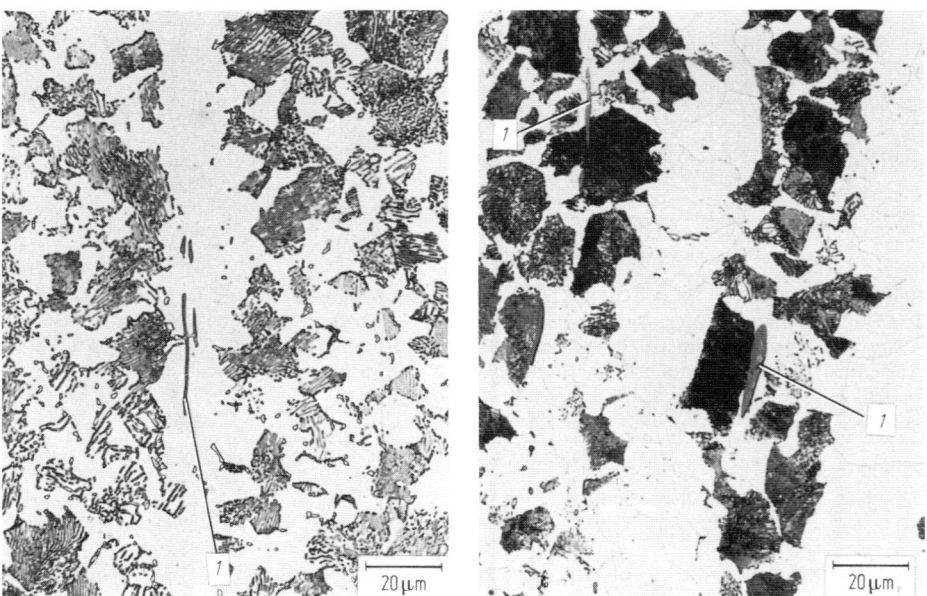

Bild B 9.28 Lage der nichtmetallischen Einschlüsse *(1)* zu einer Ferritzeile in einem Stahl mit überwiegendem Gehalt an Silizium. Nach [11]. Wärmebehandlung: 880 °C 10 min./$1 \cdot 10^6$ s → 500 °C.

Bild B 9.29 Lage der nichtmetallischen Einschlüsse *(1)* in einer Perlitzeile in einem überwiegend mit Mangan legierten Stahl. Nach [11]. Wärmebehandlung: 900 °C 10 min/$1{,}5 \cdot 10^4$ s → 500 °C.

Einfluß von Seigerungen auf das Umwandlungsverhalten   227

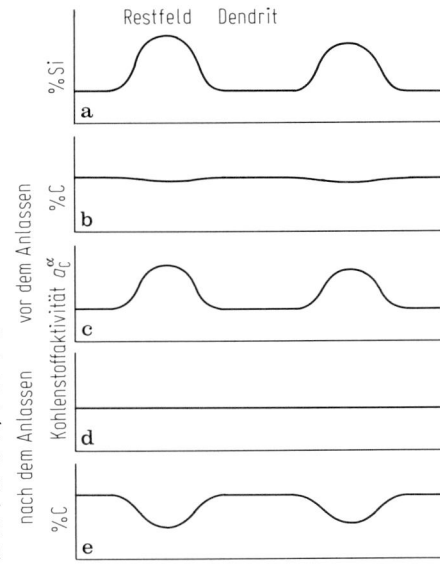

Bild B 9.30 Einfluß einer Siliziumseigerung auf die Kohlenstoffentmischung beim Anlassen. **a** angenommene Konzentrationsverteilung des Siliziums; **b** angenommeme gleichmäßige Verteilung des Kohlenstoffs während der Austenitisierung; **c** Verlauf der Kohlenstoffaktivität a_C^α nach dem Abschrecken bei einer Kohlenstoffverteilung entsprechend b); **d** Verlauf der Kohlenstoffaktivität a_C^α nach dem Anlassen; **e** Verlauf der Kohlenstoffkonzentration bei Annahme einer Kohlenstoffaktivität entsprechend d).

B 9.31 B 9.32

Bild B 9.31 Markierung der siliziumreichen Restfelder durch kohlenstoffarme Bereiche (hell) in einem Stahl mit 0,56 % C und 1,02 % Si. Nach [11]. Wärmebehandlung: 970 °C 10 min/Wasser + 650 °C 1 h/Wasser.

Bild B 9.32 Markierung der manganreichen Restfelder durch erhöhte Karbiddichte (dunkle Bereiche) in einem Stahl mit 0,57 % C und 3,03 % Mn. Nach [11]. Wärmebehandlung: 900 °C 10 min/Wasser + 650 °C 1 h/Wasser.

Kohlenstoffaktivität. Dies führt zu einer Kohlenstoffanreicherung in den manganreichen Restfeldern (Bild B 9.32). Dieses Verhalten der Karbide, das auch im Zweiphasengebiet Austenit + Karbid zu beobachten ist, kann neben dem an Bild B 9.3 und B 9.4 beschriebenen Verfahren zum Sichtbarmachen der Seigerungen verwendet werden. Durch eine Abstimmung des Gehalts an aktivitätserhöhenden und aktivitätssenkenden Elementen ist es möglich, trotz der vorliegenden Seigerung der Legierungselemente, bei allen Umwandlungen und Anlaßvorgängen zeilenfreie Gefügeanordnungen zu erhalten [11].

B 9.4.4 Messung und Genauigkeit der ZTU-Schaubilder

Aus den Untersuchungsverfahren ergibt sich eine Genauigkeit für die Temperaturangaben von rd. ±10°C, für die Zeitangaben von rd. ±10%. Diese Streubreiten sind für praktische Anwendungen evtl. noch zu vergrößern, wenn die chemische Zusammensetzung, die Austenitisierungsbedingungen oder die Austenitkorngröße vor Beginn der Umwandlung von denen der untersuchten Proben abweichen (Bild B 9.26). Durch den Stirnabschreckversuch [44] kann das Umwandlungsverhalten einzelner Schmelzen schnell überprüft werden. Durch Berechnung der Auswirkung der Legierungselemente auf die Umwandlung wird bei der Stahlherstellung eine geringe Streuung des Umwandlungsverhaltens sichergestellt [45]. Für die wichtigsten Stähle sind die ZTU-Schaubilder in Sammlungen veröffentlicht [17, 27, 46].

B 9.5 Mathematische Beschreibung des Umwandlungsverhaltens

Da die Auswirkungen der Legierungselemente auf die Keimbildungs- und Wachstumsvorgänge bei der Umwandlung des Austenits noch nicht in ausreichendem Umfang quantitativ bekannt sind, kann das Umwandlungsverhalten bisher nur mit empirischen Formeln beschrieben werden (vgl. B 6). Hierzu sind drei Wege eingeschlagen worden:

a) Berechnung von Umwandlungstemperaturen,
b) Berechnung kritischer Abkühlzeiten,
c) vollständige Beschreibung des Umwandlungsverhaltens.

In allen Fällen wurden die Gleichungen durch Regressionsanalysen unter Auswertung bestimmter Stahlgruppen aufgestellt. Sie gelten daher grundsätzlich nur für den Analysenbereich, der durch die berücksichtigten Stähle abgedeckt ist. Eine Extrapolation über diesen Analysenbereich hinaus führt in der Regel zu falschen Ergebnissen. Die Austenitisierung wird vielfach als „wie üblich" angenommen. Ein Austenitisierungsparameter [47] wird nur in einigen Fällen berücksichtigt, hat dann aber z.T. nur eine geringe statistische Signifikanz [48]. Dies ist verständlich, da Änderungen der Korngröße, wie sie in Bild B 9.12 angegeben sind, nicht allgemeingültig berücksichtigt werden können.

B 9.5.1 Berechnung von Umwandlungstemperaturen

Unter Verwendung der bisher bekanntgewordenen gemessenen Ac-Temperaturen zahlreicher Stähle sind durch Regressionsanalysen Formeln ermittelt worden, die für eine Umwandlungstemperatur Tu jedoch lediglich die Form $Tu = aC + n_1M_1 + \ldots n_iM_i$ haben. Eine gegenseitige Beeinflussung der Legierungselemente, wie sie sich allein aus den Mehrstoffsystemen ergibt, wird nicht berücksichtigt. Derart umfassende Berechnungen werden nur unter Verwendung thermodynamischer Daten möglich sein (vgl. B 2). Erste Ansätze hierzu liegen bereits vor [49]. Aus den veröffentlichten Übersichten [49–51] sei eine Gleichung für Ac_1 sowie eine Gleichung für Ac_3 angegeben [51].

$$Ac_1 (°C) = 739 - 22 \cdot (\% C) + 2 \cdot (\% Si) - 7 \cdot (\% Mn) + 14 \cdot (\% Cr) \\ + 13 \cdot (\% Mo) - 13 \cdot (\% Ni) + 20 \cdot (\% V) \qquad (B\,9.1)$$

$$Ac_3 (°C) = 902 - 255 \cdot (\% C) + 19 \cdot (\% Si) - 11 \cdot (\% Mn) - 5 \cdot (\% Cr) \\ + 13 \cdot (\% Mo) - 20 \cdot (\% Ni) + 55 \cdot (\% V). \qquad (B\,9.2)$$

Für die Berechnung wurden Einsatzstähle nach DIN 17 210 sowie Vergütungsstähle nach DIN 17 200 berücksichtigt, d.h. ein Legierungsbereich von 0,07 bis 0,55% C, 0,10 bis 0,40% Si, 0,30 bis 1,60% Mn, 0,40 bis 3,0% Cr, 0,15 bis 0,50% Mo, 0,90 bis 2,20% Ni und 0,10 bis 0,20% V.

Für die Temperatur M_s ergab eine Auswertung der in [17] und [27] veröffentlichten Schaubilder der niedriglegierten Stähle eine Korrektur (M_{s2}) der von Hollomon und Jaffe [52] angegebenen Gleichung (M_{s1})

$$M_{s1} (°C) = 550 - 350 (\% C) - 40 (\% Mn) - 35 (\% V) - 20 (\% Cr) \\ - 17 (\% Ni) - 10 (\% Cu) - 10 (\% Mo) - 8 (\% W) \\ + 15 (\% Co) + 30 (\% Al) \qquad (B\,9.3a)$$

$$M_{s2} (°C) = 0{,}495 M_{s1} + 0{,}00095 M_{s1}^2 + 40 \qquad (B\,9.3b)$$

Eine ähnliche Korrektur für die von Nehrenberg [53] angegebene Gleichung ergibt gleiche M_s-Temperaturen, die um weniger als ±5°C von den gemessenen abweichen. Andere Gleichungen liefern meist niedrigere Werte für M_s [54]. Gl. (B 9.3) gilt nicht für Stähle mit <0,1% C, da entsprechende Stähle nicht berücksichtigt wurden [17, 27].

Die bei Erreichen einer Temperatur $T<M_s$ vorliegende Martensitmenge M ist für niedrig legierte Stähle nach Dilatometerauswertungen der in [17] und [27] angegebenen Stähle in Bild B 9.6 angegeben. Für 0,5% C ergibt sich daraus:

$$M(T)_{0{,}5\% C} = 1 - \exp(-0{,}0206 (M_s - T)^{0{,}93}) \qquad (B\,9.4)$$

Auf eine formelmäßige Angabe der Abhängigkeit des Wertes $M(T)$ von M_s bzw. dem Legierungsgehalt wurde verzichtet, da die vorliegenden Daten für eine statistisch sinnvolle Beschreibung unzureichend sind. In der Literatur angegebene Gleichungen berücksichtigen z. T noch geringe röntgenographisch nachgewiesene Restaustenitgehalte [55], vgl. auch Bild B 5.13. Gl. (B 9.4) ist an die Konvention angepaßt, daß M_f die Bildung von 99% Martensit angibt.

B 9.5.2 Berechnung kritischer Abkühlzeiten

Die in der Praxis am häufigsten angewendete Form der Beschreibung des Umwandlungsverhaltens sind Formeln zur Ermittlung der Härtbarkeit aus dem Legierungsbereich [56]. Die Härtbarkeit kann je nach Aufgabenstellung beschrieben werden durch eine oder mehrere kritische Abkühlungsdauern [17, 48, 56] (vgl. Bild B 9.17, B 9.20 und B 9.22), den idealen kritischen Durchmesser [57, 58], oder durch den mehr oder weniger vollständigen Verlauf der Härte einer Stirnabschreckprobe [44, 45, 56, 59]. Für eine allgemeinere Beschreibung sind u. a. Formeln entwickelt worden, welche die wechselseitige Beeinflussung der Legierungselemente zumindest teilweise berücksichtigen [58, 60]. Ein kritischer Vergleich der bisher angegebenen Berechnungen ergibt erhebliche Streuungen für Gleichungen, mit denen versucht wird, einen möglichst großen Bereich der chemischen Zusammensetzung zu umfassen [61]. Für einzelne Stahlsorten werden in den Herstellerwerken durch Regression ermittelte Gleichungen benutzt, um im Stahlwerk die Zusammensetzung der jeweiligen Schmelze so zu steuern, daß die Stirnabschreckhärtekurve innerhalb des vorgegebenen Streubandes liegt. Dieses Verfahren liefert die zuverlässigsten Werte, da für die Berechnung zahlreiche Schmelzen mit begrenzten Streubreiten der Legierungselemente zur Verfügung stehen [45].

B 9.5.3 Vollständige Beschreibung des Umwandlungsverhaltens

Die isothermischen ZTU-Schaubilder enthalten den Ablauf der Umwandlung als Ergebnis der Keimbildung und des Wachstums bei einer Temperatur. Sie eignen sich daher am ehesten für eine metallkundliche Beschreibung. Für die empirische Darstellung des Umwandlungsablaufs sind im wesentlichen zwei Gleichungen vorgeschlagen worden, die aus der Grundgleichung für den isothermischen Ablauf der Umwandlung

$$dW/dt = (1 - W)^i \, nbt^{(n-1)} \tag{B 9.5}$$

hervorgehen. W ist der Mengenanteil des gebildeten Gefüges, b und n sind Koeffizienten. Durch Integration von Gl. (B 9.5) mit $i=1$ erhält man:

$$W = 1 - \exp(-bt^n). \tag{B 9.6}$$

Diese Gleichung wurde von Johnson und Mehl [62] angegeben. Durch Integration von Gl. (B 9.5) mit $i=2$ erhält man:

$$W = 1 - (1 + bt^n)^{-1}. \tag{B 9.7}$$

Diese Gleichung wurde von Austin und Rickett [63] angegeben.

Die Koeffizienten b und n in Gl. (B 9.6) sind in B 6.2 näher beschrieben. Dort ist anstelle von b der Ausdruck $1/\tau$ eingeführt. Unter Verwendung von Gl. (B 9.6) oder (B 9.7) ist eine empirische Beschreibung des isothermischen Umwandlungsablaufs möglich, wenn man die Temperaturabhängigkeit der Koeffizienten b und n aus Versuchen ermittelt und als Polynome darstellt [64, 65]. Mit den Gleichgewichtstemperaturen sind dann für die Beschreibung des isothermischen Umwandlungsablaufs, z. B. eines eutektoidischen Stahls, wenige Koeffizienten ausreichend. Faßt man den Umwandlungsablauf bei kontinuierlicher Abkühlung als eine Folge isothermischer

Haltedauern bei den verschiedenen Temperaturen auf, so lassen sich aus den aus einem gemessenen isothermischen ZTU-Schaubild abgeleiteten Koeffizienten die ZTU-Schaubilder für kontinuierliche Abkühlung, vor allem aber für beliebige Temperatur-Zeit-Verläufe berechnen [64, 66]. Dies ist ein entscheidender Vorteil gegenüber der Berechnung kritischer Abkühlzeiten, die nur für vorgegebene Temperatur-Zeit-Verläufe sinnvoll angewendet werden können. Vor allem bei großen Abmessungen weichen die Temperatur-Zeit-Verläufe deutlich von denen in den ZTU-Schaubildern verwendeten ab [67] (vgl. Bild C 4.20); aber auch bei isothermischer Umwandlung unter technischen Bedingungen kann es zu Temperatur-Zeit-Verläufen und Umwandlungen kommen, die nicht durch kritische Abkühlzeiten beschreibbar sind (vgl. Bild C 4.23). Für die vollständige Berechnung des Umwandlungsablaufs ist eine Messung des ZTU-Schaubildes für isothermische Umwandlung erforderlich. Für einige Fälle konnte gezeigt werden, daß eine Berechnung aus thermodynamischen Grunddaten unter Verwendung z. T. empirisch abgeleiteter Gleichungen möglich ist [49].

Dank

Die Autoren des Teils B schulden besonderen Dank den Fachkollegen, die ihnen freundlicherweise Originalunterlagen zum Abdruck überlassen haben: den Herren Professor Dr. E. Hornbogen, Bochum, Dr. J. T. Michalak, Pittsburgh (Pa.), Professor Dr. K. Shimizu, Osaka, Professor Dr. C. A. Verbraak †, Twente, Professor Dr. H. Warlimont und Professor M. Wayman, Urbana (Ill.). Ferner möchten sie auch an dieser Stelle Frau E. von Pigage, Frau I. Juditzki, Frau H. Ibach und Frau U. Plückthun sowie den Herren G. Bialkowski und H. Priester für ihre mit großem Engagement ausgeführten Hilfeleistungen herzlich danken.

Teil C
Die Eigenschaften des Stahls in Abhängigkeit von Gefüge und chemischer Zusammensetzung

C1 Mechanische Eigenschaften

Von Winfried Dahl

Die mechanischen Eigenschaften sind die wichtigsten Gebrauchseigenschaften von Stahl. Erwünscht sind hohe Festigkeit und gute Zähigkeit bei allen Temperaturen und allen Beanspruchungsarten, denen Stahl ausgesetzt ist [1 – 7]. Im folgenden soll zunächst das Fließverhalten ausgehend von der Spannungs-Dehnungs-Kurve bis zu den verschiedenen Möglichkeiten der Festigkeitssteigerung durch Beeinflussung des Gefüges geschildert werden. Die Diskussion der Vorgänge beim Bruch leitet dann über zur Optimierung von Festigkeit und Zähigkeit. Zunächst wird nur das Verhalten bei einsinniger Beanspruchung diskutiert, in einem weiteren Abschnitt wird dann die Auswirkung wechselnder Beanspruchungsrichtungen dargestellt, wobei zwischen der Wirkung von nur wenigen und von sehr zahlreichen Wechseln zu unterscheiden ist. Schließlich werden die mechanischen Eigenschaften bei höheren Temperaturen diskutiert, die eine besondere Behandlung erfordern, da Platzwechselvorgänge während der Beanspruchung ablaufen können. In den einzelnen Teilabschnitten wird jeweils versucht, ausgehend von den Grundvorgängen die Auswirkung des Gefüges auf die für die Anwendung wichtigen Eigenschaften darzustellen, wobei die Anforderungen allerdings genau definiert sein müssen.

C1.1 Verhalten bei einsinniger Beanspruchung und bei Temperaturen um und unter Raumtemperatur

C1.1.1. Fließverhalten [8, 9]

Ein- und Vielkristalle aus Eisen verformen sich unter einer äußeren Kraft zunächst elastisch (Bild C1.1a). Die Dehnung ε als Maß für die Verformung bei Zugbeanspruchung und die sich aus der äußeren Kraft ergebende Spannung σ sind durch das *Hookesche Gesetz*

$$\sigma = E\varepsilon \qquad (C1.1)$$

verknüpft (Einzelheiten zur Dehnung und Spannung s. C1.1.1.1). Der Proportionalitätsfaktor E wird als *Elastizitätsmodul* bezeichnet, er nimmt im Einkristall in den verschiedenen Kristallrichtungen unterschiedliche Werte an:

$$E_{[100]} = 135\,000\,\text{N/mm}^2;\ E_{[111]} = 290\,000\,\text{N/mm}^2;\ E_{[110]} = 216\,000\,\text{N/mm}^2.$$

(Zur Kennzeichnung der Kristallrichtungen sei auf [10] verwiesen).

Literatur zu C1 siehe Seite 690–696

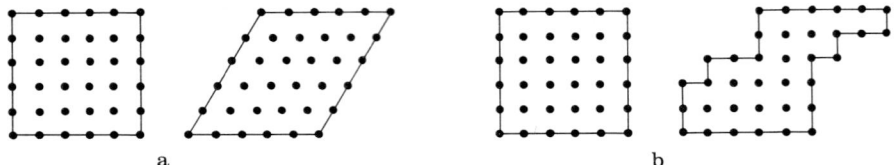

Bild C 1.1 Gitterstrukturen bei der Verformung. Nach [11]. **a** bei elastischer Verformung; **b** bei plastischer Verformung.

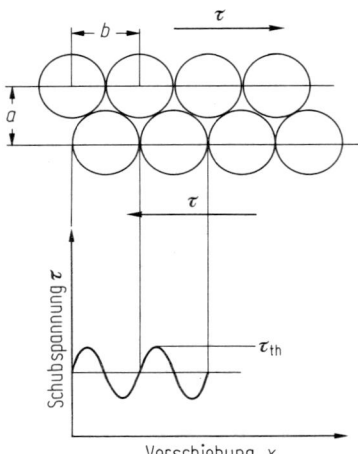

Bild C 1.2 Abgleitung in einem idealen Kristall (x = Verschiebung der unteren Atomreihe gegenüber der oberen Atomreihe). Nach [11].

Im Vielkristall ergibt sich als Mittel für E ein Wert von 216 000 N/mm². Entsprechend Gl. (C 1.1) gilt bei Scherbeanspruchung für die Schubspannung τ und die Scherung γ

$$\tau = G\gamma. \tag{C 1.2}$$

Hier wird der Proportionalitätsfaktor G als *Schubmodul* bezeichnet.

Elastizitätsmodul E und Schubmodul G sind durch die Beziehung

$$G = \frac{E}{2\,(1+\nu)} \tag{C 1.3}$$

verknüpft. Die hier auftretende, als *Querkontraktionszahl* bezeichnete Größe ν nimmt für Eisen den Zahlenwert 0,3 an.

Im elastischen Bereich ist die Dehnung eine reversible Größe. Bei Überschreiten einer werkstoffspezifischen Grenzspannung setzt jedoch plastische, d. h. bleibende Verformung ein. Experimente zeigen, daß die plastische Verformung unter der Wirkung von Schubspannungen durch Abgleiten längs definierter Gleitebenen erfolgt. Dabei entstehen Gleitstufen, während die Gitterstruktur erhalten bleibt (Bild C 1.1b). Im idealen Kristall wäre dazu, wie Bild C 1.2 zeigt, die theoretische Fließ-

Versetzungen

spannung τ_{th} zu überwinden, bei der sämtliche Atome einer Kristallebene um einen Gitterabstand in Gleitrichtung verschoben werden. Mit

$$\tau = \tau_{th} \sin 2\pi \frac{x}{b} \approx \tau_{th}\, 2\pi \frac{x}{b} \qquad (C1.4)$$

und nach Gl. (C.1.2) $\tau = G\dfrac{x}{b}$ erhält man

$$\tau_{th} = \frac{G}{2\pi} \approx 13\,000\,\text{N/mm}^2. \qquad (C1.5)$$

Damit ergibt sich als Schubspannung für den Beginn der plastischen Verformung ein Zahlenwert, der um mehrere Größenordnungen über der gemessenen Fließgrenze (s. C1.1.1.1) von Einkristallen liegt.

Diese Diskrepanz wird beseitigt, wenn man von der Vorstellung ausgeht, daß die Abgleitung durch die Bewegung von linienförmigen Störungen der Kristallstruktur, den *Versetzungslinien*, erfolgt. Die räumliche Anordnung der Atome in der Nachbarschaft einer *Versetzung* zeigt Bild C1.3, in dem als einfaches Beispiel eine Stufen-

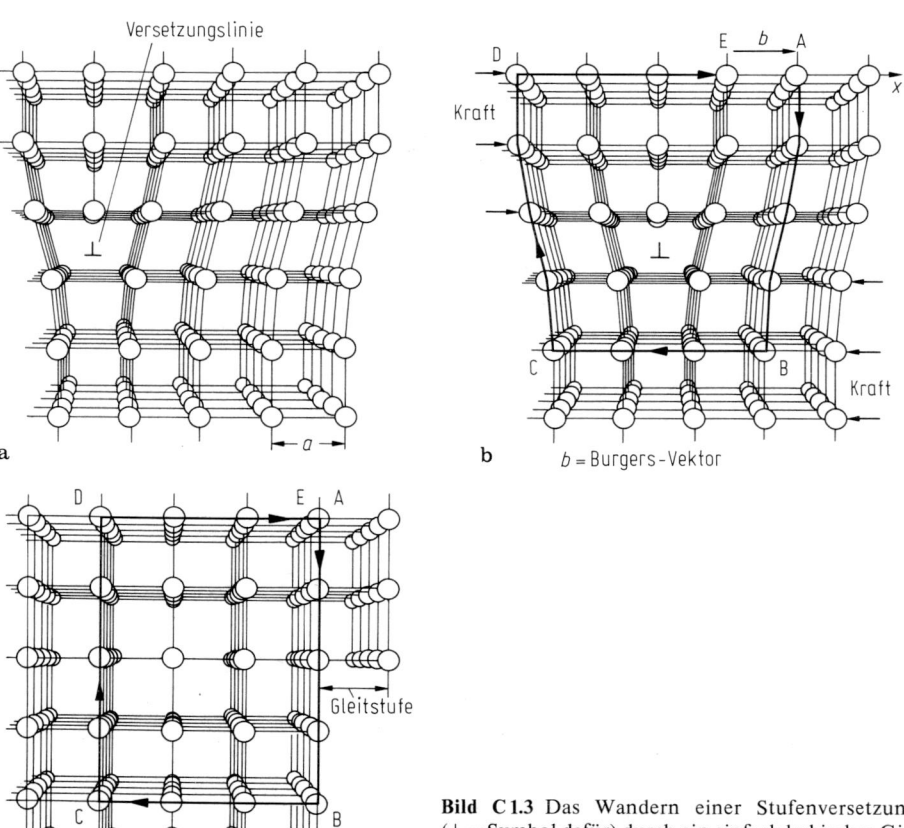

Bild C1.3 Das Wandern einer Stufenversetzung (⊥ = Symbol dafür) durch ein einfach kubisches Gitter. Nach [12]. **a** Ausgangszustand; **b** Burgers-Umlauf um eine Versetzung; **c** Burgers-Umlauf im ungestörten Gitter nach der Gleitung.

versetzung dargestellt ist. Man kann erkennen, wie durch Wanderung einer Versetzungslinie unter der Wirkung einer Schubspannung die obere Kristallhälfte gegenüber der unteren um einen Atomabstand abgleitet. Bei nur geringen Verschiebungen der Atome in der Umgebung der Versetzung bewegt sich die Versetzungslinie bei Anlegen einer relativ kleinen Schubspannung durch das Gitter. Die Abgleitung um einen Gitterabstand erfolgt also bei einer wesentlich geringeren Schubspannung als nach Gl. (C 1.4). Die Richtigkeit dieser Vorstellung ist experimentell nachgewiesen, und die gemessenen niedrigen Fließspannungen stehen in Übereinstimmung mit diesem Modell.

Wegen der großen Bedeutung der Versetzungen für die mechanischen Kennwerte werden im folgenden einige immer wieder benutzte Eigenschaften der Versetzungen beschrieben [11 – 14].

Zur Kennzeichnung einer Versetzung dient der *Burgers-Vektor b*, der sich nach Größe und Richtung ergibt, wenn man einen vollständigen Umlauf um die Versetzung im ungestörten und im durch die Versetzung gestörten Gitter vergleicht (Bilder C 1.3 und C 1.4). Der Burgers-Vektor entspricht im allgemeinen dem Atomabstand. Bei einer *Stufenversetzung* liegt der Burgers-Vektor nach Bild C 1.5a in der Gleitebene und steht senkrecht auf der Versetzungslinie. Bei einer *Schraubenversetzung* erfolgt die Abgleitung parallel zur Versetzungslinie (Bild C 1.5b). Der Burgers-Vektor liegt parallel zur Versetzungslinie. Die Bewegung einer Schraubenversetzung ist nicht an eine Gleitebene gebunden. Eine Versetzung, die zum Teil Stufen und zum Teil Schraubencharakter hat, ist in Bild C 1.5c dargestellt. Der Burgers-Vektor schließt einen Winkel mit der Versetzungslinie ein, der zwischen 0° und 90° liegt. Bild C 1.6 zeigt, wie man sich eine ringförmige Versetzung (Bild C 1.6a) aus Schrauben- und Stufenanteilen (Bild C 1.6b) aufgebaut vorstellen kann. Die Zeichenebene ist die Gleitebene. Jeweils parallel zueinander liegende Versetzungsabschnitte haben umgekehrtes Vorzeichen. Für Stufenversetzungen bedeutet das, daß die zusätzliche Ebene einmal von oben und einmal von unten in das Gitter eingeschoben ist. Unter der Wirkung einer angelegten Schubspannung wandern die Versetzungsabschnitte so, daß sich der Versetzungsring vergrößert und damit eine zunehmende Abgleitung des oberen Kritstallteils gegenüber dem unteren bewirkt.

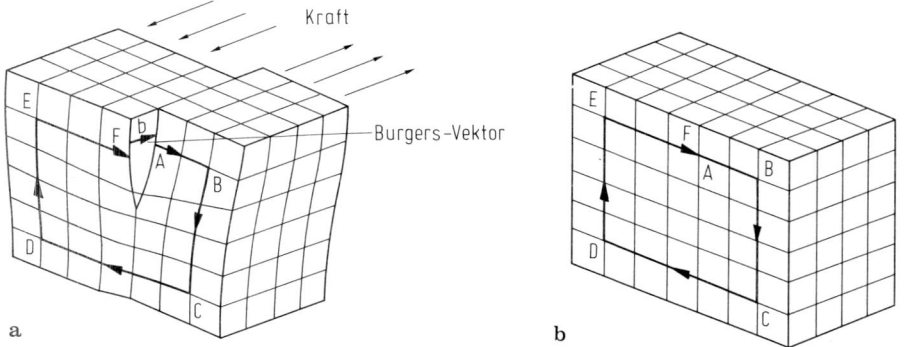

Bild C 1.4 Darstellung von Burgers-Umläufen. **a** Burgers-Umlauf um eine Schraubenversetzung; **b** Burgers-Umlauf im ungestörten Gitter.

Versetzungen

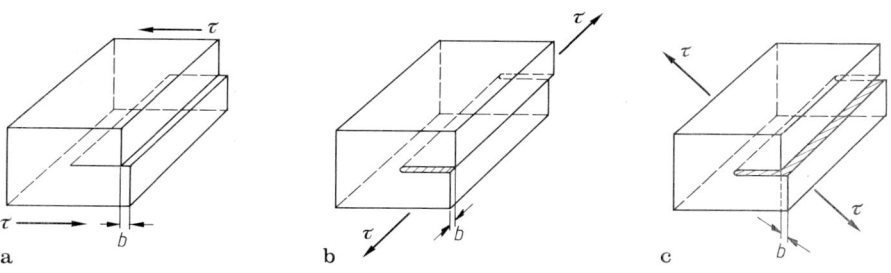

Bild C 1.5 Abgleitung zweier Kristalle durch verschiedene Versetzungsarten. Nach [11]. **a** Abgleitung durch eine Stufenversetzung; **b** Abgleitung durch eine Schraubenversetzung; **c** Abgleitung durch eine gemischte Versetzung (b = Burgers-Vektor).

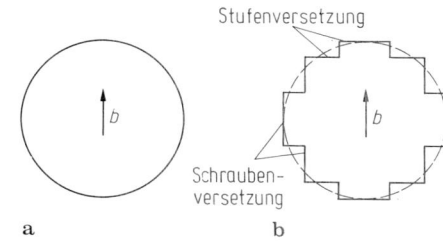

Bild C 1.6 Versetzungsring. Nach [11]. **a** Allgemeine Darstellung; **b** Darstellung als Zusammensetzung aus Stufen- und Schraubenversetzungen.

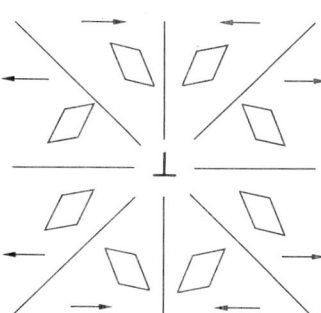

Bild C 1.7 Wirkung des Spannungsfeldes einer Stufenversetzung. Die Rauten geben den Verzerrungszustand eines ursprünglichen Quadrats durch das Schubspannungsfeld an, die Pfeile die Kraftrichtung auf eine benachbarte Stufenversetzung im entsprechenden Oktanten. Nach [11].

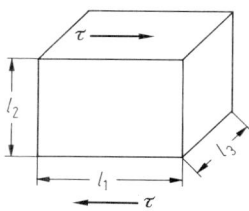 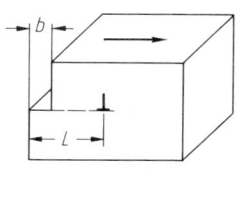 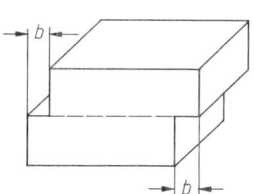

Bild C 1.8 Abgleitung durch die Bewegung einer Stufenversetzung. Nach [11].

Im allgemeinen sind Versetzungslinien innerhalb des Kristalls ringförmig geschlossen oder sie enden an freien Oberflächen.

Für das Verhalten bei mechanischer Beanspruchung ist die *Wechselwirkung zwischen Versetzungen* sowie zwischen Versetzungen und anderen Gitterfehlern maßgebend. Diese Wechselwirkung wiederum ist bestimmt durch das Spannungsfeld um eine Versetzung, das nach der Elastizitätstheorie berechnet werden kann. In Bild C 1.7 zeigen die Rauten die Verzerrung eines ursprünglich quadratischen Bereichs durch das innere Spannungsfeld in der Umgebung der eingezeichneten Stufenversetzung. Die Pfeile geben an, welche Kräfte auf eine zweite, parallele Stufenversetzung ausgeübt werden, die sich in dem betreffenden Sektor befindet. Man erkennt, daß andere Stufenversetzungen auf der gleichen Gleitebene abgestoßen werden, daß es auf benachbarten Gleitebenen in der Nähe der eingeschobenen Ebene aber zur Anziehung von parallelen Stufenversetzungen kommt. Die inneren Spannungen um eine Versetzung fallen umgekehrt proportional zum Abstand ab. Die Energie (je Längeneinheit) einer Versetzung errechnet sich zu

$$U^* = \frac{Gb^2}{2}.$$ (C 1.6)

Durch eine äußere Schubspannung τ wird auf die Versetzung eine Kraft senkrecht zur Versetzungslinie ausgeübt. Nach Bild C 1.8 erhält man in der Gleitebene eine Kraft $l_1 l_3 \tau$. Wandert die Versetzung durch den gesamten Kristall und gleitet damit die obere Kristallhälfte um den Burgers-Vektor b ab, so verrichtet diese Kraft die Arbeit $l_1 l_3 \tau b$. Definiert man andererseits die Kraft (je Längeneinheit) auf die Versetzung mit F^*, so wirkt auf die Versetzung eine Kraft $F^* l_3$. Diese Kraft leistet bei Bewegung der Versetzung durch den Kristall die Arbeit $F^* l_1 l_3$. Man erhält demnach

$$F^* = b\tau.$$ (C 1.7)

Da die Energie U^* einer Versetzung quadratisch vom Burgers-Vektor b abhängt (Gl. (C 1.6)), besteht die Tendenz zur *Aufspaltung in Teilversetzungen*. Im einfach kubischen Gitter würde dadurch die Gitterstruktur zerstört werden, so daß eine Aufspaltung nicht möglich ist. Im kubisch-flächenzentrierten (kfz) Gitter kann eine Versetzung jedoch in zwei Teilversetzungen aufspalten, wobei durch eine Teilversetzung nur die Reihenfolge der Gitterebenen verändert wird. Im einzelnen ist der Vorgang in Bild C 1.9 dargestellt. Die vollen Kreise mit dem Mittelpunkt A stellen die dichtest gepackte (111)-Ebene dar (Zur Kennzeichnung von Kristallebenen sei auf [10] verwiesen). In der darüber liegenden Ebene liegen die Mittelpunkte der Atome an den Stellen B, in der übernächsten an den Stellen C. Eine Gleitung der Atome mit dem Mittelpunkt B um einen Atomabstand würde entsprechend dem Burgers-Vektor b_1 erfolgen. Energetisch günstiger ist aber die Aufteilung in zwei Teilschritte, zu denen die Burgers-Vektoren b_2 und b_3 gehören. Der erste Teilschritt überführt die Atome in die Position C, in der bei normaler Packung im kfz Gitter die Atome der übernächsten Ebene liegen. Wird dieser Teilschritt allein ausgeführt, ändert sich die Reihenfolge der Ebenen von ABCABC in ACABC. Durch den zweiten Teilschritt mit dem Burgers-Vektor b_3 wird die ursprüngliche Reihenfolge der Ebenen wieder hergestellt. Da sich die beiden Teilversetzungen abstoßen und damit einen gewissen Abstand aufrechtzuerhalten versuchen, spannen sie zwi-

Versetzungen

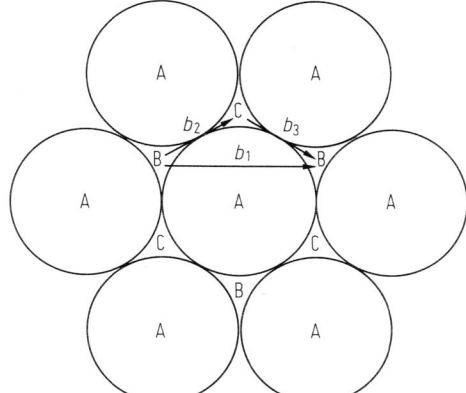

Bild C 1.9 Entstehen eines Stapelfehlers durch Abgleitung in einem kubisch-flächenzentrierten Gitter mit der Gitterkonstanten a ($b_1 = 1/2\ a\ [10\bar{1}]$; $b_2 = 1/6\ a\ [2\bar{1}\bar{1}]$; $b_3 = 1/6\ a\ [11\bar{2}]$). Nach [14].

schen sich einen Bereich mit geänderter Reihenfolge der Ebenen auf, den *Stapelfehler*. Die Größe des Stapelfehlers stellt sich entsprechend dem Gleichgewicht zwischen den abstoßenden Kräften der Teilversetzungen und der der Fehlpassung entsprechenden Stapelfehlerenergie ein; der Abstand ist bei kleiner Stapelfehlerenergie groß und umgekehrt.

Diese Änderung der Stapelfolge durch Teilversetzungen spielt für die Versetzungsbewegung eine wichtige Rolle. So kann Quergleitung (s. u.) nur erfolgen, wenn die Teilversetzungen wieder vereinigt sind. Hierzu ist bei großer Stapelfehlerenergie und damit kleiner Aufspaltung eine geringere Schubspannung erforderlich, als wenn die Stapelfehlerenergie niedrig ist und die Halbversetzungen weit voneinander entfernt sind.

Einige Möglichkeiten der *gegenseitigen Beeinflussung von Versetzungen* zeigt Bild C 1.10. Zwei entgegengesetzte Stufenversetzungen, die auf einer Gleitebene liegen, können sich auslöschen (Bild C 1.10a). Liegt eine Gitterebene zwischen den Gleitebenen, so bildet sich eine Leerstellenkette (Bild C 1.10b). Energetisch günstig übereinander angeordnete Stufenversetzungen bilden Kleinwinkelkorngrenzen (Bild C 1.11). Der Winkel zwischen den Kristallteilen ist proportional dem Burgers-Vektor b und umgekehrt proportional zum Abstand der Versetzungen d.

Das Verhalten von *Versetzungen an Hindernissen* ist in Bild C 1.12 dargestellt. Die äußere Kraft auf das zwischen den Hindernissen liegende Versetzungsstück l (Bild C 1.12a) leistet die Arbeit $b\tau l s$, um die Versetzung in die gestrichelt dargestellte Form zu überführen. Dabei muß zur Neubildung der beiden Versetzungsstücke der Länge s die Energie

$$U = \frac{2s\,G\,b^2}{2} \tag{C 1.8}$$

aufgebracht werden. Daraus ergibt sich eine kritische Spannung

$$\tau = \frac{Gb}{l}, \tag{C 1.9}$$

oberhalb der der Ring ohne weitere Spannungssteigerung wächst.

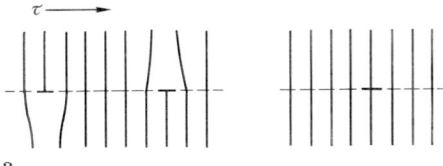

a

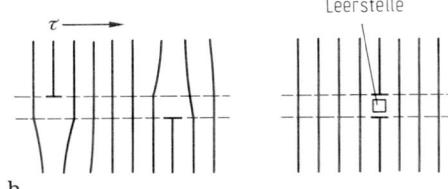

b

Bild C 1.10 Zusammenwirken von parallelen Versetzungen. Nach [11]. **a** Annihilation; **b** Dipolbildung.

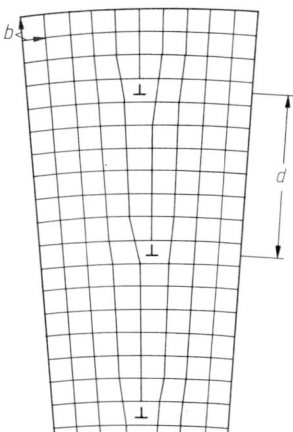

Bild C 1.11 Anordnung von Stufenversetzungen in einer Kleinwinkelkorngrenze. Nach [11].

Aus dieser Modellvorstellung ergeben sich verschiedene Schlußfolgerungen. Bei Überschreiten der kritischen Spannung können Hindernisse, wie Bild C 1.12b zeigt, umgangen werden, indem sich die Versetzung zunächst ausbeult, die Versetzungen entgegengesetzten Vorzeichens sich auslöschen und im Endzustand die Versetzung unter Zurücklassung von Versetzungsringen um die Hindernisse weiterläuft.

In Bild C 1.12c ist ferner eine Möglichkeit zur *Erzeugung von Versetzungen* dargestellt. Das zwischen den beiden Hindernissen zunächst vorliegende Versetzungsstück *l* wird unter der Wirkung der angelegten Spannung in der dargestellten Weise ausgebogen. Auch hier löschen sich die Teile der Versetzung mit entgegengesetzten Vorzeichen aus. Im Endzustand ist ein Versetzungsring entstanden und die ursprüngliche Versetzung wieder hergestellt. Dieser mit *Frank-Read-Quelle* [15]

Versetzungen

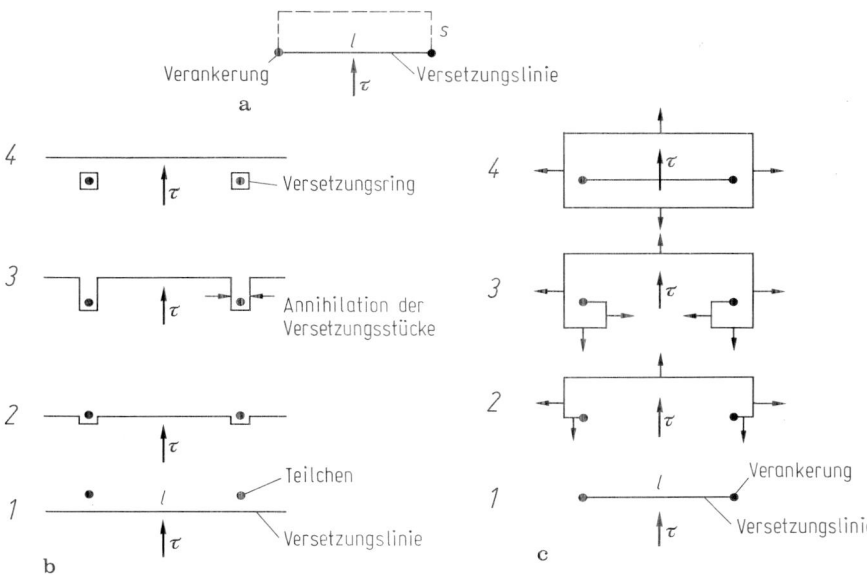

Bild C 1.12 Verhalten von Versetzungen an Hindernissen. a Verlängerung der Versetzungslinie *l* um den Betrag 2 *s* bei Anlegen einer Spannung τ; **b** Umgehen von Teilchen durch eine Versetzung (Orowan-Mechanismus); **c** Erzeugen von Versetzungen (Frank-Read-Quelle).

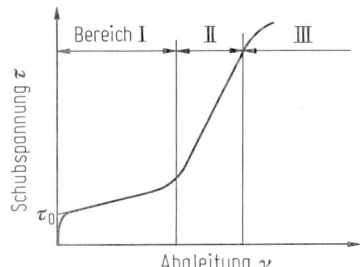

Bild C 1.13 Schubspannungs-Abgleitungs-Kurve eines für Einfachgleitung orientierten kubisch-flächenzentrierten Einkristalls. Nach [16].

bezeichnete Vorgang ist der häufigste Mechanismus zur Erzeugung von Versetzungen.

Die *makroskopische Verformung* setzt sich aus der Bewegung einer Vielzahl von Versetzungen zusammen. Für die Abgleitung y erhält man

$$y = \rho L b, \tag{C 1.10}$$

wobei ρ die Dichte der beweglichen Versetzungen und L den Versetzungslaufweg darstellen. Die Dichte der Versetzungen hat die Einheit cm^{-2} und kann verstanden werden als die Zahl der je cm^2 durchstoßenden Versetzungslinien oder als die Gesamtlänge der Versetzungslinien in einem cm^3. In unverformten Kristallen beträgt die Versetzungsdichte rd. 10^6 bis 10^8 cm^{-2}, durch starke Verformung kann sie bis auf etwa 10^{12} cm^{-2} steigen.

Der Zusammenhang zwischen Schubspannung und Abgleitung bei einem Einkristall wird durch eine Kurve gekennzeichnet, wie sie in Bild C 1.13 dargestellt ist.

Nach Überwinden einer bestimmten Spannung, der kritischen Schubspannung τ_0, bis zu der sich der Kristall elastisch verformt, erfolgt im Bereich I Verformung bei geringer Verfestigung. Hier wird im wesentlichen das am günstigsten orientierte Hauptgleitsystem betätigt. Durch die Drehung der Gleitebenen in die Zugrichtung und den Anstieg der Spannung infolge der Verfestigung werden auch andere Gleitsysteme „angeworfen", d. h. betätigt. Dadurch wird die Bewegung von Versetzungen im Hauptgleitsystem zusätzlich behindert, und es kommt zu stärkerer Verfestigung (Bereich II). Schließlich setzt Quergleitung ein und die Kurve wird wieder flacher (Bereich III).

In Bild C 1.14 ist der Vorgang der *Quergleitung* dargestellt. Eine nichtaufgespaltene Schraubenversetzung kann von einer Gleitebene über die Quergleitebene in eine benachbarte Gleitebene wechseln. Aufgespaltene Schraubenversetzungen müssen vor der Quergleitung zu einer vollständigen Versetzung zusammengedrückt werden. Je größer die Aufspaltung ist, um so stärker wird die Quergleitung erschwert.

In Bild C 1.15 sind Schubspannungs-Abgleitungs-Kurven für α-Eisen-Einkristalle verschiedener Orientierung angegeben. Relativ flache Kurven mit einem aus-

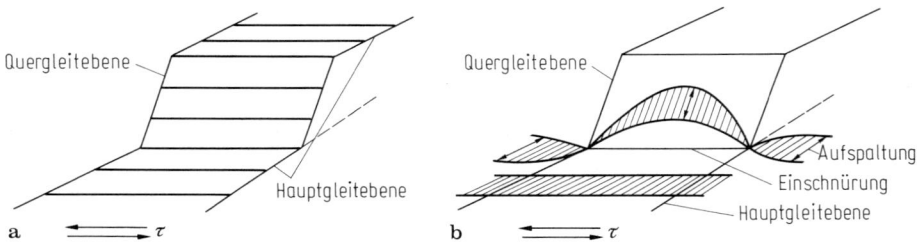

Bild C 1.14 Quergleitung einer Schraubenversetzung. Nach [16]. **a** Gleitung einer nicht aufgespaltenen Versetzung; **b** Gleitung einer aufgespaltenen Versetzung.

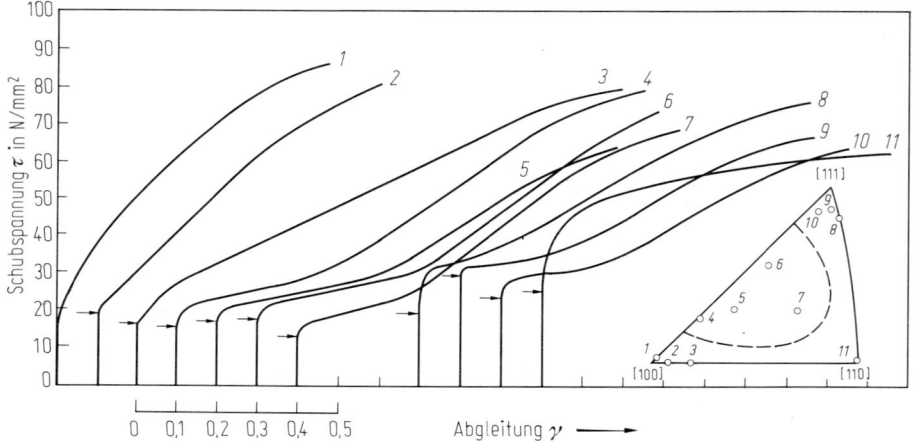

Bild C 1.15 Schubspannungs-Abgleitungs-Kurven bei Raumtemperatur für Reinsteisen-Einkristalle verschiedener Orientierung. Nach [17].

geprägten Bereich I liegen dann vor, wenn eine Hauptgleitebene besonders bevorzugt ist. Steile Kurven (d. h. starke Verfestigung) erhält man, wenn schon zu Anfang die Gleitung in mehreren Gleitsystemen einsetzt, wie z. B. in kfz Gittern.

Aus den Einkristall-Verfestigungskurven kann auf die Spannungs-Dehnungs-Kurve (s. C 1.1.1.1) für den Vielkristall umgerechnet werden, indem zunächst mit entsprechender Gewichtung aus den Kurven für verschieden orientierte Einkristalle die gemittelte Einkristallkurve errechnet wird. Der Übergang zum Vielkristall wird durch Berücksichtigung der Kompatibilitätsbedingungen an den Korngrenzen möglich.

C 1.1.1.1 Die Spannungs-Dehnungs-Kurve [18, 18a]

Meßverfahren und Auswertung [19−21]

Das Fließverhalten von Stahl kann durch die Darstellung des Zusammenhangs zwischen angreifender Kraft und der sich dabei einstellenden Verformung gekennzeichnet werden. Dieser Zusammenhang ist für viele Probleme der Werkstoffkunde von Stahl eine maßgebende Grundlage. Als wichtigstes Prüfverfahren zur Ermittlung der Beziehung zwischen Kraft und Verformung hat sich der Zugversuch erwiesen, der im folgenden beschrieben wird.

Beim *Zugversuch* (s. DIN 50145 und DIN 50146) wird eine zylindrische Probe durch einachsige Zugbeanspruchung mit konstanter Verlängerungs- oder mit konstanter Kraftsteigerungsgeschwindigkeit verformt. Die erforderliche Kraft und die Verlängerung der Probe, gemessen an den Einspannstücken, oder besser auf der Probe an ihrer Meßlänge, werden registriert. Aus der Kraft F wird durch Bezugnahme auf den Ausgangsquerschnitt S_0 die Spannung $\sigma = F/S_0$ und aus der Verlängerung $L-L_0$ wird durch Bezugnahme auf die Ausgangsmeßlänge L_0 die Dehnung $\varepsilon = (L-L_0)/L_0$ (wobei L die jeweilige Meßlänge ist) ermittelt. Kurve *1* in Bild C 1.16 zeigt beispielhaft für einen unlegierten Stahl mit rd. 0,15% C, 0,4% Si und 1,4% Mn (St 52-3) den Zusammenhang zwischen σ und ε, die technische oder konventionelle *Spannungs-Dehnungs-Kurve*. Im Anfangsteil gilt das Hookesche Gesetz (Gl. (C 1.1)). Da die Spannung, bei der erste Abweichungen vom geradlinigen Verlauf auftreten (Proportionalitätsgrenze) schwer meßbar ist, definiert man eine *technische Elastizitätsgrenze* als Spannung, bei der eine bleibende Verformung von 0,01% vorliegt. Bei zunehmender Spannung ergeben sich größere plastische, bleibende Verformungen, dabei wird als *Streckgrenze* R_e die Spannung bezeichnet, bei der Fließen ohne weitere Spannungserhöhung oder sogar unter Spannungsabfall einsetzt (Bild C 1.16a): *obere Streckgrenze* R_{eH} und *untere Streckgrenze* R_{eL} (Einzelheiten s. u.). Kommt es, z. B. infolge der Vorbehandlung oder bei andersartigen Stählen, nicht zu einer ausgeprägten Streckgrenze sondern nur zu einer verstärkten plastischen Verformung (Bild C 1.16b), so definiert man anstelle der Streckgrenze eine Spannung entsprechend einem bestimmten Betrag an plastischer, bleibender Dehnung unter Krafteinwirkung R_p, meist 0,2 oder 1%, die *0,2-%- oder 1-%-Dehngrenze* $R_{p\,0,2}$ oder R_{p1}.

Der Übergang vom elastischen zum plastischen Bereich ist im wesentlichen durch das Gefüge des Stahls bestimmt. Die Versetzungsbewegung kann auf verschiedenste Weise behindert werden. Auch der Widerstand gegen weitere Verformung, die *Verfestigung*, ist in starkem Maße vom Gefüge abhängig. Diese Einflüsse werden in C 1.1.1.3 besprochen.

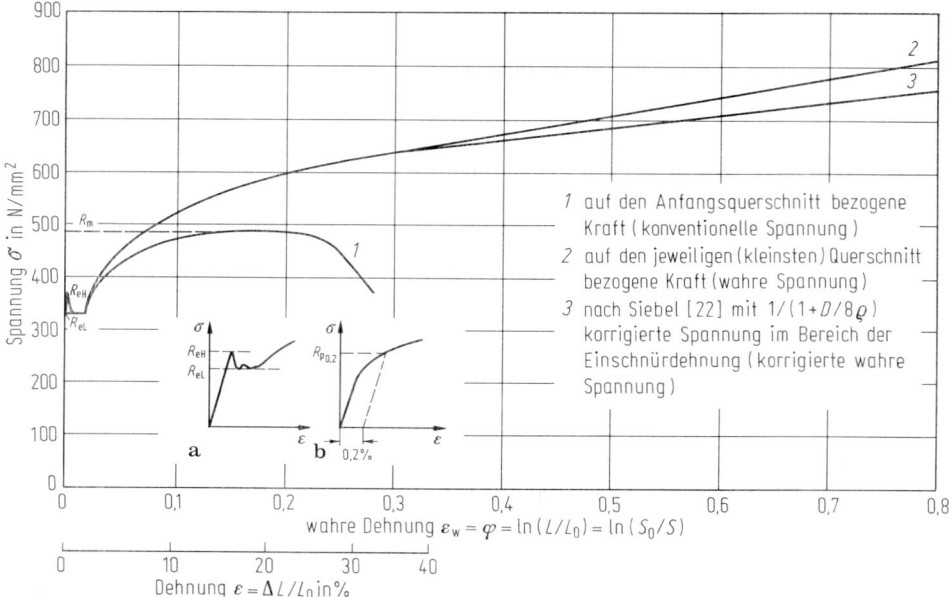

Bild C 1.16 Spannungs-Dehnungs-Kurve bei Raumtemperatur eines unlegierten, besonders beruhigten Stahls mit rd. 0,15 % C, 0,4 % Si und 1,4 % Mn (St 52-3). Kurve *1* = Spannung in Abhängigkeit von der Dehnung, Kurven *2* und *3* = wahre Spannung in Abhängigkeit von der wahren Dehnung. **a** ausgeprägte Streckgrenze; **b** 0,2%-Dehngrenze.

Nach Überschreiten der Streckgrenze (s. Kurve *1* in Bild C 1.16) bewirkt die Verfestigung, daß diejenigen Bereiche, die zunächst fließen und damit wegen der Querschnittsabnahme eine höhere Spannung aufweisen, sich nicht weiter verformen, sondern daß erst die übrige Probe fließt, bis auch hier der gleiche Querschnitt erreicht ist. Zufällige Querschnittsänderungen gleichen sich also aus.

Da die Verfestigung mit zunehmender Dehnung abnimmt, wird bei einer bestimmten Dehnung ein Zustand erreicht, bei dem die Verfestigung den Spannungsanstieg in einem zufällig stärker verformten Gebiet nicht mehr kompensiert, so daß sich bei weiterer Verformung eine Einschnürung unter abfallender Kraft ausbildet. Dem entspricht das Maximum der Spannung in Kurve *1* von Bild C 1.16. Die Einschnürung schreitet sodann fort bis zum Bruch. Als *Zugfestigkeit* R_m wird die auf den Ausgangsquerschnitt S_0 bezogene Kraft F_m, also die Spannung im Maximum der Kurve bezeichnet.

Neben den genannten Kennwerten für die Festigkeitseigenschaften können auch Größen aus den erreichten Verformungen unter den Bedingungen des Zugversuches ermittelt werden. Die *Gleichmaßdehnung* A_{gl} ist die auf die Ausgangsmeßlänge L_0 bezogene Verlängerung bis zum Kraftmaximum. Die *Bruchdehnung A*, als die ebenfalls auf die Ausgangsmeßlänge L_0 bezogene Verlängerung bis zum Bruch $A = (L_u - L_0)/L_0$ (wobei L_u = Meßlänge beim Bruch) umfaßt auch den Bereich der Einschnürung und hängt daher stark von der gewählten Meßlänge ab. Die *Bruchein-*

schnürung Z gibt die auf den Ausgangsquerschnitt S_0 bezogene Querschnittsabnahme bis zum Bruch an: $Z = (S_0-S_u)/S_0$ (wobei S_u = Querschnitt beim Bruch), sie ist die sinnvollste Kenngröße für die Zähigkeit, die im Zugversuch ermittelt werden kann; ihre Messung ist allerdings erheblich aufwendiger als z. B. die der Bruchdehnung.

Ähnliche Kenngrößen, besonders für die Festigkeitseigenschaften, ergeben sich, wenn im Versuch statt einer Zugbeanspruchung andere Beanspruchungsarten wie Druck- oder Verdreh(Scher)beanspruchung aufgebracht werden. Statt der Streckgrenze definiert man dann eine Quetschgrenze und eine Verdrehgrenze (Oberbegriff für alle: *Fließgrenze*), statt Dehngrenzen ermittelt man Stauchgrenzen usw. Diese Versuchsarten und Kenngrößen haben aber, vor allem wegen der nicht so einfachen Versuchsführung, bei weitem nicht die Bedeutung des Zugversuchs und der durch ihn ermittelten Kenngrößen.

Der Zugversuch mit der beschriebenen Auswertung ist einer der wichtigsten Versuche der allgemeinen Werkstoffprüfung. Für die Diskussion der *werkstoffkundlichen Zusammenhänge* ist es allerdings sinnvoller, die *wahre Spannungs- wahre Dehnungs-Kurve* zu errechnen (im folgenden kürzer nur wahre Spannungs-Dehnungs-Kurve genannt). Dabei wird die wahre Spannung σ_w durch Division der Kraft durch den *jeweiligen* momentanen kleinsten Querschnitt S ermittelt. Die zugehörige *wahre Dehnung* ε_w wird erhalten, indem man über die momentane Dehnung $\Delta L/L$ integriert:

$$\varepsilon_w = \int_{L_0}^{L} \frac{dL}{L} = \ln \frac{L}{L_0} = \ln(1+\varepsilon). \tag{C1.11}$$

Daraus ergibt sich aufgrund der Volumenkonstanz $L_0 S_0 = LS$ auch

$$\varepsilon_w = \ln S_0/S. \tag{C1.12}$$

Gl. (C1.11) gilt nur für den Bereich der Gleichmaßdehnung.

Kurve 2 in Bild C1.16 ist die wahre Spannungs-Dehnungs-Kurve für den genannten Stahl St 52-3.

Im Gebiet der Einschnürung ist die Wirkung des mehrachsigen Spannungszustandes zu berücksichtigen. Durch eine Korrektur, z. B. nach Siebel [22]

$$\sigma_w' = \frac{\sigma_w}{1+\dfrac{D}{8\rho}}, \tag{C1.13}$$

kann dieser Einfluß berücksichtigt werden, und man erhält die etwas niedriger liegende Kurve 3. In der Formel sind σ_w die wahre Spannung, σ_w' die korrigierte wahre Spannung, D der Durchmesser im kleinsten Querschnitt und ρ der Krümmungsradius der Einschnürung.

Die *Reißfestigkeit* ist die Kraft beim Bruch dividiert durch den zugehörigen kleinsten Querschnitt.

Die wahre Dehnung ε_w wird, wie alle wahren Formänderungen (z. B. durch Stauchen oder Verdrehen), bevorzugt in der Umformtechnik als logarithmische Formänderung (neuerdings *Umformgrad*) φ, die wahre Spannung als Formänderungsfestigkeit (neuerdings *Fließspannung*) k_f und der Zusammenhang zwischen beiden als *Fließkurve* bezeichnet (s. C1.3.2.1). Im folgenden soll der Zusammenhang zwischen dem Beginn der Einschnürung und der Verfestigung in Einzelheiten dargestellt werden [23, 24]. Nimmt der Querschnitt S um ΔS ab, so ist wegen der Verfestigung für die weitere Verformung dieses Bereichs eine um $\Delta \sigma_w$ größere Spannung erforderlich. Für die zugehörige Kraft F' ergibt sich demnach

$$F' = (\sigma_w + \Delta \sigma_w)(S - \Delta S) = \sigma_w S \left(1 + \frac{\Delta \sigma_w}{\sigma_w} - \frac{\Delta S}{S}\right)$$

bei Vernachlässigung von Größen, die in 2. Ordnung klein sind. Also wird

$$F' - F = F\left(\frac{\Delta \sigma_w}{\sigma_w} - \frac{\Delta S}{S}\right).$$

Dabei ist F die Kraft zur Verformung des ursprünglichen Querschnitts.

Ist der Kraftunterschied positiv, ist also zur Verformung des geflossenen Bereichs eine größere Kraft erforderlich, so wird sich erst der übrige Teil der Probe verformen; ist dagegen der Kraftunterschied negativ, so wird sich der einmal geflossene Querschnitt bei nunmehr kleinerer Kraft einschnüren. Die Bedingung für den Beginn der Einschnürung lautet also [25]:

$$\frac{\Delta \sigma_w}{\sigma_w} = \frac{\Delta S}{S}. \tag{C1.14}$$

Man kann errechnen, daß $\Delta S/S \approx \Delta \varphi$. Damit wird $\Delta \sigma_w/\sigma_w = \Delta S/S = \Delta \varphi$ oder $\sigma_w = d\sigma_w/d\varphi$. Da $\varphi = \ln(1+\varepsilon)$ ist (s. Gl. (C1.11)), folgt $d\varphi/d\varepsilon = 1/(1+\varepsilon)$. Damit gilt für den Beginn der Einschnürung

$$\sigma_w = \frac{d\sigma_w}{d\varphi} = \frac{d\sigma_w}{d\varepsilon}\frac{d\varepsilon}{d\varphi} = \frac{d\sigma_w}{d\varepsilon}(1+\varepsilon) \tag{C1.15}$$

und schließlich

$$\frac{d\sigma_w}{d\varepsilon} = \frac{\sigma_w}{1+\varepsilon}. \tag{C1.16}$$

Diese Beziehung kann man graphisch einfach darstellen, indem man die Tangente von $\varepsilon = -1$ an die wahre Spannungs-Dehnungs-Kurve legt.

Das gleiche Ergebnis erhält man auch aus $dF = d(\sigma_w S) = 0$ [25a].

In vielen Fällen kann die wahre Spannungs-Dehnungs-Kurve durch die *Ludwik-Gleichung* [26, 27]

$$\sigma_w = K_L \varphi^n, \tag{C1.17}$$

in der K_L und n Konstanten sind, beschrieben werden.

Da für den Beginn der Einschnürung, also für das Ende der Gleichmaßdehnung, $\sigma_w = d\sigma_w/d\varphi$ (s. Gl. (C1.15)) gilt, ergibt sich

$$\sigma_w = K_L n \varphi_{gl}^{n-1}.$$

Durch Vergleich der beiden Gleichungen folgt, daß n gleich der logarithmischen Formänderung am Ende der Gleichmaßdehnung ist:

$$n = \varphi_{gl}. \tag{C1.18}$$

Bei der Diskussion der Konstanten der Ludwik-Gleichung ist zu beachten, daß n nicht die Steigung der Spannungs-Dehnungs-Kurve zahlenmäßig angibt, wie sich durch Differenzieren leicht zeigen läßt. Daher ist die Bezeichnung Verfestigungsexponent für n nur mit Einschränkungen richtig. Die Ermittlung von φ_{gl} bleibt unabhängig von dieser Überlegung richtig; allerdings ist die zahlenmäßige Gleichheit nur dann zu erwarten, wenn die Beschreibung der wahren Spannungs-Dehnungs-Kurve durch die Ludwik-Gleichung zu Beginn der Einschnürung zahlenmäßig exakt ist.

Die *Anwendung der Ludwik-Gleichung* auf die wahre Spannungs-Dehnungs-Kurve von Stählen wurde ausführlich untersucht. Dabei wurde eine Vorrichtung benutzt, die es gestattet, den Verlauf der Einschnürung *während* des Zugversuchs zu messen, um die zur Ermittlung der wahren Spannung erforderliche Korrektur durchzuführen [28].

Ausgeprägte Streckgrenze [21, 29]

Während die plastische Verformung bei vielen Werkstoffen mit zunehmender Kraft nach Durchschreiten des elastischen Bereichs kontinuierlich beginnt, findet man bei Stählen häufig einen unstetigen Übergang, die sogenannte *ausgeprägte Streckgrenze* (s. o.). Die Spannungs-Dehnungs-Kurve steigt im elastischen Bereich bis zu einer *oberen Streckgrenze* an, dann erfolgt ein steiler Abfall der Spannung auf die Höhe der *unteren Streckgrenze*. Bis zu einer Dehnung von maximal einigen Prozent bleibt die Spannung dann konstant, bis anschließend Verfestigung einsetzt (siehe auch Bild C 1.16). Bei der Spannung der oberen Streckgrenze bilden sich schmale, verformte Bereiche, die *Lüders-Bänder*, die sich bei der Spannung der unteren Streckgrenze über die gesamte Probe ausbreiten [30]. Am Ende dieser *Lüders-Dehnung* hat sich die Probe insgesamt um den Betrag verformt, um den das erste Band örtlich geflossen war. Entsprechend der Richtung der maximalen Schubspannung liegen die Lüders-Bänder meist unter 45° zur Zugachse [31].

Die obere Streckgrenze läßt sich ohne großen Aufwand ermitteln, auch aus dem Grunde wird sie daher vielfach als maßgebende Kenngröße herangezogen. Werden jedoch höhere Anforderungen an die Genauigkeit gestellt, so ergeben sich bei Bestimmung der oberen Streckgrenze experimentelle Schwierigkeiten, da schon kleine überlagerte Biegespannungen eine Absenkung des Meßwertes bewirken. Daher wird vielfach auch die untere Streckgrenze benutzt.

Zur *Deutung der ausgeprägten Streckgrenze* bei Stahl wird nach Cottrell [14] angenommen, daß im Ausgangszustand alle Versetzungen durch Kohlenstoff- oder Stickstoffatome blockiert sind *(Cottrell-Wolken)*. Eine solche Wechselwirkung tritt dadurch auf, daß sich die Spannungsfelder um eingelagerte Fremdatome und um Versetzungen zum Teil kompensieren. Zur Blockierung der Versetzungen ist Diffusion von Kohlenstoff- oder Stickstoffatomen erforderlich, die bei nicht zu schneller Abkühlung nach einer Wärmebehandlung oder bei einer Auslagerung erfolgt. Nach der ursprünglichen Vorstellung von Cottrell [32] werden an der oberen Streckgrenze in einem Korn Versetzungen von den sie blockierenden Fremdatomen gelöst. Durch Aufstau an Hindernissen, vor allem an Korngrenzen, ergibt sich eine Spannungskonzentration, die im Nachbarkorn weitere Versetzungen aktiviert. So kann sich die Verformung zunächst über den Querschnitt in der Richtung maximaler Schubspannung ausbreiten; das erste Lüders-Band entsteht.

Eine andere Deutung geht ebenfalls von der Blockierung der Versetzungen aus [33]. Zu Beginn der Verformung sind nur wenige Versetzungen beweglich, die die von der Prüfmaschine vorgegebene Dehnung bewirken müssen. Diese Versetzungen bewegen sich dementsprechend mit hoher Geschwindigkeit, wozu eine relativ große Spannung erforderlich ist. Während der Verformung werden zahlreiche neue Versetzungen erzeugt; die Wanderungsgeschwindigkeit kann abnehmen und entsprechend erniedrigt sich die erforderliche Spannung.

Die Dehnungsverteilung in der Umgebung eines Lüders-Bandes zeigt Bild C 1.17. Von der nur elastischen Dehnung außerhalb des Bandes steigt die Dehnung im Bereich der Lüders-Front auf den kostanten Wert im Lüders-Band an. Durch die in einem solchen Band vorhandenen freien Versetzungen ist die Loslösung weiterer Versetzungen in der Nachbarschaft erleichtert; das Band kann sich bei der niedrigeren Spannung der unteren Streckgrenze durch die Probe ausbreiten. Sobald die Verformung das gesamte Volumen erfaßt hat, tritt homogene Verfestigung ein.

Die Ausbildung der ausgeprägten Streckgrenze während einer Auslagerung zeigt beispielhaft Bild C 1.18. Nach dem Abschrecken einer Probe aus Stahl mit 0,01 % C von 720 °C erhält man eine kontinuierliche Spannungs-Dehnungs-Kurve, da die Versetzungen frei von Kohlenstoff sind (Kurve *0*). Schon nach kurzzeitigem Anlassen bei 60 °C weicht die Spannungs-Dehnungs-Kurve zu höheren Werten ab; es beginnt die Wechselwirkung mit Kohlenstoffatomen, die zu den Versetzungen diffundieren konnten. Diese Abweichung wird stärker und nimmt bis zu sehr langen Auslagerungsdauern zu; die Blockierung der Versetzungen wird durch weitere Herandiffusion von Kohlenstoffatomen zunehmend wirksamer.

Die durch Anlassen bewirkte Abweichung der Spannungs-Dehnungs-Kurve zu höheren Werten ist eine der vielfältigen Erscheinungsformen der *Alterung* von Stahl (s. B 6). Unter Alterung allgemein versteht man jede Änderung einer Stahleigenschaft im Laufe der Zeit. Die Änderung kann sich ungünstig, z. B. als Zähigkeitsabnahme (Versprödung), sie kann sich aber auch günstig, z. B. als Zunahme der Härte und Festigkeit, auswirken. Man unterscheidet Alterung nach einem

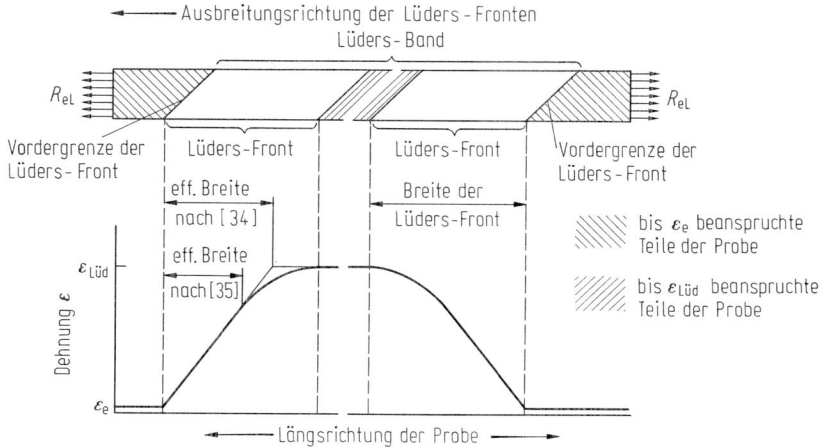

Bild C 1.17 Dehnungsverteilung in der Umgebung eines Lüders-Bandes (schematisch). Nach [18].

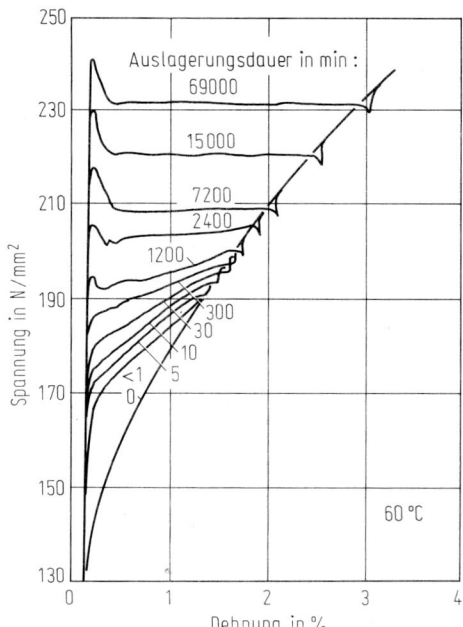

Bild C 1.18 Spannungs-Dehnungs-Kurven einer reinen Eisen-Kohlenstoff-Legierung mit 0,01 % C nach dem Abschrecken von 720 °C und unterschiedlicher Auslagerungsdauer bei 60 °C. Nach [36].

Abschrecken (Abschreckalterung), wobei sich neben der Blockierung von Versetzungen durch interstitielle Atome auch Karbide und Nitride in größerem Umfange ausscheiden, und Alterung nach (oder auch bei) einer Verformung (Verformungs- oder mechanische Alterung), bei der wegen der großen Zahl der Versetzungen im wesentlichen die Wanderung der interstitiellen Atome zu den Versetzungen und deren Blockierung stattfindet (s. B 6.2). An den Diffusionsvorgängen bei der Alterung sind Kohlenstoff und Stickstoff beteiligt, wobei Stickstoff wegen der größeren Löslichkeit und schnelleren Diffusion eine führende Rolle spielt.

Bei höheren Temperaturen kann die vorher beschriebene Wechselwirkung zwischen Versetzungen und gelösten Fremdatomen auch *während* der Verformung erfolgen. Bild C 1.19 zeigt, daß die Kraft-Verlängerungs-Kurve entsprechend der Spannungs-Dehnungs-Kurve dann ein unregelmäßiges Aussehen bekommt. Bei noch höheren Temperaturen können die Fremdatome der Versetzungsbewegung ohne Behinderung folgen. Die Temperatur, bei der Alterung während der Verformung auftritt, nimmt mit der Verformungsgeschwindigkeit zu, da die Diffusion der Fremdatome und die Geschwindigkeit der Versetzungen in einem festen Verhältnis zueinander stehen müssen (s. auch Bild C 1.154). Die verschiedenen Bereiche sind in Bild C 1.20 wiedergegeben. Das Gebiet der Verformungsalterung ist entsprechend dem Aussehen der Spannungs-Dehnungs-Kurve durch ruckweises Fließen gekennzeichnet (Bereich II). Diese Erscheinung kann in allen Legierungen auftreten, bei denen durch Wechselwirkung von gelösten Fremdatomen mit den Versetzungen eine Behinderung der Versetzungsbewegung möglich ist *(Portevin-Le Chatelier-Effekt).*

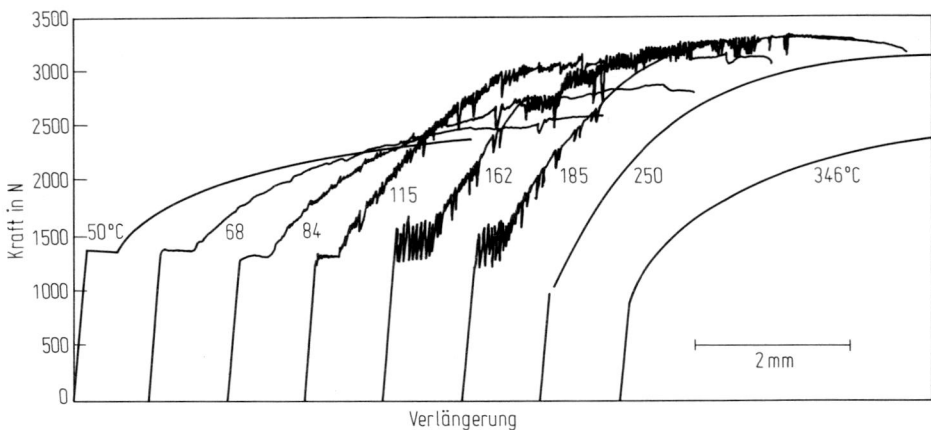

Bild C 1.19 Kraft-Verlängerungs-Kurve eines Stahls mit 0,035 % C, 0,36 % Mn und 0,003 % N bei verschiedenen Temperaturen und einer Dehngeschwindigkeit von $6{,}2 \cdot 10^{-5} \mathrm{s}^{-1}$. Nach [37].

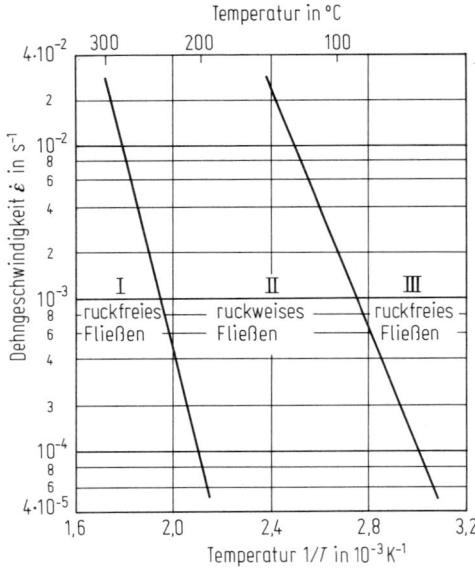

Bild C 1.20 Fließverhalten von Stahl in Abhängigkeit von der Dehngeschwindigkeit und der Temperatur. Nach [38].

Einfluß von Prüftemperatur und -geschwindigkeit

Die aus der Spannungs-Dehnungs-Kurve ermittelten Größen sind in kennzeichnender Weise von der Prüftemperatur und der Dehngeschwindigkeit abhängig. Beispielhaft für ferritisch-perlitische Stähle sind für einen Stahl mit 0,09 % C, 0,15 % Si, 0,50 % Mn, 0,019 % P und 0,019 % S (C 10) in den Bildern C 1.21 und C 1.22 die mechanischen Eigenschaften in Abhängigkeit von der Prüftemperatur zwischen Raumtemperatur und 77 K dargestellt. Die aus der Geschwindigkeit v des Prüfmaschinen-

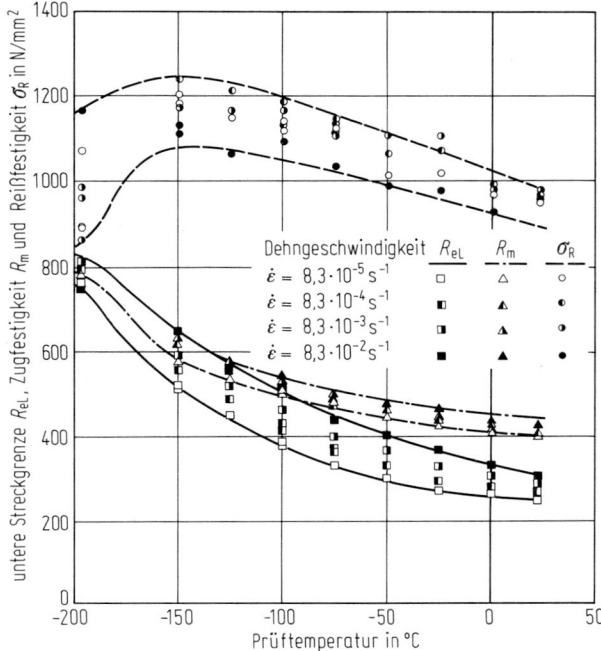

Bild C 1.21 Temperaturabhängigkeit der unteren Streckgrenze R_{eL}, der Zugfestigkeit R_m und der Reißfestigkeit σ_R eines Stahls mit 0,089 % C (C 10) und einem mittleren Korndurchmesser von 16,8 µm bei verschiedenen Dehngeschwindigkeiten $\dot{\varepsilon}$. Nach [17].

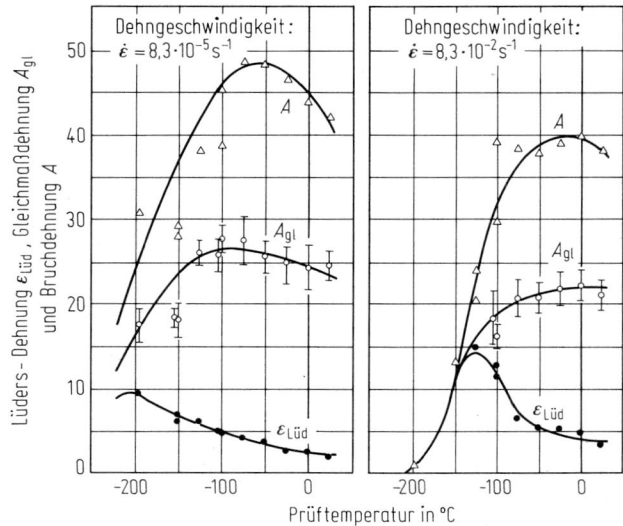

Bild C 1.22 Temperaturabhängigkeit der Lüders-Dehnung $\varepsilon_{Lüd}$, der Gleichmaßdehnung A_{gl} und der Bruchdehnung A des Stahls nach Bild C 1.21. Nach [17].

Querhauptes und der Meßlänge L_0 ermittelte konventionelle Dehngeschwindigkeit $\dot{\varepsilon} = v/L_0$ lag zwischen $8{,}3 \cdot 10^{-5}$ und $8{,}3 \cdot 10^{-2} \, \mathrm{s}^{-1}$.

Die untere Streckgrenze und in ähnlicher Weise auch die nicht mit eingezeichnete obere Streckgrenze steigen mit abnehmender Temperatur zunächst schwach und dann deutlich stärker an. Der Anstieg ist für die meisten Baustähle dem Betrag nach etwa gleich groß. Zunehmende Dehngeschwindigkeit verschiebt die Streckgrenze zu höheren Werten.

Zugfestigkeit und Reißfestigkeit nehmen mit fallender Temperatur ebenfalls zu; der Anstieg ist aber weniger ausgeprägt und hängt in komplexer Weise von Verfestigung und Bruchverhalten ab.

Die in Bild C 1.22 dargestellten Kennwerte steigen mit abnehmender Temperatur zunächst leicht an und fallen dann in einem relativ engen Temperaturbereich auf sehr niedrige Werte ab. In diesem Gebiet fallen Streckgrenze, Zugfestigkeit und Reißfestigkeit zusammen. Einzelheiten werden bei der Schilderung des Bruchverhaltens (s. C 1.1.2) diskutiert.

Die Beschreibung der wahren Spannungs-Dehnungs-Kurve mit Hilfe der Ludwik-Gleichung in Abhängigkeit von Temperatur und Prüfgeschwindigkeit wird beispielhaft in den Bildern C 1.23 und C 1.24 für einen unlegierten Stahl mit 0,089 % C (C 10) dargestellt. In Bild C 1.23 ist für verschiedene Temperaturen die wahre Spannung σ_w gegen die wahre Dehnung (Umformgrad) φ in doppellogarithmischem Maßstab aufgetragen. An der Abszisse werden die Lüders-Dehnung 1, die Gleichmaßdehnung 2 und die Bruchdehnung 3 angegeben. Man erkennt, daß bei eini-

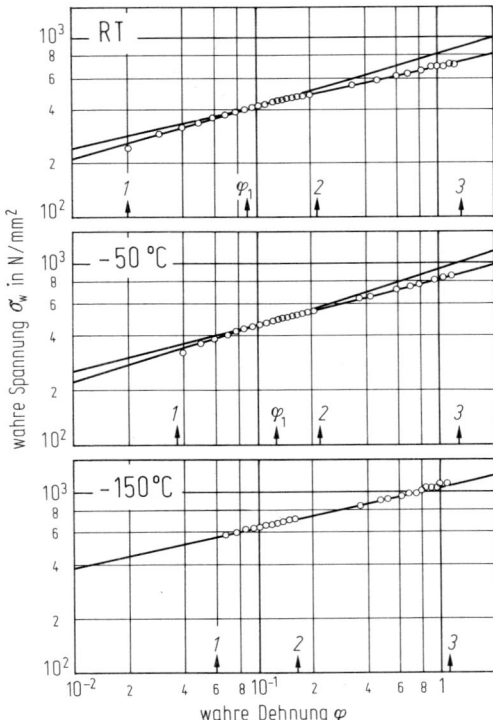

Bild C 1.23 Abhängigkeit der wahren Spannung σ_W von der wahren Dehnung φ des Stahls nach Bild C 1.21 für verschiedene Prüftemperaturen in doppeltlogarithmischer Darstellung (Dehngeschwindigkeit $\dot{\varepsilon} = 8{,}3 \cdot 10^{-5} \mathrm{s}^{-1}$). Nach [39]. $1 =$ Lüders-Dehnung, $2 =$ wahre Gleichmaßdehnung, $3 =$ wahre Bruchdehnung, $\varphi_1 =$ wahre Dehnung am Schnittpunkt der beiden Geraden.

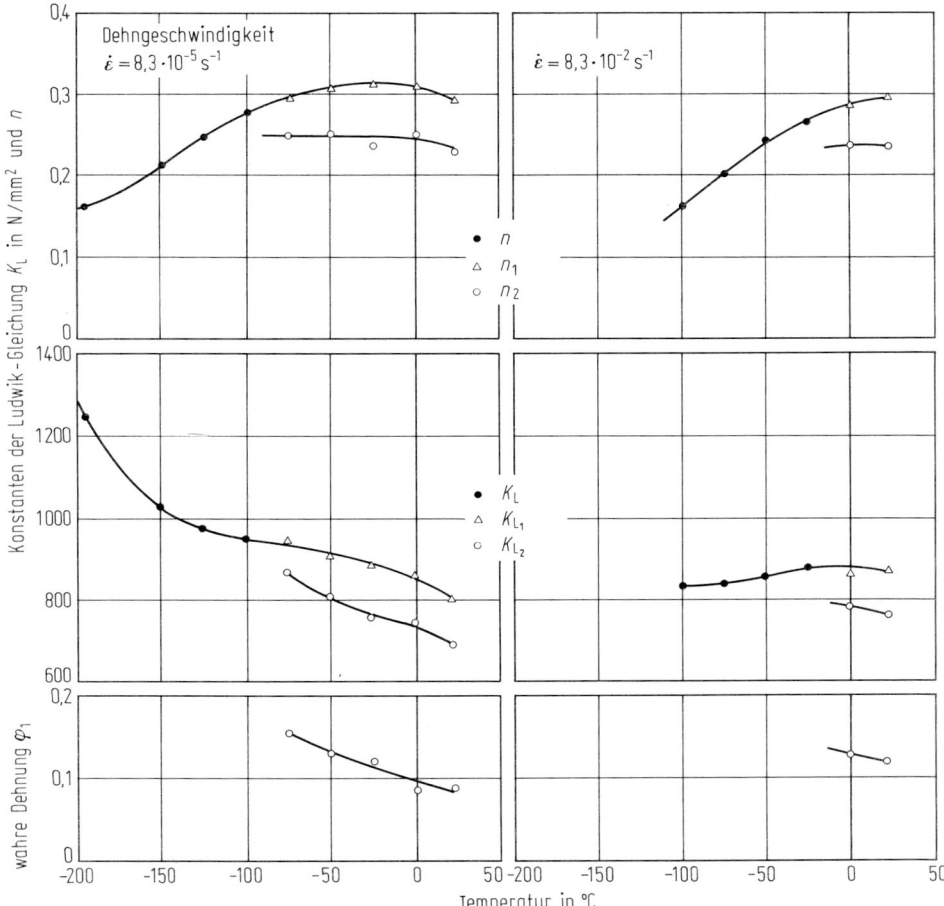

Bild C 1.24 Temperaturabhängigkeit der Konstanten der Ludwik-Gleichung K_L (Vorfaktor) und n (Verfestigungsexponent) sowie der wahren Dehnung φ_1 am Schnittpunkt der beiden Geraden nach Bild C 1.23 bei 2-n-Verhalten für den Stahl nach Bild C 1.21. Nach [17].

gen Temperaturen die wahre Spannungs-Dehnungs-Kurve durch zwei Geradenstücke wiedergegeben werden muß.

Die Konstanten der Ludwik-Gleichung (Gl. (C 1.17)) sind in Bild C 1.24 in Abhängigkeit von der Temperatur für verschiedene Dehngeschwindigkeiten $\dot{\varepsilon}$ aufgezeichnet. In der Nähe von Raumtemperatur sind zwei Exponenten erforderlich (2-n-Verhalten), bei tieferen Temperaturen läßt sich die Spannungs-Dehnungs-Kurve mit einem Exponenten darstellen (1-n-Verhalten). Die Exponenten nehmen mit abnehmender Temperatur ab. Die K_L-Werte und die wahre Dehnung φ_1, die am Schnittpunkt der beiden Geraden bei 2-n-Verhalten vorliegt, steigen mit fallender Temperatur an.

Aus den Ergebnissen konnte auch die Beziehung (C 1.18) $n = \varphi_{gl}$ zwischen dem Verfestigungsexponenten n und der Gleichmaßdehnung φ_{gl} überprüft werden. Bild

C 1.25 zeigt das Ergebnis. Im allgemeinen ist der Mittelwert $\bar{n}$ deutlich größer als der Mittelwert $\bar{\varphi}_{gl}$. Das mag zum Teil darauf zurückzuführen sein, daß nicht die gesamte Spannungs-Dehnungs-Kurve einem einheitlichen Gesetz gehorcht (2-n-Verhalten).

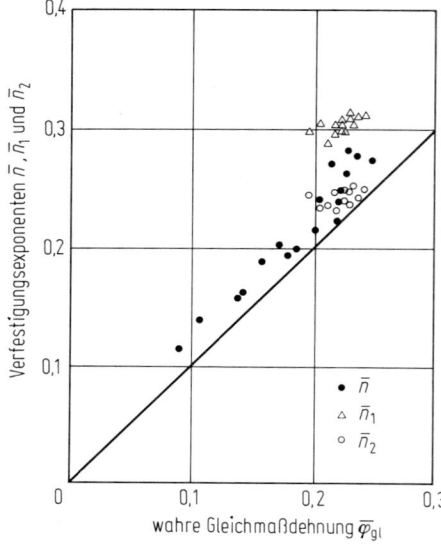

Bild C 1.25 Mittelwerte der Verfestigungsexponenten n des Stahls nach Bild C 1.21 in Abhängigkeit vom Mittelwert der wahren Gleichmaßdehnung φ_{gl} (ermittelt als wahre Dehnung in der Mitte des Höchstkraftplateaus). Die Mittelwerte wurden aus den unter konstanten Prüfbedingungen ermittelten Werten an Proben unterschiedlicher Korngröße gebildet. $\bar{n}$ = Mittelwert bei 1-n-Verhalten; $\bar{n}_1$ und $\bar{n}_2$ = Mittelwerte bei 2-n-Verhalten. Nach [17].

Ähnliche Untersuchungen an anderen Stählen zeigten, daß der Verfestigungsexponent n im allgemeinen mit zunehmender Festigkeit des Stahls abnimmt. Sehr niedrige Werte um 0,1 erhält man z. B. für hochfeste Vergütungsstähle. Hier macht sich bemerkbar, daß in den n-Wert auch das Festigkeitsniveau eingeht. Eine dem physikalischen Werkstoffverhalten besser angepaßte Form der Beschreibung der Spannungs-Dehnungs-Kurve wäre eine Formel, wie sie ursprünglich von Ludwik vorgeschlagen wurde, nämlich mit einem zusätzlichen additiven Glied, das die Spannung zu Beginn der plastischen Verformung wiedergibt, z. B. eine Dehngrenze. Bei einer solchen Darstellung ergeben sich andere, für verschiedene Stähle etwa gleiche Verfestigungsexponenten, die bei rd. 0,4 liegen [25a].

Bei Stählen mit höheren Kohlenstoffgehalten sind oft bis zu drei Geradenabschnitte zur Beschreibung der Spannungs-Dehnungs-Kurve nach der Ludwik-Gleichung ohne additives Glied erforderlich. Auch dieses Ergebnis zeigt, daß die empirische Ludwik-Gleichung vor einer allgemeinen Anwendung verbessert werden sollte.

Austenitische Stähle zeigen eine starke Verfestigungsneigung und dementsprechend auch große Werte für n, z. B. n = 0,4 für einen Stahl mit rd. 0,02 % C, 18 % Cr, 2,5 % Mo und 13 % Ni (X 2 CrNiMo 18 12). Hier macht sich die wegen der kleineren Stapelfehlerenergie erschwerte Quergleitung bemerkbar.

Insgesamt ist die exakte Beschreibung der Spannungs-Dehnungs-Kurve durch eine möglichst aus einem physikalischen Modell abgeleitete Formel zur quantitativen Kennzeichnung des mechanischen Verhaltens der Stähle und zur Eingabe in numerische Rechnungen von großer Bedeutung.

Temperaturabhängigkeit der Streckgrenze

Die Temperaturabhängigkeit der Streckgrenze ist die Folge von thermisch aktivierten Prozessen. Daher wurde für verschiedene Baustähle der Einfluß von Prüftemperatur und Prüfgeschwindigkeit in einem möglichst weiten Bereich untersucht. Beispielhaft ist in Bild C 1.26 für einen hochfesten Feinkornstahl mit 0,16% C, 0,30% Si, 1,36% Mn, 0,63% Ni und 0,16% V (St E 460) im normalgeglühten Zustand die untere Streckgrenze in Abhängigkeit von der Temperatur und für Dehngeschwindigkeiten zwischen 10^{-4} und $10^2 s^{-1}$ dargestellt. Wenn dem Fließen ein thermisch aktivierbarer Prozeß zugrunde liegt, kann für den Zusammenhang zwischen Temperatur und Dehngeschwindigkeit die folgende Arrhenius-Gleichung aufgestellt werden:

$$\dot{\varepsilon} = \dot{\varepsilon}_0 \exp\left(-\frac{\Delta G(\sigma)}{kT}\right). \tag{C 1.19}$$

Hierin ist $\dot{\varepsilon}_0$ eine Werkstoffkonstante und $\Delta G(\sigma)$ die von der angelegten Spannung abhängige Aktivierungsenergie für das Fließen. Bild C 1.27 zeigt die Streckgrenzen-Meßwerte aus Bild C 1.26 in Abhängigkeit von $\Delta G(\sigma) = kT \ln \dot{\varepsilon}_0/\dot{\varepsilon}$. Sämtliche Werte liegen in einem engen Streuband.

Zur Deutung wurde von verschiedenen Autoren [41, 42], ausgehend vom *Peierls-Modell*, das die Bewegung von Versetzungen im periodischen Gitterpotential beschreibt, die Bewegung von Doppelkinken diskutiert. Nach dieser Vorstellung überwindet die Versetzung den Potentialberg nicht gleichzeitig auf der gesamten Länge, sondern es bilden sich örtliche Ausbauchungen, sogenannte Kinken, die eine geringere Aktivierungsenergie erfordern. Nach Friedel [43] ergibt sich bei die-

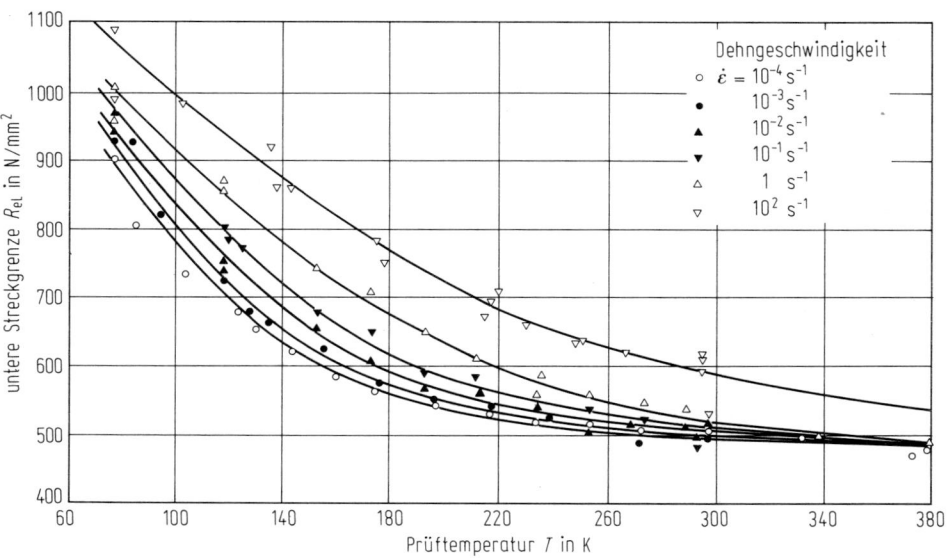

Bild C 1.26 Temperaturabhängigkeit der unteren Streckgrenze R_{eL} bei verschiedenen Dehngeschwindigkeiten $\dot{\varepsilon}$ eines hochfesten Feinkornbaustahls mit 0,16% C, 0,63% Ni und 0,16% V (St E 460) im normalgeglühten Zustand. Nach [40].

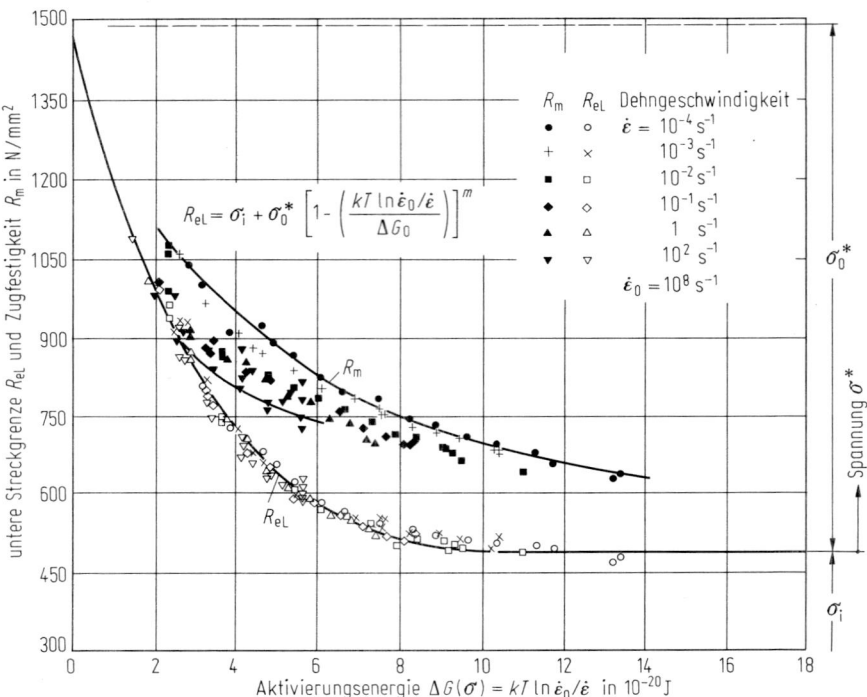

Bild C 1.27 Untere Streckgrenze R_{eL} und Zugfestigkeit R_m des Stahls nach Bild C 1.26 in Abhängigkeit von der Aktivierungsenergie ΔG für das Fließen (vgl. Gl. (C 1.21)) bei verschiedenen Dehngeschwindigkeiten $\dot{\varepsilon}$. Nach [40].

sem Mechanismus für den Zusammenhang zwischen dem thermisch aktivierbaren Anteil der Fließspannung, der Temperatur und der Dehngeschwindigkeit

$$\Delta G(\sigma) = \Delta G_0 \left(1 - \frac{\sigma^*}{\sigma_0^*}\right)^{\frac{1}{m}}; \quad \sigma^* = \sigma_0^* (1 - T/T_0)^m \qquad (C\,1.20)$$

mit $T_0 = \dfrac{\Delta G_0}{k \ln \dot{\varepsilon}_0/\dot{\varepsilon}}$.

Hier sind σ^* und σ_0^* die thermisch aktivierbaren Anteile der Fließspannung bei Prüftemperatur und bei 0 K sowie ΔG_0 die zur Versetzungsbewegung erforderliche Aktivierungsenergie bei $\sigma^* = 0$. Unter Berücksichtigung des athermischen Anteils der Fließspannung σ_i ergibt sich für die untere Streckgrenze

$$R_{eL} = \sigma_i + \sigma_0^* \left[1 - \frac{kT \ln \dot{\varepsilon}_0/\dot{\varepsilon}}{\Delta G_0}\right]^m, \qquad (C\,1.21)$$

wobei m angepaßt werden muß. Die in Bild C 1.27 eingezeichnete Kurve wurde mit dieser Gleichung errechnet, wobei σ_i und σ_0^* aus den Meßwerten extrapoliert, ΔG_0 aus dem Schrifttum entnommen und der Exponent zu $m = 3{,}65$ approximiert wurde. Ähnliche Zusammenhänge ergeben sich auch für andere untersuchte Stähle [40].

Demnach ist der Ansatz grundsätzlich richtig, die Konstanten müssen aber jeweils experimentell bestimmt werden.

Mit Hilfe dieser Beziehung kann man innerhalb des untersuchten Bereichs die Werte der Streckgrenze auf andere Temperaturen und Geschwindigkeiten umrechnen, eine Möglichkeit, die sowohl für die Prüfung, als auch zur Beurteilung der Beanspruchung in der Konstruktion von Bedeutung ist.

Die Anwendung der *Arrhenius-Gleichung* (C 1.19) auf die Zugfestigkeit ergibt, wie Bild C 1.27 zeigt, ein breites Streuband, wobei die Versuche mit den höheren Geschwindigkeiten systematisch im unteren Bereich liegen. Hier wirkt sich die Verformungswärme aus, die rd. 90% der Verformungsarbeit beträgt und bei schnellen Versuchen nicht abgeführt werden kann [44, 45]. Probenabmessungen und -umgebung beeinflussen die Ergebnisse. Eine quantitative Beschreibung muß die Entstehung und Ableitung der Verformungswärme berücksichtigen.

Als Grenzwert für sehr langsame Beanspruchungsgeschwindigkeiten erhält man die sogenannte *statische Streckgrenze* [18a, 46]. Bei ihrer Ermittlung kann sich das Meßverfahren auf das Ergebnis auswirken. Da sehr kleine Dehngeschwindigkeiten nur schwer einzustellen sind und die Prüfung störanfällig ist, wird die statische Streckgrenze vielfach im Relaxations- oder im Kriechversuch bestimmt. Im ersten Fall wird der Spannungsabfall in Abhängigkeit von der Zeit nach dem Einstellen einer bestimmten Dehnung im Bereich der Streckgrenze gemessen. Der erreichte Endwert hängt stark von der Steifigkeit der Prüfanordnung ab und ist bei einer steifen Maschine bei gleichem Dehnungsbetrag kleiner als bei einer weichen Maschine. Im Kriechversuch wird bei fest eingestellter Spannung die Dehnung in Abhängigkeit von der Zeit gemessen.

Versuche haben gezeigt, daß bei Stählen mit ausgeprägter Streckgrenze kein makroskopisches Fließen erfolgt, wenn bei der Beanspruchung im elastischen Bereich die Spannung der unteren Streckgrenze nicht überschritten wird, daß aber in mehr oder weniger großen Zeiten Dehnungsbeträge in der Größe der Lüders-Dehnung auftreten, wenn bei der Beanspruchung Spannungen zwischen unterer und oberer Streckgrenze eingestellt werden oder nach Überschreiten der oberen Streckgrenze die Spannung anschließend in das Gebiet der unteren Streckgrenze abgesenkt wurde. Bei Spannungen unterhalb rd. 80% der unteren Streckgrenze trat auch dann in einigen tausend Stunden kein Fließen auf. Weitere Untersuchungen müssen den Zusammenhang zwischen Relaxations- und Kriechversuchen sowie den Versuchen mit unterschiedlicher Geschwindigkeit quantitativ klären. Die gemeinsame Ursache aller Erscheinungen ist die thermisch aktivierte Versetzungsbewegung.

Die Verformungsgeschwindigkeit wirkt sich außer auf die Streckgrenze auch auf die Fließspannung im gesamten Bereich der wahren Spannungs-Dehnungs-Kurve aus. In der Schreibweise der Ludwik-Gleichung kann man diesen Einfluß wie folgt berücksichtigen:

$$\sigma_w = K \varphi^n \dot{\varphi}^m. \tag{C 1.22}$$

Im Bereich der Einschnürung steigt $\dot{\varphi}$ an, sodaß bei genauerer Betrachtung der Instabilität im Zugversuch auch die Geschwindigkeitsänderung berücksichtigt werden muß. Bei Raumtemperatur ist m sehr klein ($\leq 0{,}003$), so daß sich keine meßbaren Auswirkungen ergeben. Bei Temperaturen oberhalb der halben Schmelztemperatur, feinkörnigem Gefüge und niedriger Beanspruchungsgeschwindigkeit kann durch die Geschwindigkeitserhöhung bei Beginn der Einschnürung eine Stabilisierung auftreten, die die weitere örtliche Verformung behindert und zu Dehnungen von einigen 100% führen kann. Dieser mit *Superplastizität* bezeichnete Zustand tritt bei Werten von $m \geq 0{,}3$ auf und wird bei Leichtmetallen technisch genutzt [47]. Auch bei übereutektoidischen und Chrom-Nickel-Stählen wird Superplastizität gefunden, wenn durch geeignete Wärmebehandlung ein feinkörniges, stabiles Gefüge eingestellt werden kann [48].

C 1.1.1.1.2 Andere Untersuchungsverfahren [20, 49–51]

Zylinderstauchversuch [52]

Die Fließkurve, also der Zusammenhang zwischen wahrer Spannung und wahrer Dehnung, wird häufig auch mit dem Zylinderstauchversuch ermittelt [53, 54]. Dabei errechnet man die Fließspannung k_f aus dem Verhältnis von Kraft zur momentanen Fläche in Abhängigkeit vom Stauchweg. Durch die Reibung an den Stirnflächen wird das radiale Fließen in der Nähe des Werkzeugs behindert und es kommt zu einer tonnenförmigen Ausbauchung der Probe. Die dadurch bedingten Fehler können aber durch entsprechende Versuchsführung vermieden werden.

Die Formänderungsgeschwindigkeit $\dot{\varphi}$ nimmt bei konstanter Stauchgeschwindigkeit v mit abnehmender Höhe H zu:

$$\dot{\varphi} = d\varphi/dt = v/H. \tag{C1.23}$$

Für die Kaltumformung spielt diese Geschwindigkeitszunahme kaum eine Rolle; bei höheren Temperaturen muß aber durch geeignete Steuerung dafür gesorgt werden, daß die Formänderungsgeschwindigkeit konstant bleibt.

Verdrehversuch (Torsionsversuch) [55]

Die Fließkurve kann auch im Verdrehversuch aufgenommen werden, wobei die wahre Schubspannung τ in Abhängigkeit von der wahren Schiebung γ ermittelt wird [56]. Da die Schiebung vom Kern zum Rand der Probe zunimmt, erfolgt die Auswertung nach folgender Formel, wobei man die Schubspannung am Außenrand τ_R als Funktion der dort vorliegenden Schiebung γ_R erhält:

$$\tau_R = \frac{1}{2\pi R^3}\left(3\,M + \gamma_R\,\frac{dM}{d\gamma_R}\right). \tag{C1.24}$$

In dieser Formel ist R der (Außen)Radius, M das gemessene Moment und γ_R die Schiebung am Außenrand, die sich nach der Formel $\gamma_R = (R/L)\,\vartheta$ aus dem (Außen)-Radius R, der Meßlänge L und dem Verdrehwinkel ϑ ergibt. Im Verdrehversuch können große Verformungen aufgebracht werden; er wird vor allem zur Aufnahme von Fließkurven in der Wärme verwendet und dient auch zur Ermittlung der Warmumformbarkeit (s. C 6).

Biegeversuch

Der Biegeversuch wird bei spröden Werkstoffen zur Ermittlung der Biegefestigkeit eingesetzt [57], kann aber im Prinzip auch zur Aufnahme der Fließkurve verwendet werden [58]. Dabei ist wieder die Inhomogenität der Verformung in ähnlicher

Fließkurve. Härteprüfung

Weise zu beachten und zu korrigieren wie beim Verdrehversuch (Torsionsversuch). Die Biegefestigkeit σ_{bB} ergibt sich nach der Formel

$$\sigma_{bB} = \frac{M_{bB}}{W} = \frac{8 F_{max} L_S}{\pi D^3}. \tag{C 1.25}$$

Hierin bedeuten M_{bB} das Biegemoment beim Bruch, W das Widerstandsmoment, F_{max} die Höchstkraft, L_S die Stützweite und D den mittleren Durchmesser der Probe.

Für rechteckige Proben mit der Breite b und der Höhe H ergibt sich entsprechend

$$\sigma_{bB} = \frac{M_{bB}}{W} = \frac{4 F_{max} L_S}{b H^2}. \tag{C 1.25a}$$

Härteprüfung [59]

Nur einen geringen Anhalt für das Verformungsverhalten von Stahl liefern die verschiedenen Verfahren der Härteprüfung, da bei dem üblichen Prüfvorgehen – Messung des Widerstandes des zu untersuchenden Werkstoffs gegen das Eindringen eines härteren Prüfkörpers – der Spannungs- und Verformungszustand sehr unübersichtlich ist. Trotzdem wird wegen der relativ einfachen Versuchsdurchführung die Härteprüfung zur groben Kennzeichnung des Stahlverhaltens häufig angewendet, zumal da ein gewisser Zusammenhang mit der Festigkeit besteht (s. u.).

Bei der *Härteprüfung nach Vickers* (s. DIN 50133) wird eine Diamantpyramide mit quadratischer Grundfläche und einem Öffnungswinkel von 136° mit einer bestimmten Kraft in den Werkstoff eingedrückt. Anschließend wird der Mittelwert der Diagonalen des bleibenden Eindrucks ausgemessen. Die Vickers-Härte ist proportional dem Quotienten aus der Prüfkraft und der Oberfläche des bleibenden Eindrucks.

Bei der *Härteprüfung nach Brinell* (s. DIN 50351) wird eine Kugel aus Stahl oder Hartmetall in den Werkstoff gedrückt und der Eindruck anschließend ausgemessen. In diesem Fall werden nur dann vergleichbare Härtewerte erhalten, wenn das Verhältnis von Prüfkraft zum Quadrat des Kugeldurchmessers konstant gehalten wird. Andernfalls müssen Kugeldurchmesser und Prüfkraft angegeben werden.

Bei der *Härteprüfung nach Rockwell* (s. DIN 50103) wird der Härtewert aus der Eindringtiefe ermittelt, wobei diese von einem willkürlich gewählten Festwert abgezogen wird. Als Eindringkörper werden Diamantkegel oder gehärtete Stahlkugeln mit genormten Abmessungen verwendet.

Die *Härte* kann auch *bei dynamischer Beanspruchung*, z. B. als *Rückprallhärte nach Shore*, bestimmt werden. Der Zahlenwert ist proportional der Rücksprunghöhe eines auf die Werkstoffoberfläche niederfallenden Körpers. Auch andere dynamische Verfahren wurden entwickelt, ihnen haftet jedoch eine große Ungenauigkeit an, da das Ergebnis von den Prüfbedingungen in unübersichtlicher Weise abhängt.

Eine genaue zahlenmäßige Beziehung zwischen der Härte und anderen – z. B. im Zugversuch – ermittelten Eigenschaften besteht nicht. Umrechnungswerte, die man in entsprechenden Tabellen findet, sollten daher nur als Anhalt benutzt werden. Als Faustformel kann jedoch für ferritisch-perlitische Stähle angesetzt werden: Zugfestigkeit = 0,35 · Brinell-Härte.

Fließkriterien [60]

Um die Ergebnisse der verschiedenen Verfahren zur Ermittlung der Fließkurve vergleichen zu können, müssen die Beanspruchungsbedingungen durch ein Fließkriterium berücksichtigt werden, das angibt, bei welcher Kombination der Spannungen Fließen auftritt. Da Fließen durch Schubspannungen bewirkt wird, nahm Tresca an, daß die Fließspannung gleich der maximalen Schubspannung und damit gleich der Differenz von größter und kleinster Hauptspannung werden muß. So lautet die *Fließbedingung nach Tresca:*

$$\sigma_f = k_f = \sigma_1 - \sigma_3 = 2\tau_{max}; \quad (\sigma_1 \geqq \sigma_2 \geqq \sigma_3). \tag{C1.26}$$

Die *Fließbedingung nach v. Mises* berücksichtigt auch die mittlere Hauptspannung σ_2:

$$\sigma_f = k_f = \frac{1}{\sqrt{2}} \sqrt{(\sigma_1 - \sigma_2)^2 + (\sigma_2 - \sigma_3)^2 + (\sigma_3 - \sigma_1)^2} \tag{C1.27}$$

oder für ein beliebiges rechtwinkliges Koordinatensystem:

$$\sigma_f = k_f = \tag{C1.28}$$
$$= \frac{1}{\sqrt{2}} \sqrt{\{(\sigma_x - \sigma_y)^2 + (\sigma_y - \sigma_z)^2 + (\sigma_z - \sigma_y)^2\} + 6\{(\tau_{xy})^2 + (\tau_{yz})^2 + (\tau_{zx})^2\}}.$$

Die beiden Formeln unterscheiden sich um maximal 15 %, wenn die mittlere Hauptspannung $\sigma_2 = (1/2)(\sigma_1 + \sigma_3)$ ist.

Die Kombination der Spannungen nach Tresca oder von Mises wird auch *Vergleichsspannung* σ_v genannt, da sie für einen Spannungszustand angibt, wie groß der Abstand zum Fließbeginn, gekennzeichnet durch die Streckgrenze des Werkstoffs, ist. Daher leitet sich auch die Bezeichnung *Fließpotential* oder *Anstrengung* für σ_v ab. (Sinngemäß läßt sich auch eine Vergleichsdehnung φ_v errechnen.)

Die Vergleichsspannung σ_v nach v. Mises steht mit anderen Kenngrößen in Beziehung. So ist z.B. $\sigma_v^{2/3}$ gleich der 2. Invarianten des Spannungsdeviators. Nach Hencky kann man die Größe $(2/3)\sigma_v^2$ auch als elastische Gestaltsänderungsenergie auffassen. Ferner wird σ_v auch als Oktaederschubspannung gedeutet.

Versuche haben gezeigt, daß im allgemeinen die Fließbedingung nach v. Mises die Experimente am besten beschreibt. Der Vergleich der Prüfverfahren zur Ermittlung der Fließkurve zeigt, daß Abweichungen von +20 bis −40 % auftreten. Dabei ergeben der Biegeversuch und auch der Verdrehversuch in der Tendenz niedrigere, der Flachstauchversuch (s. C 7.2.2.2) die höchsten Werte. Hier machen sich die starken Vereinfachungen bei der Auswertung bemerkbar.

C 1.1.1.3 Möglichkeiten zur Festigkeitssteigerung von Stahl durch Beeinflussung des Gefüges [61–65]

Die weite Verbreitung der Stähle ist u.a. den Möglichkeiten zu verdanken, die Festigkeit durch Einstellung unterschiedlicher Gefüge in weiten Grenzen zu beeinflussen. Dabei wird vor allem die Auswirkung auf den Beginn der plastischen Verformung, also die Dehn- oder Streckgrenze, betrachtet, aber auch der weitere Verlauf der Spannungs-Dehnungs-Kurve und der Fließkurve hat Bedeutung und wird verändert. Grundsätzlich erfolgt eine Festigkeitssteigerung durch Behinderung der

Versetzungsbewegung. Die Hindernisse lassen sich nach ihren Abmessungen einteilen in 0-dimensionale Hindernisse (wie Punktfehler und Fremdatome), in 1-dimensionale, linienförmige Hindernisse (wie Versetzungen), in 2-dimensionale, flächenhafte Hindernisse (wie Korngrenzen) und in 3-dimensionale Hindernisse (wie Ausscheidungen).

Im folgenden werden diese verschiedenen Möglichkeiten behandelt, wobei unter Abweichung von der angegebenen Reihenfolge mit der Besprechung des Einflusses der Korngrenzen, also der Korngröße begonnen wird, da sich hier grundsätzliche Zusammenhänge ergeben.

Festigkeitssteigerung durch Kornfeinung [17, 66-69]

Durch zahlreiche Untersuchungen ist bekannt, daß die Streckgrenze von unlegiertem Stahl mit niedrigem Kohlenstoffgehalt umgekehrt proportional zur Wurzel aus der Ferritkorngröße ansteigt. Die diesen Zusammenhang beschreibende *Hall-Petch-Gleichung* läßt sich für die untere Streckgrenze wie folgt formulieren:

$$R_{eL} = \sigma_{iy} + k_y d^{-1/2}. \qquad (C\,1.29)$$

In dieser Gleichung ist σ_{iy} die *Reibungsspannung*, das ist die Spannung, bei der der Werkstoff mit sehr großer Korngröße fließen würde, k_y der *Korngrenzenwiderstand*, eine Konstante, die den Einfluß der Korngrenzen zahlenmäßig wiedergibt, und d der mittlere Ferritkorndurchmesser.

Bild C 1.28 zeigt als Beispiel für einen unlegierten Stahl mit 0,089 % C (C 10) die

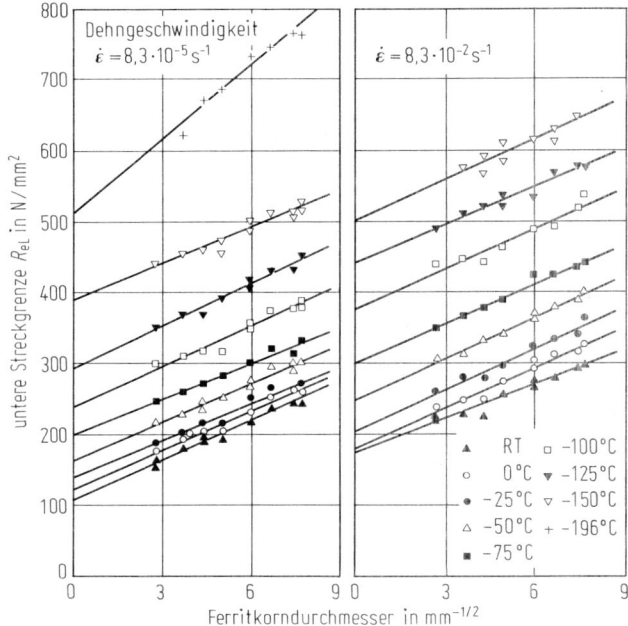

Bild C 1.28 Abhängigkeit der unteren Streckgrenze R_{eL} vom Kehrwert der Wurzel aus dem mittleren Ferritkorndurchmesser d (in mm) eines Stahls mit 0,089 % C (C 10) bei verschiedenen Prüftemperaturen und Dehngeschwindigkeiten. Nach [69].

Abhängigkeit der unteren Streckgrenze vom Korndurchmesser d, angegeben als $d^{-1/2}$, für Temperaturen zwischen Raumtemperatur (RT) und 77 K sowie Dehngeschwindigkeiten von $8,3 \cdot 10^{-5}$ und $8,3 \cdot 10^{-2}\,\mathrm{s}^{-1}$. Der nach der Hall-Petch-Gleichung geforderte lineare Zusammenhang ist gut erfüllt.

Die *Konstanten* der Hall-Petch-Gleichung sind in den folgenden Bildern dargestellt. Nach Bild C 1.29 steigt die Reibungsspannung σ_{iy} mit fallender Temperatur an. Zunehmende Dehngeschwindigkeit ergibt höhere Werte. Demgegenüber ist nach Bild C 1.30 der Korngrenzenwiderstand k_y von der Prüftemperatur und der Geschwindigkeit nur wenig abhängig. Erst unterhalb von 123 K, wenn die Verformung durch Zwillingsbildung beginnt, liegen die Werte höher.

Zur *Deutung* des Verhaltens der Konstanten der Hall-Petch-Gleichung sind zahlreiche Modelle entwickelt worden. Nach Cottrell [70] geht man von der Spannungs-

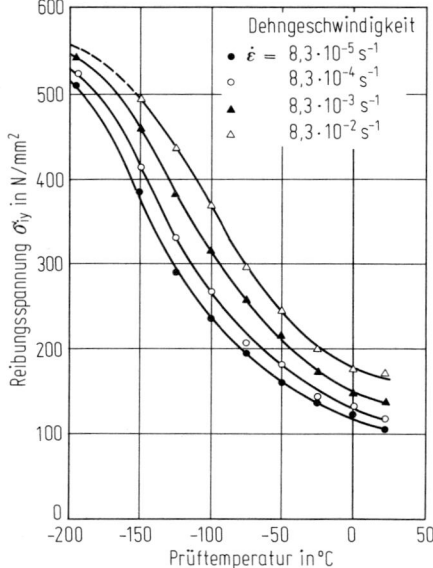

Bild C 1.29 Abhängigkeit der Reibungsspannung σ_{iy} von der Prüftemperatur und Dehngeschwindigkeit des Stahls nach Bild C 1.28. Nach [69].

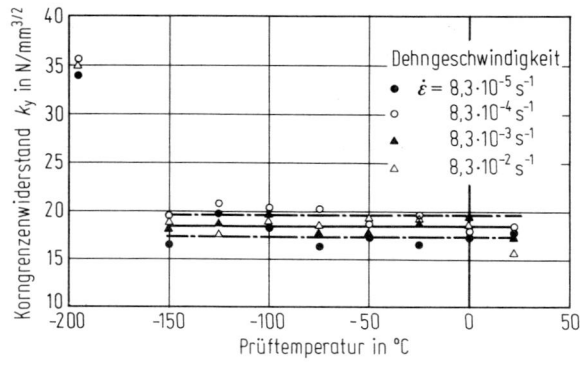

Bild C 1.30 Abhängigkeit des Korngrenzenwiderstandes k_y von der Prüftemperatur und Dehngeschwindigkeit bei dem Stahl nach Bild C 1.28. Nach [69].

verteilung vor einem Versetzungsaufstau der Länge $2a$ aus, wobei angenommen wird, daß Korngrenzen als Hindernisse für die Versetzungsbewegung wirken. Für den Verlauf der Schubspannung im Nachbarkorn erhält man $\tau(x) = (\tau - \tau_i)\sqrt{2a/x}$, wobei x der Abstand von der Korngrenze ist. Fließen im Nachbarkorn und damit Ausbreitung der plastischen Verformung tritt dann auf, wenn blockierte Versetzungsquellen im Abstand $x = l$ von der Korngrenze aktiviert werden. Dafür muß also gelten: $\tau(x) = \tau_d$, wenn τ_d die Aktivierungsspannung der blockierten Quellen ist. Nimmt man an, daß diese Aktivierung an der Fließgrenze τ_F erfolgt und die Länge des Aufstaus gleich dem Korndurchmesser d ist, erhält man

$$\tau_F = \tau_i + \tau_d \sqrt{l/d}$$

oder

$$\sigma_F = \sigma_{iy} + 2\tau_d \sqrt{l/d}.$$

Durch Vergleich mit

$$\sigma_F = \sigma_{iy} + k_y d^{-1/2}$$

ergibt sich

$$k_y = 2\tau_d \sqrt{l}. \qquad (C\,1.30)$$

Nach diesen Überlegungen ist der *Korngrenzenwiderstand* k_y proportional der Losreißspannung von blockierten Versetzungen und müßte daher temperaturabhängig sein. Das ist aber nach Literaturangaben [17] und nach Bild C1.30 auch für den hier untersuchten Stahl nicht der Fall. Cottrell hat daher seine Deutung des Korngrenzenwiderstandes modifizert [71]. Im Falle, daß eine starke Blockierung der Versetzungsquellen im Nachbarkorn vorliegt, werden Versetzungen nicht aus diesen Quellen, sondern aus der Korngrenze aktiviert. Aufzubringen ist also eine in diesem Falle temperaturunabhängige Spannung, die die Erzeugung von Versetzungen aus Korngrenzen ermöglicht. Liegt dagegen nur eine schwache Blockierung vor, wie es z.B. nach dem Abschrecken von höheren Temperaturen der Fall ist, gilt die Cottrellsche Überlegung in ihrer ursprünglichen Form, und man findet einen deutlich temperaturabhängigen Korngrenzenwiderstand. So erkennt man in Bild C1.31, daß im abgeschreckten Zustand nach kurzen Anlaßdauern der Korngrenzenwiderstand mit abnehmender Temperatur deutlich ansteigt, während er nach Ofenabkühlung und nach längerem Anlassen bei 413 K konstant ist. Nach Luftabkühlung

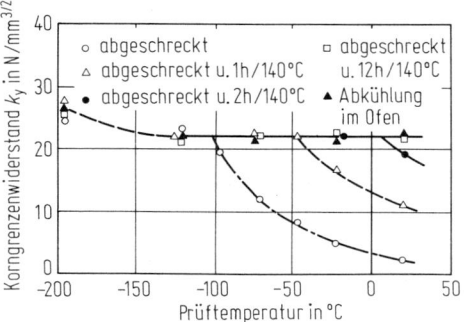

Bild C1.31 Abhängigkeit des Korngrenzenwiderstandes k_y von reinem Eisen (% C + % N = 0,001%) von der Prüftemperatur nach Abkühlen im Ofen oder nach dem Abschrecken und verschiedenen Anlaßbehandlungen. Nach [72].

findet man im allgemeinen die starke Blockierung, und die Temperaturabhängigkeit der Streckgrenze ist dann im wesentlichen durch die Reibungsspannung bedingt.

Von den in der Literatur genannten Modellen zur Erklärung des temperaturabhängigen Anteils der *Reibungsspannung* haben sich nur drei als brauchbar erwiesen [17], die Überwindung der *Peierls-Nabarro-Spannung* (Gitterverfestigung), die Wechselwirkung zwischen bewegten Versetzungen und den durch interstitiell gelöste Fremdatome verursachten tetragonalen Gitterverzerrung *(Fleischer-Modell der Verunreinigungsverfestigung)*, sowie die thermisch aktivierte, mindestens teilweise Rekombination von auf verschiedenen Gitterebenen aufgespaltenen Schraubenversetzungen.

Experimentell findet man (s. auch Bild C1.33), daß die *Reibungsspannung* über einen weiten Temperaturbereich etwa proportional dem Kehrwert der absoluten Temperatur ist. Dieses Verhalten ist mit keinem der angegebenen Modelle vereinbar, wobei aber darauf hingewiesen werden muß, daß die Vorstellung von der Rekombination der aufgespaltenen Schraubenversetzungen noch in keiner nachprüfbaren Abhängigkeit formuliert worden ist. Der gefundene Zusammenhang wäre eher mit dem Losreißen von Versetzungen von den sie blockierenden Cottrell-Wolken zu erklären. Die Abweichung bei tiefen Temperaturen könnte auf Zwillingsbildung und auf eine asymptotische Annäherung an einen Grenzwert zurückgeführt werden. Diese Deutung ist allerdings deshalb problematisch, weil sich eine ähnliche Temperaturabhängigkeit auch im Bereich der homogenen Verformung ergibt, wo also die Versetzungen bereits von ihren Wolken gelöst sind und genügend freie Versetzungen vorliegen.

Die beiden Konstanten der Hall-Petch-Gleichung werden durch zahlreiche Einflußgrößen verändert. Durch Legieren mit Mangan wird k_y deutlich abgesenkt, während Nickel und Silizium den k_y-Wert erhöhen. Bei Alterung steigt k_y im allgemeinen an, während nach dem Abschrecken oder nach Verformung zunächst recht niedrige Werte gefunden werden (s. o.).

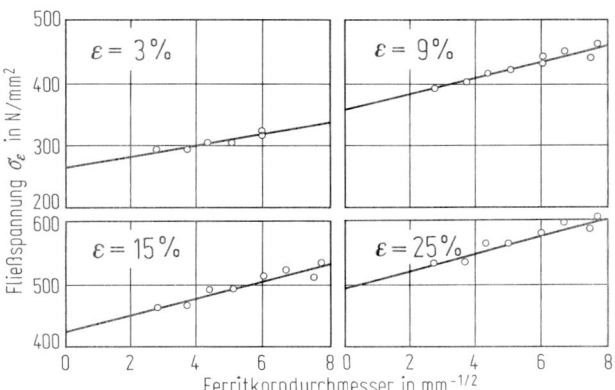

Bild C 1.32 Abhängigkeit der Fließspannung σ_e bei einer bestimmten Dehnung e vom Kehrwert der Wurzel aus dem mittleren Ferritkorndurchmesser d bei einem Stahl mit 0,089 % C (C 10). Dehngeschwindigkeit $\dot{\varepsilon} = 8,3 \cdot 10^{-5} \text{s}^{-1}$; Prüftemperatur $= -75\,°C$. Nach [73].

Die Reibungsspannung wird durch Legierung, Neutronenbestrahlung, Verformung und Alterung erhöht.

Die Hall-Petch-Beziehung läßt sich auch auf den weiteren Verlauf der Fließkurve ansetzen. Bild C 1.32 zeigt für einen unlegierten Stahl mit 0,089 % C (C 10) bei verschiedenen Dehnungen ε den linearen Zusammenhang zwischen der Fließspannung σ_ε und dem Kehrwert der Wurzel aus dem mittleren Ferritkorndurchmesser:

$$\sigma_\varepsilon = \sigma_{i\varepsilon} + k_\varepsilon d^{-1/2}. \qquad (C\,1.31)$$

In Bild C 1.33 ist der Verlauf der Reibungsspannung bei verschiedenen Dehnungen im Vergleich zur Reibungsspannung an der Streckgrenze als Funktion des Kehrwerts der absoluten Temperatur dargestellt. Man erhält über einen weiten Temperaturbereich Geraden, deren Neigung bei $\varepsilon = 5$, 10 und 20 % etwas geringer ist als die für die Streckgrenze.

Bild C 1.34 zeigt den Verlauf des Korngrenzenwiderstandes k_ε für verschiedene Temperaturen und Dehnungen. Im Vergleich zum Korngrenzenwiderstand an der Streckgrenze k_y liegt der k_ε-Wert bei kleinen ε-Werten deutlich niedriger und steigt mit zunehmenden ε-Werten auf ein etwa konstantes Niveau an, das, vor allem bei höheren Temperaturen, den größten Teil der homogenen Verformung umfaßt. Auch in diesem Bereich sind die k_ε-Werte im allgemeinen niedriger als k_y. Dieses Verhalten ist typisch für Stähle mit ausgeprägter Streckgrenze, während bei anderen Werkstoffen vielfach ein vom Wert k_y ausgehender Anstieg des Korngrenzenwiderstandes gefunden wird.

Auf die Reibungsspannung läßt sich mit guter Genauigkeit die Ludwik-Gleichung (C 1.17) anwenden:

$$\sigma_{i\varepsilon} = K_L \varphi^n.$$

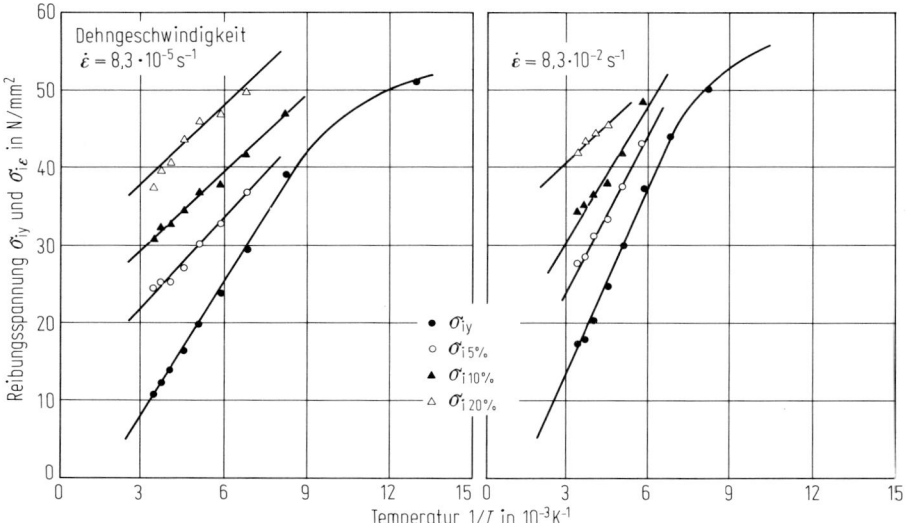

Bild C 1.33 Abhängigkeit der Reibungsspannung an der Streckgrenze σ_{iy} und der Reibungsspannung für verschiedene Dehnungen $\sigma_{i\varepsilon}$ von der Temperatur für den Stahl nach Bild C 1.32. Nach [73].

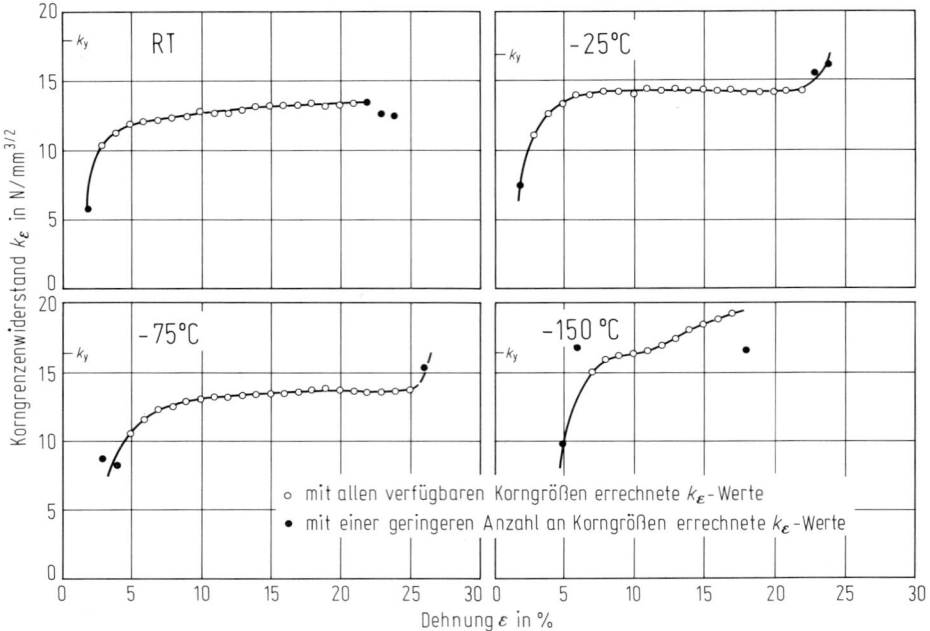

Bild C 1.34 Korngrenzenwiderstand k_ε in Abhängigkeit von der Dehnung für den Stahl nach Bild C 1.32 bei verschiedenen Prüftemperaturen (Dehngeschwindigkeit $\dot\varepsilon = 8{,}3 \cdot 10^{-5}\text{s}^{-1}$). Nach [17].

Für einen unlegierten Stahl (C 10) und andere untersuchte Stähle ergab sich bei dieser Analyse im gesamten Temperatur- und Geschwindigkeitsbereich nur *ein* n-Wert, auch wenn die Spannungs-Dehnungs-Kurve durch 2 n-Werte beschrieben werden mußte, ein Hinweis, daß diese Vorgehensweise physikalisch vernünftig ist. Der Verlauf der Werte für n und K_L ist für einen unlegierten Stahl mit 0,089 % C (C 10) in Abhängigkeit von der Temperatur in Bild C 1.35 dargestellt. Man erkennt, daß der n-Wert mit fallender Temperatur zunächst leicht ansteigt und dann deutlich abfällt. Höhere Prüfgeschwindigkeiten ergeben niedrigere n-Werte. Nach diesem Ergebnis kann der Verlauf der wahren Spannungs-Dehnungs-Kurve wie folgt beschrieben werden:

$$\sigma_\varepsilon = K_L \varphi^n + k_\varepsilon d^{-1/2}. \tag{C 1.32}$$

Zur Veranschaulichung dieser Gleichung sind in Bild C 1.36 die wahren Spannungs-Dehnungs-Kurven für einen unlegierten Stahl, der in mehreren Korngrößen vorliegt, bei drei Temperaturen übereinander gezeichnet. Die unterste Kurve gibt jeweils den Verlauf der Werte für die Reibungsspannung $\sigma_{i\varepsilon}$ für die betreffende Prüftemperatur an. Man erkennt den starken Korngrößeneinfluß an der Streckgrenze und die in der Tendenz gleiche, aber zahlenmäßig geringere Auswirkung im weiteren Verlauf der wahren Spannungs-Dehnungs-Kurve.

Die Gültigkeit der Hall-Petch-Beziehung ist durch zahlreiche Untersuchungen bestätigt. Mit zwei *Einwänden* wird man sich in Zukunft auseinandersetzen müssen.

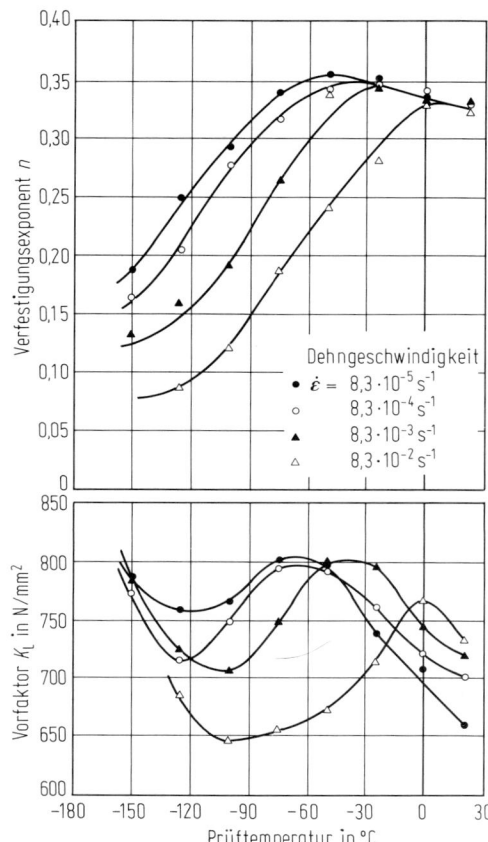

Bild C 1.35 Die in der auf die Reibungsspannung angewandten Ludwik-Gleichung $\sigma_{i\varepsilon} = K_L \, \varphi^n$ enthaltenen Konstanten K_L (Vorfaktor) und n (Verfestigungsexponent) in Abhängigkeit von der Prüftemperatur und Dehngeschwindigkeit bei dem Stahl nach Bild C 1.32. Nach [73].

Die Korngrößenverteilung muß nach Kühlmeyer [74] statistisch ausgewertet werden. Nur wenn sich durch Wärmebehandlungen die Form der Verteilungskurve nicht ändert, kann mit einem nach dem Linienschnittverfahren ermittelten Mittelwert gerechnet werden. Auch dann ist zu überlegen, welcher Anteil der Körner für die gemessene Eigenschaft verantwortlich ist. Ferner ist nach dem Vorschlag von Atkinson [75] jeweils durch Regressionsanalyse festzustellen, welcher Exponent der Korngröße die Ergebnisse am besten darstellt. Es gibt Hinweise, daß sich der so bestimmte Exponent systematisch mit der Dehnung ändert. Allerdings wird hier ein 2-n-Verhalten bei der Beschreibung der Spannungs-Dehnungs-Kurve mit der Ludwik-Gleichung für sinnvoll gehalten.

Festigkeitssteigerung durch Mischkristallbildung [76]

In den Mischkristall durch Substitution von Atomen des Grundgitters oder auf Zwischengitterplätze eingebaute Fremdatome können die mechanischen Eigenschaften auf vielfache Weise beeinflussen. Im folgenden sollen einige Möglichkeiten der Wechselwirkung zwischen Versetzungen und Fremdatomen angegeben werden, die für Stahl wichtig sind.

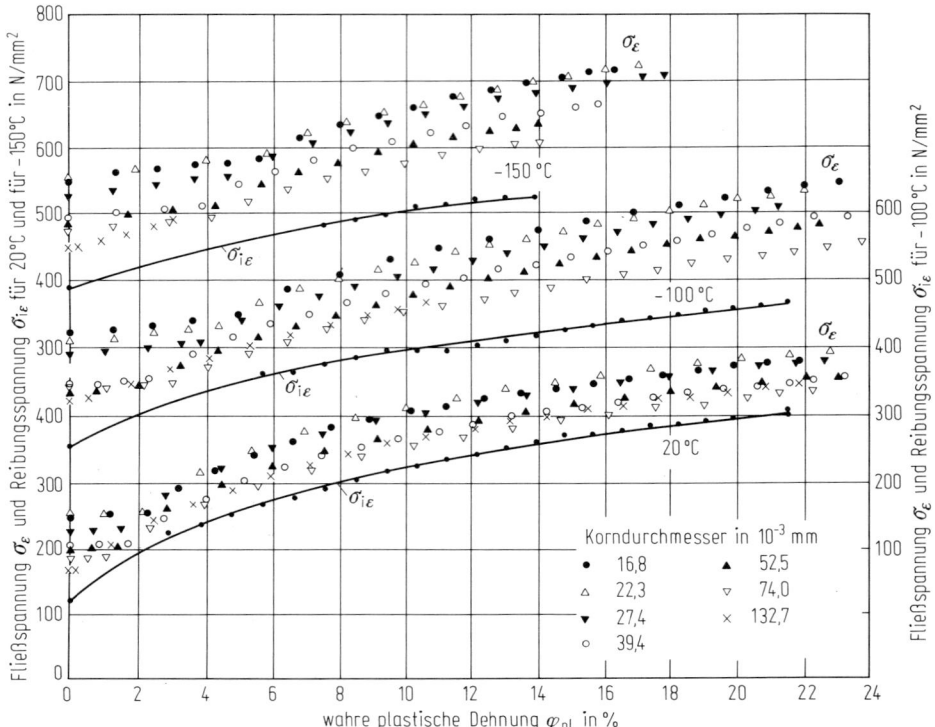

Bild C 1.36 Einfluß der Korngröße auf die wahre Spannungs-Dehnungs-Kurve des Stahls nach Bild C 1.32 bei verschiedenen Temperaturen.

Bei der parelastischen Wechselwirkung wird die Überlagerung der Spannungsfelder von Fremdatomen und Versetzungen betrachtet. Die Größe dieser Wechselwirkung und damit die Streckgrenzensteigerung $\Delta\sigma_c$ ist proportional der Änderung des Gitterparameters a durch die Fremdatome:

$$\Delta\sigma_c \sim \frac{1}{a}\frac{da}{dc}. \tag{C 1.33}$$

Dabei ist c die Konzentration der Fremdatome. Parelastische Wechselwirkung ist nur mit Stufenversetzungen möglich, da Schraubenversetzungen kein hydrostatisches Spannungsfeld und damit keine elastische Volumenänderung in ihrer Umgebung aufweisen. Die Blockierung der Versetzungen im Ferrit durch Kohlenstoff- und/oder Stickstoffatome bei langsamer Abkühlung oder bei der Alterung ist dafür ein Beispiel *(Cottrell-Effekt)* [77]. Auch zwischen Schraubenversetzungen und Fremdatomen mit tetragonalen Spannungsfeldern, wie z. B. den interstitiell eingelagerten Kohlenstoff- und Stickstoffatomen im Ferrit, kann es Wechselwirkungen geben. Durch Umordnung innerhalb einer Elementarzelle im Spannungsfeld der Versetzung werden Plätze mit niedrigerer Wechselwirkungsenergie eingenommen (spannungsinduzierte Ordnung, *Snoek-Effekt*) [77]. Die Bewegung einer Versetzung, die von in dieser Weise geordneten Fremdatomen umgeben ist, ist nur mit erhöhtem Energieaufwand und damit einer zusätzlichen Kraft möglich.

Stapelfehler können eine Mischkristallverfestigung hervorrufen, wenn in ihrem Bereich Fremdatome angereichert oder verarmt sind. Hiermit ist eine Erniedrigung der freien Energie verbunden, die aufgebracht werden muß, um die beteiligten Versetzungen zu bewegen.

Fremdatome wirken sich auch bei der Bewegung der Versetzung durch das Gitter aus. Die Veränderung der elastischen Eigenschaften des Gitters in der Umgebung von Fremdatomen wird durch $(1/G)(dG/dc)$, also durch die Änderung des Schubmoduls G mit der Konzentration c an Fremdatomen beschrieben. Für kleine Fremdatomkonzentrationen findet Fleischer [78] eine Erhöhung der erforderlichen Spannung, die proportional der Wurzel aus der Fremdatomkonzentration ist. Dabei wurde die Änderung des Schubmoduls und des Atomvolumens durch die Fremdatome berücksichtigt und ihr Abstand als groß gegenüber der Reichweite der Wechselwirkung angenommen. Von Labusch [79] wurde die Wirkung von statistisch verteilten Hindernissen berechnet. Für verdünnte Lösungen ergab sich das Gesetz nach Fleischer [78], während sonst eine Spannungserhöhung proportional $c^{2/3}$ erhalten wurde.

Eine Festigkeitssteigerung wird auch gefunden, wenn im Mischkristall Nahordnung oder Entmischung vorliegen (siehe z. B. [80, 81]). Durch die Bewegung der Versetzungen wird die Anordnung der Atome aus diesem Zustand der niedrigsten freien Enthalpie in die statistische Verteilung übergeführt, was Energieaufwand und damit erhöhte Spannung erfordert.

Experimentelle Ergebnisse über die Festigkeitssteigerung durch Mischkristallbildung sind in den folgenden Bildern zusammengestellt. Bild C 1.37 läßt erkennen, daß die Streckgrenze von α-Eisen mit der Konzentration der Fremdatome ansteigt und

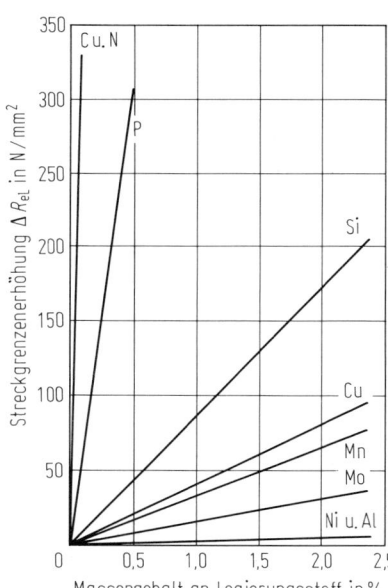

Bild C 1.37 Einfluß des Legierungsgehalts auf die untere Streckgrenze von Ferrit bei Raumtemperatur. Nach [62].

diese um so mehr wirken, je stärker die Verzerrung des Gitters durch die Fremdatome ist. Dabei fällt der starke Einfluß von Kohlenstoff und Stickstoff auf, die auf Zwischengitterplätzen eingelagert sind. Die Möglichkeiten zur Festigkeitssteigerung durch Mischkristallbildung ist naturgemäß durch die maximale Löslichkeit der Legierungselemente begrenzt, wobei im allgemeinen Elemente, die starke Verzerrungen hervorrufen, nur wenig löslich sind.

Die Mischkristallverfestigung ist temperaturabhängig. In Bild C 1.38 ist die Änderung der Streckgrenze von α-Eisen durch Zulegierung verschiedener Elemente jeweils in einem Gehalt von 3 At.-% in Abhängigkeit von der Temperatur dargestellt. Man erkennt, daß der Streckgrenzenanstieg in der Nähe von Raumtemperatur am größten ist und zu hohen Temperaturen hin abfällt, da zunehmend Diffusions- und Erholungsvorgänge möglich sind. Zu tiefen Temperaturen hin findet man eine Abnahme der verfestigenden Wirkung und teilweise sogar eine Erweichung durch Legierung („alloy softening") [83], da die Streckgrenze der Legierung mit fallender Temperatur weniger stark ansteigt als die des reinen Eisens.

Festigkeitssteigerung durch Versetzungen

Verformung führt zur Erhöhung der Versetzungsdichte und damit zu Verfestigung, da die weitere Bewegung und Erzeugung von Versetzungen zunehmend erschwert wird. Formelmäßig läßt sich der Zusammenhang wie folgt angeben:

$$\Delta \sigma_V = \beta G b \sqrt{\rho}. \tag{C1.34}$$

($\Delta \sigma_V$ Erhöhung der Fließgrenze (Streckgrenze) durch Versetzungen, β Konstante, G Schubmodul, b Burgers-Vektor und ρ Versetzungsdichte). Zahlenwerte finden sich für α-Eisen in Bild C 1.39.

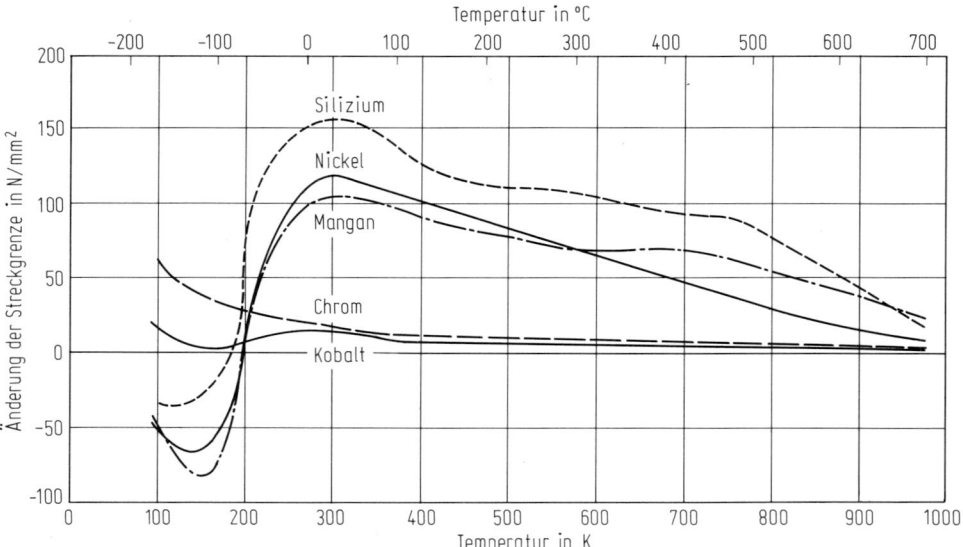

Bild C 1.38 Mischkristallver- und entfestigung von Eisenlegierungen in Abhängigkeit von der Temperatur; Legierungsgehalt jeweils 3 At.-%, Dehngeschwindigkeit $\dot{\varepsilon} \cong 2,5 \cdot 10^{-4} s^{-1}$. Nach [82].

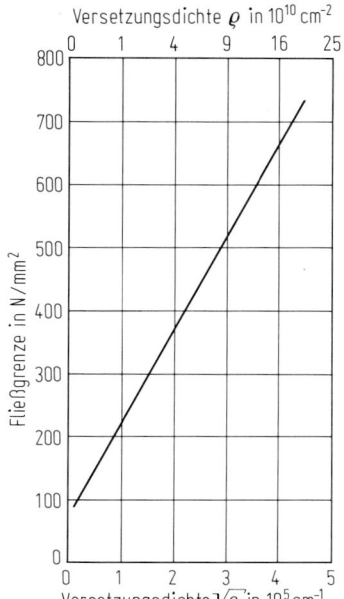

Bild C 1.39 Fließgrenze von α-Eisen in Abhängigkeit von der Versetzungsdichte ρ. Nach [84].

Bei der Ausnutzung der Verformung zur Erhöhung der Festigkeit ist zu berücksichtigen, daß eine Vorverformung bei anderer Temperatur als der Einsatztemperatur den weiteren Ablauf der Verformung beeinflussen kann. So verhindert z. B. Vorverformung bei Raumtemperatur das Auftreten von Zwillingsbildung bei sehr tiefen Temperaturen. Ferner ist die Auswirkung einer Vorverformung abhängig von der Verformungsrichtung der nachfolgenden Beanspruchung (Bauschinger-Effekt, s. C 1.2.1).

Nicht nur Verformung, sondern auch diffusionslose Umwandlung (Martensitbildung) bewirkt eine Erhöhung der Versetzungsdichte. Einige Bemerkungen dazu finden sich weiter unten.

Festigkeitssteigerung durch Ausscheidungen [85]

Ausscheidungen können die Bewegung von Versetzungen durch ihr Spannungsfeld infolge Volumenabweichung gegenüber der Matrix oder Veränderung des Schubmoduls behindern. Feinverteilte Ausscheidungen, die nur eine geringe Fehlpassung mit der Matrix aufweisen (kohärente oder teilkohärente Teilchen) werden durch Versetzungen geschnitten *(schneidbare Teilchen)*. In diesem Fall ist zur Bewegung der Versetzungen eine erhöhte Kraft erforderlich, um neue Phasengrenzflächen infolge des Abgleitens zu schaffen [86], eine Antiphasengrenze in einem vorher geordneten Teilchen zu erzeugen oder um die Versetzung durch den Bereich mit anderer Stapelfehlerenergie zu treiben. Setzt man die erforderliche Kraft in die *Fleischer-Formel* [78] ein, so erhält man eine Spannungserhöhung infolge Teilchen $\Delta \sigma_T \sim f_T^{1/2} d_T^{1/2}$, wobei f_T der Flächenanteil der Teilchen und d_T der Teilchendurchmesser sind.

Bei großen Teilchenabständen D' und inkohärenten Ausscheidungen, z. B. bei größeren Karbiden, biegen sich die Versetzungen unter der angelegten Spannung zwischen den Teilchen durch (nicht schneidbare Teilchen) und laufen unter Zurücklassung eines Versetzungsringes um die Teilchen weiter *(Orowan-Mechanismus)* (s. auch Bild C 1.12). Hierdurch ergibt sich eine Spannungserhöhung

$$\Delta \sigma_O = \frac{\alpha G b}{D'} = \frac{\alpha G b v_T^{1/3}}{d_T}, \qquad (C\,1.35)$$

wobei v_T der Volumenanteil der Ausscheidung und α eine Konstante ist. Für gleichbleibenden Volumenanteil der Ausscheidungen steigt die erforderliche Zusatzspannung also zunächst nach dem Schneidmechanismus mit der Wurzel aus dem Teilchendurchmesser an und fällt dann nach dem Orowan-Mechanismus umgekehrt proportional zum Teilchendurchmesser ab. Die Teilchengröße für maximale Aushärtung erhält man durch Gleichsetzen der nach den beiden Mechanismen erzielbaren Festigkeitssteigerungen, sie liegt bei 2 bis 4 nm.

In Bild C 1.40 sind die Vorgänge während der Ausscheidung und der nachfolgenden Koagulation oder *Ostwald-Reifung* dargestellt. Nach einer Inkubationszeit t_c beginnt das Teilchenwachstum, wobei sowohl Durchmesser d_T als auch Volumenanteil v_T zunehmen. Die Teilchen werden durch die Versetzungen bevorzugt geschnitten. Im Bereich der Ostwald-Reifung bleibt der ausgeschiedene Volumenanteil konstant, der mittlere Teilchendurchmesser und der Teilchenabstand D' nehmen zu. Die Teilchen werden nun nach dem Orowan-Mechanismus umgangen. In Bild C 1.41 ist für diesen Bereich die erreichbare Streckgrenzenerhöhung von α-Eisen in Abhängigkeit vom Teilchendurchmesser d_T für verschiedene ausgeschiedene Volumenanteile dargestellt. Mit kleinerem Teilchendurchmesser und größerem ausgeschiedenem Volumenanteil steigt die Streckgrenze an. Der Bereich der mikrolegierten Baustähle ist durch Schraffur gekennzeichnet.

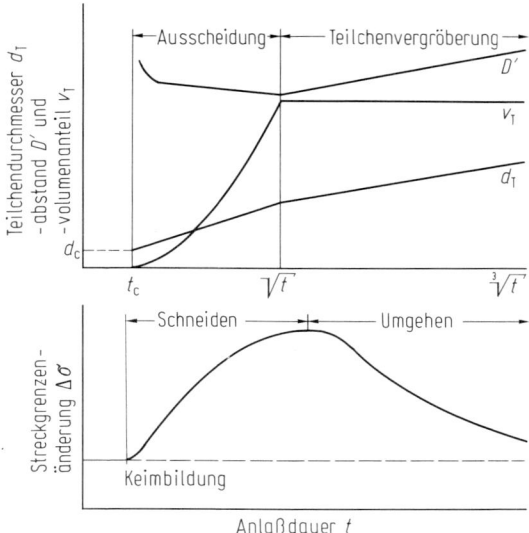

Bild C 1.40 Schematische Darstellung der Keimbildung und des Keimwachstums beim Anlassen eines Mischkristalls und die dadurch bedingte Streckgrenzenänderung in Abhängigkeit von der Zeit. (Bei t_c bilden sich Keime der kritischen Größe d_c). Nach [85].

*Kombination der Möglichkeiten zur Festigkeitssteigerung;
Einfluß des Gefüges* [88]

In Stählen werden verschiedene Möglichkeiten zur Festigkeitssteigerung ausgenutzt. Dabei addieren sich die Auswirkungen der Maßnahmen. Bei harten Hindernissen (H), wie festliegenden Versetzungen (V) und nichtschneidbaren Teilchen (O), ergibt sich die Gesamtwirkung zu

$$\Delta \sigma_H = \sqrt{\Delta \sigma_V^2 + \Delta \sigma_O^2}. \quad (C\,1.36)$$

Die übrigen Teilbeiträge zur Festigkeitssteigerung addieren sich linear. Insgesamt erhält man folgende Beziehung für die Streckgrenze:

$$R_{eL} = \sigma_i + \Delta \sigma_c + \Delta \sigma_H + k_y d^{-1/2}. \quad (C\,1.37)$$

In dieser Gleichung sind σ_i die Reibungsspannung des unlegierten Grundwerkstoffs, $\Delta \sigma_c$ die Wirkung von Fremdatomen (Mischkristallbildung) und von schneidbaren Teilchen, $\Delta \sigma_H$ die Festigkeitssteigerung durch harte Hindernisse und $k_y d^{-1/2}$ der Einfluß der Kornfeinung.

Infolge der Vielfalt der Gefüge von Stahl können zahlreiche Kombinationen der Möglichkeiten zur Festigkeitssteigerung ausgenutzt werden. In Baustählen mit $\leq 0{,}2\%$ C liegt *ein ferritisches Grundgefüge* vor: die Festigkeit kann vor allem durch Kornfeinung und Ausscheidungshärtung gesteigert werden. Bild C 1.42 zeigt beispielhaft die Zusammenhänge. In unlegiertem Stahl erhält man durch Kornfeinung einen Streckgrenzenanstieg entsprechend der Hall-Petch-Gleichung. Durch Niobzusatz wird im normalgeglühten Zustand (950°C/Luft) ein feineres Korn erzielt; die ausgeschiedenen Niobkarbonitride hemmen das Austenitkornwachstum, sind aber zu grob, um eine Ausscheidungshärtung zu bewirken. Wird durch Glühung bei höheren Temperaturen (höhere Austenitisierungstemperatur) Niob zunehmend in Lösung gebracht, so ergeben die bei der nachfolgenden Luftabkühlung entstehenden feinen Niobkarbonitride eine Ausscheidungshärtung, die mit höhe-

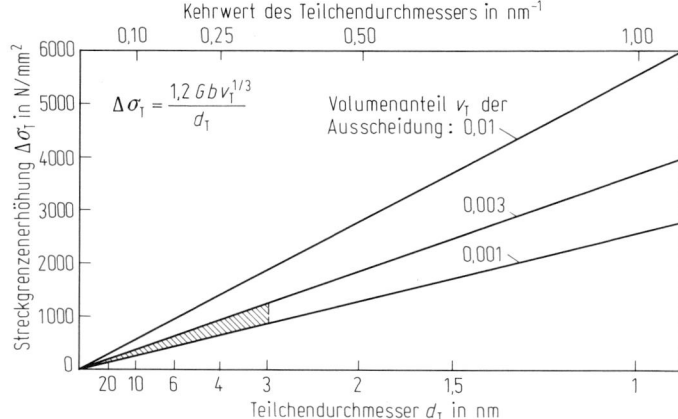

Bild C 1.41 Errechnete Erhöhung der Streckgrenze $\Delta \sigma_T$ von α-Eisen durch harte Teilchen in verschiedenen Volumenanteilen v_T (Schraffur = Bereich der mikrolegierten Baustähle). Nach [87].

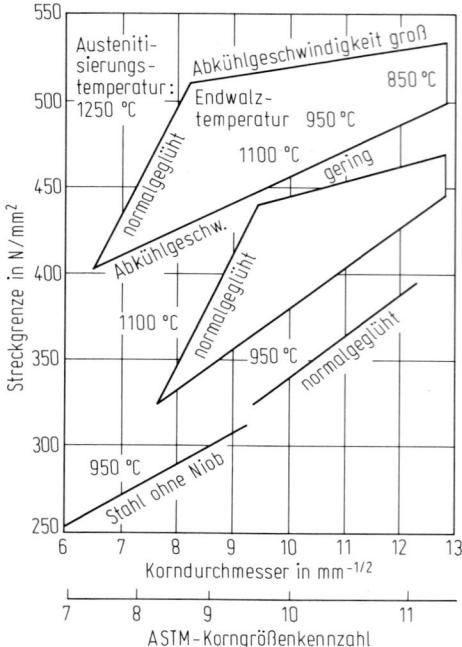

Bild C 1.42 Abhängigkeit der Streckgrenze von der Korngröße bei verschiedenen Austenitisierungstemperaturen (Stoßofentemperaturen) für einen Stahl mit etwa 0,1% C und 1% Mn sowie 0,02% Nb. Nach [89].

rer Lösungsglühtemperatur zunimmt, während sich das Korn vergröbert. Wird durch Warmumformung bei relativ niedrigen Temperaturen und gesteuerter Abkühlung die Korngröße verringert, so erhält man eine optimale Kombination von Kornfeinung und Aushärtung (thermomechanische Behandlung).

In *Gefügen mit gerichteten Phasen* ist statt der Korngröße die mittlere freie Weglänge der Versetzungen in die Hall-Petch-Gleichung einzusetzen. Für *Perlit* findet man mit guter Genauigkeit [90] $R_{p0,2} = -85,9 + 8,3\ S^{-1/2}$, wenn für S der mittlere Lamellenabstand eingesetzt wird. Die Konstanten gelten für die Angabe von $R_{p0,2}$ in N/mm². In ferritisch-perlitischen Stählen errechnet man die Größe der Streckgrenze aus den Werten der Streckgrenzen der beteiligten Phasen, wobei Experimente gezeigt haben, daß der Volumenanteil des Ferrits v_α wie folgt berücksichtigt werden muß [62]:

$$R_{eL} = v_\alpha^{1/3} R_{eL\,\alpha} + (1 - v_\alpha^{1/3})\, R_{eL\,P}. \tag{C1.38}$$

Dabei sind R_{eL} die resultierende untere Streckgrenze, $R_{eL\,\alpha}$ die Streckgrenze des Ferrits und $R_{eL\,P}$ die des Perlits. Die Formel besagt, daß der Perlitanteil zunächst, d. h. wenn er niedrig ist, einen relativ geringen, dann aber zunehmenden Einfluß ausübt. Bild C1.43 zeigt die Beiträge der verschiedenen Verfestigungsmechanismen in Abhängigkeit vom Perlitgehalt. Legierungselemente wirken sich u. a. durch Veränderung des Anteils der verschiedenen Phasen bei der Umwandlung und beim Perlit über den Lamellenabstand aus.

Beim *Martensit* beruht nach Bild C1.44 die Festigkeitssteigerung vor allem auf Mischkristallverfestigung durch den in Zwangslösung befindlichen Kohlenstoff

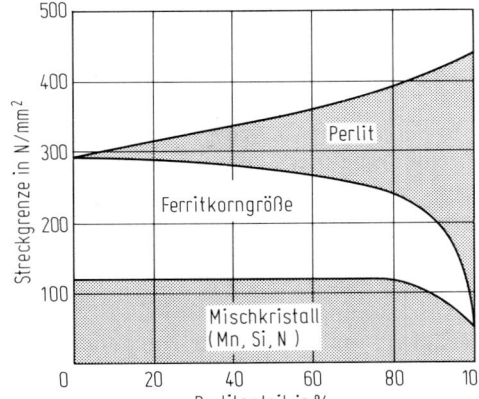

Bild C 1.43 Aufteilung der Streckgrenzenwerte von Ferrit-Perlit-Gefügen auf die Anteile verschiedener Verfestigungsmechanismen in Abhängigkeit vom Perlitanteil. Nach [62].

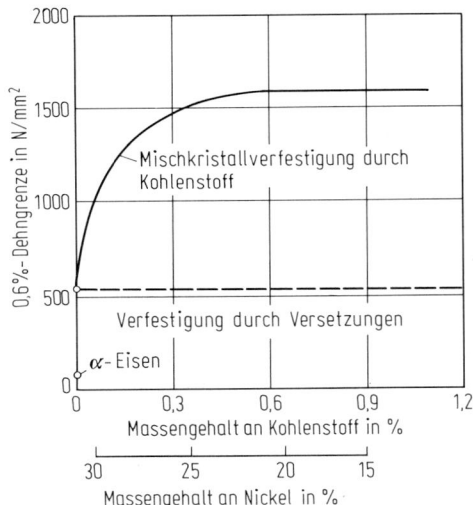

Bild C 1.44 Mischkristallverfestigung durch interstitiell gelösten Kohlenstoff in Martensit. Um die Martensittemperatur konstant zu halten, wurde mit dem Kohlenstoffgehalt auch der Nickelgehalt verändert. Nach [91].

und auf der Zunahme der Versetzungsdichte. Ferner bestimmen die Zwillings- oder Paketgrenzen im Martensit die freie Weglänge der Versetzungen. Metallkundlich gesehen ist also die martensitische Härtung kein selbständiger Mechanismus zur Verfestigung, sie gehört vielmehr zur Festigkeitssteigerung durch null-, ein- und zweidimensionale Hindernisse, wobei den Kohlenstoffatomen, die infolge des Umklappprozesses in Zwangslösung im kubisch-raumzentrierten (krz) Gitter weit über die Löslichkeitsgrenze eingelagert sind, die größte Wirkung zukommt.

Beim Anlassen wird Kohlenstoff in Form von Karbiden ausgeschieden, wobei mit zunehmender Anlaßdauer und -temperatur durch Koagulation die Größe der Ausscheidungen zu- und die Anzahl abnimmt. Dementsprechend sinkt die Festigkeit. Liegen sonderkarbidbildende Legierungselemente, z. B. Vanadin, Molybdän oder Chrom, im Stahl vor, so können sich bei höheren Anlaßtemperaturen wiederum feinverteilte Karbide bilden, die zu einem sekundären Härtemaximum führen und Stähle anlaßbeständiger machen. Die kleine freie Weglänge der Versetzungen ergibt auch im angelassenen Zustand eine relativ hohe Festigkeit bei guter Zähigkeit.

In *bainitischen Gefügen* liegen Umklappferrit und Karbid vor. Die Festigkeit steigt mit abnehmender Umwandlungstemperatur an, da die Karbide kleiner und gleichmäßiger verteilt sind und die Substruktur des Ferrits feiner wird. Die Zähigkeit ist in der unteren Bainitstufe optimal. Nadelferrit (acicular ferrite), ein Umklappgefüge mit niedrigem Kohlenstoffgehalt, weist ebenfalls hohe Festigkeit bei günstiger Zähigkeit auf.

Abschätzungen der maximal in ferritisch-perlitischen Stählen erreichbaren Festigkeit finden sich bei Kochendörfer [92]. In dieser Arbeit werden auch die Grenzen der Anwendbarkeit der verschiedenen Formeln zur Festigkeitssteigerung gegeben.

Grundsätzlich ähnliche Überlegungen sind auf *austenitische Stähle* anwendbar. Zusätzlich findet man Härtung durch Umwandlung bei instabilen Legierungen, bei denen sich Martensit *während* der Verformung bildet, wodurch die Verfestigungskurve steil und die Gleichmaßdehnung groß werden. Alle anderen Möglichkeiten zur Festigkeitssteigerung werden ausgenutzt, wobei besonders auf die Ausscheidung von intermetallischen Phasen in den sogenannten Maraging-Stählen hingewiesen werden soll, bei denen aus Martensit mit niedrigem Kohlenstoffgehalt beim Anlassen Nickel-, Molybdän- und Kobaltverbindungen ausgeschieden werden.

Eine Analyse der durch Einstellung der Gefüge erzielbaren Festigkeitssteigerung nach den Grundmechanismen ist vor allem deshalb wichtig, weil sich die verschiedenen Arten der Festigkeitssteigerung unterschiedlich auf die Zähigkeit auswirken können.

Weitere Einzelheiten über den Einfluß der Gefügeausbildung auf Festigkeit und Zähigkeit finden sich in C4.

C1.1.1.4 Anisotropie des Fließverhaltens

Einfluß der Textur

Inhomogenitäten, wie Seigerungen und nichtmetallische Einschlüsse, beeinflussen das Fließverhalten im allgemeinen wenig, nur in Ausnahmefällen kann infolge ihrer Ausrichtung während der Formgebung durch vorzeitigen Bruch der Zahlenwert der Zugfestigkeit verringert werden. Durch Verformungen und Glühbehandlungen entsteht aber eine *Textur*, d. h. eine bevorzugte Ausrichtung der Körner in bestimmte kristallographische Richtungen und Ebenen relativ zur Walzrichtung und Walzgutoberfläche. Entsprechend den Eigenschaften des Einkristalls führt eine ausgeprägte Textur zur Anisotropie auch von polykristallinen Gefügen. Anisotropes Fließverhalten kann erwünscht sein, z. B. wenn beim Tiefziehen die Verformung eher in der Ebene und weniger aus der Dicke des Bleches erfolgt. Die Anisotropie wird durch den r-Wert quantitativ beschrieben [93–95] (s. auch C8 und D3). Auch die Streckgrenze wird bei einer ausgeprägten Textur abhängig von der Lage der Probe im Blech. So zeigt Bild C1.45, daß die Streckgrenze längs, quer und unter 45° zur Walzrichtung als Folge der Textur im kaltgewalzten Feinblech unterschied-

Eigenspannungen

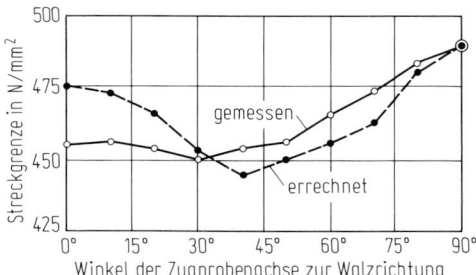

Bild C 1.45 Gemessene und aus der Textur errechnete Streckgrenze eines Tiefziehstahls mit 0,09 % C, 0,042 % Al, 0,032 % Nb und 0,08 % Zr. Nach [96].

liche Werte aufweist. Der Zusammenhang zwischen Textur und Festigkeitseigenschaften kann quantitativ angegeben werden.

Einfluß von Eigenspannungen

Eine weitere Ursache für anisotropes Verhalten sind Eigenspannungen [97, 98]. *Eigenspannungen dritter Art* sind Spannungen um Versetzungen und andere Gitterfehlstellen, die makroskopisch keine Vorzugsorientierung aufweisen. *Eigenspannungen zweiter Art* bilden sich zwischen verschieden orientierten Körnern und zwischen Phasen mit ungleichen Festigkeitseigenschaften aus. Bei äußerer Beanspruchung wird die Dehnung vorgegeben. Zur Verformung der härteren Bereiche wird eine höhere und für die weicheren eine niedrigere Spannung erforderlich. Nach dem Entlasten stehen daher die härtere Phase oder das ungünstiger orientierte Korn unter Zug- und die weichere Phase unter Druckeigenspannung. *Eigenspannungen erster Art* sind Spannungen, die in makroskopischen Bereichen des Werkstückes oder des Bauteiles ihr Vorzeichen ändern. Sie können bei einer Wärmebehandlung durch unterschiedlich schnelle Abkühlung in verschiedenen Bereichen eines Werkstückes entstehen, wenn örtlich plastische Verformungen auftreten, sie können sich aber auch durch inhomogene Verformung ausbilden. Eigenspannungen erster Art können bei Fließbeginn anisotropes Verhalten verursachen, da sie jeweils zur äußeren Spannung zu addieren sind. Von besonderer Bedeutung sind Eigenspannungen bei Werkstoffen mit ausgeprägter Streckgrenze. In Teilbereichen, in denen die Summe der Eigenspannungen und der äußeren Spannungen gleich der Streckgrenze wird, setzt Fließen ein, bevor die Nennspannung die untere Streckgrenze erreicht. Der Abfall der Streckgrenze bei geringen Nachwalzgraden wird z. T. auf die Wirkung von Eigenspannungen zurückgeführt. Allerdings kann man diesen Abfall auch mit Hilfe der Vorstellung erklären, daß durch die, wenn auch kleine, Verformung in den Randbereichen Versetzungen von ihren Verankerungen durch Kohlenstoff oder Stickstoff gelöst werden und bei der Prüfung im Zugversuch die Ausbreitung der plastischen Verformung über den ganzen Querschnitt begünstigen. Mit zunehmendem Nachwalzgrad steigt infolge der Verfestigung die Streckgrenze dann wieder an.

C 1.1.2 Zähigkeit und Bruchverhalten [1, 1a, 2, 99, 100]

Für den Einsatz von Stählen sind nicht allein die Festigkeitseigenschaften, besonders die Streckgrenze oder die 0,2%-Dehngrenze, sondern auch die Zähigkeit und damit das Bruchverhalten von Bedeutung. Im Betrieb sind Überbeanspruchungen nicht auszuschließen, auch wird die plastische Verformung bewußt ausgenutzt. Dabei muß ein unkontrollierter Bruch vermieden werden.

C1.1.2.1 Kennzeichnung der Brucharten [101–104]

Plastische Verformung erfolgt mit Hilfe der Versetzungen durch Abgleiten von Kristallteilen gegeneinander. Auch im Zugversuch können bei reinen Metallen auf diese Weise sehr hohe Verformungen erreicht werden; die Einschnürung bis zum Bruch kann nahezu 100% betragen. Entsprechend dem Grundvorgang wird diese Bruchart *Gleitbruch* genannt. In technischen Werkstoffen ist die Einschnürung geringer. Nach dem Bruch zeigt die Probe im Längsschliff die im Bild C1.46 dargestellte Form. Die unregelmäßige, wabenförmige Struktur der Bruchfläche entsteht durch Abgleiten der Werkstoffbereiche zwischen Hohlräumen, die sich bei der Verformung an nichtmetallischen Einschlüssen oder Ausscheidungen gebildet haben. Im einzelnen ist der Vorgang in Bild C1.47 dargestellt. Eingezeichnet sind nur die Einschlüsse im Bereich der späteren Einschnürung. Die Hohlraumbildung ist im

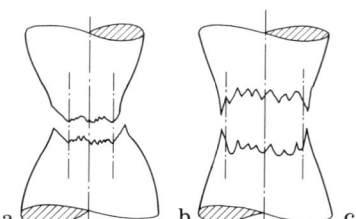
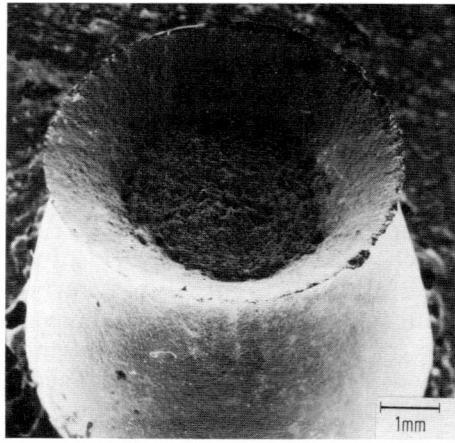

Bild C1.46 Makroskopische Ansicht des Bruchs von Rundzugproben. Nach [101]. **a** Trichterbruch mit Kegel und Krater (cup and cone); **b** doppelter Trichterbruch; **c** rasterelektronenmikroskopische Aufnahme eines Trichterbruchs wie in a.

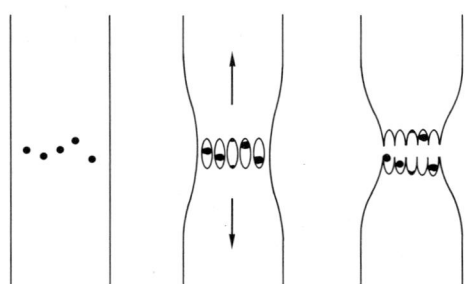

Bild C1.47 Bildung von Hohlräumen an Ausscheidungen oder nichtmetallischen Einschlüssen, die zu Waben auf der Bruchfläche führen. Nach [101].

Gebiet der größten Verformung besonders ausgeprägt, man findet sie aber auch außerhalb des Bruchquerschnittes. Ein rasterelektronenmikroskopisches Bild einer Bruchfläche, die durch Gleitbruch entstanden ist, zeigt Bild C1.48.

Die makroskopische Lage der Bruchfläche relativ zur angelegten Spannung kann unterschiedlich sein, wie auch schon Bild C1.46 zeigt. Im zentralen Bereich der Zugprobe liegt die Bruchfläche senkrecht zur größten Zugspannung; der Bruch ist normalflächig. Gegen Ende des Bruchvorganges, wenn nur noch ein schmaler Kreisring stehengeblieben ist, kann die Bruchfläche eine Richtung von etwa 45° zur Zugrichtung einnehmen (scherflächiger Bruch). In beiden Fällen findet man die typische Wabenstruktur der Bruchfläche. Die Lage der Bruchfläche wird durch die Hauptspannungen bestimmt. Bei Bruchbeginn, im zentralen Bereich der Probe, sind Umfangs- und Radialspannung etwa gleich groß. Daher ist keine Scherfläche bevorzugt. In dem schmalen Kreisring verschwindet die Radialspannung, die größte Schubspannung wirkt in der Fläche unter 45° zur Zugrichtung und dem Radius.

Der Gleitbruch erfolgt also über die Bildung von Hohlräumen und deren Wachstum bis zur Vereinigung bei gleichzeitigem Abgleiten der Zwischenbereiche. Diese Vorgänge können in einem größeren Volumenbereich oder örtlich begrenzt vor einem Kerb oder Anriß ablaufen.

Die Wirkung von nichtmetallischen Einschlüssen oder anderen zweiten Phasen auf den Bruchvorgang ist im wesentlichen vom Volumenanteil abhängig. Die mögliche Verformung bis zum Bruch und damit die Zähigkeit des Werkstoffs im Bereich des Gleitbruchs nimmt unter sonst gleichen Bedingungen mit besserem Reinheitsgrad und geringerem Anteil an zweiten Phasen zu.

Erreicht die größte Hauptzugspannung im Werkstoff einen kritischen Wert, so tritt in Metallen mit krz Gitter in bestimmtem kristallographischen Ebenen ein Aufspalten des Gitters auf; man findet *Spaltbruch*. Theoretisch müßten bei dieser Bruchart die atomaren Bindungskräfte überwunden werden. Eine Abschätzung der dazu erforderlichen Spannung σ_{th} erhält man nach folgender Überlegung (Bild

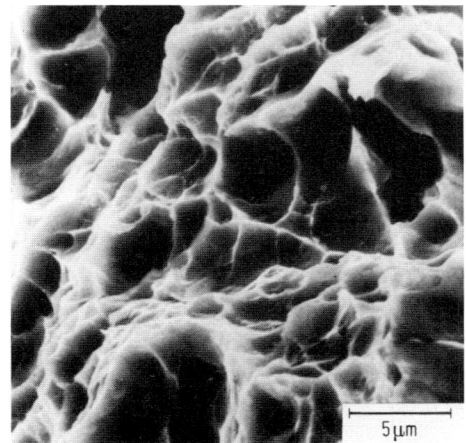

Bild C1.48 Aufnahme eines Wabenbruchs mit dem Rasterelektronenmikroskop.

C 1.49). Wenn a der Gleichgewichtsabstand der Atomebenen für $\sigma = 0$ ist, so ergibt sich für die Spannung zur Verschiebung der Atome um die Strecke $x = a' - a$

$$\sigma = \sigma_{th} \sin \frac{2\pi x}{\lambda}.$$

Dabei ist λ die Wellenlänge der als sinusförmig angenommenen Spannungs-Verschiebungs-Kurve.

Für kleine Verschiebungen gilt näherungsweise

$$\sigma = \sigma_{th} \frac{2\pi x}{\lambda}.$$

Solange die Verschiebungen dem Hookeschen Gesetz (Gl. (C 1.1)) genügen, ist

$$\sigma = \varepsilon E = \frac{x}{a} E.$$

Damit erhält man

$$\sigma_{th} = \frac{\lambda}{2\pi} \frac{E}{a}.$$

Bei der Erzeugung des Bruchs ist die Oberflächenenergie $2\gamma_0$ durch die mechanische Arbeit aufzubringen:

$$2\gamma_0 = \int_0^{\lambda/2} \sigma \, dx = \int_0^{\lambda/2} \sigma_{th} \sin \frac{2\pi x}{\lambda} \, dx = \frac{\lambda \sigma_{th}}{\pi}.$$

Damit wird

$$\sigma_{th} = \sqrt{\frac{E \gamma_0}{a}}. \tag{C 1.39}$$

Mit $E = 210\,000\,\text{N/mm}^2$, $a = 3 \cdot 10^{-7}\,\text{mm}$ und $\gamma_0 = 10^{-6}\,\text{J/mm}^2$ wird $\sigma_{th} \approx 26\,500\,\text{N/mm}^2 \approx \frac{E}{8}$.

Diese *theoretische Spaltbruchspannung* ist rd. zehnmal größer als experimentell gemessene Werte der Bruchspannung. Die Diskrepanz ist auf Risse zurückzufüh-

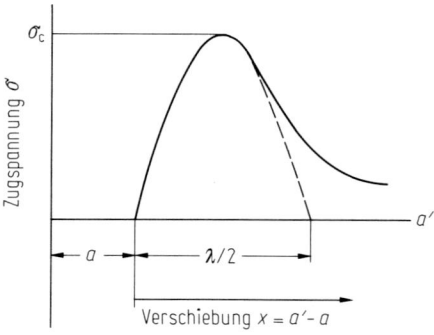

Bild C 1.49 Erforderliche Zugspannung zur Verschiebung der Gitterebenen um die Strecke $x = a' - a$ (schematisch). a ist der Gleichgewichtsabstand der Atomebenen für $\sigma = 0$, λ ist die Wellenlänge der Spannungs-Verschiebungs-Kurve. Bruch tritt ein, wenn $\sigma = \sigma_c$. Nach [99].

Spaltbruch, Sprödbruch

ren, die örtliche Spannungskonzentrationen bewirken. Dem Spannungszustand an der Rißspitze und der Ausbreitung von Rissen ist daher bei Überlegungen zum Spaltbruch besondere Aufmerksamkeit zu schenken.

Zur Ableitung einer Bedingung für die *Ausbreitung von Spaltbrüchen* hat Griffith [105] folgende energetische Überlegungen angestellt. Entsteht entsprechend Bild C 1.50 in einer unendlich ausgedehnten Platte der Dicke 1 ein elliptischer Riß der Länge *2a*, wird, da Normalspannungen auf freien Oberflächen verschwinden, die elastische Energie $\pi\sigma^2 a^2/E$ frei. Umgekehrt ist zur Schaffung der neuen Oberflächen die Energie *4γa* aufzubringen, wobei γ auch noch mikroskopische Verformungsarbeit enthalten kann. Für die Gesamtenergie M erhält man also $M = \pi\sigma^2 a^2/E - 4\gamma a$. Als Bedingung für instabile Rißausbreitung gilt, daß mindestens so viel Energie frei wird, wie zur Schaffung der Oberflächen erforderlich ist, also $dM/da \geq 0$. Für das Gleichheitszeichen, also für den Übergang zu instabiler Rißausbreitung, erhält man die *Griffith-Gleichung*

$$\sigma = \sigma_c = \sqrt{\frac{2E\gamma}{\pi a}}, \qquad (C\,1.40)$$

die die Rißlänge *a* mit einer Spannung verknüpft, bei der der Riß instabil wird. Die Gleichung tritt in vielfacher Form bei der Behandlung von Bruchvorgängen auf. Für die Anwendung entscheidend ist die physikalische Bedeutung der einzelnen Größen.

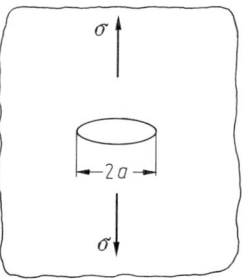

Bild C 1.50 Elliptischer Riß in einer großen Platte nach Griffith [105].

Im Rasterelektronenmikroskop (REM) erkennt man Spaltbrüche an ihren glatten, durch die einzelnen Körner längs kristallographischer Ebenen durchgehenden Bruchflächen (Bild C 1.51). Mit steigender Temperatur bilden sich zunehmend schmale Zonen mit Gleitbruch aus. Sie entstehen durch Abscheren der Stege zwischen dem auf verschiedenen Spaltflächen laufenden Riß. Ferner sind bei sehr tiefen Temperaturen Zwillingsgrenzen zu erkennen.

Sind die Korngrenzen durch Ausscheidungen oder Anreicherungen von Fremdatomen geschwächt, so kann spaltflächiger Bruch auch längs der Korngrenzen als interkristalliner Spaltbruch auftreten (Bild C 1.52). Die Schwächung kann dabei auch während der Beanspruchung, z. B. durch Korrosion, erfolgen.

Bruch ohne makroskopisch erkennbare Verformung, der meist spaltförmig auftritt, nennt man *Sprödbruch*. Jedoch findet man auch nach größeren plastischen Verformungen spaltflächigen Bruch, so daß das für den Spaltbruch kennzeichnende Bruchaussehen nicht notwendigerweise einen verformungslosen Bruch, Sprödbruch, bedeutet.

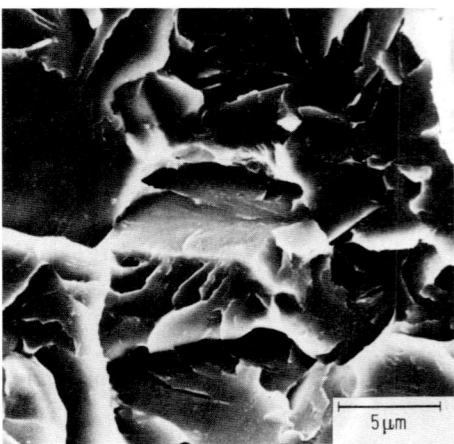

Bild C 1.51 Aufnahme eines transkristallinen Spaltbruchs mit dem Rasterelektronenmikroskop.

Bild C 1.52 Aufnahme eines interkristallinen Spaltbruchs mit dem Rasterelektronenmikroskop.

In austenitischen Stählen und Metallen mit kfz Gitter findet man keinen Spaltbruch. Bei tiefen Temperaturen und hochfesten Werkstoffen erfolgt der Bruch zwar nach nur geringer Verformung, aber als Gleitbruch. Die Bruchfläche hat dann also auch bei „Sprödbruch" eine wabenförmige Struktur.

C 1.1.2.2 Äußere Einflüsse auf das Bruchverhalten

Einfluß von Temperatur und Beanspruchungsgeschwindigkeit

Die *Temperatur* beeinflußt das Bruchverhalten vor allem durch ihre Auswirkung auf die Höhe der Streckgrenze und wirkt sich dadurch auf den Übergang vom Gleitbruch zum Spaltbruch aus. Bild C 1.53 zeigt schematisch, wie die Streckgrenze von ferritischen Stählen von Raumtemperatur zu tieferen Temperaturen zunächst flach und dann zunehmend steiler ansteigt (s. auch Bild C 1.26). Spaltbruch tritt auf, wenn

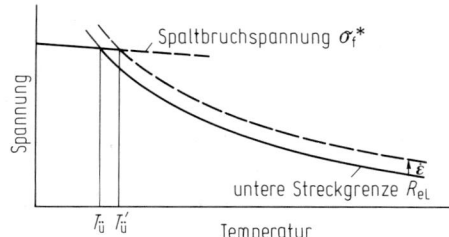

Bild C 1.53 Untere Streckgrenze R_{eL} und Spaltbruchspannung σ_f^* in Abhängigkeit von der Temperatur. Nach [106].

die größte herrschende Zugspannung die *mikroskopische Spaltbruchspannung* σ_f^* erreicht, die nur wenig von der Temperatur beeinflußt wird. Die mikroskopische Spaltbruchspannung ist eine Werkstoffkenngröße, die die Spannung angibt, bei der örtlich ein Spaltbruch entstehen und instabil wachsen kann. Bei Temperaturen unterhalb der Übergangstemperatur $T_ü$ liegt die Spaltbruchspannung unter der Streckgrenze, d. h. Spaltbruch tritt praktisch ohne makroskopische Vorverformung auf; der Werkstoff bricht spröde. Bei Temperaturen wenig oberhalb von $T_ü$ findet man Spaltbruch erst nach vorhergehender Verformung. Bei noch höheren Temperaturen erfolgt der Bruch durch Gleitbruch. Die Übergangstemperatur $T_ü$ kennzeichnet also den Wechsel vom mehr duktilen zum spröden Werkstoffverhalten.

Festigkeitssteigernde Maßnahmen, wie Mischkristallverfestigung oder Ausscheidungshärtung, erhöhen die Streckgrenze, während die mikroskopische Spaltbruchspannung nur wenig beeinflußt wird. Dadurch wird verständlich, daß Werkstoffe, deren Streckgrenze durch die genannten Maßnahmen heraufgesetzt wurde, eine höhere Übergangstemperatur und damit ein ungünstigeres Sprödbruchverhalten aufweisen. Eine Ausnahme ist die Kornfeinung, die später diskutiert wird. Bild C 1.53 läßt zusätzlich erkennen, daß die Neigung der Streckgrenzen-Temperatur-Kurve für das Ausmaß der Verschiebung der Übergangstemperatur von Bedeutung ist; je steiler der Kurvenverlauf, um so geringer ist bei gleicher Festigkeitssteigerung die Erhöhung der Übergangstemperatur.

Mit zunehmender *Beanspruchungsgeschwindigkeit* nimmt die Streckgrenze als thermisch aktivierter Vorgang zu (s. die gestrichelte Kurve in Bild C 1.53). Die mikroskopische Spaltbruchspannung ist dagegen nicht thermisch aktiviert, und ihre Größe wird durch die Beanspruchungsgeschwindigkeit kaum beeinflußt. Demnach wird durch Erhöhung der Beanspruchungsgeschwindigkeit die Übergangstemperatur zu höheren Werten verschoben ($T_ü'$ in Bild C 1.53)

Im Bereich des Sprödbruchs wirken sich Temperatur und Geschwindigkeit nicht aus, während im duktilen Gebiet Temperaturabsenkung und Geschwindigkeitserhöhung die Zähigkeit tendenziell ungünstig beeinflussen, da sich der Abstand zur Übergangstemperatur verringert.

Einfluß des Spannungszustandes [107–109]

Von besonderer Bedeutung ist die Auswirkung eines mehrachsigen Spannungszustandes auf die Bruchvorgänge, vor allem auf den Übergang vom Gleitbruch zum Spaltbruch, da das Fließen behindert wird und damit die Sprödbruchneigung zunimmt. Der Spannungszustand in einem Volumenelement kann im allgemeinen

Fall durch 9 Spannungen, 3 Normal- und 6 Schubspannungen, dargestellt werden. Durch Koordinatentransformation ist es immer möglich, ein Koordinatensystem zu finden, in dem alle Schubspannungen verschwinden. Die Spannungen σ_1, σ_2 und σ_3 sind dann die Hauptnormalspannungen, für die vereinbarungsgemäß gilt: $\sigma_1 \geq \sigma_2 \geq \sigma_3$.

Zur graphischen *Darstellung von Spannungszuständen* werden vielfach die *Mohrschen Kreise* benutzt; einige Beispiele zeigt Bild C 1.54. Auf der Abszisse schneidet der Kreis bei der größten und kleinsten Hauptnormalspannung. Jeder Punkt des Kreises gibt den Spannungszustand in σ und τ in einem unter dem Winkel β geneigten Koordinatensystem wieder, wenn 2β der Winkel zwischen Abszissenachse und dem zum betreffenden Punkt gehörenden Radius ist (vgl. *Bild C 1.54a*). Die größte Schubspannung tritt demgemäß unter 45° zur Hauptnormalspannung auf und ist durch den Ordinatenabschnitt gegeben, der zum Scheitelpunkt des Kreises gehört. Auch der dreiachsige Spannungszustand kann in der Form der Mohrschen Kreise dargestellt werden. Wie Bild C 1.55 zeigt, ergeben sich zwei weitere Kreise innerhalb des durch die größte und kleinste Hauptspannung gegebenen Mohrschen Kreises, die sich bei der mittleren Spannung σ_2 berühren. Da Verformung stets durch Schubspannung verursacht wird, spielt hierfür der hydrostatische Spannungsanteil

$$\sigma_m = \frac{\sigma_1 + \sigma_2 + \sigma_3}{3}$$

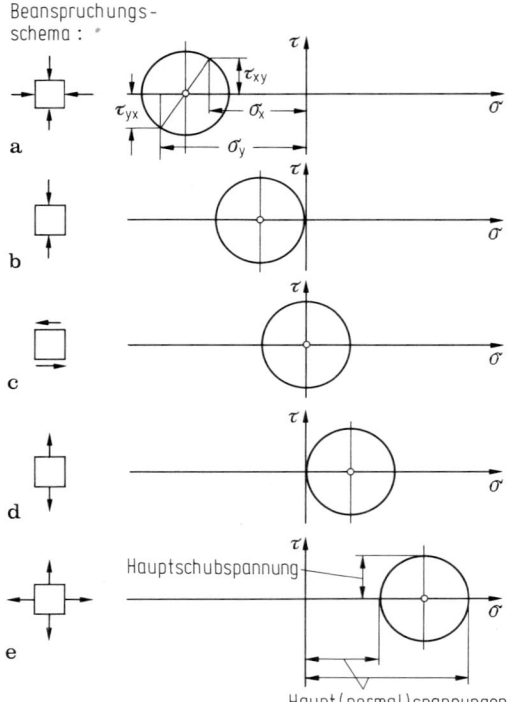

Bild C 1.54 Mögliche Lagen des Mohrschen Spannungskreises bei ein- und zweiachsigen Spannungszuständen. Nach [107]. **a** zweiachsiger Druck; **b** einachsiger Druck; **c** reine Schiebung; **d** einachsiger Zug; **e** zweiachsiger Zug.

keine Rolle. So kann bei $\sigma_1 = \sigma_2 = \sigma_3$ kein plastisches Fließen auftreten, da die Schubspannungen verschwinden. Umgekehrt ist für den Spaltbruch die größte Zugspannung entscheidend, da die Bruchbedingung lautet: $\sigma_1 = \sigma_1^*$.

Für die Anwendung auf das Bauteilverhalten ist der *Spannungszustand vor Kerben* von besonderer Bedeutung. Die Geometrie ist in Bild C1.56 dargestllt, Bild C1.57 zeigt den Verlauf der Spannungen. In Bild C1.57a ist σ_{yy} die Spannung in der Kraftangriffsrichtung, die durch die Kerbwirkung in unmittelbarer Umgebung der Kerbfront stark erhöht wird. Das Ausmaß hängt von der Kerbgeometrie ab. In x-Richtung ist die Spannung auf der freien Oberfläche des Kerbs gleich Null. Sie steigt dann aufgrund der behinderten Querkontraktion infolge der nur kleinen Spannungen in größerer Entfernung vom Kerb vor dem Kerbgrund an. Den Spannungsverlauf in z-Richtung, d.h. parallel zur Kerbfront, zeigt in einigem Abstand vor dem Kerbgrund das Bild C1.57b. Auf der freien Oberfläche verschwindet die Spannung in z-Richtung. Bei endlicher Dicke t der Probe ergibt sich aber wegen der behinderten Querkontraktion auch in dieser Richtung ein Anstieg der Spannung, der sich bei genügend dicken Proben auf ein konstantes Niveau einstellt.

Man nennt den zweiachsigen Spannungszustand an der Oberfläche *ebenen Spannungszustand* (ESZ) ($\sigma_{zz} = 0$), den dreiachsigen Spannungszustand im Probeninnern

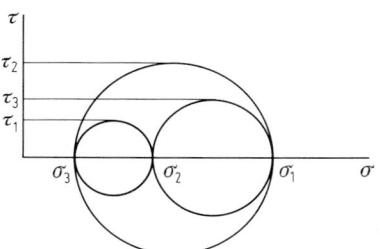

Bild C1.55 Mohrscher Spannungskreis für einen dreiachsigen Spannungszustand ($\sigma_2 \neq 0$).

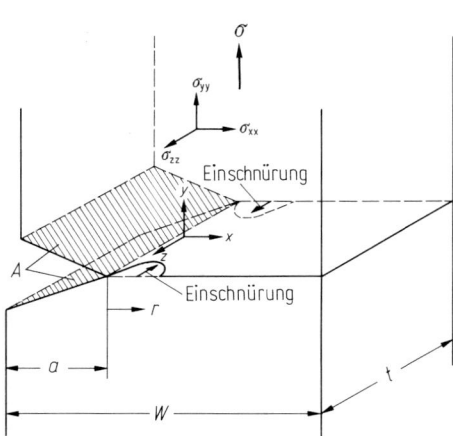

Bild C1.56 Geometrie eines Kerbs und Lage der Zugspannungen. Nach [99].

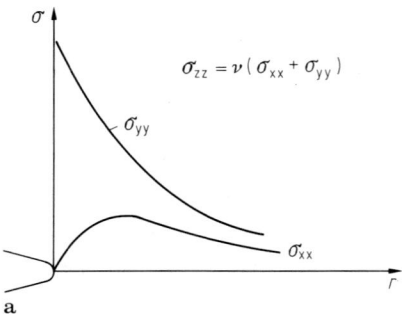

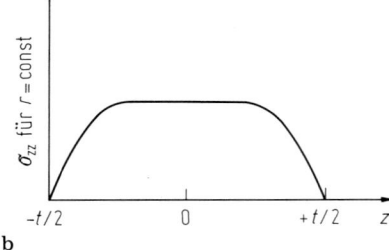

Bild C 1.57 Verlauf der Spannungen vor einem Kerb bei elastischer Verformung. Nach [99]. **a** Spannungen in y- und x-Richtung; **b** Spannungen in z-Richtung.

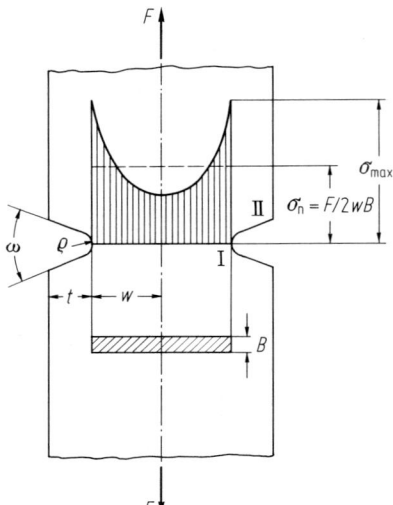

Bild C 1.58 Verlauf der Längsspannungen im engsten Querschnitt eines doppeltgekerbten Flachstabs. Nach [3].

genügend dicker Proben oder Bauteile *ebenen Dehnungszustand* (EDZ), da die Dehnung in z-Richtung durch die starre Umgebung verhindert wird ($\varepsilon_{zz} = 0$). Dann wird

$$\sigma_{zz} = \nu\,(\sigma_{xx} + \sigma_{yy}) = \frac{1}{3}\,(\sigma_{xx} + \sigma_{yy}) \tag{C 1.41}$$

im elastischen Fall.

Unter Berücksichtigung der Geometrie soll nun der Spannungszustand vor Kerben genauer diskutiert werden. Für elastisches Werkstoffverhalten sind die Verhält-

Spannungszustand vor Kerben

nisse in Bild C 1.58 für den Fall einer doppeltgekerbten Rechteckprobe dargestellt. Als Formzahl α_k, die die Wirkung der Kerbe auf die elastischen Spannungen kennzeichnet, wird definiert

$$\alpha_k = \frac{\sigma_{max}}{\sigma_n}. \qquad (C1.42)$$

Dabei sind σ_{max} die größte Spannung dicht unterhalb des Kerbgrundes und σ_n die mittlere Spannung in der Restfläche. Die Formzahl α_k ist abhängig von der *Kerbschärfe* $k = w/\rho$, vom Verhältnis von Kerbtiefe zum Radius im Kerbgrund t/ρ und vom Öffnungswinkel ω. Rechnungen sind für einfache Fälle durchgeführt worden. So zeigt Bild C 1.59 den Verlauf von α_k für beidseitig gekerbte rechteckige Stäbe bei Zugbeanspruchung in Abhängigkeit von $\sqrt{t/\rho}$ für verschiedene Werte von w/ρ.

Aus den Spannungen lassen sich bei elastischem Verhalten die entsprechenden Dehnungen ausrechnen. Da

$$\alpha_k = \frac{\sigma_{max}}{\sigma_n} = \frac{E\varepsilon_{max}}{\sigma_n}$$

ist, erhält man für die Dehnung im Kerbgrund

$$\varepsilon_{max} = \frac{\alpha_k \sigma_n}{E}, \qquad (C1.43)$$

und für die mittlere Spannung in der Restfläche ergibt sich

$$\sigma_n = \frac{E\varepsilon_{max}}{\alpha_k}. \qquad (C1.43a)$$

Die Dehnung im Kerbgrund wird also entsprechend der Formzahl verstärkt oder die „Belastbarkeit" um $1/\alpha_k$ verringert.

Um der Mehrachsigkeit des Spannungszustandes vor Kerben Rechnung zu tragen, ist zur Kennzeichnung des Spannungszustandes auch die *Mehrachsigkeitskennzahl* κ üblich:

$$\kappa = 1 - \frac{\sigma_v}{\sigma_1}. \qquad (C1.44)$$

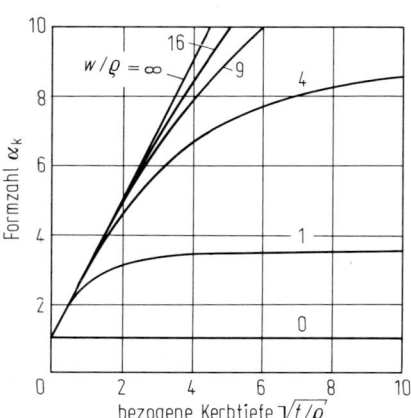

Bild C 1.59 Formzahl α_k in Abhängigkeit von der auf den Radius ρ im Kerbgrund bezogenen Kerbtiefe t/ρ mit der Kerbschärfe w/ρ als Parameter (w siehe Bild C 1.58). Nach [3].

Die Vergleichsspannung σ_v (s. C1.1.1.2) wird in diesem Zusammenhang auch *Anstrengung* oder *Fließpotential* genannt, da sie für den gegebenen Spannungszustand die Möglichkeit zum Fließen beschreibt.

Die Mehrachsigkeitskennzahl κ reicht vom Werte Null im einachsigen Zugversuch bis zum Wert $\kappa = 1$ für den hydrostatischen Spannungszustand mit $\sigma_v = 0$.

Die so definierte Mehrachsigkeitskennzahl ist vor allem für die Behandlung von plastischen Zonen vor Kerben von Bedeutung. Bei Zugbeanspruchung tritt im Kerbgrund plastische Verformung auf (Bild C1.60). Hier herrscht der ebene Spannungszustand und die Bedingung für Fließen ist $\sigma_{yy} = R_{eL}$. Weiter innen liegt bei genügend dicken Proben ein dreiachsiger Spannungszustand mit σ_{zz} als mittlerer Spannung vor. Rechnet man mit der Fließbedingung von Tresca und vernachlässigt die Verfestigung, so nimmt σ_{yy}, ausgehend von der Streckgrenze, entsprechend $\sigma_{yy} = R_{eL} + \sigma_{xx}$ zu, wenn plastisches Fließen auftritt.

Den Verlauf der Spannungen kann man mit der *Gleitlinientheorie von Hill* [110] errechnen, wobei ebene Dehnung und keine Verfestigung angenommen wird (Bild C1.60):

$$\sigma_{yy} = R_{eL} \left(1 + \ln\left(1 + \frac{x}{\rho}\right)\right) \text{ für } x < x_\beta \tag{C1.45}$$

Der Maximalwert von σ_{yy} wird an der Grenze der plastischen Zone erreicht:

$$\sigma_{yy} = R_{eL} K_p \quad \text{mit } K_p = 1 + \ln\left(1 + \frac{x}{\rho}\right). \tag{C1.45a}$$

K_p gibt also die maximale Spannungserhöhung bei einer bestimmten plastischen Zone wieder und wird auch als *plastischer Spannungskonzentrationsfaktor* bezeichnet. Die Gleichung gilt, bis ein Grenzwert bei $x = x_\beta$ erreicht wird, für den folgende Beziehung gilt:

$$\sigma_{yy\,max}(x_\beta) = R_{eL}\left(1 + \frac{\pi}{2} - \frac{\omega}{2}\right) = R_{eL} K_{p\,max}. \tag{C1.46}$$

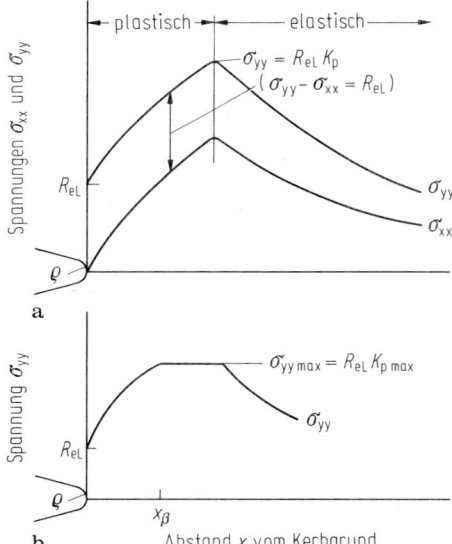

Bild C1.60 Verlauf der Spannungen σ_{yy} und σ_{xx} vor einem Kerb. Nach [99]. **a** plastische Zone $< x_\beta$; **b** plastische Zone $> x_\beta$. x_β ist der Wert für x, bei dem σ_{yy} zuerst den größten Wert $R_{eL} \cdot K_{p\,max}$ erreicht (die Teilbilder a und b sind nicht im gleichen Maßstab gezeichnet).

$K_{p\,max}$ erreicht den Maximalwert für $\omega = 0$, also für Kerben mit parallelen Flanken. Mit dem Trescaschen Fließkriterium erhält man $K_{p\,max} = 2{,}57$ und nach v. Mises $K_{p\,max} = 2{,}82$.

Finite Element-Rechnungen haben ähnliche Spannungsverläufe ergeben [111]. Quantitativ findet man gegenüber der Hillschen Theorie aber deutliche Unterschiede, die auf den starken Vereinfachungen bei der Ableitung dieser Theorie beruhen.

Außerhalb des plastisch verformten Gebietes fällt die Spannung σ_{yy} entsprechend den elastischen Rechnungen ab.

Da im Hauptspannungssystem $\sigma_{yy\,max} = \sigma_1$ und für plastisches Fließen $R_{eL} = \sigma_v$ ist, kann man den plastischen Spannungskonzentrationsfaktor auch wie folgt schreiben:

$$K_p = \frac{\sigma_{yy\,max}}{R_{eL}} = \frac{\sigma_1}{\sigma_v} = \frac{1}{1 - \kappa} \qquad (C\,1.47)$$

und entsprechend

$$K_{p\,max} = \frac{\sigma_{yy\,max}(x_\beta)}{R_{eL}} = \frac{1}{1 - \kappa_{max}}. \qquad (C\,1.47a)$$

Hiermit wird die *örtliche Mehrachsigkeit* gekennzeichnet. Gemessen wird im Zugversuch mit gekerbten Proben im allgemeinen die Spannung, bei der *allgemeines Fließen* („general yield"), also plastische Verformung im gesamten Restquerschnitt zwischen den Kerben eintritt. Aus dieser über den Querschnitt gemittelten Spannung $\sigma_n = \sigma_{gy}$ ergibt sich entsprechend:

$$\frac{\sigma_{gy}}{R_{eL}} = \frac{1}{1 - \bar{\kappa}} = L. \qquad (C\,1.48)$$

Während sich also $\sigma_{yy\,max}$ und κ auf *örtliche Spannungen* beziehen, wird bei σ_{gy} und $\bar{\kappa}$ über den *Querschnitt* gemittelt. Mißverständnisse bei der Definition der Mehrachsigkeit von Spannungszuständen in gekerbten Proben beruhen darauf, daß dieser Unterschied nicht berücksichtigt wird.

Bei der Anwendung dieser Überlegungen auf das *Bruchverhalten* geht man davon aus, daß Spaltbruch dann auftritt, wenn die größte Hauptnormalspannung gleich der *mikroskopischen Spaltbruchspannung* wird ($\sigma_1 = \sigma_f^*$). Vereinfacht sind die Verhältnisse in Bild C1.61 dargestellt. Unter der Voraussetzung, daß das Trescasche Fließkriterium gilt, erhält man $R_{eL} = \sigma_1 - \sigma_3$ oder $\sigma_1 = R_{eL} + \sigma_3$ für mehrachsige Spannungszustände. Um Fließen zu erreichen, muß im mehrachsigen Spannungszustand also die Hauptspannung σ_1 aufgebracht werden, die um σ_3 über der Streckengrenze liegt. Der Übergang vom duktilen zum spröden Verhalten liegt bei der Temperatur, bei der σ_1 die mikroskopische Spaltbruchspannung erreicht. Durch die Mehrachsigkeit des Spannungszustandes wird also die Übergangstemperatur zu höheren Werten verschoben, da wegen der Fließbehinderung eine größere Hauptnormalspannung σ_1 aufgebracht werden muß. Die Neigung der Streckgrenzen-Temperatur-Kurve ist für das Ausmaß der Verschiebung der Übergangstemperatur bei gleicher Veränderung des Spannungszustandes entscheidend. Die Anwendung des v. Mises-Fließkriteriums würde nur eine geringfügige quantitative Änderung der Überlegungen bedeuten.

Die stärkste Mehrachsigkeit tritt vor Kerben und Rissen auf. Die in Bild C 1.61 dargestellten Verhältnisse sind also örtlich zu betrachten und sollen wegen ihrer allgemeinen Bedeutung in ihrem grundsätzlichen Verlauf anhand des Bildes C 1.62 diskutiert werden. Aufgetragen sind in Bild C 1.62a in Abhängigkeit von der Temperatur die Nennspannungen, bei denen in gekerbten Proben Fließen im gesamten gekerbten Querschnitt (σ_{gy}) und bei denen Bruch (σ_f) auftritt. Bei hohen Temperaturen erfolgt nach dem allgemeinen Fließen Verformung und Verfestigung, bis schließlich bei höheren Spannungen der Bruch als Gleitbruch auftritt. Wird die Temperatur abgesenkt, so nimmt die Fließspannung entsprechend der Temperatur-

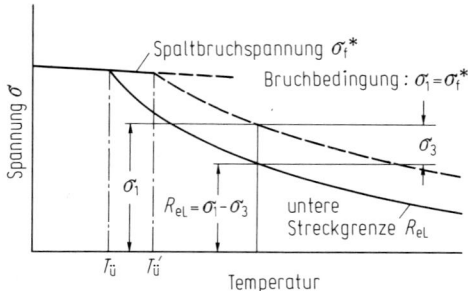

Bild C 1.61 Der Einfluß des Spannungszustandes auf die Übergangstemperatur. Nach [106].

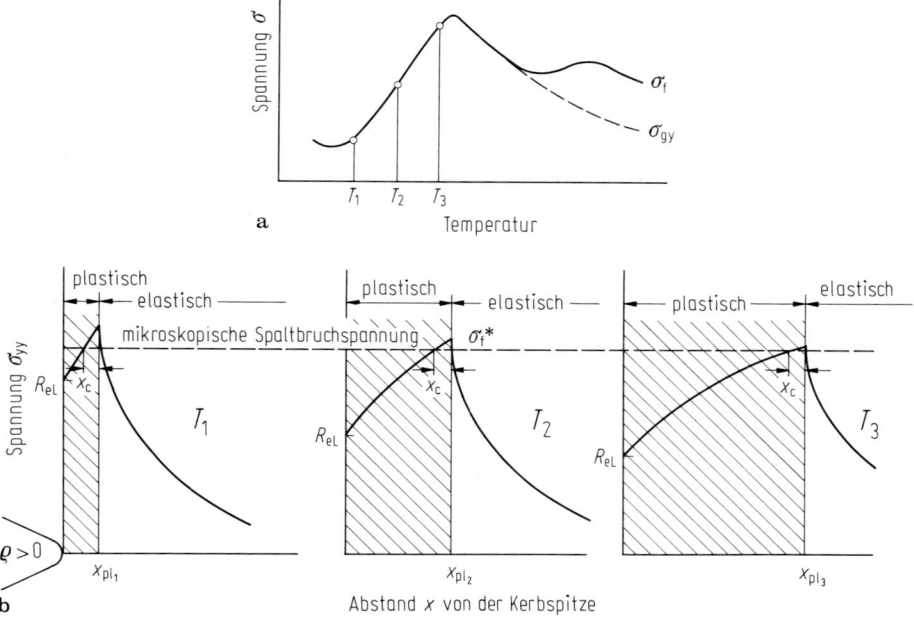

Bild C 1.62 Spannungen an Kerben. Nach [111]. **a** Nennspannungen für Fließen (σ_{gy}) und Bruch (σ_f) von gekerbten Proben in Abhängigkeit von der Temperatur; **b** örtliche Spannungsverteilung vor einem Kerb bei verschiedenen Temperaturen. (σ_f^* = mikroskopische Spaltbruchspannung).

abhängigkeit der Streckgrenze und meist auch die Bruchspannung zunächst zu. Bei noch tieferen Temperaturen fallen dann Fließ- und Bruchspannung zusammen; der Bruch ist in diesem Temperaturbereich spaltflächig, tritt aber nach plastischer Verformung auf. In diesem Bereich muß also die Maximalspannung vor der Rißspitze bereits die mikroskopische Spaltbruchspannung erreicht haben, wobei man im oberen Temperaturgebiet des Spaltbruchs annimmt, daß Verfestigung auftritt, also die örtliche Fließspannung oberhalb der Streckgrenze liegt. Mit weiterer Absenkung der Temperatur steigen Fließ- und Bruchspannung an. Unter der Annahme einer temperaturunabhängigen mikroskopischen Spaltbruchspannung läßt sich dieser Anstieg dadurch erklären, daß mit zunehmender Streckgrenze die Verfestigung immer geringer wird, bis schließlich das Maximum der Kurve erreicht wird, wo als Bruchbedingung gilt:

$$\sigma_f^* = K_{p\,max} R_{eL} .\qquad\text{(C 1.46a)}$$

Hier tritt also der Bruch beim Erreichen von allgemeinem Fließen auf.

Kennzeichnend für das *Verhalten von gekerbten Proben* ist der Abfall der Bruchspannung bei tieferen Temperaturen. In diesem Bereich nimmt die Größe der plastischen Zone vor dem Kerb vom Höchstwert im Maximum („general yield") bis zu sehr kleinen Werten bei tiefen Temperaturen ab. Die Verhältnisse sind in Bild C 1.62b dargestellt (vgl. auch Bild C 1.60). Bei der Temperatur T_3 ist die Streckgrenze R_{eL} niedrig, der Spannungsanstieg bis zum Erreichen der mikroskopischen Spaltbruchspannung σ_f^* erfolgt also über einen relativ großen plastisch verformten Bereich. Der Bruch tritt auf, wenn die mikroskopische Spaltbruchspannung über einer Länge x_c überschritten ist.

Bei Abnahme der Temperatur auf T_2 und T_1 steigt die Streckgrenze an. Der zum Erreichen von σ_f^* erforderliche Anstieg der Spannung ist geringer, der plastisch verformte Bereich wird also kleiner. Dementsprechend sind die erforderlichen Nennspannungen σ_f deutlich niedriger.

Dieser Verlauf ist bei Proben und Bauteilen mit Kerben qualitativ ähnlich; die Nennspannung beim Bruch als Mittelwert der Spannungsverteilung wird um so kleiner, je kleiner die vor dem Kerb erforderliche plastische Zone ist, um örtlich die mikroskopische Spaltbruchspannung zur Auslösung eines Spaltbruchs zu erreichen. Beim Vergleich der verschiedenen Prüfverfahren für die Sprödbruchneigung ist allerdings zu beachten, daß teilweise statt der Bruchspannung andere Kriterien, z. B. die zum Bruch erforderliche Verformungsarbeit, die Dehnung oder das Bruchaussehen, verwendet werden.

C1.1.2.3 Ablauf der Vorgänge beim Bruch

Nach der Behandlung der Einzelprozesse soll nun ein Überblick über die verschiedenen Vorgänge beim Bruch gegeben werden. Dabei wird nach Rißentstehung, Rißausbreitung und Bruch unterschieden (s. Bild C 1.63). Die Entstehung eines Mikrorisses mit einer Länge von etwa einem Korndurchmesser ist leicht möglich. Das kritische Ereignis ist meist der Übergang zur Rißausbreitung.

Im Bereich der *Rißentstehung* ist anzunehmen, daß ein Mikroriß entweder vor einem Kerb oder im einachsigen Spannungszustand an einer ungünstigen Stelle im Gefüge entsteht. Dieser Mikroriß kann sich u. U. gleich instabil ausbreiten und zum Bruch führen; Rißentstehung und Rißausbreitung fallen zusammen. Im allgemei-

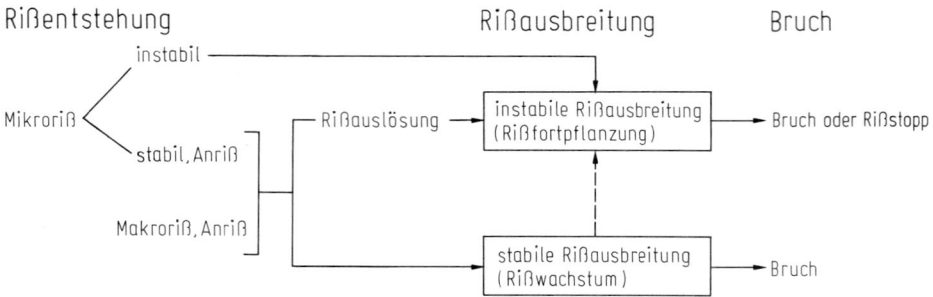

Bild C1.63 Überblick über die Vorgänge beim Bruch.

nen bleibt aber ein Mikroriß zunächst stabil, wobei er sich bei Spannungssteigerung vergrößert. Er verhält sich ähnlich wie makroskopische Anrisse, z. B. Risse in der Nähe von Schweißnähten. Der Übergang zu instabiler Rißausbreitung als Spaltbruch wird mit *Rißauslösung* bezeichnet. Diese *Rißfortpflanzung* führt zum Bruch oder aber zum Rißstopp im Werkstoff. Anrisse können auch stabil, d. h. jeweils der Spannungserhöhung entsprechend, normalerweise als Gleitbrüche weiterwachsen. Das ist dann der Fall, wenn vor der Rißspitze die Bedingung für Spaltbruch nicht mehr erfüllt wird und örtliches Versagen durch Gleitbruch auftritt. Stabiles Rißwachstum kann entweder bis zum Bruch führen oder in instabile Rißausbreitung durch Spaltbruch übergehen.

Bei Beanspruchungen mit konstanter Zunahme der Spannung je Zeiteinheit (kraftgesteuerter Versuch) ist die Tendenz zur instabilen Rißausbreitung größer, während bei konstanter Dehngeschwindigkeit (dehnungsgesteuerter Versuch) eher stabile Rißausbreitung auftritt.

C1.1.2.4 Verfahren zur Prüfung des Zähigkeits- und Bruchverhaltens [19, 112, 113]

Nach der Aufgabenstellung sind zwei Gruppen von Prüfverfahren zu unterscheiden. Bei den Verfahren der ersten Gruppe soll im wesentlichen ein *Vergleich der Ergebnisse* angestellt werden. Damit kann die Gleichmäßigkeit der Erzeugnisse kontrolliert oder der Einfluß verschiedener Gefügezustände vergleichend geprüft werden. Diese Möglichkeit wird bei der Stahlentwicklung benutzt, wo es zunächst vor allem auf die Ermittlung von Tendenzen ankommt. Die Eignung eines Werkstoffs im Hinblick auf einen bestimmten Verwendungszweck kann nur angegeben werden, wenn durch die Erfahrung gesicherte Beziehungen vorliegen.

Wenn dagegen aus den Ergebnissen der Prüfung das Verhalten des aus dem Werkstoff gefertigten Bauteils vorhergesagt werden soll, muß die *Übertragbarkeit* gesichert sein. Voraussetzung für den Erfolg ist die genaue Kenntnis der Beanspruchung im Bauteil und der quantitativen Beziehung zu den Verhältnissen bei der Prüfung an Kleinproben.

Als Ergebnis der Prüfung kann z. B. eine Übergangstemperatur angegeben werden, die den Übergang vom duktilen zum spröden Verhalten kennzeichnet. In vielen Fällen werden aber auch zahlenmäßige Angaben über das Werkstoffverhalten im duktilen und z. T. im spröden Bereich erhalten. Unterschieden werden müssen die Prüfverfahren auch danach, ob Rißentstehung und -ausbreitung beim Versuch ablaufen oder ob der Riß ausgehend von einem vorhandenen Anriß ausgelöst wird.

Das Prüfverfahren muß also auf die *Aufgabenstellung* abgestimmt sein.

Die wichtigsten Einflußgrößen sind Temperatur, Beanspruchungsgeschwindigkeit und Spannungszustand. Wird der Werkstoff durch die Angabe der Übergangstemperatur gekennzeichnet, so sollte die Beanspruchungsgeschwindigkeit entweder mit den Betriebsbedingungen übereinstimmen oder aber die Reaktion des Werkstoffs auf Geschwindigkeitsänderungen quantitativ bekannt sein. Der Spannungszustand wird durch Kerben oder Risse eingestellt.

Nach den Abmessungen spricht man von *Kleinproben*, wenn die Proben aus dem Werkstoff herausgearbeitet werden. Ihre Form ist unabhängig vom Bauteil. Mögliche metallurgische Einflüsse müssen durch gezielte Probenentnahmen berücksichtigt werden.

Wegen der Schwierigkeiten bei der Übertragbarkeit der Ergebnisse sind *bauteilähnliche Proben* entwickelt worden, bei denen zumindest eine Abmessung, meist die Dicke, dem Bauteil entspricht, und deren andere Abmessungen so groß gewählt sind, daß der Beanspruchungszustand dem des Bauteils ähnlich ist. Die metallurgischen Einflüsse wirken sich in ähnlicher Weise aus wie im Bauteil selbst.

Am aufwendigsten sind Prüfungen am ganzen *Bauteil*. Vorbereitet durch Versuche mit kleineren Proben werden Bauteilversuche in besonders wichtigen Fällen, z. B. bei hohem Sicherheitsrisiko, durchgeführt, um eine endgültige Entscheidung über die Richtigkeit einer Vorhersage oder einer Empfehlung zu erhalten.

Kleinproben

Zugproben können zur Ermittlung des Zähigkeits- und Bruchverhaltens benutzt werden. Bild C1.64 zeigt Beispiele. Aus dem Verlauf der Brucheinschnürung, der Bruchdehnung oder der Verformungsarbeit in Abhängigkeit von der Temperatur können Übergangstemperaturen definiert werden. Ungeeignet ist das Streckgrenzenverhältnis R_{eL}/R_m zur Beurteilung der Zähigkeit [115, 116]. Infolge des mehrachsigen Spannungszustandes wird für gekerbte Zugproben die Übergangstemperatur zu

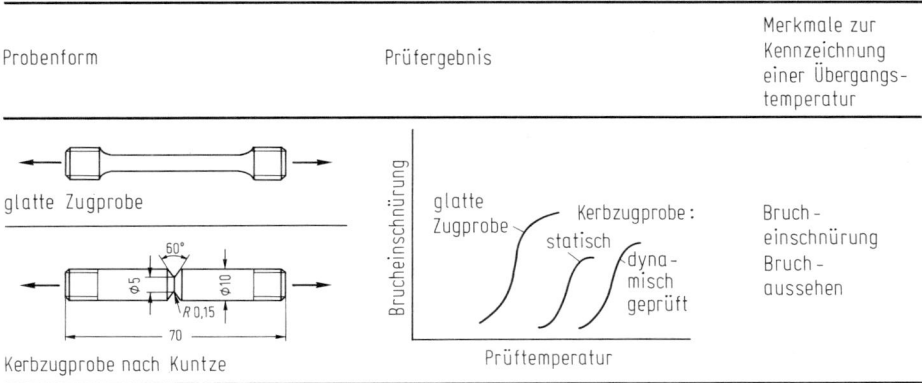

Bild C1.64 Probenformen und Prüfergebnisse bei Zugversuchen zur Kennzeichnung des Zähigkeits- und Bruchverhaltens. Nach [114].

höheren Werten verschoben. Bei dynamischer Beanspruchung verschiebt sich die Übergangstemperatur ebenfalls zu höheren Werten.

Beim *Kerbschlagbiegeversuch* werden quadratische, unterschiedlich gekerbte Proben in einem Pendelschlagwerk zerschlagen [117, 118]. Bild C1.65 zeigt im linken Teil einige Beispiele für Kerbschlagproben, von denen sich die ISO-Spitzkerbprobe weitgehend durchgesetzt hat. Im rechten Teilbild ist angegeben, wie sich die Kerbschlagarbeit in Abhängigkeit von der Temperatur verändert. Bei tiefen Temperaturen erfolgt der Bruch von ferritischen Stählen als Spaltbruch, bei hohen Temperaturen, nach größerer plastischer Verformung, als Gleitbruch. Im Übergangsgebiet entsteht in der Nähe des Kerbgrundes zunächst ein Gleitbruch, der aber wegen des an der Rißspitze verschärften Spannungszustandes in einen Spaltbruch übergeht. Der Spaltbruchanteil nimmt mit zunehmender Temperatur ab. Durch Verschärfung des Kerbs wird der Anstieg der Kerbschlagarbeit zu höheren Temperaturen verschoben, gleichzeitig wird der Übergang steiler.

Zur *Kennzeichnung* eines Werkstoffs werden die im Zug- oder Biegeversuch ermittelten Zähigkeitswerte in der Hochlage oder die Übergangstemperatur herangezogen. Dabei kann die Übergangstemperatur als die Temperatur definiert werden, bei der der Zahlenwert auf 50% der Hochlage abgesunken ist oder bei der ein bestimmter Wert (z. B. 27 J an ISO-Spitzkerbproben) erreicht wird. Auch der Anteil an Spaltbruch in der Bruchfläche kann zur Festlegung einer Übergangstemperatur verwendet werden. Im allgemeinen liegen im Kerbschlagversuch bei 50% des Wertes für die Kerbschlagarbeit in der Hochlage auch 50% Spaltbruchfläche vor.

Das *Gefüge* und die dadurch gegebenen Festigkeitseigenschaften können sich auf Übergangstemperatur und Hochlage durchaus verschieden auswirken. Die Beurteilung eines Werkstoffs nach der Übergangstemperatur und dem Zahlenwert der Hochlage kann daher unterschiedlich ausfallen.

Bei der Angabe von Zahlenwerten ist die *Streuung* zu berücksichtigen. Ein Beispiel dafür, daß vor allem im Übergangsbereich die Streuung der Kerbschlagzähigkeit relativ groß ist, da hier das Ergebnis von den örtlichen Verhältnissen vor der Kerbspitze abhängt, zeigt Bild C1.66 (Im Original sind die Meßwerte als Kerbschlagzähigkeit in kgm/cm^2 angegeben, sie wurden unter Berücksichtigung der Probenabmessungen in Kerbschlagarbeit in J umgerechnet).

Infolge der natürlichen Inhomogenitäten wie Korngrößenschwankungen, Seigerungen und nichtmetallischen Einschlüssen in realen Werkstoffen, kann es bei gleicher Temperatur bei unterschiedlichen Spannungen zum Auslösen des Spaltbruchs und entsprechenden Unterschieden der Kerbschlagarbeit kommen. Da mit zunehmender Kerbschärfe die Kurve steiler wird, verringert sich die Streuung der Übergangstemperatur, während die Unterschiede in den Arbeitswerten bei gleicher Temperatur größer werden. Im Bereich der Tief- und der Hochlage sind die Streuungen deutlich kleiner, da kein Wechsel der Bruchart auftritt.

Zusätzliche Informationen erhält man durch *Instrumentierung des Kerbschlagversuchs* und Aufnahme der Kraft-Durchbiegungs-Kurve [119, 120]. Bild C1.67 zeigt als Beispiel eine Folge von Versuchen bei verschiedenen Temperaturen mit Scharfkerbproben (s. Bild C1.65). Durch einen Hartmetallstift wird die Druckzone vermieden. Bei −10°C entspricht das Gebiet II der plastischen Biegung der Probe. Im Maximum entsteht vor der Kerbspitze ein Anriß, der sich im Gebiet III als Gleitbruch mit wegen der Querschnittsabnahme fallender Kraft durch die Probe ausbreitet. Bei

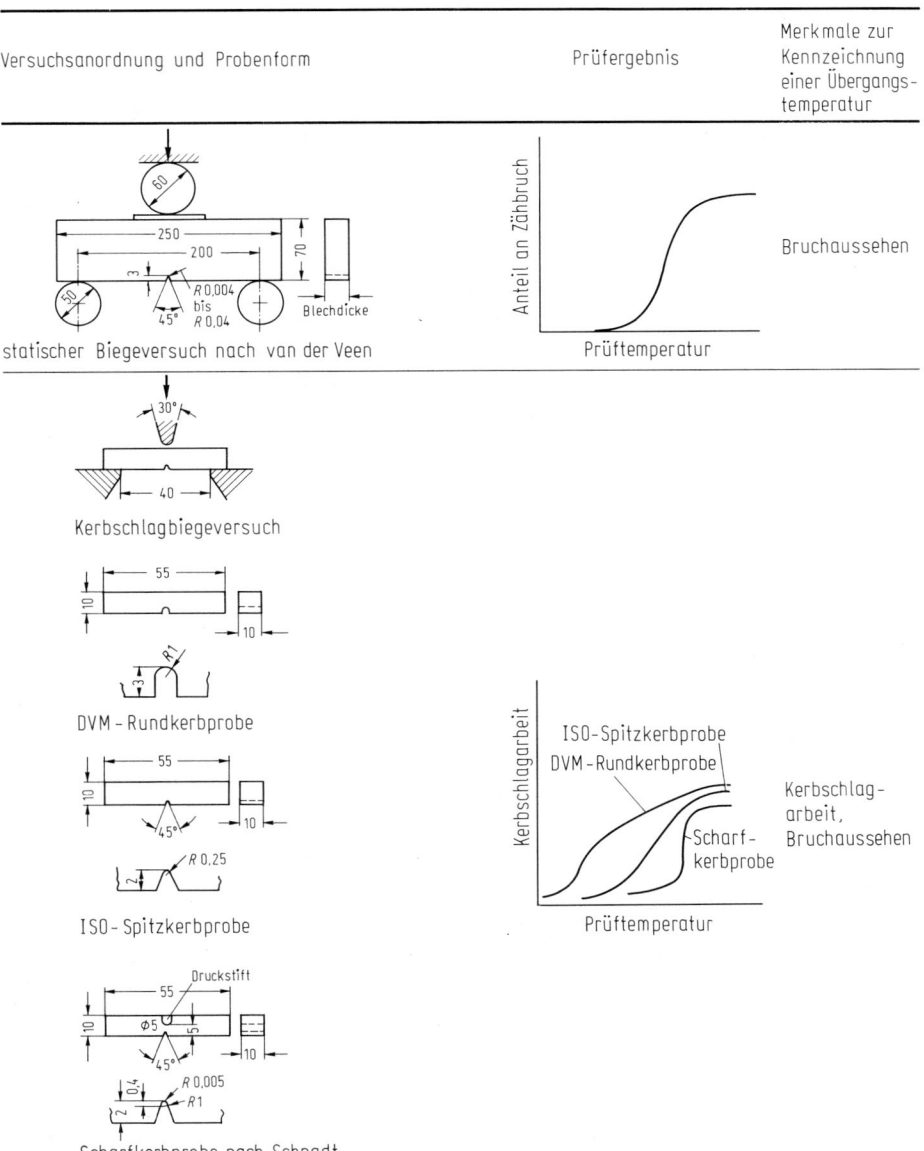

Bild C 1.65 Versuchsanordnungen, Probenformen und Prüfergebnisse bei Kerbbiegeversuchen. Nach [114].

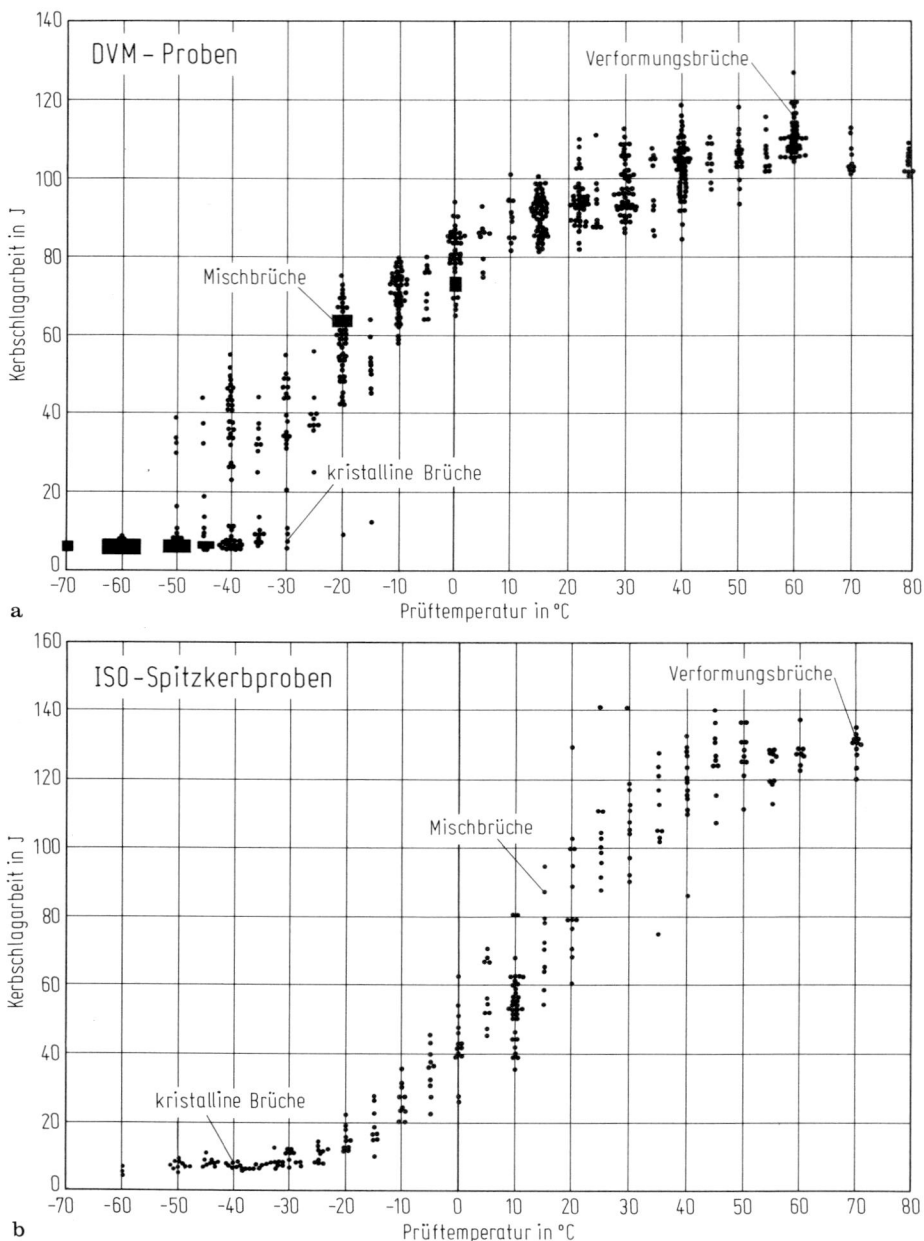

Bild C 1.66 Kerbschlagarbeits-Temperatur-Kurven für verschiedene Kerbformen eines unlegierten Stahls mit rd. 0,22 % C und einer Streckgrenze von mind. 255 N/mm^2 (St 42-2).

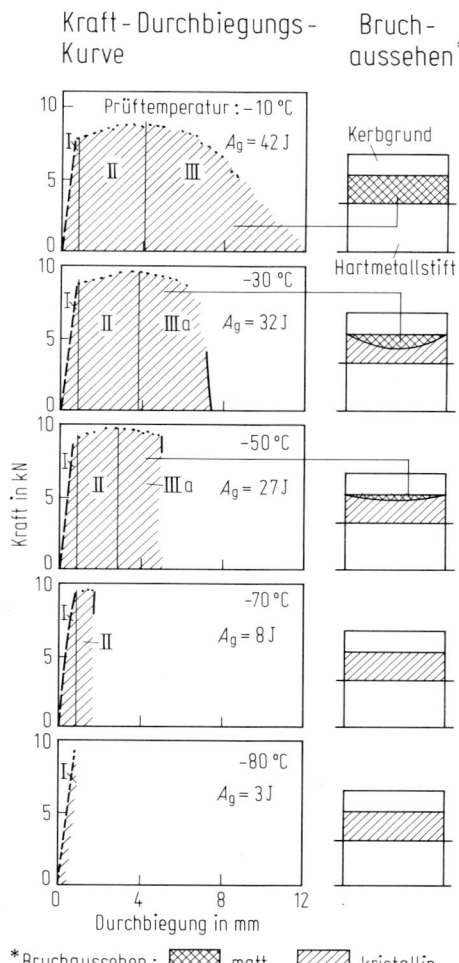

Bild C 1.67 Kraft-Durchbiegungs-Kurven und Bruchaussehen für einen unlegierten Stahl mit 0,3 % C, geprüft mit Scharfkerbproben nach Bild C 1.65. (A_g = Gesamtschlagarbeit, Schlaggeschwindigkeit = 1 m/s; Zeitmarken: 100 µm/s). Nach [120].

tieferen Temperaturen erfolgt der Bruchvorgang zunächst noch ähnlich, doch schlägt der Gleitbruch in einen sich schnell ausbreitenden Spaltbruch um, und die Kraft fällt dann plötzlich ab. Die niedrigste Temperatur, bei der zum letzten Mal Gleitbruch im Kerbgrund auftritt, wird auch T_s genannt (im Bild etwa bei −50 °C). Unterhalb von T_s erfolgt der Bruch als Spaltbruch, vor Bruchbeginn tritt aber noch eine mit fallender Temperatur abnehmende plastische Verformung auf. Die Temperatur T_N ist erreicht, wenn sich die Probe nur noch elastisch vor dem Bruch verformt (im Bild etwa bei −80 °C).

Die zusätzlichen eher qualitativen Informationen über den Verlauf der Kraft mit der Biegung sind informativ, einer quantitativen Auswertung stehen jedoch meßtechnische Schwierigkeiten entgegen. Wegen des erhöhten Aufwandes und der Auswerteprobleme hat sich daher der instrumentierte Kerbschlagversuch nicht allgemein durchgesetzt.

Eine wichtige Einflußgröße ist die *Mehrachsigkeit des Spannungszustandes*. In Bild C 1.68 ist zahlenmäßig angegeben, wie sich die im Kerbschlagversuch mit Proben verschiedener Kerbschärfe ermittelte Übergangstemperatur mit der Mehrachsigkeit verschiebt. Als Abszisse ist der *Mehrachsigkeitsgrad*

$$\pi = \frac{\sigma_v}{\sigma_1} = 1 - \kappa \tag{C 1.49}$$

dargestellt (κ s. Gl. (C 1.44)), der im einachsigen Zugversuch den Zahlenwert 1 und im hydrostatischen Zugspannungszustand den Zahlenwert Null annimmt. Der im Bild angegebene Mehrachsigkeitsgrad entspricht dem Maximalwert π_{max} unterhalb der Kerbspitze, der durch Rechnungen und Modellversuche ermittelt wurde. Die Übergangstemperaturen steigen für alle Stähle etwa gleichartig mit abnehmendem Mehrachsigkeitsgrad, also zunehmender Spannungsüberhöhung vor der Rißspitze, linear an. Hierdurch kommt zum Ausdruck, daß die mikroskopische Spaltbruchspannung im Gebiet vor der Kerbspitze bei um so höheren Temperaturen erreicht wird, je größer die größte Hauptnormalspannung zum Einsetzen des Fließens wegen der Fließbehinderung werden muß (vgl. auch Bild C 1.61).

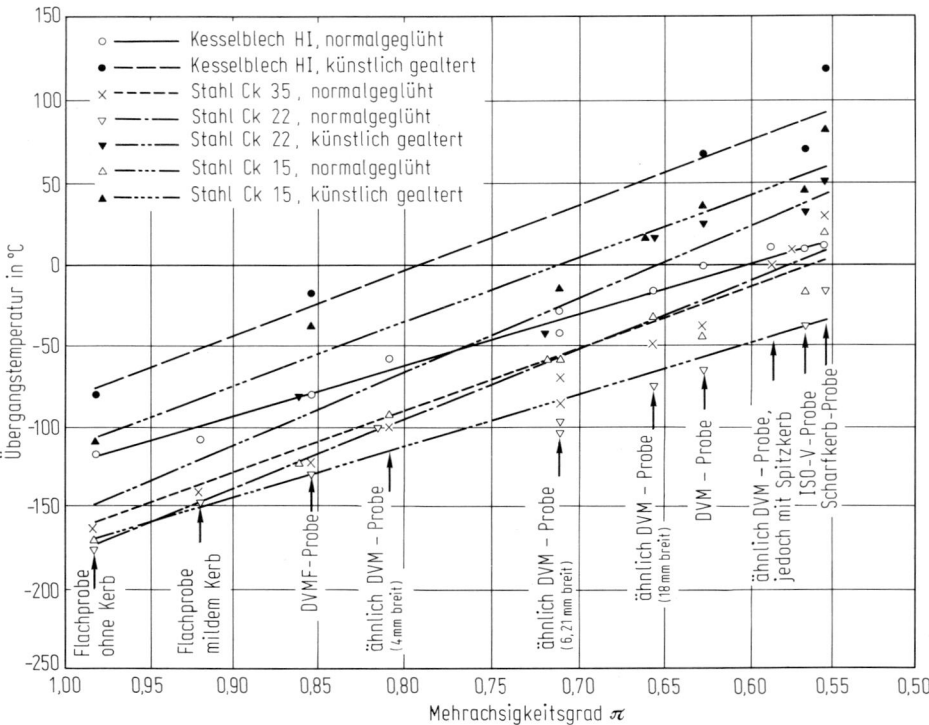

Bild C 1.68 Abhängigkeit der Übergangstemperatur (~ 40 J/cm^2) von dem Mehrachsigkeitsgrad des Spannungszustandes π (s. Gl. (C 1.49)) bei unterschiedlichen Formen von Kerbschlagbiegeproben für unlegierte Stähle mit $\leq 0{,}16\%$ C (Kesselblech H I), rd. 0,15 % C (Ck 15), rd. 0,22 % C (Ck 22) und rd. 0,35 % C (Ck 35). Künstliche Alterung: 10 % Kaltverformung mit anschließendem 1/2-h-Anlassen auf 250 °C. Nach [121].

Bauteilähnliche Proben

Beim *Großzugversuch* nach Soete [122] wird in eine plattenförmige Probe, deren Dicke gleich und deren Breite etwa 10× der Blechdicke ist, ein zentraler Kerb unterschiedlicher Länge eingebracht, dessen Spitzen mit einer 0,2 mm dicken Juweliersäge gesägt werden. Im Zugversuch erhält man für verschiedene Temperaturen oder Kerblängen das in Bild C 1.69 dargestellte Verhalten. In die Spannungs-Dehnungs-Kurve des Werkstoffs sind die zum Zeitpunkt des Bruchs an den verschiedenen Stellen der Probe erreichten Spannungen eingezeichnet. Bild C 1.69a zeigt linear-elastisches Verhalten mit kleiner plastischer Zone vor der Rißspitze; die angelegte Spannung beim Bruch sowie die Spannung am Probenrand in Höhe des Kerbs liegen unterhalb der Streckgrenze. Die in Bild C 1.69b dargestellte Probe fließt im gesamten Kerbquerschnitt, der übrige Teil der Probe wird nicht verformt. In Bild C 1.69c ist die gesamte Probe plastisch verformt, bevor der Bruch eintritt.

Bild C 1.69a entspricht dem Tieftemperaturverhalten von Stählen. Der Übergang von Bild C 1.69b zum Bild C 1.69c kann durch Verringerung der Rißlänge bei sonst gleicher Geometrie und gleicher Temperatur erreicht werden. Nach Soete [122–124] gilt als Kriterium für die Eignung eines Stahls, daß bei der niedrigsten Betriebstemperatur noch Fließen in der gesamten Probe vor dem Bruch auftritt, wie es in Bild C 1.69c dargestellt ist. Vielfach ist dazu die Forderung äquivalent, daß die Gesamtdehnung, gemessen über eine Meßlänge, die etwa der Probenbreite entspricht, bei 1 bis 2 % liegt.

Die *Ermittlung der kritischen Bedingungen* ist in den folgenden Bildern dargestellt. Bild C 1.70 zeigt die Geometrie von durchgehenden Rissen sowie von Oberflächen- und im Werkstoff liegenden Rissen. In Bild C 1.71 ist die maximale Spannung, ermittelt als die auf den ungeschwächten Querschnitt bezogene Kraft (Bruttospannung) für verschiedene Geometrien, über der Rißlänge dargestellt. Für eine Rißlänge

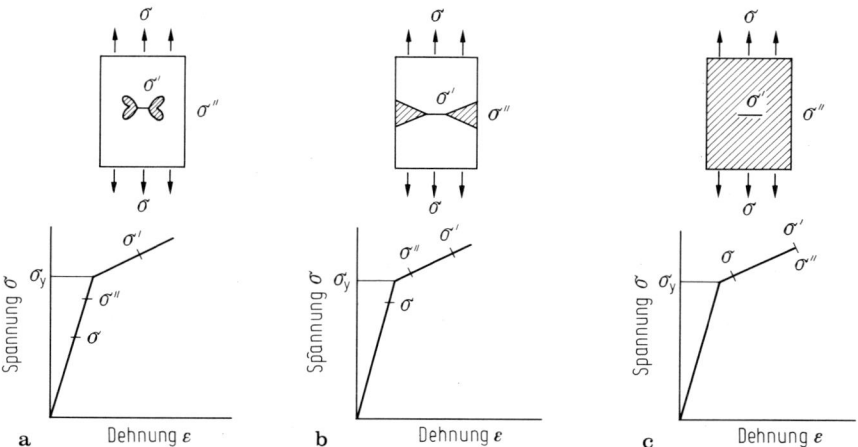

Bild C 1.69 Verlauf der Spannungs-Dehnungs-Kurve und die Ausbildung der plastifizierten Bereiche in Abhängigkeit vom Werkstoffverhalten an plattenförmigen Großzugproben (σ_y = Fließgrenze). Nach [122]. **a** linear-elastisches Verhalten; **b** Fließen im gesamten Kerbquerschnitt; **c** Fließen in der gesamten Probe.

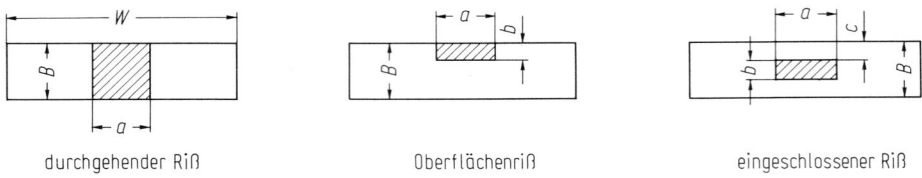

durchgehender Riß   Oberflächenriß   eingeschlossener Riß

Bild C 1.70 Geometrie von Rissen. Nach [122]. a = Rißlänge, b = Rißbreite, c = Abstand des Risses von der Oberfläche.

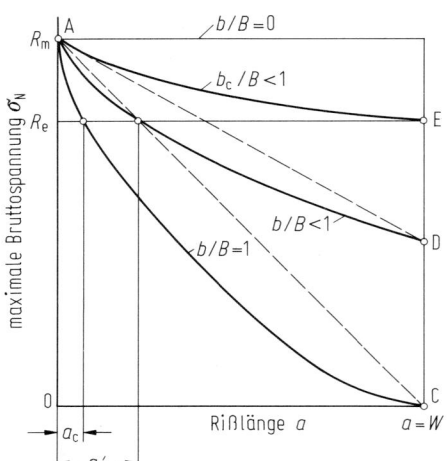

Bild C 1.71 Maximale Spannung, ermittelt als die auf den tragenden Querschnitt (Ausgangsquerschnittsfläche der Probe) bezogene Kraft (Bruttospannung), für verschiedene Verhältnisse von Rißbreite zur Probendicke b/B (s. Bild C 1.70) in Abhängigkeit von der Rißlänge a (W Probenbreite). Nach [122]. a_c = kritische Rißlänge für einen durchgehenden Riß, b_c = kritische Rißbreite.

(oder Rißtiefe) gleich Null erhält man, was selbstverständlich ist, die Zugfestigkeit R_m des Werkstoffs. Längs der gestrichelten Linien fällt die maximale Spannung ab, wenn man nur die Schwächung des Querschnitts durch die eingebrachten Risse berücksichtigt. Die am steilsten verlaufende gestrichelte Gerade AC gilt für durchgehende Risse, sie erreicht den Wert Null, wenn die Rißlänge gleich der Probenbreite W ist. Die ausgezogene Kurve zeigt schematisch den experimentell gemessenen Verlauf der maximalen Spannungen. Für Rißlängen $a \geqq a_c$ unterschreitet die maximale (Brutto-)Spannung die Streckgrenze, die Probe wird also außerhalb des angerissenen oder gekerbten Querschnitts nicht mehr verformt. Für Oberflächenrisse ergeben sich, je nach Rißbreite b, unterschiedliche Verläufe. Im eingezeichneten Fall erhält man experimentell eine Kurve (nach D verlaufend), die bei einer Rißlänge a'_c die Streckgrenze R_e unterschreitet. Für Oberflächenrisse dieser Art existiert also auch eine, allerdings größere, kritische Rißlänge, bei deren Überschreiten die Probe nur im gekerbten Bereich fließt. Bemerkenswert ist für $b/B < 1$ die kritische Rißbreite b_c, die dadurch gekennzeichnet ist, daß bei ihrer Unterschreitung die maximale (Brutto-)Spannung für alle Rißlängen a über der Streckgrenze R_e liegt, d. h. für $b < b_c$ fließt vor dem Bruch die gesamte Probe bei allen Rißlängen (Kurve AE).

Entsprechende Prüfungen können auch an Schweißverbindungen durchgeführt werden, wobei die Schweißnaht senkrecht zur oder in Beanspruchungsrichtung liegt und die Fehler in der ungünstigsten Werkstoffzone, meist also in der Wärmeeinflußzone, eingebracht werden [123, 124].

Wünschenswert ist der Vergleich dieser Überlegungen mit den Ergebnissen anderer Verfahren, vor allem mit der Bruchmechanik (s. C 1.1.2.6). Ferner wäre wichtig, den Einfluß verschiedener Gefüge auf das Ergebnis von Großzugversuchen festzustellen, da u. U. die Werkstoffentwicklung durch das Ergebnis derartiger Versuche beeinflußt wird.

Bei einer *anderen* Gruppe von *Prüfverfahren an bauteilähnlichen Proben* wird die Fähigkeit eines Werkstoffs ermittelt, einen schnell laufenden instabilen Riß aufzufangen. Die Verfahren unterscheiden sich dabei nach Probenabmessungen und Einleitung des Risses. In Bild C 1.72 ist die Probe für den *Robertson-Versuch* dargestellt [125, 126]. Eine Blechplatte, die in ihrem mittleren Bereich die Dicke des Blechs im Bauteil aufweist, wird quer durch eine Spannung von rd. 60 % der Streckgrenze beansprucht. Die Probe wird auf Prüftemperatur gebracht und der Bereich des Kerbs auf sehr tiefe Temperaturen abgekühlt. Durch eine Schlagbeanspruchung wird dann ein instabiler Spaltbruch ausgelöst und festgestellt, ob der Riß die Probe durchläuft oder im Werkstoff aufgefangen wird. Als Rißauffangtemperatur („Crack Arrest Temperature" = CAT) wird die niedrigste Temperatur bezeichnet, bei der der Riß noch aufgefangen wird. Man kann die Versuchsdurchführung vereinfachen, indem an einer Probe ein definierter Temperaturgradient eingestellt wird. Auch hierbei wird dann durch einen Schlag der Bruch ausgelöst. Die Rißauffangtemperatur entspricht der Temperatur an der Stelle, an der der Riß gestoppt wird. Zumindest für eine Orientierung ist dieser Gradientenversuch geeignet.

Eine andere Art der Rißeinleitung zeigen der *„Double-Tension-Test"*, der *„SOD-Test"* und der *„ESSO-Test"*, mit denen ebenfalls Rißauffangtemperaturen ermittelt werden können [113].

Es sind auch *bauteilähnliche Proben* entwickelt worden, die auf *Biegung* beansprucht werden. Degenkolbe und Müsgen [127, 128] verwenden 300 mm lange und 65 mm breite Biegeproben, deren Dicke der Blechdicke entspricht. In einen vorgefrästen Kerb wird ein Hartmetallmesser mit einem wirksamen Radius von 0,005 mm eingedrückt. Beim Biegeversuch bildet sich im Kerb ein Anriß; bei höheren Temperaturen als Gleitbruch, bei tieferen als Spaltbruch. In Bild C 1.73 sind der Verlauf der Kraft-Durchbiegungs-Kurve und das Profil des Kerbgrundes nach verschieden großer Durchbiegung dargestellt. Nach plastischer Verformung entsteht

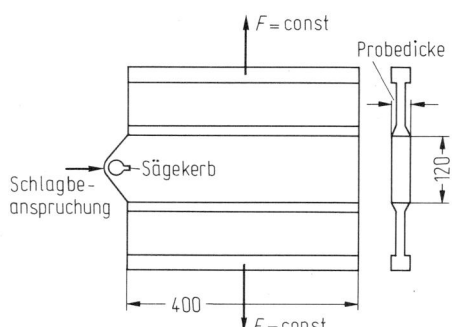

Bild C 1.72 Versuchsanordnung und Probenform beim Robertson-Versuch. Nach [100].

ein Gleitbruch. Bild C 1.74 zeigt die Auswertung des Versuchs für einen unlegierten Stahl mit einer Streckgrenze von mind. 355 N/mm² (St 52-3). Dargestellt sind die Bruchspannung, die Bruchdurchbiegung und das Bruchaussehen, und zwar unterschieden in den Bereich I unmittelbar anschließend an den Kerbgrund und den Bereich II in einigem Abstand. Bei Temperaturen bis zu etwa −30 °C erfolgt der Bruch im gesamten Bereich als Gleitbruch; Bruchspannung und Bruchverformung

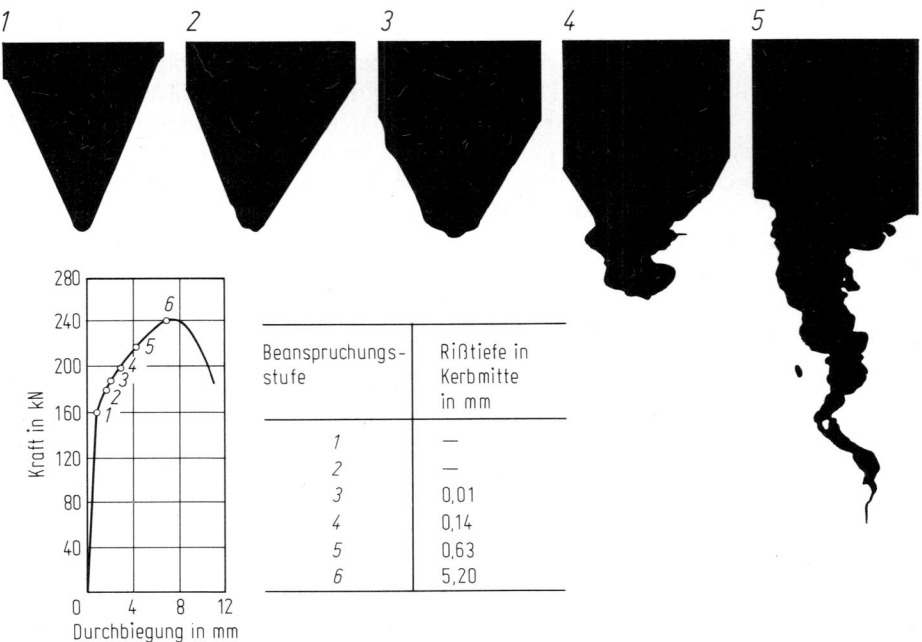

Bild C 1.73 Rißentstehung in einem unlegierten, besonders beruhigten Stahl mit rd. 0,15 % C, 0,4 % Si und 1,4 % Mn sowie einer Streckgrenze von mind. 355 N/mm² (St 52-3) beim Scharfkerbbiegeversuch nach Degenkolbe und Müsgen bei Raumtemperatur [127]. (Die schwarzen Flächen kennzeichnen das Kerbgrund-Profil im Querschnitt).

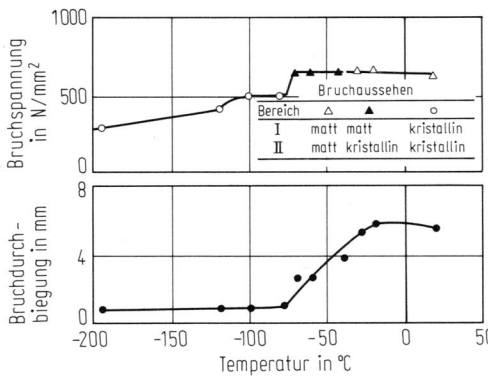

Bild C 1.74 Temperaturabhängigkeit der Bruchspannung, Bruchdurchbiegung und des Bruchaussehens für den Stahl nach Bild C 1.73 als Blech mit einer Dicke von 15 mm (Bereich I: unmittelbar an den Kerbgrund anschließend, Bereich II: Zone in einigem Abstand vom Kerbgrund). Nach [127].

liegen entsprechend hoch. Bei weiterer Temperaturabsenkung geht der Gleitbruch in einigem Abstand vom Kerbgrund in einen Spaltbruch über; die Bruchverformung nimmt ab. Ab etwa −75 °C erfolgt der Bruch von Anfang an als Spaltbruch, die Bruchverformung ist niedrig und die Bruchspannung fällt deutlich ab.

Ähnliche Prüfverfahren, die aber mit hoher Geschwindigkeit, z. B. mit einem Fallwerk oder einem Rotationsschlagwerk arbeiten, sind der *„Drop-Weight-Tear-Test"* [129] oder der *„Explosion-Tear-Test"* [126], bei denen das Bruchaussehen oder die verbrauchte Arbeit ausgewertet wird.

Von großer technischer Bedeutung sind *Biegeversuche*, bei denen die Fähigkeit des Werkstoffs geprüft wird, einen laufenden *Riß zu stoppen*. Dazu gehört der *Pellini-Versuch*. Es ist ein Fallgewichtsversuch, dessen Anordnung in Bild C 1.75 dargestellt ist [130–133]. Auf die zu prüfende Platte, deren Abmessungen entsprechend der Erzeugnisdicke festgelegt sind, wird eine harte Schweißraupe aufgebracht, die mit einem Sägeschnitt versehen wird. Die Probe wird dann so auf Stützen aufgelegt, daß sich durch das Fallgewicht eine bestimmte Durchbiegung ergibt, bis die Probe auf dem Gegenhalter aufliegt. Beim Versuch geht von der Schweißraupe ein spröder Anriß aus, der in den Grundwerkstoff hinein verläuft. Es wird die höchste Temperatur ermittelt, bei der der Riß die Probendicke durchläuft. Diese NDT-Temperatur („Nil Ductility Transition Temperature") kann mit guter Genauigkeit bestimmt werden.

Eine Abänderung ist der *„Explosion-Bulge-Test"*, bei dem eine quadratische Platte, die auf der Zugseite als Rißstarter eine gekerbte spröde Schweißraupe trägt, durch den Gasdruck einer explodierenden Sprengladung oder durch ein entsprechend großes Fallgewicht in einem Gegenhalter ausgebeult wird. Die höchste Temperatur, bei der sich ein kurzer Riß in einer nur elastisch beanspruchten Platte als Spaltbruch ausbreiten kann, ist die NDT-Temperatur (Bruch ohne Ausbeulen). Die höchste Temperatur, bei der ein längerer Riß entsprechend wächst, wird „Fracture Transition Elastic Temperature" (FTE-Temperatur) genannt. Mit „Fracture Transition Plastic Temperature" (FTP-Temperatur) wird schließlich die höchste Temperatur bezeichnet, bei der sich ein Spaltbruch in eine schon plastisch verformte Probe ausbreitet. Oberhalb der FTP-Temperatur tritt nur noch Gleitbruch auf.

Ein Problem ist sicherlich die Übertragung der so ermittelten Temperaturen auf das Bauteilverhalten. Inzwischen liegen aber viele Erfahrungen mit Bauteilen vor, bei denen die Werkstoffe im Pellini-Versuch geprüft worden sind (s. C 1.1.2.6).

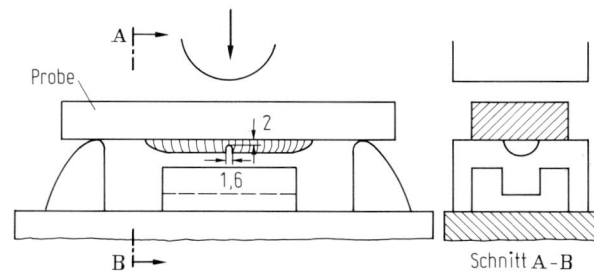

Bild C 1.75 Versuchsanordnung beim Fallgewichtsversuch nach Pellini. Nach [114].

Vergleich der Verfahren, Übertragbarkeit der Ergebnisse

Der *Vergleich* der Ergebnisse verschiedener Prüfverfahren bei der Beurteilung der Sprödbruchempfindlichkeit von Stählen unter Berücksichtigung der Eigenstreuung der Verfahren zeigt, daß nur ähnliche Verfahren, wie z. B. Kerbschlagversuche mit verschiedenem Kerbradius, in etwa quantitativ ineinander umrechenbare Zahlenwerte [134, 135], z. B. für die Übergangstemperatur, liefern. Dagegen unterscheiden sich statische und dynamische Verfahren in den Ergebnissen. Verschiedene Gefüge sprechen unterschiedlich auf eine Änderung des Spannungszustandes oder auf Rißeinleitung und -ausbreitung an. So ergibt sich für verschiedene Stahlarten, je nach Prüfverfahren, eine unterschiedliche Rangfolge.

Die *Übertragbarkeit* der Ergebnisse von Prüfverfahren auf das Bauteil ist zumeist unbefriedigend. Naturgemäß ist die Übertragbarkeit gut, wenn das Prüfverfahren die Verhältnisse im Bauteil weitgehend nachahmt. Wünschenswert wäre die quantitative Angabe der Auswirkung der verschiedenen äußeren Einflüsse. Der Einfluß der Temperatur und der Dehngeschwindigkeit auf die Streckgrenze kann zahlenmäßig angegeben werden. Schwierig ist das quantitative Verständnis des Einflusses des Spannungszustandes auf das Bruchverhalten. Hierzu müssen die entscheidenden Kriterien noch gefunden werden. Das erscheint im Fall des Sprödbruchs mit Hilfe der mikroskopischen Spaltbruchspannung möglich, bedarf aber beim Gleitbruch und beim Übergang von einer Bruchart zur anderen noch erheblicher Anstrengungen.

C 1.1.2.5 Einfluß des Gefüges auf das Bruchverhalten [136]

Unter dem Einfluß des Gefüges sollen die Auswirkungen von Zusammensetzung, Wärmebehandlung und Verformung verstanden werden. Zu unterscheiden ist einerseits der Einfluß auf den Übergang vom Gleit- zum Spaltbruch und damit auf die Sprödbruchneigung und andererseits die Auswirkung auf die Größe der Zähigkeitskennwerte im duktilen Gleitbruchbereich, wie die Hochlage der Kerbschlagarbeit, die Bruchdehnung und die Brucheinschnürung [106].

Zunächst soll der Einfluß der *Korngröße* auf das Bruchverhalten diskutiert werden. Mit feinerem Korn verschiebt sich die Übergangstemperatur zu tieferen, d. h. günstigeren Werten, wie als Beispiel Bild C 1.76 zeigt. Bei Auftragung der nach verschiedenen Kriterien definierten Übergangstemperaturen über $d^{-1/2}$ ergibt sich vielfach ein geradliniger Zusammenhang.

Die Deutung dieses Verhaltens ergeben Versuche mit doppeltgekerbten Zugproben an Stahl mit verschiedener Korngröße, bei denen die Fließ- und die Bruchspannung in Abhängigkeit von der Temperatur ermittelt wurden. Dabei erhält man einen Verlauf entsprechend Bild C 1.62 und man kann aus dem Spannungsmaximum bei bekannter Geometrie nach der Beziehung $\sigma_f^* = K_{p\,max} R_{eL}$ (s. Gl. (C 1.46a)) die mikroskopische Spaltbruchspannung errechnen. Nach Bild C 1.77 ergibt sich für einen Stahl mit 0,1 % C, daß die mikroskopische Spaltbruchspannung σ_f^* durch die Kornfeinung etwa viermal so stark angehoben wird wie die Streckgrenze. Trotz der Erhöhung der Streckgrenze verschiebt sich also die Übergangstemperatur zu tieferen Werten (Verschiebung von $T_{ü1}$ nach $T_{ü2}$).

Entsprechend den Ausführungen über die Festigkeitssteigerung ist bei mehrphasigen Legierungen, vor allem beim Perlit, die mittlere freie Weglänge der Ver-

Einfluß des Gefüges auf das Bruchverhalten, Korngröße 307

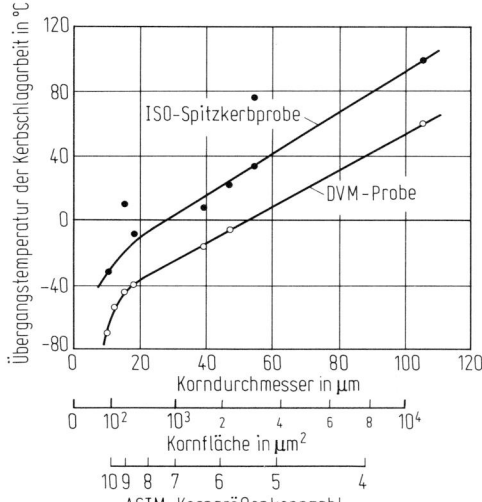

Bild C 1.76 Erniedrigung der Übergangstemperatur der Kerbschlagarbeit ($T_{\text{ü}}$ bei 50 % der Hochlage) mit abnehmender Korngröße eines unlegierten, besonders beruhigten Stahls mit 0,19 % C, 0,27 % Si und 1,46 % Mn (St 52-3). Nach [137].

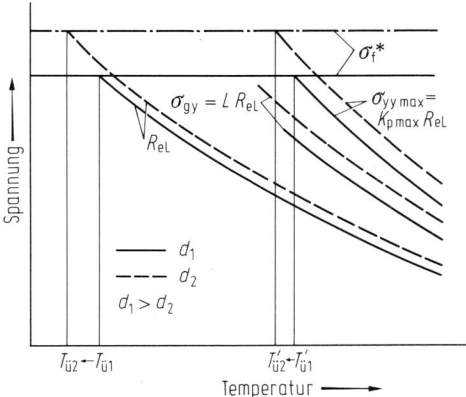

Bild C 1.77 Einfluß der Korngröße auf die Spaltbruchspannung σ_f^*, die untere Streckgrenze R_{eL}, Spannung für allgemeines Fließen σ_{gy} und Maximalspannung $\sigma_{yy\,\text{max}}$ von gekerbten Proben in Abhängigkeit von der Temperatur ($K_{p\,\text{max}} = 1/(1 - \kappa_{\text{max}})$; $L = 1/(1 - \bar{\kappa})$; $\bar{\kappa}$: über den Querschnitt gemittelt). Nach [111].

setzungen in ihrer Auswirkung vergleichbar mit der Korngröße (s. C 1.1.1.3, Gl. (C 1.38)). Untersuchungen haben gezeigt, daß bei perlitischen Gefügen mit abnehmender Lamellendicke die Übergangstemperatur abnimmt und die Zähigkeitswerte in der Hochlage ansteigen. Im Martensit und im Bainit (Umklappferrit) spielen Zwillings- und Kleinwinkelkorngrenzen eine ähnliche Rolle. Die Feinheit der Strukturen erklärt die günstigen Zähigkeitseigenschaften.

Wird die Festigkeit allein durch Mischkristallverfestigung, Verformung oder Ausscheidungshärtung gesteigert, so wird im allgemeinen die Übergangstemperatur angehoben (siehe auch Bild C 1.53). Den Einfluß einer *Kaltverformung*, und damit der Versetzungsdichte, zeigt Bild C 1.78. Die Hochlage der Kerbschlagzähigkeit nimmt mit dem Verformungsgrad ab, die Übergangstemperatur steigt an. Die

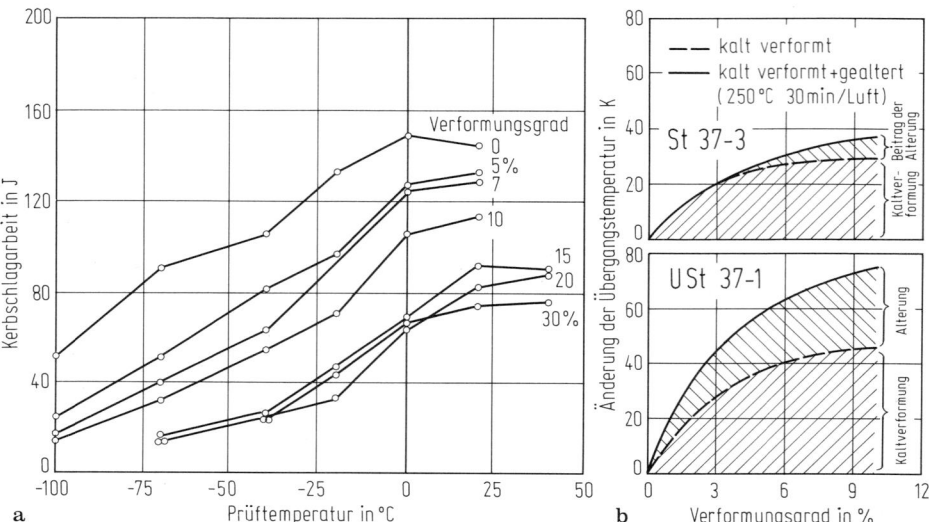

Bild C 1.78 Änderung der Kerbschlagarbeit durch Kaltverformung, also durch Erhöhung der Versetzungsdichte. Nach [138, 139]. **a** Einfluß auf die Kerbschlagarbeits-Temperatur-Kurve eines unlegierten, besonders beruhigten Stahls mit rd. 0,15 % C, 0,4 % Si und 1,4 % Mn (St 52-3); **b** Einfluß auf die Übergangstemperatur der Kerbschlagzähigkeit (Kerbschlagarbeit) von Warmbreitband aus zwei unlegierten Stählen mit 1) 0,08 % C und 0,009 % N (unberuhigter St 37-1) und 2) mit 0,14 % C, 0,1 % Al und 0,006 % N (St 37-3).

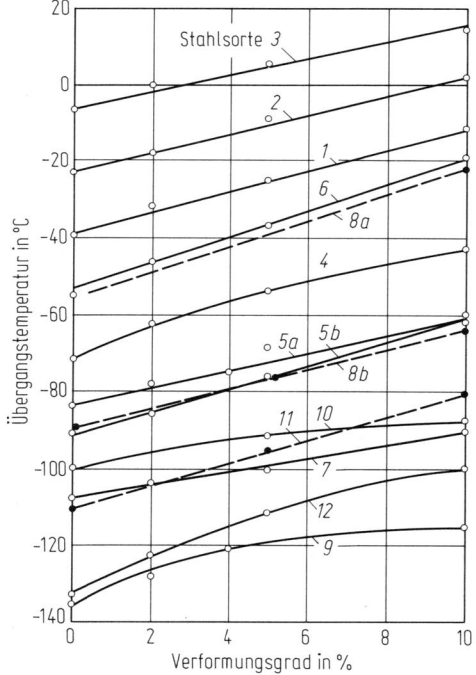

Bild C 1.79 Abhängigkeit der Übergangstemperatur der Kerbschlagzähigkeit ($T_\ddot{u}$ bei 35 J/cm^2 an DVM-Proben) vom Verformungsgrad für verschiedene Stähle mit der in diesem Zusammenhang ausreichenden allgemeinen Kennzeichnung: *1* = besonders beruhigter allgemeiner Baustahl, *2* und *3* = unlegiertes Kesselblech, *4* und *5* = unlegierte Feinkornbaustähle, normalgeglüht, *6* und *7* = legierte Feinkornbaustähle, normalgeglüht, *8* bis *10* = legierte Feinkornbaustähle, vergütet, *11* und *12* = legierte kaltzähe Stähle. Nach [140].

Einfluß des Gefüges auf das Bruchverhalten, Ausscheidungen 309

Auswirkung der Verformung beginnt bei kleinen Verformungsgraden und ist für verschiedene Stähle ähnlich (siehe Bild C 1.79). *Ausscheidungen*, die bei Stahl vielfach zur Festigkeitssteigerung benutzt werden, beeinflussen die Zähigkeit ungünstig, wenn nur die Menge der Ausscheidungen vergrößert wird, wie Bild C 1.80 zeigt, in dem die Änderung der Kerbschlagarbeits-Temperatur-Kurve bei zunehmendem Kohlenstoffgehalt und damit steigender Karbid- bzw. Perlitmenge bei gleichem Lamellenabstand dargestellt ist. Auf die sehr fein verteilten Ausscheidungen ist der ungünstige Einfluß der Alterung zurückzuführen, der nach Bild C 1.78 vor allem bei unberuhigten Stählen ausgeprägt ist. Der Einfluß der Ausscheidungen addiert sich zu dem der Kaltverformung, die zur Prüfung der Alterungsneigung vorgenommen wird.

In Bild C 1.81 sind die verschiedenen *gefügebedingten Möglichkeiten der Streckgrenzensteigerung* in ihrer Auswirkung auf die Änderung der Übergangstemperatur zusammengestellt. Deutlich günstig wirkt sich nur die Kornfeinung aus. Ungünstig verhalten sich Ausscheidungen, Versetzungen und Mischkristallverfestigung, z. B.

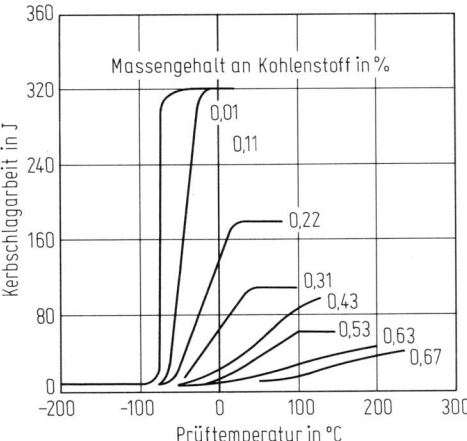

Bild C 1.80 Einfluß des Kohlenstoffgehalts (bei gleichbleibendem Karbidlamellenabstand im Perlit) auf die Kerbschlagarbeits-Temperatur-Kurve (ISO-Spitzkerbproben). Nach [141].

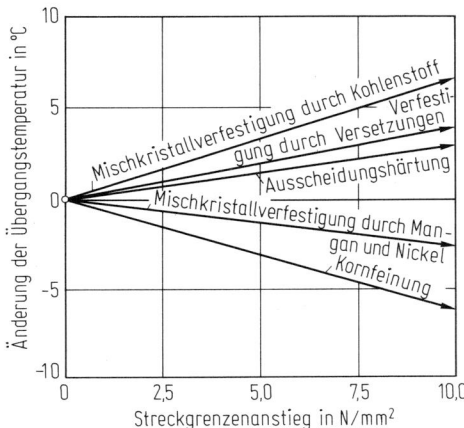

Bild C 1.81 Änderung der Übergangstemperatur der Kerbschlagarbeit durch einen von unterschiedlichen Gefügeeinflüssen bewirkten Streckgrenzenanstieg. Nach [142].

durch Kohlenstoff. Die andersartige, günstige Wirkung der Mischkristallverfestigung durch Mangan und Nickel ist möglicherweise auf die Veränderung des Umwandlungsverhaltens zurückzuführen.

Im Hinblick auf die unterschiedlichen Auswirkungen nach Bild C 1.81 versucht man daher, bei Steigerung der Festigkeit möglichst auch eine Kornfeinung zu erzielen. Vor allem Mikrolegierungselemente wie Vanadin, Niob und Titan, die sich bei geeigneter Temperaturführung im Bereich der Warmformgebung ausscheiden und neben einer Ausscheidungshärtung zusätzlich eine Behinderung der dynamischen Rekristallisation und damit feinkörnige Gefüge bewirken, haben sich in schweißbaren Baustählen bewährt, wie Bild C 1.82 beispielhaft zeigt. In Bild C 1.82a wird die durch Zulegieren von 0,05% Nb, 0,1% V oder 0,1% Ti zu einem Stahl mit rd. 0,15% C, 0,4% Si und 1,4% Mn (St 52-3) erzielbare Erhöhung der Streckgrenze, unterteilt nach Kornfeinung und Aushärtung, dargestellt. Die zugehörige Verschiebung der Übergangstemperatur zeigt Bild C 1.82b.

Durch Niobzusatz wird die größte Steigerung der Streckgrenze und gleichzeitig eine Verbesserung der Übergangstemperatur erreicht, da die Kornfeinung überwiegt.

Die *Zähigkeit im Bereich des Gleitbruchs*, gemessen z. B. als Hochlage der Kerbschlagarbeit oder als Brucheinschnürung, wird ebenfalls durch das Gefüge beeinflußt. Bei Prüf- oder Betriebstemperaturen im Bereich der Übergangstemperatur bewirkt eine Erhöhung von $T_ü$ eine Zunahme des Spaltbruch- und eine dementsprechende Verminderung des Gleitbruchanteils. Die Zähigkeitseigenschaften werden durch das Gefüge tendenziell ähnlich beeinflußt, wie es bei der Verschiebung von $T_ü$ diskutiert wurde.

Bei deutlich oberhalb der Übergangstemperatur $T_ü$ liegenden Temperaturen sind noch andere Einflüsse zu berücksichtigen. Nichtmetallische Einschlüsse und Ausscheidungen können zu Löcherbildung und damit bevorzugt zu Gleitbruch führen. Hydrostatische Zugspannungsanteile begünstigen diesen Vorgang. Eine durch

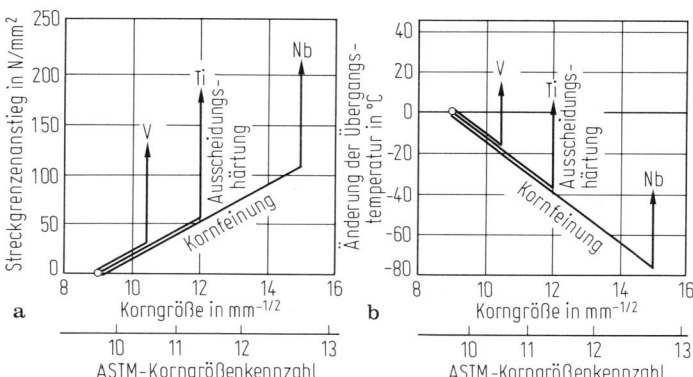

Bild C 1.82 Anteil der Kornfeinung und der Ausscheidungshärtung an **a** der Änderung der Streckgrenze und **b** der Übergangstemperatur der Kerbschlagzähigkeit (Kerbschlagarbeit) eines unlegierten, besonders beruhigten Stahls mit rd. 0,15% C, 0,4% Si und 1,4% Mn (St 52-3) mit 0,05% Nb, 0,1% V oder 0,1% Ti. Nach [143].

Erhöhung der Versetzungsdichte infolge einer Vorverformung bewirkte Festigkeitssteigerung vermindert die noch bis zum Bruch mögliche Verformung.

Bei Prüfung des Gefügeeinflusses ergeben für die Kornfeinung diejenigen Verfahren günstigere Werte, bei denen die Verformungsenergie als Kennwert ermittelt wird, da bei erhöhter Streckgrenze die Verformbarkeit etwa gleich bleibt. Ähnlich kann sich eine nicht zu ausgeprägte Mischkristallverfestigung auswirken.

An der Grenzfläche zwischen Matrix und nichtmetallischen Einschlüssen wird durch die Fehlordnung die Entstehung von stabilen Gleitbrüchen begünstigt. Daher führen nach der Erstarrung zunächst globulare *Einschlüsse* zu einer *Anisotropie der Zähigkeitseigenschaften*, wenn sie bei der Warmformgebung mit verformt werden. Ein bekanntes Beispiel sind Sulfide, die in Baustählen zumeist als Mangansulfid vorliegen [144–146]. Bild C 1.83 zeigt für gewalztes Flachzeug, daß Bruchdehnung, Brucheinschnürung und Kerbschlagarbeit mit zunehmender Einschlußmenge abfallen. Dabei liegen die Werte in Längsrichtung am höchsten, während in Quer-

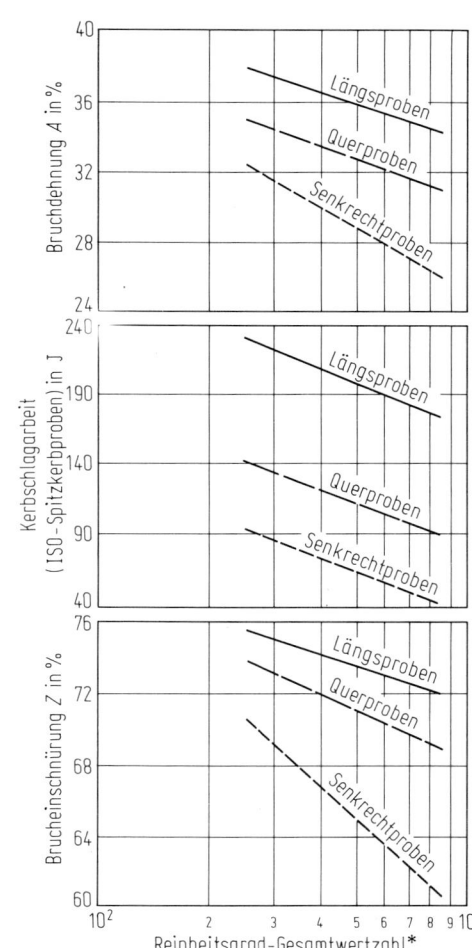

Bild C 1.83 Mechanische Eigenschaften in Längs-, Quer- und Senkrechtrichtung in Abhängigkeit vom Reinheitsgrad von Blechen aus dem unlegierten, besonders beruhigtem Stahl St 52-3 mit rd. 0,15 % C, 0,4 % Si und mit einem auf 1 bis 1,2 % abgesenktem Mangangehalt, ausgewalzt mit 5- bis 7facher Streckung auf eine Enddicke von 20 mm. Nach [147].
*) Tonerde und Sulfideinschlüsse ermittelt nach Stahleisen-Prüfblatt 1570.

richtung niedrigere und senkrecht zur Blechoberfläche die ungünstigsten Werte gefunden werden. Die Zahlenwerte hängen von den Abmessungen von Block und Fertigblech und damit von den Umformbedingungen ab. Schematisch ist der Zusammenhang in Bild C 1.84 dargestellt. Der Unterschied zwischen Längs-, Quer- und Senkrechtwerten nimmt mit steigendem Umformgrad bei konstantem Schwefelgehalt zu, wenn überwiegend mit Streckung gewalzt wird. Wird die Dickenabnahme gleichmäßig auf Streckung und Breitung verteilt, nähern sich Längs- und Querwerte an, während die Werte in Dickenrichtung auf niedrigerem Niveau bleiben. Die Erklärung wird durch die Form der Einschlüsse gegeben, die im Bild mit dargestellt ist. Dabei wird angenommen, daß die Kerbschlagarbeit um so niedrigere

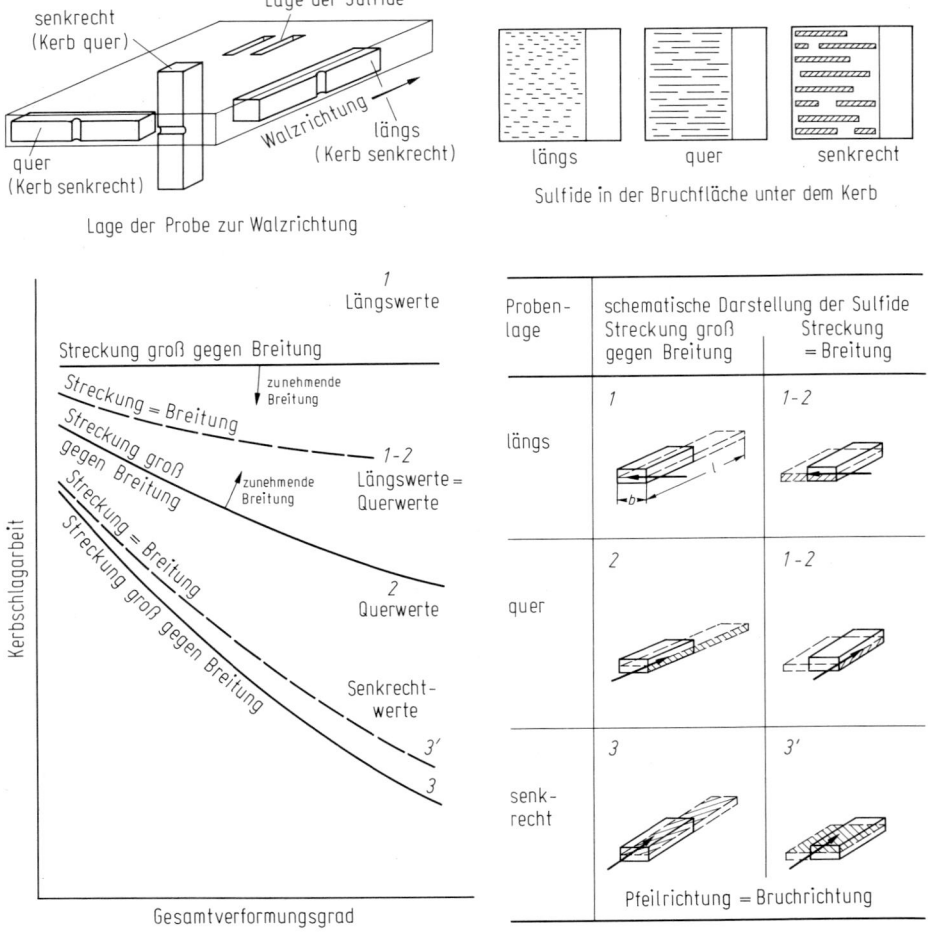

Bild C 1.84 Zusammenhang zwischen der Kerbschlagarbeit, der Ausbildung des Sulfide, der Probenlage und dem Verformungsgrad für unterschiedliche Verhältnisse von Streckung und Breitung (schematisch).

Werte hat, je mehr Grenzfläche zwischen Matrix und Einschluß in der Bruchfläche liegt.

Eine Verbesserung der *Isotropie der Zähigkeitseigenschaften* erhält man durch Absenkung des Schwefelgehaltes und/oder Abbindung des Schwefels zu Sulfiden mit höheren Schmelzpunkten und entsprechend größerer Formänderungsfestigkeit (Sulfidformbeeinflussung z. B. durch Cer, Titan, Zirkon, Sauerstoff) [149].

Ungenügende Werte der *Zähigkeit in Dickenrichtung* können bei hohen Beanspruchungen, vor allem in dickwandigen Bauteilen, zu Terrassenbruch führen, einem Versagen durch Aufreißungen längs von gestreckten Einschlüssen. Je nach Anforderung sollten Stähle mit höheren Werten der Brucheinschnürung in Dickenrichtung eingesetzt werden (s. Stahl-Eisen-Lieferbedingungen 096); allerdings ist ein quantitativer Zusammenhang zwischen dem Zahlenwert der Brucheinschnürung in Dickenrichtung und der im Hinblick auf die Gefahr von Terrassenbruch möglichen Beanspruchung im Bauteil nur schwer anzugeben [150].

Die Sprödbruchneigung wird durch nichtmetallische Einschlüsse kaum beeinflußt. So wirkt sich der Schwefelgehalt auf die Bruchzähigkeit im linear-elastischen Bereich nicht aus, und die NDT-Temperatur nach Pellini und die CAT-Temperatur nach Robertson sind nur wenig von der Probenlage im Blech abhängig [148].

In mit Cer behandelten Stählen findet man bei erhöhten Werten der Kerbschlagarbeit ein verstärktes Auftreten von spaltflächigen Bruchanteilen, so daß sich nach der Bruchflächenbeurteilung ein ungünstigeres Ergebnis zeigt („Sulfideffekt") [151]. Diese Erscheinung wird durch die hohe gespeicherte Energie bei Beginn der instabilen Rißausbreitung gedeutet.

In C 4 finden sich weitere Einzelheiten über den Einfluß des Gefüges auf die Kerbschlagarbeit.

C 1.1.2.6 Modellvorstellungen zum Bruchvorgang

Metallkundliche Deutung des Spaltbruchs [104, 152, 153]

Die metallkundliche Deutung des Spaltbruchs geht von der Vorstellung aus, daß bei Zugbeanspruchung *Mikrorisse* entstehen und daß das kritische Ereignis die Auslösung eines solchen Mikroanrisses zum instabilen Riß darstellt. Der Riß geht aus von Versetzungen, die aus zwei Gleitbändern zusammenlaufen, oder von der Spannungskonzentration an der Spitze von Zwillingen, wobei als Hindernis Korngrenzen oder spröde Teilchen in Betracht kommen. Beispielhaft sollen im folgenden die Überlegungen von Cottrell [154] in der von Reiff [155] um den Anteil der Karbide erweiterten Fassung dargestellt werden. Ähnliche Überlegungen findet man auch bei Smith [156], Knott [157], Armstrong [158] und Tetelman [99].

Nachdem sich der Mikroriß gebildet hat, laufen die aufgestauten Versetzungen in den Riß hinein und weiten ihn um den Betrag nb auf. Dabei ist n die Anzahl der Versetzungen und b der Burgers-Vektor. Die *Energie M eines Risses* der Länge a, der in einem Korngrenzenkarbid der Dicke D_K gebildet wurde und in den Ferrit hineinwächst, wird von Reiff [155], aufbauend auf den Überlegungen von Cottrell [154], durch folgende Gleichung beschrieben:

$$M = \frac{G n^2 b^2}{4(1-\nu)} \ln\left(\frac{4R}{a}\right) - \frac{\sigma n b a}{2} - \frac{\sigma^2 a^2 (1-\nu)}{8G} + 2\gamma_A D_K + 2\gamma (a - D_K). \qquad (C1.50)$$

Hier bedeuten σ die angelegte Spannung und R den effektiven Radius des Spannungsfeldes der Versetzung mit dem Burgers-Vektor nb. Für den Teil der Rißlänge, der in der Ausscheidung liegt, wird die geringere Oberflächenenergie γ_A und für den Teil im Ferrit dessen Oberflächenenergie γ eingesetzt. Sind die Ausscheidungen so klein, daß der Teil der Rißlänge in der Ausscheidung gegenüber der gesamten Rißlänge a vernachlässigt werden kann, entspricht die Gleichung dem Ansatz von Cottrell. Die Energie zeigt einen mit wachsender Rißlänge insgesamt abfallenden Verlauf, der ein Zwischenminimum bei a_1 und -maximum bei a_2 enthält. Instabilität tritt auf, wenn Minimum und Maximum zusammenfallen und damit die Energie durchweg mit zunehmender Rißlänge abnimmt. Die Bedingung dafür erhält man in der Näherung von Cottrell aus

$$\frac{dM}{da} = 0 \text{ und } a_1 = a_2 \text{ zu } \sigma = \frac{2\gamma}{nb}.$$

Ferner gilt die Beziehung

$$nb = \frac{\sigma - \sigma_i}{4G} d,$$

wobei σ_i die Reibungsspannung und d der mittlere Korndurchmesser sind. Nach Cottrell erhält man damit folgenden Zusammenhang zwischen der Bruchspannung und der Korngröße:

$$\sigma_f (\sigma_f - \sigma_i) = \frac{8\gamma}{d} G. \tag{C1.51}$$

Für den Übergang vom duktilen zum spröden Verhalten führt Cottrell die Bedingung ein, daß an der Übergangstemperatur die Streckgrenze gleich der Bruchspannung σ_f sein soll. Da für die Streckgrenze die Hall-Petch-Gleichung (C1.29) gilt, erhält man durch Einsetzen

$$\sigma_f = R_{eL\,T\ddot{u}} = \frac{8G\gamma}{k_y} d^{-1/2}. \tag{C1.52}$$

In Übereinstimmung mit den Versuchsergebnissen geht aus der *Cottrell-Theorie* hervor, daß die Sprödbruchneigung eines Stahles durch Kornvergrößerung begünstigt wird, da nach der Formel die Bruchspannung mit zunehmender Korngröße absinkt. Quantitativ stimmen die theoretischen Vorhersagen mit den Versuchsergebnissen nicht überein. So wird experimentell zwar gefunden, daß die Streckgrenze an der Übergangstemperatur geradlinig vom Kehrwert der Wurzel aus der Korngröße abhängt. Die Steigung dieser Geraden ist aber nicht durch $1/k_y$ bestimmt, und es ergibt sich ein Ordinatenabschnitt.

Zur Überprüfung der Theorie durchgeführte Versuche [159] mit Proben unterschiedlicher Korngröße und verschiedener Dicke der Korngrenzenkarbide zeigten keinen Einfluß der Dicke der Korngrenzenkarbide auf das Fließverhalten. Die Bruchspannungen lassen sich, wie Bild C1.85 zeigt, als Geraden über $d^{-1/2}$ darstellen. Der Parameter ist die Größe der plastischen Zone beim Bruch. Die unterste Gerade gehört zur kleinsten meßbaren plastischen Zone, die oberste zum Bruch beim allgemeinen Fließen. Die Meßpunkte entsprechen verschiedenen Prüftemperaturen. Die Neigung der Geraden nimmt mit zunehmender plastischer Zone zu. Damit ergibt sich ein Widerspruch zur Cottrell-Formel, da mit zunehmender plastischer Zone auch der Korngrenzenwiderstand ansteigt und nach Cottrell die Neigung der Bruchspannungskurven daher flacher werden soll.

Aus der Beziehung (C 1.46a) $\sigma_f^* = K_{p\,max} R_{eL}$ erhält man die *mikroskopische Spaltbruchspannung*, wenn man für R_{eL} den Wert der Streckgrenze bei der Temperatur einsetzt, bei der der Bruch beim allgemeinen Fließen auftritt. Bild C 1.86 zeigt die Ergebnisse. Der geradlinige Zusammenhang ist gut erfüllt, die Extrapolation führt auch zu einem Ordinatenabschnitt.

Die *Erweiterung der Cottrellschen Theorie* durch Berücksichtigung der Karbide nach Reiff beschreibt den versprödenden Einfluß harter Korngrenzenausscheidungen richtig, sobald die Karbidfilmdicke größer als 1/25 der Korngröße ist. Die Verminderung der Bruchspannung ist in Bild C 1.85 durch die vertikalen Linien eingezeichnet. Die qualitativen Diskrepanzen der Cottrell-Theorie sind durch den Reiffschen Ansatz aber nicht zu beheben. Weitere Auswertungen zeigen, daß die nach der Cottrell-Gleichung bestimmte Grenzflächenenergie γ in der Größenordnung der wahren Oberflächenenergie des α-Eisens liegt und damit etwa um den Faktor 10^3 niedriger ist als die mit der Rißausbreitung verbundene Energie. Diese Ergebnisse legen den Schluß nahe, daß der Ansatz nach Cottrell zwar qualitativ richtig ist,

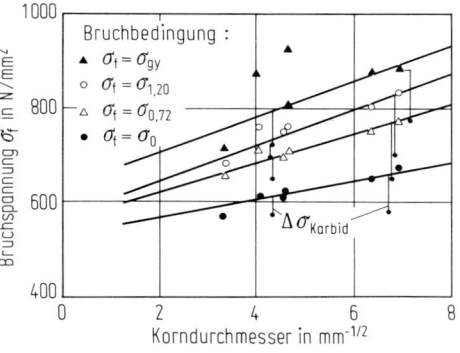

Bild C 1.85 Einfluß der Korngröße auf die Bruchspannung σ_f bei verschiedener Größe der plastischen Zone und ihre Erniedrigung durch Korngrenzenkarbide mit einer Dicke von 2 bis 3 μm (●) bei einem unlegierten Baustahl mit 0,09% C (C 10). Der Index am Parameter σ_x kennzeichnet die Größe der plastischen Zone beim Bruch. Nach [159].

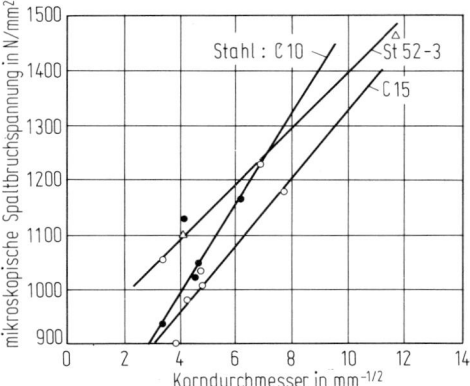

Bild C 1.86 Einfluß der Korngröße auf die mikroskopische Spaltbruchspannung von unlegierten Stählen mit 0,09% C (C 10), 0,14% C (C 15) sowie 0,13% C, 0,41% Si und 1,45% Mn (St 52-3). Nach [159].

daß aber vor allem die Kombination mit der Hall-Petch-Gleichung für die Streckgrenze nicht zulässig ist. Riedel und Kochendörfer versuchten [160], die Theorie von Cottrell dadurch zu verbessern, daß sie die Lösung für die Ausbreitung des Mikrorisses genauer beschreiben. Einige experimentelle Ergebnisse lassen sich hierdurch besser darstellen.

Insgesamt zeigen die metallkundlichen Bemühungen um das Verständnis des Spaltbruchs zwar Ergebnisse, die das Verständnis für Gefügeeinflüsse verbessern [161], eine vollständige Beschreibung ist aber z. Z. noch nicht möglich.

Vorgänge beim Gleitbruch [104, 162, 163]

Die Einzelprozesse beim Gleitbruch sind Lochbildung und Lochwachstum bis zum Abscheren der Stege zwischen den Löchern. Bei weichen, duktilen Werkstoffen mit nichtmetallischen Einschlüssen ist nach der Lochbildung das Wachstum besonders ausgeprägt, und der Bruch entsteht durch das Abscheren relativ kleiner Stege zwischen den Löchern. In hochfesten Werkstoffen mit Gleitbruch nach geringen Dehnungsbeträgen tritt nach der Lochbildung kein ausgeprägtes Wachstum, sondern intensives Abscheren zwischen den Löchern („fast shear") auf.

Löcher können sich bilden durch Ablösen der Matrix von nichtmetallischen Einschlüssen, durch Bruch von Einschlüssen oder Ausscheidungen und auch innerhalb der Matrix durch Versetzungsreaktionen. Wahrscheinlich wird der Prozeß der Lochbildung sowohl durch den Spannungszustand als auch durch die auftretenden Dehnungen kontrolliert. Die Lochbildung kann schon bei kleinen Dehnungsbeträgen beginnen. Anreicherung von Fremdatomen auf Phasengrenzen kann die Lochbildung erleichtern und damit auch bei duktilen Brüchen zu früherem Versagen führen.

Das *Lochwachstum* hängt stark vom Spannungszustand ab. Nach Rice und Tracey [164] gilt für das Wachstum von Löchern mit dem Durchmesser d_0

$$\frac{d\,d_0}{d\,\varphi_v} \sim d_0 \exp\left(\frac{\sigma_m}{\sigma_v}\right). \tag{C1.53}$$

Dabei ist φ_v die Vergleichsdehnung, $\sigma_m = (1/3)\,(\sigma_1 + \sigma_2 + \sigma_3)$ und σ_v die Vergleichsspannung. Die Formel zeigt, daß das Wachstum mit der Mehrachsigkeit des Spannungszustandes exponentiell ansteigt. Für die quantitative Analyse ist die unterschiedliche Lochgröße in realen Werkstoffen erschwerend, die sich z. B. durch das Nebeneinander von großen Löchern an Einschlüssen und kleinen Löchern an Karbiden ergibt.

Das Abscheren der Bereiche zwischen den Löchern führt zum Gleitbruch. Längs der Scherbänder können dabei auch kleinere Löcher, z. B. an feinverteilten Karbiden, entstehen. Abscheren tritt auf, wenn ein bestimmter Volumenanteil an Löchern vorliegt. Nach Hancock und Mackenzie [156] ergibt sich für diesen Volumenanteil

$$v_L = 0{,}56 \exp -\left(\frac{3\,\sigma_m}{2\,\sigma_v}\right). \tag{C1.54}$$

Die Formel besagt, daß bei einem Spannungszustand (einer Mehrachsigkeit) entsprechend $\sigma_m/\sigma_v = 0{,}5$ der erforderliche Volumenanteil 85 % und bei einer Mehrachsigkeit von 1,4 nur 22 % betragen muß. Für die zum Bruch erforderliche Vergleichsdehnung φ_{vB} (wahre Bruchdehnung) ergibt sich

$$\varphi_{vB} = 1{,}2 \left(0{,}58 - \ln v_L - \frac{3\,\sigma_m}{\sigma_v} \right) \exp - \left(\frac{3\,\sigma_m}{2\,\sigma_v} \right). \tag{C1.55}$$

Damit ist ein Zusammenhang zwischen dem Spannungszustand und der wahren Bruchdehnung bei Versagen durch Gleitbruch formuliert. Die Beziehung muß durch geeignete Versuche überprüft und angepaßt werden. Ein Beispiel zeigt Bild C1.87, in dem die Vergleichsdehnung beim Bruch φ_{vB} (wahre Bruchdehnung) für verschiedene Spannungszustände dargestellt ist. Der einachsige Zugversuch entspricht dem Zahlenwert $\sigma_m/\sigma_v = 1/3$.

Die Form der Löcher entspricht etwa der Form der zweiten Phasen, wie nichtmetallischen Einschlüssen und Ausscheidungen. Damit ist auch eine qualitative Erklärung der durch gestreckte Sulfide verursachten Anisotropie der Zähigkeitseigenschaften in der Hochlage möglich. Die höchste Dehnung tritt jeweils in der Richtung auf, zu der die kleinste Lochfläche, und damit die Fläche der Einschlüsse, senkrecht liegt.

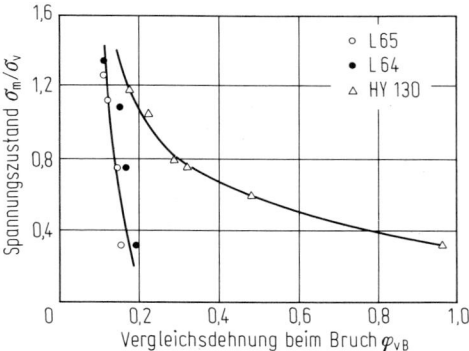

Bild C 1.87 Einfluß des Spannungszustandes auf die Vergleichsdehnung φ_{vB} beim Bruch (wahre Bruchdehnung) für zwei Aluminiumlegierungen (L 64 und L 65) in verschiedenen Wärmebehandlungszuständen und einen hochfesten legierten Stahl (HY 130). Dabei bedeutet σ_m die mittlere Normalspannung $\sigma_m = (1/3)\,(\sigma_1 + \sigma_2 + \sigma_3)$. Nach [166].

Bruchmechanik [99, 100, 163, 167–176]

Mit Hilfe der Bruchmechanik kann ein geometrieunabhängiger Werkstoffkennwert, die Rißzähigkeit, ermittelt werden, der quantitative Aussagen über das Betriebsverhalten eines rißbehafteten Bauteiles ermöglicht. Bei Kenntnis der Rißzähigkeit kann für eine äußere Spannung und die gegebene Rißgeometrie ausgesagt werden, ob der Riß instabil werden kann oder stabil bleibt, also zulässig ist.

Die Bruchmechanik wurde für Werkstoffe und Beanspruchungsbedingungen entwickelt, bei denen *linear-elastisches Verhalten* angenommen werden kann, was bedeutet, daß sich bei der Beanspruchung im Vergleich zu den Abmessungen des Bauteiles oder der Probe nur kleine plastische Zonen einstellen. Dieses Verhalten kann durch entsprechende Versuchsführung bei der Ermittlung der Rißzähigkeit angenähert werden, in realen rißbehafteten Werkstoffen findet man aber oft an der Rißspitze größere plastische Verformungen, die, wie weiter unten ausgeführt wird, in geeigneter Weise berücksichtigt werden müssen.

Nach der *linear-elastischen Bruchmechanik* läßt sich die Beanspruchung vor einem Riß berechnen, obwohl an der Rißspitze eine Singularität der Spannung vor-

C1 Mechanische Eigenschaften

Bezeich-nung	Form	Maße	Kalibrierung	Literatur[*]
Biege-Probe 3PB (SENB4)		$B \geq 2{,}5 \left(\frac{K_{1c}}{R_{p0,2}}\right)^2$ $\bar{a} \approx B$ $W = 2B$ $S = 4W$ $L = 4{,}2W$	$K_1 = \frac{FS}{BW^{3/2}} f(\lambda)$ $\lambda = \bar{a}/W$ $f(\lambda) = \frac{3\sqrt{\lambda}[1{,}99 - \lambda(1-\lambda)(2{,}15 - 3{,}93\lambda + 2{,}7\lambda^2)]}{2(1+2\lambda)(1-\lambda)^{3/2}}$	ASTM E 399-78
SENB8	wie 3PB	$S = 8W$ $L = 8{,}2W$	$f(\lambda) = 3\sqrt{\lambda}[1{,}96 - 2{,}75\lambda + 13{,}66\lambda^2 - 23{,}98\lambda^3 + 25{,}27\lambda^4]$	ASTM STP 410
SENT		$B \geq 2{,}5 \left(\frac{K_{1c}}{R_{p0,2}}\right)^2$ $\bar{a} \approx B$ $W = 2B$ $L = 3W$	$K_1 = \frac{F\sqrt{\lambda}}{B\sqrt{W}} [1{,}99 - 0{,}41\lambda + 18{,}7\lambda^2 - 38{,}48\lambda^3 + 53{,}85\lambda^4]$ $\lambda = \bar{a}/W$	ASTM STP 410
CNR		$B \geq 2{,}5 \left(\frac{K_{1c}}{R_{p0,2}}\right)^2$ $D \geq 10 \left(\frac{K_{1c}}{R_{p0,2}}\right)^2$ $L \geq 4D$	$K_1 = \frac{F\sqrt{\lambda}}{\sqrt{\pi}D^{3/2}} \frac{[1{,}122 - 1{,}542\lambda + 1{,}836\lambda^2 - 1{,}28\lambda^3 + 0{,}366\lambda^4]}{(1-\lambda)^{3/2}}$ $\lambda = \bar{a}/D$	ASTM E 602/78
CN		$B \geq 2{,}5 \left(\frac{K_{1c}}{R_{p0,2}}\right)^2$ $\bar{a} \approx B$ $W = B$ $L = 16B$	$K_1 = \frac{F\sqrt{\lambda}}{B\sqrt{2W}} [1 - 0{,}025\lambda^2 + 0{,}06\lambda^4][\pi \sec \pi \lambda]^{1/2}$ $\lambda = 2\bar{a}/W$	[172]
DEN (EN)			$K_1 = \frac{F\sqrt{a\pi}}{BW} [1{,}122 - 0{,}561\lambda - 0{,}015\lambda^2 + 0{,}091\lambda^3] [1-\lambda]^{-1/2}$ $\lambda = 2\bar{a}/W$	[167]
Kompakt-zugprobe CT		$B \geq 2{,}5 \left(\frac{K_{1c}}{R_{p0,2}}\right)^2$ $W_1 = 2{,}5B$ $W = 2B$ $L = 2{,}4B$ $\bar{a} \approx B$	$K_1 = \frac{F}{B\sqrt{W}} f(\lambda)$ $\lambda = \bar{a}/W$ $f(\lambda) = \frac{(2+\lambda)(0{,}886 + 4{,}64\lambda - 13{,}32\lambda^2 + 14{,}72\lambda^3 - 5{,}6\lambda^4)}{(1-\lambda)^{3/2}}$	ASTM E 399-78a
runde CT-Probe RCT		$B \geq 2{,}5 \left(\frac{K_{1c}}{R_{p0,2}}\right)^2$ $\bar{a} \approx B$ $W = 2B = \frac{3}{4}D$	$K_1 = \frac{F\sqrt{a}}{BW} [29{,}6 - 162\lambda + 492{,}6\lambda^2 - 663{,}4\lambda^3 + 405{,}6\lambda^4]$ $\lambda = \bar{a}/W$	[173] s. auch [167]

[*] ASTM = Normen der American Society for Testing and Materials

Bruchmechanik, Prüfverfahren 319

Bezeichnung	Form	Maße	Kalibrierung	Literatur
WOL-Probe X-Typ		$B \geq 2{,}5 \left(\dfrac{K_{1c}}{R_{p0,2}}\right)^2$ $H = B$ $W_1 = 1{,}44\, B$ $W = 1{,}125\, B$ $D = 0{,}375\, B$ $a = 0{,}5\, B$	$K_1 = \dfrac{F\sqrt{a}}{BW} f(\lambda)$ $\lambda = a/W$ $f(\lambda) \longrightarrow$ siehe Kalibrierungskurve in der angegebenen Literatur	[174]
WOL-Probe T-Typ		$B \geq 2{,}5 \left(\dfrac{K_{1c}}{R_{p0,2}}\right)^2$ $H = 2{,}48\, B$ $W_1 = 3{,}20\, B$ $W = 2{,}55\, B$ $a = B$	$K_1 = \dfrac{F\sqrt{a}}{BW} f(\lambda)$ $\lambda = a/W$ $f(\lambda) = 30{,}96 - 195{,}8\lambda + 730{,}6\lambda^2 - 1186{,}3\lambda^3$ $\qquad\qquad + 754{,}6\lambda^4$	[174], [175]
Käse-Probe EMPA		$B \geq 2{,}5 \left(\dfrac{K_{1c}}{R_{p0,2}}\right)^2$ $\bar{a} \geq 1{,}9 \left(\dfrac{K_{1c}}{R_{p0,2}}\right)^2$ $B = 0{,}45\, D$ $W = 0{,}8\, D$	$K_1 = \dfrac{F}{B\sqrt{W}} f(\lambda)$ $\lambda = \bar{a}/W$ $f(\lambda) = 2\sqrt{\lambda}\,[172{,}43 - 1491{,}34\lambda + 4928{,}27\lambda^2$ $\qquad\qquad - 7193{,}96\lambda^3 + 3945{,}34\lambda^4]$	[176]

liegt. Für die Spannungen vor einem durchgehenden Riß der Länge $2a$ in einer ausgedehnten Platte bei der die Berandung unberücksichtigt bleiben kann, erhält man

$$\sigma_{ij} = \frac{\sigma\sqrt{\pi a}}{\sqrt{2\pi r}} f_{ij}(\Theta) \qquad (\text{C}\,1.56)$$

$$= \frac{K_1}{\sqrt{2\pi r}} f_{ij}(\Theta), \qquad (\text{C}\,1.56\text{a})$$

mit $\sigma\sqrt{\pi a} = K_1$. \hfill (C 1.57)

In diesen Formeln sind r und Θ Polarkoordinaten, gerechnet von der Rißspitze aus. Die Funktion $f_{ij}(\Theta)$ wird 1 für $\Theta = 0$, d. h. für alle Punkte in der Ebene des Risses. Die Höhe der Spannungen hängt – außer von den Koordinaten r und Θ – nur von $K_1 = \sigma\sqrt{\pi a}$ ab, dem *Spannungsintensitätsfaktor*. Der Index I bedeutet dabei, daß die Rißöffnung durch eine Kraft senkrecht zur Rißfläche bewirkt wird. Im Falle des ebenen Spannungszustandes ist $\sigma_{zz} = 0$, bei ebener Dehnung gilt $\sigma_{zz} = \nu\,(\sigma_{xx} + \sigma_{yy})$ (s. Gl. (C 1.41)). Mit experimentellen und theoretischen Verfahren kann der Span-

◂ **Bild C 1.88** Zusammenstellung gebräuchlicher Bruchmechanikproben. Nach [171].

nungsintensitätsfaktor für andere Geometrien, auch für endliche Probenabmessungen, ermittelt werden. Man erhält in allgemeiner Form

$$K_1 = \sigma \sqrt{\pi a}\, f(a/W) = \sigma \sqrt{a}\, Y(a/W), \qquad (C\,1.58)$$

wobei W die Breite der Probe und $Y(a/W) = \sqrt{\pi}\, f(a/W)$ eine Korrekturfunktion für die jeweilige Geometrie ist, die aus Tabellen oder Nomogrammen entnommen werden kann (siehe Bild C 1.88).

Ein vorhandener Anriß der Länge $2a$ wird bei Steigerung der angreifenden Spannung unter den gegebenen Bedingungen von Temperatur und Beanspruchungsgeschwindigkeit instabil, wenn eine kritische Spannung σ_c erreicht wird. Der zugehörige Wert der Spannungsintensität ist ein geometrieunabhängiger Werkstoffkennwert und wird *Rißzähigkeit* oder auch *Bruchzähigkeit* genannt:

$$K_{Ic} = \sigma_c \sqrt{\pi a}\, f(a/W). \qquad (C\,1.59)$$

Zu diesem Ergebnis gelangt man durch Betrachtung der *energetischen Verhältnisse*. Der Riß breitet sich aus, wenn die bei einer Verlängerung des Risses mit der Länge $2a$ um da freiwerdende elastische Energie dU mindestens gleich der für die Rißausbreitung um die entsprechende Länge erforderlichen Energie M ist:

$$\frac{dU}{da} \geq \frac{dM}{da}.$$

U ist die elastische Energie, die in der Probe bei der anliegenden Spannung gespeichert ist. Bei Rißverlängerung wird die Steifigkeit der Probe kleiner und bei konstanter Einspannlänge sinkt die Kraft ab. Dementsprechend vermindert sich die elastische Energie. Für eine genügend große Platte mit Innenriß ist

$$\frac{dU}{da} = \frac{2\pi \sigma^2 a}{E}. \qquad (C\,1.60)$$

Als *Energiefreisetzungsrate* wird bezeichnet:

$$G = \frac{\pi \sigma^2 a}{E}. \qquad (C\,1.61)$$

Aufzubringen ist die Energie, die benötigt wird, um den Riß weiterzutreiben. Diese bezogene Energie wird auch mit *Rißausbreitungswiderstand*

$$R = \frac{dM}{da} \qquad (C\,1.62)$$

bezeichnet. Theoretisch ist dies die Energie zur Schaffung neuer Oberfläche. In realen metallischen Werkstoffen ist mit der Rißausbreitung aber immer eine, wenn auch u. U. kleine, plastische Verformung in unmittelbarer Rißumgebung verbunden. Die Bedingung für Rißausbreitung besagt, daß die Energiefreisetzungsrate mindestens gleich R sein muß, d. h. wenn G einen kritischen Wert G_{Ic} erreicht, wird der Riß instabil. Die Bruchbedingung lautet also

$$G_{Ic} = \frac{\pi \sigma_c^2 a}{E}. \qquad (C\,1.61a)$$

Bruchmechanik, Grundsätze für die Anwendung

Der Vergleich mit dem Spannungsintensitätsfaktor zeigt:

$$G_I = \frac{K_I^2}{E} \tag{C1.63}$$

für den ebenen Spannungszustand.

Bei ebener Dehnung ist

$$G_I = \frac{K_I^2}{(1-v^2)E}. \tag{C1.64}$$

Die *Anwendung der Bruchmechanik* ist beispielhaft in Bild C1.89 dargestellt. Mit Hilfe einer genormten Probe, für die die Korrekturfunktion bekannt ist, wird bei Betriebstemperatur und Beanspruchungsgeschwindigkeiten des Bauteils die Rißzähigkeit des Werkstoffs K_{Ic} ermittelt. Dazu wird im Beispiel des Bildes C1.89 die Kraft-Aufweitungs-Kurve gemessen und aus der Kraft F_c beim Instabilwerden des Anrisses die Rißzähigkeit errechnet. Um einen möglichst kleinen Krümmungsradius an der Rißspitze zu erreichen, wird der Anriß durch Ermüdung eingebracht. Im Bauteil wird für kritische Stellen, z. B. für eine Stelle mit einem durch zerstörungsfreie Prüfung gefundenen Anriß, der Spannungsintensitätsfaktor K_I errechnet. Dabei muß der ungünstigste Bereich ermittelt werden, wobei die Rißkonfiguration und die herrschenden Spannungen, auch die Eigenspannungen, berücksichtigt werden müssen. Im Bauteil kann dann kein instabiler Riß auftreten, wenn überall gilt:

$$K_I < K_{Ic}.$$

Voraussetzung für die Anwendung dieser Überlegungen ist, daß die Rißzähigkeit K_{Ic} für die Werkstoffzustände, die im Bauteil vorliegen, bekannt ist.

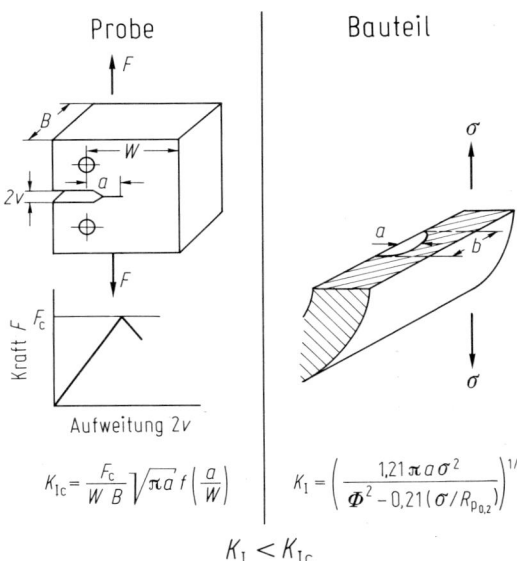

Bild C1.89 Anwendung der Bruchmechanik auf die Beurteilung der Bauteilsicherheit. Nach [177]. (Φ ist ein tabellarisch erfaßter Geometriefaktor).

$$K_{Ic} = \frac{F_c}{WB}\sqrt{\pi a}\, f\left(\frac{a}{W}\right) \qquad K_I = \left(\frac{1{,}21\pi a \sigma^2}{\Phi^2 - 0{,}21(\sigma/R_{p0{,}2})}\right)^{1/2}$$

$$K_I < K_{Ic}$$

Als Folge der Spannungskonzentration vor der Rißspitze tritt örtlich begrenzte plastische Verformung auf. Nimmt man das Fließkriterium von Tresca und den ebenen Spannungszustand an, so erhält man im Falle der Instabilität die Größe der plastischen Zone, indem man die höchste Spannung gleich der 0,2%-Dehngrenze setzt:

$$\sigma_{yy} = R_{p\,0,2} = \frac{K_{Ic}}{\sqrt{2\pi\, r_{pl}}}. \tag{C1.65}$$

Daraus folgt

$$r_{pl} = \frac{1}{2\pi}\left(\frac{K_{Ic}}{R_{p\,0,2}}\right)^2. \tag{C1.65a}$$

Diese Ableitung gilt für die Rißebene ($\Theta = 0$).

An dieser Stelle sei vermerkt, daß zwischen der in Gl. (C1.65) genannten 0,2%-Dehngrenze $R_{p\,0,2}$ und der anderweitig vielfach auftretenden unteren Streckgrenze R_{eL} begrifflich zwar ein grundsätzlicher Unterschied besteht, daß die Werte aber, wenn bei einem Stahl überhaupt eine ausgeprägte Streckgrenze auftritt, nicht wesentlich voneinander abweichen. Im Schrifttum wird daher auch vielfach nicht zwischen beiden unterschieden, manchmal findet man auch nur die Bezeichnung R_p (ohne Festlegung eines bestimmten Wertes wie 0,2%). Das wirkt sich gelegentlich in den folgenden Ausführungen aus, soweit sie sich auf Schrifttumsangaben stützen.

Die Kontur der plastischen Zone ist in Bild C1.90 für das Fließkriterium von Tresca im rechten Teilbild und für v. Mises im linken Teilbild dargestellt, wobei die Grenze der plastischen Zone jeweils für den Zustand der ebenen Spannung und der ebenen Dehnung eingezeichnet wurde. Man erkennt die Unterschiede zwischen den beiden Fließkriterien, sieht aber auch, daß infolge der Fließbehinderung durch die dritte Hauptspannung die plastische Zone im Zustand der ebenen Dehnung

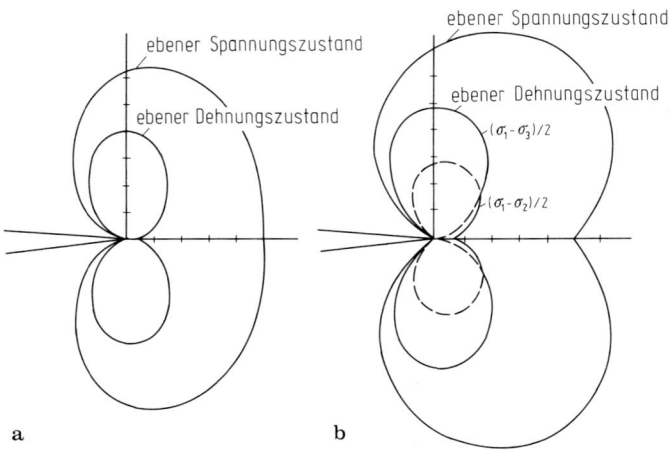

Bild C1.90 Ausbildung der plastischen Zone beim ebenen Dehnungszustand und ebenen Spannungszustand nach verschiedenen Fließkriterien, **a** nach von Mises; **b** nach Tresca. Nach [169].

deutlich kleiner und anders ausgebildet ist als im ebenen Spannungszustand. Da auf der Probenoberfläche wegen des Verschwindens der Normalspannung immer der ebene Spannungszustand herrscht, während zum Probeninneren hin sich ein ebener Dehnungszustand aufbaut, wird im allgemeinen der in Bild C 1.91 dargestellte räumliche Verlauf der plastischen Zone vor der Rißspitze angenommen (Hundeknochenmodell). Nach dreidimensionalen elastisch-plastischen Finite Element-Rechnungen von Redmer [179, 180] ist diese Vorstellung aber unrichtig. Vielmehr reicht die plastische Zone, die sich im Probeninneren einstellt, praktisch bis zur Probenoberfläche. Das ist darauf zurückzuführen, daß die größte Hauptnormalspannung σ_{yy} an der Oberfläche abfällt, da die Mehrachsigkeit geringer wird und daher die Vergleichsspannung die Streckgrenze eher erreicht, und weil ferner die Schubspannungen τ_{yz} und τ_{xz} berücksichtigt werden müssen, die beim Übergang der verschiedenen Spannungszustände von Probenoberfläche zu Probenmitte auftreten.

Probleme bei der Anwendung der Bruchmechanik treten auf, wenn die *plastischen Zonen verhältnismäßig groß* werden. Die linear-elastische Bruchmechanik kann dann nicht mehr angewendet werden, die ermittelten Kennwerte sind geometrieabhängig. Aufgrund vieler praktischer Erfahrungen ist nach der ASTM-Vorschrift E 399 als Grenze für die Anwendung der Bruchmechanik empfohlen worden:

$$\frac{r_{pl}}{B} \leq \frac{1}{5\pi}, \text{ wobei } B \text{ die Probendicke ist.}$$

Daraus folgt:

$$B \geq 2{,}5 \left(\frac{K_{Ic}}{R_{p\,0{,}2}}\right)^2. \tag{C 1.66}$$

Man erkennt aus Bild C 1.92, daß man für die Erfüllung der Bedingung bei großen Rißzähigkeiten und kleinen Werten der 0,2%-Dehngrenze (oder der Streckgrenze) zu großen Probenabmessungen kommt. Ähnliche Bedingungen gelten für die Rißlänge a und die Probenbreite W, wobei in der Norm die gleichen Zahlenwerte eingesetzt werden, wenn, wie üblich, $a = B = 0{,}5\,W$ ist.

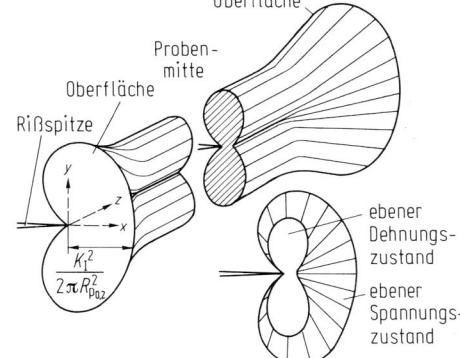

Bild C 1.91 Schematische Darstellung der plastischen Zone in einer Probe (Hundeknochenmodell); in der Probenmitte liegt ein ebener Dehnungszustand und an der Probenoberfläche ein ebener Spannungszustand vor. Nach [178].

Nach Ritter [182] erhält man geometrieunabhängige Kennwerte, wenn

$$B \geq 400 \, \frac{K_{Ic}^2}{R_p E}$$ (C 1.66a)

ist. Nach dieser Formel ergeben sich für Baustähle etwa dreimal kleinere Grenzdicken für gültige Bruchmechanikversuche mit Normproben, ein Ergebnis, das mit experimentellen Untersuchungen recht gut übereinstimmt.

Bei Kenntnis der Größe der plastischen Zone kann man in einem begrenzten Bereich auch mit kleineren Normproben noch gültige K_{Ic}-Werte ermitteln, indem man r_{pl} zur Rißlänge addiert: $a_{eff} = a + r_{pl}$ (plastische Zonenkorrektur).

Ein Beispiel für den *Temperaturverlauf der Rißzähigkeit* für 9 und 13 mm dicke CT-Proben (s. Bild C 1.88) zeigt Bild C 1.93. Bis zur Temperatur, die mit I gekennzeichnet ist, ist die Dickenbedingung nach ASTM (s. o. Gl. (C 1.66)) erfüllt, die linear-elastische Bruchmechanik also voll anwendbar. Der Meßschrieb für die zugrunde liegenden Kraft-Aufweitungs-Kurven (s. Bild C 1.89) ist aber in etwa geradlinig bis zur Temperatur II. Im vorliegenden Fall erweist sich das ASTM-Kriterium also als zu streng, da wegen des etwa geradlinigen Verlaufs der Kraft-Aufweitungs-Kurve angenommen werden kann, daß bis zur Temperatur II die Rißzähigkeit mit guter Genauigkeit noch geometrieunabhängig ist. Bis zu dieser Temperatur kann man also die Werte als Rißzähigkeitswerte K_{Ic} ansehen. Oberhalb II nimmt die plastische Verformung vor der Rißspitze dann merklich zu und von der Temperatur III ab findet man stabiles Rißwachstum, wobei der Anteil der Bruchfläche mit stabilem Rißwachstum an der Gesamtbruchfläche mit zunehmender Temperatur ansteigt.

Im Temperaturbereich oberhalb T_{II} ergeben sich verschiedene Möglichkeiten zur Definition von K: Mit K_Q wird der Wert bezeichnet, der aus der Kraft ermittelt wird, bei der die Sekante mit einer um 5% geringeren Steigung als die Ausgangstangente des Kraft-Aufweitungs-Schriebs die Kraft-Aufweitungs-Kurve schneidet. Mit K_i wird der Beginn des stabilen Rißwachstums und mit K_{max} der aus der Höchstkraft der Kraft-Aufweitungs-Kurve bestimmte Wert bezeichnet.

Sobald die plastische Zone vor der Rißspitze zu groß wird, wirken sich die Probenabmessungen auf den ermittelten Wert der Rißzähigkeit aus. In Bild C 1.94 ist für verschiedene Temperaturen nach Dahl und Zeislmair [163] dargestellt, wie außerhalb des Gebiets der linear-elastischen Bruchmechanik die Rißzähigkeit mit abnehmender Proben*dicke* ansteigt und mit abnehmender Proben*breite* abfällt. Aus derartigen Untersuchungen kann man die für verschiedene Werkstoffe etwas unterschiedlichen Grenzbedingungen für die Anwendung der Bruchmechanik festlegen.

Mit zunehmender Temperatur ändert sich auch das *Bruchbild* nach Aufnahmen mit dem Rasterelektronenmikroskop [163]. Bei tiefen Temperaturen ist reiner Spaltbruch zu erkennen, und am Übergang vom Ermüdungsanriß zum Restbruch ist kein Absatz zu finden (Bild C 1.51). Mit steigender Temperatur tritt am Ende des Ermüdungsanrisses eine zunehmend ausgeprägte Scherzone auf („stretch zone"). In der Restbruchfläche stellen schmale Bereiche mit Gleitbruch die Verbindung zwischen den auf verschiedenen Ebenen liegenden Spaltbruchflächen her. Das Bild ändert sich qualitativ, wenn bei höheren Temperaturen stabiles Rißwachstum auftritt; man findet dann reinen Gleitbruch mit ausgeprägter Wabenstruktur (Bild C 1.48).

Beim *Einschwingen des Ermüdungsanrisses* sind Einschränkungen zu beobachten

Bruchmechanik, Gültigkeitsgrenzen

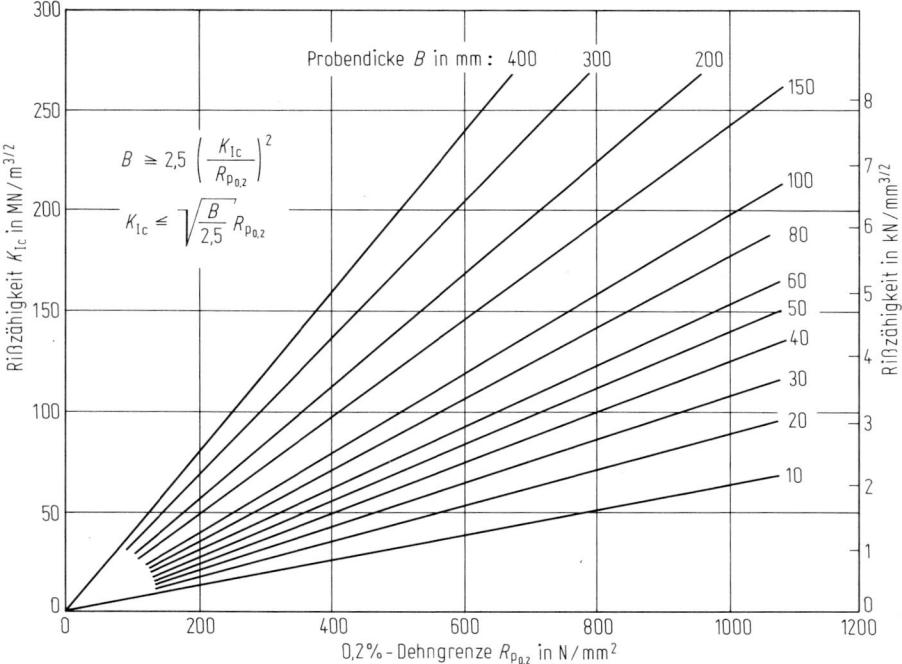

Bild C 1.92 Gültigkeitsbereich der Bruchmechanik nach der ASTM-Norm E 399. Nach [181].

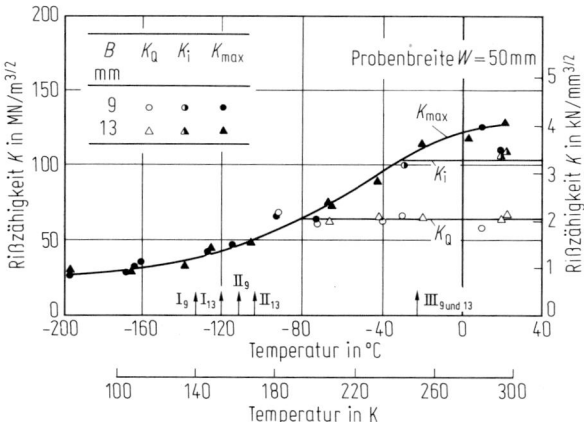

Bild C 1.93 Rißzähigkeit in Abhängigkeit von der Prüftemperatur für einen hochfesten Feinkornbaustahl mit 0.17 % C, 0,66 % Ni und 0,20 % V (St E 460) im normalgeglühten Zustand. Bis zur Temperatur I ist die Dickenbedingung nach ASTM-E 399 erfüllt, bis zur Temperatur II sind die Werte der Rißzähigkeit geometrieunabhängig, von der Temperatur III ab liegt stabiles Rißwachstum vor (K_Q = Rißzähigkeit, ermittelt aus der zum Schnittpunkt zwischen der Kraft-Aufweitungs-Kurve und einer gegenüber der im Nullpunkt an die Kurve gelegten Tangente um 5° geringer geneigten Sekante durch den Nullpunkt gehörenden Kraft; K_i = Rißzähigkeit, ermittelt aus der Kraft bei Beginn des stabilen Rißwachstums; K_{max} = Rißzähigkeit, ermittel aus der Höchstkraft im Verlauf der Kraft-Aufweitungs-Kurve). Nach [183].

[184]. Man erhält mit Sicherheit dann keine Auswirkung der Einschwingbedingungen, wenn die plastische Zone bei der Ermüdung $\leq 1/4$ der plastischen Zone beim eigentlichen Bruchmechanikversuch ist. Unter Berücksichtigung der Rißzähigkeit und der Temperaturabhängigkeit der Streckgrenze erhält man daraus folgende Bedingung für die maximal erlaubte Spannungsintensität bei der Ermüdung K_f:

$$\left(\frac{K_f}{K_{Ic}}\right)^2 \left(\frac{R_{eL\,Tc}}{R_{eL\,Tf}}\right)^2 \leq \frac{1}{4}.$$

Dabei bedeuten T_c die Temperatur beim Bruchmechanikversuch und T_f die Temperatur bei Einschwingen des Ermüdungsrisses.

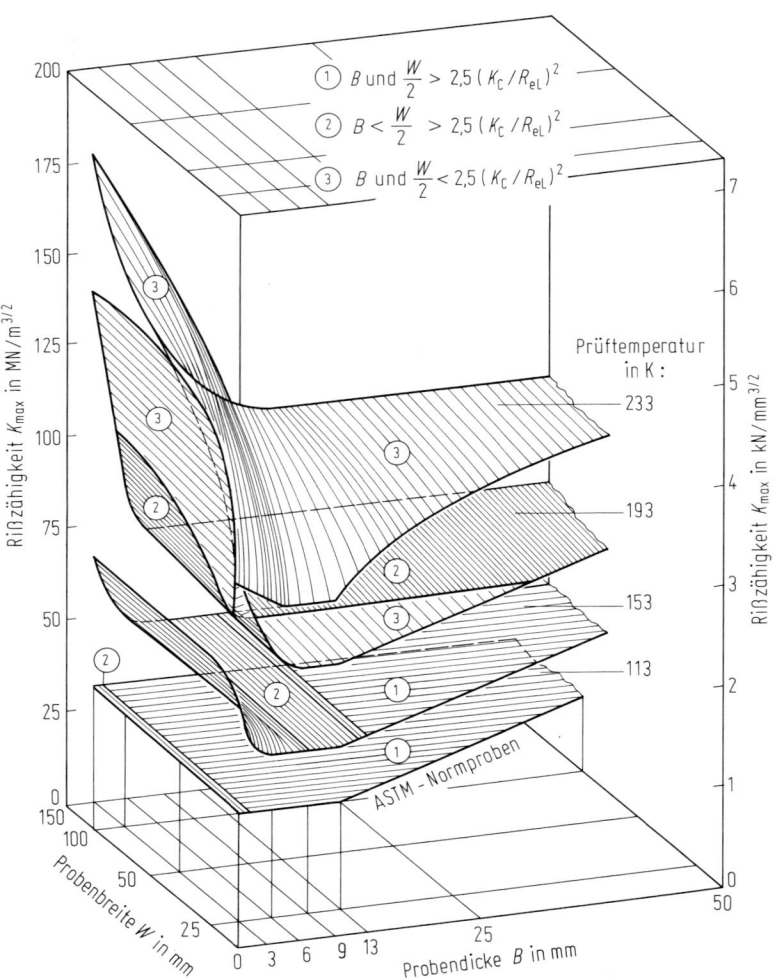

Bild C 1.94 Rißzähigkeit K_{max} (s. Bild C 1.93) in Abhängigkeit von der Probenbreite und -dicke des Stahls St E 460 nach Bild C 1.93 bei verschiedenen Prüftemperaturen. Nach [183].

Zahlreiche Versuche wurden unternommen, die *plastische Zone vor der Rißspitze* bei den Rechnungen mit zu berücksichtigen und dadurch zu übertragbaren Kenngrößen zu kommen, auch wenn die Bedingungen der linear-elastischen Bruchmechanik verletzt sind. Einen Weg dazu bietet das Rißöffnungskonzept *(COD-Konzept)*, das auf Rechnungen von Dugdale [185, 186] zurückgeht. Im Bereich der plastischen Zonen setzt Dugdale Spannungen in der Größenordnung der Streckgrenze an den Rißufern an, die dafür sorgen, daß der Riß zusammenbleibt (Bild C 1.95). Dann ergibt sich für die Öffnung δ am Übergang vom Riß zur plastischen Zone, d. h. an der Rißspitze:

$$\delta = \frac{8 R_{eL} a}{\pi E} \cdot \ln \sec \frac{\pi \sigma}{2 R_{eL}} \approx \frac{\pi \sigma^2 a}{R_{eL} E} = \frac{K^2}{R_{eL} E} = \frac{G}{R_{eL}}. \qquad (C1.67)$$

Die Rechnung gilt für rechteckige Zugproben mit Innen- oder beidseitigem Außenanriß. Da $R_{eL} = \varepsilon_{eL} E$, wobei ε_{eL} die elastische Dehnung an der unteren Streckgrenze ist, erhält man auch

$$\frac{\delta}{\varepsilon_{eL}} = \left(\frac{K}{R_{eL}}\right)^2. \qquad (C1.68)$$

Die kritischen Werte bei Instabilität sollen von Proben auf Bauteile übertragbar sein (s. u. „Design Curve").

Ein noch nicht befriedigend gelöstes Problem ist die genaue Messung der Öffnung δ an der Rißspitze [188, 189]. Zwar ist es auf einfache Weise möglich, im Bereich des eingefrästen Kerbs die Aufweitung an der Probenaußenfläche durch induktive oder mit Meßstreifen versehene Geber zu messen, schwierig ist aber die Umrechnung auf die Aufweitung an der Rißspitze. Dazu sind viele Verfahren entwickelt worden, auf die hier nicht eingegangen zu werden braucht. Nur sei in Bild C 1.96 das Ergebnis eines Vergleichs der nach verschiedenen Verfahren ermittelten Werte mit optisch gemessenen Werten gezeigt. Man erkennt die großen verfahrensbedingten Streuungen, die die Festlegung von bestimmten Zahlenwerten für die Eignung eines Werkstoffes im Bauwerk problematisch machen.

Eine andere Möglichkeit zur Berücksichtigung von plastischen Verformungen ist die Ermittlung des sogenannten *J-Integrals* (nach Rice) [190]. J wird als Linieninte-

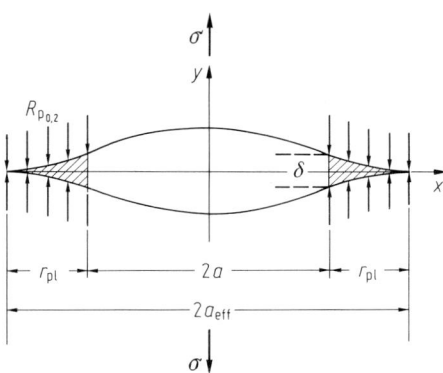

Bild C 1.95 Das Rißöffnungsmodell nach Dugdale (s. (Gl. C 1.67)). Nach [187].

328 C1 Mechanische Eigenschaften

gral um die Rißspitze bestimmt und ist wegunabhängig (Bild C1.97). Im allgemeinen ist J gleich der Abnahme der potentiellen Energie bei Rißverlängerung, also eine verallgemeinerte Beziehung für die Energiefreisetzungsrate (Gl. (C1.61)); im elastischen Fall ist $J = G$. Aus Versuchen mit Proben mit unterschiedlicher Riß-

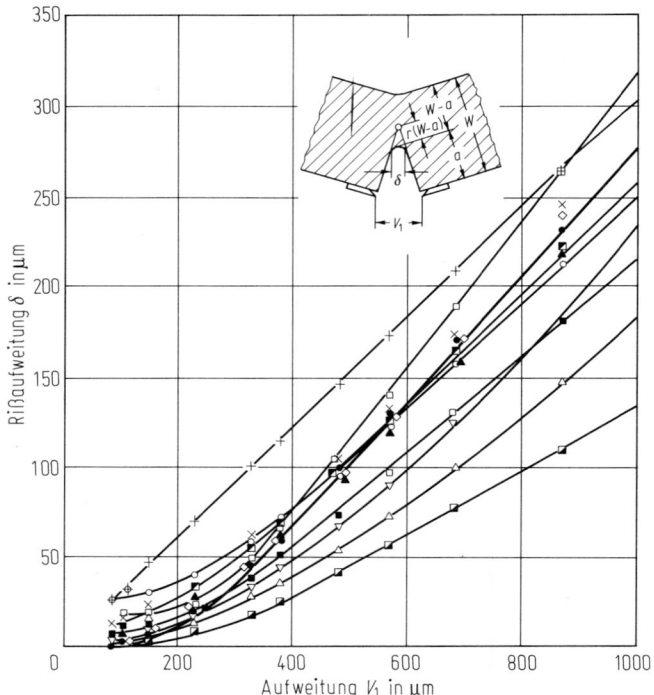

Bild C1.96 Optisch gemessene (—●—●—) und nach verschiedenen Verfahren errechnete Aufweitung δ an der Rißspitze in Abhängigkeit von der an der Probenoberfläche ermittelten Aufweitung V_1 (Kompaktproben mit $B = 9$ mm und $W = 50$ mm, Prüftemperatur 283 K, Stahl St E 460 nach Bild C1.93). Nach [188].

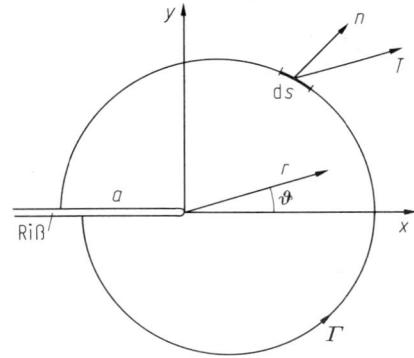

Bild C1.97 Integrationsweg für das J-Integral. Nach [191].

$$J = -\frac{1}{B}\frac{dU}{da} = \int_{\Gamma} \left(W\, dy - T_n \frac{\partial u}{\partial x}\right) ds$$

B = Probendicke, a = Rißlänge, U = gespeicherte Energie, K = Spannungsintensitätsfaktor, W = Energiedichte, T_n = Spannungsvektor in Richtung des Normalenvektors n, u = Verschiebungsvektor, ds = Linienelement.

Bruchmechanik, J-Integral

länge kann *J* bestimmt werden. Nach Bild C1.98 ermittelt man zunächst für Proben (Bild C1.98a) mit unterschiedlicher Rißlänge die Energie *U* als Fläche unter den Kraft-Aufweitungs-Kurven für bestimmte Werte der Aufweitung (Bild C1.98b). Die so ermittelten Energien werden sodann über die Rißlänge mit der Aufweitung als Parameter aufgetragen (Bild C1.98c). Die Steigung dU/da, die nach Division durch die Probendicke *B* gleich dem *J*-Integral ist, ist in Bild C1.98d als Funktion der Aufweitung für verschiedene Rißlängen dargestellt. Aus dieser Auftragung kann das *J*-Integral für bestimmte Werte der Aufweitung und – falls eine Instabilität auftritt – der kritische Wert J_{Ic} entnommen werden.

Auf einfache Weise ergibt sich demgegenüber aus *einem* Versuch J_{Ic} zu:

$$J_{Ic} = \frac{2 \int_0^{F_c} F \, dV_g}{B \, (W - a)} . \tag{C1.69}$$

(s. dazu Bild C1.98a). Untersuchungen an Baustählen (so z. B. Bild C1.99) haben ergeben, daß Rißzähigkeit, *J*-Integral und Rißaufweitung für verschiedene Probenabmessungen den gleichen Verlauf mit der Temperatur zeigen, wenn bei gleicher Probenfläche die Dicke verändert wird. Danach ergibt in diesem Fall die Anwendung des *J*-Integrals oder der Rißaufweitung keine Ausweitung des Bereichs, in

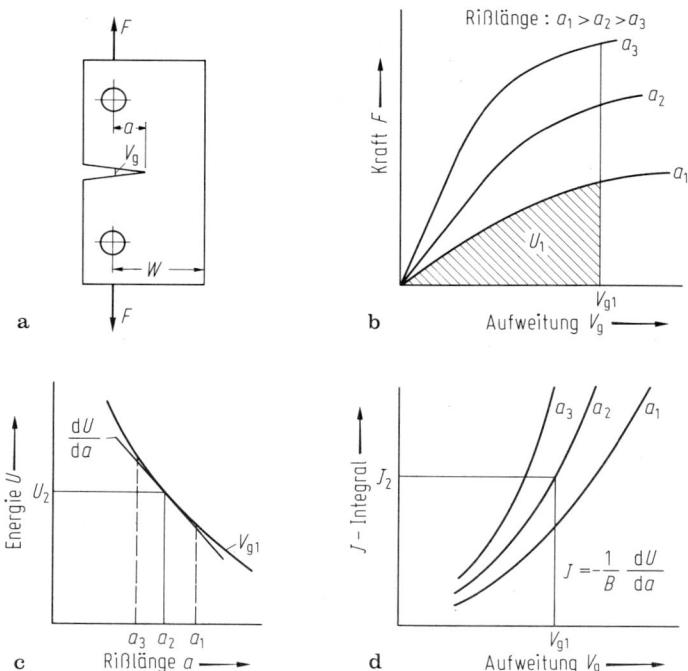

Bild C1.98 Verfahren zur Ermittlung des *J*-Integrals bei Benutzung mehrerer Proben mit unterschiedlicher Rißlänge *a* (*B* = Probendicke). Nach [191]. **a** Probenform; **b** Kraft-Aufweitungs-Kurven für Proben mit unterschiedlicher Rißlänge; **c** und **d** Auswertung der Kurven.

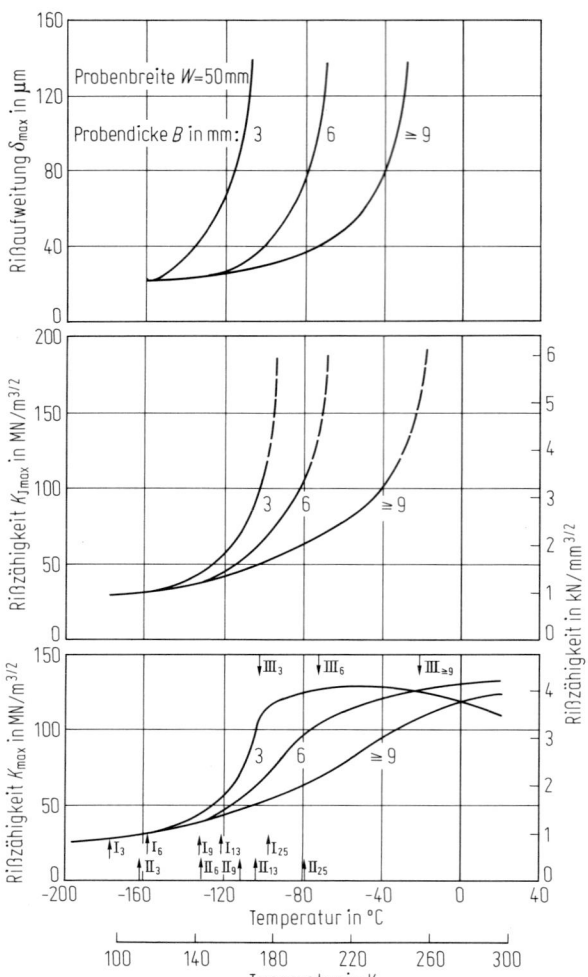

Bild C 1.99 Rißzähigkeit, berechnet aus Kraft (K_{max}), J-Integral ($K_{J\,max}$) und Rißaufweitung (δ_{max}) in Abhängigkeit von der Prüftemperatur für verschiedene Probendicken des Stahls St E 460 nach Bild C 1.93 (die kennzeichnenden Temperaturen und K_{max}, sinngemäß auch $K_{J\,max}$ und δ_{max}, haben die gleiche Bedeutung wie in Bild C 1.93). Nach [183].

dem die bruchmechanischen Kenngrößen geometrieunabhängig sind. Besser läßt sich das J-Integral offenbar anwenden, um den Breiteneinfluß zu berücksichtigen, sofern die Dicke unverändert bleibt und sich der Bruchmechanismus nicht ändert.

Vergütungsstähle hoher Festigkeit, die über einen großen Temperaturbereich ähnliches Bruchverhalten zeigen, scheinen sich für die Anwendung des J-Integrals besonders gut zu eignen.

Im Bereich der stabilen Rißausbreitung, der vor allem für dünne Proben und für zähe Werkstoffe wichtig ist, wird versucht, das Werkstoffverhalten durch die *Rißwiderstandskurve* $R = f(a)$ zu beschreiben [192], wobei R i. a. als J-Integral ermittelt wird (J_R-Kurve). Bild C 1.100 zeigt im linken Teilbild den Zusammenhang im linearelastischen Fall. Eingezeichnet ist die Energiefreisetzungsrate G (s. Gl. (C 1.61)), die mit der Rißlänge linear ansteigt und deren Neigung proportional zu σ^2 ist. Der

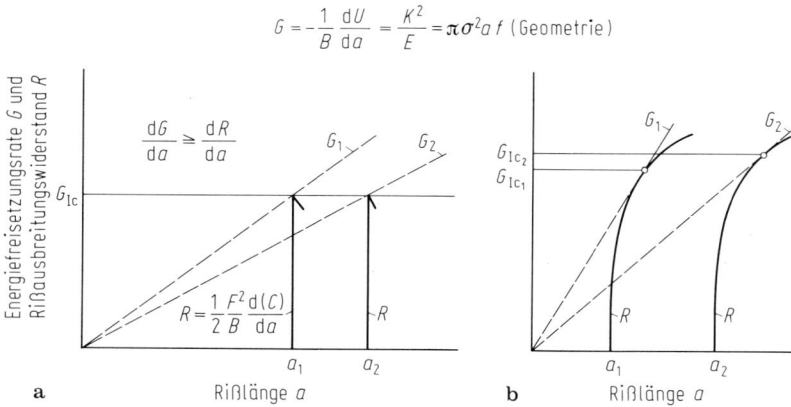

Bild C 1.100 Verlauf der Energiefreisetzungsrate G nach Gl. (C 1.61) und des Rißausbreitungswiderstandes R nach Gl. (C 1.62) in Abhängigkeit von der Rißlänge a bei unterschiedlichem Verhalten der Stähle. Nach [191]. **a** linear-elastisches Verhalten; **b** Verhalten bei größerer plastischer Verformung und stabiler Rißausbreitung. (σ = Spannung, K = Spannungsintensitätsfaktor, E = Elastizitätsmodul, U = gespeicherte Energie der elastischen Verformung, C = Nachgiebigkeit (Compliance) = $\Delta V/\Delta F$, V = Aufweitung in der Kraftangriffslinie, F = Kraft, B = Probendicke).

Riß wird dann instabil, wenn bei Rißverlängerung weniger Energie verbraucht als zur Verfügung gestellt wird, wenn also $dG/da > dR/da$ ist. Die angegebenen einfachen Beziehungen gelten für Risse in unendlich ausgedehnten Platten. Die R-Kurve ist unabhängig von der Anfangsrißlänge. Bei größerer plastischer Verformung und stabiler Rißausbreitung ergibt sich unter sonst gleichen Bedingungen, daß – wie das rechte Titelbild zeigt – der kritische Wert mit zunehmender Anrißlänge ansteigt. Von besonderem Interesse ist die Anwendung der R-Kurve bei anderen Probengeometrien, für die G-Kurven berechnet werden können. Das Konzept der R-Kurve erlaubt dann die Anwendung von bruchmechanischen Verfahren unter Bedingungen, bei denen die linear-elastische Bruchmechanik versagt.

In Bild C 1.101 ist schematisch der Verlauf der Rißzähigkeit in Abhängigkeit von der Temperatur für verschiedene Geometrien dargestellt. Die dick ausgezogene Kurve zeigt den Verlauf für genormte CT- und Biegeproben mit einem Verhältnis von Breite zu Dicke wie 2:1. Nach dem ASTM-Dickenkriterium sind bis zur Temperatur I und nach dem linearen Kraft-Aufweitungs-Schrieb bis zur Temperatur II geometrieunabhängige Kennwerte zu erwarten. Für die spezielle Form der genormten Proben lassen sich aber dickenunabhängige Rißzähigkeitswerte bis zum Beginn des stabilen Rißwachstums (Temperatur III) ermitteln, wobei im oberen Temperaturbereich eine Korrektur mit Hilfe der effektiven Rißlänge (physikalische Rißlänge + plastische Zone) oder über die Auswertung nach dem J-Integral erfolgen muß. Der K_Q-Wert, der bei merklichen plastischen Verformungen bestimmt werden kann (s. Erläuterung zu Bild C 1.93), zeigt den angegebenen Verlauf entsprechend der Temperaturabhängigkeit der Streckgrenze bei relativ niedrigen Zahlenwerten. Eine sinnvolle Kenngröße ist sicherlich die Rißzähigkeit bei Beginn des stabilen Rißwachstums, der sich allerdings nicht auf einfache Weise aus dem Kraft-Aufweitungs-Schrieb bestimmen läßt, sondern mit Hilfe der Vielprobenmethode aus mehreren Versuchen oder durch gleichzeitige Messung des elektrischen Potentials ermittelt werden muß. Wegen der bei Baustählen dem Beginn des stabilen Rißwachstums vorlaufenden relativ großen plastischen Verformung an der Rißspitze ist eine Auswertung über das J-Integral erforderlich; die sich dann entsprechend den eingezeichneten Pfeilen ergebenden K_{Ji}-Werte scheinen relativ unabhängig von der Probengeometrie zu sein. Für eine zahlenmäßige Auswertung ungeeignet sind die K_{max}-Werte (s. Bild C 1.93) oberhalb des Beginns des stabilen Rißwachstums, da sich hierbei die Einflüsse von plastischer Verformung und stabilem Rißwachstum in unübersichtlicher Weise überlagern.

Für Proben, bei denen die Breite groß ist gegen die Dicke gilt das im linken Teil des Bildes angedeutete Verhalten. Bei abnehmender Dicke wird die Fließbehinderung geringer und die Rißzähigkeit erreicht im Gebiet des Spaltbruchs höhere Zahlenwerte, die Rißzähigkeits-Temperatur-Kurven weichen zu höheren Werten aus dem Streuband der genormten Proben ab. Der Beginn des stabilen Rißwachstums, und damit Gleitbruch, tritt allerdings bei etwa gleichen Zahlenwerten der Rißzähigkeit wie bei genormten Proben auf.

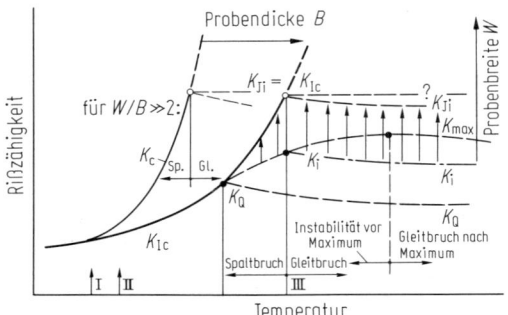

Bild C 1.101 Schematische Darstellung der Rißzähigkeit für verschiedene Geometrien in Abhängigkeit von der Temperatur (zur Bedeutung der Kurzzeichen s. Bild C 1.93; K_J-Werte sind nach dem J-Integral-Verfahren ermittelte Werte). Nach [163].

Bei kleinen Probenbreiten gelten die im rechten Teilbild angedeuteten Tendenzen. Wird die Breite im Verhältnis zur plastischen Zone zu klein, so fehlt die nur elastisch verformte Umgebung und die linear-elastische Bruchmechanik kann nicht mehr angewandt werden, die formal errechnete Rißzähigkeit weicht aus dem mit genormten Proben genügender Größe ermittelten Streuband nach unten ab. Auch in diesem Bereich ergeben sich also schon bei relativ niedriger Temperatur geometrieabhängige Werte der Rißzähigkeit. Nur unterhalb der Temperaturen, die dem ASTM-Dickenkriterium oder einem noch linearen Kraft-Aufweitungs-Schrieb entsprechen, findet man von den Abmessungen unabhängige Rißzähigkeitswerte.

Die hier für den Einfluß der Probenabmessungen dargestellten Überlegungen sind naturgemäß auch bei der *Übertragung* von bruchmechanischen Kennwerten *auf Bauteile* zu beachten. Da im Temperaturbereich, in dem Stähle eingesetzt werden, im allgemeinen größere plastische Zonen an Rißspitzen auftreten, ist die Anwendung der linear-elastischen Bruchmechanik stark eingeschränkt. Die Verfahren der Fließbruchmechanik, die für diesen Bereich eher in Betracht kommen, sind noch in der Entwicklung. So lange der Einfluß des Spannungszustandes auf die Vorgänge an der Rißspitze nicht quantitativ bekannt ist, sollte die Probendicke gleich der Bauteilabmessung und die Probenbreite genügend groß gewählt werden.

Im Bereich stabilen Rißwachstums kann über das *J*-Integral der Geometrieeinfluß, hier vor allem der Einfluß der Probenbreite, innerhalb gewisser Grenzen berücksichtigt werden. Die J_R-Kurve ermöglicht Vorhersagen für das Versagen, wenn Berechnungen der Energiefreisetzungsrate des Bauteils vorliegen. In diesem Gebiet ist wegen der höheren Nettospannungen auch das Versagen durch plastischen Kollaps zu berücksichtigen, wenn nämlich ein Lastabfall erfolgt, ohne daß der Riß weiterwächst, entsprechend dem Beginn der Einschnürung im Zugversuch. Experimente und theoretische Überlegungen müssen die Anwendungsbereiche der vorgeschlagenen Konzepte abgrenzen.

Da auch im Bruchmechanikversuch die Bedingungen wie bei der Beanspruchung im Bauteil gewählt werden müssen, interessiert der *Einfluß der Beanspruchungsgeschwindigkeit* auf die Rißzähigkeit. Bild C 1.102 zeigt, wie sich der Anstieg der Rißzähigkeit mit größeren Geschwindigkeiten zu höheren Temperaturen verschiebt. Für Temperaturen im Übergangsbereich von der Tieflage in die Hochlage ergibt eine Geschwindigkeitserhöhung eine Abnahme der Rißzähigkeit, die mit einer Änderung des Bruchmechanismus vom stabilen Rißwachstum mit Wabenbruch zum Spaltbruch verbunden sein kann. Entscheidend für das Bruchverhalten ist die Streckgrenze. So zeigt Bild C 1.103, wie für einen Stahl die Rißzähigkeit mit zunehmender 0,2%-Dehngrenze abfällt, wenn diese durch eine Absenkung der Prüftemperatur oder durch eine Erhöhung der Prüfgeschwindigkeit angehoben wird (s. Bild C 1.26). Die Werte für die höchsten Geschwindigkeiten liegen am oberen Rand des Streubandes, möglicherweise eine Folge zunehmend adiabatischen Verhaltens.

Insgesamt hat die Bruchmechanik das Verständnis für die Vorgänge beim Bruch von rißbehafteten Werkstoffen wesentlich verbessert. Die zahlenmäßige Anwendung, vor allem die Übertragung von an Kleinproben gewonnenen Ergebnissen auf

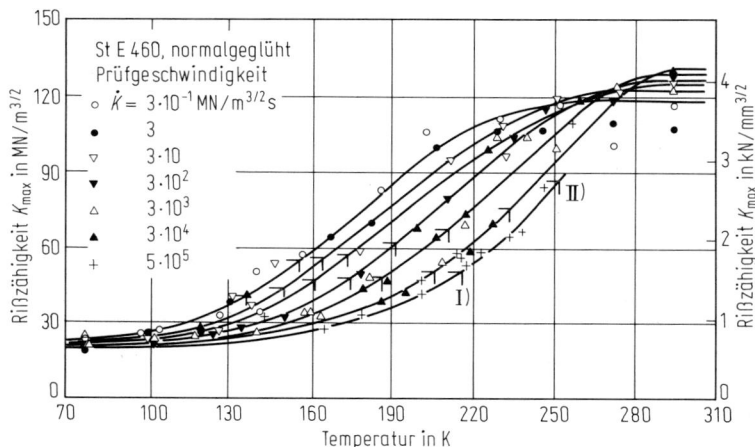

Bild C 1.102 Rißzähigkeit in Abhängigkeit von der Prüftemperatur für verschiedene Beanspruchungsgeschwindigkeiten für einen Stahl St E 460 nach Bild C 1.26 (1 CT-Proben nach Bild C 1.88, Probendicke 13 mm). Die Zeichen I und II haben die gleiche Bedeutung wie in Bild C 1.93. Nach [193].

das Bauteil, ist aber auf tiefe Temperaturen, große Abmessungen und/oder hochfeste Stähle beschränkt, da die plastische Zone bestimmte Abmessungen im Verhältnis zu den Abmessungen der Probe oder des Bauteils nicht überschreiten darf. Das Gebiet der Fließbruchmechanik, bei der diese Grenzen erweitert werden, ist ein Schwerpunkt vieler Forschungsarbeiten.

Sicherheitskonzepte [194, 195]

Wesentlich ist es für die Prüfung der mechanischen Eigenschaften von Stahl, dem Konstrukteur Berechnungsunterlagen zu liefern und Aussagen über die Sicherheit von Bauwerken zu machen, wenn Eigenschaften, Beanspruchung und Fehler zahlenmäßig bekannt sind. Eine solche Vorhersage ist im Bereich der linear-elastischen Bruchmechanik möglich, im Anwendungsbereich vieler technisch wichtiger Werkstoffe, bei denen größere plastische Verformungen vor oder beim Versagen auftreten, aber schwierig. Im folgenden sollen auch dafür zwei auf Versuche abgestützte Vorgehensweisen geschildert werden, mit deren Hilfe Richtlinien für den Bau und die Überprüfung von Bauwerken erarbeitet werden können.

Pellini und Puszak haben das in Bild C 1.104 dargestellte *Bruchanalyse-Diagramm* (*„Pellini-Fracture-Analysis-Diagram"*, FAD) entwickelt [131, 132, 196]. Aufgetragen ist die ertragbare Nennspannung in Abhängigkeit von der Temperatur. Der Parameter für die verschiedenen Kurven ist die Größe eines im Bauteil vorliegenden Fehlers. Bei tiefen Temperaturen ($T<$ NDTT) gehört zu jeder Rißgröße eine ertragbare Spannung. Bei Spannungen um 50 N/mm² breiten sich auch große Risse nicht aus; Risse, die kleiner als 25 mm lang sind, sollen auch bei Spannungen in der Größenordnung der Streckgrenze unkritisch sein. Dieser Temperaturbereich wird heute durch die linear-elastische Bruchmechanik weitgehend abgedeckt.

Für die Anwendung des Diagramms wichtig ist die Lage der mit Hilfe des Pellini-Versuchs (s. C 1.1.2.4) bestimmte NDT-Temperatur. Oberhalb dieser Temperatur

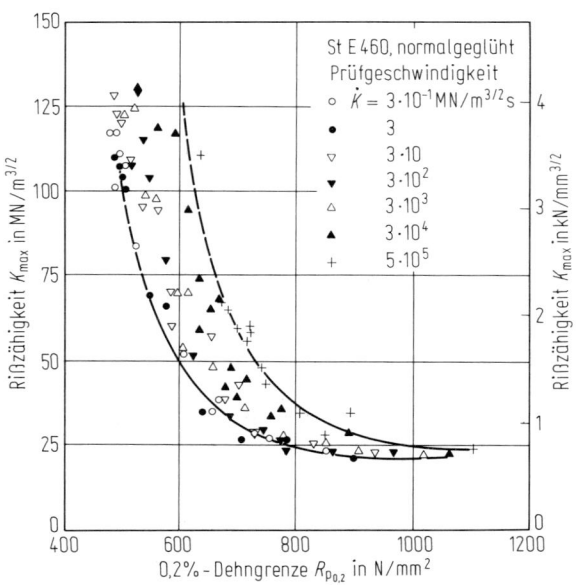

Bild C 1.103 Rißzähigkeit in Abhängigkeit von der 0,2-%-Dehngrenze $R_{p0,2}$ für verschiedene Beanspruchungsgeschwindigkeiten $\dot{K}$ und Temperaturen für einen Stahl St E 460 nach Bild C 1.26 (1 CT-Proben nach Bild C 1.88, Probendicke 13 mm). Nach [193].

Bruchmechanik, Sicherheitskonzepte

steigen die Spannungen, bei denen Risse unkritisch bleiben oder gestoppt werden, an. Dabei muß nach der Wanddicke unterschieden werden. Die jeweils, d. h. für kleine Wanddicken und für große Wanddicken, unterste Kurve gilt für Rißstopp (CAT: „Crack Arrest Temperature"), die oberste für das kritisch werden kleiner Risse. Bei NDTT + 35 K werden in Bauteilen mit kleiner Wanddicke auch große Risse bei Spannungen in der Höhe der Streckgrenze aufgefangen (FTE: „Fracture Transition Elastic"). Bei NDTT + 70 K werden derartige Risse bei noch höheren Spannungen, die mit der Zugfestigkeit vergleichbar sind, gestoppt. Alle Kurven für kleine Wanddicken laufen hier zusammen, d. h. der Bruch erfolgt in jedem Fall nach großer plastischer Verformung durch Gleitbruch (FTP: „Fracture Transition Plastic"). Für große Wanddicken sind die Kurvenverläufe zu höheren Temperaturen verschoben (s. auch C 1.1.2.4).

Das durch viele Erfahrungswerte belegte Bruchanalyse-Diagramm gibt eine eher qualitative Möglichkeit zur Beurteilung des Bauteilverhaltens; eine zahlenmäßige Abschätzung der Sicherheit ist kaum möglich.

Ausgehend von der Bruchmechanik haben Burdekin und Mitarbeiter [197] einen Vorschlag entwickelt, der auf dem COD-Konzept beruht und den Bereich zwischen der linear-elastischen Bruchmechanik und dem duktilen Versagen erfassen soll („Burdekin-COD-Design Curve"). Nach den Formeln der Bruchmechanik gilt für den Fall der ebenen Spannung die oben angegebene Gl. (C 1.67):

$$\delta = \frac{\pi \sigma^2 a}{R_{eL} E}.$$

Mit $R_{eL} = \varepsilon_{eL} E$, wobei ε_{eL} die elastische Dehnung an der unteren Streckgrenze ist, ergibt sich

$$\frac{1}{2\pi a} \frac{\delta}{\varepsilon_{eL}} = \frac{1}{2} \left(\frac{\sigma}{R_{eL}}\right)^2 = \frac{1}{2} \left(\frac{\varepsilon}{\varepsilon_{eL}}\right)^2. \qquad (C 1.70)$$

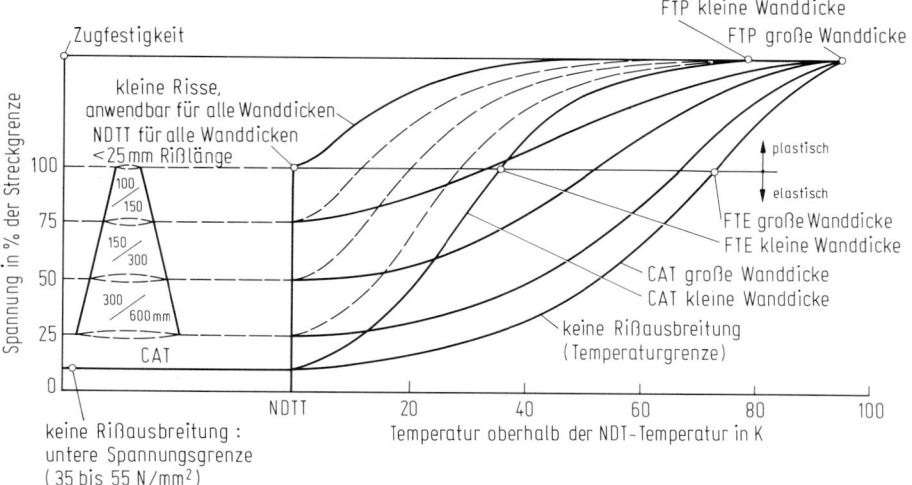

Bild C 1.104 Bruchanalyse-Diagramm nach Pellini und Puszak. Nach [194].

Ausgehend von dieser Beziehung formuliert Burdekin aufgrund vieler experimenteller Ergebnisse für den Zusammenhang zwischen der in Bruchmechanikversuchen gemessenen kritischen Rißaufweitung δ_c und der maximal zulässigen Rißlänge a_{max} sowie der Dehnung ε oder der Spannung σ beim Versagen eines Bauteils:

$$\Phi = \frac{1}{2\pi a_{max}} \frac{\delta_c}{\varepsilon_{eL}} = \left(\frac{\sigma}{R_{eL}}\right)^2 = \left(\frac{\varepsilon}{\varepsilon_{eL}}\right)^2 \quad \text{für } \varepsilon < 0{,}5\,\varepsilon_{eL}$$

$$\Phi = \frac{1}{2\pi a_{max}} \frac{\delta_c}{\varepsilon_{eL}} = \frac{\sigma}{R_{eL}} - 0{,}25 = \frac{\varepsilon}{\varepsilon_{eL}} - 0{,}25 \quad \text{für } \varepsilon \geq 0{,}5\,\varepsilon_{eL} \text{ [198]}.$$

Damit enthält die Beziehung von Burdekin für $\varepsilon < 0{,}5\,\varepsilon_{eL}$ einen Sicherheitsfaktor 2 gegenüber der Theorie. Der lineare zweite Teil entspricht den Erfahrungen aus Großzugversuchen. Fehler der Größe a_{max} sind in einer Konstruktion erlaubt, ohne daß eine Reparatur erfolgen muß. Die „COD-Design Curve" begrenzt also den Bereich, in dem die Sicherheit eines Bauteiles gewährleistet ist (s. Bild C 1.105).

Da die Rißaufweitung nach der Theorie direkt mit dem J-Integral korreliert ist ($J = \beta R_{eL} \delta$, wobei $1 \leq \beta \leq 2$) kann die „Design Curve" auch mit Hilfe des J-Integrals berechnet werden. Entsprechende Kurven sind ebenfalls in Bild C 1.105 eingetragen. Unter gleichen Annahmen erhält man einen ähnlichen Verlauf; ein Vorteil könnte in der besseren Bestimmungsmöglichkeit der J-Integral-Werte liegen.

Für die Anwendung wesentlich ist die Möglichkeit, mit Hilfe der Formeln der Bruchmechanik äquivalente Rißlängen in verschiedenen Konfigurationen anzugeben (z. B. Oberflächenrisse, Innenrisse oder Gruppen von Rissen, jeweils in bestimmten Bauteilen).

Ein grundsätzliches Problem tritt bei diesen und ähnlichen Beziehungen auf. Bei der wirksamen Spannung sind auch Eigenspannungen und örtliche Spannungskonzentrationen zu berücksichtigen. Im englischen Schrifttum werden grundsätzlich in Schweißkonstruktionen Eigenspannungen in Größenordnung der Streckgrenze, in Japan Eigenspannungen von 60% der Streckgrenze angenommen. Durch Spannungsarmglühen werden diese Spannungen reduziert.

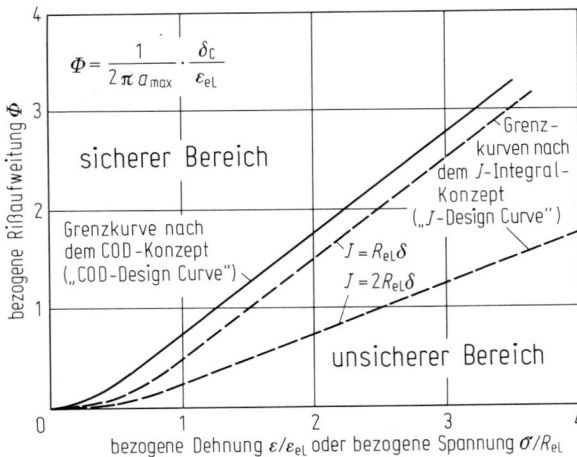

Bild C 1.105 Die „COD-Design Curve" nach Burdekin (s. (Gl. C 1.70)) und die „J-Design Curve" nach Begley (a_{max} = höchstens zulässige Rißlänge). Nach [199, 200].

Beim Vorschlag von Burdekin ist die Bestimmung der kritischen Rißaufweitung δ_c problematisch, die als entscheidende Werkstoffkenngröße in die Beziehung eingeht. Die genaue Messung von δ_c bereitet Schwierigkeiten, und es bleibt abzuwarten, ob sich eine zuverlässige Bestimmungsmethode durchsetzt, die zu vergleichbaren und möglichst geometrieunabhängigen δ_c-Werten führt. Ferner ist offen, ob δ für das Maximum der Kraft-Aufweitungs-Kurve, den Beginn des stabilen Rißwachstums oder ein anderes Kriterium eingesetzt werden muß. Die experimentellen Überprüfungen haben bisher noch zu keinem eindeutigen Ergebnis geführt.

C1.1.3 Gefüge mit optimaler Kombination von Festigkeit und Zähigkeit [62, 201]

Aus der Darstellung des Gefügeeinflusses auf die Festigkeits- und Zähigkeitseigenschaften ergeben sich die Möglichkeiten zur Optimierung der Eigenschaften von Stählen.

Bild C 1.106 zeigt in vektorieller Darstellung für Reineisen mit einer Streckgrenze von rd. 100 N/mm^2 und einer Übergangstemperatur der Kerbschlagarbeit von 63 °C im linken Teilbild, wie Streckgrenze und Übergangstemperatur durch verschiedene Legierungselemente und im rechten Teilbild allgemein durch Ausscheidungshärtung und Kornfeinung zahlenmäßig beeinflußt werden, wobei vergleichbares Gefüge, also hier z. B. ferritisches Grundgefüge (kein Vergütungsgefüge), vorauszusetzen ist. Mischkristallverfestigung und Ausscheidungshärtung erhöhen Streckgrenze und Übergangstemperatur, während Kornfeinung zu einem Festigkeitsanstieg und zu niedrigeren Übergangstemperaturen führt.

Wird auch die Anisotropie der Zähigkeitseigenschaften durch Absenken des Schwefelgehalts oder Sulfidformbeeinflussung verbessert, ergibt sich der in Bild C 1.107 gezeigte Zusammenhang, in dem zusätzlich die Absenkung des Kohlenstoffgehalts und der Zusatz von Mikrolegierungselementen berücksichtigt werden. Dargestellt wird in Abhängigkeit von der erzielten Streckgrenzenänderung die Veränderung der Übergangstemperatur, der Querkerbschlagzähigkeit und des Kohlenstoffäquivalents als Maß für die Schweißeignung. Mit den Teilvektoren *2a* und *2b* sind Kornfeinung und Ausscheidungshärtung getrennt erfaßt. Die durch die verschiedenen Maßnahmen erreichbaren Eigenschaftsänderungen können also quantitativ angegeben werden.

Wegen der günstigen Wirkung abnehmender Korngröße wird auch die Warmformgebung zur Beeinflussung der Korngröße ausgenutzt, möglichst unter Zusatz von karbid- oder nitridbildenden Elementen, die durch Ausscheidung beim Walzen die Rekristallisation behindern und zur Kornfeinung führen. Durch zunehmende Stichabnahmen bei Temperaturen unterhalb 900 °C wird das Korn feiner und die Übergangstemperatur niedriger. Auch niedrige Ziehtemperatur (Temperatur bei der Entnahme des Walzgutes aus dem Glühofen) und höhere Abkühlgeschwindigkeit wirken sich günstig aus. Die mit thermomechanische Behandlung bezeichnete gezielte Warmformgebung wird in vielfältiger Weise technisch ausgenützt, wobei auch Umformung und Umwandlung miteinander kombiniert werden [204, 205].

Durch die verschiedenen Maßnahmen zur Erzielung optimaler Gefüge gelingt es auch großtechnisch, Stähle mit hoher Festigkeit und günstigen Zähigkeitseigenschaften herzustellen. Bild C 1.108 zeigt für den normalgeglühten Zustand, welche

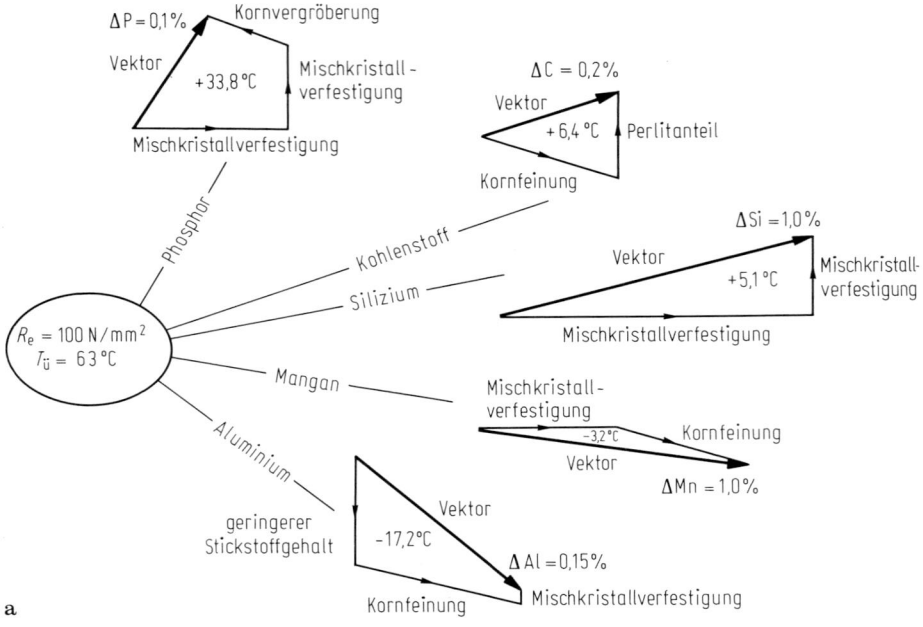

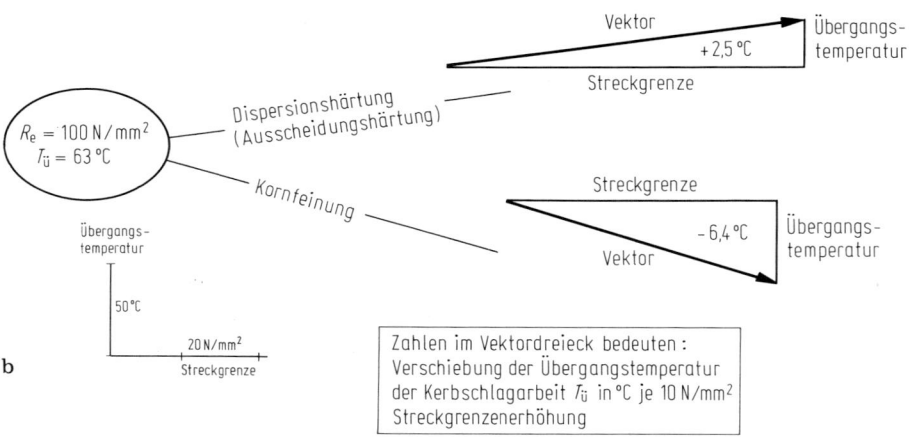

Bild C 1.106 Maßnahmen zur Optimierung der Streckgrenze und der Übergangstemperatur der Kerbschlagzähigkeit (Kerbschlagarbeit) von Stahl. Ausgangswerkstoff: Reineisen mit einer Streckgrenze von 100 N/mm² und einer Übergangstemperatur von 63 °C. **a** Einfluß verschiedener Legierungselemente; **b** Auswirkung von Kornfeinung und Ausscheidungshärtung. Nach [202].

Gefüge mit optimaler Kombination von Festigkeit und Zähigkeit 339

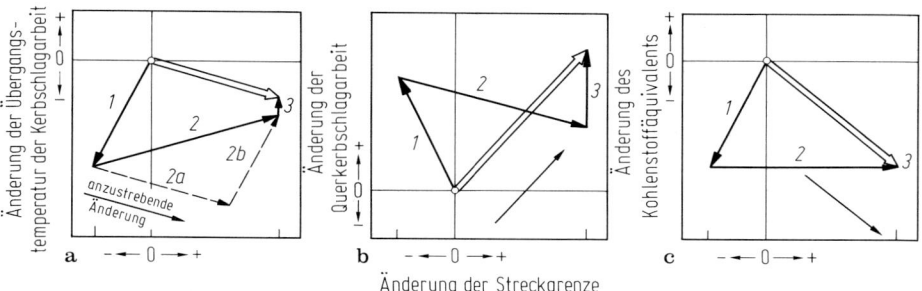

Bild C 1.107 Änderung der Eigenschaften **a** Übergangstemperatur; **b** Kerbschlagarbeit; **c** Kohlenstoffäquivalent eines Baustahls durch metallurgische Maßnahmen *1* = Senken des Kohlenstoffgehaltes, *2* = Zusatz von Mikrolegierungselementen zur Kornfeinung *(2a)* und zur Ausscheidungshärtung *(2b)*, *3* = Senken des Schwefelgehalts oder Zusatz eines schwefelaffinen Elements zur Sulfidbeeinflussung. Nach [203].

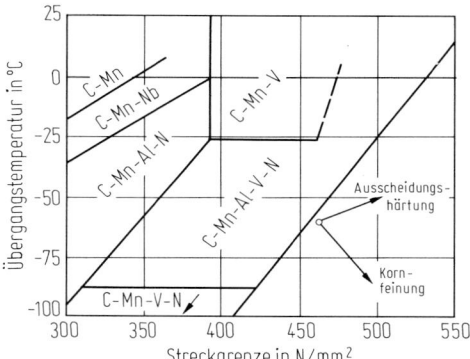

Bild C 1.108 Streckgrenze und Übergangstemperatur der Kerbschlagzähigkeit (Kerbschlagarbeit) von Stählen mit unterschiedlichen Legierungskombinationen im normalgeglühten Zustand. Nach [206].

Werte der Streckgrenze und Übergangstemperatur mit geeigneter Kombination von Mikrolegierungselementen erreicht werden. Wird auch eine thermomechanische Behandlung ausgenutzt sowie durch geeignete Legierungsmaßnahmen kohlenstoffarmer Bainit oder ein Vergütungsgefüge eingestellt, ergeben sich die in Bild C 1.109 dargestellten Eigenschaften. Schließlich zeigt Bild C 1.110, daß durch die Ausnutzung aller metallkundlichen Maßnahmen die Streckgrenze von Baustählen bei gleicher Übergangstemperatur von rd. 300 N/mm^2 auf fast 700 N/mm^2 gesteigert werden konnte. Dabei wurde der Kohlenstoffgehalt abgesenkt, durch Mikrolegierungselemente ein feineres Korn und Ausscheidungshärtung erzielt und schließlich durch geeignete Legierungselemente wie Molybdän kohlenstoffarmer Umklappferrit in der Bainitstufe erzeugt.

In Stählen mit höherem Kohlenstoff- und Legierungsgehalt kann durch das Zusammenwirken von Ausscheidungsvorgängen, Umformung, Umwandlung und Rekristallisation ein noch größeres Spektrum an Eigenschaften erzielt werden, die in ähnlicher Weise auf die Grundvorgänge zurückgeführt werden können. Dabei wird bei Vergütungsstählen mit höherem Kohlenstoffgehalt der günstige Einfluß

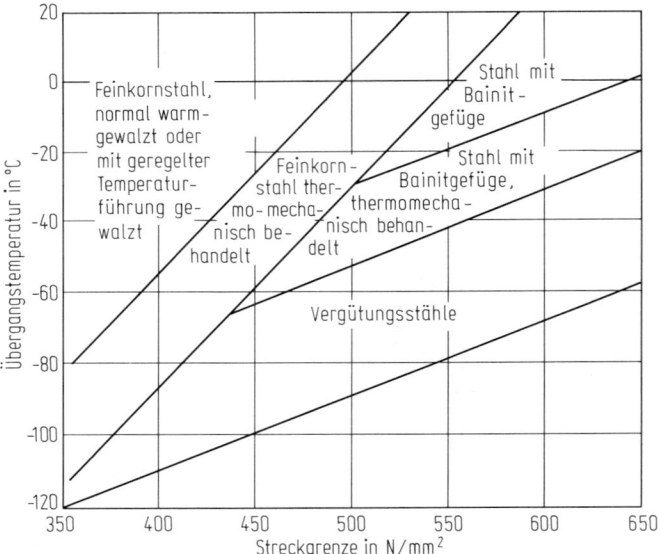

Bild C 1.109 Streckgrenze und Übergangstemperatur der Kerbschlagzähigkeit (Kerbschlagarbeit) von Stählen mit verschiedener Gefügeausbildung. Nach [61].

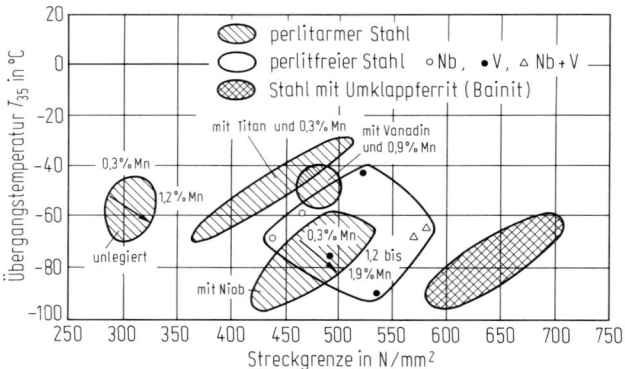

Bild C 1.110 Mechanische Eigenschaften von Warmbreitband aus unlegierten und mikrolegierten Stählen mit unterschiedlicher Gefügeausbildung (T_{35} = Temperatur bei der die Kerbschlagzähigkeit an ISO-Spitzkerbproben auf 35 J/cm² abgesunken ist. Nach [61].

einer kleineren mittleren freien Weglänge der Versetzungen zur Erzielung niedriger Übergangstemperaturen ausgenutzt. Erfolgt die Festigkeitssteigerung durch harte zweite Phasen allein, muß ein Zähigkeitsverlust in Kauf genommen werden.

Mehrphasige Gefüge ergeben interessante Eigenschaftskombinationen, wie Dualphasen-Stähle mit Martensit- und Ferritanteilen zeigen. Auch martensitische Gefüge mit niedrigem Kohlenstoffgehalt vereinen günstige Festigkeitseigenschaften mit guter Zähigkeit [207–209].

Wegen weiterer Einzelheiten über den Zusammenhang zwischen der Gefügeausbildung und der Kombination von Festigkeit und Zähigkeit sei auf C4 verwiesen.

Die Kenntnis der Grundvorgänge bei der Beeinflussung der Eigenschaften und die genaue Beschreibung der Anforderungen werden weitere Optimierungen ermöglichen.

C1.2 Verhalten bei wechselnder Beanspruchungsrichtung und Temperaturen um und unter Raumtemperatur

C1.2.1 Einmaliger Wechsel der Beanspruchungsrichtung (Bauschinger-Effekt)

Mit Bauschinger-Effekt [210] wird das Phänomen bezeichnet, daß nach einer Vorverformung in einer bestimmten Richtung (z.B. durch Zug) das Fließen nach Umkehr der Verformungsrichtung (z.B. in Druck) bei niedrigeren Spannungen einsetzt. Bild C1.111 gibt ein Beispiel für den Verdrehversuch. Aufgetragen ist die Schubspannung gegen die Scherung. Beim Beginn der Verdrehung erhält man, vom Nullpunkt ausgehend, zunächst die elastische Gerade und dann die für den Werkstoff kennzeichnende Verfestigungskurve mit der 0,1%-Schergrenze $\tau_{FH\,0,1}$. Entlastet man nach der Vorverformung, so nimmt die Spannung etwa entsprechend der elastischen Geraden ab. Wird anschließend in umgekehrter Richtung tordiert, so ergibt sich die im negativen Schubspannungsbereich liegende Kurve, die schon bei kleinen Spannungen von der elastischen Geraden abweicht und z.B. für 0,1% bleibende Scherung $\tau_{FR\,0,1}$ eine deutlich niedrigere Spannung liefert.

Die Größe des Bauschinger-Effekts hängt vom Gefüge und von der Richtung der Beanspruchung ab.

Im folgenden sind einige Untersuchungsergebnisse dargestellt. Den Einfluß des Kohlenstoffgehalts im Verdrehversuch zeigt Bild C1.112. Aufgetragen ist in Abhängigkeit von der Vorverformung γ_p die Verdreh(fließ)grenze bei Hin- und Rücktorsion (τ_{FH} und τ_{FR}) für Stähle mit unterschiedlichem Kohlenstoffgehalt. Die ausgezogenen oberen Kurven zeigen den typischen Verlauf der Verfestigungskurven. Wird

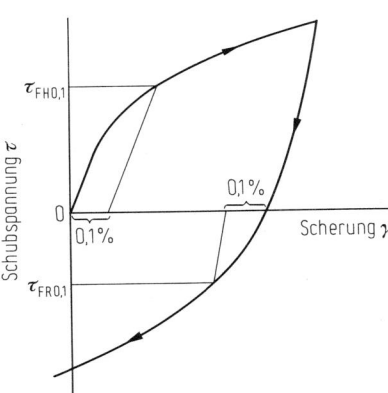

Bild C1.111 Schubspannung in Abhängigkeit von der Scherung zur Verdeutlichung des Bauschinger-Effekts (schematisch). Nach [211].

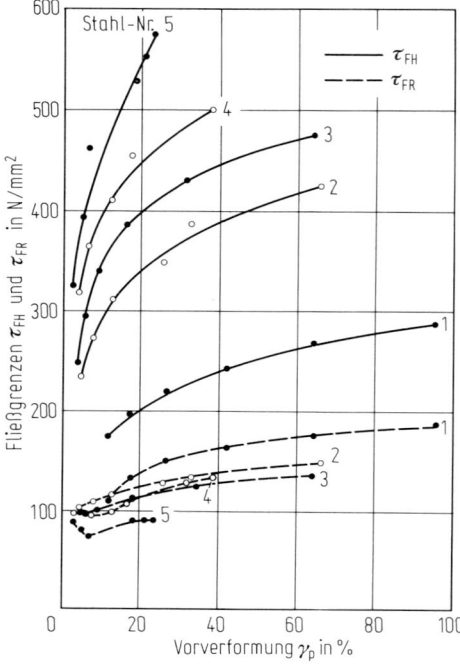

Bild C 1.112 Schubfließgrenze τ_{FH} und τ_{FR} für Hin- und Rücktorsion in Abhängigkeit von der Vorverformung γ_p von unlegierten Stählen mit 1) 0,05 % C, 2) 0,34 % C, 3) 0,41% C, 4) 0,48 % C, 5) 0,80 % C. (Wenn die Schubfließgrenze sich nicht ausprägte, wurde die der 0,2 %-Grenze im Zugversuch entsprechende Spannung ermittelt). Nach [212].

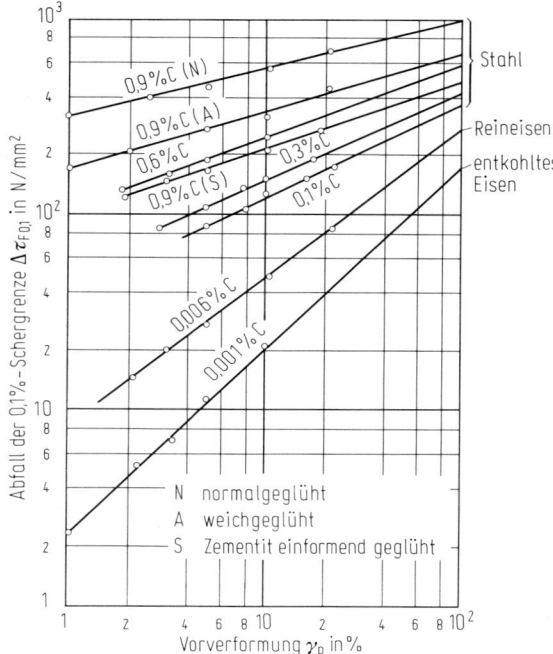

Bild C 1.113 Einfluß der Vorverformung γ_p auf den Abfall der 0.1%-Schergrenze für verschiedene Stähle und Eisen-Kohlenstoff-Legierungen. Nach [211].

nach den angegebenen Verformungsgraden die Verdrehrichtung umgekehrt, liegen die Fließgrenzen niedriger. Der Unterschied steigt mit zunehmendem Kohlenstoffgehalt und zunehmender Vorverformung an.

In anderer Darstellung und für andere Stahlsorten zeigt Bild C 1.113 ebenfalls für den Verdrehversuch, daß die Differenz $\Delta \tau_{F\,0,1}$ der 0,1%-Schergrenzen bei Hin- und Rücktorsion in Abhängigkeit von der Vorverformung γ_p einem Potenzgesetz folgt: $\Delta \tau_{F\,0,1} = \tau_{F\,0,1\,H} - \tau_{F\,0,1\,R} = K \gamma_p^n$. Dabei sind $\tau_{F\,0,1\,H}$ und $\tau_{F\,0,1\,R}$ die Schergrenzen bei der Hin- und Rücktorsion für 0,1% bleibende Scherung.

Bei gleicher Vorverformung nimmt die Größe des Bauschinger-Effekts mit dem Kohlenstoffgehalt zu. Stähle mit einer gröberen Verteilung der zweiten Phase (weichgeglüht) weisen einen geringeren Bauschinger-Effekt auf.

In Bild C 1.114 sind die 0,2%-Dehngrenze und die 0,2%-Stauchgrenze in Abhängigkeit von einer Vorverformung durch Zug (obere Bildreihe) und durch Druck (untere Bildreihe) für drei verschiedene Stähle dargestellt. Die Größe des Bauschinger-Effekts ist von der anfänglichen Verformungsrichtung unabhängig. Schon bei kleinen Verformungen ist der Bauschinger-Effekt ausgeprägt; er nimmt mit größerem Perlitanteil zu. Durch Spannungsarmglühen wird der Bauschinger-Effekt fast vollständig beseitigt.

Der Bauschinger-Effekt hängt allein von der Höhe der Spannung bei der Vorver-

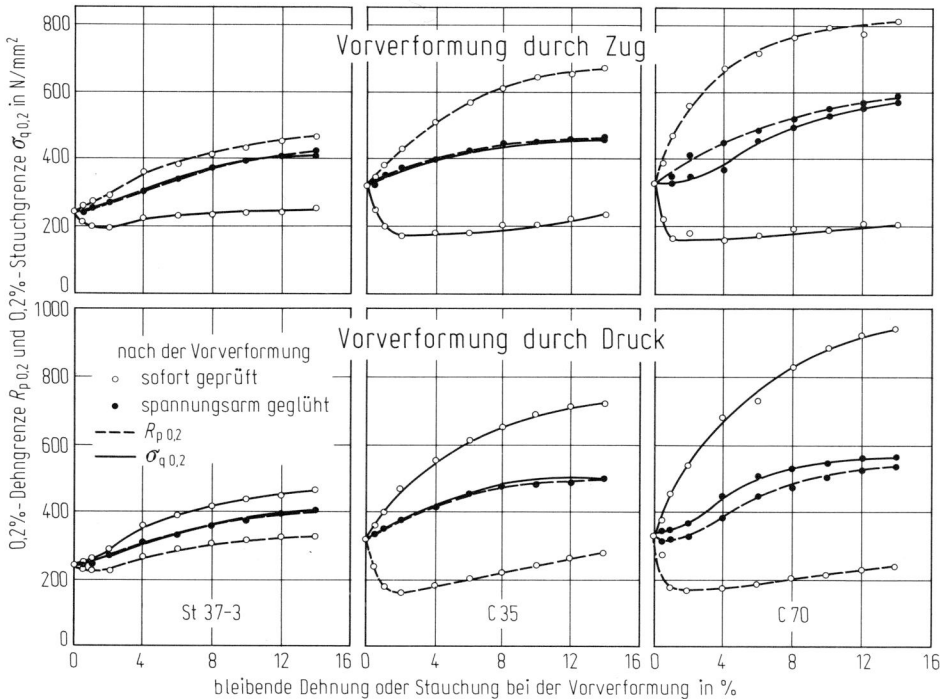

Bild C 1.114 Abhängigkeit der 0,2%-Stauchgrenze ($\sigma_{q\,0,2}$) und 0,2%-Dehngrenze ($R_{p\,0,2}$) von Höhe und Richtung der Vorverformung vor und nach Spannungsarmglühen bei verschiedenen unlegierten Stählen mit *1)* 0,11% C (St 37-3), *2)* 0,33% C (C 35) und *3)* 0,72% C (C 70). Nach [213].

formung ab, und zwar unabhängig davon, ob die Höhe dieser Spannung durch Legierung, Korngröße oder Verformung (zumindest bis 4%) bedingt ist [210].

Für die Größe des Bauschinger-Effekts ist die relative Lage der Richtung, in der geprüft wird, zur Umformrichtung maßgebend [209]. In Bild C 1.115 stellt die obere Bildreihe Ergebnisse für einen unlegierten, normalgeglühten Baustahl mit rd. 0,15% C, 0,4% Si und 1,4% Mn (St 52-3) und die untere für einen legierten wasservergüteten Baustahl mit rd. 0,15% C, 1% Mn, 0,8% Cr, 0,4% Mo, 0,1% V und 0,1% Zr (St E 690) dar. In jeder der Spalten a, b und c sind die Richtungen der Spannungen und der Dehnungen bei der Vorverformung angegeben. Die Ergebnisse sind in Spalte a für den einachsigen und in Spalte b für den ebenen Stauchversuch, bei dem das Fließen in einer Richtung verhindert wurde, dargestellt. Spalte c zeigt die Meßwerte aus dem zweiachsigen Stauchversuch. Die Prüfung erfolgte durch Zugver-

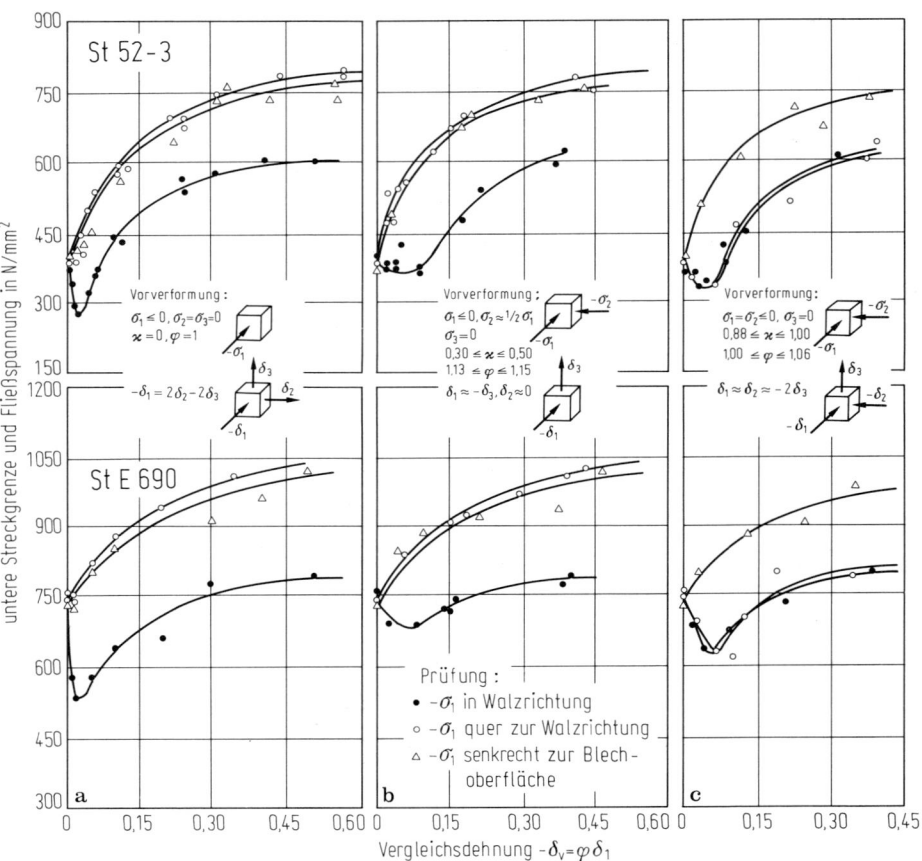

Bild C 1.115 Einfluß einer Kaltverformung auf die Streckgrenze eines normalgeglühten besonders beruhigten Baustahls mit rd. 0,15% C, 0,4% Si und 1,4% Mn (St 52-3) und eines hochfesten wasservergüteten Feinkornbaustahls mit rd. 0,15% C, 1% Mn, 0,8% Cr, 0,4% Mo, 0,1% V und 0,1% Zr (St E 690). δ_v = Vergleichsdehnung = $-\varphi\delta_1$, φ = Mehrachsigkeitsgrad = σ_1/σ_v. Nach [215]. **a** axotrop; **b** benitrop; **c** sphärotrop.

suche in den drei Hauptrichtungen. Den zahlenmäßig größten Effekt gibt es jeweils bei entgegengesetzter Richtung von Vorverformung und Prüfung. Interessant ist nach der mittleren Spalte, daß auch in der Richtung, in der das Fließen verhindert wird, beim Zugversuch Verfestigung gefunden wird.

Bei *Einkristallen* aus reinen Metallen wird der Bauschinger-Effekt mit Hilfe der Versetzungstheorie erklärt. Verformung erfolgt durch Erzeugung und Bewegung von Versetzungen. Die zwischen den Versetzungen wirkenden abstoßenden Spannungen bewirken die Verfestigung. Weitere Verformung wird dadurch erschwert, bei Beanspruchung in umgekehrter Richtung aber begünstigt.

Im *polykristallinen Werkstoff* und bei Vorliegen zweier Phasen entstehen bei der Verformung Eigenspannungen zwischen verschieden orientierten Körnern und Phasen unterschiedlicher Festigkeit (Eigenspannungen zweiter Art). Bei Belastung in Gegenrichtung addieren sich Eigenspannungen zu den äußeren Spannungen und bewirken ein früheres Fließen der weicheren Bereiche. Die Wirkung ist um so ausgeprägter, und damit ist der Bauschinger-Effekt um so größer, je kleiner das Korn und je feiner das Gefüge ist, da die Spannungen von den Korn- oder Phasengrenzen aus abklingen. Hierdurch wird verständlich, daß der Bauschinger-Effekt mit zunehmendem Perlitgehalt und vor allem bei Vergütungsgefüge ausgeprägter ist.

Ein *Abbau des Bauschinger-Effekts* kann durch Wärmebehandlung erfolgen, die die Eigenspannungen vermindert (Spannungsarmglühen, s. Bild C 1.114).

Der Bauschinger-Effekt bewirkt, daß kaltumgeformte Werkstücke in ihren Festigkeitseigenschaften anisotrop sind. Dadurch kann es bei expandierten Großrohren, bei Klöpperböden, bei kaltgezogenen Drähten oder kaltgeformten Profilen zu unterschiedlichen Werten der Festigkeit kommen, je nachdem, wie die Prüfrichtung zur vorhergehenden Umformrichtung liegt. Bei Kenntnis der Zusammenhänge kann die Umformung auf die spätere Beanspruchung abgestimmt werden.

C1.2.2 Verhalten bei schwingender Beanspruchung [216–219]

Bei häufig wechselnder Beanspruchungsrichtung treten in metallischen Werkstoffen auch schon dann irreversible Veränderungen auf, wenn die Spannungsmaxima deutlich unterhalb der Streckgrenze bleiben. Nach einer gewissen Zahl von Beanspruchungswechseln (Schwingspielzahl), die mit abnehmender Maximalspannung zunimmt, kommt es zur Anrißbildung und nach weiterer schwingender Beanspruchung zum Bruch. Der Vorgang wird auch mit Ermüdung bezeichnet, da eine kontinuierliche Schädigung des Werkstoffs auftritt. Das Verhalten von Stahl bei schwingender Beanspruchung ist deshalb von großer Bedeutung, weil im Betrieb viele Werkstücke oder Konstruktionen schwingenden Beanspruchungen ausgesetzt sind.

C1.2.2.1 Prüfverfahren

Der Werkstoff kann in unterschiedlicher Weise schwingend beansprucht werden. Dementsprechend verwendet man verschiedene Prüfverfahren. Für den Fall einer in Abhängigkeit von der Zeit sinusförmig verlaufenden Spannung zeigt Bild C 1.116 einige Beispiele mit verschiedener Lage der Oberspannung σ_o und der Unterspannung σ_u mit dem Spannungsausschlag $2\sigma_a$ und der Mittelspannung σ_m.

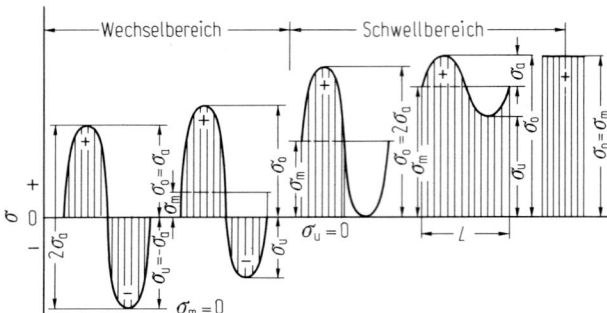

Bild C 1.116 Unterschiedliche Verhältnisse von Mittelspannung zu Spannungsausschlag bei Dauerschwingbeanspruchung. Nach [220]. σ_m = Mittelspannung = statische Vorbeanspruchung, σ_a = Spannungsausschlag (Amplitude) der Beanspruchung, σ_o = Oberspannung = Höchstwert der Spannung in einem Zyklus, σ_u = Unterspannung = Tiefstwert der Spannung in einem Zyklus.

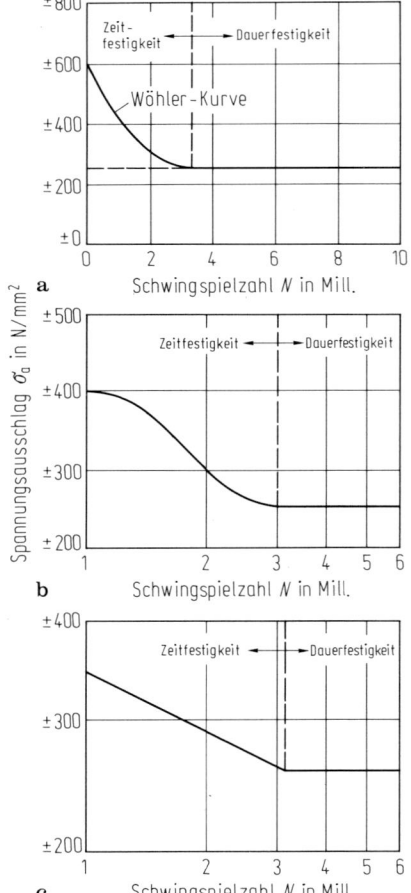

Bild C 1.117 Wöhler-Kurven bei unterschiedlicher Auftragung von Spannungsausschlag und Schwingspielzahl. Nach [220]. **a** lineare Auftragung; **b** halblogarithmische Auftragung; **c** doppeltlogarithmische Auftragung.

Das Verhältnis von Unterspannung zu Oberspannung wird nach DIN 50100 mit s bezeichnet. Die s-Werte nehmen in den Teilbildern von -1 bei Wechselbeanspruchung über Null auf den Wert $s = +1$ bei statischer Beanspruchung zu. Außer Druck-Zug-Beanspruchung können auch Biege- oder Verdrehbeanspruchungen aufgegeben werden; die Bezeichnungsweise ist entsprechend.

Bei der *Durchführung der Prüfung* wird meist ein bestimmter Spannungsausschlag vorgegeben und das Verhalten der Probe in Abhängigkeit von der Zeit, d. h. von der Schwingspielzahl, verfolgt. Im einfachsten Fall wird die Zahl der Beanspruchungswechsel bis zum Bruch festgehalten (Einstufenversuch). Trägt man diese erreichte Bruch-Schwingspielzahl für verschiedene Spannungsausschläge auf, so erhält man die sogenannten *Wöhler-Kurven*, die sich, je nach Wahl des Maßstabs, unterschiedlich darstellen (Bild C 1.117). Den Bereich, in dem der Bruch mit abnehmender Spannung bei immer größeren Schwingspielzahlen erfolgt, nennt man *Bereich der Zeitfestigkeit*. Für die meisten ferritischen Stähle tritt unterhalb eines bestimmten Spannungsausschlags kein Bruch mehr auf; dies ist der *Bereich der Dauerschwingfestigkeit* (Kurzform: Dauerfestigkeit).

Da die Wöhler-Kurve in diesem Bereich nicht immer parallel zur Abszisse verläuft und da die beiden Bereiche der Zeitfestigkeit und der Dauerschwingfestigkeit stetig ineinander übergehen, bedarf er zur *Definition* eines Wertes *der Dauerschwingfestigkeit* einer Vereinbarung. Sie wurde dahingehend getroffen, daß für Stahl als Dauerschwingfestigkeit der Spannungsausschlag gilt, der ohne Bruch bis zu $10 \cdot 10^6$ Schwingspielen ertragen wird. Zur Abkürzung der Prüfdauer hat sich für Stahl auch die Grenz-Schwingspielzahl $2 \cdot 10^6$ eingebürgert. Die Dauerschwingfestigkeit ist abhängig vom Beanspruchungsbereich. Zu unterscheiden ist zwischen *Beanspruchung im Wechselbereich*, die dadurch gekennzeichnet ist, daß σ_o und σ_u entgegengesetzte Vorzeichen haben mit dem Sonderfall $\sigma_m = 0$, $\sigma_u = -\sigma_a$ und $\sigma_o = \sigma_a$, entsprechend *Wechselfestigkeit* σ_W, und *Beanspruchung im Schwellbereich*, die dadurch gekennzeichnet ist, daß σ_o und σ_u das gleiche Vorzeichen haben (positiv = Zug-Schwellbereich, negativ = Druck-Schwellbereich), Sonderfall $\sigma_m = \sigma_a$, $\sigma_u = 0$ und $\sigma_o = 2\sigma_a$, entsprechend *Schwellfestigkeit* σ_{Sch}.

Weitere Angaben enthält das *Wöhler-Schaubild* nach Bild C 1.118. Hier ist zusätzlich die sogenannte Schadenslinie eingetragen, nach deren Überschreiten eine Schädigung des Werkstoffs auftritt; diese Schädigung führt bei anschließender Beanspruchung bei niedrigeren Spannungen zu einer Absenkung der Dauerschwingfestigkeit (im Bild: Wechselfestigkeit). Schließlich ist noch eine Grenzlinie der Verformungsspuren aufgeführt, die anzeigt, wann zum ersten Mal bei schwingender Beanspruchung Veränderungen auf der Probenoberfläche zu erkennen sind.

Neuere Meßverfahren geben die Möglichkeit, während der schwingenden Beanspruchung Spannungen und Dehnungen zu verfolgen und zu steuern [223]. Bild C 1.119 zeigt eine Hysteresisschleife, die bei Druck-Zug-Wechselbeanspruchung durchfahren wird. Die zu der jeweiligen Spannung σ_a gehörende Dehnung ε_a kann in einen elastischen und einen plastischen Anteil ($\varepsilon_{a\,el}$ und $\varepsilon_{a\,pl}$) aufgeteilt werden. Beim Versuch können der Spannungsausschlag konstant gehalten und die auftretenden Dehnungen registriert werden (Bild C 1.119a). Man kann aber auch den Dehnungsausschlag vorgeben und die sich einstellende Spannung registrieren (Bild C 1.119b). Die Maximalspannung fällt ab, die Probe entfestigt. Schließlich kann auch

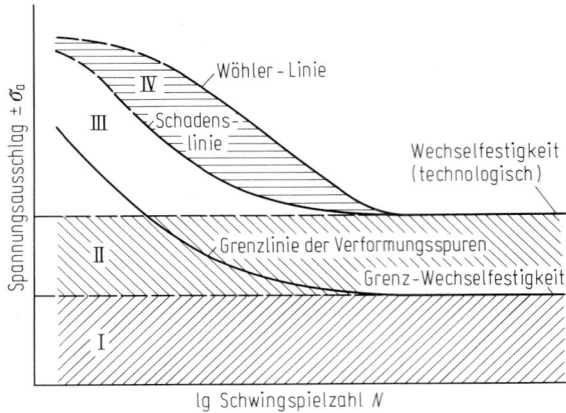

Bild C 1.118 Erweitertes Wöhler-Schaubild (schematisch). Nach [221, 222].

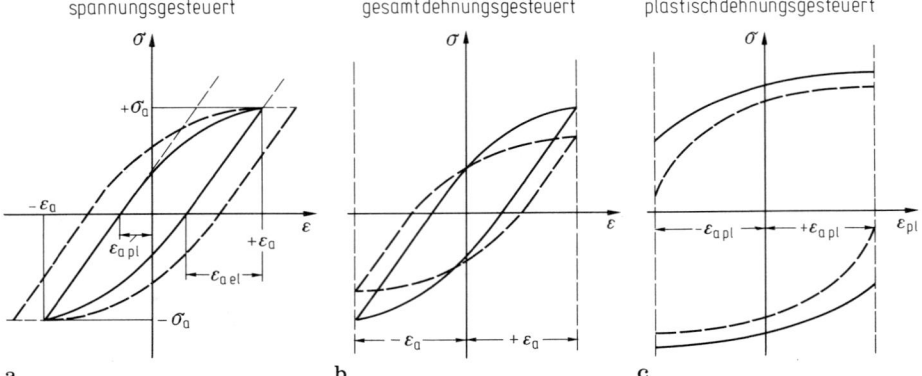

Bild C 1.119 Unterschiedliche Versuchsführungen bei Zug-Druck-Wechselbeanspruchung (die ausgezogene Kurve gilt jeweils für den Versuchsbeginn, die gestrichelte Kurve für die Verhältnisse nach einigen Lastwechseln). Nach [224]. **a** spannungsgesteuert; **b** gesamtdehnungsgesteuert; **c** plastisch – dehnungsgesteuert.

durch geeignete Steuerung nur der plastische Anteil der Dehnung konstant gehalten werden (Bild C 1.119c).

Entsprechend dieser Auswertung kann das Wöhler-Diagramm als Diagramm der *ertragbaren Dehnungsamplituden*, aufgeteilt in elastische, plastische und gesamte Dehnung, dargestellt werden. Ein Beispiel zeigt Bild C 1.120. Im Zeitfestigkeitsbereich überwiegt plastische Dehnung, während bei sehr großen Bruch-Schwingspielzahlen im wesentlichen elastische Verformungen auftreten. Da die Dehnungen für die Schädigung des Werkstoffs verantwortlich sind, hat sich diese Art des Wöhler-Diagramms bei Arbeiten, die die metallkundlichen Probleme in den Vordergrund stellen, zunehmend durchgesetzt.

Bei der Untersuchung von *Einflußgrößen* für das Verhalten bei schwingender Beanspruchung hat wegen der großen Streuungen der Werte die statistische Absicherung der Ergebnisse ausschlaggebende Bedeutung. Im Zeitfestigkeitsbereich ergibt sich eine Häufigkeitsverteilung der Ergebnisse bei konstanter Spannung, wie sie Bild C 1.121 schematisch zeigt. Ein entsprechendes Ergebnis findet man auch im Übergangsbereich zur Dauerfestigkeit, wenn das Verhältnis der gebrochenen Proben zur Gesamtzahl der Proben für verschiedene Spannungen aufgetragen wird. Bild C 1.122 zeigt die Bruchwahrscheinlichkeit p im Zeitfestigkeitsgebiet in Abhängigkeit von der Bruch-Schwingspielzahl und im Dauerfestigkeitsgebiet in Abhängigkeit von der Spannung.

Da die Ergebnisse von Dauerschwingversuchen von Probenform, Oberflächenbeschaffenheit, Beanspruchungsart, Umgebung und Frequenz abhängen, ist die *Übertragbarkeit* vom Versuch auf das praktische Verhalten schwierig. Auch ist der Einfluß der Reihenfolge der Amplituden und Frequenzen zu beachten, da bei der Aufnahme des Wöhler-Diagramms Einstufenversuche, d. h. Versuche mit einem jeweils gleichbleibenden Spannungsausschlag bis zum Bruch durchgeführt werden, während die betrieblichen Beanspruchungen aus einer meist regellosen Folge verschieden hoher Beanspruchungszyklen besteht.

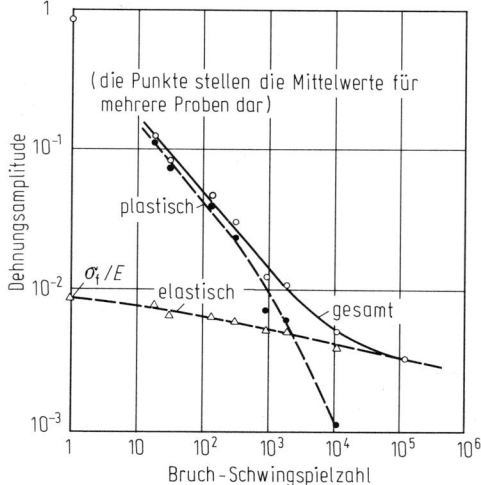

Bild C 1.120 Beziehung zwischen Bruch-Schwingspielzahl und elastischer, plastischer sowie gesamter Dehnungsamplitude für einen Vergütungsstahl mit rd. 0,4 % C, 1,8 % Ni, 0.8 % Cr und 0,35 % Mo (40 NiCrMo 7 3). Nach [220].

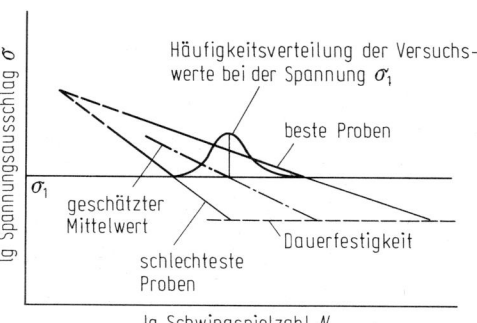

Bild C 1.121 Häufigkeitsverteilung von Prüfwerten im Bereich der Zeitfestigkeit. Nach [222].

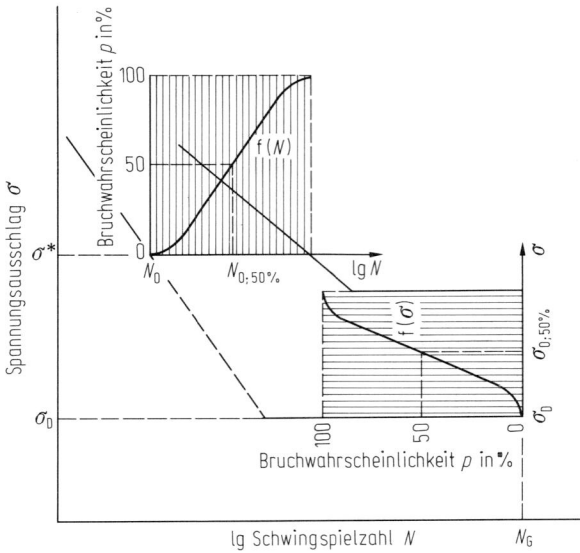

Bild C 1.122 Wöhler-Schaubild mit Darstellung der Bruchwahrscheinlichkeiten. Nach [225]. N_0 = Mindestlebensdauer, σ_D = Dauerfestigkeit, N_G = Grenz-Schwingspielzahl.

C 1.2.2.2 Diskussion der Einzelprozesse

Anrißfreie Phase [224]

Bei schwingender Beanspruchung treten zunächst Veränderungen im Werkstoff auf, ohne daß es zu Anrißbildung kommt. Dieser Zeitabschnitt wird die *anrißfreie Phase* genannt. Die Veränderungen im Werkstoff sind zu erkennen, wenn man die Hysteresisschleifen in Abhängigkeit von der Zyklenzahl aufnimmt. Im Bild C 1.123 sind kennzeichnende Verläufe der sich bei konstanter Spannungsamplitude einstellenden Dehnung oder der sich konstanter Dehnungsamplitude einstellenden Spannung dargestellt. Man findet Verfestigung, Entfestigung oder eine Kombination beider Vorgänge während einer Wechselverformung. Aus den so ermittelten Verläufen lassen sich zyklische Spannungs-Dehnungs-Kurven konstruieren. Wenn sich beim Versuch für eine konstante Spannungsamplitude ein konstanter Wert der Dehnungsamplitude einstellt, erhält man die zueinander gehörenden Werte von Spannung und Dehnung. Liegt ein nichtmonotones Werkstoffverhalten vor, wie z. B. in Bild C 1.123c, so muß die Dehnung bei einer bestimmten Zyklenzahl, z. B. kurz vor dem Bruch oder bei der halben Bruch-Schwingspielzahl, mit der Spannung korreliert werden. Schließlich gibt es noch die Methode des „Aufwickelns" von Hysteresisschleifen zur Ermittlung einer zyklischen Spannungs-Dehnungs-Kurve, wie in Bild C 1.124 dargestellt ist.

Für einen normalgeglühten ferritisch-perlitischen Stahl mit ausgeprägter Streckgrenze erhält man im allgemeinen bei Beginn einer Wechselbeanspruchung eine Entfestigung, die von einer Verfestigung gefolgt wird (Bild C 1.125). Der Bereich der Entfestigung steht in Beziehung mit der Entwicklung von Lüders-Bändern, die am Ende dieses Bereichs die gesamte Probe erfaßt haben, wie Bild C 1.126 zeigt.

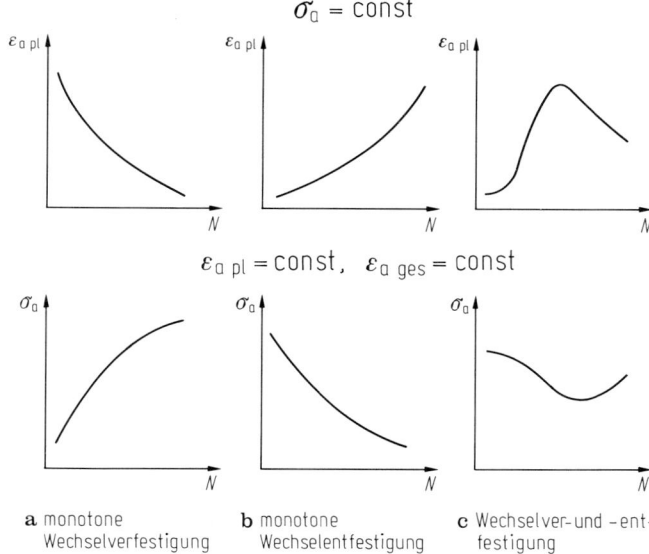

Bild C 1.123 Kennzeichnende Wechselverformungskurven. σ_a = Spannungsamplitude, $\varepsilon_{a\,pl}$ = Amplitude der Gesamtdehnung, N = Schwingspielzahl. Nach [224].

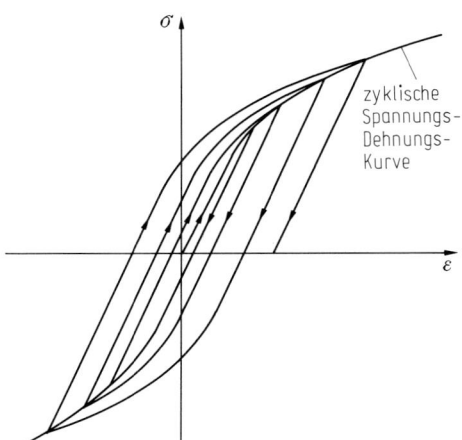

Bild C 1.124 „Aufwickeln" von Hysteresisschleifen zur Ermittlung einer zyklischen Spannungs-Dehnungs-Kurve. Nach [226].

Die ausgeprägte Streckgrenze verschwindet zunehmend, wenn man mit wechselverformten Proben einen Zugversuch durchführt; mit steigender Zyklenzahl wird die Lüders-Dehnung kleiner.

Die zyklische Spannungs-Dehnungs-Kurve kann man entsprechend der Ludwik-Gleichung beschreiben:

$$\sigma_{zy} = K' \left(\frac{\varepsilon_{a\,pl}}{2}\right)^{n'}, \qquad (C\,1.71)$$

wobei n' meist größer als bei einsinniger Verformung ist.

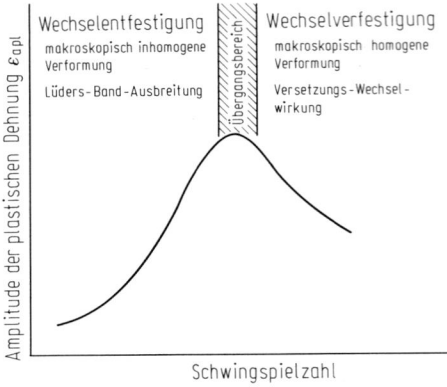

Bild C 1.125 Wechselverformungsverhalten normalgeglühter Stähle. Nach [224].

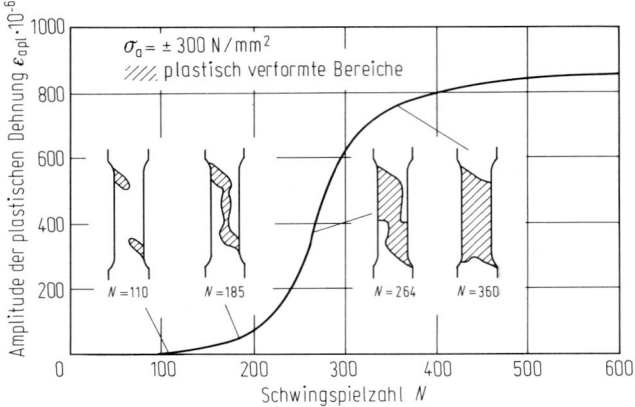

Bild C 1.126 Ausbildung von Lüders-Bändern bei Dauerschwingbeanspruchung eines Stahls mit rd. 0,45 % C (Ck 45). Nach [227].

Zyklische Spannungs-Dehnungs-Kurven für einige unlegierte Stähle zeigt Bild C 1.127. Ermittelt man daraus für $\varepsilon_{a\,pl} = 0$ die zyklische Streckgrenze, so findet man den in Bild C 1.128 gezeigten Zusammenhang mit dem Kohlenstoffgehalt. Die *zyklische Streckgrenze* liegt danach meist deutlich unterhalb der im Zugversuch ermittelten unteren Streckgrenze, was wohl darauf zurückzuführen ist, daß bei schwingender Beanspruchung einzelne Versetzungen schon bei relativ niedrigen Spannungen von ihren Cottrell-Wolken gelöst werden und es damit zur Ausbildung von Lüders-Bändern kommen kann.

Kaltverformte Proben zeigen bei Wechselbeanspruchung eine Entfestigung, bis die Dehnungsamplituden mit denen von normalgeglühten Stählen zusammenfallen. Wie elektronenmikroskopische Durchstrahlungsaufnahmen zeigen, bildet sich im Laufe der Wechselverformung eine kennzeichnende Zellstruktur von versetzungsfreien Gebieten aus, die mit Wänden hoher Versetzungsdichte umgeben sind. Zu gleichen Dehnungsamplituden gehören gleiche Zellgrößen, d. h. auch das vor-

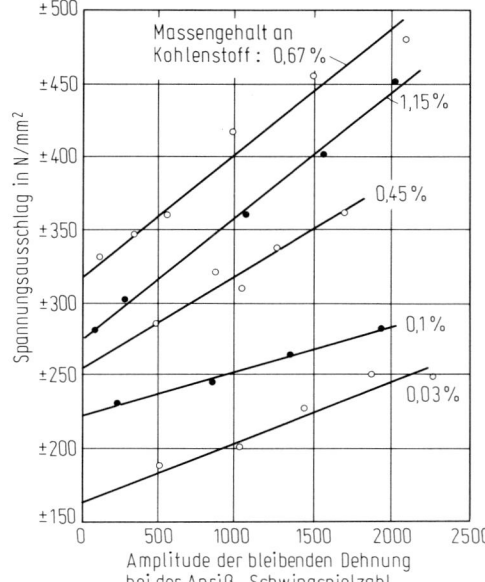

Bild C 1.127 Zyklische Spannungs-Dehnungs-Kurven einiger unlegierter Stähle im normalgeglühten Zustand. Nach [224].

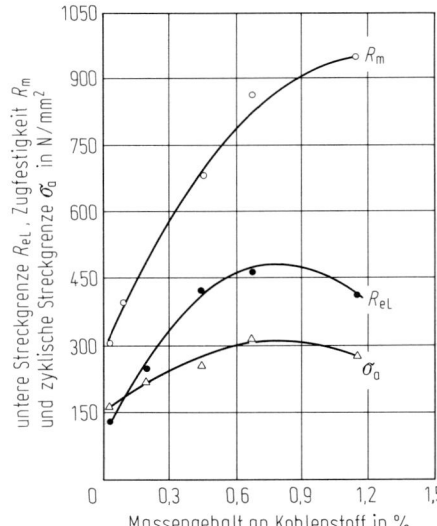

Bild C 1.128 Einfluß des Kohlenstoffgehalts auf die untere Streckgrenze R_{eL} und Zugfestigkeit R_m sowie auf die zyklische Streckgrenze σ_a ($\varepsilon_{a\,pl} = 0$) bei den Stählen nach Bild C 1.127. Nach [224].

her verformte Gefüge wird durch die Wechselbeanspruchung so verändert, daß der Ausgangszustand sich nicht mehr auswirkt.

Mit der Versetzungsstruktur bilden sich Gleitbänder aus, wobei für wechselverformte Proben typische breite Bänder gefunden werden, die als persistente oder Ermüdungsgleitbänder bezeichnet werden, da sie auch nach Abpolieren der Oberfläche erneut betätigt werden. Durch gezielte Experimente wird versucht, Zusammenhänge zwischen Gefüge und der Struktur der Ermüdungsgleitbänder herzustellen.

Rißbildung und -ausbreitung [228]

Im Anschluß an die anrißfreie Phase erfolgt die Rißbildung und -ausbreitung. Die *Bildung von Anrissen* findet meist an der Grenze zwischen den Ermüdungsgleitbändern und der Matrix statt. Hier kommt es zu Extrusionen und Intrusionen, wie Bild C 1.129 schematisch zeigt. Im linken Teilbild sind grobe Gleitstufen, im rechten typische Extrusions/Intrusions-Paare dargestellt, die nach dem Vorschlag von Neumann [229] entstehen, wenn die Rückgleitung verteilt erfolgte.

Während in reinen Werkstoffen sich die Risse im wesentlichen an Ermüdungsgleitbändern bilden, kann in technischen Legierungen der Anriß auch an Phasengrenzen zwischen Matrix und Ausscheidungen oder nichtmetallischen Einschlüssen sowie in spröden Phasen oder an Zwillings- oder Korngrenzen erfolgen.

Die *Rißausbreitung* erfolgt zunächst parallel zu einer Hauptgleitebene, in der Regel also unter rd. 45° zur Zugachse. Da die Spannungskonzentration an der Riß-

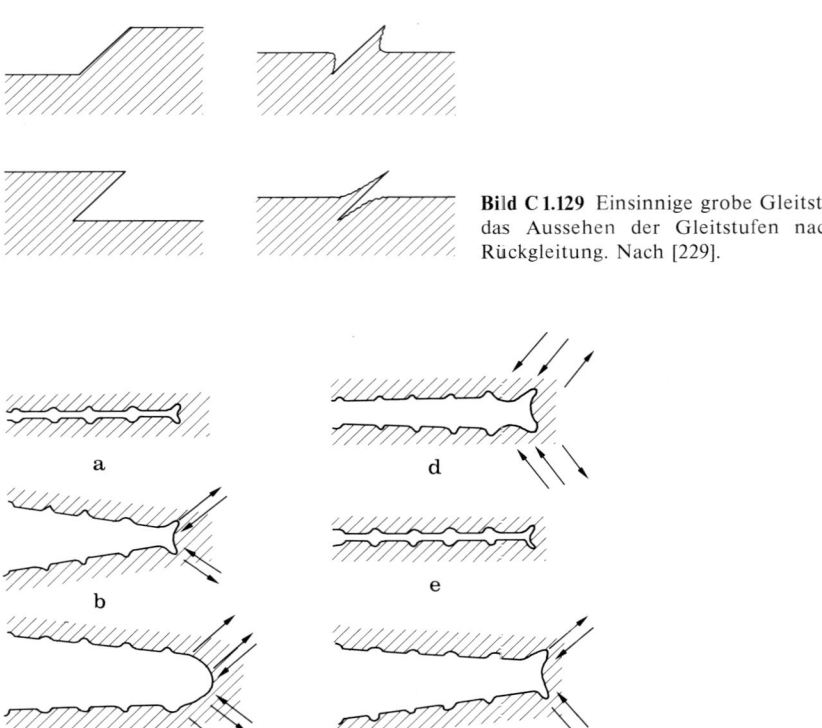

Bild C 1.129 Einsinnige grobe Gleitstufen sowie das Aussehen der Gleitstufen nach diffuser Rückgleitung. Nach [229].

Bild C 1.130 Modell nach Laird [230] für zyklische Rißausbreitung durch wiederholtes plastisches Rißöffnen und -schließen. **a** Ausgangszustand; **b** und **c** Zugphase; **d** Druckphase; **e** neuer Ausgangszustand; **f** Zugphase.

spitze mit der Rißlänge zunimmt, werden nach einiger Zeit auch andere Gleitsysteme aktiviert, so daß der Riß die Gleitebene verlassen kann. Für die dann erfolgende Rißausbreitung senkrecht zur Hauptbeanspruchungsrichtung hat Laird ein Modell entwickelt, das in Bild C 1.130 dargestellt ist. In der Zugphase weitet sich die Rißspitze durch plastische Verformung auf (Bilder C 1.130b und c). In der Druckphase (Bild C 1.130d) wird der Riß wieder zusammengedrückt, wobei aber die neugebildete Oberfläche erhalten bleibt. Dieser Vorgang beginnt in der nächsten Zugphase aufs Neue.

Neumann [231] hat die Rißausbreitung durch das *Modell der alternierenden Gleitung* auch quantitativ erklärt. Die wesentlichen Überlegungen sind in Bild C 1.131 dargestellt. In der Phase der Rißöffnung (Bild C 1.131a) werden an der Rißspitze abwechselnd Gleitsysteme jeweils bis zur Verfestigung betätigt. Dadurch entsteht die Aufweitung des Risses am Ende der Zugphase, wie im rechten Teil von Bild C 1.131a dargestellt ist. In der anschließenden Druckphase (Bild C 1.131b) erfolgt die Rückgleitung in den entsprechenden Gleitsystemen. Dabei verschwindet aber die gebildete Oberfläche nicht, da dazu eine auch atomar perfekte Rückgleitung erfolgen müßte. Daher liegt am Ende der Druckphase ein nur makroskopisch geschlossener Riß vor, der sich in der nächsten Zugphase wieder öffnet und an der Spitze zu entsprechenden Gleitprozessen, wie in der oberen Reihe dargestellt, führt.

Verschiedene Konsequenzen aus diesem Modell, wie z. B. der Einfluß der Umgebung und der Haltedauer zu verschiedenen Zeitpunkten des Zyklus, wurden experimentell bestätigt. Während mit dieser Vorstellung die mikroskopischen Vorgänge bei der Rißausbreitung geklärt sind, ist eine quantitative Übertragung auf die Rißausbreitung von technischen Legierungen noch nicht möglich.

Zur zahlenmäßigen *Beschreibung der Rißausbreitungsgeschwindigkeit* bei Dauerschwingbeanspruchung hat sich die Bruchmechanik als hilfreich erwiesen [232]. Aus der Schwingbreite $2\sigma_a = \Delta\sigma$ läßt sich gemäß der Grundgleichung der Bruch-

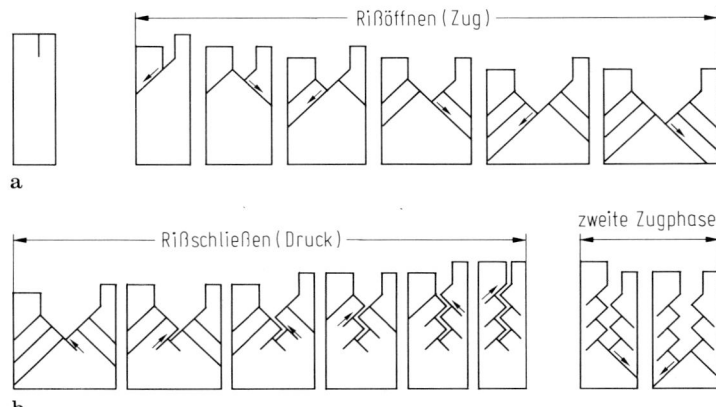

Bild C 1.131 Das von Neumann [231] für die Rißausbreitung bei Wechselbeanspruchung entwickelte Modell der alternierenden Gleitung. **a** Zugphase; **b** Druckphase und zweite Zugphase.

mechanik eine *Schwingbreite der Spannungsintensität* ΔK nach folgender Beziehung angeben:

$$\Delta K = \Delta \sigma \sqrt{\pi a}\, f(a/W). \tag{C1.72}$$

Trägt man die *Rißwachstumsgeschwindigkeit* da/dn über ΔK in doppeltlogarithmischer Darstellung auf, so erhält man einen Verlauf entsprechend Bild C1.132. Unterhalb eines Grenzwertes ΔK_0 breitet sich der Ermüdungsriß nicht aus. Wird ΔK_c erreicht, so erfolgt der Bruch der Probe, hier ist $K_{max} = K_c$ (s. auch Bild C1.133). Im mittleren Bereich läßt sich der Zusammenhang zwischen Rißausbreitungsgeschwindigkeit und der Schwingbreite der Spannungsintensität ΔK mit guter Genauigkeit durch die von Paris vorgeschlagene Beziehung *(Paris-Gleichung)* angeben:

$$da/dn = C(\Delta K)^m. \tag{C1.73}$$

Die Konstanten C und m sind vom Werkstoff abhängig und müssen durch Experimente bestimmt werden. Durch Erhöhung des Spannungsverhältnisses σ_u/σ_o, das im Folgenden in Anlehnung an [233] mit R bezeichnet ist, wird die in Bild C1.132 dargestellte Kurve zu größerer Rißausbreitungsgeschwindigkeit verschoben, d. h. bei gleicher Spannungsintensität wandern Risse schneller.

Den *Einfluß des Spannungsverhältnisses R* und den *Verlauf der Rißausbreitungs-*

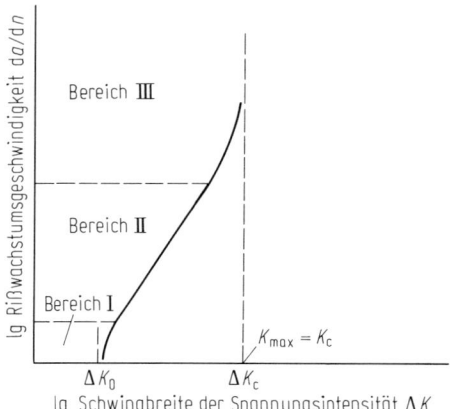

Bild C1.132 Rißwachstumsgeschwindigkeit da/dn in Abhängigkeit von der Schwingbreite der Spannungsintensität ΔK (schematisch). Nach [233].

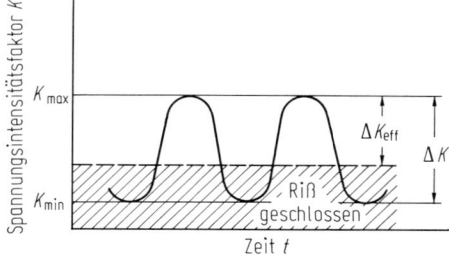

Bild C1.133 Definition der für die Rißausbreitung effektiven zyklischen Spannungsintensität ΔK_{eff}. Nach [233].

geschwindigkeit in den Bereichen I und III kann man durch folgende Formel näherungsweise beschreiben:

$$\frac{da}{dn} = \frac{C(\Delta K^m - \Delta K_0^m)}{(1-R)K_c - \Delta K}.$$ (C1.74)

Der Riß bleibt während eines Teils der Spannungsamplitude infolge der örtlichen Verformungen oder der Eigenspannungen an der Rißspitze geschlossen, wie Bild C1.133 zeigt; für die Rißausbreitung ist nur die in diesem Bild gekennzeichnete Größe ΔK_{eff} wirksam. Mit dieser Vorstellung kann auch die Zunahme der Rißgeschwindigkeit mit dem Spannungsverhältnis erklärt werden, da ΔK_{eff} mit R ansteigt. Der quantitative Zusammenhang kann für einige Werkstoffe nach folgender Formel angegeben werden:

$$\Delta K_{\text{eff}} = (0,5 + 0,4 R) \Delta K.$$ (C1.75)

Die Rißausbreitungsgeschwindigkeiten für Stähle im Bereich II nach Bild C1.132 liegen in einem breiten Streuband (s. Bild C1.134), ohne daß sich eine Tendenz erkennen läßt. Dagegen wurde gefunden, daß sich Werkstoffe mit verschiedenem Elastizitätsmodul E in der Rißausbreitungsgeschwindigkeit deutlich unterscheiden und man ein gemeinsames Streuband für die unterschiedlichsten Werkstoffe findet, wenn man den Abszissenmaßstab als $\Delta K/E$ wählt.

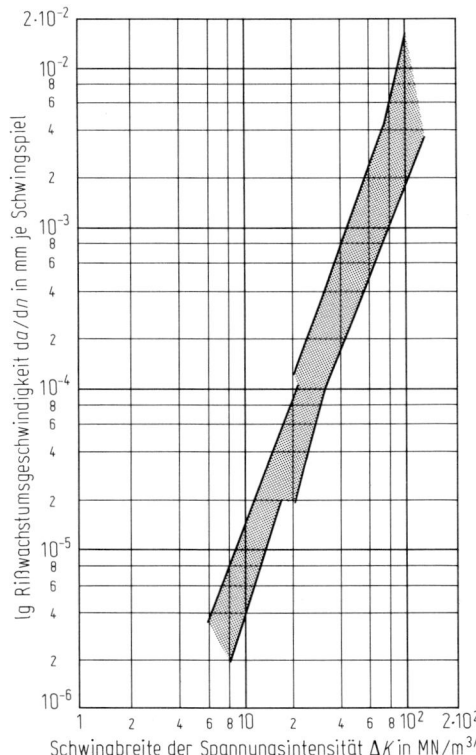

Bild C1.134 Rißwachstumsgeschwindigkeit da/dn in Abhängigkeit von der Spannungsintensität ΔK für eine Reihe von Stählen mit sehr unterschiedlicher chemischer Zusammensetzung und Werten für die Streckgrenze von 250 bis 1680 N/mm². Nach [167, 233].

C 1.2.2.3 Einflußgrößen für das Verhalten bei schwingender Beanspruchung

Die Diskussion der verschiedenen Einflußgrößen für das Verhalten bei schwingender Beanspruchung folgt den Ausführungen von Macherauch und Reik [234]. Bei ihnen sind weitere Einzelheiten und ausführliche Schrifttumshinweise zu finden.

Einfluß der Beanspruchungsart

Der Einfluß der Beanspruchungsart soll anhand von Wöhler-Kurven, die mit Einstufenversuchen aufgenommen wurden, besprochen werden. Schwingende Beanspruchung in verschiedenen Spannungszuständen führt zu unterschiedlichen Ergebnissen. In Bild C 1.135 sind schematisch Wöhler-Kurven dargestellt, die in Verdreh-Wechsel-, Zug-Druck-Wechsel-, Biege-Wechsel- und Umlaufbiege-Versuchen gewonnen wurden. Wenn man berücksichtigt, daß die Zahlenwerte für die Verdrehbeanspruchung als Schubspannungen verdoppelt werden müssen, findet man, daß die Wechselfestigkeit mit zunehmender Inhomogenität des Spannungszustandes ansteigt. Als Erklärung wird angegeben, daß bei inhomogener Beanspruchung nur kleinere Volumenanteile den höchsten Spannungen ausgesetzt werden, und es aus statistischen Gründen weniger leicht zur Anrißbildung kommt.

Eine wichtige *Einflußgröße* ist die *Mittelspannung*. Allgemein ist festzustellen, daß die Wöhler-Linien mit zunehmender Mittelspannung abfallen. Der Einfluß der Mittelspannung wird auf verschiedene Weise dargestellt. Im *Dauerfestigkeitsschaubild nach Smith* wird, wie Bild C 1.136 zeigt, die Unter- und Oberspannung gegen die Mittelspannung aufgetragen. Ausgehend von der Wechselfestigkeit (Mittelspannung Null) nimmt der ertragene Spannungsausschlag mit zunehmender Mittelspannung ab. Dementsprechend wird die Dauerfestigkeit geringer.

Im *Dauerfestigkeitsschaubild nach Haigh* (Bild C 1.137) ist der Spannungsausschlag gegen die Mittelspannung aufgetragen. Zahlenmäßig läßt sich der Zusammenhang zwischen Dauerfestigkeit σ_D und Mittelspannung σ_m angenähert wiedergegeben als

$$\sigma_D = \sigma_W \left[1 - \left(\frac{\sigma_m}{R_m}\right)^n\right]. \tag{C 1.76}$$

Für verschiedene Stähle passen sich die Versuchswerte der Kurve für den Exponenten $n = 2$ gut an; s. aber auch [235].

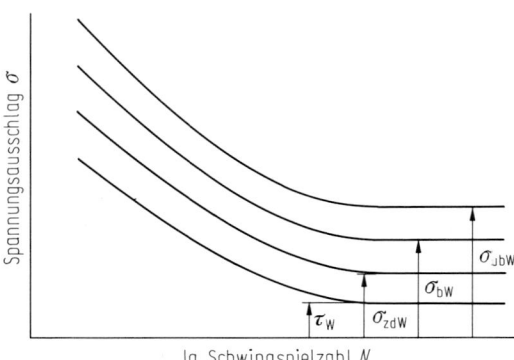

Bild C 1.135 Schematischer Verlauf der Wöhler-Kurve bei Verdreh-Wechsel-, Zug-Druck-Wechsel-, Biege-Wechsel- und Umlaufbiege-Beanspruchung. Nach [234].

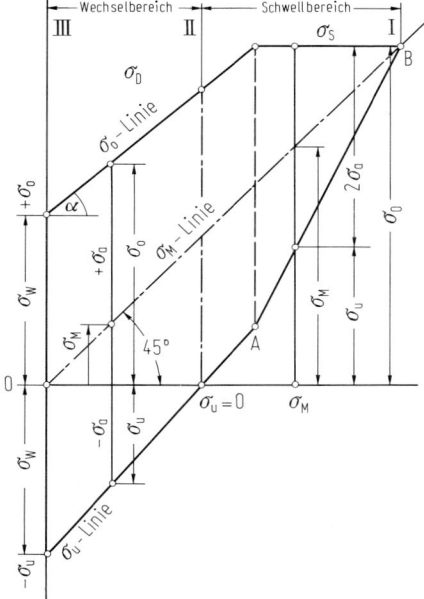

Bild C 1.136 Dauerfestigkeitsschaubild nach Smith. Nach [220]. σ_O = Oberspannung der Dauerfestigkeit, σ_U = Unterspannung der Dauerfestigkeit, $\sigma_M = \dfrac{\sigma_O + \sigma_U}{2}$ Mittelspannung der Dauerfestigkeit.

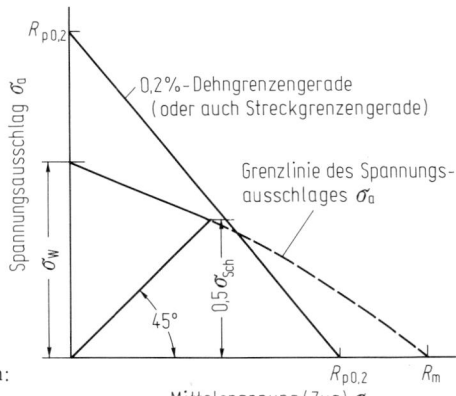

Bild C 1.137 Dauerfestigkeitsschaubild nach Haigh: $\sigma_a = f(\sigma_m)$. Nach [220].

Zum Einfluß einer *Überlagerung von Spannungen* zeigen Experimente, daß z. B. die Wechselfestigkeit im Zug-Druck-Versuch bei überlagerter statischer Torsion mit zunehmender Torsionsspannung zunächst langsam und dann stärker abfällt.

Auch die *Frequenz* kann sich auf die Wöhler-Kurven auswirken. Durch Wärmeentwicklung bei hohen Frequenzen kann es zu einem Abfall der Streckgrenze, und damit der Lebensdauer, mit wachsender Frequenz kommen. Im allgemeinen wird aber bei kleinerer Frequenz die Lebensdauer niedriger, da korrosive Einflüsse der Umgebung bei niedriger Frequenz wirksam werden. Auch wenn Umgebungseinflüsse ausgeschlossen sind, kann eine Abnahme der Lebensdauer bei kleinerer Frequenz infolge thermisch aktivierter Gleitprozesse (Kriechen) erklärt werden.

Unterschiedliche Amplitudenformen wirken sich nicht aus, wenn die Versuchsergebnisse über den plastischen Dehnungsamplituden aufgetragen werden.

Einfluß des Gefüges

Bei Stählen ist die Wechselfestigkeit proportional zur Zugfestigkeit, wobei der Umrechnungsfaktor von der Art der Beanspruchung abhängt. Für Zug-Druck-Wechselbeanspruchung ist $0{,}3 < \sigma_{zdW}/R_m < 0{,}45$. Für inhomogene Beanspruchungsarten liegt der Zahlenfaktor bei rd. 0,5. Legierungselemente beeinflussen die Dauerfestigkeit ähnlich wie die Zugfestigkeit. Als Beispiel sind in Bild C1.138 Zugfestigkeit, 0,2%-Dehngrenze und Wechselfestigkeit von normalgeglühten unlegierten Stählen in Abhängigkeit vom Kohlenstoffgehalt aufgetragen. Legierungselemente, die die Zugfestigkeit steigern, erhöhen auch die Wechselfestigkeit, wie aus Bild C1.139 am Beispiel der Biegewechselfestigkeit zu entnehmen ist.

Kennzeichnende Unterschiede zeigen sich im zyklischen Verformungsverhalten verschiedener *Kristallgitter*. Während für ferritisch-perlitischen Stahl die zyklische Spannungs-Dehnungs-Kurve unterhalb der quasistatisch ermittelten Kurve liegt, sind die Verhältnisse beim kfz Gitter des Austenits umgekehrt (Bild C1.140). Die Ursache liegt im Fehlen der ausgeprägten Streckgrenze bei austenitischen Stählen und in der niedrigen Stapelfehlerenergie des Austenitgitters.

Nichtmetallische Einschlüsse und Ausscheidungen wirken sich auf die Lebensdauer deutlich aus. Je besser der *Reinheitsgrad* ist, um so höher sind die Bruchspannungen im Zeitfestigkeitsbereich und die Dauerschwingfestigkeit. Als Beispiel ist in Bild C1.141 angegeben, wie bei Verbesserung des Reinheitsgrades von konventioneller Erschmelzung über Erzeugung im Vakuum-Lichtbogenofen zum Elektro-Schlacke-Umschmelzen die Wöhler-Kurven (Wechselbeanspruchung) für zwei Wälzlagerstähle zu höheren Spannungen verschoben werden. Durch Ausrichtung der Einschlüsse beim Warmwalzen ergibt sich, ähnlich wie bei den Zähigkeitseigenschaf-

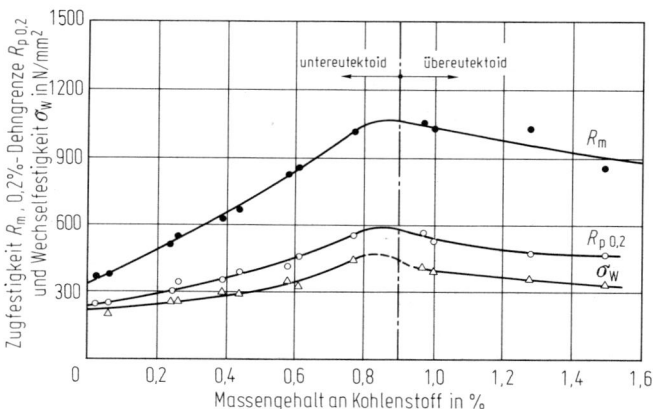

Bild C 1.138 Zugfestigkeit R_m, 0,2%-Dehngrenze $R_{p\,0,2}$ und Wechselfestigkeit σ_W von unlegierten normalgeglühten Stählen in Abhängigkeit vom Kohlenstoffgehalt. Nach [236].

Einfluß des Gefüges auf das Dauerschwingverhalten

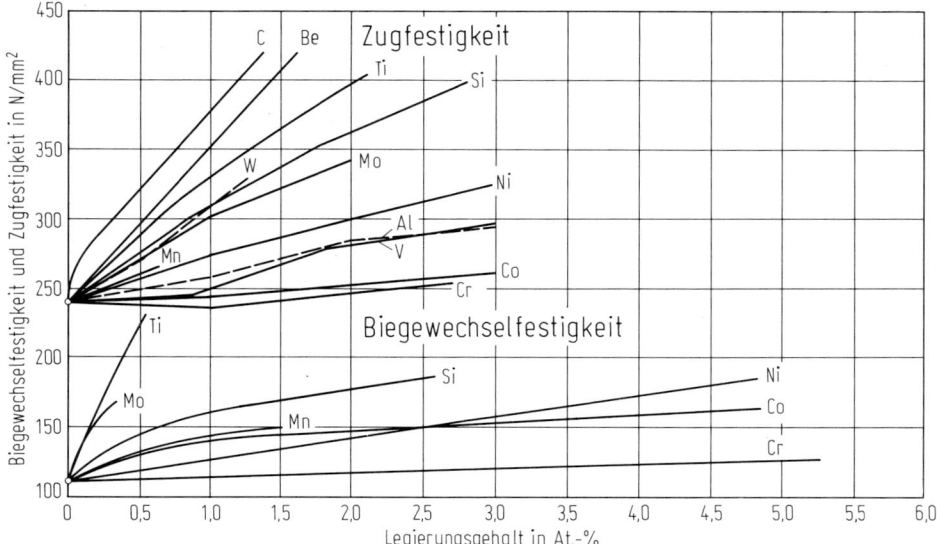

Bild C 1.139 Einfluß verschiedener Legierungselemente auf die Zugfestigkeit und Biegewechselfestigkeit von Reineisen. Nach [237].

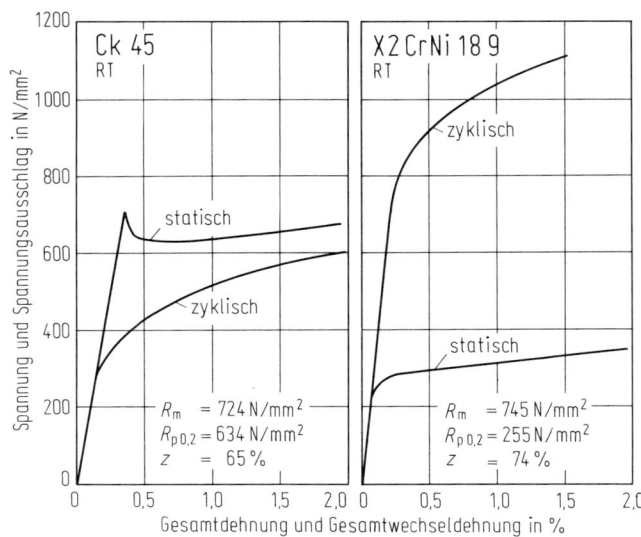

Bild C 1.140 Monotone und zyklische Spannungs-Dehnungs-Kurve für einen unlegierten Stahl mit rd. 0,45 % C (Ck 45) im vergüteten Zustand sowie für einen austenitischen Stahl mit rd. 0,02 % C, 18 % Cr und 9 % Ni (X 2 CrNi 18 9) im abgeschreckten Zustand. Nach [238].

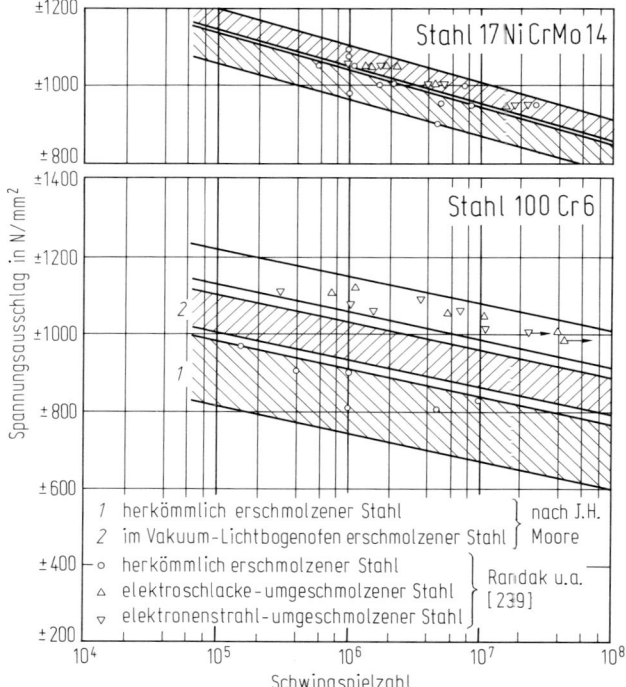

Bild C 1.141 Einfluß der Erschmelzungsart auf die Wöhler-Kurven von zwei Wälzlagerstählen 1) mit rd. 0,17 % C, 1,5 % Cr, 0,2 % Mo und 3,5 % Ni (17 NiCrMo) und 2) mit rd. 1 % C und 1,5 % Cr (100 Cr 6). Nach [239].

ten, auch eine Anisotropie der Dauerschwingfestigkeit. Versuche zur Ermittlung der Wechselfestigkeit an Proben, die in verschiedenen Richtungen relativ zur Walzrichtung entnommen wurden, ergaben, daß bei Proben, die senkrecht zur Walzebene lagen, die Bruch-Schwingspielzahl kleiner war als bei Proben in Walz- und in Querrichtung.

Mit abnehmender *Korngröße* steigt die Dauerschwingfestigkeit an. Nach Bild C 1.142 ergibt sich bei Auftragung über dem Kehrwert der Wurzel aus der Korngröße ähnlich wie für die Streckgrenze eine Gerade; die Neigung ist für die hier dargestellte Wechselfestigkeit jedoch geringer. Dieses Ergebnis paßt zu dem Befund, daß im verformten Zustand die Korngrößenabhängigkeit weniger ausgeprägt ist.

Der Einfluß einer *Wärmebehandlung* auf die Biegewechselfestigkeit wurde z. B. an einem unlegierten Stahl mit rd. 0,45 % C (Ck 45) untersucht. Dabei zeigte der angelassene Martensit die höchste Wechselfestigkeit und auch das größte Verhältnis von Wechselfestigkeit zu Zugfestigkeit. Am ungünstigsten war ein Überhitzungsgefüge. Im normalgeglühten Zustand wurden mittlere Werte erreicht, wobei auffällt, daß das Verhältnis von Biegewechselfestigkeit zu Zugfestigkeit relativ niedrig ist. Wenn auch diese Einflüsse nicht quantitativ verstanden sind, so zeigt sich doch, daß eine im Zugversuch ermittelte gute Zähigkeit, z. B. ausgedrückt als Brucheinschnürung, auch zu günstigen Werten der Wechselfestigkeit führt.

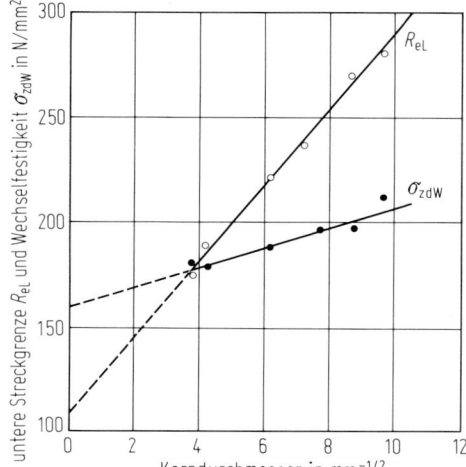

Bild C 1.142 Einfluß der Korngröße auf die untere Streckgrenze R_{eL} und die Wechselfestigkeit σ_{zdW} eines unlegierten Stahles mit 0,11% C (C 10). Nach [240].

Von besonderer Bedeutung ist der Einfluß der *Oberflächenbeschaffenheit* auf die Ermüdung. Da Anrisse von der Oberfläche ausgehen, senken Randentkohlung und Randoxidation aufgrund der damit verbundenen abnehmenden Festigkeit die Biegewechselfestigkeit ab. Spanende und nichtspanende Bearbeitungsverfahren, wie Kugelstrahlen oder Prägepolieren, ändern die Versetzungsdichte in den Oberflächenschichten, können Eigenspannungen hervorrufen und beeinflussen in kennzeichnender Weise die Oberflächentopographie [241]. Nach neueren Untersuchungen wirken sich Eigenspannungen in relativ weichen Werkstoffen nur wenig aus, da sie in der anrißfreien Phase der Ermüdung weitgehend abgebaut werden. Im gehärteten Zustand, wo ein solcher Abbau nicht oder kaum möglich ist, findet man dagegen eine günstige Wirkung eines Druckeigenspannungszustandes in der Nähe der Oberfläche.

Durch die bei spanender und anderer Oberflächenbearbeitung zusätzlich auftretende Festigkeitserhöhung in den Randzonen wird im allgemeinen die Dauerschwingfestigkeit verbessert. Die Oberflächentopographie kann für Kerbwirkungen verantwortlich sein.

Nach dem Einsatzhärten oder Nitrieren erhält man – über den Querschnitt gesehen – inhomogene Festigkeitseigenschaften und Druckeigenspannungen in der Oberflächenschicht. Die härtere Randschicht ergibt meist eine Verbesserung der Dauerschwingfestigkeit, die bei inhomogener Beanspruchung besonders ausgeprägt ist. Grobes Korn, Restaustenit in der aufgekohlten Zone, Randoxidation und Oberflächentopographie können aber in unübersichtlicher Weise das Ergebnis der Prüfung beeinflussen.

Durch eine *Vorverformung* des Werkstoffs wird die Wöhler-Kurve zunächst zu tieferen Werten verschoben, sie steigt dann aber nach größerer Verformung wieder an. Bild C 1.143 zeigt den Verlauf von Wöhler-Kurven für Wechselbeanspruchung in Abhängigkeit von der Vorverformung. Zu vermuten ist, daß der Abfall der Wechselfestigkeit in dem Bereich der Vorverformung erfolgt, der noch in der Lüders-

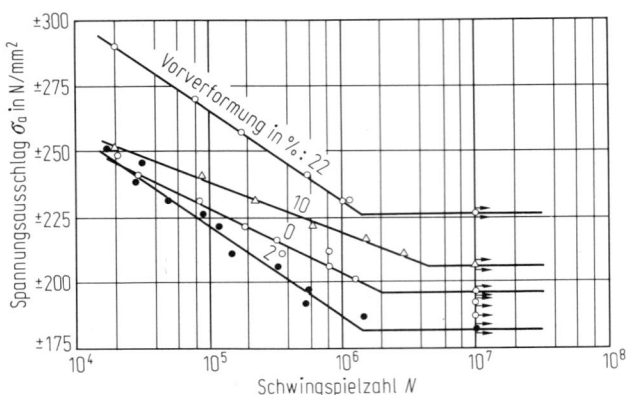

Bild C 1.143 Einfluß einer Vorverformung auf die Wöhler-Kurve eines unlegierten Baustahls mit 0,1% C (Ck 10). Nach [242].

Dehnung liegt, wo auch beim Dressieren ein Abfall der Streckgrenze gefunden wird. Bei größeren Verformungen erfolgt dann mit zunehmender Verfestigung ein Anstieg der Wechselfestigkeit.

Das *Gefüge und der Werkstoffzustand* können also in vielfältiger Weise die Dauerschwingfestigkeit beeinflussen. Durch sorgfältige Analyse, vor allem durch quantitative Messungen der Eigenspannungen, kann man die verschiedenen Einflußgrößen trennen, wenn auch noch nicht in allen Fällen quantitativ bestimmen oder in ihren Auswirkungen vorhersagen.

Einfluß der Geometrie

Für die Dauerschwingfestigkeit gelten die üblichen Ähnlichkeitsgesetze nicht. Die Ursache dafür ist einmal die in der Oberfläche lokalisierte Bildung erster Anrisse, die für verschiedene Abmessungen u. U. unterschiedliche Oberflächentopographie und die Abhängigkeit der Dauerschwingfestigkeit von der Inhomogenität der Beanspruchung. Auch der metallurgische Größeneinfluß wirkt sich aus, da im allgemeinen die Randzonen einen besseren Reinheitsgrad aufweisen und der Gradient des Reinheitsgrades daher auch von der Werkstückgröße abhängt.

Von großer Bedeutung ist der *Einfluß von Kerben* auf die Dauerschwingfestigkeit. Vor der Kerbspitze bildet sich ein Maximum der Spannung, dessen Größe durch den *Spannungskerbfaktor*

$$\alpha_\sigma = \frac{\sigma_{max}}{\sigma_n} \qquad (C1.42a)$$

angegeben werden kann, der identisch ist mit der Formzahl α_K (s. Gl. (C1.42)). Erreicht die Maximalspannung die Fließspannung, so bildet sich eine plastische Zone aus, und es erfolgt ein Spannungsausgleich in der Umgebung der Kerbe. Diese „*Makrostützwirkung*" wurde von Neuber [243] theoretisch behandelt. Die

Neuber-Formel verknüpft den Spannungskerbfaktor α_σ mit dem *Hookeschen Kerbfaktor*

$$\alpha_H = \frac{\overset{\circ}{\sigma}_{max}}{\overset{\circ}{\sigma}_n} \qquad (C\,1.77)$$

nach folgender Beziehung:

$$\alpha_\sigma \alpha_\varepsilon = \alpha_H^2. \qquad (C\,1.78)$$

$\overset{\circ}{\sigma}_{max}$ und $\overset{\circ}{\sigma}_n$ sind die *Hookeschen Ersatzspannungen*, die in Bild C1.144 erläutert sind, und $\alpha_\varepsilon = \varepsilon_{max}/\varepsilon_n$ ist der entsprechende *Dehnungskerbfaktor*. Die Anwendung der Neuber-Formel zeigt Bild C1.144. Das Fließgesetz des Werkstoffs ist als $\sigma = f(\varepsilon)$ eingezeichnet. Bei Beanspruchung mit der Nennspannung σ_n ist durch den so gegebenen Punkt des Fließgesetzes eine Hyperbel

$$\sigma_n \varepsilon_n = \frac{\overset{\circ}{\sigma}_n^2}{E}$$

zu zeichnen und deren Schnittpunkt mit der Hookeschen Geraden

$$\sigma = \varepsilon E$$

aufzusuchen. Damit ist für einen elastischen Ersatzkörper mit gleicher Kerbform

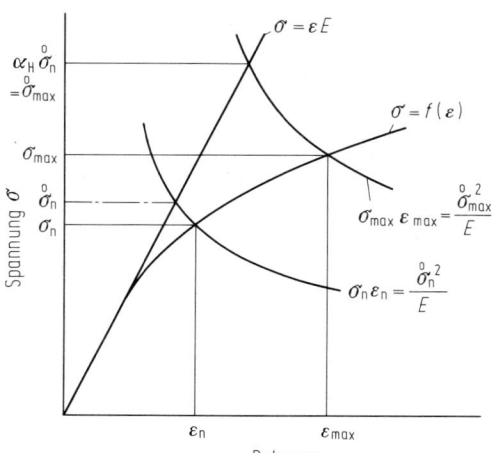

Bild C1.144 Geometrische Interpretation der Neuber-Formel zur Makrostützwirkung. Nach [243].

die Hookesche Ersatznennspannung $\mathring{\sigma}_n$ festgelegt. Für den Ersatzkörper wird die *linear-elastische Kerbspannungstheorie* angewendet und man erhält

$$\mathring{\sigma}_{max} = \alpha_H \mathring{\sigma}_n.$$

Durch den Punkt $\mathring{\sigma}_{max}$ der Hookeschen Geraden ist nun wieder eine Hyperbel

$$\sigma_{max} \varepsilon_{max} = \frac{\mathring{\sigma}_{max}^2}{E}$$

zu zeichnen, deren Schnittpunkt mit der Fließkurve die im Kerbgrund herrschende Spannung σ_{max} und die entsprechende Dehnung ε_{max} ergibt. Die Division der beiden Hyperbelgleichungen, die im Bild angegeben sind, ergibt die Neuber-Formel (s. Gl. (C1.78)). Mit Hilfe der *Neuber-Theorie* ist es also möglich, bei bekannter Nennspannung und experimentell ermitteltem Fließgesetz des Werkstoffs über den Hookeschen Kerbfaktor die im Kerbgrund herrschende Maximalspannung zu errechnen. Bei einer Belastung, die im Kerbgrund die Hookesche Maximalspannung $\mathring{\sigma}_{max}$ ergibt, ist das Produkt $\sigma_{max} \varepsilon_{max}$ für die verschiedenen Fließgesetze konstant, wenn nur die Nennspannung des Bauteils noch im elastischen Bereich liegt. So können auf gekerbte Proben die Fließgesetze des Grundwerkstoffs angewendet werden.

Experimentell wird diese Methode durch das *Begleitprobenverfahren* überprüft. Dabei wird im Kerbgrund mit einem Dehnungsaufnehmer die Maximaldehnung ε_{max} gemessen und durch eine geeignete Regelung auf eine ungekerbte Probe übertragen. Damit wird die Kerbgrundbeanspruchung mit der Begleitprobe ständig simuliert. Mißt man die zugehörige Spannung an der Begleitprobe, kann die Neuber-Formel zahlenmäßig überprüft werden. Schließlich kann man, indem man die Gleichungen auf die Schwingbreite Δ von Spannungen und Dehnungen bezieht, noch folgende Formel ableiten:

$$\Delta \sigma_{max} \Delta \varepsilon_{max} = \frac{\alpha_H^2 (\Delta \mathring{\sigma}_n)^2}{E} = \frac{\Delta \mathring{\sigma}_{max}^2}{E}. \tag{C1.79}$$

Ermittelt man an einer ungekerbten Probe für unterschiedliche Werte von $\Delta \sigma \Delta \varepsilon$ die Bruch-Schwingspielzahl, so kann man die so ermittelten Werte zur Lebensdauervorhersage beliebig gekerbter Proben heranziehen. Der Aufwand für diese Versuche ist allerdings relativ groß und es erscheint fraglich, ob die Beziehung auch für große Unterschiede in den Abmessungen noch gültig ist.

Auf das Verhalten der Werkstoffe angewendet, bedeutet die *makroskopische Stützwirkung*, daß die Wechselfestigkeit gekerbter Proben

$$\sigma_{Wk} = \frac{1}{\beta_k} \sigma_W \tag{C1.80}$$

ist, wobei $\beta_k < \alpha_k$ ist. Diese Beziehung bringt zum Ausdruck, daß die Wechselfestigkeit gekerbter Proben σ_{Wk} nicht in gleichem Maße vermindert wird, wie die elastisch berechnete Maximalspannung im Kerbgrund ansteigt. Im Bereich der Kurzzeitfestigkeit findet man sogar eine größere Lebensdauer für gekerbte Proben, da der mehrachsige Spannungszustand die plastische Verformung behindert. Für den Bereich der Wechselfestigkeit veranschaulicht Bild C1.145 die Zusammenhänge. Aufgetragen ist die Zug-Druck-Wechselfestigkeit über dem Probendurchmesser

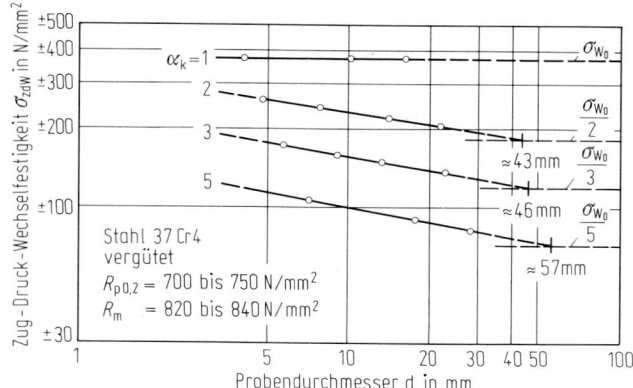

Bild C 1.145 Einfluß des Probendurchmessers auf die Zug-Druck-Wechselfestigkeit glatter und unterschiedlich gekerbter Proben eines Stahls mit rd. 0,37 % C und 1 % Cr (37 Cr 4). σ_{W0} = Wechselfestigkeit an ungekerbten Proben. Nach [244].

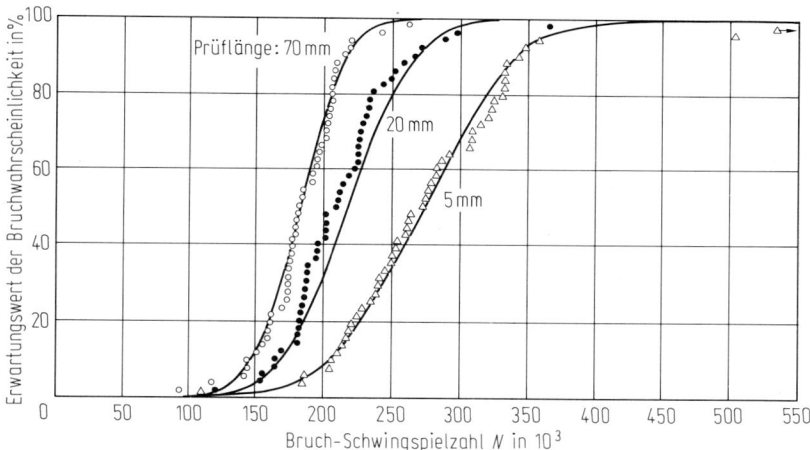

Bild C 1.146 Bruchwahrscheinlichkeit unterschiedlich langer Rundproben in Abhängigkeit von der Bruch-Schwingspielzahl bei gleichem Spannungsausschlag von $\sigma_a = 250$ N/mm² und einem Spannungsverhältnis $\sigma_u/\sigma_o = 0,1$ bei einem Stahl mit 0,016 % C, 20,4 % Cr und 9,8 % Ni (X 2 CrNi 19 9). Nach [245].

von glatten und gekerbten Proben aus einem Stahl mit rd. 0,37 % C und 1 % Cr (37 Cr 4). In ungekerbtem Zustand ($\alpha_k = 1$) ist die Wechselfestigkeit σ_W unabhängig vom Probendurchmesser. Mit zunehmender Kerbschärfe sinkt die Wechselfestigkeit, und zwar bei kleineren Proben weniger als bei Proben größeren Durchmessers. Bei kleinen Proben ist die relative Stützwirkung also größer, während man bei genügend großen Proben im Grenzfall eine Verminderung der Wechselfestigkeit um den elastischen Spannungskonzentrationsfaktor erhält.

Von *Mikrostützwirkung* spricht man bei gekerbten Proben, wenn die makroskopische Werkstoffbeanspruchung im elastischen Bereich stattfindet, wie es z. B. bei großen Bruch-Schwingspielzahlen der Fall ist.

Da die Stellen, an denen sich ein Rißkeim bilden kann, zufällig im Werkstoff oder an der Werkstoffoberfläche verteilt sind, ergibt sich auch ein durch die Statistik bedingter Größeneinfluß. Am einfachsten ist dieser Effekt an unterschiedlich langen Drähten nachzuweisen. Bild C1.146 zeigt Ergebnisse, bei denen die Lebensdauer zugschwellbeanspruchter Stahldrähte aus einem austenitischen Stahl mit 0,016% C, 20,6% Cr und 9,8% Ni (X 2 CrNi 19 9) mit Prüflängen zwischen 70 und 5 mm ermittelt wurden. Die Bruch-Schwingspielzahl ist für kurze Proben wesentlich größer als die für lange Proben. Dieser statistische Größeneinfluß kann sich auch bei gekerbten Proben in dem Sinne auswirken, daß durch die Kerbe das beanspruchte Volumen im Vergleich zum ungekerbten Werkstück viel kleiner ist, so daß die Bruch-Schwingspielzahl aus diesen Gründen größer wird. Der statistische Größeneffekt ist auf die Vorgänge bis zur Rißbildung beschränkt.

Auch das *Verhalten von Schweißverbindungen* bei schwingender Beanspruchung kann – zumindest zum Teil – als Einfluß der Geometrie diskutiert werden, da Querschnittsübergänge und Kerben vorliegen können. Die Dauerschwingfestigkeit in Schweißverbindungen ist im Vergleich zum Grundwerkstoff kleiner. Das Ausmaß ist von der Art der Schweißverbindung und den Herstellungsbedingungen abhängig. Beispiele zeigt Bild C1.147. Die Zahlenwerte werden in starkem Maße von der Durchführung der Schweißung beeinflußt. Neben Kerben, wie Einbrandkerben, Nahtform usw., spielen Eigenspannungen im Schweißzustand eine wichtige Rolle. Daher ist es beim Einsatz insbesondere von hochfesten Stählen notwendig, Schweißverbindungen geometrisch günstig zu gestalten und fehlerfrei herzustellen.

Einfluß der Umgebung

Der Einfluß der Umgebung ist im wesentlichen auf Korrosion und auf die Verminderung der Verschweißung der Rißflächen während der Druckphase des Spannungszyklus zurückzuführen. In beiden Fällen ist bei niedriger Frequenz der Einfluß ausgeprägter. Bei korrosiver Einwirkung der Umgebung verschwindet der horizontale Ast der Wöhler-Kurve, und die ertragbaren Spannungen fallen auch bei großen Schwingspielzahlen weiter ab.

C1.2.2.4 Betriebsfestigkeit [247–249]

Die Beanspruchung im Einstufenversuch entspricht in den meisten Fällen nicht den Gegebenheiten im Bauteil, wo die Höhe der Beanspruchung unregelmäßig wechselt. Die *Analyse der betrieblich vorkommenden Spannungsverläufe* ist kompliziert. Da Höhe, Aufeinanderfolge und Verweildauer der Spannungszyklen einen Einfluß haben, kann man verschiedene Größen registrieren: die Zahl der Spannungsspitzen in verschiedenen Spannungsniveaus, Spannungsbereiche (zusätzlich mit der Angabe, ob steigend oder fallend durchlaufen), die Zahl der Überschreitungen in bestimmten Spannungsniveaus, die Verweildauer, die Spitzen zwischen Bezugswertdurchgängen (z. B. Nulldurchgänge) oder Bereichspaare. Die Ergebnisse werden vielfach als bezogene Spannungsamplitude (Spannungsausschlag σ_a bezogen auf den größten Spannungsausschlag $\bar{\sigma}_a$) über der Summenhäufigkeit dargestellt. Bild C1.148 zeigt beispielhaft verschiedene mögliche Verläufe. Der Grenz-

Art und Form der Schweißnaht	Schwellfestigkeit* σ_{Sch} N/mm²	$\sigma_{Sch}/\sigma_{Sch_0}$ %	Darstellung der Schweißnaht
ebenes Blech im Walzzustand	19,7	100	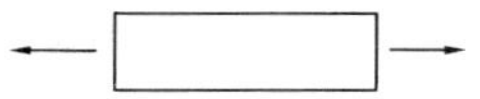
Längs-Kehlnaht- und Stumpfnaht-Automaten-schweißungen (ohne End- oder Anfangsstellen)	17,3	88	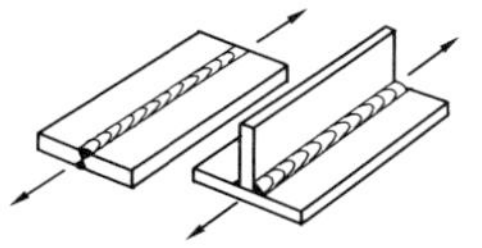
Längs-Stumpfnaht-Handschweißungen	15	76	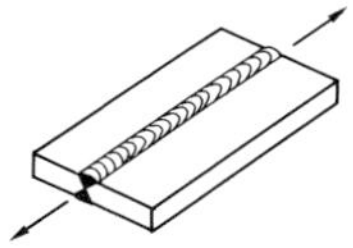
Längs-Kehlnaht-Handschweißungen, in Wannenlage geschweißte Quer-Stumpfnähte (ohne Einbrandkerbe)	13,4	68	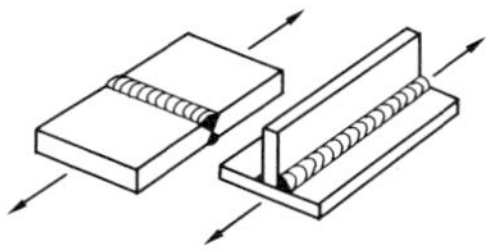
andere Quer-Stumpfnähte und auf Unterleg-streifen geschweißte Quer-Stumpfnähte. Kreuzstöße	10,2	52	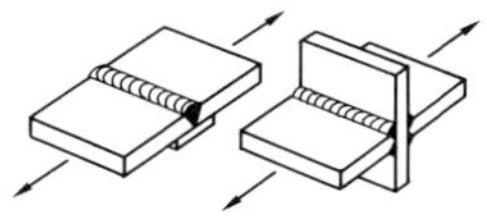
T-Stöße, nicht tragende Quer-Kehlnaht- oder Stumpfnaht-Schweißungen und Nahtenden. Tragende Quer-Kehlnähte nach Skizze rechts	7,9	40	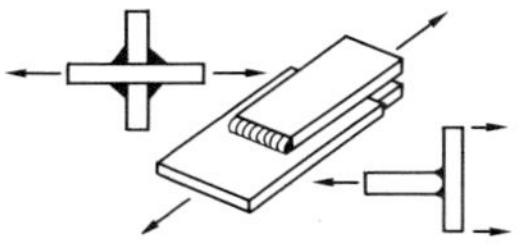
tragende Quer- oder Längs-Kehlnaht-Schweis-sungen. Schweißungen an oder in der Nähe von Blechkanten	5,2	26	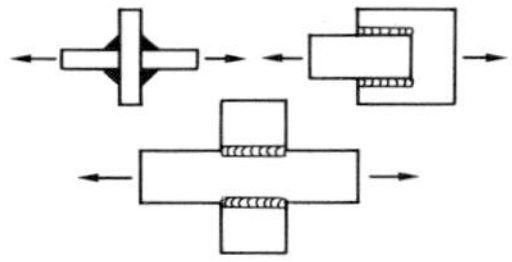

*Für eine Bruch-Schwingspielzahl von $2 \cdot 10^6$, $\sigma_{Sch\,0}$ = Schwellfestigkeit im ungeschweißten Zustand

Bild C 1.147 Schwellfestigkeit von Schweißverbindungen. Nach [246].

fall ist der Einstufenversuch (Kurve 1). Eine häufig anzutreffende Verteilung entspricht dem Gaußschen Zufallsprozeß und ist als Kurve 3 wiedergegeben. In manchen Fällen wird es auch nötig sein, die gemessene Beanspruchungs-Zeit-Funktion in verschiedene Einflüsse, wie z. B. schwingungsähnliche Vorgänge und Einzelereignisse, zu unterteilen.

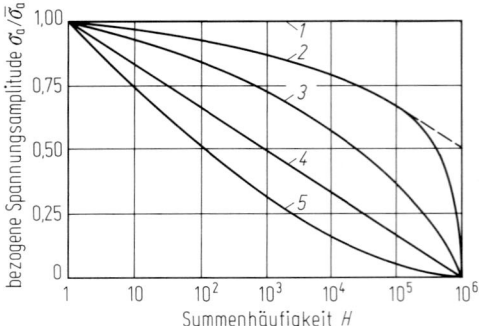

mögliche mathematische Darstellung:

$$H(\sigma_a) = H_0 \exp\left[-\frac{\sigma_a}{2s}\right]^n$$

1 $n \to \infty$: Einstufungsversuch (Grenzfall),
2 $n > 2$: näherungsweise gedeutet als Normalverteilung mit konstantem Anteil $p = \sigma_{const}/\bar{\sigma}_a$
3 $n = 2$: Gaußscher Zufallsprozeß, näherungsweise gedeutet als Gaußsche Normalverteilung
$$H(x) = 2H_0\left[1/\sqrt{2\pi}\int_x^\infty \exp\left(-\frac{a^2}{2}\right)da\right]$$
mit $\sigma_a/\bar{\sigma}_a = 0{,}217 \cdot x$
4 $n = 1$: sogenannte Geradlinienverteilung
5 $n < 1$: näherungsweise gedeutet als log Normalverteilung

Bild C 1.148 Einheitskollektive (Amplitudenkollektive) in bezogener Darstellung (Einzelamplitude σ_a bezogen auf den Amplituden-Höchstwert $\bar{\sigma}_a$). Nach [247].

Nach der Analyse der Beanspruchung erfolgt die *Umsetzung* des gefundenen Verlaufes *in ein Prüfprogramm*. Am sichersten ist ein Betriebsspannungen-Nachfahrversuch, bei dem die über der Zeit aufgenommenen Beanspruchungen der Prüfmaschine eingegeben werden. Wegen des großen Aufwandes und der für jeden Einzelfall unterschiedlichen Programme versucht man, zu vereinfachen und zu allgemeingültigen Verfahren zu kommen. Dazu zerlegt man ein Beanspruchungskollektiv z. B. nach einem Vorschlag von Gassner [250] in acht unterschiedliche Beanspruchungsstufen. Die Beanspruchung in den einzelnen Stufen wird in einer bestimmten Reihenfolge dem Prüfstück aufgegeben.

Die Auswirkung einer unterschiedlichen Verteilung der Schwingungsamplituden soll an einem Beispiel veranschaulicht werden. Dazu sind zunächst in Bild C 1.149 Häufigkeitsverteilungen dargestellt, die zwischen dem Einstufenversuch ($p = 1{,}00$) und der Gauß-Verteilung ($p = 0{,}00$) variieren. Dabei ist p das Verhältnis von minimaler zu maximaler Amplitude im Kollektiv. Das Ergebnis der Prüfung von Schweißnähten mit derartigen Verteilungen zeigt Bild C 1.150. Die Wöhler-Kurve für den Einstufenversuch liegt bei den kleinsten Werten. Mit fallendem p-Wert verschieben sich die Wöhler-Kurven zu größeren Bruch-Schwingspielzahlen und höherer Dauerfestigkeit. Darin kommt die günstige Wirkung eines zunehmenden Anteils von kleineren Spannungsamplituden am Kollektiv zum Ausdruck.

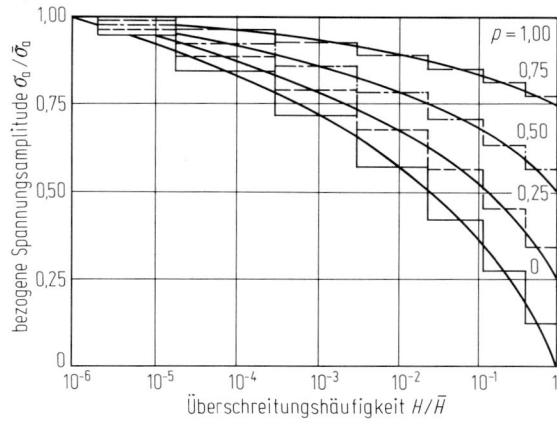

Bild C 1.149 Kollektive mit unterschiedlichem p-Wert (p ist das Verhältnis von minimaler zu maximaler Amplitude im Kollektiv). Nach [248].

$$\left(\frac{\sigma_{ai}}{\bar{\sigma}_a}\right)_p = p + (1-p)\left(\frac{\sigma_{ai}}{\bar{\sigma}_a}\right)_{p=0} \qquad p = \frac{\sigma_{a(H/\bar{H}=1)}}{\bar{\sigma}_{a(H/\bar{H}=10^{-6})}}$$

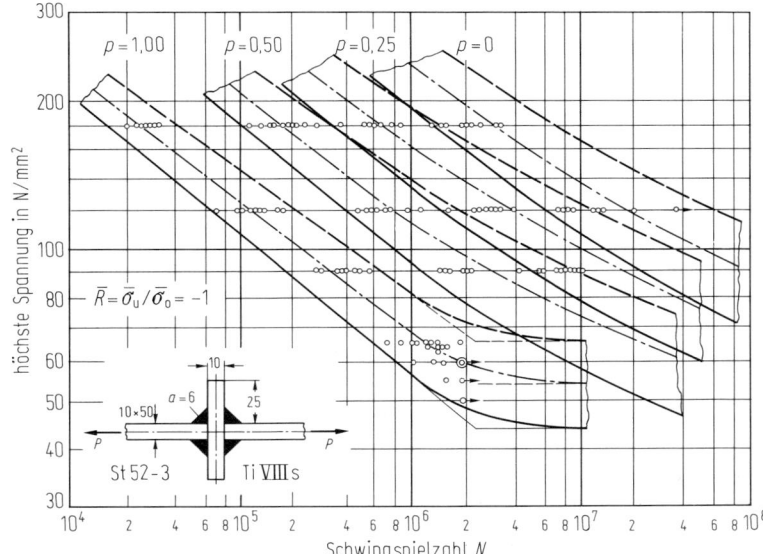

Bild C 1.150 Lebensdauerlinien einer Schweißverbindung aus einem unlegierten, besonders beruhigtem Stahl mit rd. 0,15% C, 0,4% Si, und 1,4% Mn (St 52-3). (Die Größen mit Querstrich sind Höchstwerte). Nach [248].

Viele Versuche sind dem Problem gewidmet, wie sich unterschiedliche Beanspruchungsfolgen bei verschiedenen Werkstoffen und Konstruktionen auswirken [251]. Wenn Unterschiede gefunden werden, wird die Prüfung der Dauerschwingfestigkeit problematisch, da dann nur die unmittelbar an die praktischen Spannungsverhältnisse angepaßte Beanspruchungsfolge übertragbare Ergebnisse liefern würde. Die Untersuchungen sind noch nicht abgeschlossen, doch deutet sich, wie

Bild C1.151 zeigt, an, daß verschiedene Stähle unterschiedlich auf den Übergang vom Einstufenversuch zur Prüfung der Betriebsfestigkeit reagieren.

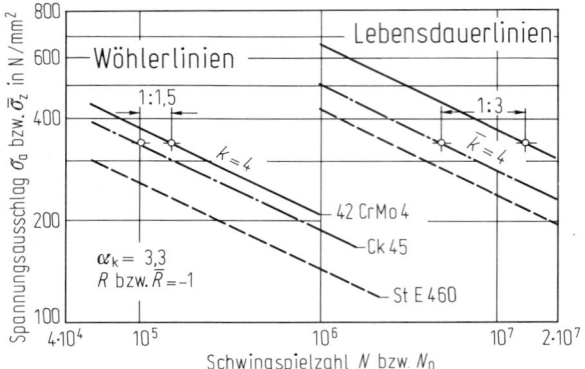

Bild C 1.151 Gegenüberstellung von Wöhler-Linien und Lebensdauerlinien unter zufallsartiger Beanspruchungsfolge für Stähle mit rd. *1*) rd. 0,15 % C, 1,4 % Mn, 0,5 % Ni und 0,15 % V (St E 460 N), *2*) 0,45 % C (Ck 45 V) und *3*) 0,42 % C, 1 % Cr und 0,25 % Mo (42 CrMo 4 V). *k* = Steigungswert. Nach [249].

C1.2.2.5 Vorhersage der Lebensdauer [252]

Eine die Praxis besonders interessierende Folgerung aus Prüfergebnissen ist die Vorhersage der Lebensdauer bei schwingender Beanspruchung. Daher wurden einfache und möglichst zuverlässige Ansätze entwickelt, nach denen eine solche Vorhersage möglich ist.

Ausgehend von Einstufenversuch und der Ermittlung der Wöhler-Kurven wird nach dem Vorschlag von Palmgren und Miner [253] die *Schädigung* bei jeder Laststufe relativ zur Bruch-Schwingspielzahl bestimmt und aufsummiert. Wenn die Schädigungssumme den Wert 1 erreicht hat, kommt es zum Bruch der Probe:

$$\sum_i n_i / N_i = 1. \tag{C1.81}$$

Dabei sind n_i die Gesamtzahl der Schwingungen mit einer bestimmten Amplitude und N_i die Bruch-Schwingspielzahl bei dieser Amplitude.

Zur Verbesserung der *Palmgren-Miner-Regel* wurde die Summe der Teilschädigungen durch einen kleineren Wert als 1 ersetzt. Damit kann erreicht werden, daß die Vorhersagen auf der sicheren Seite liegen. Die Vorgehensweise ist aber, da physikalisch nicht begründet, wenig befriedigend. Nach anderen Vorschlägen wird die Wöhler-Linie aus dem Zeitfestigkeitsbereich geradlinig oder unter einem bestimmten Winkel abgeknickt weitergezeichnet und damit erreicht, daß auch Spannungen unterhalb der Dauerfestigkeit bei der Schadensakkumulation mitzählen.

Die Untersuchungen zur Betriebsfestigkeit haben zur weiteren Verbesserung der *Lebensdauervorhersage* geführt. Dabei wird neben dem Wöhler-Versuch mit Einstufenbelastung ein standardisierter Belastungsablauf für den betreffenden Anwendungsfall durchgeführt.

Ein anderer Vorschlag geht von der zyklischen Spannungs-Dehnungs-Kurve aus und berücksichtigt Spannungskonzentrationen durch Rechnungen nach Neuber oder nach dem Begleitproben-Verfahren [252].

Da bei Beanspruchungen mit relativ hoher plastischer Dehnung die Duktilität des Werkstoffs entscheidend ist, werden im Bereich der Zeitfestigkeit Gleichungen gelten, in die die Dehnung eingeht (Bild C 1.152a). Zusammen mit der für den elastischen Bereich maßgeblichen Formel erhält man die *Dehnungs-Wöhler-Linie*, die unter Berücksichtigung von Bild C 1.152b in Bild C 1.152c dargestellt ist. Damit liegt ein Ansatz zur *Berechnung der Anrißlebensdauer* vor, der überprüft werden kann.

Der *Rißfortschritt* wird mit Hilfe der Bruchmechanik beschrieben. Auch in diesem Bereich ist die Reihenfolge der Spannungszyklen von großer Bedeutung. Nach höheren Spannungen wird das Rißwachstum bei anschließender niedriger Spannung verlangsamt. Bild C 1.153 zeigt ein Beispiel. Die Verzögerung des Rißwachstums ist proportional der Höhe und der Anzahl der eingestreuten Amplituden; sie ist bedingt durch die vergrößerte plastische Verformung an der Rißspitze bzw. die dadurch hervorgerufenen Eigenspannungen. Nach theoretischen Ansätzen kann

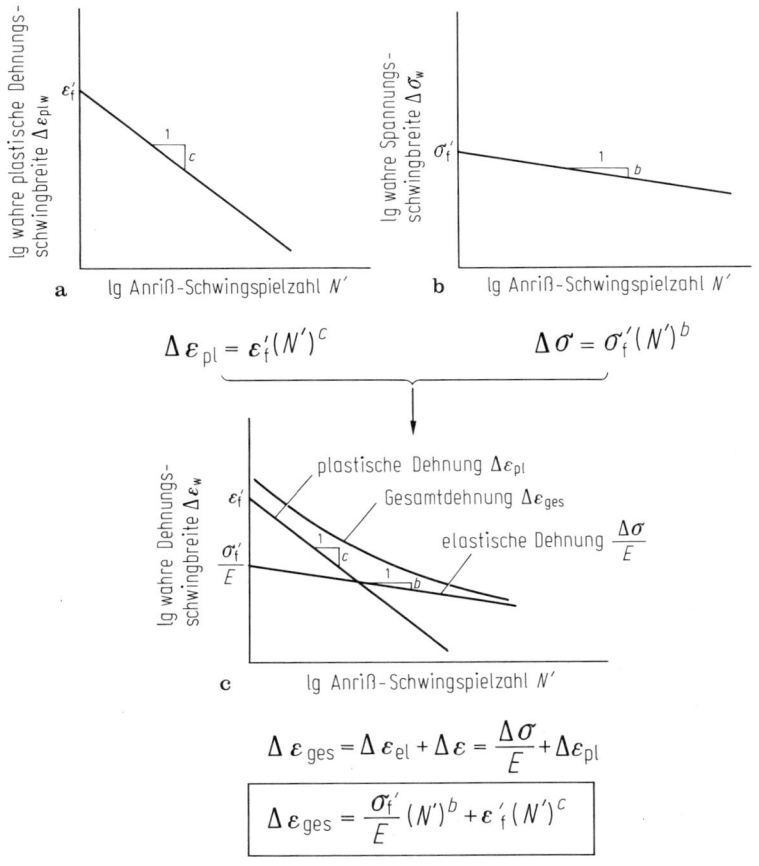

Bild C 1.152 Dehnungs-Wöhler-Linie nach Morrow [254]. **a** Beanspruchungen mit plastischer Dehnung; **b** Beanspruchungen mit elastischer Dehnung; **c** Dehnungs-Wöhler-Linie.

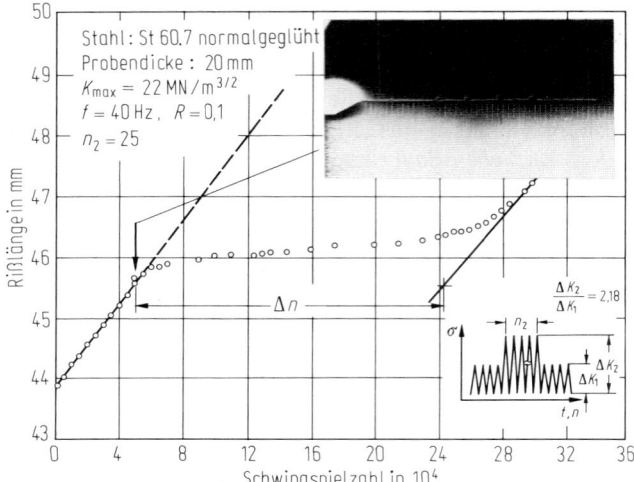

Bild C 1.153 Rißfortschritt in Abhängigkeit von der Schwingspielzahl bei Aufbringen einer Überlastfolge für einen normalgeglühten Stahl mit rd. 0,2 % C, 1,4 % Mn, 0,2 % Cr, 0,1 % V und 0,02 % Nb (St 60.7 ~ St E 415.7). Nach [255].

der Effekt auch quantitativ behandelt werden. Damit ist es im Grundsatz möglich, den Reihenfolgeneinfluß in der Phase der Rißausbreitung zu beschreiben und in seiner Auswirkung auf die Lebensdauer zu berücksichtigen. Als Werkstoffkenngrößen gehen die Streckgrenze und möglicherweise auch das Verfestigungsverhalten in diese Beziehungen ein.

C 1.3 Verhalten bei höheren Temperaturen

Das Verhalten bei höheren Temperaturen [256, 257] ist dadurch gegeben, daß vor allem durch Diffusion von Leerstellen und Atomen des Grundgitters Entfestigungsvorgänge, wie Erholung und Rekristallisation, ablaufen können, wobei Versetzungen durch Klettern ihre Gleitebenen verlassen und in energetisch günstigere Anordnungen übergehen oder sich mit Versetzungen anderen Vorzeichens annihilieren, d. h. auslöschen. Ferner können Hindernisse für die Versetzungsbewegung, wie Ausscheidungen, durch Umlösung koagulieren und damit den Widerstand gegen Versetzungsbewegungen verringern.

Nach der technischen Anwendung und teilweise auch nach den Grundvorgängen können drei verschiedene Temperaturbereiche unterschieden werden:
1. Bei *leicht erhöhten Temperaturen* werden die mechanischen Eigenschaften im wesentlichen durch die Diffusion von Zwischengitteratomen bestimmt. In diesem Bereich interessieren die Warmstreckgrenze und die Spannungs-Dehnungs-Kurve in Abhängigkeit von Temperatur und Geschwindigkeit.
2. Bei der *Warmumformung* wird die schnelle Entfestigung bei hohen Temperaturen ausgenutzt, um große Formänderungen, meist aufgeteilt in verschiedene

Umformstufen (Stiche) und auf verschiedene Temperaturen, bei möglichst geringem Kraftaufwand zu erzielen.

3. Im *Bereich der Zeitstandfestigkeit* werden Stähle über lange Zeiten Temperaturen von 300 bis 900 °C ausgesetzt.

Entsprechend den unterschiedlichen Grundvorgängen und den unterschiedlich geforderten Eigenschaften erfolgt die *Werkstoffprüfung* mit verschiedenen Verfahren. Dabei wird in den meisten Fällen bei konstanter Temperatur geprüft. Wie bei Raumtemperatur kann die Prüfung mit konstanter Dehngeschwindigkeit $\dot{\varepsilon}$ oder besser mit konstanter Umformgeschwindigkeit $\dot{\varphi}$ erfolgen. Die erforderliche Spannung wird in Abhängigkeit von Dehnung oder Umformgrad gemessen. Diese Versuchsart wird bei leicht erhöhten Temperaturen zur Ermittlung der Warmfestigkeit und des Verlaufs der Spannungs-Dehnungs-Kurve angewendet. Ferner wird so die Fließspannung im Temperaturbereich der Warmformgebung ermittelt. Da die Formänderungen im allgemeinen groß sind, kommen der Konstanthaltung von $\dot{\varphi}$ und der Temperatur wegen der entstehenden Verformungswärme besondere Bedeutung zu.

Im *Relaxationsversuch* wird eine vorgegebene Dehnung konstant gehalten und die sich ändernde Spannung in Abhängigkeit von der Zeit registriert. Die zahlenmäßige Auswertung wird bei diesen Relaxationsversuchen stark durch die Versuchsanordnung beeinflußt. Bei einem sehr steifen Prüfrahmen oder einer genau auf konstante Dehnung geregelten Maschine erfolgt aufgrund der thermisch aktivierten Kriechprozesse schon bei kleinen Probendehnungen ein deutlicher Abbau der Spannung, im Grenzfall entsprechend der Hookeschen Geraden. Bei „weicher" Einspannung ist bei gleicher Probendehnung der Spannungsabbau geringer. Relaxationsvorgänge können auch bei Raumtemperatur auftreten, sind hier aber meist wegen der geringen Kriechdehnungen ohne Bedeutung (Ausnahme: Spannstähle s. D 2, statische Streckgrenze s. C 1.1.1.1).

Für den Zeitstandbereich ist der *Kriechversuch* kennzeichnend, bei dem die Kraft oder die angelegte Spannung konstant gehalten und die Dehnung in Abhängigkeit von der Zeit registriert wird. In vereinfachten Prüfungen wird auch nur die Zeit bis zum Bruch und die erreichte Bruchdehnung aufgenommen (Einzelheiten s. C 1.3.3.1 und Bild C 1.159).

C 1.3.1 Verhalten bei leicht erhöhten Temperaturen

Zwischen interstitiellen Kohlenstoff- oder Stickstoffatomen und Versetzungen treten im krz Gitter des Ferrits Wechselwirkungen auf, die als *Cottrell-Effekt* und *Snoek-Effekt* bezeichnet werden und die im Zusammenhang mit der ausgeprägten Streckgrenze behandelt wurden (s. C 1.1.1.1, ausgeprägte Streckgrenze und C 1.1.1.3, Festigkeitssteigerung durch Mischkristallbildung). Bei erhöhten Temperaturen tritt diese Wechselwirkung auch während der Verformung auf, wenn die Diffusionsgeschwindigkeit der eingelagerten Atome v_C vergleichbar ist mit der Wanderungsgeschwindigkeit der Versetzungen v. In Bild C 1.154 sind beide Größen in Abhängigkeit von der Temperatur dargestellt und man erkennt, daß die Geschwindigkeiten bei 375 °C gleich sind. Eine Änderung der Verformungsgeschwindigkeit und damit der Bewegungsgeschwindigkeit der Versetzungen verschiebt den Schnittpunkt bei schnellerer Beanspruchung zu höheren Temperaturen und umgekehrt. Die Geschwindigkeit der Kohlenstoffatome ist dabei für die Bewegung einer Kohlenstoffwolke im Spannungsfeld einer Versetzung errechnet:

$$v_C = \frac{4 D_C kT}{U_w}.\tag{C1.82}$$

Dabei ist D_C der Diffusionskoeffizient des Kohlenstoffs und U_w ein Maß für die Wechselwirkungsenergie zwischen den Kohlenstoffatomen und den Versetzungen (s. auch [259]).

In Bild C 1.19 sind Spannungs-Dehnungs-Kurven von Weicheisen für zunehmende Temperaturen bei konstanter Dehngeschwindigkeit dargestellt. Bei mittle-

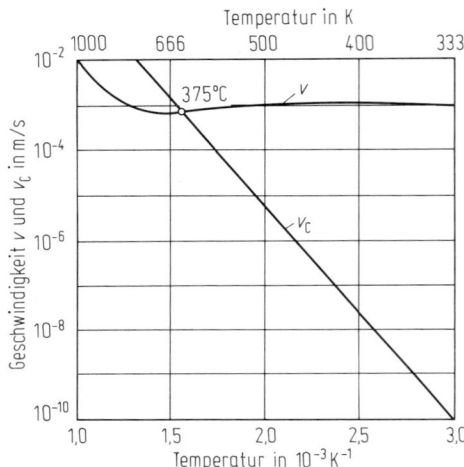

Bild C 1.154 Abhängigkeit der Geschwindigkeit des Kohlenstoffs (v_C) und der Versetzungen (v) von der Temperatur bei der Verformung ($\dot{\varphi} = 4\,\text{s}^{-1}$, $\varphi = 0{,}1$) eines weichgeglühten Stahls mit 0,34 % C und 1,05 % Cr (34 Cr 4). Nach [258].

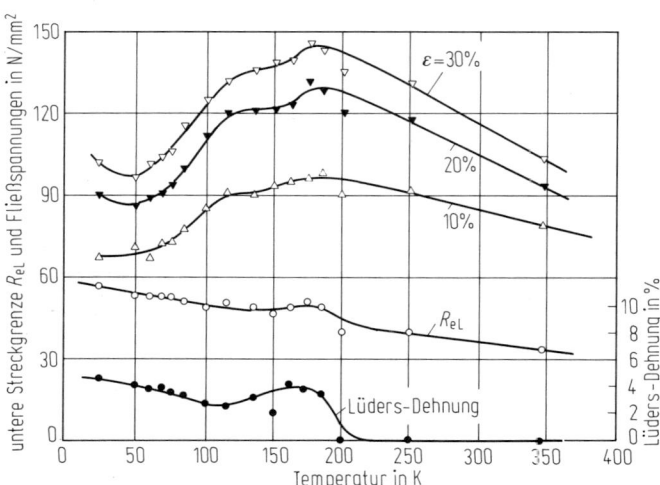

Bild C 1.155 Fließspannungen für die Dehnungen 10 %, 20 % und 30 %, die untere Streckgrenze R_{eL} und die Lüders-Dehnung, abgeleitet aus Bild C 1.19, in Abhängigkeit von der Temperatur. Nach [37].

ren Temperaturen tritt die maximale Wechselwirkung, die Verformungsalterung oder mechanische Alterung, während des Versuchs auf, während bei tiefen Temperaturen die Diffusionsgeschwindigkeit des Kohlenstoffs zu klein ist und bei hohen Temperaturen die Kohlenstoffatome ohne Behinderung den Versetzungen folgen können. In Bild C1.155 sind die Fließspannungen entsprechend der Streckgrenze nach bestimmten angegebenen Dehnungen in Abhängigkeit von der Temperatur dargestellt. Die Wechselwirkung ist am Anstieg der Fließspannung mit steigender Temperatur erkennbar. Deutlich sind zwei Maxima zu unterscheiden, wobei das erste schwache Maximum der Wechselwirkung nach dem Snoek- und das zweite der Wechselwirkung nach dem Cottrell-Mechanismus entspricht.

Die mechanischen Eigenschaften von ferritischen Stählen sind in diesem Temperaturbereich also stark von der Beanspruchungsgeschwindigkeit und von dem Gehalt der gelösten interstitiellen Fremdatome Kohlenstoff und Stickstoff abhängig. Beide Elemente wirken sich qualitativ ähnlich aus, Stickstoff hat aber eine größere Diffusionsgeschwindigkeit und eine höhere Löslichkeit.

Die erhöhte Festigkeit im Bereich leicht erhöhter Temperaturen und nicht zu langsamer Beanspruchung wird technisch ausgenutzt. Zu beachten ist jedoch der damit verbundene Abfall der Zähigkeitseigenschaften (Blausprödigkeit).

C1.3.2 Verhalten bei der Warmumformung [49, 260–262]

Bei der Warmumformung laufen während und nach der Verformung entfestigende Vorgänge ab, die zur Änderung der Versetzungsanordnung und zur Annihilation von Versetzungen führen oder Kornneubildung und Rekristallisation bewirken können. Die Kenntnis der Festigkeitseigenschaften der Werkstoffe in Abhängigkeit von Temperatur und Umformgeschwindigkeit ist für die Auslegung von Umformmaschinen erforderlich. Das Formänderungsvermögen wird in C6 (und C7) besprochen.

C1.3.2.1 Messung der Fließspannung (Formänderungsfestigkeit) [263]

Die Fließspannung, die früher mit Formänderungsfestigkeit bezeichnet wurde und die als wahre Spannung, die das Fließen des Werkstoffs bewirkt, definiert ist, soll als Werkstoffeigenschaft bestimmt werden, verfahrensbedingte Einflüsse, wie z.B. äußere Reibung und zusätzliche Scherungen, die den Formänderungswiderstand des jeweiligen Verfahrens ergeben, sollen vermieden oder quantitativ berücksichtigt werden. Zum Vergleich der Verfahren und zur Umrechnung auf den Umformprozeß müssen die Ergebnisse auf Vergleichsspannungen und Vergleichsformänderungen (s. C1.1.1.2) umgerechnet werden, wobei sich, je nach Wahl der Fließhypothese, unterschiedliche Faktoren ergeben.

Grundsätzlich ist zur Bestimmung der Fließspannung in der Wärme auch der Zugversuch geeignet, obwohl die erreichbaren Dehnungen vielfach geringer sind als die Formänderungen im Umformverfahren. Im Bereich der Gleichmaßdehnung ist die Fließspannung

$$k_f = \sigma_v = \sigma_1.$$

Für den Umformgrad (vgl. Gl. (C1.11)) und die Umformgeschwindigkeit gilt

$$\varphi_v = |\varphi_1| = \ln \frac{L_1}{L_0} \text{ und } \dot{\varphi}_v = \frac{|v|}{L}.$$

Dabei ist v die Geschwindigkeit des Prüfmaschinen-Querhauptes. Nach Beginn der Einschnürung wird (vgl. Gl. (C1.13))

$$k_f = \sigma_v = \frac{F}{S} \frac{1}{\left(1 + \dfrac{D}{8\rho}\right)},$$

$$\varphi_v = 2 \ln \frac{D_0}{D} \tag{C1.83a}$$

und

$$\dot{\varphi}_v = -2 \ln \frac{\dot{D}}{D}. \tag{C1.83b}$$

Dabei ist F die Kraft, S die momentane Querschnittsfläche und D der momentane Durchmesser. Nach den Formeln ist es nicht einfach, über die gesamte Versuchsdauer eine konstante Umformgeschwindigkeit $\dot{\varphi}$ einzuhalten.

Vielfach wird der zylindrische Stauchversuch zur Ermittlung der Fließspannung benutzt, der sich durch einfache Versuchsdurchführung auszeichnet. Für den reibungsfreien Fall ist

$$k_f = \sigma_v = \frac{F}{S}, \quad \varphi_v = \ln \frac{H_0}{H}, \quad \dot{\varphi}_v = \frac{|v|}{H}.$$

(H ist die Probenhöhe). Zur Ausschaltung der Reibung gibt es verschiedene Verfahrensvorschläge. Um eine konstante Umformgeschwindigkeit zu erreichen, wird die Stempelgeschwindigkeit mechanisch oder elektronisch gesteuert.

Große Formänderungen lassen sich auf einfache Weise mit dem *Verdrehversuch (Torsionsversuch)* (s. C1.1.1.2) erreichen. Die Fließspannung ergibt sich nach v. Mises zu

$$k_f = \sigma_v = \sqrt{3}\, \tau_R, \tag{C1.84}$$

nach Tresca zu

$$k_f = \sigma_v = 2\, \tau_R. \tag{C1.85}$$

Dabei ist τ_R die Randschubspannung, die man nach folgender Beziehung erhält

$$\tau_R = \frac{W}{2\pi R^3}(3 + m), \tag{C1.86}$$

wobei R den Probenradius und m die Geschwindigkeitsabhängigkeit des Widerstandsmomentes W bezeichnet:

$$W = W_0 \dot{\gamma}_R^m. \tag{C1.86a}$$

$\dot{\gamma}_R$ ist die Schiebungsgeschwindigkeit an der Probenoberfläche. In dieser Formel wird berücksichtigt, daß die Umformgeschwindigkeit von Null im Zentrum auf das

Maximum am Probenrand ansteigt. Für den Vergleichsumformgrad erhält man nach v. Mises

$$\varphi_v = \frac{\gamma_R}{\sqrt{3}}$$

und nach Tresca

$$\varphi_v = \frac{\gamma_R}{2}.$$

Entsprechend ergibt sich für die Vergleichsumformgeschwindigkeit nach v. Mises

$$\dot{\varphi}_v = \frac{\dot{\gamma}_R}{\sqrt{3}}$$

und nach Tresca

$$\dot{\varphi}_v = \frac{\dot{\gamma}_R}{2}.$$

Wesentlicher Vorteil des Verdrehversuchs (Torsionsversuchs) ist die Reibungsfreiheit, Nachteile sind der inhomogene Spannungs- und Verformungszustand sowie die während des Versuchs in Längsrichtung auftretenden Spannungen oder Verformungen.

Der Praxis des Flachwalzens angenähert ist der *Flachstauchversuch*, bei dem ein rechteckiger Stempel in einen bandförmigen Streifen des zu untersuchenden Werkstoffs gedrückt (Druckfläche S) und die erforderliche Kraft F gemessen wird. Die Fließspannung ergibt sich nach v. Mises zu

$$k_f = \sigma_v = \frac{\sqrt{3}}{2} \frac{F}{S} \qquad (C1.87)$$

und nach Tresca zu

$$k_f = \sigma_v = \frac{F}{S} \qquad (C1.88)$$

im reibungsfreien Fall. Der Vergleichsumformgrad beträgt nach v. Mises

$$\varphi_v = \frac{2}{\sqrt{3}} \ln \frac{H_0}{H}$$

und nach Tresca

$$\varphi_v = \ln \frac{H_0}{H}.$$

Dementsprechend erhält man für die Umformgeschwindigkeit nach v. Mises

$$\dot{\varphi}_v = \frac{2}{\sqrt{3}} \frac{|v|}{H}$$

und nach Tresca

$$\dot{\varphi}_v = \frac{|v|}{H}.$$

Servohydraulische Steuerungen ermöglichen es, den Flachstauchversuch entsprechend der Stichfolge einer Warmbreitbandstraße zu programmieren und anschließend das sich einstellende Gefüge zu untersuchen [264].

In Bild C 1.156 sind beispielhaft Ergebnisse des Warmverdrehversuchs für verschiedene Temperaturen dargestellt. Aufgetragen ist die Fließspannung k_f gegen den Umformgrad φ. Parameter ist die Umformgeschwindigkeit $\dot{\varphi}$. Nach einem steilen Anstieg wird ein Maximum erreicht, und bei nicht zu hoher Geschwindigkeit fällt die Fließspannung wieder. Das Maximum verschiebt sich mit zunehmendem $\dot{\varphi}$ zu höheren Umformgraden und höheren Fließspannungswerten. In vielen Fällen stellt sich bei großen Umformgraden ein konstanter Festigkeitswert ein (s. C 1.3.2.2).

Bei Auftragung der Fließspannung (Formänderungsfestigkeit) über der Temperatur findet man den in Bild C 1.157 dargestellten Verlauf. Mit steigender Temperatur fällt die Fließspannung bei konstantem φ-Wert ab. Dabei zeichnet sich der Übergang vom Ferrit zum Austenit durch ein Zwischenmaximum ab, da die Festigkeit des Austenits wegen der kleineren Stapelfehlerenergie und des kleineren

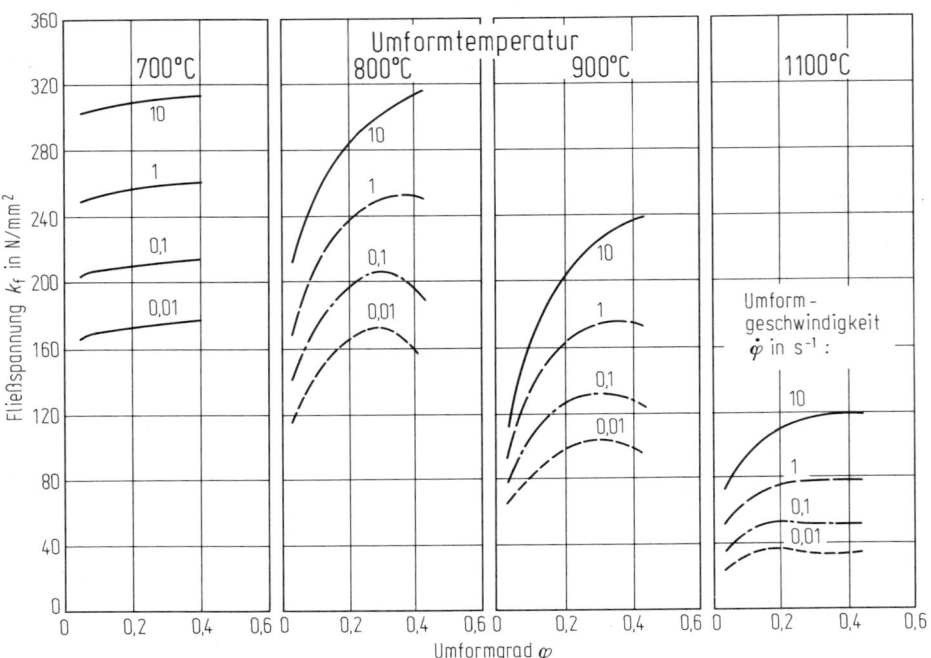

Bild C 1.156 Im Warmtorsionsversuch ermittelte Fließspannungen (Formänderungsfestigkeiten) eines unlegierten Stahls mit 0,46 % C (C 45) in Abhängigkeit vom Umformgrad für verschiedene Umformgeschwindigkeiten und Temperaturen. Nach [265].

Selbstdiffusionskoeffizienten bei gleicher Temperatur größer ist als die des Ferrits. Mit zunehmender Umformgeschwindigkeit, und im untersuchten Bereich auch mit zunehmendem Umformgrad, steigen die Werte an.

Die Fließspannung wurde für zahlreiche Stähle in Abhängigkeit von der Temperatur und der Umformgeschwindigkeit ermittelt. Teilweise wurden die gefundenen Verläufe durch Potenzreihen angepaßt und können so in einfacher Weise in Rechenprogrammen zur Walzkraftermittlung eingegeben werden.

C 1.3.2.2 Im Werkstoff ablaufende Vorgänge bei der Warmumformung [266]

Die im Werkstoff ablaufenden *Grundvorgänge der Entfestigung* sind statische und dynamische Erholung sowie statische und dynamische Rekristallisation. Dabei wird mit „statisch" jeweils der *nach* der Verformung und mit „dynamisch" der *während* der Verformung ablaufende Vorgang bezeichnet. Von diesen Vorgängen ist vor allem die dynamische Erholung auch für die Entfestigung bei Zeitstandbeanspruchung wichtig.

Statische Erholung und *Rekristallisation* verlaufen ähnlich wie beim Anlassen von kalt verformtem Gefüge, unterscheiden sich aber durch die unterschiedliche Versetzungsstruktur des verformten Gefüges. Die Triebkraft ist wiederum die Einstellung einer möglichst energiearmen Versetzungsanordnung in Zellwänden, Kleinwinkel- oder Großwinkelkorngrenzen. Die Versetzungsstruktur, die sich dabei einstellt, hängt von der Stapelfehlerenergie ab. Bei großer Stapelfehlerenergie, wie im

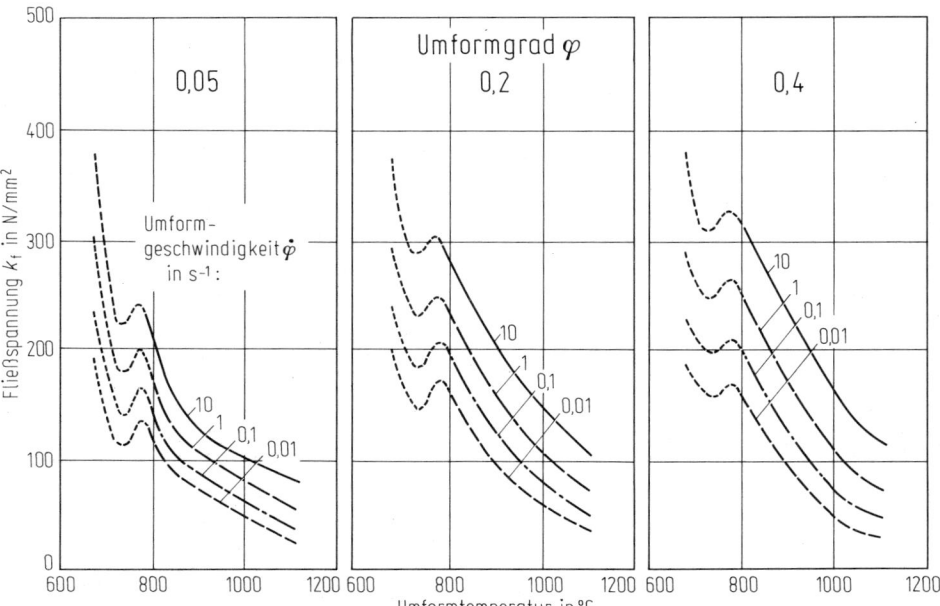

Bild C 1.157 Darstellung der Werte für die Fließspannungen (Formänderungsfestigkeiten) nach Bild C 1.156 in Abhängigkeit von der Umformtemperatur für verschiedene Umformgeschwindigkeiten und Umformgrade. Nach [265].

α-Eisen, findet man eine ausgeprägte Zellstruktur, da Quergleiten relativ leicht möglich ist. Dagegen bleiben in Werkstoffen mit kleinen Stapelfehlerenergien, wie im γ-Eisen, die Versetzungen gleichmäßiger verteilt.

Die *statische Erholung* besteht in Subkornbildung und -wachstum. Dadurch werden die weitreichenden Spannungsfelder der Versetzungen vermindert. Noch wirksamer ist die Annihilation von Versetzungen. Voraussetzung ist jeweils Quergleiten oder Klettern sowie das thermisch aktivierte Überwinden von schneidbaren Hindernissen. Daher resultiert eine starke Temperaturabhängigkeit.

Statische Rekristallisation tritt erst nach einer Inkubationszeit und nach einer relativ geringen statischen Erholung auf. Bei der Rekristallisation kommt es zur Bildung und zum Wachstum neuer Körner mit geringer Versetzungsdichte. Das Kornwachstum wird durch Fremdatome oder feine Teilchen stark behindert.

Bei den *dynamischen Vorgängen* konkurrieren Verfestigung und Entfestigung. Im stationären Zustand heben sich beide Vorgänge in ihrer Wirkung auf. Bei vorgegebener Verformungsgeschwindigkeit stellt sich dann bei der Warmverformung eine konstante Fließspannung oder beim Kriechen eine konstante Verformungsgeschwindigkeit ein. Diesen makroskopischen Kenngrößen entspricht eine stabile Versetzungs-, Subkorn- oder Zellstruktur, die vom Gittertyp, der Temperatur und der Verformungsgeschwindigkeit abhängt.

Die Fließspannung ist durch die Subkorngröße und die Versetzungsdichte im Subkorn gegeben. Ausgeschiedene Teilchen können die Subkorngröße beeinflussen, es besteht aber keine direkte Beziehung zwischen dem Teilchenabstand und der Subkorngröße. Im Mischkristall gelöste Fremdatome beeinflussen die Vorgänge im wesentlichen durch Wolkenbildung um Versetzungen, sind also vor allem dann wirksam, wenn sie in ihrer Umgebung Verzerrungen verursachen.

Die *Grundvorgänge der dynamischen Erholung* sind das Quergleiten und Klettern von Versetzungen. Bei der Verformung sind also die Versetzungserzeugung und -bewegung und die Erholungsvorgänge zu vergleichen. An Subkorngrenzen können geeignet orientierte Versetzungen unter Vergrößerung oder Abbau von Versetzungslängen eingebaut werden (Einstricken und Ausstricken nach Blum) [266]. Dazu sind Leerstellenströme über nur sehr kurze Entfernungen erforderlich, so daß der Vorgang relativ schnell ablaufen kann. Qualitativ ist diese Modellvorstellung abgesichert, quantitativ sind allerdings noch nicht alle Einzelheiten verstanden (s. auch C 1.3.3.3).

Bei der *dynamischen Rekristallisation* bilden sich neue, versetzungsfreie Körner, die während des Wachstums wieder verformt werden. So kann sich die Fließspannung in Abhängigkeit von der Verformung periodisch ändern, wenn das Wachstum des rekristallisierten Korns in einem kleineren Dehnungsintervall erfolgt als die Inkubation für die Neubildung von Körnern. Ist dagegen die Keimbildung im Verhältnis zum Wachstum schneller, so kommt es durch die Überlagerung dieser Einzelprozesse in den verschiedenen Probenbereichen zu einem kontinuierlichen Verlauf der Fließspannung in Abhängigkeit von der Verformung. Ein Beispiel zeigt Bild C 1.158. Bei kleiner Verformungsgeschwindigkeit wird immer wieder die Inkubationszeit für die Rekristallisation erreicht, und die Fließkurve hat einen periodischen Verlauf. Dagegen verläuft der Verformungsvorgang bei hohen Geschwindigkeiten so schnell, daß es nicht zu größeren rekristallisierten Bereichen kommt und sich insgesamt eine kontinuierliche Kurve ergibt.

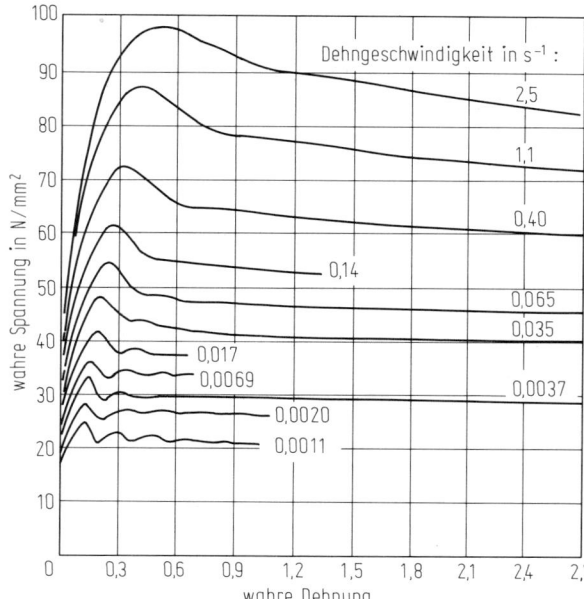

Bild C 1.158 Fließkurven eines bei 1100 °C (also im austenitischen Zustand) im Verdrehversuch verformten unlegierten Stahls mit 0,25 % C. Nach [267].

Die Fortsetzung der dynamischen Rekristallisation nach Abschluß der Verformung, ohne erneute Keimbildung, wird auch *metadynamische Rekristallisation* genannt.

Die kritische Dehnung, bei der Rekristallisation einsetzt, ist von der Vorgeschichte des Werkstoffs abhängig. Die wichtigste Kenngröße ist die erreichte kritische Spannung. Allerdings geht auch die Versetzungsstruktur im einzelnen ein, so die Aufteilung der Versetzungen in die Wand und das Innere der Zellen.

Fremdatome und Ausscheidungen behindern die Rekristallisation vor allem deshalb, weil sie die Wanderung von Korngrenzen hemmen. Feineres Ausgangskorn ergibt eine kleinere kritische Dehnung, da die Verfestigung größer ist.

Die Korngröße nach der Rekristallisation ist im allgemeinen ein konstantes Vielfaches der stationären Subkorngröße und reziprok zur erforderlichen Spannung.

C 1.3.3 Zeitstandverhalten [257, 268–270]

Das Zeitstandverhalten kennzeichnet den Stahl beim Einsatz über lange Zeiten bei höheren Temperaturen. Die besondere Problematik liegt darin, daß es schwierig ist, zuverlässige Vorhersagen aus Versuchen mit relativ kurzer Laufzeit auf die Lebensdauer im Langzeitbetrieb zu machen. Dadurch wird sowohl die Gefügeoptimierung als auch die Auslegung erschwert. Für verschieden lange Zeiten oder unterschiedlich hohe Temperaturen können die Anforderungen an das Gefüge sehr unterschiedlich sein. Die Extrapolation von Versuchsergebnissen auf andere Zeiten und Temperaturen hat daher eine besondere Bedeutung.

C 1.3.3.1 Prüfung des Zeitstandverhaltens [271]

Beim üblichen *Zeitstandversuch* und *Kriechversuch* wird die angelegte Spannung konstant gehalten und die Dehnung in Abhängigkeit von der Zeit verfolgt. Möglich ist auch, die Dehnung konstant zu halten und die Spannung in Abhängigkeit von der Zeit zu messen: *Relaxationsversuch*. Eine Umrechnung der Ergebnisse beider Verfahren kann in gewissen Grenzen erfolgen.

In Bild C 1.159 sind das typische *Verhalten eines Werkstoffs beim Kriechversuch* und verschiedene Möglichkeiten der Auswertung dargestellt. Im Bild C 1.159a ist für eine konstante Temperatur die Dehnung in Abhängigkeit von der Zeit für verschiedene, je Versuch konstante Spannungen $\sigma_1 < \sigma_2 < \sigma_3$ aufgetragen. Nach dem Aufbringen der Kraft findet man zunächst den Bereich des primären oder Übergangskriechens, bei dem infolge zunehmender Verfestigung die Dehngeschwindigkeit abnimmt. Es schließt sich der Bereich des sekundären oder stationären Kriechens an, in dem Verfestigung und Entfestigung im Gleichgewicht sind und die Kriechgeschwindigkeit konstant ist. In der Schlußphase, im Bereich des tertiären Kriechens, nimmt die Kriechgeschwindigkeit dann schnell, vor allem infolge der Bildung von Löchern, zu, und es kommt zum Bruch der Probe. Mit zunehmender Spannung nimmt, wie das Bild schematisch zeigt, die Dehngeschwindigkeit zu und damit die Zeit bis zum Bruch ab. Die erreichte Bruchdehnung ε_B kann dabei durchaus ansteigen. Ansteigende Temperaturen führen ebenfalls zu einer Beschleunigung des Kriechvorganges.

Bei der praxisnahen *Auswertung von Kriechversuchen* ermittelt man für eine konstante Temperatur die Zeiten, die bei einer bestimmten angelegten Spannung zu einer bestimmten Gesamtdehnung ε_g oder zum Bruch der Probe führen. In Bild C 1.159b ist eine solche Auswertung in doppeltlogarithmischer Darstellung angegeben. Man erkennt einen etwa geradlinigen Verlauf der Zeitdehngrenzlinie für die Dehnung ε_g und der Zeitbruchlinie. Aus dieser Darstellung kann für eine interessierende Spannung die Zeit abgelesen werden, die zu einer bestimmten Dehnung ε_g oder zum Bruch führt, und die Auslegung des Bauteils kann darauf abgestellt werden (Bild C 1.159c). Eine Vorhersage des Verhaltens für sehr lange Zeiten wäre möglich, wenn die Zeitdehngrenz- oder Zeitbruchlinien Geraden wären, eine Annahme, die allerdings nur selten erfüllt ist.

Für *Grundlagenuntersuchungen* wird, wie in Bild C 1.159d dargestellt ist, die Dehngeschwindigkeit im doppeltlogarithmischen Maßstab über der Dehnung aufgetragen. Man findet eine klare Trennung zwischen den verschiedenen Bereichen der Kriechkurve. Wertet man das sekundäre oder stationäre Kriechen weiter aus, so zeigt sich vielfach, daß die Dehngeschwindigkeit $\dot{\varepsilon}_s$ in diesem stationären Bereich als eine Potenzfunktion der Spannung dargestellt werden kann, so daß sich bei doppeltlogarithmischer Auftragung eine Gerade ergibt (Bild C 1.159e). Der Exponent in der Beziehung $\dot{\varepsilon}_s = \sigma^n$ läßt sich auf diese Weise bestimmen (Bild C 1.159f). Aus der entsprechenden Auswertung von Versuchen bei verschiedenen Temperaturen erhält man die Aktivierungsenergie des Kriechvorgangs.

Als Beispiele für die *Darstellung von Versuchsergebnissen* zeigt Bild C 1.160a den Verlauf der Dehnung für verschiedene Spannungen in Abhängigkeit von der Zeit für einen hochwarmfesten Chrom-Nickel-Stahl bei 700 °C. Daraus wurde das darunter dargestellte Zeitstand-Schaubild konstruiert (Bild C 1.160b), das die 0,2 %- und

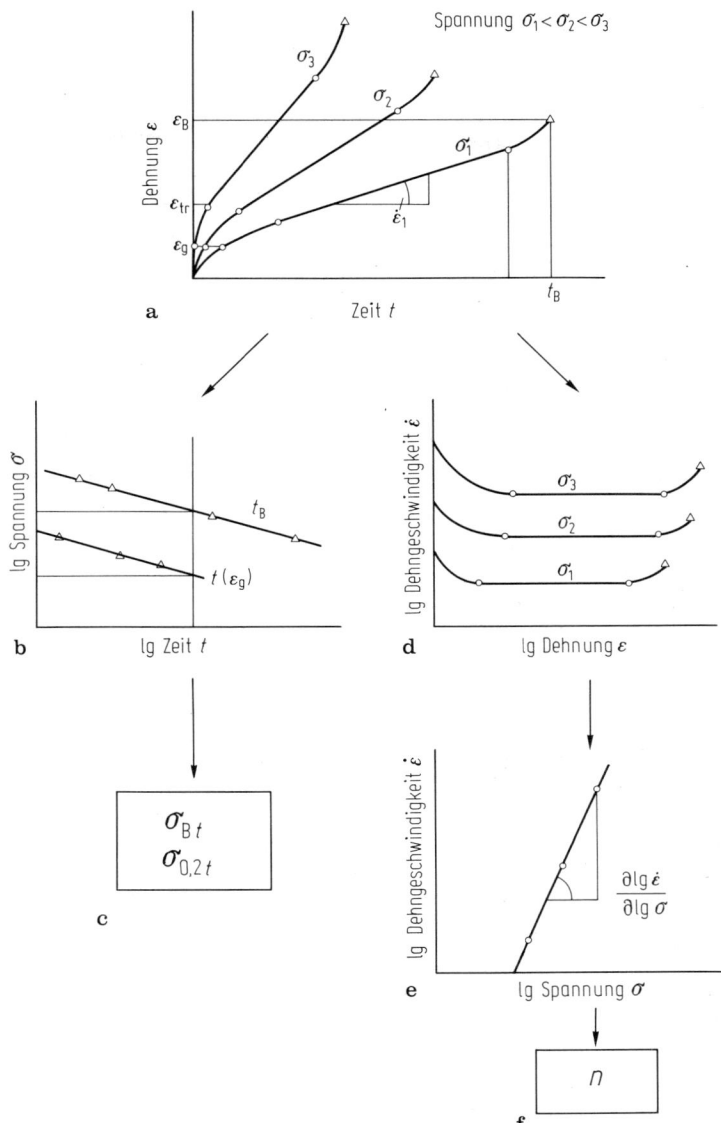

Bild C 1.159 Auswertung des Kriechversuchs: Beziehungen zwischen Dehnung ε, Dehngeschwindigkeit $\dot{\varepsilon}$, Zeit t und Spannung σ. Nach [257]. **a** Zeit-Dehnungs-Kurven für konstante Spannungen; **b – f** verschiedene Auswertungen dieser Kurven.

die 1%-Zeitdehngrenzlinien sowie die Zeitbruchlinie wiedergibt. Die Zahlen geben die bis zum Bruch erreichte Dehnung und (in Klammern) Einschnürung an. Die Kurven fallen zu längeren Zeiten hin ab, ein vielfach gefundener Effekt, der auf in langen Zeiten auftretenden Gefügeänderungen beruht.

Der Einfluß zunehmender Temperatur auf das Zeitstandverhalten eines hochwarmfesten Chrom-Nickel-Stahls ist in Bild C 1.161 dargestellt. Mit höherer Temperatur verschieben sich die Zeitbruchlinien zu wesentlich kürzeren Zeiten.

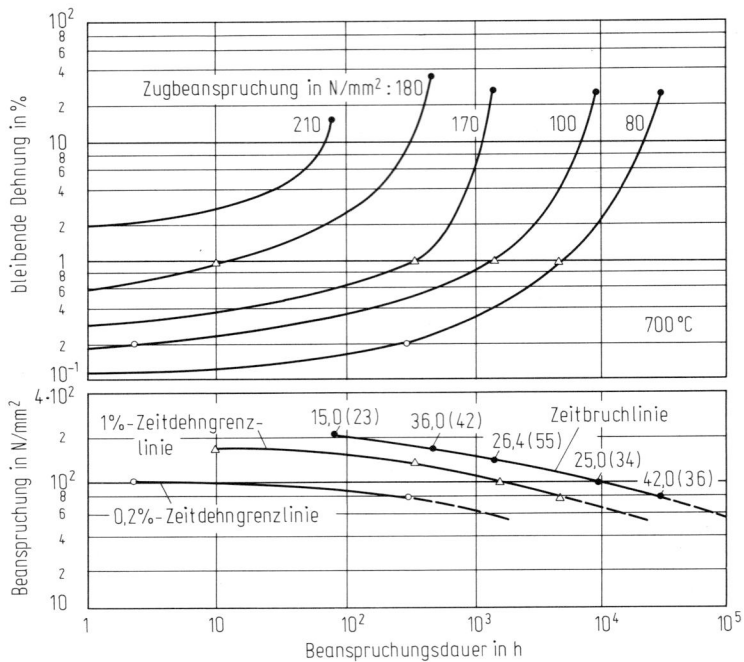

Bild C 1.160 Auswertung von Zeitstandversuchen bei 700 °C an einem hochwarmfesten austenitischen Stahl mit rd. 0,12% C, 20% Co, 21% Cr, 3,2% Mo, 20% Ni und 2,5% W (X 12 CrCoNi 21 20). Nach [272]. **a** Zeitdehnlinien; **b** Zeitstand-Schaubild.

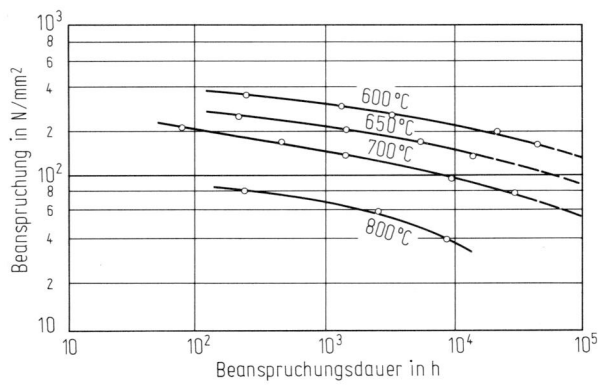

Bild C 1.161 Zeitbruchlinien eines hochwarmfesten Chrom-Nickel-Stahls bei verschiedenen Versuchstemperaturen. Nach [272].

Viele Überlegungen wurden angestellt, um die *Lebensdauer* aus Meßergebnissen für andere Zeiten und Temperaturen abzuschätzen. Nach einem Vorschlag von Ilschner [273] sei anhand von Bild C 1.162 eine stark vereinfachte Möglichkeit dargestellt. Wie das Bild zeigt, ist $\dot{\varepsilon}_s t_B = \varepsilon'_B < \varepsilon_B$ ($\dot{\varepsilon}_s$ Dehngeschwindigkeit im stationären Bereich). Versuche haben gezeigt, daß ε'_B zwischen 5 und 20% liegt und damit relativ konstant ist. Die Rechnung ergibt

$$t_B = \frac{\varepsilon'_B}{\dot{\varepsilon}_s}$$

und damit

$$\lg t_B = \lg \varepsilon'_B - \lg \dot{\varepsilon}_s.$$

Nach Versuchen und der Auswertung entsprechend Bild C 1.159 ist

$$\dot{\varepsilon}_s = A \exp(-Q/RT)\, \sigma^n.$$

Damit ergibt sich

$$\lg t_B = \lg\left(\frac{\varepsilon'_B}{A}\right) + 0{,}434\,\frac{Q}{RT} - n \lg \sigma_B$$

und

$$\lg \sigma_B = K_B + 0{,}434\,\frac{Q}{nRT} - \frac{1}{n} \lg t_B. \tag{C 1.89}$$

Man erhält also eine Gleichung für die Zeitbruchlinie, die in doppeltlogarithmischer Darstellung eine Gerade sein sollte. Der experimentelle Befund, daß die Zeitbruchlinie infolge von Gefügeänderungen stärker abfällt, wird durch diese Rechnung nicht berücksichtigt. In der Praxis sind A und Q oft keine Konstanten.

Ähnliche Überlegungen gelten auch für andere Grenzen, z.B. für bestimmte Werte der Zeitdehngrenzen. Wird dabei das Übergangskriechen mit berücksichtigt, so ergibt sich für den zeitlichen Verlauf der Dehnung [274]

$$\varepsilon(t) = \varepsilon_0 + \dot{\varepsilon}_s\, t + \varepsilon_{tr}\,[1 - \exp(-mt)]. \tag{C 1.90}$$

In dieser Gleichung ist ε_{tr} die Dehnung am Ende des Übergangskriechens. Für kleine Zeiten erhält man

$$\dot{\varepsilon}_{t \to 0} = \dot{\varepsilon}_s + m\, \varepsilon_{tr}. \tag{C 1.90a}$$

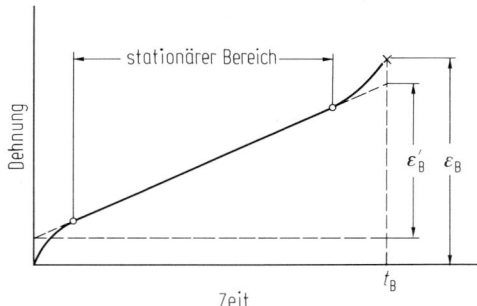

Bild C 1.162 Approximation der Kriechkurve durch Extrapolation des stationären Bereichs. Nach [273].

Aufgrund von experimentellen Ergebnissen kann man vereinfacht schreiben

$$\dot{\varepsilon}_{t \to 0} = k \dot{\varepsilon}_s. \tag{C1.90b}$$

Wenn die Zeit zum Erreichen einer Kriechdehnung ε_g mit t_ε bezeichnet wird, so gilt für genügend kleine Werte von ε_g

$$\dot{\varepsilon} = \frac{\varepsilon_g}{t_\varepsilon} = k \dot{\varepsilon}_s \tag{C1.90c}$$

und

$$t_\varepsilon = \frac{\varepsilon_g}{k \dot{\varepsilon}_s}. \tag{C1.90d}$$

Damit ergibt sich für die zugehörige Spannung σ_ε folgende Beziehung:

$$\lg \sigma_\varepsilon = \frac{1}{n} \lg \frac{\varepsilon_g}{kA} + 0{,}434 \frac{Q}{nRT} - \frac{1}{n} \lg t_\varepsilon$$

$$\lg \sigma_\varepsilon = K_\varepsilon + 0{,}434 \frac{Q}{nRT} - \frac{1}{n} \lg t_\varepsilon. \tag{C1.91}$$

Die Zeitdehngrenzlinie sollte also parallel zur Zeitbruchlinie (Gl. (C1.89)) um $K_B - K_\varepsilon$ verschoben verlaufen. Mit diesen Beziehungen läßt sich für konstante Temperatur und eine bestimmte Zeit das Verhältnis der Bruchspannung zur Spannung, bei der eine bestimmte Dehnung erreicht wird, abschätzen:

$$\frac{\sigma_B}{\sigma_\varepsilon} = \frac{K_B}{K_\varepsilon} = \left(\frac{\varepsilon'_B k}{\varepsilon_g}\right)^{1/n} \approx \left(\frac{0{,}2 \cdot 10}{0{,}002}\right)^{1/4} = 5{,}5 \text{ für } \varepsilon_g = 0{,}2\%.$$

Wenn solche Abschätzungen auch keinen Anspruch auf hohe Genauigkeit erheben, so ermöglichen sie doch eine Angabe der Größenordnung.

Aus ähnlichen Überlegungen haben sich verschiedene Lebensdauervorhersagen für den Zeitstandbruch ergeben. Dorn [275] wählt folgende Darstellung:

$$\lg \sigma_B = K_B - \frac{1}{n} P_1, \tag{C1.92}$$

wobei $P_1 = \lg t_B - 0{,}434 \frac{Q}{RT}$ ist.

Larson und Miller [276] gehen von folgendem Ansatz für die stationäre Kriechgeschwindigkeit aus:

$$\dot{\varepsilon}_s = B \exp\left(-\frac{Q - V\sigma}{RT}\right). \tag{C1.93}$$

Damit ergibt sich

$$t_B = \frac{\varepsilon'_B}{\dot{\varepsilon}_s} = t_\infty \exp\left(+\frac{Q - V\sigma_B}{RT}\right). \tag{C1.93a}$$

In dieser Gleichung ist t_∞ die Standzeit bei sehr hohen Temperaturen und V das Aktivierungsvolumen. Damit wird

Prüfung des Zeitstandverhaltens, Extrapolationsverfahren

$$\ln t_B = \ln t_\infty + \frac{Q}{RT} - \frac{V\sigma_B}{RT}$$

und

$$\sigma_B = \frac{Q}{V} - \frac{2,3\,R}{V}\left(\lg \frac{1}{t_\infty} + \lg t_B\right) T$$

$$= \frac{Q}{V} - \alpha\,(C + \lg t_B)\,T$$

$$= \frac{Q}{V} - \alpha\,P_2 \qquad\qquad (C\,1.94)$$

mit $\quad P_2 = T\,(C + \lg t_B)$. $\qquad\qquad\qquad\qquad\qquad\qquad (C\,1.94a)$

Die Größe P_2 wird auch *Larson-Miller-Parameter* genannt. Die Konstanten der Beziehungen werden aus Versuchsergebnissen ermittelt. Auch dann bleibt die Anwendung problematisch, wenn weit über den untersuchten Bereich hinaus extrapoliert werden soll.

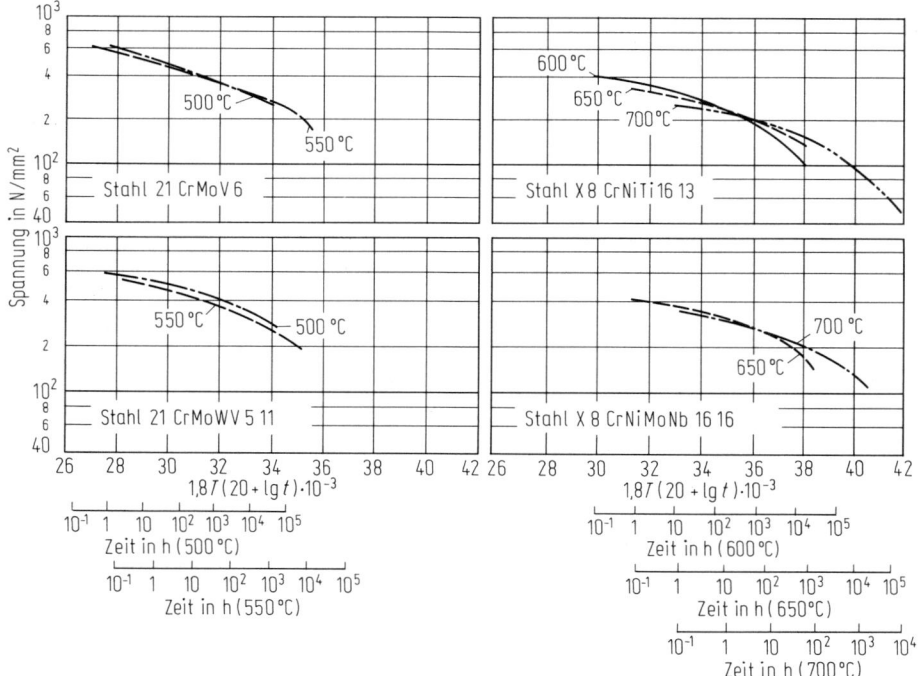

Bild C 1.163 Ergebnisse von Zeitstandversuchen in der Auftragung nach Larson-Miller für zwei ferritische und zwei austenitische Stähle mit *1)* 0,19 % C, 1,32 % Cr, 1,05 % Mo und 0,54 % V (21 CrMoV 5 11); *2)* 0,21 % C, 1,75 % Cr, 1,01 % Mo, 0,35 % V und 0,55 % W (21 CrMoWV 5 11); *3)* 0,05 % C, 15,9 % Cr, 1,9 % Mo, 16,1 % Ni und 1,1 % Nb (X 8 CrNiMoNb 16 16) und *4)* 0,07 % C, 16,5 Cr, 10,7 % Ni und 0,4 % Ti (X 8 CrNiTi 16 13). Der beim Larson-Miller-Parameter (s. Gl. (C 1.94a)) hier auftretende Faktor 1,8 ist durch eine Umrechnung von °Rk (°F von 0 K an) in K entstanden. Nach [277].

In Bild C 1.163 sind Beispiele für die Anwendung der Formel nach Larson-Miller dargestellt, wobei $C = 20$ eingesetzt wurde. Als Abszisse wurde die Darstellung nach Larson-Miller gewählt und zusätzlich für verschiedene Temperaturen der Zeitmaßstab in Stunden angegeben. Bei dieser Auftragung sollten die Versuchspunkte für verschiedene Temperaturen auf einer einzigen Kurve liegen. Trotz der nur geringen Temperaturdifferenzen machen sich jedoch teilweise deutliche Unterschiede bemerkbar, so daß sich für die verschiedenen Versuchstemperaturen z. T. deutlich voneinander abgesetzte Kurven ergeben. Die Darstellung zeigt beispielhaft die Problematik der Anwendung von Extrapolationsverfahren. Für die Auslegung von Anlagen bedeutet dieses Ergebnis, daß mit großen Sicherheitsfaktoren gearbeitet werden muß, wenn im Bereich der projektierten Lebensdauer keine Versuchsergebnisse vorliegen.

In Bild C 1.164 sind die im Zusammenhang mit dem Langzeitverhalten von Stählen wichtigen Begriffe *Spannungssicherheit* und *Zeitsicherheit* in einer graphischen Darstellung verdeutlicht. Für den Auslegungszeitraum t_A erhält man die ertragbare Spannung

$$\sigma_A = \frac{\sigma_{B\,t_A}}{1{,}5}.$$

Die Spannungssicherheit ist durch die Strecke AB oder das Verhältnis $\sigma_{B\,t_A}/\sigma_A$ zum Zeitpunkt t_A und die Zeitsicherheit durch die Strecke CB oder das Verhältnis t_B/t_A gegeben. Bei der flachen Neigung der Zeitstandbruchlinie ergeben relativ kleine Änderungen in der Spannung große Unterschiede in der Lebensdauer.

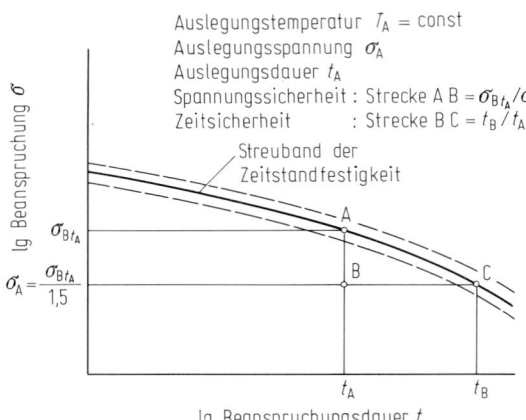

Bild C 1.164 Zeitstand-Schaubild (schematisch). Nach [278].

C 1.3.3.2 Verhalten unter überlagerten Beanspruchungen [279]

Im Betrieb treten häufig sich ändernde Spannungen und/oder Temperaturen auf. In Bild C 1.165 sind schematisch zwei Kriechkurven für σ_1 und T_1 und σ_2 und T_2 dargestellt. Für die Beurteilung der Auswirkung verschiedener Temperaturen und

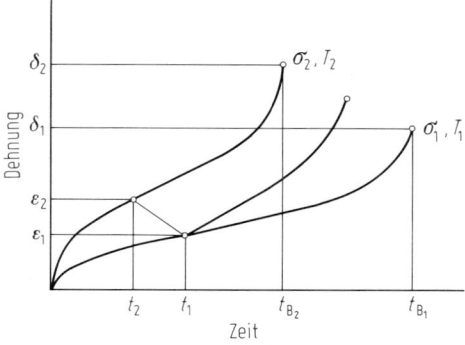

Bild C 1.165 Regeln zur Beurteilung veränderlicher Zeitstandbeanspruchungen. Nach [278].

Lebensdaueranteilregel
$$\frac{t_1}{t_{B_1}} + \frac{t_2}{t_{B_2}} + \cdots \frac{t_n}{t_{B_n}} = L_m$$

Dehnungsanteilregel
$$\frac{\varepsilon_1}{\delta_1} + \frac{\varepsilon_2}{\delta_2} + \cdots \frac{\varepsilon_n}{\delta_n} = L'_m$$

Spannungen sind unterschiedliche Regeln entwickelt worden. Nach der *Lebensdaueranteilregel* ist

$$\sum_i \frac{t_i}{t_{Bi}} = L_m, \tag{C1.95}$$

wobei t_{Bi} die jeweilige Bruchzeit ist. Bei veränderlichen Temperaturen findet man für L_m Zahlenwerte zwischen 0,8 und 1, bei veränderlichen Spannungen deutlich niedrigere Werte zwischen 0,5 und 0,8. Nach der *Dehnungsanteilregel* ist

$$\sum_i \frac{\varepsilon_i}{\delta_i} = L'_m, \tag{C1.95a}$$

wobei δ_i die jeweilige Bruchdehnung angibt. Vorgeschlagen wurde auch, die Energie, ausgedrückt als Produkt von Dehnung und Spannung, für eine solche Abschätzung zu verwenden.

Bei höheren Frequenzen erfolgt die Behandlung ähnlich wie bei schwingender Beanspruchung. Da der Kriechprozeß berücksichtigt werden muß, spielt die Form der Beanspruchungs-Zeit-Kurve eine große Rolle, und Haltezeiten im Zug- oder Druckbereich müssen berücksichtigt werden. In Bild C1.166 sind in der Art des Wöhler-Diagramms Dehnwechselversuche bei 530 °C mit verschiedenen Zug- und Druckhaltezeiten wiedergegeben. Aufgetragen ist die Schwingbreite über der Anriß-Schwingspielzahl. Man erkennt, wie mit zunehmender Haltezeit die ertragbare Schwingspielzahl kleiner wird. Das ist darauf zurückzuführen, daß wegen des Spannungsabbaus durch Relaxation die Dehngeschwindigkeit zunimmt.

Nach der *linearen Schadensakkumulationshypothese* läßt sich die Überlagerung von Daten aus Zeitstand- und Dehnungswechselversuchen formal wie folgt ausdrücken:

$$\sum \frac{n_i}{N_i} + \sum \frac{t_i}{t_{Bi}} = L. \tag{C1.96}$$

Dabei sind n_i, N_i Schwingspielzahlen und t_i Zeiten im Zeitstandversuch. Bild C 1.167 zeigt Versuchsergebnisse. Danach gibt in diesem Fall die lineare Schadensakkumulationshypothese mit $L = 1$ zu günstige Werte, während die Grenzkurve nach der ASME-Vorschrift die Meßwerte recht gut nach unten begrenzt.

Auf den Rißfortschritt lassen sich auch bei höheren Temperaturen bruchmechanische Überlegungen anwenden. Nach Bild C 1.168 folgt das Rißwachstum einer Paris-Gleichung [167] (s. auch Gl. (C 1.73)), wobei die Rißfortschrittsgeschwindigkeit bei 565 °C deutlich höher ist als bei Raumtemperatur.

Mit abnehmender Frequenz nimmt der Rißfortschritt je Lastwechsel zu, da sich Kriechen und Korrosion zunehmend bemerkbar machen. Auch Thermoschockbeanspruchungen sind nach diesen Grundsätzen zu behandeln. Zum Verhalten bei

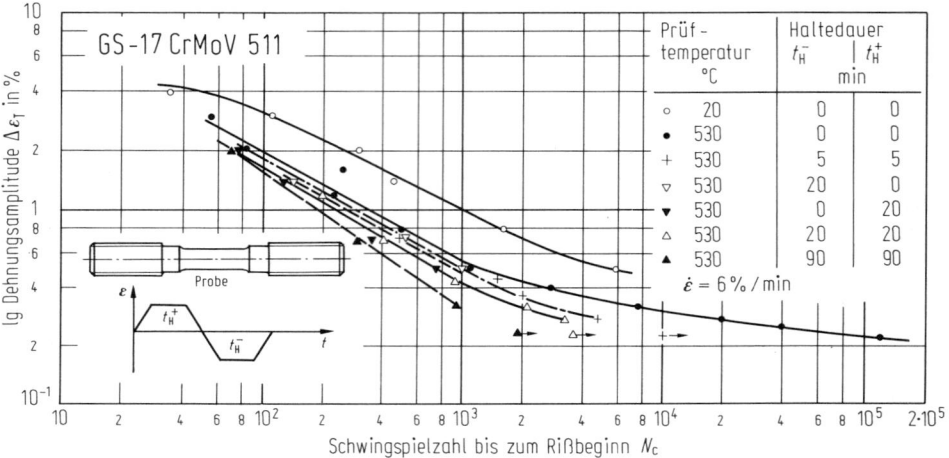

Bild C 1.166 Dehnungswechselversuche mit Zug- und Druckhaltezeit an einem Stahlguß mit 0,18 % C, 1,31 % Cr, 0,92 % Mo und 0,24 % V (GS-17 CrMoV 5 11). Nach [280].

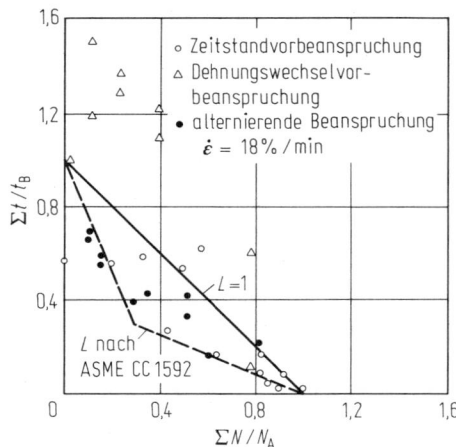

Bild C 1.167 Akkumulation von Dehnungswechsel- und Kriechschädigung an einem austenitischen Stahl mit 0,05 % C, 18 % Cr und 11 % Ni (X 6 CrNi 18 11) bei 550 °C ($\Delta\varepsilon = 1,2$ %; $\sigma = 275$ N/mm^2; L nach Gl. (C 1.96)). Nach [281].

komplexen Beanspruchungen werden zur Zeit viele systematische Untersuchungen durchgeführt, doch sind wegen der großen Zahl der Einflußgrößen die Untersuchungen sehr aufwendig.

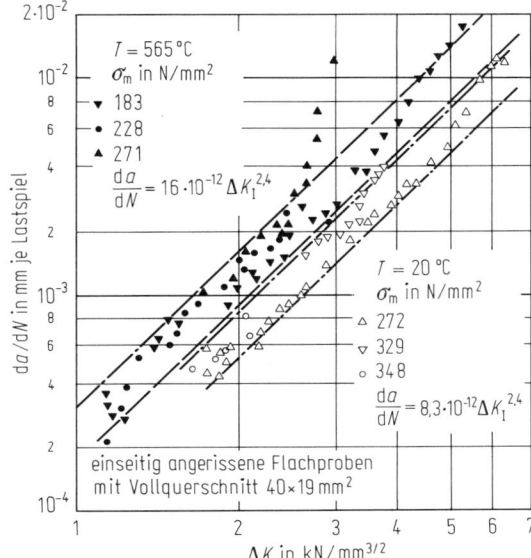

Bild C 1.168 Rißfortschritt in Abhängigkeit von ΔK für einen Chrom-Molybdän-Vanadin-Dampfturbinenstahl mit rd. 1% Cr bei Raumtemperatur und bei 565 °C. Nach [282].

C 1.3.3.3 Deutung [268]

Beim Kriechen ablaufende Vorgänge

Von den in C 1.3.2.2 besprochenen Vorgängen läuft bei Zeitstandbeanspruchung im Werkstoff vor allem die *dynamische Erholung* ab. Im Anfang (primäres Kriechen) überwiegt die Verfestigung; die Dehngeschwindigkeit nimmt ab. Wenn Gleichgewicht zwischen Verfestigung und Entfestigung erreicht ist, erhält man stationäres Kriechen mit konstanter Geschwindigkeit. Dann werden durch die Gleitprozesse in den Subkörnern gleich viel Versetzungen erzeugt, wie in die Subkorngrenzen aufgenommen werden können. Die Versetzungslänge bleibt in den Subkorngrenzen konstant, wenn gleich viel Versetzungen durch Ein- und Ausstricken aufgenommen werden. Für die Anwendung ist es wichtig, eine möglichst kleine stationäre Kriechgeschwindigkeit zu erreichen, da dieser Bereich entscheidend für die Lebensdauer ist.

Ein weiterer Mechanismus für das Kriechen, vor allem bei niedrigen Spannungen, ist die Diffusion von Leerstellen *(Nabarro-Herring-Kriechen)* [268]. Die Korngrenzen und die Oberfläche sind Quellen und Senken für Leerstellen. Die Diffusion erfolgt so, daß eine Formänderung entsprechend der angelegten Spannung entsteht.

Weitere Möglichkeiten zur Verformung beim Kriechen sind das Gleiten und die Wanderung von Korngrenzen. Das Abgleiten der Korngrenzen ist aus geometrischen Gründen nur begrenzt möglich, so daß weiteres Kriechen wiederum durch

Versetzungsbewegung oder Diffusion erfolgen muß. Für die Dehngeschwindigkeit ergibt sich folgende Beziehung:

$$\dot{\varepsilon}_{gb} = A_{gb}(T)\,\sigma^n \quad \text{mit } A_{gb} \sim \frac{1}{d}.$$

Der Index gb ist aus „grain boundary" abgeleitet. Bei grobem Korn wird die Kriechgeschwindigkeit also klein. Das Korngrenzengleiten führt zu Spannungskonzentrationen an Tripelpunkten, die andere Gleitprozesse oder aber auch Bildung von Poren und Löchern auslösen können.

Mit *Coble-Kriechen* [268] wird der Stofftransport längs von Korngrenzen bezeichnet. Das Ausmaß des Beitrags zur Kriechdehnung ist unterschiedlich, und zwar je nach Ausrichtung der Korngrenzen zur Spannung.

Die Grundvorgänge tragen bei verschiedenen Temperaturen unterschiedlich zum Kriechprozeß bei. Unterhalb 0,5 T_S (T_S = Schmelztemperatur in K) überwiegen Vorgänge mit niedriger Aktivierungsenergie, wie Quergleiten von Schraubenversetzungen. Bei höheren Temperaturen findet man eine größere Aktivierungsenergie, die etwa der der Selbstdiffusion entspricht. In diesem Bereich können also Hindernisse durch Diffusion von Matrixatomen abgebaut werden.

Bruchverhalten

Der typische Kriechbruch verläuft interkristallin. Bei niedrigen Temperaturen, hohen Spannungen und kurzen Standzeiten kann der Bruch auch transkristallin erfolgen. Bereits während des stationären Kriechens bilden sich Poren an Korngrenzen. Dort ist die Keimbildung erleichtert und der Transport von Leerstellen begünstigt. Ausscheidungen und Stufen in Korngrenzen sind bevorzugte Orte für den Beginn der Porenbildung. Die Entwicklung des Porenvolumens V_P kann man nach folgender Formel beschreiben:

$$V_P \sim \varepsilon\,t\,\sigma^n \exp(-Q_p/RT). \tag{C1.97}$$

Die Formel zeigt, daß zunehmende Dehnung, Zeit, Spannung und Temperatur die Porenbildung begünstigen und damit den Bruch erleichtern. Poren können rund, länglich oder an Tripelpunkten keilförmig sein. Ausgeschiedene Teilchen erleichtern die Porenbildung durch heterogene Keimbildung oder durch Spannungsspitzen. Mit zunehmendem Porenvolumen erfolgt eine Querschnittsschwächung und damit bei konstanter Last ein Anstieg der wirksamen Spannung. Sobald sich, z.B. durch Zusammenwachsen von Poren, rißähnliche Fehler entwickelt haben, kann das Wachstum mit den Formeln der Bruchmechanik beschrieben werden.

Das Bruchverhalten von Werkstoffen wird vielfach in „*Bruchkarten*" dargestellt [283], in denen auf der Ordinate die auf den E-Modul bezogene Spannung und auf der Abszisse die auf die Schmelztemperatur bezogene Temperatur aufgetragen sind. Dadurch wird der Vergleich unterschiedlicher Werkstoffe erleichtert. In Bild C1.169 ist eine solche Darstellung für reines Eisen wiedergegeben. Bei tieferen Temperaturen kennzeichnet die Bezeichnung „Cleavage 1" das Verhalten von Proben mit Rissen, „Cleavage 2" den Bereich von Spaltbruch ohne Verformung und „Cleavage 3" das Gebiet mit Spaltbruch nach Ausbildung einer größeren plastischen Zone. In diesen Gebieten erfolgt der Bruch im allgemeinen transkristallin; nach langsamer Abkühlung ist aufgrund von Korngrenzenseigerungen interkristalliner Spaltbruch möglich (BIF = „Brittle Intergranular Fracture"). Bei höheren Temperaturen sind die Bereiche mit interkristallinem und transkristallinem Kriechbruch getrennt angegeben. Die Form der sich bei der Belastung bildenden Hohlräume ist mit vermerkt. Bei hohen Temperaturen und relativ hohen Spannungen findet man einen Zähbruchbereich, der meist mit dem Auftreten dynamischer Rekristallisation verbunden ist und bei dem der Bruch nach einer Einschnürung von über 90% erfolgt. Der Bereich des dynamischen Bruchs gilt für Beanspruchungsgeschwindigkeiten $\geq 10^6 \text{s}^{-1}$. Hier sind die Effekte elastischer und plastischer Wellen zu berücksichtigen. Bruchkarten werden experimentell ermittelt. Sie zeigen für die unterschiedlichsten Werkstoffe, auch für Nichtmetalle, viele ähnliche Grundzüge. Unterschiede in der Zusammensetzung oder in der Wärmebehandlung sowie die Probengeometrie können das Bruchverhalten, und damit auch das Aussehen der Bruchkarte, verändern. Die Übergänge von einer Bruchart zur anderen sind zudem unscharf (schraffierte Bereiche). Bei der quantitativen Anwendung ist daher Vorsicht geboten. Für grundsätzliche Überlegungen haben sich die Bruchkarten aber durchaus bewährt.

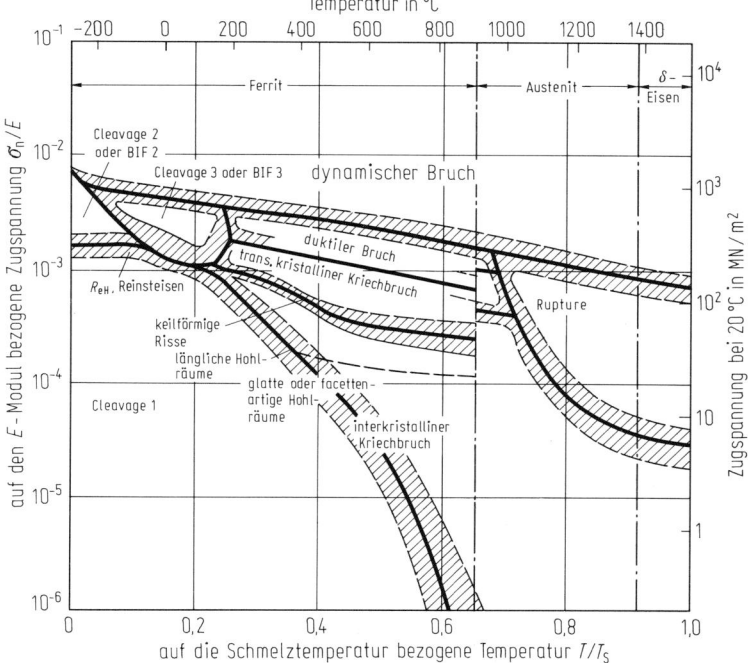

Bild C 1.169 Vereinfachte Darstellung der Verformungsmechanismen für Reineisen in Abhängigkeit von Temperatur und Spannung („fracture map" = „Bruchkarte" in Anlehnung an Ashby [283]). Cleavage 1: Spaltbruch in angerissenen Proben, Cleavage 2: Spaltbruch ohne makroskopische Verformung, Cleavage 3: Spaltbruch nach makroskopischer Verformung, BIF: Interkristalliner Spaltbruch durch Korngrenzenseigerungen, Rupture: Duktiler Kriechbruch nach Einschnürung.

Einfluß des Gefüges [269, 284]

In *reinen Metallen und in Mischkristallen* ist die *Stapelfehlerenergie* für das Kriechverhalten entscheidend. Je kleiner die Stapelfehlerenergie ist, um so größer ist der Abstand zweier Teilversetzungen und um so stärker die Behinderung des Quergleitens. Damit wird die Entfestigung erschwert und die stationäre Kriechgeschwindigkeit verringert. So erklärt sich der große Kriechwiderstand der austenitischen Stähle außer durch den niedrigen Selbstdiffusionskoeffizienten durch die niedrige Stapelfehlerenergie.

Bei *Mischkristallen* mit Atomen unterschiedlicher Größe erfolgt, wie bei tieferen Temperaturen, eine Behinderung von Versetzungen bei ihrer Bewegung durch das Gitter. Diese Behinderung ist proportional der Atomradiendifferenz und der Wurzel aus der *Konzentration der Fremdatome*. Intensiv untersucht sind Eisen-Molybdän-Legierungen. Als Aktivierungsenergie wird im allgemeinen die der Selbstdiffusion gefunden. Durch Legieren nimmt die Aktivierungsenergie ab. Auch die Bildung von Cottrell-Wolken behindert die Bewegung der Versetzungen im Gitter.

Bei nichtschneidbaren Teilchen kann die Auswirkung auf die Versetzungsbewegung durch den *Orowan-Mechanismus* beschrieben werden. Die angelegte Spannung wird um einen Betrag vermindert, der umgekehrt proportional dem Abstand der Teilchen ist. Als stationäre Kriechgeschwindigkeit ergibt sich entsprechend:

$$\dot{\varepsilon}_s = A\,(T)\,\sigma^{n'}.$$

Durch den Aufstau vor den Teilchen werden die Versetzungen zum Klettern und damit zum Umgehen der Hindernisse veranlaßt. An Teilchen zurückbleibende Versetzungsringe vermindern den wirksamen Abstand der Teilchen weiter und erhöhen damit die Hinderniswirkung.

Bei schneidbaren Teilchen ist die zum Schneiden erforderliche Spannung von der angelegten Spannung abzuziehen. Da die Schneidspannung proportional zum Volumenanteil der Ausscheidungen ist und nicht von der Verteilung abhängt, wird die effektive Spannung mit zunehmendem Volumenanteil der Ausscheidungen kleiner. Für die Herstellung warmfester Legierungen kann der Effekt ausgenutzt werden, daß bei geordneten Teilchen die Schneidspannung zunächst mit der Temperatur zunimmt, weil die Teilversetzungen, die paarweise bei relativ niedriger Spannung die Teilchen schneiden, entkoppelt werden und daher mehr Antiphasengrenze geschaffen werden muß.

Teilchen oder Anreicherungen von *Fremdatomen auf Korngrenzen* behindern das Korngrenzengleiten. Teilchenfreie Zonen zu beiden Seiten der Korngrenzen, die durch die Bevorzugung der Korngrenze bei der Ausscheidung entstehen können, wirken sich ungünstig aus, da sie zu inhomogener Gleitverteilung führen. Sehr fein verteilte Ausscheidungen auf oder in der Nähe von Korngrenzen können sich auch günstig auswirken, wenn sie Korngrenzengleiten erschweren, ohne zur Porenbildung zu führen.

Die *Gefügeeinflüsse* sind in Bild C1.170 beispielhaft zusammengefaßt. Im Bild C1.170a wird die Wirkung von im Mischkristall gelösten Atomen auf die Kriechkurve am Beispiel von Nickel-Titan-Legierungen gezeigt. Man erkennt die deutliche Abnahme der Kriechgeschwindigkeit durch Zulegieren von bis zu 2% Ti.

Gröberes Korn erschwert das Kriechen, da weniger Korngrenzen für Gleitprozesse zur Verfügung stehen. Dementsprechend ist die Kriechgeschwindigkeit, in Bild C 1.170b für eine austenitische Eisen-Chrom-Nickel-Mangan-Legierung dargestellt, bei einem Korndurchmesser von 0,08 mm deutlich kleiner als bei einem Korndurchmesser von 0,009 mm.

Der Einfluß von harten Teilchen aus Chromoxid in Kobalt ist im Bild C 1.170c dargestellt. Die Kriechgeschwindigkeit wird deutlich verringert.

Auch durch *Erhöhung der Versetzungsdichte* durch Kalt- oder Warm-Kalt-Verformung kann das Kriechverhalten beeinflußt werden (Bild C 1.170d). Besonders günstig ist eine Verformung durch Schockwellen, da dann niedrige Kriechgeschwindigkeiten und hohe Dehnungen erreicht werden können. Hierbei ist die feine und gleichmäßige Verteilung der Versetzungen bei Hochgeschwindigkeitsverformung entscheidend. Insgesamt ist der Einfluß einer Vorverformung sehr differenziert zu betrachten, da die Zähigkeit ungünstig beeinflußt werden kann und auch während der Kriechbeanspruchung eine Umverteilung der Versetzungen erfolgt.

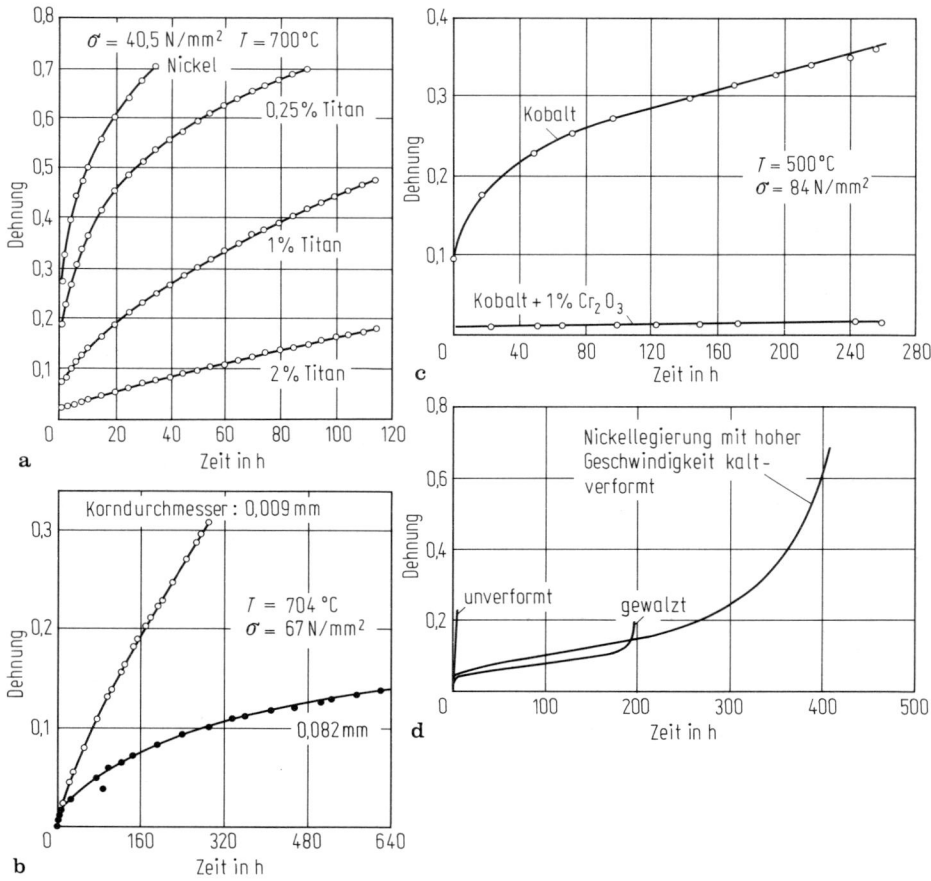

Bild C 1.170 Gefügeeinflüsse auf die Kriechkurve. Nach [269]. **a** Mischkristallverfestigung; **b** Kornfeinung, **c** Teilchenhärtung; **d** Verfestigung durch Erhöhung der Versetzungsdichte.

Entscheidend für die Zeitstandfestigkeit ist die *Stabilität des Gefüges* während der Beanspruchung. Besonders bei feinverteilten Ausscheidungen besteht die Tendenz zur Koagulation (Umlösung durch Ostwald-Reifung). Legierte Karbide verhalten sich günstiger, da auch die Legierungselemente und nicht nur der Kohlenstoff diffundieren müssen. Dabei kann es allerdings von negativem Einfluß sein, daß durch Anreicherung von Legierungsatomen im Karbid eine Verarmung der Matrix erfolgt.

Wärmebehandlungen vor dem Einsatz wirken sich unterschiedlich aus. Bei hohen Einsatztemperaturen und langen Zeiten ist der Einfluß der Wärmebehandlung relativ gering, da sich weit vom Gleichgewicht entfernte Zustände während der Zeitstandbeanspruchung in Richtung auf das Gleichgewicht verändern. Bei niedrigeren Einsatztemperaturen findet man unterschiedliche Ergebnisse. So wirkt sich z. B. bei einem Stahl mit rd. 0,1% C, 1,8% Cr und 1% Mo (10 CrMo 9 10) die Verteilung der Sonderkarbide deutlich, bei einem Stahl mit rd. 0,13% C, 1% Cr und 0,4% Mo (13 CrMo 4 4) dagegen nur wenig aus. In diesem unterschiedlichen Verhalten liegt neben den Schwankungen in der chemischen Zusammensetzung im Bereich der vorgeschriebenen Grenzen die Ursache für die relativ große Streubreite von Zeitstandwerten, wie Bild C 1.171 am Beispiel des ebengenannten Stahls 13 CrMo 4 4 für 550 °C zeigt. Dabei wirken sich auch nur kleine Änderungen in der stationären Kriechgeschwindigkeit und statistische Schwankungen bei der Porenbildung stark auf das Ergebnis aus.

Zur *Erzielung besonders hoher Werte der Zeitstandfestigkeit* bieten sich aufgrund der verschiedenen diskutierten Einflußgrößen folgende Wege an. Gleichmäßig feinverteilte nichtschneidbare Teilchen oder ein großer Volumenanteil an schneidbaren Teilchen führen zu hohen Zeitstandwerten, vor allem wenn die Matrix schon eine hohe Warmfestigkeit aufweist, wie z. B. Austenit mit niedriger Stapelfehlerenergie und großen Selbstdiffusionskoeffizienten. Auch eine Kombination schneidbarer und nichtschneidbarer Teilchen ist sehr wirksam. Da Korngrenzenglei-

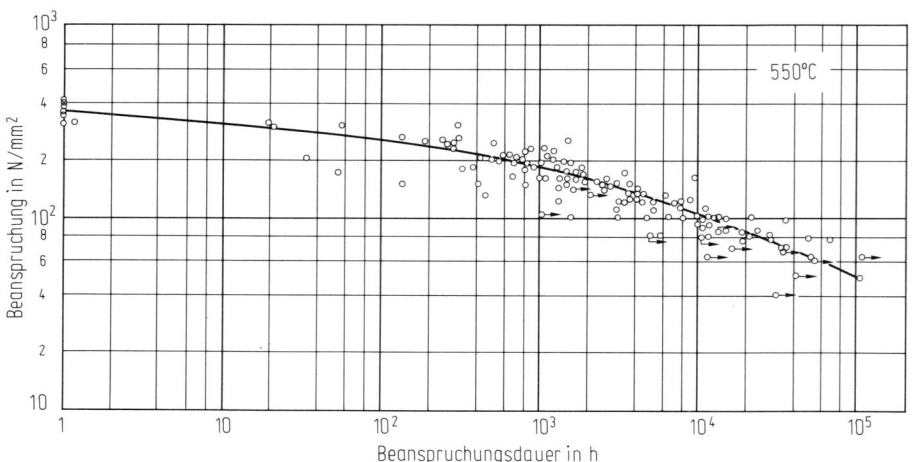

Bild C 1.171 Zeitstand-Schaubild eines Stahls mit rd. 0,13% C, 1% Cr und 0,4% Mo (13 CrMo 4 4); Streuband für 550 °C. Nach [270].

ten, vor allem bei hohen Temperaturen, zum Kriechen beiträgt, sollten grobkristalline Werkstoffe, im Extremfall Einkristalle, verwendet werden. Dabei müssen die Einkristalle allerdings so ausgerichtet sein, daß die Kriechgeschwindigkeit in der Beanspruchungsrichtung minimal ist. In technischen Werkstücken, wie z.B. in Turbinenschaufeln, kann eine grobkristalline Struktur mit optimaler Ausrichtung der Kristalle durch gerichtete Erstarrung oder Rekristallisation eingestellt werden. Bild C 1.172 zeigt die Dehnung in Abhängigkeit von der Beanspruchungsdauer für eine Legierung auf Nickelgrundlage. Bei ungerichteter Erstarrung nimmt die Dehngeschwindigkeit schon nach kurzen Zeiten deutlich zu. Durch gerichtete Erstarrung wird der Beginn des schnelleren Kriechens zu längeren Zeiten verschoben. Eine zusätzliche Wärmebehandlung verbessert das Kriechverhalten weiter. Die günstigsten Eigenschaften weist ein wärmebehandelter Einkristall der Legierung auf, der in (001)-Richtung beansprucht wird. In Verbundwerkstoffen kann durch

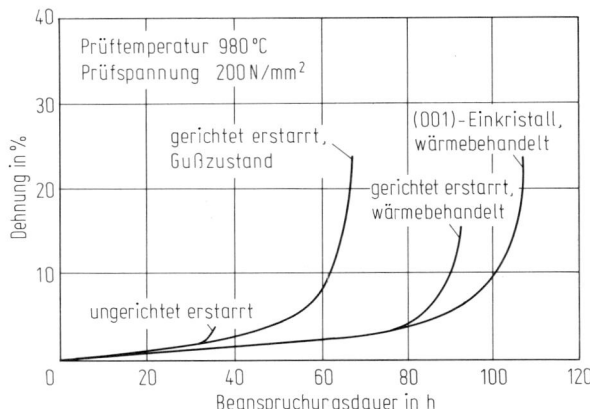

Bild C 1.172 Kriechkurven einer hochwarmfesten Nickellegierung mit rd. 12,5 % W, 10 % Co, 9 % Cr, 5 % Al, 2 % Ti und 1 % Nb in verschiedenen Erstarrungs- und Wärmebehandlungszuständen. Nach [285].

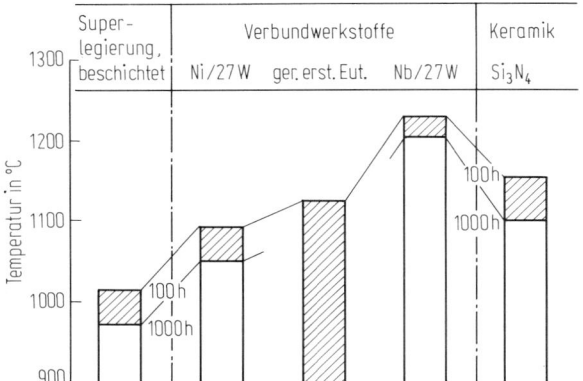

Bild C 1.173 Einsatztemperatur für eine 100-h- und 1000-h-Zeitstandfestigkeit von 138 N/mm^2 von verschiedenen Hochtemperaturwerkstoffen (Superlegierung: Nickel- oder Kobaltlegierungen, Ni/27 W und Nb/27 W: mit Wolfram faserverstärkte Nickel- und Nioblegierungen, ger. erst. Eut.: gerichtet erstarrtes Eutektikum einer Superlegierung). Nach [286].

Kombination ein Optimum an Eigenschaften, z. B. niedrige Kriechgeschwindigkeit bei hoher Bruchdehnung, erzielt werden.

Als Beispiel für die *Entwicklung hochwarmfester Legierungen*, die über den Werkstoff Stahl allerdings hinausgeht, zeigt Bild C1.173 die Temperatur, bei der unter einer Spannung von rd. 134 N/mm^2 noch eine Standzeit von 100 oder 1000 h erreicht wird. Während für eine hochwarmfeste Nickel- oder Kobaltlegierung mit einem hohen Volumenanteil an schneidbaren Teilchen diese Grenztemperatur bei rd. 1000 °C liegt, kann sie bei Verbundwerkstoffen deutlich gesteigert werden. Die besten Ergebnisse erhält man bei einer Nioblegierung, die mit Wolframfasern verstärkt wurde. Dieser Werkstoff ist auch dem Siliziumnitrid (Si$_3$N$_4$) noch überlegen. Die gezielte Ausnutzung des Gefüges ermöglicht also die Entwicklung von Werkstoffen für höchste Beanspruchungen.

Dank

Für die intensive und engagierte Mitarbeit bei der Erstellung dieses Kapitels und für zahlreiche kritische Diskussionen und Anregungen danke ich Frau Dr.-Ing. Ulrike Zeislmair sehr herzlich.

C2 Physikalische Eigenschaften

Von Werner Pepperhoff

In diesem Kapitel werden im ersten Abschnitt die physikalischen Eigenschaften des Eisens besprochen. Hierbei wird zunächst das Eisen in seiner bei der jeweiligen Temperatur stabilen Modifikation betrachtet. Danach werden im zweiten und dritten Abschnitt die einphasigen Eisenmischkristalle behandelt. Hier treten in der kubisch-flächenzentrierten Modifikation Besonderheiten auf, die nur verständlich sind, wenn man auch einige besondere Eigenschaften des kubisch-flächenzentrierten reinen Eisens im instabilen Tieftemperaturbereich kennt. Diese Kenntnisse werden im Abschnitt C2.1.7 dargelegt. Wie die technologischen Eigenschaften, z. B. die Plastizität, hängen auch die physikalischen Eigenschaften zum Teil von weiteren Gefügeeinflüssen wie Gitterstörungen und Mehrphasigkeiten ab. Dies wird im abschließenden Abschnitt C2.4 erörtert.

C2.1 Physikalische Eigenschaften des reinen Eisens

C2.1.1 Kristallstruktur und Atomvolumen

Bei normalem Atmosphärendruck tritt das Eisen in zwei verschiedenen Kristallstrukturen auf, der *kubisch-raumzentrierten (krz)* und der *kubisch-flächenzentrierten (kfz) Struktur*. Bei tieferen Temperaturen ist die krz α-Phase stabil, die bis zu ihrer Curie-Temperatur $T_C = 1041\,\text{K}$ ferromagnetisch geordnet ist (s. C2.1.4). Der als Umwandlung 2. Art ablaufende Übergang in den paramagnetischen Zustand wird gelegentlich auch als A_2-Umwandlung bezeichnet. Bei weiterer Temperaturerhöhung wandelt das α-Eisen bei 1184 K, dem A_3-Punkt, in das kfz γ-Eisen um. Die A_3-Umwandlung weist eine Temperaturhysterese in dem Sinne auf, daß bei Abkühlung die Umwandlung zu tieferen Temperaturen verschoben ist. Das Ausmaß der Unterkühlung hängt vom Reinheitsgrad und von der Abkühlungsgeschwindigkeit ab und beträgt etwa 5 bis 15 K bei einer Abkühlgeschwindigkeit von etwa 1 K/min. Das γ-Eisen ist bis 1665 K stabil. Bei dieser als A_4-Punkt bezeichneten Umwandlungstemperatur erfolgt eine Rückumwandlung in die krz Struktur, die, δ-Eisen genannt, bis zum Schmelzpunkt des Eisens $T_S = 1807\,\text{K}$ reicht.

Im krz Atomgitter (Bild C2.1) ist jedes Atom von acht nächsten Nachbaratomen (Koordinationszahl 8) umgeben. Die zu einem beliebigen Atom (in Bild C2.1 durch die Ziffer *0* gekennzeichnet) nächsten Nachbarn *(1)* befinden sich im Abstand der halben Raumdiagonalen $\langle 111 \rangle$. Zweit- und drittnächste Nachbarn sind durch die Ziffern *2* bzw. *3* bezeichnet. Im dichter gepackten kfz Gitter mit der Koordinations-

---

Literatur zu C2 siehe Seite 696, 697

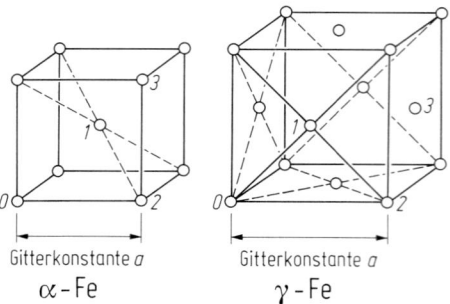

α-Fe   γ-Fe   **Bild C 2.1** Kristallstruktur des α- und γ-Eisens.

zahl 12 haben die nächsten Nachbarn den Abstand der halben Flächendiagonalen <110>. Der Abstandsunterschied zwischen nächsten und zweitnächsten Nachbarn ist größer als im krz Gitter.

In Tabelle C 2.1 sind die *charakteristischen Eigenschaften* dieser beiden Gitter zusammengestellt, wobei die Abstände zwischen Nachbaratomen in Einheiten der Gitterkonstanten a angegeben sind.

Tabelle C 2.1 Kennzeichnende Eigenschaften des α- und γ-Gitters des reinen Eisens

	Kubisch-raumzentriertes α-Gitter	Kubisch-flächenzentriertes γ-Gitter
Volumen der Einheitszelle	a^3	a^3
Anzahl der Gitterplätze je Einheitszelle	2	4
Anzahl der nächsten Nachbarn in der Kristallrichtung	8 <111>	12 <110>
Abstand r_1 nächster Nachbarn	$r_1^2/a^2 = 3/4$ $r_1 = 0{,}866\,a$	$r_1^2/a^2 = 1/2$ $r_1 = 0{,}707\,a$
Anzahl zweitnächster Nachbarn in der Kristallrichtung	6 <100>	6 <100>
Abstand r_2 zweitnächster Nachbarn	a	a

Die *Gitterkonstante* des α-Eisens bei Raumtemperatur [1] beträgt $a_{RT} = 0{,}28662$ nm $= 2{,}8662 \cdot 10^{-8}$ cm und somit das Volumen je Atom $V_{At} = \dfrac{a^3}{2} = 11{,}773 \cdot 10^{-24}\,\text{cm}^3$.

Durch Multiplikation mit der *Lohschmidtschen Zahl* $N_L = 6{,}023 \cdot 10^{23}$ folgt daraus das *Molvolumen* $V_{mol} = 7{,}091\,\text{cm}^3\,\text{mol}^{-1}$. Division des Molvolumens durch das Atomgewicht des Eisens $A_{Fe} = 55{,}847$ ergibt die röntgenographische Dichte $d = 7{,}876$ g cm^{-3}, die mit der nach dem Archimedischen Prinzip ermittelten makroskopischen Dichte $d_{makrosk} = 7{,}875\,\text{g cm}^{-3}$ bis auf etwa 10^{-4} übereinstimmt.

Die *Temperaturabhängigkeit der Gitterkonstanten* a [1] und des *Atomvolumens* $V_{At} = a^3/2$ für das krz Gitter und $V_{At} = a^3/4$ für das kfz Gitter sind in Bild C 2.2 und C 2.3

Atomvolumen

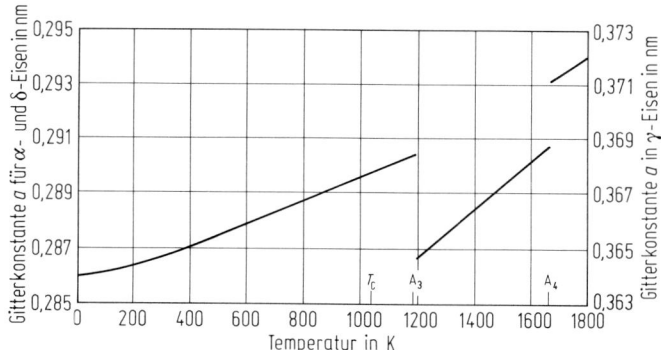

Bild C 2.2 Änderung der Gitterkonstante des Eisens mit der Temperatur.

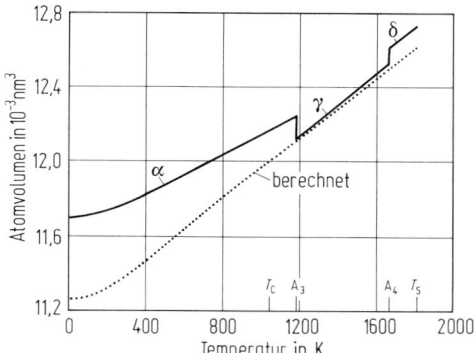

Bild C 2.3 Änderung des Atomvolumens des Eisens mit der Temperatur.

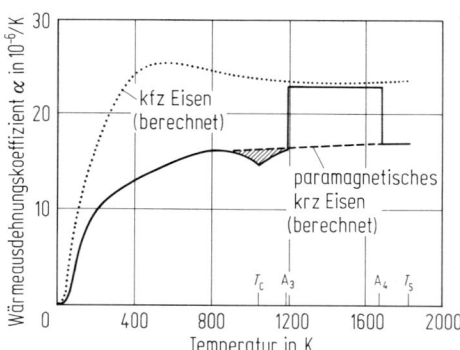

Bild C 2.4 Wärmeausdehnung des reinen Eisens.

dargestellt. Die Volumenzunahme zwischen Raumtemperatur und dem A_3-Punkt beträgt etwa 4%, bis zur Schmelztemperatur T_S etwa 7,5%. Die Umwandlung des α-Eisens am A_3-Punkt in das dichter gepackte γ-Eisen ist mit einer Volumenkontraktion von ungefähr 1% verbunden, während die Volumenzunahme am A_4-Punkt mit 0,5% nur halb so groß ist, eine Folge der gegenüber dem α- und δ-Eisen höheren thermischen Ausdehnung des γ-Eisens.

Der lineare *thermische Ausdehnungskoeffizient* (Bild C 2.4)

$$\alpha = \frac{1}{l}\frac{dl}{dT},\qquad (C2.1)$$

der bei Raumtemperatur $12 \cdot 10^{-6}/K$ beträgt, steigt mit zunehmender Temperatur an, weist in der Nähe der Curie-Temperatur eine Anomalie in Form einer Absenkung auf, um im paramagnetischen Bereich erneut anzusteigen. Die γ-Phase hat einen im gesamten Stabilitätsgebiet konstanten Ausdehnungskoeffizienten: $\alpha = 23 \cdot 10^{-6}/K$. Die gestrichelte Kurve gibt etwa den Verlauf der Wärmeausdehnung des paramagnetischen krz Eisens wieder, mündet folglich oberhalb A_4 in die für das δ-Eisen gemessenen Werte ein. Die punktierte Kurve beschreibt die Wärmeausdehnung eines hypothetischen, im gesamten Temperaturbereich stabilen γ-Eisens, wie sie aus Modellvorstellungen über das physikalische Verhalten des γ-Eisens folgt (s. C 2.1.7).

Beim Durchlaufen der magnetischen Ordnungseinstellung mit abnehmender Temperatur tritt eine geringe Änderung des Gitterabstandes und als deren Folge eine Beeinflussung der thermischen Ausdehnung auf. Wird durch die magnetische Kopplung eine Volumenvergrößerung verursacht (positive *Volumenmagnetostriktion*), so wirkt diese der rein thermisch bedingten Änderung der Gitterabstände entgegen und vermindert damit die thermische Ausdehnung. Die Absenkung der Ausdehnung erfolgt bereits bei Temperaturen deutlich oberhalb des *Curie-Punkts* und ist auf die ferromagnetische Nahordnung oberhalb T_C zurückzuführen. Die gesamte magnetostriktive Längenänderung erhält man aus dem schraffiert gezeichneten Flächeninhalt zwischen der experimentellen $\alpha(T)$-Kurve und dem gestrichelt gezeichneten Verlauf für das paramagnetische α-Eisen. Die Volumenmagnetostriktion ist gleich dem Dreifachen dieses Wertes und beträgt etwas mehr als 0,05 %. Diese geringe Änderung ist im Temperaturverlauf des Atomvolumens in Bild C 2.3 nicht mehr erkennbar.

C 2.1.2 Wärmekapazität

Der Wärmekapazität – d. i. die Wärmemenge, die erforderlich ist, die Temperatur der Stoffmengeneinheit um 1 K zu erhöhen – kommt für thermodynamische Betrachtungen eine grundlegende Bedeutung zu (s. B 2). Zum Verständnis der thermodynamischen Funktionen und zur Berechnung von Phasenstabilitäten bedarf es jedoch einer *Aufgliederung* der experimentell ermittelten *Wärmekapazität bei konstantem Druck* c_p in die einzelnen Anteile, aus denen sie sich mit guter Näherung additiv zusammensetzt:
- den Anteil der Gitterschwingungen (bei konstantem *Volumen*) c_v, der sich nach der Debyeschen Theorie berechnen läßt;
- einen *anharmonischen Beitrag* c_{An}, der durch die Differenz $c_p - c_v$ gegeben ist und der thermischen Ausdehnungsarbeit entspricht, die bei der Vergrößerung der Atomabstände infolge Erwärmung aufgebracht werden muß;
- einen *elektronischen Anteil* c_{el}, der durch Temperaturanregung der äußeren Elektronen beigetragen wird;
- und – im Falle ferro- und antiferromagnetischer Metalle – einen *magnetischen Anteil* c_M, d. h. die Energie, die notwendig ist, die magnetische Ordnung beim Übergang in den paramagnetischen Zustand aufzulösen.

Die zahlreichen Messungen der Wärmekapazität des Eisens weisen insbesondere bei höheren Temperaturen starke Abweichungen von 10% und mehr voneinander auf, wie einer zusammenfassenden Darstellung von R. Kohlhaas und E. Kohlhaas zu entnehmen ist [2]. In Bild C 2.5 sind die Ergebnisse einiger neuerer Arbeiten dargestellt. Während die ausgezogene Kurve die Meßergebnisse verbindet, die als „wahrscheinlichste Werte" angesehen werden können, beschreiben die gestrichelten Kurven den Verlauf der Wärmekapazität im Nichtstabilitätsgebiet des α- bzw. γ-Eisens. In der Temperaturabhängigkeit der Wärmekapazität ist der magnetische Anteil stark ausgeprägt: Die Wärmekapazität weist bei T_C das typische Merkmal einer Umwandlung 2. Art auf. Nach Überschreiten des scharf ausgeprägten Maximums bei dieser Temperatur fällt die Wärmekapazität steil ab. Sie ändert sich sprunghaft bei der α→γ-Umwandlung. Die geringere Wärmekapazität des γ-Eisens erfährt ebenso sprunghaft eine Vergrößerung bei der γ→δ-Umwandlung. Die Umwandlungswärmen am A_3- bzw. A_4-Punkt betragen nach neueren Messungen 820 bzw. 850 J/mol [6].

Bild C 2.6 enthält eine Aufgliederung der Wärmekapazität des α-Eisens in die Anteile c_v, c_M und $(c_{el} + c_{An})$. Der elektronische Anteil kann aus Tieftemperaturmessungen gewonnen werden [7] unter der gewiß nur näherungsweise gültigen

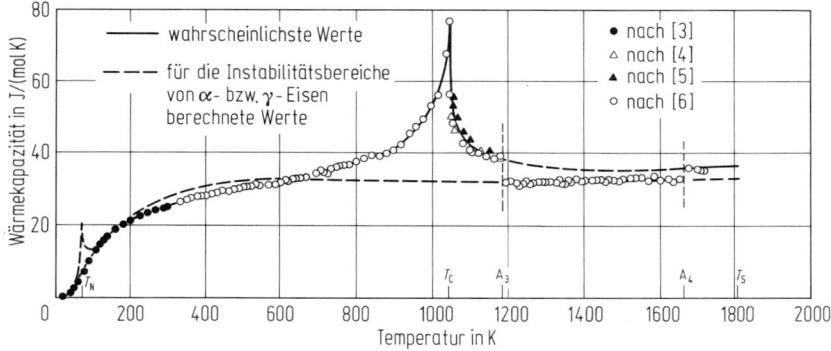

Bild C 2.5 Molare Wärmekapazität des Eisens.

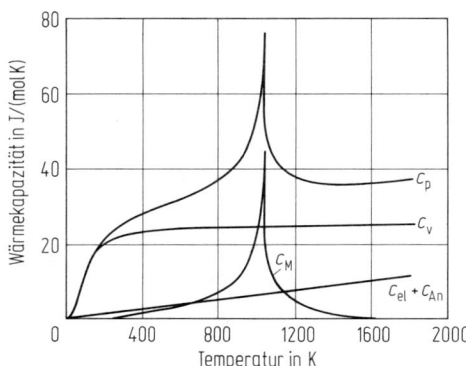

Bild C 2.6 Aufgliederung der Wärmekapazität des α-Eisens und ihre Änderung mit der Temperatur.

Annahme, daß dieser Anteil – ebenso wie die thermische Ausdehnungsarbeit – proportional zur Temperatur ansteigt.

Die magnetische Umwandlungswärme beträgt etwa 7500 J/mol und ist damit um ein Vielfaches größer als die A_3- und A_4-Umwandlungswärme. Welche beherrschende Bedeutung der Ferromagnetismus für die Stabilität der krz α-Phase gegenüber der kfz γ-Phase bei tieferen Temperaturen hat – obwohl jene weniger dicht gepackt ist –, zeigt die nachfolgende Betrachtung. Der Wärmeinhalt der magnetischen Nahordnung oberhalb der A_3-Temperatur beträgt etwa 1000 J/mol und ist damit größer als die A_3-Umwandlungswärme. Wird also ein Eisenkristall aus dem γ-Zustand auf Temperaturen direkt unterhalb A_3 abgekühlt und eliminiert man in einem Gedankenexperiment die ferromagnetische Nahordnung der α-Phase, so würde sofort eine Rückumwandlung in die γ-Phase erfolgen.

C 2.1.3 Elastische Eigenschaften

Elastizitätsmodul und Kompressibilität sind ein Maß für die atomaren Kräfte, die der elastischen Verformung eines Werkstoffs entgegenwirken. Sie stehen in enger Beziehung zur Gitterstruktur und – in Mischkristallen – zur Atomanordnung.

Den Verlauf des Elastizitätsmoduls und der Kompressibilität von polykristallinem Eisen in Abhängigkeit von der Temperatur zeigt Bild C 2.7 [8]. Der von der Korngröße weitgehend unabhängige Elastizitätsmodul nimmt mit steigender Temperatur ab, in verstärktem Maße mit Annäherung an den Curie-Punkt als Folge des Aufbrechens der magnetischen Kopplung. Die α→γ-Umwandlung ist mit einer Zunahme des Elastizitätsmoduls verbunden. Die ferritischen Stähle weisen einen ähnlichen Verlauf auf wie das α-Eisen. Diesen gegenüber haben die Austenite bei Raumtemperatur einen um etwa 5% geringeren Wert [9] im Gegensatz zur Zunahme am A_3-Punkt; Ursache hierfür ist eine unterschiedliche Temperaturabhängigkeit der beiden Phasen, bedingt durch den Ferromagnetismus der α-Phase.

C 2.1.4 Magnetische Eigenschaften[1]

Die einzelnen Eisenatome haben, wie alle Übergangsmetalle, ein permanentes magnetisches Moment. Im Kristallverband sind die magnetischen Momente bei genügend hohen Temperaturen räumlich nahezu regellos nach allen Richtungen verteilt. Diesen Zustand nennt man *paramagnetisch*. Wird ein Paramagnet in ein magnetisches Feld gebracht, so drehen sich die Momente proportional zur Stärke dieses Feldes in dessen Richtung. Diese Drehung ist jedoch so gering, daß mit technischen Feldstärken keine Parallelstellung und somit auch keine magnetische Sättigung erreicht werden kann. *Als Maß für die Magnetisierbarkeit* eines solchen Stoffes dient *die Volumensuszeptibilität* κ. Sie ist mit der *Polarisation J*, d. h. dem magnetischen Moment der Volumeneinheit, und der *Feldstärke H* verknüpft:

$$J = \kappa H. \tag{C 2.2}$$

---

[1] In diesem Abschnitt wird den Bezeichnungen der magnetischen Größen und ihren Einheiten das Système Internationale (SI) zugrundegelegt, in Übereinstimmung mit den Ausführungen über weich- und hartmagnetische Werkstoffe (D 20 und D 21), für die die SI-Einheiten zwingend vorgeschrieben sind.

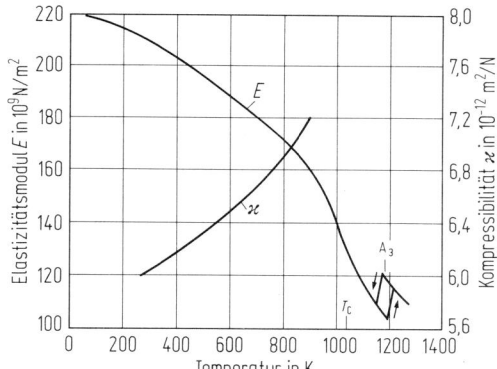

Bild C 2.7 Elastizitätsmodul und Kompressibilität des Eisens. Nach [8].

Zwischen den magnetischen Momenten benachbarter Atome im Kristallgitter bestehen Wechselwirkungen, die so stark sein können, daß unterhalb einer gewissen Temperatur eine räumliche Ordnung der Momente auftritt. Im Fall einer *ferromagnetischen Ordnung* richten sich infolge der magnetischen Austauschwechselwirkungen die magnetischen Momente benachbarter Atome parallel aus, im Fall des *Antiferromagnetismus* antiparallel. Als Folge der Parallelstellung der magnetischen Momente der Atome bestehen Ferromagnetika aus Kristallbereichen mit einem gerichteten magnetischen Moment, während Antiferromagnetika eine Ordnung aufweisen, bei der die atomaren magnetischen Momente sich infolge ihrer Antiparallelstellung bereits in Dimensionen der kristallographischen Einheitszelle gegenseitig kompensieren. Um die Momente antiferromagnetischer Stoffe parallel auszurichten, bedarf es sehr hoher äußerer Magnetfelder, die sich technisch nicht realisieren lassen. Die magnetischen Umwandlungstemperaturen, oberhalb derer die ferro- bzw. antiferromagnetischen Kopplungen durch die thermische Energie des Kristallgitters aufgebrochen sind, werden als *Curie-* bzw. *Néel-Temperatur* bezeichnet.

Da die Wechselwirkungsfeldstärken zwischen den Atomen etwa 10^7 A/m betragen, d. h. technisch erreichbare Felder um Größenordnungen übertreffen, sind ferromagnetische Stoffe von sich aus bis zur Sättigung „spontan" magnetisiert. Wenn ein ferromagnetischer Werkstoff trotzdem unmagnetisch erscheint, so deshalb, weil er in eine Vielzahl mikroskopisch kleiner Volumenbereiche (Weißsche Bezirke oder auch magnetische Domänen) unterteilt ist, die zwar in sich spontan magnetisiert sind, deren Polarisationsrichtungen jedoch statistisch verteilt sind, so daß sie sich insgesamt gegenseitig aufheben.

Wird, von diesem pauschal unmagnetischen Zustand ausgehend, ein äußeres Magnetfeld angelegt und die Feldstärke H stetig gesteigert (Bild C 2.8), so ändert sich die Polarisation J in dem Werkstoff gemäß der Neukurve und erreicht oberhalb einer gewissen Feldstärke einen *Sättigungswert* J_S. Dieses Verhalten ist auf zwei Vorgänge zurückzuführen: Verschiebungen der Grenzen benachbarter Weißscher Bezirke (Bloch-Wände) und Drehung der Polarisation in den Bezirken, beides im Sinne eines Anwachsens der gesamten Polarisation. Nach Abschalten des Feldes verbleibt eine gewisse Polarisation, die *Remanenz*, und es ist ein Gegenfeld in Höhe der *Koerzitivfeldstärke* nötig, um die Polarisation im Werkstoff zum Verschwinden zu bringen. Als Maß für die Polarisierbarkeit gilt die *Permeabilität μ*, d. h. die Steigung der Neukurve.

Das magnetische Moment der Atome des α-Eisens beträgt 2,22 μ_B (Bohrsche Magnetonen). Daraus folgt eine Sättigungspolarisation J_s = 2,18 T bei 0 K und 2,158 T bei 293 K [10, 11]. Die Temperaturabhängigkeit der Polarisation ist in Bild C 2.9 dargestellt. In ihr spiegelt sich die Abnahme der magnetischen Ordnung durch die thermischen Gitterschwingungen wider. Oberhalb der Curie-Temperatur besteht lediglich eine magnetische Nahordnung.

Die Polarisation durch ein äußeres Feld hängt von der Kristallorientierung ab (Bild C 2.10). Bei Magnetisieren längs einer der Würfelkanten <100> steigt die Polarisation mit der ausrichtenden Feldstärke sehr steil bis zur Sättigung an, da das Eisen in <100>-Richtungen spontan magnetisiert ist. Stimmt die Feldrichtung mit der Richtung einer Flächendiagonalen <100> oder einer Raumdiagonalen <111> überein, so erfolgt zunächst auch ein steiler Anstieg, dann aber ein viel schwächeres Steigen zum Sättigungswert. Dieser Befund bedeutet, daß alle spontan magnetisierten Bereiche sich zunächst ohne große Hemmung in die Richtung der der Feldrichtung nächsten Würfelkante einstellen, während das Herausdrehen aus diesen Vorzugsrichtungen in die jeweilign Feldrichtung eine wesentlich größere Kraft erfor-

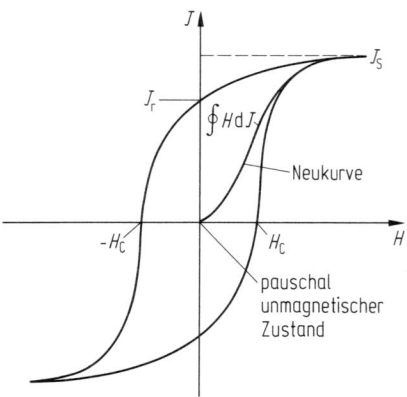

Bild C 2.8 Magnetisierungskurve eines ferromagnetischen Werkstoffs (schematisch). H = Feldstärke, J = Polarisation ($B = J + \mu_0 H$ = Induktion) J_S = Sättigungspolarisation, J_r = Remanenz, H_c = Koerzitivfeldstärke, $\oint H dJ$ =: Aus dem Flächeninhalt der Hystereseschleife ergibt sich die bei der Ummagnetisierung in Wärme umgesetzte Energie. Die auf die Masseneinheit bezogene Verlustleistung heißt Ummagnetisierungsverlust.

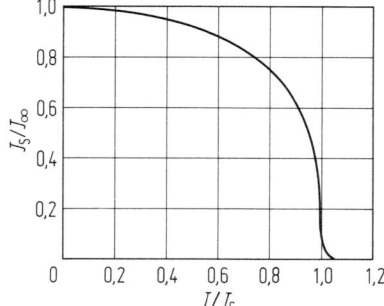

Bild C 2.9 Temperaturabhängigkeit der spontanen Polarisation von α-Eisen (T_C = Curie-Temperatur = 1041 K, J_S = Sättigungspolarisation).

dert. Nach Ausschalten des äußeren Feldes drehen sich die magnetischen Bereiche bis in die Richtung der nächstgelegenen Würfelkanten zurück. Ihr Verharren dort erklärt zwanglos die Erscheinung der Remanenz. Der Energieaufwand, der erforderlich ist, um einen Kristall in einer anderen als der Vorzugsrichtung zu magnetisieren, wird als Anisotropieenergie oder einfach als *Kristallenergie* bezeichnet (s. D 20). Durch Walz- und Rekristallisationstexturen können auch vielkristalline Werkstoffe so gleichmäßig ausgerichtet werden, daß die magnetische Anisotropie technisch ausgenutzt werden kann. Außer durch den Kristallbau werden die Polarisationsrichtungen in den magnetischen Bereichen auch durch Spannungen beeinflußt (Spannungsanisotropie-Energie).

In Bild C 2.11 ist der *Verlauf der reziproken Suszeptibilität* des paramagnetischen Eisens *bei hohen Temperaturen* dargestellt [12]. Das γ-Eisen weist eine geringere Suszeptibilität auf als das α-Eisen oberhalb T_C und als das δ-Eisen. Verlängert man den Verlauf der $1/\chi$-Kurve für das γ-Eisen bis zu tiefen Temperaturen, so ergibt sich ein Schnittpunkt mit der Temperaturachse bei negativen Temperaturen (negative paramagnetische Curie-Temperatur), ein Hinweis dafür, daß das γ-Eisen bei tiefen Temperaturen sich antiferromagnetisch ordnet (s. C 2.1.7).

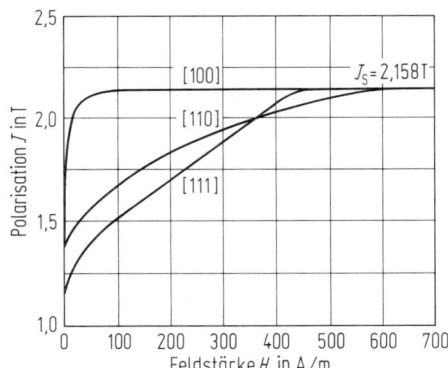

Bild C 2.10 Anisotropie der Polarisation von Eisen.

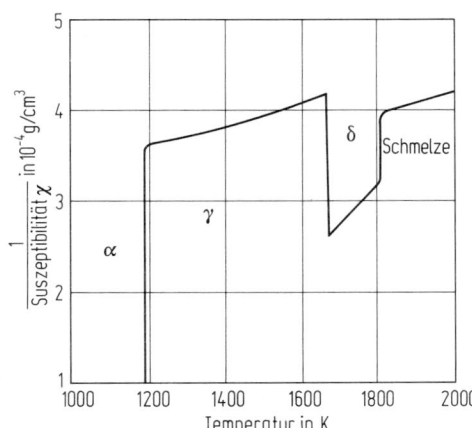

Bild C 2.11 Temperaturabhängigkeit der reziproken Suszeptibilität von α- und γ-Eisen. Nach [12].

C 2.1.5 Leitungseigenschaften

Ein hohes elektrisches und thermisches Leitvermögen ist kennzeichnend für den metallischen Zustand. Es beruht auf den in einem Metall vorhandenen „quasifreien", nicht an einzelne Atome gebundenen Elektronen, deren Bewegung unter der Einwirkung eines elektrischen Feldes einen elektrischen Stromfluß zur Folge hat. Die *Leitfähigkeit* ist dabei *abhängig von der Konzentration dieser Leitungselektronen* und deren mittlere *freien Weglänge*, die sie zurücklegen, bevor sie an einer „Störung" im Kristallverband gestreut werden. Während in einem idealen Metallkristall die Leitfähigkeit am absoluten Nullpunkt unendlich würde, führen alle Abweichungen vom streng periodischen Gitterpotential zu einer Beeinträchtigung der Elektronenbewegung und bewirken einen Widerstand. Im Fall der Übergangsmetalle, wie dem Eisen, tritt eine zusätzliche Streuung der Leitungselektronen an den Elektronen der nicht voll aufgefüllten 3d-Elektronenschale auf, die auch Träger der magnetischen Momente sind. Sind die Richtungen der magnetischen Momente regellos verteilt (paramagnetischer Zustand), so ist die Streuung der Leitungselektronen größer als im magnetisch geordneten Zustand mit ausgerichteten Spins.

Für die Abnahme der Leitfähigkeit mit steigender Temperatur ist die Streuung der Elektronen durch Gitterschwingungen verantwortlich. Daneben wirken alle Kristallbaufehler, wie Leerstellen, Versetzungen, Stapelfehler, Fremdatome usw. als temperaturunabhängige Streuzentren, die auch zu Energieverlusten der Leitungselektronen führen. Der spezifische elektrische Widerstand ρ, dessen reziproker Wert die elektrische Leitfähigkeit σ ist ($\rho = 1/\sigma$), geht folglich bei Annäherung an den absoluten Nullpunkt nicht gegen Null, sondern hat einen endlichen Wert, den sogenannten Restwiderstand. Gemäß der Matthiessen-Regel läßt sich der Widerstand in zwei Anteile aufspalten, und zwar in einen temperaturabhängigen, durch die Gitterschwingungen (Phononen) verursachten Anteil ρ_{Ph} und den Restwiderstand ρ_0:

$$\rho(T) = \rho_0 + \rho_{Ph}(T). \tag{C 2.3}$$

In der *Temperaturabhängigkeit des elektrischen Widerstandes* des Eisens (Bild C 2.12) kommt der Einfluß der ferromagnetischen Ordnung deutlich zum Ausdruck. Unter-

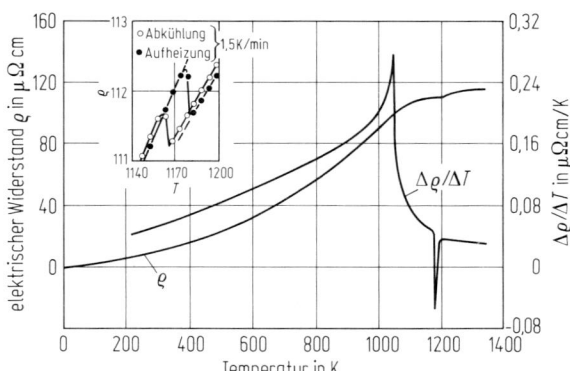

Bild C 2.12 Spezifischer elektrischer Widerstand und dessen Temperaturableitung.

halb der Curie-Temperatur ist der Widerstand durch die geringere Streuung an den ausgerichteten Spins abgesenkt gegenüber dem Verlauf im paramagnetischen Zustand. Die Temperaturableitung des elektrischen Widerstandes zeigt – wie der Verlauf der Wärmekapazität – die Merkmale einer Umwandlung 2. Art: eine ausgeprägte Spitze am Curie-Punkt. Die α → γ-Umwandlung ist – wie das in Bild C 2.12 enthaltene Teilbild zeigt – mit einer sprunghaften Änderung des elektrischen Widerstandes verbunden. Die γ-Phase weist einen um etwa 0,5 % geringeren spezifischen elektrischen Widerstand auf; ihr Widerstand nimmt etwas schwächer als linear mit der Temperatur zu.

Bei genügend hohen Temperaturen beruht die *Wärmeleitfähigkeit* auf den gleichen Vorgängen wie die elektrische Leitung. In ihrer Temperaturabhängigkeit spiegelt sich auch der Einfluß des Ferromagnetismus des Eisens wider (Bild C 2.13) [2, 13]. Mit dem Einsetzen der magnetischen Ordnung unterhalb T_C ist ein starker Anstieg der Wärmeleitfähigkeit verbunden. Da oberhalb der Raumtemperatur auch die Wärme im wesentlichen durch die Leitungselektronen transportiert wird, gilt für die Verknüpfung von elektrischer und thermischer Leitung näherungsweise das Wiedemann-Franz-Lorenzsche Gesetz, nach dem das Verhältnis von elektronischer Wärmeleitfähigkeit λ^{el} und elektrischer Leitfähigkeit σ sich proportional zur Temperatur T ändert:

$$\lambda^{el}/\sigma = LT. \qquad (C\,2.4)$$

Die Lorenz-Konstante L beträgt für reines Eisen oberhalb Raumtemperatur $3{,}03 \cdot 10^{-8}\,V^2/K$ [14]. Diesem Zusammenhang kommt deshalb eine praktische Bedeutung zu, weil besonders bei hohen Temperaturen die experimentelle Bestimmung der Wärmeleitfähigkeit mit großen Fehlern behaftet ist, so daß sich eine rechnerische Ermittlung aus der elektrischen Leitfähigkeit anbietet.

Bei tieferen Temperaturen wird die Lorenz-Konstante selbst temperaturabhängig. Neben der elektronischen Leitung wird der Anteil der durch Gitterschwingungen transportierten Wärme immer bedeutsamer, und aus dem verwickelten Zusammenwirken dieser beiden Mechanismen und der Größe des Restwiderstandes resultiert eine durch ein Maximum gekennzeichnete Temperaturabhängigkeit, wie sie in dem in Bild C 2.13 enthaltenen Teilbild dargestellt ist. Das Maximum der Wärmeleitfähigkeit ist um so höher, je reiner der Kristall, d. h. je kleiner der Restwiderstand ist.

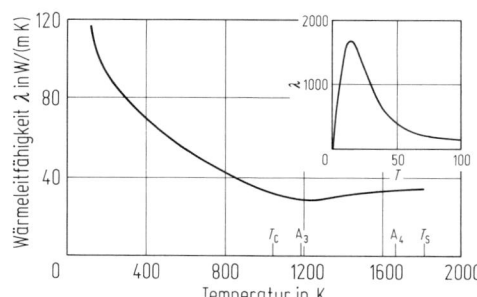

Bild C 2.13 Die Wärmeleitfähigkeit des reinen Eisens in Abhängigkeit von der Temperatur.

C 2.1.6 Optische Eigenschaften

Da die Lichtwellen nur in eine sehr dünne Schicht der Metalloberfläche (einige 10^{-2} µm) eindringen und dann von dieser reflektiert werden, hängen die Ergebnisse metalloptischer Untersuchungen in starkem Maße vom Oberflächenzustand (Fremdschichten, mechanische oder sonstige Vorbehandlung usw.) ab. Während in älteren Arbeiten [15] starke Streuungen der Meßergebnisse auftreten, mag in neueren Untersuchungen eine gute Annäherung an einen „idealen" Oberflächenzustand gelungen sein. Das in Bild C 2.14 dargestellte *spektrale Reflexionsvermögen des Eisens bei Raumtemperatur* kann als repräsentativ angesehen werden [16]. Im längerwelligen Spektralbereich ($\lambda > 10$ µm) sind die optischen Eigenschaften der Metalle und Legierungen allein durch deren Gleichstromleitfähigkeit bestimmt, und zwar reflektiert ein Metall um so besser, je besser es den elektrischen Strom leitet (Hagen-Rubens-Beziehung). Im ultraroten Wellenlängenbereich < 10 µm zeigt das Eisen das typische Verhalten der Übergangsmetalle. Während z. B. die Edelmetalle im gesamten ultraroten Bereich ein nahezu konstantes hohes Reflexionsvermögen ($R > 0{,}97$) haben und erst im sichtbaren oder ultravioletten Gebiet eine stärkere Absorption auftritt, wird das Reflexionsvermögen des Eisens bereits unterhalb 10 µm mit abnehmender Wellenlänge immer geringer, eine Folge der Absorption durch die Elektronen der nicht voll besetzten d-Schale. Im sichtbaren Spektrum ist das Reflexionsvermögen nur schwach wellenlängenabhängig ($R = 0{,}55$), fällt dann im ultravioletten Bereich stark ab.

Mit steigender Temperatur nimmt das Reflexionsvermögen im sichtbaren Spektralbereich geringfügig zu (etwa 5 % je 1000 K). Am A_3-Punkt tritt eine sprunghafte Erhöhung des Reflexionsvermögens auf. Das dichter gepackte γ-Eisen hat gegenüber dem α-Eisen ein um 2 bis 4 % höheres Reflexionsvermögen [15], ein Ergebnis, das auch für das unterschiedliche optische Verhalten zwischen austenitischen und ferritischen Legierungen gilt [17].

Im ferromagnetisch geordneten α-Eisen tritt eine Anisotropieerscheinung auf, der sogenannte *magnetooptische Kerr-Effekt*, mit dessen Hilfe magnetische Domänen im polarisierten Licht beobachtet werden können. Er beruht auf einer „magnetischen Drehung" der Polarisationsebene des Lichtes, das an einer Eisenoberfläche reflektiert wird [17].

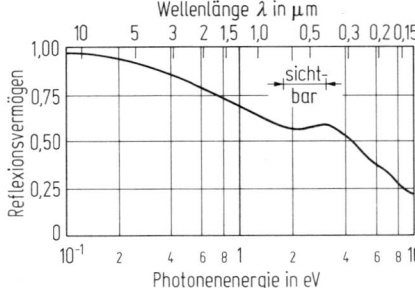

Bild C 2.14 Spektrales Reflexionsvermögen des Eisens bei Raumtemperatur.

C 2.1.7 Eigenschaften des γ-Eisens im instabilen Temperaturbereich

Die bisherige Beschreibung der physikalischen Eigenschaften des γ-Eisens beschränkte sich auf den Bereich hoher Temperaturen, in dem das γ-Eisen stabil und somit der unmittelbaren experimentellen Untersuchung zugänglich ist. Diese Ergebnisse sind in den Bildern der vorhergehenden Abschnitte miterfaßt. Die Kenntnis seiner Eigenschaften bei tieferen Temperaturen – unterhalb seines Stabilitätsgebietes – ist aber von großem Interesse, um sowohl den Polymorphismus des Eisens (s. B 2) als auch das physikalische Verhalten der γ-Eisenlegierungen verstehen zu können. Umgekehrt besteht die Möglichkeit, aus den Eigenschaften der γ-Eisenlegierungen auf die des instabilen reinen γ-Eisens zu extrapolieren. Die verläßlichsten Aussagen wurden indessen durch Untersuchungen an kohärenten metastabilen γ-Eisenausscheidungen gewonnen, die in übersättigten kfz Kupfer-Eisen-Mischkristallen mit etwa 1 bis 3 % Fe durch Auslagern bei höheren Temperaturen entstehen.

Im Gegensatz zum ferromagnetischen α-Eisen ordnet sich das *γ-Eisen bei tiefen Temperaturen antiferromagnetisch*. Einen ersten Hinweis auf den Antiferromagnetismus des γ-Eisens lieferten die in Bild C 2.11 enthaltenen Ergebnisse der Suszeptibilitätsmessungen. Auch aus dem magnetischen Verhalten von kfz Eisenlegierungen, besonders dem der antiferromagnetischen Eisen-Mangan-Legierungen [18] und dem der Chrom-Nickel-Stähle [19], wurde durch Extrapolation auf einen antiferromagnetischen Grundzustand des reinen γ-Eisens geschlossen.

Direkte Messungen an den oben erwähnten γ-Eisenausscheidungen sowohl mit der Mössbauer-Spektrometrie [20] als auch mit der Neutronenbeugung [21] erbrachten den unmittelbaren Nachweis einer antiferromagnetischen Ordnung bei tiefen Temperaturen. Beide Experimente lieferten dieselbe *Néel-Temperatur* T_N = 67 K. Der Kupfergehalt der Eisenausscheidungen, der etwa 2 bis 3 % beträgt, und der – infolge der Kohärenz mit der Kupfermatrix – vergrößerte Gitterabstand mögen indessen diese Temperatur in dem Sinne beeinflussen, daß der Wert von 67 K als unterer Grenzwert für das reine γ-Eisen angesehen werden kann. Anderseits wurde aus der Konzentrationsabhängigkeit der Néel-Temperatur von Legierungsreihen, die über einen weiten Konzentrationsbereich und bis zu hohen Eisengehalten die γ-Phase aufweisen, durch Extrapolation ein gewiß oberer Grenzwert von etwa 90 K für das reine γ-Eisen ermittelt [22]. Die Atome haben magnetische Momente von etwa 0,7 μ_B, die in {001}-Ebenen parallel oder antiparallel mit einer geringen Neigung zur <001>-Richtung ausgerichtet sind [23].

Das im paramagnetischen Zustand kfz Gitter des γ-Eisens erfährt infolge der antiferromagnetischen Ordnung *unterhalb der Néel-Temperatur* eine *tetragonale Gitterverzerrung* bei gleichzeitiger Aufteilung der γ-Kristalle in Domänen mit periodischer Variation der Spinrichtungen. Die Domänenstruktur ermöglicht einen Abbau der Verzerrungsenergie bei der Bildung der tetragonalen Struktur, die bei einem Achsenverhältnis von c/a = 0,995 ein um 0,3 % vergrößertes Atomvolumen gegenüber der kubischen Struktur aufweist [24].

Im Gegensatz zu dem bei tiefen Temperaturen ermittelten kleinen *magnetischen Moment* ergaben Neutronenstreuversuche im Stabilitätsgebiet der γ-Phase einen erheblich größeren Wert, der dem des α-Eisens vergleichbar ist. Die Tatsache, daß der elektrische Widerstand bei der α → γ-Phasenumwandlung sich nur wenig ändert

(s. Bild C 2.12), liefert ein weiteres Indiz dafür, daß das magnetische Moment des γ-Eisens sich nicht stark vom großen Moment des α-Eisens unterscheidet, und es folgt weiterhin aus thermodynamischen Betrachtungen zwingend die Annahme eines größeren Momentes bei höheren Temperaturen [6].

Auch hinsichtlich des *Atomvolumens des γ-Eisens* treten Besonderheiten auf. Bildet man aus den Gitterkonstanten des γ-Eisens bei Raumtemperatur, wie sie durch Extrapolation aus verschiedenen Legierungsreihen gewonnen wurden, und aus dem am A_3-Punkt gefundenen Wert der Gitterkonstanten den mittleren Ausdehnungskoeffizienten α, so erhält man erstaunlich hohe Werte, die den unmittelbar meßbaren differentiellen Ausdehnungskoeffizienten oberhalb A_3 $\alpha = 23 \cdot 10^{-6}/K$ übertreffen (Tabelle C 2.2). Demnach muß die Temperaturabhängigkeit von α einen anomalen Verlauf aufweisen, der durch ein Maximum unterhalb der α→γ-Umwandlung gekennzeichnet ist [25].

Tabelle C 2.2 Aus den Gitterparametern bei 293 und 1185 K berechneter Wärmeausdehnungskoeffizient α des γ-Eisens

Legierungssystem	Gitterparameter a in nm	bei K	Wärmeausdehnungskoeffizient α zwischen 293 und 1184 K $10^{-6}/K$
Eisen-Kohlenstoff	0,3555	293	29,0
Eisen-Kohlenstoff + weitere Legierungselemente	0,3573	293	23,2
Eisen-Stickstoff	0,3571	293	23,9
γ-Eisen	0,3647	1185	23,0

Zur Deutung dieser Befunde wurde von Weiss [26] vermutet, daß das *γ-Eisen in zwei verschiedenen elektronischen Zuständen* γ_1 und γ_2 existieren könne, die durch eine Energielücke voneinander getrennt sind (γ_1-γ_2-Hypothese). Danach soll bei tiefen Temperaturen der γ_1-Zustand, der ein kleines magnetisches Moment und ein kleines Atomvolumen hat und der sich bei etwa 80 K antiferromagnetisch ordnet, stabiler sein. Der γ_2-Zustand – bei hohen Temperaturen stabiler – ist durch ein hohes Moment und ein großes Atomvolumen ausgezeichnet; dieser Zustand sollte – könnte er eingefroren werden – ferromagnetisch koppeln.

Nach diesem Modell gehen mit steigender Temperatur immer mehr Atome aus dem Grundzustand γ_1 in den höherenergetischen Zustand γ_2 über und bewirken Besonderheiten in der Temperaturabhängigkeit der physikalischen Eigenschaften. Solche Besonderheiten konnten an γ-Eisenlegierungen experimentell festgestellt und die thermischen Anregungsenergien bestimmt werden (s. C 2.3.2).

Die auf ein hypothetisches, bei tieferen Temperaturen stabiles γ-Eisen angewendeten Vorstellungen führen zu *Temperaturabhängigkeiten des Atomvolumens und der Wärmeausdehnung*, wie sie in Bild C 2.3 und C 2.4 durch die punktierten Kurven beschrieben werden. Auch die nach diesem Modell berechnete Wärmekapazität des γ-Eisens weist bei 500 K eine Anomalie in Form eines Maximums auf (Bild C 2.5), eine Folge der zusätzlich aufzubringenden Anregungsenergie. Die Temperaturabhängigkeit dieser „Exzeßwärme" ist Bild C 2.15 zu entnehmen, in dem (entspre-

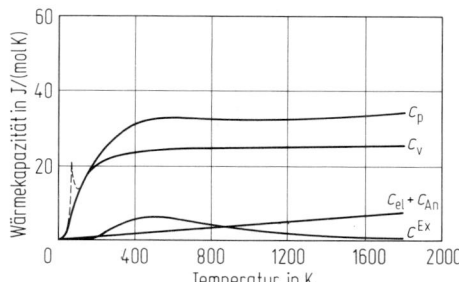

Bild C 2.15 Aufgliederung der Wärmekapazität von γ-Eisen und ihre Änderung mit der Temperatur.

chend dem Bild C 2.6 für das α-Eisen) die Aufspaltung der Wärmekapazität in seine Einzelanteile dargestellt ist. Die gesamte Exzeßwärme von 0 K bis zum Schmelzpunkt beträgt etwa 5000 J/mol, während die antiferromagnetische Umwandlungswärme (in Bild C 2.5 und C 2.15 gestrichelt gezeichnet) zu etwa 600 J/mol geschätzt werden kann.

C 2.2 Physikalische Eigenschaften von α-Eisenmischkristallen

Die *Legierungselemente des Eisens* können in zwei Gruppen eingeteilt werden: Die der *ersten Gruppe schnüren das γ-Gebiet* ein, die der *zweiten stabilisieren die γ-Phase und erweitern ihre Grenzen*. Zur ersten Gruppe gehören die mehrwertigen Elemente (Aluminium, Silizium, Phosphor, Zink, Germanium usw.) und die im Periodensystem links vom Eisen stehenden krz Übergangsmetalle (Chrom, Vanadin, Titan, Molybdän usw.). Eine Stabilisierung des γ-Gebietes bewirken die interstitiell gelösten Elemente (Kohlenstoff, Stickstoff) und die kfz und hexagonal kristallisierenden Übergangsmetalle (Kupfer, Nickel, Kobalt, γ-Mangan u. a.) [27].

Für die *Löslichkeit von Legierungselementen* in α-Eisen gilt mit guter Näherung die Hume-Rotherysche Löslichkeitsregel (15 %-Regel), nach der der Raumbedarf der gelösten Atome sich um höchstens 15 % vom Raumbedarf der Atome des Wirtskristalls unterscheiden darf. Als Maß für den Raumbedarf dient der Abstand nächster Nachbaratome [28].

Die Atomvolumina der Legierungselemente korrelieren weitgehend mit ihrem *Einfluß auf das Atomvolumen* der α-Eisenmischkristalle. Da das Atomvolumen des α-Eisens im Vergleich zu allen anderen Elementen klein ist, verursachen fast alle Legierungselemente eine Volumenvergrößerung. Eine Ausnahme bildet unter den wichtigen Legierungselementen des Eisens lediglich das Silizium. Über den Einfluß der Legierungselemente auf die Gitterkonstante des α-Eisens informiert Bild C 2.16. Die Vegardsche Regel, nach der die Gitterkonstante einer Legierung gebildet werden kann aus dem Mittelwert der Gitterkonstanten der beteiligten Legierungspartner – ihren molaren Anteilen entsprechend –, wird allerdings nur ungenügend erfüllt; die Beeinflussung ist in der Regel stärker als proportional.

Da durch den Einbau von Legierungsatomen die Periodizität des Gitterpotentials gestört wird, steigt der *elektrische Widerstand* an (Bild C 2.17), die *Wärmeleitfähigkeit* nimmt entsprechend ab [2]. Die Übergangsmetalle verursachen eine wesentlich geringere Widerstandserhöhung als die mehrwertigen Metalle und der Kohlenstoff.

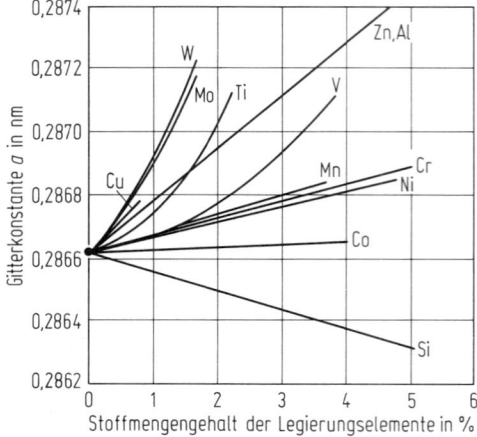

Bild C 2.16 Einfluß von Legierungselementen auf die Gitterkonstante des α-Eisens.

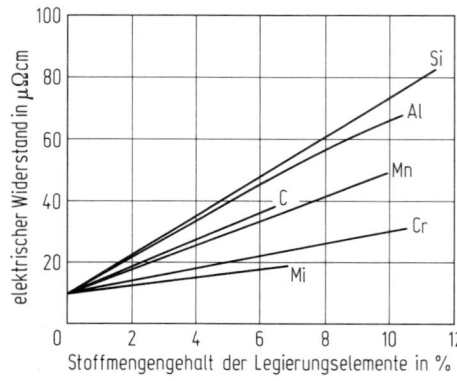

Bild C 2.17 Widerstandserhöhung des α-Eisens durch Legierungselemente.

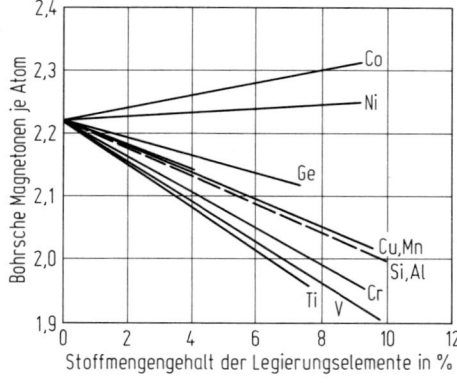

Bild C 2.18 Einfluß von Legierungselementen auf das magnetische Moment von α-Eisen.

Das mittlere *magnetische Moment* der α-Eisenmischkristalle wird in sehr unterschiedlicher Weise vom gelösten Element beeinflußt (Bild C 2.18). Die gestrichelte Linie entspricht der Abnahme des Momentes in einer verdünnten Lösung, d. h. jedes substituierte Legierungsatom erniedrigt das Gesamtmoment um $2{,}22\,\mu_B$. Eine solche Wirkung üben Silizium und Aluminium aus. Andere mehrwertige Metalle ohne permanentes magnetisches Moment wie z. B. Germanium haben einen schwächeren Einfluß. Die ferromagnetischen Metalle Kobalt und Nickel erhöhen die Zahl der Bohrschen Magnetonen, während Chrom, Vanadin und Titan in dieser Reihenfolge eine immer stärkere Abnahme bewirken. Gerade diese drei Elemente erhöhen aber die Curie-Temperatur des α-Eisens, eine Erscheinung, die bisher nicht verstanden wird. Die Erhöhung der Curie-Temperatur durch Vanadin und Chrom kommt in Bild C 2.19 deutlich zum Ausdruck, während die Erhöhung durch Titan nur bei sehr geringen Gehalten, < 0,1 % Ti (Stoffmengengehalt), beobachtet werden kann.

Der Temperaturverlauf der physikalischen Eigenschaften von α-Eisenmischkristallen unterscheidet sich nicht wesentlich von dem des reinen Eisens. Er ist geprägt vom Einfluß der ferromagnetischen Ordnung. Auch die *Wärmekapazität ferritischer Legierungen* entspricht weitgehend dem Verlauf der Wärmekapazität des α-Eisens, wie Bild C 2.20 am Beispiel der molaren Wärmekapazität von zwei Eisen-Chrom-Legierungen mit Stoffmengengehalten von 5,3 bzw. 9,9 % Cr zeigt. Trägt man die Wärmekapazität in Abhängigkeit von der reduzierten Temperatur T/T_C auf, so treten deutliche Unterschiede lediglich in der magnetischen Umwandlungswärme auf, die in dem Maße abnimmt, wie die Curie-Temperatur mit steigendem Chromgehalt abfällt.

Die ferritischen Legierungen sind als *weichmagnetische Werkstoffe* von großer technischer Bedeutung (s. D 20). Wenn auch deren Eigenschaften hier nicht im einzelnen erörtert werden können [10, 29], so sei aber doch auf die *ferritischen Eisen-Silizium-Legierungen* besonders hingewiesen, da diese unter den magnetischen Werkstoffen in der technischen und wirtschaftlichen Bedeutung die erste Stelle einnehmen, indem sie umfangreiche Verwendung finden zum Bau der Eisenkerne in elektrischen Maschinen und Transformatoren [30, 31].

Diese Bedeutung verdanken sie dem günstigen Einfluß des Siliziums auf die Ummagnetisierungsverluste: Einerseits bewirken Siliziumzusätze eine starke Erhö-

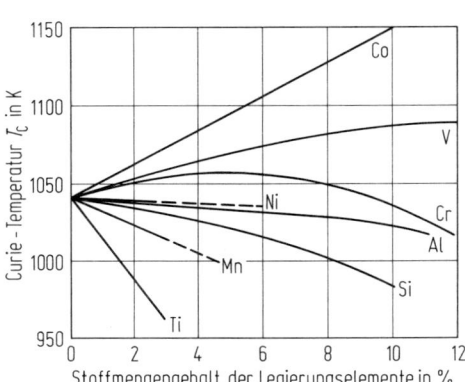

Bild C 2.19 Beeinflussung der Curie-Temperatur durch Legierungselemente.

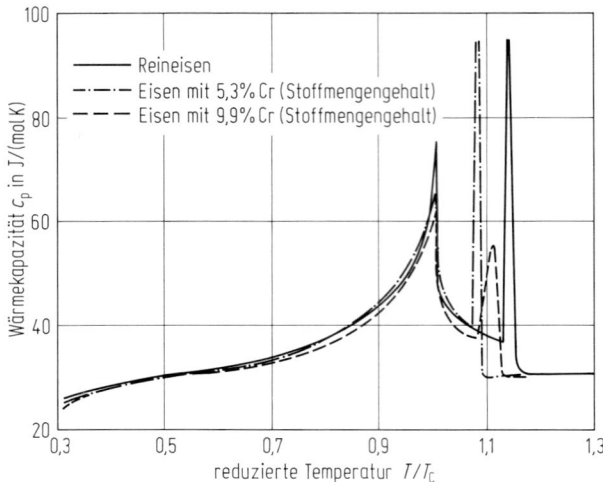

Bild C 2.20 Änderung der molaren Wärmekapazität von Eisen-Chrom-Legierungen mit der Temperatur.

hung des elektrischen Widerstandes (s. Bild C 2.17) und somit eine Absenkung der Wirbelstromverluste, ferner eine Erniedrigung der Kristallanisotropie-Energie und damit der Hystereseverluste. Zum andern wird durch Stoffmengengehalte $>4{,}5\%$ Si (entspr. Massengehalte $> 2{,}2\%$ Si) die $\alpha \rightarrow \gamma$-Umwandlung vermieden, so daß ein grobkörniges, störungsfreieres Gefüge erzeugt werden kann, das eine leichtere Beweglichkeit der magnetischen Bereichsgrenzen ermöglicht. Zudem kann durch die Erzeugung von Texturen die magnetische Anisotropie ausgenutzt werden, um die Richtung leichtester Magnetisierbarkeit $\langle 100 \rangle$ in Übereinstimmung mit der Magnetisierungsrichtung zu bringen (Goss- oder Würfeltextur, s. D 20).

Die Beschreibung des physikalischen Verhaltens der α-Eisenmischkristalle beschränkte sich bisher auf eisenreiche Legierungen. Einen Überblick über das Auftreten *ferro- und antiferromagnetischer Ordnungen in den binären krz Mischkristallreihen* des Eisens mit seinen Nachbarn im Periodensystem gewährt Bild C 2.21, in dem die Curie- bzw. Néel-Temperaturen – der Übersichtlichkeit wegen spiegelbildlich zur Abszisse – dargestellt sind. Die Konzentrationen sind – den molaren Anteilen der Legierungspartner entsprechend – durch die mittlere Zahl der äußeren $(s+d)$-Elektronen e/a gegeben. Ausgezogene Linien beschreiben tatsächlich gemessene Werte, gestrichelte Linien geben den vermuteten Verlauf der magnetischen Ordnungstemperaturen für solche Mischkristallkonzentrationen an, bei denen die Curie- bzw. Néel-Temperaturen in nichtstabilen Temperaturbereichen der krz Phase liegen.

Wie Bild C 2.19 zu entnehmen ist, nimmt die Curie-Temperatur von α-Eisenmischkristallen mit steigendem Kobaltgehalt zu. Oberhalb 15% Co überschreitet T_C die $\alpha \rightarrow \gamma$-Umwandlungstemperatur, erreicht in kobaltreichen Legierungen ein Maximum und fällt auf 1450 K ab, der Curie-Temperatur eines hypothetischen krz Kobalts [32].

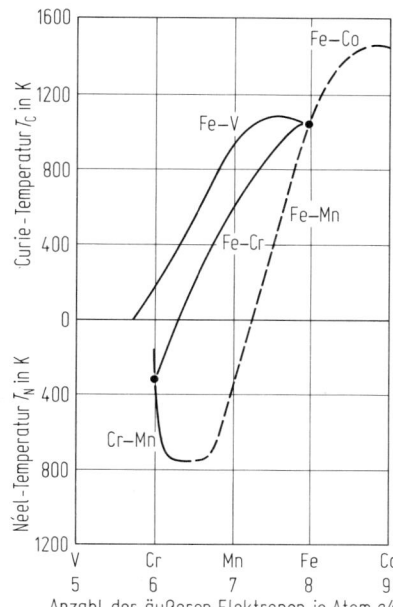

Bild C 2.21 Curie- bzw. Néel-Temperaturen von krz Eisenlegierungen (ausgezogene Linien entsprechen Meßwerten, gestrichelte Linien geben vermuteten Verlauf für nichtstabile Temperaturbereiche wieder).

Nach einem schwachen Anstieg der Curie-Temperatur eisenreicher Eisen-Chrom-Mischkristalle mit zunehmendem Chromgehalt (s. Bild C 2.19) fällt T_C oberhalb 5% Cr ab. Bei etwa 85% Cr erfolgt ein Übergang vom Ferromagnetismus zum Antiferromagnetismus, da das Chrom sich mit einer Néel-Temperatur von 312 K antiferromagnetisch ordnet.

Mangan senkt die Curie-Temperatur des α-Eisens ab. Da vermutet werden darf, daß das krz δ-Mangan, das nur als Hochtemperaturphase stabil ist, sich antiferromagnetisch ordnet [33], sollte auch in der nichtstabilen krz Eisen-Mangan-Mischkristallreihe ein Übergang vom Ferro- zum Antiferromagnetismus stattfinden. Auch der Anstieg der Néel-Temperatur im System Chrom-Mangan mit steigendem Mangangehalt liefert einen wichtigen Hinweis auf eine antiferromagnetische Ordnung des δ-Mangans.

C 2.3 Physikalische Eigenschaften von γ-Eisenmischkristallen

C 2.3.1 Magnetismus der γ-Eisenlegierungen

Während die ferritischen Eisenlegierungen ein ziemlich einheitliches, dem reinen α-Eisen ähnliches physikalisches Verhalten zeigen, weisen die austenitischen Eisenlegierungen – wie schon aus den Eigenschaften des γ-Eisens (s. C 2.1.7) zu schließen ist – eine Fülle von Besonderheiten auf, die in engem Zusammenhang stehen mit den vielfältigen magnetischen Ordnungen dieser Legierungen.

Um einen Überblick über die magnetischen Zustände der kfz Eisenlegierungen zu geben, seien zunächst für die Elemente der Eisenreihe die *Stabilitätsbereiche der kfz Struktur und ihre magnetischen Ordnungstemperaturen* in Bild C 2.22 dargestellt. Mit abnehmender Ordnungszahl wird die kfz Struktur instabiler, der Stabilitätsbereich immer kleiner. Es sei daran erinnert, daß Kristallstruktur und Magnetismus sich wechselseitig beeinflussen und daß der Polymorphismus dieser Elemente somit weitgehend von ihrem magnetischen Verhalten bestimmt wird (s. B 2).

Während die Curie-Temperaturen von Nickel und Kobalt im Stabilitätsgebiet ihrer kfz Struktur liegen, treten die antiferromagnetischen Ordnungen im kfz Eisen (s. C 2.1.7) und kfz Mangan bei tieferen Temperaturen auf. Es ist verständlich, daß wegen des Verhaltens der reinen Metalle auch die mangan- und eisenreicheren Legierungen sich antiferromagnetisch ordnen, während die nickel- und kobaltreicheren Legierungen Ferromagnetismus aufweisen. Die beiden wichtigen binären Systeme Eisen-Mangan und Eisen-Nickel sind hierfür typische Beispiele.

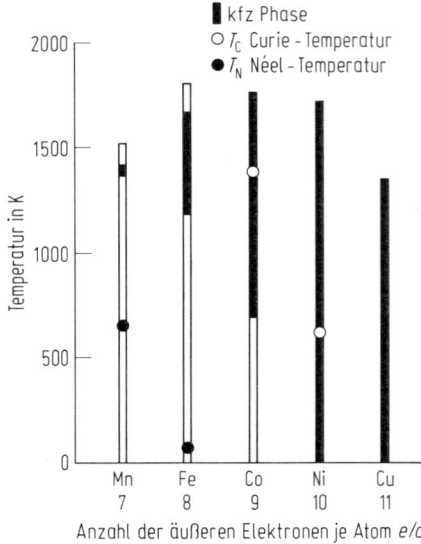

Bild C 2.22 Stabilitätsgebiete und magnetische Umwandlungstemperaturen der kfz Phase von Eisenlegierungen.

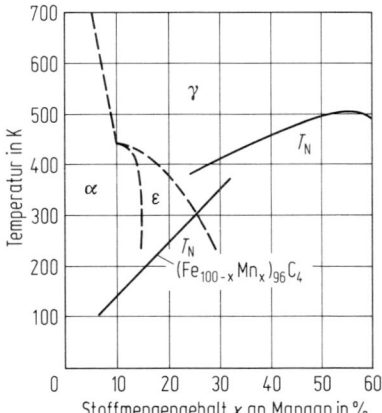

Bild C 2.23 Néel-Temperaturen T_N im System Eisen-Mangan [$(Fe_{100-x}Mn_x)_{96}C_4$ = Reihe mit einem Stoffmengengehalt von 4% C.

In Bild C 2.23 ist das magnetische Zustandsdiagramm der *Eisen-Mangan-Legierungen* dargestellt [34]. Neben den Néel-Temperaturen enthält das Bild die M_s-Temperaturen, die das Stabilitätsgebiet der γ-Phase von dem des kubischen α-Martensits und des hexagonalen ε-Martensits abgrenzen. Die Néel-Temperaturen der Legierungen sind nur schwach konzentrationsabhängig. Die γ-Phase der Legierungen mit weniger als 30% Mn (Stoffmengengehalt) kann durch Kohlenstoff stabilisiert werden. Die Néel-Temperaturen der Reihe $(Fe_{100-x}Mn_x)_{96}C_4$ sind stark konzentrationsabhängig in dem Sinne, daß sie mit zunehmendem Eisengehalt erheblich abfallen. Während diese eisenreichen Legierungen eine dem γ-Eisen ähnliche Spinstruktur aufweisen, haben die reinen Eisen-Mangan-Legierungen mit Stoffmengengehalten an Mangan über 30% eine „isotrope" Spinstruktur, bei der die magnetischen Momente in Richtung der vier verschiedenen Raumdiagonalen ausgerichtet sind. Auch in den mittleren magnetischen Momenten μ zeigen sich deutliche Unterschiede zwischen diesen beiden antiferromagnetischen Ordnungstypen. Die eisenreichen Legierungen weisen ein Moment auf, das dem des γ-Eisens entspricht. Der Übergang zur „isotropen" Spinstruktur zeigt eine sprunghafte Änderung der magnetischen Momente auf den dreifachen Wert [34].

In den ferromagnetischen *Eisen-Nickel-Legierungen* ist die γ-Struktur bis zu tiefsten Temperaturen stabil, wenn der Nickelgehalt >32% ist (Bild C 2.24) [35]. Die Curie-Temperatur fällt mit abnehmendem Nickelgehalt steil ab. Eine noch stärkere Abnahme zeigen die magnetischen Momente. Die Eisen-Nickel-Legierungen zeigen eine Reihe von Besonderheiten, die physikalisch und technisch von großer Bedeutung sind. Die Besonderheiten der eisenreicheren Legierungen (>50% Fe) sind mit dem sogenannten Invarproblem verbunden, das im folgenden Abschnitt betrachtet werden soll. Sie sind magnetischen Ursprungs und beruhen auf einer „magnetischen Heterogenität" dieser Legierungen. Mit zunehmendem Eisengehalt besteht die Tendenz zur Bildung antiferromagnetischer Ordnungen, und in der Tat konnte durch Neutronenstreuversuche nachgewiesen werden, daß bei Nickelgehalten <40% eine zusätzliche antiferromagnetische Ordnung ($T_N \approx 10\ldots 15\,K$) der fer-

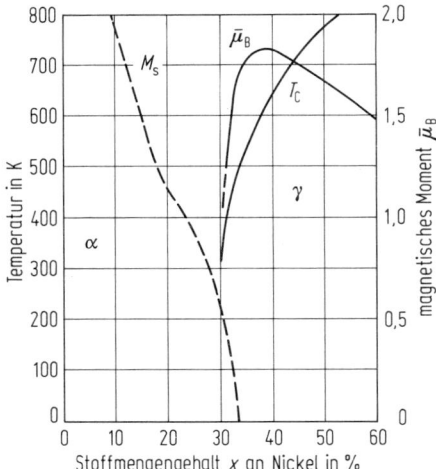

Bild C 2.24 Umwandlungstemperaturen M_s und T_C im System Eisen-Nickel und Änderung der magnetischen Momente mit dem Nickelgehalt.

romagnetisch geordneten Legierungen auftritt [36]. Eine solche Koexistenz von Ferro- und Antiferromagnetismus (s. auch Bild C 2.27), die sich auf andere physikalische Eigenschaften auswirkt, wird auch in ternären γ-Eisenlegierungen beobachtet.

Bei der Betrachtung des Einflusses zusätzlicher Legierungselemente auf den *Magnetismus der binären Eisen-Mangan- und Eisen-Nickel-Legierungen* sei auf die *besondere Wirkung des Kohlenstoffs* hingewiesen. Während die Néel-Temperaturen der Eisen-Mangan-Legierungen abgesenkt werden – etwa um 20 K/% C (Stoffmengengehalt) –, werden die Curie-Temperaturen der Eisen-Nickel-Legierungen erhöht, und zwar um so stärker, je geringer der Nickelgehalt ist. Beide Effekte beruhen vermutlich auf der Vergrößerung des Gitterabstandes durch den Einbau von Kohlenstoffatomen, da durch hydrostatischen Druck die umgekehrte Wirkung erzielt wird: Die Curie-Temperatur von Eisen-Nickel-Legierungen wird mit zunehmendem Druck immer mehr abgesenkt; bei noch weiterer Steigerung des Drucks wird die Legierung schließlich antiferromagnetisch [37]. Während der Einfluß des Kohlenstoffs somit auf die Gitteraufweitung zurückgeführt werden kann, findet beim Einbau metallischer Legierungselemente eine elektronische Wechselwirkung statt. Chrom erniedrigt z. B. sowohl die Néel- als auch die Curie-Temperaturen, während z. B. Kupfer – indem es Elektronen in den Kristall einbringt – die Néel-Temperatur der Eisen-Mangan-Legierungen erniedrigt, die Curie-Temperatur der Eisen-Nickel-Legierungen aber erhöht.

Einen systematischen *Überblick über die magnetischen Ordnungstemperaturen* zahlreicher kfz Legierungsreihen gewährt Bild C 2.25 [38]. Dabei wurde wieder als Abszissenmaßstab – den molaren Anteilen der Legierungselemente entsprechend – die mittlere Zahl der äußeren Elektronen (3d + 4s-Elektronen) je Atom e/a gewählt. Binäre Legierungen sind durch ausgezogene Linien gekennzeichnet, die ternären Legierungsreihen durch die im Bild angegebenen Symbole. Aus dem Bild geht die Gruppierung in antiferromagnetische und ferromagnetische Legierungen in Abhängigkeit von der mittleren Elektronenzahl hervor. Der Übergang vom Antiferromagnetismus zum Ferromagnetismus vollzieht sich in dem Konzentrationsbereich $8{,}0 < e/a < 8{,}4$.

Zur Untersuchung des interessanten Übergangs vom Ferro- zum Antiferromagnetismus sind die binären Legierungen Eisen-Nickel und Eisen-Kobalt wenig geeignet, da die kfz Phase vor dem Auftreten einer rein antiferromagnetischen Kopplung instabil wird. Dagegen treten in den ternären Systemen Eisen-Nickel-Chrom, Eisen-Nickel-Mangan und Eisen-Kobalt-Mangan ausgedehnte kfz Mischkristallreihen auf, die eine Untersuchung des Übergangs zwischen den verschiedenen magnetischen Zuständen ermöglichen.

Bild C 2.26 zeigt das magnetische Zustandsdiagramm der *Legierungsreihe* $Fe_{0,8-x}Cr_{0,2}Ni_x$, die die Basis für die austenitischen Chrom-Nickel-Stähle darstellt [39]. Während die Legierungen mit niederen Nickelgehalten sich antiferromagnetisch ordnen, sind die nickelreicheren Legierungen ferromagnetisch. Die Curie-Temperaturen steigen mit zunehmendem Nickelgehalt stark an. Der Übergang vom antiferromagnetischen in den ferromagnetischen Grundzustand erfolgt bei etwa 20% Ni (Stoffmengengehalt). Die magnetischen Ordnungstemperaturen der reinen Dreistofflegierungen sind durch Kreissymbole gekennzeichnet. In dieses Diagramm fügen sich die von verschiedenen Autoren für austenitische Chrom-Nickel-

Stähle angegebenen Néel-Temperaturen trotz eines Stoffmengengehalts von 1 bis 2% an weiteren Legierungselementen (Kohlenstoff, Silizium, Mangan, Molybdän) recht gut ein. Das Stabilitätsgebiet der kfz Phase wird durch die im Diagramm dargestellte M_s-Temperatur begrenzt. Die Spinstruktur der antiferromagnetischen Eisen-Chrom-Nickel-Legierungen ist ähnlich der des γ-Eisens; das durch Neutronenstreuversuche ermittelte magnetische Moment beträgt etwa $0{,}3 \pm 0{,}1 \, \mu_B$.

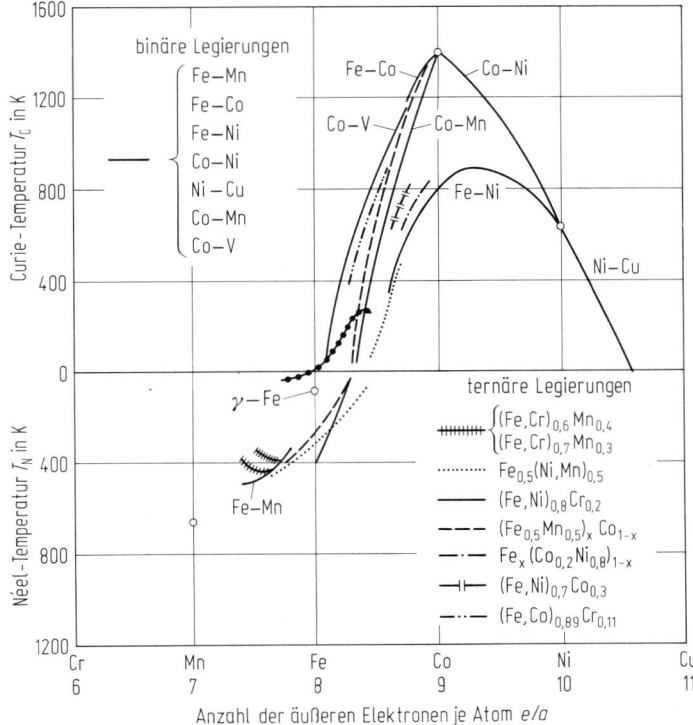

Bild C 2.25 Curie- bzw. Néel-Temperaturen der kfz Übergangsmetall-Legierungen. Nach [22, 38].

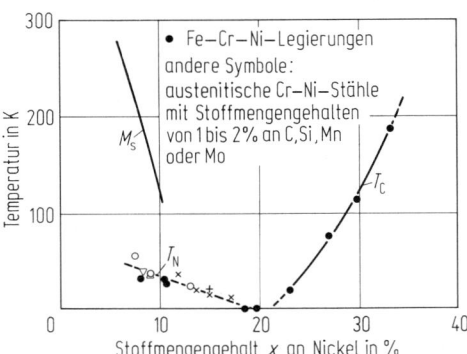

Bild C 2.26 Temperaturen der magnetischen Umwandlung im System Eisen-Nickel bei einem Stoffmengengehalt von 20% Cr.

Ein besonderes physikalisches Interesse verdienen die *Eisen-Nickel-Mangan-Legierungen*. Das magnetische Zustandsdiagramm der Legierungsreihe Fe_{50} $(Ni_xMn_{100-x})_{50}$ ist in Bild C 2.27 dargestellt [40]. Die manganreichen Legierungen sind antiferromagnetisch geordnet; die Néel-Temperaturen nehmen mit sinkendem Mangangehalt ab. Die nickelreichen Legierungen zeigen eine mit abnehmendem Nickelgehalt stark fallende Curie-Temperatur. Im Konzentrationsbereich $60 < x < 80$ tritt bei tiefen Temperaturen ($T < 50 K$) ein magnetisches Zweiphasengebiet auf, in dem ferromagnetische und antiferromagnetische Kopplungen koexistieren. Eine solche magnetische Zweiphasigkeit wurde bereits bei der Besprechung der binären Eisen-Nickel-Legierungen erwähnt. Zur Deutung dieser Koexistenz wurden mehrere Modelle vorgeschlagen [41]. Eine zwanglose Erklärung bietet die in C 2.1.7 dargelegte Hypothese, nach der antiferromagnetische γ_1-Zustände und ferromagnetische γ_2-Zustände nebeneinander bestehen können. In einem anderen Modell [42] wird angenommen, daß in der kfz Struktur die für die magnetische Kopplung verantwortlichen Austauschwechselwirkungen zwischen Eisenatomen I_{Fe-Fe} negativ (antiferromagnetisch), zwischen Nickelatomen I_{Ni-Ni} und zwischen Nickel-und Eisenatomen I_{Ni-Fe} positiv (ferromagnetisch) sind. Die Konzentrationsschwankungen in regellosen Mischkristallen ermöglichen dann ein Nebeneinander antiferromagnetischer und ferromagnetischer Kopplungen.

Die antiferromagnetischen und die bei Raumtemperatur paramagnetischen Legierungen (mit hinreichend tiefer Curie-Temperatur) sind im technischen Sinne nicht magnetisierbar. Diese Legierungen bilden die Basis für die nichtmagnetisierbaren austenitischen Chrom-Nickel-Stähle, die Mangan- und die Mangan-Chrom-Stähle (s. D 22).

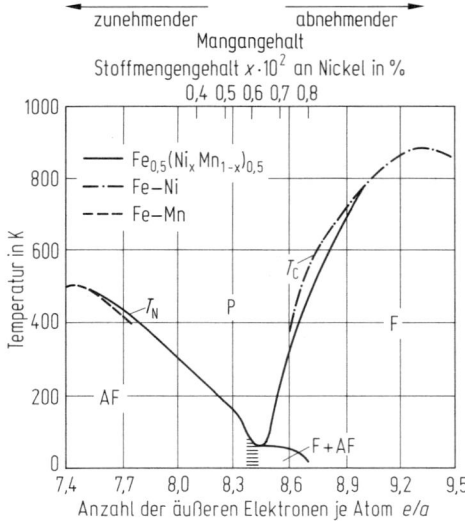

Bild C 2.27 Magnetisches Zustandsdiagramm der Legierungsreihe $Fe_{0,5}(Ni_xMn_{1-x})_{0,5}$. (AF = antiferromagnetisch, F = ferromagnetisch, P = paramagnetisch, T_C = Curie-Temperatur, T_N = Néel-Temperatur).

C 2.3.2 Wärmeausdehnung und Wärmekapazität

Auch in paramagnetischen Legierungen sollten die beiden postulierten γ-Zustände auftreten und Temperaturabhängigkeiten verursachen, die vom üblichen Verlauf abweichen. Die Wärmeausdehnung paramagnetischer Eisen-Mangan-Nickel- [25] und Eisen-Nickel-Chrom- [39] Legierungen weist in der Tat einen anomalen, durch ein Maximum gekennzeichneten Verlauf auf, wie ein Vergleich der Wärmeausdehnung von Eisen-Mangan-Nickel-Legierungen mit der des Kupfers zeigt (Bild C 2.28). Die Maxima sind eine Folge von Übergängen in einen höherenergetischen Zustand von Atomen mit größerem Atomvolumen. Der höhere Ausdehnungskoeffizient austenitischer Chrom-Nickel-Stähle gegenüber dem der ferritischen Stähle läßt sich auf diese Weise begründen.

Aufgrund dieser Anomalien weisen die flächenzentrierten Legierungen eine relativ große Wärmeausdehnung bei Raumtemperatur auf, die insofern von technischem Interesse ist, da *Legierungen mit großer Ausdehnung* als aktive Komponenten *in Bimetallsystemen* verwendet werden. Trägt man den Ausdehnungskoeffizienten $\alpha_{300\,K}$ in Abhängigkeit von der Konzentration auf, so ergibt sich ein Maximum von etwa $19 \cdot 10^{-6}$/K für $e/a = 8,3$, während Legierungen mit kleineren oder größeren Valenzelektronenzahlen eine geringere Wärmeausdehnung bei Raumtemperatur aufweisen (Bild C 2.29) [25]. So ist z. B. eine Legierung mit Stoffmengengehalten von 7,5 % Fe, 19 % Ni und 6 % Mn eine häufig verwendete Bimetallkomponente. Nach dem in Bild C 2.29 dargestellten Zusammenhang ist auch nicht zu erwarten, daß aktive Bimetallmaterialien mit größerer Ausdehnung auf der Basis flächenzentrierter Übergangsmetallegierungen gefunden werden.

Die für die Besetzung höherenergetischer Zustände notwendigen Anregungsenergien liefern einen zusätzlichen Beitrag zur *Wärmekapazität*, wie Bild C 2.30 am Beispiel von *Eisen-Chrom-Nickel-Legierungen* zeigt [39]. Der auftretende Wärmeexzeß ist gleich der Differenz zwischen den Meßwerten und den durch Rechnung ermittelten Kurven.

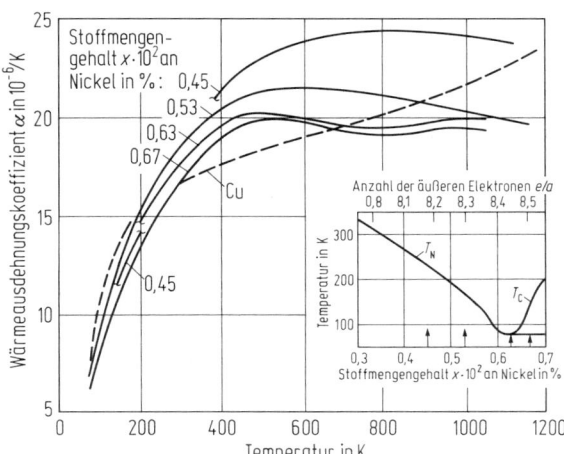

Bild C 2.28 Wärmeausdehnungskoeffizienten der Legierungsreihe $Fe_{0,5}(Ni_xMn_{1-x})_{0,5}$ im Vergleich zu Reinkupfer.

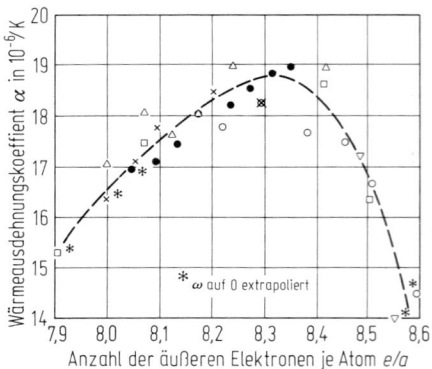

- ● Co–Mn
- ○ $Fe_{0,50}(Mn,Ni)_{0,50}$
- ▽ $Fe_{0,65}(Mn,Ni)_{0,35}$
- □ $Fe_{0,70}(Mn,Ni)_{0,30}$
- △ $Fe_{0,75}(Mn,Ni)_{0,25}$
- × $(Fe_{0,5}Mn_{0,5})_{1,00-x}Co_x$

Bild C 2.29 Wärmeausdehnung verschiedener kfz Legierungsreihen bei 300 K.

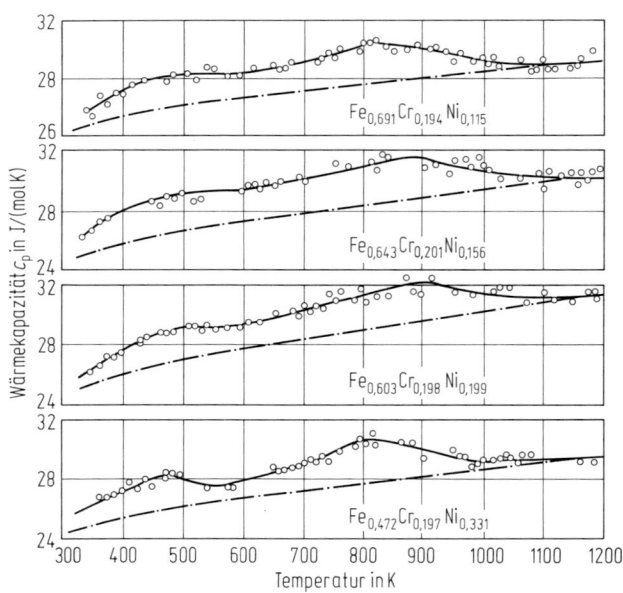

Bild C 2.30 Wärmekapazität von Eisen-Nickel-Chrom-Legierungen. Nach [39].

In vielen magnetisch geordneten γ-Eisenlegierungen tritt eine große *Volumenmagnetostriktion* auf, die darin besteht, daß beim Durchlaufen der magnetischen Ordnungsumwandlung eine Änderung des Gitterabstandes und als deren Folge eine Beeinflussung der Wärmeausdehnung eintritt. In Legierungen mit genügend großer positiver Volumenmagnetostriktion kann diese durch die magnetische Kopplung bewirkte Gitteränderung die rein thermisch bedingte Änderung der Gitterabstände mehr oder weniger kompensieren, so daß sich diese Legierungen über einen gewissen Temperaturbereich durch eine geringe und nahezu konstante Wärmeausdehnung auszeichnen. Im allgemeinen technischen Sprachgebrauch nennt man solche Werkstoffe *Invarlegierungen*. In der Technik besteht häufig der Wunsch nach Werkstoffen mit möglichst geringer Wärmeausdehnung, da der notwendige Ausgleich der thermischen Ausdehnung konstruktiv schwierige und kostspielige Maßnahmen erfordert. Klassische Invare sind Eisenlegierungen mit etwa 35% Ni mit einer Ausdehnung von etwa 10^{-6}/K bei Raumtemperatur (Bild C 2.31) und die sogenannten *Superinvare*, die durch zusätzliche Kobaltgehalte einen sehr geringen Ausdehnungskoeffizienten von etwa 10^{-7}/K aufweisen. Bemerkenswert ist ein zweiter Invareffekt der Eisen-Nickel-Legierungen, der bei tiefen Temperaturen ($T <$ 60 K) infolge der zusätzlichen antiferromagnetischen Kopplung auftritt und eine weitere Absenkung der Ausdehnung auf negative Werte verursacht.

Auch die antiferromagnetischen Legierungen weisen einen ausgeprägten Invareffekt auf. Durch Zugabe von Legierungselementen kann die Néel-Temperatur so verändert werden, daß die geringste Wärmeausdehnung in einem gewünschten Temperaturbereich liegt. So kann durch Zugabe von Chrom zu Eisen-Mangan-Legierungen erreicht werden, daß die Wärmeausdehnung im Tieftemperaturbereich ($T <$ Raumtemperatur) nurmehr halb so groß ist wie die austenitischer Chrom-Nickel-Stähle [43].

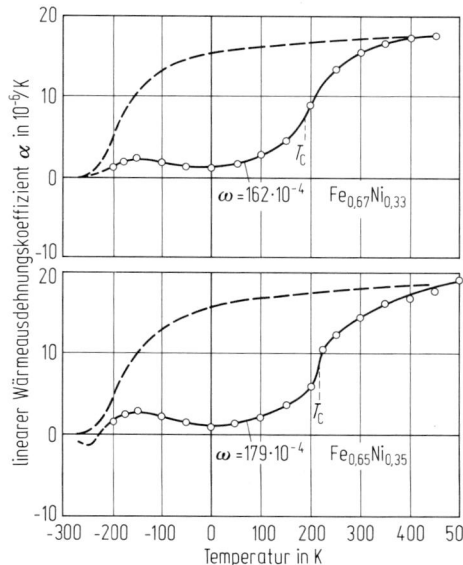

Bild C 2.31 Linearer Wärmeausdehnungskoeffizient von Eisen-Nickel-Invarlegierungen.

Bild C 2.32 gibt eine *Übersicht über die Volumenmagnetostriktion der γ-Eisenlegierungen* [43]. Vergleicht man dieses Bild mit der in Bild C 2.25 gegebenen Übersicht über die magnetischen Zustände, so erkennt man deutlich die Gruppierung in Legierungen mit antiferromagnetischem und ferromagnetischem Invareffekt. Wenn der Antiferromagnetismus auch bemerkenswerte Gitteraufweitungen verursacht ($\omega \approx 75 \cdot 10^{-4}$), so werden diese doch von den ferromagnetischen Eisen-Nickel- und Eisen-Nickel-Kobalt-Invaren um mehr als das Doppelte ($\omega \approx 180 \cdot 10^{-4}$) übertroffen.

Invarlegierungen zeigen auch *Besonderheiten in der Temperaturabhängigkeit ihres elastischen Verhaltens*, da zwischen der Wärmeausdehnung und der Elastizität ein ursächlicher Zusammenhang besteht [44]: Die mit der positiven Volumenmagnetotriktion verbundene Vergrößerung der Atomabstände bewirkt eine Abnahme des Elastizitätsmoduls. Während der Elastizitätsmodul herkömmlicher Werkstoffe bei einer Temperaturerhöhung abnimmt, zeigen die ferro- oder antiferromagnetischen Stoffe mit Invareffekt in einem gewissen Temperaturbereich, der von der magnetischen Ordnungstemperatur abhängt, weitgehend temperaturunabhängige elastische Eigenschaften. Diese Werkstoffe werden als *Elinvare* bezeichnet (s. D 23).

Auch die *Wärmekapazität der magnetisch geordneten γ-Eisenlegierungen* weist einen *anomalen Temperaturverlauf* auf, wie in Bild C 2.33 am Beispiel der Eisen-Nickel-Legierungen gezeigt wird [45]. Neben der durch die magnetische Umwandlung verursachten Spitze tritt unterhalb T_C ein Maximum auf, dessen Temperaturlage nur schwach konzentrationsabhängig ist. Da die Curie-Temperatur mit abnehmendem Nickelgehalt stark abfällt, zeigt die $Fe_{0,65}Ni_{0,35}$-Legierung nur *ein* Maximum, in dem offensichtlich die Curie-Spitze und das Maximum eines zusätzlichen Wärmeexzesses zusammenfallen.

Die in magnetisch geordneten Legierungen auftretenden Anomalien der Wärmeausdehnung (Invareffekt) und der Wärmekapazität lassen sich ebenfalls mit der Vorstellung thermischer Anregung höherenergetischer elektronischer Zustände beschreiben. Dabei ist allerdings eine Beeinflussung der elektronischen Zustände durch die magnetischen Kopplungen zu berücksichtigen [45].

Das beschriebene anomale physikalische Verhalten der γ-Eisenlegierungen läßt sich zwar formal recht gut durch die Vorstellung thermisch anregbarer elektronischer Zustände beschreiben, doch ist eine befriedigende theoretische Deutung der elektronischen Struktur des γ-Eisens und seiner Legierungen bisher nicht möglich [41].

C 2.4 Weitere Gefügeeinflüsse auf die physikalischen Eigenschaften

C 2.4.1 Einphasige Gefüge mit Gitterstörungen

Die bisherigen Betrachtungen bezogen sich auf eine Beschreibung der physikalischen Eigenschaften in Abhängigkeit von der Kristallgitterstruktur und der chemischen Art der Atome, aus denen der Kristall aufgebaut ist. In jedem realen Kristallgefüge treten aber Abweichungen von der regelmäßigen Gitterstruktur, sogenannte Gitterbaufehler, auf (s. Bild B 5.1). Hierzu gehören u. a. die Korngrenzen eines polykristallinen Metalls sowie die Versetzungen. Derartige Gitterbaufehler üben einen

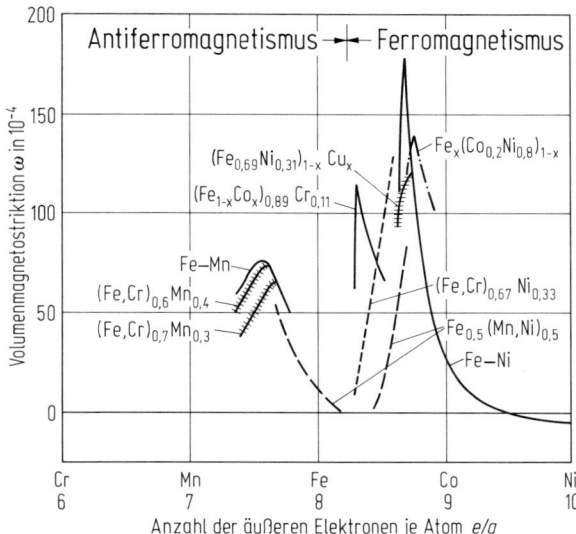

Bild C 2.32 Volumenmagnetostriktion von kfz Eisenlegierungen. Nach [43].

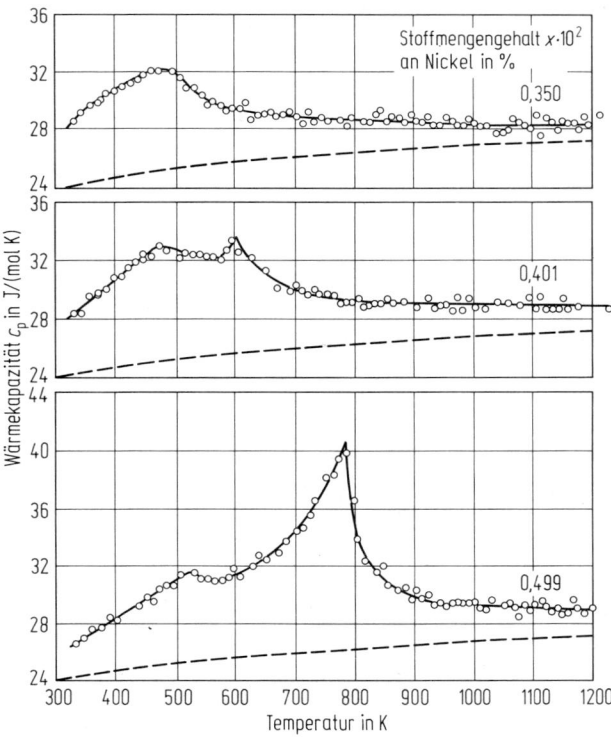

Bild C 2.33 Wärmekapazität von Eisen-Nickel-Invarlegierungen. Nach [45].

mehr oder weniger starken, im allgemeinen aber schwer durchschaubaren Einfluß auf die physikalischen Eigenschaften aus.

Die *Dichte* ist zwar eine im wesentlichen von der Gitterstruktur und von den Atomarten abhängige Eigenschaft, doch ist bei genauer Messung festzustellen, daß die Gitterbaufehler das spezifische Volumen vergrößern [46].

Die Messung der *Wärmekapazität* von Ein- und Vielkristallen führt im Rahmen der erreichbaren Genauigkeit zu gleichen Ergebnissen, da die im Vielkristall zusätzlich enthaltenen Korngrenzenenergien vernachlässigbar gering sind. Die nach einer plastischen Verformung in Form von Versetzungen gespeicherte Energie, die bei der Rekristallisation frei wird, ist indessen kalorimetrisch meßbar, wenn auch ihr relativer Beitrag zum Wärmeinhalt des Kristalls bei der Rekristallisationstemperatur nur $< 10^{-3}$ ist (s. B 2.3).

Auch der *elektrische Widerstand* ein- und vielkristalliner Metalle und Legierungen unterscheidet sich bei höheren Temperaturen nicht meßbar, da die Streuung der Leitungselektronen durch die Gitterschwingungen die beherrschende Ursache des Widerstandes bildet. Bei tiefen Temperaturen jedoch verursachen die Korngrenzen einen temperaturunabhängigen Zusatzwiderstand: Sie erhöhen – wie alle Gitterbaufehler – den Restwiderstand [47].

Hinsichtlich der *magnetischen Eigenschaften* erweisen sich die spontane Magnetisierung und die Curie-Temperatur als lediglich von der Gitterstruktur und der Legierungszusammensetzung abhängig. Die Größen hingegen, die das magnetische Verhalten unter dem Einfluß eines äußeren Feldes beschreiben (Koerzitivfeldstärke, Permeabilität, Ummagnetisierungsarbeit) werden in starkem Maße von allen Gitterbaufehlern beeinflußt, da sie die Bewegungen der Bloch-Wände und die Drehprozesse beim Magnetisierungsvorgang behindern.

C 2.4.2 Mehrphasige Gefüge

In mehrphasigen Gefügen sind die im voraufgegangenen Abschnitt erwähnten *Einflüsse der Gitterbaufehler* in gleicher Weise wirksam. *Zusätzlich* treten die *Grenzflächen zwischen den verschiedenen Phasen* auf. Darüber hinaus hängen die Eigenschaften mehrphasiger Werkstoffe von den Eigenschaften ihrer Phasen ab, und zwar im einfachsten Fall in der Weise, daß die Eigenschaften sich additiv – den Volumenanteilen entsprechend – aus denjenigen der beteiligten Phasen ergeben. Diesem einfachen Gefüge-Eigenschafts-Zusammenhang mehrphasiger Werkstoffe genügen mit hinreichender Genauigkeit die Dichte, die Wärmekapazität, Umwandlungswärmen, Bildungsenthalpien usw., d. h. diejenigen Größen, die den Werkstoff als thermodynamisches System kennzeichnen. Jedoch gilt diese „Mischungsregel" nur, wenn die Phasen in grober Verteilung vorliegen (Teilchengrößen $> 1 \mu$m). Bei sehr feiner Verteilung sind die Gefüge durch die Volumenanteile der Phasen nicht hinreichend gekennzeichnet; vielmehr müssen Größe und Anzahl der Phasenteilchen getrennt berücksichtigt werden.

Um den Zusammenhang zwischen Gefüge und Eigenschaften quantitativ zu erfassen, bedarf es im allgemeinen einer vollständigen stereologischen Beschreibung des Gefüges mit Hilfe der folgenden Parameter: Teilchengröße, Teilchenzahl, Teilchenform, Orientierung und etwaige Aussagen über die Art der örtlichen Verteilung jeder Phase. Diese sehr verwickelten Zusammenhänge wurden von Ondracek [48] am Beispiel der thermischen Ausdehnung, des Elastizitätsmoduls und der elektrischen Leitfähigkeit ausführlich abgehandelt.

Da ein *systematischer Überblick über den Einfluß der vielfältigen Gefügestrukturen* der Eisenwerkstoffe auf deren zahlreiche physikalische Eigenschaften derzeit *noch nicht möglich* ist, sollen nur einige Beispiele angeführt werden.

Einige physikalische Eigenschaften der unlegierten und niedriglegierten ferritischen Stähle, wie die Wärmekapazität und die thermische Ausdehnung, sind denen des α-Eisens sehr ähnlich, unabhängig davon, ob das Gefüge rein ferritisch, ferritisch-perlitisch oder ein Vergütungsgefüge ist. Der lineare *Wärmeausdehnungskoeffizient* all dieser Stähle bei Raumtemperatur ist etwa gleich dem des α-Eisens und beträgt 11 bis 13 · 10^{-6}/K [9]. Er unterscheidet sich deutlich von dem der hochlegierten austenitischen Stähle (Bild C 2.34).

Der *elektrische Widerstand* dieser Stähle ist zwar infolge der Gitterstörungen höher als der des reinen α-Eisens, seine Temperaturabhängigkeit aber weist einen ähnlichen, durch den Ferromagnetismus verursachten charakteristischen Verlauf auf im Gegensatz zu dem der austenitischen Stähle (Bild C 2.35) [49].

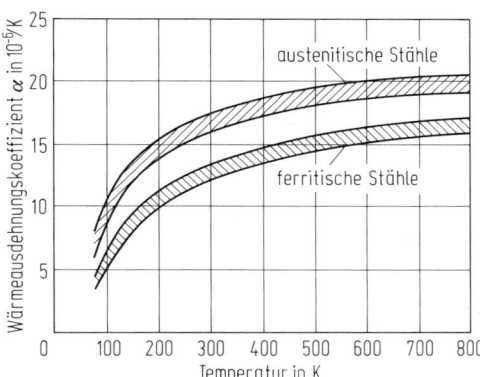

Bild C 2.34 Wärmeausdehnung ferritischer und austenitischer Stähle. Nach [93].

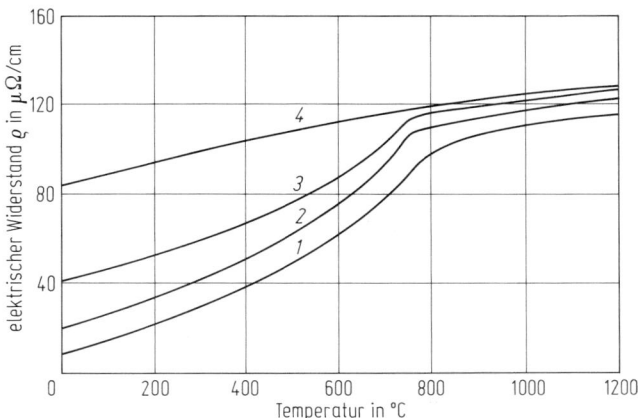

Bild C 2.35 Schematische Darstellung des elektrischen Widerstandes ferritischer und austenitischer Stähle. Nach [49]. *1* = reines Eisen, *2* = unlegierte ferritische Stähle, *3* = legierte ferritische Stähle, *4* = austenitische Stähle.

Eine Übersicht über die *Temperaturabhängigkeit der physikalischen Eigenschaften* der Stähle (Wärmeausdehnung, Elastizität, Leitungseigenschaften) wurde in Form graphischer Darstellungen von Richter [9] gegeben.

Die Erzeugung unterschiedlicher Gefügestrukturen ist dagegen ein sehr wirksames Mittel, bestimmte *magnetische Eigenschaften* der Werkstoffe zu erzielen, die sich allgemein in weich- und hartmagnetische unterteilen lassen (s. D 20 und D 21).

Bei *weichmagnetischen Werkstoffen* sollen hohe Werte der Polarisation bereits mit kleinen Feldstärken und geringem Energieaufwand erreicht werden; die Neukurven sollen steil und die Hystereseschleifen schmal sein (vgl. Bild C 2.8). Hierzu ist es erforderlich, daß die Bloch-Wand-Verschiebungen möglichst leicht ablaufen. Hemmungen dieser Verschiebungen werden nun besonders durch andersphasige eingelagerte Bestandteile und durch eingebrachte Kristallitgrenzen und Spannungsbereiche bewirkt. Sie sind in weichmagnetischen Werkstoffen möglichst zu vermeiden. Außerdem ist es vorteilhaft, wenn das Gefüge eines weichmagnetischen Werkstoffs eine Vorzugsrichtung derjenigen Kristallorientierung (Textur) ausweist, bei der die Richtung leichtester Magnetisierbarkeit mit der Richtung des äußeren magnetisierenden Feldes übereinstimmt. Diese Forderungen können mit den in C 2.2 erwähnten Eisen-Silizium-Legierungen erfüllt werden. Eine besonders hohe Anfangspermeabilität wird von Werkstoffen verlangt, die als Spulenkerne verwendet werden, wenn für Schaltvorgänge nur sehr kleine Ströme zur Verfügung stehen. Die in diesem Fall geforderte, besonders leichte reversible Bewegung der Bloch-Wand wird von Legierungen mit sehr geringer Anisotropieenergie erfüllt. Für diesen Zweck geeignete Legierungen sind z. B. die ungeordneten Mischkristalle der Zusammensetzung $FeNi_3$ (Permalloy), wenn sie in der <111>-Richtung des kfz Gitters magnetisiert werden (s. D 20).

Hartmagnetische (dauermagnetische) Werkstoffe haben die Aufgabe, einen Magnetisierungszustand möglichst vollkommen zu bewahren, damit ein einmal in einem dauermagnetischen Kreis eingestellter magnetischer Fluß ohne weitere Energiezufuhr aufrechterhalten wird. Die für diese Aufgabe entwickelten Werkstoffe (s. D 21), die eine hohe Koerzitivfeldstärke und einen großen BH-Wert haben sollen, müssen ein Gefüge aufweisen, das reversible und irreversible Bewegungen der Bloch-Wand möglichst erschwert. Um dies zu erreichen, bieten sich zwei grundsätzliche Wege an.

1) Durch Hindernisse in Form nichtferromagnetischer Teilchen soll die Beweglichkeit der Bloch-Wand stark behindert werden. Als sehr wirksame Hindernisse haben sich u. a. kohärente Karbidausscheidungen erwiesen. Die Erhöhung der Koerzitivfeldstärke kommt dadurch zustande, daß die Bloch-Wände Kristallbereiche schneiden müssen, die von starken Spannungsfeldern umgeben wird. Die kohärenten Teilchen werden in diesen Legierungen durch Altern erhalten, wobei eine kritische Teilchengröße eine maximale Koerzitivkraft ergibt. Dauermagnetlegierungen, deren Eigenschaften auf diesem Mechanismus beruhen, sind z. B. die martensitischen Stähle.

2) Eine zweite Möglichkeit, einen magnetisch harten Werkstoff zu schaffen, ist durch ein Gefüge mit sehr kleinen ferromagnetischen Teilchen gegeben, die nur aus einem ferromagnetischen Elementarbereich bestehen und die von einer nichtferromagnetischen Grundmasse umgeben sind. In solchen Gefügen ist eine Um-

magnetisierung durch Verschiebungen der Bloch-Wände nicht möglich; sie kann nur durch Drehung der Magnetisierungsrichtung erfolgen und bedarf hoher Feldstärken. Die wichtigsten Dauermagnetwerkstoffe dieser Art sind die Eisen-Aluminium-Nickel-Legierungen (AlNi-Magnete) und die weitere Legierungselemente (Kobalt, Kupfer, Titan) enthaltenden AlNiCo-Magnete. Die Koerzitivfeldstärke dieser Legierungen kann noch gesteigert werden, wenn die Ausscheidung der ferromagnetischen Phase im Magnetfeld erfolgt. Die Magnetisierungsrichtung ist dann in allen ausgeschiedenen Teilchen parallel zum äußeren Magnetfeld ausgerichtet. Die stäbchen- oder plattenförmigen Teilchen richten sich außerdem mit ihrer größten Längenausdehnung parallel zum äußeren Feld aus, so daß in dieser Richtung eine besonders große Ummagnetisierungsarbeit erforderlich ist.

C3 Chemische Eigenschaften

Von Hans-Jürgen Engell und Hans Jürgen Grabke

C3.1 Problemstellung

Das Eisen und die Legierungselemente, die in Stählen verwendet werden, sind gegenüber den Komponenten der sie bei ihrem Einsatz umgebenden Phasen thermodynamisch praktisch ausnahmslos nicht stabil. So wie Eisen und die Legierungselemente auf der Erde fast ausschließlich nicht als Elemente, sondern als Verbindungen vorkommen, aus denen sie mit Hilfe metallurgischer Prozesse unter Energieaufwand freigesetzt werden, so gehen sie durch Reaktion mit Sauerstoff, Wasser und anderen angreifenden Stoffen unter Freisetzung von Energie wieder in Metallverbindungen über. Schon in biblischen Zeiten war dieser Sachverhalt bekannt; so heißt es bei Mathäus: „Ihr sollt Euch nicht Schätze sammeln auf Erden, da sie die Motten und der Rost fressen, und da die Diebe nachgraben und stehlen." Der Ablauf solcher unerwünschter Reaktionen von Werkstoffen mit ihrer Umgebung heißt Korrosion.

Die begrenzte Geschwindigkeit dieser Vorgänge sichert den Eisenwerkstoffen jedoch eine nutzvolle, unter günstigen Umständen und besonders bei angemessener Legierungsauswahl und sorgfältigem Korrosionsschutz sogar praktisch unbegrenzte Lebensdauer. Daher ist es für die Auswahl und Weiterentwicklung der Stähle erforderlich, die Gleichgewichte zwischen Metall und Angriffsmittel, den zugehörigen Reaktionsablauf und die Möglichkeiten seiner Beeinflussung für die jeweiligen Einsatzbedingungen zu kennen.

Die Lebensdauer eines Bauteils wird in Einzelfällen nicht erst durch seine weitgehende Umwandlung in Korrosionsprodukte begrenzt. Vielmehr ist die weitere Verwendung häufig schon bei geringen Abtragungen nicht mehr möglich. Zudem gibt es Korrosionsvorgänge, die ohne nennenswerte Abtragung des Metalls zu einer Schädigung des Werkstoffs oder zu einer Beeinträchtigung seiner Gebrauchseigenschaften führen, z.B. innere Oxidation, Spannungsrißkorrosion und Wasserstoffversprödung.

Aber auch bei der Verarbeitung von Stahl spielt das chemische Verhalten der unlegierten und vielfältig legierten Stähle eine wichtige Rolle, so bei der Erzeugung von Oberflächenschichten im Stahl durch Metall-Gas-Reaktionen und von Überzügen auf dem Stahl aus Schmelzen, elektrolytischen Bädern und aus der Gasphase.

Wegen der grundsätzlichen Unterschiede der Reaktionsmechanismen ist es zweckmäßig, die Metall-Gas-Systeme und die Metall-Elektrolyt-Systeme getrennt zu behandeln. Beide Gebiete – die Korrosion in heißen Gasen und die Korrosion in

---

Literatur zu C3 siehe Seite 698–703

wäßrigen Medien – sind technisch wichtige und wissenschaftlich interessante, deshalb viel erforschte Gebiete. Der Wissensstand konnte in diesem Übersichtsartikel nur sehr gerafft dargestellt werden, wobei neben den neueren Ergebnissen auch ältere klassische Arbeiten berücksichtigt und zitiert wurden.

Eine eingehende Darstellung der Korrosion der Stähle in Elektrolyten, in Gasen und in Metallschmelzen wird in einer Monographie von Rahmel und Schwenk [1] gegeben, die elektrolytische Korrosion wurde von Kaesche [2] und anderen Autoren [3, 4] behandelt, zur Korrosion in Gasen sind Monographien von Hauffe [5] und Kofstad [6] und andere Übersichtsdarstellungen [7, 8] zu nennen.

C 3.2 Gleichgewichte des Eisens mit Gasen

Wird Eisen einer oxidierenden Atmosphäre ausgesetzt, so bilden sich je nach Temperaturbereich und Sauerstoffdruck unterschiedlich aufgebaute Schichten der Oxide FeO, Fe_3O_4 und/oder Fe_2O_3. Welches Oxid im *Gleichgewicht* mit der Gasphase stabil ist und wie die Schichtenfolge der Korrosionsprodukte ist, kann aufgrund thermodynamischer Gesetzmäßigkeiten und Daten vorausgesagt werden. Das Wachstum der Oxidschichten ist zunächst durch *Oberflächenreaktionen* bestimmt und *linear zeitabhängig*. Bei größerer Dicke der Oxidschicht werden Diffusionsvorgänge in den Oxiden geschwindigkeitsbestimmend, und es gilt das *parabolische Zeitgesetz*. *Diffusion* in den Oxiden ist möglich durch *Fehlordnung* des Ionengitters, Leerstellen oder Zwischengitteratome. Der folgende Abschnitt C 3.2.1 behandelt demnach die Gleichgewichte im System Eisen-Sauerstoff und dazu auch Fehlordnung und Diffusion in den Oxiden.

Oxide mit geringer Fehlordnung, die eine geschlossene Oxidschicht bilden, wachsen nur langsam und können guten Schutz gegen Hochtemperaturoxidation vermitteln. Schützende Oxidschichten bilden die Legierungselemente Chrom, Aluminium und Silizium.

Ähnlich wie für das System Eisen-Sauerstoff werden Gleichgewichte, Fehlordnung und Diffusion für das System Eisen-Schwefel abgehandelt, da sich durch Schwefelangriff auch Sulfidschichten bilden.

Andersartig ist dagegen meistens die Wechselwirkung mit aufkohlenden oder aufstickenden Atmosphären. Reines Eisen nimmt Kohlenstoff und Stickstoff in feste Lösung auf, während in Legierungen mit Chrom, Molybdän, Titan u. a. meist *innere Karbid- oder Nitridbildung* erfolgt, d. h. Bildung von Ausscheidungen in der Eisenmatrix.

Bei gleichzeitiger Reaktion von Eisen und Stählen mit Gasen, die Sauerstoff, Schwefel, Kohlenstoff, Stickstoff u. a. enthalten, können nur die an der äußeren Oberfläche im Gleichgewicht mit der Gasphase stabilen Verbindungen durch die Thermodynamik vorhergesagt werden. Verteilung und Zusammensetzung der Korrosionsprodukte und die Kinetik ihrer Bildung können sehr komplex werden; daher konnten in diesem Kapitel nur einzelne Fälle solcher Wechselwirkungen erläutert werden.

C 3.2.1 Gleichgewichte, Fehlordnung der Oxide und Diffusion im System Eisen-Sauerstoff

Das Phasendiagramm des Systems Eisen-Sauerstoff geht zurück auf die klassischen Untersuchungen von Darken und Gurry [9], die durch zahlreiche spätere Untersuchungen bestätigt und ergänzt wurden (s. Bild C 3.1) [10]. Die Löslichkeit von Sauerstoff in Eisen ist sehr gering, 2 bis $3 \cdot 10^{-4}\%$ bei 881 °C und $83 \cdot 10^{-4}\%$ bei 1510 °C [11, 12].

Die Phasengrenzen der Wüstitphase FeO sind durch zahlreiche Messungen abgestützt [10]. In dem weiten *Homogenitätsbereich* sollen drei allotrope Modifikationen zu unterscheiden sein [13], die Genauigkeit der Aktivitäts- und Strukturmessungen ist jedoch zu gering, um diesen vermuteten Phasen definierte thermodynamische Werte zuordnen zu können. Wüstit kann daher als eine einzige homogene Phase behandelt werden, die nur oberhalb 570 °C stabil ist, NaCl-Struktur hat und einen hohen Überschuß an Sauerstoff aufzunehmen vermag.

Die *Nichtstöchiometrie* des Wüstits wird durch Einbau von Sauerstoff auf Plätzen ins *Anionenteilgitter* O_O erklärt [14] unter Bildung von zweifach negativ geladenen *Eisenionenleerstellen* V_{Fe}'' und einer entsprechenden Anzahl von Fe^{3+}-Ionen, deren zusätzliche positive Ladungen auch als *Elektronenlöcher* $h^{\cdot}$ betrachtet werden können.

$$\frac{1}{2} O_2 = O_O + V_{Fe}'' + 2h^{\cdot}. \tag{C 3.1}$$

Hieraus läßt sich mit dem idealen Massenwirkungsgesetz ableiten, daß die Leerstellenkonzentration und die elektrische Leitfähigkeit proportional zu $p_{O_2}^{1/6}$ sein sollten. Dies ist gut erfüllt, obwohl nicht zu erwarten ist, daß die Defekte bis zu den auftretenden hohen Konzentrationen ideales Verhalten zeigen. Differenziertere Beschreibungen der Fehlordnung wurden versucht, unter Einführung von Aktivitätskoeffizienten [15] und unter der Annahme der Bildung von Defektclustern [16].

Magnetit, Fe_3O_4, hat einen schmalen Homogenitätsbereich mit Sauerstoffüberschuß und kristallisiert bei Raumtemperatur in einer Spinellstruktur mit inverser Kationenverteilung. Für hohe Temperaturen wird statistische Verteilung der Kationen auf oktaedrische und tetraedische Lücken des Sauerstoffionengitters angenommen [17], wobei die Sauerstoffionen etwa eine kubische Dichtestpackung bilden. Die Nichtstöchiometrie ist wiederum durch *Kationenleerstellen* bedingt, deren Konzentration proportional zu $p_{O_2}^{2/3}$ sein sollte.

Hämatit, Fe_2O_3, weist nur sehr geringe Nichtstöchiometrie mit Metallüberschuß auf; es wird angenommen, daß neben Fe^{3+} auch in sehr geringem Anteil Fe^{2+} als Kationen auftreten. Hämatit ist ein n-Halbleiter. Die Fehlordnung wird daher wahrscheinlich beschrieben durch

$$O_O = V_O^{\cdot\cdot} + 2e^- + \frac{1}{2} O_2, \tag{C 3.2}$$

wobei $V_O^{\cdot\cdot}$ *Leerstellen* im *Anionenteilgitter* sind und die Elektronen als lokalisiert bei Fe^{2+}-Ionen betrachtet werden können.

Um Oxidationsmechanismen quantitativ zu deuten, wurden ebenfalls die *Selbstdiffusionskoeffizienten* des Sauerstoffs und Eisens in den Oxiden untersucht. Messungen mit radioaktivem Eisen zeigten, daß der Tracerdiffusionskoeffizient des

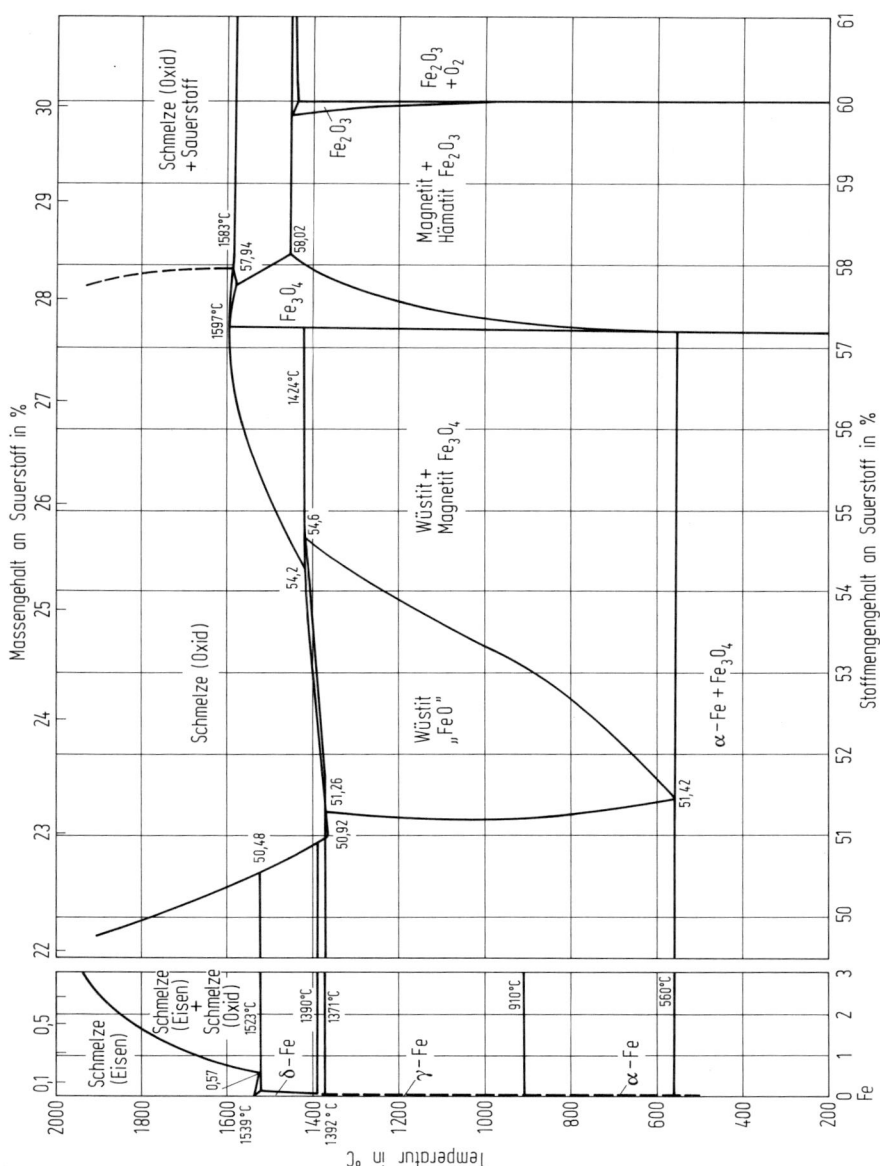

Bild C 3.1 Phasendiagramm Eisen-Sauerstoff. Nach [10].

Eisens im Wüstit proportional zur Leerstellenkonzentration ist [18]. Der Transport der Kationen erfolgt über die Kationenleerstellen, und die Diffusionskoeffizienten der Kationen und Leerstellen stehen im Verhältnis ihrer Molenbrüche. Für Magnetit wurde ein Minimum des Tracerdiffusionskoeffizienten in Abhängigkeit vom Sauerstoffdruck gefunden. Dies kann durch zwei Beiträge zur Diffusion gedeutet werden [19], Diffusion von Leerstellen und Kationendiffusion über interstitielle Plätze, wobei

$$D_{Fe}^x = D_I \, p_{O_2}^{-2/3} + D_V \, p_{O_2}^{2/3}. \tag{C3.3}$$

Im Wüstit und im Magnetit sind die Selbstdiffusionskoeffizienten des Sauerstoffs [19] sehr viel geringer als die des Eisens, so daß bei der Oxidation das Wachstum der Oxidschichten nur von der Diffusion der Eisenionen durch die gebildete Oxidschicht bestimmt wird. Im Hämatit sind die Selbstdiffusionskoeffizienten der Kationen und des Sauerstoffs von gleicher Größenordnung [20], aber sehr viel kleiner als D_{Fe} für FeO und Fe_3O_4 (s. Bild C3.2).

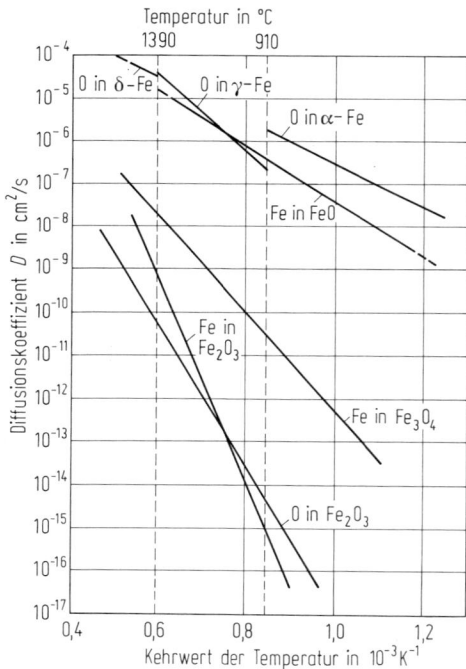

Bild C3.2 Arrhenius-Auftragung von Diffusionskoeffizienten des Eisens und des Sauerstoffs in den Oxiden des Eisens. Nach [15].

C3.2.2 Gleichgewichte, Fehlordnung der Sulfide und Diffusion im System Eisen-Schwefel

Das Phasendiagramm des Systems Eisen-Schwefel [21, 22] ist in Bild C3.3 wiedergegeben. Die Löslichkeit des Schwefels im α-Eisen beträgt bei 927°C bis zu $200 \cdot 10^{-4}\%$ und $50 \cdot 10^{-4}\%$ im γ-Eisen [23]. Die Löslichkeit steigt an bis $225 \cdot 10^{-4}\%$ im γ-Eisen bei 1200°C und bis zu 0,13% bei 1410°C im α-Eisen [24]. Diese Werte sind geringer als frühere Daten, offenbar aufgrund besserer Reinheit des eingesetzten Eisens (besonders hinsichtlich Mangan). Aus dem Diffusionskoeffizienten des Schwefels ist ersichtlich, daß Schwefel relativ langsam als Substitutionsatom mit hoher Aktivierungsenergie – 215 kJ mol^{-1} – diffundiert.

Die Sulfide Pyrrhotit FeS und Pyrit FeS$_2$ sind häufig vorkommende Mineralien, als Produkt des chemischen Angriffs von Schwefel und Sulfiden auf Eisen und Stähle tritt jedoch praktisch nur FeS auf. Dieses hat als Hochtemperaturmodifikation oberhalb 120°C die NiAs-Struktur. Der Homogenitätsbereich erstreckt sich von der stöchiometrischen Zusammensetzung bis 4,8% (Stoffmengengehalt) Schwefelüberfluß bei 743°C. Die Schwefeldrücke im Gleichgewicht mit FeS wurden in Abhängigkeit von der Zusammensetzung und Temperatur eingehend von mehreren Autoren bestimmt [21, 22] und diskutiert [21, 25]. Die Deutung dieser

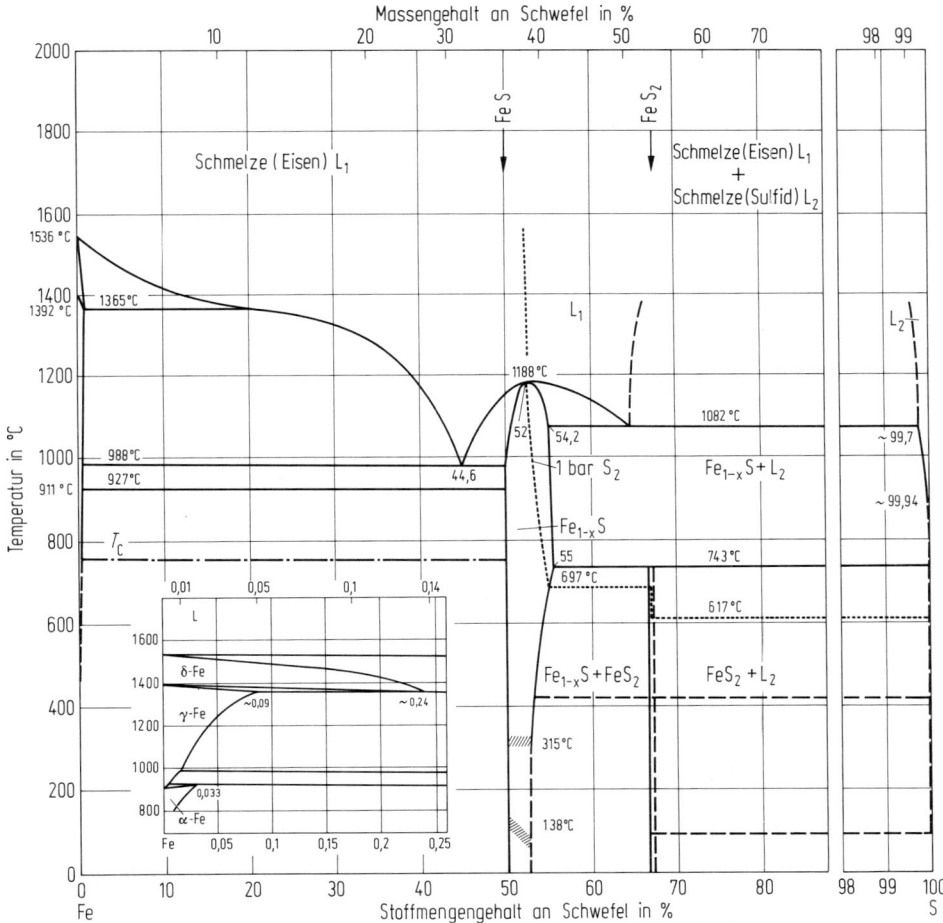

Bild C 3.3 Phasendiagramm Eisen-Schwefel. Nach [21].

Aktivitätsmessungen im Bereich des Schwefelüberschusses ist möglich mit der Einbaugleichung

$$\frac{1}{2} S_2 \text{ (gas)} = S_S + V_{Fe}. \tag{C3.4}$$

Da FeS sich bei hohen Temperaturen als metallischer Leiter verhält, ist den Fehlordnungszentren keine definierte Ladung zuzuordnen, und der Beitrag der Elektronen und Elektronenlöcher zur thermodynamischen Aktivität des Schwefels ist gering. Libowitz [25] deutet dieses Aktivitätsverhalten durch Bildung der Eisenionenleerstellen und abstoßende Wechselwirkungen zwischen diesen. Durch diese abstoßenden Wechselwirkungen kommt es bei niedrigen Temperaturen zur Bildung verschiedener FeS-Phasen mit geordneten Fehlstellen [26].

Wie im Wüstit FeO ist die Diffusion der Eisenionen im FeS sehr viel schneller als die der Schwefelionen [27]. Der Wert des Diffusionskoeffizienten des Eisens im FeS hängt von der Richtung der Diffusion ab und ist in Richtung der *a*-Achse kleiner als in Richtung der *c*-Achse.

C3.2.3 Gleichgewichte der wichtigsten Legierungselemente mit Sauerstoff und Schwefel

Alle üblichen Legierungselemente der Stähle werden an Luft bei erhöhter Temperatur oxidiert. Der Sauerstoffdruck, bei dem die metallische Phase M und das Oxid im Gleichgewicht stehen – der Bildungsdruck – ist gegeben durch

$$p_{O_2} = \exp(\Delta G^0/RT), \tag{C3.5}$$

wobei ΔG^0 *die Freie Enthalpie* der Reaktion ist:

$$\frac{2x}{y} M + O_2 = \frac{2}{y} M_xO_y. \tag{C3.6}$$

Mit Daten aus thermodynamischen Tabellen [28] lassen sich *Stabilitätsdiagramme* $\log p_{O_2}$ gegen $1/T$ berechnen (Bild C3.4). Hieraus ist u. a. zu ersehen, daß Aluminium, Silizium und Chrom schon bei sehr niedrigen Sauerstoffdrücken oxidiert werden und als Legierungselement in Stählen auch in Atmosphären mit sehr geringem p_{O_2} eine Oxidschicht bilden. Der Sauerstoffdruck errechnet sich in solchen Atmosphären bei erhöhten Temperaturen aus

$$p_{O_2} = K_1 (p_{CO_2}/p_{CO})^2 \text{ oder } p_{O_2} = K_2 (p_{H_2O}/p_{H_2})^2. \tag{C3.7}$$

Das Diagramm in Bild C3.4 gilt für reine Metalle und Oxide mit der thermodynamischen Aktivität 1, für *Legierungen und Mischoxide* sind noch die *verminderten Aktivitäten* zu berücksichtigen. Für Legierungen ist die Bildung von Mischoxiden möglich, deren Stabilitätsbereich in „*Diagrammen 2. Art*" für jeweils eine Temperatur dargestellt werden können [29] (s. als Beispiel das System Nickel-Eisen-Sauerstoff bei 1000°C, Bild C3.5).

Ähnlich wie für die Oxide können für die Sulfidbildung die erforderlichen Schwefeldrücke aus den freien Bildungsenthalpien der Sulfide [30] errechnet werden. Aus den freien Bildungsenthalpien der Karbide [31] kann die Kohlenstoffaktivität für die

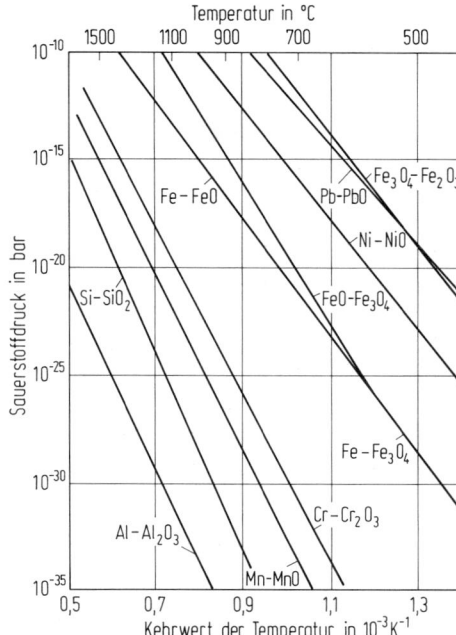

Bild C 3.4 Gleichgewichtsdrücke einiger Metall-Metalloxid-Systeme. Nach [9].

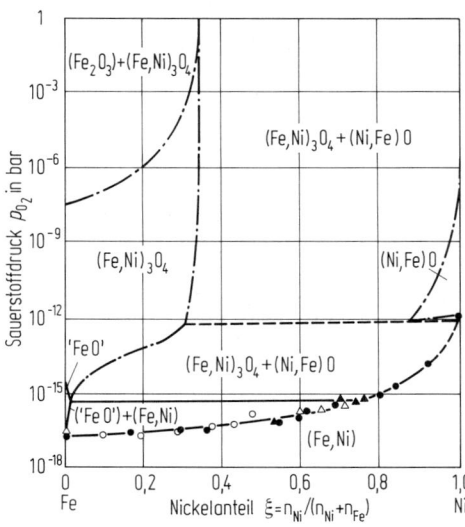

Bild C 3.5 Diagramm 2. Art des Systems Eisen-Nickel-Sauerstoff bei 900 °C. Nach [29].

Bildung der Karbide erhalten werden, die in der Gasatmosphäre eingestellt ist durch:

$$a_C = K_3\, p_{CO}^2/p_{CO_2} \text{ oder } a_C = K_4\, p_{CH_4}/p_{H_2}^2, \qquad (C\,3.8)$$

wobei $a_C = 1$ für Gleichgewicht mit Graphit.

Bei Angriff von *Gasgemischen*, in denen verschiedene Korrosionsprodukte – Oxide, Karbide oder Sulfide – gebildet werden können, kann man aus thermodynamischen Daten Stabilitätsdiagramme konstruieren, die angeben, welche feste Phase an der Grenzfläche Gas/Festkörper thermodynamisch stabil ist. Stabilitätsdiagramme für oxidierende und sulfidierende Atmosphären geben Stabilitätsfelder für Oxide und Sulfide [32] an (Bild C 3.6). Stabilitätsdiagramme für oxidierende Atmosphären mit kohlenstoffhaltigen Gasen geben Stabilitätsfelder für Oxide und Karbide [33] an. Für Aussagen über Hochtemperaturkorrosion bei der Kohlevergasung oder bei petrochemischen Prozessen sind beide von Interesse. Bei hohen Temperaturen ist noch zu beachten, daß manche Metalle und Oxide leicht verdampfen. Dies ist besonders für CrO_3 in stark oxidierenden Atmosphären und die Bildung von SiO und Mangan in reduzierenden Atmosphären wichtig.

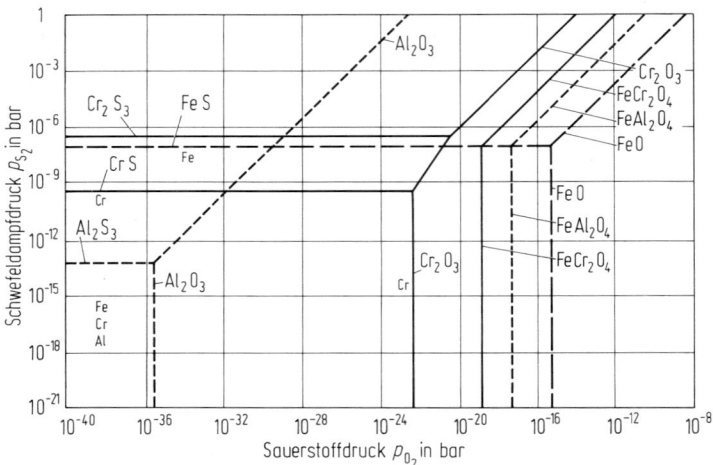

Bild C 3.6 Thermodynamisches Stabilitätsdiagramm für das System Eisen-Chrom-Aluminium-Sauerstoff-Schwefel bei 928°C. Nach [28].

C 3.3 Kinetik und Mechanismen der Reaktionen mit Gasen

C 3.3.1 Sauerstoffadsorption, Oxidfilme, Keimbildung

Untersuchungen über die ersten Stadien der Wechselwirkung von Sauerstoff und Eisenoberflächen sind meist bei Raumtemperatur oder etwas erhöhten Temperaturen, 300 bis 400 K, und Drücken zwischen 10^{-8} bis 10^{-6} mbar O_2 durchgeführt worden. Insbesondere Adsorptionsstrukturen wurden durch Beugung langsamer Elektronen (LEED) untersucht.

Die Wechselwirkung mit Sauerstoff hängt von der Orientierung der Eisenoberfläche ab. Bei der *Adsorption von Sauerstoff* auf einer Fe(110)-Fläche wird zunächst eine geordnete Struktur gebildet [34], wobei die Bedeckung $\Theta = 0{,}25$ (bezogen auf die Zahl der Eisenatome in der Oberfläche) erreicht wird. Fortgesetzte Zugabe bei 10^{-8} mbar erzeugt eine Struktur mit $\Theta = 0{,}33$. Bei stärkerer Oxidation mit 10^{-6} mbar wird schließlich vollständige Bedeckung, $\Theta = 1$, erreicht und anschließend ein dreidimensionales Oxid gebildet. Eine „FeO"-ähnliche Struktur wurde beobachtet, die epitaktisch mit der (111)-Fläche parallel zur (110)-Fläche des Eisens aufwächst.

Untersuchungen an (100)-Oberflächen bei $5 \cdot 10^{-8}$ bis $2 \cdot 10^{-6}$ mbar O_2 zeigten zunächst die Bildung einer p(1×1)-Struktur, d.h. wahrscheinlich vollständiger Bedeckung. Nach längerem Einlaß bei 300 K wurde eine Spinellphase beobachtet [35, 36], ein kubisches Oxid mit wachsendem Sauerstoffgehalt zwischen Fe_3O_4 und γ-Fe_2O_3 [36]. Beim Erhitzen lagerte sich diese Phase jedoch in „FeO" um, das in diesem Temperaturbereich an sich instabil ist.

Die bis jetzt beschriebenen Untersuchungen erfolgten bei niedrigen Temperaturen unter Einlaß von Sauerstoff in Hochvakuumapparaturen. Hierbei ist nicht sicher, ob tatsächlich Strukturen erhalten werden, die auch bei hohen Temperaturen und definierten Sauerstoffdrücken auftreten. LEED-Untersuchungen an Eiseneinkristallen, die einseitig mit einer FeO-Tablette zusammengesintert wurden [37], bestätigten, daß bei Gleichgewicht Fe-FeO und Temperaturen um 700°C als Adsorptionsstruktur auf Fe(100) eine p(1×1)-Struktur mit $\Theta = 1$ und auf Fe(110) ungeordnete Adsorption ohne Erreichen der Sättigung vorliegt. Die Orientierung (111) ist instabil, auf ihr tritt FeO-Wachstum auf.

Dünne deckende *Oxidfilme* wachsen auf Eisen offenbar nur bei niedriger Temperatur <300°C auf, bei höheren Temperaturen erhält man ungleichmäßige Keimbildung und Wachstum einzelner Kristallite. An polykristallinen Eisenfilmen wurden bei Drücken zwischen 10^{-9} und 10^{-3} mbar *Haftkoeffizienten* des Sauerstoffs gemessen [38]. Auf reinem Eisen haftet praktisch jedes auftreffende Sauerstoffmolekül. Bei Raumtemperatur fällt der Haftkoeffizient nach Ausbildung von rd. vier Oxidschichten auf 10^{-4}, bei 77 K schon nach Ausbildung einer Schicht, das weitere Wachstum erfolgt äußerst langsam. Die Beobachtungen zeigen, daß bei Raumtemperatur noch Platzwechsel von Anionen und Kationen möglich sind. Diese Transportvorgänge werden stark beeinflußt durch das elektrische Feld, was sich zwischen außen adsorbierten O^{2-}-Ionen und der Phasengrenze Oxid/Metall ausbildet und eine Auswanderung der Kationen erzwingt [39].

Messungen mit XPS (X-ray Photoelectron Spectroscopy) erlauben es, das Wachstum dünner Oxidschichten <10 nm zu verfolgen [40]. Solange die Austrittstiefe der durch den Röntgenstrahl ausgelösten Photoelektronen größer ist als die Oxidschichtdicke, können Photoelektronen aus dem Metall beobachtet werden. Aus dem Verhältnis der Intensitäten für Photoelektronen aus den Kationen des Oxids und aus dem Metallatom kann die Schichtdicke des Oxids abgeleitet werden. An Luft wächst bei Raumtemperatur auf frisch poliertem Eisen in wenigen Minuten eine etwa 2 nm dicke Oxidschicht auf. Nach fünf Tagen ist sie rd. 6 nm dick [40]. Das Wachstum von Oxidschichten auf chromhaltigen Stählen erfolgt sehr viel langsamer, und es wird Anreicherung von Chrom beobachtet. Diese Anreicherung verstärkt sich bei Oxidation bei erhöhter Temperatur >400°C [41].

Bei Oxidation bei hoher Temperatur wachsen zunächst keine dichten Oxidschichten auf, sondern es erfolgt örtlich *Keimbildung und Kristallitwachstum* [42, 43]. Bei Temperaturen zwischen 650 und 850 °C und Sauerstoffdrücken zwischen 10^{-3} und 10^{-1} mbar bilden sich Oxidkeime nur auf wenigen Punkten der Metalloberfläche, z. B. an Verunreinigungen, Versetzungen und Korngrenzen. Die Zahl der Keime nimmt mit abnehmender Temperatur und zunehmendem Druck zu. Starken Einfluß hat die Orientierung der Kristallfläche; für die Orientierungen (100) und (110) ergibt sich das extreme Verhältnis der Keimdichten 100:1. Die Dichte der Oberflächendefekte und die *Oberflächendiffusion* des Sauerstoffs bestimmt die Keimdichte. Je höher der Koeffizient der Oberflächendiffusion für eine Orientierung ist, desto weniger Keime entstehen, da weniger leicht örtliche Übersättigungen an Sauerstoff auftreten.

Epitaktische Beziehungen der Oxidschicht und der Metalloberfläche sind besonders für das Wachstum des FeO mit Röntgen- und Elektronenbeugungsmethoden untersucht worden [43]. Auf der (100) Fläche des Eisens wächst ebenfalls mit der Würfelfläche (100) FeO auf, allerdings um 45° verdreht. Hierbei besteht gute Übereinstimmung der Diagonalen einer Oberflächenmasche des Eisens und der Distanz zweier Kationen im Wüstitgitter. Für den beschriebenen Fall gibt es nur eine epitaktische Orientierung des Oxids, für andere Flächen des Eisens oder anderer Metalle treten häufig mehrere epitaktische Beziehungen auf. Die Epitaxie in diesem Fall entsteht wahrscheinlich schon aufgrund der vorangehenden Chemisorption des Sauerstoffs im Zentralplatz der (100)-Fläche (s. Bild C3.7) zwischen vier Eisenatomen.

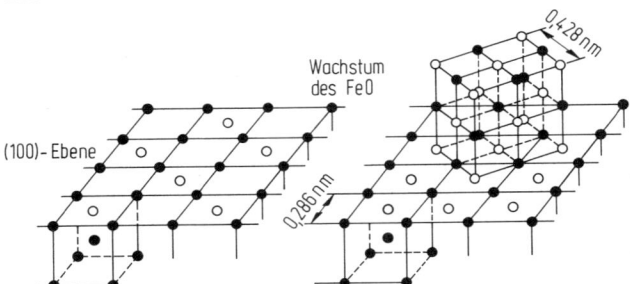

Bild C3.7 Chemisorption des Sauerstoffs und Übergang zum Wachstum des FeO auf einer Eisenfläche mit der Orientierung (100). Nach [37, 42].

In-situ-Beobachtungen der Oxidation in CO_2 bei 500 °C zeigten [43], daß die Magnetitkristalle in mehreren „Generationen" gebildet werden. Auf den ersten Kristalliten wird noch eine zweite und dritte Generation von Kristalliten gebildet, bevor nach Bildung einer Oxidschicht von rd. 700 nm die Kristallite zu einer deckenden Schicht verwachsen. Untersuchungen an abgelösten Oxidfilmen hatten dagegen zu der Aussage geführt, daß die Oxidkristallite einer Generation zunächst zu einer Schicht zusammenwachsen bevor neue Keimbildung erfolgt.

C 3.3.2 Oxidation von Eisen

Oberhalb 570 °C ist Wüstit FeO stabil, und bei Oxidation von Eisen in Luft oder Sauerstoff bildet sich unterhalb relativ dünner Schichten von Fe_3O_4 und FeO eine Schicht aus FeO, die etwa 95 % der gesamten Zunderschicht ausmacht. Das Wachstum der gesamten Zunderschicht kann durch das *parabolische Zeitgesetz* $(\Delta m/A)^2 = kt$

beschrieben werden, ist also durch Diffusion bestimmt. Das Wachstum ist schnell, bei Temperaturen oberhalb 700 °C werden in wenigen Stunden mehrere 100 µm dicke Schichten gebildet. Aufgrund der Kenntnisse über Fehlordnung und Diffusion in den Eisenoxiden [9-20] können die Transportvorgänge bei der Oxida-

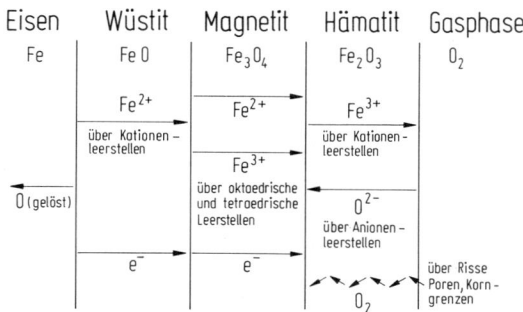

Bild C 3.8 Mechanismus des Transports in den Oxidschichten bei der Oxidation des Eisens oberhalb 575 °C. Nach [44].

tion vollständig beschrieben werden (s. Bild C 3.8) [44]. Das Oxidwachstum erfolgt durch Diffusion der Kationen in den Oxiden FeO und Fe_3O_4 über Kationenleerstellen von innen nach außen, in entgegengesetzter Richtung findet eine Wanderung von Defektelektronen statt, d. h. durch Elektronensprünge von Fe^{2+} nach Fe^{3+} wandert ein „Elektronenloch" nach innen. Die Diffusion der Kationen nach außen entspricht einer Diffusion von Leerstellen nach innen. Im Hämatit Fe_2O_3 sind die Diffusionskoeffizienten der Kationen und Anionen sehr klein [20]. Die Bildungsgeschwindigkeit kann nur teilweise durch die Eindiffusion von O^{2-} über Anionenleerstellen und die Gegendiffusion von Fe^{3+} verstanden werden. Wahrscheinlich findet zusätzlich Transport von molekularem Sauerstoff durch Risse und Poren der Oxidschicht zur Phasengrenze Fe_3O_4/Fe_2O_3 statt. Nur so ist das schnelle Wachstum der unteren Schichten zu verstehen [44]. Das Wachstum von Fe_3O_4 und FeO läßt sich durch die Theorie Wagners für diffusionsbestimmte Oxidation beschreiben [18]. Der Leerstellengradient im Wüstit ist während der Oxidation linear [45]. Aus den ermittelten Konzentrationsgradienten und den gemessenen Oxidationsgeschwindigkeiten lassen sich Diffusionskoeffizienten der Leerstellen und der Kationen in guter Übereinstimmung mit den Tracermessungen [18] bestimmen.

Bei der Oxidation wandern Leerstellen zur Phasengrenze FeO/Fe. Diese werden unter Ionisierung durch Eisen aus dem metallischen Gitter besetzt. Nur solange die *Kohäsion an der Phasengrenze* FeO/Fe erhalten bleibt, ist dieser Vorgang möglich, ohne daß Poren und Hohlräume entstehen. Hierzu ist plastisches Fließen des Oxids erforderlich, wobei sich Wüstit plastischer verhält als die höheren Oxide [46, 47]. Die Hohlraumbildung erfolgt erleichtert an Kanten und Ecken. Dies führt zu unterschiedlicher Oxidationskinetik für unebene und glatte Proben, Drähte u. a. Berechnungen über die Stabilität von Oxidschichten, die auf gebogenen Oberflächen oder an Ecken und Kanten wachsen, sind möglich [47] mit Hilfe von Daten über die plastische Verformung von Oxiden. Während der Oxidation treten fortwährend Risse in der Oxidschicht auf [48], wahrscheinlich aufgrund der mechanischen Spannungen zwischen den verschiedenen Phasen.

Bei Temperaturen *unterhalb 570°C* besteht der Zunder nur aus Fe_3O_4 und Fe_2O_3, mit Fe_3O_4 als Hauptbestandteil. Weil Fe_3O_4 im Vergleich zu FeO wesentlich weniger plastisch verformbar ist, trennen sich bei der Oxidation unterhalb 570 °C durch die Eindiffusion der Leerstellen Metall und Oxid sehr rasch. Verzögert wird diese *Spaltbildung*, wenn eine starke Kaltverformung des Stahls vorliegt, da angelieferte Leerstellen nicht zu Hohlräumen kondensieren, sondern in das Innere des Metalls abwandern. Oberhalb 600 °C verschwindet der Einfluß der Kaltverformung durch Rekristallisation [49].

Bei niedriger Temperatur (<400 °C) und niedrigem Sauerstoffdruck entsteht zunächst nur Fe_3O_4, weil die Keimbildung des Fe_2O_3 gehemmt ist [50]. Nach Bildung von Fe_2O_3 wird die Oxidation stark verlangsamt. Die Zeit bis zur Fe_2O_3-Bildung wird mit steigendem Sauerstoffdruck verringert. Hierdurch kann überraschenderweise die Oxidschichtdicke bei hohem Sauerstoffdruck geringer als bei niedrigem Druck sein.

Bei hohen Temperaturen (>570 °C) ist in einem bestimmten Bereich des CO_2/CO oder H_2O/H_2-Verhältnisses nur Wüstit auf Eisen stabil. Aufgrund der hohen Diffusionsgeschwindigkeit der Kationen im Wüstit bleibt bei der *Oxidation in CO_2-CO oder H_2O-H_2* für relativ lange Reaktionszeiten und Schichtdicken des gebildeten Wüstits die *Phasengrenzreaktion* geschwindigkeitsbestimmend, und das Oxidwachstum ist linear zeitabhängig [51–53]. Für die Oxidation in CO_2-CO ist die Adsorption und Dissoziation der CO_2-Moleküle geschwindigkeitsbestimmend:

$$CO_2(g) = CO(g) + O \text{ (in der Wüstitoberfläche).} \tag{C 3.9}$$

Hierfür gilt die *Geschwindigkeitsgleichung:*

$$v = k_1 \, p_{CO_2} (1 - a_O^{Gl}/a_O) = k_1 (1 + K)(p_{CO_2} - p_{CO_2}^{Gl}) \tag{C 3.10}$$

(Gl = Gleichgewicht), worin k_1 die *Geschwindigkeitskonstante* für den CO_2-Zerfall ist, p_{CO_2} und a_O sind CO_2-Druck und Sauerstoffaktivität in der Gasphase und $p_{CO_2}^{Gl}$ sowie a_O^{Gl} die entsprechenden Werte für das Gleichgewicht Fe-FeO.

Entsprechende Ausdrücke gelten für die Oxidation in H_2O-H_2-Atmosphären, wobei der Zerfall des H_2O an der Wüstitoberfläche geschwindigkeitsbestimmend ist [54, 55]. Die Geschwindigkeitskonstante ist für diese Reaktion jedoch um rd. 2 Zehnerpotenzen größer. Werte für die Geschwindigkeitskonstanten (Bild C 3.9) konnten aus Isotopenaustauschmessungen in strömenden CO_2-CO- oder H_2O-H_2-Gemischen an Wüstitoberflächen erhalten werden, die im Gleichgewicht mit der vorgegebenen Gasatmosphäre stehen [55, 56]. Für den ^{14}C Austausch zwischen CO_2 und CO oder den Deuteriumaustausch zwischen H_2O und H_2 sind der CO_2-Zerfall bzw. der H_2O-Zerfall an der Wüstitoberfläche geschwindigkeitsbestimmend. Die Geschwindigkeitskoeffizienten für diese Reaktionen werden in Abhängigkeit von der Sauerstoffaktivität der Festkörperoberfläche erhalten. Für die Oxidation des Eisens zu Wüstit ist der Wert bei Gleichgewicht Fe-FeO maßgebend. Die beobachtete Abhängigkeit von der Sauerstoffaktivität ist durch Elektronenübergang vom Wüstit zum dissoziierenden CO_2 bzw. H_2O bedingt [57], der mit zunehmender Sauerstoffaktivität und Defektelektronenkonzentration erschwert wird. Bei Temperaturen <800 °C kommt ein zusätzlicher Effekt durch adsorbierten Sauerstoff auf der Wüstitoberfläche hinzu.

Für längere Oxidationszeiten und größere Wüstitschichtdicken baut sich allmählich der Konzentrationsgradient der Leerstellen in der Wüstitschicht auf, der schließlich bei Einstellung des Gleichgewichts an der Phasengrenze Gasphase/

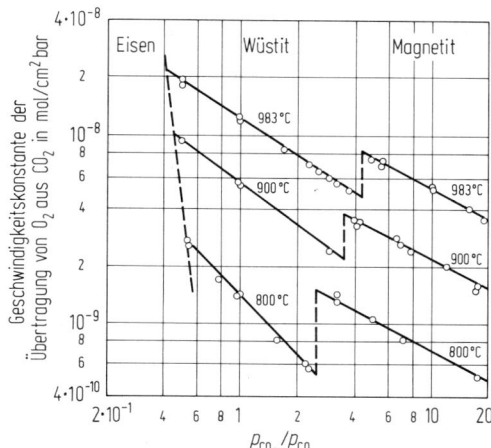

Bild C 3.9 Doppellogarithmische Auftragung der Geschwindigkeitskonstanten der Sauerstoffübertragung aus CO_2-CO-Gemischen auf Wüstit und Magnetit bei eingestelltem Gleichgewicht mit der Gasphase (Isotopenaustausch-Messungen). Nach [56].

Wüstit zum diffusionsbestimmten parabolischen Wachstum führt [58]. Bei 1000 °C erfolgt der Übergang in CO_2-CO bei Schichtdicken von ~ 100 µm [56, 58] und in H_2O-H_2-Gemischen bei rd. 40 µm [55].

Die Anwesenheit von CO_2 und/oder H_2O in der Atmosphäre beschleunigt die Oxidation von Stählen an Luft [59]. Wenn diese Gase in die Poren und Hohlräume an der Grenzfläche Oxid/Metall eindringen, bilden sich *Redoxsysteme* CO_2-CO und H_2O-H_2. Solche Atmosphären können Sauerstoff übertragen durch Oxidation des metallischen Eisens an der Innenfläche der Pore und Rückoxidation des Gases am Oxid an der äußeren Grenzfläche der Pore.

Die Verzunderung von Stahl in O_2-CO_2-N_2-Gasgemischen, die der Zusammensetzung technischer Verbrennungsgase bei Temperaturen zwischen 800 und 1300 °C entsprechen, wird ebenfalls durch das lineare Zeitgesetz beschrieben [60]. Die Wirkung des O_2 und CO_2 ist additiv. Die Oxidation durch O_2 ist bestimmt durch den Antransport in der Gasphase, die Oxidation durch CO_2 durch die Phasengrenzreaktion.

Durch CO_2 bei hohem Druck unterhalb 600 °C, wie z. B. in CO_2-gekühlten Kernreaktoren kann bei unlegierten und niedriglegierten Stählen nach längerer Zeit durch Aufbrechen der Oxidschicht eine Beschleunigung der Oxidationsgeschwindigkeit unter Übergang vom parabolischen zum linearen Zeitgesetz erfolgen [61]. Bei dieser Oxidation dringt allmählich CO_2 durch das gebildete Fe_3O_4 ein bis an die Phasengrenze Oxid/Metall und bildet ein CO_2-CO-Gemisch, das im Gleichgewicht mit Fe-Fe_3O_4 steht. Dieses Gasgemisch ist thermodynamisch instabil und zerfällt unter Kohlenstoffabscheidung, wobei der wachsende Graphit die Oxidschicht aufsprengt. Außerdem erfolgt zusätzlich Aufkohlung und innere Karbidbildung im Stahl.

C 3.3.3 Oxidation von Stählen

Kohlenstoff im Stahl

Bei Wärmebehandlungen von Stählen in oxidierenden Atmosphären, vor und während der Warmformgebung erfolgt Oxidation von Eisen und Kohlenstoff unter Bildung von *Zunderschichten*. Unterhalb dieser Zunderschicht wird ein oberflächennaher Bereich des Werkstoffs entkohlt. Die *Entkohlungsreaktion* läuft an der Phasengrenze Eisen/Wüstit ab, und die entstehenden Kohlenoxide gelangen durch Poren und Risse der Oxidschicht nach außen [62, 63].

In neuerer Zeit wurde der gleichzeitige Verlauf dieser Reaktionen in Sauerstoff oberhalb 1000 °C gemessen und die Zeitgesetze für verschiedene Grenzfälle aufgestellt [64]. Hierbei ist die Entkohlung diffusionsbestimmt mit parabolischem Zeitgesetz und die Verzunderung entweder linear (in CO_2) oder parabolisch (in O_2) zeitabhängig. Anfänglich wird nur das Eisen oxidiert und unterhalb der Oxidschicht reichert sich Kohlenstoff an. Die zunehmende Kohlenstoffaktivität und die Bildung von Poren an der Phasengrenze Wüstit/Eisen durch Leerstellenkondensation ermöglicht die Bildung von Gasblasen. Es entsteht ein $CO-CO_2$-Gemisch im Gleichgewicht mit Fe-FeO. Das Gasgemisch gelangt durch Poren oder Risse nach außen. Die Kohlenstoffoxidation erfolgt durch den Oxidsauerstoff oder durch Gasübertragung an der metallischen Grenzfläche. Eine Diffusion von Kohlenstoff zur äußeren Oberfläche durch das Oxid kann wegen der geringen Löslichkeit vernachlässigt werden [63].

Nach längeren Oxidationszeiten an Luft kommt es stets zu einer Randentkohlung, da die parabolische Zeitabhängigkeit und die Trennung von Oxid und Metall durch Hohlräume zu einer Verlangsamung der Oxidation führen, während die Entkohlung durch Phasengrenzreaktionen kontrolliert wird und linear zeitabhängig ist. Die Randentkohlung kann nur durch Glühen in Gasen mit gleicher Kohlenstoffaktivität wie im Stahl verhindert werden.

Legierungen mit edleren Legierungskomponenten

Das Oxidationsverhalten von Eisen mit edleren Legierungselementen oder Begleitelementen, wie Nickel, Kobalt, Kupfer, Zinn, Blei, Arsen oder Antimon läßt sich zusammenfassend behandeln, wenn diese nur in kleinen Konzentrationen (wenige Prozent oder darunter) vorliegen [65]. Die genannten Elemente werden nicht mit oxidiert, sondern verbleiben in der metallischen Phase und reichern sich durch das Wachsen der Oxidschicht (FeO oder Fe_3O_4) unterhalb dieser an. Das Eisen muß durch die angereicherte Zone zum Oxid herandiffundieren. Außerdem ist die Sauerstoffaktivität an der inneren Phasengrenze Oxid/Metall erhöht im Vergleich zu den Verhältnissen bei der Oxidation reinen Eisens. Beides bewirkt eine Verlangsamung der Oxidation.

Unerwünschte Folgen für die Warmumformbarkeit hat die Anreicherung von Kupfer, Zinn, Arsen oder Antimon an der Phasengrenze Eisen/Oxid. Besonders das Kupfer kann bei Anreicherungen über 7,5 %, das ist die Löslichkeit im γ-Eisen, die sogenannte *Lot- oder Heißbrüchigkeit* verursachen. Es bildet sich ein bei 1094 °C schmelzendes Eutektikum, das bei mechanischer Beanspruchung in die Korngrenzen des Materials eindringt. Der Schmelzpunkt kann bei Anwesenheit von Zinn noch weiter erniedrigt sein.

Eingehend untersucht wurde die Oxidation von Eisen-Nickel-Legierungen [66]. Bei Bildung von FeO, das nur sehr wenig NiO löst (s. Bild C3.5), wird durch die Anreicherung des Nickels unterhalb der Oxidschicht im Innern der Legierung innere Oxidation von Eisen möglich. Dieser Vorgang wird durch die Eindiffusion des Sauerstoffs und Gegendiffusion des Eisens gesteuert und führt nach dem von Wagner [67] angegebenen Mechanismus zur Bildung von zerklüfteten, *verzahnten Grenzflächen*. Diese Verzahnung begünstigt gute Adhäsion der Oxidschicht und bewirkt andererseits, daß die beim Herstellungsprozeß entstehenden Zunderschichten schwer entfernbar sind. Mit zunehmender Temperatur und zunehmendem Sauerstoffdruck wird die Bildung des FeO auf Eisen-Nickel-Legierungen mehr und mehr unterdrückt (s. Bild C3.5), da in weiten Bereichen der Zusammensetzung und des Sauerstoffdrucks der *Spinell* $(Fe, Ni)_3O_4$ die stabile Phase auf Eisen-Nickel-Legierungen ist. Dies ist vorteilhaft für die Zunderfestigkeit, da der Spinell sehr viel langsamer wächst als die Phase $(Fe, Ni)O$. Mit zunehmendem Gehalt an Nickel nimmt noch die Fehlordnung des Spinells und damit auch die Wachstumsgeschwindigkeit weiterhin ab.

Kobalt gehört ebenfalls zu den möglichen edleren Legierungskomponenten des Eisens, stabilisiert jedoch die Phase $(Fe, Co)O$ und hat damit nur geringen Einfluß auf die Oxidation des Eisens. Durch die geringere Fehlordnung ist die Wachstumsgeschwindigkeit des Oxids etwas herabgesetzt.

Legierungen mit unedleren Legierungskomponenten

Stähle, die bei hohen Temperaturen in oxidierenden Atmosphären eingesetzt werden sollen, sind mit den Elementen Chrom, Aluminium oder Silizium legiert. Diese Legierungselemente bilden *schützende Oxidschichten*, wobei die Oxide eine äußerst geringe Fehlordnung aufweisen, so daß Diffusionsvorgänge nur sehr langsam ablaufen und folglich nur langsames Schichtwachstum erfolgt.

Eisen-Chrom-Legierungen sind die Ausgangsmaterialien für zahlreiche technisch wichtige Stähle. Das Oxidationsverhalten in Abhängigkeit vom Chromgehalt [68] verändert sich wie es Bild C3.10 zeigt. Bei kleinen Chromgehalten unterhalb 2% erhöht sich die Oxidationsgeschwindigkeit aufgrund des Wagner-Hauffe-Dotierungseffekts, gelöstes Cr_2O_3 erhöht die Leerstellenkonzentration im FeO und Fe_3O_4 nach

$$Cr_2O_3 = 2\, Cr_{Fe}^{\cdot} + 3\, O_O^x + V_{Fe}''. \qquad (C3.11)$$

Bei Gehalten zwischen 2 und 15% Cr bildet sich der Spinell $(Fe, Cr)_3O_4$, und die Oxidationsgeschwindigkeit verringert sich mit wachsendem Chromgehalt. Bei Gehalten zwischen 15 und 30% Cr ist das an der Oberfläche gebildete Oxid ein Mischoxid $(Cr, Fe)_2O_3$, und die Oxidationsgeschwindigkeit zeigt ein flaches Minimum [69], Legierungen mit höheren Chromgehalten oxidieren schneller. Unterhalb der schützenden $(Cr, Fe)_2O_3$-Schicht tritt eine Verarmung an Chrom auf. Bei Rißbildung kann schnell wachsendes FeO gebildet werden, das unter *Röschenbildung* die schützende Oxidschicht aufsprengt.

Eisen-Aluminium-Legierungen [68, 70, 71] sind oxidationsbeständig durch die Bildung von $FeAl_2O_4$, $\gamma\text{-}Al_2O_3$ oder $\alpha\text{-}Al_2O_3$, je nach Temperaturbereich. Unterhalb 570 °C bei Gehalten > 0,09% Al tritt $FeAl_2O_4$ zwischen Metall und Fe_3O_4 auf, oberhalb 570 °C wird auch $\gamma\text{-}Al_2O_3$ (Spinellgitter) gebildet und bei Temperaturen ober-

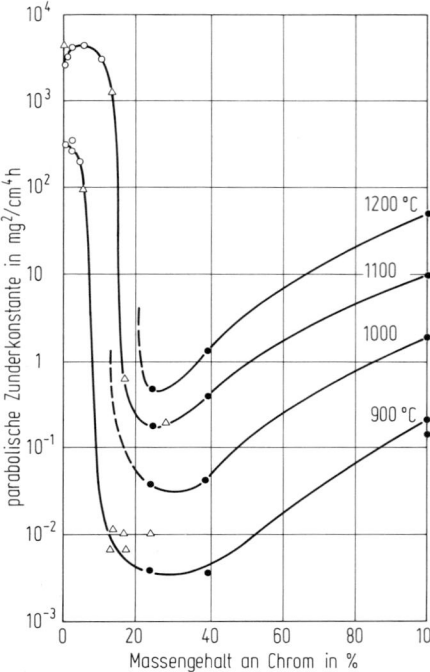

Bild C 3.10 Einfluß des Chromgehalts und der Temperatur auf die parabolische Zunderkonstante von Eisen-Chrom-Legierungen. Nach [65].

halb 900 °C das am besten schützende α-Al_2O_3. Hierdurch tritt bei 900 °C eine Abnahme der parabolischen Zunderkonstanten mit zunehmender Temperatur auf. Eine gute Schutzwirkung oberhalb 800 °C wird durch Gehalte von 6 bis 8% Al erreicht. Niedriger Sauerstoffdruck erleichtert die Bildung einer schützenden Al_2O_3-Schicht, da unter diesen Bedingungen das Aluminium schnell genug zur Oberfläche diffundiert. Auch bei Eisen-Aluminium-Legierungen tritt durch örtliche Zerstörung der Schutzschicht die Bildung von röschenförmigen Auswüchsen auf. Hierdurch kann nach anfänglich parabolischer Oxidation die Oxidationsgeschwindigkeit wieder zunehmen. Wasserdampf in der Atmosphäre und Kohlenstoff im Stahl wirken sich ungünstig auf das Oxidationsverhalten aus und verursachen Röschenbildung.

Eisen-Silizium-Legierungen bilden bei niedrigen Siliziumgehalten in Luft und Sauerstoff eine Schicht von Fe_2SiO_4 unterhalb der Schichtfolge FeO, Fe_3O_4, Fe_2O_3. Bei Gehalten oberhalb 2 bis 3% Si und nicht zu hohen Temperaturen entsteht eine äußere Schutzschicht von Fe_2SiO_4 oder SiO_2, die einen sehr guten Schutz gewährt aber auch wiederum anfällig gegen Röschenbildung ist [72, 73]. Die Anwendung von siliziumhaltigen Legierungen ist auf Temperaturen unterhalb 1150 °C begrenzt, da Fayalith Fe_2SiO_4 bei 1205 °C und das Eutektikum FeO-Fe_2SiO_4 bei etwa 1170 °C schmilzt.

Die anderen Elemente, die in Stählen als Legierungselemente auftreten, haben in ihren üblichen Konzentrationen nur geringe Auswirkungen auf die Oxidationsgeschwindigkeiten. Durch Kombination mehrerer Legierungselemente, wie in den bekannten technischen Stählen, lassen sich jedoch im Vergleich zu den binären Legierungen wesentlich verbesserte Korrosionseigenschaften erreichen [73–78].

Unlegierte und niedriglegierte Stähle

Diese Stähle werden durchweg unterhalb 600 °C eingesetzt, so daß die Zunderschicht aus Fe_3O_4 mit einer dünnen Schicht Fe_2O_3 darüber besteht. Die Legierungselemente Chrom, Aluminium und Silizium hemmen mit zunehmendem Gehalt die Oxidation [73, 74] dadurch, daß an der Grenzfläche Zunder/Metall Spinelle oder Silikat gebildet werden. In H_2O- und CO_2-haltigen Atmosphären ist dieser schützende Effekt geringer, da in der porösen Schicht unterhalb des Fe_3O_4 ein schneller Sauerstofftransport durch H_2O-H_2 oder CO_2-CO möglich ist. Je nach Gehalt an Legierungselementen werden folgende Anwendungsgrenzen angegeben. Für unlegierten Stahl bis 450 °C, für Stahl mit 1 % Cr bis 540 °C und für Stahl mit 2,5 % Cr bis 600 °C.

Hochlegierte Stähle

Alle bei hohen Temperaturen angewandten Stähle enthalten Chrom in Kombination mit anderen Legierungselementen. Für *Eisen-Chrom-Aluminium-Legierungen* wird in Bild C 3.11 gezeigt [75], welche Oxide an der Oberfläche gebildet werden in Abhängigkeit von der Legierungszusammensetzung. Hohe Chromgehalte erleichtern die Ausbildung, der sehr gut schützenden α-Al_2O_3 Deckschicht, so daß Legierungen mit 20 bis 25 % Cr und 4 bis 5 % Al als *Heizleiter* verwandt werden können. Die Lebensdauer solcher Heizleiter kann durch Zulegieren von Yttrium und anderen seltenen Erdmetallen erhöht werden [76]. Diese Zusätze verbessern die *Haftfestigkeit der Oxidschicht* bei thermischer Wechselbeanspruchung.

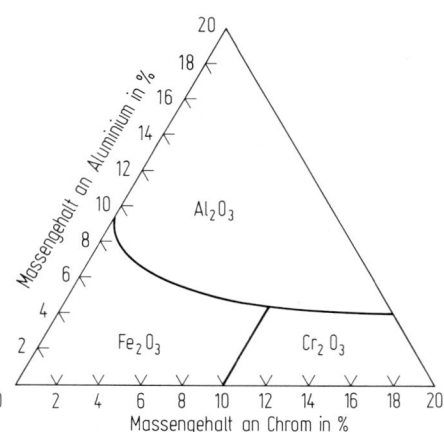

Bild C 3.11 Stabilität von Oxiden auf Eisen-Chrom-Aluminium-Legierungen. Nach [75].

Bei der Oxidation von *Eisen-Chrom-Silizium-Legierungen* bildet sich unterhalb der Cr_2O_3-Deckschicht ein SiO_2-Film, wodurch die Oxidationsgeschwindigkeit sehr stark herabgesetzt wird [77].

In *Eisen-Chrom-Nickel-Legierungen* wird die Gefahr des Auswachsens von FeO-Röschen durch zunehmenden Ersatz von Eisen durch Nickel unterdrückt. Am günstigsten sind Gehalte zwischen 30 und 40 % Ni. Bei 1000 °C wird nur bei Chromgehalten unterhalb 10 bis 15 % Spinell auf der Oberfläche gebildet. Im gesamten übrigen Bereich des ternären Diagramms tritt das gut schützende Oxid Cr_2O_3 auf [78].

C 3.3.4 Sulfidierung von Eisen und Stählen

Die Korrosion von Eisen in flüssigem oder dampfförmigem Schwefel führt zur Bildung einer Schichtenfolge von FeS und FeS_2, mit FeS als Hauptbestandteil, und folgt näherungsweise dem parabolischen Zeitgesetz. Wie sich aus der Kenntnis der Selbstdiffusionskoeffizienten für Eisen und Schwefel im FeS [15] ergibt, erfolgt das Sulfidwachstum durch Diffusion von Kationen über Leerstellen von der inneren Phasengrenze Metall/Sulfid zur Oberfläche unter Ladungsausgleich durch Elektronenleitung [79]. Nur im Temperaturbereich von 250 bis 370 °C wurde eine dünne FeS_2-Schicht auf der äußeren Oberfläche beobachtet, bei höheren Temperaturen war FeS_2 nicht nachweisbar, obwohl es thermodynamisch stabil sein sollte [80]. Die FeS-Schicht zeigt Poren und Mehrfachschichtenstruktur. Daher ist nicht zu erwarten, daß die Berechnung der parabolischen Zunderkonstanten nach der Theorie von Wagner zu guter Übereinstimmung mit den gemessenen Werten führt [80]. Durch Poren- und Hohlraumbildung wird die Wachstumsgeschwindigkeit des FeS nicht wesentlich verringert, da der Schwefeltransport aufgrund der relativ hohen Dissoziationsdrücke auch über die Gasphase erfolgen kann. Die FeS-Bildung in H_2S oder H_2S-H_2-Gemischen folgt zunächst einem linearen Zeitgesetz, da offenbar der H_2S-Zerfall an der Sulfidoberfläche geschwindigkeitsbestimmend ist. Für längere Versuchszeiten gilt angenähert das parabolische Zeitgesetz und Selbstdiffusionskoeffizienten des Eisens im FeS konnten abgeleitet werden [81]. Gelöster Wasserstoff im FeS wurde angenommen, um Änderungen der parabolischen Sulfidierungskonstante mit der Summe der Partialdrücke $p_{H_2S} + p_{H_2}$ zu erklären [82].

Bei der Oxidation in SO_2 oder Ar-SO_2-Gemischen bei Temperaturen zwischen 600 und 1000 °C können FeO und FeS gleichzeitig auf der Eisenoberfläche wachsen, wenn der Transport des SO_2 in der Gasphase zur Probenoberfläche oder die Phasengrenzreaktion an der FeO/FeS Oberfläche geschwindigkeitsbestimmend ist [83]. Dies führt zu einem linearen Zeitgesetz, das aufgrund der hohen Diffusionsgeschwindigkeit der Kationen im FeS für relativ große Schichtdicken bis 150 μm gilt. Das Wachstum der beiden Phasen FeO und FeS erfolgt lamellenartig schräg und senkrecht zur Oberfläche.

Bei der Anwendung von Stählen in technischen Verbrennungsgasen wird oberhalb und unterhalb 600 °C durchweg ein Oxid die stabile Phase und das Wachstum parabolisch sein, so daß SO_2 keinen Einfluß auf das Verzundern haben sollte. Dennoch ist ein Eindringen von Schwefel unter die Oxidschicht durch Diffusion von SO_2 durch Risse und Poren der Deckschicht möglich. In diesem Fall bilden sich Sulfide an der inneren Phasengrenze Oxid/Metall.

Diese *innere Sulfidbildung* tritt auch bei Korrosion von Eisenlegierungen in oxidierenden und sulfidierenden Gasgemischen auf, so bildet sich Chromsulfid in Eisen-Chrom-Legierungen [84] unterhalb der Oxide. Im Zusammenhang mit der Anwendung von Hochtemperaturlegierungen für Reaktoren bei der Kohlevergasung sind die thermodynamischen Stabilitätsdiagramme für Eisen-Chrom-Nickel- und Eisen-Chrom-Aluminium-Legierungen in oxidierenden und sulfidierenden Atmosphären berechnet [85] (s. Bild C 3.6) und das Korrosionsverhalten hiermit verglichen worden. Ein wichtiges Ergebnis ist, daß zum Erhalt einer schützenden Oxidschicht und zur Vermeidung der Sulfidbildung eine um den Faktor 10^2 bis 10^3 höhere Sauerstoffaktivität erforderlich ist, als aus dem Stabilitätsdiagramm geschlossen werden könnte [86]. Es ist fast unmöglich, für reduzierende und sulfidierende Bedingungen geeignete Hochtemperaturlegierungen zu empfehlen, da alle Sulfide aufgrund hoher Diffusionsgeschwindigkeiten der Komponenten sehr viel schneller wachsen als Oxide und somit keine schützenden Deckschichten bilden [87]. Am günstigsten verhalten sich Legierungen, deren Schutz auf einer Al_2O_3-Schicht beruht, die selbst bei sehr niedrigem Sauerstoffdruck noch gebildet werden kann. Dies ist möglich auf ferritischen Chrom-Aluminium-Stählen mit hohem Aluminiumgehalt [87], auf alitierten Stählen [88], oder auf Stählen, die mit Chrom, Aluminium und Yttrium enthaltenden Nickel- oder Kobaltlegierungen beschichtet sind [89].

C3.3.5 Aufkohlung und Entkohlung

Die *Aufkohlung* von Stählen in einer Gasatmosphäre wird zur Einstellung eines bestimmten Randkohlenstoffgehalts oder zur Durchkohlung von ganzen Werkstücken durchgeführt. Hierbei erreicht man eine Verbesserung der Oberflächenhärte, Verschleißfestigkeit, Dauerwechselfestigkeit und Tragfähigkeit.

Als unerwünschter Effekt tritt die Aufkohlung bei der Hochtemperaturkorrosion von Bauteilen in Rohren und Öfen mit aufkohlenden Atmosphären auf, z. B. in der Petrochemie und bei der Kohlevergasung, wobei die Hochtemperaturwerkstoffe durch innere Karbidbildung ihre Duktilität einbüßen.

Die in der Technik mit *Zementation oder Temperung* bezeichnete erwünschte Aufkohlung wird in Gasatmosphären durchgeführt, die aus den Gasen CO, CO_2, H_2, H_2O, CH_4 und N_2 bestehen, und durch Teilverbrennung von Erdgas, Propan oder Erdöl erzeugt werden. Für das Gasgemisch läßt sich eine Gleichgewichts-Kohlenstoffaktivität [90] berechnen. Die tatsächlich erreichte Aufkohlung hängt jedoch wesentlich von kinetischen Vorgängen ab [91]:
- Chemische Reaktionen in der Gasphase;
- Diffusion der reagierenden Gase zur Stahloberfläche und der Reaktionsprodukte in entgegengesetzter Richtung;
- Oberflächenreaktionen an der Stahloberfläche,
- Diffusion von Kohlenstoff in den Stahl,
- chemische Reaktionen im Stahl, z. B. Karbidbildung.

Der *Transport der Gase* zur Stahloberfläche und zurück in die Gasphase geschieht durch Diffusion in einer Grenzschicht. Bei hinreichender Strömung oder Konvektion sind Transportvorgänge in der Gasatmosphäre meist ohne Einfluß auf die Aufkohlung.

Die *Kohlenstoffübertragung* an der metallischen Oberfläche geschieht durch die unabhängigen Reaktionen

$$CH_4 = C + 2H_2, \qquad (C3.12)$$

$$2CO = C + CO_2, \qquad (C3.13)$$

$$CO + H_2 = C + H_2O. \qquad (C3.14)$$

Die Kinetik und die Mechanismen dieser Reaktionen sind eingehend durch gravimetrische Versuche und mit Hilfe der Widerstands-Relaxationsmethode untersucht worden [92–95].

Bild C 3.12 zeigt die Messung und Auswertung bei einer gravimetrischen Untersuchung der Reaktion nach Gl. (C 3.12) an einer Reineisenfolie von 50 µm Dicke bei 786 °C [93].

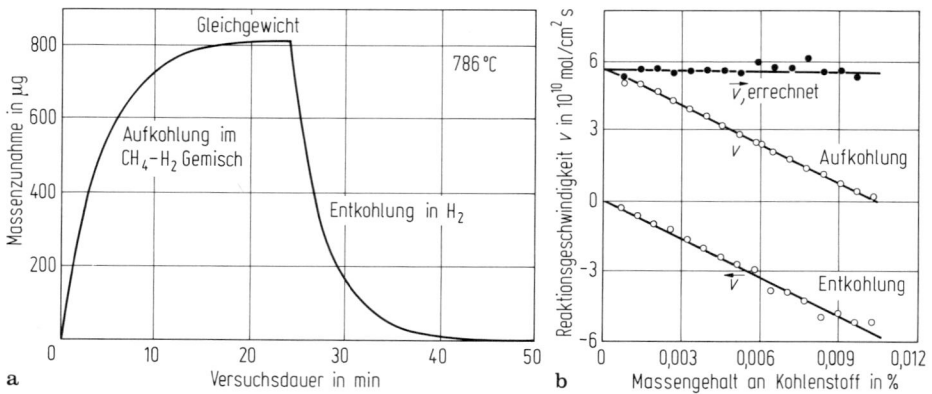

Bild C 3.12

a Gravimetrische Messung der Auf- und Entkohlung einer 0,04 mm dicken Eisenfolie bei 786 °C; daraus **b** Berechnung der Geschwindigkeiten der Gesamtreaktion v, der Hin- und Rückreaktion.

Dünne Folien von Reineisen oder Stahl werden zur Messung benutzt, wodurch die Diffusion im Stahl schnell erfolgt und keinen Einfluß auf den zeitlichen Ablauf der Aufkohlung hat. Die Geschwindigkeit der Kohlenstoffübertragung für Reaktion nach Gl. (C 3.12) kann durch das Geschwindigkeitsgesetz angegeben werden

$$v = k_1 \frac{p_{CH_4}}{(p_{H_2})^{1/2}} - k_1' \, a_C \, (p_{H_2})^{3/2}, \tag{C 3.15}$$

wobei p_i die Partialdrücke in der Gasatmosphäre und a_C die Kohlenstoffaktivität an der Probenoberfläche sind. Gleichgewicht ist erreicht, wenn die Geschwindigkeiten von Hin- und Rückreaktion gleich sind und damit $v = 0$:

$$(a_C)_{Gl} = \frac{k_1 \, p_{CH_4}}{k_1' \, (p_{H_2})^2} = K_1 \frac{p_{CH_4}}{(p_{H_2})^2}. \tag{C 3.16}$$

Aus der Geschwindigkeitsgleichung läßt sich schließen, daß in der Folge von Teilschritten der Dissoziation des CH_4 die Abspaltung des zweiten Wasserstoffatoms aus einem adsorbierten CH_3-Radikal für die Aufkohlung *geschwindigkeitsbestimmend* ist [92–94].

Geschwindigkeitsgleichungen, Geschwindigkeitskonstanten und Aktivierungsenergien wurden für die Reaktionen nach Gl. (C 3.12) bis (C 3.14) an der Oberfläche von Reineisenfolien bestimmt. Es zeigte sich, daß die Kohlenstoffübertragung durch die Reaktionen nach Gl. (C 3.12) und (C 3.13) relativ langsam erfolgt. Die Geschwindigkeitskonstante für die Reaktion nach Gl. (C 3.14) ist bei 1000 °C um etwa 4 bis 5 Größenordnungen höher. Hieraus ergibt sich, daß in einem strömenden

Gasgemisch von CO, CO_2, CH_4 und H_2O, das sich nicht im Gleichgewicht befindet, die Kohlenstoffaktivität an der Oberfläche einer Stahlprobe im wesentlichen durch die Reaktion nach Gl. (C 3.14) bestimmt wird [96], vorausgesetzt, daß die Partialdrücke aller Gase in der gleichen Größenordnung sind. Die Aufkohlung erfolgt überwiegend durch die Reaktion nach Gl. (C 3.14) und erreicht auch annähernd den Kohlenstoffgehalt für Gleichgewicht mit CO, H_2 und H_2O. Weiterhin folgt, daß bei Aufkohlung in einem strömenden Gemisch von CH_4, H_2 und H_2O die erreichte Kohlenstoffkonzentration weit unter dem Gleichgewichtswert für CH_4-H_2 liegen kann [97], denn die *stationäre Kohlenstoffaktivität* an der Stahloberfläche wird durch die schnelle Reaktion $H_2O + C \rightarrow CO + H_2O$ weit unter den Gleichgewichtswert $a_C = K\, p_{CH_4}/p_{H_2}^2$ herabgedrückt.

Durch Anwesenheit von adsorbiertem Schwefel aus der Gasphase (H_2S-Zusatz) können die Aufkohlungsreaktionen noch stark gehemmt werden [98]. Einflüsse der Legierungselemente des Stahls sind noch wenig untersucht. Mit zunehmendem Nickelgehalt in binären Eisen-Nickel-Legierungen [99] erhöht sich die Geschwindigkeit der Reaktion nach Gl. (C 3.12).

Die Geschwindigkeit der Übertragung läßt sich für die Reaktionen nach Gl. (C 3.12) bis (C 3.14) an der Oberfläche als die Summe der Teilgeschwindigkeiten berechnen, die Diffusion im Stahl läßt sich mit dem 2. Fickschen Gesetz beschreiben. Die kombinierten Gleichungen können nicht analytisch gelöst werden. Aufgrund eines mathematischen Modells [100] lassen sich Aufkohlungsprofile jedoch mit einem Rechnerprogramm ermitteln. Es ist hierbei noch zu berücksichtigen, daß der Diffusionskoeffizient sowohl von der Kohlenstoffkonzentration im Austenit als auch von den Legierungselementen beeinflußt wird [101]. Elemente, die stabile Karbide bilden, wie Chrom, Vanadin, Molybdän und Mangan, verringern den Diffusionskoeffizienten durch attraktive interatomare Wechselwirkungen, während Elemente mit geringer Affinität zum Kohlenstoff wie Nickel den Diffusionskoeffizienten erhöhen können [102]. Silizium erniedrigt jedoch den Diffusionskoeffizienten des Kohlenstoffs in austenitischen Eisen-Silizium-Legierungen [103].

Der vorangegangene Abschnitt bezieht sich auf die Aufkohlung von unlegierten Stählen und niedriglegierten Einsatzstählen im Temperaturbereich von 900 bis 1100 °C. Bei Aufkohlung von Stählen mit erhöhtem Chromgehalt wird nach einer bestimmten Kohlungsdauer an der Probenoberfläche der Sättigungskohlenstoffgehalt erreicht, und es werden Karbide gebildet. Diese als *Randüberkohlung* bezeichnete innere Karbidbildung ist unerwünscht, die Härteeigenschaften der zementierten Randschicht sind verschlechtert.

Innere Karbidbildung findet auch bei der *Hochtemperaturkorrosion durch aufkohlende Atmosphären* statt, z. B. in Crackrohren aus hochlegiertem Stahl [104–107]. Diese Stähle mit >20% Cr sind normalerweise durch eine Oxidschicht vor dem Eindringen von Kohlenstoff geschützt. Die Oxidschicht kann jedoch bei zu hohen Temperaturen (>1050 °C) bei der Kohlenstoffaktivität $a_c = 1$ in nicht schützendes Chromkarbid umgewandelt werden [105] (z. B. beim Entkohlen), auch kann sie durch Graphiteinwachsungen aufgesprengt werden [107] oder durch Hochtemperaturkriechen des Werkstoffs örtlich aufreißen [104]. Dann tritt Aufkohlung ein, wobei Chromkarbide in der Werkstoffmatrix gebildet werden. Die Duktilität der Werkstoffe bei niedriger Temperatur wird stark verringert [108].

Für manche Anwendungen ist eine weitgehende *Entkohlung* von Bändern und

Blechen aus Stahl erforderlich. Dies gilt z. B. für Bleche, die eine Einschicht-Weißemaillierung erhalten sollen, für Tiefziehstähle oder auch Siliziumstahlbleche für elektromagnetische Anwendungen. Die Entkohlung erfolgt bei Temperaturen zwischen 700 und 900 °C in feuchtem Wasserstoff. Hierbei muß Diffusion des Kohlenstoffs zur Probenoberfläche erfolgen; sie ist durch das Produkt von Diffusionskoeffizient und Löslichkeit des Kohlenstoffs im α-Eisen bestimmt, wodurch ein Maximum der Diffusion bei etwa 800 °C auftritt [109]. Durchweg wird die Entkohlungsgeschwindigkeit durch die Diffusion kontrolliert, insbesondere wenn keine Hemmung der Phasengrenzreaktionen durch Oxidation, Bildung von SiO_2 oder Cr_2O_3, an der Oberfläche eintritt. Diese Hemmung versucht man durch mechanische Oberflächenaktivierung oder chemische Aktivierung durch aufgebrachte Alkalisalze o. ä. zu vermeiden [110].

Die Phasengrenzreaktionen bei der Entkohlung sind die Bildung von Methan

$$C(gelöst) + 2H_2(g) \rightarrow CH_4(g) \tag{C 3.17}$$

und die Reaktion mit Wasserdampf zu CO

$$C(gelöst) + H_2O(g) \rightarrow CO(g) + H_2(g). \tag{C 3.18}$$

Beide Reaktionen wurden eingehend untersucht. Es sind die Rückreaktionen der bereits in C 3.3.5 erwähnten Aufkohlungsreaktionen.

Da die Geschwindigkeitskonstante der Kohlenoxidbildung um mehrere Größenordnungen größer ist als die der Methanbildung, erfolgt die Entkohlung im wesentlichen nach Gl. (C 3.18) und schon bei geringem Wasserdampfdruck ist die Reaktion nach Gl. (C 3.17) vernachlässigbar [95, 111]. Dies bedeutet andererseits, daß die Entkohlung in sehr trockenem Wasserstoff aufgrund der Geschwindigkeitskontrolle durch die Phasengrenzreaktion sehr langsam ist [92, 93]. Eine erhöhte Entkohlungsgeschwindigkeit kann erreicht werden, wenn atomarer Wasserstoff über den Stahl geleitet wird [112].

Die Entkohlung in CO_2-CO-Gemischen ist für dünne Eisenproben durch die Sauerstoffübertragung aus CO_2 bestimmt [113]. Bei größeren Probendicken wird wiederum die Diffusion des Kohlenstoffs geschwindigkeitsbestimmend. Die Vorgänge bei gleichzeitiger Verzunderung sind bereits in C 3.3.3 behandelt worden.

C 3.3.6 Aufstickung und Entstickung

Durch *Aufstickung* von Stählen, die mit Aluminium, Chrom oder anderen nitridbildenden Metallen legiert sind, lassen sich eine *hohe Härte und ein guter Verschleißwiderstand* der Oberflächenschicht erzielen. Andererseits ist die Aufstickung von hitzebeständigen Stählen bei sehr hohen Temperaturen um 1100 °C in stickstoffhaltigen Atmosphären oder die Aufstickung von Stählen bei der NH_3-Synthese oder bei der Anwendung von NH_3 in chemischen und metallurgischen Prozessen ein unerwünschter *Korrosionsvorgang*, der zur Versprödung und Zerstörung der Werkstoffe führen kann.

In Atmosphären, die molekularen Stickstoff enthalten, erfolgt Stickstoffübertragung nach

$$N_2(g) = 2N(gelöst). \tag{C 3.19}$$

Die Stickstofflöslichkeit im Eisen bei Gleichgewicht mit 1 bar N_2 ist gering. Sie nimmt für α-Eisen mit steigender Temperatur zu und beträgt bei 890 °C rd. 0,004 %, für γ-Eisen ist die Löslichkeit bei 900 °C rd. 0,027 % und nimmt mit steigender Temperatur gering ab. Durch NH_3-H_2-Gemische können sehr viel höhere Stickstoffgehalte im Eisen eingestellt werden nach

$$NH_3(g) = N(\text{gelöst}) + \frac{3}{2} H_2(g) \qquad (C\,3.20)$$

bis zur maximalen Löslichkeit 0,1 % in α-Eisen bei 590 °C.

Auch die Nitride γ' (Fe_4N) und ε können in NH_3-H_2-Gemischen erhalten werden und in reinem NH_3 bis zu ca. 500 °C das ζ-Nitrid (Fe_2N) [114]. Die NH_3-H_2-Gemische, mit denen die hohen Lösungsgehalte an Stickstoff und die Nitridphasen eingestellt werden, haben einen hohen virtuellen Stickstoffdruck bis zu einigen 10 000 bar, daher sind die erhaltenen Phasen metastabil oder instabil und geben bei erhöhter Temperatur Stickstoff ab.

Die Kinetik und der Mechanismus der Aufstickung von Eisen nach den Reaktionen gemäß Gl. (C 3.19) und (C 3.20) ist durch Widerstand-Relaxationsmessungen an dünnen Eisenfolien eingehend aufgeklärt worden [115]. Für die Reaktion nach Gl. (C 3.19) ist die *Dissoziation des Stickstoffmoleküls* an der Eisenoberfläche geschwindigkeitsbestimmend. Diese Reaktion ist relativ langsam. Sie kann dazu bei Anwesenheit von H_2O oder H_2S in der Gasatmosphäre noch sehr wirksam durch adsorbierten Sauerstoff [116] oder adsorbierten Schwefel gehemmt werden [98].

Die Aufstickung in NH_3-H_2 ist auch bei Temperaturen unterhalb 500 °C eine relativ schnelle chemische Reaktion und erfolgt durch schrittweisen *Zerfall des NH_3-Moleküls* an der Eisenoberfläche [115]. Bei der Aufstickung von etwas dickeren Proben von >0,5 mm Dicke wird die Diffusion des Stickstoffs geschwindigkeitsbestimmend [117]. Die Aufstickung in NH_3-H_2 wird bemerkenswerterweise durch H_2O-Zusätze beschleunigt [118] und durch H_2S-Zusätze nur geringfügig gehemmt [98]. Durch Oberflächensegregation von Phosphor wird eine starke Hemmung der Aufstickung bei Legierungen mit 0,044 bis 0,60 % P beobachtet [119].

Zur Oberflächenhärtung wird oft die *Glimmnitrierung* bei 1 bis 10 mbar N_2 und 100 bis 1000 V Gleichspannung in einer Glimmentladung benutzt [120]. Hierbei wird die Probe als Kathode innerhalb eines als Anode geschalteten Rezipienten angeordnet, und durch den ionisierten und dissoziierten Stickstoff erfolgt eine gleichmäßige Aufstickung aller Oberflächenbereiche.

Als günstig für die Nitrierhärtung haben sich Stähle mit bis zu 1,5 % Al erwiesen, da Aluminium nicht durch Kohlenstoff abgebunden wird. Auch austenitische Stähle werden für einige Anwendungen nitriert. Hierbei geht jedoch ihre Widerstandsfähigkeit gegen Korrosion verloren, da das Chrom als Nitrid Cr_2N und CrN ausgeschieden wird.

Die Aufstickung einiger binärer Eisenlegierungen bei niedrigen Temperaturen zwischen 400 und 600 °C in NH_3-H_2-Gemischen kann ebenfalls zur Bildung sehr harter Oberflächenschichten führen.

In Eisenlegierungen mit geringen Konzentrationen (2 bis 3 %) an Molybdän, Mangan, Niob, Titan oder Vanadin bei konstanter Stickstoffaktivität bilden sich metastabile Ausscheidungen ähnlich den Guinier-Preston-Zonen, die nur elektronenmikroskopisch sichtbar sind und den Legierungen sehr große Härte verleihen [121]. Wegen der geringen Diffusionsgeschwindigkeiten der substituierenden Elemente kommt es hier nicht zu stabilen Ausscheidungen, sondern substituierende Atome und Stickstoffatome ordnen sich zu *Clustern* oder Zonen von nur wenigen Atomlagen Dicke. Die Geschwindigkeit der Aufstickung ist durch die Geschwindigkeit der Eindiffusion des Stickstoffs bestimmt, und für das Vordringen der Zone mit Nitridausscheidungen gilt eine entsprechende Gleichung wie bei der inneren Oxidation von Legierungen. Die Aufstickung von Stählen mit 0,3% bis 0,6% Al wurde zwischen 500 und 1100°C untersucht [122]. Bei Temperaturen unterhalb 600°C war die Keimbildung des AlN deutlich verzögert. Eisen-Aluminium-Legierungen lassen sich bei 500°C in NH_3-H_2 nur dann leicht unter AlN-Bildung aufsticken, wenn durch Verformung hohe Versetzungsdichten eingebracht wurden [123]. Das Wachstum der AlN-Partikel erzeugt andererseits neue Versetzungen und Spannungsfelder, so daß neue Keime gebildet werden können und außerdem zusätzlich gelöster Stickstoff [124] oder auch Wasserstoff [125] in das Versetzungsnetzwerk der Eisenmatrix aufgenommen wird.

Hochlegierte Stähle, die z. B. als Flammrohre bei sehr hohen Temperaturen um 1000°C in Kontakt mit stickstoffhaltigen Gasen eingesetzt wurden, zeigen häufig starke Aufstickung unter Bildung von Chromnitriden im Werkstoff [126]. Besonders starke Aufstickungen bis zu 1,8% wurden bei ferritischen Chromstählen beobachtet. Die austenitischen Chrom-Nickel-Stähle werden durchweg geringer aufgestickt, und die Neigung zur Aufstickung nimmt mit zunehmendem Nickelgehalt ab, offenbar aufgrund der mit dem Nickelgehalt abnehmenden Stickstofflöslichkeit. Durch die Nitridbildung wird die Oxidationsbeständigkeit vermindert und zugleich der Werkstoff versprödet. Bei der Anwendung in Crackrohren kann es durch Aufstickung und nachfolgende Aufkohlung der Stähle zu einer Blasenbildung im Werkstoff kommen [127], da der eindringende Kohlenstoff die Nitride in Karbide umwandelt und hierdurch gasförmiger Stickstoff freigesetzt wird. Durch die Gegenwart von Sauerstoff wird die Aufstickung durch Stickstoff gehemmt und bei Vorliegen einer dichten Oxidschicht verhindert.

Schwerwiegende Korrosionsschäden können schon bei tieferen Temperaturen zwischen 400 und 700°C durch NH_3 auftreten [128]. Auch hier hat sich die Verwendung nickelreicher Werkstoffe als günstig erwiesen.

Die Entfernung des Stickstoffs aus Stahl ist wichtig für die Umformbarkeit kohlenstoffarmer unlegierter Stähle und für die magnetischen Eigenschaften der Dynamo- und Transformatorenstähle. Die *Entstickung* wird mit der Wärmebehandlung des fertig gewalzten Kaltbandes verknüpft, entweder bei der Banddurchlaufglühung oder bei der Offenbundglühung wird der gelöste Stickstoff in die Gasatmosphäre übergeführt. Als Ofenatmosphäre kommen Wasserstoff oder wasserstoffhaltige Gasgemische in Frage. In Analogie zur Entkohlung [109] gibt es für die Diffusion des Stickstoffs zur Eisenoberfläche in Abhängigkeit von der Temperatur ein Maximum, bei rd. 750°C, wo das Produkt von Diffusionskoeffizient und Löslichkeit in der α-Phase den maximalen Wert hat. Die Oberflächenreaktionen, die zur Abgabe des Stickstoffs führen, sind

$$N(\text{gelöst}) + \frac{3}{2} H_2(g) \rightarrow NH_3(g) \quad \text{und} \quad 2N(\text{gelöst}) \rightarrow N_2(g). \tag{C3.21}$$

Beide finden unabhängig und parallel auf der Eisenoberfläche statt; bei niedrigen Temperaturen unterhalb 550 °C überwiegt die NH_3-Bildung, bei höheren Temperaturen aufgrund ihrer hohen Aktivierungsenergie die N_2-Desorption. Es sind die Rückreaktionen der bereits erwähnten Aufstickungsreaktionen. Kinetik und Mechanismus dieser reversiblen Vorgänge sind eingehend untersucht worden [115, 116, 129]. Bei der technischen Durchführung der Entstickung von 0,2 bis 1 mm dickem Flachzeug zeigte sich, daß bei 750 °C noch eine Abhängigkeit der Entstickungsgeschwindigkeit von p_{H_2} vorliegt [118]. Offenbar wird die Entstickung unter diesen Bedingungen noch mit von der Phasengrenzreaktion, der Bildung des NH_3, kontrolliert. Erst bei Verwendung von 1 bar Wasserstoff mit 4% Wasserdampf konnte ein Grenzwert der Entstickungsgeschwindigkeit erreicht werden, bei dem die Entstickung nur durch die Diffusion des Stickstoffs im Eisen bestimmt ist. Bemerkenswerterweise kann man durch Zugabe von H_2O eine Beschleunigung der Reaktion nach Gl. (C 3.20) erzielen [118, 130], die in Abhängigkeit vom H_2O/H_2-Verhältnis durch ein Maximum geht, das sich noch mit der Temperatur und dem Wasserstoffdruck verschiebt. Der atomistische Mechanismus dieser Beschleunigung ist ungeklärt. Auch durch Schwefel, z. B. H_2S-Zusätze, wird die NH_3-Bildung nur geringfügig gehemmt [98]. Dagegen ist die N_2-Desorption durch Schwefel aus der Gasphase oder aus dem Stahl und auch durch Sauerstoff aus der Gasphase leicht zu unterdrücken [131]. Mit Silizium legiertes Eisen läßt sich in feuchtem Wasserstoff nicht gut entsticken, da die Oxidation des Siliziums an der Oberfläche der Bleche zu einer Oxidschicht führt, die die Phasengrenzreaktionen stark hemmt [131].

C 3.4 Elektrochemische Gleichgewichte des Eisens und der Legierungselemente Nickel und Chrom mit wäßrigen Elektrolyten

Für das Verständnis der elektrochemischen Korrosion des Eisens und der Stähle sind *Gleichgewichte zwischen Metall und Angriffsmittel* zu berücksichtigen, die neben den Kenngrößen der chemischen Thermodynamik auch elektrische Parameter umfassen, da beide Phasen elektrisch leitend sind und sich an ihrer Grenzfläche eine *Differenz* $\Delta\varphi$ *des elektrischen Potentials* φ (genau: des inneren elektrischen Potentials [132]) ausbildet. Dieser Potentialsprung verursacht bei der Überführung von Teilchen mit der Ladung z einen *zusätzlichen Energiebeitrag* $zF\Delta\varphi$ zur Änderung der freien Enthalpie ΔG der Reaktion, so daß als Gleichgewichtsbedingung nun zu schreiben ist

$$\Delta G = \sum n_i (\Delta\mu_i + z_i F \Delta\varphi) = 0 \qquad (C3.22)$$

mit F = Faraday-Äquivalent = 96 500 A s/mol, n_i = in dem Formelumsatz ausgetauschte Molzahl des Stoffs i und $\mu_i = (dG/dn_i)_{n_{j\neq i}}$ = const = chemisches Potential des Stoffs i.

Der Potentialsprung $\Delta\varphi$ ist nicht absolut meßbar; er ist jedoch bis auf ein konstantes Glied gleich der meßbaren elektrischen Spannung U zwischen einer Elektrode aus dem betrachteten Stahl und einer in die gleiche Lösung eintauchenden *Vergleichselektrode*, z. B. der Normal-Wasserstoffelektrode. Näheres hierzu sei den Lehrbüchern der Elektrochemie [132] oder einschlägigen Monographien [133] entnommen.

Die übliche Darstellung derartiger elektrochemischer Gleichgewichte erfolgt zumeist in Form von Schaubildern, bei denen auf der Abszisse der p_H-Wert der Lösung, auf der Ordinate die gegen die Normal-Wasserstoffelektrode gemessene Spannung U_H aufgetragen sind [134]. U_H wird als Elektrodenpotential bezeichnet.

Derartige Schaubilder werden *Potential-p_H-Diagramme* genannt. Sie geben an, innerhalb welcher Bereiche des Elektrodenpotentials und des p_H-Werts die Metallphase, die Metallionen und die Oxide bzw. Hydroxide des Metalls beständig sind. Die eingetragenen Linien geben die Potentiale und p_H-Werte für Zweiphasengleichgewichte, Schnittpunkte von Gleichgewichtslinien und Dreiphasengleichgewichte wieder. Bild C 3.13 zeigt das Potential-p_H-Diagramm für Eisen für 25 °C und eine Konzentration der Metallionen von jeweils 10^{-6} mol/l. Für die Berechnung wurden Schrifttumsangaben der thermodynamischen Kenngrößen verwendet [135].

Die Elektrodenpotentiale U_H sind auf die Normal-Wasserstoffelektrode bezogen; die Umsatzgleichungen, die zur Berechnung der Zweiphasengleichgewichte verwendet wurden, sind mit angegeben. Ferner ist in dem Bild C 3.13 durch Linie *1* das elektrochemische Gleichgewicht zwischen Wasserstoffionen H^+ und Wasserstoffgas H_2 wiedergegeben.

In dem Bereich von Potentialen und p_H-Werten, der zwischen dieser Linie und der Linie *2* liegt, kann Eisen von Wasserstoffionen zu Fe^{2+} oxidiert werden. Hierbei entsteht gasförmiger Wasserstoff. Eisen ist gegenüber einer wäßrigen Lösung also thermodynamisch nicht beständig, sondern es wird aufgelöst: Es findet Korrosion statt. Diese thermodynamischen Verhältnisse im System Eisen-Wasser bedingen es, daß unlegierte Stähle bei Zutritt von Wasser in der Praxis über lange Zeiträume nur dann verwendet werden können, wenn sie bei der Korrosion eine *Schutz- oder Deckschicht* ausbilden, die Metall und Angriffsmittel voneinander trennt, oder wenn eine solche Schutzschicht vorher aufgebracht wird.

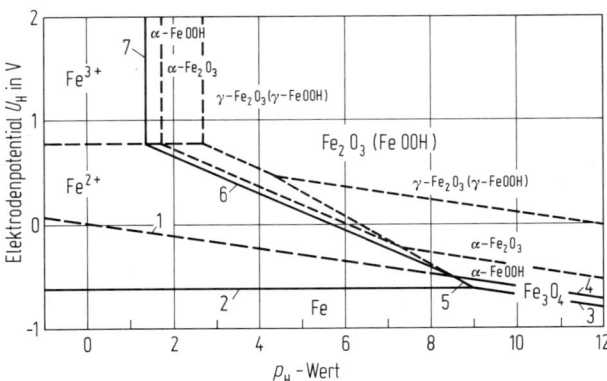

Bild C 3.13 Potential-p_H-Gleichgewichtsschaubild des Eisens und seiner Oxide in wäßrigen Lösungen von +25 °C. Nach [134, 135]. Bedeutung der Linien: $1 = H_2 \rightleftarrows 2H^+ + 2e^-$ ($p_{H_2} = 1$ bar)
$2 = Fe \rightleftarrows Fe^{2+} + 2e^-$ $3 = 3Fe + 4H_2O \rightleftarrows Fe_3O_4 + 8H^+ + 8e^-$ $4 = 2Fe_3O_4 + H_2O \rightleftarrows 3Fe_2O_3 + 2H^+ + 2e^-$
$5 = 3Fe^{2+} + 4H_2O \rightleftarrows Fe_3O_4 + 8H^+ + 2e^-$ $6 = 2Fe^{2+} + 3H_2O \rightleftarrows Fe_2O_3 + 6H^+ + 2e^-$
$7 = 2Fe^{3+} + 3H_2O \rightleftarrows Fe_2O_3 + 6H^+$

C 3.5 Kinetik und Mechanismen der elektrochemischen Korrosion des Eisens und der Stähle

C 3.5.1 Abtragende Korrosion

Die Korrosion der Metalle durch Elektrolytlösungen, besonders durch wäßrige Lösungen, ist in den allermeisten Fällen ein elektrochemischer Vorgang. Das bedeutet, daß der Gesamtvorgang aus einer *anodischen Teilreaktion* und einer *kathodischen Teilreaktion* besteht. Bei dem anodischen Teilvorgang

$$\text{Me} + z\ e^- \xrightarrow{H_2O} \text{Me}^{z+} \text{(aqu)} \qquad (C\,3.23)$$

entstehen aus Metallatomen Me hydratisierte Metallionen Me^{z+} (aqu); die im Metall zurückbleibenden Elektronen e^- reagieren in dem kathodischen Teilvorgang mit einem im Elektrolyten vorhandenen Oxidationsmittel Ox, wobei die entsprechende reduzierte Komponente Red entsteht; schematisch:

$$n\ \text{Ox} + z\ e^- \rightarrow n\ \text{Red}. \qquad (C\,3.24)$$

Die wichtigsten *Oxidationsmittel* der Korrosion des Eisens und seiner Legierungen sind Wasserstoffionen und molekularer, gelöster Sauerstoff. Sie reagieren in dem kathodischen Teilvorgang gemäß

$$2\,H^+ + 2\,e^- \rightarrow 2\,H_{ad} {\nwarrow\ H_2 \atop \searrow\ 2\,[H]} \qquad (C\,3.25)$$

bzw.

$$\{O_2\} + 2\,H_2O + 4\,e^- \rightarrow 4\,OH^-. \qquad (C\,3.26)$$

Bei der kathodischen Reduktion von H^+ zu adsorbierten Wasserstoffatomen H_{ad} entstehen durch nachgelagerte Reaktionen Wasserstoffmoleküle H_2, oder der Wasserstoff kann in das Metall eintreten und im Metall gelöst werden. Die beiden Teilvorgänge nach Gl. (C 3.23) und (C 3.24) ergeben gemeinsam den Korrosionsvorgang

$$\text{Me} + n\,\text{Ox} \xrightarrow{H_2O} \text{Me}^{z+} \text{(aqu)} + n\ \text{Red}. \qquad (C\,3.27)$$

Den Teilvorgängen kann ein Stromfluß durch die Phasengrenze Metall/Elektrolyt zugeordnet werden, da in ihrem Verlauf elektrische Ladungen durch die Phasengrenze treten. Die zugehörigen Stromdichten werden durch den Potentialsprung an der Phasengrenze $\Delta\varphi$ bzw. durch die meßbare Spannung U zwischen der Metallelektrode Me und einer Vergleichselektrode beeinflußt. Bewegt sich die Spannung U der Metallelektrode in positiver Richtung, so wird der Austritt positiver Metallionen aus der Metallelektrode – die anodische Teilreaktion – beschleunigt, bei Verschiebung der Spannung in negativer Richtung dagegen die kathodische Reaktion, bei der negativ geladene Elektronen aus dem Metall austreten. Bei stationärem Ablauf der Korrosion stellt sich die Spannung an der Metallelektrode ein, bei der beide Reaktionen gleich schnell ablaufen. Sie wird *Korrosionspotential* U_k genannt.

Auf der Beeinflussung der beiden Teilreaktionen durch U beruht *kathodischer Korrosionsschutz* [136] und *Lokalelementbildung*. In beiden Fällen findet durch elektronisch leitende Verbindung des korrodierenden Metalls mit einem anderen in die gleiche Lösung eintauchenden Metall eine Veränderung von U statt. Je nach Vorzeichen dieser Änderung kann die anodische Teilreaktion, also die Metallabtragung, vermindert oder verstärkt werden.

Wagner und Traud [137] konnten für die Korrosion von Amalgamen zeigen, daß die Strom-Spannungs-Kurven der anodischen und der kathodischen Teilreaktion der Korrosion an geeigneten Systemen getrennt voneinander gemessen werden können und daß sie sich ohne gegenseitige Beeinflussung ungestört zu dem Korrosionsvorgang überlagern. Auch die Spannung der korrodierenden Elektrode, die sich bei einer von außen erzwungenen Stromdichte $i(U)$ ergibt, setzt sich aus den *Teilstrom-Spannungs-Kurven* $i_a(U)$ und $i_k(U)$ zusammen.

$$i(U) = i_a(U) + i_k(U), \tag{C 3.28}$$

wobei Austritt positiver Ladung aus der Elektrode eine positive Stromdichte, Austritt negativer Ladung eine negative Stromdichte ergibt. Am Korrosionspotential U_K gilt

$$i(U_K) = 0; \; i_a(U_K) = -i_k(U_K) = i_K \tag{C 3.29}$$

Für beide Teilreaktionen gilt eine exponentielle Abhängigkeit des Stroms i von der *Abweichung vom Gleichgewichtspotential* ΔU [132, 133] ($\Delta U = U - U \; (i = 0)$):

$$|i| = i_0 \exp\beta |\Delta U|, \tag{C 3.30}$$

wobei i_0 die *Austauschstromdichte* ist. Bei der kathodischen Teilreaktion überlagert sich bei ansteigenden Stromdichten der Einfluß der Diffusion des Oxidationsmittels zur Elektrode, wodurch der Strom schließlich einen von ΔU unabhängigen Grenzwert, die *Grenzstromdichte* i_{Gr}, erreicht.

Mit plausiblen Werten für die Konstanten $i_0, \beta, U \; (i = 0)$ und i_{Gr} ergibt sich der in Bild C 3.14 gezeigte Verlauf der anodischen und kathodischen Strom-Spannungs-Kurven für Eisen in einer sauerstoffhaltigen wäßrigen Lösung.

Das Bild läßt erkennen, daß die Korrosionsgeschwindigkeit $i_K/zF = i_a(U_K)$ in einem solchen Fall praktisch ausschließlich von i_{Gr}, also der Zudiffusion von Sauerstoff zur Metalloberfläche abhängt. Beeinflussungen der Parameter der anodischen

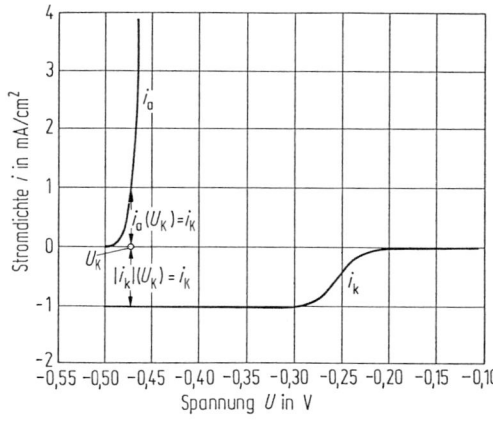

Bild C 3.14 Strom-Spannungs-Kurve i_a des anodischen Teilvorgangs und Strom-Spannungs-Kurve i_k des kathodischen Teilvorgangs für die Korrosion von Eisen in einer sauerstoffhaltigen wäßrigen Lösung, berechnet mit folgenden Werten:

$i_0^a = i_0^k = 10^{-5}$ A/cm^2
$i_{Gr} = 10^{-3}$ A/cm^2
$\beta_a = 40$ V^{-1}
$\beta_k = 20$ V^{-1}
$U_a \; (i_a = 0) = -0,5$ V
$U_K \; (i_k = 0) = -0,2$ V

Teilstrom-Spannungs-Kurve, wie sie durch (geringere) Legierungszusätze und/ oder Gefügeveränderungen möglich wären, haben in weiten Bereichen keinen Einfluß auf i_K. Erst grundsätzliche Änderungen des elektrochemischen Verhaltens des Metalls bzw. der anodischen Teilstrom-Spannungs-Kurve setzen diese Regel außer Kraft. Hierauf wird in C 3.8 eingegangen.

Wie bei jedem kristallisierten Metall nehmen an dem Elementarvorgang der anodischen Auflösung des Eisens die Oberflächenatome teil, die sich an einer Stufe des Kristallgitters in der Oberfläche befinden oder an der Metalloberfläche adsorbiert sind. Da derartige Stufen besonders häufig an Gitterbaufehlern wie Versetzungen auftreten, ist es verständlich, daß hier der Kristallabbau beschleunigt ist und sich Ätzgruben ausbilden.

Eine Besonderheit der *anodischen Auflösung des Eisens* ist ihre Beeinflussung durch den p_H-Wert der Lösung. Bei gleichem Elektrodenpotential steigt die Auflösungsstromdichte je nach Versuchsbedingungen proportional zur OH$^-$-Ionen-Konzentration oder zum Quadrat dieser Konzentration an. Dieser Befund kann durch eine rekationskinetische Analyse des atomistischen Ablaufs der Reaktion erklärt werden [138]. Auch SH$^-$- und NH$_4^+$-Ionen können auf den Mechanismus der anodischen Eisenauflösung einwirken [139].

Bei der *anodischen Auflösung von Nickel* sollen ebenfalls OH$^-$-Ionen mitwirken [140]. Auch Cl$^-$-Ionen steigern die Auflösungsstromdichte i_a [141]. Bereits bei geringen Stromdichten i_a überlagert sich der anodischen Auflösung unter Bildung von Ni^{2+}(aqu) die Ausbildung fester Korrosionsprodukte, vornehmlich Ni(OH)$_2$ [142]. Ein Verlauf der Strom-Spannungs-Kurve entsprechend Gl. (C 3.30) wird nur erhalten, wenn diese Schichtbildung durch instationäre Meßmethoden mit schnellem Potentialanstieg oder durch Zusatz von Fluoriden unterdrückt wird [143].

Wenig bekannt ist über die *anodische Auflösung des Chroms*, da seine Tendenz zur Bildung fester Reaktionsprodukte und zur Passivierung den Potentialbereich der anodischen Auflösung stark einengt. Bei schneller stufenweiser Erhöhung des Potentials läßt sich bei p_H-Werten unter 1,5 eine Strom-Spannungs-Kurve entsprechend Gl. (C 3.30) finden [144]. Als lösliches Reaktionsprodukt soll Cr^{2+}(aqu) und Cr^{3+}(aqu) auftreten [145].

Während bei der anodischen Teilreaktion Metallatome zu Metallionen oder zu festen Korrosionsprodukten oxidiert werden, erfolgt bei der kathodischen Teilreaktion der Korrosion eine Redution eines Bestandteils des angreifenden Mediums unter Übertragung von Elektronen aus dem Metall.

Die wichtigsten Bestandteile der angreifenden Lösungen, die bei der Korrosion des Eisens und seiner Legierungen oxidiert werden können, sind das Wasserstoffion H$^+$ und gelöster molekularer Sauerstoff O$_2$. Die Redution von H$^+$ zu H$_2$ erfolgt über mehrere Teilschritte. Zunächst werden unter Aufnahme von einem Elektron adsorbierte H-Atome H$_{ad}$ gebildet:

$$H^+ + e^- \rightleftharpoons H_{ad}. \tag{C 3.31}$$

Diese Reaktion wird *Volmer-Reaktion* genannt. Die als Zwischenstoff anzusehenden H$_{ad}$ können nach zwei verschiedenen Mechanismen zu H$_2$ weiterreagieren:

$$2 H_{ad} \rightleftharpoons H_2, \tag{C 3.32}$$

$$H_{ad} + H^+ + e^- \rightleftharpoons H_2. \tag{C 3.33}$$

Diese Teilschritte werden *Tafel-Reaktion* und *Heyrowski-Reaktion* genannt. Die drei Teilschritte haben je nach Elektrolyt unterschiedliche Austauschstromdichten bzw. Geschwindigkeitskonstanten. Durch gleichzeitige Anwendung mehrerer Versuchsmethoden ist es möglich, diese Konstanten zu bestimmen. An Reineisen in 1n H_2SO_4 ergibt sich i_0 für die Volmer-Reaktion zu $0{,}7\,\mu A/cm^2$, für die Tafel-Reaktion (bei Umrechnung der chemischen Reaktion auf eine äquivalente Stromdichte) zu $2{,}6\,\mu A/cm^2$; dagegen ist die Austausch-Stromdichte der Heyrowski-Reaktion vernachlässigbar klein [146].

Bei höheren p_H-Werten kann die Nachlieferung von H^+-Ionen an die Eisenoberfläche die Geschwindigkeit der kathodischen Teilreaktion bestimmen. Dann ist neben i_0 auch die Grenzstromdichte i_{Gr} geschwindigkeitsbestimmend. Für sie gilt näherungsweise [147]

$$|i_{Gr}^{H^+}| = FD^{H^+} \frac{c^{H^+}}{\delta}, \qquad (C\,3.34)$$

wobei D_j der Diffusionskoeffizient und δ die Dicke der *Nernstschen Diffusionsschicht* ist, die von der Prandtlschen Strömungsgrenzschicht bestimmt wird [148] und daher von der Strömung des Elektrolyten abhängt. Für langsam strömende Lösungen gilt $\delta \approx 5 \cdot 10^{-3}\,cm$. Für die H^+-Ionen in neutralem Wasser ($c_{H^+} = 10^{-7}\,mol/l$) ergibt sich für i_{Gr} mit $D_{H^+} = 10^{-4}\,cm^2/s$ der Wert $-0{,}2\,\mu A/cm^2$. Dieser geringe Wert der Grenzstromdichte und die gleichfalls niedrigen Werte der Austauschstromdichte der Volmer-Reaktion haben zur Folge, daß Eisen in sauerstofffreien neutralen Wässern praktisch nicht korrodiert, denn die anodische Stromdichte der Eisenauflösung muß bei normaler Korrosion gleich der kathodischen Teilstromdichte sein. Einer Stromdichte von $0{,}2\,\mu A/cm^2$ entspricht eine Eisenabtragung von etwa $2 \cdot 10^{-4}\,cm/Jahr$.

Sauerstoff wird im kathodischen Teilvorgang der Korrosion des Eisens entsprechend den Reaktionsgleichungen

$$O_2 + 4\,H^+ + 4\,e^- \rightleftharpoons 2\,H_2O \qquad (C\,3.35)$$

für saure Lösungen und

$$O_2 + 2\,H_2O + 4\,e^- \rightleftharpoons 4\,OH^- \qquad (C\,3.36)$$

im neutralen und alkalischen Bereich reduziert.

Bei Gegenwart von Sauerstoff ist die Korrosion des Eisens in neutralen Lösungen erheblich schneller als in sauerstofffreien Lösungen. Bei Sättigung mit Luft beträgt der Sauerstoffgehalt in Wasser bei Raumtemperatur $2 \cdot 10^{-4}\,mol/l$, sein Diffusionskoeffizient beträgt etwa $10^{-5}\,cm^2/s$; daraus ergibt sich mit $z = -4$ für $\delta = 5 \cdot 10^{-3}\,cm$ ein Grenzstrom von $-0{,}15\,mA/cm^2$, entsprechend einer Eisenabtragung von $0{,}15\,cm/Jahr$. Daß dieser Wert unter natürlichen Bedingungen nicht erreicht wird, beruht ganz überwiegend auf der Schutzwirkung des gebildeten Rostes. Die Sauerstoffdiffusion hat durch die Poren dieses Korrosionsprodukts zu erfolgen, wodurch die Diffusionslänge δ erhöht und der Diffusionsquerschnitt eingeengt wird. Ferner bleibt die Korrosion in sauerstoffhaltigen Lösungen hinter diesem Wert des Grenzstroms zurück, da die Austauschstromdichte sehr kleine Werte hat. Die dadurch bewirkte Verminderung des tatsächlichen kathodischen Stroms läßt sich aus Gl.

(C 3.34) ablesen. Wie bei der Reduktion der Wasserstoffionen tritt auch bei der Korrosion unter Reduktion von gelöstem Sauerstoff durch den Verbrauch an H^+ bzw. die Bildung von OH^- eine *Alkalisierung* der Lösung an der Metalloberfläche ein.

C 3.5.2 Atmosphärische Korrosion

Bei der Korrosion in sauerstoffhaltigen Lösungen wird durch den Sauerstoff Fe^{2+} zu Fe^{3+} oxidiert; wegen der geringen Löslichkeit der *Oxide und Oxidhydrate des dreiwertigen Eisens* erfolgt Ausfällung dieser Verbindungen an der Metalloberfläche:

$$2\,Fe^{3+}(aqu) + Fe^{2+}(aqu) + 8\,OH^- \rightleftharpoons Fe_3O_4 + 4\,H_2O \qquad (C\,3.37)$$

$$Fe^{3+}(aqu) + 3\,OH^- \rightleftharpoons FeOOH + H_2O \qquad (C\,3.38)$$

$$2\,Fe^{3+}(aqu) + 6\,OH^- \rightleftharpoons Fe_2O_3 + 3\,H_2O. \qquad (C\,3.39)$$

Die zugehörigen Gleichgewichte sind dem Potential-p_H-Diagramm (Bild C 3.13) zu entnehmen. Die Oxidation von Fe^{2+} zu Fe^{3+} durch Sauerstoff kann auch unmittelbar zu den Oxiden führen, z. B.

$$6\,Fe^{2+}(aqu) + O_2 + 12\,OH^- \rightleftharpoons Fe_3O_4 + 6\,H_2O. \qquad (C\,3.40)$$

In jedem Fall ist anzunehmen, daß die Reaktion von Fe^{2+} mit O_2 an der Oberfläche der festen Korrosionsprodukte abläuft und nicht als Homogenreaktion im Elektrolyten.

Die vorstehend dargestellten Mechanismen sind die Grundlage des Ablaufs der atmosphärischen Korrosion. Sie erfolgt nur bei Gegenwart von flüssigem Wasser an der Metalloberfläche [149] und ist somit ein Sonderfall der Korrosion des Eisens in sauerstoffhaltigen Elektrolytlösungen. Der *entstehende Rost* besteht aus Fe_3O_4 an der Eisenoberfläche und Fe_2O_3 bzw. FeOOH an der Phasengrenze zur Atmosphäre. Es wird angenommen, daß die Fe^{2+}-Ionen, die primär als Produkt der anodischen Auflösung des Metalls entstehen [150], auch mit FeOOH unter Bildung von Fe_3O_4 reagieren können. Diese Reaktion soll besonders dann ablaufen, wenn die Poren des Rostes mit Wasser bis zur Oberfläche hin gefüllt sind und der Transport des Sauerstoffs zur Metalloberfläche hin dadurch behindert wird. Wenn die äußeren Teile der Rostschicht austrocknen und der Sauerstoffzutritt wieder erleichtert ist, kann das Fe_3O_4 wieder zu FeOOH aufoxidiert werden.

In niedriglegierten Stählen können Legierungselemente die Ausbildung der Rostschicht und damit den Ablauf der Korrosion deutlich verändern. Besonders gilt dies für die Elemente Kupfer, Phosphor, Chrom und Nickel, die daher den *rostträgen Stählen* zugesetzt werden. Der Einfluß dieser Zusätze hängt stark vom Angriffsmittel ab. Der Wirkungsmechanismus ist noch nicht ausreichend aufgeklärt.

Einen starken Einfluß auf die Korrosion der Stähle hat der *SO_2-Gehalt der Atmosphäre*. Hierfür wird folgender Mechanismus vorgeschlagen [151]. Das SO_2 reagiert am Rost mit O_2 zu SO_3 und bildet mit Wasser Schwefelsäure, die Eisen zu Eisen(II)-Sulfat löst:

$$4\,Fe + 4\,H_2SO_4 \rightleftharpoons 4\,FeSO_4 + 4\,H_2. \qquad (C\,3.41)$$

Durch Sauerstoff wird das zweiwertige Eisen zu Fe^{3+} oxidiert, durch Hydrolyse wird die Schwefelsäure zurückgebildet:

$$4\,FeSO_4 + 6\,H_2O + O_2 \rightleftharpoons 4\,FeOOH + 4\,H_2SO_4. \tag{C3.42}$$

Dieser Reaktionsfolge entsprechend kann ein Molekül SO_2, das auf die rostende Eisenoberfläche gelangt, 15 bis 150 Eisenatome in den Rost überführen [152]. Der Abbruch der Reaktion soll durch Bildung schwerlöslicher basischer Eisensulfate erfolgen.

C3.6 Passivierung von Eisen, Nickel, Chrom und der Legierungen des Eisens mit Nickel und Chrom

Bild C3.15 gibt den Verlauf der Stromdichte der anodischen Auflösung i_a von Eisen in 1n H_2SO_4 bei 25°C bis zu höheren Stromdichten bzw. Elektrodenpotentialen ΔU wieder [153].

An dem in C3.4 besprochenen Bereich I der Strom-Spannungs-Kurve für die aktive anodische Auflösung mit $\log i_a \approx \Delta U$ schließt sich ein gekrümmter Verlauf an. In diesem Bereich II beginnt aufgrund der hohen Metallionen-Konzentration an der Elektrodenoberfläche die Ausfällung von Oxiden oder Salzen, im vorliegenden Fall von $FeSO_4$, wodurch der Stromfluß begrenzt und ggf. vom Potential ΔU unabhängig wird. Mit Erreichen des *Passivierungs-* oder *Flade-Potentials* ΔU_F tritt *Passivierung* der Metalloberfläche ein. Sie beruht auf der Ausbildung einer sehr dünnen, sich äußerst langsam auflösenden porenfreien Deckschicht aus einem Oxid. (Je nach Metall, Angriffsmittel und Temperatur haben *Passivschichten* eine Dicke zwischen 1 und 20nm). Für Eisen kann angenommen werden, daß diese Schicht aus γ-Fe_2O_3 besteht, das beim Flade-Potential durch Oxidation einer bereits zuvor gebildeten Schicht aus Fe_3O_4 entsteht [154]. Die Passivschicht kann sich auch in stark sauren Lösungen bilden, in denen nach dem Potential-p_H-Diagramm (Bild C3.13) γ-Fe_2O_3 nicht stabil ist und unter Bildung von Eisenionen aufgelöst werden kann. Die Auflösungsstromdichte im passiven Zustand i_p ist gleich der Geschwindigkeit dieser Auflösung. Die Passivschicht ist also bei einem p_H-Wert von weniger als etwa 3 metastabil. Die Bildung der Passivschicht vermindert allerdings die Auflösungsgeschwindigkeit drastisch: In 1n H_2SO_4 bei 25°C beträgt das Verhältnis der

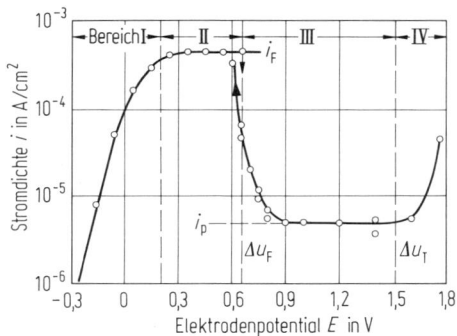

Bild C3.15 Anodische Strom-Spannungs-Kurve für Eisen in 1n H_2SO_4 bei 25°C. Nach [153]. (ΔU_F = Passivierungspotential (Flade-Potential), ΔU_T = oberes Durchbruchpotential, i_F = Passivierungsstromdichte, i_p = passive Auflösungsstromdichte).

Auflösungsstromdichten vor Eintritt der Passivität i_F und im passiven Zustand i_p etwa 10^5; die Auflösungsgeschwindigkeit im passiven Zustand in diesem Angriffsmittel entspricht einer Abtragung von etwa 0,1 mm/Jahr.

Bei hohen Potentialwerten wird der Passivbereich III durch einen Wiederanstieg des Stromes begrenzt. In diesem Bereich IV, der als *transpassiver Bereich* bezeichnet wird, erfolgt neben der verstärkten Eisenauflösung eine Oxidation von Wasser zu Sauerstoff.

Ob sich ein Metall in einem gegebenen Angriffsmittel passiviert – und damit in einen Zustand sehr geringer Korrosionsgeschwindigkeit übergeht –, hängt vom Verlauf seiner Strom-Spannungs-Kurve relativ zu der kathodischen Strom-Spannungs-Kurve ab, die der Reduktion eines in der Lösung enthaltenen Oxidationsmittels aus der Metalloberfläche entspricht. In Bild C 3.16 sind im oberen Teil schematisch drei Strom-Spannungs-Kurven von passivierbaren Metallen gezeichnet. Sie unterscheiden sich im Flade-Potential ΔU_F (*1* und *2* gegenüber *3*) und in der Passivierungsstromdichte i_F (*1* gegenüber *2* und *3*). Im unteren Bildteil ist eine kathodische Strom-Spannungs-Kurve gezeichnet, wie sie etwa der Sauerstoffreduktion entspricht. Sie soll für alle drei Metalle gelten. An den korrodierenden Metallen *1, 2* und *3* stellen sich nun als Korrosionspotentiale ΔU_K die Werte ein, für die $i_a = |i_k|$ gilt. Man sieht, daß das Metall *2* nur einen ΔU_K-Wert zuläßt, und der liegt im Passivbereich. Bei den Metallen *1* und *3* kann sich dagegen jeweils noch ein weiteres Korrosionspotential einstellen, das sich im Aktivbereich befindet. Metall *2* muß sich in dem vorgegebenen Elektrolyten passivieren, es ist stabil passiv; die beiden anderen können auch im Aktivbereich korrodieren, sie sind metastabil passiv. Ursache ist bei Metall *1* der zu hohe Wert der Passivierungsstromdichte i_F, bei Metall *3* das zu hoch liegende Passivierungspotential. Diese Betrachtung hat das Ziel zu zeigen, daß für das Eintreten eines stabil passiven Zustandes niedrige Werte von i_F und ΔU_F erforderlich sind. Die Korrosionsbeständigkeit im passiven Zustand hängt ab von i_p, der Auflösungsstromdichte im Passivbereich.

Diese charakteristischen Größen hängen von der chemischen Zusammensetzung des Metalls und vom p_H-Wert sowie dem Gehalt an Komplexbildnern des Elektrolyten ab. Für das Passivierungspotential des Eisens im sauren Bereich gilt

$$\Delta U_F = +0.5\,\text{V} - 0.059\,\text{V} \cdot p_H \qquad (C\,3.43)$$

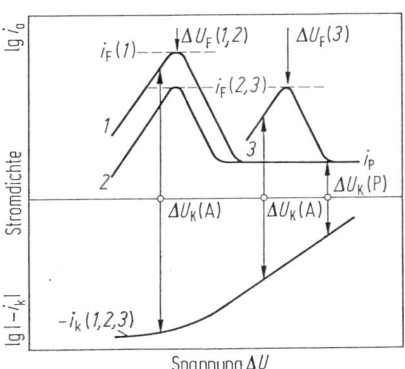

Bild C 3.16 Anodische und kathodische Strom-Spannungs-Kurven von drei passivierbaren Metallen.

(Alle Potentialangaben beziehen sich auf Messung gegen die Normal-Wasserstoff-Elektrode.)

Mit steigendem p_H-Wert fallen auch i_F und i_p ab. Durch gelösten Sauerstoff kann Eisen bei p_H-Werten oberhalb von 10 daher passiviert werden. Hierauf beruht die Passivität – und damit die technische Verwendbarkeit – von Stahl in Beton, dessen Porenflüssigkeit eine an $Ca(OH)_2$ gesättigte Lösung mit einem p_H-Wert von 12,5 ist. Bei Gegenwart von starken Oxidationsmitteln in hohen Konzentrationen kann Eisen selbst in stark sauren Lösungen passiviert werden, z. B. in konzentrierter Salpetersäure, da hier hohe kathodische Stromdichten für die Passivierung zur Verfügung stehen.

Die in Bild C 3.17 [155] wiedergegebene Strom-Spannungs-Kurve des Nickels zeigt, daß Passivierungspotential, Passivierungsstromdichte und Auflösungsstromdichte im passiven Zustand nicht wesentlich von den an Eisen gemessenen Werten abweichen. Dagegen bildet sich im Passivbereich kein Stromdichteplateau aus. Ein solches Plateau wird in stark alkalischen Lösungen jedoch gefunden. Die Passivierungsstromdichte des Nickels in Sulfatlösung hängt außerordentlich stark vom p_H-Wert ab und beträgt bei $p_H = 3,1$ nur noch $10^{-5}\,A/cm^2$; Nickel passiviert sich in schwach sauren Lösungen daher leichter als Eisen.

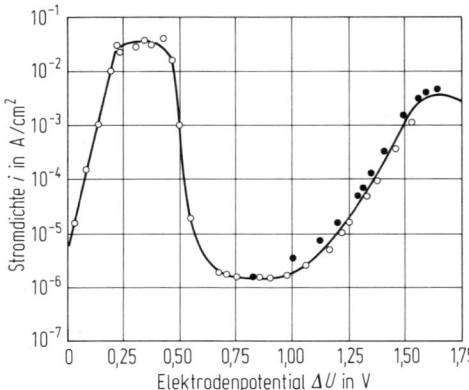

Bild C 3.17 Anodische Strom-Spannungs-Kurve der Auflösung von reinem Nickel in 1n H_2SO_4 bei 25 °C. Nach [155].

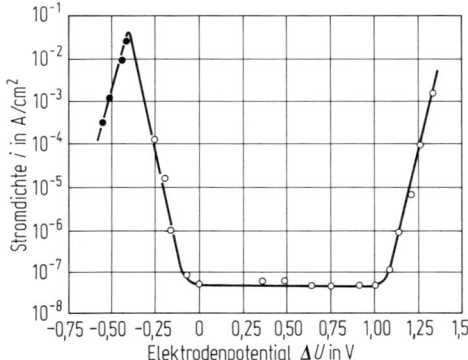

Bild C 3.18 Anodische Strom-Spannungs-Kurve der Auflösung von reinem Chrom in 1n H_2SO_4. Nach [156].

Für *Chrom* ist eine Strom-Spannungs-Kurve, die mit den in Bild C 3.15 und C 3.17 gezeigten Ergebnissen der Messung an Eisen und Nickel verglichen werden kann, von Kolotyrkin [156] aufgenommen worden (Bild C 3.18). Von anderen Autoren wird dagegen angegeben, daß sich Chrom in 1n H_2SO_4 bei Raumtemperatur nach kathodischer Aktivierung schnell spontan passiviert [157] und daß die Stromdichte-Potential-Kurve im Aktivbereich bei p_H-Werten unter 1,5 und nur mit instationären Methoden ermittelt werden kann [144]. Dies ist damit zu deuten, daß sich schon in der Umgebung des aktiven Korrosionspotentials Deckschichten bilden, die die Passivierungsstromdichte unter den Wert der Stromdichte der Wasserstoffionen-Reduktion beim gleichen Potential absenken.

Im Passivbereich löst sich die Cr_2O_3-Deckschicht unter Bildung von Cr^{3+}-Ionen mit sehr geringer und potentialunabhängiger Stromdichte auf. Beim Wiederanstieg der Stromdichte im transpassiven Bereich setzt Bildung von *Chromat- und Dichromationen* mit sechswertigem Chrom entsprechend dem Verlauf der Grenzlinie Cr_2O_3 zu CrO_4^{2-} und $Cr_2O_7^{2-}$ im Potential-p_H-Diagramm ein.

Aus Messungen an ferritischen Eisen-Chrom- [157] und austenitischen Eisen-Chrom-Nickel- [158] Legierungen kann geschlossen werden, daß der Auflösungsstrom des Chroms im Transpassivbereich wiederum einen potentialunabhängigen Wert erreicht. Die Stromdichte-Potential-Kurven dieser Legierungen zeigen Bild C 3.19 und C 3.20. Sie lassen erkennen, daß in beiden Legierungsbereichen das Passivierungspotential und die Passivierungsstromdichte mit steigendem Chromgehalt abfallen und das Stromdichte-Plateau im Transpassivbereich mit steigendem Chromgehalt zu höheren Werten verschoben wird. Der Nickelgehalt von 8 bis 10% senkt bei höheren Chromgehalten die Passivierungsstromdichte und die Auflösungsstromdichte im Passivbereich. Diese Wirkung des Nickels ist *nicht auf die*

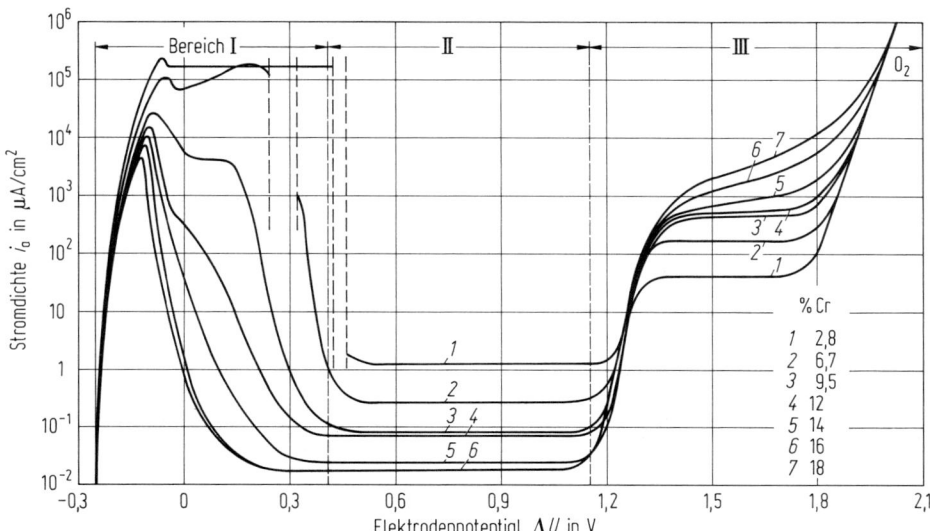

Bild C 3.19 Anodische Strom-Spannungs-Kurven für ferritische Chromstähle in 10%iger Schwefelsäure bei 25 °C. Nach [157].

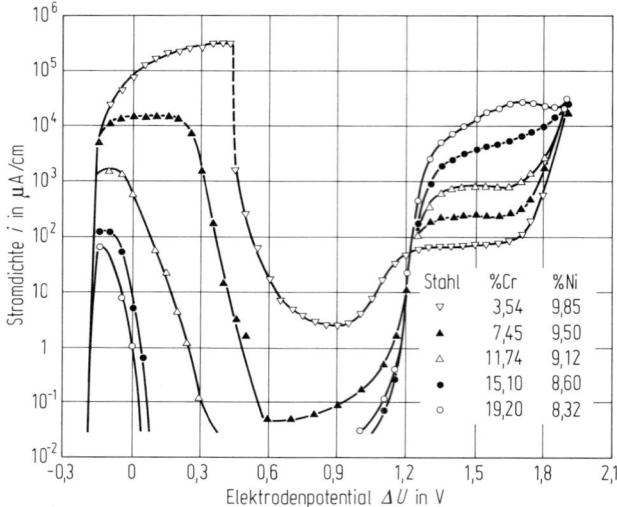

Bild C 3.20 Anodische Strom-Spannungs-Kurve der Metallauflösung von Chrom-Nickel-Stählen in 2n H_2SO_4 bei 25 °C. Nach [158].

Phasenumwandlung von krz zu kfz zurückzuführen, denn eine flächenzentrierte Legierung mit 18 % Mn, 18 % Cr und 2 % Ni verhält sich annähernd wie die raumzentrierte Eisenlegierung mit 18 % Cr [159]. Die Passivierungsstromdichte wird durch einen Zusatz von Molybdän beeinflußt; für eine Legierung mit 18 % Cr senken 8 % Mo den i_p-Wert in 1n H_2SO_4 bei 25 °C von $2 \cdot 10^{-2}$ A/cm² auf $5 \cdot 10^{-5}$ A/cm² [160].

C 3.7 Selektive Korrosion des passiven Eisens und seiner Legierungen

Eine hohe Korrosionsbeständigkeit besitzen Eisen, Chrom, Nickel und deren Legierungen nach C 3.8 unter Bedingungen, die zur Ausbildung einer sehr dünnen Oxidschicht führen, durch die das Metall vom Angriffsmittel getrennt wird. Diese Korrosionsbeständigkeit durch Passivität ist dann eingeschränkt, wenn die Passivschicht nicht die ganze Metalloberfläche gleichmäßig bedeckt. Eine mechanische Verletzung der Passivschicht eines stabil-passiven Kristalls heilt sehr schnell wieder aus. Eine bleibende örtliche Zerstörung der Passivschicht oder eine unvollständige Passivierung der Metalloberfläche kann jedoch eintreten, wenn die Passivschicht durch Komponenten des Angriffsmittels örtlich zerstört wird, wenn die Zusammensetzung der Lösung oder des Metalls ortsabhängig ist, oder wenn z. B. Abgleitvorgänge zur Deckschichtzerstörung führen. Örtliche Zerstörung der Passivschicht durch Lösungskomponenten führt zu *Lochfraß*, ortsabhängige Zusammensetzung der Lösung bzw. des Metalls zu *Spaltkorrosion* bzw. zu *interkristalliner Korrosion*, und Deckschichtzerstörung durch Verformung des Metalls kann zu *Spannungsrißkorrosion* führen.

C 3.7.1 Lochfraß und Spaltkorrosion

Wenn ein passivierendes Angriffsmittel Bestandteile enthält, die die Passivschicht örtlich zerstören können, kommt es an den Angriffsstellen zu einer Auflösung des Metalls mit einer Stromdichte, wie sie dem aktiven Zustand unmittelbar unterhalb des Passivierungspotentials entspricht [161]. Es entstehen Vertiefungen, die im einfachsten Fall halbkugelförmig sind. Ausgelöst wird *Lochfraß* besonders *durch Chloridionen*, aber auch durch die übrigen *Halogenidionen*. Ferner kann Lochfraß eintreten, wenn der Elektrolyt eine ungenügende Konzentration eines Inhibitors enthält.

Die Stabilisierung von aktiven und passiven Bereichen der Metalloberfläche nebeneinander erfolgt beim Lochfraß des Eisens in chlorionenhaltiger Schwefelsäure durch einen Film mit hohem elektrischem Widerstand am Lochboden [161]. Durch ihn fließen die hohen Auflösungsströme und bewirken eine solche Differenz des Elektrodenpotentials zwischen Lochboden und umgebender passiver Oberfläche, daß der Lochboden bei Potentialen unterhalb des Passivierungspotentials, die übrige Oberfläche oberhalb dieses Potentials liegt. Schwierigkeiten bereitet diese Deutung allerdings für den Rand der Löcher, da hier aktive und passive Oberfläche unmittelbar zusammenstoßen [162]. Eine Anreicherung von Chlorionen im Loch und die Ansäuerung des Lochelektrolyten durch Hydrolyse der Korrosionsprodukte kann gleichfalls die Stabilisierung des aktiv-passiv-Elements bewirken. Diese beiden Faktoren haben entscheidende Bedeutung auch bei der Spaltkorrosion.

Lochfraß tritt ein, wenn ein Grenzpotential, das *Lochfraßpotential* ΔU_L, überschritten wird und wenn die aggressiven Ionen im Elektrolyten eine *kritische Konzentration* c_L erreichen. ΔU_F und c_L hängen voneinander und von der Temperatur sowie von Stahl- und Lösungszusammensetzung ab. Spezifische Lochfraßinhibitoren können ΔU_F bzw. c_L stark verändern [163]. Das Lochfraßpotential steigt bei Eisen-Chrom- bzw. Eisen-Nickel-Chrom-Legierungen mit dem Chrom- und dem Molybdängehalt an. Bei Stählen mit 4 bis 21% Cr und $\leq 3\%$ Mo ist das Molybdän um den Faktor 3,3 wirksamer als das Chrom; ein Nickelgehalt $\leq 40\%$ bleibt ohne erkennbaren Einfluß [164] (Bild C 3.21).

Bei diesen Legierungen wirkt sich auch eine Wärmebehandlung lochfraßfördernd aus, wenn durch sie auf den Korngrenzen Chromkarbide ausgeschieden werden [165]. Die umgebenden Diffusionszonen verarmen an Chrom; hier setzt bevorzugt Lochfraß ein. Dieser Vorgang kann in interkristalline Korrosion übergehen.

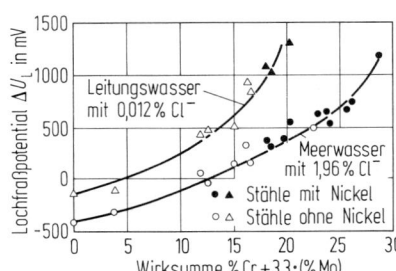

Bild C 3.21 Lochfraßpotentiale ΔU_L von Chrom-Nickel-Stählen. Nach [164].

Auch örtliche Verformungsbereiche und die Phasengrenzen zu Einschlüssen sind Bereiche bevorzugter Lochkeimbildung [166].

Spaltkorrosion tritt ein, wenn Spalten in dem korrodierenden Metall oder zwischen diesem Metall und einer inerten zweiten Phase vorhanden sind. Diese zweite Phase kann z. B. ein *Korrosionsprodukt, ein Anstrichfilm*, eine *Ablagerung, ein Kunststoffüberzug* oder auch ein *organischer Bewuchs* sein. Die Wirkung des Spalts ist abhängig vom Verhältnis seiner Tiefe zur Spaltbreite. Er bewirkt eine Hemmung des konvektiven Antransports von Oxidationsmittel einerseits, des Abtransports von Korrosionsprodukten andererseits. Durch die Verarmung des Oxidationsmittels im Spalt kann hier das Elektrodenpotential unter das Passivierungspotential abfallen, z. B. bei der Korrosion von Eisen oder niedriglegierten Stählen in sauerstoffhaltigen, schwach alkalischen Lösungen. Die Hemmung des Abtransports der Korrosionsprodukte kann über die Hydrolyse der Korrosionsprodukte, z. B.

$$Cr^{3+} + 3H_2O \rightleftharpoons Cr(OH)_3 + 3H^+ \qquad (C\,3.44)$$

zu einer p_H-*Verschiebung* führen. Bei einer Cr^{3+}-Konzentration im Spalt von 10^{-2} mol/l ergibt sich für die Reaktion nach Gl. (C 3.44) aus thermodynamischen Daten [167] ein p_H-Wert von etwa 2. Experimentell wurden bei Modellversuchen zur Spaltkorrosion von Eisenlegierungen mit 1 bis 18% Cr Cr^{3+}-Konzentrationen zwischen $4 \cdot 10^{-3}$ und $5 \cdot 10^{-1}$ mol/l und p_H-Werte von 4,64 bis −0,19 gefunden [168]. Diese Ansäuerung des Elektrolyten erniedrigt das Aktivierungspotential und – falls Chlorionen vorhanden sind – das Lochfraßpotential von passivierbaren Stählen. In Chloridlösungen reichern sich im Spalt zum Ladungsausgleich mit den Metallionen auch die Chlorionen an, wodurch das Lochfraßpotential weiter herabgesetzt wird. Nahe der Spaltspitze kann es somit zu einer Aktivierung bzw. zur Passivschicht-Zerstörung durch Chlorionen kommen; die Spaltwände bleiben je nach dem Konzentrationsverlauf im Spalt [169] in einiger Entfernung von der Spitze passiv.

C 3.7.2 Interkristalline Korrosion

Im Temperaturbereich oberhalb etwa 400 °C, in dem die Diffusionsgeschwindigkeiten von Chrom und Kohlenstoff einen Ausscheidungsvorgang ermöglichen, sind die Löslichkeitsprodukte der Chromkarbide in ferritischen Chromstählen und in austenitischen Chrom-Nickel-Stählen so gering [170], daß eine *Karbidausscheidung* auch bei kleinen Kohlenstoffgehalten eintreten kann. Die Ausscheidung wird mit abnehmendem Kohlenstoffgehalt so stark verzögert, daß in den technisch wichtigen Glühzeiten keine erkennbare Karbidbildung mehr eintritt, wenn der Kohlenstoffgehalt in raumzentrierten Eisenlegierungen mit 18 bis 30% Cr 0,01% deutlich unterschreitet [171]. In den flächenzentrierten Chrom-Nickel-Stählen hängt dieser Grenzwert vom Nickelgehalt ab; unterhalb von 0,01% C wird die Ausscheidung bei den technisch gebräuchlichen Legierungen jedoch gleichfalls außerordentlich langsam (siehe auch Bild C 3.22) [172]. Derartige Kohlenstoffgehalte können heute technisch durchaus eingestellt werden.

Ebenso wie Karbide können auch Nitride des Chroms ausgeschieden werden. Der Grenzgehalt an Stickstoff, unterhalb dessen die Ausscheidung unmerklich langsam wird, liegt bei den austenitischen Stählen deutlich höher als der des Kohlenstoffs. Für die Löslichkeit des Chromnitrids Cr_2N in einem Stahl mit 18 % Cr, 10 % Ni und 0,01 % C gilt [173]

$$\lg (\% \text{ N}) = -2830/T + 1,733; \qquad (C\,3.45)$$

für 650 °C ergibt sich daraus N = 0,046 %. Auch in den ferritischen Chromstählen ist die Löslichkeit des Chromnitrids höher oder seine Ausscheidung langsamer als die der Karbide [171].

Die Karbid- und Nitridausscheidungen erfolgen bevorzugt an den Korngrenzen. Kohlenstoff und Chrom diffundieren dabei zu den Korngrenzausscheidungen hin, und zwar im stationären Ablauf des Vorgangs im Verhältnis der molaren Zusammensetzung der Teilchen. Für Ausscheidung von $Cr_{23}C_6$ gilt für die Diffusionsströme j_{Cr} und j_C also $j_{Cr}/j_C \approx 4$. Mit

$$j_i = -D_i \frac{dc_i}{dx} \qquad (C\,3.46)$$

ergibt sich für die Konzentrationsgradienten an der Korngrenze

$$\frac{dc_{Cr}}{dx} \bigg/ \frac{dc_C}{dx} = 4 \frac{D_C}{\tilde{D}_{Cr}}. \qquad (C\,3.47)$$

$\tilde{D}_{Cr}$ ist der Fe-Cr-Interdiffusionskoeffizient. Für den Kohlenstoff kann – wegen des interstitiellen Diffusionsmechanismus bzw. der im Vergleich zu den Substitutionsatomen hohen Beweglichkeit – der Tracer-Diffusionskoeffizient eingesetzt werden.

Mit $D_C = 1,2 \exp(-20\,200/T)$ [174] und $\tilde{D}_{Cr} = 6,3 \cdot 10^{-2} \exp(-29\,500/T)$ [175] ergibt sich bei 650 °C für die beiden Konzentrationsgradienten ein Verhältnis von $4,5 \cdot 10^5$. Der Konzentrationsgradient des Kohlenstoffs ist also zu vernachlässigen, während das Chrom zur Korngrenze hin stark verarmt.

Dadurch kann in einem Potentialbereich zwischen dem Flade-Potential des Eisens einerseits und dem des Stahls mit dem Ausgangsgehalt an Chrom andererseits eine Aktivierung der Korngrenze durch *Chromverarmung* eintreten [176]. Potentiale in diesem Bereich stellen sich ein, wenn eine solche Stahlprobe dem *Strauß-Test* [177] unterworfen wird. Hierzu wird sie mit Kupfer verbunden und in eine stark schwefelsaure Kupfersulfatlösung getaucht. Die Folge ist eine sehr

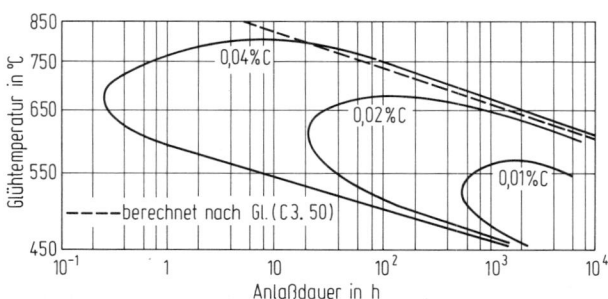

Bild C 3.22 Bereiche der Sensibilisierung für interkristalline Korrosion von Stählen mit 0,01 bis 0,04 % C, 18 % Cr und 10 % Ni. Nach [172].

schnelle Auflösung des Metalls entlang der Korngrenzen bei weitgehender Korrosionsbeständigkeit der Kornflächen. Diese *interkristalline Korrosion* führt schließlich zum Zerrieseln des Korngefüges, dem *Kornzerfall*.

Bild C 3.22 zeigt ein Schaubild für den Zusammenhang von Glühtemperatur und Glühzeit für den Eintritt von Kornzerfall für Stähle mit 18 % Cr, 10 % Ni sowie 0,01, 0,02 und 0,04 % C. Das Maximum der Kurve ist durch die Annäherung an die Lösungstemperatur der Karbide verursacht. Die unteren Teile der *Sensibilisierungskurven* beruhen auf dem temperaturabhängigen Zeitbedarf für die Keimbildung der Karbide und für die Ausbildung der Chromverarmung. In der Zeit, die durch den Abstand zwischen diesen Kurvenzügen und den im Schaubild oben liegenden Kurvenästen angegeben wird, läuft der Ausscheidungsvorgang ab. Die Begrenzung des Sensibilisierungsbereichs bei langen Zeiten kommt dadurch zustande, daß der Ausscheidungsvorgang abklingt, wenn die Gleichgewichtskonzentration des Kohlenstoffs erreicht wird. Dann füllen sich die chromarmen Bereiche an den Korngrenzen wieder auf. Dieser Teil der Sensibilisierungskurven läßt sich folgendermaßen berechnen:

Wir nehmen an, daß die Gleichgewichtskonzentration des Kohlenstoffs, die sich beim Ende der Karbidausscheidung im ganzen Korn einstellt, klein gegen die Ausgangs-Kohlenstoff-Konzentration c_C ist. Die ausgeschiedene Karbidmenge und damit auch die Chromverarmung in der Nähe der Korngrenze ist dann proportional zu c_C. Die Anfälligkeit gegen interkristalline Korrosion hört auf, wenn diese Chromverarmung durch Nachdiffusion von Chrom aus dem Korn wieder aufgefüllt ist. Näherungsweise gilt für die Ausscheidung von $Cr_{23}C_6$ in molaren Mengen: Cr/C = 4. Damit folgt

$$\int_{t=0}^{t(\text{Ende})} j_{Cr} dt = 4 c_C \frac{1}{2} d \tag{C 3.48}$$

mit c = Konzentration in mol/cm³ und d = Korndurchmesser in cm.

Wenn die Verarmungszone klein gegen den Korndurchmesser d ist, gilt

$$\int_{t=0}^{t(\text{Ende})} j_{Cr} dt \approx \frac{2 c_{Cr}}{\sqrt{\pi}} \sqrt{D_{Cr} t(\text{Ende})}. \tag{C 3.49}$$

Gibt man die Konzentrationen in Massengehalten an, so folgt

$$t(\text{Ende}) = \left(\frac{\% \text{ C}}{\% \text{ Cr}}\right)^2 \left(\frac{M_{Cr}}{M_C}\right)^2 \frac{\pi d^2}{\tilde{D}_{Cr}}. \tag{C 3.50}$$

Mit $\tilde{D}_{Cr} = 6{,}3 \cdot 10^{-2} \exp(-29500/T)$ (nach [178]) folgt für 20 % Cr, 0,04 % C und $d^2 = 2 \cdot 10^{-5}$ cm²:

$$t(\text{Ende}) = 0{,}7 \cdot 10^{-7} \exp \frac{29500}{T}. \tag{C 3.51}$$

In Bild C 3.22 ist die dieser Formel entsprechende Kurve gestrichelt eingezeichnet.

Im krz Gitter der ferritischen Chromstähle diffundieren Chrom und Kohlenstoff erheblich rascher als im kfz Gitter der austenitischen Chrom-Nickel-Stähle. Dementsprechend liegen Beginn und Ende des Kornzerfalls bei den ferritischen Chromstählen bei sehr viel kürzeren Zeiten. Schon beim Abschrecken von Lösungsglühtemperatur tritt bei ihnen im allgemeinen Kornzerfall auf, wenn der Kohlenstoffgehalt oder der Stickstoffgehalt über der Löslichkeitsgrenze liegt. Andererseits reichen kurze Glühzeiten bei mittleren Temperaturen aus, um den Ausscheidungsvorgang zum Ende zu führen und die Chromverarmung wieder aufzuheben [171].

Die Ausscheidung der Karbide und Nitride des Chroms läßt sich verhindern durch Zusatz von Legierungselementen mit einer gegenüber Chrom höheren Affinität für Kohlenstoff und/oder Stickstoff. Solche Elemente sind vor allem Niob und Titan. Mit einem über das stöchiometrische Verhältnis zum Kohlenstoff bzw. Stickstoff hinausgehenden Zusatz dieser Legierungselemente läßt sich der Kohlenstoff bzw. Stickstoff in austenitischen und in ferritischen Stählen durch Glühung zwischen den Temperaturen der Auflösung des Chromkarbids und des Karbids des *Stabilisierungselements* abbinden. Derartige *stabilisierte Stähle* sind daher beständig gegen Kornzerfall, falls sie nicht vor einer Sensibilisierungsglühung auf so hohe Temperaturen gebracht werden, daß sich Karbide bzw. Nitride der Stabilisierungselemente auflösen. Eine erneute Glühung zwischen der Auflösungstemperatur der Sonderkarbide und des Chromkarbids kann diese Gefahr beseitigen. Diese Vorgänge haben Bedeutung beim Schweißen.

Auch bei sehr hohen Potentialen, bei denen die verstärkte Chromauflösung eintritt (s. Bild C 3.20), kann interkristalline Korrosion eintreten. Die Ursachen hierfür sind nicht eindeutig aufgeklärt.

C 3.8 Spannungsrißkorrosion

C 3.8.1 Allgemeines

Bei den meisten Eisenlegierungen können sich bei gleichzeitiger Einwirkung von mechanischen Spannungen und spezifischen Angriffsmitteln Risse ausbilden und ausbreiten bei Spannungen, die ohne Gegenwart des Angriffsmittels hierzu nicht ausreichen würden. Diese Herabsetzung des Widerstandes gegen Rißausbreitung durch spezifische Angriffsmittel wird allgemein *Spannungsrißkorrosion* (SRK) genannt. Von der SRK im engeren Sinne grundsätzlich zu unterscheiden ist die *Wasserstoffversprödung*, die phänomenologisch sehr ähnliche Bruchvorgänge bewirkt (s. C 3.9.2). Es ist grundsätzlich nicht immer möglich, SRK und Wasserstoffversprödung streng voneinander zu trennen und im Einzelfall zu entscheiden, welcher Schädigungsmechanismus vorliegt oder überwiegt.

Allgemein wird heute angenommen, daß die von der Spannung ausgelöste *Dehnung* oder *Abgleitung* des Metalls die SRK auslöst. Hierfür spricht, daß koplanare Versetzungsanordnungen die Anfälligkeit steigern [179], daß *Gleitstufen an Oberflächen* häufig Ausgangspunkt der Rißbildung sind [180], und daß bei SRK-Rissen entlang der Flanken zumeist deutliche plastische Verformung festgestellt werden kann [181].

Eine weitere wichtige Erkenntnis zum Verständnis der Zusammenhänge zwischen spannungsinduzierter Dehnung und SRK-Rißbildung ist die Feststellung, daß praktisch ausschließlich solche Metalle SRK erleiden, die in dem jeweils spezifisch SRK-erzeugenden Angriffsmittel eine stark korrosionshemmende *Deckschicht* oder *Passivschicht* ausbilden [182].

Diese beiden Tatsachen können miteinander zu einem Modell des SRK-Ablaufs verknüpft werden. Hierbei wird angenommen, daß der Gleitvorgang zur örtlichen Zerstörung der Deckschicht an den Austrittsstellen der Gleitstufen führt (Bild C3.23). An der freigelegten Metalloberfläche greift der Elektrolyt an und bewirkt örtlich schnelle anodische Auflösung bzw. Metallabtragung. Der zugehörige kathodische Teilvorgang der Korrosion kann an der elektronenleitenden Deckschicht abseits der Gleitstufen erfolgen. Die spezifische Wirkung des Elektrolyten und der starke Einfluß elektrochemischer Parameter ist darin zu sehen, daß er die Flanken des entstehenden Risses mit einer solchen Geschwindigkeit passiviert bzw. mit einer neuen Deckschicht überzieht, daß jeweils nur die Rißspitze aktiv bzw. deckschichtfrei bleibt und sich die anodische Auflösung an dieser Stelle konzentriert. Zu schnelle Deckschichtbildung würde zur sofortigen Passivierung der Rißspitzen und damit zum Rißstop, zu langsame Deckschichtbildung zu starker Abstumpfung des Risses durch Korrosion an den Rißflanken führen. Allerdings spielt bei der ständigen Aktivierung der Rißspitze zweifellos auch die mit dem Rißwachstum einhergehende Verstärkung des Spannungszustandes an der Rißspitze eine wichtige Rolle. Sie führt zu weiteren Abgleitvorgängen im Verformungsbereich an der Rißspitze und damit zur Zerstörung hier etwa entstandener Deckschichten.

Eine exakte Untersuchung der Charakteristik der Rißausbreitung in Einkristallen von austenitischen Chrom-Nickel-Stählen in $MgCl_2$-Lösungen führt allerdings zu dem Ergebnis, daß die Schärfe der entstehenden Risse, d.h. das Verhältnis von Rißlänge zu Rißöffnung, mit diesem Modell allein nicht ausreichend erklärt werden kann. Vielmehr muß angenommen werden, daß die anodische Metallauflösung an der Rißspitze in noch nicht aufgeklärter Weise von Gegebenheiten der Kristallgeometrie sowie der Versetzungsanordnung und -bewegung abhängt [183]. Hierauf weisen auch Untersuchungen der Korngrenzkorrosion von Kupfer [184] und der Tunnelätzung von Aluminium [178] hin.

C3.8.2 Spannungsrißkorrosion in austenitischen Chrom-Nickel-Stählen

In Chrom-Nickel-Stählen erfolgt SRK besonders in Chloridlösungen. Für Laboruntersuchungen wird zumeist eine siedende 42%ige $MgCl_2$-Lösung verwendet (Siede-

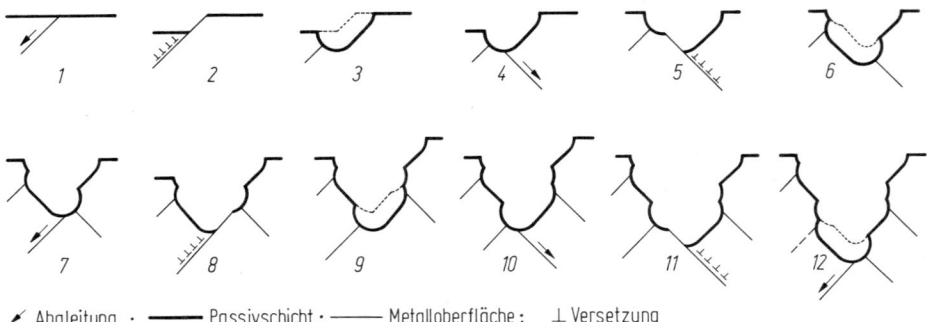

⁄ Abgleitung ; ——— Passivschicht ; ——— Metalloberfläche ; ⊥ Versetzung

Bild C3.23 Modellvorstellung zur Rißausbreitung durch Spannungsrißkorrosion. Alternierende Zerstörung der Deckschicht durch Abgleitung, Metallauflösung und Neubildung der Deckschicht.

punkt 142 °C). Der Rißverlauf ist *transkristallin*. Ternes und Brauns [185] stellten fest, daß eine kathodische Polarisation um etwa 100 mV ausreicht, um wachsende Risse zum Stillstand zu bringen. Sie konnten ferner durch Aufnahmen von potentiokinetischen Stromanpassungskurven nachweisen, daß das Korrosionspotential, das sich an dem Stahl einstellt und bei dem Rißausbreitung erfolgt, an der oberen Flanke des aktiv-passiv-Übergangs liegt. Aus den beiden Beobachtungen ist zu schließen, daß die Rißbildung auf anodischer Auflösung des Metalls am Rißgrund beruht, und daß die SRK unter den Bedingungen von langsam ausheilender Passivität erfolgt.

Reed und Paxton [186] sowie Riecke und Ahlers [187] untersuchten die *Orientierungsabhängigkeit* der Bruchflächen in Einkristallen mit rd. 20% Cr und 20% Ni und fanden Rißausbreitung längs (100)-Ebenen. Kristalle von Stählen mit 18 bis 20% Cr und 8 bis 12% Ni brechen jedoch nichtkristallographisch senkrecht zur maximalen Zugspannung. Gleiches wurde auch für eine Reihe von grobkörnigen Stählen gefunden [180]. Marek und Hochman [188] untersuchten gekerbte Kristalle eines Stahls mit rd. 18% Cr, 12% Ni und 2% Mo in Vierpunktbiegung und fanden Bruchflächen mit (210)-Orientierung.

In allen Fällen wurde ein erhöhter korrosiver Angriff der Gleitstufen festgestellt, so daß Rißkeimbildung an ihnen, etwa über Lochfraß als Zwischenstadium, nicht ausgeschlossen werden kann. Dies wird noch dadurch unterstützt, daß an Proben, die unterhalb der Fließspannung belastet [186] oder deren Gleitstufen durch Elektropolieren entfernt wurden [187], SRK nur sehr verzögert oder nicht eintritt.

Die Geschwindigkeit der Rißausbreitung in Stählen mit 18 bis 20% Cr und 8 bis 20% Ni in siedender 42%iger $MgCl_2$-Lösung liegt nach einer Vielzahl von Untersuchungen [189] zwischen 0,05 und 1 mm/h und hängt nur wenig von Nominalspannung und Rißlänge oder dem Spannungsintensitätsfaktor ab [188]. Nach Speidel [190] wird ein etwa konstanter Wert der Rißgeschwindigkeit von 0,2 mm/h bei einem Stahl mit 18% Cr und 10% Ni erreicht, wenn K den Wert $8\,\text{MN}\,\text{m}^{-3/2}$ übersteigt.

Takano [191] untersuchte den Einfluß der Dehnrate, $\dot{\varepsilon}$, auf die Rißausbreitungsgeschwindigkeit $\dot{a}$ an einem Stahl mit 18% Cr und 10% Ni in 42%iger $MgCl_2$-Lösung bei Querhauptgeschwindigkeiten von $4 \cdot 10^{-3}$ bis 6 mm/min. Die mittlere Rißausbreitungsgeschwindigkeit nimmt dabei bis etwa 10^{-2} mm/min proportional mit $\dot{\varepsilon}$ zu, während zwischen 10^{-2} und 1 mm/min ein Bereich konstanter Ausbreitungsgeschwindigkeit von etwa 1 mm/h auftritt. Ähnliche Untersuchungen von Hashimoto [192] zeigten, daß im Bereich von $\dot{\varepsilon} = (4, 5 \ldots 7, 5 \cdot 10^{-3})$ mm/min die Rißausbreitungsgeschwindigkeit $\dot{a}$ über die gesamte Probe mit konstanter Geschwindigkeit erfolgt und durch $\dot{a} = k_1 \dot{\varepsilon} + k_2$ angenähert werden kann, mit k_1 und k_2 als Funktionen des Auflösungsstroms.

C 3.8.3 Spannungsrißkorrosion von unlegierten Baustählen

Ferritische und ferritisch-perlitische Baustähle erleiden *SRK in heißen konzentrierten Laugen und in Nitratlösungen*. Im Gegensatz zu den austenitischen Stählen folgen die Risse hier den Korngrenzen; der Rißverlauf ist *interkristallin*. Diese Form der Rißbildung kann als ein Sonderfall der Korngrenzkorrosion angesehen werden. Zwar werden z.B. in einer Nitratlösung die Korngrenzen von ferritischen Baustählen und Eisenlegierungen bei Abwesenheit von mechanischen Spannungen beim Korrosionspotential nicht angegriffen. Eine anodische Polarisation führt jedoch zum *Korngrenzangriff* [193], und das hierfür einzustellende Potential wird durch eine mechanische Spannung herabgesetzt. Im Gegensatz zu den austenitischen Chrom-Nickel-Stählen ist eine mehr oder weniger scharfe *Grenzspannung* festzustellen, bei der SRK beim Korrosionspotential einsetzt [193].

In Natronlauge ist der Potentialbereich, in dem die interkristalline SRK einsetzt, eng begrenzt und liegt im Bereich des aktiv-passiv-Übergangs [194]. Gleiches gilt für Karbonatlösungen, die gleichfalls SRK auslösen können [195].

Ferner ist festgestellt worden, daß die Empfindlichkeit der ferritischen Eisenlegierungen für interkristalline SRK stark vom *Gehalt an Begleitelementen* wie Stickstoff und Phosphor, von deren Abbindung durch Ausscheidung, z. B. als AlN [196] oder ihrer Verteilung auf Korn und Korngrenze und damit von der Wärmebehandlung abhängt. Besonders für den Phosphor konnte eine eindeutige Beziehung zwischen Segregation an Korngrenzen und Empfindlichkeit gegen interkristalline Korrosion festgestellt werden [197].

Bild C 3.24 zeigt die Abhängigkeit der Auflösungsstromdichte von Eisen mit 0,064 % P in Abhängigkeit von der Intensität des Auger-Peaks, der ein Maß für die Phosphorkonzentration auf den Korngrenzen ist. Es ist bekannt, daß Phosphor generell die Auflösung von Eisen in Säuren beschleunigt [198]. Durch die starke Anreicherung an den Korngrenzen nach einer entsprechenden Glühung zur Einstellung des Segregationsgleichgewichts wird dieser Effekt auf die Korngrenzen konzentriert. Zudem wirken die bei den ferritischen Eisenlegierungen SRK auslösenden Angriffsmittel auf Eisen passivierend, d. h. die Auflösung der Kornflächen wird durch eine Deckschicht zusätzlich herabgesetzt. Die Korngrenzen werden dagegen bei höheren Phosphorgehalten der Legierung nicht mehr oder nicht mehr vollständig passiviert [197]. Die dadurch ausgelöste selektive Korrosion wird offenbar durch mechanische Spannungen auch bei niedrigen Phosphorgehalten und ohne eine anodische Polarisation ermöglicht. Gleiches kann für die Wirkung anderer Begleitelemente, wie z. B. Stickstoff, angenommen werden. Der Mechanismus der Wirkung der mechanischen Spannung ist noch unklar.

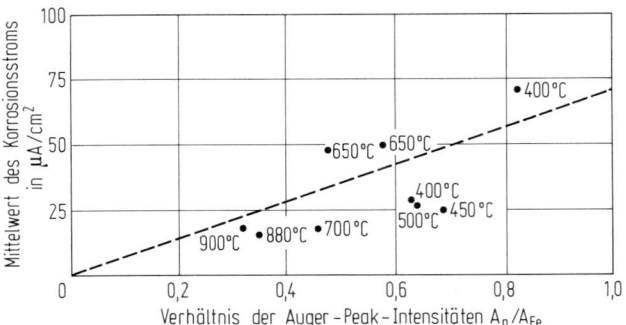

Bild C 3.24 Mittelwerte der Stromdichte der interkristallinen Korrosion von Eisen mit 0,064 % P in 55 %iger Ca(NO$_3$)$_2$-Lösung bei 60 °C und anodischer Polarisation auf +1000 mV$_H$. Die Intensität des Auger-Peaks ist ein Maß für die Korngrenzkonzentration des Phosphors. Die an den Meßpunkten vermerkten Zahlenwerte geben die Glühtemperaturen für die Einstellung des Segregationsgleichgewichts an.

C 3.9 Aufnahme von Wasserstoff durch Eisen bei Korrosionsvorgängen und Wasserstoffversprödung

C 3.9.1 Wasserstoffaufnahme

An jeder Eisenoberfläche, die in eine wäßrige Lösung eintaucht, kann sich das elektrochemische Gleichgewicht

$$H^+ + e^- \rightleftharpoons [H] \tag{C3.52}$$

bzw.

$$H_2O + e^- \rightleftharpoons OH^- + [H] \tag{C3.53}$$

einstellen. Die *Wasserstoffaktivität* a_H des bei Gleichgewichtseinstellung aufgenommenen [H] hängt nach diesen beiden Formeln von der Konzentration der H^+- bzw. der OH^--Ionen ab, also vom p_H-Wert der Lösung und vom Elektrodenpotential E_H der Metallprobe. Es gilt

$$\lg a_{[H]} = E_H \frac{F}{2{,}3\,RT} + p_H = \frac{E_H(V)}{0{,}059} + p_H, \tag{C3.54}$$

wenn wieder E_H auf die Normal-Wasserstoffelektrode bezogen wird und a_H definiert ist als die Wasserstoffaktivität im Eisen, die sich im Gleichgewicht mit einer Gasphase mit $p_{H_2} = 1$ bar einstellen würde. In einer neutralen, sauerstofffreien 3%igen NaCl-Lösung stellt sich an Eisen ein Korrosionspotential von etwa $-0{,}6$ V ein; aus Gl. (C 3.54) folgt damit eine Gleichgewichts-Wasserstoffaktivität von etwa 10^3. Tatsächlich werden diese Gleichgewichtswerte nicht erreicht, da neben Gl. (C 3.52) die Reaktion

$$2H^+ + 2e^- \rightleftharpoons H_2 \tag{C3.55}$$

abläuft. Diese Reaktion erfolgt in Teilschritten. In dem ersten Teilschritt wird adsorbierter Wasserstoff H_{ad} gebildet

$$2H^+ + 2e^- \rightleftharpoons 2H_{ad}, \tag{C3.56}$$

der in das Gitter aufgenommen werden kann:

$$2H_{ad} \rightleftharpoons 2[H], \tag{C3.57}$$

oder gemäß

$$2H_{ad} \rightleftharpoons H_2 \tag{C3.58}$$

oder

$$2H_{ad} + 2H^+ + 2e^- \rightleftharpoons 2H_2 \tag{C3.59}$$

zu H_2-Gas weiterreagiert. Die stationäre Aktivität des gelösten Wasserstoffs [H] ist abhängig von der Aktivität des adsorbierten Wasserstoffs H_{ad}, und diese wird bestimmt durch das *Verhältnis der Geschwindigkeitskonstanten* der Reaktion nach Gl. (C 3.56) einerseits sowie Gl. (C 3.58) und (C 3.59) andererseits [199]. Für Gl. (C 3.57) kann zumeist eingestelltes Gleichgewicht angenommen werden. Die Geschwindigkeitskonstanten von Gl. (C 3.56) bzw. (C 3.58) und (C 3.59) werden stark und unterschiedlich beeinflußt durch einige als Inhibitoren oder Promotoren bekannte Komponenten des Elektrolyten. So können z. B. Zusätze von 10^{-5} mol/l As_2O_3 zu 1n H_2SO_4 die Reaktion nach Gl. (C 3.58) so stark hemmen, daß die stationäre Wasserstoffaktivität im Eisen bei sonst gleichen elektrochemischen Verhältnissen um den Faktor 10 ansteigt.

Bei geringen Aktivitäten des adsorbierten Wasserstoffs reicht die thermodynamische Triebkraft der Reaktionen nach Gl. (C 3.58) und (C 3.59) nicht zur Bildung von Wasserstoffgasblasen aus. Dann kann H_2 in gelöster Form vom Elektrolyten aufgenommen werden. Reines Wasser löst bei 25°C 0,017 cm³ H_2/cm³ H_2O. Erheblichen Einfluß auf die stationäre Wasserstoffkonzentration bei der Korrosion von Eisen in wäßrigen Lösungen hat die Gegenwart von Oxidationsmitteln, besonders von Sauerstoff im Elektrolyten. Er verschiebt das Korrosionspotential in positiver Richtung und senkt damit nach Gl. (C 3.54) a_H ab. Bild C 3.25 zeigt Meßwerte der stationären Wasserstoffkonzentration in Eisen, das in einer mit H_2SO_4 auf den gewünschten p_H-Wert eingestellten Na_2SO_4-Lösung korrodierte [200]. Die eine Meßkurve gilt für Sättigung mit Sauerstoff, die andere bei weitgehender Verdrängung des Sauerstoffs durch Stickstoff.

Der vom Eisen aufgenommene Wasserstoff wird zunächst als Zwischengitteratom gelöst. Die Konzentration der H-Zwischengitter-Atome c_H^i im Gleichgewicht mit Wasserstoffgas von 1 bar, also bei $a_H = 1$, ergibt sich aus [201]:

$$c_\text{H}^i = 5{,}0 \exp\left(-30{,}15\,\frac{kJ}{\text{mol}\,RT}\right) \text{ in molH/cm}^3\text{Fe}. \tag{C 3.60}$$

Daraus folgt, daß bei 25°C nur etwa 3 Atome H auf je 10^8 Eisenatome kommen.

Der gelöste Wasserstoff zeigt jedoch eine sehr starke Bindung an Gitterfehler im α-Eisen. Für die Verteilung des Wasserstoffs auf Zwischengitterplätze und die Gitterfehler ist die *Wechselwirkungsenergie* maßgeblich, für die in Tabelle C 3.1 [202] Näherungswerte angegeben sind. Die hohen Wechselwirkungsenergien, z. B. mit Versetzungen, bewirken, daß die Wasserstofflöslichkeit in kaltverformtem Eisen um mehrere Zehnerpotenzen größer ist als in rekristallisiertem Eisen.

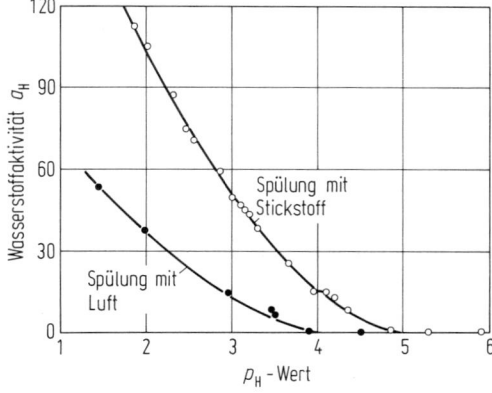

Bild C 3.25 Stationäre Werte der Wasserstoffaktivität a_H in Weicheisen bei der Korrosion in Na_2SO_4-Lösung von 23°C. p_H-Einstellung durch Zusatz von H_2SO_4. Nach [200].

Tabelle C 3.1 Bindungsenergien zwischen Wasserstoff auf Zwischengitterplätzen und Gitterstörstellen im α-Eisen. Nach [202].

Art der Gitterstörstellen	Bindungsenergie kJ/mol
Kohlenstoffatom auf Zwischengitterplatz	3,3
Wasserstoffatom auf Zwischengitterplatz	4,2
Stickstoffatom auf Zwischengitterplatz	12
Übergang H → $\frac{1}{2}$ H$_2$ (Gas) in Hohlraum	30
Elastisches Spannungsfeld um Versetzungen	0 ... 20
Kern von Schraubenversetzungen	20 ... 30
Kern von Stufenversetzungen	60
Korngrenze	60
Freie Eisenoberfläche (Risse)	70 ... 100
Phasengrenze Fe/Fe$_3$C	80
Phasengrenze Fe/TiC	90

C 3.9.2 Wasserstoffversprödung

Gelöster Wasserstoff setzt die *Rißzähigkeit* der meisten Metalle herab. Dies gilt besonders für krz, aber auch für kfz Metalle und Legierungen.

Die Auswirkung des Wasserstoffs auf die Zähigkeit bei gleicher Aktivität nimmt mit der Streckgrenze bzw. Bruchfestigkeit des Stahls zu. Bei Stählen mit $R_{p0,2} \geq$ 1000 N/mm² reichen schon die geringen Wasserstoffaktivitäten, die nach Bild C 3.25 bei der Korrosion in schwach sauren luftfreien Lösungen aufgenommen werden, zu einer merklichen Herabsetzung der Zähigkeit aus [203]. Selbst bei Weicheisen läßt sich eine Wirkung von Wasserstoff anhand einer *Verminderung der Bruchdehnung* feststellen, wenn Proben in entsprechenden Elektrolyten bei kathodischer Polarisation mit einer geringen und konstanten Dehngeschwindigkeit geprüft werden.

Für die Deutung der Versprödung wird heute eine von Troiano zuerst formulierte, von Oriani [204] verbesserte Vorstellung weitgehend akzeptiert. Sie ist besonders bedeutsam für den technisch wichtigen Bereich kleiner Wasserstoffaktivitäten, bei denen der Wasserstoffdruck in inneren Hohlräumen des Werkstoffs keinen nennenswerten Einfluß auf die Rißausbreitung hat.

Orianis Modell (Bild C 3.26) geht davon aus, daß Wasserstoff die *Oberflächenspannung* von vielen Metallen, besonders von Eisen, erheblich vermindert. Da die Oberflächenspannung gegeben ist durch die Energie, die zur Auftrennung der atomaren Bindungen entlang einer Kristallebene erforderlich ist, muß der Wasserstoff diese Bindungsenergie herabsetzen, also die Spaltbruchspannung erniedrigen (Bild C 3.26a). Der Mechanismus des Ablaufs ist so zu verstehen, daß der Wasserstoff sich zunächst in stark gedehnten *Bindungen des Eisengitters* unmittelbar *an der Rißspitze* einlagert, welche dann unter Neubildung einer mit Wasserstoff belegten frischen Oberfläche aufreißen (Bild C 3.26b). Die Anreicherung des Wasserstoffs an der Rißspitze folgt den gleichen Gesetzmäßigkeiten, die auch für die nachgewiesene starke Wechselwirkung von gelöstem Wasserstoff mit den Spannungsfeldern der Versetzungen im Ferritgitter gültig sind.

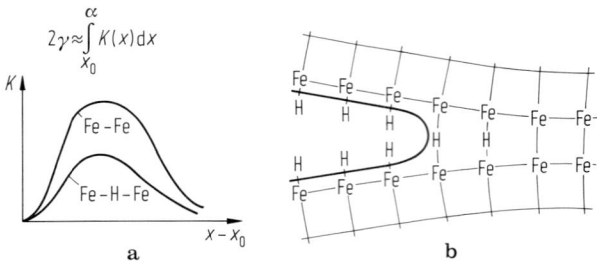

Bild C 3.26 Modellvorstellung zur Einleitung eines verformungsarmen Risses durch Anreicherung von Wasserstoff an der Rißspitze. Nach [204]. **a** Atomare Wechselwirkungskraft K als Funktion des Atomabstandes x (x_0 = Gleichgewichtsabstand der Eisenatome, γ = Oberflächenenergie); **b** Ausbildung von Fe-H-Fe-Bindungen an der Rißspitze durch Einlagerung von Wasserstoff an die Spannungsfelder des Eisenkristalls.

Die chemische Bindungsenergie zwischen Wasserstoff und Eisen reicht zwar nicht aus, um eine dreidimensionale Hydridphase thermodynamisch stabil werden zu lassen. Die hohen Absolutwerte der Adsorptionswärme von Wasserstoff an Eisen (gemäß $H_2 \rightleftharpoons 2\,H_{ad}$; $\Delta H = -100\,\text{kJ/mol}\ H_2$, fallend auf rd. $-50\,\text{kJ/mol}\ H_2$ mit steigendem Bedeckungsgrad [205]) zeigen jedoch, daß die Wechselwirkung Fe-H bei flächenhafter Anordnung des Reaktionsprodukts stark ist. Die Atomanordnung Fe-H-Fe, die im Bereich der Rißspitze und deren elastischer Gitterdehnung angenommen werden kann, ist als eine Zwischenstufe zwischen der Gitterbindung des Eisens im Kristall Fe-Fe und der mit Wasserstoff belegten freien Eisenoberfläche mit Fe-H-Bindungen anzusehen. Diese Atomanordnung soll den Maximalwert der Kraft, die zur Trennung einer Fe-Fe-Bindung und damit zur Schaffung einer Spaltfläche erforderlich ist, so weit herabsetzen, daß an der Rißspitze Spaltbruch eintritt. Die Ausbreitung des Risses durch Spaltbruch wird von der Erzeugung neuer Fe-H-Fe-Bindungen kontrolliert und damit von der Nachlieferung von Wasserstoff durch Diffusion zum jeweiligen Ort der Spitze des wachsenden Risses (die Wasserstoffdiffusion in Eisen und ihre Beeinflussung durch Gitterfehler, besonders durch die in der plastischen Zone an der Rißspitze stark angereicherten Versetzungen, ist in B 2.4 behandelt). Die durch Diffusion begrenzte Geschwindigkeit der Wasserstoffnachlieferung ist die Ursache dafür, daß Wasserstoffversprödung nur bei Versuchen mit geringer Dehngeschwindigkeit ($\dot{\varepsilon}$ etwa $\leq 10^{-4}\,\text{s}^{-1}$) beobachtet wird.

C 4 Eignung zur Wärmebehandlung

Von Hans Paul Hougardy

In B 9 ist die Beschreibung der Umwandlung der Stähle unter technischen Bedingungen durch ZTA- und ZTU-Schaubilder dargestellt worden. Aus derartigen Angaben läßt sich der Einfluß der chemischen Zusammensetzung auf das Umwandlungsverhalten ablesen, der für einige Stahlgruppen über Interpolationspolynome berechnet werden kann. In der praktischen Anwendung stehen die für Verarbeitung und Verwendung gewünschten Eigenschaften im Vordergrund. Aus den Anforderungen an sie ergeben sich die anzustrebenden Gefüge, aus den Abmessungen und den vorgesehenen Fertigungsverfahren das für die Erzeugung der angestrebten Gefüge zu fordernde Umwandlungsverhalten und damit die zweckmäßige chemische Zusammensetzung des Stahls. Diese Zusammenhänge werden nachstehend dargestellt.

C 4.1 Begriffsbestimmungen

Nach der Definition des Internationalen Verbandes für die Wärmebehandlung der Metalle (IVW) ist in Anlehnung an DIN 17 014 [1] Wärmebehandlung ein „Vorgang, in dessen Verlauf ein Werkstück oder ein Bereich eines Werkstücks absichtlich Temperatur-Zeit-Folgen und gegebenenfalls zusätzlich anderen physikalischen und/oder chemischen Einwirkungen ausgesetzt wird, um gewünschte Gefüge und Eigenschaften zu erreichen" [2]. Die Eignung zur Wärmebehandlung ist dann die Möglichkeit, einen Stahl durch Anwendung von Temperatur-Zeit-Folgen aus einem gegebenen Ausgangszustand in einen Zustand mit einem angestrebten anderen Gefüge und damit anderen Eigenschaften zu bringen. In Anlehnung an diese Definition wurde bei der Gliederung der folgenden Abschnitte von dem Gefüge als Träger der Eigenschaften ausgegangen. Unter diesem Gesichtspunkt lassen sich drei Gruppen von Wärmebehandlungen angeben, mit denen ein bestimmtes Gefüge eines Werkstoffs eingestellt wird.
1) Einstellen eines gleichmäßigen Gefüges über den Querschnitt
   a) Durch Wärmebehandlung werden bewußt Gefüge erzeugt, die nicht dem thermodynamischen Gleichgewicht entsprechen. Hierunter fallen z. B. die Umwandlungen in der Perlit-, Bainit- und Martensitstufe.
   b) Ein Gefüge wird durch eine Wärmebehandlung von dem Zustand eines thermodynamischen Ungleichgewichts in Richtung auf das Gleichgewicht verändert. Hierunter fallen z. B. das Weichglühen und das Anlassen.

Literatur zu C 4 siehe Seite 703–708

c) Während einer Temperatur-Zeit-Führung für Wärmebehandlungen nach a) und b) wird durch eine Umformung die Bildung der Gefüge zusätzlich beeinflußt.

2) Einstellen eines Gefüges, das bei gleicher chemischer Zusammensetzung über den Querschnitt nicht gleichmäßig ist. Hierunter fallen die Verfahren der Randschichthärtung. Die weitere Unterteilung entspricht den Punkten 1a) bis 1c) unter Berücksichtigung der Gefügegradienten zwischen Rand und Kern.

3) Durch Änderung der chemischen Zusammensetzung von der Oberfläche her wird erreicht, daß bei gleicher oder unterschiedlicher Temperatur-Zeit-Führung in Rand und Kern unterschiedliche Gefüge entstehen.

In der Praxis gibt es beliebig fließende Übergänge zwischen den einzelnen Gruppen. In der Erzeugung bestimmter Gefüge bestehen Grenzen. So kann z. B. im Kern großer Werkstücke wegen der begrenzten Wärmeleitfähigkeit keine beliebig große Abkühlungsgeschwindigkeit eingestellt werden. Je nach der Geometrie des Teils kann die größtmögliche Abkühlungsgeschwindigkeit nicht genutzt werden, da anderenfalls die auftretenden Spannungen zu Rissen führen würden (Bild C 4.1, vgl. C 4.3). Diese Grenzen führen dazu, daß für die Erzeugung des gleichen Gefüges im Kern je nach der Abmessung des Werkstücks und dem eingesetzten Fertigungsverfahren ein anderes Umwandlungsverhalten und damit eine andere chemische Zusammensetzung des Stahls erforderlich sind. Bei der praktischen Beurteilung der Eignung zur Wärmebehandlung muß man daher zwischen den Werkstoffeigenschaften und der Verwendbarkeit eines Werkstoffs für ein bestimmtes Werkstück unterscheiden, d. h. es ist die Randbedingung zu beachten, daß die erforderlichen Temperatur-Zeit-Folgen mit angemessenem Aufwand durchführbar sein müssen. Anders als beim Schweißen [3] wird dies bei der Wärmebehandlung nicht durch unterschiedlich definierte Begriffe gekennzeichnet [1, 2, 4, 5].

In dieser Betrachtungsweise ist die Eignung eines Werkstoffs zur Wärmebehandlung oder seine Wärmebehandelbarkeit dann am besten, wenn bei der Wärmebehandlung möglichst wenig Rücksicht auf den Werkstoff genommen werden muß. Dies bedeutet z. B., daß die Austenitisierungstemperatur und die Abkühlungsgeschwindigkeit in großen Bereichen schwanken können, ohne daß sich die Gefüge und damit die Eigenschaften des Werkstoffs wesentlich ändern. Dies gilt für einige Stähle z. B. für das Normalglühen [1] (vgl. C 4.6.1). Zum Einstellen einer guten Eignung zur Wärmebehandlung lassen sich Stähle herstellen, die z. B. bei hohen

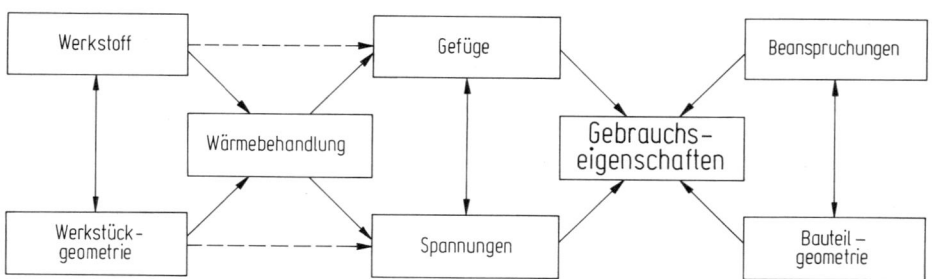

Bild C 4.1 Wechselwirkung zwischen den Einflußgrößen bei der Einstellung von Gebrauchseigenschaften durch Wärmebehandlung.

und niedrigen Abkühlungsgeschwindigkeiten martensitisch härten. Dieses unterschiedliche Umwandlungsverhalten wird durch die ZTU-Schaubilder beschrieben (vgl. B 9.3). Es ist anzustreben, daß die Gesamtkosten für Werkstoff, Wärmebehandlung und Verarbeitung minimal sind, was eine wechselseitige Abstimmung des Aufwandes für die Legierung und die Wärmebehandlung erfordert.

Die Diskussion der Begriffe macht aber deutlich, daß neben der Forderung nach einem bestimmten Gefüge auch die Möglichkeiten seiner Herstellung in einem vorgegebenen Werkstück berücksichtigt werden müssen. Die Forderung nach einem bestimmten Gefüge ergibt sich aus den Verarbeitungs- und Gebrauchseigenschaften. In diesem Kapitel wird daher zunächst aufbauend auf den Grundlagen von C 1 der Zusammenhang zwischen der Gefügeausbildung und insbesondere den mechanischen Eigenschaften beschrieben. Es folgt eine Besprechung der wesentlichen Begrenzungen der praktischen Durchführung: die Entstehung von Spannungen und die durch die Abmessung des Werkstücks begrenzte Erzeugung beliebiger Gefüge. Anschließend wird die Eignung der Stähle für die Einstellung gewünschter Gefüge erläutert. Im Vordergrund stehen hierbei die Wärmebehandlungen an umwandelnden Stählen.

C 4.2 Einfluß der Gefügeausbildung auf die Eigenschaften

Durch das Gefüge, wie es in B 5.1 definiert ist, werden alle Eigenschaften eines Werkstoffs festgelegt. Die Kristallstruktur und die chemische Zusammensetzung der Mischkristalle sind für die chemischen, physikalischen und mechanischen Eigenschaften von ausschlaggebender Bedeutung. Menge, Form und Anordnung der Phasen eines Gefüges sind für die chemischen Eigenschaften von untergeordneter Bedeutung, soweit die Eigenschaften der Phasen selbst, z. B. ihre Korrosionsbeständigkeit, vergleichbar sind. In wenigen Fällen – wie bei der interkristallinen Korrosion oder der Hochtemperaturkorrosion – sind die Lage von Phasengrenzen und die Zusammensetzung des Mischkristalls in ihrer Umgebung von Bedeutung (vgl. C 3). Die physikalischen Eigenschaften werden neben den Mischkristalleigenschaften ausschlaggebend durch Menge, Form und Anordnung der Phasen bestimmt, die das Gefüge bilden (vgl. C 2). Dies gilt in gleicher Weise für die mechanischen Eigenschaften, die zusätzlich in besonderem Maße von der Versetzungsstruktur abhängen. Wegen der Bedeutung der mechanischen Eigenschaften für Verarbeitung und Verwendung der überwiegenden Anzahl der Stähle wird ihr Zusammenhang mit dem Gefüge eingehend behandelt. Soweit erforderlich, müssen die anderen Eigenschaften zusätzlich berücksichtigt werden. Von den zahlreichen, je nach Verwendungszweck geforderten Verarbeitungs- und Gebrauchseigenschaften werden nur Festigkeits- und Zähigkeitswerte für die Beschreibung ausgewählt.

C 4.2.1 Einfluß der Ausbildung kennzeichnender Gefüge auf mechanische Eigenschaften

Die in C 1.1.1.3 beschriebenen Mechanismen der Festigkeitssteigerung von Eisen durch Mischkristallverfestigung, Versetzungsverfestigung, Ausscheidungshärtung und Kornfeinung überlagern sich in den Stählen in den einzelnen Gefügen [6], wobei zusätzliche Effekte wie Gleitbehinderung der Ferritlamellen zwischen den Zementitlamellen des Perlits auftreten können [7]. Die Vielfalt der möglichen Gefügeausbildungen und Gefügekombinationen verbietet eine vollständige Beschreibung. Es können daher nur allgemeingültige Hinweise gegeben werden, welche für die Beurteilung der Eignung zur Wärmebehandlung von besonderer Bedeutung sind.

Zusammenhang zwischen Festigkeit und Zähigkeit

Theoretisch ist die Festigkeit begrenzt durch eine Spannung, die zum Trennen des Atomverbandes im Gitter führen würde; krz Werkstoffe reißen jedoch bereits bei der niedrigeren Spaltbruchspannung. Bei hohen Temperaturen versagt der Werkstoff durch Gleitbruch (vgl. C1.3). Werkstoffe, die bis zum Erreichen dieser theoretischen Festigkeiten nur eine geringe makroskopische plastische Verformung zeigen, werden als spröde bezeichnet. Durch Absenken der Fließgrenze unter die theoretische Festigkeit bzw. die Spaltbruchspannung wird erst eine makroskopische plastische Verformung und damit ein zähes Verhalten des Werkstoffs möglich [8].

Wird durch Blockieren der Versetzungen die Fließgrenze angehoben, nähert sie sich der Spaltbruchspannung. Damit muß die Zähigkeit eines Werkstoffs abnehmen, vorausgesetzt, daß nur Zustände optimaler Zähigkeit verglichen werden. Die Zähigkeit bei gegebener Temperatur und Verformungsgeschwindigkeit wird bei Gleitbruch durch die bis zur Werkstofftrennung abgelaufene makroskopische plastische Verformung, im folgenden im wesentlichen durch die Werte des Zugversuchs, beschrieben. Zur Kennzeichnung des Auftretens von Spaltbruch dient die Übergangstemperatur des Kerbschlagbiegeversuchs. Zur Beschreibung über die Bruchmechanik vgl. C1. Bei gleicher Fließgrenze ist die gesamte plastische Verformung bis zum Bruch dann am größten, wenn die einzelnen Gleitschritte möglichst gleichmäßig über den gesamten Querschnitt der Probe verteilt sind [9]. Da alle Mechanismen zur Festigkeitssteigerung auf einer Blockierung der Versetzungsbewegung beruhen, folgt daraus, daß durch die Wärmebehandlung möglichst feine und gleichmäßig verteilte Ausscheidungen und Versetzungsanordnungen erzeugt werden müssen, die Legierungselemente wegen ihres Beitrages zur Mischkristallverfestigung möglichst gleichmäßig verteilt sein sollen [10, 11]. Eine besondere Bedeutung kommt den Korngrenzen und Phasengrenzen zu (vgl. C1.1.1.3). Da die Gleitung zunächst immer auf den günstigst orientierten Gleitebenen beginnt, bedeutet ein feines Korn, daß die plastische Verformung auf viele Körner verteilt werden kann, so daß der Versetzungsaufstau auf einer Korngrenze relativ gering bleibt [12-14]. In dieser Betrachtung müssen die Grenzen eingesetzt werden, die als Hindernisse für Versetzungen wirken, d.h. zum Beispiel die Korngrenzen im Ferrit, die mittlere Breite der Ferritlamellen im Perlit, die einzelnen Lanzetten des Bainits und Martensits (vgl. Bilder C4.5 bis C4.8). Gefüge, die zu einer ungleichmäßigen Verformung führen, wirken sich bei gleicher Fließgrenze ungünstig auf die Zähigkeit aus. Dies sind z.B. grobkörnige Gefüge, da dann nur wenige Körner Gleitebenen der günstigsten Orientierung haben und damit diese Körner große Verformungen erleiden, ferner ausscheidungsfreie Zonen an Korngrenzen [15], ungleichmäßige Verteilungen der Ausscheidungen oder schneidbare Teilchen [16-18], zeilige Anordnungen von harten und weichen Gefügen [19] sowie Texturen [20] (vgl.

C 1.1.1.4). Ungünstig sind ferner Korngrenzen, deren Festigkeit sehr viel größer ist als die des Korninneren, da sich unter dem Aufstau der Versetzungen leicht Anrisse bilden können. Ist umgekehrt die Festigkeit der Korngrenzen geringer als die des Korninneren, kommt es zu einem vorzeitigen Korngrenzengleiten und damit einer geringen Gesamtverformung bei einer gegebenen Fließgrenze [13]. Dies ist vor allem bei höheren Temperaturen von Bedeutung.

Aus diesen Betrachtungen läßt sich ableiten, daß für einen vorgegebenen Stahl ein ferritisch-perlitisches Gefüge mit großen, dicken Zementitplatten im Vergleich zu seiner Fließgrenze eine geringe Zähigkeit aufweist, daß dagegen Vergütungsgefüge wegen der gleichmäßigen Verteilung der härtenden Bestandteile eine sehr viel bessere Zähigkeit haben (vgl. Bild C 4.2, C 4.3 und C 4.11) [9, 21]. Ob der mit der Erzeugung von Vergütungsgefügen verbundene erhebliche Mehraufwand zur Verbesserung der Zähigkeit zu rechtfertigen ist, läßt sich nur aus den Anforderungen an die Gebrauchseigenschaften ableiten. Bei richtiger Wärmebehandlung werden auch mit perlitischen Gefügen für den Verwendungszweck völlig ausreichende Zähigkeiten sicher erzielt [22].

Nichtmetallische Einschlüsse können sich bei Auftreten von Gleitbrüchen ungünstig auf die Zähigkeit auswirken (vgl. C 1.1.2.1). Langgestreckte, zeilige Sulfide führen wie eine zeilige Ferrit-Perlit-Anordnung (vgl. Bild B 9.27 bis B 9.29) zu einer Anisotropie der mechanischen Eigenschaften (vgl. Bild C 1.83 und C 1.84) und geben dem Werkstoff eine als Faserstruktur bezeichnete Gefügeausbildung. Durch Absenken der Gehalte an nichtmetallischen Einschlüssen [10, 11, 23] oder eine Sulfidformbeeinflussung kann eine Anhebung der Hochlage der Kerbschlagzähigkeit (Bild C 4.4) sowie eine Angleichung der Längs- und Quereigenschaften erreicht werden [10, 24–27]. Dies ist z. B. wichtig für Teile, die nicht vorzugsweise in einer Richtung beansprucht werden [28].

In einigen Fällen wird eine unterschiedliche Verformbarkeit zwischen bestimmten Richtungen durch Ausbildung gerichteter Gefüge oder Texturen in Kauf genommen, wenn das Endprodukt in der Richtung bester Verformbarkeit beansprucht wird [29]. In anderen Fällen ist eine unterschiedliche Verformbarkeit in einzelnen Richtungen erwünscht, wie zum Beispiel bei Tiefziehblechen [30–32] (vgl. C 8). Eine zahlenmäßige Bewertung der Zähigkeit bei gegebener Festigkeit ist

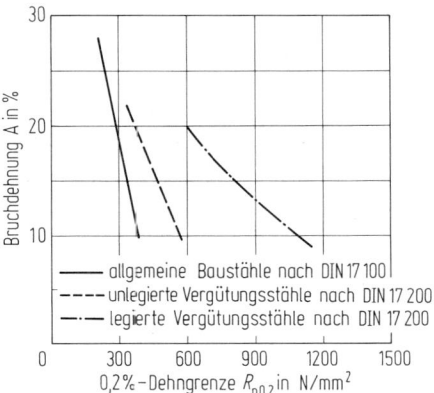

Bild C 4.2 Bei vorgegebener 0,2%-Dehngrenze erreichbare Bruchdehnung von Stählen mit ferritisch-perlitischen Gefügen nach DIN 17100 sowie von vergüteten Stählen nach DIN 17200 für Vergütungsquerschnitte von etwa 60 mm Dmr.

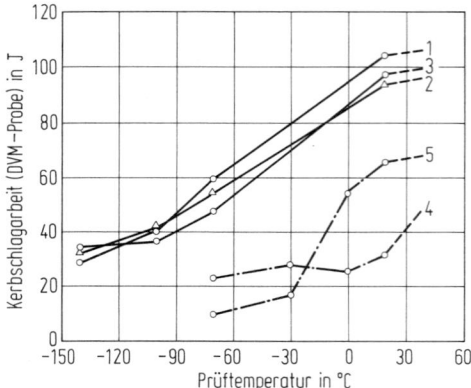

Bild C 4.3 Kerbschlagarbeit-Temperatur-Kurven für fünf unterschiedliche Gefügezustände gleicher Zugfestigkeit eines Stahls 50 CrMo 4. Nach [21]. Chemische Zusammensetzung der untersuchten Schmelze: 0,52 % C, 0,28 % Si, 0,66 % Mn, 1,15 % Cr, 0,24 % Cu, 0,18 % Mo, 0,15 % Ni.

Kurve	Wärmebehandlung		Gefüge	0,2%-Dehngrenze $R_{p0,2}$ N/mm^2	Zugfestigkeit R_m N/mm^2	Härte HV 10
	Abkühlung nach Austenitisieren 830°C, 20 min	Anlaßbehandlung				
1	in Wasser	635°C 2 h/Luft	angelassener Martensit	940	1030	325
2	in Öl	„	„	930	1030	322
3	in 10^3 s auf 310°C/Luft	620°C 2 h/Luft	angelassener Bainit	895	1025	321
4	in 10^5 s auf 500°C/Luft	–	Bainit	770	1010	307
5	in 1200 s auf 650°C/Luft	–	5% Ferrit + 95% Perlit	665	1010	305

versucht worden [8, 33], doch müssen je nach den geforderten Gebrauchseigenschaften unterschiedliche Bewertungen gewählt werden [34] (vgl. auch C1.1.2). Daher kann das Bauteilverhalten in der Regel ebenfalls nicht aus den beschriebenen Kenngrößen zahlenmäßig abgeleitet werden [34].

Unter den oben genannten Voraussetzungen sollen im folgenden Festigkeit und Zähigkeit wesentlicher Gefüge in Abhängigkeit von ihrer durch die Wärmebehandlung bedingten Ausbildung besprochen werden. Wie die Eignung eines Stahls zu beurteilen ist, derartige Gefüge zu erzeugen, wird in C 4.3 bis C 4.7 behandelt. Es wird nicht auf die zahlreichen Formeln zur Berechnung der mechanischen Eigenschaften aus der chemischen Zusammensetzung eingegangen [33, 35–37]. Sie gelten nur für den engen Bereich der Analysengrenzen, die für die Regressionsanalyse verwendet werden und ergeben ohne Berücksichtigung der Änderung der Gefügeausbildung durch die Legierungselemente bereits bei geringen Extrapolationen vielfach falsche Voraussagen [38].

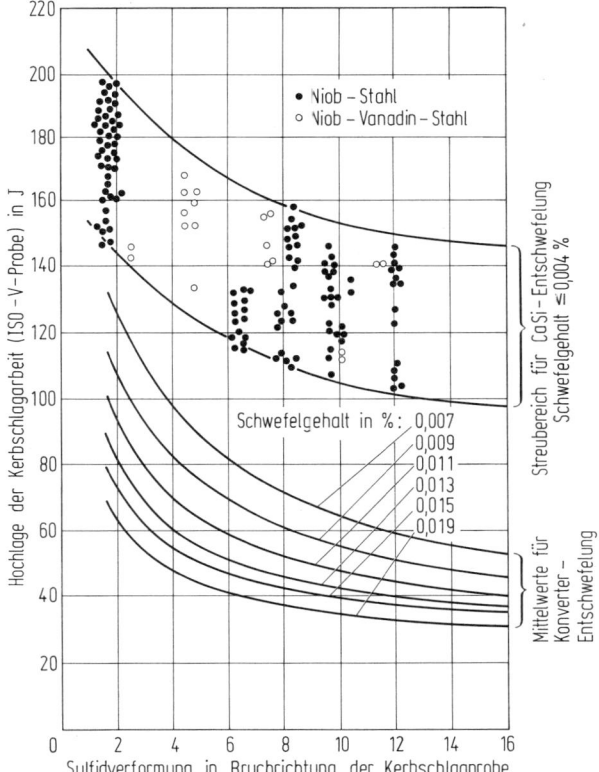

Bild C 4.4 Einfluß des Streckungsgrades der Sulfide, des Schwefelgehalts sowie der Art der Entschwefelung auf die Hochlage der Kerbschlagarbeit (ISO-V-Probe) thermomechanisch behandelter Baustähle. Nach [128].

Gefüge der Perlitstufe

Die Festigkeit von Ferrit wird vor allem durch die Mischkristallverfestigung und die Versetzungsdichte bestimmt (vgl. C 1.1.1.3), (Bilder C 1.37 bis C 1.39). Beide Größen sind stark abhängig von der Wärmebehandlung. Bei weichen Stählen wird die Festigkeit ferritischer Gefüge zusätzlich durch die Korngröße beeinflußt (Bilder C 1.28 und C 1.32).

Für den Perlit kann man annehmen, daß die Fließgrenze durch den mittleren Laufweg der Versetzungen in den Ferritlamellen, d. h. den *Lamellenabstand λ* bestimmt wird [39]. Die sich daraus ergebende Abhängigkeit der Fließgrenze von $\lambda^{-1/2}$ ist erfüllt [40–43] (Bild C 4.5). Die sich aus der Hall-Petch-Gleichung (vgl. C 1.1.1.3) ergebende Reibungsspannung ist jedoch negativ, was darauf hindeutet, daß für eine vollständige Deutung weitere Effekte berücksichtigt werden müssen [7].

Die Brucheinschnürung steigt mit abnehmender Umwandlungstemperatur und damit abnehmendem Lamellenabstand (Bild B 6.23) sowie abnehmender Größe der Perlitkolonien an (Bild C 4.6, Kurven *1* und *3* [35, 42]). Die unterschiedliche Größe der Perlitkolonien der Kurve *3* wurde durch unterschiedliche Austenitkorngröße vor der Umwandlung erzielt. Die Hochlage der Kerbschlagzähigkeit steigt mit abnehmendem Lamellenabstand an [35]. Werden untereutektoidische Stähle so

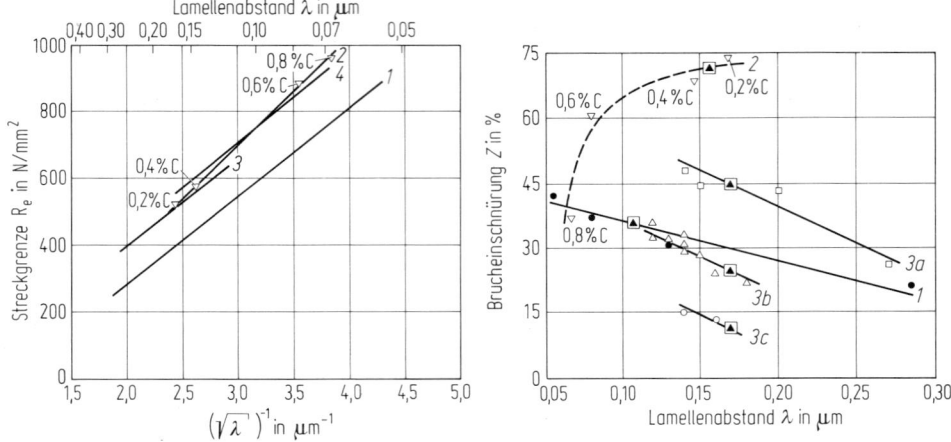

Bild C 4.5   **Bild C 4.6**

Bild C 4.5 und Bild C 4.6 Abhängigkeit der Streckgrenze (Bild C 4.5) und der Brucheinschnürung (Bild C 4.6) von dem Lamellenabstand λ des Perlits.
1 = Werte für Perlit in einer reinen Eisen-Kohlenstoff-Legierung mit rd. 0,8 % C; isothermische Umwandlung zwischen 700 und 500 °C. Nach [42].
2 = Werte für jeweils feinsten Perlit mit 0,2 bis 0,8 % C, rd. 0,25 % Si, 0,7 % Mn nach kontinuierlicher Abkühlung. Nach [41].
3 = Werte für Perlit mit rd. 0,8 % C, 0,17 % Si, 0,9 % Mn; isothermische Umwandlung zwischen 675 °C und 550 °C. Nach [35]. In Bild C 4.6 unterscheiden sich die Kurven *3a* bis *c* durch den mittleren Durchmesser der Perlitkolonien. Er beträgt für *3a* rd. 14 µm, für *3b* 25 bis 40 µm und für *3c* rd. 140 µm. Die mit ▲ bezeichneten Punkte auf den Kurven in Bild C 4.6 bedeuten eine gleiche Streckgrenze von 550 N/mm². Sie kann je nach der Gefügeausbildung, z. B. dem Durchmesser der Perlitkolonien, mit unterschiedlichen Brucheinschnürungen gekoppelt sein.
4 = Werte für Perlit mit 0,6 bis 0,9 % C, 0,2 bis 1,55 % Si, 0,4 bis 2,4 % Mn, 0 bis 1,6 % Co, 0 bis 1,6 % Cr, 0 bis 0,2 % Mo, 0 bis 2,1 % Ni; isothermische Umwandlung. Nach [43].

umgewandelt, daß der feinstmögliche Perlit entsteht, so führt dies zu einer völlig anderen Abhängigkeit der Brucheinschnürung vom Lamellenabstand (Bild C 4.6, Kurve *2* [41]). Ursache für dieses unterschiedliche Verhalten sind die Verformbarkeit der Zementitlamellen [42] und die Fließbehinderung des Ferrits durch den Zementit [7]. In einem Stahl mit 0,8 % C sind die bei hohen Temperaturen gebildeten Zementitlamellen mit rd. 100 nm [40] so dick, daß sie sich praktisch nicht verformen, die Brucheinschnürung ist daher gering (Bild C 4.6, Kurven *1* und *3*). Bei tiefen Temperaturen entstehender Zementit bildet dagegen sehr dünne Lamellen von rd. 1 nm Dicke, die sich leicht verformen [40], so daß die Brucheinschnürung mit abnehmendem Lamellenabstand ansteigt, obwohl gleichzeitig die Fließgrenze ansteigt (Bild C 4.5, Kurven *1* und *3*). Die Bedingung, daß jeweils Perlit mit dem geringsten Lamellenabstand gebildet werden soll (Bild C 4.6, Kurve *2*) führt in untereutektoidischen Stählen wegen der mit dem Kohlenstoffgehalt abnehmenden Temperatur für den Beginn der Bainitbildung zu einer mit abnehmendem Kohlenstoffgehalt steigenden Umwandlungstemperatur und damit zunehmendem Lamellenabstand. Mit sinkendem Kohlenstoffgehalt nimmt bei gleichem Lamellenabstand des Perlits das Verhältnis der Dicke der Zementitlamellen zu der der Ferritlamellen ab, die Zementitlamellen werden stärker unterbrochen, was sich günstig auf die Zähigkeit auswirkt [7, 41]. Dies führt zu der in Bild C 4.6 in Kurve 2 angegebenen Abhängigkeit der Brucheinschnürung von dem Lamellenabstand.

Die Brucheinschnürung ist bei gleichem Lamellenabstand absolut gesehen um so größer, die Übergangstemperatur der Kerbschlagzähigkeit um so geringer, je geringer die Koloniegröße des Perlits ist [35, 43] (Bild C 4.6, Kurven *3a, 3b und 3c*). Diese Koloniegröße nimmt mit geringer werdender Austenitkorngröße und sinkender Umwandlungstemperatur ab [35, 42]. Die Legierungselemente wirken vor allem über die Änderung der Unterkühlung bei der Umwandlung und damit den Lamellenabstand sowie die Dicke der Zementitplatten [43, 44]. Für eine quantitative Beschreibung der Zusammenhänge zwischen Zähigkeitskennwerten und der Ausbildung perlitischer Gefüge muß die Morphologie des Perlits sehr viel genauer beschrieben werden, als dies zur Zeit üblich ist. Als Ausweg wird versucht, Zähigkeitseigenschaften mit der Größe der Spaltflächen nach sprödem Bruch zu korrelieren, obwohl diese Größe bisher aus der Morphologie des Perlits nicht ausreichend genau abgeleitet werden kann [35, 45].

Die in Bild C 4.6 eingetragenen Punkte für eine Streckgrenze von 550N/mm² zeigen, daß dieser Wert in perlitischen Gefügen mit sehr unterschiedlichen Brucheinschnürungen verbunden sein kann. Lamellarer Perlit mit großen dicken Zementitplatten ist kein Gefüge mit einer optimalen, homogenen Verteilung von Ferrit und Karbid und damit einer optimalen Kombination von Festigkeit und Zähigkeit (vgl. auch Bild C 4.2, C 4.3 und C 4.11). Für viele Anwendungen sind diese Zähigkeiten jedoch völlig ausreichend. Perlitische Gefüge bieten in diesem Fall den Vorteil einer ungewöhnlich kostengünstigen Herstellung.

Gefüge der Bainitstufe

In den Gefügen mit Lanzettbainit wird in Stählen mit Kohlenstoffgehalten unter 0,20% C die Streckgrenze überwiegend durch die Korngröße bestimmt. Hinzu kommt eine Verfestigung durch eine erhöhte Versetzungsdichte, eine Mischkristallverfestigung durch zwangsweise gelösten Kohlenstoff und eine Ausscheidungshärtung durch Karbide [33, 46–48]. Für eine Beschreibung des Einflusses einer Korngröße muß dieser Wert für Bainit definiert werden. In einem lanzettförmigen Bainit haben die Lanzetten innerhalb eines Paketes ähnliche Orientierungen, wobei im statistischen Mittel die Großwinkelkorngrenzen den überwiegenden Anteil haben [46] (vgl. B 6.5). Als Lamellenabstand wird die mittlere *Sehnenlänge* der *Bainitlanzetten* $\bar{d}$, gemessen nach dem Sehnenschnittverfahren [49] angegeben. Dies kann nur eine erste Annäherung sein, da die Häufigkeitsverteilung der Lanzettenbreite zu großen Werten hin schief ist [50, 51]. Da der Wert für $\bar{d}$ mit einem Mikrometer um eine Größenordnung kleiner ist als übliche Korngrößen, wird angenommen, daß es nicht zu der für die Hall-Petch-Beziehung zugrundegelegten Anregung einer Versetzungsquelle durch örtliche Spannungskonzentrationen an einzelnen Korngrenzen kommt. Für die Streckgrenze ergibt sich dann die Abhängigkeit (Bild C 4.7) [46, 50]:

$$\sigma_y = \sigma_i + k\,\bar{d}^{-1}. \tag{C 4.1}$$

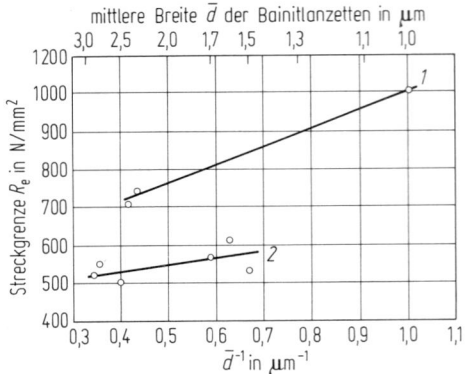

Bild C 4.7 Abhängigkeit der Streckgrenze von der mittleren Breite $\bar{d}$ der Bainitlanzetten (ermittelt nach dem Sehnenschnittverfahren) als Maß für die mittlere freie Weglänge der Versetzungen. Nach [46]. Stahl mit 0,07 % C, 1 % Mn, 2,3 % Cr, 0,2 % Mo, 0,8 % Ni. Die Korngröße des Austenits vor dem Abschrecken lag zwischen 40 und 120 µm. Wärmebehandlung: *1* = Abschrecken von Temperaturen zwischen 890 und 1100 °C; *2* = mit anschließendem Anlassen auf 650 °C für 1 h.

Eine eindeutige experimentelle Entscheidung zugunsten der Abhängigkeit der Streckgrenze von $\bar{d}^{-1}$ im Gegensatz zu $\bar{d}^{-1/2}$ ist z. Z. wegen der Streuung der Meßwerte noch nicht möglich, zumal vielfach nur die *Paketgröße p,* nicht die Lanzettenbreite *d* angegeben ist (Bild C 4.8). Als Paket werden die Bereiche bezeichnet, die durch parallele Lanzetten gebildet werden (vgl. B 6.5). In Bild C 4.8 wird als massiv ein Ferrit bezeichnet, der polyedrische Körner bildet, aber eine erhöhte Versetzungsdichte hat [51]. Für die Bewertung der Absolutwerte ist zu beachten, daß der Einfluß der Versetzungsdichte und des gelösten Kohlenstoffs nur im angelassenen Bainit vernachlässigbar ist [46].

Die Übergangstemperatur der Kerbschlagzähigkeit wird vielfach proportional zu der „effektiven Korngröße" angegeben, die aus der Größe der Spaltflächen nach einem Bruch abgeleitet wird [52]. Dieser Wert liegt in der Größenordnung der Paketdurchmesser *p*. Eine genauere Untersuchung zeigt, daß ein Riß seine Richtung lediglich an Paketgrenzen wie an Großwinkelkorngrenzen ändert. Innerhalb eines Pakets sind Abweichungen des Rißverlaufs zwischen den einzelnen Lanzetten zu erwarten, es bleibt aber eine mittlere Richtung erhalten [53]. Die Analyse ergibt, daß die Übergangstemperatur für 50 % kristallinen Bruch gegeben ist (Bild C 4.9) [46] durch:

$$T_{50} \approx \ln (dl)^{-1/2}. \qquad (C\,4.2)$$

l ist die Länge der Bainitlanzetten, *dl* ist die Fläche der Lanzetten im Schliffbild. Im abgeschreckten Zustand streuen die Werte stark, da die Menge der ausgeschiedenen Karbide und damit der Gehalt an gelöstem Kohlenstoff sowie die Versetzungsdichte nicht vergleichbar sind. Gleicht man die Anteile an gelöstem und ausgeschiedenem Kohlenstoff sowie die Versetzungsdichte in den Proben durch Anlassen weitgehend an, liegen die Meßwerte auf einer Geraden. Da die für eine Auftragung nach Bild C 4.9 erforderlichen Daten in der Literatur bisher nicht

Mechanische Eigenschaften bei bainitischen Gefügen 493

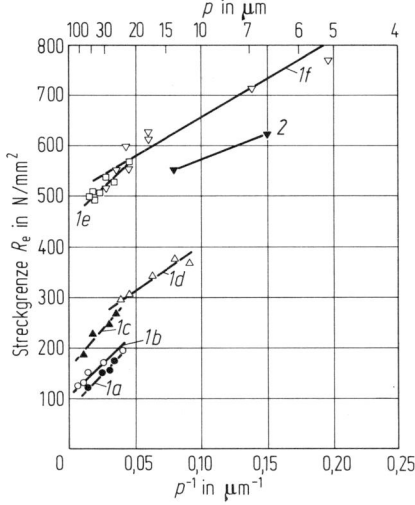
Bild C 4.8

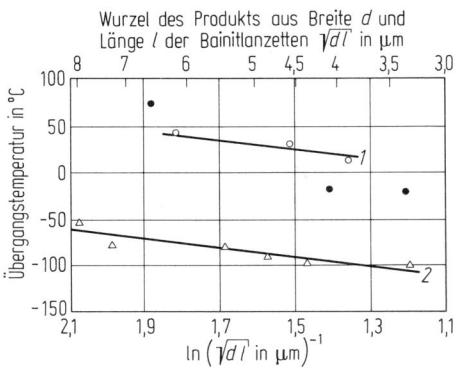
Bild C 4.9

Bild C 4.8 Zusammenhang zwischen der Streckgrenze und der Paketgröße p des Bainits bzw. der Korngröße des Ferrits.
1 = Für Stähle mit 0,003% C und unterschiedlichen Mangangehalten. Nach [51]. Korngröße des Austenits vor der Abkühlung zwischen 5 und 320 µm; Gefüge erzeugt durch kontinuierliche Abkühlung.
  $1a$ = ohne Manganzusatz: Ferrit; $1d$ = mit 5% Mn: massiver Ferrit;
  $1b$ = mit 2% Mn: Ferrit; $1e$ = mit 5% Mn: Lanzettenmartensit;
  $1c$ = mit 2% Mn: massiver Ferrit; $1f$ = mit 9% Mn: Lanzettenmartensit.
2 = Für einen Stahl mit 0,025% C, 2% Mn, 3% Cr: Lanzettenbainit. Nach [55].

Bild C 4.9 Übergangstemperatur für 50% kristallinen Bruch im Kerbschlagbiegeversuch (ISO-V-Probe) in Abhängigkeit von dem Produkt aus Lanzettenbreite d und Lanzettenlänge l des Bainits. Nach [46]. Stahl wie in Bild C 4.7. 1 = nach Abschrecken mit unterschiedlichen Geschwindigkeiten, ● Proben ohne Ausscheidungen, ○ Proben mit Ausscheidungen; 2 = nach Anlassen auf 650°C 1 h.

angegeben sind, ist in Bild C 4.10 die mittlere Größe der Pakete p bzw. der Spaltflächen als $\ln p^{-1}$ aufgetragen. Sie ergibt innerhalb der Streuung ebenso wie die in den Originalarbeiten verwendeten Auftragungen über $\lg p$ [51], $p^{-1/2}$ [48] oder $\lg p^{-1/2}$ [54] Geraden. Für den *Plattenbainit* spielen für die Betrachtung des Zusammenhangs zwischen der Gefügeausbildung und der Streckgrenze sowie Zähigkeitswerten vor allem die Karbidausscheidungen eine wesentliche Rolle. Die einzelnen Anteile der Verfestigungsmechanismen sind jedoch kaum zu trennen [48, 50]. Die grundsätzlichen Abhängigkeiten bleiben aber erhalten (Bild C 4.10). In Einzelfällen wurde versucht, den Einfluß der Karbidabstände zu analysieren [46]. Je größer und zahlreicher die Karbide sind, desto mehr nimmt die Übergangstemperatur zu. Steigende Umwandlungstemperaturen verschlechtern daher die Zähigkeit [48].

Für die Umwandlung zu Gefügen des Lanzettbainits mit optimaler Zähigkeit folgt daraus, daß die Lanzettenbreite und die Paketgröße möglichst klein sein müssen. Die Lanzettenbreite nimmt im wesentlichen mit sinkender Umwandlungstemperatur ab, die Paketgröße nimmt mit der Umwandlungstemperatur und mit

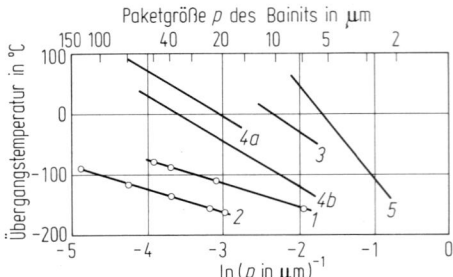

Bild C 4.10 Übergangstemperatur für 50% kristallinen Anteil im Kerbschlagbiegeversuch (ISO-V-Probe) in Abhängigkeit von der mittleren Paketgröße p des Bainits in Anlehnung an Bild C 4.9.
1 = Werte für Lanzettmartensit entsprechend den Geraden *1e* und *1f* in Bild C 4.8. Nach [51];
2 = Werte für Reinsteisen, Ferrit und massiven Ferrit entsprechend den Linien *1a* bis *1d* in Bild C 4.8. Nach [51];
3 = Werte entsprechend Linie *2* in Bild C 4.8. Nach [55];
4 = Werte für einen Stahl mit 0,15% C, 1% Mn, 0,5% Cr, 0,5% Mo, 1% Ni, 0,03% V. Nach [54]. Austenitisierung zwischen 900 und 1200 °C; Korngröße des Austenits vor der kontinuierlichen Abkühlung zwischen 14 und 80 µm, Härte um 360 HV 10; p = mittlere Länge der Spaltflächen;
4a = Werte für Gefüge aus Ferrit und Plattenbainit;
4b = Werte für Gefüge aus Martensit und Bainit;
5 = Werte für Stähle mit 0,25 bis 0,45% C, 0,8% Mn, 0 bis 2% Cr, 0 bis 0,5% Mo, 0 bis 2,5% Ni. Nach [48]. Isothermisch zwischen 300 und 400 °C zu Bainit umgewandelt sowie angelassen; Härte rd. 280 HV 10; p = mittlere Länge der Spaltflächen.

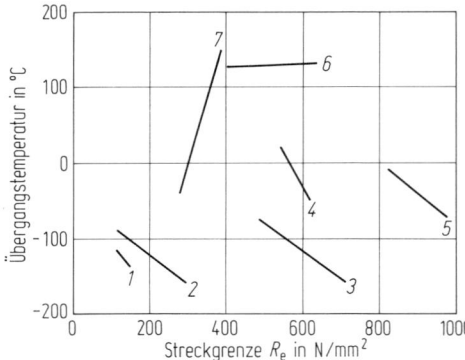

Bild C 4.11 Änderung der Übergangstemperatur für 50% kristallinen Bruchanteil im Kerbschlagbiegeversuch (ISO-V-Probe) (vgl. Bild C 4.10) mit der Streckgrenze für unterschiedliche Gefüge (vgl. auch Bild C 4.31).
1 = reines Eisen;
2 = Ferrit und massiver Ferrit;
3 = Lanzettmartensit, chemische Zusammensetzung s. Bild C 4.8. Nach [51];
4 = Lanzettbainit (vgl. Bild C 4.8). Nach [55];
5 = Plattenbainit in Stählen mit 0,18% C, 1,9% Mn, 0 bis 1,9% Co, 0 bis 1% Cr, 0,7% Mo, 1% Ni. Nach [38];
6 = Perlit (vgl. auch Bild C 4.5 und C 4.6). Nach [35];
7 = Ferrit und Perlit in Stählen mit 0,1 bis 0,8% C, 0,4% Si, 0,5% Mn. Die Übergangstemperaturen entsprechen Bild C 1.80. Nach [63].

abnehmender Austenitkorngröße ab [46, 51, 53, 55]. Hieraus folgt ein indirekter Einfluß der Austenitkorngröße. Eine einfache Abhängigkeit zwischen Austenitkorngröße sowie Streckgrenze und Zähigkeit besteht nicht [46, 48, 50, 54] (vgl. auch C 4.6.1). In Bild C 4.11 sind die unterschiedlichen Streckgrenzen durch eine Absenkung der Umwandlungstemperatur und damit eine feinere Ausbildung der Bainitlanzetten erreicht worden. Die Steigung ist daher anders, als z.B. in Bild C 1.109, in dem die Streckgrenze vor allem durch Aushärtung erhöht wurde (vgl. Bild C 1.106).

Gefüge der Martensitstufe

Für den Martensit mit kleinen Kohlenstoffgehalten, d. h. einer Lanzettstruktur, gelten die gleichen Zusammenhänge, wie sie in Bild C 4.8 und C 4.10 für den Lanzettbainit beschrieben worden sind. Die Erhöhung der Streckgrenze des Martensits gegenüber Ferrit und Bainit (vgl. Bild C 4.8) kann bis rd. 0,2% C aus der erhöhten Versetzungsdichte erklärt werden, da wegen der hohen Bildungstemperatur der größte Teil des Kohlenstoffs als Karbid ausgeschieden ist [56]. Mit zunehmendem Kohlenstoffgehalt sinkt die Temperatur für den Beginn der Martensitbildung (Bild B 9.6), der Anteil an gelöstem Kohlenstoff nimmt zu und damit auch der Anteil einer Mischkristallverfestigung [56, 57]. Ähnlich wie bei dem Bainit mit hohen Kohlenstoffgehalten sind die Anteile der einzelnen Verfestigungsmechanismen nur schwer zu trennen, so daß – abgesehen von der Härte (Bild B 9.6) – nur wenige eingehende Analysen der mechanischen Eigenschaften vorliegen [57]. Für Eisen-Nickel-Legierungen konnte gezeigt werden, daß mit zunehmender Streckgrenze die Kerbschlagzähigkeit des Martensits bei Raumtemperatur abfällt. Für eine Kerbschlagarbeit von 200 J ergibt sich nach Korrektur für den Restaustenitanteil für einen Plattenmartensit (32% Ni) eine Streckgrenze von 600 N/mm^2, für Lanzettmartensit (24% Ni) eine Streckgrenze von 740 N/mm^2 [58]. Bei der Bildung von Martensit besteht auch in kleinen Proben die Gefahr von Rissen, sobald Plattenmartensit gebildet wird. Die Rißfläche je Volumeneinheit Martensit steigt von 10 mm^{-1} bei 1,1% C auf 25 mm^{-1} bei 1,4% C und fällt mit steigendem Kohlenstoffgehalt wieder auf 15 mm^{-1} ab. Diese Werte sind proportional der Länge der Martensitplatten. Sie werden daher mit abnehmender Austenitkorngröße kleiner. Die Legierungselemente beeinflussen die Rißfläche lediglich über ihren Einfluß auf die Morphologie des Martensits, die sich bei 1,4% C ändert (vgl. B 6.4) [59].

Mischgefüge

Die mechanischen Eigenschaften von Mischgefügen lassen sich in erster Näherung durch eine Addition der Eigenschaften der Einzelgefüge beschreiben [6, 7, 60]. Abweichungen treten auf, wenn einzelne Gefügebestandteile besondere Anordnungen haben. Dies gilt z. B. für die Anordnung von Ferrit und Karbid im Perlit [7] oder für die Dualphasen-Stähle [60]. Nach den eingangs beschriebenen Grundsätzen, daß bei vorgegebener Streckgrenze die Zähigkeit um so besser ist, je gleichmäßiger die Gefüge sind, haben Mischgefüge nicht die optimale Kombination von Festigkeit und Zähigkeit [61]. Bei anders lautenden Aussagen über die Zähigkeit ist in der Regel der gleichmäßige Gefügezustand bei einer merklich höheren Streckgrenze geprüft worden [62].

Die Eigenschaften ferritisch-perlitischer Gefüge ändern sich nicht linear mit dem Perlitgehalt [7]. Bild C 1.43 gilt für die Annahme, daß neben konstantem Legierungsgehalt die Korngröße des Ferrits und der Lamellenabstand des Perlits konstant sind. Die gleichzeitige Einhaltung beider Bedingungen ist kaum möglich [33, 41]. Für einen Anteil von 80% Ferrit neben Perlit läßt sich die Streckgrenze im wesentlichen aus den Eigenschaften des Ferrits abschätzen [6]. Bild C 1.80 gilt für Stähle mit rd. 0,5% Mn nach Luftabkühlung von Rundstäben mit 20 mm Durchmesser [63]. Der Parameter Kohlenstoffgehalt gibt daher den Perlitanteil unter diesen Bedingungen wieder, wobei allerdings der Lamellenabstand ebenfalls variiert. Bei der Beurteilung der Kurven ist zu beachten, daß die Streckgrenze des Stahls mit 0,67% C mit 357 N/mm² erheblich höher liegt als die des Stahls mit 0,11% C mit 252 N/mm² (vgl. Bild C4.11, Kurve 7). Ein Vergleich der Kurven für 0,53% C in Bild C1.80 mit den Werten in Bild C4.3 zeigt, welche Verbesserung der Kerbschlagzähigkeit bei gleicher Festigkeit allein durch Änderung der Gefügeausbildung möglich ist. Durch eine möglichst gleichmäßige Anordnung der Ferrit- und Perlitbereiche kann z. B. gegenüber einem zeiligen Gefüge oder einem Gefüge mit Korngrenzenferrit eine merkliche Verbesserung der Zähigkeit bei gleicher Streckgrenze erreicht werden [19, 64, 65]. Entsprechende Überlegungen gelten für die Bewertung der Rißausbreitung [66].

Die Verfestigung eines Stahls mit perlitischem Gefüge ist größer als die eines unlegierten, kohlenstoffarmen Stahls mit ferritischem Gefüge [63, 67]. Bei ferritisch-perlitischen Gefügen gehen die Anrisse in der Regel von den Karbiden im Perlit aus [68], bei Gefügen aus Ferrit und eingeformten Karbiden von der Phasengrenze Ferrit/Karbid [66]. Bei gleichen Kohlenstoffgehalten ist die Rißeinleitung und -ausbreitung stark von der Form der Karbide abhängig [68]. Bei isothermischer Umwandlung ist zu beachten, daß bei gleicher Temperatur gebildeter Bainit eine geringere Festigkeit und meist auch eine ungünstigere Zähigkeit hat als der Perlit (Bild C4.12). Der anhand von Bild C4.3 gezeigte Einfluß der Gefüge eines Stahls mit 0,5% C auf die Kerbschlagzähigkeit gilt in entsprechender Form auch für Stähle mit geringen Kohlenstoffgehalten, die vorwiegend in der Bainitstufe umwandeln. Bei gleicher Streckgrenze hat ein bainitisches Gefüge sehr viel bessere Übergangstemperaturen als ein ferritisch-perlitisches Gefüge [38] (Bild C4.11).

Mischgefüge sind dann anderen Gefügen vorzuziehen, wenn sie zu einer Verkleinerung der wirksamen Korngrößen führen, die mit gleichmäßigen Gefügen des-

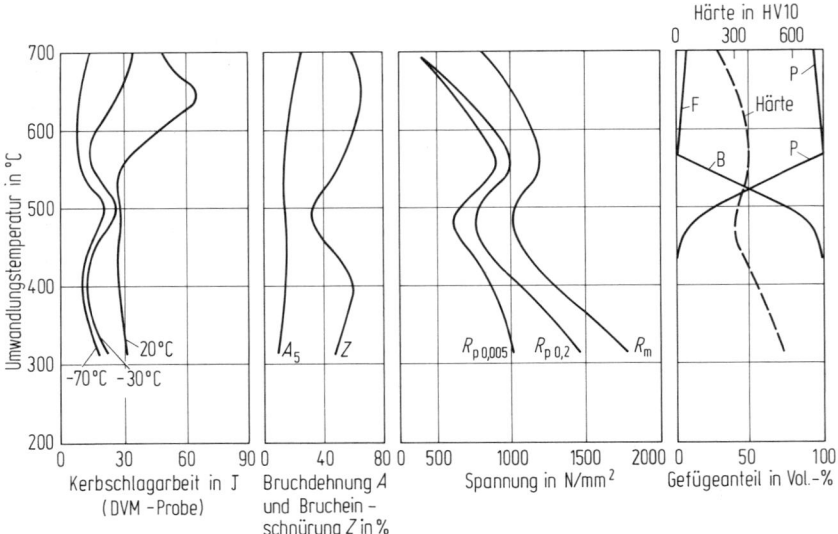

Bild C4.12 Gefügeanteile und mechanische Eigenschaften eines Stahls 50 CrMo 4 (vgl. Bild C4.3) nach isothermischer vollständiger Umwandlung. Nach [21].

selben Stahls nicht zu erreichen ist oder wenn homogene Gefüge nur mit großem Aufwand herzustellen sind. Dies gilt z. B. für die Dualphasen-Stähle, bei denen zusätzlich durch die vor dem Abschrecken vorliegende austenitische Phase die Zusammensetzung des Ferrits im Hinblick auf die geforderten Gebrauchseigenschaften günstig beeinflußt und bei der Abkühlung die Bildung von Perlit vermieden wird [60, 69–72]. Durch eine Austenitisierung im Zweiphasengebiet Austenit + Ferrit entsteht bei einem ferritisch-perlitischen Gefüge aus dem Perlit ein kohlenstoffreicher Austenit (vgl. Bild B 9.1), der sehr umwandlungsträge ist (vgl. Bild B 9.22), und daher auch bei relativ langsamer Abkühlung zu Bainit oder Martensit umwandelt. Nach Anlassen ist ein Gefüge entstanden, das bei gleicher Festigkeit auch in Stählen mit 0,15 bis 0,4% C eine bessere Zähigkeit hat als das ferritisch-perlitische Ausgangsgefüge [73, 74].

Gefüge nach Anlassen

Werden Gefüge über die Temperatur ihrer Bildung angelassen, so nimmt die Versetzungsdichte ab, gelöste Atome scheiden sich aus, so daß die Mischkristallverfestigung in eine Teilchenhärtung übergeht; Teilchen werden mit zunehmender Temperatur und Haltedauer größer. Die Korngröße nimmt stetig ohne wesentliche Änderung der Kornform zu, bis die Rekristallisation einsetzt (vgl. B 7.1.2). Zusätzlich können Versprödungen durch die Seigerung von Legierungselementen, Ausscheidungen von Karbiden oder Umwandlungen von Restaustenit auftreten. Die Auswirkungen dieser Vorgänge auf die mechanischen Eigenschaften sollen im wesentlichen nur einzeln besprochen werden, da die Vielfalt der möglichen Überlagerungen eine vollständige Beschreibung verbietet.

In den Gefügen der Perlitstufe sind die Anteile der Versetzungsverfestigung und der Mischkristallverfestigung durch zwangsweise gelöste Kohlenstoffatome nur gering. Daher entfallen entsprechende Auswirkungen auf die mechanischen Eigenschaften beim Anlassen. Oberhalb der Bildungstemperatur formen sich die Perlitlamellen ein, was aber lediglich bei sehr kleinen Lamellenabständen innerhalb von Minuten zu einem Abfall der Festigkeit und einer Zunahme der Zähigkeit führt. Grobe Lamellen formen sich erst nach langzeitiger Glühung ein (vgl. C 4.6 und B 6.3).

Mit zunehmender Anlaßtemperatur nimmt in Gefügen der Bainit- und der Martensitstufe in Eisen-Kohlenstoff-Legierungen die Streckgrenze stetig ab, die Zähigkeit stetig zu [75]. Mit Erreichen der Anlaßtemperatur sind die wesentlichen Anteile der Veränderungen, vor allem der Großwinkelkorngrenzen in den ersten Sekunden abgeschlossen [75]. So lange die Gitterstruktur des Bainits und des Martensits noch erhalten ist, bleiben in kohlenstoffarmen Stählen die für die Gefüge der Bainit- und Martensitstufe besprochenen Zusammenhänge bestehen [76] (Bild C 4.7 und C 4.9). Bei Kohlenstoffgehalten über 0,4% wird die Streckgrenze nach Anlassen von den mittleren Abständen der Karbide bestimmt [46, 48, 57, 77]. Je niedriger die Bildungstemperatur des Bainits ist, desto besser ist nach dem Anlassen bei gleicher Festigkeit die Zähigkeit [78–80]. Nach Anlassen bis zu 600°C scheint bei ein und demselben Stahl und gleicher Streckgrenze Bainit, der bei Temperaturen deutlich über M_s gebildet wurde, eine schlechtere Kerbschlagzähigkeit zu haben als angelassener Martensit [81–83]; Bainit, der bei Temperaturen um M_s gebildet wurde, scheint dagegen vergleichbare oder bessere Kerbschlagzähigkeiten als der angelassene

Martensit zu haben [52, 81]. Bei vergleichbaren Ausgangsgefügen wirken sich die Legierungselemente über die Verzögerung der Karbidausscheidung sowie die Art der Karbidausscheidung auf das Verhältnis von Festigkeit zu Zähigkeit aus [84].

Enthält der Stahl karbidbildende Elemente, so kann es bei hohen Anlaßtemperaturen zu einer Ausscheidung von Karbiden dieser Legierungselemente, den Sonderkarbiden kommen, wodurch die Härte über die des nicht angelassenen Martensits ansteigen kann [85–87] (Bild C 4.13). Diese sogenannte Sekundärhärtung wird zur Festigkeitssteigerung bei Werkzeugstählen benutzt (vgl. D 11).

Beim Anlassen, insbesondere von Martensit, können im Temperaturbereich um 300°C und um 500°C die Werte für die Zähigkeit bei weiter abnehmender Härte ebenfalls abnehmen. Bei 300°C, dem Bereich der *300°C-Versprödung,* überlagert sich der Entfestigung des Martensits eine Verschlechterung der Zähigkeit. Dies wird darauf zurückgeführt, daß nach dem Abschrecken auch bei Stählen mit rd. 0,2% C und 0,8% Mn die Martensitlatten von einem kohlenstoffreichen Austenitfilm umgeben sind [88]. Beim Anlassen scheiden sich aus diesem Bereich um 300°C Karbide aus, es kommt zu einer Versprödung [89] (Bild C 4.27). Diese Ausscheidung wird durch Karbidbildner begünstigt, durch Silizium, Aluminium oder Nickel verzögert [89, 90]. Zusätze von Molybdän verhindern die Bildung von Restaustenit und damit indirekt die 300°C-Versprödung [89]. Ebenfalls um 300°C liegt die Auflösung des ε-Karbids und die Ausscheidung des M_3C-Karbids beim Anlassen, das sich z. T. vor allem auf Korngrenzen bildet und damit ebenfalls zu der Versprödung beitragen kann [91]. Eine Korngrenzenanreicherung von Phosphor während der Austenitisierung [92] sowie ein Einfluß von Phosphor, Arsen, Antimon und Zinn auf die Karbidausscheidung auf den Korngrenzen und damit die Versprödung ist nicht auszuschließen [93, 94]. Die Versprödung bei 300°C ist irreversibel und praktisch zeitunabhängig. Eine Prüfung der mechanischen Eigenschaften bei 300°C zeigt ebenfalls eine relativ schlechte Zähigkeit, die Blausprödigkeit [61, 95].

Die Anlaßversprödung zwischen 350 und 600°C (auch als *475°C-Versprödung* bezeichnet) wird vor allem durch die Anreicherung von Legierungselementen auf den Korngrenzen bei dieser Temperatur verursacht [96]. Sie tritt daher lediglich bei langen Glühdauern in diesem Temperaturbereich auf, die aber bei der Wärmebe-

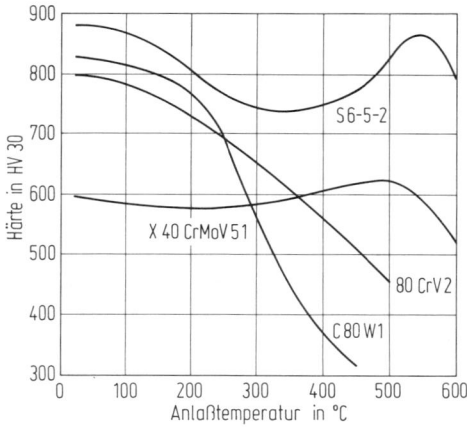

Bild C 4.13 Änderung der Härte mit der Anlaßtemperatur einiger Werkzeugstähle. Nach [85]. Die Stähle X 40 CrMoV 51 und S 6-5-2 haben ein Sekundärhärtemaximum. Mittlere chemische Zusammensetzung der angeführten Stahlsorten:
C 80 W 1: 0,80% C, 0,20% Si, 0,20% Mn
80 CrV 2: 0,80% C, 0,35% Si, 0,40% Mn, 0,60% Cr, 0,20% V
X 40 CrMoV 5 1: 0,40% C, 1,0% Si, 0,40% Mn, 5,2% Cr, 1,4% Mo, 1,08% V
S 6-5-2: 0,90% C, <0,45% Si, <0,40% Mn, 4,2% Cr, 5,0% Mo, 1,8% V, 6,5% W

handlung großer Teile u. U. nicht zu vermeiden sind. So führt eine Anreicherung von Phosphor auf den Korngrenzen zu einem Anstieg der Übergangstemperatur [97, 98]. In einer Legierung mit 0,05 % P sind nach einer Glühung bis zur Einstellung des Gleichgewichts bei 550°C 65 % P (Stoffmengengehalt) auf den Korngrenzen nachgewiesen (Balken *1* in Bild C 4.14). Durch Zusatz von 0,1 % C (Massengehalt) wird der Phosphor von den Korngrenzen verdrängt (Balken *2*): In unlegierten Stählen tritt eine Anlaßversprödung nicht auf. Wird der Kohlenstoff durch Chrom abgebunden, so kann er den Phosphor nicht von den Korngrenzen verdrängen (Balken *4*). Da Nickel die Kohlenstoffaktivität erhöht und keine Karbide bildet, ist die Phosphoranreicherung in Balken *6* ebenfalls gering. Molybdän bindet zumindest schwach den Phosphor und verhindert so seine Anreicherung auf den Korngrenzen und damit eine Versprödung [99, 100] (Balken *9*). In Bild C 4.15 ist für einen Stahl 34 CrMo 4 mit unterschiedlichen Phosphorgehalten die Änderung der Übergangstemperatur in Abhängigkeit vom Phosphorgehalt für zwei Anlaßtemperaturen aufgetragen. Die Versprödung durch Anreicherung von Legierungselementen an den Korngrenzen ist reversibel: Durch eine Glühung bei Temperaturen oberhalb von 650°C kann sie rückgängig gemacht werden, wenn bei der anschließenden Abkühlung der Temperaturbereich um 500°C schnell genug durchlaufen wird [61, 101]. Ähnliche Wirkungen wie Phosphor hat der Schwefel, soweit durch eine Austenitisierung bei hohen Temperaturen genügende Mengen gelöst wurden [102]. Durch Zinn, Antimon und Arsen kann ebenfalls eine Versprödung nach Anlassen im Temperaturbereich um 500°C verursacht werden [93, 97].

Es muß jedoch darauf hingewiesen werden, daß nicht jede Anreicherung von Legierungselementen zu einer Verschlechterung der mechanischen Eigenschaften führt. Einmal muß die Festigkeit der Korngrenzen derjenigen des Korninneren entsprechen, soll es nicht zu einem Versagen des Werkstoffs durch Korngrenzengleiten kommen [13]. Zum anderen gibt es Hinweise, daß durch geringe Anreicherungen von Kohlenstoff und Stickstoff die Kohäsion der Korngrenzen verbessert wird [103], so daß einfache Modelle [104] nur begrenzt anwendbar sind.

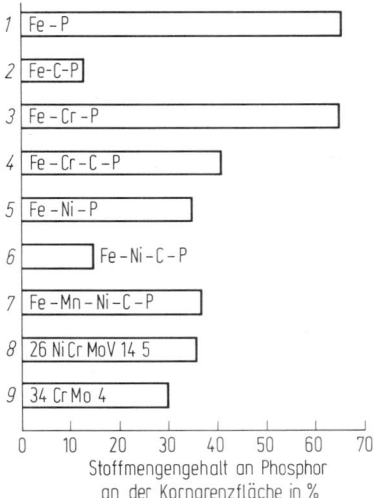

Bild C 4.14 Relative Phosphorgehalte auf den Korngrenzen von neun Versuchsstählen mit rd. 0,5 % P (Massengehalt) in Abhängigkeit vom Legierungsgehalt nach dem Glühen bis zum Gleichgewicht bei 550°C. Nach [96].

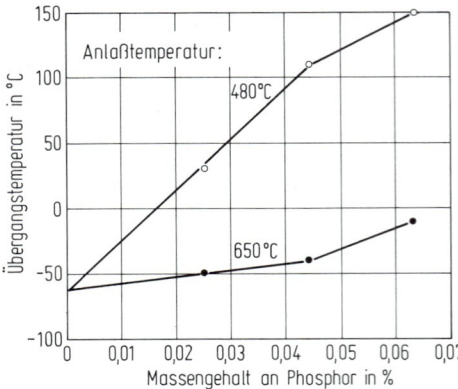

Bild C 4.15 Änderung der Übergangstemperatur im Kerbschlagbiegeversuch (ISO-V-Proben) mit dem Phosphorgehalt in einem Stahl 34 CrMo 4 für zwei Anlaßtemperaturen. Nach [96]. Mittlere chemische Zusammensetzung: 0,33 % C, 0,20 % Si, 0,62 % Mn, ≦ 0,025 % P, 1,09 % Cr, 0,18 % Mo

C 4.3 Während und nach einer Wärmebehandlung auftretende Spannungen

Nach C 4.2 ist es in vielen Fällen wünschenswert, Werkstücke möglichst schnell abzukühlen, um die Vorteile der guten Zähigkeit bei tiefen Temperaturen gebildeter Gefüge auszunutzen. Vor allem bei großen Abmessungen und unsymmetrischen Teilen wird diese Möglichkeit durch die beim Abschrecken auftretenden Spannungen und die damit verbundene Rißgefahr begrenzt [105]. Im folgenden sind mit dem allgemeinen Ausdruck Spannungen stets Spannungen der I. Art, d.h. Makrospannungen gemeint [106, 107], da sie für das Bauteilverhalten von besonderer Bedeutung sind.

Bei der Abkühlung eines Werkstücks von Austenitisierungstemperatur auf Raumtemperatur treten vor allem bei Teilen mit großem Durchmesser erhebliche Temperaturunterschiede zwischen Rand und Kern auf [108, 109]. In Bild C 4.16 ist die Abkühlung für einen kleinen Zylinder angegeben, mit der Bild C 4.17 und C 4.18 berechnet wurden. Diese Temperaturunterschiede führen aufgrund der Schrumpfung des Werkstoffs mit sinkender Temperatur zu Volumenunterschieden zwischen Rand und Kern und damit zu Spannungen, die so groß werden können, daß die Warmfließgrenze überschritten wird. Die dadurch verursachten plastischen Dehnungen oder Stauchungen führen zu einem Längenunterschied zwischen Rand und Kern bei Raumtemperatur und damit zu Eigenspannungen, Maß- und Formänderungen [110–113]. Zur Zeit wird versucht, die Spannungsverläufe während der Abkühlung durch Berechnungen zu erfassen [114].

In Bild C 4.17 ist der berechnete Verlauf der Spannungen in Rand und Kern eines austenitischen Zylinders wiedergegeben, der entsprechend Bild C 4.16 abgekühlt wurde. Mit Beginn der Abkühlung entstehen am Rand Zug- und im Kern Druckspannungen, die zu einer plastischen Dehnung des Randes gegenüber dem Kern führen. Dementsprechend werden mit Unterschreiten der größten Temperaturdifferenz zwischen Rand und Kern die Spannungen nicht nur abgebaut, sondern es entstehen Zugspannungen im Kern und Druckspannungen im Rand.

Umwandlungen während der Abkühlung führen zu zusätzlichen Volumenänderungen, die die Spannungszustände wesentlich verändern können [112, 115]. Durch

Spannungen bei der Wärmebehandlung 501

Bild C 4.16 Temperatur-Zeit-Verlauf für Rand und Kern im mittleren Bereich eines sehr langen Zylinders mit 35 mm Dmr. Zusätzlich eingetragen ist die Lage der M_s-Temperatur bei 420 °C, vgl. Bild C 4.18.

Bild C 4.17 Berechneter Verlauf der Längsspannungen für einen in Bild C 4.16 beschriebenen Zylinder aus einem umwandlungsfreien austenitischen Stahl während einer Abkühlung entsprechend Bild C 4.16.

Bild C 4.18 Berechneter Verlauf der Längsspannungen für einen in Bild C 4.16 beschriebenen Zylinder aus einem Stahl mit einer Martensitbildung bei 420 °C während einer Abkühlung entsprechend Bild C 4.16.

die Martensitbildung (z. B. Bild C 4.16) wird unterhalb M_s der Rand gedehnt, gleichzeitig steigt mit der Martensitbildung seine Streckgrenze stark an. Unter diesen Bedingungen wird der Kern plastisch gedehnt, so daß bei Raumtemperatur die für Umwandlungsspannungen kennzeichnende Eigenspannungsverteilung entsteht: Zugspannungen am Rand und Druckspannungen im Kern (Bild C 4.18).

In ähnlicher Form lassen sich die Spannungsverteilungen für andere Wärmebehandlungen ableiten. Die Zusammenstellung in Bild C 4.19 zeigt, daß vor allem bei den Randschichthärtungen Druckspannungen am Rand entstehen.

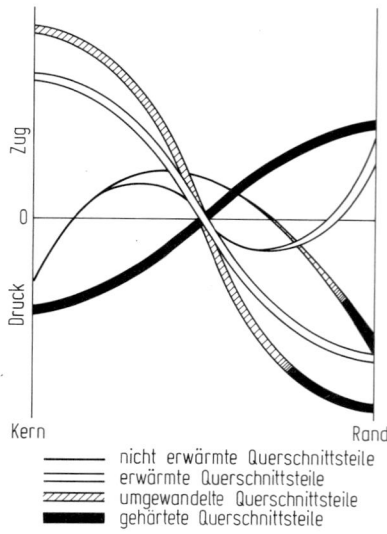

Bild C 4.19 Mögliche Spannungsverteilungen über den Querschnitt von wärmebehandelten Zylindern. Nach [111].

— nicht erwärmte Querschnittsteile
= erwärmte Querschnittsteile
▨ umgewandelte Querschnittsteile
■ gehärtete Querschnittsteile

Für eine Beurteilung der Spannungen müssen als wesentliche Einflußgrößen der Temperaturunterschied zwischen Rand und Kern, die Warmfestigkeit des Austenits und des Umwandlungsgefüges sowie die Lage der Umwandlungen berücksichtigt werden.

Die Bedingungen für eine minimale Maßänderung und eine minimale Formänderung sind die gleichen wie für die Einstellung eines möglichst geringen Spannungszustandes, wenn sichergestellt ist, daß nicht bereits beim Erwärmen durch Spannungen plastische Verformungen entstehen, die sich den Verformungen bei der Abkühlung überlagern würden.

Zugeigenspannungen an der Oberfläche stellen im allgemeinen eine ungünstige Vorspannung für die Betriebsbelastung dar, durch Druckeigenspannungen an der Oberfläche dagegen wird z. B. die Dauerschwingfestigkeit erhöht [107, 110, 116, 117]. Soweit die gewünschte Spannungsverteilung nicht durch die Wärmebehandlung erzeugt werden kann, wird sie zum Teil nachträglich, z. B. durch Kugelstrahlen, eingestellt [118]. Geringe Druckeigenspannungen sind auch an der Oberfläche von Turbinen- und Generatorwellen erwünscht [119].

Zum Abbau von Eigenspannungen kann ein Werkstück langsam erwärmt und abgekühlt werden. Hierbei treten entsprechend der erreichten Temperatur die in C 4.2.1 erläuterten Anlaßvorgänge auf. Ein derartiges Spannungsarmglühen ist zum Teil nach einem Schweißen erforderlich und wird daher in C 5 behandelt.

C 4.4 Einfluß der Abmessungen von Werkstücken auf die Gefügeausbildung nach einer Wärmebehandlung

Nach den ZTU-Schaubildern (vgl. B 9.3) ist es möglich, für jeden Stahl durch isothermische Umwandlung oder kontinuierliche Abkühlung die Gefügeausbildung und damit die mechanischen Eigenschaften, insbesondere die Festigkeit, in einem

Einfluß der Werkstückabmessungen bei der Wärmebehandlung 503

weiten Bereich zu variieren. Praktische Grenzen ergeben sich jedoch durch die Abmessungen der Werkstücke, die nicht immer das Einstellen eines gewünschten Temperatur-Zeit-Verlaufs ermöglichen. In Bild C4.20 sind die Temperatur-Zeit-Verläufe für den Rand und den Kern zylindrischer Proben mit mehreren Durchmessern für eine Ölabkühlung [120] in das ZTU-Schaubild eines Stahls 50 CrMo 4 eingetragen. Als Beispiel ist für die Abkühlungskurve des Randes und des Kerns des Zylinders mit 1000 mm Durchmesser der Schnittpunkt mit der 500°C-Linie, d. h. die Abkühlungsdauer bis 500°C gestrichelt in das untere Teilbild übertragen. Bei diesen Abkühlungsdauern sind die Werte des Zugversuchs abzulesen [121]. Aus dem Bild können die Unterschiede im Gefüge und in den Eigenschaften zwischen

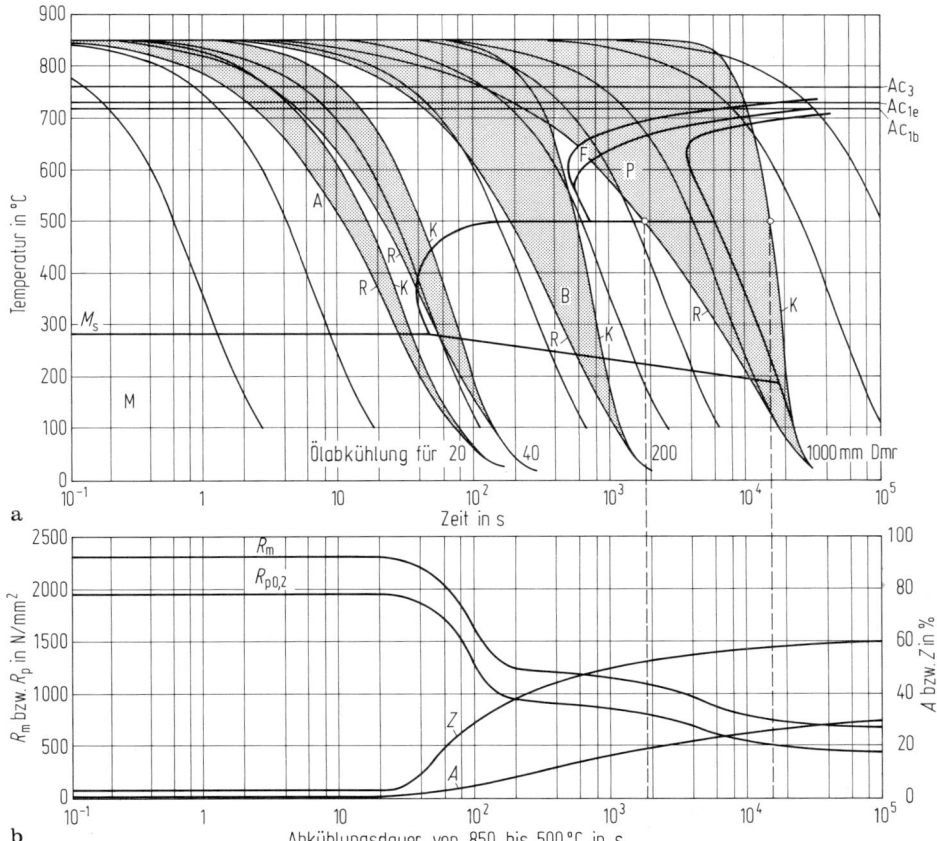

Bild C4.20 a ZTU-Schaubild eines Stahls 50 CrMo 4 mit Abkühlungskurven für Zylinder mit vier unterschiedlichen Durchmessern. Nach [120]. Die rechte Begrenzung der gerasterten Felder entspricht jeweils dem Kern (K), die linke einer Stelle (R), die 10% des Durchmessers unter der Oberfläche liegt. Vor allem für den Durchmesser von 1000 mm entspricht der Temperatur-Zeit-Verlauf nicht dem für die Aufstellung des ZTU-Schaubildes verwendeten, das daher nur als Anhalt für die entstehenden Gefüge gilt; **b** 0,2%-Dehngrenze $R_{p0,2}$, Zugfestigkeit R_m, Bruchdehnung A und Brucheinschnürung Z für Proben mit den angegebenen Abkühlungsdauern bis 500°C. Daten nach [21]. Bedeutung der in den Umwandlungsschaubildern verwendeten Buchstaben s. Bild B9.3.

Rand und Kern eines Zylinders abgelesen werden. Als Beispiel für die durch unterschiedliche Gefüge entstehenden Gradienten der mechanischen Eigenschaften über den Querschnitt ist in Bild C 4.21 die Härte über dem Querschnitt aufgetragen, die sich ergibt, wenn Proben mit den angegebenen Durchmessern in Öl abgeschreckt werden. Eine ungleichmäßige Gefügeausbildung und damit unterschiedliche Eigenschaften in verschiedenen Querschnittsteilen können durch Wahl eines geeigneten Stahls verringert oder sogar vermieden werden. Bild C 4.22 zeigt entspre-

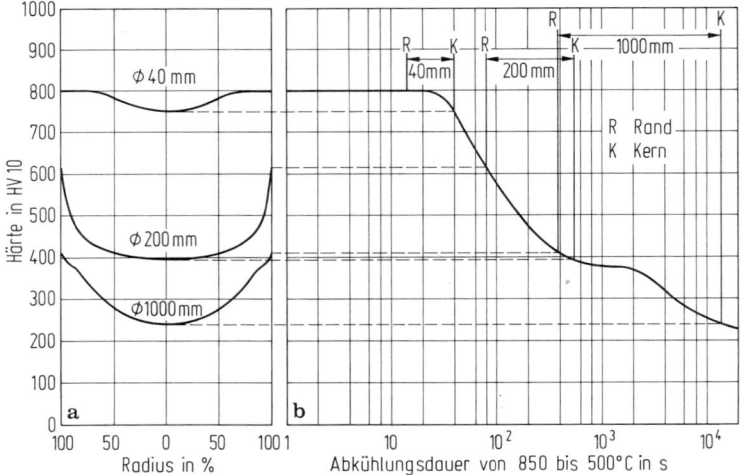

Bild C 4.21 a Härteverteilung über den Querschnitt von Zylindern unterschiedlicher Durchmesser aus einem Stahl 50 CrMo 4 nach Abschrecken in Öl; **b** Härte-Abkühlungsdauer-Diagramm (vgl. auch Bild B 9.17), aus dem die Kurven nach Bild C 4.21 a konstruiert wurden.

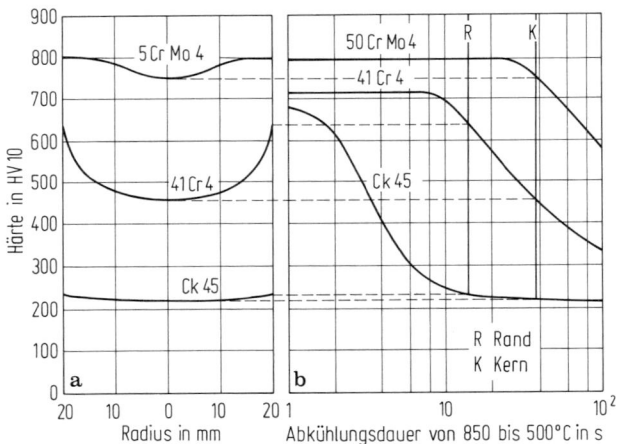

Bild C 4.22 a Härteverteilung über den Querschnitt eines Zylinders von 40 mm Dmr. nach Ölabschrecken für drei unterschiedliche Stähle; **b** Härte-Abkühlungsdauer-Diagramm der Stähle, aus dem die Kurven nach Bild C 4.22 a konstruiert wurden. Mittlere chemische Zusammensetzung der Stähle:
Ck: 0,45 % C, 0,30 % Si, 0,65 % Mn
41 Cr 4: 0,40 % C, 0,30 % Si, 0,75 % Mn, 1,0 % Cr
50 CrMo 4: 0,50 % C, 0,30 % Si, 0,75 % Mn, 1,0 % Cr, 0,25 % Mo

chend Bild C 4.21 die Härte über dem Querschnitt für einen Zylinder von 40 mm Durchmesser nach Ölabschreckung. Bei Verwendung von drei verschiedenen Stählen ergaben sich jeweils unterschiedliche Gefüge- und Härtegradienten vom Rand zum Kern. Zur Beurteilung derartiger Gradienten vgl. C 4.6.1. und C 4.6.2.

Das Ablesen der Umwandlungsabläufe aus dem ZTU-Schaubild für kontinuierliche Abkühlung ist vor allem bei großen Durchmessern dadurch begrenzt, daß der Temperatur-Zeit-Verlauf nicht mit dem für die Aufstellung der ZTU-Schaubilder verwendeten übereinstimmt (Bild C 4.20). In diesem Fall müssen Versuche mit dem vorher gemessenen Temperatur-Zeit-Verlauf zur Ermittlung des Umwandlungsverhaltens gefahren oder der Umwandlungsablauf berechnet werden [122] (vgl. B 9.5).

Bei isothermischer Umwandlung ist der Einfluß des Durchmessers auf den Umwandlungsablauf ebenfalls zu beachten. Die ZTU-Schaubilder für isothermische Umwandlung werden üblicherweise mit sehr kleinen Proben – z. B. Plättchen von 2 mm Dicke – aufgestellt. Sie sind deshalb nicht ohne weiteres für die Beurteilung des Umwandlungsablaufs in Werkstücken beliebiger Abmessungen anwendbar. In Bild C 4.23 ist der Abkühlungsverlauf für den Kern von Zylindern mit rd. 20 mm Durchmesser für zwei Umwandlungstemperaturen wiedergegeben. Die Kurven sind berechnet und haben modellmäßigen Charakter. Es wird angenommen, daß vor Beginn der Umwandlung in der Bainitstufe keine Umwandlung in der Perlitstufe einsetzt, was durch Eintragen des Abkühlungsverlaufs in ein ZTU-Schaubild für kontinuierliche Abkühlung geprüft werden kann. Die ausgezogenen Umwandlungslinien kennzeichnen Beginn (1%) und Ende (99%) der Umwandlung für 2 mm dicke Plättchen. Für die Temperaturen T_1 und T_2 ist das Ende der Umwandlung für den Kern der Zylinder gestrichelt eingetragen. Bei einer Temperatur oberhalb T_1, der Temperatur mit der größten Umwandlungsgeschwindigkeit, ist

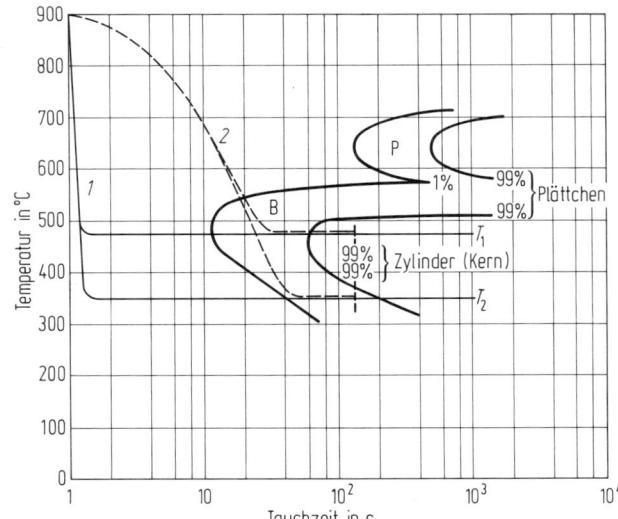

Bild C 4.23 Einfluß des Temperatur-Zeit-Verlaufes auf den Ablauf einer isothermischen Umwandlung;
$1 =$ Abkühlung von 2 mm dicken Plättchen. Ausgezogene Linien: Beginn und Ende der Umwandlung
$2 =$ Abkühlung von Zylindern mit 20 mm Durchmesser. ¦: Ende der Umwandlung im Kern der Zylinder.

die Umwandlung in den Zylindern von 20 mm Durchmesser später abgeschlosen als in den Plättchen, die bei gleicher Tauchdauer länger auf einer Temperatur hoher Umwandlungsgeschwindigkeit waren als der Kern des Zylinders. Bei einer Umwandlung wesentlich unterhalb T_1 wandelt umgekehrt der Kern des Zylinders schneller um als das Plättchen, da der Zylinder längere Zeit in einem Bereich höherer Umwandlungsgeschwindigkeit ist als das Plättchen. Dieser berechnete Unterschied konnte durch Messungen bestätigt werden. Das für die Bainitstufe gezeigte Prinzip gilt auch für die Perlitstufe.

C 4.5 Gesteuerte Einstellung einer Korngröße

Eine geringe Korngröße führt zu einer Verbesserung der Zähigkeit des beanspruchten Gefüges (vgl. C1 und C4.2). Bei Stählen mit einer vollständigen $\gamma \to \alpha$-Umwandlung gibt es mehrere Möglichkeiten, die Korngröße im Gebrauchszustand zu beeinflussen. Ein feines Austenitkorn ist dabei eine der Voraussetzungen, um eine geringe Kristallitgröße des Umwandlungsgefüges zu erreichen.

1) Während der Austenitisierung kann durch geeignete Wahl der Austenitisierungstemperatur und -zeit ein feines Austenitkorn eingestellt werden (vgl. Bild B 9.5 und B 9.7). Die Begrenzung des Kornwachstums durch Teilchen (vgl. Bild B 9.12) wird jedoch nur wirksam, wenn die kornwachstumshemmenden Teilchen in der richtigen Menge und Größe vorliegen. Durch eine sehr kurzzeitige, mehrfache Austenitisierung bei niedrigen Temperaturen konnten Austenitkorndurchmesser um 1 µm entsprechend einer Korngrößenkennzahl nach DIN 50601 von 16 erreicht werden [123]. Derart geringe Korngrößen können beim Impulshärten eingestellt werden [124]. Durch Kurzzeitaustenitisieren im Salzbad ist ebenfalls ein feines Austenitkorn zu erzielen [125].

2) Durch eine Umformung mit anschließender Rekristallisation kann ein feines Austenitkorn eingestellt werden [126]. Umformtemperatur und Umformgrad müssen dem Rekristallisationsverhalten des Stahls angepaßt werden [29, 127, 128]. Durch zu geringe Umformgrade entsteht z. B. ein grobes Korn [129]. Je niedriger die Rekristallisationstemperatur liegt, desto feiner ist das entstehende Korn [130]. Rekristallisation ist bei umwandlungsfreien ferritischen und austenitischen Stählen die einzige Möglichkeit, die Korngröße im festen Zustand zu verändern [131].

3) Durch eine Umformung des Austenits in einem Temperaturbereich mit sehr geringer Rekristallisationsgeschwindigkeit wird eine hohe Defektdichte erzeugt,

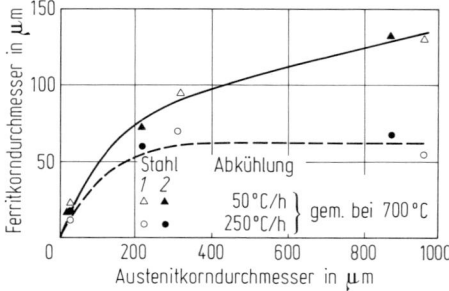

Bild C 4.24 Abhängigkeit der Ferritkorngröße von der Austenitkorngröße.
Stahl *1*:
0,16% C, 1,26% Mn, 0,019% Al, 0,012% N.
Stahl *2*:
0,17% C, 1,35% Mn, 0,047% Al, 0,017% N.
Austenitisierung 950 bis 1200 °C, 30 min. Die Abkühlung mit 250 °C/h führt zur Bildung von Ferrit in Widmannstättenscher Anordnung.

die bei einer anschließenden Umwandlung zu einer feinen Gefügeausbildung führt (vgl. C 4.6.3).

4) Je niedriger die Bildungstemperatur des Gefüges ist, desto feiner ist bei gleicher Austenitisierungstemperatur die Ausbildung der einzelnen Kristallite der Phasen, die das Gefüge bilden (vgl. B 6.2). Die geringste Korngröße haben daher Gefüge, die durch isothermische Umwandlung im unteren Temperaturbereich der Perlit- oder Bainitstufe entstehen. Bei kontinuierlicher Abkühlung ist eine eindeutige Aussage nicht möglich, da sich mit der Abkühlungsgeschwindigkeit auch die Gefügeausbildung ändert, z. B. von der Bildung eines granularen Ferrits zu Ferrit in Widmannstättenscher Anordnung (Bild C 4.24). Durch ein grobes Austenitkorn kann die Umwandlungstemperatur bei kontinuierlicher Abkühlung gesenkt werden, wodurch z. B. im Bereich der Bainitstufe feinere Gefüge entstehen können als nach einer Austenitisierung, die zu einem feinen Austenitkorn, aber einer Umwandlung bei hohen Temperaturen führt (vgl. Bild C 4.25).

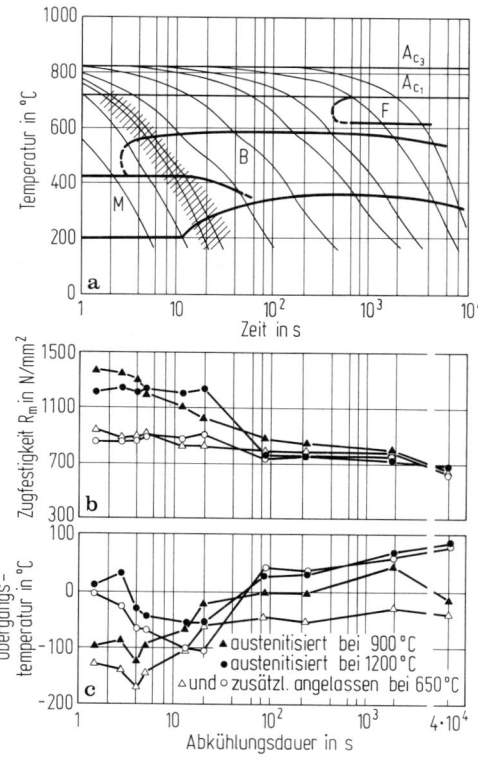

Bild C 4.25 Einfluß der Abkühlungsdauer bei kontinuierlicher Abkühlung auf den Verlauf der Austenitumwandlung, die Zugfestigkeit und die Übergangstemperatur im Kerbschlagbiegeversuch bei einem Stahl mit 0,12 % C, 0,30 % Si, 0,83 % Mn, 0,53 % Cr, 0,49 % Mo, 1,11 % Ni, 0,03 % V. Nach [54].
a ZTU-Schaubild für kontinuierliche Abkühlung nach Austenitisierung bei 900 °C; schraffiert ist der Bereich mit der niedrigsten Übergangstemperatur nach der Austenitisierung bei 1200 °C; **b** Zugfestigkeit in Abhängigkeit von der Abkühlungsdauer mit und ohne Anlassen; **c** Übergangstemperatur im Kerbschlagbiegeversuch (ISO-V-Probe) für 50 % spröden Bruchanteil mit und ohne Anlassen.

C 4.6 Einstellung eines über den Querschnitt gleichmäßigen Gefüges

C 4.6.1 Erzeugen eines nicht dem Gleichgewicht entsprechenden Gefüges

Umwandlung zu Gefügen der Perlitstufe

In vielen Fällen ist die von den Gebrauchseigenschaften zu fordernde Kombination von Festigkeit und Zähigkeit – auch unter Berücksichtigung des Aufwandes – durch ein Gefüge aus Ferrit und Perlit oder durch Perlit zu erreichen (s. C 4.2.1). Geeignet für eine Wärmebehandlung zur Einstellung einer solchen Gefügeausbildung sind umwandlungsfreudige Stähle, d. h. Stähle, die nur geringe Gehalte an Legierungselementen haben. Ihr Kohlenstoffgehalt kann zwischen geringsten Gehalten und 0,8 % liegen. Diese Stähle haben im ZTU-Schaubild für kontinuierliche Abkühlung einen großen Bereich von Abkühlungsgeschwindigkeiten, in dem die Umwandlung vollständig in der Perlitstufe abläuft. Je nach Abkühlungsgeschwindigkeit kann bei gleicher chemischer Zusammensetzung die Gefügeausbildung nach einem Walzen ohne geregelte Temperaturführung erhebliche Unterschiede aufweisen (vgl. Bild B 9.17), was in der Praxis gezielt zur Einstellung bestimmter Gebrauchseigenschaften benutzt wird.

Bei den Stählen zum Kaltumformen wird ein Mindestbetrag der plastischen Verformbarkeit bei ausreichender Festigkeit gefordert [31, 32]. Nach Bild C 4.6 und C 1.37 bieten sich hierfür Stähle mit Gefügen aus Ferrit mit Karbiden oder geringen Anteilen an Perlit an (vgl. C 7). Bei diesen Stählen besteht bei einer langsamen Abkühlung aus dem Gebiet des Austenits die Gefahr der Bildung grober Korngrenzenkarbide (vgl. Bild B 9.16), welche die Verformbarkeit mindern. Wenn man vom Aufwand absehen könnte, wäre eine schnelle Abkühlung mit nachfolgendem Anlassen kurz unter Ac_1 vorzuziehen (vgl. Abschnitt C 4.6.2).

Bei Tiefziehblechen z. B. wird neben einer bestimmten Festigkeit eine Anisotropie der Verformbarkeit angestrebt. Man kann erreichen, daß die {111}Ebenen des Ferrits vorzugsweise parallel zur Blechoberfläche liegen [32, 132]. Dies hat zur Folge, daß das Blech in der Ebene leichter fließt als in Dickenrichtung (vgl. auch Bild C 1.15), eine Bedingung, die für eine gute Tiefziehfähigkeit erfüllt sein muß (vgl. C 8). Die Entstehung dieser Textur ist noch nicht in allen Einzelheiten bekannt [133], doch liegen Erfahrungen vor, durch Anpassen der chemischen Zusammensetzung an die durch das betrieblich angewandte Verfahren – z. B. Haubenglühen oder Durchlaufglühen – vorgegebenen Temperatur-Zeit-Folgen für die Rekristallisation die gewünschten Texturen einzustellen [30, 134] (vgl. C 8, C 4 und D 20). Zur Beeinflussung des Verfestigungsexponenten von Ferrit vgl. C 1.

Bei geringer Abkühlungsgeschwindigkeit und damit geringer Unterkühlung unter Ac_3 entsteht ein Ferrit, der nur geringe Kohlenstoffgehalte und eine geringe Versetzungsdichte hat (vgl. B 5). Ferrit in Widmannstättenscher Anordnung dagegen, der bei großen Unterkühlungen unter A_3 entsteht, hat eine hohe Versetzungsdichte, einen erhöhten Gehalt an gelöstem Kohlenstoff und damit eine erhöhte Festigkeit (Bild C 1.39 und B 5.4). Ferrit in Widmannstättenscher Anordnung wird begünstigt durch ein grobes Austenitkorn und Abkühlungsgeschwindigkeiten in der Nähe der unteren kritischen Abkühlungsgeschwindigkeit [135]. Bild C 4.24 zeigt an einem Beispiel, daß der Zusammenhang zwischen der Austenit- und der für die mechanischen Eigenschaften wesentlichen Ferritkorngröße von der Art des gebildeten Ferrits und der Abkühlungsgeschwindigkeit abhängig ist.

Der Gehalt an im Ferrit substitutionell gelösten Legierungselementen entspricht weitgehend dem des Austenits. Er wird bei Glühungen unter Ac_1 lediglich durch die Eindiffusion in oder die Ausdiffusion aus gebildeten Karbiden verändert (vgl. B 6) und ändert sich daher nur bei langen Glühzeiten.

In niedriglegierten Stählen bilden sich ferritisch-perlitische Gefüge bei kontinuierlicher Abkühlung in einem weiten Bereich von Abkühlungsgeschwindigkeiten, bei einem Stahl 41 Cr 4 (vgl. Bild B 9.17) z. B. bei einer Abkühlungsdauer von 800 bis 500°C zwischen 300s und unendlich. Damit ist formal eine der eingangs erwähnten Wunschvorstellungen erfüllt, daß trotz großer Variation der Abkühlgeschwindigkeit gleiche Gefüge entstehen. Eine genauere Prüfung zeigt jedoch, daß das Verhältnis von Ferrit zu Perlit sich in dem angegebenen Bereich von Abkühlungsgeschwindigkeiten zwischen 0,3 und 0,6 ändert (Bild B 9.17). Mit zunehmender Abkühlungsgeschwindigkeit wird eine zunehmende Menge Perlit bei tieferen Temperaturen gebildet, wodurch sich die Anordnung von Ferrit und Perlit ändert (Bild B 9.16) und vor allen Dingen der Lamellenabstand des Perlits abnimmt [42] (Bild B 6.23) mit den in Bild C 4.5, C 4.6 und C 4.11 gezeigten Auswirkungen auf die mechanischen Eigenschaften.

Der große Bereich von Abkühlungen, die zu ferritisch-perlitischen Gefügen führen, wird beim *Normalglühen* ausgenutzt. Hierunter versteht man eine Abkühlung in ruhender Atmosphäre nach einer Austenitisierung wenig oberhalb Ac_3, bei übereutektoidischen Stählen wenig oberhalb Ac_1 [1]. Da diese Abkühlvorschrift je nach Querschnitt des Glühgutes zu einer unterschiedlichen Abkühlungsgeschwindigkeit führt, ist sie ungenau. Das ist unbefriedigend, jedoch tragbar, denn das Normalglühen wird hauptsächlich angewendet, um die Gefüge von Stählen, die z. B. im Zustand nach einem Walzen ohne geregelte Temperaturführung vorliegen, gleichmäßiger und feinkörniger zu machen. Mit dieser Zielsetzung kommt es vor allem für Stähle mit niedrigem oder mittlerem Kohlenstoffgehalt in Betracht, die in diesem weiten Bereich der Abkühlungsgeschwindigkeiten in der Perlitstufe umwandeln. Nur bei solchen Stählen sollte man daher von einer Eignung zum Normalglühen sprechen. Durch die Austenitisierung wenig über Ac_3 wird ein feines Austenitkorn eingestellt (vgl. B 9). Durch ein Walzen mit geregelter Temperaturführung können die gleichen Wirkungen erzielt werden wie durch ein Normalglühen [29]. Ein Normalglühen nach unvollständiger Austenitisierung führt mitunter, vor allem bei sehr feinkörnigen Stählen, zu einer Bildung von nicht perlitischen Anordnungen von Ferrit und Karbid (vgl. Bild B 9.16). Wegen der oben genannten Ungenauigkeit in der Definition des Normalglühens, das bei Anwendung auf nicht geeignete, z. B. legierte Stähle zu bainitischem oder sogar martensitischem Gefüge, d. h. zu einer Lufthärtung führen kann, werden in einigen Gütenormen bereits enger gefaßte Angaben für die Wärmebehandlung gemacht [136]. Baustähle mit ferritisch-perlitischen Gefügen werden – z. T. nach einem Walzen mit geregelter Temperaturführung – mit einer den Abmessungen angepaßten Abkühlgeschwindigkeit abgekühlt und damit die geforderten Eigenschaften sicher eingestellt [22, 64].

Durch Seigerungen können nach einem Normalglühen Ferrit-Perlit-Zeilen entstehen (vgl. Bild B 9.28 und B 9.29) wodurch bei vergleichbarer Festigkeit die Zähigkeit vermindert wird (vgl. C 4.2). Diese Zeiligkeit kann durch ein grobes Austenitkorn oder eine hohe Abkühlungsgeschwindigkeit vermieden werden [137]. Durch geeignete Abstimmung der Legierungselemente kann erreicht werden, daß Ferrit und Perlit gleichmäßig verteilt entstehen, wodurch die Zähigkeit gegenüber zeiligen Gefügen oder Gefügen mit Korngrenzenferrit verbessert wird [64, 65, 137, 138]. Hierdurch werden bei Anpassung der Abkühlungsgeschwindigkeit an die Abmessungen so gute Zähigkeiten erreicht, daß durch eine Ausscheidungshärtung des Ferrits durch Vanadinkarbid, Niobkarbid oder Titankarbid die Festigkeit angehoben werden kann, ohne daß die Zähigkeit die geforderten Mindestwerte unterschreitet [65, 138, 139]. Dünne Erzeugnisse aus legierten Stählen wandeln bei einer Luftabkühlung in der Bainit- oder Martensitstufe um (vgl. Bild B 9.20). Diese mangelnde Eignung zum Normalglühen läßt sich aus den ZTU-Schaubildern ablesen.

Werden von einem perlitischen Gefüge möglichst hohe Festigkeiten und gleichzeitig beste Zähigkeitswerte verlangt, so sind nach Bild C 4.5 und C 4.6 Kohlenstoffgehalte um 0,8 % und ein möglichst geringer Lamellenbestand, d. h. eine Umwandlung bei möglichst niedrigen Temperaturen innerhalb der Perlitstufe erforderlich. Für eine kontinuierliche Abkühlung bedeutet das einen Temperatur-Zeit-Verlauf möglichst nahe an der unteren *kritischen Abkühlungsgeschwindigkeit* K_p (vgl. Bild B 9.17). Die Eignung eines Stahls für eine derartige Wärmebehandlung setzt voraus, daß bei den in der Fertigung unvermeidbaren Schwankungen der Abkühlungsgeschwindigkeit um K_p die Gefüge und damit die Eigenschaften sich nur innerhalb der zulässigen Grenzen ändern. Durch Einhalten enger Analysengrenzen und geregelter Abkühlung nach dem Walzen [140] können z. B. Schienen [22] (vgl. D 27) mit perlitischem Gefüge und geringen Eigenschaftstoleranzen hergestellt werden.

Ein weiteres Beispiel für die Erzeugung perlitischer Gefüge ist die Herstellung von Walzdraht mit hoher Festigkeit und Ziehfähigkeit aus niedriglegierten, weitgehend eutektoidischen Stählen [141] (vgl. D 7). Wegen der geringen Querschnitte können sie isothermisch umgewandelt werden, in der Praxis bei der *Patentieren* genannten Wärmebehandlung durch Abkühlung in Bleibädern [142]. Zum Einstellen hoher Festigkeit und bester Dehnfähigkeit muß entsprechend Bild C 4.5 und C 4.6 Perlit mit möglichst geringem Lamellenabstand erzeugt werden, was nach Bild B 6.23 eine möglichst geringe Umwandlungstemperatur erfordert. Auf der anderen Seite muß vermieden werden, daß bereits erste Anteile eines Gefüges der oberen Bainitstufe entstehen, da hierdurch die geforderte Festigkeit nicht erreicht und gleichzeitig die Zähigkeit verschlechtert würde; möglich wäre aber eine Umwandlung im unteren Bereich der Bainitstufe. Für die Beurteilung der Eignung eines Stahls zum Patentieren kommen im Prinzip ZTU-Schaubilder für isothermische Umwandlung in Frage. Vor allem bei großen Querschnitten ist jedoch anhand der ZTU-Schaubilder für kontinuierliche Abkühlung zu prüfen, ob die Umwandlungstemperatur ohne Vorumwandlung in der oberen Perlitstufe erreicht wird. Anteile von Gefügen der oberen Perlitstufe, einschließlich von Anteilen voreutektoidischen Ferrits, verschlechtern die Zieheigenschaften der Drähte [141-143]. Die Eignung eines Stahls zum Patentieren großer Querschnitte setzt daher eine an die vorgegebene Abkühlungsgeschwindigkeit angepaßte Umwandlungsträgheit im oberen Temperaturbereich der Perlitstufe voraus.

Ein zweites Kriterium für die Beurteilung der Eignung zum Patentieren ist der vollständige Ablauf der Umwandlung, wobei die anhand von Bild C 4.23

besprochene Verschiebung zu berücksichtigen ist. Wird der Draht zu kurze Zeit im Patentierbad gehalten, bestehen bei seinem Auslauf noch mehr oder weniger große Reste von Austenit, die bei der anschließenden, meist relativ schnellen Abkühlung an Luft in der Bainit- oder gar in der Martensitstufe umwandeln. Dies führt zu einer merklichen Verschlechterung des Ziehverhaltens [19]. Eine optimale Eignung zum Patentieren hätte daher ein Stahl mit geringer Umwandlungsgeschwindigkeit im oberen Temperaturbereich und einer hohen Umwandlungsgeschwindigkeit im unteren Temperaturbereich der Perlitstufe, was legierungstechnisch noch nicht erreicht werden konnte.

Umwandlung zu Gefügen der Bainitstufe

Für eine Umwandlung in der Bainitstufe muß durch geeigneten Legierungszusatz sichergestellt werden, daß die Umwandlungen der Perlitstufe ausreichend verzögert sind. Dies kann vorzugsweise durch Legierungen mit Molybdän oder Bor erreicht werden (vgl. Bild B 9.24) [33]. In Bild B 9.18 ist das ZTU-Schaubild eines Stahls wiedergegeben, der in einem großen Bereich von Abkühlungsgeschwindigkeiten in der Bainitstufe umwandelt. Die Lage der Wärmetönung in den Temperatur-Zeit-Kurven zeigt jedoch an, daß der größte Anteil an diesem Gefüge mit zunehmender Abkühlungsdauer bei zunehmender Temperatur entsteht. Damit werden bei vergleichbaren Festigkeiten nach Bild C 4.12 die Zähigkeitswerte ungünstiger. Ähnlich wie bei der Perlitbildung werden daher die günstigsten Kombinationen von Festigkeit und Zähigkeit bei einer Abkühlung mit einer Geschwindigkeit im Bereich der oberen kritischen Abkühlungsgeschwindigkeit erzielt. Auch hierbei ist die Änderung der Gefüge mit den fertigungsbedingten Schwankungen der Abkühlungsgeschwindigkeiten zu beachten [144]. Wird zu schnell abgekühlt, entstehen zunehmende Mengen an Martensit mit zu hoher Festigkeit; wird zu langsam abgekühlt, entstehen zunehmende Mengen an Bainit bei hohen Temperaturen mit einem Abfall von Festigkeit und Zähigkeit. In Bild C 4.25 ist an einem Beispiel gezeigt, daß es bei kontinuierlicher Abkühlung einen Bereich von Abkühlungsgeschwindigkeiten gibt, der zu optimalen Übergangstemperaturen führt. Nach einer Austenitisierung bei 900°C ist dies im vorliegenden Beispiel die Abkühlung von 800 bis 500°C in 4 s, und nach einer Austenitisierung bei 1200°C die Abkühlung von 800 bis 500°C in 20 s. Bemerkenswert ist, daß bei diesem Stahl, wie es auch für andere Legierungen berichtet wurde [50], gerade im Bereich der Abkühlungsdauern um 20 s von 800 bis 500°C bei vergleichbarer Festigkeit nach einer Austenitisierung bei 1200°C eine bessere Zähigkeit erreicht wird als nach einer Austenitisierung bei 900°C. Der Grund ist, daß nach der Austenitisierung bei 1200°C die Umwandlung erst nach einer größeren Unterkühlung einsetzt und dadurch die Lanzetten des Bainits feiner werden, was nach Bild C 4.9 und C 4.10 eine Verbesserung der Zähigkeit zur Folge hat.

Ein bainitisches Gefüge kann bei angehobener Streckgrenze eine bessere Zähigkeit ergeben als ein ferritisch-perlitisches Gefüge [144]. Bei kontinuierlicher Abkühlung kann eine Umwandlung in der Bainitstufe erreicht werden, wenn die Umwandlung in der Perlitstufe ausreichend verzögert ist. In einer vorhandenen Abkühlanlage ist die Abkühlung in der Mitte dicker Bleche geringer als in der Mitte dünner Bleche. Wird die Perlitstufe z. B. durch Zulegieren von Molybdän zu längeren Zeiten verschoben (vgl. Bild B 9.24), so sind bei dünnen Blechen geringere

Molybdängehalte erforderlich als bei dicken Blechen, um in Blechmitte mit Sicherheit Bainit zu bilden [145].

Die gleichmäßigsten Gefüge der Bainitstufe erhält man durch eine isothermische Umwandlung um M_s. Voraussetzung ist auch hier, daß die Umwandlung in der Perlitstufe im Kern des Werkstücks so spät anläuft, daß die Umwandlung nicht bereits während der Abkühlung auf die Umwandlungstemperatur einsetzt. Die Möglichkeit der isothermischen Umwandlung im unteren Temperaturbereich der Bainitstufe wird begrenzt durch die z. T. langen Haltedauern bis zum Ende der Umwandlung. Wählt man für derartige Wärmebehandlungen Stähle mit Kohlenstoffgehalten in der Nähe des eutektoidischen Punktes, liegt die M_s-Temperatur so niedrig, daß die Umwandlung im Bereich der höchsten Umwandlungsgeschwindigkeit des Bainits und damit bei wirtschaftlich vertretbar kurzen Zeiten durchgeführt werden kann. Doch auch bei Stählen mit 0,25 % C wird über eine Verbesserung der Kerbschlagzähigkeit gegenüber angelassenem Martensit berichtet [146]. Die isothermische Umwandlung in der Bainitstufe bietet in einigen Fällen die Möglichkeit, Gefüge mit hohen Streckgrenzen und guter Zähigkeit einzustellen, die durch Anlassen von Martensit nicht erreichbar sind, weil die erforderlichen Anlaßtemperaturen in den Bereich der Anlaßsprödigkeit fallen würden [85, 147]. Für alle Wärmebehandlungen sollte ein feines Austenitkorn vor der Abkühlung angestrebt werden, um die Länge der entstehenden Bainitlanzetten oder -platten zu begrenzen [48, 54]. Die Aussage, daß bei kohlenstoffarmen Stählen durch ein grobes Austenitkorn die Umwandlung zu tieferen Temperaturen verschoben und damit die Zähigkeit des bainitischen Gefüges verbessert wird [50, 54], gilt nur für kontinuierliche Abkühlungen (vgl. Bild C 4.25).

Umwandlungen in der Martensitstufe

Nach den Ausführungen in C 4.2 werden die höchsten Festigkeiten durch martensitische Gefüge erreicht. In Stählen mit einer Eignung zum Härten [1] sind im ZTU-Schaubild die Perlit- und Bainitstufe zu längeren Umwandlungszeiten verschoben, so daß die obere kritische Abkühlungsgeschwindigkeit (vgl. Bild B 9.20) verhältnismäßig gering ist. Im Idealfall wird der Kern des Werkstücks so abgekühlt, daß die obere kritische Abkühlungsgeschwindigkeit (vgl. Bild B 9.20) unterschritten wird. Für einen Stahl 50 CrMo 4 wäre dies bei Ölabkühlung nach Bild C 4.20 nur bis zu Durchmessern von 20 mm möglich. In der Praxis wird diese Bedingung im allgemeinen wegen des damit verbundenen hohen Aufwandes nicht eingehalten. Bei Werkzeugstählen wird die höchste Härte in der Regel nur in der Randschicht gefordert, die Kernzone kann daher vielfach weicher sein. Bei Vergütungsstählen können ohne merklichen Verlust an Zähigkeit nach dem Anlassen Anteile an Umwandlungsgefüge im Kern nach dem Härten zugelassen werden, wenn folgende Bedingungen eingehalten werden:
- Im Kern entstehen nur Gefüge im unteren Temperaturbereich der Bainitstufe, dagegen keine Gefüge im oberen Temperaturbereich der Bainit- und der Perlitstufe (vgl. Bild C 4.25).
- Die im Kern entstandenen Gefüge werden beim Anlassen über ihre Bildungstemperatur hinaus erwärmt.

Sind die durch ein Vergüten erreichbaren, bei gegebener Streckgrenze größtmöglichen Zähigkeitseigenschaften (vgl. Bild C 4.3) nicht erforderlich, können bei Vergütungsstählen im Kern auch größere Anteile an Gefügen der Bainit- oder auch der Perlitstufe zugelassen werden. In diesen Fällen ist aber zu prüfen, ob nicht ähnliche Eigenschaftskombinationen durch eine wirtschaftlich günstigere kontinuierliche Abkühlung erreicht werden können. Für die Abschätzung der Anteile an während des Härtens bei hohen Temperaturen gebildetem Bainit können die ZTU-Schaubilder für kontinuierliche Abkühlung verwendet werden. Soweit mechanische Eigenschaften in Abhängigkeit von der Abkühlung vorliegen, können die in Rand und Kern erreichten Werte unmittelbar abgelesen werden (Bild C 4.20 und C 4.25).

Martensitische Gefüge werden vor ihrem Einsatz angelassen, diese Wärmebehandlung wird unter dem Stichwort „Vergüten" behandelt. Kennzeichnend für die Eignung eines Stahls zum Härten durch Martensitbildung bis zum Kern ist die *kritische Abkühlzeit* K_m (vgl. B 9.3, Bild B 9.17). Ob sie im Kern erreicht werden kann, hängt von dem Durchmesser des Werkstücks ab. Eine weitere Begrenzung ergibt sich aus den bei der Abkühlung auftretenden Spannungen, die zu Rissen führen können. Sie werden neben der Form des Teils vor allem von der Abkühlungsgeschwindigkeit und dem Umwandlungsverhalten beeinflußt (vgl. C 4.3). Ist eine Martensitbildung im Kern beim Härten nicht erforderlich, so ist eine einfache Beschreibung der Härtbarkeit durch den Wert K_m nicht mehr möglich, der nur die Aufhärtbarkeit als größte in einem Werkstoff erreichbare Härte [1] kennzeichnet. Von zahlreichen Beschreibungen der Einhärtbarkeit [148], d. h. der erreichbaren Einhärtungstiefe [1, 149], hat sich die Angabe der Stirnabschreckhärtekurve [150] bewährt. Sie dient zum Beispiel zur Kennzeichnung des Umwandlungsverhaltens der Vergütungsstähle [151]. Aus ihr läßt sich der Verlauf der Härte über dem Querschnitt nach der Härtung abschätzen [152]. Zur praktischen Prüfung des Ergebnisses einer Härtung ist vorgeschlagen worden, den Härtungsgrad R = HRC_{geh}/HRC_{max} zu wählen [36]. HRC_{max} ist die Härte des Stahls bei 100% Martensit, die Aufhärtung, HRC_{geh} die nach der Härtung gemessene Härte des Werkstücks. Der Härtungsgrad kann z. B. in die Wärmebehandlungsangabe [153] aufgenommen werden. Noch nicht endgültig gelöst ist die Kennzeichnung der Abkühlwirkung von Kühlmitteln in Abhängigkeit von den Randbedingungen wie der Werkstückgeometrie [154].

Zur Minderung der Spannungen bei der Abkühlung kann bei ausreichend kleinen Teilen im *Warmbad* gehärtet werden [121]. Die Werkstücke werden auf eine Temperatur kurz über M_s abgekühlt und dort bis zum Temperaturausgleich zwischen Rand und Kern gehalten. Bei der anschließend langsamen Abkühlung entsteht Martensit mit einem Minimum an Spannungen. Voraussetzung für diese Wärmebehandlung ist, daß die Umwandlung in der Bainitstufe so langsam anläuft, daß ein Temperaturausgleich ohne Bainitbildung möglich ist. Eine Möglichkeit, die Spannungen bei der Abkühlung großer Teile zu mindern, besteht in der gesteuerten Wärmeabfuhr durch eine Sprühkühlung [155]. Bei diesem Verfahren kann man eine schroffe Abkühlung immer wieder unterbrechen. Dadurch wird in den Abkühlzeiten viel Wärme entzogen, in den dazwischenliegenden Zeiten wird der Temperaturunterschied zwischen Rand und Kern verkleinert [109].

Üblicherweise wird vor dem Härten von Raumtemperatur ausgehend auf Austenitisierungstemperatur erwärmt. Die Abkühlung nach einer Warmumformung kann bei Regelung von Umformgrad und Umformtemperatur zum Härten für eine Warmformvergütung [156] oder eine Austenitformvergütung [157] benutzt werden.

C 4.6.2 Änderung eines Gefüges in Richtung auf das Gleichgewicht

Ausscheidungen aus übersättigten Mischkristallen

Vergüten: In den vorausgegangenen Abschnitten wurden Ungleichgewichtsgefüge beschrieben, die bei unterschiedlichen Temperaturen unmittelbar aus dem Austenit entstanden sind. Um eine möglichst gleichmäßige Ausscheidung zu erhalten, kann es zweckmäßig sein, zunächst eine Umwandlung bei möglichst tiefen Temperaturen – die Martensitbildung – ablaufen zu lassen und durch erneute Temperatursteigerung z. B. eine feine Karbidausscheidung herbeizuführen. So besteht die Vergütung aus einer Härtung mit anschließendem Anlassen [1]. Als Anlassen wird das Erwärmen gehärteter Teile bezeichnet. Die Vergütungsgefüge haben bei gleicher Streckgrenze im Vergleich zu anderen Gefügen die besten Zähigkeitseigenschaften (Bild C 4.3). Voraussetzung ist allerdings, daß vor dem Anlassen 100% Martensit oder Gefüge im unteren Temperaturbereich der Bainitstufe gebildet wurden. In der Praxis vielfach verwendete Vergütungen, bei denen im Kern Gefüge der Perlitstufe und aus dem oberen Temperaturbereich der Bainitstufe entstehen, führen nach dem Anlassen nicht zu den größtmöglichen Zähigkeitswerten. Derartige Wärmebehandlungen sind dann sinnvoll, wenn durch die Vergütung – z. B. Anlassen eines feinlamellaren Perlits – bei gleicher Streckgrenze eine bessere Zähigkeit erzielt wird als durch eine einfache kontinuierliche Abkühlung, auch wenn dies nicht die für die Streckgrenze höchstmögliche Zähigkeit ergibt. Durch dieses Vorgehen lassen sich bei einer für die Gebrauchseigenschaften ausreichenden Zähigkeit niedriger legierte Stähle einsetzen. Die Beurteilung der Eignung eines Stahls zum Vergüten, die primär durch die Härtbarkeit zu beschreiben ist, hängt daher weitgehend von den Anforderungen an Festigkeit und Zähigkeit ab. Als Wärmebehandlungsvorschrift ist der Ausdruck Vergüten zu wenig definiert. Stahlauswahl [152] und Wärmebehandlung können erst dann eindeutig festgelegt werden, wenn die Anforderungen an Festigkeit und Zähigkeit in Rand und Kern des Werkstücks genau angegeben werden. Nur dann kann z. B. der Härtungsgrad im Kern oder der zulässige Anteil an Bainit oder Perlit im Kern und damit die Härtbarkeit vorgegeben werden. Die Übertragung der Eigenschaftsanforderungen an den Rand auf den Kern führt vielfach zu einer unnötig hohen Anforderung an die Härtbarkeit und damit zur Wahl eines zu aufwendig legierten Stahls.

Beim Anlassen überlagern sich die Vorgänge der Entfestigung des Martensits und einer Aushärtung durch die Karbidausscheidung (vgl. B 6.2 und C 4.2). In unlegierten Stählen fällt die Härte mit zunehmender Anlaßtemperatur stetig ab (Bild C 4.13), die Zähigkeitswerte steigen stetig an. Bei legierten Stählen kann es um 300°C zu einer Versprödung kommen (vgl. Bild C 4.26), die neben dem Legierungsgehalt von dem Ausgangsgefüge abhängt [85, 94, 158, 159]. Können hohe Festigkeiten nur durch Anlassen von Martensit in diesem Temperaturbereich erzielt werden, so kann z. B. bei gleicher Festigkeit durch eine isothermische Umwandlung in der Bainitstufe bei 350°C eine bessere Zähigkeit erreicht werden als durch Anlassen von Martensit [158, 160].

Besonders bei einigen legierten Stählen kann es beim Anlassen auf Temperaturen um 500°C zu Anlaßversprödungen kommen (vgl. C 4.2), deren Ausmaß temperatur- und zeitabhängig ist (Bild C 4.27). Sie werden durch Anreicherungen von Legierungselementen an Korngrenzen hervorgerufen und sind reversibel. Durch

Vergüten 515

Bild C 4.26 Versprödung von legiertem Baustahl beim Anlassen nach dem Härten. Nach [159].
Die Proben wurden bei 850 °C 1 h austenitisiert, in Öl abgeschreckt und dann 1 h bei verschiedenen Temperaturen angelassen.
Stahl *1* mit 0,37 % C, 0,007 % Mn, 0,003 % P, 0,81 % Cr, 0,25 % Mo, 1,82 % Ni, erschmolzen aus hochreinem Eisen;
Stahl *2* mit 0,38 % C, 0,75 Mn, 0,006 % P, 0,85 %Cr, 0,20 % Mo, 1,5 % Ni, erschmolzen aus technischen Einsatzstoffen.

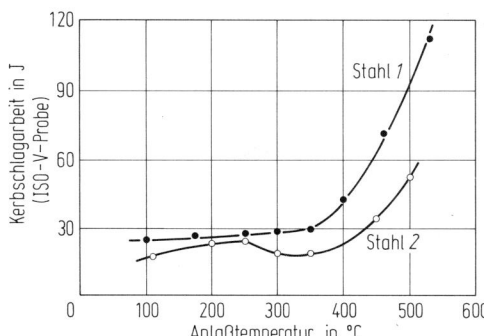

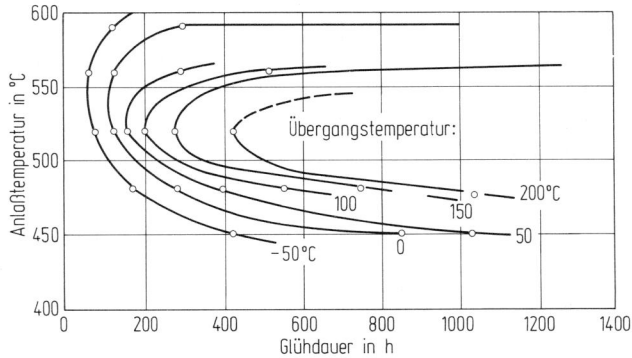

Bild C 4.27 Anlaßversprödung eines Versuchsstahls mit 0,008 % C, 1,7 % Cr, 3,5 % Ni, 0,07 % Sb. Nach [94]. Wärmebehandlung: 1200 °C/Wasser + 675 °C 100 h/Luft + Anlassen. Im Bild sind Linien gleicher Übergangstemperatur wiedergegeben (2,7 J, Sonderform der Probe).

Ausscheidungen verursachte Versprödungen sind bei Glühungen unter A_1 irreversibel. Für die praktische Beurteilung wird die Anlaßversprödung vielfach durch die Änderung der Übergangstemperatur der Kerbschlagzähigkeit $\Delta FATT$ (fracture appearance transition temperature) im versprödeten und im zähen Zustand beschrieben [79, 101]. Diese Anlaßversprödung ist bei der Wärmebehandlung schwerer Schmiedestücke zu beachten, die im Kern sowohl beim Abschrecken als auch nach dem Anlassen den Temperaturbereich um 500° C nur langsam durchlaufen. Die Neigung eines Werkstoffs zur Anlaßversprödung wird an kleinen Proben ermittelt, die einer Temperatur-Zeit-Folge für die Einstellung des versprödeten Zustands unterworfen werden, wie sie im Kern des für die Wärmebehandlung vorgesehenen Teils zu erwarten ist. Durch geeignete Legierungszusammensetzung wird versucht, die Anlaßversprödung in Grenzen zu halten, wobei die Elemente je nach der Zusammensetzung und den Gehalten an Phosphor, Arsen, Antimon und Zinn sich anders verhalten als in Bild C 4.14 angegeben. So wird in einigen Stählen die Versprödung durch Nickel, Mangan und Chrom verstärkt und durch Molybdän gemindert, wenn empirisch gefundene Analysengrenzen eingehalten werden [79,

101, 155, 160]. Durch eine Austenitisierung im Zweiphasengebiet Austenit + Ferrit kann die Zähigkeit verbessert werden [161], was nicht auf eine Minderung der Korngrenzenanreicherung, sondern auf eine Verbesserung der Zähigkeit des Gefüges zurückgeführt wird [74].

Beim Anlassen von Werkzeugstählen scheiden sich bei hohen Anlaßtemperaturen sogenannte Sonderkarbide vom Typ MC, M_2C, M_6C und $M_{23}C_6$ aus, die zusammen mit der Umwandlung des Restaustenits zu einem Wiederanstieg der Härte, einem Sekundärhärtemaximum führen (Bild C 4.13) [120]. Art und Menge der Karbidausscheidungen und damit die Härte hängen stark von der Austenitisierung ab. Da zwischen Ac_1 und Ac_{cm} mit zunehmender Temperatur mehr Karbide in Lösung gehen (Bild B 9.7), nehmen der Kohlenstoff- und Legierungsgehalt des gebildeten Austenits ebenfalls zu mit einer entsprechenden Auswirkung auf das Umwandlungs- und Ausscheidungsverhalten. Nach Bild C 4.28 hängt für einen Schnellarbeitsstahl S 6-5-2 die Härte von der Austenitisierungstemperatur, der Anlaßtemperatur und der Anzahl der Anlaßbehandlungen ab. Durch Variation des Legierungsgehalts kann z. B. der Abbau des Restaustenits günstig beeinflußt werden [162]. Bei den Werkzeugstählen ist es nicht möglich, nur einen Gefügebestandteil gezielt zu ändern, so daß eine eindeutige Darstellung eines Zusammenhangs zwischen einzelnen Gefügeparametern und den Eigenschaften nicht möglich ist [18].

Ausscheidungshärten: Voraussetzung für eine Ausscheidung aus einem übersättigten Mischkristall ist, daß ein Mischkristall gebildet werden kann, dessen Löslichkeit für eine Phase mit sinkender Temperatur abnimmt (vgl. B 6.2). Es muß ferner möglich sein, das Werkstück von der Lösungsglühtemperatur so schnell abzukühlen, daß die Ausscheidung auch im Kern unterdrückt wird. Beim Auslagern, d. h. beim Wiedererwärmen, enstehen dann bei tiefen Temperaturen aus dem übersättigten Mischkristall Ausscheidungen (vgl. B 3), deren Größe durch die Auslagerungstemperatur und -dauer gesteuert werden kann. Durch dieses Verfahren wird die eingangs gestellte Forderung erfüllt, daß härtende Teilchen möglichst gleichmäßig verteilt sein sollen. Bei einer Ausscheidung bei hohen Temperaturen während der Abkühlung wären die Teilchen in der Regel nicht so gleichmäßig verteilt. Für die Wärmebehandlung von Eisenwerkstoffen ist der Ausdruck „Aushärtung" anstelle des in diesem Buch verwendeten Begriffs „Ausscheidungshärtung" festge-

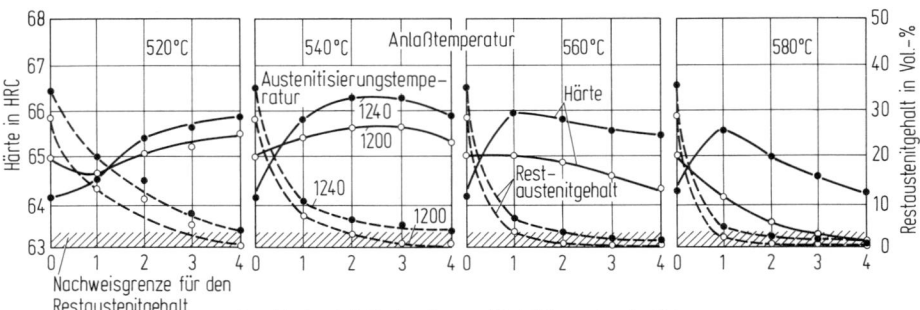

Bild C 4.28 Einfluß der Austenitisierungstemperatur, der Anlaßtemperatur und der Anlaßdauer auf die Härte und den Restaustenitanteil eines Schnellarbeitsstahles S 6-5-2 mit 0,88 % C, 0,33 % Si, 0,33 % Mn, 4,26 % Cr, 5,08 % Mo, 1,82 % V, 6,37 % W. Nach [162].

legt worden [1]. In einigen Fällen können in Stählen bereits bei Raumtemperatur härtesteigernde Ausscheidungen entstehen. Diese Vorgänge werden ebenso wie die Anreicherung von Kohlenstoff- oder Stickstoffatomen in Versetzungen (vgl. C1.1) als Alterung bezeichnet [1, 136]. Durch Glühen bei Temperaturen meist unter 200°C können Werkstücke künstlich gealtert werden, so daß sich ihre Eigenschaften bei Raumtemperatur mit der Zeit nicht mehr ändern. Ein Anlassen von Martensit unter 200°C wird auch als Entspannen bezeichnet.

Durch Ausscheiden von Karbiden oder intermetallischen Phasen können austenitische und ferritische Legierungen ausgehärtet werden [163]. Ausscheidungen aus einem übersättigten Mischkristall sind bei den nicht umwandelnden ferritischen und austenitischen Stählen neben einer Kaltverformung eine Möglichkeit, die Festigkeit anzuheben. Durch die Wahl der Lösungsglühtemperatur und -dauer kann die Festigkeit in einem durch das jeweilige Legierungssystem vorgegebenen Bereich eingestellt werden. Soweit diese Stähle korrosiven Angriffen ausgesetzt werden, muß durch geeignete Legierungen und Wärmebehandlungsführung sichergestellt werden, daß trotz der Ausscheidungen die Matrix noch einen so hohen Legierungsgehalt hat, daß die Korrosionsbeständigkeit gewährleistet ist [131] (vgl. C3). Bei umwandelnden Stählen kann die Ausscheidungshärtung eingesetzt werden, um die Festigkeit zusätzlich zu steigern [64, 139].

Eine Ausscheidungshärtung durch intermetallische Phasen wird bei den Maraging-Stählen zum Einstellen höchster Festigkeiten bei guter Zähigkeit ausgenutzt [163, 164] (vgl. D8). Ausgangszustand ist ein Martensit in einer praktisch kohlenstofffreien Eisen-Nickel-Legierung, der im Gegensatz zu einem kohlenstoffreichen Martensit in Eisen-Kohlenstoff-Legierungen sehr gute Zähigkeitseigenschaften hat [58]. Er entsteht durch Lösungsglühen und Abschrecken. Dieser Zustand wird bei diesen Stählen als lösungsgeglüht bezeichnet. Erst beim Auslagern werden sehr fein verteilte intermetallische Phasen ausgeschieden, die zu der Ausscheidungshärtung führen [165] (vgl. D8).

Bei austenitischen und ferritischen nichtrostenden Stählen kann es bei Temperaturen um 475°C zu einer Ausscheidung von intermetallischen Phasen oder Karbiden kommen, die zu einer Versprödung führt. Bild C4.29 zeigt ein Zeit-Temperatur-Ausscheidungs-Schaubild [165]. Die Kurzbezeichnung ZTA-Schaubild sollte hierfür wegen der Verwechslung mit den ZTA-Schaubildern, bei denen A für Austenitisierung steht (vgl. B9.2) vermieden werden. Wärmebehandlungen und vor allem ein Hochtemperatureinsatz dieser Stähle können aufgrund derartiger Schaubilder so gesteuert werden, daß die versprödenden Phasen nicht gebildet werden [165, 166].

Weichglühen: Einige Stähle haben je nach den Gegebenheiten, z.B. im warmgewalzten Zustand eine Festigkeit, die für eine Verarbeitung zu hoch ist. Durch eine Vergröberung der Karbide, ein Weichglühen, soll in diesen Fällen eine für die Verarbeitung günstige Festigkeit herbeigeführt werden. Durch dieses Weichglühen wird der Ungleichgewichtszustand, der durch die Bildung von Ferrit, Perlit, Bainit oder Martensit unterhalb der A_1-Temperatur entstanden ist, in Richtung auf das Gleichgewicht, d.h. eine grobe Anordnung von Ferrit und Karbid in gleichmäßiger Verteilung, verschoben. Da die Vergröberung vorhandener Karbide diffusionsgesteuert ist (vgl. B6.2.6), läuft sie um so schneller, je höher die Glühtemperatur ist [167]. In Stählen mit einer hohen Ac_1-Temperatur, der oberen Grenze für das

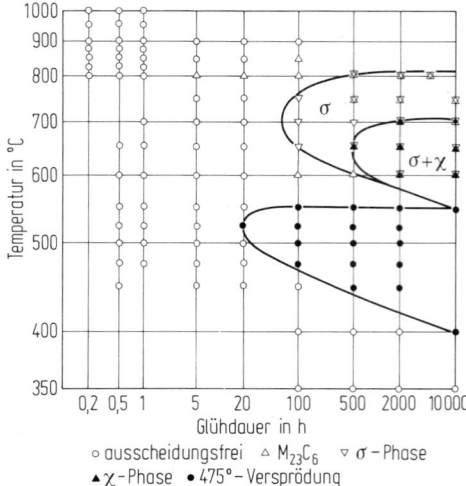

Bild C 4.29 Isothermisches Zeit-Temperatur-Ausscheidungs-Schaubild eines Stahls mit (% C + % N) $\leq 10^{-4}$ %, 28% Cr, 2% Mo. Lösungsglühen: 1000 °C 30 min/H$_2$O. Als Maß für die Versprödung wurde eine Kerbschlagarbeit von 50 J (DVM-Probe) gewählt. Die σ- und χ-Phase wurden bei ihrem ersten Auftreten bei 500 facher Vergrößerung im Lichtmikroskop eingetragen. Nach [165].

Weichglühen, formen sich daher Karbide schneller ein als in Stählen mit niedriger Ac$_1$-Temperatur.

Eine Beschleunigung der Einformung kann bei untereutektoidischen Stählen erreicht werden, wenn zunächst im Zweiphasengebiet Austenit + Ferrit so kurz austenitisiert wird, daß nur ein sehr inhomogener Austenit entsteht. Anschließend wird schnell auf eine Temperatur wenige Grad unter Ac$_1$ abgekühlt und isothermisch gehalten. Dieses sind die besten Bedingungen für die Erzeugung eines entarteten Perlits [9] (vgl. Bild B 9.16). Da während dieser Austenitisierung noch ungelöste Karbide verbleiben, muß nicht die bei geringen Unterkühlungen sehr langsame Keimbildung abgewartet werden, die Rückumwandlung setzt sofort ein. Wichtig ist, daß nach Ende der isothermischen Umwandlung kein Austenit mehr vorliegt, aus dem bei einer anschließenden schnellen Abkühlung wieder Gefüge mit hohen Härten entstehen können. Um dies zu vermeiden, wird vielfach am Ende der isothermischen Haltedauer eine verzögerte Abkühlung bis rd. 600 °C vorgesehen, damit etwa noch vorhandene Austenitreste zumindest nicht nach starken Unterkühlungen umwandeln. Bei einem ferritisch-perlitischen Ausgangszustand werden vor allem bei kohlenstoffarmen Stählen nach der Einformung stets karbidreiche Bereiche neben karbidarmen liegen, die dem ehemaligen voreutektoidischen Ferrit entsprechen. Diese Gefüge genügen aber in der Regel den Anforderungen. Idealer Ausgangszustand für eine Einformung ist ein Gefüge der unteren Bainitstufe oder Martensit. In diesen Fällen entstehen auch in kohlenstoffarmen Stählen gleichmäßig angeordnete Karbide [168].

Übereutektoidische Stähle werden vielfach über ein Pendelglühen eingeformt, bei dem eine Glühung in dem Zweiphasengebiet Austenit + Karbid und die anschließende Umwandlung mehrfach wiederholt werden. Diese Wärmebehandlung führt jedoch nur dann zum Ziel, wenn aufgrund ausreichender Haltedauer bei der Umwandlung die Karbide schneller wachsen als sie bei der Austenitisierung in Lösung gehen. Technisch einfacher durchführbar ist eine langsame stetige Abkühlung [169], durch die eine Bildung von Perlit vermieden wird [9]. Nach einem Pendelglühen um A_1 liegen die Karbide meist innerhalb der Ferritkörner. In diesem Fall ist die Streckgrenze bei gleicher Korngröße höher, als wenn die Karbide auf den Korngrenzen liegen, was durch ein Anlassen von Martensit oder Bainit kurz unterhalb der A_1-Temperatur erreicht werden kann [170].

Durch eine Kalt- [171] oder Warmumformung [172] kann die Einformung der Zementitplatten beschleunigt werden. Die Legierungselemente beeinflussen die Eignung zum Weichglühen durch die Verschiebung der Ac_1-Temperatur (s. Gl. (B 9.1)) und die Verzögerung der Umwandlung nach einer kurzzeitigen Austenitisierung. Ihr Einfluß auf die Diffusionskonstante des Kohlenstoffs ist in den meisten Stählen zu vernachlässigen (vgl. B 4.6). Nach langen Glühzeiten zur Erzeugung großer Karbide kommt es zu einer Anreicherung bzw. Verarmung der Legierungselemente in den Karbiden (vgl. B 6.2.5), die dadurch stabilisiert werden. Da nach der Bearbeitung die Werkstücke durch eine Wärmebehandlung auf die Gebrauchsfestigkeit eingestellt werden, sind derartig große Karbide zu vermeiden. Sie gehen bei einer Austenitisierung nur langsam in Lösung, so daß erst nach langen Austenitisierungsdauern oder bei hohen Austenitisierungstemperaturen ein homogener Austenit entsteht (vgl. auch B 6.1).

C 4.6.3 Bildung von Gefügen unter Einbeziehung einer Umformung

Durch eine thermomechanische Behandlung (vgl. Text zu Bild B 7.15) kann gegenüber einer Wärmebehandlung ohne Umformung ein feineres Korn des Umwandlungsgefüges sowie eine feinere und gleichmäßigere Verteilung von Ausscheidungen erreicht werden. Hierdurch kann entsprechend den in C 1 und C 4.2 dargestellten Grundlagen bei gleicher Festigkeit eine bessere Zähigkeit als nach üblicher Austenitisierung erwartet werden [29, 173]. Die Kornfeinung kann in zwei Stufen eingestellt werden:
- Rekristallisation des Austenits während und nach der Umformung zu einem feinen Korn;
- Bildung von Umwandlungsgefügen aus einem warmumgeformten, aber nicht rekristallisierten Austenit.

Bei ausreichender Umwandlungsträgheit kann der Austenit im metastabilen Gebiet unter Ac_1 umgeformt werden, ohne daß er vor Beginn der Umwandlung rekristallisiert. Durch dieses Austenitformhärten (vgl. Bild B 7.15) wird z. B. bei Werkzeugstählen eine feine Karbidverteilung und eine bessere Anlaßbeständigkeit erreicht [174, 175], was bei gleichen Anlaßtemperaturen im Zugversuch und im Biegeversuch zu einem besseren Verhältnis von Zähigkeit zu Festigkeit führt als eine Warmbadhärtung, die jedoch im Verdrehversuch bessere Eigenschaftskombinationen ergibt als ein Austenitformhärten, das zu einer gerichteten Ausscheidung und einer Textur führt [176]. Wegen der hohen Legierungsgehalte, die für eine ausreichende Umwandlungsträgheit des Austenits erforderlich sind, und der notwendigen hohen Umformkräfte ist das Austenitformhärten auf wenige Anwendungsfälle begrenzt [157, 176, 177] (s. auch D 8).

Durch Zulegieren von Niob, Vanadin oder Titan in der Größenordnung von 0,05 % kann erreicht werden, daß bei Temperaturen um Ac_3 eine Umformung des Austenits ohne Rekristallisation möglich ist [29]. Damit diese Elemente wirksam werden, müssen Austenitisierungstemperatur, Umformtemperatur und Umformgrad sowie der Legierungsgehalt aufeinander abgestimmt werden [127, 178, 179]. Vor der letzten Umformung sollte das Austenitkorn bereits möglichst fein sein [128, 180]. Obwohl die Wechselwirkung zwischen Ausscheidung und Rekristallisation noch nicht in allen Einzelheiten beschreibbar ist [127, 179, 181], kann für vorgegebene Verfahrensweisen ein quantitativer Zusammenhang zwischen der chemischen Zusammensetzung, den Austenitisierungsbedingungen und der Rekristallisationsbehinderung angegeben werden [128].

Für die weitere Abkühlung nach einer Umformung ist zu beachten, daß ein verformter, nicht rekristallisierter Austenit schneller umwandelt als ein unverformter Austenit [174, 182, 183] (Bild C 4.30). Dies kann dazu führen, daß bei gleicher Temperatur-Zeit-Führung mit zunehmendem Umformgrad wegen einer vorzeitig einsetzenden Umwandlung die Härte bei Raumtemperatur gegenüber einer Behandlung ohne Umformung abfällt [175].

Bei einer Umwandlung in der Perlitstufe eines über Ac_1 verformten, nicht rekristallisierten Austenits entsteht ein Ferrit mit erhöhter Versetzungsdichte und einer feinen Verteilung der Ausscheidungen [29, 184]. Die Festigkeit ist nach einer thermomechanischen Behandlung im allgemeinen höher als nach einer üblichen Austenitisierung. Entsprechend der feinen Gefügeausbildung nach einer thermomechanischen Behandlung ist die Übergangstemperatur der Kerbschlagarbeit unverändert oder erniedrigt [128, 185]. In eutektoidischen Stählen kann anstelle des Perlits ein Gefüge aus Ferrit und Karbid mit rundlichen Karbiden gebildet werden,

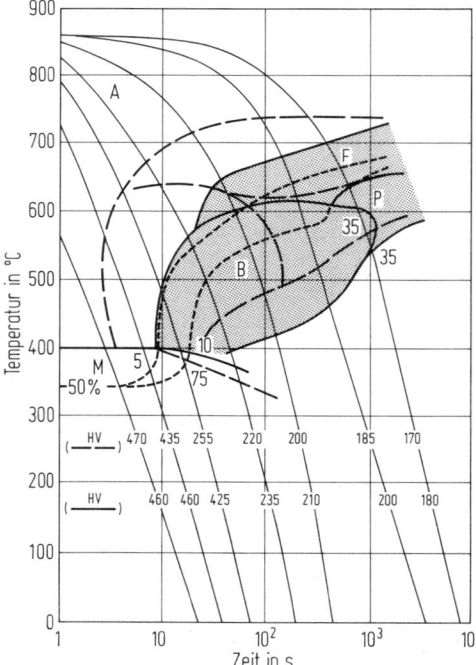

Bild C 4.30 Einfluß einer thermomechanischen Behandlung auf die Umwandlung eines Stahls mit 0,18 % C, 0,27 % Si, 1,43 % Mn, 0,038 % Nb. Nach [182].
Wärmebehandlung: 1200 °C, Abkühlung auf 1000 °C, Stauchung um 35 %, 200 s gehalten bis zur Rekristallisation. Danach: —— Abkühlung auf Raumtemperatur; - - - bei 850 °C nochmalige Stauchung um 35 %, anschließend Abkühlung auf Raumtemperatur.

wodurch die zähigkeitsmindernden dicken Zementitplatten vermieden werden [183, 186].

Bei einer isothermischen Umwandlung in der Bainitstufe mit Umformung entstehen Bainitlanzetten oder -platten, die kleiner sind als ohne thermomechanische Behandlung; in gleicher Weise sind die ausgeschiedenen Karbide sehr klein und gleichmäßig verteilt, die Versetzungsdichte innerhalb der ferritischen Bereiche ist gegenüber einer Umwandlung ohne thermomechanische Behandlung erhöht [174, 187]. Daraus ergibt sich eine deutliche Anhebung der Streckgrenze bei einem geringen Verlust an Zähigkeit [187]. Bei kontinuierlicher Abkühlung werden ebenfalls Verbesserungen von Festigkeit und Zähigkeit beobachtet [188]. Entsprechendes gilt für martensitische Gefüge [183]. In Bild C 4.31 ist als Beispiel gezeigt, wie durch Verkleinerung der Austenitkorngröße vor der Umwandlung sowohl bei einer Umwandlung zu Bainit als auch zu Martensit bei gleichbleibender Streckgrenze die Übergangstemperatur der Kerbschlagzähigkeit abgesenkt werden kann. Durch eine thermomechanische Behandlung wird bei nochmals verbesserter Zähigkeit die Streckgrenze angehoben. Die relative Erhöhung der Streckgrenze bei wenig verminderter oder gar verbesserter Zähigkeit bleibt bei einem Anlassen bis zum Einsetzen der Rekristallisation erhalten [187].

Die Ausnutzung dieser Vorteile setzt eine Anpassung der chemischen Zusammensetzung und damit des Rekristallisations- und Umwandlungsverhaltens des Stahls an die Umform- und Abkühlungsbedingungen innerhalb der Fertigung voraus, wenn je nach gewünschter Festigkeit gezielt Umwandlungen in der Perlit- oder Bainitstufe erreicht werden sollen [29, 33, 128].

Nach einer thermomechanischen Behandlung kann in Zugproben und Kerbschlagproben der Bruch in mehrere Ebenen parallel zur Verformungsrichtung (Delamination, Separation, Splitting) aufspalten. Diese Bruchaufspaltungen werden vor allem durch die Form der Kristallite verursacht [188–191]. Nichtmetallische Einschlüsse können ebenfalls zu Bruchaufspaltungen führen, was jedoch bei ausreichend gutem Reinheitsgrad nur eine untergeordnete Rolle spielt [192]. Die Neigung zur Bruchaufspaltung bleibt beim Anlassen bis zum Einsetzen der Rekri-

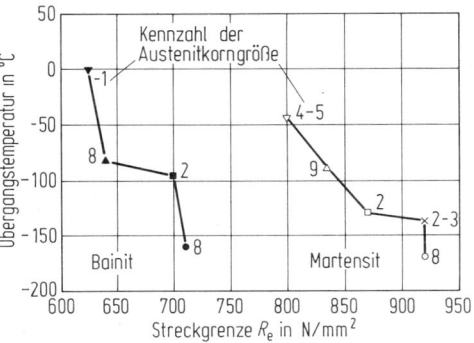

Bild C 4.31 Zusammenhang zwischen Streckgrenze und Übergangstemperatur (DVMK-Spitzkerb-Probe) für einen Stahl mit 0,03 % C, 2 % Mn, 2 % Cr, 1 % Mo, 1 % Ni, mit und ohne thermomechanische Behandlung:

○ 900 °C 10 min/120 s → 750 °C/ε = 0,6/Wasser
× 1100 °C 10 min/210 s → 750 °C/ε = 0,6/Wasser
□ 1200 °C 10 min/230 s → 750 °C/ε = 0,6/Wasser
△ 860 °C 10 min/Wasser
▽ 1150 °C 10 min/Wasser

● 900 °C 10 min/120 s → 750 °C/ε = 0,6/Luft
■ 1200 °C 10 min/230 s → 750 °C/ε = 0,6/Luft
▲ 900 °C 10 min/Luft
▼ 1300 °C 10 min/Luft

Austenitkorngrößen vor der Umformung bzw. Umwandlung (als Kennzahl nach DIN 50601) und Gefüge sind im Bild angegeben.

stallisation des Ferrits erhalten [189]. Bei ausreichender Kerbschlagzähigkeit hat die Neigung zur Bruchaufspaltung praktisch keine negativen Auswirkungen auf das Bauteilverhalten [29, 192, 193].

C 4.7 Einstellung eines über den Querschnitt ungleichmäßigen Gefüges

C 4.7.1 Wärmebehandlung ohne Änderung der chemischen Zusammensetzung

In C 4.6.2 wurde dargestellt, daß die günstigsten Kombinationen von Festigkeit und Zähigkeit nach Anlassen von Gefügen erreicht werden, die im unteren Temperaturbereich der Bainitstufe oder der Martensitstufe über den gesamten Querschitt entstanden sind. Diese bei großen Querschnitten nur mit hohem Legierungsaufwand erreichbare Durchvergütung ist notwendig, wenn sehr hohe Streckgrenzenwerte und Härten bei ausreichender Zähigkeit auch im Kern eines Werkstücks gefordert werden. Für viele Anwendungen, z.B. bei Verschleißbeanspruchungen, gelten diese Forderungen jedoch nur für die Randschicht. Damit bietet sich an, unter Einsparung von Legierungselementen umwandlungsfreudige Stähle zu vergüten, die als Schalenhärter in oberflächennahen Bereichen zu Martensit, im Kern aber in der Perlitstufe umwandeln (Bild C 4.32). An der Oberfläche bilden sich Druckeigenspannungen, die größer sein können als reine Wärmespannungen (Bild C 4.19). Durch eine Schalenhärtung konnte z.B. eine Verbesserung der Eigenschaften von Draht erzielt werden, der nach der martensitischen Umwandlung am Rand aus der Kernwärme heraus angelassen wird [194].

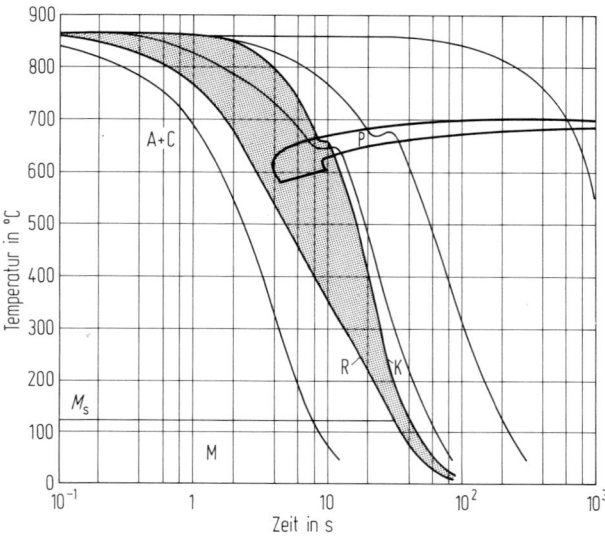

Bild C 4.32 ZTU-Schaubild für kontinuierliche Abkühlung eines unlegierten Stahls mit 1,3 % C. Eingezeichnet ist die Abkühlung eines Zylinders mit 28 mm Dmr. in Wasser.

Der Nachteil einer Schalenhärtung ist, daß wegen der großen Wärmemenge, die aus dem Kernbereich abgeführt werden muß, die erreichbaren Abkühlungsgeschwindigkeiten am Rand begrenzt sind.

Die Weiterentwicklung dieser Härtung ist das Randschichthärten, bei dem durch Induktionserwärmung, Eintauchen in Salzbäder oder Erwärmen mit Flammen nur eine schmale Randzone erwärmt wird [87, 195-197] (s. D 5). Nach Bild B 9.9 können bei hohen Erwärmungsgeschwindigkeiten hohe Austenitisierungstemperaturen eingestellt werden, ohne daß mit einer Kornvergrößerung zu rechnen ist. Voraussetzung ist allerdings, daß mit Erreichen der hohen Temperaturen auch unmittelbar abgeschreckt wird, da bei einem anschließenden isothermischen Halten sehr schnell eine Kornvergrößerung eintreten würde. Auf der anderen Seite wird bei hohen Erwärmungsgeschwindigkeiten der Temperaturunterschied zwischen Rand und Kern so groß, daß nur eine schmale Randzone den Bereich des homogenen Austenits erreicht, so daß nach dem Vergüten ebenfalls nur eine schmale Randzone die gewünschte Härte hat. Nach dem Austenitisieren wird in Wasser oder Öl abgeschreckt, wobei zusätzlich Wärme in den kalten Kern abfließt, so daß hohe Abkühlgeschwindigkeiten erreicht werden und damit legierungsarme Stähle martensitisch umgewandelt werden können. Durch diese Wärmebehandlung entstehen an der Oberfläche günstige Druckeigenspannungen (Bild C 4.19).

Nach C 4.5 kann durch sehr kurzes Austenitisieren eine sehr kleine Austenitkorngröße erreicht werden. Durch eine Randschicht-Kurzzeithärtung können oberflächennahe Zonen innerhalb von 20 ms austenitisiert werden. Wegen der geringen eingebrachten Gesamtwärmemenge kühlen sie durch Wärmeleitung zum Kern hin ebenfalls in Millisekunden ab, wodurch auch in unlegierten Stählen martensitische Gefüge mit sehr geringer Kristallitgröße entstehen [124, 198].

Für die Beurteilung der Eignung zum Randschichthärten gelten die Angaben in C 4.6. Insbesondere muß die Feinkörnigkeit des Austenits bei hohen Austenitisierungstemperaturen und dem Verfahren entsprechenden Haltedauern sichergestellt sein. Zusätzlich ist die Einhärtungstiefe zu beachten, die neben dem Umwandlungsverhalten des Stahls vor allem von der beim Austenitisieren eingebrachten Wärmemenge und den Abmessungen des Werkstücks abhängt.

C 4.7.2 Wärmebehandlung unter Änderung der chemischen Zusammensetzung

Unter dem Begriff „thermochemische Verfahren" werden zahlreiche Möglichkeiten der Veränderung randnaher Bereiche von Werkstücken oder Bauteilen aus Stahl zusammengefaßt [199]. Ihr Ziel ist die Bildung einer Oberflächenschicht, die gegenüber den Grundwerkstoffen z. B. eine höhere Druckfestigkeit, Härte, Verschleißbeständigkeit oder Korrosionsbeständigkeit besitzt. Derartige Schichten können z. B. durch Eindiffusion von Elementen, durch Aufdampfen, Aufspritzen, Aufschweißen oder als galvanische Überzüge erzeugt werden [200]. Von diesen Verfahren sollen hier wegen ihrer Bedeutung exemplarisch das Einsatzhärten, das Nitrieren und das Borieren besprochen werden.

Einsatzhärten

Für eine Einsatzhärtung werden Stähle mit Kohlenstoffgehalten zwischen 0,10 und 0,25% in der Randschicht auf etwa den eutektoidischen Kohlenstoffgehalt aufgekohlt und anschließend gehärtet (vgl. D 5). Dadurch wird die erreichbare größte Härte entsprechend Bild B 9.6 erhöht, gleichzeitig nach Bild B 9.22 die Härtbarkeit verbessert (Bild C 4.33). Die Werkstücke werden vorzugsweise über Gase aufgekohlt, da die Zusammenhänge zwischen Kohlungstemperatur, Gaszusammensetzung, Kohlungsdauer, chemischer Zusammensetzung des Stahls und der gewünschten Aufkohlungstiefe gut bekannt sind [202, 203]. Voraussetzung ist lediglich, daß bei der gewählten Temperatur und dem vorgesehenen größten Kohlenstoffgehalt keine Karbide enstehen, da in Zweiphasengebieten der Kohlenstoffgehalt nicht gezielt eingestellt werden kann.

Die Aufkohlungstemperatur liegt um 900° C. Bei der üblichen Aufkohlungsdauer von einigen Stunden ist bei Feinkornstählen bei dieser Temperatur noch ein feines Korn gewährleistet, so daß direkt, d. h. von der Aufkohlungstemperatur, gehärtet werden kann [204]. Zur Abkürzung der Zeiten wird eine Aufkohlung bei höheren Temperaturen angestrebt [205], ohne auf eine Direkthärtung zu verzichten, was durch erhöhte Gehalte an Ausscheidungen, die das Kornwachstum hemmen, erreicht werden kann [206].

Bei der Abkühlung kann die Umwandlung nicht mehr mit einem einzigen ZTU-Schaubild beschrieben werden, da vom Rand zum Kern unterschiedliche Kohlenstoffgehalte vorliegen. In Erweiterung von Bild B 9.22 ist in Bild C 4.34 ein dreidimensionales ZTU-Schaubild für kontinuierliche Abkühlung dargestellt, das für eine vorgegebene Austenitisierung die Umwandlung aller Bereiche einer aufgekohlten Probe wiedergibt. Der umwandlungsträge Bereich in der Umgebung der eutektoidischen Zusammensetzung ist gut erkennbar. Diese umwandlungsträge Zone führt in den Werten für die erreichten Härten zu einem Maximum im Bereich der eutektoidischen Zusammensetzung (Bild C 4.35). Die gleiche Darstellung für einen legierten Stahl (Bild C 4.36) zeigt deutlich den Einfluß der Legierungselemente auf die Härtbarkeit. Dieses Bild zeigt auch die Gefahren einer Überkohlung: Durch die mit steigendem Kohlenstoffgehalt zunehmenden Anteile an Restaustenit (Bild C 4.37) kann die kohlenstoffreiche Randschicht eine geringere Härte haben als darunterliegende Bereiche. Bei Aufkohlung in den übereutektoidischen Bereich und einer Abkühlungsdauer kleiner K_k (vgl. Bild B 9.22) entsteht voreutektoidischer Zementit, z. T. auf den Austenitkorngrenzen, wodurch die Zähigkeit drastisch vermindert wird. Durch eine den jeweiligen Kohlenstoffgehalten angepaßten Austeni-

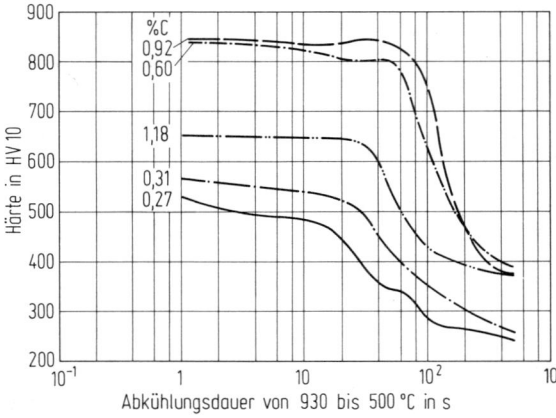

Bild C 4.33 Härteverlauf einsatzgehärteter Stirnabschreckproben aus einem Stahl 25 MoCr 4. Nach [201]. Austenitisierung bei 930°C.

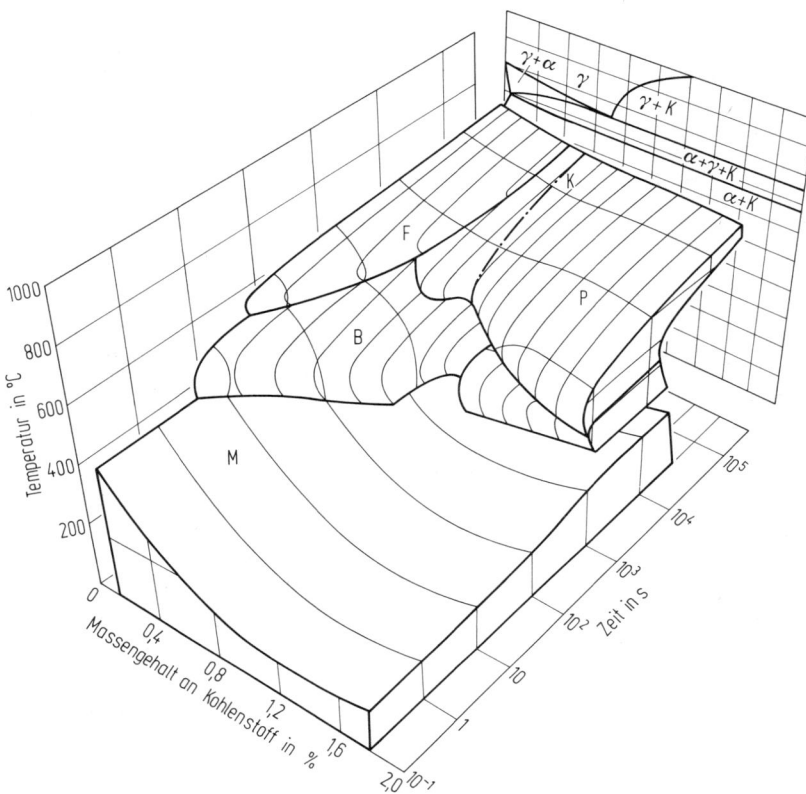

Bild C 4.34 Dreidimensionale Darstellung des Umwandlungsverhaltens eines Stahles 14 NiCr 14 für kontinuierliche Abkühlung. Nach [201]. Austenitisierung bei 830 °C 15 min. Die Abkühlungskurven sowie die voreutektoidische Karbidausscheidung sind nicht eingezeichnet.

tisierung und Abkühlung können die Gefüge von Rand und Kern getrennt eingestellt werden [204]. Wegen der Gradienten der chemischen Zusammensetzung und der Gefüge ist eine Beurteilung von Festigkeit und Zähigkeit einsatzgehärteter Teile nur schwer möglich [207] (vgl. D 5). Bei einer Einsatzhärtung entstehen an der Oberfläche Druckeigenspannungen (Bild C 4.19) [208], wodurch die Dauerschwingfestigkeit günstig beeinflußt wird. Die Eignung zum Einsatzhärten setzt demnach voraus, daß während der Aufkohlung kein grobes Austenitkorn entsteht und Kohlenstoffgehalte um 0,6 % ohne die Bildung von Karbiden erreicht werden können, wenn die größtmögliche Härte nach Bild B 9.6 erzielt werden soll. Da die Randschichten vielfach nur auf Temperaturen um 200 °C angelassen werden, muß der Kernwerkstoff nach der Abkühlung von der Aufkohlungstemperatur die gewünschte Festigkeit haben, wenn nicht Doppelhärtung [204] vorgesehen ist.

Verschleiß-Schutzschichten

Bauteile, die auf Verschleiß beansprucht werden, benötigen neben der Grundfestigkeit einen bestimmten Verschleißwiderstand an der Oberfläche, der durch Aufbrin-

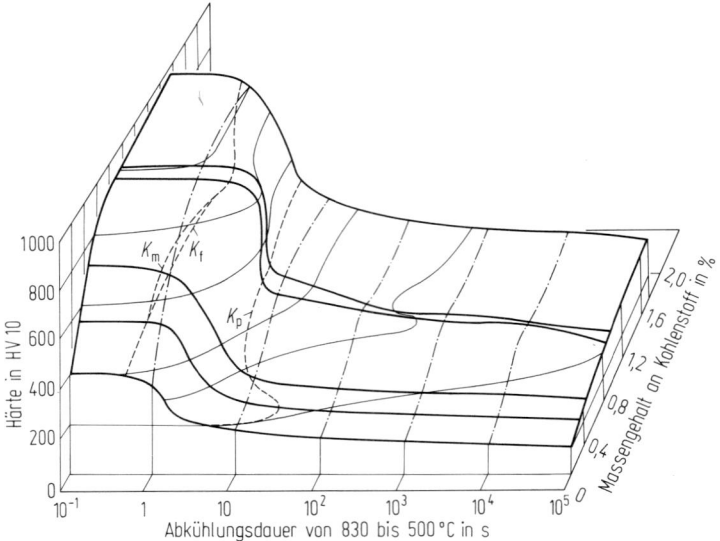

Bild C 4.35 Härte in Abhängigkeit vom Kohlenstoffgehalt und von der Abkühlungsdauer von 830 bis 500 °C für einen Stahl Ck 45. Nach [201]. Austenitisierung bei 830 °C 10 min.

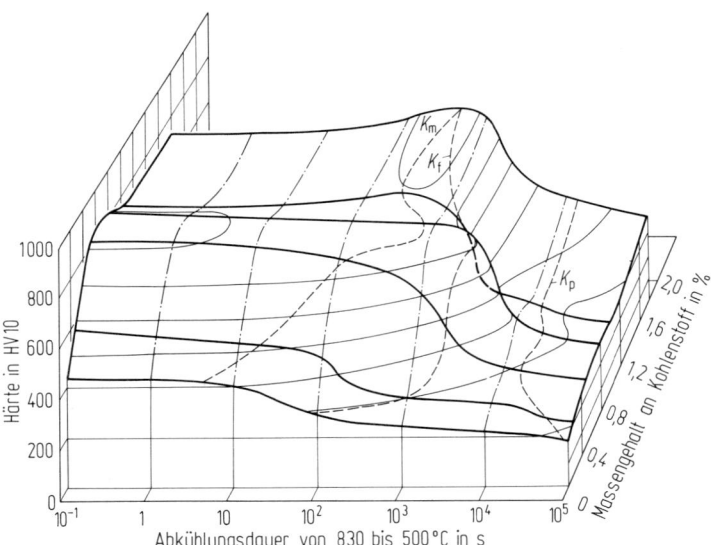

Bild C 4.36 Härte in Abhängigkeit vom Kohlenstoffgehalt und von der Abkühlungsdauer von 830 bis 500 °C für einen Stahl 14 NiCr 14. Nach [201]. Austenitisierung bei 830 °C 10 min.

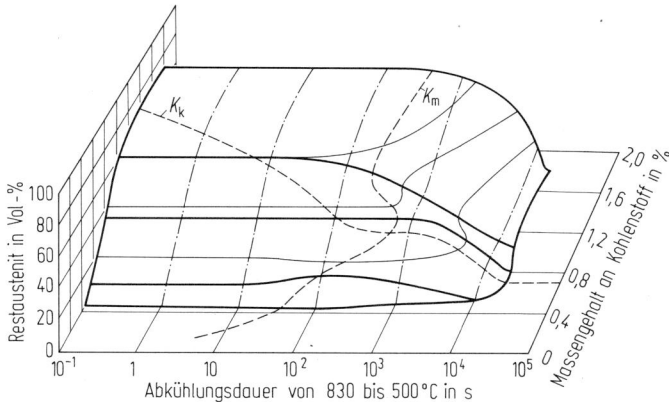

Bild C 4.37 Restaustenitanteil in Abhängigkeit vom Kohlenstoffgehalt und von der Abkühlungsdauer von 830 bis 500 °C für einen Stahl 14 NiCr 14. Nach [201]. Austenitisierung bei 830 °C 10 min.

gen von Schichten unter 1 mm erreicht werden kann. Diese Schichten können z. B. durch Eindiffusion von Kohlenstoff, Stickstoff, Bor, Aufdampfen von Karbiden oder galvanische Überzüge erzeugt werden [200]. Die Eigenschaften derartiger Schichten sind beschrieben [199, 200]. Wegen ihrer besonderen Bedeutung soll im folgenden auf das Nitrieren und das Borieren näher eingegangen werden.

Nitrieren: Vor allem durch Verschleiß oder Korrosion beanspruchte Randschichten können durch eine thermochemische Behandlung zum Anreichern der Randschichten mit Stickstoff, ein Nitrieren, in ihren Gebrauchseigenschaften verbessert werden, ohne daß durch die Wärmebehandlung mit einem Verzug zu rechnen ist. Diese Wärmebehandlung kann daher z. B. nach dem Vergüten im weitgehend fertigbearbeiteten Zustand eingesetzt werden. Neben der Härtesteigerung der Randschicht kann durch ein Nitrieren zusätzlich die Dauerschwingfestigkeit verbessert werden [209], was auf durch das Nitrieren erzeugte Druckeigenspannungen in der Randschicht zurückzuführen ist [210]. Durch Eindiffundieren von Stickstoff bildet sich eine in der Regel unter 1 mm dicke, stickstoffreiche Randschicht mit bis zu 0,4 % gelöstem Stickstoff [211], die beim Abkühlen von der Nitriertemperatur zu einer Aushärtung führt [212]. Werden in der Randschicht Stickstoffgehalte bis zu 8 % eingestellt, entsteht in unlegierten Stählen entsprechend dem Gleichgewichtsschaubild Eisen-Stickstoff [200] mit steigendem Stickstoffgehalt Fe_4N oder ε-Nitrid. Eine Verbindungsschicht an der Oberfläche aus ε-Nitrid ist spröde [213]. Bei legierten Stählen hängt die Ausbildung der aufeinanderfolgenden Schichten mit kohärenten und inkohärenten Ausscheidungen sehr stark von dem Legierungsgehalt des Stahls ab [214–216]. Durch gleichzeitiges Nitrieren und Aufkohlen oder Kohlenstoffaufnahme aus der Matrix entstehen Randschichten mit Karbonitriden, die in kürzerer Zeit aufgebaut werden können als reine Nitrierschichten und z. T. bessere Gebrauchseigenschaften haben [217, 218]. Der größte Gehalt an Stickstoff und damit die Art der Randschicht sowie die Aufstickungstiefe sind regelbar [219], so daß auch zähe Randschichten ohne Verbindungsschicht eingestellt werden können [214].

Die durch das Nitrieren erzielbaren Härtesteigerungen hängen von den Nitrierbedingungen und dem Legierungsgehalt des verwendeten Stahls ab [212, 216, 219]. In unlegierten Stählen entstehen lediglich Eisennitride, die zu einem geringen Härteanstieg auf rd. 300 HV 0,02 führen. Nach dem Nitrieren altern diese Stähle, bzw. können künstlich gealtert werden [216]. Enthält der Stahl dagegen ausreichende Mengen an Nitridbildnern, wie Aluminium, Vanadin, Titan und bevorzugt Chrom, so werden Härten von 1100 HV 1 und 900 HV 30 erreicht [213, 216]. Bei der geringen Belastung wird lediglich die Härte der sehr dünnen ε-Nitrid- bzw. Karbonitridschicht gemessen. Bei der hohen Belastung wird im wesentlichen die darunterliegende Schicht mit Ausscheidungen der Karbonitride der Legierungselemente erfaßt. Diese Stähle zeigen keine Alterung. Mit zunehmender Nitriertemperatur wird je nach Stahlzusammensetzung bei rd. 500°C eine maximale Härte erreicht, die mit zunehmender Nitrierdauer zunimmt. Beim Nitrieren oberhalb dieser Temperatur durchläuft die Härte mit zunehmender Nitrierdauer ein Maximum [216].

Der angestrebte Aufbau der Oberflächenschicht hängt von den Gebrauchsbeanspruchungen ab und kann neben der Zusammensetzung des Stahls durch die Aufstickungsbedingung gesteuert werden [214, 220, 221], so daß eine allgemeingültige Kennzeichnung der Eignung zum Nitrieren nicht möglich ist. Auf jedem Stahl kann durch Karbonitrieren eine harte Oberfläche erzeugt werden. Besondere Anforderungen an die Härte, z. B. 1100 HV 1, erfordern jedoch den Einsatz geeignet legierter Stähle (s. o.), die in D 5 näher besprochen werden. Da die Nitriertemperatur bei 500°C liegt, wird das Grundgefüge auf diese Temperatur angelassen, was bei der Stahlauswahl entsprechend der Vorbehandlung und der angestrebten Festigkeit berücksichtigt werden muß (vgl. D 5). Über das gesamte Gebiet des Nitrierens liegt eine Literaturzusammenstellung vor [222].

Borieren: Durch eine Glühung bei rd. 900°C in Bor abgebenden Mitteln können harte Randschichten unter 1 mm Dicke mit Härten bis zu 1800 HV 0,05 erzeugt werden [223]. Es entstehen Schichten mit FeB und Fe_2B, deren Ausbildung von der Zusammensetzung des borierten Stahls abhängt [200, 224]. Kohlenstoff scheint von der Boridschicht ins Probeninnere gedrängt zu werden, während z. B. Chrom in den Boridschichten nachgewiesen wird. Im Biegeversuch entstehen in borierten Randschichten eher Risse als in nitrierten. Auf die Dauerschwingfestigkeit wirkt sich ein Borieren bei großem Verhältnis von Querschnitt des Bauteils zu Boridschichtdicke günstig aus. Insbesondere der Gleitverschleiß wird durch Borieren beider gleitenden Flächen vermindert.

Ein eingehender Vergleich der Ausbildung und der Eigenschaften von Verschleiß-Schutzschichten ist in [200] zu finden.

C 5 Eignung zum Schweißen

Von Hans Paul Hougardy

Als Schweißen bezeichnet man das „... Vereinigen von Werkstoffen in der Schweißzone unter Anwendung von Wärme und/oder Kraft ohne oder mit Schweißzusatz" [1].

In diesem Kapitel soll das Verhalten des Werkstoffs beim Schweißen im Vordergrund stehen. Die durch bestimmte Konstruktionen oder Arbeitsweisen bedingten Schweißverfahren gehen über das durch sie vorgegebene Wärmeeinbringen in die Betrachtungen ein. Sie werden daher lediglich in einer Übersicht behandelt. Ebenso werden verfahrensbedingte Fehler, wie Bindefehler, nicht besprochen. Prüfverfahren werden nur so weit erwähnt, wie es erforderlich ist, um ihren Beitrag zum Beschreiben des Werkstoffverhaltens zu kennzeichnen.

Durch die in B 9 dargestellten ZTA- und ZTU-Schaubilder wird der Ablauf der Umwandlung unter technischen Bedingungen beschrieben. In C 1 und C 4 wurde erläutert, in welcher Weise die Verarbeitungs- und Gebrauchseigenschaften eines Stahls durch seine Gefügeausbildung festgelegt werden. Nach C 4 hängt die Eignung zur Wärmebehandlung eines Stahls neben dem Umwandlungsverhalten von den vorliegenden Abmessungen, den auftretenden Spannungen und den Möglichkeiten der Fertigung ab. In vergleichbarer Weise können die Eigenschaften einer Schweißverbindung im wesentlichen durch die Gefüge und die damit verbundenen mechanischen Eigenschaften der Wärmeeinflußzone und des Schweißgutes beschrieben werden. An die Stelle der Wärmebehandlung treten bei Schweißverbindungen die Schweißbedingungen, durch die der Temperatur-Zeit-Verlauf im Bereich der Schweißnaht festgelegt wird (Bild C 4.1 und C 5.1). Die Auswirkungen dieser Temperatur-Zeit-Folgen können im wesentlichen durch die Eignung zur Wärmebehandlung beschrieben werden. Schweißnähte werden darüber hinaus aufgrund der Geometrie der Bauteile häufig bereits während der Erstarrung Spannungen ausgesetzt, durch die Heißrisse entstehen können. Während bei üblichen Wärmebehandlungen der Einfluß von Wasserstoff vermieden werden kann, ist beim Schweißen stets mit einer mehr oder weniger großen Wasserstoffaufnahme zu rechnen, die in Verbindung mit dem Eigenspannungszustand zu Kaltrissen führen kann, wenn das Werkstoffverhalten nicht ausreichend berücksichtigt wird. Die Gliederung des Kapitels folgt diesen Gesichtspunkten. Im Vordergrund stehen die Festigkeits- und Zähigkeitseigenschaften der Schweißverbindung unter ruhender Belastung. Auf weitere Anforderungen wie Hoch- und Tieftemperaturfestigkeit kann nur hingewiesen werden.

Literatur zu C 5 siehe Seite 708–713

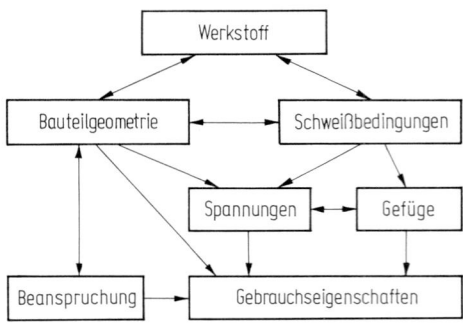

Bild C 5.1 Zusammenhang zwischen den Einflußgrößen beim Schweißen.

C 5.1 Definitionen und Begriffe

Nach DIN 8528 ist ein Werkstoff zum Schweißen geeignet, wenn „bei der Fertigung aufgrund der werkstoffgegebenen .... Eigenschaften eine den jeweils gestellten Anforderungen entsprechende Schweißung hergestellt werden kann" [2]. Damit wird zunächst nichts über den Aufwand gesagt, der für eine Schweißung erforderlich ist. Die *Schweißeignung* ist nach dieser Definition eine Werkstoffeigenschaft. Zu ihrer Bewertung wird gesagt: „Die Schweißeignung eines Werkstoffs innerhalb einer Werkstoffgruppe ist um so besser, je weniger die werkstoffbedingten Faktoren beim Festlegen der schweißtechnischen Fertigung für eine bestimmte Konstruktion beachtet werden müssen" [2]. Die Wirtschaftlichkeit gebietet jedoch, den Aufwand für die Schweißung so zu steigern, daß die dadurch mögliche Verbilligung des Werkstoffs – oder bei geringem Aufwand für das Schweißen die Verwendung eines teuren Stahls – bei gleichen Gebrauchseigenschaften zu einem Minimum des Gesamtaufwandes für Werkstoff, Konstruktion und Schweißung führt. Die Beurteilung der Schweißeignung eines Werkstoffs ergibt unter Berücksichtigung der Schweißsicherheit und der Schweißmöglichkeit die *Schweißbarkeit* eines Bauteils aus einem bestimmten Werkstoff [2, 3]. Die Schweißbarkeit ist daher keine Werkstoffkenngröße. Bild C 5.1 zeigt ähnlich wie Bild C 4.1 die Wechselwirkungen zwischen den einzelnen Einflußgrößen. Die Schweißbarkeit eines Bauteils ergibt sich aus der Wechselwirkung Werkstoff – Bauteilgeometrie – Schweißbedingungen – Gefüge – Spannungen. Lediglich die Schweißeignung des Werkstoffs kann quantitativ beschrieben werden durch sein Umwandlungsverhalten unter den gegebenen Temperatur-Zeit-Folgen sowie den dabei entstandenen Gefügen und ihren Eigenschaften.

In dieser Betrachtungsweise ist das Schweißen eine der möglichen Wärmebehandlungen eines Werkstoffs. Die Schweißeignung kann daher im wesentlichen durch die Eignung zur Wärmebehandlung (vgl. C 4) quantitativ beschrieben werden. In dieser Betrachtungsweise besteht kein wesentlicher Unterschied zwischen dem Schweißgut und dem Grundwerkstoff. In den nach dem Schweißen vorliegenden Wärmebehandlungszuständen soll die Schweißverbindung möglichst dieselben Eigenschaften aufweisen wie der Grundwerkstoff, was nur mit Einschränkungen praktisch verwirklicht werden kann. Nur in wenigen Fällen ist es möglich, nach der Schweißung das gesamte Werkstück noch einmal einer Wärmebehandlung zu unterziehen. Die Austenitisierungs- und Abkühlungsverläufe werden durch die Nahtgeometrie und die Schweißbedingungen gegeben, diese wiederum hängen von der Konstruktion ab unter Berücksichtigung der Schweißmöglichkeit und der Gewährleistung der Schweißsicherheit gewählter Schweißverfahren. Diese Abhängigkeit zeigt Bild C 5.1, das zusätzlich die Spannungen berücksichtigt. Technisch sinnvoll sind nur wirtschaftlich tragbare Vorgehensweisen, da ohne Berücksichtigung des Aufwandes praktisch jeder Stahl schweißbar ist [3, 4]. Aus den in Bild C 5.1 wiedergegebenen Wechselwirkungen geht aber auch hervor, daß es nicht möglich ist, die Eignung eines Stahls zum Schweißen durch nur eine Maßzahl zu kennzeichnen.

Die Schweißeignung als Verarbeitungseigenschaft eines Werkstoffs soll so dargestellt werden, daß unter Berücksichtigung der Spannungen aus den entstehenden Gefügen und ihren Eigenschaften das Gebrauchsverhalten einer Schweißverbindung abgeschätzt wird. Diese Beschreibung erlaubt ein besseres Verständnis der Ursachen und Wirkungen der beim Schweißen ablaufenden Vorgänge als eine Auf-

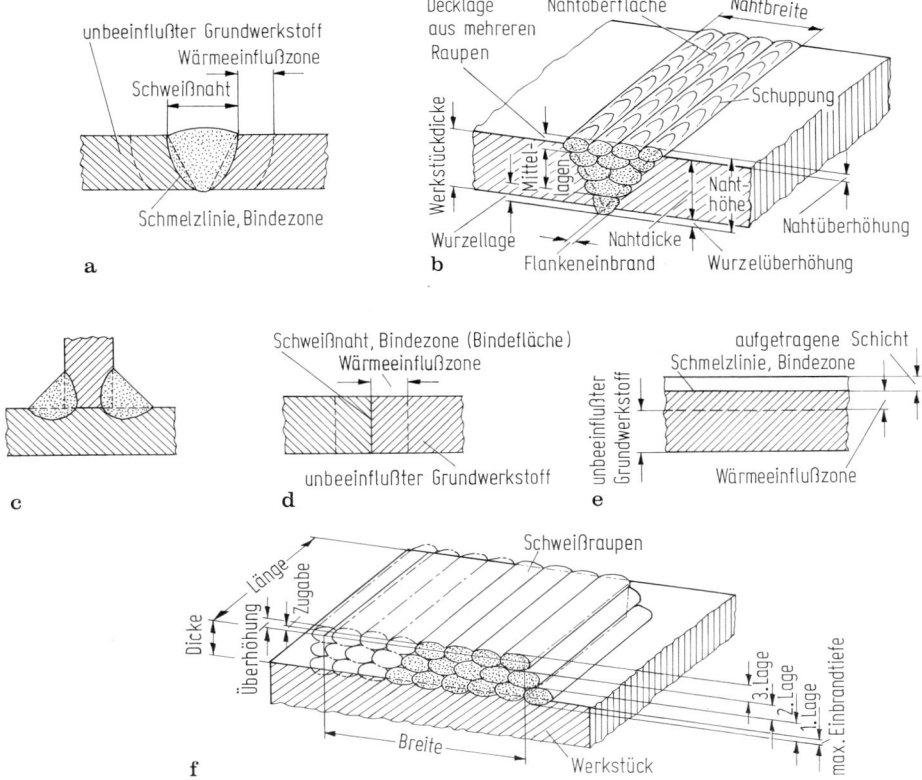

Bild C 5.2 Begriffe und Benennungen beim Metallschweißen. Nach [6, 7]. **a** Schmelzschweißverbindung, V-Naht, Einlagenschweißung; **b** Schmelzschweißverbindung, V-Naht, Mehrlagenschweißung; **c** Schmelzschweißverbindung, Doppelkehlnaht; **d** Preßschweißverbindung; **e** Auftragsschweißung, Definition der Wärmeeinflußzone; **f** Aufbau einer Auftragsschweißung

zählung von Einflußfaktoren [2], in denen zum Teil Ursache (z. B. Gefügeausbildung) und Wirkung (z. B. Zähigkeit, Sprödbruchneigung) unterschiedlichen Einflüssen zugeordnet werden.

Ergänzend sollen einige Begriffe erläutert werden, die in der Schweißtechnik üblich sind und im folgenden verwendet werden. Die wichtigsten Normen über Werkstoffe, Fertigungen und Prüfungen sind in drei DIN Taschenbüchern zusammengefaßt [5]. Entsprechend der Definition des Schweißens [1] wird der Grundwerkstoff an der *Schmelzlinie* bis zur Solidustemperatur erwärmt (Bild C 5.2). Im Gegensatz hierzu wird beim Löten die Solidustemperatur des Grundwerkstoffs nicht erreicht [8]. Da der Grundwerkstoff in großem Abstand von der Schmelzlinie nicht erwärmt wird, entsteht in einer Schweißverbindung eine begrenzte *Wärmeeinflußzone* (WEZ, englisch: heat-affected zone, HAZ) in welcher das Gefüge des Grundwerkstoffs durch die beim Schweißen eingebrachte Energie Gefügeänderungen erfährt [6] (Bild C 5.2). Die Schweißnaht besteht beim Schmelzschweißen aus erstarrtem Schweißgut, das einen vom Verfahren abhängigen Anteil an geschmolzenem Grundwerkstoff – ausgedrückt durch den *Aufschmelzgrad* – enthält. Die Differenz zwischen der vorbereiteten Naht und der Schmelzlinie wird als *Flankeneinbrand* bezeichnet (Bild C 5.2 b). Je nach Schweißverfahren und den Randbedingungen wird die Naht in einer oder mehreren Lagen gefüllt. In gleicher Weise muß die *Nahtform* den jeweiligen Gegebenheiten angepaßt werden [7, 9, 10] (Bild C 5.2 c). Weitere technisch-physikalische Größen wie Streckenenergie oder Arbeitstemperatur werden in C 5.3 besprochen.

C 5.2 Übersicht über die Schweißverfahren

Die Schweißverfahren können nach unterschiedlichen Gesichtspunkten eingeteilt werden [1].

1) *Der Zweck des Schweißens* kann die Herstellung einer Verbindung zwischen zwei Teilen – *Verbindungsschweißen* – oder das Beschichten eines Werkstücks – *Auftragschweißen* – sein. Für das Beschichten kann ein artgleicher oder ein artfremder Werkstoff verwendet werden.
2) Als *Grundwerkstoff* können Metalle, Kunststoffe oder andere Werkstoffe verschweißt werden.
3) Vom *Ablauf des Schweißens* wird zwischen *Preßschweißen* und Schmelzschweißen unterschieden. Beim Preßschweißen ist die Anwendung von Kraft wesentlich für die Herstellung der Verbindung [1, 11, 12]. Beim *Schmelzschweißen* wird die Verbindung bei örtlich begrenztem Schmelzfluß ohne Anwendung von Kraft hergestellt [1].
4) In der *Art der Fertigung* kann zwischen *Handschweißen, teilmechanischem Schweißen, vollmechanischem Schweißen* und *automatischem Schweißen* gewählt werden [13–16].

Durch die Wahl des Schweißverfahrens können die Größe der Wärmeeinflußzone und der Schweißzone in weiten Grenzen verändert werden [10, 17]. Die Auswahl des Verfahrens richtet sich nach den Anforderungen an die Eigenschaften der Schweißverbindung, der Schweißeignung des z. B. von der Festigkeit her ausgewählten Stahls, der Schweißsicherheit, den Schweißmöglichkeiten am Bauteil und dem

Gesamtaufwand für Werkstoff, Konstruktion und Fertigung. Bei allen Verfahren muß darauf geachtet werden, daß der erhitzte bzw. flüssige Stahl vor einer Reaktion mit der Umgebung, insbesondere vor Oxidation, Entkohlung oder Aufkohlung geschützt wird [18, 19]. Dies kann z. B. durch Schutzgase erreicht werden, die über die Schweißnaht geblasen werden (Bild C 5.3). Bei ummantelten *Elektroden* schmilzt die Ummantelung beim Schweißen auf und bildet eine schützende Schlacke (Bild C 5.4). Andere Verfahren arbeiten unter Luftabschluß, z. B. unter einem schützenden Pulver [21] (Bild C 5.5) oder unter Vakuum [10]. Die in Bild C 5.4 und C 5.5 wiedergegebenen Vorgänge sind durch Hochgeschwindigkeits-Röntgenaufnahmen untersucht worden [22]. Die Energie wird beim Schmelzschweißen durch elektrische Lichtbögen [10, 23], elektrische Widerstandserwärmung, Elektro-

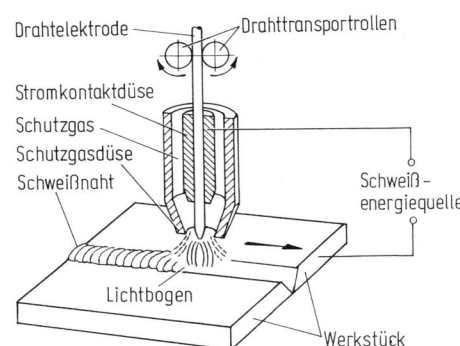

Bild C 5.3 Begriffe beim Metall-Schutzgasschweißen. Nach [20].

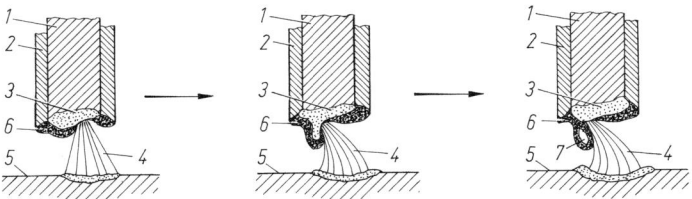

Bild C 5.4 Werkstoffübergang und Schlackenbildung beim Lichtbogenschweißen mit umhüllten Elektroden, Einbogentropfen. Nach [10]. *1* = Kerndraht, *2* = Umhüllung, *3* = flüssiges Elektrodenende, *4* = Lichtbogen, *5* = Werkstück, *6* = flüssige Schlacke, *7* = Tropfen

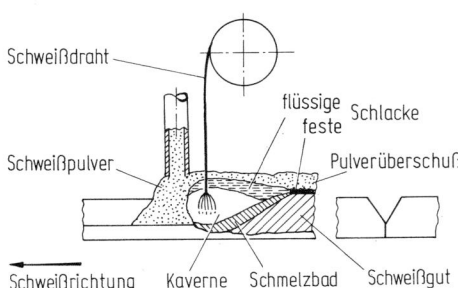

Bild C 5.5 Abdeckung des Schmelzbades durch feste und flüssige Schlacke beim Unterpulverschweißen. Nach [10].

nenstrahlen [24], erhitzte Gase (Gasschmelzschweißen), Plasmastrahlen oder Licht (Laser) [25] zugeführt. Beim Preßschweißen wird neben elektrischen Verfahren [12, 16, 26] die Energie durch unterschiedliche Arten der Reibung [27], durch den hohen Druck [28] oder durch Aufsprengen [29] eingebracht. Die Kombination dieser Möglichkeiten ergibt zahlreiche Schweißverfahren [30], die vielfach für bestimmte Einsatzbereiche optimiert sind [10, 17]. Zum einwandfreien Ablauf dieser Verfahren sind jeweils verfahrenskennzeichnende Randbedingungen einzuhalten. So muß die Nahtform dem Schweißverfahren, der Blechdicke und der Bauteilgeometrie angepaßt sein [10, 17, 31, 32]. Die Parameter der gewählten Fertigungsverfahren müssen richtig gewählt werden [33]. Hierzu gehört z. B. beim Metallichtbogenschweißen mit Stabelektroden die Wahl der Ummantelung, da die aus ihr gebildete Schlacke neben dem Schutz der Schmelze vor Oxidation die Aufgabe hat, den Lichtbogen zu stabilisieren, eine ausreichende Viskosität der Schmelze zu sichern und den Zu- oder Abbrand der Legierungselemente zu steuern [10, 34, 35]. Aus den Forderungen an die Schweißsicherheit ergeben sich zusätzlich bestimmte Anforderungen an die Konstruktionsweise und das Schweißverfahren [32, 36, 37]. Diese für die Fertigung einwandfreier Schweißverbindungen entscheidenden Randbedingungen werden in diesem Zusammenhang nicht behandelt.

Allen Verfahren gemeinsam ist die Entstehung einer *Wärmeeinflußzone,* durch welche die Gefügebildung und damit die Eigenschaften des Werkstoffs im Bereich der Schweißverbindung verändert werden. Zum Teil entsteht eine Zone, die *Schweißnaht* (Bild C 5.2), in der das Material aus dem Schmelzfluß erstarrt ist und damit ein vom Grundwerkstoff abweichendes Gefüge aufweist. Diese Gefügeausbildungen stehen im Vordergrund, da sie die Eignung eines Stahls zum Schweißen entscheidend bestimmen. Die verfahrens- und fertigungsbedingten geometrischen Formen und Ausdehnungen von Schweißnaht und Wärmeeinflußzone sollen hier nicht behandelt werden, obwohl sie das Bauteilverhalten entscheidend beeinflussen können.

C 5.3 Aus Konstruktion und Schweißbedingungen sich ergebende Temperatur-Zeit-Verläufe bei der Erwärmung und der Abkühlung

C 5.3.1 Erwärmung

In Bild C 5.6 ist der *Temperatur-Zeit-Verlauf* an verschiedenen Stellen einer Modellschweißung dargestellt. Die Kurve der Meßstelle A gibt den Verlauf an der Schmelzlinie wieder. An den Meßstellen B und C wird das Maximum der Temperatur zeitverschoben durchlaufen, es liegt bei 750 °C (Stelle B) bis 550 °C (Stelle C). In Bild C 5.18 ist für einen umwandelnden Stahl die Ausbildung der Schweißnaht und der Wärmeeinflußzone wiedergegeben. Die Ätzeffekte zeigen den Bereich, in welchem der Grundwerkstoff über die Anlaßtemperatur erwärmt und damit seine Gefüge verändert wurden sowie den Bereich der Austenitisierung. Trägt man Messungen entsprechend Bild C 5.6 für einen Zeitpunkt für zahlreiche Meßstellen über der Blechebene auf, ergibt sich die in Bild C 5.7 wiedergegebene Temperaturvertei-

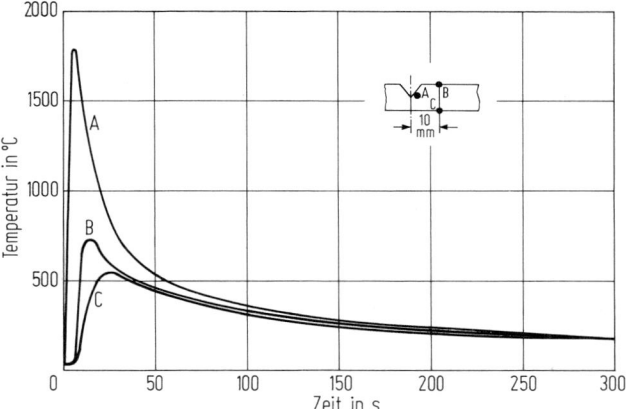

Bild C 5.6 Temperatur-Zeit-Verlauf an drei Meßstellen einer Lichtbogen-Handschweißung an einem Stahl mit rd. 0,12 % C, 18 % Cr und 8 % Ni. Nach [38]. Streckenenergie 19 kJ/cm, $t_{8/5}$ für Meßstelle A: 29 s.

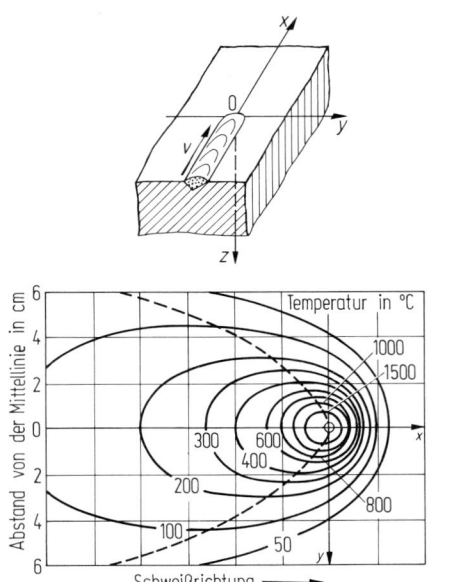

Bild C 5.7 Isothermen beim Lichtbogen-Auftragsschweißen. Streckenenergie 42 kJ/cm. Die gestrichelte Linie im Diagramm gibt die Lage der Maximaltemperaturen an; ein Punkt in der Ebene $x - y$ rechts von dieser Linie wird erwärmt, ein Punkt links von dieser Linie kühlt bereits ab. Berechnung nach [39].

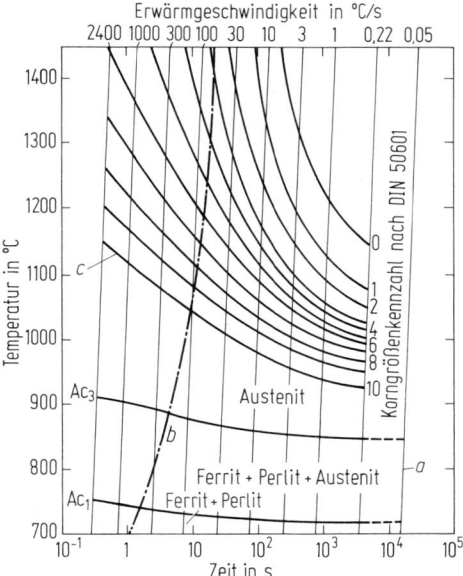

Bild C 5.8 ZTA-Schaubild eins Stahls StE 355 mit rd. 0,16 % C, 1,3 % Mn, 0,020 % Al, 0,015 % N und $\leq$ 0,10 % (Nb + V). Nach [40]. a = Linien gleicher Erwärmungsgeschwindigkeit; b = Erwärmkurve beim Lichtbogen-Handschweißen eines 15-mm-Blechs mit 15 kJ/cm; c = Linien gleicher Austenitkorngröße

lung. Ihre räumliche Ausdehnung hängt stark von den für die einzelnen Verfahren gewählten Schweißparametern ab.

In dem an die Schmelzlinie angrenzenden Bereich der Wärmeeinflußzone wird der Grundwerkstoff bis zur Solidustemperatur erwärmt. In Bild C 5.8 ist die Erwärmung eines Stahls StE 335 während einer Lichtbogen-Handschweißung in ein ZTA-Schaubild eingetragen. Der gemessene Verlauf der Erwärmung [38] entspricht zwar nicht den für das ZTA-Schaubild verwendeten Verläufen, die Größenordnungen sind aber vergleichbar. Danach werden bis zur Erwärmung an der Soliduslinie in diesem Werkstoff Austenitkorngrößen entsprechend der Kennzahl 3 nach DIN 50601 [41] erreicht. Diese Kennzahl ist mit einer mittleren Sehnenlänge von 100 µm vergleichbar.

Beim Schmelzschweißen entsteht ein je nach Schweißverfahren unterschiedlich großes Flüssigkeitsbad, das nach Ende der Energiezufuhr, z. B. nach dem Durchlauf des Lichtbogens, erstarrt [42]. Für die Zusammensetzung und die Morphologie der entstehenden Kristalle gelten die gleichen Bedingungen wie für die Erstarrung einer Schmelze mit großem Volumen [10, 43]. Nach Bild C 5.9 wachsen in der Schmelze Kristalle in Richtung des Wärmeflusses von der Schmelzlinie nach innen. Aus dem Bild geht hervor, daß die Kristallisation von den Schweißbedingungen abhängt. Bei geringer *Schweißgeschwindigkeit* wachsen die Kristallite am Ende der Erstarrung in Schweißrichtung. Nichtmetallische Einschlüsse und andere Verunreinigungen bleiben in der Schmelze und können sich in der Schlacke sammeln. Bei hohen Erstarrungsgeschwindigkeiten wachsen die Kristalle aufeinander zu, es besteht die Gefahr, daß sich Verunreinigungen entlang der Linie x anreichern sowie eine legierungsreiche, niedrigschmelzende Restschmelze eingeschlossen wird, welche die Heißrißneigung erhöht (vgl. C 5.4.4). Entsprechende Untersuchungen liegen auch für andere Schweißverfahren und Stähle vor [10, 45, 46].

Nach Bild C 5.8 und C 5.10 entsteht nahe der Schmelzlinie das größte Austenitkorn innerhalb der Wärmeeinflußzone, da alle weiter entfernt liegenden Punkte eine niedrigere Spitzentemperatur erreichen. Da ein grobes Korn sich ungünstig auf die Zähigkeit auswirken kann (vgl. C 1 und C 4) werden vielfach die Zähigkeitseigenschaften an der Schmelzlinie als Maß für die Zähigkeit der gesamten Wärmeeinflußzone geprüft. Daß das größste Austenitkorn nicht notwendigerweise zu den schlechtesten Zähigkeitseigenschaften führen muß, wurde anhand von Bild C 4.25

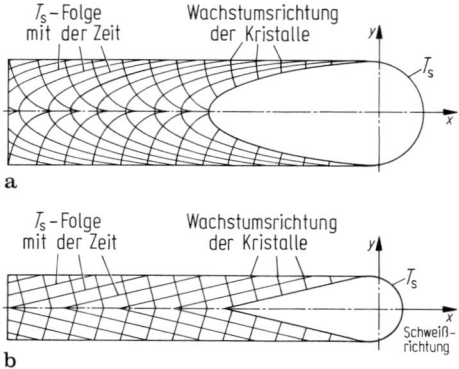

Bild C 5.9 Ausrichtung der Kristalle zur Schmelzlinie T_s. Nach [44]. **a** bei geringer Schweißgeschwindigkeit; **b** bei hoher Schweißgeschwindigkeit.

Bild C 5.10 Austenitkorngröße im Abhängigkeit vom Abstand von der Schmelzlinie beim Schweißen eines Stahls St 52-3 mit unterschiedlichen Streckenenergien. Nach [47].

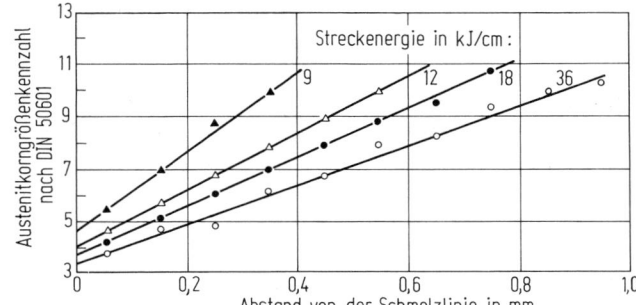

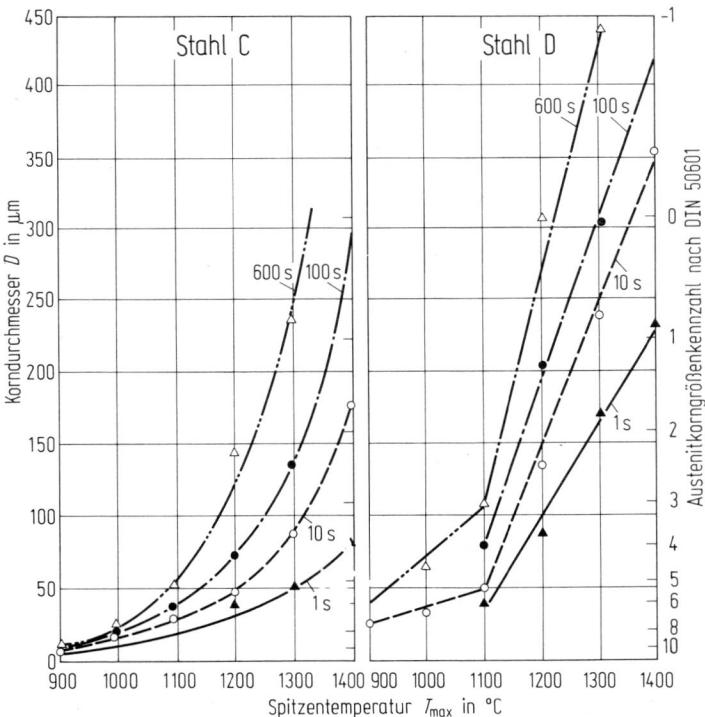

Bild C 5.11 Änderung des Durchmessers der Austenitkörner mit zunehmender Spitzentemperatur und unterschiedlichen Haltedauern auf Spitzentemperatur. Nach [48]. Erwärmungsgeschwindigkeit 100 °C/s.

Stahl	% C	% Mn	% Al	% N
C	0,28	1,16	0,076	0,012
D	0,29	1,19	0,004	0,001

erläutert. Ähnlich wie in Bild B 9.12 für eine Austenitisierungsdauer von 30 min gezeigt wurde, kann durch Zusatz von Legierungselementen, die im Austenitgebiet fein verteilte Ausscheidungen bilden, das Austenitkorn bei hohen Temperaturen fein gehalten werden, wenn die Verweildauer kurz ist. Nach Bild C 5.11 ist in dem Aluminiumnitrid enthaltenden Stahl C das Austenitkorn bei gleichen Bedingungen kleiner als in dem Stahl D, der kein Aluminiumnitrid enthält [48]. Die Auswirkung dieser Austenitkorngrößen auf die Umwandlungen und die mechanischen Eigenschaften ist in B 9 und C 4 ausführlich dargestellt.

C 5.3.2 Abkühlung

Die höchste erreichte Temperatur, die Spitzentemperatur in der Schweißnaht und der Wärmeeinflußzone, ist nach Bild C 5.6, C 5.7 und C 5.12 abhängig von dem Abstand zur Schmelzlinie. Die Berechnung dieses Temperaturfeldes beim Erwärmen und bei der Abkühlung an den verschiedenen Punkten einer Schweißverbindung ist sehr aufwendig [39, 49, 50]. Da die Umwandlung des Austenits im wesentlichen zwischen 800 und 500 °C abläuft, ist vorgeschlagen worden, die Abkühlung durch die *Abkühlzeit* $t_{8/5}$ zwischen diesen beiden Temperaturen zu beschreiben.[1] Diese Angabe kann in ZTU-Schaubilder übertragen werden und hat den großen Vorteil, daß innerhalb eines Streubandes kleiner 20 % diese Abkühlzeit bei gleichen

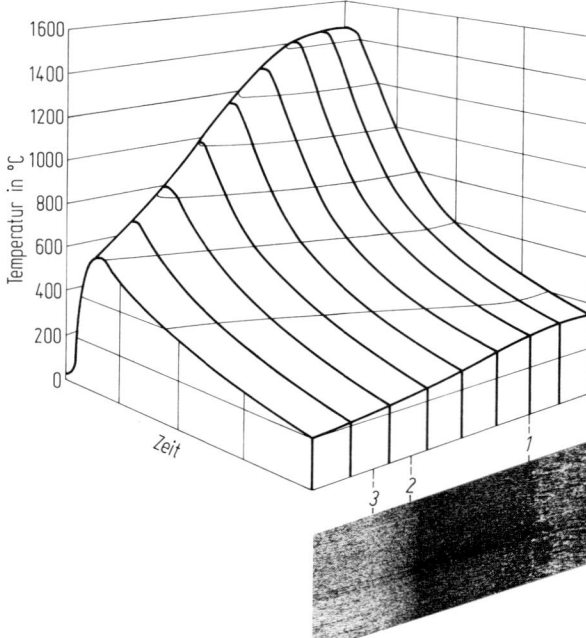

Bild C 5.12 Temperatur-Zeit-Verlauf in der Umgebung einer durch Lichtbogen-Handschweißen hergestellten Verbindung. Schematisch in Anlehnung an [40].
1 = Schmelzlinie, *1–3* = Wärmeeinflußzone, *2* = Ac$_1$-Temperatur

---

[1] Im Gegensatz zu dem in C 4 verwendeten Ausdruck Abkühlungsdauer ist in der schweißtechnischen Literatur der Ausdruck Abkühlzeit üblich. Er wird daher im folgenden verwendet.

Schweißbedingungen an allen Stellen der Schweißnaht und der Wärmeeinflußzone gleich ist [50]. Mit diesen Annahmen lassen sich für das Schmelzschweißen einfache Gleichungen für die Berechnung des Wertes $t_{8/5}$ ableiten, wenn zusätzlich die Wärmeableitung in die Umgebung vernachlässigt wird und die Wärmeleitung innerhalb des Werkstoffs in zwei Gruppen unterschiedlich behandelt wird. Bei dünnen Blechen, deren Naht in einer Lage gefüllt wird (vgl. Bild C 5.2 a) wird der gesamte Blechquerschnitt während des Schweißvorgangs erwärmt, so daß die Abkühlung nur durch Wärmeleitung parallel zur Blechoberfläche möglich ist. Man spricht von *zweidimensionaler Wärmeableitung*. Bei dicken Blechen, bei denen nur eine Lage von mehreren geschweißt wird (Bild C 5.2 b) und vor allem beim Auftragsschweißen (Bild C 5.2 e und f), kann die Wärme auch senkrecht zur Blechoberfläche abfließen, man spricht von *dreidimensionaler Wärmeableitung*. Damit die Gleichungen einfach bleiben, wird der Einfluß der Nahtgeometrie [51] mit einer als Nahtfaktor N bezeichneten Korrektur berücksichtigt. Die aufgewendete Wärmemenge wird durch die meßbare *Streckenenergie* gekennzeichnet [52, 53]. Sie ist für das Lichtbogenschmelzschweißen definiert als $E = UI/v$ J/cm. U ist die Lichtbogenspannung in Volt, I der Schweißstrom in Ampere, v ist die Schweißgeschwindigkeit in cm/s. Durch einen *thermischen Wirkungsgrad* η wird das bei einzelnen Verfahren unterschiedliche Verhältnis der aufgewendeten Wärmemenge zur eingebrachten Wärmemenge [52] angegeben. Die Temperatur, auf welche der Grundwerkstoff während des gesamten Schweißvorgangs gehalten wird, wird als *Arbeitstemperatur* T_A bezeichnet. Der Unterschied zwischen den Begriffen Arbeitstemperatur und Vorwärmtemperatur ist in einer Norm festgelegt [52, 54]. Damit ergeben sich folgende Gleichungen [55–57] für die dreidimensionale Wärmeableitung:

$$t_{8/5} = \frac{1}{2\pi\lambda} \, E \, \eta \, N_3 \left(\frac{1}{500-T_A} - \frac{1}{800-T_A} \right) \text{s,} \qquad (\text{C}5.1)$$

für die zweidimensionale Wärmeableitung

$$t_{8/5} = \frac{1}{4\pi\lambda^2} \, E^2 \, \eta^2 \, N_2 \, \frac{1}{d^2} \left[\left(\frac{1}{500-T_A}\right)^2 - \left(\frac{1}{800-T_A}\right)^2 \right] \text{s.} \qquad (\text{C}5.2)$$

d ist die Blechdicke in cm. Der Übergang in der Blechdicke zwischen der zweidimensionalen und der dreidimensionalen Wärmeableitung ergibt sich durch Gleichsetzen von Gl. (C 5.1) mit (C 5.2):

$$d_{\ddot{u}} = \sqrt{\frac{a}{2\lambda} \, E \, \eta \, \frac{N_2^2}{N_3} \left(\frac{1}{500-T_A} + \frac{1}{800-T_A} \right)} \text{ cm.} \qquad (\text{C}5.3)$$

λ ist die Wärmeleitfähigkeit in J/(K cm s), a die Temperaturleitfähigkeit des Werkstoffs in cm^2/s. Diese Werte sind stark temperaturabhängig [58], werden jedoch als Konstanten eingesetzt, die zweckmäßigerweise aus Schweißversuchen gewonnen werden, wobei sich wegen der Vereinfachung unterschiedliche Werte für unterschiedliche Vorwärmtemperaturen ergeben [59]. In den Tabellen C 5.1 und C 5.2 sind einige Werte für die Wirkungsgrade und Nahtfaktoren zusammengestellt. Die

Tabelle C 5.1. Thermischer Wirkungsgrad η für unlegierte Stähle, zu Gl. (C 5.1) bis (C 5.3). Nach [55].

Schweißverfahren *)	Relativer thermischer Wirkungsgrad η
UP	1
E	0,8
MIG/MAG	0,7 bis 0,85
WIG	0,65

* UP = Unter-Pulver-Schweißen, E = Metall-Lichtbogenschweißen, MIG = Metall-Inertgas-Schweißen, MAG = Metall-Aktivgas-Schweißen, WIG = Wolfram-Inertgas-Schweißen.

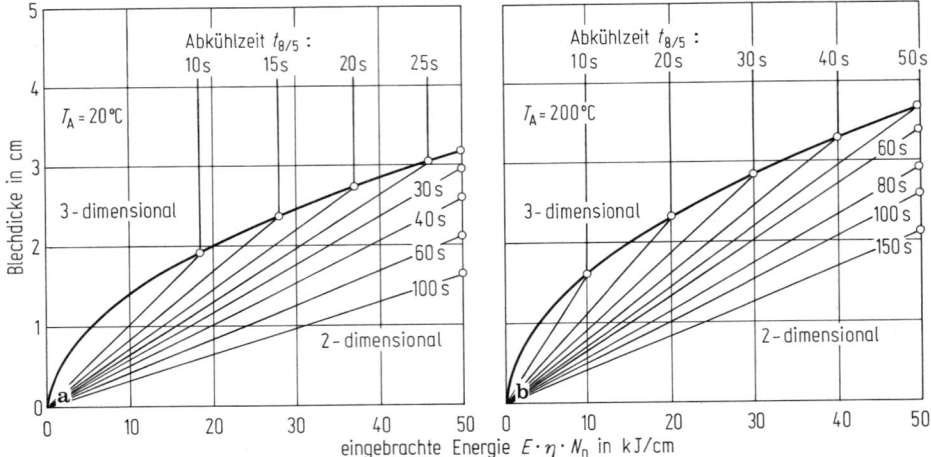

Bild C 5.13 Graphische Darstellung von Gl. (C 5.1) und (C 5.2) mit folgenden Werten für
a $\lambda = 0{,}239$ J/cm K s, $a = 0{,}029$ cm²/s, $T_A = 20\,°C$;
b $\lambda = 0{,}265$ J/cm K s, $a = 0{,}029$ cm²/s, $T_A = 200\,°C$. Nach [38].
Die Werte für λ und a entsprechen denen für unlegierte Stähle, die in den graphischen Darstellungen in [55] gewählt wurden.

Gleichungen sind abweichend von der üblichen Schreibweise wiedergegeben, damit die in Bild C 5.13 gewählte, übersichtliche graphische Darstellung verständlich wird. In dem Bild sind für Werte von λ und a für unlegierte und niedriglegierte Stähle Gl. (C 5.1) und (C 5.2) für zwei Arbeitstemperaturen graphisch dargestellt. Für diese Stahlgruppe läßt sich die Änderung der Konstanten λ und a mit der Arbeitstemperatur angegeben [56] durch:

$$\frac{1}{2\pi\lambda} = 0{,}67 - 5 \cdot 10^{-4}\, T_A\, \frac{\text{K cm s}}{\text{J}}, \qquad \text{(C 5.4)}$$

$$\frac{a}{4\pi\lambda^2} = 0{,}043 - 4{,}3 \cdot 10^{-5}\, T_A\, \frac{\text{cm}^4\, \text{K}^2}{\text{J}^2} \qquad \text{(C 5.5)}$$

Aus Bild C 5.13 geht hervor, daß im Bereich der dreidimensionalen Wärmeableitung die Zeit $t_{8/5}$ von der Blechdicke unabhängig ist. Der unstetige Übergang von der

Abschätzung des Ablaufs der γ-α-Umwandlung aus der Abkühlzeit $t_{8/5}$ 541

zwei- zur dreidimensionalen Wärmeableitung ergibt sich aus den gemachten Annäherungen. Mit derartigen Daten kann die Abkühlzeit $t_{8/5}$ innerhalb der Wärmeeinflußzone und der Schweißnaht abgeschätzt werden als Voraussetzung für eine Abschätzung des Umwandlungsverhaltens der Stähle und damit der zu erwartenden Gefüge und – daraus abgeleitet – der Eigenschaften. Hinweise für die praktische Anwendung der meist in anderer Form als in Bild C 5.13, z. B. als Nomogramm [47, 60] wiedergegebenen Diagramme sind an mehreren Stellen veröffentlicht [40, 55, 57, 61, 62]. Diese Angaben gelten für das Schmelzschweißen unlegierter und niedriglegierter Stähle. Bei hochlegierten Stählen müssen insbesondere andere Werte für die Wärme- und Temperaturleitfähigkeit eingesetzt werden [63, 64]. Bei Geometrien, die von den in Tabelle C 5.2 wiedergegebenen abweichen, sowie bisher nicht erfaßten Schweißbedingungen, wie z. B. Preßschweißen oder Gasschmelzschweißen, ist es zweckmäßig, die entsprechenden Abkühlzeiten durch praxisnahe Versuche zu messen. Ferner gelten die Gleichungen nur für die durch T_A berücksichtigten Arbeitstemperaturen, die den Vorwärmtemperaturen [52, 54] entsprechen müssen. Eine Verzögerung der Abkühlung durch Nachwärmen [65] wird nicht erfaßt. Bei Mehrlagenschweißungen kann die Abkühlung jeder Lage berechnet werden, wenn jeweils vor dem Schweißen der nächsten Lage die Arbeitstemperatur wieder eingestellt wird. Die Auswirkung der mehrfachen Austenitisierung sowie des Anlassens der einzelnen Lagen wird dadurch jedoch nicht beschrieben. Diese Einschränkungen sind dadurch bedingt, daß das angegebene Rechenverfahren noch nicht so lange in praktischem Gebrauch ist, daß für alle Schweißverfahren und Schweißbedingungen die Werte entsprechend den Tabellen C 5.1 und C 5.2 ausreichend sicher belegt sind.

Tabelle C 5.2. Nahtfaktoren N_2 und N_3 zu Gl. (C 5.1) bis (C 5.3). Nach [55].

Nahtart	Nahtfaktor bei zweidimensionaler Wärmeableitung N_2	dreidimensionaler Wärmeableitung N_3
	1	1
	0,67 ... 0,82	0,67
	0,95	0,67
	0,95	0,9

C 5.4 Auswirkung der Temperatur-Zeit-Verläufe auf Grundwerkstoff und Schweißgut

C 5.4.1 Beschreibung der entstehenden Gefüge durch ZTU-Schaubilder

Ist die Zeit für die Abkühlung von 800 auf 500 °C bekannt, kann aus den ZTU-Schaubildern abgelesen werden, welche Gefügeausbildungen des Stahls bei Raumtemperatur zu erwarten sind. Da die Abkühlungsverläufe in erster Näherung unabhängig von der Streckenenergie sind, ist vorgeschlagen worden, die Schaubilder unmittelbar über der Abkühlzeit aufzutragen [66] (Bild C 5.14). Der entscheidende Nachteil ist, daß der Verlauf der Abkühlung dem Schaubild nicht mehr zu entnehmen ist, der mitunter auch innerhalb des Schaubildes aus praktischen Gründen wechselt [68]. In diesem Fall ist eine wichtige Information zugunsten einer einfachen Ablesung der Daten aufgegeben worden.

Voraussetzung für die Beurteilung des Umwandlungsverhaltens eines Stahls in dem Bereich einer Schweißverbindung ist, daß die verwendeten ZTU-Schaubilder für Ausgangszustände aufgestellt worden sind, die denen der Wärmeeinflußzone und der Schweißnaht entsprechen. Nach Bild C 5.12 sind hierfür ZTU-Schaubilder für *Austenitisierungstemperaturen* zwischen Ac_1 und dem schmelzflüssigen Zustand erforderlich. Diese Schaubilder kann man in einem Diagramm zusammenfassen,

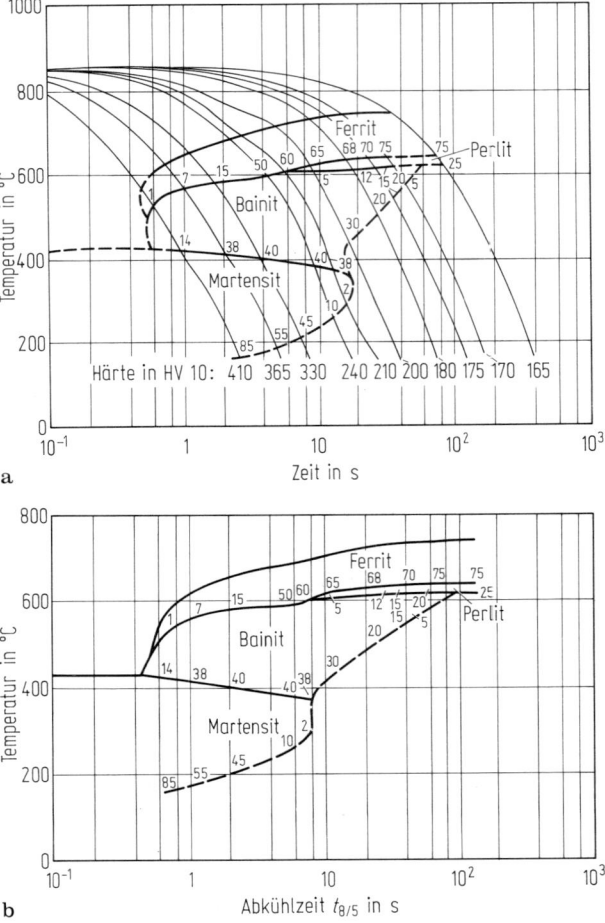

Bild C 5.14 ZTU-Schaubild für kontinuierliche Abkühlung eines Stahls St 52-3 für eine Austenitisierungstemperatur von 950 °C und eine Austenitisierungsdauer von 2 bis 5 s. **a** übliche Darstellung nach [67]. **b** Auftragung über der Abkühlzeit $t_{8/5}$. Die Zahlen an den Kurven geben den jeweiligen Gefügeanteil in % bei Raumtemperatur an.

wenn für mehrere Austenitisierungstemperaturen zu der jeweiligen Abkühlzeit lediglich die bei Raumtemperatur ermittelten Gefügezustände dargestellt werden. In Bild C 5.15 sind die gestrichelten Linien die Grenzen zwischen den einzelnen Gefügebereichen. Der Ablauf der Umwandlung mit der Temperatur ist nicht mehr darstellbar. In diesen Spitzentemperatur-Abkühlzeit (STAZ) -Schaubildern [47] können – soweit die Lesbarkeit es zuläßt – zusätzlich die bei Raumtemperatur gemessenen Eigenschaften eingetragen werden, in Bild C 5.15 z. B. die Härte. Derartige Schaubilder werden auch als Spitzentemperatur-Abkühlzeit-Eigenschafts (STAZE) -Schaubilder [60] bezeichnet.

Bild C 5.14 und C 5.16 geben ZTU-Schaubilder wieder, mit denen Bild C 5.15 gezeichnet wurde. Eine Anhebung der Austenitisierungstemperatur von 950 auf 1500°C führt zu einer merklichen Verzögerung der Umwandlung [67, 69, 70]. In Bild C 5.17 ist ein Spitzentemperatur-Abkühlzeit-Schaubild für einen Stahl StE 690 dargestellt. Bei diesem Stahl nimmt bei gleicher Abkühlzeit im Gegensatz zu dem Stahl St 52-3 mit zunehmender Austenitisierungstemperatur – in Übereinstimmung mit anderen Messungen [68] – die Härte ab. Auch hier ist die Änderung zwischen einer Spitzentemperatur von 1300°C bis zur Schmelztemperatur relativ gering. Aus diesem Grunde werden ZTU-Schaubilder für eine Austenitisierung bei 1300°C, die in üblichen Dilatometern aufgenommen werden können, für die Beurteilung des Umwandlungsverhaltens der Wärmeeinflußzone nahe der Schmelzlinie bzw. des Schweißgutes verwendet [68, 69, 71, 72]. Ähnlich wie bei der Härtbarkeit wird versucht, das Umwandlungsverhalten für eine Austenitisierung bei 1300°C aus der chemischen Zusammensetzung zu berechnen [73]. Hierfür sind die in B 9 diskutierten Einschränkungen zu beachten.

Neben der Darstellung in den Spitzentemperatur-Abkühlzeit-Schaubildern ist vorgeschlagen worden, die Eigenschaften wie in Bild C 4.20 und C 4.25 getrennt anzugeben. Diese Darstellung (s. Bild C 5.19) hat den Vorteil einer großen Übersichtlichkeit, sie kann auf beliebig viele Eigenschaften ausgedehnt werden [72].

In Bild C 5.18 sind für einen Stahl die *Gefügeausbildungen* in der Wärmeeinflußzone und der Schweißzone dargestellt. Mit Überschreiten von Ac_1 entsteht erstmals Austenit, der bei der Abkühlung wieder umwandelt. Bei großen Abkühlzeiten $t_{8/5}$ und umwandlungsfreudigen Stählen entstehen Ferrit und Perlit, bei dem vorliegenden umwandlungsträgen Stahl entsteht Martensit. Wie weit vor der Linie, an der im Gefüge ein Überschreiten von Ac_1 festgelegt werden kann, die Wärmeeinflußzone beginnt, d. h. die mechanischen Eigenschaften verändert werden, kann bei dem vorliegenden Stahl durch nur lichtoptische Gefügeuntersuchungen nicht ermittelt werden. Mit Annäherung an die Schmelztempertaur steigt die Spitzentemperatur an, mit Erreichen von Ac_3 sind keine Reste des Ausgangsgefüges mehr vorhanden. Mit zunehmender Austenitisierungstemperatur beginnt ein Kornwachstum, das zu großen Austenitkörnern unmittelbar an der Schmelzlinie führt, (Bild C 5.10 und C 5.11), deren Ausdehnung auch noch an dem Umwandlungsgefüge erkennbar ist (Bild C 5.18). Dieser Bereich wird als *Großkornzone* bezeichnet. In vergüteten Stählen sind die unterschiedlichen Austenitisierungstemperaturen an der Gefügeausbildung weit schwerer zu unterscheiden [75]. Für eine Reihe von Stählen sind kennzeichnende Aufnahmen aus den einzelnen Bereichen der Wärmeeinflußzone in Atlanten zusammengestellt [76]. Die für niedriglegierte Stähle dargestellten Zusammenhänge sind entsprechend auf hochlegierte Stähle übertragbar [77, 78].

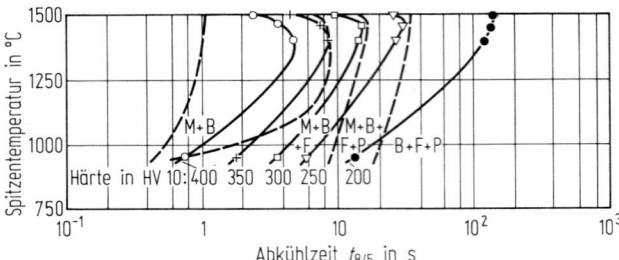

Bild C 5.15

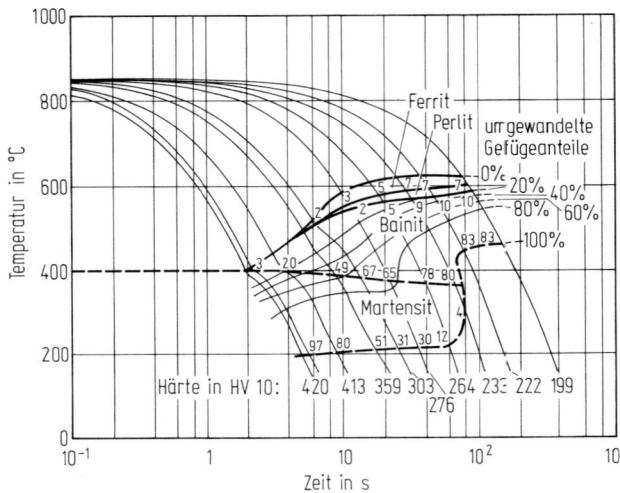

Bild C 5.16

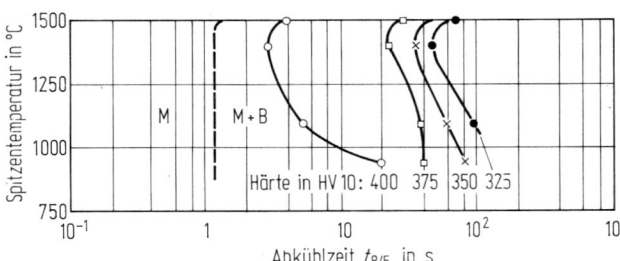

Bild C 5.17

Bild C 5.15 Spitzentemperatur-Abkühlzeit-Schaubild mit eingetragenen Härtewerten für einen Stahl St 52-3. Die den Werten für 950 und 1500 °C zugrunde liegenden Schaubilder sind in Bild C 5.14 und C 5.16 wiedergegeben. Nach [67]. B = Bainit, F = Ferrit, M = Martensit, P = Perlit

Bild C 5.16 ZTU-Schaubild für kontinuierliche Abkühlung eines Stahls St 52-3. Austenitisierungstemperatur 1500 °C, Haltedauer 2 bis 5 s. Untersucht wurde dieselbe Schmelze wie in Bild C 5.14. Nach [67].

Bild C 5.17 Spitzentemperatur-Abkühlzeit-Schaubild mit eingetragenen Härtewerten für einen Stahl StE 690. Nach [67]. B = Bainit, M = Martensit. Zusammensetzung des Stahls: 0,15 % C, 0,74 % Si, 0,98 % Mn, 0,76 % Cr, 0,90 % Mo, 0,04 % Ni, 0,06 % Z⁻

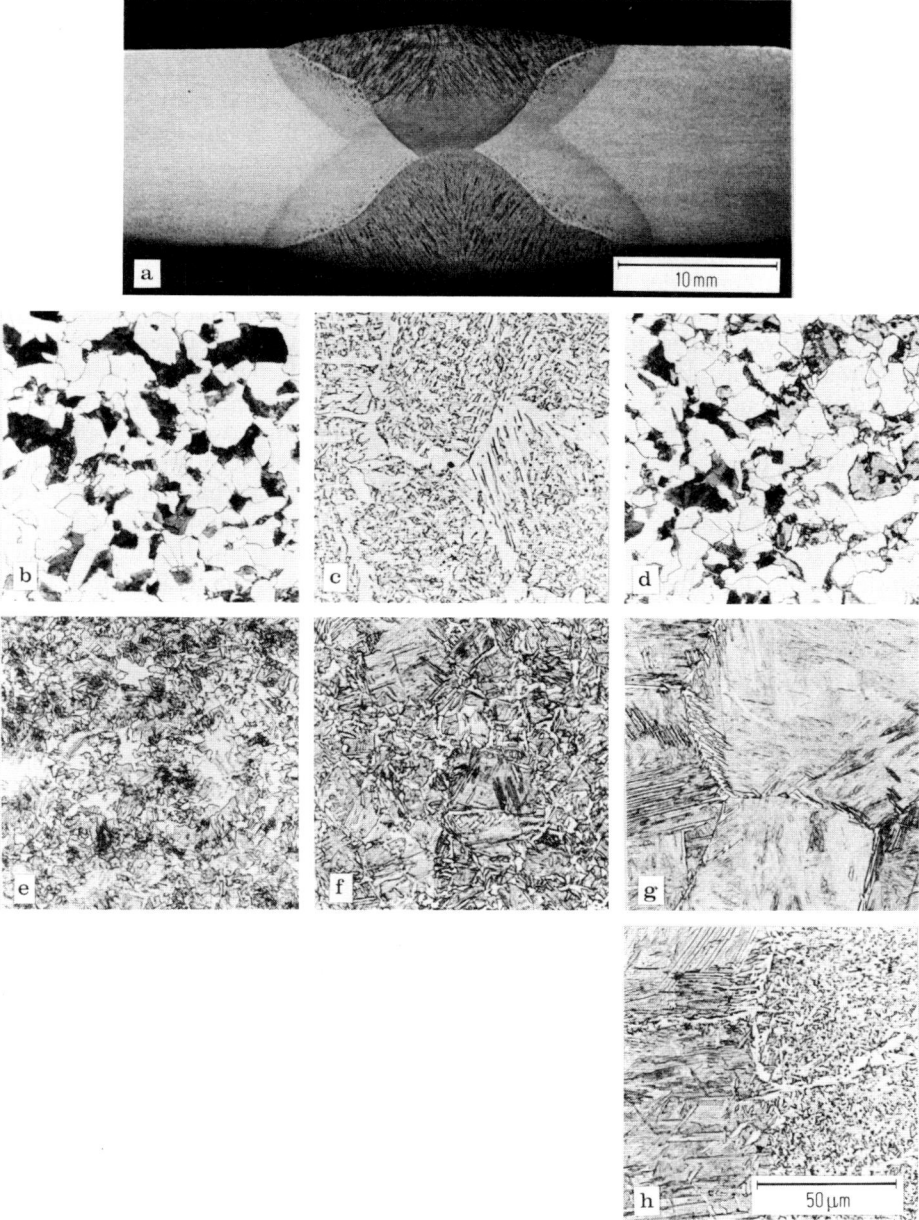

Bild C 5.18 Gefügeausbildung in Wärmeeinflußzone und Schweißnaht eines Stahls StE 470, geschweißt mit einer Streckenenergie von 19 kJ/cm
a Makroaufnahme; **b** bis **h** Gefügeaufnahmen: **b** Grundwerkstoff; **c** Schweißnaht; **d** Stelle der Ac_1-Temperatur; **e** Stelle der Ac_3-Temperatur; **f** Feinkornbereich der Wärmeeinflußzone; **g** Grobkornbereich der Wärmeeinflußzone; **h** Übergang Grundwerkstoff–Schweißgut.

C 5.4.2 Eigenschaften der Schweißzone und der Wärmeeinflußzone

Mechanische Eigenschaften

Ruhende Beanspruchung: Aus der Konstruktion ergeben sich die Anfoderungen an die Eigenschaften der Grundwerkstoffe und der Schweißverbindung, insbesondere die Streckgrenze [79]. Die *mechanischen Eigenschaften* der Stähle sind eindeutig durch die Gefügeausbildung festgelegt (vgl. C1 und C4). Da - wie in Bild C5.18 gezeigt - die Gefügeausbildung innerhalb der Wärmeeinflußzone nicht gleich ist, sind auch die mechanischen Eigenschaften in diesem Bereich unterschiedlich. Da die einzelnen Zonen der Wärmeeinflußzone sehr klein sind, ist eine unmittelbare Messung der mechanischen Eigenschaften nur in Einzelfällen möglich. Durch Simulation von Temperatur-Zeit-Folgen können jedoch über den gesamten Querschnitt einer Probe das Gefüge und damit die Eigenschaften eingestellt werden, die in einem bestimmten Bereich der Wärmeeinflußzone vorliegen, welche während einer Schweißung der gleichen Temperatur-Zeit-Folge unterworfen war [80]. Auf diese Weise bietet sich die Möglichkeit, neben den Gefügen die mechanischen Eigenschaften sowohl des Grundwerkstoffes als auch des Schweißgutes für eine vorgegebene Austenitisierungsbedingung in Abhängigkeit von der Abkühlzeit $t_{8/5}$ aufzutragen. Im Vordergrund stehen die Härte - als Hinweis auf die Zugfestigkeit - sowie die Sprödbruchempfindlichkeit, beurteilt durch den Kerbschlagbiegeversuch. Bild C5.19 gibt ein Beispiel für einen Stahl mit einer Zugfestigkeit von 600 N/mm² im normalgeglühten Zustand. Derartige Bilder sind für einige Stähle in zwei Atlanten zusammengestellt [72]. Sie lassen sich in gleicher Weise für das Schweißgut aufstellen (Bild C5.20). Die in Bild C5.19 und C5.20 wiedergegebenen Werte gelten nur für die untersuchte Schmelze. Erst die Auswertung zahlreicher Schmelzen derselben Stahlsorte ergibt ein kennzeichnendes Streuband (C5.21), das durch die zulässigen Unterschiede in der chemischen Zusammensetzung und damit im Umwandlungsverhalten verursacht wird.

Die Simulation von Temperatur-Zeit-Folgen setzt voraus, daß diese für das zu simulierende Schweißverfahren genau bekannt sind. Dies ist zumindest für Mehrlagenschweißungen nicht immer gegeben, da die Höhe der Wiedererwärmung einer schon geschweißten Raupe durch die nächste von zahlreichen, nur schwer meßbaren Parametern abhängt [82]. Daher wird versucht, die mechanischen Eigenschaften an geschweißten Proben zu ermitteln. An realen Schweißverbindungen kann zumindest die Kerbschlagzähigkeit wegen der geringen Ausdehnung des geprüften Bereichs an geschweißten Proben in unterschiedlichen Zonen der Schweißverbindung ermittelt werden [83]. Zugversuche können nur mit sehr kleinen Proben ausgeführt werden [84].

Vor allem bei Stählen mit hohen Kohlenstoffgehalten hat man gefunden, daß die Kerbschlagarbeit in der Wärmeeinflußzone unmittelbar anschließend an die Schmelzlinie am geringsten ist [70, 83]. Aus diesem Grunde wird meist nur diese grobkörnige Zone geprüft. Bei *Feinkornbaustählen* kann diese Zone nach dem Schweißen jedoch durchaus eine höhere Kerbschlagarbeit sowie eine niedrigere Übergangstemperatur aufweisen als der unbeeinflußte Grundwerkstoff [85]. Bei den meisten Feinkornbaustählen wird mit abnehmender Abkühlzeit $t_{8/5}$ die Übergangstemperatur verbessert, obwohl Festigkeit und Härte ansteigen [40, 86] (Bild C5.21). Dies ist darauf zurückzuführen, daß bei Kühlzeiten von etwa 10 s überwiegend

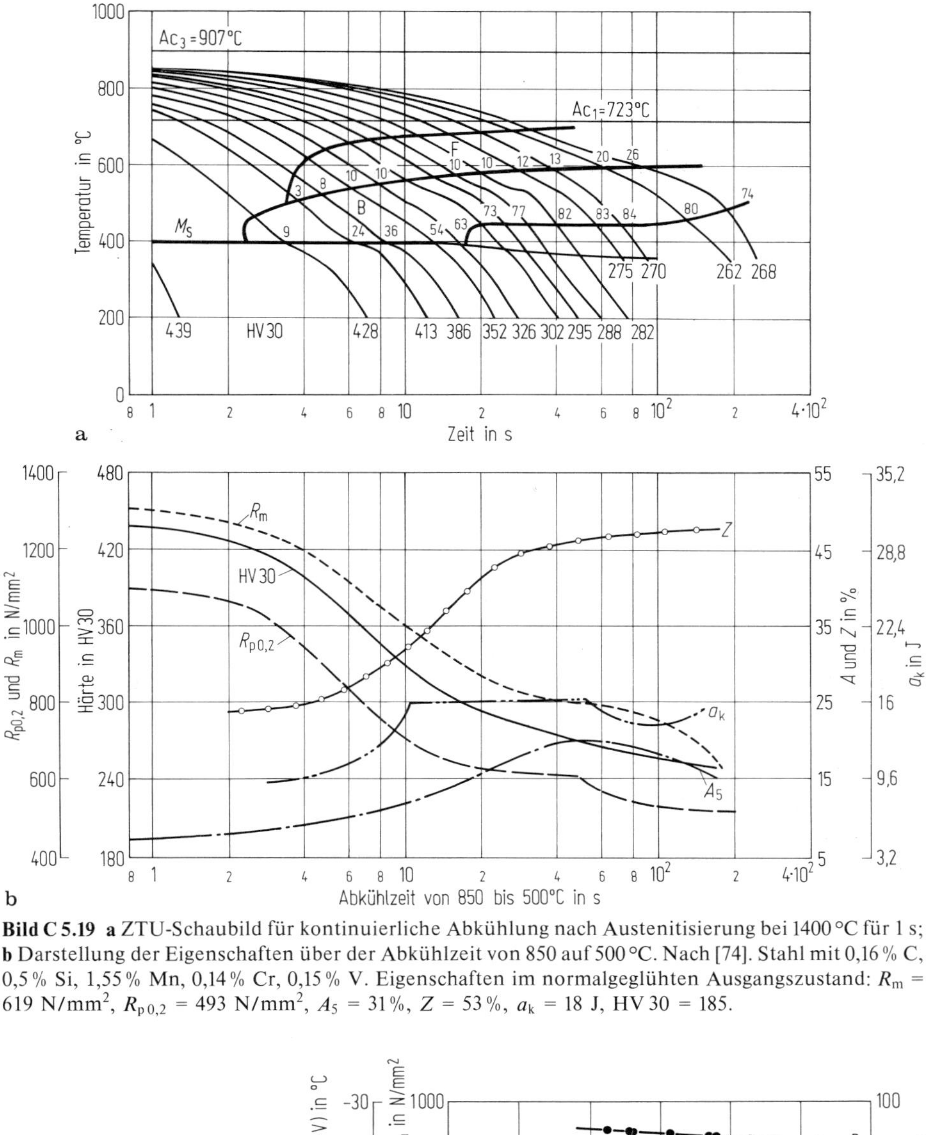

Mechanische Eigenschaften von Schweiß- und Wärmeeinflußzone 547

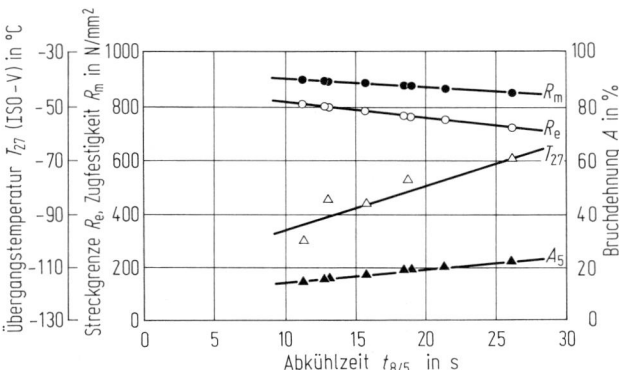

Bild C 5.19 a ZTU-Schaubild für kontinuierliche Abkühlung nach Austenitisierung bei 1400 °C für 1 s; b Darstellung der Eigenschaften über der Abkühlzeit von 850 auf 500 °C. Nach [74]. Stahl mit 0,16 % C, 0,5 % Si, 1,55 % Mn, 0,14 % Cr, 0,15 % V. Eigenschaften im normalgeglühten Ausgangszustand: R_m = 619 N/mm², $R_{p0,2}$ = 493 N/mm², A_5 = 31 %, Z = 53 %, a_k = 18 J, HV 30 = 185.

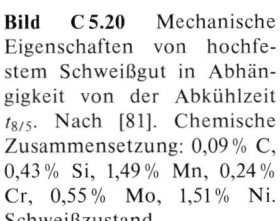

Bild C 5.20 Mechanische Eigenschaften von hochfestem Schweißgut in Abhängigkeit von der Abkühlzeit $t_{8/5}$. Nach [81]. Chemische Zusammensetzung: 0,09 % C, 0,43 % Si, 1,49 % Mn, 0,24 % Cr, 0,55 % Mo, 1,51 % Ni. Schweißzustand.

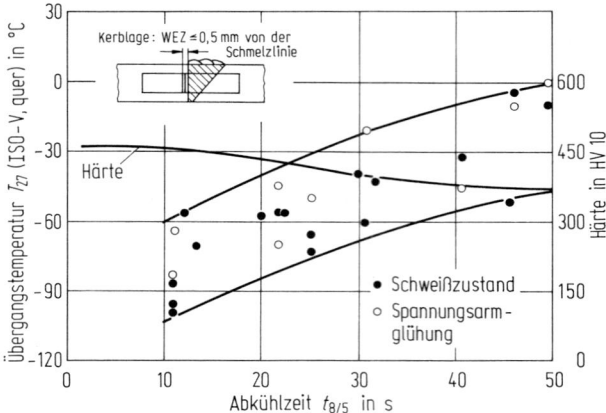

Bild C 5.21 Mechanische Eigenschaften vergüteter Stähle der Sorte StE 690 in Abhängigkeit von der Abkühlzeit $t_{8/5}$. Nach [40].

Bainit bei niedrigen Temperaturen mit Anteilen an Martensit gebildet wird (Bild C 4.25). Mit zunehmender Abkühlzeit bilden sich mehr und mehr Gefüge, die bei hohen Temperaturen in der Bainitstufe entstehen und ungenügende Zähigkeiten haben. Bei diesen Stählen sollte daher eine obere Grenze der Streckenenergie nicht überschritten werden, wenn gute Zähigkeitswerte erreicht werden müssen [85]. Verfahrenstechnische Verbesserungen erlauben jedoch auch hohe Schweißleistungen bei begrenzter Streckenenergie [88]. Die Begrenzung der Streckenenergie zu kleinen Werten hin – ausschließlich aufgrund der Vorgabe einer maximalen Härte – kann die Einstellung niedrigster Übergangstemperaturen der Kerbschlagzähigkeit verhindern. Eine Begrenzung der Streckenenergie nach unten hin kann dennoch erforderlich sein, um die entstehenden Spannungen und damit die Gefahr der Heißrisse und Kaltrisse zu begrenzen oder um Ausscheidungen während der Abkühlung zu ermöglichen, falls anderenfalls Ausscheidungsrisse zu befürchten sind. Dies sollte dann aber auch durch geeignete zusätzliche Versuche geprüft werden. Die Härte allein hat hierfür keine Aussagekraft. Wesentlich für die günstigen Übergangstemperaturen der Kerbschlagarbeit der Feinkornbaustähle ist das auch bei hohen Temperaturen noch feine Austenitkorn (vgl. C 5.3.1), das die Bildung eines feinen Umwandlungsgefüges begünstigt [64, 89] (vgl. C 4.5). Dies wird verursacht durch feine Ausscheidungen, die bis zur Solidustemperatur das Kornwachstum behindern (vgl. Bild B 9.12).

Die Eigenschaften des *Schweißgutes* lassen sich in gleicher Weise darstellen (Bild C 5.20). Eine Simulation entfällt, da genügend große Mengen an Material unter den Bedingungen einer realen Schweißung hergestellt werden können [90, 91]. Da das Schweißgut nach der Erstarrung ohne Umformung und Wärmebehandlung bereits Eigenschaften haben muß, die dem des Grundwerkstoffes entsprechen, hat es in vielen Fällen eine andere chemische Zusammensetzung als der Grundwerkstoff. Mit diesen Legierungen ist die Entwicklung zu Werkstoffen mit kleinen Kohlenstoffgehalten, die in der Bainitstufe bei tiefen Temperaturen umwandeln, vorweggenommen worden. Es entstehen unter den Schweißbedingungen Gefüge, die aus grobkörnigem Austenit gebildet, auch bei hohen Festigkeiten gute Zähigkeiten haben [92] (vgl. Bild C 4.25). Durch Zusätze von Titan und Bor scheint darüber hinaus eine feine Ausbildung des Umwandlungsgefüges erreichbar zu sein [93, 94].

Ein Vergleich der an simulierend gefahrenen Proben und an Schweißnähten in der wärmebeeinflußten Zone gemessenen Eigenschaften zeigt, daß die Übereinstimmung für Einlagenschweißungen gut ist, für Mehrlagenschweißungen in simulierten Proben dagegen in der Tendenz eine niedrigere Kerbschlagarbeit als in Schweißproben gefunden wird [82].

Wie aus Bild B 9.10 und B 9.11 hervorgeht, ist der Austenitisierungszustand bei Temperaturen nahe der Solidustemperatur unabhängig vom Ausgangszustand. Daher hat der Ausgangszustand des Materials – vergütet, normalgeglüht oder grobkorngeglüht – keinen Einfluß auf die Kerbschlagzähigkeit der Wärmeeinflußzone nach dem Schweißen nahe der Schmelzlinie, obwohl in den Ausgangszuständen sehr unterschiedliche Eigenschaften vorliegen [95].

Aus der Messung der mechanischen Eigenschaften an Proben, die aus real geschweißten Nähten herausgeschnitten wurden, ist das Verhalten der Schweißverbindung nur abzuschätzen, da die gegenseitige Beeinflussung der einzelnen Gefügezonen entfällt und die Eigenspannungen durch das Zerteilen der Naht weitgehend abgebaut sind [96, 97]. Aus diesem Grunde werden Versuche an Proben ausgeführt, welche die Schweiß- und die Wärmeeinflußzone enthalten [91], oder es werden geschweißte Konstruktionen als Ganzes geprüft. So ist bei unter Innendruck stehenden Bauteilen wie Rohrleitungen und Behältern nicht allein die Sicherheit gegen schlagartig auftretende Belastungen, sondern vor allem die Sicherheit gegen eine Rißausbreitung wesentlich. Hierfür sind ergänzend zu dem Verfahren der Bruchmechanik (vgl. C 1) Tests entwickelt worden, in denen das Stoppen eines vorhandenen scharfen Risses gemessen wird [64, 98–102] (vgl. C 1 und D 25). Entsprechend den Versuchen, das Umwandlungsverhalten aus der chemischen Zusammensetzung rechnerisch zu erfassen, sind auch Versuche gemacht worden, aus der chemischen Zusammensetzung und den Schweißbedingungen unmittelbar auf die mechanischen Eigenschaften in der Wärmeeinflußzone zu schließen [103, 104]. Bei derartigen Rechnungen muß vor allem die Begrenzung der gemachten Aussage auf die jeweils untersuchten Stahlgruppen und deren chemische Zusammensetzung beachtet werden.

Schwingende Beanspruchung: Die Dauerschwingfestigkeit wird in erster Linie durch die Ausführung der Konstruktion, insbesondere die Nahtgeometrie bestimmt. Beim Schweißen ist vor allem darauf zu achten, daß Kerben – z. B. Einbrandkerben – in Oberflächennähe vermieden werden. Dies gilt vorzugsweise für die Bereiche, die unter Zugeigenspannungen stehen, was nach Bild C 5.22 von den verwendeten Werkstoffen abhängt. Der Einfluß der Oberflächenstruktur scheint jedoch in der Praxis größer zu sein als derjenige von Eigenspannungen [10, 64, 105–107]. Über die Beeinflussung der Fehler in oberflächennahen Bereichen kann daher die Dauerschwingfestigkeit vor allem durch die eingesetzten Schweißverfahren verbessert werden [108, 109]. Für kennzeichnende Verbindungsarten sind die Wöhler-Linien (vgl. C 1) in Katalogen zusammengestellt [110].

Sonstige Eigenschaften

Beanspruchungen bei höheren oder tieferen Temperaturen, Korrosionsbeanspruchungen oder ein bestimmtes magnetisches Verhalten erfordern den Einsatz von Grundwerkstoffen und Schweißzusatzwerkstoffen, die nach dem Schweißen den jeweiligen Anforderungen entsprechen [4, 111–113]. In diesen Fällen ist sicherzustel-

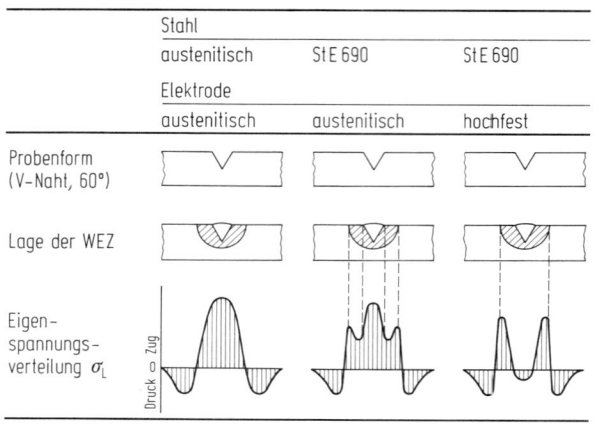

Bild C 5.22 Verteilung der Längseigenspannungen σ_L an der Oberfläche senkrecht zur Naht in Modellschweißungen aus unterschiedlichen Stählen. Nach [87]. Blechdicke 20 mm, Streckenenergie 12 kJ/cm, WEZ = Wärmeeinflußzone.

len, daß sich in der Wärmeeinflußzone keine Ausscheidungen gebildet haben, durch welche die Mischkristallzusammensetzung so geändert wird, daß die Korrosionsbeständigkeit oder die magnetischen Eigenschaften nicht mehr gegeben sind [114]. Dies kann bei austenitischen Stählen zur Vermeidung einer interkristallinen Korrosion die Verwendung von stabilisierten Werkstoffen (vgl. C 3) erforderlich machen, wenn das Werkstück nicht nach dem Schweißen noch einmal lösungsgeglüht werden kann. Da die Gesamtschrumpfung bei der Abkühlung austenitischer Stähle fast doppelt so groß sein kann wie bei umwandelnden Werkstoffen, entstehen hohe Spannungen bei der Abkühlung, die jedoch wegen der guten Verformbarkeit des Austenits beim Verschweißen artgleicher Werkstoffe nicht zu Rissen führen, aber eine erhöhte Anfälligkeit gegen Spannungsrißkorrosion zur Folge haben können (vgl. C 3). Zur Minderung der Heißrißneigung austenitischer Stähle ist ein Gehalt an δ-Ferrit erwünscht (vgl. C 5.4.4), der jedoch bei unmagnetischen Stählen in der Regel nicht zulässig ist und in einigen Fällen, z. B. bei Angriff durch Harnstoff, die Korrosionsbeständigkeit mindert [106]. Vor allem bei Stählen mit höheren Gehalten an δ-Ferrit kann es zu einer Ausscheidung von σ-Phase kommen, wenn der Werkstoff lange Zeit im Temperaturbereich von 600 bis 850 °C verbleibt. Insgesamt kann die Gefahr der Bildung von Ausscheidungen durch Schweißen mit geringer Streckenenergie gemindert werden. Bei Verwendung von nicht artgleichem Schweißgut, z. B. bei Plattierungen oder beim Schweißen beschichteter Bleche, muß der Flankeneinbrand so eingestellt werden, daß der Aufschmelzgrad nicht zu einer so großen Änderung der Zusammensetzung des Schweißgutes führt, daß die geforderten Eigenschaften nicht mehr erreicht werden; u. U. muß durch zwischengeschweißte Pufferlagen ähnlicher Werkstoffe eine zu starke Aufmischung verhindert oder ein stetiger Übergang in der chemischen Zusammensetzung erreicht werden [115–118]. Bei dem Verschweißen ferritischer und austenitischer Stähle können vor allem bei Hochtemperaturbeanspruchung Schäden durch eine Kohlenstoffdiffusion von dem ferritischen in den austenitischen Stahl auftreten. Dies kann zu einer Martensitbildung und damit stark verminderter Verformungsfähigkeit oder Karbidausscheidungen und dadurch zum Verlust der Korrosionsbeständigkeit führen. Durch Aufschweißen eines hoch nickelhaltigen Werkstoffs auf den ferritischen Stahl entsteht eine Pufferzone, durch welche die Kohlenstoffdiffusion weitgehend verhindert werden kann [117]. Für verschiedene Verbindungen sind eine Reihe von Techniken entwickelt worden, um geeignete Pufferschichten aufzubringen, so daß z.B. auch ein Verschweißen von Stahl mit Kupfer möglich ist [119].

C 5.4.3 Entstehung und Auswirkung von Spannungen

In C 4.3 wurden Spannungen besprochen, die bei der Abkühlung von Werkstücken entstehen. Entsprechende Spannungen entstehen auch beim Schweißen [10, 64, 120-122]. Durch die Schrumpfung der Schweißnaht und der Wärmeeinflußzone während der Abkühlung entstehen Zugspannungen in Längs- und Querrichtung, wenn man eine gleichmäßige Temperaturverteilung über den Querschnitt, z.B. die Blechdicke, voraussetzt [120, 123]. Diese Spannungen werden als Schrumpfspannungen bezeichnet [124]; sie hängen vor allem von der Schrumpfungsbehinderung durch das Bauteil ab. Nach Bild C 5.7 ergeben sich in der Umgebung der Schweißnaht große Temperaturunterschiede, die zu entsprechenden Volumenunterschieden, daraus enstehenden Spannungen, und damit plastischen Verformungen führen (vgl. C 4.3), die bei Raumtemperatur *Eigenspannungen* – sogenannte Abschreckspannungen [124] – bilden. Die Höhe dieser Eigenspannungen ist – wie die Temperaturverteilung in Bild C 5.7 – stark von den geometrischen Verhältnissen, den Schweißbedingungen und den verwendeten Werkstoffen abhängig. Wie bei den Wärmebehandlungen überlagern sich diese durch die Temperaturunterschiede entstehenden Spannungen den durch die umwandlungsbedingten Volumenänderungen verursachten Umwandlungsspannungen [124]. Die dadurch verursachten Maß- und Formänderungen können durch eine günstige Konstruktion sowie geeignete Maßnahmen bei der Fertigung wie Vorwärmen, Nachwärmen oder die Schweißfolge in Grenzen gehalten werden [121, 122]. Für den Werkstoff bedeuten die Spannungen eine erhöhte Gefahr für Heißrisse, Kaltrisse, Ausscheidungsrisse, Spannungsrißkorrosion und – vor allem bei Beanspruchungen mit behinderter Dehnung – für Sprödbruch (vgl. C 5.4.4).

Neben den thermischen Schrumpfungen sind insbesondere die durch die Umwandlung verursachten Volumenänderungen entscheidend für die Ausbildung der entstehenden Spannungen [10, 75, 125]. In Bild C 5.22 sind für eine Versuchsschweißung die Längsspannungen an der Blechoberfläche für drei Werkstoffkombinationen dargestellt. Beim Schweißen eines austenitischen Blechs mit einer austenitischen Elektrode entstehen in der Schweißnaht Zugspannungen, beim Schweißen eines hochfesten Blechs mit einer hochfesten Elektrode Druckspannungen. Diese Änderung des Vorzeichens der Spannungen aufgrund der Umwandlung ist vergleichbar mit den Ergebnissen nach einer Wärmebehandlung (Bild C 4.19). Der Einfluß der Umwandlung auf die Schrumpfung bzw. die auf die Einspannung wirkenden Kräfte können unmittelbar sichtbar gemacht werden, wenn die zu schweißende Probe parallel zur Schweißnaht an beiden Seiten fest eingespannt und die Kraft gemessen wird, mit der die Probe nach dem Schweißen gegen die Einspannung drückt [38].

Durch geeignete Wahl der Schweißbedingungen können die Eigenspannungen in Grenzen gehalten werden. Dazu gehören: Begrenzen der Größe der Wärmeeinflußzone, Begrenzen der Breite der Schweißnaht, möglichst geringe Temperaturunterschiede über die Blechdicke, Begrenzen der Abkühlzeit $t_{8/5}$ zu kleinen Werten hin. Ebenso wichtig ist aber auch eine geeignete Konstruktion, die möglichst nicht zu einer starren Einspannung großer Nähte führt, sowie eine günstige Schweißfolge, durch welche die Enstehung hoher Spannungen in allen drei Raumrichtungen vermieden wird [10, 122, 123, 126-128]. Eigenspannungen, die zu einer unzulässig hohen Vorbelastung des Werkstücks führen, können durch ein Spannungsarmglühen (vgl. C 5.5) oder ein mechanisches Entspannen, z. B. eine Belastung bis in den plastischen Bereich, abgebaut werden [10]. Das Ausmaß der Verringerung von Eigenspannungen durch Vorwärmen sowie der Abbau von Eigenspannungen durch ein Spannungsarmglühen sind stark abhängig von der jeweiligen Geometrie des Bauteils und den verwendeten Werkstoffen [74, 128-130].

Neben Messungen von Spannungen und Verformungen an kennzeichnenden Nahtgeometrien und für wichtige Fertigungsverfahren [10, 64, 121, 122, 128-132] liegen Arbeiten zu einer rechnerischen Beschreibung der Eigenspannungsverteilungen vor [10, 128, 129, 133-137].

C 5.4.4 Durch Nichtbeachten von Werkstoffeigenschaften bedingte Fehler

Bei der Herstellung einer Schweißnaht können verfahrensbedingte Fehler wie Hohlräume, Bindefehler oder Formfehler auftreten [138], auf die hier nicht eingegangen werden soll. Im Vordergrund dieses Abschnitts stehen Fehler, die als Reaktion des Werkstoffs auf die Schweißbedingungen entstehen können. Sie werden nach der Ursache und den Bedingungen ihrer Entstehung bezeichnet (Bild C 5.23). In allen Fällen kann die Gefährdung des Bauteils durch Risse über die Verfahren der Bruchmechanik beurteilt werden. Dies führt zur Vorgabe einer oberen Grenze für die Fehlergröße [4, 140, 141].

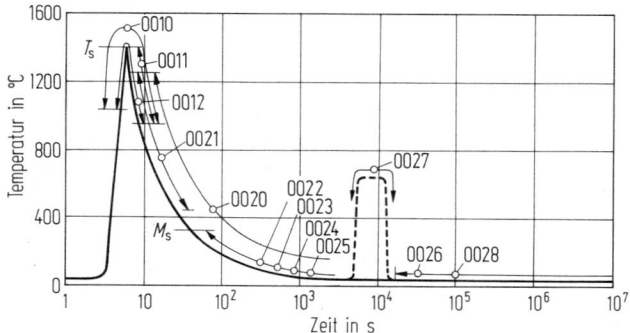

Bild C 5.23 Temperaturbereiche möglicher Rißbildung beim Schweißen von Stahl (in Anlehnung an [139]):
0010 Bereich der Heißrißbildung
0011 Bereich der Erstarrungsrißbildung
0012 Bereich der Aufschmelzungsrißbildung
0020 Bereich der Kaltrißbildung
0021 Bereich der Sprödrißbildung
0022 Bereich der Schrumpfrißbildung
0023 Bereich der Wasserstoffrißbildung
0024 Bereich der Aufhärtungsrißbildung
0025 Bereich der Kerbrißbildung
0026 Bereich der Alterungsrißbildung
0027 Bereich der Ausscheidungsrißbildung
0028 Bereich der Lamellenrißbildung

Heißrisse

Unter der Bezeichnung Heißriß werden interkristallin verlaufende Risse zusammengefaßt [139], die unter der Einwirkung von Spannungen auf eine flüssige Phase entstehen [142, 143].

Erstarrungsrisse [139] entstehen während der Erstarrung des Schweißbades. Zwischen den von der Schmelzlinie in das Schweißbad wachsenden Dendriten liegt die Restschmelze, die den niedrigsten Schmelzpunkt hat. Wirken in diesem, dem Zweiphasengebiet Schmelze + Mischkristall zuzuordnenden, Temperaturbereich bereits Zugspannungen auf das Schweißgut ein, kann es zu einem Aufklaffen der Bereiche der Restschmelze kommen. Ist die Erstarrung bereits weit genug fortgeschritten, kann keine Schmelze mehr in diese Hohlräume nachfließen, es entstehen Risse [142, 143] (Bild C 5.24).

Aufschmelzungsrisse [139] entstehen, wenn an der Schmelzlinie an Legierungselementen angereicherte Seigerungszonen des Grundwerkstoffs oder niedrigschmelzenden Phasen aufschmelzen und vor der Erstarrung unter Zugspannungen stehen [142, 143] (Bild C 5.24). Die Aufschmelzungen liegen stets in Seigerungszonen des Grundwerkstoffs, die eine niedrigere Liquidustemperatur haben als die

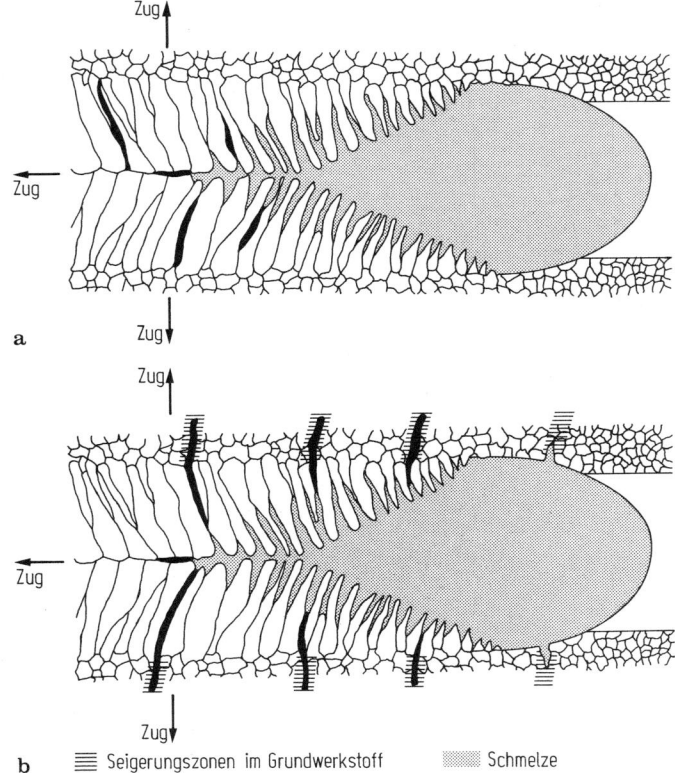

Bild C 5.24 a Entstehung der Erstarrungsrisse; **b** Entstehung der Aufschmelzungs- und Erstarrungsrisse.

dendritischen Bereiche. Die Seigerungszonen fallen in der Regel nicht mit den Austenitkorngrenzen zusammen. Erst durch koagulierende Ausscheidungen oder durch die flüssige Phase entstehen Hindernisse für die Korngrenzenbewegung, die dazu führen, daß bei Raumtemperatur die Aufschmelzungen auf ehemaligen Austenitkorngrenzen liegen. Die Aufschmelzungsrisse und die Erstarrungsrisse können ineinander übergehen. Die anhand von Bild C 5.24 erläuterte Vorstellung wird durch Zugversuche bei hohen Temperaturen unterstützt [144, 145] (Bild C 5.25). Danach ist bereits vor Erreichen der Schmelztemperatur keine Brucheinschnürung mehr meßbar. Tritt in diesem Bereich eine von der Schrumpfung her erzwungene Verformung auf, die größer ist als die Verformbarkeit des Werkstoffs, kommt es zu Rissen.

Aus diesen Zusammenhängen ergibt sich, daß Werkstoffe mit einem großen Temperaturbereich zwischen Solidus- und Liquidustemperatur oder niedrigschmelzenden Phasen sowie geringer Verformungsfähigkeit bei hohen Temperaturen eine Neigung zu Heißrissen haben. Ein hoher Ausdehnungskoeffizient des Werkstoffs führt zu großen Schrumpfungen und damit zu bereits bei hohen Temperaturen auftretenden Zugspannungen, wodurch ebenso wie durch eine hohe Schweißgeschwindigkeit die Heißrißneigung erhöht wird. Bei den unlegierten Baustählen spielen Heißrisse praktisch keine Rolle. Eine Neigung zu Heißrissen haben vor allem hochlegierte, z.B. einige austenitische Stähle, wenn die Erstarrung mit einer primären Ausscheidung von γ-Mischkristallen beginnt, während eine zunehmende Primärausscheidung von δ-Ferrit die Heißrißneigung vermindert [146–148]. Die Art der Primärausscheidung ist vor allem durch die chemische Zusammenset-

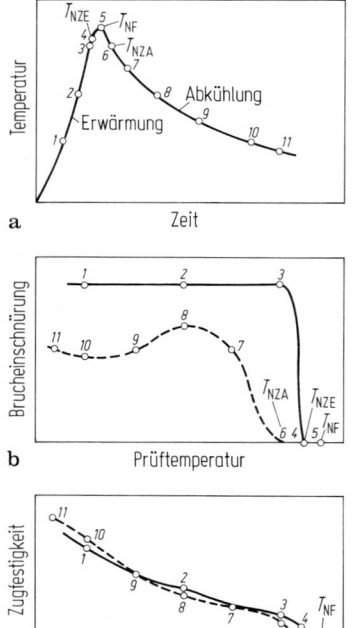

Bild C 5.25 Brucheinschnürung und Zugfestigkeit, gemessen während einer Schweißsimulation, schematisch. Nach [144]. **a** Temperatur-Zeit-Folge mit Meßpunkten *1* bis *11*; **b** Brucheinschnürung; **c** Zugfestigkeit, gemessen zu den Zeitpunkten *1* bis *11* nach a).
T_{NZ} = Nullzähigkeitstemperatur (E = beim Erwärmen, A = beim Abkühlen); T_{NF} = Nullfestigkeitstemperatur.

zung bestimmt, so daß die Bereiche der Heißrißempfindlichkeit in ein modifiziertes Schaeffler-Diagramm eingetragen [149] oder aus der chemischen Zusammensetzung berechnet [149, 150] werden können. Führt eine hohe Schweißgeschwindigkeit zu einer Erstarrung nach Bild C 5.9 b, besteht die Gefahr, daß eine stark an Legierungselementen angereicherte Restschmelze in der Mittelrippe eingeschlossen wird, die eine sehr niedrige Solidustemperatur hat. Gleichzeitig entstehen wegen des bereits großen Abstands zu der Schweißfront durch die Abkühlung Schrumpfungen und damit eine erhöhte Heißrißgefahr [147, 151]. Zum Vermeiden von Heißrissen muß sichergestellt sein, daß Zugspannungen erst nach Unterschreiten der Solidustemperatur auftreten können, was neben dem Vermeiden eingeschlossener Restfelder durch geeignete Gestaltung der Konstruktion erreicht werden kann [152].

Entsprechend den Ursachen der Heißrißbildung – Heißrißneigung des Stahls, ungünstige Schweißbedingungen und ungünstige konstruktive Gestaltung des Bauteils – werden bei der Prüfung der Heißrißneigung eines Stahls Modellschweißungen mit festgelegten Geometrien und Schweißbedingungen ausgeführt, bei denen durch die Abkühlung der Schweißnähte Spannungen erzeugt werden oder in denen von außen Spannungen angelegt werden [4, 144, 153–155]. Aus der Auswertung von Anzahl, Lage und Größe der in Versuchen erzeugten Heißrisse wurden verschiedene Rißfaktoren zur Beschreibung der Heißrißanfälligkeit abgeleitet [144, 146, 147], die eine vergleichbare Beurteilung einzelner Stähle ermöglichen.

Kaltrisse

Unter Kaltrissen werden Risse verstanden, die im festen Zustand der Werkstoffs durch Überschreiten seines Formänderungsvermögens entstehen [139] (Bild C 5.23). Die hierzu gehörenden Sprödrisse sollen hier nicht besprochen werden, da die zum Sprödbruch führenden Bedingungen ausführlich in C 1 zusammengestellt sind. Schrumpfrisse, Aufhärtungsrisse sowie Kerbrisse werden vor allem durch die bereits in C 5.4.3 behandelten Spannungen begünstigt. Alle Maßnahmen zur Verminderung oder zum Abbau der Spannungen verringern die Gefahr der Bildung dieser Risse (vgl. C 5.4.3 und C 5.5). Bei schweißgerechter Konstruktion und fachgerechter Ausführung der Schweißung ist bei unlegierten Baustählen mit dem Auftreten dieser Risse nicht zu rechnen. Sehr viel schwieriger ist die Verhinderung von wasserstoffbeeinflußten Rissen, zumal wenn hohe Feuchtigkeitsgehalte der Elektroden zum Teil den Tropfenübergang begünstigen, d. h. das Schweißen erleichtern, aber zu schädlichen Wasserstoffgehalten im Stahl führen [10].

Durch Wasserstoff beeinflußte Risse

Beim Schweißen mit umhüllten Stabelektroden sowie beim Unterpulverschweißen entsteht aus der in den verwendeten Zusatz- und Hilfsstoffen enthaltenen Feuchtigkeit Wasserstoff, der in dem flüssigen Schweißbad bei 1 bar bis zu 30 cm^3 H_2/100 g Stahl löslich ist [156]. Die tatsächlich aufgenommenen Mengen hängen sehr stark von dem verwendeten Fertigungsverfahren und den Schweißbedingungen ab [157, 158]. Da die Löslichkeit des Wasserstoffs bei Raumtemperatur lediglich in der Größenordnung von 10^{-3} cm^3/100 g Stahl liegt [159], entsteht bei schneller Abkühlung, die eine Effusion des Wasserstoffs verhindert, eine hohe Übersättigung. Hierdurch wird die Verformbarkeit des Werkstoffs erniedrigt, seine Sprödbruchneigung erhöht, so daß unter Spannungen vorhandene Kerben zu Kaltrissen, im Extremfall zu sprödem Bruch führen können [160, 161]. Wahrscheinlich reichert sich Wasserstoff in den elastisch und plastisch verformten Bereichen vor einer Rißspitze an und führt an diesen Stellen zu einer Belegung der Oberflächen [162] oder zu einer Verminderung der Spaltbruchspannung [163, 164]. Da dies eine Diffusion des Wasserstoffs voraussetzt, ist das Auftreten von Rissen zeitabhängig, weswegen auch von verzögerter Rißbildung gesprochen wird. Gefüge hoher Festigkeit – wie Martensit oder Bainit mit Kohlenstoffgehalten um 0,25 % – neigen eher zu Kaltrissen als Gefüge geringer Festigkeit [159, 165]. Martensit und Bainit mit Kohlenstoffgehalten um 0,1 % dagegen können bei hohen Festigkeiten geringe Kaltrißneigung haben [166].

Zur Verminderung der Kaltrißgefahr können die Wasserstoffgehalte und die Spannungen in der Schweißverbindung gesenkt werden. Die aufgenommenen Wasserstoffmengen können durch Trocknen der Elektroden bzw. der Schweißpulver so gering gehalten werden [157, 158], daß der Gehalt an diffusiblem Wasserstoff auf Werte unter 5 cm^3/100 g Stahl eingestellt werden kann [158, 166] (Bild C 5.26). Durch eine Glühung nach dem Schweißen bei 250 °C kann dem Wasserstoff Gelegenheit gegeben werden, aus dem Werkstoff auszudiffundieren, wodurch die Gefahr der Rißbildung bei Raumtemperatur ebenfalls vermieden wird. Durch geeignete Bauteilgestaltung können die Eigenspannungen und Lastspannungen gering gehalten und dadurch ebenfalls die Kaltrißgefahr verringert werden. Weitere Möglichkeiten sind die Verlängerung der Abkühlzeit $t_{8/5}$ durch Erhöhung der Streckenenergie, Vorwärmen oder Nachwärmen, deren Auswirkungen z. B. durch den Implant-Test [167] geprüft werden können [62, 168]. Sie führen vielfach zu einer unteren Grenze für die zulässige Streckenenergie [169]. Besondere Bedeutung haben diese Vorkehrungen beim Unterwasserschweißen [170, 171]. Die durch das Wasser beschleunigte Abkühlung führt zu erhöhten Spannungen, beim Naßschweißen werden erhebliche Wasserstoffmengen aufgenommen. In diesem Fall kann nur durch besondere Verfahrenstechniken ein ausreichend niedriger Wasserstoffgehalt im Schweißgut erreicht und damit eine tragfähige Schweißverbindung hergestellt werden [172, 173].

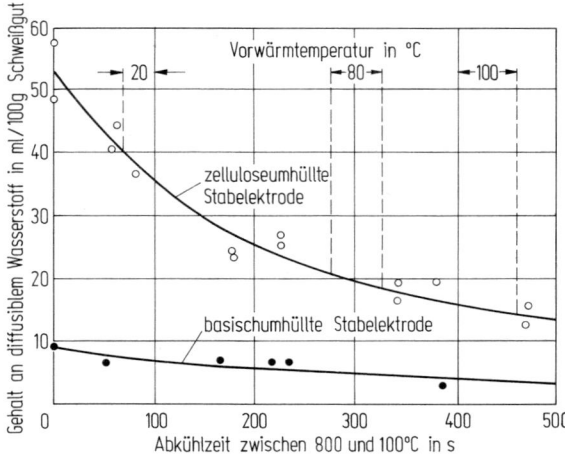

Bild C 5.26 Einfluß der Vorwärmtemperatur auf die Abkühlgeschwindigkeit und den Wasserstoffgehalt des Schweißguts beim Lichtbogen-Handschweißen mit verschiedenen Stabelektroden. Streckenenergie 8 bis 9 kJ/cm. Nach [166].

Zur Beurteilung der Neigung eines Stahls zur Bildung von Kaltrissen sind zahlreiche Prüfverfahren entwickelt worden [4, 160]. Zur Berechnung der Kaltrißneigung wird ein Rißparameter beschrieben [64, 174], der auf dem Kohlenstoffäquivalent aufbaut. Dadurch wird berücksichtigt, daß unter sonst gleichen Bedingungen hochfeste Stähle mitunter eher zu Kaltrissen neigen als Stähle geringer Festigkeit. Weiter werden der Gehalt an diffusiblem Wasserstoff sowie die Rißzähigkeit berücksichtigt. Zur Bewertung derartiger Gleichungen vgl. C 5.6.

Ausscheidungsrisse

Ausscheidungsrisse „entstehen durch Ausscheiden spröder Phasen während des Schweißens oder beim nachfolgenden Erwärmen" [139], wenn dadurch plastische Verformungen behindert werden. Wegen ihrer besonderen Bedeutung soll im folgenden nur auf die beim *Spannungsarmglühen* entstehenden Risse eingegangen werden.

Einige Werkstoffe zeigen im Kurzzeitstandversuch, der zur Beurteilung des Verformungsvermögens beim Spannungsarmglühen dient, ein Minimum der Bruchdehnung bei Temperaturen um 500°C bis 650°C [175–177]. In Bild C 5.27 ist neben den ohne Belastung bei der Erwärmung gemessenen Werten zusätzlich die Bruchdehnung eingetragen, die erreicht wird, wenn die Proben unter so hohen Lasten erwärmt werden, daß sie mit Erreichen der Prüftemperatur brechen. Sind die aufgrund der Wärmedehnungen und durch den Spannungsabbau verursachten Dehnungen des Werkstoffs größer als die bei der jeweiligen Temperatur zur Verfügung stehende Verformbarkeit, kann es zu Rissen kommen. Die beim Spannungsarmglühen entstehenden Risse werden als Ausscheidungsrisse bezeichnet [139] (Bild C 5.23). Damit wird – im Gegensatz zu der englischen Bezeichnung reheat cracking und stress relief cracking – bereits die Ursache dieser interkristallinen Risse angege-

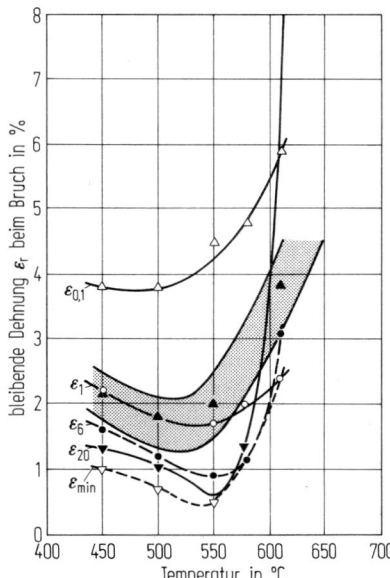

Bild C 5.27 Bruchdehnung im Zeitstandversuch mit Kurven gleicher Standzeit ε_t in h. Nach [175]. ε_{min} = geringste auftretende Bruchdehnung bei Erwärmung ohne Belastung. Schraffiertes Feld: Bruchdehnung von Proben, die unter so hohen Belastungen erwärmt wurden, daß sie mit Erreichen der Prüftemperatur brachen. Erwärmgeschwindigkeit 75 K/h. Zusammensetzung des Stahls (20 MnMoNi 5 5): 0,21% C, 0,31% Si, 1,38% Mn, 0,009% N, 0,029% Al, 0,12% Cr, 0,47% Mo, 0,62% Ni.

ben. Sie entstehen in der Wärmeeinflußzone nahe der Schmelzlinie, vor allem in Stählen mit Legierungselementen, die zur Ausscheidungshärtung führen können [176, 178, 179]. In diesem Bereich werden durch die Austenitisierung bei der höchstmöglichen Temperatur lösliche Ausscheidungen wie TiC, NbC, VC, M_xC_y gelöst. Bei der anschließenden Abkühlung scheiden sie sich nur teilweise wieder aus, so daß ein übersättigter Mischkristall vorliegt. Das Spannungsarmglühen dagegen ermöglicht eine Ausscheidung, welche durch die mit dem Spannungsabbau verbundene plastische Verformung unterstützt wird [180]. Diese Ausscheidungshärtung (vgl. C4) ergibt einen Festigkeitsanstieg und eine Minderung des Formänderungsvermögens. Nachteilig ist vor allem, daß sich mitunter an den Korngrenzen ausscheidungsfreie Zonen bilden, in denen praktisch die gesamte Verformung abläuft und neben dem Korngrenzengleiten zu dem beobachteten interkristallinen Bruch führt [181-183]. Bezogen auf die Gesamtmenge der aushärtenden Ausscheidung ist der Anteil der in Lösung gegangenen Teilchen bei einer Teilchenart um so größer, je feiner die Ausscheidungen im Ausgangszustand sind, je höher die Austenitisierungstemperatur, je länger die Austenitisierungszeit und je größer die Abkühlgeschwindigkeit ist [181].

Durch Schweißen mit geringer Streckenenergie können die Breite der Wärmeeinflußzone und die Haltedauer bei Austenitisierungstemperatur niedrig gehalten werden. Allerdings muß dann eine geringe Abkühlzeit $t_{8/5}$ in Kauf genommen werden, wodurch Ausscheidungen aus dem übersättigten Mischkristall verhindert und zusätzlich große Eigenspannungen verursacht werden. Durch Schweißen mit einer hohen Streckenenergie werden mehr Ausscheidungen in Lösung gebracht, doch kann, u. U. unterstützt durch Vorwärmen oder Nachwärmen, die Abkühlzeit $t_{8/5}$ so verlängert werden, daß bereits merkliche Anteile während der Abkühlung ausgeschieden werden [184]. Gleichzeitig werden durch diese Temperatur-Zeit-Führung die Eigenspannungen und damit die plastischen Dehnungen beim Spannungsarmglühen vermindert [176]. Die günstige Wirkung von Bainit gegenüber Martensit als Ausgangsgefüge auf die Ausscheidungsrißempfindlichkeit dürfte auf die durch den Bainit begünstigte Ausscheidung der Sonderkarbide zurückzuführen sein [185, 186]. Durch hohe Erwärmgeschwindigkeiten bis zum Spannungsarmglühen wird erreicht, daß der nach Bild C5.27 kritische Bereich durchlaufen wird, bevor die Dehnungen kritische Größen erreichen [176, 187]. Dieses Verfahren ist dadurch begrenzt, daß bei großen Werkstücken durch schnelles Erwärmen zusätzliche Spannungen entstehen, so daß ein langsames Erwärmen bei kritischen geometrischen Formen günstiger sein kann [188]. Nach den bisherigen Erfahrungen reicht eine Bruchdehnung von 1% bei der Spannungsarmglühtemperatur aus, um Ausscheidungsrisse zu vermeiden [189, 190].

Obere Grenzgehalte für die karbidbildenden Elemente, bei denen Ausscheidungsrisse vermieden werden können, sind nicht angebbar, da z. B. durch Molybdän und Chrom einzeln die Neigung zu Ausscheidungsrissen verstärkt wird, aber Stähle mit einem geeigneten Verhältnis vom Chrom- zum Molybdängehalt nur geringe Neigung zu Ausscheidungsrissen zeigen [188-192]. Insbesondere mit abnehmendem Kohlenstoffgehalt nimmt die Neigung zu Ausscheidungsrissen ab [185, 191, 193]. Durch richtige Wahl der Schweißbedingungen kann jedoch auch bei ausscheidungsrißempfindlichen Stählen eine einwandfreie Schweißverbindung hergestellt werden [188].

Die Verfahren zur Prüfung der Neigung zu Ausscheidungsrissen sind eingehend beschrieben worden [175, 190, 192]. Die Beurteilung der Auswirkung von Ausscheidungsrissen auf das Bauteilverhalten ist über die Verfahren der Bruchmechanik möglich (vgl. C 1.1.2.6).

Lamellenrisse

In einigen Schweißkonstruktionen, z. B. bei T-Stößen (Bild C 5.2c) kann ein Teil des Werkstoffs in Dickenrichtung auf Zug beansprucht werden. Je nach Höhe der Beanspruchung und Steifigkeit der Konstruktion kann es in diesen Fällen zu lamellenförmigen Rissen und Brüchen parallel zur Blechoberfläche kommen [194]. Diese Brüche – auch als Terrassenbrüche bezeichnet – werden durch langgestreckte nichtmetallische Einschlüsse verursacht, welche die Formänderung des Werkstoffs in Dickenrichtung verringern [195]. Die Wirkung ist vergleichbar mit derjenigen auf die Kerbschlagzähigkeit (vgl. C 1). Die Neigung eines Stahls zu Lamellenrissen wird über die Brucheinschnürung in einem Zugversuch in Dickenrichtung beurteilt. Kriterium ist die Brucheinschnürung [196-198]. Sie wird durch Absenken des Schwefelgehalts oder eine Sulfidformbeeinflussung verbessert [194, 199]. In Lieferbedingungen sind Gütegruppen der Stähle mit Werten der Brucheinschnürung in Dickenrichtung festgelegt [196]. Für die Beurteilung dieser Gruppen hinsichtlich des Bauteilverhaltens liegen umfangreiche Auswertungen vor [194, 200-202]. Sie geben auch Hinweise, wie durch Änderung der Form des Bauteils die Beanspruchung in Blechdickenrichtung gemindert werden kann.

C 5.5 Wärmebehandlung von Schweißverbindungen

Die Wärmebehandlung von Schweißverbindungen kann zur Verbesserung der Eigenschaften der Gesamtverbindung beitragen. Nach dem Schweißen liegt das Schweißgut im Gußzustand vor, es hat dementsprechend wie der Grundwerkstoff in der Nähe der Schmelzlinie ein Gefüge, das vielfach aus einem grobkörnigen Austenit entstanden ist. Zusätzlich liegen Spannungszustände vor. Durch Normalglühen kann der Durchmesser der Austenitkörner vor der Umwandlung und damit die Korngröße des Umwandlungsgefüges verringert werden, durch Vergüten können die mechanischen Eigenschaften verbessert werden [4, 88]. Hierfür gelten für den Grundwerkstoff und das Schweißgut die gleichen Randbedingungen, die in B 9 und C 4 beschrieben wurden. In der Regel ist eine vollständige Wärmebehandlung einer Schweißverbindung wegen der Abmessung der Teile nicht möglich, so daß man sich meist auf das Spannungsarmglühen beschränkt.

Beim *Spannungsarmglühen* werden bei 580 bis 650 °C durch plastische Verformungen, die einem Kriechen entsprechen, die Spannungen im Werkstoff herabgesetzt und dadurch die Eigenspannungen vermindert. Dies führt zu einer Verbesserung der mechanischen Eigenschaften des Bauteils bei Raumtemperatur [4]. Da in einer Schweißnaht die Bereiche mit definierten Spannungen sehr klein sind, können die Vorgänge beim Spannungsabbau nur an simulierten Teilen geeigneter Abmessungen untersucht werden [175, 203]. Bild C 5.28 zeigt den Abfall der Spannungen mit der Temperatur an schweißsimulierten Proben. Der *Nachziehfaktor N* ist definiert als $\varepsilon_{rel} = (\Delta\sigma/E)\,N$. $\Delta\sigma$ ist der Spannungsabfall, E der Elastizitätsmodul,

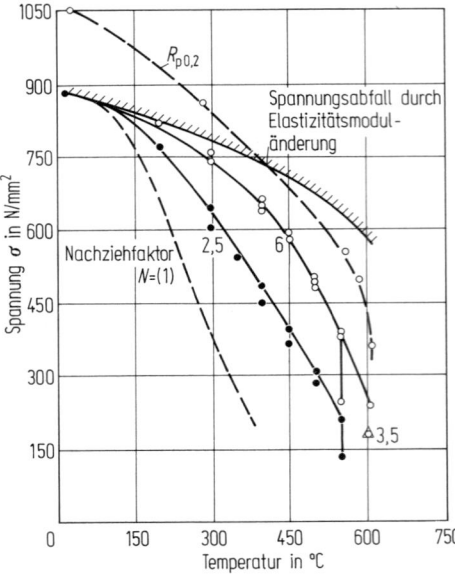

Bild C 5.28 Aufheizrelaxationsversuche an einem Stahl nach Bild C 5.27. Nach [175]. Vorbehandlung: Austenitisierungstemperatur 1300 °C, Erwärmdauer bis auf Austenitisierungstemperatur 35 s, Austenitisierungsdauer 5 s, Abkühldauer von 800 auf 500 °C 10 s, abgefangen bei 250 °C für 1 h. Austenitkorngröße nach DIN 50601: Kennzahl 1. Erwärmgeschwindigkeit auf Prüftemperatur 75 K/h.

ε_{rel} ist die *Relaxationsdehnung*. $N = 1$ entspricht einem Versuch mit vorgegebener Gesamtdehnung, d. h. einer ideal harten Prüfmaschine, $N = \infty$ einem Versuch mit vorgegebener Belastung, einem Zeitstandversuch. Der Nachziehfaktor gibt an, um wieviel höhere Kriechdehnungen erforderlich sind, um einen Spannungsabfall $\Delta\sigma$ zu erreichen, als bei fest vorgegebener Gesamtdehnung. In diesem Fall kann die Kriechdehnung höchstens den Betrag der elastischen Dehnung erreichen. Der Nachziehfaktor wird durch Prüfen mit einer harten bzw. mehr oder weniger weichen Prüfmaschine verändert. Er soll berücksichtigen, daß in der Wärmeeinflußzone Gefüge unterschiedlicher Fließgrenze und Kriechfähigkeit nebeneinanderliegen, so daß beim Abbau der Spannungen während des Spannungsarmglühens örtlich Bedingungen wie in einer weichen Prüfmaschine entstehen können [175]. Temperatur und Zeit für den Abbau der Spannungen sind von der Warmfestigkeit abhängig [4, 10, 204]. Das Spannungsarmglühen führt in der Schweißzone und in der Wärmeeinflußzone in der Regel zu einem Härteabfall, da der Werkstoff über die Bildungstemperatur des bei der Abkühlung entstandenen Gefüges angelassen wird. Die Übergangstemperatur der Kerbschlagzähigkeit nimmt im Bereich der Schmelzlinie bei unlegierten Baustählen ab. Bei Feinkornbaustählen kann sie aufgrund einer Ausscheidungshärtung ansteigen [85]. In diesen Fällen kann versucht werden, die Zeit für das Spannungsarmglühen so zu verlängern, daß die Ausscheidungen sich einformen und damit die Zähigkeitswerte wieder besser werden. Ist dies nicht möglich, ist zu entscheiden, ob die Herabsetzung der Bauteilzähigkeit durch den Eigenspannungszustand schwerer wiegt als eine Zähigkeitsabnahme der Wärmeeinflußzone durch ein Spannungsarmglühen. Hierbei ist u. U. das Rißauffangverhalten zu beachten, das bei Beanspruchungen unterhalb der Streckgrenze nach dem Spannungsarmglühen ungünstiger sein kann als im

Schweißzustand [98]. Zur Bildung von Ausscheidungsrissen vgl. C 5.4. Bei den für sie anfälligen Stählen ist beim Spannungsarmglühen die in C 4 beschriebene Anlaßversprödung zu beachten [106, 185, 205-207].

C 5.6 Beurteilung der Schweißeignung

Aus den bisherigen Ausführungen geht hervor, daß die Eignung eines Stahls zum Schweißen eine Reihe von Eigenschaften umfaßt, die nur unter Berücksichtigung der jeweiligen Randbedingungen bewertet werden können. Dennoch wird immer wieder versucht, die Eignung zum Schweißen durch eine einzige Zahl zu kennzeichnen. Hierzu gehören die Ermittlung des Kohlenstoffäquivalents sowie die Ergebnisse von Schweißprüfungen. Im folgenden sollen diese Beschreibungen kritisch bewertet werden.

C 5.6.1 Das Kohlenstoffäquivalent

Das Kohlenstoffäquivalent ist aus dem Versuch entstanden, die Härtbarkeit der Stähle durch eine Formel zu beschreiben, was nach B 9 nur jeweils für einen Stahltyp möglich ist. Die schweißbaren Stähle umfassen jedoch neben den unlegierten ferritisch-perlitischen (z. B. St 37), mikrolegierte (z. B. StE 355) und vergütete (z. B. StE 690) Stähle, so daß von daher schon gesagt werden kann, daß eine einheitliche Formel für alle Stähle nicht existieren kann. Eine Auswertung von 84 unterschiedlichen Formeln zeigt eine erhebliche Streubreite für die Bewertung einzelner Elemente [208]. Es ist daher auch schon vorgeschlagen worden, für bestimmte Stahltypen eigene Formeln aufzustellen [166, 209]. Eine vom International Institute of Welding für Stähle mit mehr als 0,18 % C empfohlene Formel lautet:

$$CE(\%) = \%C + \frac{\%Mn}{6} + \frac{\%Cu + \%Ni}{15} + \frac{\%Cr + \%Mo + \%V}{5} \qquad (C\,5.6)$$

Eine Begrenzung des Kohlenstoffäquivalents, z. B. auf 0,40 % soll die Schweißeignung des Werkstoffs sichern, vor allem seine Kaltrißempfindlichkeit kennzeichnen. Aus dem Kohlenstoffäquivalent wird darüber hinaus die größte in der Wärmeeinflußzone auftretende Härte berechnet [210]. Ein Vergleich von Bild C 5.15 mit Bild C 5.17 zeigt, daß der Einfluß der Spitzentemperatur auf die Härte je nach Stahlart sehr unterschiedlich sein kann. Ferner wirkt der Abkühlungsverlauf auf die mechanischen Eigenschaften kennzeichnend unterschiedlich für die einzelnen Stähle.

Der entscheidende Nachteil des Kohlenstoffäquivalents ist, daß die Ursachen für das Verhalten der Werkstoffe beim Schweißen nicht erfaßt werden. Damit ist eine dem jeweiligen Stahl angepaßte Beurteilung seiner Schweißeignung und eine Aussage über die Schweißbarkeit des Bauteils nicht möglich. Vor allem mit dem *Implant-Test* konnte gezeigt werden, daß unterschiedliche Stähle mit gleichem Kohlenstoffäquivalent sehr unterschiedliche Neigung zu wasserstoffbeeinflußten Rissen haben [166, 211]. Als Folgen einer Bewertung ausschließlich nach dem Kohlenstoffäquivalent ergeben sich unnötig aufwendige Fertigungsbedingungen [130], ein Versagen des Werkstoffs, weil seine Eigenschaften nicht richtig berücksichtigt wurden, oder das Verwerfen eines Werkstoffs, der in Wirklichkeit sehr viel besser für den betreffenden Einsatzzweck geeignet wäre als der aufgrund des Kohlenstoffäquivalents ausgewählte [166].

C 5.6.2 Schweißversuche

Aus dem Versuch, bauteilähnliche Bedingungen zu simulieren, sind zahlreiche Prüfverfahren entstanden [4, 79, 153, 154, 160, 167, 211–214]. Sie sollen neben der Sprödbruchneigung vor allem Hinweise auf die Gefährdung durch Heiß-, Kalt- und Ausscheidungsrisse geben. Wesentlicher Bestandteil dieser Prüfungen ist daher das Aufbringen von Spannungen, die entweder von außen angelegt werden oder durch die Abkühlung der Schweißnaht selbst entstehen. Zur Begrenzung der Vielfalt von bisher entwickelten Prüfverfahren wird z. Z. versucht, die Ergebnisse der verschiedenen Verfahren miteinander zu vergleichen, um ihre Zahl in Zukunft zu reduzieren [168, 215, 216]. Derartige Prüfungen sind dann ungeeignet, wenn sie bei der Herstellung und im Gebrauch nicht zu erwartende Beanspruchungen darstellen und wenn versucht wird, das Ergebnis nur eines Prüfverfahrens mit einer einzigen Zahl zur Kennzeichnung der Schweißeignung eines Stahls zu verwenden.

C 5.6.3 Bewertung nach kausalen Zusammenhängen

Sehr viel zweckmäßiger ist es, die Eignung eines Stahls zum Schweißen statt durch nur eine Kennzahl in einem ersten Schritt anhand der ZTU-Schaubilder und der mechanischen Eigenschaften in Abhängigkeit von der Abkühlzeit $t_{8/5}$ zu bewerten. Hieraus ergeben sich bereits untere oder obere Grenzen für die Streckenenergie entsprechend den geforderten mechanischen Eigenschaften. Zur Beurteilung der Heißrißgefahr sind ergänzende Versuche (vgl. C 5.4.4) erforderlich, welche den zu erwartenden Spannungszustand während der Abkühlung berücksichtigen. Die Gefahr von wasserstoffbeeinflußten Rissen ist ebenfalls durch geeignete Prüfverfahren unter Berücksichtigung des zu erwartenden Wasserstoffgehalts und der Spannungen zu beurteilen und dadurch u. U. die Streckenenergie nach unten zu begrenzen oder das Fertigungsverfahren so zu ändern, daß der eingebrachte Wasserstoffgehalt geringer wird (vgl. C 5.4.4). Führt dies zu unwirtschaftlicher Fertigung, muß durch konstruktive Änderungen die Höhe der entstehenden Spannungen gesenkt werden. Soweit ein Spannungsarmglühen erforderlich wird, kann sein Einfluß auf die Änderung der Eigenschaften – ohne Berücksichtigung der Auswirkung des Spannungsabbaus – ebenfalls vorab geprüft werden.

Bei dieser Vorgehensweise werden die in den erforderlichen Prüfungen bzw. einem abschließenden Schweißversuch möglichen Variationen so eingeengt, daß in wenigen Versuchen die endgültigen Fertigungsparameter festgelegt werden können [217]. Diese Vorgehensweise deutet an, daß diejenigen Versuche zu bevorzugen sind, bei denen die Bedingungen variierbar sind, so daß für einen Werkstoff im Laufe der Zeit die Daten für alle sinnvollen Parametervariationen vorliegen und für den jeweiligen Anwendungsfall aus vorhandenen Unterlagen schnell die Schweißeignung beurteilt und die Schweißparameter festgelegt werden können.

Diese Darstellungs- und Vorgehensweise hat den Vorteil, daß die Ursachen des Werkstoffverhaltens deutlich werden, so daß erforderliche Änderungen in den

Fertigungsverfahrens schnell auf ihre Auswirkung hin beurteilt werden können. Für neue Fertigungsverfahrens können dann relativ leicht die zu wünschenden Eigenschaften eines Stahls angegeben werden. Für neue – z. B. hochfeste – Stähle können relativ leicht die Anforderungen an die Fertigungsverfahren angegeben werden [81, 168, 218].

Formeln für die Berechnung von Eigenschaften oder der Rißgefährdung sind nur sinnvoll für eine genau eingegrenzte Werkstoffgruppe und festgelegte Randbedingungen. Die Übertragung fester Regeln, die für – meist nicht bekannte – bestimmte Randbedingungen richtig sind, auf alle Schweißungen führt zu Fehlern oder zu unnötig aufwendigen Fertigungsverfahren [130, 219].

C6 Warmumformbarkeit

Von Peter-Jürgen Winkler und Winfried Dahl

C 6.1 Allgemeines

Entgegen früheren Festlegungen, nach denen eine Warmumformung eine Umformung metallischer Werkstoffe oberhalb ihrer Rekristallisationstemperatur bedeutete, versteht man heute unter Warmumformung jede Umformung, die mit einem (absichtlichen) Anwärmen des Umformgutes verbunden ist (s. z.B. DIN 8583, Blatt 1). Das Verhalten eines Werkstoffs bei der Warmumformung wird mit Warmumformbarkeit bezeichnet.

C 6.2 Kennwerte für die Warmumformbarkeit und ihre Ermittlung

Die Warmumformbarkeit wird durch die beiden Eigenschaftswerte Formänderungsfestigkeit, die neuerdings mit Fließspannung bezeichnet wird, und Formänderungsvermögen gekennzeichnet.

Die *Formänderungsfestigkeit* k_f ist definiert als die bei einachsigem Spannungszustand ermittelte wahre Spannung (das ist die auf den jeweiligen Querschnitt bezogene Kraft), die eine bleibende Verformung, ein Fließen, eines Probekörpers hervorruft. Dieser Zusammenhang mit dem Fließen ist ein Grund dafür, daß man heutzutage diese Kenngröße mit *Fließspannung* k_f bezeichnet. Die Kenntnis der Fließspannung liefert Hinweise auf den Kraft- und Arbeitsbedarf von Umformmaschinen. Auf die Ermittlung der Fließspannung im Laborversuch wird in C 1.3.2.1 und in C 7.2 näher eingegangen.

Das *Formänderungsvermögen* gibt die maximale Formänderung an, die ein Werkstoff bis zum Auftreten erster Anrisse oder bis zum Bruch (Bruchformänderung) ertragen kann.

Das Werkstoffverhalten unter Warmumformbedingungen kann in Betriebs- oder Laborversuchen ermittelt werden. Dem Vorteil des *Betriebsversuchs,* das Umformverhalten unter wirklichkeitsnahen Bedingungen zu erfassen, stehen im allgemeinen unvertretbar hohe Kosten gegenüber. Der *Laborversuch* liefert dagegen mit wesentlich geringerem Aufwand die für die Warmumformung kennzeichnenden Größen Fließspannung (Formänderungsfestigkeit) und Formänderungsvermögen. Die wichtigsten Laborverfahren zur Ermittlung der Umformbarkeitswerte sind der Warmverdreh-, der Warmzug- und der Warmstauchversuch [1-3].

Der Warmumformsimulator ist ein Beispiel für ein Laborgerät, in dem das

---

Literatur zu C 6 siehe Seite 713, 714

Umformverhalten unter praxisnahen Bedingungen ermittelt werden kann [4]. Dabei werden im Warmflachstauchversuch Aussagen gewonnen über die notwendigen Umformkräfte und über das Werkstoffverhalten während einer Stichfolge, wie sie z. B. beim Grobblechwalzen oder beim Walzen auf einer Warmbreitbandstraße gegeben ist. Darüberhinaus lassen sich Entfestigungsvorgänge zwischen den Einzelstichen und die mechanischen Eigenschaften nach einer Umformung ermitteln, womit auch Untersuchungen zur thermomechanischen Behandlung (s. D 2.4.2 und D 25.3) möglich werden.

Im folgenden soll vor allem das Formänderungsvermögen besprochen werden, das im Laborversuch als Formänderung bis zum Bruch ermittelt werden kann.

C 6.3 Einflußgrößen für das Formänderungsvermögen

Das Formänderungsvermögen bei der Warmumformung hängt ab vom Umformverfahren sowie von der chemischen Zusammensetzung und vom Gefüge des Werkstoffs. Von den Auswirkungen des Umformverfahrens, zu denen Spannungszustand, Reibungsverhältnisse, Formänderung, Formänderungsgeschwindigkeit und Temperatur zählen, soll nur auf die Bedeutung des Spannungszustandes hingewiesen werden, Temperatur und Umformgeschwindigkeit werden im Zusammenhang mit den Auswirkungen des Werkstoffs behandelt.

C 6.3.1 Einfluß des Spannungszustandes

Der Spannungszustand in der Umformzone ist von entscheidendem Einfluß auf das Formänderungsvermögen. Bei Umformverfahren mit hohen Druckspannungsanteilen, wie z. B. dem Strangpressen, sind höhere Gesamtumformgrade als bei Umformverfahren mit hohen Zugspannungskomponenten, wie z. B. beim Drahtziehen, möglich.

Die Überlegungen von Stenger [5] verdeutlichen anschaulich den Zusammenhang zwischen Spannungszustand und Formänderungsvermögen. In der schematischen Darstellung nach Bild C 6.1 ist die logarithmische Bruchformänderung φ_{Br} als Maß für das Formänderungsvermögen in Abhängigkeit vom bezogenen Spannungsmittelwert σ_m/k_f zur Beschreibung des Spannungszustandes gezeichnet ($\sigma_m = (1/3)(\sigma_1 + \sigma_2 + \sigma_3)$). Die *logarithmische Formänderung* φ ist entsprechend der wahren Spannung k_f (s. o.) die wahre Formänderung, die sich z. B. bei Zugbeanspruchung als wahre Dehnung durch Integration über der augenblicklichen Dehnung $\Delta L/L$ ergibt:

$$\varepsilon_w = \varphi = \int_{L_0}^{L} \frac{dL}{L} = \ln \frac{L}{L_0}.$$

Die logarithmische (wahre) Formänderung φ wird neuerdings allgemein mit *Umformgrad* bezeichnet.

Erwartungsgemäß nimmt das Formänderungsvermögen mit wachsenden Werten für σ_m/k_f ab. Es hängt jedoch nach Stenger auch noch von der Lage der mittleren Hauptspannung relativ zu den beiden anderen Hauptspannungen ab. Die obere Kurve gibt die in Zugversuchen mit und ohne Umschlingungsdruck oder Querzug

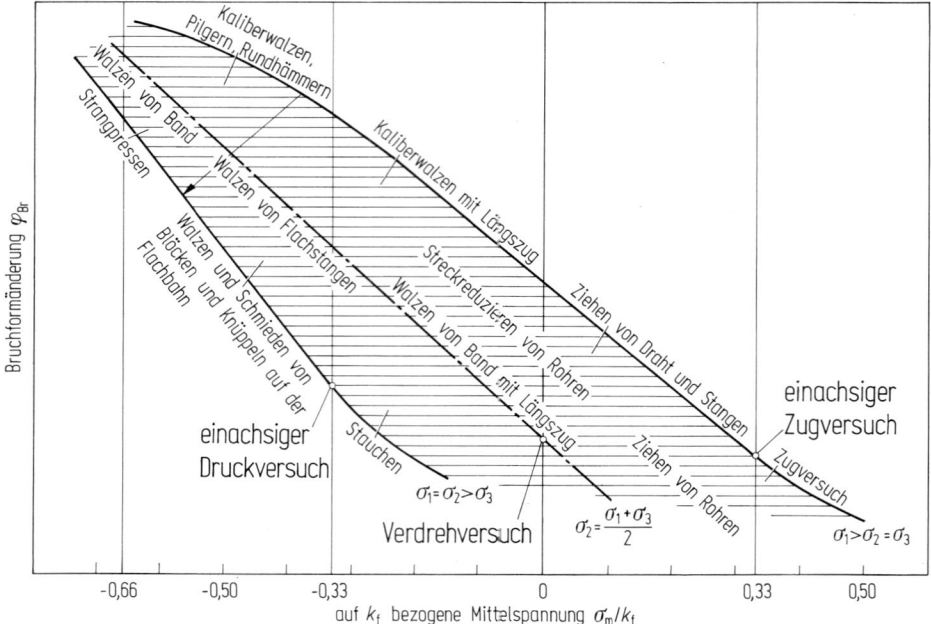

Bild C 6.1 Abhängigkeit des Formänderungsvermögens, gekennzeichnet durch den Bruchumformgrad (logarithmische Bruchformänderung) φ_{Br}, von dem auf k_f bezogenen Spannungsmittelwert $\sigma_m = (1/3)\,(\sigma_1 + \sigma_2 + \sigma_3)$ (schematisch). Nach [5].

ermittelten Werte für die Bruchformänderung wieder, bei denen die mittlere Hauptspannung σ_2 gleich der kleinsten Hauptspannung σ_3 ist. Die untere Kurve zeigt den Verlauf des Formänderungsvermögens bei Druckversuchen mit und ohne Querzug oder Umschlingungsdruck, bei denen die mittlere Hauptspannung σ_2 gleich der größten Hauptspannung σ_1 ist. Von den vielen möglichen Beanspruchungsfällen mit σ_2 zwischen σ_1 und σ_3 ist nur der Fall $\sigma_2 = (1/2)\,(\sigma_1 + \sigma_3)$ eingezeichnet, bei dem für $\sigma_m/k_f = 0$ der Verdrehversuch liegt. Ferner sind den Kurven verschiedene Umformverfahren nach ihrem Spannungszustand zugeordnet. Die Darstellung liefert in anschaulicher Weise qualitative Informationen über erreichbare Gesamtformänderungen bei den einzelnen Umformverfahren.

Im Gegensatz zu dieser Betrachtungsweise läßt sich nach Frobin [6], Schiller [7] und Exner [8] unter der Voraussetzung, daß der bezogene Spannungsmittelwert entweder konstant gehalten wird oder aber daß seine Änderung vom Beginn der Umformung bis zum Bruch (Spannungsgeschichte) Berücksichtigung findet, der Zusammenhang zwischen Spannungszustand und Formänderungsvermögen durch einen einzigen Kurvenzug darstellen. Ein Einfluß der mittleren Hauptspannung auf das Formänderungsvermögen wird nach ihrer Meinung nur dann gefunden, wenn das Formänderungsvermögen auf den Wert für σ_m/k_f im Augenblick des Bruchs bezogen wird.

C 6.3.2 Einfluß des Werkstoffs

Bei der Betrachtung der werkstoffbedingten Einflußgrößen wird zwischen ein- und mehrphasigen Legierungen unterschieden. Während bei den einphasigen Legierungen und reinen Metallen die grundsätzlichen Mechanismen der Warmumformung behandelt werden, soll bei der Besprechung der mehrphasigen Legierungen die Wirkung anderer überlagerter, duktilitätsbegrenzender Mechanismen berücksichtigt werden.

Warmumformbarkeit einphasiger Legierungen

Das Warmumformverhalten metallischer Werkstoffe ist gekennzeichnet durch das Wechselspiel zwischen *Verfestigung und Entfestigung*. Die bei der Verformung durch Erhöhung der Versetzungsdichte entstehende Verfestigung wird durch gleichzeitig ablaufende *dynamische Erholung* und *dynamische Rekristallisation* abgebaut (s. B 7.1). Nach Ilschner [9] laufen die beiden möglichen Entfestigungsmechanismen nebeneinander ab. Alle Umstände, die die dynamische Erholung behindern, machen es wahrscheinlicher, daß dynamische Rekristallisation einsetzt. Dynamische Erholung überwiegt als Entfestigungsmechanismus z.B. bei Aluminium, Aluminiumlegierungen, α-Eisen sowie ferritischen Stählen, wohingegen bei den stark verfestigenden Metallen wie z.B. Kupfer, Nickel sowie den austenitischen Stählen die dynamische Rekristallisation überwiegt.

Die dynamische Entfestigung hat wichtige Auswirkungen auf die Warmumformbarkeit; sie ist dafür verantwortlich, daß die Fließspannung niedrig und das Formänderungsvermögen hoch bleiben.

Bei der Warmumformung kommt dem *Korngrenzengleiten* für die Rißkeimbildung entscheidende Bedeutung zu. Der Beitrag des Korngrenzengleitens an der Gesamtverformung ist größer bei hohen Temperaturen, bei niedrigen Verformungsgeschwindigkeiten und Spannungen sowie bei feinkörnigem Gefüge. Der Anteil des Korngrenzengleitens ist bei Warmumformprozessen im Vergleich zu dem bei Kriechvorgängen zwar vernachlässigbar gering, er reicht aber aus, um an Korngrenzenstufen und Tripelpunkten Spannungskonzentrationen aufzubauen, die die Festigkeit der Korngrenzen überschreiten und zu Mikrorissen führen. Diese Rißkeime können sich durch Leerstellenkondensation sowie durch plastisches Fließen unter örtlichen Zugspannungsfeldern vergrößern. Niedrige Duktilität resultiert aus dem frühzeitigen Zusammenwachsen der Rißkeime zu interkristallinen Brüchen entlang der ursprünglichen Korngrenzen [10, 11].

Die während der Warmumformung ablaufenden Entfestigungsvorgänge wirken der Rißbildung durch Korngrenzengleiten entgegen. Metalle, die überwiegend durch Rekristallisation entfestigen (z.B. austenitische Stähle), erhalten ihre hohe Duktilität aus der während des Umformprozesses stattfindenden Bildung und dem Wachstum neuer Körner, was zu einem Abbau von Spannungskonzentrationen sowie einer Isolierung von Rißkeimen führt. Auch bei Metallen, die überwiegend durch Erholung entfestigen (z.B. ferritische Stähle), werden Spannungskonzentrationen, die zur Rißbildung Anlaß geben können, wirksam abgebaut [12].

Zunehmende Umformtemperaturen verbessern im allgemeinen das Formänderungsvermögen. Das Auftreten von Formänderungsmaxima oder -minima bei mittleren Temperaturen wird nach Ilschner [9] auf die entgegengesetzten Einflüsse zweier gleichzeitig ablaufender Mechanismen zurückgeführt, des Korngrenzengleitens und der dynamischen Entfestigung.

Je nach Entfestigungsmechanismus nimmt das Formänderungsvermögen mit zunehmender Formänderungsgeschwindigkeit zu, ab oder bleibt konstant. Wenn dynamische Rekristallisation überwiegt, wird das Formänderungsmaximum erst bei höheren Temperaturen erreicht. Das hat eine Verschiebung der Formänderungskurve in Richtung auf höhere Temperaturen gegenüber der bei dynamischer Erholung zur Folge [8].

Legierungszusätze in Mischkristallen vermindern das Entfestigungsvermögen. Das führt sowohl bei Metallen, die durch Erholung als auch bei solchen, die durch Rekristallisation entfestigen, zu einer Zunahme der Fließspannung und einer Abnahme des Formänderungsvermögens.

Warmumformbarkeit zwei- und mehrphasiger Legierungen

Stähle bestehen aus zwei oder mehreren Phasen, die unter Warmumformbedingungen in der Regel im festen Zustand, vereinzelt bisweilen aber auch im flüssigen Zustand, vorliegen können. Die Rißbildung bei der Warmumformung kann unabhängig von dem oben beschriebenen Mechanismus auch an der Grenzfläche zweier Phasen erfolgen.

Das Vorhandensein *flüssiger Phasen* auf den Korngrenzen vermindert das Formänderungsvermögen, da keine Zugspannungen übertragen werden können.

Im Temperaturbereich von rd. 950 bis 1150°C z.B. kann es zu Oberflächenaufreißungen durch eine Benetzung oberflächennaher Korngrenzen mit flüssigem Kupfer kommen, das sich beim Verzundern unterhalb der Zunderschicht angereichert hat oder von außen aufgebracht wurde. Diese Bruchart wird *Lötbruch* genannt, da sie verschiedentlich beim Hartlöten auftrat, wenn bei reichlichem Kupferangebot die Werkstoffe unter Spannung verbunden wurden.

Untersuchungen von Savage u. a. [13] ließen erkennen, daß bereits Kupferschichten in der Größenordnung von 0,07 µm ausreichen, um beim Schweißen Risse durch flüssiges Kupfer zu erhalten. Bei nichtrostenden austenitischen Stählen kann Lötbruch auch durch Zink verursacht werden, wenn geschmolzenes Zink bei Temperaturen oberhalb 750°C, z.B. beim Schweißen, mit den Stählen in Berührung kommt. Das Zink bildet zusammen mit Nickel eine niedrigschmelzende Phase auf den Korngrenzen, die eine interkristalline Rißbildung begünstigt. Lötbrüchigkeit durch geschmolzenes Zink kann auch bei ferritischen Chromstählen mit rd. 0,08% C und 17% Cr bei Erwärmung auf Temperaturen oberhalb 800°C erzeugt werden [14].

Rotbruch kann im Temperaturbereich von 800 bis 1000°C (in dem der Stahl rotglühend ist), auftreten und wird verursacht durch ein niedrigschmelzendes Eutektikum, gebildet aus Eisen sowie den Stahlbegleitstoffen Schwefel und Sauerstoff, das netzartig auf den Korngrenzen vorliegt. Bei den heutigen Stählen ist die Rotbruchgefahr praktisch unterdrückt durch Einstellung niedriger Sauerstoff- und Schwefelgehalte sowie durch Zulegieren von Mangan. Wegen seiner größeren negativen Bildungsenthalpie bildet sich bei Vorhandensein von Mangan bevorzugt höherschmelzendes Mangansulfid, wobei, wie Bild C 6.2 verdeutlicht, durch Manganzusätze die Schwefellöslichkeit im festen Zustand verringert wird [15].

Der Vollständigkeit halber sei an dieser Stelle erwähnt, daß ähnlich wie bei der

Warmumformbarkeit zwei- und mehrphasiger Legierungen

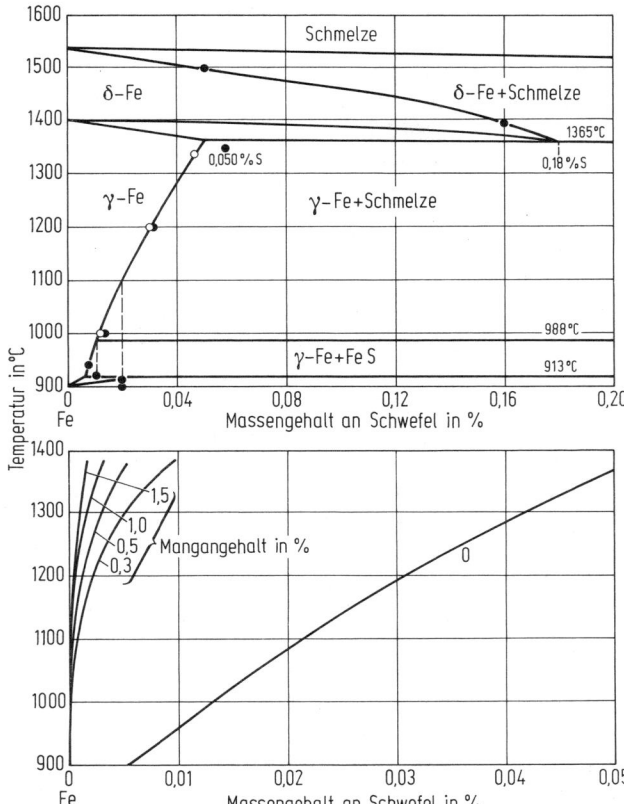

Bild C 6.2 Einfluß von Mangan auf die Löslichkeit von Schwefel in γ-Eisen. Nach [15].

Warmumformung auch beim Schweißen durch das Zusammenwirken von Spannungen und flüssigen Phasen Risse entstehen können. Die *Heißrissigkeit* von Stählen beim Schweißen ist auf die Bildung flüssiger Phasen während des Schweißtemperaturzyklus und die bei der Abkühlung auftretenden Schrumpfspannungen zurückzuführen [16, 17]. Beim Stahlstranggießen auftretende Fehlererscheinungen sind ebenfalls zum Teil auf flüssige Phasen im Stahlstrang zurückzuführen. Das Zusammenwirken hoher Temperaturen mit dem auf den Strang einwirkenden, anlagenspezifischen Spannungen und Dehnungen kann zwei typische Rißerscheinungen, die Oberflächen- sowie die Innenrisse, verursachen [18, 19].

Auch *feste Phasen in mehrphasigen Legierungen* können zu einer Verminderung des Formänderungsvermögens beitragen. Zur Verdeutlichung werden nichtmetallische Einschlüsse, allgemeine Zwei- oder Mehrphasengefüge und Ausscheidungen behandelt.

Bei *nichtmetallischen Einschlüssen* handelt es sich um zweite Phasen, die bis zum Schmelzpunkt des Grundwerkstoffs und darüber hinaus zu höheren Temperaturen stabil sind. Das Formänderungsvermögen eines Stahls wird vor allem dann herabgesetzt, wenn sich die mechanischen Eigenschaften von nichtmetallischem Einschluß und Matrix unterscheiden.

Die Verformbarkeit oxidischer Einschlüsse im Temperaturbereich der Warmumformung hängt vor allem von ihrer chemischen Zusammensetzung und der Umformtemperatur ab, während Einschlußgröße und Umformgrad von untergeordneter Bedeutung sind [20]. Bild C 6.3 faßt die Einflüsse der chemischen Zusammensetzung und der Verformungstemperatur auf die Verformbarkeit oxidischer Einschlüsse schematisch zusammen [21]. Der Verformbarkeitsindex V = $\varepsilon_E/\varepsilon_S$ beschreibt die Verformbarkeit des Einschlusses ε_E relativ zu der der Stahlmatrix ε_S [22].

Die Rißbildung an Sulfiden ist wesentlich weniger häufig als an Einschlüssen oxidischer Natur [20].

Bei der Rißbildung an nichtmetallischen Einschlüssen spielt in besonderem Maße der Spannungszustand in der Umformzone eine Rolle. Bei Umformverfahren mit hohen Zugspannungsanteilen, wie z.B. beim Schrägwalzen, kann es bereits nach geringen Umformgraden zu Rißbildungen an Einschlüssen kommen, wohingegen bei Umformverfahren mit hohen Druckspannungsanteilen, wie z.B. beim Blechwalzen, derselbe Stahl ohne Schwierigkeiten umformbar ist.

Gerade bei Umformverfahren mit hohen Zugspannungsanteilen ist deshalb zur Vermeidung von Fehlern bei der Warmumformung auf Werkstoffe mit hohem Reinheitsgrad Wert zu legen.

Ein *Zwei- oder Mehrphasengefüge* ist wegen der Inhomogenität der Verformung in beiden Phasen weniger duktil als jede Einzelphase. Der Effekt ist um so ausgeprägter, je mehr sich die mechanischen Eigenschaften der Einzelphasen unterscheiden. Es kann dabei bevorzugt zu Materialtrennungen an den Phasengrenzen kommen.

Die Warmumformbarkeit eines Chromstahls mit 0,1% C und 12,9% Cr (Bild C 6.4) nimmt grundsätzlich mit zunehmenden Temperaturen zu. Das Auftreten von Zweiphasenstrukturen aus α- und γ- sowie aus γ- und δ-Mischkristall hat jeweils eine Duktilitätsabnahme mit ausgeprägten Minima zur Folge. Der Duktilitätsabfall bei Temperaturen oberhalb 1350 °C läßt sich auf das Auftreten flüssiger Phasen auf

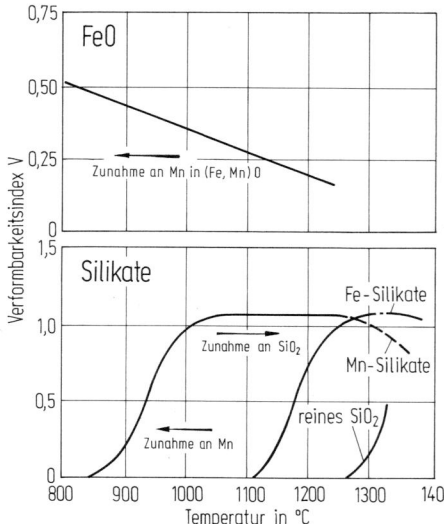

Bild C 6.3 Einfluß der Temperatur auf die Verformbarkeit unterschiedlich zusammengesetzter oxidischer Einschlüsse in Stahl. Nach [21].

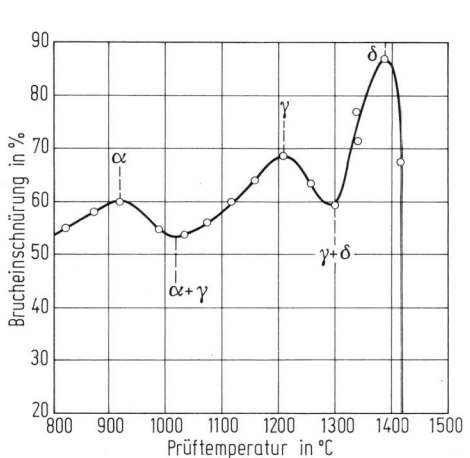
Bild C 6.4

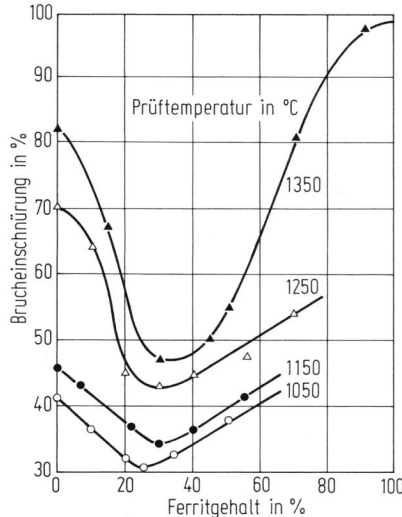
Bild C 6.5

Bild C 6.4 Einfluß der Gefügeausbildung auf die Umformbarkeit, gekennzeichnet durch die Brucheinschnürung, eines Stahls mit 0,1% C und 12,9% Cr. Nach [23].

Bild C 6.5 Einfluß des Ferritgehalts auf die Umformbarkeit, gekennzeichnet durch die Brucheinschnürung, von Stählen mit rd. 0,03% C, 18 bis 22% Cr und 6 bis 10% Ni bei verschiedenen Prüftemperaturen. Nach [23].

den Korngrenzen zurückführen [23]. Die Darstellung der Warmumformbarkeit von austenitischen Stählen mit 18 bis 22% Cr und 6 bis 10% Ni in Abhängigkeit vom Ferritgehalt in Bild C 6.5 läßt für alle Prüftemperaturen zwischen 1050 und 1350 °C bei einem Ferritanteil von rd. 30% ein Umformbarkeitsminimum erkennen, das sich um so deutlicher ausprägt, je höher die Prüftemperatur ist [23].

Unter bestimmten Voraussetzungen lassen sich jedoch gerade Zweiphasengefüge besonders gut warmumformen. Dies ist der Fall bei der *superplastischen Umformung*, bei der unter Zugbeanspruchungen außerordentlich hohe Dehnungen bis zu 1000% erreicht werden, ohne daß ein Bruch (der Probe) eintritt [24]. Die superplastische Umformung setzt werkstoffseitig ein feinkörniges Gefüge mit Korndurchmessern < 10 µm voraus, das bei Umformtemperatur nicht zu Kornwachstum neigt. Diese Bedingung erfüllen vor allem Zweiphasengefüge mit etwa gleichen Volumenanteilen beider Phasen.

Bei übereutektoidischen Stählen mit 1,3 bis 1,9% C und einem Fe_3C-Anteil bis zu 22% konnten Dehnungswerte bis 300% erzielt werden [25]. Stähle, die im α+γ- Bereich bei etwa gleichen Volumenanteilen beider Phasen umgeformt wurden, erbrachten Dehnungswerte bis 800% [26, 27]. Als Beispiel sei ein Stahl mit < 0,1% C, rd. 3% Mo, 4% Ni und 1,6% Ti genannt, der im Zugversuch bei einer Umformtemperatur von 950 °C und einer Querhauptgeschwindigkeit von 10 mm/min eine Dehnung von 800% und bei einer Querhauptgeschwindigkeit von 50 mm/min eine Dehnung von 350% aufwies [26].

Ausscheidungen, die in metallischen Werkstoffen zur Verbesserung der mechanischen Eigenschaften erzeugt werden, können die Warmumformbarkeit herabsetzen und zu *Warmbruch* führen. Ein bekanntes Beispiel für Warmbruch aus dem Bereich der ferritisch-perlitischen Stähle ist die Wirkung von Aluminiumnitridausscheidungen. So verdeutlicht Bild C 6.6 den Einfluß zunehmender Aluminiumgehalte auf die Warmumformbarkeit eines unlegierten Stahls mit rd. 0,14% C (Rohrstahl St 35) und unterschiedlichen Aluminiumgehalten von 0 bis 0,033%, wobei die Warmumformbarkeit durch die Brucheinschnürung im Warmzugversuch gekennzeichnet ist [28]. Zunehmende Aluminiumgehalte führen zu einem Absinken der Brucheinschnürungswerte und zu einer Erweiterung des Bereichs niedriger Duktilität zu höheren Temperaturen und höheren Umformgeschwindigkeiten. Die kritischen Umformgeschwindigkeiten, bei denen Warmbruch auftreten kann, sind

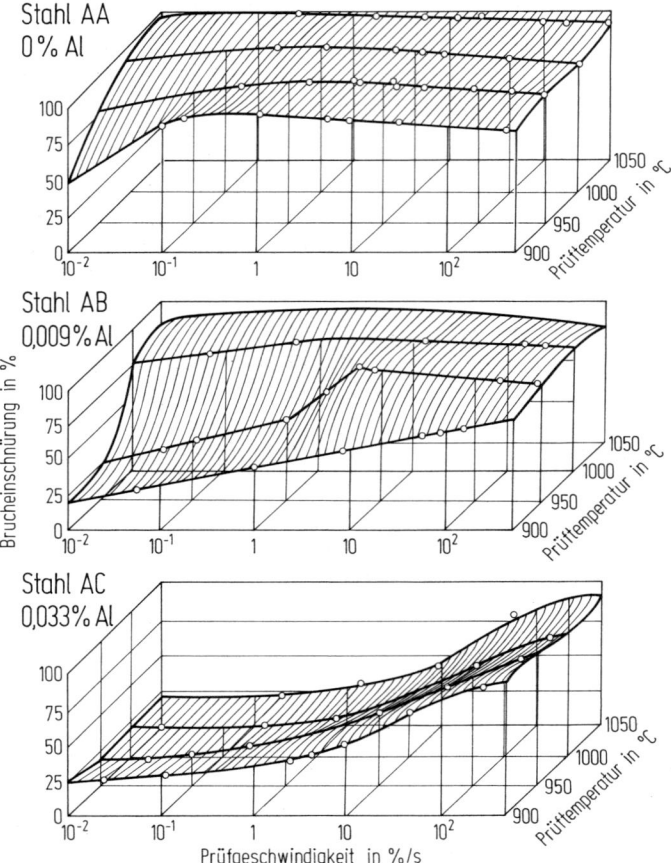

Bild C 6.6 Prüfung der Umformbarkeit durch Messung der Brucheinschnürung im Warmzugversuch mit unterschiedlichen Prüfgeschwindigkeiten, gekennzeichnet durch Dehnung in Prozent je Sekunde, an einem unlegierten Stahl mit rd. 0,14% C (Rohrstahl St 35) und verschiedenen Aluminiumgehalten. Nach [28].

jedoch relativ niedrig. Fehlererscheinungen durch Warmbruch können z. B. beim Warmbiegen von Rohren auftreten.

Über die Gründe für die schädliche Wirkung des Aluminiumnitrids gibt es unterschiedliche Auffassungen im Schrifttum. Opel und Wagner [28] sowie andere Verfasser machen das bei Verformungstemperatur ausgeschieden vorliegende Aluminiumnitrid verantwortlich. Im Gegensatz hierzu vertreten u. a. Dahl und Hengstenberg [29] die Ansicht, daß Warmbruch dann zu erwarten ist, wenn sich während der Umformung Ausscheidungen bilden oder auflösen.

Untersuchungen zum Warmbruchverhalten von Stahl mit 0,12% C und 1,4% Mn und mit einer Streckgrenze von mind. 355 N/mm^2 (St 52-3) durch die Wirkung von Niobkarbonitriden ergaben, wie Bild C 6.7 für eine der untersuchten Schmelzen erkennen läßt, ebenfalls eine ausgeprägte Anfälligkeit. In Abhängigkeit von der Temperatur bilden sich zwei Warmbruchbereiche aus. Diese liegen bei 600 und 900°C. Wie die Prüfung von Schmelzen mit unterschiedlichem Niobgehalt ergab, reichen bei 600°C bereits geringste Niobgehalte aus, um Warmbruch zu verursachen, dagegen zeigt sich bei 900°C eine wesentlich stärkere Abhängigkeit der Warmbruchneigung von der Höhe des Niobgehalts. Bei Temperaturen um 750°C und oberhalb 1000°C ist der Stahl problemlos warmumformbar [30].

Ausscheidungen können sowohl im Korn als auch auf den Korngrenzen zu einem Duktilitätsverlust führen, wobei davon ausgegangen werden kann, daß Korngrenzenausscheidungen stärker wirksam sind. Durch Ausscheidungen im Korn wird die Versetzungsbewegung verhindert, Ausscheidungen auf den Korngrenzen erniedrigen die Duktilität der Korngrenze. Das Korngrenzengleiten führt an Ausscheidungen zu Spannungskonzentrationen und daraus resultierenden Materialtrennungen. Ausscheidungen vermindern die Duktilität darüberhinaus noch dadurch, daß sie die Korngrenzen gegen Korngrenzenbewegung und Rekristallisation stabilisieren und dadurch die Rekristallisationsgeschwindigkeit erniedrigen. Die Ausheilung von Korngrenzenfehlern durch dynamische Entfestigung wird dadurch erschwert.

Ein Beispiel für die duktilitätsvermindernde Wirkung von Korngrenzenausschei-

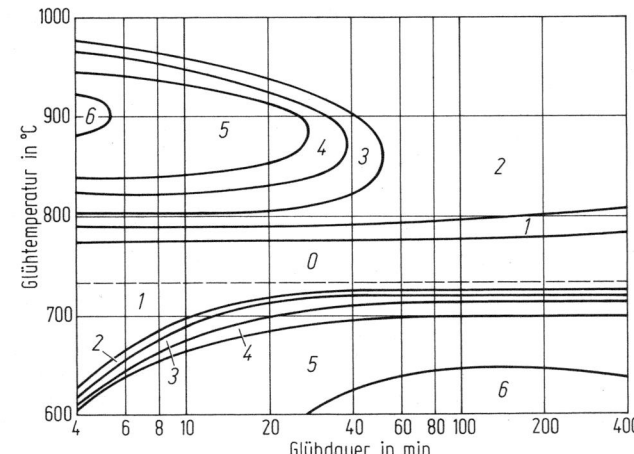

Bild C 6.7 Einfluß der Glühtemperatur und der Glühdauer auf die Warmbruchanfälligkeit im Warmbiegeversuch eines Stahls mit 0,12% C, 1,4% Mn, 0,005% Al und 0,1% Nb (St 52-3) (steigende Kennziffern bedeuten zunehmende Rißanfälligkeit; 0 = rißfrei). Nach [30].

dungen liefern Untersuchungen an warmfesten Röhrenstählen. Ein unlegierter Stahl und verschiedene Chrom-Molybdän-Stähle ließen eine ausgeprägte Abhängigkeit des Formänderungsvermögens von der thermischen Vorgeschichte erkennen, wie dies als Beispiel Bild C 6.8 für einen Stahl mit rd. 0,1 % C, 2,25 % Cr und 1 % Mo (10 CrMo 9 10) veranschaulicht [31]. Die Brucheinschnürungswerte der beim Aufheizen auf Prüftemperatur zerrissenen Proben nehmen von 85 % bei 700 °C auf nahezu 100 % bei 1150 °C zu, oberhalb 1300 °C fallen sie steil ab. Nach einem die betrieblichen Bedingungen simulierenden Temperaturzyklus, nämlich Aufheizen auf Ziehtemperatur (1000 bis 1350 °C) mit nachfolgendem Abkühlen auf Umformtemperatur, wurden grundsätzlich niedrigere Werte für die Brucheinschnürung gefunden. Es bildet sich ein Duktilitätsminimum aus, das mit zunehmender Ziehtemperatur ausgeprägter wird und sich zu höheren Temperaturen und niedrigeren Brucheinschnürungswerten verschiebt.

Die Untersuchung von mehreren Schmelzen des gleichen Chrom-Molybdän-Stahls beim Abkühlen von den Ziehtemperaturen 1275 und 1350 °C ließ trotz gleicher Grundzusammensetzung große Unterschiede im Formänderungsvermögen erkennen (Bild C 6.9). Die Brucheinschnürungswerte im Duktilitätsminimum liegen zwischen 20 und 60 %, die Temperatur des beginnenden Duktilitätsabfalls zwischen 1150 und 1100 °C. Diese Unterschiede konnten auf unterschiedliche Schwefelgehalte zwischen 0,005 und 0,028 % zurückgeführt werden.

Der Abfall des Formänderungsvermögens beim Abkühlen von Temperaturen oberhalb 1150 °C wird hervorgerufen durch Gefügeveränderungen während des Temperaturzyklus. Neben Kornvergröberung ist dies vor allem die Auflösung von Sulfiden beim Aufheizen auf hohe Temperaturen und ihre Wiederausscheidung beim Abkühlen bevorzugt auf den Austenitkorngrenzen. Die Korngrenzenausscheidungen vom Typ (Mn, Fe) S führen zu einer Schwächung der Korngrenzen; während der Warmumformung kommt es zu interkristallinen Rissen. Der Wiederanstieg der Umformbarkeit bei Temperaturen unterhalb 800 °C läßt sich auf die beginnende Bildung von Ferritsäumen auf den Austenitkorngrenzen und der damit verbundenen Unschädlichmachung der Korngrenzenausscheidungen zurückführen. Mit zunehmendem Schwefelgehalt erhöht sich die Ausscheidungsmenge auf den Korngrenzen, die Duktilitätsverminderung wird ausgeprägter. Die Menge der

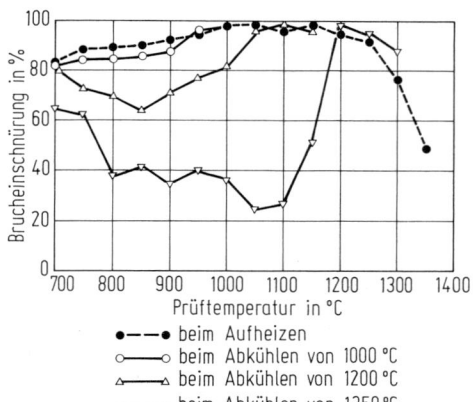

Bild C 6.8 Durch die Brucheinschnürung im Warmzugversuch gekennzeichnete Umformbarkeit eines Stahls mit rd. 0,1 % C, 2,25 % Cr und 1 % Mo (10 CrMo 9 10) beim Aufheizen und Abkühlen. Nach [31].

Ausscheidungen auf den Korngrenzen und damit das Formänderungsvermögen beim Abkühlen ist, abgesehen von der chemischen Zusammensetzung des Stahls, vor allem von den Daten des Temperaturzyklus abhängig.

Das Duktilitätsminimum kann verringert, doch nicht beseitigt werden durch Erniedrigung der Ziehtemperatur, durch Verkürzung der Dauer des Haltens auf Ziehtemperatur sowie durch niedrigere Abkühlgeschwindigkeiten.

Durch eine Vorverformung während des Abkühlens im Temperaturbereich noch hoher Duktilität wird das Duktilitätsminimum beim Abkühlen weitgehend aufgehoben. Die Wirkung ist um so ausgeprägter, je höher der Verformungsgrad ist (Bild C 6.10) [32]. Die Aufhebung der Korngrenzenschädigung durch eine Vorver-

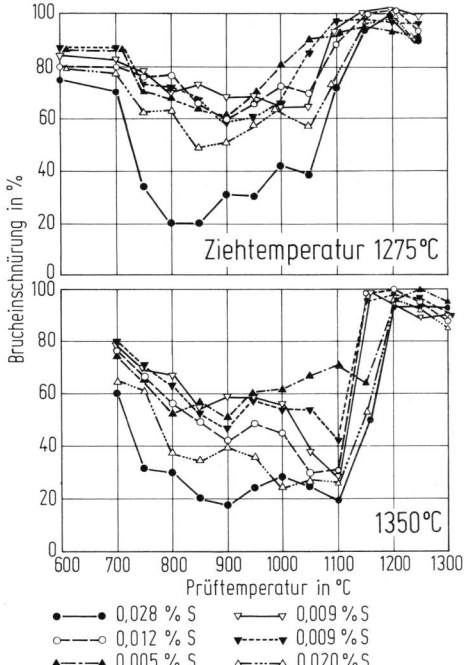

Bild C 6.9 Durch die Brucheinschnürung im Warmzugversuch gekennzeichnete Umformbarkeit beim Abkühlen von sechs Schmelzen eines Stahls mit rd. 0,1% C, 2,25% Cr und 1% Mo (10 CrMo 9 10) mit unterschiedlichem Schwefelgehalt. Nach [31].

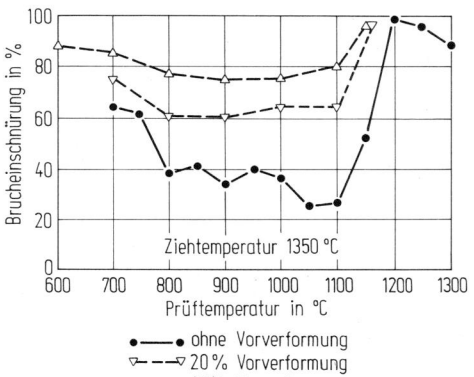

Bild C 6.10 Einfluß einer Vorverformung bei 1200 °C auf die durch die Brucheinschnürung im Warmzugversuch gekennzeichnete Umformbarkeit beim Abkühlen von 1350 °C eines Stahls mit rd. 0,1% C, 2,25% Cr und 1% Mo (10 CrMo 9 10). Nach [32].

formung ist vor allem auf die bei diesen Temperaturen stattfindende dynamische Rekristallisation zurückzuführen. Sie bewirkt neben einer Kornverfeinerung eine Verlagerung der Korngrenzen weg von den Schwefelanreicherungen, so daß die Wiederausscheidung von Sulfiden beim Abkühlen bevorzugt im Korn verläuft.

Bei den meisten betrieblichen Warmumformverfahren erfolgt die erste Umformung beim Abkühlen von Ziehtemperatur noch im Temperaturbereich hoher Duktilität, die durch das Glühen bei hohen Ziehtemperaturen verursachten Gefügeänderungen werden weitgehend beseitigt. Nur bei solchen Warmumformverfahren kann es zu interkristallinen Rissen kommen, bei denen der Temperaturabfall von Zieh- auf Umformtemperatur so groß ist, daß die erste Umformung bereits im Temperaturbereich niedriger Duktilität erfolgt.

C 6.4 Warmumformbarkeit verschiedener Stahlgruppen

Die Warmumformbarkeit von Stählen ist von einer Vielzahl von Einflußgrößen abhängig. Der Laborversuch liefert kennzeichnende Größen zur Beurteilung der Warmumformbarkeit sowie ihrer Abhängigkeit von verschiedenen Einflußgrößen. Damit kann für die betriebliche Umformung die günstigste Umformtemperatur und -geschwindigkeit ermittelt werden.

Die Darstellung der in Laborversuchen gewonnenen Erkenntnisse erfolgt üblicherweise in *Umformschaubildern*. Ebene Umformschaubilder beschreiben die Änderung des Formänderungsvermögens in Abhängigkeit von der Temperatur, bei räumlichen Umformschaubildern kann dazu noch der Einfluß der Umformgeschwindigkeit berücksichtigt werden.

In Warmverdrehversuchen wurde das Warmumformverhalten von 82 verschiedenen Stählen untersucht [33]. Nach den Ergebnissen ließen sich die Stähle hinsichtlich ihres Formänderungsvermögens in Abhängigkeit von der Temperatur in drei Gruppen unterteilen. Stähle der Gruppe 1 zeigten mit zunehmenden Temperaturen im untersuchten Temperaturbereich eine Verbesserung des Formänderungsvermögens. Hierzu zählen die weitaus meisten der untersuchten Stähle, u. a. die unlegierten Stähle, Werkzeugstähle mit <1% C sowie Vergütungsstähle und austenitische Stähle. Bei den Stählen der Gruppe 2 bildete sich bei mittleren Temperaturen (rd. 1000 °C) ein Umformbarkeitsmaximum aus. Zu den Stählen der Gruppe 2 gehören u. a. Werkzeugstähle mit >1% C. Bei den Stählen der Gruppe 3, zu denen u. a. die nichtrostenden ferritischen Chromstähle sowie die niedriglegierten warmfesten Stähle gehören, wurde ein Umformbarkeitsminimum ebenfalls bei mittleren Temperaturen (rd. 1050 °C) gefunden.

Eine Erklärung für das unterschiedliche Verhalten der drei Stahlgruppen wird vom Verfasser nicht gegeben.

Neuere Untersuchungen berücksichtigen in verstärktem Maße auch bei Laborversuchen den Einfluß des Spannungszustandes auf die Warmumformbarkeit, der in C 6.3.1 diskutiert wurde. In dreidimensionalen Darstellungen wird der Zusammenhang zwischen Formänderungsvermögen, dem bezogenen Spannungsmittelwert und der Temperatur dargestellt (vgl. auch Bild C 6.1). Die Erarbeitung solcher Umformschaubilder für verschiedene Umformgeschwindigkeiten liefert zusätzliche Aussagen über den Geschwindigkeitseinfluß.

Im Bild C 6.11 ist für einen mit Titan stabilisierten austenitischen Stahl mit rd. 0,08 % C, 18 % Cr und 10 % Ni (X 8 CrNiTi 18 10) das Formänderungsvermögen in Abhängigkeit von Umformtemperatur und bezogenem Spannungsmittelwert dargestellt [8]. Dabei gehen die Verfasser davon aus, daß ein Einfluß der mittleren Hauptspannung zu vernachlässigen ist (s. C 6.3.1). Die Zuordnung der Umformverfahren nach ihrem Spannungszustand in Bild C 6.11 vermittelt einen anschaulichen Eindruck über die starke Abhängigkeit der erreichbaren Formänderungen vom gewählten Umformverfahren.

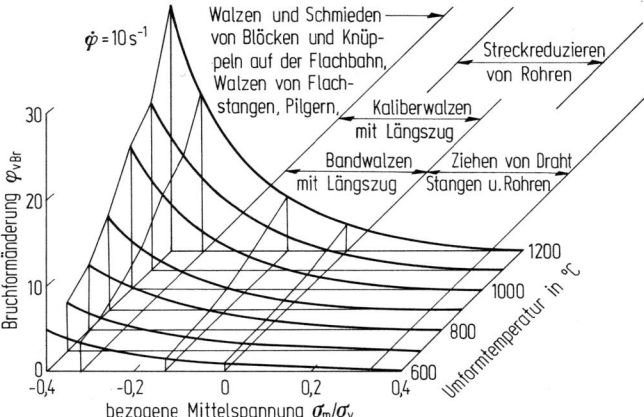

Bild C 6.11 Das durch die Bruchformänderung gekennzeichnete Formänderungsvermögen eines mit Titan stabilisierten austenitischen Stahls mit rd. 0,08 % C, 18 % Cr und 10 % Ni (X 8 CrNiTi 18 10) in Abhängigkeit von der Umformtemperatur und vom bezogenen Spannungsmittelwert. Nach [8].

C 7 Kalt-Massivumformbarkeit

Von Werner Schmidt

C 7.1 Allgemeines

Die Kaltumformbarkeit ist eine Eigenschaft, zu deren Kennzeichnung und Beurteilung Bewertungsgrößen herangezogen werden, die von der Erzeugnisform nicht ganz unabhängig sind. Daher kann die Kaltumformbarkeit von Stahl nicht als solche, d. h. mehr oder weniger losgelöst von den Erzeugnisformen und auch von bestimmten Stahlsorten behandelt werden, wie es eigentlich in den Kapiteln des Teils C sein sollte. Vielmehr wird nach Kaltumformbarkeit von Flachzeug (d. h. von Erzeugnissen, deren Breite viel größer als die Dicke ist, s. Euronorm 79), behandelt in C 8, und nach Kaltumformbarkeit von anderen Erzeugnisformen (d. h. von massiven Formen im Gegensatz zu Flacherzeugnissen), behandelt in diesem Kapitel C 7, unterschieden.

Die Ausgangserzeugnisse bei der Massivumformung sind räumlich ausgedehnt, und der Werkstoff fließt bei teilweise großer Wanddickenänderung in alle Raumrichtungen. Die Massivumformung erfordert die Fähigkeit des Werkstoffs zur plastischen Formänderung, die wesentlich durch die Temperatur beeinflußt wird. Man unterscheidet daher nach Kaltumformung und Warmumformung. Wie schon in C 6 gesagt, wird zur Unterscheidung zwischen Kalt- und Warmumformung heute nicht mehr die Rekristallisationstemperatur herangezogen; als Kaltumformung wird vielmehr jede Umformung bezeichnet, bei welcher der Werkstoff nicht angewärmt wird, wobei Erwärmungen durch die Umformung selbst nicht als Anwärmen gelten (s. z. B. DIN 8583 Blatt 1). Entsprechend dieser Festlegung (im wesentlichen aber auch nach früheren Begriffsbestimmungen auf der Grundlage der Rekristallisationstemperatur) bleiben die durch das Umformen hervorgerufenen Änderungen der Werkstoffeigenschaften erhalten. Kaltumgeformt wird daher, wenn besondere Eigenschaften, z. B. erhöhte Festigkeitswerte, nach der Umformung angestrebt werden; wesentlich sind aber auch u. a. gute Werkstoffausnutzung und große Maßgenauigkeit (s. auch D 6).

Von den vielen unterschiedlichen Verfahren der Kalt-Massivumformung seien hier nur Ziehen von Draht, Stangen und Rohren; Verwinden, Verdrillen; Prägen; Fließpressen und Drücken genannt.

Literatur zu C 7 siehe Seite 714, 715

C 7.2 Kennwerte für die Kalt-Massivumformbarkeit und ihre Ermittlung

C 7.2.1 Fließspannung (Formänderungsfestigkeit), Formänderungsvermögen

Wegen der Vielfalt der Umformverfahren kann das Verhalten eines Werkstoffs bei der Kalt-Massivumformung nicht durch eine einzelne Kenngröße beschrieben werden, zumal da immer zu unterscheiden ist zwischen den Eigenschaften eines Werkstoffs an sich und seinem Verhalten in Verbindung mit dem Umformwerkzeug, erkennbar am Unterschied zwischen der Formänderungsfestigkeit und dem Formänderungswiderstand. Daher wurde auch zur modellmäßigen Nachbildung der Eigenheiten der zahlreichen unterschiedlichen Kalt-Umformverfahren eine Vielzahl von Prüfverfahren entwickelt. Doch lassen sich die dabei erhaltenen Kennwerte nur mit Vorbehalten auf andere Abmessungen oder Umformverfahren übertragen. Ursache dafür ist die Reibung zwischen Werkzeug und Werkstück, die bei der Massivumformung maßgebend den jeweiligen Beanspruchungszustand beeinflußt und selbst entscheidend durch Umformgeometrie und Schmierung beeinflußt wird. Jedoch kann unabhängig vom Umformverfahren die *Umformbarkeit eines Werkstoffs* durch Formänderungsfestigkeit und Formänderungsvermögen in Abhängigkeit von Formänderung, Formänderungsgeschwindigkeit und Temperatur gekennzeichnet werden. *Die Formänderungsfestigkeit k_f ist definiert als die für plastisches Fließen erforderliche wahre Spannung (oder wahre Hauptspannungsdifferenz), sie wird daher neuerdings mit Fließspannung bezeichnet.* Die Formänderung wird als wahre Formänderung, z. B. bei Zugbeanspruchung als wahre Dehnung

$$\varphi = \int_{L_0}^{L} \frac{dL}{L} = \ln \frac{L}{L_0}$$

angegeben (L_0 = Ausgangslänge, L = augenblickliche Länge), sie wird *logarithmische Formänderung,* neuerdings *Umformgrad* genannt. Der Zusammenhang zwischen Fließspannung k_f und Umformgrad φ ist durch die sogenannte Fließkurve gegeben (s. auch C1). Für gleichbleibende Formänderungsgeschwindigkeit und Temperatur wird diese Beziehung ideale Fließkurve genannt. Während einer praktischen Umformung ändern sich aber fast immer Formänderungsgeschwindigkeit und Temperatur, und die unter entsprechenden Bedingungen in Abhängigkeit vom Umformgrad (von der Formänderung) ermittelte Fließspannung (Formänderungsfestigkeit) ergibt die reale Fließkurve, die sich von der idealen sehr unterscheiden kann.

Aus der Fließspannung können der Kraftbedarf bei der Umformung und die zu erwartenden Werkstoffeigenschaften nach der Umformung abgeschätzt werden. Das Formänderungsvermögen wird damit nicht erfaßt, obwohl es bei jeder Umformung im Grundsatz eine Grenze der Formänderung gibt, die durch das erste Auftreten von Rissen oder durch den Bruch gekennzeichnet ist, so daß diese Grenze der Formänderung als *Begriffsbestimmung für das Formänderungsvermögen* anzusehen ist. Beim Zugversuch tritt z. B. der Bruch beim Überschreiten einer bestimmten Dehnung ein. Das Formänderungsvermögen ist damit erschöpft. Somit kann die Bruchdehnung als *vergleichender Anhalt* für das Formänderungsvermögen herangezogen werden. Eine Größe zur quantitativen Kennzeichnung des Formänderungsvermögens eines bestimmten Werkstoffs steht zur Zeit nicht zur Verfügung, man ist vielmehr auf experimentell ermittelte qualitative Ergebnisse, z. B. auf die Ermittlung der schon genannten Bruchdehnung oder auch der Brucheinschnürung im Zugversuch, der Anzahl der Umdrehungen bis zum ersten Anriß oder bis zum Bruch im Verdrehversuch (Torsionsversuch) und die ohne Anriß erzielbare Stauchung im Stauchversuch angewiesen. Solche Kennzahlen, die in vielen Fällen zur relativen Beurteilung ausreichen, sind aber eng mit dem betreffenden Umformverfahren verknüpft. So ist die Stauchung bis zum ersten Anriß nur dann ein Maß des Formänderungsvermögens, wenn die Reibungsverhältnisse bei der Prüfung denen der Praxis ebenso entsprechen wie die Probengeometrie. Es wird dann der Einfluß der Oberflächengüte erfaßt, da Anrisse bei Stauchproben aus verformungsfähigen Werkstoffen im allgemeinen in Richtung der Mantellinie verlaufen, also senkrecht zu tangentialen Zugspannungen, die sich als Folge der Deckflächenreibung ausbilden.

Auch das Formänderungsvermögen eines Werkstoffs ist also als Systemeigenschaft anzusehen, es wird vor allem durch die Art des Spannungszustandes, die Temperatur und die Umformgeschwindigkeit beeinflußt. Die günstige Wirkung von Druckspannungen wird in C 7.3.1 erwähnt.

Eine Temperaturerhöhung verbessert das Formänderungsvermögen, wobei es ohne Einfluß ist, ob die Proben vorgewärmt werden oder sich als Folge der Umformung erwärmen.

Eine Zunahme der Umformgeschwindigkeit begünstigt zwar einerseits durch Anheben der kritischen Schubspannung die Neigung zu verformungsarmen Brüchen, bewirkt aber andererseits durch stärkere Eigenerwärmung des Werkstoffs eine Erhöhung des Formänderungsvermögens.

C 7.2.2 Fließkurve

Allgemeines

Da in C 1 die Fließspannung (Formänderungsfestigkeit) und in C 6 im Zusammenhang mit der Warmumformbarkeit das Formänderungsvermögen eingehender behandelt werden, soll hier in Ergänzung dazu etwas näher auf die *Fließkurve* eingegangen werden, die – wie oben gesagt – den Zusammenhang zwischen der Fließspannung k_f (als wahre Spannung) und dem Umformgrad φ (als wahre Formänderung) kennzeichnet [1]. In der Umformtechnik werden nämlich im Gegensatz zur allgemeinen Werkstoffprüfung, bei der man Kräfte und Längenänderungen auf die Ausgangswerte von Querschnitt und Meßlänge bezieht, die wahren Spannungen und wahren Formänderungen durch Bezug auf die momentanen Werte errechnet, da sich diese Größen besser zur Kennzeichnung der Zusammenhänge bei großen plastischen Formänderungen eignen. Während sich z. B. bei einer Längenänderung um den Faktor 2 im Zug- und Stauchversuch die Werte für $\varphi = \ln(L/L_0)$ nur im Vorzeichen unterscheiden, hat $\varepsilon = \Delta L/L_0$ auch im Betrag unterschiedliche Werte.

Bei der Aufnahme von Fließkurven soll der Spannungszustand unabhängig von der Formänderung sein. Kraft und Formänderung sollen sich mit geringer Meßunsicherheit bestimmen lassen. Große Formänderungen sollen möglich sein und die Formänderungsgeschwindigkeit soll in einem größeren Bereich verändert werden können.

Die größten Schwierigkeiten bestehen bei der Einhaltung des Spannungszustandes, und es werden daher meist nur Zugversuche, Stauchversuche und Verdrehversuche in ihren verschiedenen Abwandlungen (beim Stauchversuch z. B. als Zylinder- oder als Flachstauchversuch) zur Bestimmung von Fließkurven angewandt [1-7].

Einfluß des Prüfverfahrens auf den Verlauf der Fließkurve

Zwischen den nach verschiedenen Verfahren aufgenommenen Fließkurven eines Werkstoffs zeigen sich mehr oder weniger große Unterschiede. *Ursachen für diese Unterschiede* sind u. a. die unterschiedliche Meßgenauigkeit, Abweichungen von den der Auswertung zugrunde liegenden Voraussetzungen, Ungenauigkeiten bei der Bestimmung der Vergleichsgrößen, unterschiedliche Auswirkungen einer Anisotropie und unterschiedliche Einflüsse von Temperatur und Reibung.

So muß nach Frobin [8] je nach Werkstoff und Umformgrad mit Streuungen der Fließspannung von ± 2 bis $\pm 5\%$ gerechnet werden.

Den Einfluß des Prüfverfahrens untersuchte Krause [9] für verschiedene Werkstoffe, und Bild C 7.1 zeigt am Beispiel eines Stahls mit rd. 0,1% C (Ck 10), daß die nach den verschiedenen Verfahren erhaltenen Fließkurven weder in der Darstellung nach v. Mises [10] noch nach Tresca [11] zusammenfallen.

Bei *Stauchversuchen* führt die Reibung zu einer Erhöhung der Fließspannungs-

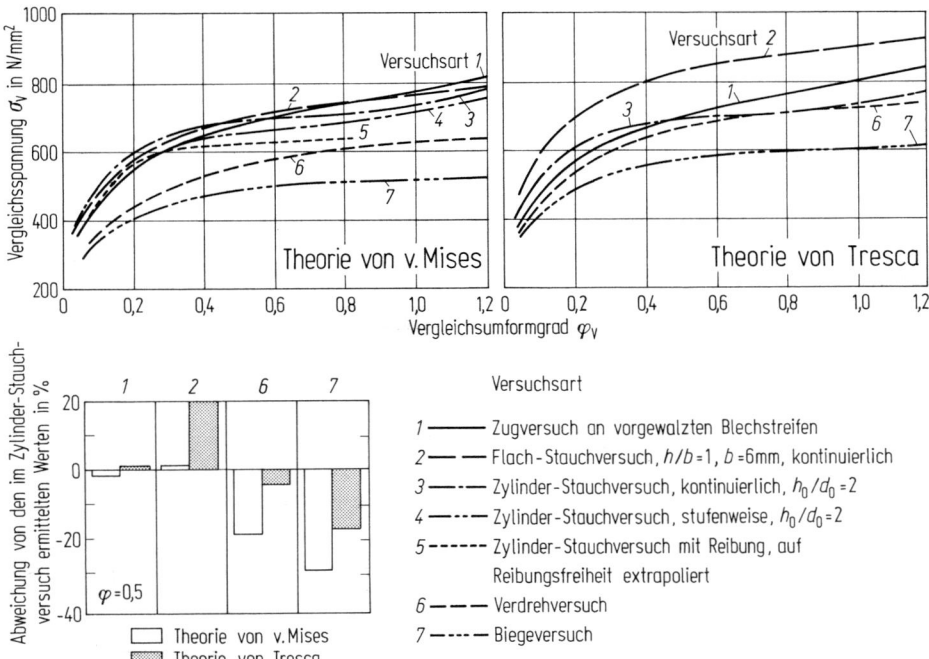

Bild C 7.1 Nach verschiedenen Verfahren ermittelte Fließkurven für einen unlegierten Stahl mit rd. 0,1% C (Ck 10). Nach [9]. (Vergleichsspannung σ_v und Vergleichs-Umformgrad φ_v jeweils nach von Mises [10] oder nach Tresca [11], s. auch C 1.1.1.2).

werte, wodurch auch der unterschiedliche Einfluß verschiedener Schmiermittel erklärt wird. Dieser Einfluß ist bei Flachstauchversuchen, bei denen zwei gegenüberstehende Stempel in die Probe mit einem Verhältnis von Breite zu Höhe $b/h > 6$ gedrückt werden [1], geringer als bei Zylinderstauchversuchen [4, 5]. Auch eine Eigenerwärmung der Probe wirkt sich bei kontinuierlicher Versuchsführung bei Flachstauchversuchen geringer aus, da die entstehende Wärme bei ihnen auch über die unverformten Probenteile abgeleitet wird.

Im Bereich der Gleichmaßdehnung eignet sich der reibungsfreie *Zugversuch* gut zur Aufnahme von Fließkurven. Für den Einschnürbereich können zwar Fließspannung und Umformgrad errechnet werden, ergeben aber keine befriedigende Übereinstimmung mit den Ergebnissen anderer Verfahren.

Unterschiede in den Ergebnissen von Zug- und Stauchversuchen sind meist auf Reibungseinfluß zurückzuführen.

Ähnlich wie der Zugversuch ist auch der *Verdrehversuch* reibungsfrei [6, 12]. Die wegen des Fehlens von Einschnürung oder Ausbauchung möglichen größeren Formänderungen übertreffen diejenigen des Stauchversuchs. Doch hat er sich bisher zur Ermittlung der Fließkurve bei Raumtemperatur oder mäßig erhöhten Temperaturen nicht durchsetzen können, da bei fester Probeneinspannung zwar eine Längenänderung verhindert, durch die dabei entstehenden Längsspannungen der Spannungszustand aber unübersichtlich mehrachsig gemacht wird. Bei Zulassen von Längenänderungen bleibt der Spannungszustand zwar in erster Näherung zweiachsig, doch erschweren die dann auftretenden Querschnittsänderungen die Berechnung. Hinzu kommt, daß die Festlegung des Spannungsgradienten im Probenquerschnitt gewisse Annahmen erfordert, deren Gültigkeit nicht allgemein gesichert ist.

Einfluß der Umformgeschwindigkeit und Eigenerwärmung beim Versuch

Der Einfluß der Umformgeschwindigkeit läßt sich von dem der Probenerwärmung nur schwer trennen. Nur bei genügend langsamer Versuchsführung kann die Probenerwärmung vernachlässigt werden. Beim Stufenstauchversuch [5] erfolgt zwischen den Stauchungen Temperaturausgleich mit der Umgebung. Beim kontinuierlichen Stauchversuch [4, 5] erwärmt sich die Probe mit zunehmender Verformung, und die Fließspannung sinkt ab. Die nach dem Stufenverfahren aufgenommene Fließkurve wird daher als *isotherm* angesehen, während die kontinuierlich ermittelte *polytrop* genannt wird (s. Bild C 7.2).

Die geringere Steigung der polytropen Fließkurve in Bild C 7.2a wird dadurch erklärt, daß die Einzelpunkte für bestimmte Formänderungen und Temperaturen auf den isothermen Fließkurven für verschiedene Temperaturen liegen. Verdeutlicht wird diese Vorstellung in Bild C 7.2b am Beispiel eines austenitischen Stahls mit rd. 0,12 % C, 17 % Cr und 7 % Ni (X 12 CrNi 17 7). Bild C 7.3 zeigt als Beispiel diese Änderung der Probentemperatur während der Umformung für verschiedene Anfangstemperaturen für einen unlegierten Stahl mit rd. 0,1 % C (Ck 10) und einen mit Titan stabilisierten austenitischen Stahl mit rd. 0,08 % C, 18 % Cr und 9 % Ni (X 10 CrNiTi 18 9) [14]. Einen ähnlichen Einfluß hat auch die Formänderungsgeschwindigkeit. Vergleichbare Ergebnisse sind daher nur bei Gleichhaltung der wesentlichen Prüfparameter zu erwarten. Der Einfluß der Prüfgeschwindigkeit kann vor allem wegen der parallel laufenden Probenerwärmung so stark werden,

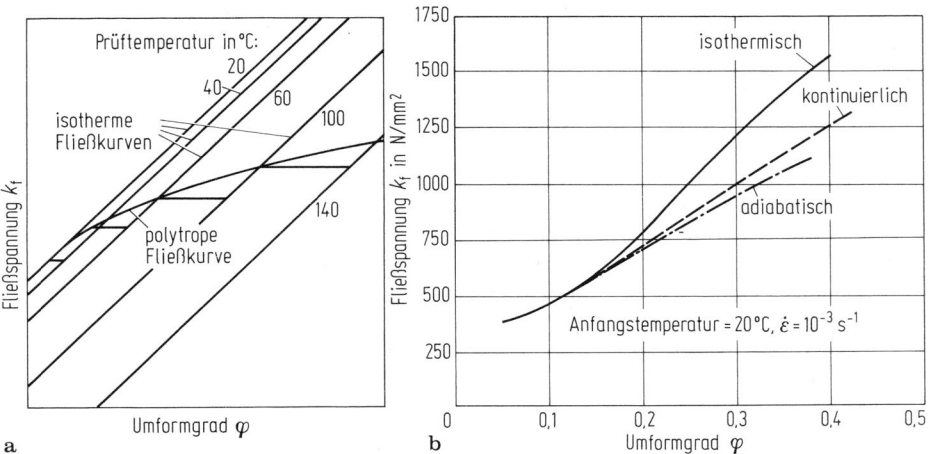

Bild C 7.2 Einfluß der Probenerwärmung bei kontinuierlicher Versuchsführung auf Lage und Form der Fließkurve. Nach [13]. **a** schematische Darstellung nach [5]; **b** Fließkurven eines austenitischen Stahls mit rd. 0,12% C, 17% Cr und 7% Ni (X 12 CrNi 17 7).

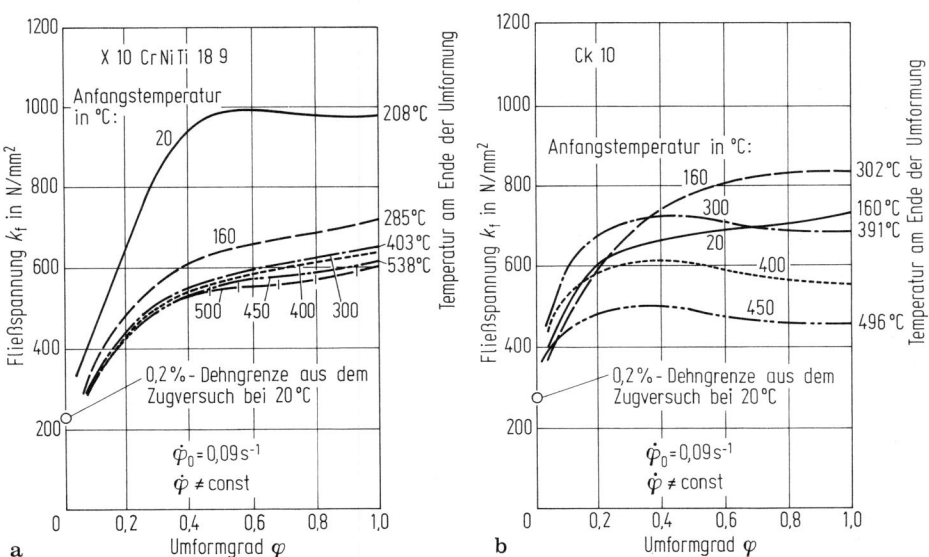

Bild C 7.3 Im Zylinder-Stauchversuch ermittelte Fließkurven bei verschiedenen Anfangstemperaturen. Nach [14]. **a** mit Titan stabilisierter austenitischer Stahl mit rd. 0,08% C, 18% Cr und 10% Ni (X 10 CrNiTi 18 9); **b** unlegierter Stahl mit rd. 0,1% C (Ck 10).

daß eine scheinbar negative Verfestigung auftritt, wie Bild C 7.4 am Beispiel eines martensitaushärtenden Stahls mit rd. 0,02% C, 8% Co, 5% Mo und 18% Ni (X 2 NiCoMo 18 8 5) verdeutlicht.

Den Versuchen [15, 16], den Einfluß von Geschwindigkeit und Temperatur auf die Fließspannung formelmäßig zu erfassen, wobei aber Probengröße, Geometrie und spezielle Prüfverfahren unberücksichtigt bleiben, kann nur als Abschätzung Bedeutung zukommen.

Ableitung der Fließkurve aus anderen Werkstoffkennwerten

Der Aufwand bei der Aufnahme von Fließkurven führte zum Versuch ihrer Vorherbestimmung aus anderen Kennwerten. So errechnete Reihle [2] ihren Verlauf aus den Ergebnissen des Zugversuchs. Genügt für einen bestimmten Werkstoff die Kenntnis des allgemeinen Verlaufs der Fließkurve, so kann man ihn mit für viele Fälle ausreichender Genauigkeit errechnen [17, 18], wie Bild C 7.5 zeigt.

C 7.3 Einflußgrößen für die Kalt-Massivumformbarkeit

C 7.3.1 Allgemeine Zusammenhänge

Die *Verfestigung* beim Kaltumformen ist der örtlichen Vergleichsformänderung proportional, wie Bild C 7.6 als Beispiel für zwei verschiedene Stähle durch den Verlauf der Härte in Abhängigkeit von der Vergleichsformänderung zeigt [19]. Eine Verfestigung ist einerseits erwünscht, da durch sie bei gegebener Formänderung

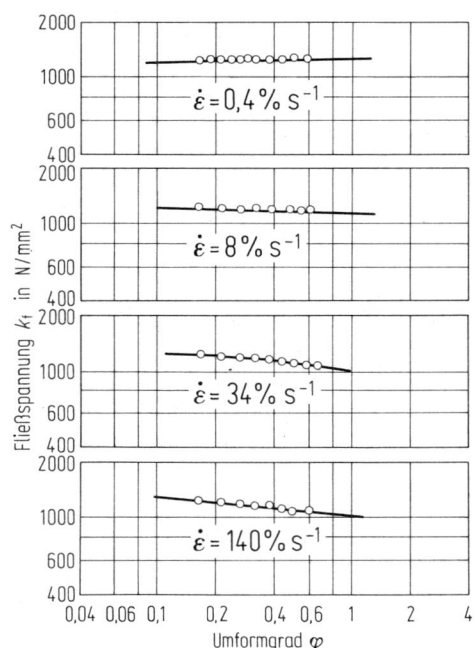

Bild C 7.4 Der Einfluß der Stauchgeschwindigkeit $\dot{\varepsilon}$ auf den Verlauf der Fließkurve eines Stahls mit rd. 0,02% C, 8% Co, 5% Mo und 18% Ni (X 2 NiCoMo 18 8 5).

Verfestigung

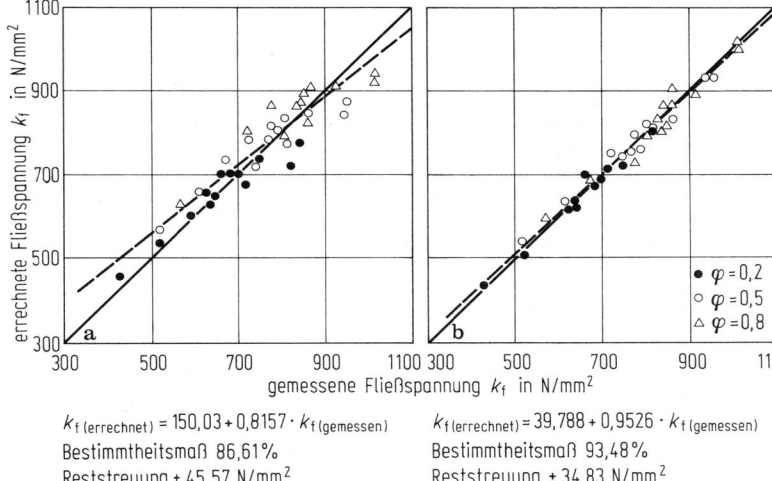

$k_{f\,(errechnet)} = 150{,}03 + 0{,}8157 \cdot k_{f\,(gemessen)}$
Bestimmtheitsmaß 86,61 %
Reststreuung ± 45,57 N/mm²

$k_{f\,(errechnet)} = 39{,}788 + 0{,}9526 \cdot k_{f\,(gemessen)}$
Bestimmtheitsmaß 93,48 %
Reststreuung ± 34,83 N/mm²

Bild C 7.5 Vergleich gemessener Werte der Fließspannung k_f (Formänderungsfestigkeit) mit errechneten Werten. Nach [17]. **a** k_f nur aus der chemischen Zusammensetzung errechnet [18]; **b** k_f aus der chemischen Zusammensetzung und der Zugfestigkeit errechnet [17, 18].

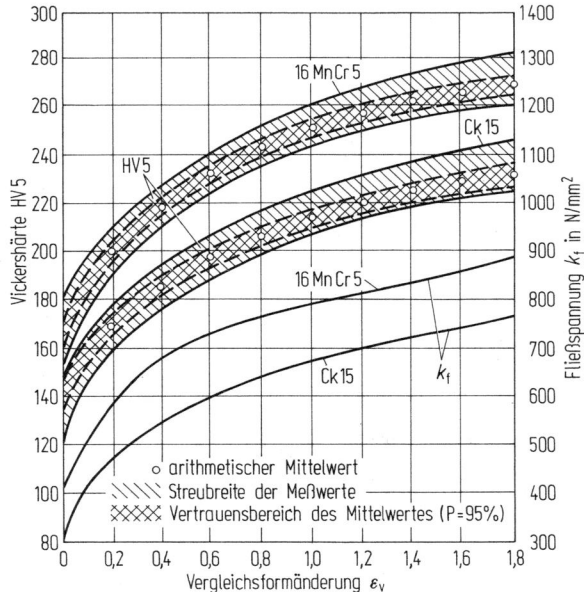

Bild C 7.6 Zusammenhang zwischen Vergleichsformänderung ε_v, Vickershärte HV 5 und Fließspannung k_f für einen unlegierten Stahl mit rd. 0,15 % C (Ck 15) und einem legierten Stahl mit rd. 0,16 % C, 1,2 % Mn und 0,9 % Cr (16 MnCr 5). Nach [19].

höhere Werte z. B. von Streckgrenze und Zugfestigkeit erzielt werden. Andererseits ist sie unerwünscht, wenn wegen der Zunahme dieser Größen eine Weiterführung der Formgebung eine Zwischenglühung erfordert.

Eine plastische Umformung ist nur möglich, wenn in dem umzuformenden Werkstoff die *kritische Schubspannung,* das ist die Schubspannung, bei deren Überschreitung Gleitvorgänge einsetzen, durch die äußere größte Schubspannung überschritten wird, wobei gleichzeitig an keiner Stelle die Trennbruchfestigkeit durch die größte Normalspannung oder die Scherbruchfestigkeit durch die größte Schubspannung erreicht werden darf. Formänderung und damit Festigkeitssteigerung können z. B. in einem Fließpreßteil örtlich sehr unterschiedlich sein, so daß durchaus an einer Stelle schon kritische Bedingungen vorliegen, während sich an einer anderen Stelle der Ausgangswerkstoff noch nicht verändert hat. Als Beispiel zeigt Bild C 7.7 die Härteverteilung in einem einfachen Fließpreßteil [20].

Dem *Erliegen des Werkstoffs* durch Abscheren oder Trennen entsprechen unterschiedliche Bruchformen. Schubspannungsbrüche treten auf, wenn die größte Schubspannung die Scherbruchfestigkeit eher erreicht als die größte Normalspannung die Trennbruchfestigkeit. Für die Umformbarkeit ist also der Unterschied zwischen der kritischen Schubspannung (Beginn plastischer Verformung) einerseits und der Scherbruchfestigkeit oder Trennbruchfestigkeit (je nach Spannungszustand) andererseits von Bedeutung. Je größer er ist, um so geringer ist die Gefahr des Erliegens auch bei kleinem Verhältnis von größter Schubspannung zu größter Normalspannung. Wird bei spröderen Werkstoffen oder auch örtlich bei gut verformungsfähigen Werkstoffen nach starker Umformung dieser Unterschied kleiner, so muß man das Verhältnis von größter Schubspannung zu größter Normalspannung entsprechend vergrößern, um eine bestimmte Umformung erzielen zu können.

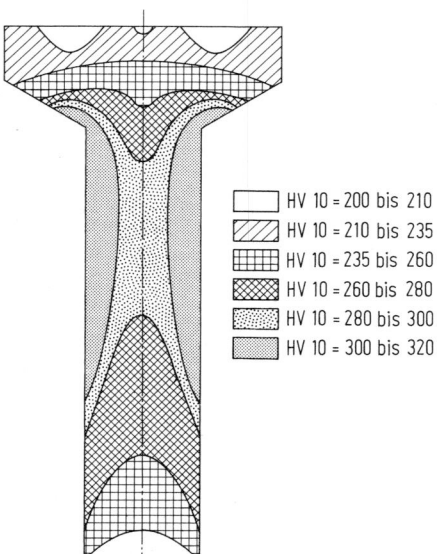

Bild C 7.7 Härte über den Längsschnitt eines einfachen fließgepreßten Teils aus einem unlegierten Stahl mit rd. 0,35 % C (C 35) (Verformungsgrad: 80 %; Ausgangshärte: 155 HV 10). Nach [20].

In der Praxis wird dies häufig erreicht durch *Vergrößerung des Druckspannungsanteils,* wodurch die Schubspannung als Differenz der Normalspannungen vergrößert, die Normalspannung selbst aber verkleinert wird. Die so erreichbare Vergrößerung des Formänderungsvermögens geht auch aus dem schematischen Bild C 6.1 hervor, in dem zusätzlich die bei üblichen Prüf- und Umformverfahren erzielbaren Werte mit eingetragen wurden [21].

Dementsprechend könnte prinzipiell bei jedem metallischen Werkstoff jede Umformung erreicht werden, wenn nicht einmal durch das Auftreten von Reibungskräften das Erreichen solch hoher Druckspannungszustände erschwert oder unmöglich gemacht würde und wenn nicht die gewünschte Formgebung das Auftreten auch weniger günstiger Spannungszustände örtlich bedingen würde. Darüber hinaus kann auch der Werkzeugverschleiß in der Praxis nicht vernachlässigt werden.

Die Größe der Verfestigung bestimmt auch die *Eigenschaften* des Erzeugnisses. Mit zunehmendem Umformgrad steigen Streckgrenze und Zugfestigkeit an, während Gleichmaßdehnung, Bruchdehnung und Brucheinschnürung abnehmen, bis schließlich die Gleichmaßdehnung ganz verschwindet.

Außer Eigenspannungen 2. und 3. Art (s. C 1.1.1.4) als Folge von Versetzungsansammlungen und Verspannungen der Gitterebenen können in kaltumgeformten Metallen nach ungleichmäßiger plastischer Verformung auch makroskopische Spannungen (Eigenspannungen 1. Art) von unterschiedlicher Größe und mit unterschiedlichem Vorzeichen vorliegen, die zum Aufreißen stark umgeformter Teile führen können. Wenn auch die plastische Verformung an sich bei konstantem Volumen erfolgt, so tritt doch mit zunehmender Umformung durch Bildung von Versetzungen, Leerstellen und elastischen Verspannungen eine Vergrößerung des spezifischen Volumens mit entsprechender Abnahme des Elastizitätsmoduls ein.

C 7.3.2 Einfluß der chemischen Zusammensetzung und des Gefüges

Für die beiden entscheidenden Kenngrößen der Umformbarkeit, nämlich Fließspannung (Formänderungsfestigkeit) und Formänderungsvermögen, ist maßgebend das Werkstoffgefüge und seine Änderung als Folge der Umformung, sei es durch Verfestigung, sei es durch zusätzliche Phasenänderungen. Eine gute Kaltumformbarkeit wird durch Kombination von guter Oberflächenbeschaffenheit, niedriger Streckgrenze und gutem Formänderungsvermögen erzielt. Außer bei der Oberflächengüte, die überwiegend vom Herstellungsgang abhängt, werden diese Eigenschaften durch Wahl der geeigneten chemischen Zusammensetzung und Einstellung des günstigsten Gefüges durch eine Wärmebehandlung erreicht.

Bleibende Formänderungen werden durch Gleitungen innerhalb der einzelnen Kristallite auf kristallographisch bevorzugten Ebenen und in bevorzugten Richtungen ermöglicht, die *Gitterstruktur* der Kristallite hat also einen erheblichen Einfluß auf die Kaltumformbarkeit, da die Zahl der bevorzugten Gleitebenen und -richtungen von ihr abhängt. Dies kann in technischen Werkstoffen durch Gitterfehler und durch die Art, in der z. B. Fremdatome im Gitter eingebaut sind, überdeckt werden.

Die chemische Zusammensetzung beeinflußt *Kristallstruktur und Gefüge.* So nimmt mit steigendem Kohlenstoffgehalt (und damit im einfachsten Fall mit steigendem Perlitanteil im Gefüge) und Zunahme der Legierungsbestandteile das

Formänderungsvermögen im allgemeinen ab und die Fließspannung zu, wie es Bild C 7.8 als Beispiel zeigt, in dem beide Größen, die Fließspannung und das Formänderungsvermögen (hier gekennzeichnet durch die Brucheinschnürung), zusammen mit der Zugfestigkeit und der 0,2%-Dehngrenze über dem sogenannten äquivalenten Kohlenstoffgehalt C' aufgetragen wurden, der in diesem Fall mit der Beziehung % C' = % C + (% Mn - 0,6)/4 + % Cr/20 + % Ni/20 errechnet wurde [22]. Wie alle derartigen Beziehungen ist auch diese Formel mit Vorbehalt zu betrachten. Ergibt sie schon bei den Festigkeitskennwerten nur einen angenäherten Zusammenhang, so gilt das noch mehr bei der Brucheinschnürung, da der unter Umständen günstige Einfluß von Legierungselementen zur Erzielung eines besseren Zementiteinformungsgrades bei der Glühung auf kugeligen Zementit nicht berücksichtigt wird.

Zusätzlich eingetragen wurde in dieses Bild auch die Fließspannung nach unterschiedlich starker Umformung. Dabei ist die Zunahme der Fließspannung durch die Umformung gut zu erkennen, die mit einer entsprechend starken Abnahme des

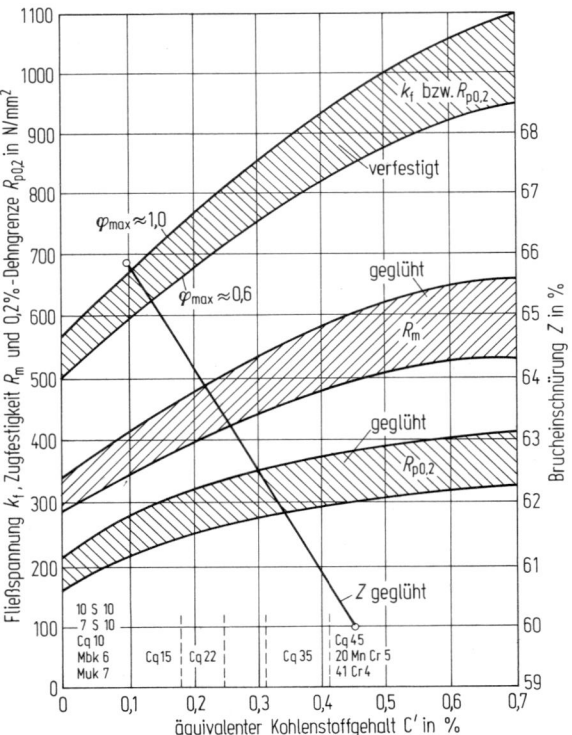

Bild C 7.8 Fließspannung (Formänderungsfestigkeit), Zugfestigkeit und 0,2%-Dehngrenze für geglühte oder verfestigte Stähle unterschiedlicher chemischer Zusammensetzung, gekennzeichnet durch den äquivalenten Kohlenstoffgehalt C' (s. C 7.3.2). Untersucht wurden unlegierte Stähle mit rd. 0,1 % C (Cq 10, aber auch die aufgeschwefelten Stähle 7 S 10 und 10 S 10 sowie die weichen Stähle Mbk 6 und Muk 7), 0,15 % C (Cq 15), 0,22 % C (Cq 22), 0,35 % C (Cq 35) und 0,45 % C (Cq 45), sowie legierte Stähle mit rd. 0,4 % C und 1 % Cr (41 Cr 4) und mit rd. 0,2 % C, 1,2 % Mn und 1,1 % Cr (20 MnCr 5). Nach [22].

Formänderungsvermögens gekoppelt ist (was allerdings im Bild nicht eingezeichnet wurde).

Ein Kohlenstoffgehalt von 1,6 % bedeutet praktisch die obere Grenze der Kaltumformbarkeit. Stahlbegleitelemente, wie z. B. Schwefel und Phosphor, beeinträchtigen im allgemeinen das Formänderungsvermögen. Da auch die im Ferrit gelösten Anteile der Begleit- oder Legierungselemente, z. B. Mangan, Silizium, Aluminium und Stickstoff, einen verfestigenden Einfluß ausüben, wird beim Erschmelzen und Vergießen angestrebt, ihren Anteil gering zu halten. Stähle mit wenig Kohlenstoff und ohne Legierungszusätze können daher als optimal verformbar angesehen werden. Bei solchen unlegierten, kohlenstoffarmen Stählen besteht das *Gefüge* fast ausschließlich aus Ferrit. Der Anteil an Zementit ist gering. Jedoch bleibt auch bis zu Kohlenstoffgehalten von rd. 0,35 % bei unlegierten und niedriglegierten Stählen der Einfluß des Ferrits auf das Verfestigungsverhalten entscheidend. Erst bei höheren Kohlenstoffgehalten wird der Anteil an Zementit als Bestandteil des Perlits bestimmend. Zur Verbesserung der Kaltumformbarkeit solcher Stähle mit ihrem Gefüge aus Ferrit und Perlit sollte der Zementit im Perlit durch entsprechende Glühung möglichst eingeformt (kugelig) werden (s. u.). Dabei ist zu beachten, daß z. B. bei chromlegierten Stählen ein Teil des Chromgehalts vom Zementit abgebunden wird und das entsprechende chromhaltige Karbid leichter einformend geglüht werden kann (Einzelheiten zu den Stählen s. D 6).

Für den *Ausgangszustand zur Kaltumformung* wird unabhängig von der chemischen Zusammensetzung im allgemeinen eine möglichst niedrige Fließspannung, geringe Verfestigungsfähigkeit und großes Formänderungsvermögen gewünscht. Dies bedingt in der Regel eine Wärmebehandlung, nach der das Gefüge aus

Ferrit + Perlit mit körniger, kugeliger Ausbildung des Zementits im Perlit nach Weichglühung,

Ferrit + Perlit mit lamellarer Ausbildung des Zementits im Perlit nach Normalglühung,

Ferrit + Zementit mit körniger Ausbildung des Zementits im Vergütungsgefüge nach entsprechender Vergütung oder

aus entsprechenden Mischgefügen besteht.

Die wirtschaftlichste *Wärmebehandlung* für die meisten Umformverfahren ist die Weichglühung. Durch sie wird der ursprünglich lamellare Perlit kugelig eingeformt. Die Normalglühung ergibt höhere Werte der Fließspannung, wogegen nach einer Vergütung die Werte für die Fließspannung je nach Zusammensetzung des Stahls und Anlaßbehandlung oberhalb oder unterhalb der Normalglühwerte liegen können. Doch ist das Formänderungsvermögen im allgemeinen nach einer Vergütung größer als nach Normalglühung oder Weichglühung.

Stahl mit grobstreifigem Perlit, wie er bei höheren Kohlenstoffgehalten im warmgewalzten Zustand vorliegt, ist nur begrenzt kaltumformbar. Durch das schon erwähnte Glühen auf kugeligen Zementit wird die Kaltumformbarkeit wesentlich verbessert. Auch durch Kaltumformung mit anschließendem Rekristallisationsglühen kann kugeliger Zementit gebildet und damit die Kaltumformbarkeit verbessert werden. Aber auch sehr feinstreifiger Perlit, wie man ihn beim Patentieren von

Stahldraht für Förderseile und Federn erhält, ergibt trotz erhöhter Fließspannung eine gute Kaltumformbarkeit (s. D 7).

Das *Formänderungsvermögen,* gekennzeichnet durch die Brucheinschnürung, wird wesentlich von der Gefügeausbildung beeinflußt, wie Bild C 7.9 a für einen unlegierten Stahl mit rd. 0,45 % C (Ck 45) deutlich zeigt [23]. Durch Einformen des Zementits im Perlit nimmt die Zugfestigkeit um 17% ab und die Brucheinschnürung um 35% zu. Wird gehärtet und auf die gleiche Zugfestigkeit von 600 N/mm² angelassen, erhöht sich die Brucheinschnürung noch einmal um 24%. Das Formänderungsvermögen des Gefüges nach dieser Behandlung wird also besser sein als bei den beiden anderen Zuständen.

Für eine andere Schmelze des gleichen Werkstoffs zeigt Bild C 7.9 b den Vergleich für die Wärmebehandlungen Normalglühen und Vergüten, wobei das Anlassen nach dem Härten so gewählt wurde, daß etwa die gleiche Zugfestigkeit wie nach dem Normalglühen erzielt wurde. Auch hier weist das Vergütungsgefüge mit Ferrit + Zementit (s. o.) eine um 34% höhere Brucheinschnürung auf als das Normalglühgefüge Ferrit + Perlit (Zementit im Perlit lamellar).

Müssen größere Umformgrade erreicht werden, ist wegen der Verfestigung eine Zwischenglühung notwendig. Auch können die Werkzeuge je nach Werkstoff und Wärmebehandlung nur eine Flächenpressung von höchstens rd. 2800 N/mm² aushalten. Da mit steigender Fließspannung die Flächenpressung steigt, muß beim Erreichen dieses Grenzwertes die Formgebung beendet werden, auch wenn das Formänderungsvermögen noch nicht erschöpft sein sollte.

In kohlenstoffarmen Stählen können sich die Eigenschaften nach einer Kaltumformung im Laufe der Zeit verändern. Diese mechanische Alterung kann u. a. auf das Vorhandensein von Kohlenstoff und Stickstoff zurückgeführt werden (s. C 1). Durch diese Alterung werden die Festigkeitswerte erhöht und die Zähigkeitswerte

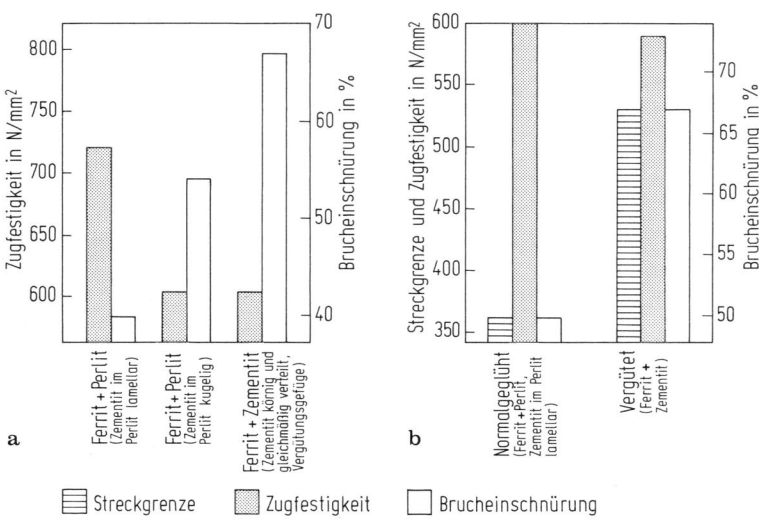

Bild C 7.9 Einfluß der Gefügeausbildung auf Festigkeit und Verformungsvermögen (Brucheinschnürung) von zwei Schmelzen **a** und **b** eines unlegierten Stahls mit rd. 0,45 % C (Ck 45). Nach [23].

vermindert, die Kaltumformbarkeit also nachteilig beeinflußt. Abträglich ist die Alterung bei der Kaltumformung von Teilen in mehreren Arbeitsgängen ohne Zwischenglühung. Nur voll beruhigte Stähle, bei denen der Stickstoff abgebunden ist, zeigen keine solche Alterung. Eine Vorwegnahme der Alterung durch Anlassen bei 200 bis 300 °C (künstliche Alterung) ist möglich.

Neben unlegierten und niedriglegierten Stählen werden häufig auch *chemisch beständige Stähle* kaltumgeformt. Bei ihnen ist zu unterscheiden zwischen ferritischen, martensitischen und austenitischen Stahlsorten. Die Kristallite der Grundmasse von ferritischen Chromstählen mit $\leq$ 0,12% C und 13 bis 28% Cr, die nur mäßige Korrosionsbeständigkeit aufweisen, haben ein kubisch-raumzentriertes (krz) Gitter, ihr Verfestigungsverhalten ist daher ähnlich dem der unlegierten Stähle; ihre Eignung zum Kaltumformen ist mittelmäßig. Die martensitischen Chromstähle, die neben 0,15 bis 1,2% C und 13 bis 18% Cr Zusätze von Kobalt, Molybdän, Nickel und Vanadin enthalten und ebenfalls nur bedingten Korrosionsschutz bieten, lassen sich deutlich schlechter kaltumformen, obwohl auch bei ihnen die Grundmasse eine dem krz Gitter verwandte Struktur hat. Dagegen haben austenitische Stähle mit $\geq$ 16% Cr und $\geq$ 8% Ni aufgrund ihres kubisch-flächenzentrierten (kfz) Gitteraufbaus mit seinen zahlreichen Gleitmöglichkeiten ein deutlich stärkeres *Verfestigungsvermögen* als Stähle mit krz Gitter. Dieses wird weiter erhöht durch die im Verlaufe der Umformung ablaufende Umwandlung des Austenits in den ferromagnetischen α'-Martensit mit wesentlich höherer Festigkeit. Die Menge des sich bildenden Martensits und damit die Festigkeitssteigerung ist von der chemischen Zusammensetzung, dem Umformgrad, der Umformtemperatur und der Umformgeschwindigkeit abhängig. Durch Erhöhung der Umformtemperatur auf etwa 200 bis 300 °C kann die Martensitbildung verhindert werden.

Die durch die Umwandlung bewirkte Zunahme der Festigkeit ist so erheblich, daß bereits nach Querschnittsänderungen von rd. 35 bis 40% zwischengeglüht werden muß. Bei der Umformung laufen in austenitischen Stählen verschiedene, das Verfestigungsverhalten und die Zunahme der Festigkeit beeinflussende Vorgänge in folgender Reihenfolge ab: Wanderung der Versetzungen im Austenit; Zusammenballung von Versetzungen, Zellenbildung und Entstehung von Stapelfehlern; Bildung von Verformungszwillingen im Austenit; Martensitbildung; Wanderung von Versetzungen im Martensit; Bildung von Verformungszwillingen im Martensit. Dabei ist zu berücksichtigen, daß sich die Wirkungen verschiedener Mechanismen zeitlich überlagern.

Die teilweise Umwandlung des Austenits in α'-Martensit läßt sich durch Änderung der chemischen Zusammensetzung, z. B. durch Erhöhung des Nickel-, Kohlenstoff- oder Stickstoffgehaltes, vermindern oder weitgehend vermeiden. Obwohl das Verfestigungsverhalten und die Festigkeitssteigerung von der Bildung des verformungsinduzierten Martensits entscheidend beeinflußt wird, haben auch Stähle, die mit zunehmender Formänderung nur schwach martensitisch umwandeln, wie z. B. ein Stahl mit rd. 0,05% C, 18% Cr, 2% Mo und 9% Ni (X 5 CrNiMo 18 10), eine große Verfestigung. Die chemische Zusammensetzung wirkt sich bei austenitischen Stählen in zweifacher Weise aus. Einmal beeinflußt sie wie bei nichtaustenitischen Stählen Festigkeit und Verfestigungsverhalten des Mischkristalls und zum anderen beeinflußt sie die Austenitstabilität und damit über die eventuelle Bildung von α'-Martensit ebenfalls das Verfestigungsverhalten und die Festigkeit.

Mit steigendem Anteil an Legierungselementen, wie Chrom, Kupfer, Molybdän und/oder Nickel, nimmt die Verfestigung der austenitischen Stähle ab. Als Beispiel zeigt Bild C 7.10 die im Druckversuch ermittelten Fließkurven eines instabil und eines stabil austenitischen Stahls. Bei etwa gleichen Ausgangswerten der Fließspannung liegt die Fließkurve des instabilen, d. h. zur Umwandlung neigenden Stahls mit rd. 0,12% C, 17% Cr und 7% Ni (X 12 CrNi 17 7) nach einer Umformung mit $\varphi = 0,4$ um rd. 65% höher als bei dem stabil austenitischen Stahl mit rd. 0,08% C, 18% Cr und 12% Ni (X 8 CrNi 18 12).

Je nach Verlauf der Fließkurven können daher zwei Arten unterschieden werden. Bleibt das *Gefüge* auch bei hohen Umformungen *stabil,* so sind die Fließkurven in doppelt-logarithmischer Darstellung gerade und genügen der Ludwik-Beziehung: $k_f = K_L \, \varphi^n$, in der n als Verfestigungsexponent bezeichnet wird (s. Gl. (C 1.17)). In solchen Fällen deutet eine Krümmung und damit eine funktionelle Abhängigkeit der Verfestigung von der Formänderung auf den Einfluß von Geschwindigkeit und Eigenerwärmung hin.

Ändert sich dagegen das *Gefüge* bei der Umformung, ist es also *instabil,* so ist auch die isotherme Fließkurve gekrümmt. Durch Phasenänderungen wird das Verfestigungsverhalten so beeinflußt, daß der Verfestigungsexponent n nicht konstant, sondern selbst eine Funktion des Umformgrades φ ist. Das Ausmaß der Krümmung wird dabei durch die Umformgeschwindigkeit und damit auch Erwärmung bestimmt, da diese einmal wie bei den gefügestabilen Werkstoffen die Verfestigung direkt beeinflussen und zum anderen einen gleichzeitigen Einfluß auf die Phasenänderungen ausüben. Als Beispiel für die großen Änderungen der Verfestigung im Verlauf der Fließkurve zeigt Bild C 7.11 die Abhängigkeit des Verfestigungsexponenten eines instabil austenitischen Stahls mit rd. 0,05% C, 18% Cr und 9% Ni (X 5 CrNi 18 9) von der Stauchung, mit der Versuchsgeschwindigkeit als Parameter. Zum Vergleich wurde in dieses Bild auch der Verlauf des Verfestigungsexponenten n eines ferritischen Stahls mit eingetragen. Die Beziehung zwischen Verfestigungsexponent und Gleichmaßformänderung $n = \varphi_{gl}$ (s. Gl. (C 1.18)) gilt nicht bei den austenitischen Stählen, und Näherungsverfahren zur Bestimmung der Fließkurve sind nicht anwendbar. Bei höheren Formänderungsgeschwindigkeiten und entsprechender Erwärmung überlagern sich bei solchen Stählen der Einfluß der Erwärmung auf den Fließkurvenverlauf an sich, der Einfluß der Erwärmung auf die

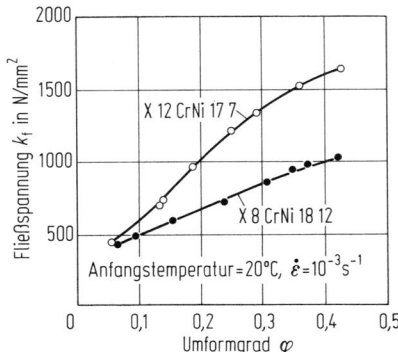

Bild C 7.10 Im isothermen Druckversuch bei 20 °C ermittelte Fließkurven von zwei unterschiedlich stabilen austenitischen Stählen mit rd. 0,12% C, 17% Cr und 7% Ni (X 12 CrNi 17 7) sowie mit rd. 0,08% C, 18% Cr und 12% Ni (X 8 CrNi 18 12). Nach [13].

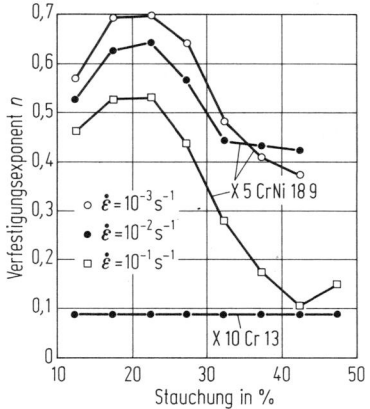
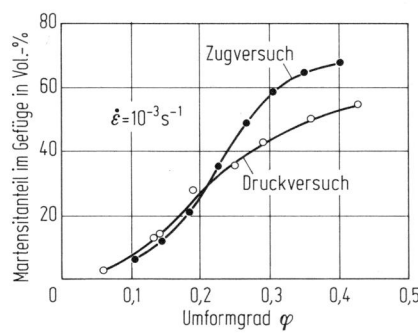

Bild C 7.11

Bild C 7.12

Bild C 7.11 Einfluß der Umformung und Umformungsgeschwindigkeit bei Druckbeanspruchung auf den Verfestigungsexponenten n eines austenitischen Stahls mit rd. 0,05% C, 18% Cr und 9% Ni (X 5 CrNi 18 9) im Vergleich zu den Werten eines ferritischen Stahls mit rd. 0,1% C und 13% Cr (X 10 Cr 13).

Bild C 7.12 Einfluß der Beanspruchungsart in isothermen Versuchen bei 20 °C auf die Austenitumwandlung eines Stahls mit rd. 0,12% C, 17% Cr und 7% Ni (X 12 CrNi 17 7). Nach [13].

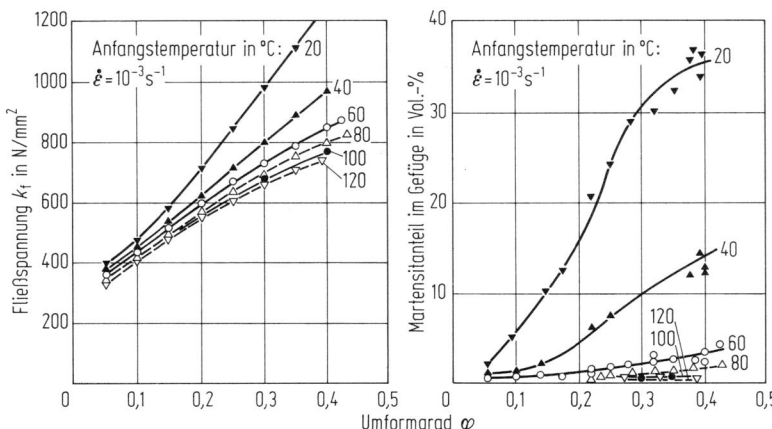

Bild C 7.13 Zusammenhang zwischen Form und Lage der im Zugversuch bei verschiedenen Anfangstemperaturen ermittelten Fließkurven eines instabilen austenitischen Stahls mit rd. 0,12% C, 17% Cr und 7% Ni (X 12 CrNi 17 7) und dem bei der Verformung entstehenden Martensitanteil. Nach [13].

Phasenänderungen und der Einfluß der Geschwindigkeit auf die Phasenänderungen. Diese Einflüsse können nur im Versuch bestimmt werden, und es muß auch dabei mit einem deutlichen Einfluß des Beanspruchungszustandes gerechnet werden.

Da z.B. eine Zugbeanspruchung als Folge der Aufweitung des Gitters eine Martensitbildung begünstigt, ergeben sich bei Zug- und Druckbeanspruchung auch im Verlauf der Fließkurven bei instabil austenitischen Stählen kennzeichnende Unterschiede, die auf die Unterschiede im Martensitgehalt zurückzuführen sind, wie es für isotherme Versuchsführung das Beispiel des schon erwähnten Stahls mit rd. 0,12% C, 17% Cr und 7% Ni (X 12 CrNi 17 7) in Bild C 7.12 zeigt [13].

Den Zusammenhang zwischen Temperatur, Fließkurvenverlauf und Menge des sich bildenden Martensits bei polytroper Versuchsführung (s. Bild C 7.2a) zeigt Bild C 7.13 ebenfalls am Beispiel des Stahls nach Bild C 7.12 [13].

C 8 Kaltumformbarkeit von Flachzeug

Von Wolfgang Müschenborn, Dietmar Grzesik und Werner Küppers

C 8.1 Allgemeines

Zum Flachzeug, das für eine Kaltumformung vorgesehen ist, gehört nicht etwa nur kaltgewalztes Tiefziehblech, das vorwiegend für Karosserieteile von Automobilen Verwendung findet, vielmehr ist dazu eine breite Palette von warm- und kaltgewalzten Stählen zu zählen, die sich hinsichtlich

Dickenabmessung: von 0,17 mm (Feinstblech) bis 16 mm (Grobblech),
Festigkeitsniveau: Streckgrenzen von 120 N/mm^2 (Tiefziehstähle) bis 800 N/mm^2 (bainitische Sonderbaustähle) und
Art des Korrosionsschutzes: Oberflächenveredlung durch metallische oder anorganische Überzüge oder durch organische Beschichtung.

in verschiedene Erzeugnisgruppen mit entsprechend unterschiedlichen Verwendungsbereichen unterteilen lassen.

In C 7.1 sind einige Angaben zur *Begriffsbestimmung der Kaltumformbarkeit* und zum Zusammenhang zwischen Werkstoff und Erzeugnisform gemacht, die auch hier gelten. Allerdings werden, wie in C 7.1 schon angedeutet, zur Kennzeichnung der Kaltumformbarkeit von Flachzeug zum Teil andere Kenngrößen herangezogen. Die Begriffsbestimmung für das Formänderungsvermögen wird bei Flacherzeugnissen gegenüber der in C 6 und C 7 gegebenen allgemeinen Definition etwas eingeengt. So läßt sich schließlich die Kaltumformbarkeit eines Flacherzeugnisses als dessen Fähigkeit definieren, unter einer gegebenen Verformungsbeanspruchung versagensfrei die Endform eines bestimmten Hohlteils oder Profils anzunehmen. Der Weg vom Blech zum verformten Teil wird im wesentlichen durch die Art der Formgebung – Zugdruckumformen (DIN 8584), Zugumformen (DIN 8585), Biegeumformen (DIN 8586) – bestimmt, wobei im Falle mehrstufiger Verfahren Zwischenstadien durchlaufen werden [1].

Besonders hervorzuheben ist auch hier die Feststellung, daß nicht der Blechwerkstoff allein den Erfolg einer Verformungsoperation bestimmt. Entscheidenden Anteil an den Verformungsergebnis haben daneben die Werkzeuggestaltung sowie die Presse mit der ihr eigenen Charakteristik (Bild C 8.1) [2]. Werkstoff, Werkzeug und Presse bilden ein geschlossenes System, das einer sorgfältigen Abstimmung der einzelnen Systempartner bedarf. Die Schnittbereiche I, II, und III in Bild C 8.1 kennzeichnen die Wechselwirkungen, deren genaue Kenntnis für das Verständnis und den Erfolg der Blechumformung von Bedeutung ist.

Literatur zu C 8 siehe Seite 715, 716

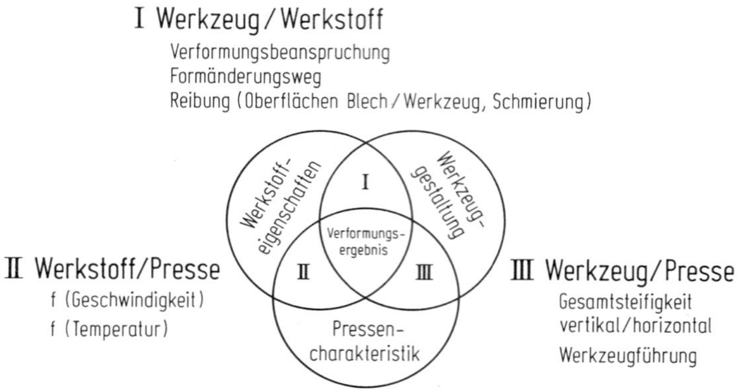

I Werkzeug/Werkstoff
Verformungsbeanspruchung
Formänderungsweg
Reibung (Oberflächen Blech/Werkzeug, Schmierung)
Werkstoff-eigenschaften
Werkzeug-gestaltung
I
Verformungs-ergebnis
II
III
Pressen-charakteristik
II Werkstoff/Presse
f (Geschwindigkeit)
f (Temperatur)
III Werkzeug/Presse
Gesamtsteifigkeit
vertikal/horizontal
Werkzeugführung

Bild C 8.1 Einflußgrößen für das Umformergebnis.

C 8.2 Bewertungskriterien für die Kaltumformbarkeit

C 8.2.1 Grundsätzliche Anforderungen

Ausgehend von der Definition des Begriffs der Kaltumformbarkeit ist zu fordern und gilt es sicherzustellen, daß eine gegebene Verformungsbeanspruchung ohne Risse, aber auch ohne unzulässige örtliche Einschnürungen und ohne Gestaltabweichungen von der angestrebten Teilgeometrie ertragen wird. Bezogen auf mehrschichtig aufgebaute Verbundwerkstoffe, zu denen neben Stahl-Kunststoff-Schichtwerkstoffen (Sandwich-Bleche) in erster Linie die durch metallische Überzüge und organische Beschichtung oberflächenveredelte Flacherzeugnisse (s. C 8.3.6, C 12 und D 4) zählen, ist diese Definition auf die jeweiligen Verbundpartner sowie deren Haftung untereinander zu erweitern. Zum Beispiel bei Feinblechen, die zum Schutz gegen Korrosion oberflächenveredelt wurden, tritt die Kaltumformbarkeit des Grundwerkstoffs in den meisten Anwendungsfällen in den Hintergrund gegenüber der Fähigkeit der Beschichtung, einer Verformungsbeanspruchung ohne Haftungsverlust, Rißbildung oder untragbaren Abrieb zu widerstehen.

C 8.2.2 Kennwerte des Zugversuchs

Die aus dem Zugversuch abgeleiteten mechanischen Eigenschaften stellen die wichtigste Grundlage für eine *vergleichende Bewertung der Kaltumformbarkeit* dar. Hersteller und Verarbeiter von Blech verwenden daher die Kenngrößen *Streckgrenze, Zugfestigkeit* und *Bruchdehnung* im Rahmen der laufenden Erzeugniskontrolle [3]. Einflüsse der chemischen Zusammensetzung sowie der Erzeugungsbedingungen werden durch diese Kenngrößen mit befriedigender Aussagekraft angezeigt, wobei darüber hinaus Veränderungen von Streckgrenze und Streckgrenzendehnung ergänzende Informationen über den zeitlichen Ablauf von Alterungsvorgängen vermitteln. Das Vorhandensein einer *ausgeprägten Streckgrenze* und der

Betrag der *Streckgrenzen- oder Lüders-Dehnung* liefern darüber hinaus einen empfindlichen Maßstab für die Neigung des Werkstoffs, die sogenannten Fließfiguren zu bilden. Ursache für diesen vor allem im Bereich geringer Verformungsgrade auftretenden Oberflächenfehler sind gelöste Kohlenstoff- und/oder Stickstoffatome, die nach dem Warmwalzen oder nach einer Glühbehandlung die Versetzungen blockieren. Maßnahmen zur Unterdrückung oder Beseitigung der ausgeprägten Streckgrenze wie das Nachwalzen (Dressieren) und die Entfernung oder chemische Abbindung der Elemente Kohlenstoff und Stickstoff (z.B. durch Zugabe der Elemente Aluminium, Titan, Chrom oder Bor) werden an anderer Stelle ausführlicher erörtert [4] (s. auch C 1).

Bei vergleichenden Betrachtungen von Werkstoffen unterschiedlicher Festigkeit kann es im Einzelfall sinnvoll sein, das Produkt aus Zugfestigkeit und Bruchdehnung zu betrachten. Eine auf den speziellen Verarbeitungsfall bezogene Voraussage des Verformungsergebnisses ist jedoch anhand der genannten Zugversuchskennwerte nur begrenzt möglich. Zwar geben Streckgrenze und Zugfestigkeit Hinweise auf die notwendigen Umformkräfte, nicht jedoch auf die möglichen Formänderungen. Die Bruchdehnung, eine – im positiven wie negativen Sinne – u.a. auch abmessungsabhängige Kenngröße, setzt sich zu unterschiedlichen Anteilen aus der Gleichmaßdehnung und der Einschnürdehnung zusammen. Das für die Kaltumformbarkeit entscheidende Instabilitätskriterium, nämlich „Eintreten sichtbarer örtlicher Einschnürungen", ist aus der Bruchdehnung daher nicht abzuleiten.

Neben den im Zugversuch zu ermittelnden mechanischen Eigenschaften haben, vor allem im Rahmen der Feinblechentwicklung, *zwei weitere Kenngrößen* Bedeutung erlangt [3, 5]:

die *senkrechte Anisotropie* (r-Wert) und
der *Verfestigungsexponent* (n-Wert).

Während der r-Wert die Eignung eines Blechs zum Tiefziehen kennzeichnet, liefert der n-Wert Informationen über die Streckziehfähigkeit. Die Definitionen beider Kenngrößen sind Bild C 8.2 zu entnehmen, aus dem man auch einen Anhalt für das Vorgehen bei der Ermittlung der beiden Kennwerte ableiten kann.

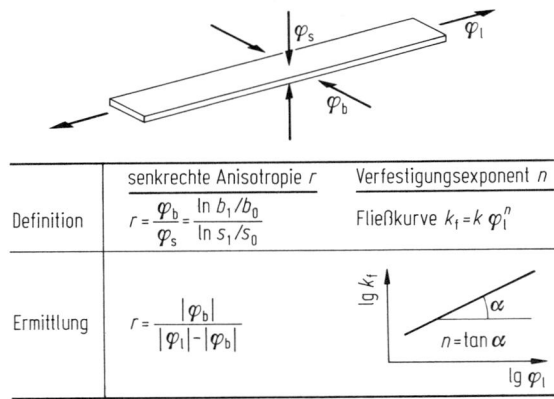

Bild C 8.2 Zur Definition der senkrechten Anisotropie r und des Verfestigungsexponenten n.

Definition	senkrechte Anisotropie r	Verfestigungsexponent n
Definition	$r = \dfrac{\varphi_b}{\varphi_s} = \dfrac{\ln b_1/b_0}{\ln s_1/s_0}$	Fließkurve $k_f = k\, \varphi_l^n$
Ermittlung	$r = \dfrac{|\varphi_b|}{|\varphi_l|-|\varphi_b|}$	$n = \tan \alpha$

Demnach ergibt sich der r-Wert beim Recken einer prismatischen Zugprobe als Verhältnis von logarithmischer Breitenformänderung φ_b zu logarithmischer Dickenformänderung φ_s. r-Werte verschieden von 1,0 kennzeichnen damit Abweichungen von einem isotropen Fließverhalten als Folge einer ausgeprägten Textur des Blechwerkstoffs. Da der r-Wert in verschiedenen Winkellagen zur Walzrichtung sehr unterschiedliche Werte annehmen kann, errechnet man im allgemeinen einen Mittelwert $r_m = (1/4)\,(r_0 + 2 \cdot r_{45} + r_{90})$ (Indizes = Winkel zur Walzrichtung).

Die in der Blechebene vorhandenen Unterschiede im r-Wert, gekennzeichnet durch die sogenannte *planare Anisotropie* $\Delta r = (1/2)\,(r_0 + r_{90} - 2r_{45}) = 2\,(r_m - r_{45})$, sind verantwortlich für die bei den Tiefzügen auftretenden Zipfel. Δr-Werte > 0 weisen auf Zipfel unter 0 und 90° zur Walzrichtung hin, während Δr-Werte mit negativem Vorzeichen Zipfel unter 45° erwarten lassen. Weitgehende Zipfelfreiheit, die vor allem bei der Herstellung rotationssymmetrischer Hohlkörper erwünscht ist, setzt demnach $\Delta r \approx 0$ voraus.

Demgegenüber wird der n-Wert aus der Fließkurve (s. C 1.1.1.1 und C 7.2.2) ermittelt, soweit diese mit ausreichender Näherung der empirischen Gleichung $k_f = K_L\,\varphi^n$ folgt (k_f = Fließspannung (Formänderungsfestigkeit), K_L = Konstante, φ = Umformgrad = $\ln(L/L_0)$ mit L_0 und L = Meßlängen vor und nach der Reckung (s. dazu auch C 1.1.1.1, Gl. (C 1.17)). In diesem Fall entspricht n der Steigung der Fließkurve im doppelt logarithmischen Koordinatennetz.

Die Bedeutung des n-Wertes ist u. a. daraus abzuleiten, daß er, rein mathematisch betrachtet, mit der Gleichmaßdehnung identisch ist, deren unmittelbare Bestimmung aus der Kraft-Verlängerungs-Kurve, insbesondere bei flacher Ausprägung des Kraftmaximums, sehr ungenau sein kann (s. C 1.1.1.1, Gl. (C 1.18)).

Ändert sich der n-Wert in Abhängigkeit vom Reckgrad (vgl. Bild C 8.12 und C 8.16), so ist eine differentielle Analyse der Fließkurve sinnvoll.

Bezogen auf eine Tiefziehbeanspruchung, wie sie im Näpfchenziehversuch nach Swift (s. z. B. [5]) realisiert wird, ergeben sich die in Bild C 8.3 beschriebenen positiven Auswirkungen hoher r-Werte [6]. Das mit steigendem r-Wert zunehmende Grenzziehverhältnis erklärt sich aus höheren übertragbaren Kräften (Zarge) in Verbindung mit geringeren erforderlichen Umformkräften (Flansch).

Die Wirkung des n-Wertes beim Streckziehen verdeutlicht demgegenüber Bild C 8.4 schematisch. Ein höherer n-Wert führt aufgrund der damit verbundenen Werkstoffverfestigung zu einer gleichmäßigeren Formänderungsverteilung, indem örtliche Beanspruchungsspitzen besser abgebaut werden.

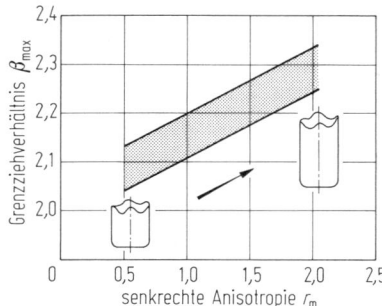

Bild C 8.3 Einfluß des r_m-Wertes auf das Grenzziehverhältnis β_{max} beim Tiefziehen eines Näpfchens (schematisch nach [6]).

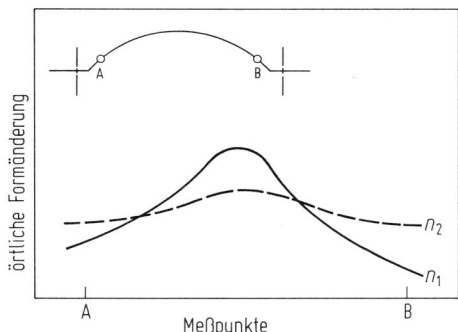

Bild C 8.4 Abbau örtlicher Beanspruchungsspitzen beim Streckziehen durch einen höheren n- Wert ($n_2 > n_1$).

C 8.2.3 Kennwerte des Kerbzugversuchs

Die kristallographische *Anisotropie*, d. h. die Vorzugsorientierung der Körner, hat nicht allein maßgebenden Einfluß auf die r- und Δr-Werte. In begrenztem Umfang wirkt sie darüber hinaus auch auf die mechanischen Eigenschaften und deren Unterschiede längs und quer zur Walzrichtung. Stärkeren Einfluß auf diese Gefügeanisotropie der Flacherzeugnisse haben jedoch in Walzrichtung gestreckte Ausbildungsformen des Gefüges (Kornstreckung, Perlitzeiligkeit usw.) und vor allem sulfidische – neben oxidischen – Einschlüssen, soweit sie durch das Warmwalzen zu gestreckten Fasern oder Plättchen verformt wurden oder in Zeilen angeordnet sind. Die daraus resultierenden einsinnig ausgerichteten Kerben innerhalb der Matrix beeinträchtigen das Verformungs- und Bruchverhalten der Stähle entscheidend, indem sie die Rißeinleitung und -ausbreitung parallel zur Walzrichtung erleichtern.

In den konventionell ermittelten Kenngrößen des Zugversuchs kommt die Anisotropie der mechanischen Eigenschaften häufig nicht deutlich genug zum Ausdruck. Dagegen stellt der *Zugversuch an gekerbten Proben* eine sehr empfindliche Prüfmöglichkeit dar, die Eigenschaften der Stähle in Quer- und Längsrichtung zu kennzeichnen [7].

C 8.2.4 Kennwerte aus nachbildenden und technologischen Prüfverfahren

Die vielfältigen nachbildenden und technologischen Prüfverfahren wurden aus dem Bestreben heraus entwickelt, die Lücke zwischen den Kenngrößen des Zugversuchs und dem tatsächlichen Verhalten unter Verarbeitungsbedingungen zu schließen. Folgende Prüfverfahren, die an anderer Stelle [1,5] eingehend beschrieben werden, sollen hier im Zusammenhang mit den Beanspruchungs- und Umformbedingungen aufgezählt werden:

Tiefziehbeanspruchung: Näpfchen-, Fukui-, Keilzugversuch;
Streckziehbeanspruchung: Tiefungsversuch, Bulge-Test;
Schnittkantenverformung: Streckbiegetest, Lochaufweitungsversuch;
Biegen und Abkanten: Falt-, Taschentuchfalt- und Abkantversuch;
Haftung und Umformbarkeit von Korrosionsschutzüberzügen: Falz-, Profilier-,
 Kugelschlagversuch (neben den oben genannten Prüfverfahren).

Besonders gebräuchlich sind die beiden letztgenannten Gruppen technologischer Prüfverfahren, die keine Meßdaten, sondern vergleichende Angaben (Bewertungsziffern nach Bild- oder Richtreihen) liefern.

Die *Aussagefähigkeit* zu betrieblichen Fragestellungen und die *Wiederholbarkeit* der Ergebnisse der nachbildenden Prüfverfahren, einschließlich des genormten Tiefungsversuchs, sind vor allem durch den komplexen Einfluß der Reibungs- und Schmierungsbedingungen begrenzt.

C 8.2.5 Oberflächenmerkmale

Die Oberfläche liefert einen bedeutenden Beitrag zum Umformergebnis, wie in Bild C 8.1 schon angedeutet wurde. Aufgrund des für Flacherzeugnisse kennzeichnenden großen Verhältnisses von Oberfläche zu Werkstoffvolumen bedarf diese allgemeine Feststellung keiner weiteren Erklärung [8].

Die *Oberflächenfeinstruktur* kaltgewalzter und oberflächenveredelter Feinbleche, d.h. deren Rauheit, wird üblicherweise mit Hilfe sogenannter Tastschnittgeräte gekennzeichnet, die bei dem heute erreichten Stand der Meßtechnik eine vielseitige Auswertung des abgetasteten Profils ermöglichen [9]. Unter den zahlreichen vertikalen und horizontalen Meßgrößen haben sich in erster Linie der arithmetische Mittenrauhwert R_a und die Spitzenzahl S als sinnvolle Bewertungsgrößen herausgestellt, die sich durch eine befriedigende Reproduzierbarkeit auszeichnen und sich als relevant für die bei der Blechumformung auftretenden Reibungskräfte erweisen. Hinsichtlich der Wechselwirkung zwischen Blechoberfläche, Schmiermittel und Werkzeugoberfläche liefert nicht zuletzt der Streifenziehversuch aufschlußreiche Informationen (vgl. C 8.3.5) [10].

Im Falle oberflächenveredelter Feinbleche gehen die Eigenschaften des Beschichtungswerkstoffs in das Meßergebnis ein (vgl. C 8.3.6) [11].

C 8.2.6 Kennzeichnung der Umformbeanspruchungen

Ausgehend von den bisher erörterten Bewertungsmaßstäben, die im wesentlichen aus dem Zugversuch abgeleitet wurden, ist häufig bereits eine Abschätzung des Umformverhaltens möglich. Die Blechdicke und die Rauheit sowie sonstige Oberflächenmerkmale sind in eine geschlossene Betrachtung einzubeziehen. Zu den Kriterien für die Kaltumformbarkeit gehören nicht zuletzt auch die Faltenbildung und die Rückfederung, die u.a. maßgebenden Einfluß auf die Formgenauigkeit des Fertigteils ausüben (Bild C 8.5) [12].

Nur in Ausnahmefällen sindjedoch die *Beanspruchungsbedingungen* so übersichtlich, daß man auf eine genaue Formänderungsanalyse verzichten kann. Dagegen

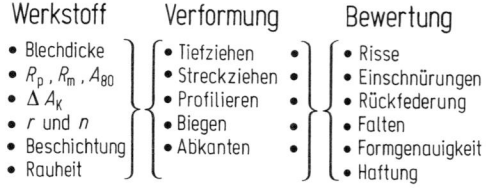

Bild C 8.5 Werkstoffeinflüsse auf die Kaltumformbarkeit. (ΔA_K s. C 8.3.3)

bietet sich bei verwickelten Formgebungen, z. B. bei der Herstellung der verschiedenartigsten Automobilziehteile, als Hilfsmittel zur Kennzeichnung örtlicher Formänderungen das sogenannte *Meßrasterverfahren* an [3, 13]. Hierbei wird der Blechzuschnitt mit einem aus Kreisen (Durchmesser 2 bis 10 mm) bestehenden Netzgitter markiert, dessen Verzerrungszustand nach abgeschlossener Umformung ermittelt werden kann. Innerhalb eines ε_1-ε_2-Koordinatensystems lassen sich Art und Größe der ebenen Formänderungszustände in übersichtlicher Form darstellen (Bild C 8.6).

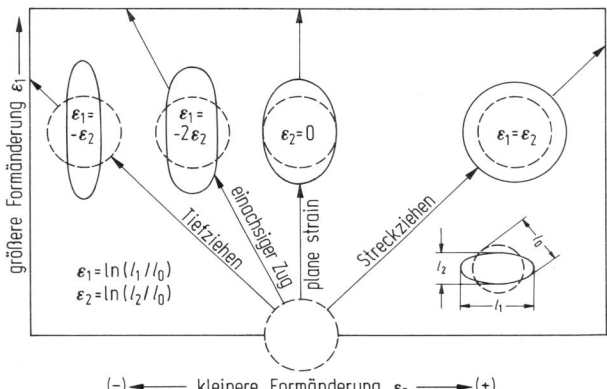

Bild C 8.6 Veränderung eines Meßrasterkreises unter verschiedenen Beanspruchungen.

Die sehr unterschiedlichen Beanspruchungen beim Tiefziehen und beim Streckziehen lassen sich in dieser Darstellung klar durch lineare Formänderungsbeziehungen voneinander abgrenzen [13]. Eine *Tiefziehbeanspruchung* tritt bei der Verformung einer Blechronde zu einem zylindrischen Napf auf: Mit zunehmendem Eindringen des Flachbodenstempels fließt der Blechwerkstoff zwischen Ziehring und Niederhalter in die Zarge ein, wobei im Flanschbereich als typische Beanspruchung radiale Zug- und tangentiale Druckspannungen entstehen. Läßt sich bei überkritischem Rondendurchmesser oder aufgrund einer zu hohen Niederhalterkraft die notwendige Umformkraft nicht mehr über die Napfwand übertragen, so tritt ein Bodenreißer ein.

Demgegenüber wird beim *Streckziehen* das Nachfließen des Werkstoffs aus dem Niederhalterbereich blockiert, so daß die Verformung aus der Blechdicke heraus erfolgen muß.

Ausgehend von der Tiefziehbeanspruchung ordnen sich mit zunehmendem Verhältnis $\varepsilon_2/\varepsilon_1$ alle anderen ebenen Formänderungszustände in diese Systematik ein, u. a. der einachsige Zug und das „plane strain", das z. B. dem Fall einer reinen Biegebeanspruchung entspricht.

Die Lücke zwischen den bisher genannten Kenngrößen (s. Bild C 8.5) und den häufig komplexen Umformbedingungen wird weitgehend durch die *Grenzformänderungskurve* geschlossen [3, 13]. Anknüpfend an die in Bild C 8.6 beschriebenen ebenen Beanspruchungen zeigt die in Bild C 8.7 dargestellte Grenzformänderungs-

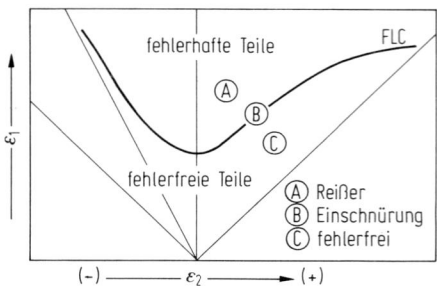

Bild C 8.7 An Ziehteilen ermitteltes Umformverhalten im Vergleich zur Grenzformänderungskurve FLC.

kurve (abgekürzt häufig: FLC = Forming Limit Curve) den Beginn örtlich sichtbarer Einschnürungen an. Diese Grenzformänderungen, ausgedrückt durch ε_1-ε_2-Wertepaare, lassen sich mit Hilfe des Meßrasterverfahrens im Laboratorium ermitteln, wenn man die ebenen Beanspruchungen durch geeignete Verformungsverfahren variiert. Auffallend ist, daß die Grenzformänderungen in erheblichem Maße die Gleichmaßdehnung übersteigen. Die bis zum Eintreten einer örtlichen Einschnürung zusätzlich verfügbare Verformungsreserve erklärt sich aus der sogenannten diffusen Einschnürung, deren Betrag von großer Bedeutung für die Kaltumformbarkeit ist. Bezogen auf ein im Zugversuch ermitteltes Kraft-Verlängerungs-Diagramm umfaßt die diffuse Einschnürzone, beginnend beim Kraftmaximum, einen je nach Werkstoff unterschiedlich großen Anteil der verbleibenden Restdehnung bis zum Bruch.

Die Grenzformänderungskurve liefert aufgrund der vorangegangenen Erörterung eine Aussage über die *maximal ertragbaren lokalen Formänderungen,* nicht jedoch über die Formänderungsverteilung. Praktische Bedeutung gewinnt die Grenzformänderungskurve daher erst im Vergleich mit den höchsten örtlichen Formänderungen eines Ziehteils (vgl. Bild C 8.7). Durch fertigungstechnische Optimierung und Wahl des geeigneten Werkstoffs (vgl. Bild C 8.1) ist sicherzustellen, daß zwischen der Grenzformänderungskurve und den Ziehteilbeanspruchungen ein ausreichender Sicherheitsabstand eingehalten wird.

Auf der Suche nach Problemlösungen im Preßwerk bietet sich die sogenannte *Formänderungsanalyse* als wertvolle Hilfe an, deren Prinzip aus Bild C 8.8 zu entnehmen ist.

Aus diesen Darlegungen ist zu erkennen, daß die *Grenzformänderungskurve* als Bewertungsmaßstab für die Kaltumformbarkeit eines Werkstoffs wenig geeignet ist, wohl aber als *anwendungstechnische Bezugskurve* herangezogen werden kann. Abnehmende Festigkeitswerte oder höhere n-Werte sowie eine Anhebung der Blechdicke führen zwar zu günstigeren Grenzformänderungen, auffallend ist jedoch, daß der r-Wert keinen Einfluß auf die Lage der Grenzformänderungskurve ausübt. Wesentlich deutlicher wirken sich die Werkstoffkenngrößen auf die Verteilung der Formänderungen im Ziehteil aus, so daß örtliche Überbeanspruchungen bzw. Formänderungsspitzen vermieden werden. Damit wird der Sicherheitsabstand zur Grenzformänderungskurve vergrößert. Die positive Wirkung hoher r-Werte erklärt sich aus größeren übertragbaren Spannungen in kritischen „plane strain"-Bereichen und geringeren Umformkräften in Bereichen ausgeprägter Tiefziehbeanspruchung (Zug-Druck-Beanspruchungen in der Blechebene).

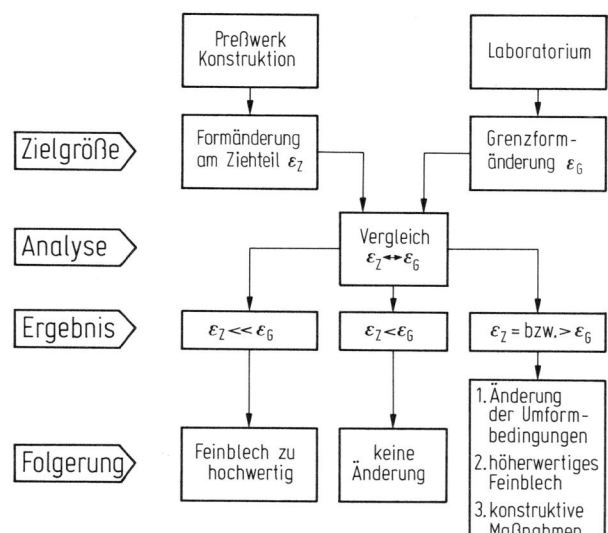

Bild C 8.8 Schematische Darstellung einer Formänderungsanalyse.

Die Herstellung riß- und einschnürungsfreier Teile wird in der Preßwerkspraxis als selbstverständlich vorausgesetzt. Große Bedeutung kommt darüber hinaus aber auch der *Faltenfreiheit* und *Formgenauigkeit* zu, denn schließlich gilt es, verbaubare Teile herzustellen. Neuere Untersuchungen gingen der Frage nach, welche Werkstoffeigenschaften einen Beitrag zur Faltenfreiheit und Formgenauigkeit liefern. Die Ergebnisse eines von Yoshida [14] entwickelten Tests, bei dem u. a. quadratische und dreieckige Blechproben in Diagonalrichtung gereckt werden, führten zu der Erkenntnis, daß vor allem niedrige Streckgrenzenwerte, aber auch hohe r-Werte zur Verbesserung der Formgenauigkeit beitragen (englische Bezeichnung: fittability). In diesem Zusammenhang bleibt zu ergänzen, daß auch die elastische Rückfederung nach der Umformung maßgeblichen Einfluß auf die Formgenauigkeit der Teile hat. Niedrige Streckgrenzenwerte, die nicht nur bei Tiefziehstählen sondern auch bei hochfesten Dualphasen-Stählen (s. C 8.3.2) angestrebt werden, tragen entscheidend zur Verringerung der Rückfederung bei.

C 8.3 Werkstoffeinflüsse auf Kaltumformbarkeit weicher und hochfester Stähle

C 8.3.1 Allgemeine Kennzeichnung der Einflußgrößen für die Kaltumformbarkeit von Flachzeug

Der Einfluß des Werkstoffs auf die Kaltumformbarkeit ist im wesentlichen durch seine chemische Zusammensetzung und sein Gefüge bestimmt, die sich nicht zuletzt aus den verfahrenstechnischen Gegebenheiten bei der Erzeugung ableiten. Stahlwerksmetallurgie, Walztechnik und Wärmebehandlungsarten sind daher in die Gesamtbetrachtung einzubeziehen. Da diese erzeugungstechnischen Randbedingungen aber in D 4 behandelt werden, können sie hier im Hintergrund bleiben. Gleichermaßen sollen die oberflächenspezifischen Einflüsse auf die Kaltumformbarkeit lediglich in allgemeiner Form, u.a. anhand stellvertretender Beispiele behandelt werden.

C 8.3.2 Chemische Zusammensetzung und Gefügeausbildung

Stähle mit guter Kaltumformbarkeit im Sinne der vorher geschilderten Anforderungen zeichnen sich durch eine niedrige Streckgrenze und Zugfestigkeit bei gleichzeitig hoher Bruchdehnung aus. Damit bieten sie im allgemeinen günstigste Voraussetzungen für anspruchsvolle Blechumformungen. Diese Eigenschaften wären am besten bei Stählen mit einem Gefüge aus möglichst weichem, von Zweitphasen freiem Ferrit gegeben. Wegen des technischen Aufwandes zur Herstellung solcher Stähle nimmt man allerdings im allgemeinen (s. aber weiter unten) geringe Anteile an Perlit oder Zementit sowie einen gewissen Gehalt an den Ferrit verfestigenden Begleitelementen in Kauf, indem man *unlegierte Stähle mit niedrigem Kohlenstoffgehalt* ($\leq 0{,}08\%$) erzeugt. Solche weichen, Tiefziehstähle genannten Werkstoffe sind bis heute die bevorzugten Stähle für viele Automobilteile. Unberuhigte Tiefziehstähle, bei denen der im Eisengitter gelöste Stickstoff diffusionsfähig ist und damit eine Reckalterung bewirken kann, werden in zunehmendem Maße durch alterungsbeständige aluminiumberuhigte Stahlsorten verdrängt, die heute vorwiegend im Strang vergossen werden. Die Rezepturen, die zu dem gekennzeichneten weichen und bildsamen Gefügezustand führen, sind weitgehend bekannt. Sie leiten sich u. a. aus der von Hall und Petch beschriebenen Beziehung zwischen der Korngröße und der Streckgrenze ab, nach der mit zunehmender Korngröße die Streckgrenze abnimmt (Einzelheiten s. C 1), nach dem oben Gesagten die Kaltumformbarkeit also verbessert wird. Bei Tiefziehstählen läßt sich allerdings eine Vergrößerung des Korndurchmessers, die – wie angedeutet – durch die Hall-Petch-Beziehung im Hinblick auf eine Verbesserung der Kaltumformbarkeit nahegelegt wird, nur in begrenztem Umfang ausnutzen, da bereits bei Korngrößen von mehr als $30\,\mu m$ unerwünschte Oberflächeneffekte in Form einer Apfelsinenhaut nach der Verformung auftreten können. Aus diesem Grund zielen Verbesserungsmaßnahmen mehr auf eine Herabsetzung der *Reibungsspannung*, einer wichtigen Größe in der Hall-Petch-Beziehung, ab, die die Einflüsse von Mischkristallverfestigung, Kaltverformung und Teilchenhärtung beinhaltet (s. C 1.1.1.3).

Analoge Betrachtungen gelten für den *Verfestigungsexponenten n,* wie die von Morrison [15] gefundene Beziehung

$$n = \frac{5}{10 + d^{-1/2}}$$

(d = Korndurchmesser in mm) zeigt. Die Erfahrung, daß niedrige Streckgrenzenwerte im allgemeinen mit hohen n-Werten verknüpft sind, findet durch diese Zusammenhänge eine logische Erklärung.

Bezogen auf ein bestimmtes Stahlherstellungskonzept mit Festbundglühung im Haubenofen stellt Bild C 8.9 den Einfluß verschiedener Legierungs- oder Begleitelemente auf Streckgrenze und Zugfestigkeit dar. Auffallend ist die unterschiedliche Wechselbeziehung mit den Bruchdehnungswerten [16].

Am Beispiel eines gebräuchlichen, besonders beruhigten Tiefziehstahls mit $\leq 0{,}08\%$ C und einer Zugfestigkeit von 270 bis 350 N/mm^2 (St 14) verdeutlicht Bild C 8.10, daß *hohe r-Werte* nur durch Kombination verschiedener Erzeugungsmaßnahmen erreicht werden können [13]. Die wichtigste Vorentscheidung über die Höhe des r-Wertes fällt beim Warmwalzen. Hier nämlich müssen Haspeltemperaturen $<$ rd. 600°C eingehalten werden, damit eine Aluminiumnitridausscheidung im Warmband unterbunden wird. Angestrebt wird, daß diese Ausscheidungen erst nach dem Kaltwalzen im Verlaufe des rekristallisierenden Festbundglühens zustandekommen. In diesem Fall bewirken die sich ausscheidenden Aluminiumnitridteilchen im Bereich der Erholung und Rekristallisation eine orientierte Kornneubildung, die zugunsten der angestrebten {111}-Textur verläuft, auf Kosten der

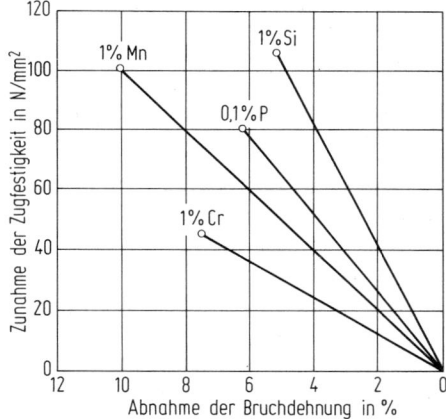

Bild C 8.9 Einfluß verschiedener Elemente auf die Zugfestigkeit und Bruchdehnung ($L_0 = 50$ mm) von kaltgewalztem Feinblech im geglühten Zustand (670°C, 10 h). Nach [16].

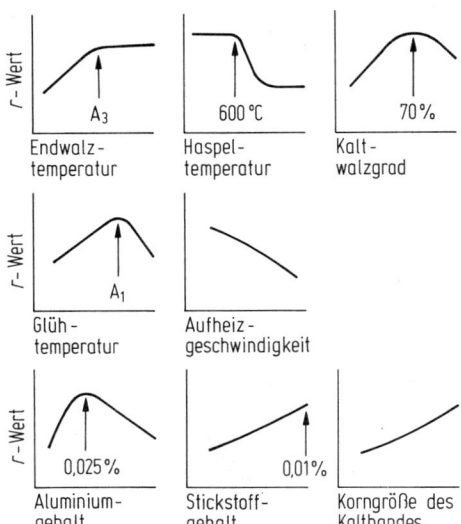

Bild C 8.10 Möglichkeiten zur Beeinflussung des r-Wertes von Kaltband aus besonders beruhigtem Stahl mit $\leq 0{,}08\%$ C (St 14).

unerwünschten {100}-Textur [3, 4, 17] (Zur Erklärung der Bezeichnungen für die Kristallorientierungen siehe [18]).

Wie oben ausgeführt, sollte der im Hinblick auf die Kaltumformbarkeit ideale Stahl ein Gefüge aus möglichst weichem, von Zweitphasen freiem Ferrit haben. Mit entsprechendem technischen Aufwand kann dieses „Ideal" weitgehend verwirklicht werden, indem man Stähle erzeugt, die frei von Perlit oder Zementit sind und in denen gelöster Kohlenstoff und Stickstoff durch überstöchiometrische Mengen an Titan oder Niob vollständig abgebunden sind. Dies sind die sogenannten IF-Stähle (IF = *I*nterstitial *F*ree) [3, 4], die in den weiteren Ausführungen als MST-Stähle (MST = *M*ikrolegierte *S*onder*t*iefziehstähle) bezeichnet werden. Sie zeichnen sich durch hohe *r*- und *n*-Werte aus. Ihre Herstellung erfolgt auf der Grundlage vakuumentkohlter Stähle mit rd. 0,01% C. Die kennzeichnenden Merkmale dieser Stähle sind

Alterungsfreiheit, die sich im Fehlen der Lüders-Dehnung im rekristallisierten Zustand und meistens schon nach dem Warmwalzen äußert;
hohe *r*-Werte (r_m = 1,8 bis 2,2);
hohe *n*-Werte (n_m bis zu 0,260 im undressierten Zustand);
niedrige Streckgrenzenwerte (<150 N/mm^2 im undressierten Zustand).

Die bis hier behandelten Stahlarten mit niedrigsten Werten für die Streckgrenze und mit bester Kaltumformbarkeit bieten für viele Teile im Fahrzeugbau, vor allem auch im Automobilbau, nicht unbedingt die zweckmäßigste Lösung. Im Hinblick z. B. auf Gewichtseinsparungen werden *höhere Streckgrenzenwerte* gefordert, die eine Verringerung der Bauteildicke ermöglichen. Trotz der höheren Festigkeit muß die Kaltumformbarkeit solcher Stähle aber ausreichend gut sein. Grundlage der Werkstoffe, die diese Anforderungen erfüllen, sind Stähle mit einem gegenüber den vorher behandelten Tiefziehstählen etwas erhöhten Perlitanteil in der ferritischen Grundmasse entsprechend Kohlenstoffgehalten von 0,05 bis zu 0,12%. Der Perlitanteil ist so gering, daß die Kaltumformbarkeit noch gut ist, und der Kohlenstoffgehalt ist so niedrig, daß ein gutes Verhalten beim Schweißen gegeben ist. Wenn auf dieser Grundlage die *Mechanismen zur Erhöhung der Streckgrenze* nach Bild C 8.11 betrachtet und herangezogen werden (Einzelheiten zu den Mechanismen s. auch C 1.1.1.3) ist jeweils zu beachten, daß durch die Festigkeitssteigerung die Kaltumformbarkeit, hier gekennzeichnet durch die Bruchdehnung, nicht zu stark leiden darf.

Eine besonders einfache Möglichkeit zur Streckgrenzensteigerung stellt die *Verfestigung durch Versetzungen* dar, die entweder durch ein Kaltnachwalzen (um 3 bis 10%) oder – ausgehend vom kaltgewalzten Zustand – durch ein Erholungsglühen realisiert werden kann. Für den Fall eines verstärkten Nachwalzens veranschaulicht Bild C 8.11a, daß die Kaltumformbarkeit in starkem Maße verschlechtert wird [19]. Ein nennenswerter Anstieg der Zugfestigkeit kommt erst zustande, wenn die Verformungsbeträge den Bereich der Gleichmaßdehnung erreichen (>10%). Geringere Nachwalzgrade in der Größenordnung von 0,5 bis 1,5%, wie sie bei kaltgewalzten und rekristallisierend geglühten Feinblechen üblicherweise angewendet werden, zielen demgegenüber auf eine Beseitigung der Streckgrenzendehnung (Lüders-Dehnung) ab. Gleichzeitig dienen sie der Einstellung der gewünschten Oberflächenrauheit (vgl. D 4).

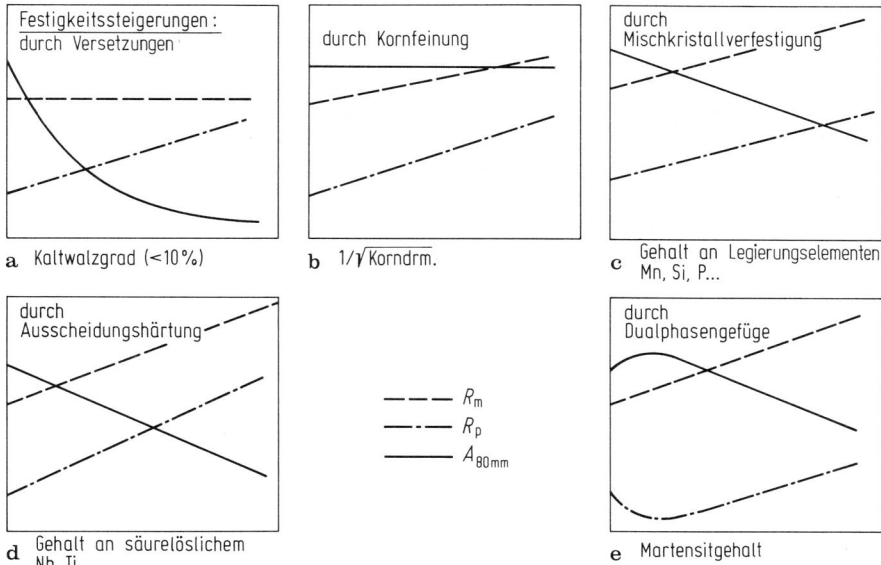

Bild C 8.11 Vergleich verschiedener Verfestigungsmechanismen hinsichtlich der Veränderungen von Zugfestigkeit R_m, Streckgrenze R_p und Bruchdehnung $A_{80\,mm}$.

Besonders positiv ist demgegenüber die Wirkung der *Kornfeinung*, also der Korngrenzenverfestigung zu beurteilen (Bild C 8.11b): Mit kleiner werdendem Korndurchmesser nehmen Streckgrenze und Zugfestigkeit zu, ohne daß sich die Bruchdehnung nennenswert verändert [20]. Losgelöst von anderen Verfestigungsmechanismen läßt sich allerdings eine Korngrenzenverfestigung kaum in die technische Praxis umsetzen. Sie wird im allgemeinen begleitet durch eine Mischkristallverfestigung und/oder Ausscheidungshärtung.

Zur *Mischkristallverfestigung* (vgl. Bilder C 8.9 und C 8.11c) macht man vorwiegend von den Elementen Mangan und Silizium in Gehalten <1,5% Gebrauch. Besondere Bedeutung haben in jüngerer Zeit darüber hinaus höherfeste kaltgewalzte Stähle erlangt, denen zur Streckgrenzensteigerung geringe Phosphorgehalte zugegeben werden. Ausgehend z. B. von der Grundzusammensetzung eines Tiefziehstahls lassen sich auf diesem Wege bei Phosphorgehalten von rd. 0,08% Streckgrenzenwerte von 260 bis 300 N/mm² erzielen, wobei die r-Werte in der Größenordnung des Tiefziehstahls St 14 liegen ($r_m > 1,4$).

Die Möglichkeit einer *Ausscheidungshärtung* wird bei den mikrolegierten perlitarmen Stahlsorten großtechnisch seit langem genutzt [21, 22]. Ausgehend von Kohlenstoffgehalten $\leq$ 0,1%, bei Mangangehalten $\leq$ 1,5% und Siliziumgehalten $\leq$ 0,5% werden diesen Stählen vorzugsweise $\leq$ 0,06% Nb oder $\leq$ 0,2% Ti zugesetzt. Die Aushärtung wird durch feinste kohärente Ausscheidungen von Niobkarbonitriden oder Titankarbiden bewirkt. Nach diesem bewährten Konzept lassen sich je nach chemischer Zusammensetzung, thermomechanischer Behandlung in der Warmbandstraße und gegebenenfalls rekristallisierender Glühung nach einem

Kaltwalzen Mindeststreckgrenzen bis zu 500 N/mm² darstellen. Der gemäß Bild C 8.11d vergleichsweise ungünstige Einfluß der Ausscheidungshärtung auf die Kaltumformbarkeit wird weitgehend ausgeglichen durch die ausgeprägte Feinkörnigkeit dieser Stähle.

Bei der Entwicklung von hochfesten Stählen mit guter Kaltumformbarkeit sind besonders die sogenannten *Dualphasen-Stähle* hervorzuheben [23–25], die sowohl in warm- als auch in kaltgewalzten Abmessungen hergestellt werden (0,6 bis 6 mm). Kennzeichnend für diese Stähle ist ein Gefüge aus Ferrit mit 10 bis 30% inselartig eingelagertem Martensit neben geringen Mengen an Bainit und u. U. auch Restaustenit. Dualphasen-Stähle sind damit das Ergebnis einer so gelenkten Umwandlung, daß die für ein Härtungsgefüge kennzeichnenden Verfestigungsmechanismen wirksam werden und die hohe Härte dieser Gefügebestandteile mit der guten Verformbarkeit einer weichen Ferritmatrix kombiniert wird. Im Gegensatz zur perlitischen und auch zur bainitischen Umwandlung ergibt sich also hier als Sonderfall gewissermaßen ein „Verbundwerkstoff" mit außergewöhnlichen Eigenschaften. Diese resultieren – wie schon angedeutet – in der Hauptsache daraus, daß im wesentlichen die weiche Ferritphase Träger der Verformung ist, während der harte Martensit kaum oder gar nicht an ihr teilnimmt. Je nach Volumenanteil der harten Phase in der ferritischen Matrix und je nach Legierungskonzept lassen sich Zugfestigkeiten von rd. 400 bis 1000 N/mm² darstellen. In Anlehnung an die Mischungsregeln kann man die Festigkeitswerte unter Berücksichtigung der Volumenanteile aus der Härte des Ferrits und der Härte des Martensits (und Bainits) mit hinreichender Genauigkeit abschätzen. Ausschlaggebend für die gute Kaltumformbarkeit ist, wie bereits ausgeführt, die Duktilität des Ferrits, die u. a. durch die Mischkristallverfestigung durch Kohlenstoff, Mangan und Silizium sowie die Korngröße bestimmt wird. Neben den durch die grundlegenden Verfestigungsmechanismen bedingten Eigenschaften (s. auch C 1.1.1.3) sind in Bild C 8.11 zum Vergleich auch die Eigenschaften der Dualphasen-Stähle dargestellt. Bild C 8.11e deutet an, daß mit zunehmendem Martensitgehalt im Gefüge die Streckgrenze zunächst abnimmt. In Verbindung damit stellt man einen Rückgang der Streckgrenzendehnung fest, bis sich schließlich bei Martensitgehalten oberhalb von rd. 5% ein kontinuierlicher Verlauf der Spannungs-Dehnungs-Kurve ergibt (nicht im Bild).

Zur *Einstellung* eines *Dualphasen-Gefüges,* die entweder direkt in der Warmbandstraße oder durch eine Glühbehandlung im Zweiphasengebiet α + γ geschehen kann, bedarf es einer sorgfältigen Abstimmung der Stahlzusammensetzung auf die anlagentechnisch möglichen Abkühlgeschwindigkeiten. Günstig wirken sich die ferritbildenden Elemente Silizium und auch Phosphor aus, indem sie die Diffusion des Kohlenstoffs aus dem Ferrit in den Austenit beschleunigen. Wichtig ist vor allem, daß eine Umwandlung in der Perlitstufe vermieden wird, was durch Zulegieren von Mangan, Molybdän, Chrom oder Vanadin erreicht werden kann. Diese Elemente, neben Kohlenstoff und Stickstoff, setzen einerseits die kritische Abkühlungsgeschwindigkeit herab und bewirken andererseits eine Absenkung der Martensitbildungstemperatur.

Die *Vorteile der Dualphasen-Stähle* gegenüber den mit den anderen Verfestigungsmöglichkeiten nach Bild C 8.11 entwickelten Stählen leiten sich im wesentlichen aus der Kombination folgender Eigenschaften ab:

Niedrige Streckgrenze im Verhältnis zur Zugfestigkeit (Streckgrenzenverhältnis $R_{p0,2}/R_m = 0{,}4 \ldots 0{,}6$);
Fehlen der Lüders-Dehnung;
starke Werkstoffverfestigung (hoher n-Wert), vor allem im Bereich geringer Verformungsgrade (Bild C 8.12) und
hohe Bruchdehnung.

Der Schlüssel zum Verständnis der günstigen Verfestigungs- und Verformbarkeitseigenschaften von Dualphasen-Stählen (Stähle 3 und 4 in Bild C 8.12) scheint u. a. darin zu liegen, daß einerseits aufgrund der Martensitumwandlung mit den daraus resultierenden Gefügeeigenspannungen bewegliche Versetzungen im Ferrit gebildet werden, die ein plastisches Fließen bei niedrigen Spannungen ermöglichen. Zum anderen gibt es Andeutungen, daß im Verlaufe der Umformung durch nachträgliche Umwandlung vorhandenen Restaustenits in Martensit weitere bewegliche Versetzungen entstehen. Die in Bild C 8.12 dargestellte Abhängigkeit des differentiellen Verfestigungsexponenten (n^* = Steigung der Fließkurve im doppeltlogarithmischen Koordinatennetz) von der Dehnung macht deutlich, daß lediglich im Falle des besonders beruhigten Tiefziehstahls (Stahl 1) und des mit Phosphor legierten Stahls für Kaltumformung (Stahl 2) die Angabe *eines* n-Wertes ($n \approx$ const) sinnvoll ist. Auch bei mikrolegierten hochfesten Stählen findet man einen mehr oder weniger ausgeprägten Einfluß der Dehnung auf den n-Wert, wie das Beispiel des Stahls 5 in Bild C 8.12 belegt.

Gemessen an den weichen Tiefziehstählen sind höherfeste Stähle in ihrer Kaltumformbarkeit um so mehr begrenzt, je höher das Festigkeitsniveau ist. Dies zeigen u. a. die in Bild C 8.13 gegenübergestellten Grenzformänderungskurven verschiedener kaltgewalzter Feinbleche [22], die sich mit zunehmender Streckgrenze nach unten, mit zunehmender Dicke nach oben verschieben würden.

Eine *vergleichende Betrachtung* der r_m- und n_m-Werte warm- und kaltgewalzter Feinblechsorten (Bild C 8.14) macht ebenfalls deutlich, daß höhere Streckgrenzenwerte im allgemeinen negative Auswirkungen auf die Kaltumformbarkeit zur Folge haben [16].

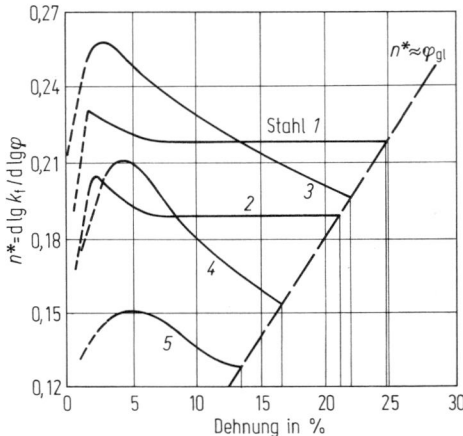

Bild C 8.12 Verfestigungsverhalten verschiedener warm- und kaltgewalzter Stähle.
1 = besonders beruhigter kaltgewalzter Tiefziehstahl mit einer Streckgrenze ≤ 210 N/mm² (St 14), *2* = mit Phosphor legierter Stahl zur Kaltumformung mit einem Mindestwert für die Streckgrenze von 260 N/mm², *3* = Dualphasen-Stahl mit einem Mindestwert für die Zugfestigkeit von 400 N/mm², *4* = Dualphasen-Stahl mit einem Mindestwert für die Zugfestigkeit von 600 N/mm², *5* = mikrolegierter, thermomechanisch behandelter Feinkornstahl zum Kaltumformen mit einem Mindestwert für die Streckgrenze von 500 N/mm² (Q St E 500 TM).

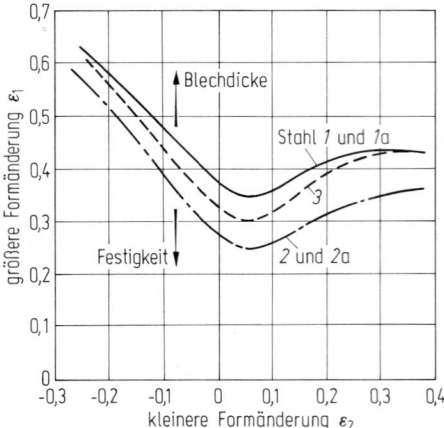

Bild C 8.13 Grenzformänderungskurven kaltgewalzter Feinbleche aus hochfesten Stählen (*2* und *3*) im Vergleich zu Tiefziehstahl (*1*). Die Stähle *2* und *3* haben eine Zugfestigkeit von rd. 430 N/mm² und eine Dicke von 0,75 mm. Weitere Einzelheiten zur Stahlkennzeichnung siehe Bild C 8.12; außerdem gilt: *1a* = mikrolegierter Sondertiefziehstahl, *2a* = kaltgewalztes Feinblech zum Kaltumformen aus mikrolegiertem Feinkornstahl mit einem Mindestwert für die Streckgrenze von 260 N/mm² (Z St E 260).

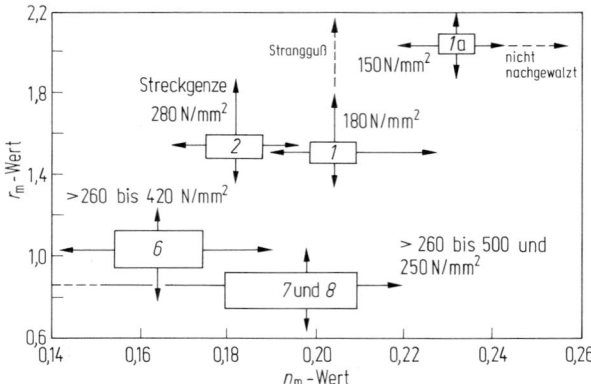

Bild C 8.14 Mittelwerte für die senkrechte Anisotropie r_m und für den Verfestigungsexponenten n_m kaltgewalzter Stähle im Vergleich zu den Werten warmgewalzter Stähle. Einzelheiten zur Stahlkennzeichnung siehe Bild C 8.12 und C 8.13; außerdem gilt: *6* = kaltgewalztes Feinblech zum Kaltumformen aus mikrolegierten Feinkornstählen mit Mindestwerten für die Streckgrenzen von 260 bis 420 N/mm² (Z St E 260 bis Z St E 420), *7* = mikrolegierte thermomechanisch behandelte Feinkornstähle zum Kaltumformen mit Mindestwerten für die Streckgrenze von 260 bis 500 N/mm² (Q St E 260 bis Q St E 500), *8* = Warmband zum Kaltwalzen aus weichen unlegierten Stählen mit ≦ 0,08 % C (St 23 und St 24).

Ergänzende Aussagen über die planare Anisotropie einiger der in Bild C 8.14 aufgeführten kaltgewalzten Stähle vermittelt Bild C 8.15. Anknüpfend an die in C 8.2.2. gemachten Aussagen läßt sich aus der Darstellung entnehmen, daß Tiefziehstähle im allgemeinen Zipfel unter 0 und 90° zur Walzrichtung bilden, während für mikrolegierte hochfeste Stähle Zipfel unter 45° zur Walzrichtung kennzeichnend sind.

Wird von den Stählen für Flachzeug zur Kaltumformung ein hoher *Korrosionswiderstand* im ungeschützten Zustand gefordert, so müssen entsprechende Legierungsmaßnahmen ergriffen werden, die wesentliche Änderungen der Kaltumformbarkeit im Vergleich zu den bisher besprochenen Stählen und Gefügearten bewirken können [26]. Die Unterschiede sind allerdings bei denjenigen Stählen, die nur mit Chrom (z. B. mit 17 % Cr) legiert sind, nicht grundsätzlicher Art, da diese Stähle ebenso wie die weichen Stähle eine *ferritische Grundmasse* haben, deren Festigkeit aber durch Mischkristallverfestigung und Chromkarbidausscheidungen wesentlich höher liegt, mit der Folge, daß die Bruchdehnung – wiederum als ein Anhalt für die Kaltumformbarkeit genommen – absinkt. Die r_m-Werte liegen mit 1,1 bis 1,3 ähnlich wie bei den höherfesten ferritischen Stählen (s. Bild C 8.14), die n_m-Werte sind vergleichbar mit denen der weichen ferritischen Stähle und weitgehend unabhängig vom Umformgrad, wie Bild C 8.16 für einen Stahl mit rd. 0,08 % C und 17 % Cr (X 8 Cr 17) zeigt.

Werden bei höheren Anforderungen an den Korrosionswiderstand die Stähle zusätzlich mit Nickel (z. B. mit 7 % Ni) legiert, so wird das *Gefüge austenitisch*. Die r_m-Werte liegen bei dieser Gefügeausbildung mit rd. 1 verhältnismäßig niedrig, grundsätzlich anders ist aber das Verfestigungsverhalten, da der Verfestigungsexpo-

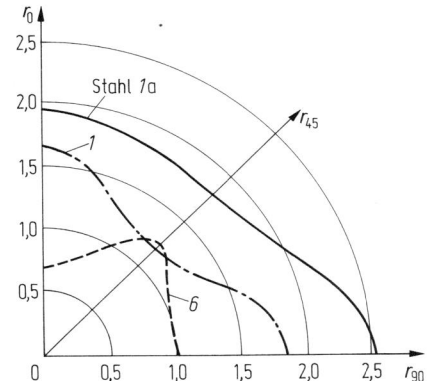

Bild C 8.15 Kennzeichnende Werte für die planare Anisotropie $\Delta r = 2 \, (r_m - r_{45})$ von Kaltband aus mikrolegierten hochfesten Stählen (6 nach Bild C 8.14) im Vergleich zu denen von weichen Tiefziehstählen (*1* und *1a* nach den Bildern C 8.12 und C 8.13).

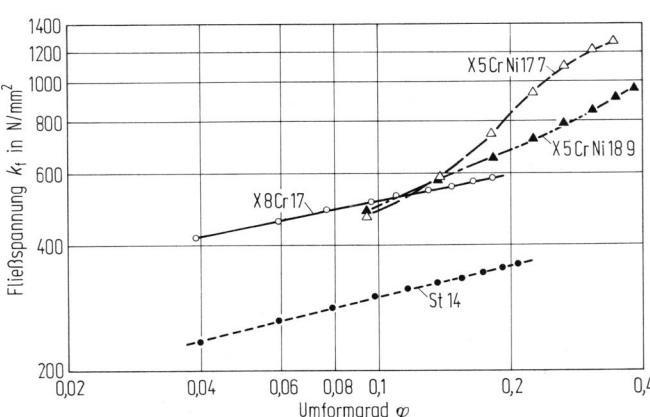

Bild C 8.16 Fließkurven verschiedener nichtrostender Stähle im Vergleich mit Stahl *1* nach Bild C 8.12 (X 8 Cr 17: rd. 0,08 % C und 17 % Cr; X 5 CrNi 17 7: rd. 0,05 % C, 17 % Cr und 7 % Ni; X 5 CrNi 18 9: rd. 0,05 % C, 18 % Cr und 9 % Ni).

nent nicht nur höher ist als bei den ferritischen Stählen, sondern auch vom Umformgrad abhängt. Das wird in Bild C 8.16 deutlich, in dem auch die Fließkurven und damit das Verfestigungsverhalten von zwei austenitischen Stählen mit rd. 0,05 % C, 17 % Cr und 7 % Ni (X 5 CrNi 17 7) sowie 0,05 % C, 18 % Cr und 9 % Ni (X 5 CrNi 18 9) dargestellt sind [27].

Bemerkenswert bei den nichtrostenden Stählen ist die planare Anisotropie (s. C 8.2.2), da neben 0, 45 und 90° häufig auch 30 und 60° als Vorzugs-Winkellagen auftreten. Entsprechende komplexere Verhältnisse ergeben sich daher in Bezug auf die beim Tiefziehen auftretende Zipfelbildung [28].

Bei nichtrostenden Stählen mit geringer *Austenitstabilität* (z. B. bei einem Stahl mit rd. 0,05 % C, 17 % Cr und 7 % Ni (X 5 CrNi 17 7)) kann das kubisch-flächenzentrierte γ-Gitter – sei es infolge einer Verformung und/oder Abkühlung auf tiefe Temperaturen – in eine tetragonale α'-Struktur umwandeln. Dieser neugebildete Nickelmartensit ist im Gegensatz zum Kohlenstoffmartensit noch begrenzt verformbar. Die Neigung eines austenitischen Stahls zur verformungsinduzierten Martensitumwandlung oder umgekehrt die Stabilität des Austenits wird im wesentlichen durch die chemische Zusammensetzung und die Verformungstemperatur bestimmt. Als Maß für die Austenitstabilität wird häufig der M_{d30}-Wert von Angel herangezogen [29]:

$$M_{d30} (°C) = 497 - 462 (\% C + \% N) - 9{,}2 (\% Si) - 8{,}1 (\% Mn) - 13{,}7 (\% Cr) - 20 (\% Ni) - 18{,}5 (\% Mo).$$

Dieser Wert gibt an, bei welcher Temperatur sich nach 30 %iger Verformung 50 % Martensit gebildet hat. Je niedriger diese Temperatur ist, desto stabiler ist der Austenit.

Bei sonst vergleichbarer chemischer Zusammensetzung wird die Austenitstabilität im allgemeinen über den Nickelgehalt gesteuert:
< 8,8 % Ni: geringe Austenitstabilität; besondere Eignung zum Streckziehen;
8,8 bis 9 % Ni: mittlere Austenitstabilität; geeignet für hohe Tiefziehbeanspruchung bei wenigen Zügen;
> 9,5 % Ni: hohe Austenitstabilität; geeignet zum Tiefziehen mit vielen Zügen ohne Zwischenglühung.

Den Einsatzmöglichkeiten der instabil austenitischen Stähle sind aufgrund folgender Gesichtspunkte praktische Grenzen gesetzt:
Nicht beherrschbare Faltenbildung und Rückfederung infolge zu starker Verfestigung;
Auftreten von Spannungsrissen *nach* dem Tiefziehen infolge verfestigungsbedingter Eigenspannungen (Abbau der Eigenspannungen durch Wärmebehandlung).

C 8.3.3 Reinheitsgrad (Freiheit von nichtmetallischen Einschlüssen)

Die Bedeutung des Reinheitsgrades wurde bereits betont (vgl. C 8.2.3). Art, Menge und Form der oxidischen und sulfidischen Einschlüsse beeinflussen das Umformverhalten vor allem im Bereich sehr dünner Abmessungen (Feinstblech und Weißblech) und größerer Blechdicken (über rd. 3 mm).

Bei warmgewalzten Stählen im Abmessungsbereich > 3 mm hat sich die *Sulfid-*

kontrolle als sehr wirksame Maßnahme zur Verbesserung der Zähigkeits- und Verformbarkeitseigenschaften quer zur Walzrichtung bewährt [7, 21, 30].

Zur Verringerung von Anzahl und Länge sulfidischer Einschlüsse gibt es heute eine Reihe erprobter metallurgischer Verfahren, die hinsichtlich ihres Einflusses auf das Verhältnis der Eigenschaften in Quer- und Längsrichtung z. T. gleichrangig nebeneinanderstehen:
Starke Entschwefelung des Roheisens oder Stahls, z. B. durch Kalzium oder Magnesium;
Entschwefelung bei gleichzeitiger Sulfidformbeeinflussung durch Zugabe von seltenen Erdmetallen oder Kalzium:
Sulfidformbeeinflussung durch Zugabe von Zirkon, Titan oder Tellur [30].

Die aufgeführten Maßnahmen sind um so notwendiger und wirkungsvoller, je geringer der Sauerstoffgehalt und je höher das Verhältnis von Mangan- zu Schwefelgehalt des Stahls sind. Daher stellt sich vor allem bei hochfesten, mit Aluminium beruhigten Stählen die Forderung nach einer Sulfidkontrolle, und zwar um so mehr, je höher die Grundzähigkeit der Matrix ist (z. B. mikrolegierte perlitarme Stähle, Dualphasen-Stähle).

Bei kaltgewalzten Feinblechen können u. U., ausgehend von Schnittkanten oder gestanzten Löchern, kritische Verformungsbedingungen zur Rißbildung führen. Neben der Möglichkeit der Sulfidkontrolle ist hier zu berücksichtigen, daß im Warmband vorhandene gestreckte Sulfideinschlüsse durch ausreichend starkes Kaltwalzen (> 50 bis 60%) in kurze Fragmente unterteilt werden. Die auf diesem Wege bewirkte, sogenannte mechanische Sulfidbeeinflussung ist u. a. anhand der Kerbzug-Dehnungsdifferenz ΔA_K eindeutig nachweisbar (ΔA_K = Unterschied in der Bruchdehnung an Kerbzugproben mit einer Lage von 0 und 90° zur Walzrichtung).

C 8.3.4 Textur

Die für die Tiefziehfähigkeit wichtigen Kenngrößen der senkrechten und planaren Anisotropie (r und Δr) werden ausschließlich durch die kristallographische Textur der Blechwerkstoffe bestimmt. Die Möglichkeiten der *Texturbeeinflussung* durch die chemische Zusammensetzung des Stahls sowie die Walz- und Glühbedingungen sind vielfältig und z. T. so komplex, daß über die in C 8.3.2 gemachten Ausführungen hinaus auf das Schrifttum verwiesen werden muß [4, 31]. Allgemein betrachtet, liefern vor allem die Taylor-Analyse [17, 31] und die Texturbeschreibung durch Orientierungs-Verteilungs-Funktionen (ODF = *Orientation Distribution Function*) wichtige Informationen über den Einfluß verschiedener Texturkomponenten auf den r-Wert. Demnach sind es vor allem die Hauptkomponenten $\{111\} <110>$, $\{111\} <112>$, $\{110\} <111>$, $\{554\} <225>$ und $\{112\} <110>$, die sich günstig auf r_m auswirken [18]. Dagegen wirken sich $\{100\}$-Komponenten besonders negativ auf den r-Wert aus. Mit Hilfe der Taylor-Analyse errechnen sich für die genannten Orientierungen – Idealbedingungen vorausgesetzt – folgende r_m-Werte [17]:

Orientierung	r_m-Wert
{111} <uvw>	rd. 2,9
{554} <uvw>	rd. 2,8
{112} <uvw>	rd. 2,3
{110} <uvw>	rd. 1,8
{100} <uvw>	rd. 0,1

Unter dem Gesichtspunkt einer möglichst geringen planaren Anisotropie sind vor allem die {111}-Komponenten günstig zu bewerten. Einflüsse der Textur sind darüber hinaus auch auf die Streckgrenzen-Anisotropie von Flacherzeugnissen nachweisbar, die nicht allein durch eine in Walzrichtung orientierte Gefügeausbildung (Kornstreckung, Gefügezeiligkeit) erklärt werden kann. So findet man bei mikrolegierten thermomechanisch warmgewalzten Stählen an Proben quer zur Walzrichtung Streckgrenzenwerte, die bis zu 10% höher liegen als an Längsproben. Ebenfalls mit Hilfe der Taylor-Analyse läßt sich nachweisen, daß Quer-/Längsabweichungen in der Größenordnung von < 5% auf eine ausgeprägte {112} <110>-Textur zurückzuführen sind [32].

C 8.3.5 Oberflächenzustand

Der Einfluß der *Oberflächenfeinstruktur*, gemessen an dem *arithmetischen Mittelrauhwert* R_a, wird durch Bild C 8.17 beschrieben [10]. Hohe R_a-Werte haben – unabhängig von den zusätzlichen Einflüssen der Ziehgeschwindigkeit und des Werkzeugwerkstoffs – größere Reibungsbeiwerte zur Folge. Die daraus resultierenden Auswirkungen bei der Blechumformung sind für jeden Anwendungsfall gesondert zu überprüfen.

Der *chemische Oberflächenzustand* ist in diese Betrachtungen mit einzubeziehen. Dies gilt nicht zuletzt für die reibungsbedingten Reaktionen zwischen Werkstoff und Werkzeug, die im Einzelfall zu Freßerscheinungen führen können. Zum

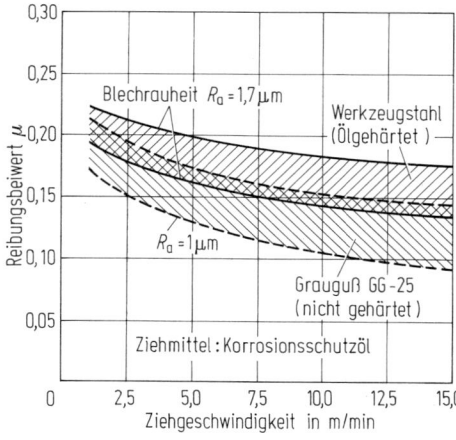

Bild C 8.17 Reibwiderstand von kaltgewalztem Feinblech ohne und mit unterschiedlichen Überzügen (Streifenzug mit 1,7 m/min ohne und mit Schmierung, $p = 1$ kN/cm^2). Nach [10].

genauen Verständnis der tribologischen Mechanismen scheint der heute erreichte Kenntnisstand noch nicht ausreichend. Chemische Zusammensetzung, Oberflächenfeinstruktur neben der Härte von Werkstoff und Werkzeug, ferner die chemischen Merkmale der Blechoberfläche (Anreicherung von Stahlbegleitelementen, Rückstände aus der Walzemulsion, Oberflächenoxidation) sind in ihrer Wechselwirkung sorgfältig zu analysieren [33].

C 8.3.6 Oberflächenveredlung

Je nach Grundwerkstoff und Art des Korrosionsschutzes sind bei oberflächenveredelten Feinblechen einige Besonderheiten zu berücksichtigen, die in diesem Zusammenhang nur der Vollständigkeit halber erwähnt werden sollen. (Näheres s. D 4.2).

Damit der jeweilige Beschichtungswerkstoff die Umformung des Blechs mitmacht, ist eine gute *Haftung* mit dem Grundwerkstoff sicherzustellen. Analoge Betrachtungen gelten für sandwichartige Laminate, z. B. Stahl-Kunststoff-Verbundwerkstoffe [34]. In welchem Maße sich der Überzugswerkstoff auf die *Reibungsverhältnisse* bei der Umformung auswirkt, zeigt Bild C 8.18 [11]. Die mit Hilfe des Streifenziehversuchs ermittelten Reibwiderstände machen einerseits die Abweichungen gegenüber der kaltgewalzten unbeschichteten Oberfläche deutlich. Zum anderen zeigt sich an der unterschiedlichen Rangfolge ohne und mit Schmierung, welche Bedeutung dem Ziehmittel beigemessen werden muß.

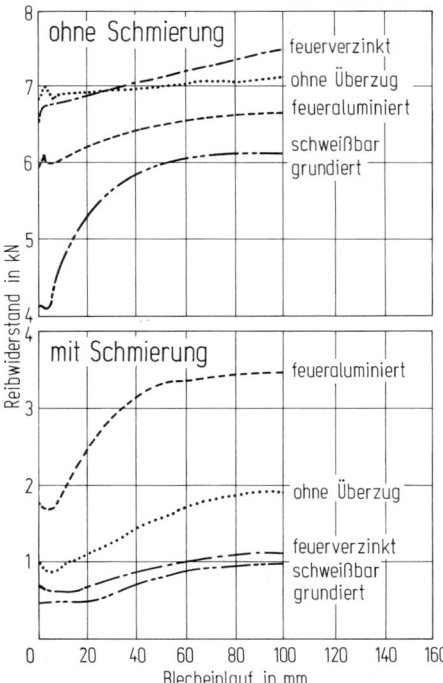

Bild C 8.18 Im Streifenziehversuch ermittelter Reibungswert als Funktion der Ziehgeschwindigkeit für verschiedene Werkzeugwerkstoffe und Blech unterschiedlicher Rauhheit. Nach [11].

C9 Zerspanbarkeit

Von Walter Knorr und Hans Vöge

Es gibt nur wenige Bauteile, Geräte und Werkzeuge aus Stahl, die nicht zu irgendeinem Zeitpunkt ihrer Fertigung durch Zerspanen – Drehen, Bohren, Fräsen, Sägen, Honen, Schleifen, Polieren – bearbeitet worden sind. Besonders bei Bauteilen, die aus Freiform- und Gesenkschmiedestücken, Stahlformguß- und Fließpreßteilen oder aus Stabstahl hergestellt werden, ist zur Erzielung ihrer Endform und der erforderlichen Oberfläche in den meisten Fällen eine aufwendige Zerspanungsarbeit nötig. Im Hinblick auf Wirtschaftlichkeit und Verfahrenssicherheit muß deshalb auf gute Zerspanbarkeit der verwendeten Stähle, vor allem bei der Serienfertigung, großer Wert gelegt werden.

C9.1 Grundlagen und Begriffe der Zerspanung und Zerspanbarkeit

Die Grundlagen der Zerspanungstechnik sind in zahlreichen Normblättern beschrieben worden [1]. An der Menge der in ihnen aufgeführten Grundbegriffe wird erkennbar, wie viele Einflußgrößen den Zerspanvorgang bestimmen; zu ihrer umfassenden Beschreibung sei auf das Stahl-Eisen-Buch „Zerspanung der Eisenwerkstoffe" verwiesen [2].

Maßgebend für das Ergebnis eines Bearbeitungsvorgangs sind immer mehrere der Einflüsse, die sich nach Bild C9.1 aus dem Zusammenwirken von Werkzeugmaschine und ihrer Regelung, von Kühlmittel, Werkzeug und Werkstück ergeben [3–5]. Je nach Bearbeitungsverfahren sind diese *Einflußgrößen* von unterschiedlicher Bedeutung und unterschiedlichem Gewicht. Maßgebend für die Wahl des Zerspanungsverfahrens sind
- die zu erzeugende Form (z. B. Drehkörperflächen oder ebene Begrenzungsflächen),
- die geforderte Oberflächenbeschaffenheit und Maßgenauigkeit,
- der zu zerspanende Werkstoff,
- die Wirtschaftlichkeit der Herstellung.

Bei der Bearbeitung dringt das meist keilförmige Werkzeug unter der Wirkung der Schnittkräfte infolge der Relativbewegung zwischen Werkzeug und Werkstück in das Werkstück ein. Beim Eingriff schiebt sich der Schneidkeil gegen den vom Werkstück abzuhebenden Werkstoff. Der entstehende *Span* wird gestaucht, bis die Stauchkraft groß genug ist, um eine Scherung in einer Fläche zu bewirken, die sich bis zur Werkstückoberfläche erstreckt [2]. Das Abtrennen von Spänen erfordert ent-

---

Literatur zu C9 siehe Seite 716, 717

Grundlagen und Begriffe der Zerspanung und Zerspanbarkeit

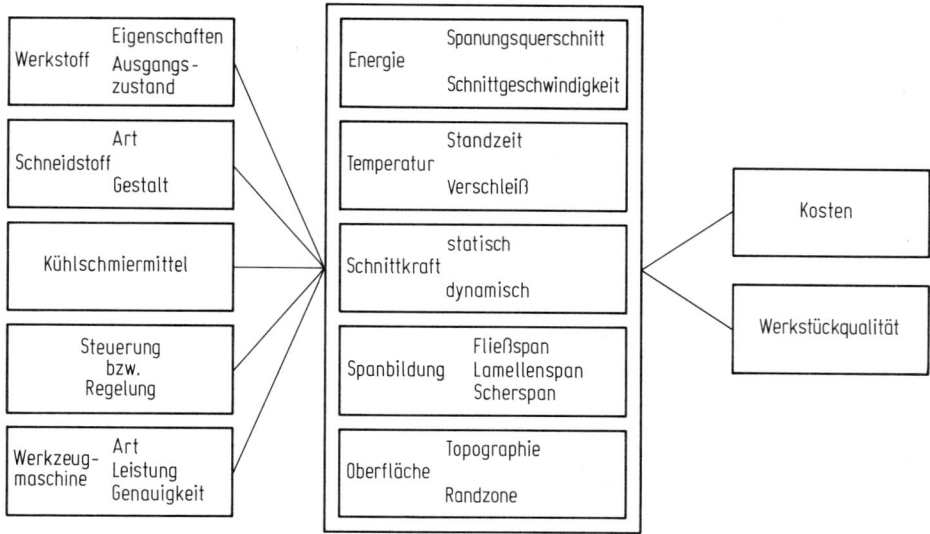

Bild C 9.1 Einflüsse auf den Zerspanvorgang. Nach [4].

sprechend den vorliegenden Arbeitsbedingungen – abhängig von Gefüge, Festigkeit und Verformbarkeit des Werkstoffs – einen hohen Leistungsaufwand. Die im oder am Schneidkeil wirkenden Kräfte bedingen Spannungen im Werkzeug und im Werkstück.

Mit der Spanbildung steht auch die *Wärmeentwicklung* an den Verformungs- und Reibstellen im Zusammenhang. Sie hat eine Aufheizung von Span, Werkstückoberfläche und Schneidkeil zur Folge und übt einen entscheidenden Einfluß auf die Spanbildung, die Zerspanbarkeit des Werkstoffs und den Werkzeugverschleiß aus [6].

An allen Berührungsflächen zwischen Werkstück und Span einerseits und Werkzeug andererseits tritt *Verschleiß* auf. Dabei ist zu unterscheiden zwischen Auskolkung, Freiflächenverschleiß und Schneidkantenversatz [2]. Nach dem heutigen Stand der Forschung liegen dem Werkzeugverschleiß folgende Einzelursachen zugrunde [4]:
- mechanischer Abrieb und plastische Verformung,
- Abscheren von Aufbauschneiden in den Berührungszonen,
- Ausbrüche infolge statischer und dynamischer bzw. mechanisch-thermischer Beanspruchung,
- Diffusion,
- Oxidation.

Die *Zerspanbarkeit* ist als ein Maß für die Schwierigkeiten anzusehen, die ein Werkstoff der spanabhebenden Bearbeitung entgegensetzt. Sie ist jedoch nur im Zusammenhang mit den Schnittbedingungen und den verwendeten Schneidstoffen zu beurteilen, denen im Hinblick auf die Beteiligung als Reibpartner eine mindestens gleichbedeutende Rolle zukommt. Ebenso dürfen maschinenseitige Einflüsse und die Kühlschmierung als Einflußgrößen für die Zerspanbarkeit nicht unberücksichtigt bleiben. Die Zerspanbarkeit ist eine so komplexe Werkstoffeigenschaft, daß es auch heute noch nicht gelingt, jedem Werkstoff einen festen Zerspanbarkeitswert zuzuordnen. Trotz aller metallurgischen Verbesserungen, gleichbleibender Prozeßführung, besonders der Desoxidation, und Einhaltung enger Grenzen für die chemische Zusammensetzung weisen nach wie vor Werkstücke aus verschiedenen Schmelzen derselben Stahlsorte bei gleicher Wärmebehandlung Unterschiede in der Zerspanbarkeit auf, wie es Streuwertuntersuchungen [7] zeigen.

Als *Hauptbewertungsgrößen der Zerspanbarkeit* sind heranzuziehen
- der Werkzeugverschleiß,
- die Oberflächenbeschaffenheit des bearbeiteten Werkstoffs,
- die Spanausbildung,
- die Schnittkraft.

Der *Werkzeugverschleiß* ist für die Wirtschaftlichkeit, vor allem in der Reihenfertigung, von großer Wichtigkeit und wird deshalb am häufigsten zur Beurteilung der Zerspanbarkeit herangezogen.

Die *Oberflächengüte* eines Werkstücks ist für die Feinbearbeitung, also für den Einbauzustand und für das Gebrauchsverhalten von Bedeutung. Sie hängt werkstückseitig von der Klebneigung, der Verformbarkeit und Scherfestigkeit des Werkstoffs, werkzeugseitig von der Ausbildung der Schneiden und von den Schnittbedingungen sowie von der Werkzeugmaschine ab.

Der *Spanausbildung* ist besondere Beachtung zu schenken, da Band-, Wirr- und lange Wendelspäne schlecht abzuführen sind und den Arbeitsablauf stören.

Die spezifische *Schnittkraft* ist maßgebend für den Energiebedarf und die Bemessung der Werkzeugmaschinen sowie der Werkzeuge.

Zur vollständigen Beurteilung der Zerspanbarkeit von Stählen ist also die Berücksichtigung mehrerer Kenngrößen erforderlich. Um die Zerspanbarkeit der Werkstoffe durch brauchbare Zahlen kennzeichnen und vergleichen zu können, müssen die Prüfbedingungen den Betriebsbedingungen angepaßt und streng gleichgehalten werden, so daß wirklich die Eigentümlichkeiten des geprüften Werkstoffs aus dem Ergebnis gefolgert werden können. Die Mehrzahl der heute gebräuchlichen Verfahren zur Prüfung der Zerspanbarkeit sind in Stahl-Eisen-Prüfblättern [8] beschrieben. Als Beispiel ihrer Anwendung mit kritischer Bewertung der Aussagefähigkeit der verschiedenen Meßgrößen sei auf einen Bericht des Werkstoffausschusses des Vereins Deutscher Eisenhüttenleute hingewiesen [9].

C 9.2 Zusammenhang zwischen mechanischen Eigenschaften und Zerspanbarkeit

Die Erfahrung zeigt, daß die Festigkeit des Stahls einen wesentlichen Einfluß auf die Zerspanbarkeit ausübt. Ein solcher Zusammenhang liegt nahe für die Beziehungen zwischen Schnittkraft und Zugfestigkeit, über die umfangreiche Versuchsergebnisse vorhanden sind [10]. Bild C 9.2, dem die Werte für rd. 100 unlegierte und niedriglegierte Stähle im weichgeglühten, normalgeglühten oder vergüteten Zustand zugrunde liegen, läßt aber eine derartige Abhängigkeit nur mit großem Streubereich erkennen. Die Erklärung folgt zu einem Teil aus der Beobachtung,

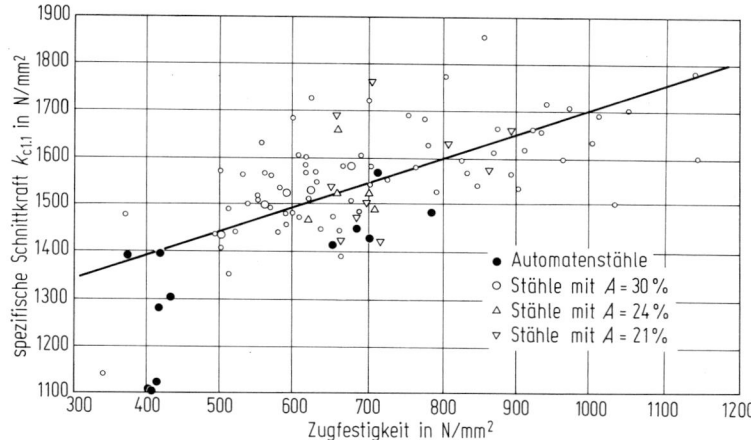

Bild C 9.2 Zusammenhang zwischen Schnittkraft $k_{C1.1}$ und Zugfestigkeit von Stählen. Nach [10]. $k_{C1.1}$ ist die auf einen Spanungsquerschnitt von 1 mm Breite und 1 mm Spanungsdicke bezogene Schnittkraft beim Zerspanen mit 100 m/min Schnittgeschwindigkeit unter gleichen Bedingungen.

daß weiche Stähle mit einem hohen Ferritanteil und wenig Perlit bei der Zerspanung zum „Schmieren" und zur Bildung von Aufbauschneiden [11] neigen, was zu hoher Spanstauchung, erhöhten Schnittkräften und damit zu stärkerem Verschleiß der Werkzeuge führt. Vor allem wird eine schlechte Oberflächenbeschaffenheit des Werkstücks verursacht. Durch Elemente, die die Ferritfestigkeit erhöhen, kann die Zerspanbarkeit vor allem im Hinblick auf die Oberflächengüte verbessert werden; in der Reihenfolge ihrer Wirksamkeit sind die Elemente Silizium, Mangan, Molybdän und Nickel [2] zu nennen. Auch eine Gefügeversprödung, wie z. B. durch Gehalte an Stickstoff und Phosphor [12] (s. D 19) kann sich günstig auswirken. Durch eine abgewogene Kaltumformung ist die gleiche Wirkung zu erreichen [13]; sie sollte, wenn möglich, für eine wirtschaftliche Fertigung ausgenutzt werden.

In der Regel kann man hingegen davon ausgehen, daß die Werkzeugstandzeit mit der Festigkeit und Härte des zu zerspanenden Stahls sinkt [9, 11]. Nach den Erfahrungen der Praxis [14] liegt bei Berücksichtigung von Schnittkraft, Schnittgeschwindigkeit, Standzeit und Oberfläche der günstigste Zugfestigkeitsbereich zwischen 600 und 750 N/mm². Obgleich Werkzeuge aus Schnellarbeitsstahl besonders empfindlich auf geringe Festigkeitsunterschiede reagieren, ist dieser Einfluß auch noch bei der Bearbeitung mit Werkzeugen aus Hartmetall deutlich ausgeprägt (s. Bild C 9.3).

Die Festigkeit des Stahls wird, wie in C 1 und C 4 dargelegt, im wesentlichen durch seine Gefügebestandteile bestimmt, die nach der Formgebung und Wärmebehandlung vorliegen und von der chemischen Zusammensetzung des Stahls abhängen. Im nichtvergüteten Zustand sind es die Anteile an Ferrit und Zementit, die vor allem durch den Kohlenstoffgehalt des Stahls bestimmt werden. Im vergüteten Zustand bestimmen vornehmlich die vorliegenden Festigkeitseigenschaften die Zerspanbarkeit; es ist aber durchaus möglich, daß Stähle gleiche Festigkeit bei

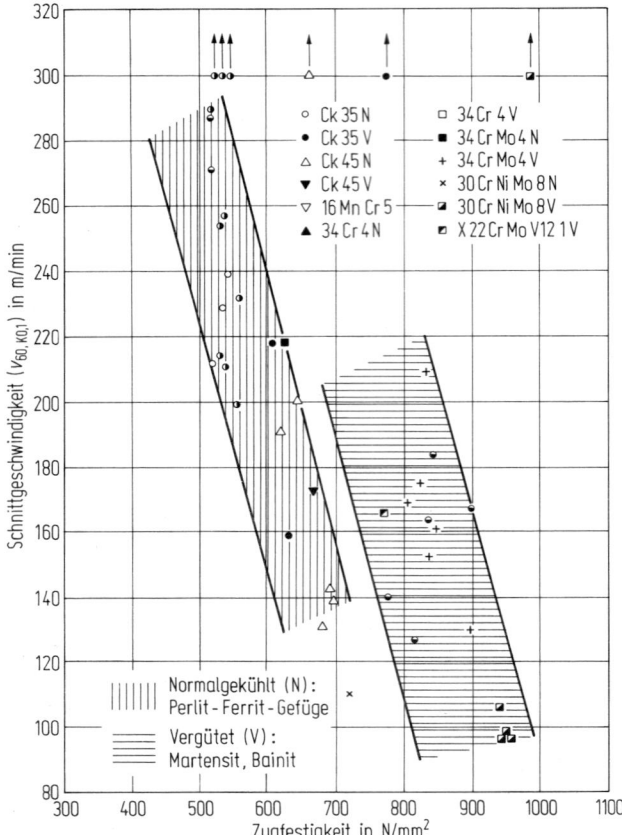

Bild C 9.3 Ergebnisse von Versuchen an einem Einsatzstahl und an sechs Vergütungsstählen über den Einfluß von Zugfestigkeit und Gefüge auf den Kolkverschleiß des Werkzeugs aus Hartmetall P 10 beim Drehen. Nach [9].

$v_{60,\,k\,0,1}$ = Schnittgeschwindigkeit, bei der nach einer Standzeit von 60 min ein Verhältnis der Kolktiefe zum Kolkmittenabstand von 0,1 bei einem Spanungsquerschnitt von $2 \cdot 0,5$ mm²/U erreicht wurde.

unterschiedlichem Gefüge aufweisen und sich deshalb bei der Zerspanung ungleich verhalten (Bild C 9.4). Der Einfluß der wichtigsten Gefügearten und Gefügebestandteile von Stahl wird deshalb im folgenden besonders erörtert.

C 9.3 Einfluß des Gefüges

C 9.3.1 Ferrit-Perlit-Gefüge

Unlegierte und mittellegierte Stähle mit niedrigen Kohlenstoffgehalten – wie z. B. Einsatzstähle – werden fast ausschließlich im ferritisch-perlitischen Gefügezustand zerspant. Aufgrund des niedrigen Kohlenstoffgehalts von 0,10 bis 0,25 % können

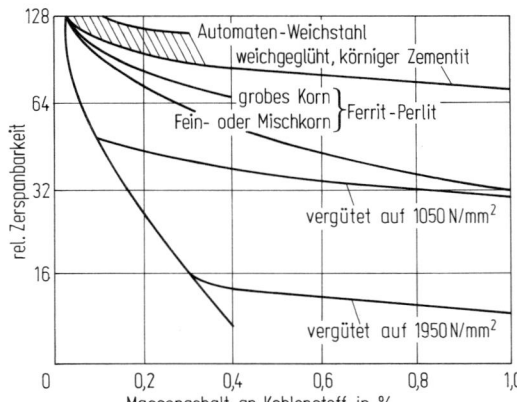

Bild C 9.4 Abhängigkeit der Zerspanbarkeit unlegierter und niedriglegierter Stähle vom Kohlenstoffgehalt und vom Gefüge (schematisch). Nach [2].

Einsatzstähle nach der üblichen Warmformgebung hohe Ferritanteile und niedrige Zugfestigkeit aufweisen, was – wie bereits erwähnt – Probleme bei der Zerspanung bringen kann.

In Tabelle 2 von DIN 17 210 [15] werden deshalb für Einsatzstähle zwei Behandlungszustände – BF und BG – angeführt, in denen gute Zerspanbarkeitsergebnisse erreicht werden können. Bei der Behandlung BF soll durch zweckentsprechende Abkühlung von Temperaturen zwischen 850 und 950 °C und etwaiges Anlassen bei rd. 500 bis 600 °C eine Festigkeit zwischen 600 und 750 N/mm² bzw. eine Härte von 160 bis 220 HB 30 herbeigeführt werden.

Nach der Behandlung BG soll durch geregelte Abkühlung unmittelbar aus der Warmformgebungshitze zwischen 900 und 1000 °C oder durch eine entsprechende Wärmebehandlung ein gleichmäßig verteiltes Ferrit-Perlit-Gefüge, das sogenannte *Schwarz-Weiß-Gefüge,* angestrebt werden, das sich besonders günstig auf die Zerspanbarkeit auswirkt, wenn es in grobkörniger Form vorliegt. Dies gilt sowohl für den Werkzeugverschleiß als auch für die Oberflächengüte. Wesentliche Verbesserungen werden jedoch nur dann erzielt, wenn die Kornvergrößerung gleichmäßig ist und die praktisch größtmögliche Korngröße erreicht wird [16, 17].

Stark ausgeprägte *Ferritzeilen* können infolge des negativen Einflusses des weichen Ferrits bei der Bearbeitung, wie z. B. beim Räumen und Stoßen, zu Schwierigkeiten führen, wenn sie in Längsrichtung angeschnitten werden. Eine Grobbearbeitung oder eine Bearbeitung quer zur Verformungsrichtung wird durch die Zeiligkeit weniger ungünstig beeinflußt. Die Grobkörnigkeit wirkt der Zeiligkeit von Ferrit-Perlit-Gefügen in längsverformten Stählen entgegen, wenn das Sekundärkorn groß genug ist, um den Zeilenabstand zu überbrücken. Die Gefügezeiligkeit wird durch die Kristallseigerung im Erstarrungsgefüge verursacht, und zwar durch Steuerung der Kohlenstoffdiffusion. Durch nichtmetallische Einschlüsse, besonders durch Sulfide, wird die Zeiligkeit verstärkt. Es ist deshalb schwierig, ein ausreichend zeilenarmes Gefüge bei Stählen zu erreichen, die zur Verbesserung ihrer Zerspanbarkeit mit höheren Schwefelgehalten erschmolzen werden.

Bei legierten Stählen, wie z. B. bei den häufig eingesetzten Chrom-Mangan-Einsatzstählen, ist ein rein ferritisch-perlitisches Gefüge wegen der verzögerten Umwandlung in der Perlitstufe nicht ohne weiteres zu erzielen. Wenn die Abkühlungsgeschwindigkeit abmessungsbedingt nicht langsam genug gewählt werden kann, kommt es neben Ferrit und Perlit zur Bildung von Bainit, der eine höhere Härte hat. Die Gefügeverteilung wird ungleichmäßig, wodurch schon die Zerspanbarkeit ungünstig beeinflußt wird. Bei größeren Anteilen an Bainit erhöht sich die Zugfestigkeit des Werkstoffs über die als günstig angesehene Spanne von 600 bis 750 N/mm^2, infolgedessen wird die Standzeit des Werkzeugs verschlechtert.

Größte Sicherheit, ein günstiges Gefüge unter weitestgehender Vermeidung von Zeiligkeit zu erreichen, bringt eine *isothermische Umwandlung in der Perlitstufe* nach rascher Abkühlung von Austenitisierungstemperatur. Die mit Nickel, Chrom und Molybdän legierten Einsatzstähle höherer Härtbarkeit können nur durch isothermische Umwandlungsglühung im Maximum der Perlitumwandlungsgeschwindigkeit in diesen Zustand gebracht werden. Dabei hat sich gezeigt, daß die Umwandlungszeit von Schmelze zu Schmelze einer Stahlsorte großen Schwankungen unterworfen ist [18, 19]. Glühzeiten über viele Stunden im Durchlaufofen beeinträchtigen die Wirtschaftlichkeit. In neueren Veröffentlichungen [20, 21] werden Versuche mit Chrom-Nickel-Molybdän-Stählen beschrieben, durch Optimierung der Stahlzusammensetzung wirtschaftlichere Umwandlungszeiten zu erreichen. Für den Stahl 17 CrNiMo 6 (mit 0,14 bis 0,19% C, 0,15 bis 0,40% Si, 0,40 bis 0,60% Mn, 1,5 bis 1,8% Cr, 0,25 bis 0,35% Mo und 1,4 bis 1,7% Ni) ergab sich mit Hilfe von Regressionsrechnungen folgendes [22]: Nickel verlängert bei weitem am stärksten die Perlitumwandlungszeit im Verhältnis zur Steigerung der Härtbarkeit. Kurze Perlitisierungszeiten bei guter Härtbarkeit sind zu erreichen, wenn die Gehalte vor allem an Nickel und u. U. auch noch an Molybdän und Mangan eingeschränkt werden. Die Härtbarkeit kann stattdessen auf wirtschaftlichere Weise mit Kohlenstoff, Silizium und Chrom angehoben werden. Höherer Kohlenstoffgehalt steigert die Härtbarkeit und verkürzt gleichzeitig die Perlitisierungszeit.

Schmelzen mit *langen Umwandlungszeiten* – entweder durch zufällige Gehalte an entsprechend wirkenden Legierungselementen oder bei Sorten sehr hoher Härtbarkeit, z. B. bei Einsatzstählen mit $\geq$ 3,5% Ni – führen zu stark zeiligem Gefüge. Zur Herstellung eines günstigeren Gefüges ist häufig eine Austenitisierung mit Härtung zur Erzielung von Martensit oder Bainit mit anschließendem Glühen die einzige Möglichkeit, noch ein gut zerspanbares Gefüge herzustellen. Das Glühen sollte zum Ziel haben, eine Zugfestigkeit im schon erwähnten Bereich von 600 bis 750 N/mm^2 zu erhalten.

Beim Bearbeiten von Chrom-Nickel-Einsatzstählen mit Hartmetallwerkzeugen entspricht das Standzeitverhalten eines angelassenen Bainitgefüges etwa dem von feinkörnigem Ferrit-Perlit-Gefüge.

C 9.3.2 Martensit- und Bainitgefüge

Bauteile, die im vergüteten Zustand eingesetzt werden, werden meist mit der für die Verwendung vorgesehenen Festigkeit zerspant. Die Zerspanbarkeit hängt dann fast ausschließlich von ihr ab, sie wird mit steigender Zugfestigkeit geringer. Eine wirtschaftliche Zerspanung ist dann nur durch Optimierung der Schnittbedingungen, der Schneidkeilwinkel und u. U. Verwendung von Kühlflüssigkeit möglich. Auch die Wahl eines verschleißfesteren Werkzeugstoffs kann die Zerspanung verbessern.

In Fällen, in denen die Schlußvergütung jedoch erst nach dem Zerspanen erfolgt, kann bei Stählen mit mittleren Kohlenstoffgehalten eine besondere Wärmebehandlung auf Perlit-Ferrit-Gefüge zur Verbesserung der Zerspanbarkeit wirtschaftlich sein [16]; bei Stählen mit höheren Kohlenstoffgehalten und höheren Legierungsanteilen ist ein weichgeglühter Zustand vorteilhafter.

C 9.3.3 Körniger Zementit

Bei Stählen mit hohem Kohlenstoffgehalt, wie z.B. bei Werkzeugstählen, Wälzlagerstählen sowie bei martensitischen Chromstählen, sind die Gebrauchsfestigkeiten so hoch, daß in diesem Zustand eine Zerspanung außer durch Schleifen nicht möglich ist. Diese Stähle werden bis auf wenige Ausnahmen im weichgeglühten oder im vorvergüteten Zustand mit niedriger Festigkeit bearbeitet, in dem die Karbide je nach Notwendigkeit mehr oder weniger eingeformt sind. Durch geeignete Fertigungs- und Glühbedingungen muß dabei ein Korngrenzenkarbidnetz vermieden werden. Die Karbidgröße soll ein gewünschtes Maß nicht über- oder unterschreiten, um optimale Bedingungen für die Zerspanung, aber auch für die Auflösung der Karbide bei der Härtung zu erreichen.

C 9.3.4 Austenitisches Gefüge

Besondere Zerspanbarkeitsprobleme weist das austenitische Gefüge höherlegierter nichtrostender, säure- und zunderbeständiger und hochwarmfester Stähle auf [7, 23–26]. Das austenitische Gefüge zeichnet sich durch eine besonders hohe Verfestigungsneigung aus, die bei Stählen mit höherem Kohlenstoffgehalt wesentlich verstärkt wird. Diese haben darüber hinaus die niedrigste Wärmeleitfähigkeit, so daß hohe Schnittemperaturen entstehen, die wiederum nur geringe Schnittgeschwindigkeiten zulassen. Austenite sollte man mit großem Spanwinkel zur Verminderung der Verfestigung bearbeiten und den Vorschub möglichst groß wählen, um die aufgetretene Verfestigung des vorherigen Schnitts zu hinterschneiden. Die Anwendung geeigneter Kühlmittel ist wichtig. Erfahrungsgemäß sind bei besonderen Bearbeitungsproblemen die günstigsten Bedingungen für die Zerspanung zu erarbeiten [27].

C 9.4 Einfluß von nichtmetallischen Einschlüssen

C 9.4.1 Sulfide

Bei ausreichendem Mangangehalt wird aufgrund der sehr hohen Affinität der Schwefel als *Mangansulfid* abgebunden. Seine Form und Warmformänderungsfestigkeit kann je nach Schmelzenführung unterschiedlich sein [28].

Mangansulfide begünstigen die Rißeinleitung und -ausbreitung und setzen die Scher- und Trennfestigkeit des Werkstoffs deutlich herab. Da es sich beim Zerspanen um Scher- und Trennvorgänge handelt, wird die Spanbildung günstig beeinflußt. Darüber hinaus können die Sulfideinschlüsse erweichen und auf den Frei- und Spanflächen als Gleitmittel wirken. Wegen dieses günstigen Einflusses der Mangansulfide auf die Zerspanbarkeit wird den Automatenstählen Schwefel in hohen Anteilen zugesetzt (s. D 19).

Bei den Edelbaustählen hat man lange Zeit den Einsatz höherer Schwefelgehalte wegen der ungünstigen Beeinflussung vor allem der Zähigkeit in Querrichtung gemieden. Die schlechten und streuenden Zerspanungseigenschaften von schwefelarmen Stählen bei der Serienfertigung, vor allem im Fahrzeugbau, waren jedoch bereits 1969 Veranlassung, in DIN 17 200 und 17 210 Stähle mit einer Spanne des Schwefelgehalts von 0,020 bis 0,035 % aufzunehmen. Durch eine Steigerung des Schwefelgehalts darüber hinaus lassen sich bei der Zerspanung weitere Vorteile gewinnen [29–34]. In einer Gemeinschaftsarbeit [29] des Unterausschusses für Bearbeitungsfragen im Werkstoffausschuß des Vereins Deutscher Eisenhüttenleute wurde untersucht, welche Verbesserungen bei den in der Praxis am häufigsten angewendeten Bearbeitungsverfahren – Drehen mit Schnellarbeitsstählen und Hartmetallen, Fräsen im unterbrochenen Schnitt und Bohren bei gehemmtem Spanablauf – durch höhere Schwefelgehalte bei dem unlegierten Vergütungsstahl Ck 45 mit rd. 0,45 % C, 0,25 % Si und 0,70 % Mn zu erzielen sind.

In Bild C 9.5 wird als Beispiel für das Drehen mit Hartmetall der günstige Einfluß steigender Schwefelgehalte auf die Werkzeugstandzeit – gemessen am Freiflächenverschleiß – dargestellt. Ansteigender Schwefelgehalt übt auf den Kolkverschleiß einen leicht negativen Einfluß aus, der aber nicht für die Standzeit bestimmend ist.

Bemerkenswert sind auch die Ergebnisse der *Spanbildung* und *Spanform* beim Drehen. Mit steigender Schnittzeit und somit steigendem Verschleiß wird der Einfluß des Schwefelgehalts auf die Spanform immer ausgeprägter (Bild C 9.6). Bereits

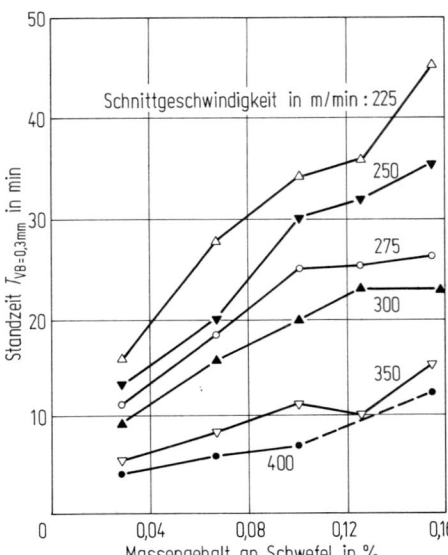

Bild C 9.5 Verschleißstandzeit eines Drehmeißels aus Hartmetall P 10 beim Drehen eines normalgeglühten unlegierten Stahls mit rd. 0,45 % C (Ck 45) in Abhängigkeit von seinem Schwefelgehalt und der Schnittgeschwindigkeit. Nach [29]. Standzeit $T_{VB\ =0{,}3\ mm}$ = Standzeit bis zum Erreichen eines Freiflächenverschleißes von 0,3 mm; Spanungsquerschnitt $as = 1 \cdot 0{,}1$ mm².

nach kurzer Schnittzeit bilden sich auch ohne Spanformer bei den Werkstoffen oberhalb 0,067% S günstige kurzbrechende Späne aus. Bei höheren Schnittzeiten erscheinen die Spanformen für die Werkstoffe mit 0,067% und 0,1% S am günstigsten. Höhere Schwefelgehalte führen zu noch kurzbrüchigeren Spänen, die zwar keine Verbesserung der Spanabfuhr mehr bewirken, aber die Schüttdichte erhöhen. Das günstige Verhalten bei der Spanbildung kommt vor allem bei den Zerspanvorgängen mit gehemmtem Spanablauf zum Tragen und dient der Verfahrenssicherheit.

Die *Oberflächenkennwerte* des bearbeiteten Werkstoffs werden durch Schwefel ebenfalls positiv beeinflußt. Bild C 9.7 zeigt als Beispiel die Oberflächenrauheit von Bohrlöchern in dem normalgeglühten Stahl Ck 45 mit unterschiedlichen Schwefelgehalten.

Die Vorteile des erhöhten Schwefelgehalts in Edelbaustählen bei der spanabhebenden Bearbeitung können natürlich nur dort voll genutzt werden, wo die sonstigen Gebrauchseigenschaften nicht über ein vertretbares Maß hinaus beeinträchtigt werden. Mit Schwefelgehalt nehmen Größe und Häufigkeit der Sulfid-

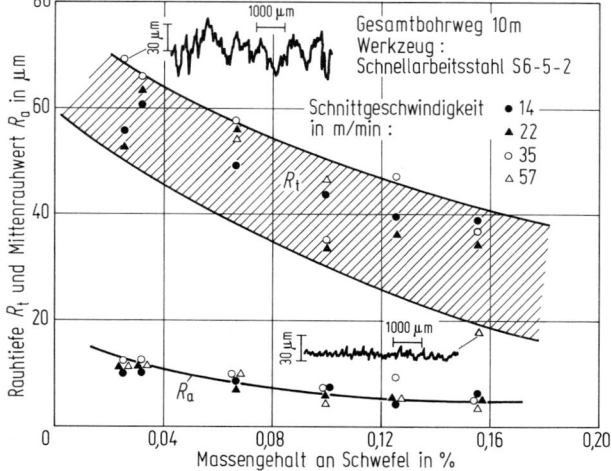

Bild C 9.6 Spanformen beim Drehen des normalgeglühten Stahls Ck 45 in Abhängigkeit von seinem Schwefelgehalt. Nach [29]. Schnittgeschwindigkeit 300 m/min; Spanungsquerschnitt 1 · 0,1 mm².

Bild C 9.7 Oberflächenkennwert des normalgeglühten Stahls Ck 45 nach dem Bohren in Abhängigkeit von seinem Schwefelgehalt. Nach [29]. Bohrer aus Schnellarbeitsstahl mit rd. 0,8% C, 5% Mo, 2% V und 6% W; Gesamtbohrweg 10 m.

einschlüsse zu; ein Stahl mit 0,1% S weist eine etwa fünfmal so hohe Wertzahl – gemessen als K-4-Wertzahl nach Stahl-Eisen-Prüfblatt 1570-71 – wie ein Stahl für die Serienfertigung mit einer Spanne von 0,020 bis 0,035% S auf [29]. Der am Beispiel des Stahls Ck 45 aufgezeigte positive Einfluß der Sulfide auf die Zerspanung wird auch bei anderen Stahlsorten ausgenutzt.

Auf den Einfluß von Mangansulfiden auf die verstärkt sich bildende Gefügezeiligkeit und damit auf eine Erhöhung der Anisotropie der Werkstoffe – Verminderung der Querzähigkeit – ist hingewiesen worden. Es gibt Möglichkeiten, diese Werkstoffeigenschaft durch die Erhöhung der Warmformänderungsfestigkeit der Sulfide über Zugabe von sulfidbildenden metallischen Elementen wie z. B. Zirkon, Kalzium, Magnesium zu verbessern [35]. Eine Verbesserung der Querzähigkeit in schwefelreichen Stählen läßt sich ebenfalls durch die in C 9.5 behandelten Elemente Selen und Tellur erreichen.

C 9.4.2 Oxide

Alle Stähle enthalten als nichtmetallische Einschlüsse neben Sulfiden auch Oxide. Diese erhöhen im allgemeinen den Verschleiß und beeinflussen damit die Zerspanbarkeit im ungünstigen Sinn.

Die Oxide im Stahl entstehen in erster Linie nach der Zugabe von Desoxidationsmitteln, die zur Entfernung oder Abbindung des im flüssigen Stahl gelösten Sauerstoffs in die Schmelze eingebracht werden. Je nach Art des Desoxidationsverfahrens bilden sich Einschlüsse von unterschiedlicher Zusammensetzung, Menge, Form, Verteilung und Größe mit unterschiedlichen Eigenschaften. Daß ein Zusammenhang zwischen der Häufigkeit von Oxideinschlüssen und dem Werkzeugverschleiß besteht, ist mehrfach nachgewiesen worden: Je höher der Anteil an Oxiden, desto größer der Verschleiß [36].

Bild C 9.8 zeigt als Beispiel das Ergebnis jüngerer Untersuchungen an Stählen 16 MnCr 5 und 34 Cr 4, die mit einer Reihe von Silizium, Aluminium, Kalzium oder Titan enthaltenden handelsüblichen Legierungen desoxidiert wurden. Mit zunehmendem Kennwert für die Häufigkeit und Größe der oxidischen Einschlüsse nimmt die Schnittgeschwindigkeit $V_{20\,VB\,0,2}$ deutlich ab [36]. Auch beim Einsatz der

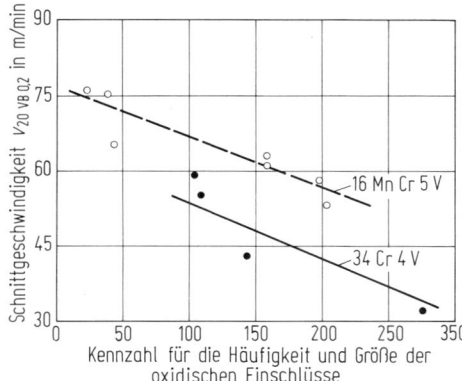

Bild C 9.8 Zusammenhang zwischen Oxidkennzahl und der nach 20 min zu einer Verschleißmarkenbreite von 0,20 mm führenden Schnittgeschwindigkeit. Nach [36]. Drehversuche mit Schnellarbeitsstahl-Werkzeugen mit einem Spanungsquerschnitt von $2{,}0 \cdot 0{,}1$ mm$_2$.

Einfluß von Oxiden

verschleißfesten Hartmetallwerkzeuge wird durch den mechanischen Abrieb durch oxidische Einschlüsse der Gesamtverschleiß verstärkt [2].

Man kann den ungünstigen Einflüssen der härteren oxidischen *Einschlüsse* dadurch begegnen, daß man versucht, sie in *weichere Oxid- und vor allem Sulfidphasen einzuhüllen* [35], was sich besonders vorteilhaft bei der Bearbeitung mit Schnellarbeitsstahl-Werkzeugen auswirkt. Bei den in der Literatur [34] unter dem Namen Cal-DeOx bekannt gewordenen Stählen soll durch ähnliche Effekte die Zerspanbarkeit der mit Aluminium desoxidierten Baustähle bei der Bearbeitung mit Schnellarbeitsstahl-Werkzeugen verbessert werden. Versuche zeigen, daß auch durch Einblasen von Kalzium- oder Magnesiumlegierungen mit Inertgas in die Stahlschmelze ähnliche Wirkungen erzielt werden können. Die Oxide werden dabei von Kalziumsulfid umhüllt, wie Untersuchungen mit der Mikrosonde ergaben [35].

Oxidische Einschlüsse bestimmter chemischer Zusammensetzung können jedoch die Zerspanbarkeit auch verbessern. Es handelt sich um *Desoxidationsprodukte mit relativ niedrigem Schmelzpunkt,* die bei der Zerspanung einen schützenden Belag auf titanhaltigen Hartmetallwerkzeugen bilden. Diese Oxide werden bei Desoxidation mit Kalzium-Silizium-Legierungen bestimmter Zusammensetzung erzeugt [37–39]. Die günstige Wirkung tritt nur ein, wenn auf eine Desoxidation mit Aluminium verzichtet wird. Feinkörnigkeit muß daher im Bedarfsfall bei so behandelten Stählen durch andere Legierungselemente gesichert werden [33, 40].

In Bild C 9.9 sind Versuchsergebnisse über Belagbildung und Kolktiefe beim Drehen von Ck 45 mit unterschiedlicher Desoxidationsart dargestellt [38]. In der praktischen Serienfertigung großer Werkstücke wurde bei so hergestellten Stählen eine deutliche Standzeitverbesserung erreicht [19].

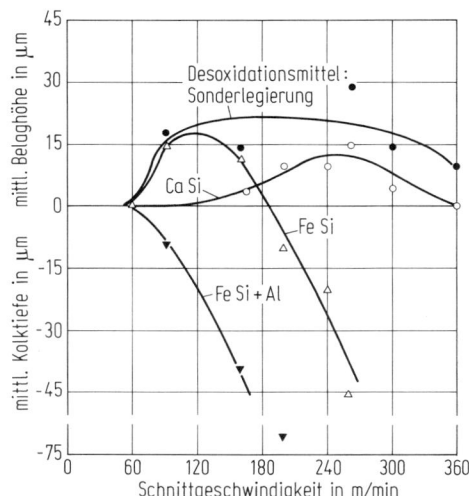

Bild C 9.9 Belagbildung auf der Spanfläche eines Drehmeißels aus Hartmetall P 20 beim Drehen von unterschiedlich desoxidiertem Stahl Ck 45. Nach [38].

C 9.5 Verbesserung der Zerspanbarkeit durch Legieren mit Blei, Wismut, Selen oder Tellur

Die günstige Wirkung des *Bleis* auf die Zerspanbarkeit von Stahl ist lange bekannt [41, 42]. Es durchsetzt das Gefüge in Form von kleinen submikroskopischen Einschlüssen, wirkt damit als Gleitmittel zwischen den Kontaktzonen, vermindert die Scherfestigkeit und sorgt für einen kurzbrüchigen Span. Damit wird die spezifische Schnittkraft herabgesetzt und die Bildung von Aufbauschneiden weitgehend unterbunden, so daß neben der Zerspanungsleistung auch die Oberflächengüte begünstigt wird.

Zusätzen von *Wismut* schreibt man einen ähnlichen Einfluß zu.

Selen wird ebenfalls zur Verbesserung der Zerspanbarkeit allein oder zusammen mit Schwefel zugegeben [31]. Es bilden sich Mischeinschlüsse aus Manganselenid und Mangansulfid, die in ähnlicher Form wie die reinen Sulfideinschlüsse bei der spanabhebenden Bearbeitung wirksam werden. Nach Untersuchungen an Warmarbeitsstählen [43] wurde bereits bei viel geringeren Selen- als Schwefelzugaben eine gleiche Erhöhung der Werkzeugstandzeit ohne wesentliche Verschlechterung der mechanischen Eigenschaften in Querrichtung erzielt; denn Selen erhöht die Warmformänderungsfestigkeit der Sulfide. Besonders günstig kann Selen sich jedoch bei korrosionsbeständigen Stählen auswirken, da es die Korrosionsbeständigkeit im Gegensatz zu Schwefel nicht herabsetzt [41].

In ähnlicher Weise wie durch Selen kann die Zerspanbarkeit ohne Verminderung der Querzähigkeit durch Zugabe von *Tellur* verbessert werden [44]. Für den günstigen Einfluß dieses Elements auf die Zerspanbarkeit spielt die augenfällig gröbere, nach dem Warmwalzen weniger gestreckte Form der Sulfide eine entscheidende Rolle. Modellvorstellungen vermuten daneben eine günstige Beeinflussung der Trennvorgänge in der Spanscherebene durch die hohe Grenzflächenaktivität der tellurhaltigen Phasen.

Blei, Selen und Tellur sind toxisch und deshalb nicht uneingeschränkt anwendbar. Sie werden vorwiegend in Automatenstählen genutzt (s. D 19).

C 9.6 Hinweise zur Bearbeitung, Berechnung von Schnittbedingungen und auf Sonderverfahren

Trotz der großen Schwierigkeiten bei der Beurteilung von Zerspanungsvorgängen strebt jeder Bearbeiter nach Erfahrungs- und Richtwerten, um seinen Zerspanungsaufwand im voraus abschätzen zu können. Es sollen Maschineneinsatz und Zeitbedarf festgelegt und kalkuliert werden. Um hier Hilfe anzubieten, haben W. König, K. Essel und L. Witte [10] eine *Sammlung von spezifischen Schnittkraftwerten* für die Zerspanung metallischer Werkstoffe begonnen. Diese Sammlung, in der bis 1982 schon über 100 gängige Stahlsorten erfaßt sind, soll laufend durch weitere Werkstoffe und andere Festigkeitsstufen oder Gefügezustände vervollständigt werden.

Zur Festlegung günstiger Schnittbedingungen wurde schon früh von F. W. Taylor [45] eine Gleichung zur *Berechnung der günstigsten Schnittgeschwindigkeit* vorgestellt, die den Zusammenhang zwischen Schnittgeschwindigkeit (v) und Standzeit (T) beschreibt. In ihrer einfachsten Form lautet sie

$$T = c_v v^K. \tag{C 9.1}$$

In dieser Gleichung ist c_v gleich der Standzeit für $v = 1$ m/min und K gleich der Steigung der Standzeitgeraden im doppellogarithmischen Koordinatennetz. Um dieser Taylor-Gleichung größere Allgemeingültigkeit zu geben, wurden von mehreren Autoren neue Parameter vorgeschlagen und die Gleichung erweitert [46, 47].

Im Laboratorium für Werkzeugmaschinen und Betriebslehre der Rhein. Westf. Techn. Hochschule Aachen befindet sich ein Informationszentrum für Schnittwerte „INFOS" im Aufbau [7, 48]. Die Grundlage der rechnergestützten Schnittwertermittlung ist dabei auch eine erweiterte Taylor-Gleichung. Das Informationszentrum für Schnittwerte ist heute schon in der Lage, auf verschiedenen Gebieten den Mitgliedern Informationsleistungen zu geben.

Es muß bei der Betrachtung der Zerspanbarkeit auch auf die ständige Entwicklung und *Verbesserung der Werkzeuge* hingewiesen werden. Durch Gestaltung der Werkzeuge – Schneidengeometrie, Spanleitstufen, Spanbrecher – lassen sich häufig Zerspanungsschwierigkeiten verringern. Auch durch die Weiterentwicklung der Werkzeugstoffe – Legierungsaufbau, Beschichtung von Hartmetallen, Oxidkeramiken – wird ständig die Zerspanung von Stählen und anderen Werkstoffen erleichtert.

Für die Bearbeitung besonders schwer zerspanbarer Werkstoffe bzw. zur Erzeugung komplizierter Formen sind in den letzten Jahren *unkonventionelle Bearbeitungsverfahren* weiterentwickelt worden [49]. Die Sonderverfahren der elektroerosiven und der elektrochemischen Bearbeitung haben bereits einen festen Platz bei der Bearbeitung von Werkstoffen [7].

Bei der *Warmzerspanung* macht man sich Versprödungseigenschaften zunutze, um die Zerspanbarkeit günstig zu beeinflussen, z. B. die Blau- und Warmsprödigkeit im Bereich von 300 bis 600 °C bei unlegierten und legierten Stählen. Bei Hartmanganstählen z. B. nützt man zur Zerspanung die Versprödung des Gefüges bei etwa 650 °C durch die beginnende Karbidausscheidung und Perlitumwandlung.

Durch noch höhere Erwärmung auf etwa 1000 °C bei der *Heißzerspanung* nützt man die fast vollständige Entfestigung des Werkstoffs für die Zerspanung aus. Die hohe Temperatur der zu zerspanenden Schicht wird meistens durch Plasmabrenner erzeugt [50–53].

Auch sind Untersuchungen bekannt, bei denen durch Plasmabrenner dünne Werkstoffschichten bis zum Schmelzen erhitzt und so flüssig abgetragen werden [54–56].

Die Bearbeitbarkeit bei den hier kurz erwähnten Sonderverfahren ist weitestgehend unabhängig von den Werkstoffeigenschaften.

C 10 Verschleißwiderstand

Von Erdmann Stolte

C 10.1 Abhängigkeit des Verschleißwiderstands vom Verschleißmechanismus

Unerwünschte Abtragungen und Veränderungen des Werkstoffs an der Oberfläche von Gegenständen, die durch wiederholte, vorwiegend mechanische Wechselwirkungen mit anderen Körpern oder Stoffen beim Gebrauch entstehen, faßt man unter dem Sammelbegriff *Verschleiß* zusammen und versteht unter ihm sowohl die Vorgänge selbst als auch ihre Wirkungen [1]. Die Abtragungen werden als Längen-, Flächen-, Volumen- oder Masseverlust ausgedrückt und heißen *Verschleißbetrag;* sie werden auf Beanspruchungsdauer oder -weg bezogen als *Verschleißrate* bezeichnet. Der Kehrwert des Verschleißbetrags ist der *Verschleißwiderstand* [2].

Da die wirtschaftliche Lebensdauer vieler Gebrauchsgegenstände und technischer Bauteile durch Verschleiß begrenzt wird, kommt dem Verschleißwiderstand oft ähnlich große Bedeutung zu wie der Streckgrenze oder der Bruchzähigkeit. Im Gegensatz zu den beiden letztgenannten Eigenschaften, die als Volumeneigenschaften allein durch den Werkstoff des betreffenden Gegenstands bestimmt sind, ist der Verschleißwiderstand als Oberflächeneigenschaft stets auf die Umgebung, auf das *Verschleißsystem* bezogen. Er hängt also nicht nur vom Werkstoff des Grundkörpers, sondern auch von allen übrigen, als Gegen- und Zwischenstoffe am Verschleißgeschehen beteiligten Stoffen und von den Wechselwirkungsbedingungen (Bewegung und Belastung) ab. Verschleißwiderstandsdaten von Werkstoffen sind deshalb nur dann vollständig und brauchbar, wenn das zugehörige Verschleißsystem hinreichend gekennzeichnet ist, z. B. durch Angaben über den Verwendungszweck des betreffenden Werkstoffs. Eine Übertragung solcher Daten auf andere Systeme ist im allgemeinen nicht zulässig, und darin liegt die Problematik aller Laboratoriums-Verschleißprüfungen [3], wenn man von deren Ergebnissen auf die praktische Bewährung der Werkstoffe schließen will.

Mit dem Verschleißsystem bzw. dem Verwendungszweck wird zunächst die Verschleißart, also Stoffkombination, Relativbewegung und Beanspruchungsart angegeben. Die Verschleißart sagt jedoch in der Regel wenig aus über die sogenannten *Verschleißmechanismen,* die mechanisch-physikalisch-chemischen Elementarvorgänge, die – einzeln oder zu mehreren – unter den gegebenen Bedingungen in den verschleißbeanspruchten Bereichen der Oberfläche ablaufen und dort kennzeichnende Verschleißformen [4] hervorrufen, wie z. B. Abrieb, Mulden, Riefen, Kratzer, Risse, Grübchen (Pittings), Schuppen, Werkstoffübertragung oder Reaktionsschichten (Passungsrost). Unter Umständen kann man deshalb aus dem Verschleißbild auf den vorliegenden oder vorherrschenden Mechanismus schließen.

Literatur zu C 10 siehe Seite 717, 718

Verschleißarten und Verschleißmechanismen

Heute versucht man, die Vielfalt der Elementarvorgänge, die das Lostrennen kleiner Teilchen von der Oberfläche eines Gegenstandes bewirken, im wesentlichen auf nur vier verschiedene Haupt-Verschleißmechanismen [5] zurückzuführen. Dies sind die beiden rein mechanisch wirkenden Vorgänge der *Abrasion* und

Tabelle C 10.1. Haupt-Verschleißmechanismen bei verschiedenen Verschleißarten an Gegenständen aus Stahl

Verschleißart mit Systembeispielen	Einzeln oder gemeinsam wirkende Haupt-Verschleißmechanismen[1]			
	Abrasion	Oberflächenzerrüttung	Adhäsion	Tribochemische Reaktionen
Stahl/Mineral-Trockengleitverschleiß	×	×		×
Förderschnecke/weicheres Mineral				⊗
Stachelbrecher/Sinter	⊗			×
Stahl/Metall-Trockengleitverschleiß	×	×	×	×
Drehmeißel/Werkstück	×		×	⊗
Bremsschieber/Walzgut	⊗		(×)	×
Stahl/Metall-Trockenwälzverschleiß	×	×	×	×
Schiene/Rad	⊗	×	×	×
Warmwalze/Walzgut	×	×	×	⊗
Stahl/Metall-Schmiergleitverschleiß		×		×
Welle/Gleitlager			(×)	⊗
Schneckengetriebe	(×)	⊗	(×)	×
Stahl/Metall-Schmierwälzverschleiß		×		×
Zahnradgetriebe	(×)	⊗	(×)	×
Wälzlager		⊗		×
Stahl/Metall-Korngleit- oder Wälzverschleiß	×	×		×
Baggerbolzen/Buchse	⊗			
Mahlplatte/Mahlkugel/Mahlgut	⊗	(×)		×
Stahl: Strahlverschleiß, Spülverschleiß	×	×	×	×
Blasversatzrohr	⊗	×		(×)
Schlammpumpe	⊗			×
Stahl: Kavitations- und Tropfenschlagverschleiß		×		×
Schiffsschraube		⊗		×
Hydraulikbauteile		⊗		(×)

[1] Bedeutung der Zeichen:
 ⊗ Mechanismus überwiegt
 × Mechanismus ist gewöhnlich beteiligt
 (×) Mechanismus ist manchmal beteiligt

der *Oberflächenzerrüttung,* ferner das Abtrennen von Teilchen unter wesentlicher Mitwirkung der *Adhäsion* und schließlich die Abtragung von Schichten, die aus *tribochemischen Reaktionen* an der Oberfläche des Grundkörpers entstanden sind. In Tabelle C 10.1 ist für die wichtigsten Verschleißarten bei Stählen und für eine Reihe verbreiteter Systeme angegeben, mit welchen dieser vier Verschleißmechanismen dabei gewöhnlich zu rechnen ist.

C 10.2 Einfluß von Gefüge und Eigenschaften der Stähle auf ihren Widerstand gegen die hauptsächlichen Verschleißmechanismen

Da ein unmittelbarer Zusammenhang zwischen Werkstoffparametern und Verschleißwiderstand nur für den einzelnen Verschleißmechanismus zu erwarten ist, sind die folgenden Ausführungen über den Einfluß des Gefüges und der Eigenschaften auf den Verschleißwiderstand [6] nach Verschleißmechanismen gegliedert; sie können deshalb nicht ohne weiteres auf bestimmte Verschleißarten oder Verwendungszwecke von Stählen übertragen werden (hierzu s. Teil D).

C 10.2.1 Abrasion (Furchungsverschleiß)

Gleitet ein mineralischer Körper unter so hoher Belastung über einen deutlich weicheren metallischen Grundkörper, daß seine Rauheitsspitzen etwaige Deckschichten durchstoßen und in den Grundkörper eindringen, so furchen sie dessen Oberfläche. Scharfkantige Gegenkörper trennen Mikrospäne ab, stumpfe verformen die Oberflächenschicht des Grundkörpers und scheren die aufgewölbten Teile ab. Gleichartige Vorgänge laufen unter der Einwirkung harter körniger Stoffe ab, die entweder als Zwischenstoffe durch einen Gegenkörper bewegt und belastet werden oder am Grundkörper frei entlangströmen. Gemäß der Definition der Härte als Quotient aus Normalkraft und Eindruckfläche muß bei diesen Vorgängen die wahre Kontaktfläche unter sonst gleichen Bedingungen näherungsweise umgekehrt proportional zur Härte des Grundkörpers sein. Setzt man, wie es nahe liegt, den Verschleißbetrag proportional zu dieser wahren Kontaktfläche an, so ergibt sich Proportionalität auch zwischen dem Kehrwert des Verschleißbetrages, also dem Verschleißwiderstand und der Härte des Grundkörpers.

Tatsächlich folgt die Abrasion bei einer großen Zahl von Metallen, die einen weiten Härtebereich überdecken, recht genau diesem einfachen Gesetz [7] (*Chruščov-Gerade,* Bild C 10.1).

Einschränkende Bedingung ist dabei, daß die Metalle im weichgeglühten Zustand, d. h. im Zustand ihrer geringsten Härte vorliegen. Eine Härtesteigerung durch Kaltverfestigung führt im allgemeinen überhaupt nicht zu einer Erhöhung des Verschleißwiderstands, weil der Werkstoff bei der Abrasion ohnehin je nach Form und Schneidschärfe des Abrasivstoffs und der Belastung mehr oder weniger stark kaltverfestigt wird, bevor die ersten Verschleißteilchen abgetrennt werden. Richtiger wäre es demnach, von einer Proportionalität zwischen dem Verschleißwiderstand bei Abrasion und der Härte der kaltverfestigten Schicht an der Oberfläche des Werkstoffs auszugehen; doch richtet sich diese nach dem Grad der Verfestigung, sie ist außerdem wegen der geringen Schichtdicke schwierig zu bestim-

Abrasion (Furchungsverschleiß)

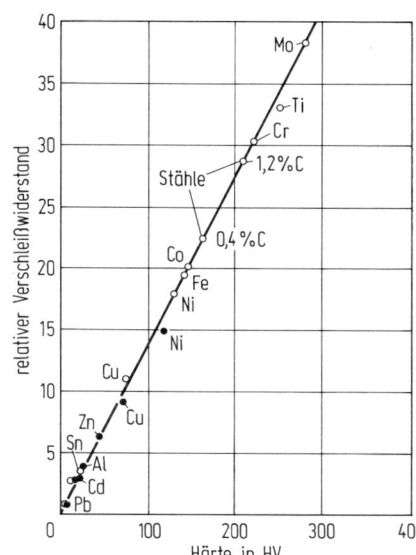

Bild C 10.1 Verschleißwiderstand geglühter Metalle gegen Abrasion in Abhängigkeit von der Härte; Vergleichswerkstoff: Blei-Zinn-Legierung. Nach [7].

men. Werkstoffe mit hohem Verfestigungskoeffizienten lassen bei gleicher Härte im geglühten Zustand in der Regel den höheren Verschleißwiderstand erwarten.

Besteht der Grundkörper aus mehr als einer homogenen oder quasihomogenen Phase, so setzt sich der integrale Verschleißwiderstand additiv zusammen gemäß den Flächenanteilen und dem Verschleißwiderstand der einzelnen Phasen, vorausgesetzt, daß die Körner jeder Phase mindestens von gleicher Größenordnung wie das eindringende Volumen der Schleifmittelspitzen sind [8]. Selbstverständlich muß auch die Härte jeder Phase merklich kleiner sein als die Gegenstoffhärte, sonst kann an der betreffenden Phase kein Abrasionsmechanismus ablaufen. Diesem Sachverhalt entsprechend fügen sich normalgeglühte Stähle mit Ferrit-Perlit-Gefüge zwanglos in das Chruščov-Diagramm ein (s. Bild C 10.1).

Liegen dagegen weitere Phasen in sehr feiner Verteilung vor wie z. B. Karbide in gehärteten und niedrig angelassenen Stählen, so steigt der Verschleißwiderstand sehr viel langsamer als proportional zur Härte an [9] (Bild C 10.2). Bei gleicher Härte ist daher ein normalgeglühter Stahl einem vergüteten im Widerstand gegen Abrasion stets überlegen, und unter den vergüteten Stählen ist derjenige mit dem jeweils höheren Kohlenstoffgehalt, d. h. Karbidanteil, beständiger.

Auch bainitische Gefüge, die durch isothermische Umwandlung in der unteren Zwischenstufe entstanden sind, zeigen sich wesentlich widerstandsfähiger als angelassener Martensit derselben Härte, bedingt durch höheren Restaustenitgehalt des Bainits [10]. Wenn unter Verschleißbeanspruchung Phasenumwandlungen ablaufen, die mit Härtesteigerung verbunden sind, z. B. die Umwandlung von metastabilem Austenit in Martensit bei hohen Normal- oder Stoßkräften, so steigt mit der Härte auch der Verschleißwiderstand an [11]. Auf diesem Vorgang beruht die große praktische Bedeutung des Manganhartstahls.

Bei sehr großer Härte des Grundkörpers tritt nach Überschreiten einer von den Umständen des Einzelfalls abhängigen kritischen Belastung zu dem rein furchen-

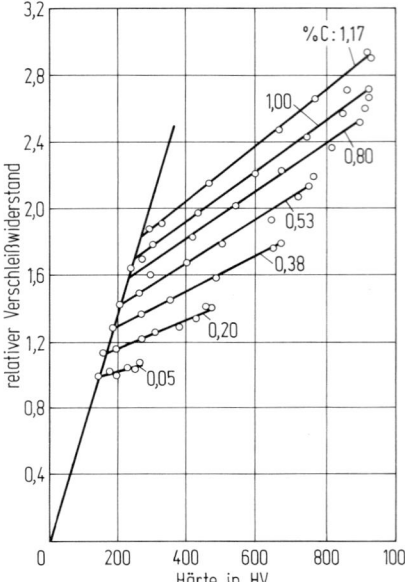

Bild C 10.2 Verschleißwiderstand vergüteter Stähle gegen Abrasion in Abhängigkeit von der Härte; Vergleichswerkstoff: Armco-Eisen. Nach [9].

den Verschleiß noch ein solcher durch sprödes Ausbrechen kleiner Teilchen hinzu (Bild C 10.3). Dann bestimmt neben der Härte auch die Bruchzähigkeit den Verschleißwiderstand; dieser nimmt mit weiter steigender Härte zunächst nur noch langsamer zu und schließlich wieder ab, weil die gleichzeitige Minderung der Bruchzähigkeit den stärkeren Einfluß ausübt [12] (Bild C 10.4). Die erwähnte kritische Belastung ist um so kleiner, je höher die Härte und je geringer die Bruchzähigkeit des Grundkörpers ist, wobei auch spröde Gefügebestandteile und innere Kerben wie Einschlüsse, Korngrenzenbeläge, Poren, Graphitlamellen in Grauguß [13] oder Härterisse von Einfluß sind. Ansätze für die quantitative Beschreibung des Sachverhalts liegen vor [12].

C 10.2.2 Oberflächenzerrüttung (Ermüdungsverschleiß)

Im Gegensatz zur Abrasion, die das Lostrennen kleiner Teilchen durch einmalige verdrängende Beanspruchung bewirkt, bedarf die Oberflächenzerrüttung hierzu häufig wiederholter Beanspruchungen. Diese führen zu Gleitvorgängen im Oberflächenbereich des Grundkörpers und nach Erschöpfung des Verformungsvermögens zur Bildung von Rissen, die sich bis zur Abtrennung kleiner Teilchen vergrößern. Ermüdungsverschleiß tritt bei verschiedenen Verschleißarten auf.

Bei Gleitverschleiß von Metallen durch harte, stumpfe, mineralische Gegenstoffe akkumulieren sich durch wiederholte Belastung der Oberfläche mit Normalkräften und reibungsbedingten Tangentialkräften große plastische Verformungen in der Oberflächenschicht des Grundkörpers. Infolgedessen kommt es, wie man sich vorstellt, unterhalb der stark verformten Schicht zur Bildung und Ausbreitung von Rissen, die etwa parallel zur Oberfläche verlaufen und schließlich zur Abtren-

 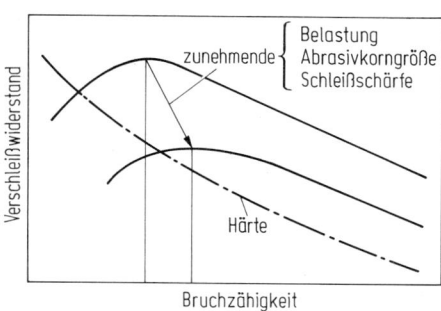

Bild C 10.3 **Bild C 10.4**

Bild C 10.3 Abrasive Furchung und Ausbrechungen an der Verschleißfläche eines gehärteten Werkzeugstahls. Nach [12].

Bild C 10.4 Verschleißwiderstand verschiedener Werkstoffe gegen Abrasion in Abhängigkeit von der Bruchzähigkeit (schematisch). Nach [12].

nung von Werkstoff in Form dünner Blättchen führen. Dieser Mechanismus wird als Delamination [14] bezeichnet; er tritt oft alternativ zur Abrasion auf und wird deshalb manchmal dieser im weiteren Sinn zugerechnet.

Klarer tritt der Zerrüttungsmechanismus bei (weitgehendem) Fehlen von Tangentialkräften in Erscheinung, nämlich bei Rollverschleiß [15] an Wälzlagern und Fahrbahnschienen oder bei Prallstrahlverschleiß durch harte körnige Gegenstoffe [16]. Hier sind es vorwiegend periodisch oder stoßartig wiederkehrende Normalkräfte, welche die oberflächennahen Bereiche des Grundkörpers dynamisch beanspruchen. Bei Sogverschleiß (Kavitation) [17] sind die Druckwellen implodierender Gasbläschen in der Grenzschicht zwischen Flüssigkeit und Werkstoffoberfläche die Ursache der Schädigung. Schließlich können bei intensiver Reibbeanspruchung von den Berührungspunkten Temperaturwellen mit den zugehörigen Eigenspannungsänderungen ausgehen und durch den Werkstoff wandern.

Maßgeblich für den Verschleißwiderstand eines stählernen Grundkörpers gegenüber diesen Mechanismen der Oberflächenzerrüttung ist in erster Linie die *Dauerschwingfestigkeit* in den Bereichen höchster Beanspruchung. Härte bzw. Fließwiderstand und Zähigkeit, Homogenität des Werkstoffs, Größe, Form und Verteilung harter Phasen und Einschlüsse, schließlich auch Eigenspannungsfelder und Oberflächenfeingestalt sind dabei die wesentlichen Einflußgrößen (s. a. C1.2.2). Ganz ähnlich wie bei der Abrasion gewinnt bei der Oberflächenzerrüttung durch harte Gegenstoffe die Zähigkeit mit zunehmender Normalkraft an Bedeutung, und der Einfluß der Härte tritt entsprechend zurück [18]. Bei Zerrüttung durch weiche Gegenstoffe wie z.B. bei Regenerosion [19] scheint dagegen allein die Härte oder

Festigkeit maßgeblich zu sein und die Zähigkeit keine Rolle zu spielen. Gegenüber dem Delaminationsmechanismus ist ferner ein geringer Reibungsbeiwert vorteilhaft, weil dieser die Höhe der auftretenden Scherkräfte maßgeblich bestimmt, während bei der Kavitation auch die elektrochemischen Eigenschaften des Grundkörpers und seiner Gefügebestandteile von Einfluß sein können. Schließlich spielen bei der Schädigung durch Temperaturwellen auch die kalorischen Stoffwerte eine Rolle.

C 10.2.3 Adhäsion (Haftverschleiß)

Zwischen aneinander gleitenden Metallen treten zu den rein mechanischen Wechselwirkungen Adhäsionskräfte hinzu. Sie führen zu einer meist beträchtlichen Erhöhung der Reibung. Voraussetzung für das Wirksamwerden der Adhäsion ist, daß sich die Partner metallisch berühren, Deckschichten also fehlen oder bei der Beanspruchung mindestens teilweise entfernt werden. Typische Erscheinungsformen des Haftverschleißes sind Gleitflächen, die durch *Kaltverschweißung*, Werkstoffübertragung (Bild C 10.5) oder *Fressen* aufgerauht worden sind. Lose Verschleißpartikel bilden sich bei diesem Mechanismus nicht; hierzu bedarf es der Mitwirkung von Abrasions- oder Delaminationsvorgängen an den aufgerauhten Kontaktflächen.

Die Adhäsion ist Ausdruck der atomaren Bindungskräfte zwischen den verschiedenartigen Metallen und hängt von der Elektronenkonfiguration der beteiligten Elemente ab. Kenntnisse über den Einfluß der Werkstoffeigenschaften, soweit diese nicht selbst von der Elektronenkonfiguration abhängen, auf den Haftverschleiß-Widerstand sind, falls überhaupt vorhanden, noch weithin hypothetisch [21]. Einigermaßen gesichert erscheint, daß Metalle mit kubisch-flächenzentriertem Kristallgitter wegen ihrer größeren Verformungsfähigkeit (12 Gleitsysteme) stärker zu Haftverschleiß neigen als solche mit kubisch-raumzentriertem oder gar hexagonalem Gitter. Ähnliche Überlegungen wie die vorhergehenden über den Zusammenhang zwischen der Härte des weicheren Partners, der wahren Kontaktfläche und dem Verschleißbetrag erscheinen auch bei Haftverschleiß grundsätzlich berechtigt, so daß wiederum eine Zunahme des Verschleißwiderstands mit steigender Härte des weicheren Partners zu erwarten ist. Daß ein solcher Zusammenhang nicht klar zutage tritt, muß wohl auf die von Fall zu Fall unterschiedlich großen Wirkungen einer Reihe anderer Einflüsse zurückgeführt werden, besonders auf die

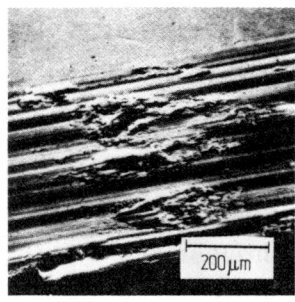

Bild C 10.5 Adhäsive Metallübertragung auf einer Stahlscheibe. Nach [20].

starke Abhängigkeit der Adhäsionskräfte von Verunreinigungen der metallischen Gleitflächen [22], die weder im Versuch noch in der Praxis vollständig vermieden werden können.

Bei Haftverschleiß wird Werkstoff des einen Partners im allgemeinen immer dann auf den anderen übertragen, wenn die Adhäsionskräfte größer sind als die Kohäsionskräfte eines Partnerwerkstoffs, wenn also die entstehenden Kaltverschweißungen vorzugsweise innerhalb des weicheren Partnerwerkstoffs aufreißen. Zwischen artgleichen Metallen sind der Haftverschleiß und die resultierende Aufrauhung der Gleitflächen gewöhnlich besonders stark ausgeprägt, weil die Trennung der Kaltverschweißungen etwa gleich häufig in beiden Partnern erfolgt.

C 10.2.4 Tribochemische Reaktionen (Schichtverschleiß)

Bei Gleitreibung unter geringer Beanspruchung des Grundkörpers beschränkt sich die Abtragung oft auf solche Schichten, die als Produkte „tribochemischer" Reaktionen mit Stoffen aus der Umgebung an der von Reibungswärme und mechanischer Beanspruchung aktivierten Oberfläche entstehen und sich immer wieder erneuern. Bei Stählen denkt man dabei vor allem an die Bildung von Oxidschichten *(Reiboxidation)* unter Mitwirkung des normalerweise stets vorhandenen Luftsauerstoffs [23].

Schichtverschleiß führt bei Stählen meist zu geringen Verschleißraten, der Verschleißwiderstand ist in solchen Fällen also groß. Werkstoffseitig hängt er in erster Linie von der Neigung zur Bildung von Oberflächenschichten durch tribochemische Reaktionen mit den in der Umgebung vorhandenen Stoffen ab, und darin unterscheiden sich die Stähle nicht wesentlich voneinander. Auch nichtrostende Stähle unterliegen z. B. der Reiboxidation, da ihre schützende Passivschicht durch Reibung aufgerissen wird. Von Einfluß sind ferner Zähigkeit und Haftvermögen der Reaktionsschichten. Spröde Schichten platzen ab, wenn die Unterlage sich plastisch verformt; insofern kann auch die Härte des Grundkörpers eine gewisse Bedeutung erlangen.

C 10.2.5 Kombinierte Verschleißvorgänge

In der Praxis tritt ein einzelner Verschleißmechanismus selten allein auf; meist sind noch andere Mechanismen in unterschiedlichem und wechselndem Ausmaß beteiligt. Als ein Beispiel für viele sei die technisch sehr wichtige, in verschiedenen Erscheinungsformen bekannte Reibkorrosion [24] erwähnt, deren Mechanismus meist als Schichtverschleiß interpretiert wird. Nach neueren Vorstellungen [25] beginnt sie zwar mit der Entfernung oxidischer Oberflächenschichten, kann dann aber in Haft- und möglicherweise auch Zerrüttungs- bzw. Delaminationsverschleiß übergehen. Dabei verbleiben die abgetrennten Verschleißteilchen am Entstehungsort und werden oxidiert, so daß sie sich zu kompakten Ablagerungen aufbauen und schließlich Abrasion verursachen können. Unter solchen Umständen ist der Beitrag der einzelnen Verschleißmechanismen zum Gesamtverschleiß nicht mehr feststellbar, und es ist schwierig, wenn nicht unmöglich, Zusammenhänge zwischen dem integralen Verschleißwiderstand und den Stahleigenschaften zu erkennen.

C 10.3 Einfluß von Gefüge und Eigenschaften der Stähle auf das Einsetzen bestimmter Verschleißmechanismen

Gegenüber den verschiedenen Verschleißmechanismen ist der Widerstand eines Stahls unterschiedlich groß. Daher wird immer dann, wenn mehrere Mechanismen möglich sind, der resultierende Verschleißwiderstand noch auf eine zweite indirekte Weise von den Stahleigenschaften beeinflußt. Dabei ist wichtig, wie diese Eigenschaften das Wirken der einzelnen Mechanismen begünstigen oder hemmen.

Abrasion und Adhäsion haben bei Stählen im allgemeinen stärkere Auswirkungen als Schichtverschleiß. Es gilt daher, Abrasions- und Adhäsionsvorgänge zu hemmen oder überhaupt zu vermeiden. Wie Gefüge und Eigenschaften der Stähle hierzu beitragen können, soll nachstehend dargelegt werden.

C 10.3.1 Vermeidung der Abrasion

Abrasion ist an die Bedingung geknüpft (s. C 10.2.1), daß der Gegenstoff deutlich härter ist als der Grundkörper. Erhöht man also bei gegebenem Gegenstoff die Härte eines stählernen Grundkörpers – z. B. durch Härten und Anlassen – soweit, daß sie diejenige des Gegenstoffs erreicht und überschreitet, so vermag schließlich der Gegenstoff den Grundkörper nicht mehr zu furchen; die Abrasion kommt zum Erliegen. Infolgedessen steigt, wie in Bild C 10.6 für den Gegenstoff Glas eingezeichnet, der Verschleißwiderstand von Stahl mit zunehmender Härte steil an. (Bei Beanspruchung durch den härteren Gegenstoff Korund folgt der Verschleißwiderstand dagegen bis zur höchsten erzielbaren Grundkörperhärte der bereits aus Bild C 10.1 bekannten Geraden.) Bei mehrphasigen Stählen und bei Gegenstoffen mit einem Härtebereich verläuft dieser Anstieg des Verschleißwiderstands flacher. Sind die einzelnen Phasen eines Stahls teils härter, teils weicher als der Gegenstoff, so unterliegen die weicheren Phasen mindestens anfänglich der Abrasion (Reliefbildung), bis der Gegenstoff durch die härteren Phasen am Zugriff gehindert wird.

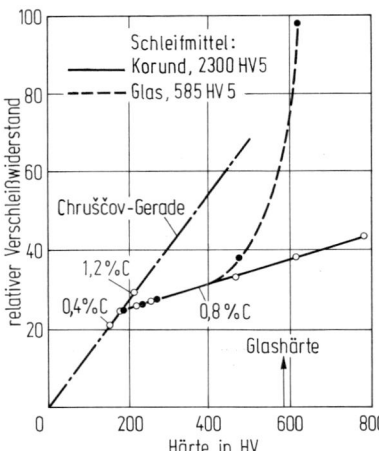

Bild C 10.6 Widerstand vergüteter Stähle mit 0,8 % C gegen Gleitverschleiß durch Schleifmittel unterschiedlicher Härte in Abhängigkeit von der Stahlhärte. Vergleichswerkstoff: Blei-Zinn-Legierung. Nach [26].

Von der Möglichkeit, die Abrasion durch Erhöhen der Grundkörperhärte über diejenige des Gegenstoffs hinaus zu vermeiden, wird in der Technik häufig Gebrauch gemacht. So haben eine ganze Reihe mineralischer Massengüter geringere Härten als die verschleißfesten Stähle und Gußeisen. Das entscheidende Kriterium dafür, ob Abrasion stattfindet oder nicht, ist also das *Härteverhältnis* von Gegenstoff und Grundkörper. Die praktische Bedeutung dieses Kriteriums ist in Bild C 10.7 augenfällig zu erkennen. Die Mahlkörper waren anfangs Kugeln und dienten zum Zerkleinern von Zementklinker in einer Kugelmühle. Sie waren jedoch ungleichmäßig, und zwar offensichtlich unter gegenseitiger Berührung, gehärtet worden, wobei sie vor allem an den Berührungsstellen die Härte des Zementklinkers nicht erreicht hatten, so daß dort Abrasion in erheblichem Umfang stattfinden konnte.

Bild C 10.7 Verschleißformen ungleichmäßig gehärteter Mahlkugeln aus einer Zementmühle.

C 10.3.2 Vermeidung der Adhäsion

Will man beim Gleiten von Metall auf Metall die Adhäsion und die von ihr verursachten schweren Verschleißerscheinungen vermeiden, so dürfen keine reinen Metalloberflächen in Eingriff kommen. Bei geringer Belastung können bereits dünne Oxidschichten, die an Luft praktisch stets vorhanden sind, eine metallische Berührung verhindern, so daß Schichtverschleiß abläuft (s. Bild C 10.8). Dies läßt sich z. B. aus dem hohen elektrischen Übergangswiderstand zwischen den Reibpartnern schließen. Nimmt die Beanspruchung zu, so kann plötzlich Haftverschleiß einsetzen, weil die Oberflächenschicht örtlich zerstört und Adhäsionskräfte wirksam werden. Der Verschleißwiderstand geht dabei stark zurück, im vorliegenden Versuch um etwa zwei Größenordnungen. Bei weiter zunehmender Beanspruchung werden die Reibflächen unter dem Einfluß der ebenfalls zunehmenden Reibungserwärmung immer rascher oxidiert, so daß die Adhäsion plötzlich aussetzt und Schichtverschleiß abläuft. Die Beanspruchungshöhe, bei der diese Wechsel im Verschleißmechanismus stattfinden, hängt, wie Bild C 10.8 zeigt, auch vom Werkstoff ab. Die untere Grenzbelastung des Haftverschleißes ist durch das Nachgeben des weicheren Werkstoffs, also durch dessen Härte vorgegeben, die obere ist von der Bildung einer genügend widerstandsfähigen Oxidschicht abhängig. Entscheidend hierfür dürfte die Temperatur in den Elementen der wahren Kontaktfläche sein. Die Reibungserwärmung nimmt mit der Belastung der Kontaktstellen und mit der Härte des jeweils weicheren Partners zu. Deshalb ist die Temperatur an den Kontaktstellen bei den härteren Stählen höher, so daß bei diesen schon nach geringerer Belastungszunahme als bei den weicheren Stählen eine tragfähige Oxidschicht entsteht und der Haftverschleiß wieder aufhört. Die in Bild C 10.8 bei Belastungen zwischen 10 und 100 N vorhandenen, mit „Glanzstellen" bezeichneten

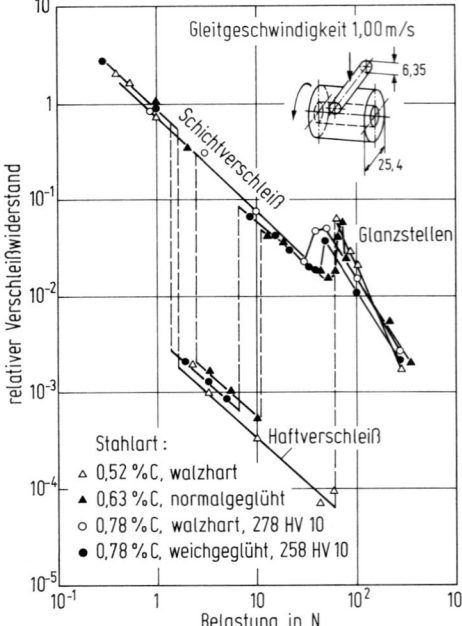

Bild C 10.8 Widerstand artgleich gepaarter unlegierter Stähle gegen Trockengleitverschleiß in Abhängigkeit von der Belastung. Nach [27].

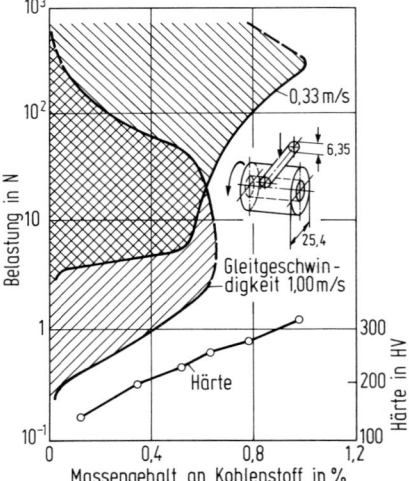

Bild C 10.9 Haftverschleißbereiche bei Trockengleitverschleiß unlegierter naturharter Stähle in Abhängigkeit vom Kohlenstoffgehalt. Nach [27].

Buckel in den Verschleißwiderstandskurven rühren von der Härtung der Oberfläche (Reibmartensit-Bildung [28]) her.

In Bild C 10.9 sind für eine Reihe naturharter unlegierter Stähle die kritischen Belastungsbereiche, in denen unter den vorliegenden Versuchsbedingungen Haftverschleiß aufgetreten ist, als Funktion des Kohlenstoffgehalts schraffiert eingezeichnet. Da die Härte dieser Stähle mit dem Kohlenstoffgehalt ungefähr linear zunimmt, ergibt sich praktisch dasselbe Bild, wenn man anstelle des Kohlenstoffgehalts die Härte als Abszissengröße wählt. Übrigens zeigen auch vergütete Stähle tendenziell dieselbe Abhängigkeit der Haftverschleißbereiche von der Härte, jedoch tritt der Wechsel im Verschleißmechanismus im allgemeinen bei anderen Härtewerten ein [27].

Dem Haftverschleiß kann nicht nur durch Bildung solcher Schichten begegnet werden, die durch Reaktion des Stahls mit Stoffen der Umgebung entstanden sind. Ähnliche Wirkungen erzielt man auch durch endogene Stoffe aus den Verschleißpartnern, z. B. durch Graphit aus grauem Gußeisen oder graphitisierten Stählen, der sich bei Reibbeanspruchung über die Verschleißflächen ausbreitet und dadurch die Adhäsion verhindert. Bei der Zerspanung von Stählen können bestimmte nichtmetallische Verbindungen mit niedriger Erweichungstemperatur, die als Einschlüsse im Stahl vorliegen, unter hohen Schnittemperaturen an den Berührungsflächen der Schneidwerkzeuge einen Belag bilden und dadurch Adhäsions- und Diffusionsvorgänge behindern [29].

C 10.4 Schlußbemerkung

Wie den vorstehenden Ausführungen zu entnehmen ist, sind die werkstoffseitig gegebenen Möglichkeiten zur Erhöhung des Verschleißwiderstands der Stähle und zur Unterdrückung bestimmter Verschleißmechanismen bisweilen unbefriedigend, vor allem, wenn bei der Werkstoffauswahl noch weitere Forderungen gestellt sind.

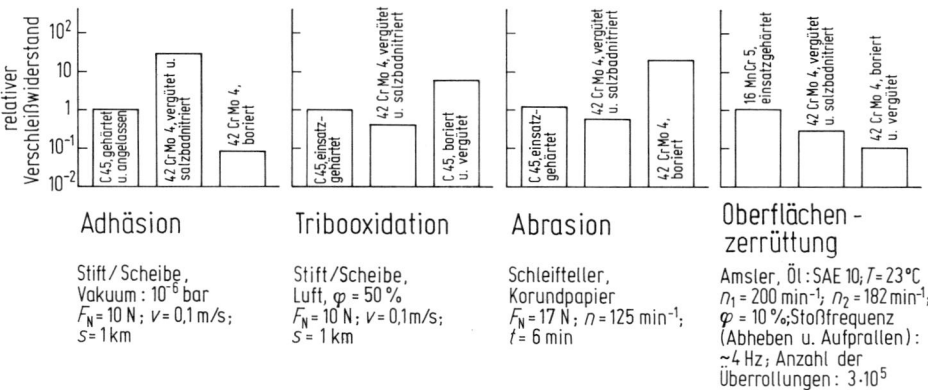

Bild C 10.10 Widerstand von Stählen mit unterschiedlicher Oberflächenbehandlung gegen verschiedene Verschleißmechanismen. Nach [31]. F_N = Belastung, n = Drehzahl, s = Prüflänge, t = Prüfdauer, v = Prüfgeschwindigkeit, φ = Schlupf.

Mittlere chemische Zusammensetzung der Versuchsstähle:

	% C	% Si	% Mn	% Cr	% Mo
C 45	0,45	0,25	0,40		
16 MnCr 5	0,16	0,25	1,20	1,0	
42 CrMo 4	0,42	0,25	0,60	1,0	0,25

Für solche Fälle stehen Verbundwerkstoffe sowie zahlreiche Verfahren der Oberflächenbehandlung und Beschichtung [30] zur Verfügung, unter denen die für den zu erwartenden Verschleißmechanismus geeignete Behandlung auszuwählen ist (s. Bild C 10.10). Schließlich wird – das ist eine Folge der Systemgebundenheit der Verschleißvorgänge – der Verschleißwiderstand eines Gegenstandes auch durch Änderung der übrigen Systemgrößen beeinflußt. Er kann also durch konstruktive Verbesserungen, verschleißbezogene Optimierung der Beanspruchungsbedingungen und nicht zuletzt durch Minderung der Reibung mit Hilfe der Schmiertechnik oft entscheidend erhöht werden.

C 11 Schneidhaltigkeit

Von Hans-Josef Becker

C 11.1 Begriffsbestimmung für Schneidhaltigkeit

Schneidhaltigkeit wird in einigen normähnlichen Schriften [1] wie folgt definiert: „Eigenschaft einer Werkzeugschneide, bei gegebener Schneidkeilgeometrie die Beanspruchung beim Abtrennen von Spänen von einem Werkstoff unter gegebenen Bedingungen eine bestimmte Zeit zu ertragen." Dies gilt offensichtlich für spanende Werkzeuge. Es gibt aber viele Werkzeuge mit Schneiden – z. B. Messer und Scheren im Haushalt, im Handwerk und in der Industrie –, die zum spanlosen Zerteilen der unterschiedlichsten Stoffe bestimmt sind. Da auch für sie Schneidhaltigkeit eine wichtige Eigenschaft ist, muß die Begriffsbestimmung weitergefaßt werden, etwa wie folgt: „Eigenschaft einer Werkzeugschneide, bei gegebener Schneidengeometrie die Beanspruchung beim spanenden und spanlosen Trennen eines Werkstoffs unter gegebenen Bedingungen eine bestimmte Zeit zu ertragen."

C 11.2 Einflüsse auf die Schneidhaltigkeit

Von wesentlichem Einfluß auf die Schneidhaltigkeit eines Werkzeugstoffs sind: der Verschleißwiderstand, die Härte, die Druckfestigkeit, u. U. auch die Warmfestigkeit (Warmhärte) zur Vermeidung von Verformungen der Schneide, die Zähigkeit zur Vermeidung von Schneidenbrüchen, die Art des zu trennenden Stoffs [2], die Schneidengeometrie und die Arbeitsbedingungen (vor allem Schnittgeschwindigkeit, Vorschub, Spantiefe, Schneidspalt).

In C 1, C 4 und C 10 wurde dargestellt, wie Verschleißwiderstand, Härte, Festigkeit und Zähigkeit im wesentlichen vom Gefüge des Stahls abhängen, das wiederum durch die chemische Zusammensetzung und durch die Wärmebehandlung bestimmt wird. So soll hier vor allem der *Einfluß des Gefüges* besprochen werden, während die anderen Einflußgrößen nur kurz behandelt werden.

C 11.3 Abhängigkeit der Schneidhaltigkeit vom Gefüge des Stahls

Stähle für Werkzeuge werden in der Regel im gehärteten und angelassenen oder entspannten Zustand eingesetzt.

Literatur zu C 11 siehe Seite 718

C 11.3.1 Einteilung der Stahlsorten nach Zusammensetzung und Gefüge

Die in Betracht kommenden Stahlsorten lassen sich nach dem Kohlenstoffgehalt, der weitgehend die Aufhärtbarkeit und den Anteil der Karbide im Gefüge bestimmt, wie folgt in Gruppen (s. Bild C 11.1) einteilen:
1) unlegierte oder legierte untereutektoidische Stähle; als Beispiele seien genannt C 80 W 1 und 55 NiCr 10 (kennzeichnende Zusammensetzung s. Tabelle C 11.1);
2) legierte übereutektoidische Stähle, z. B. 90 MnCrV 8;
3) ledeburitische Stähle, als deren Vertreter der X 155 CrVMo 12 1 und der Schnellarbeitsstahl S 6-5-2 angeführt werden können.

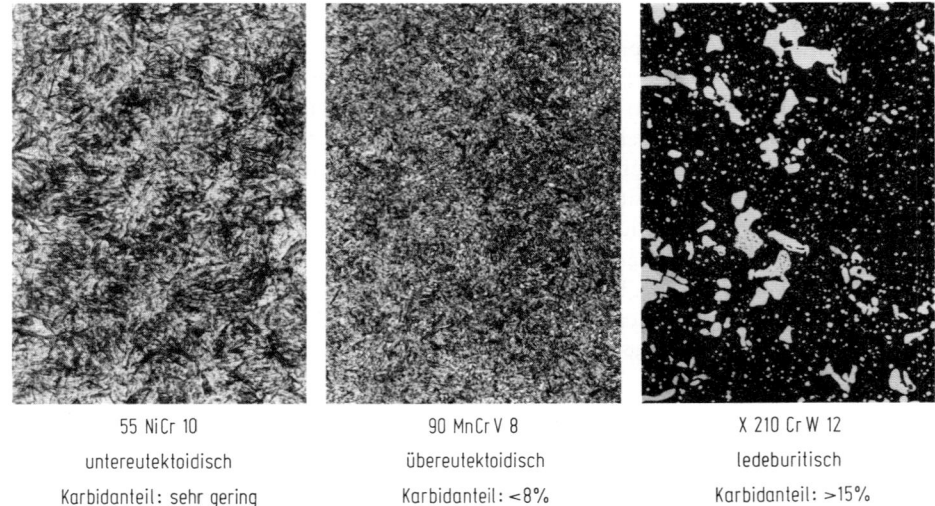

55 NiCr 10	90 MnCrV 8	X 210 CrW 12
untereutektoidisch	übereutektoidisch	ledeburitisch
Karbidanteil: sehr gering	Karbidanteil: <8%	Karbidanteil: >15%

Bild C 11.1 Gefüge von legierten Kaltarbeitsstählen im gehärteten und angelassenem Zustand.

Tabelle C 11.1. Mittlere Zusammensetzung der in C 11.3.1 und in mehreren Bildern von C 11 erwähnten Stähle

Gruppe	Kurzname	% C	% Mn	% Co	% Cr	% Mo	% V	% W
Unter-	C 80 W1	0,80	0,20	–	–	–	–	–
eutektoidisch	55 NiCr 10	0,55	0,40	–	0,6	2,8 % Ni	–	–
Übereutek-	90 MnCrV 8	0,90	2,0	–	0,3	–	0,1	–
toidisch	105 WCr 6	1,05	1,0	–	1,0	–	–	1,2
	X 100 CrMoV 5 1	1,0	0,60	–	5,1	1,1	0,15	–
Ledeburitisch	X 155 CrVMo 12 1	1,55	0,30	–	11,5	0,7	1,0	–
	X 165 CrMoV 12	1,65	0,30	–	11,5	0,6	0,3	0,5
	X 210 Cr 12	2,1	0,30	–	11,5	–	–	–
	X 210 CrW 12	2,15	0,40	–	11,5	–	–	0,70
	S 6-5-2	0,90	0,3	–	4,2	5,0	1,9	6,5
	S 2-9-2	1,03	0,3	–	4,2	8,5	2,0	1,8
	S 6-5-2-5	0,92	0,3	4,8	4,2	5,0	1,8	6,5
	S 12-1-4-5	1,4	0,3	4,8	4,2	0,8	3,8	12,0
	S 2-10-1-8	1,08	0,3	8,0	4,2	9,5	1,1	1,5

Bei den *Stählen der ersten Gruppe* liegt nach dem Weichglühen ein ferritisches Gefüge mit Karbiden (vornehmlich Zementit) vor, das durch Härten in Wasser oder Öl in ein martensitisches Gefüge ohne Karbide bzw. mit nur wenigen nicht gelösten Karbiden umgewandelt wird. Der Hauptträger des Verschleißwiderstands ist der Martensit, dessen Härte durch das für die Erreichung einer gewissen Zähigkeit notwendige Anlassen mit steigender Anlaßtemperatur abfällt. Die Höhe des Kohlenstoffgehalts bestimmt *auch* die Aufhärtbarkeit, während durch Zulegieren von Elementen wie Chrom und Nickel die Einhärtbarkeit bestimmt wird.

Die *Stähle der zweiten Gruppe* haben aufgrund ihrer Zusammensetzung auch nach dem Härten und Anlassen noch einen gewissen Karbidgehalt, der in der Regel unter 10% liegt. Träger des Verschleißwiderstands sind hier die martensitische Grundmasse *und* die Karbide.

Bei den *Stählen der dritten Gruppe* liegt im geglühten Zustand ein Gefüge aus Ferrit und einem sehr hohen Gehalt an Karbiden vor. Es gibt zwei aufgrund der Entstehungsgeschichte unterschiedliche Karbidarten: die Primär- oder besser eutektischen Karbide und die Sekundärkarbide, die nach der Erstarrung aus der festen Lösung ausgeschieden werden. Bei der Austenitisierung wird der größte Teil der Sekundärkarbide in Lösung gebracht, während die eutektischen Karbide nicht in Lösung gehen. Träger des Verschleißwiderstands sind hier vornehmlich die Karbide und zusätzlich die martensitische Grundmasse. Vor allem bei den Schnellarbeitsstählen werden beim Anlassen außerdem Sonderkarbide des Typs MC, M_2C ausgeschieden, die zur Sekundärhärtung beitragen und damit auch zu einer weiteren Steigerung des Verschleißwiderstands, besonders auch bei erhöhten Temperaturen. Bei den ledeburitischen kohlenstoff- und chromreichen Stählen liegen im gehärteten und angelassenen Zustand in der Regel Karbidgehalte zwischen 10 und 20% vor. Bei den Schnellarbeitsstählen bewegen sich im gleichen Zustand die Karbidgehalte zwischen 8 und 15% (Bild C 11.2).

Nicht nur die Menge der Karbide, sondern auch ihre Zusammensetzung hat einen erheblichen Einfluß auf die Schneidhaltigkeit. Das reine Eisenkarbid Fe_3C

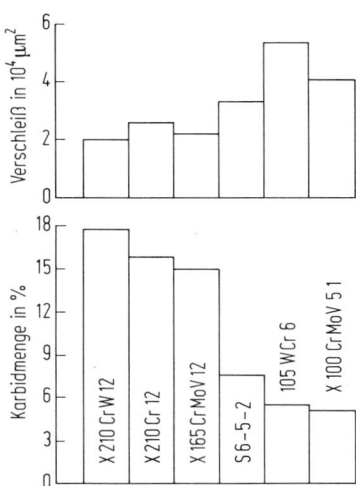

Bild C 11.2 Zusammenhang zwischen Karbidanteil im Gefüge von Werkzeugstählen (s. Tabelle C 11.1) und Verschleiß des Werkzeugs beim Schneiden von Transformatorenblech aus Stahl mit 1 und 2% Si. Als Verschleißmerkmal ist die an den Schneidkanten nach einer bestimmten Schnittzahl abgetragene Fläche gemessen worden. Nach [3].

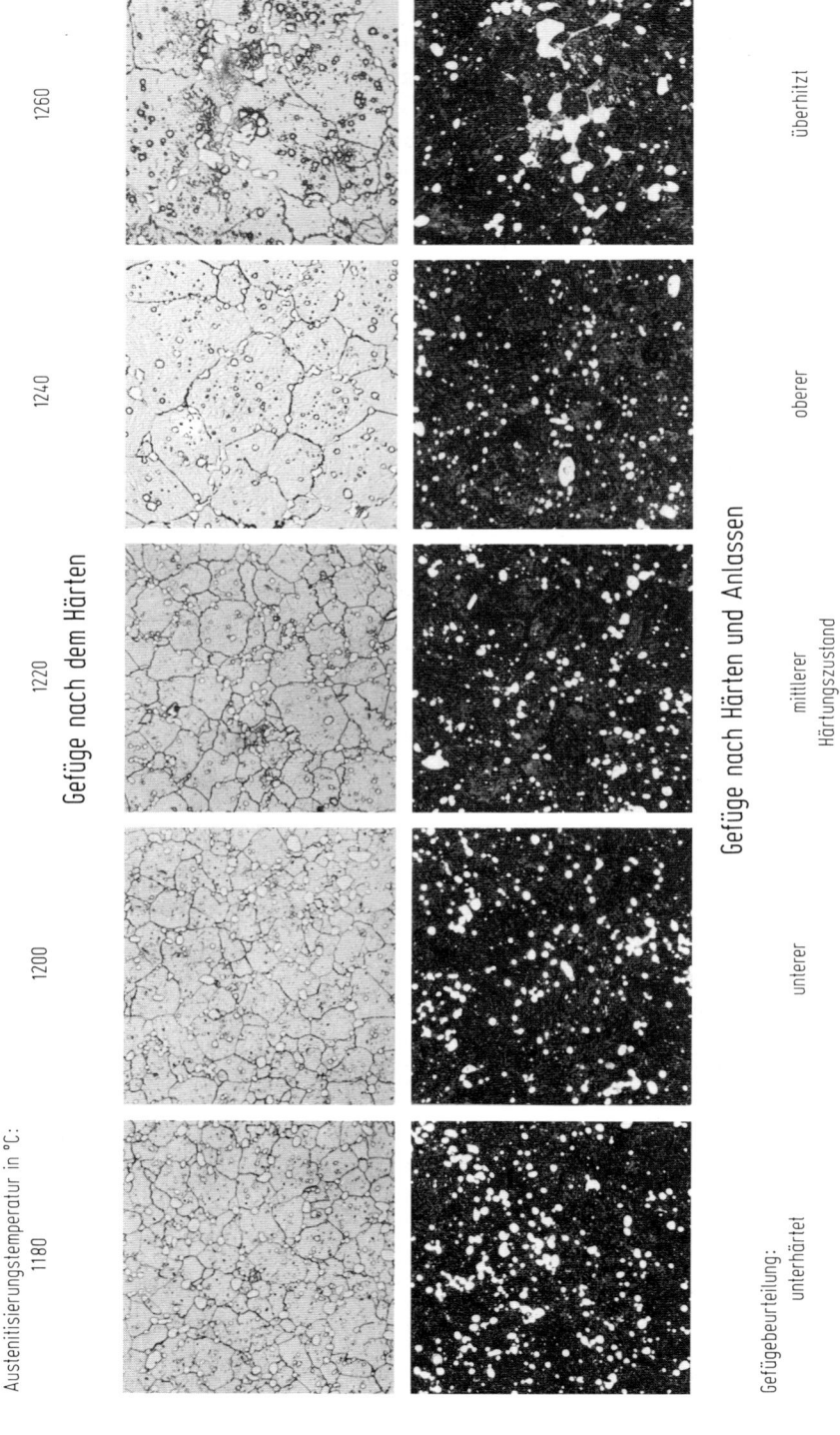

Bild C11.3 Einfluß der Austenitisierungstemperatur auf die Gefügeausbildung des Schnellarbeitsstahls S 6-5-2 nach Tabelle C 11.1. Proben von 30 mm Dmr., jeweils nach dem Härten 2 × 2 h bei 550 °C angelassen.

(M₃C) hat eine wesentlich geringere Härte als die reinen Chromkarbide vom Typ M_7C_3 und $M_{23}C_6$. Noch höhere Härten haben die sogenannten Mischkarbide vom Typ M_6C (z.B. $Fe_2W_2Mo_2C$), während die höchsten Härten bei Typen wie MC (z.B. VC, TiC) gefunden werden (s. auch D 11).

Neben Menge und Zusammensetzung ist außerdem die Form der Karbide zu erwähnen. Erfahrungsgemäß sind eckige Karbide sowohl wegen ihrer besseren Verankerung in der Grundmasse als auch wegen ihrer besseren Schneidfähigkeit solchen mit weitgehender kugeliger Form im Hinblick auf die Schneidhaltigkeit vorzuziehen.

C 11.3.2 Erzielung des für die Schneidhaltigkeit günstigen Gefüges

Der Einfluß des Gefüges der Stähle auf die Schneidhaltigkeit wäre unzureichend dargestellt, wenn er nur unter dem Gesichtspunkt des Verschleißwiderstands betrachtet würde. Vielmehr muß das Gefüge auf Art und Belastung der Schneide abgestellt werden. Mit Hilfe der Wärmebehandlung, besonders durch die zweckmäßige Wahl der Austenitisierungstemperaturen und -zeiten sowie der Anlaßbehandlung und ihrer Häufigkeit können z.B. der Karbidgehalt, der Legierungsgehalt der Grundmasse und dadurch Zähigkeit und Druckfestigkeit variiert werden.

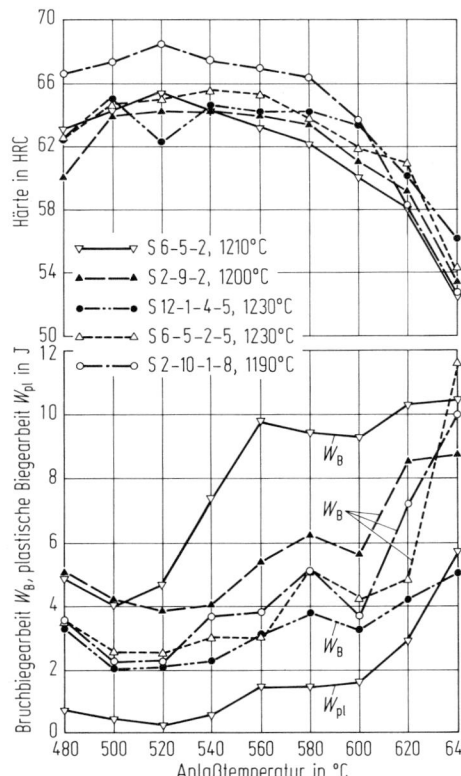

Bild C 11.4 Vergleich der Härte und der Bruchbiegearbeit W_B im statischen Biegeversuch bei verschiedenen Schnellarbeitsstählen (s. Tabelle C 11.1). Nur für Stahl S 6-5-2 ist auch die plastische Biegearbeit W_{pl} eingetragen, die für die anderen Stahlsorten unter 600 °C unterhalb der Meßgenauigkeit lag. Im Bild ist außerdem die Austenitisierungstemperatur der geprüften Stahlsorten vermerkt.

Am Beispiel der *Schnellarbeitsstähle* soll dies erläutert werden. Bild C 11.3 gibt unterschiedliche Härtungszustände beim Schnellarbeitsstahl S 6-5-2 (s. Tabelle

C 11.1) wieder. Der sogenannte untere Härtungszustand sollte eingestellt werden, wenn höchste Zähigkeit verlangt wird (z. B. bei Schneidwerkzeugen wie Schnittstempeln, Schnittplatten). Der mittlere Härtungszustand wird für den größten Teil der Zerspannungswerkzeuge wie Bohrer, Fräser, Gewindebohrer vorgeschlagen. Der obere Härtungszustand ist für Werkzeuge gedacht, die hauptsächlich auf Verschleiß beansprucht sind und weniger zäh sein dürfen, wie z. B. schwere Schruppdrehmeißel mit einfachen Schneiden. Der unterhärtete und der überhitzte Zustand ist in keinem Fall empfehlenswert.

Aus Bild C 11.3 sind die Unterschiede im Karbidgehalt und in der Austenitkorngröße, die für die Beurteilung des Gefüges im Hinblick auf die Anforderungen an die Schneidhaltigkeit wichtig sind, zu ersehen. Den Einfluß der Anlaßbehandlung auf die mechanisch-technologischen Werte bei Schnellarbeitsstählen zeigt dazu Bild C 11.4.

C 11.4 Hartmetallegierungen und Oxidkeramik

Aus dem bisher Gesagten geht hervor, daß die Karbide einen wesentlichen Einfluß auf die Schneidhaltigkeit ausüben. Da große Mengen möglichst harter Karbide den Verschleißwiderstand erhöhen, führt dies zu Werkstoffen, die Karbidanteile bis zu 95% haben, d. h. zu den härtbaren Hartstoffen oder den nicht härtbaren Hartstoffen, den Hartmetallen. Da diese Werkstoffe auch von Edelstahlwerken erzeugt werden und vielfach Anwendungsbereiche mit Stählen teilen, seien auch sie hier behandelt.

C 11.4.1 Hartmetalle

Die Hartmetalle werden auf pulvermetallurgischem Wege hergestellt und bestehen aus mindestens einer Hartstoffphase und einer Bindephase. Während die Hartstoffphase – Wolframkarbid (WC), Titankarbid (TiC), Tantalkarbid (TaC), Niobkarbid (NbC) – Träger der Härte und des Verschleißwiderstands ist, beeinflußt die Bindemetallphase, meistens Kobalt, im wesentlichen die Zähigkeitseigenschaften (s. Bild C 11.5). Durch Veränderungen des Kobaltgehalts sowie der Korngröße und

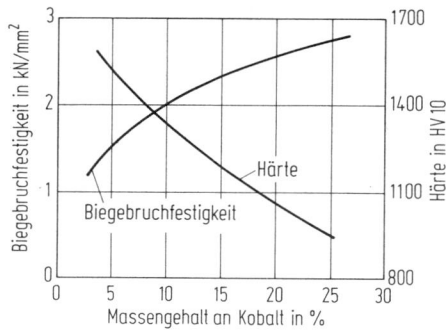

Bild C 11.5 Härte und Biegebruchfestigkeit von Hartmetallegierungen in Abhängigkeit vom Kobaltgehalt.

Korngrößenverteilung ergeben sich verschiedene Kombinationen von Verschleißwiderstand und Zähigkeit.

Geringe Zusätze von Tantal-/Niobkarbid vermindern das Kornwachstum des Wolframkarbids. Ein feinkörniges Wolframkarbid in Verbindung mit einem niedrigen Kobaltgehalt verleiht diesen Sorten hohe Härte und hohen Verschleißwiderstand. Um die Schneidhaltigkeit bei der Bearbeitung von Stahl zu verbessern, werden Titankarbid und Tantal-Niobkarbid in größeren Mengenanteilen zulegiert. Die Verbesserung wird in diesem Fall durch Erhöhung des Verschleißwiderstands und der Warmhärte erzielt.

Verständlicherweise ist die Zähigkeit bei den hier kurz erläuterten Hartstoffen wesentlich geringer als bei den vorher erwähnten Stählen.

C 11.4.2 Oxidkeramik

Zur Vervollständigung der Erläuterung von Werkstoffen guter Schneidhaltigkeit ist kurz die weitere Steigerung des Verschleißwiderstands durch die Verwendung der sogenannten Oxidkeramik zu erwähnen. Als Grundstoff dient meistens feinkörniges Aluminiumoxid mit einer Korngröße von 3 bis 6 µm. Hohe Warmhärte, hoher Verschleißwiderstand und chemische Beständigkeit sind seine bemerkenswertesten Eigenschaften. Die gängigsten Sorten bestehen entweder aus praktisch reinem Aluminiumoxid oder bei der Mischkeramik aus diesem Oxid und einer anteilmäßig weit geringeren Komponente, meist Titankarbid.

C 11.5 Einfluß von Schneidengeometrie und Arbeitsbedingungen auf die Schneidhaltigkeit

Kurz sollen nach dem Gefüge die weiteren, schon einleitend erwähnten Einflußgrößen Werkstückstoff, Schneidengeometrie und Arbeitsbedingungen behandelt werden. Eine bestmögliche Einstellung der Werkstoffkenngrößen zur Erzielung einer guten Schneidhaltigkeit wird nur dann zum Ziel führen, wenn diese Einflußgrößen ebenfalls entsprechende Beachtung finden.

Die Eigenschaften des Werkstückstoffs – Zusammensetzung, Härte, Festigkeit, verschleißende und chemisch angreifende Wirkungen – müssen bei der Wahl der Arbeitsbedingungen sowie des Schneidwerkstoffs berücksichtigt werden.

Die *Schneidengeometrie* ist dem Werkstückstoff sowie dem zu verwendenden Schneidwerkstoff anzupassen (s. Bild C 11.6). Der Spanwinkel hat bei der spanenden Bearbeitung den größten Einfluß auf die Schneidhaltigkeit; seine absolute Größe bewegt sich in relativ engen Grenzen. Wird dieser Winkel verkleinert, um die Werkzeugschneide zu stabilisieren, kann die Spanbildung beeinträchtigt werden, und Schnittkräfte sowie Werkzeugverschleiß nehmen zu. Wird andererseits dieser Werkzeugwinkel vergrößert, um die Spanbildung zu verbessern oder die Maschinenbelastung zu verringern, erhöht sich die Bruchanfälligkeit der Werkzeugschneide.

Beim spanlosen Trennen beeinflußt u. a. in sehr großem Maße der vorgegebene *Schneidspalt* die Schneidhaltigkeit (s. Bild C 11.7). Für den Bereich A, der Normal-

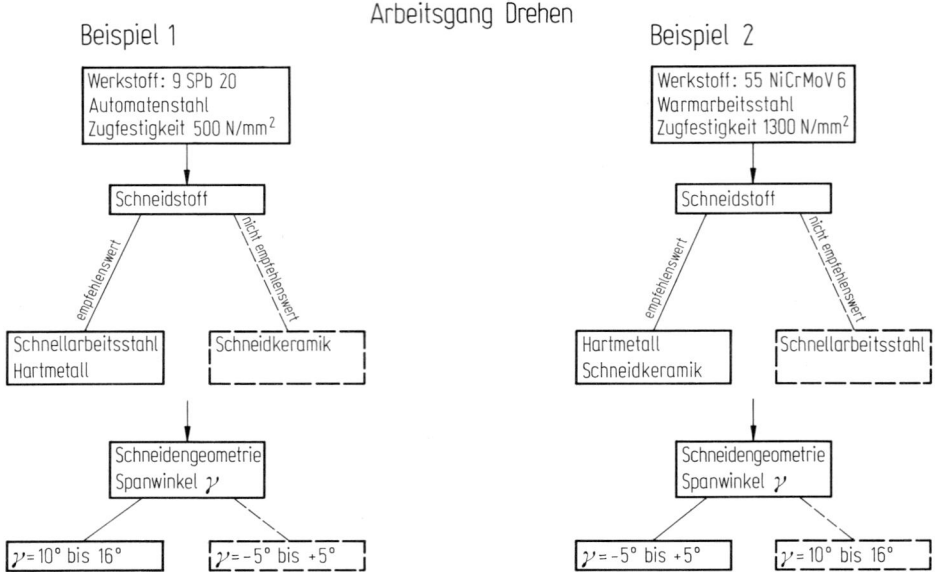

Bild C 11.6 Beispiele für die Wahl des Schneidwerkstoffs und der Größenordnung des Spanwinkels bei der Zerspannung (Drehen) eines Automatenstahls und eines Warmarbeitsstahls. Automatenstahl mit 0,10% C, 0,70% Mn und 0,20% S; Warmarbeitsstahl mit 0,55% C, 0,80% Mn, 0,70% Cr, 0,30% Mo, 1,7% Ni und 0,10% V

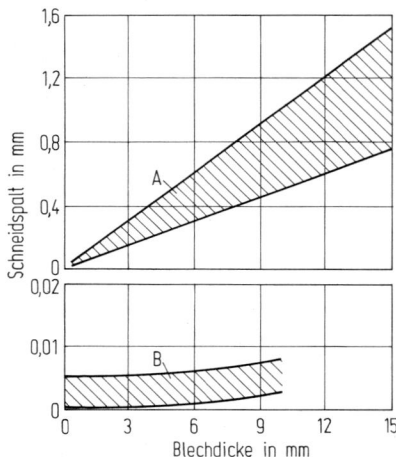

Bild C 11.7 Einfluß des vorgegebenen Schneidspalts bei Normalschneidwerkzeugen (A) oder Feinschneidwerkzeugen (B) auf die Wahl des zweckmäßigen Stahls.

werkzeuge, werden in der Regel Stähle mit 12% Cr verwendet, während im Feld B durchweg Schnellarbeitsstähle eingesetzt werden.

Die an der Wirkstelle zwischen Werkzeug und Werkstück durch die Arbeitsbedingungen eingeleitete mechanische Energie wird durch Umformung, Trennung und Reibung fast vollständig in Wärmeenergie umgewandelt, die naturgemäß die Schneidhaltigkeit erheblich negativ beeinflußt. Danach richtet sich die Auswahl von Stählen mit angemessener Warmhärte oder gar Rotgluthärte, wie sie Schnellarbeitsstähle aufweisen müssen.

C 11.6 Prüfung der Schneidhaltigkeit

Aus den bis ins vorige Jahrhundert zurückreichenden Untersuchungen über die wirtschaftlichsten Bedingungen zur Zerspanung der verschiedenen Werkstoffe haben sich Prüfungen entwickelt, die genauso wie zur Kennzeichnung der Zerspanbarkeit auch zur Ermittlung der Schneidhaltigkeit gebraucht werden können. Für die drei folgenden Verfahren liegen genaue Richtlinien des Vereins Deutscher Eisenhüttenleute vor.

C 11.6.1 Temperaturstandzeit-Drehversuch

Der Temperaturstandzeit-Drehversuch (nach Stahl-Eisen-Prüfblatt 1161 [4]) dient zur Ermittlung der Zeit, während der ein Werkzeug unter bestimmten Bedingungen seine Schneidhaltigkeit behält.

Das Kriterium für diesen Versuch ist die Zeit bis zum Erliegen der Schneide, der sogenannten Blankbremsung. Hierbei werden für mindestens drei oder mehr verschiedene Schnittgeschwindigkeiten die dazugehörigen Standzeiten ermittelt. Die Ergebnisse werden wie in Bild C 11.8 zu T-v-Diagrammen zusammengestellt

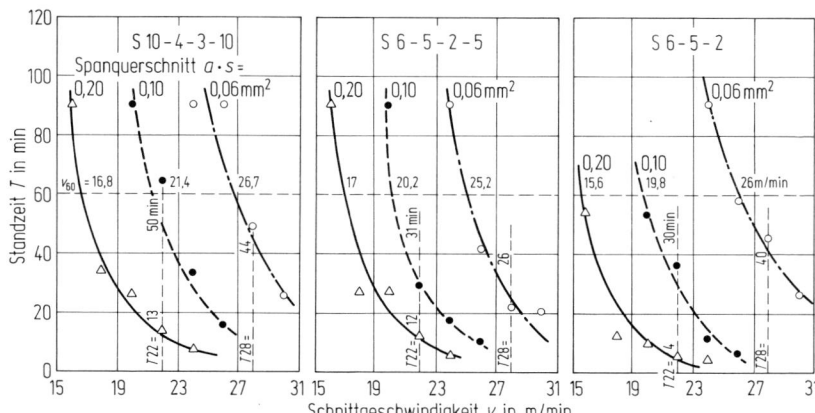

Bild C 11.8 Kennzeichnung der Schneidhaltigkeit von Werkzeugen aus Schnellarbeitsstahl (S 10-4-3-10, S 6-5-2-5 und S 6-5-2) durch Ergebnisse aus Temperaturstandzeit-Versuchen. Zerspant wurde ein hochwarmfester austenitischer Stahl mit rd. 0,05% C, 15% Cr, 1,3% Mo, 26% Ni, 2% Ti und 0,12% V im lösungsgeglühten Zustand.

(T = Standzeit in Minuten, v = Schnittgeschwindigkeit in m/min). Bei dem Diagramm Bild C 11.8 wurde für beide Achsen die lineare Teilung verwendet.

Diese Versuchsart wird gewählt, wenn nicht der mechanische Abrieb, sondern die Schnittemperatur, die durch das Abtrennen der Späne sowie durch die Reibung zwischen Span, Werkung und Werkstück entsteht, die Schneidhaltigkeit maßgebend beeinflußt.

Der Temperaturstandzeit-Drehversuch ist für die Schneidstoffe Hartmetall und Schneidkeramik ungeeignet.

C 11.6.2 Verschleißstandzeit-Drehversuch

Der Verschleißstandzeit-Drehversuch (nach Stahl-Eisen-Prüfblatt 1162 [5]) ist für Beanspruchungsbedingungen von Werkzeugen vorgesehen, bei denen die Schneide infolge Verschleißes, etwa durch mechanischen Abrieb, durch Adhäsionsverschleiß z. B. bei Kaltpreßschweißung, durch Oxidation, Diffusion oder durch plastische Verformung unbrauchbar wird. Man ermittelt unter festgelegten Arbeitsbedingungen nach verschiedenen Drehzeiten Verschleißgrößen auf der Freifläche – die Verschleißmarkenbreite – oder/und auf der Spanfläche – die Kolktiefe und den Kolkmittenabstand. Nachdem man drei oder vier Versuche mit zweckmäßig gestaffelten Schnittgeschwindigkeiten durchgeführt hat, lassen sich aus den erhaltenen Kurven wieder die für eine vorgegebene Verschleißgröße höchstzulässigen Schnittgeschwindigkeiten oder die in Betracht kommenden Standzeiten ableiten (Bild C 11.9). Auch diese Kennzahlen gelten zur Bewertung der Schneidhaltigkeit nur unter den angewandten Prüfbedingungen.

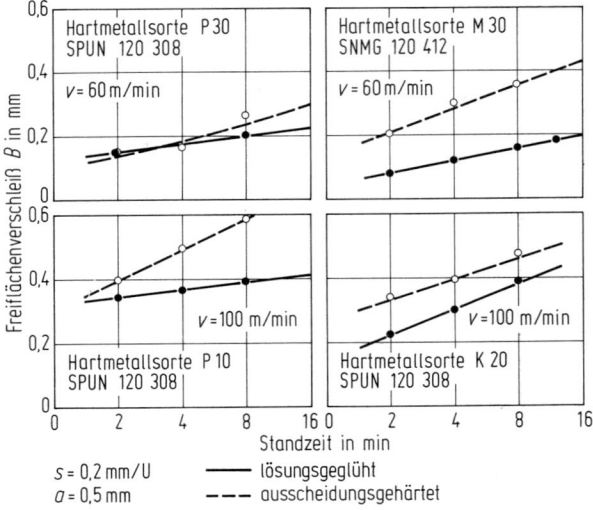

Bild C 11.9 Kennzeichnung der Schneidhaltigkeit von Hartmetallwerkzeugen durch Ergebnisse aus Verschleißstandzeit-Versuchen. Zerspanter Stahl wie in Bild C 11.8, zusätzlich im ausscheidungsgehärteten Zustand. (Die Kurzzeichen unter der Hartmetallsorte sind die Bezeichnungen der Hartmetall-Wendeschneidplatten nach DIN 4987 (ISO)).

C 11.6.3 Temperaturstandzeit-Drehversuch mit ansteigender Schnittgeschwindigkeit

Der Temperaturstandzeit-Drehversuch mit ansteigender Schnittgeschwindigkeit (nach Stahl-Eisen-Prüfblatt 1166 [6]) ist ein Kurzprüfverfahren zur Ermittlung der Schnittgeschwindigkeit, bei der ein Werkzeug seine Schneidhaltigkeit verliert. Bei diesem Verfahren werden die Werkzeuge extremen Bedingungen unterworfen, um die Prüfzeiten möglichst kurz zu halten.

Das Verfahren ist wenig praxisnah und findet überwiegend zur Prüfung der Zerspanbarkeit der Werkstoffe Anwendung.

C 11.6.4 Notwendigkeit von Prüfverfahren in Anpassung an die Betriebsbedingungen

Am Anfang dieses Kapitels wurde schon auf die Vielfalt der Werkzeuge hingewiesen, von denen Schneidhaltigkeit unter den verschiedensten Beanspruchungen gefordert wird. Für zerspanende Werkzeuge gibt es einige vereinheitlichte Prüfverfahren, neben denen aber noch viele auf die jeweiligen Sonderanforderungen abgerichtete Versuche stehen. Für Werkzeuge, deren Schneiden zum Zerteilen ohne Spanbildung benutzt werden, werden dagegen fast nur jeweils vereinbarte Prüfungen der Schneidhaltigkeit verwendet, wenn man sich nicht mit Angaben über Härte, Festigkeit, Zähigkeit oder Gefügebeschaffenheit zufriedengibt.

C 12 Eignung zur Oberflächenveredlung

Von Ulrich Tenhaven, Yves Guinomet, Dietrich Horstmann,
Lutz Meyer und Werner Pappert

C 12.1 Allgemeines

Zur Oberflächenveredlung zählen alle Verfahren, die Stahlerzeugnissen zusätzliche Eigenschaften, vor allem einen größeren Widerstand gegen Korrosion und Oxidation, aber auch ein dekoratives Aussehen verleihen. Der Zustand des Grundwerkstoffs Stahl wird dabei im wesentlichen durch die mechanisch-technologischen Eigenschaften bestimmt, die von ihm im Hinblick auf die Verarbeitung und den Gebrauch gefordert werden. Daher ist die Anwendung der Verfahren zur Oberflächenveredlung nicht auf bestimmte Stahlsorten oder Erzeugnisformen beschränkt, sie werden vielmehr bei Werkstoffen mit durchaus unterschiedlichen Eigenschaften und Verwendungsbereichen eingesetzt. Dennoch nimmt bei der Oberflächenveredlung kaltgewalztes Band mit guten Umformeigenschaften aus den entsprechenden Stählen den bei weitem breitesten Raum ein. Daher auch steht in diesem Kapitel, dessen Inhalt wie bei allen Beiträgen des Teils C an sich von der Erzeugnisform unabhängig sein sollte, die Oberflächenveredlung des kaltgewalzten Stahlbandes manchmal im Vordergrund oder wird sogar, wie in C 12.7, ausschließlich behandelt.

Die *Verfahren zur Oberflächenveredlung* lassen sich nach den auf die Oberfläche aufzubringenden Stoffen und nach der Art ihres Auftrages unterteilen. Dementsprechend unterscheidet man nach metallischen und nichtmetallischen Überzügen einerseits und andererseits nach den Schmelztauchverfahren, der elektrolytischen Metallabscheidung und anderen Verfahren zum Aufbringen metallischer und nichtmetallischer Überzüge, wie Plattieren, Abscheiden aus der Gasphase, Diffusions- und Spritzverfahren, Emaillieren und Phosphatieren sowie Beschichten mit organischen Stoffen.

Da die bei der Oberflächenveredlung auf Stahlerzeugnissen aufzubringenden Metalle und Nichtmetalle nur mit der äußersten Oberflächenschicht in Berührung kommen oder mit dieser reagieren, ist es erforderlich, die herstellungsbedingten Oberflächenbeläge wie Zunder, Rost, feinverteiltes Eisen und Eisenoxid, verkrackte und unverkrackte organische Rückstände vorher zu entfernen. Das gilt, wenn im folgenden keine Einschränkungen oder Besonderheiten genannt werden, für alle Grundwerkstoffe und für alle Veredlungsverfahren. Zur Oberflächenvorbehandlung dienen mechanische und chemische Reinigungsverfahren wie Strahlen, Bürsten, Entfetten und Beizen. Dabei ist das anzuwendende Reinigungsverfahren auf die nachfolgende Oberflächenveredlung abzustellen. Beim Beizen ist zu beachten, daß Wasserstoff in den Stahl eindringen und diesen verspröden kann. Dies

Allgemeines

kann bei Stählen mit einer höheren Festigkeit zu verzögerten Brüchen führen, wenn die aus diesen Stählen gefertigten Erzeugnisse im Gebrauch unter Spannung gesetzt werden.

Bei den Prozessen, die in der Wärme ablaufen, wie z. B. bei den Schmelztauch- und Diffusionsverfahren, beim Walzplattieren und Emaillieren kann es zu einer Veränderung der *mechanischen Eigenschaften des Grundwerkstoffs* durch Alterung, Erholung oder Rekristallisation kommen. Größe und Richtung dieser Veränderungen hängen vom Ausgangszustand des Grundwerkstoffs sowie von der Verfahrenstemperatur und -dauer ab. Dabei kann entsprechend diesen Parametern die Festigkeit und Zähigkeit des Grundwerkstoffs zunehmen oder abnehmen. Als Beispiel hierfür ist die Veränderung der Festigkeit von Draht durch künstliche Alterung und Erholung beim Feuerverzinken mit zwei verschiedenen Tauchzeiten t_1 und t_2 schematisch in Bild C 12.1 dargestellt [1]. Man sieht, daß die Festigkeit je nach dem Ausgangszustand A des Stahls (gekennzeichnet durch die Lage des Punktes A auf der Ordinate) beim Feuerverzinken erhöht oder erniedrigt werden kann (Fall 1 und 3). Außerdem kann eine unterschiedlich lange Verzinkungsdauer (t_2 gegenüber t_1) dazu führen, daß die Festigkeit nach dem Verzinken höher oder tiefer als im Ausgangszustand liegt (Fall 2).

Bei Verfahren, die in der Wärme durchgeführt werden, kann es außerdem zu einer Auflegierung der oberflächennahen Bereiche des Stahls durch das Beschichtungsmetall kommen, wobei sich auch intermetallische Phasen bilden können.

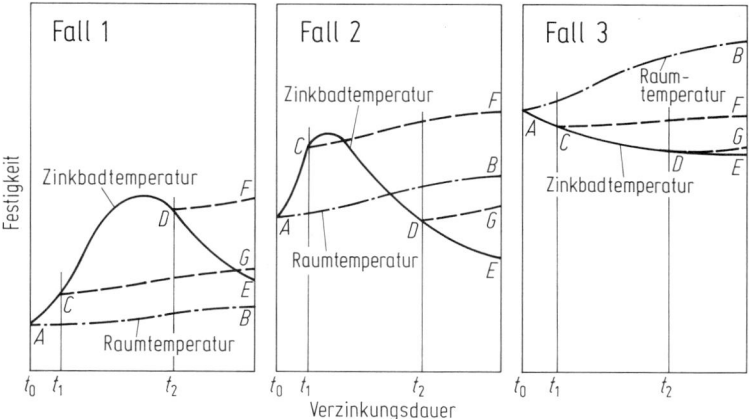

Bild C 12.1 Veränderung der Festigkeit durch die Wärmeeinwirkung beim Feuerverzinken (schematisch). Kurve *AB* kennzeichnet jeweils die zeitliche Änderung der Festigkeit bei natürlicher Alterung bei Raumtemperatur (Vergleichsgrundlage), Kurve *ACDE* die gleiche Abhängigkeit bei einer durch das Zinkbad bewirkten künstlichen Alterung, die entsprechend dem Verzinken zu den Zeitpunkten t_1 oder t_2 abgebrochen und dann mit natürlicher Alterung (gestrichelte Kurven) fortgesetzt wird. Nach [1].

C 12.2 Eignung zur Oberflächenveredlung durch Aufbringen metallischer Überzüge nach Schmelztauchverfahren

C 12.2.1 Allgemeingültiges zu den Verfahren

Bei den Schmelztauchverfahren werden die Stahlerzeugnisse in eine Schmelze des Überzugsmetalls eingetaucht. Als Überzugsmetalle verwendet man heute im wesentlichen Zink und Zinklegierungen, Aluminium, Zinn und Blei. Überzüge aus diesen Metallen können dabei sowohl im Durchlauf auf Bändern (in Betracht kommende Überzugsmetalle: Zink, Aluminium und Zink-Aluminium-Legierungen sowie Blei) als auch auf Einzelstücken (in Betracht kommende Überzugsmetalle Zink, Zinn und Blei) aufgebracht werden. Um eine Reoxidation des Stahls beim Eintauchen in die Metallschmelze zu vermeiden, ist dafür zu sorgen, daß er nicht mit Luftsauerstoff in Berührung kommt. Bei den Durchlaufverfahren geschieht dieses dadurch, daß man den Eintritt des Stahlbandes mit reduzierenden Gasen abdeckt; beim Aufbringen der oben genannten Metalle auf Einzelstücken oder auch auf Drähten wird nach dem Beizen und Spülen eine Flußmittelbehandlung vorgenommen. Die Flußmittel bestehen aus Salzgemischen von Zink-, Ammonium- und Alkalichloriden. Sie spalten durch die Hitzeeinwirkung beim Schmelztauchen Salzsäure ab, die eine Reoxidation verhindert und unmittelbar vor dem Benetzen der Stahloberfläche mit dem schmelzflüssigen Metall für eine aktive Oberfläche sorgt.

C 12.2.2 Eignung zum Feuerverzinken

Grundlage für das Verständnis der *beim Feuerverzinken ablaufenden Reaktion* ist das Zustandsschaubild Eisen – Zink (Bild C 12.2). Entsprechend diesem Zustandsschaubild entstehen beim Feuerverzinken, das in der Regel bei Temperaturen zwischen etwa 440 und 465 °C durchgeführt wird, dichte Eisen-Zink-Legierungsschichten, die aus einer am Eisen anliegenden dünnen Schicht der Γ-Phase, die als Doppelschicht aus Γ_1 und Γ_2 ausgebildet sein kann, der darüberliegenden dickeren zur Zinkseite hin palisadenförmig ausgebildeten δ_1-Schicht und der sich daran anschließenden ζ-Schicht bestehen [2]. In feuerverzinkten Überzügen findet man jedoch im allgemeinen nur die beiden zuletzt genannten Schichten, da sich die Γ-Schicht erst zuletzt nach etwas längeren Tauchzeiten als sichtbare Schicht ausbildet [3]. Über diese Eisen-Zink-Legierungsschichten legt sich beim Herausziehen der zu verzinkenden Gegenstände eine Schicht der anhaftenden Zinkschmelze, die zur Zinkschicht erstarrt (Bild C 12.3). Das Wachstum dieser bis zu einer Temperatur von etwa 495 °C dichten Schichten erfolgt nach einem parabolischen Zeitgesetz, da es diffusionsgesteuert ist. Bei Temperaturen zwischen 495 und 515 °C entstehen aufgelockerte, von Zinkschmelze durchsetzte Schichten, was offensichtlich darauf zurückzuführen ist, daß die Keimbildung der ζ-Phase und ihr Wachstum nicht ausreicht, eine durchgehende ζ-Schicht entstehen zu lassen, die die darunter liegende δ_1-Schicht vor dem Zutritt der Zinkschmelze schützt [4]. Zinküberzüge, die sich in diesem Temperaturbereich auf reinem Eisen bilden, bestehen aus einer dünnen, am Eisen anliegenden δ_1-Schicht und einem darüberliegenden Gemenge aus δ_1-Bruchstücken und eckig ausgebildeten ζ-Kristallen, das von Zink durchsetzt ist (Bild 12.4).

Eignung zum Feuerverzinken

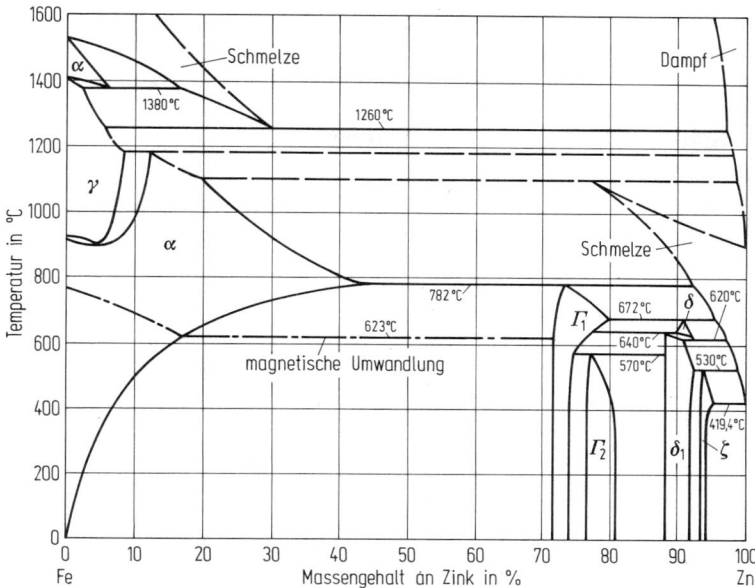

Bild C 12.2 Zustandsschaubild Eisen-Zink.

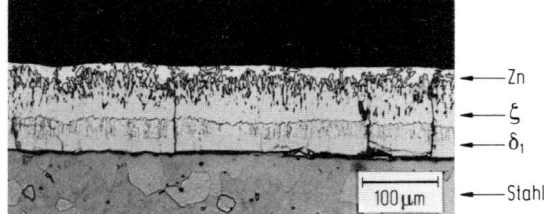

Bild C 12.3 Aufbau eines bei 450 °C entstandenen Zinküberzugs.

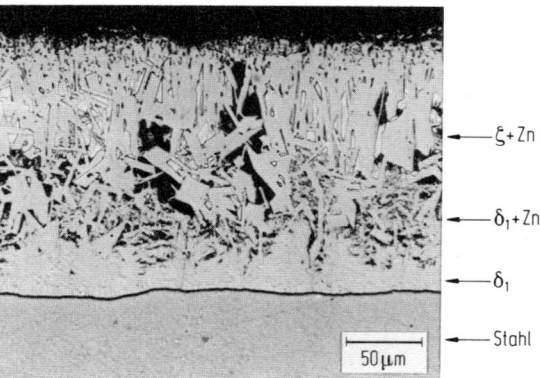

Bild C 12.4 Aufbau eines bei 495 °C entstandenen Zinküberzugs.

Die Reaktion verläuft hier nach einem linearen Zeitgesetz ab, da sich keine dichten mit der Zeit anwachsenden Legierungsschichten ausbilden. Daher sind die bei diesen Temperaturen entstehenden Zinküberzüge ungewöhnlich dick und wegen ihrer Neigung, bei einer mechanischen Beanspruchung abzuplatzen, unerwünscht. Oberhalb 515 °C bilden sich wieder dichte Legierungsschichten, und zwar aus der Γ- und δ_1-Schicht, so daß Zinküberzüge, die bei diesen Temperaturen entstanden sind, praktisch nur aus einer Schicht der δ_1-Phase mit der darüberliegenden Zinkschicht bestehen (Bild C 12.5). Die Γ-Schicht bildet sich auch hier erst nach längerer Tauchdauer. Strukturen dieser Art bilden sich beim Hochtemperaturverzinken, das bei einer Temperatur um etwa 550 °C durchgeführt wird.

Wie oben schon erwähnt, legt sich beim Herausziehen des Verzinkungsgutes aus dem Zinkbad über die während des Tauchens gebildeten Eisen-Zink-Legierungsschichten ein Film von Zinkschmelze, der zur äußeren Zinkschicht erstarrt. Die Dicke dieser Schicht hängt von den Ausziehbedingungen ab. Durch Abblasen oder Abstreifen, wie es beim Verzinken von Bändern oder von Drähten geschieht, lassen sich bestimmte Überzugsdicken einstellen. Bei Kleinteilen wird die anhaftende Zinkschmelze häufig durch Schleudern weitgehend entfernt.

Die beim Erstarren dieser anhaftenden Zinkschmelze an der Oberfläche enstehenden Zinkkristallite haben üblicherweise eine Größe von einigen Millimetern. Wird aus bestimmten Gründen (z. B. des Aussehens bei verzinkten Bändern) eine wesentlich geringere Kristallitgröße verlangt, so wird das aus dem Zinkbehälter austretende Band mit Wasserdampf besprüht; dadurch werden die Keimbildung in der noch flüssigen Zinkschicht beschleunigt und wesentlich kleinere Zinkkristallite gebildet. Daneben läßt sich auch durch Veränderung der chemischen Zusammensetzung des Zinkbades eine Beeinflussung der Kristallisation im Sinne einer Verringerung der Zinkkristallitgrößen bewirken.

Bei der gegebenen Aufgabenstellung kommen als Grundwerkstoffe für das Feuerverzinken im wesentlichen unlegierte und niedriglegierte Stähle in Betracht. Ihre *Eignung zum Feuerverzinken* ist im Grundsatz immer gegeben, da die meisten der in den genannten Stahlarten (in Form von Band, Draht, Rohren und Einzelteilen) enthaltenen Begleit- und Legierungselemente den geschilderten Ablauf der Reaktion zwischen Eisen und Zink nur in einem unbedeutenden Ausmaß beeinflussen [5] und auch das Gefüge, das sich bei den in Betracht kommenden Stählen nur wenig unterscheidet, keine ausschlaggebende Bedeutung für die Eignung zum Feuerverzinken hat. Die Begleit- und Legierungselemente werden entweder in das Gitter der entstehenden Eisen-Zink-Verbindungen oder als Fremdeinschlüsse in die Legierungsschicht eingebaut. Karbide zersetzen sich unter Bildung ternärer

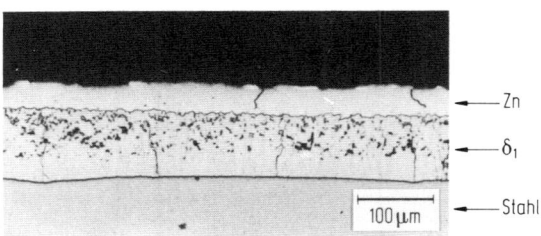

Bild C 12.5 Aufbau eines bei 550 °C entstandenen Zinküberzugs.

Eisen-Zink-Karbide [6]. Lediglich das in Stählen enthaltene Silizium wirkt sich stärker auf den Reaktionsablauf aus, und zwar vor allem dadurch, daß es den Temperaturbereich, in dem sich aufgelockerte Legierungsschichten bilden, bis zum Schmelzpunkt des Zinks zu tieferen Temperaturen aufweitet [7, 8]. Bei sehr hohen Siliziumgehalten um rd. 2,8 % wird dieses Gebiet wieder abgeschnürt, wie es in Bild C 12.6 dargestellt ist. Außerdem bilden sich bei sehr niedrigen Siliziumgehalten zwischen rd. 0,03 und 0,12 %, wie sie bei Pfannen- oder halbberuhigten Stählen vorkommen, ebenfalls bereits bei tieferen Temperaturen aufgelockerte Eisen-Zink-Legierungsschichten mit sehr feinen Kristallen der ζ-Phase (Bild C 12.7). Diese Erscheinung wurde zuerst von Sandelin [9] beobachtet. Sie ist seither unter dem Namen „*Sandelin-Effekt*" bekannt. Da auch dieser Reaktionsablauf dazu führt, daß beim Feuerverzinken derartiger Stähle sehr dicke und häufig auch ungleichmäßige Zinküberzüge entstehen, ist diese Erscheinung später häufiger untersucht worden [10–12], ohne daß die Ursachen dieser Wirkung des Siliziums eindeutig geklärt werden konnten. Sie wird durch zusätzliche Phosphorgehalte im Stahl verstärkt, wie es neuere Untersuchungen gezeigt haben [13]. Beim Feuerverzinken von Bändern, Drähten und Rohren wirkt sich der „Sandelin-Effekt" nur geringfügig aus, da hier die Tauchdauer dieser Erzeugnisse im allgemeinen so kurz gehalten werden kann, daß es nicht zur Ausbildung wesentlich dickerer Überzüge kommt. Nur beim Verzinken von Einzelteilen, bei der Stückverzinkung, muß daher mit der Bildung

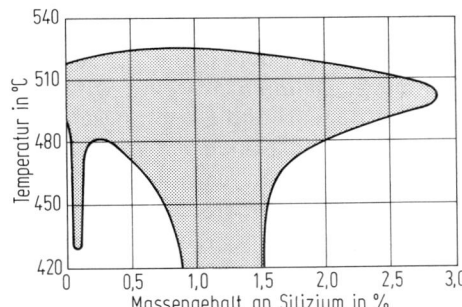

Bild C 12.6 Gebiet mit aufgelockerten Eisen-Zink-Legierungsschichten bei siliziumhaltigen Stählen.

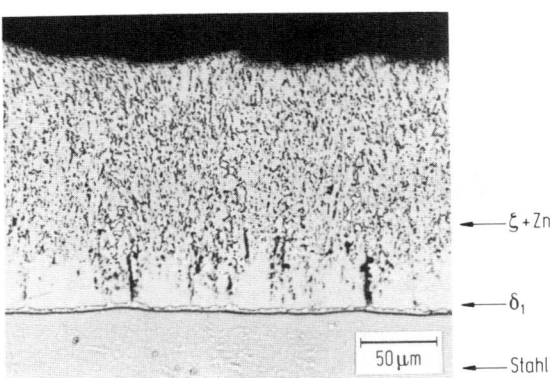

Bild C 12.7 Aufbau eines Zinküberzugs auf einem Stahl mit 0,06 % Si.

dickerer Zinküberzüge gerechnet werden, wenn der Stahl zwischen rd. 0,03 und 0,12% oder über rd. 0,25% Si enthält.

Zum *Einfluß der Zinkschmelze* ist zu sagen, daß von den im Zink enthaltenen oder der Zinkschmelze absichtlich zugesetzten Begleit- oder Legierungselementen sich nur das Aluminium entscheidend auf den Ablauf der Reaktionen auswirkt. Dieser Einfluß des Aluminiums beruht darauf, daß es die Reaktion zwischen dem Eisen bzw. dem Stahl und dem Zink für eine gewisse Zeit unter Bildung andersartiger Legierungsschichten hemmt [14]. Die Art der dabei an der Eisenoberfläche entstehenden Legierungsschichten hängt vom Aluminiumgehalt ab, und zwar bildet sich bei Gehalten zwischen rd. 0,05 bis 0,1% Al eine Schicht eines aluminiumhaltigen δ-Mischkristalls (Bild C 12.8), bei weiter steigenden Gehalten entsteht zunächst eine Fe_2Al_5-Schicht und bei noch höheren eine Schicht aus $FeAl_3$. Alle diese Schichten sind nur für gewisse Zeiten beständig, sie wandeln sich nach Überschreiten dieser Hemmzeit in meist aufgelockerte, von Zink durchsetzte Eisen-Zink-Legierungsschichten um. Von dieser Hemmwirkung des Aluminiums auf die Reaktion zwischen Eisen und Zink macht man beim Durchlaufverzinken von Bändern (nach dem Sendzimir-Verfahren und nach anderen, von ihm abgeleiteten Verfahren) Gebrauch, da es nur auf diese Weise möglich ist, Zinküberzüge mit einer sehr dünnen Legierungsschicht herzustellen, die gut verformbar sind. Beim Stückverzinken und beim Verzinken von Drähten und Rohren können der Zinkschmelze nur sehr geringe Gehalte an Aluminium bis zu rd. 0,03% zulegiert werden, da das Aluminium mit der Feuchtigkeit des Flußmittels unter Bildung von Al_2O_3 reagiert, das sich örtlich auf der Oberfläche der zu verzinkenden Teile absetzt und damit eine Benetzung der Stahloberfläche durch das schmelzflüssige Zink verhindert. Dadurch entstehen schwarze unverzinkte Stellen im Zinküberzug. Alle anderen Begleit- und Legierungselemente in der Zinkschmelze beeinflussen den Ablauf der Reaktionen zwischen Eisen und Zink nur geringfügig. Es sei jedoch darauf hingewiesen, daß Blei und Zinn die Benetzbarkeit von Eisen und Stählen durch die Zinkschmelze verbessern.

Gelegentlich werden feuerverzinkte Erzeugnisse nachträglich bei Temperaturen oberhalb des Zinkschmelzpunktes, meistens zwischen 450 und 470°C geglüht. Dabei wachsen die Eisen-Zink-Legierungsschichten weiter und zehren die darüberliegende Zinkschicht auf. Die nach diesem Verfahren, das mit *Galvannealing* bezeichnet wird, hergestellten Überzüge bestehen also nur aus Eisen-Zink-Verbindungen.

Die Ausführungen über den Ablauf der Reaktionen beim Feuerverzinken sowie über den Einfluß des Grundwerkstoffs und der Zinkschmelze bleiben auch dann

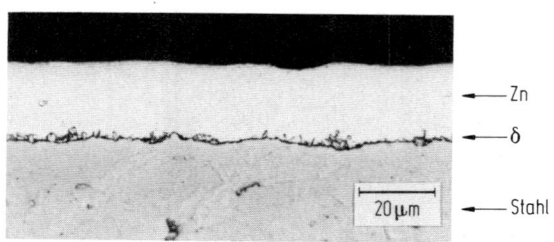

Bild C 12.8 Aufbau eines in einem aluminiumhaltigen Zinkbad entstandenen Zinküberzugs.

gültig, wenn nicht – wie bei den Schmelztauchverfahren üblich – beidseitig, sondern eine *einseitige Feuerverzinkung* vorgenommem wird, um Anforderungen des Automobilbaus nach derartigem Flachzeug entsprechen zu können. In den letzten Jahren wurden verschiedene Verfahren zum einseitigen Feuerverzinken entwickelt [15]. Bei den direkten Verfahren wird das Band nur an einer Oberfläche vom flüssigen Zink benetzt (Meniskus-Verfahren, Schwall-Verfahren). Eine einseitige Zinkauflage läßt sich auf indirektem Wege erzielen, wenn das Zink auf einer Seite nachträglich wieder entfernt wird. Dazu sind verschiedene Verfahren bereits erprobt worden (einseitiges Abschleifen des Zinks, elektrolytisches Ablösen und Wiederabscheiden auf der Gegenseite, Abschleifen einer dünnen differenzverzinkten Schicht nach Glühbehandlung zum Durchlegieren). Zwischen den beiden Verfahrensgruppen steht die Möglichkeit des „Stop-off-Verfahrens", bei dem durch Aufbringen einer zinkabweisenden Schicht auf einer Oberfläche die Benetzung durch das flüssige Metall verhindert wird.

C 12.2.3 Eignung zum Feueraluminieren

Feueraluminiert wird heute im wesentlichen nur Stahlband, das im Durchlauf nach einer Reinigung der Bandoberfläche durch Oxidation und Reduktion unter entsprechenden Gasen direkt in die Aluminiumschmelze einläuft. Obwohl Eisen und Aluminium eine Reihe von intermetallischen Verbindungen bilden, entsteht durch die *beim Feueraluminieren ablaufenden Reaktionen* im wesentlichen nur eine Fe_2Al_5-Schicht, die zungenförmig in den Stahl hineinwächst. An der Front zum Stahl findet man außerdem einen schmalen Saum eines aluminiumhaltigen Eisenmischkristalls und an der Grenzfläche zum Aluminium einzelne Kristalle der Verbindung $FeAl_3$ [16–18] (Bild C 12.9).

Besondere Aussagen über die *Eignung von Stählen zum Feueraluminieren* sind nicht zu machen, da entsprechend der Aufgabenstellung praktisch nur Stähle mit niedrigem Kohlenstoffgehalt in Betracht kommen und die kurz gekennzeichneten, beim Feueraluminieren ablaufenden Reaktionen durch die in diesen Stählen enthaltenen Begleitelemente nur wenig beeinflußt werden. Es ist lediglich bekannt,

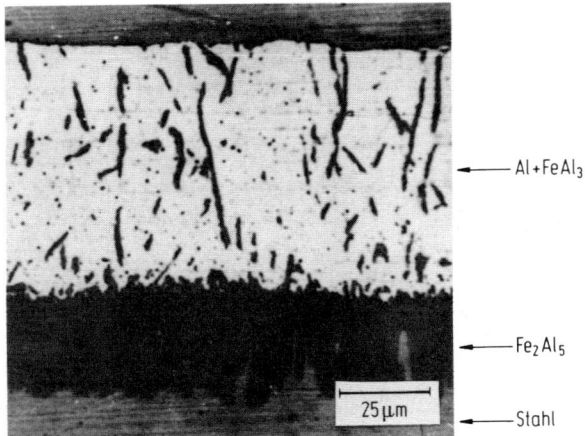

Bild C 12.9 Aufbau eines Aluminiumüberzugs.

daß das Wachstum der Legierungsschicht durch Kohlenstoff gehemmt wird [16, 19]. Dabei reichern sich Karbide vor der Reaktionsfront im Stahl an.

Durch eine Reihe von Legierungselementen in der *Aluminiumschmelze* wird der Ablauf der Reaktion mehr oder weniger stark verlangsamt [17–23]. Von besonderer Bedeutung sind hier Silizium und Beryllium, die das Wachstum der Legierungsschicht besonders stark hemmen und außerdem bewirken, daß sich diese gleichmäßiger ausbildet und nicht mehr zungenförmig in den Stahl hineinwächst. Bei siliziumhaltigen Aluminiumschmelzen entsteht neben einer sehr dünnen Fe_2Al_5-Schicht eine Schicht aus einer ternären Aluminium-Eisen-Silizium-α-Phase [24] (Bild C 12.10). Diese Wirkung des Siliziums wird beim Feueraluminieren von Bändern ausgenutzt, da es nur auf diese Weise möglich ist, feueraluminierte Bänder mit einer ausreichend dünnen und gleichmäßigen Legierungsschicht herzustellen, bei denen der Aluminiumüberzug bei einer nachträglichen Umformung nicht abplatzt [25].

C 12.2.4 Eignung zum Schmelztauchen in Aluminium-Zink-Legierungen

Mit dem Ziel einer gegenüber der Feuerverzinkung verbesserten Korrosionsbeständigkeit sind in jüngerer Zeit Überzüge aus Aluminium-Zink-Legierungen entwickelt worden. Bei dem Erzeugnis *Galvalume* [26] wird eine Schmelze benutzt, die rd. 55% Al, 43,5% Zn und 1,5% Si enthält [27]. Beim *Galfan-Erzeugnis* wird eine Zinkschmelze mit 5% Al und rd. 0,1% Mischmetall legiert. Bei beiden Erzeugnissen bilden sich an der Oberfläche dünne Legierungsschichten aus.

Über die *Eignung* der wie beim Feuerverzinken und Feueraluminieren auch hier in Form von Band eingesetzten kohlenstoffarmen unlegierten Stähle gilt Entsprechendes (s. C 12.2.2 und C 12.2.3). Die Oberfläche des Bandes muß durch geeignete Ofengase vor dem Eintauchen in die Schmelzen für eine gute Benetzung und gleichmäßige Reaktion vorbereitet werden.

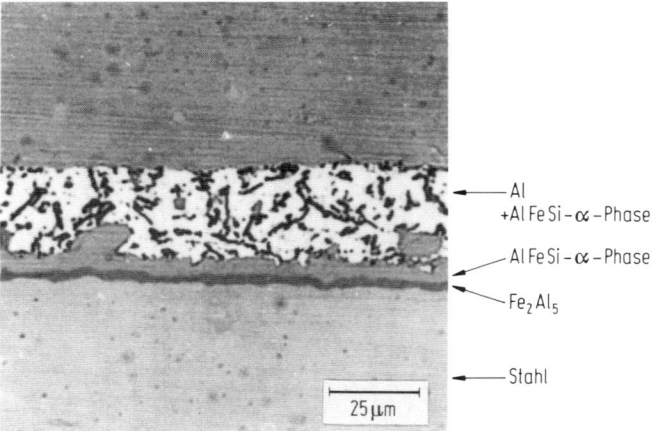

Bild C 12.10 Aufbau eines in einem siliziumhaltigen Aluminiumbad entstandenen Aluminiumüberzugs.

C 12.2.5 Eignung zum Feuerverzinnen

Feuerverzinnt werden heute fast ausschließlich nur noch Einzelstücke, während Bleche und Bänder elektrolytisch mit anschließendem Aufschmelzen der Zinnschicht (s. C 12.3.2) verzinnt werden. Beim Eintauchen der stählernen oder auch gußeisernen Gegenstände in die Zinnschmelze bildet sich eine sehr dünne Eisen-Zinn-Legierungsschicht aus $FeSn_2$ [28–34], über die sich beim Herausziehen eine wesentlich dickere Schicht der anhaftenden Schmelze legt, die zur Zinnschicht erstarrt.

Zur *Eignung* der genannten Werkstoffe *zum Feuerverzinnen* gibt es im vorgegebenen Rahmen keine Einschränkungen, da – soweit bekannt ist – die Bildung der Legierungsschicht von den in den Stählen oder im Gußeisen enthaltenen Begleit- und Legierungselementen praktisch nicht beeinflußt wird. Beim Feuerverzinnen von graphithaltigem Gußeisen muß allerdings darauf geachtet werden, daß die äußere graphitfreie Gußhaut bei der Vorbehandlung nicht zerstört wird, da der Graphit die Ausbildung eines einwandfreien Zinnüberzugs beeinträchtigt.

C 12.2.6 Eignung zum Feuerverbleien

Im Gegensatz zu den bereits genannten Metallschmelzen reagieren Eisen und Blei nicht miteinander. Eisen und Blei sind weder im festen noch im flüssigen Zustand ineinander löslich [35]. Daher haftet Blei beim Feuerverbleien nur durch Adhäsion auf dem Stahluntergrund, dementsprechend sind Besonderheiten über die *Eignung der Stähle zum Feuerverbleien* nicht festzustellen. Die Haftung kann durch geringe Zusätze von Zinn (2%) und Antimon (2%) zur *Bleischmelze* verbessert werden, da diese Elemente offenbar Verbindungen mit dem Eisen oder auch untereinander eingehen, die haftungsvermittelnd wirken [36]. Die Haftung hängt jedoch daneben auch von der Oberflächenspannung des Überzugsmetalls und von der Benetzbarkeit der Stahloberfläche ab. Für die Dicke der Bleischicht sind die Viskosität des Bleibades, die Ausziehgeschwindigkeit und der Rauheitsgrad der Stahloberfläche maßgebend. Eine Steuerung der Schichtdicke beim Feuerverbleien ist nur in begrenztem Umfang möglich.

Gelegentlich wird das Blei mit höheren Zinngehalten von über 2,5% legiert. Bei *Terne-Blech* enthält der Überzug bis zu 20% Sn.

C 12.3 Eignung zur Oberflächenveredlung durch elektrolytisch aufgebrachte Metallüberzüge

C 12.3.1 Allgemeingültiges zu den Verfahren

Grundsätzlich lassen sich auf allen Stählen Metalle elektrolytisch abscheiden. Die Abscheidung gelingt in befriedigender Weise jedoch nur, wenn die Stahloberfläche frei von störenden Belägen ist. Ist diese Forderung nicht erfüllt, so scheidet sich entweder stellenweise kein Metallüberzug oder nicht in der gewünschten Qualität ab. Die *Eignung* für diese Art der Oberflächenveredlung ist daher im besonderen Maße eine Sache der *Oberflächenbeschaffenheit der Stahlerzeugnisse*. Zum Entfernen störender Oberflächenverunreinigungen dienen chemische und elektrochemische Entfettungs- und Beizverfahren. Bei der Auswahl der Vorbehandlungsverfahren ist in Betracht zu ziehen, daß die Reinigung des Stahls mit wäßrigen Lösungen Auswirkungen auf die Stahloberfläche haben kann. Die Reinigungslösungen können dünne Filme von nur wenigen Moleküllagen auf der Stahloberfläche hinterlassen, die eine nachfolgende elektrolytische Metallbeschichtung stören können [37].

Der Übergang der entladenen Metallatome in den kristallinen Zustand, die Elektrokristallisation, ist der letzte Vorgang, der sich bei der elektrolytischen Metallabscheidung auf der Kathode, der Stahloberfläche, abspielt.

Die *Kristallisation* elektrolytisch abgeschiedener Metalle führt bei Einkristallflächen als Grundlage zu Einkristallen mit bestimmten Orientierungen zur Unterlage. Auf vielkristallinen Unterlagen ist ebenfalls ein deutlicher Einfluß der Struktur des Grundwerkstoffs auf die Kristallisation der Metallschicht zu beobachten, soweit es sich um dünnere Schichten handelt. Wird die Oberfläche des Grundwerkstoffs durch ein fein kristallines, ungeordnetes Haufwerk gebildet, wie bei mechanisch polierter Oberfläche, so kristallisiert der Überzug in dünner Schicht ebenfalls stets feinkristallin und ungeordnet. Erst bei dickeren Schichten setzt sich die Eigenstruktur der Auflage durch.

Mit der kathodischen Abscheidung der Metalle scheidet sich vielfach gleichzeitig Wasserstoff ab. Für die Galvanotechnik ist die *Mitabscheidung des Wasserstoffs* von großer Bedeutung, da er den Abscheidungsmechanismus und die mechanischen Eigenschaften des Metallüberzugs und die des Grundwerkstoffs beeinflußt [38–42]. Wasserstoffgehalte im Überzug erhöhen seine Härte (Hartverchromen).

Voraussetzung für das Eindringen des Wasserstoffs in den Stahl ist, daß er in atomarer Form vorliegt. Dies wird in wäßrigen Elektrolyten durch Katalysatoren begünstigt, zu denen u. a. Sulfide, Cyanide, Verbindungen von Arsen, Selen, Phosphor sowie einige organische Substanzen zählen. Die Auswirkungen des Wasserstoffs im Stahl hängen von der Art der Legierungsbestandteile und der Gefügestruktur ab. Bei Stählen mit Vergütungsgefüge wirkt sich der von diesen aufgenommene Wasserstoff versprödend aus. Diese *Neigung zur Wasserstoffversprödung* wird durch Chrom-, Nickel- und Mangangehalte im Stahl erhöht.

Um den von den Stählen bei der Metallabscheidung aufgenommenen Wasserstoff wieder auszutreiben, wird häufig eine Wärmebehandlung nachgeschaltet. Diese Nachbehandlung kann nur wirksam werden, wenn nach der Wasserstoffaufnahme nicht zu viel Zeit vergangen ist, da sonst bereits irreversible Schädigungen des Stahls auftreten können [43]. Bei richtiger Auswahl der Vorbehandlungsverfahren, der Abscheidungsbedingungen und der danach durchzuführenden Wärmebehandlungen ist es fast immer möglich, eine Wasserstoffversprödung zu vermeiden.

Von den *Metallen für eine elektrolytische Abscheidung* spielen vor allem Zinn, aber auch Chrom, Nickel, Zink, Kupfer und Blei eine größere Rolle. Dabei werden Chrom, Nickel und Kupfer im wesentlichen zur Herstellung dekorativer Überzüge angewendet. Zinn dient hauptsächlich zur Herstellung von Weißblech, Zink und Blei werden als Korrosionsschutz für Feinbleche benutzt. Es kommt auch das elektrolytische Aufbringen von Messing in Betracht. Für dünne Überzüge arbeitet man mit alkalischen Messingbädern oder mit Messinganoden, zur Herstellung dickerer Messingschichten wurde ein Verfahren entwickelt, bei dem nacheinander Kupfer und Zink elektrolytisch auf das Kaltband aufgetragen werden. Durch anschließende Diffusionsglühung lassen sich die beiden Metallüberzüge in eine Messinglegierung umwandeln [44].

C 12.3.2 Eignung zum elektrolytischen Verzinnen

Bei der *elektrolytischen Abscheidung von Zinn* beobachtet man ein orientiertes Aufwachsen der Zinnkristalle. Untersuchungen haben gezeigt, daß das tetragonale β-Zinn epitaktisch auf α-Eisen aufwächst [45, 46]. Bei der Herstellung von Weißblech wird dieser zunächst elektrolytisch aufgebrachte Überzug in der Regel aufgeschmolzen, wobei sich eine intermetallische Schicht aus $FeSn_2$ an der Stahloberfläche bildet. Dabei besteht ebenfalls ein morphologischer Zusammenhang zwischen den stengelförmig aufwachsenden $FeSn_2$-Kristallen und dem α-Eisen [47–52]. Im übrigen gilt über *die Eignung von Stahl zum elektrolytischen Verzinnen* das in C 12.3.1 Gesagte.

C 12.4 Eignung zur Oberflächenveredlung durch Aufbringen metallischer Überzüge nach sonstigen Verfahren

C 12.4.1 Allgemeines

Zum Aufbringen metallischer Überzüge auf Stahl kommen nicht nur die Schmelztauchverfahren und die elektrolytische Metallabscheidung, sondern auch das Plattieren, Abscheiden im Vakuum oder aus der Gasphase, Diffusionsglühen im Einsatzverfahren und das Metallspritzen in Betracht.

C 12.4.2 Eignung zum Plattieren

Beim Plattieren wird Stahl mit einem oder auch mehreren anderen metallischen Partnern schichtweise zu einem *Verbundwerkstoff* vereinigt. Hergestellt werden unterschiedliche Erzeugnisformen wie Grobblech, Band, Feinblech, auch Rohre, Profile oder Draht. Als Plattierungspartner für die verschiedenartigen niedriglegierten Stähle stehen metallische Werkstoffe in einer breiten Auswahl zur Verfügung. Beispiele sind nichtrostende ferritische oder austenitische Stähle, Kupfer und Nickel oder ihre Legierungen sowie eine Reihe anderer Nichteisenmetalle wie Aluminium, Titan, auch Tantal, Niob oder Molybdän [53–58].

Im Hinblick auf die *Eignung zum Plattieren* werden an den Grundwerkstoff keine besonderen Anforderungen gestellt, er wird mit den Eigenschaften für das Plattieren verwendet, die für seine aufgrund der betrieblichen Beanspruchung erfolgte Wahl maßgebend sind.

Zur Herstellung eines *einwandfreien Verbundes* ist es erforderlich, die Stahloberfläche zu reinigen und gegebenenfalls aufzurauhen. Die Herstellung plattierter Stähle erfolgt nach verschiedenen Verfahren. Eingesetzt werden Umformprozesse vom Kaltwalzen bis zum Warmwalzen, Verbundgußverfahren zur Erzeugung von Halbzeug, das Sprengplattieren oder das Schweißplattieren.

Beim *Kaltplattieren* wird der Auflagewerkstoff durch Anwendung sehr hoher

Walzdrücke in den ersten Stichen mit dem Grundwerkstoff verbunden und anschließend auf die Endabmessung kaltgewalzt. Erzeugt wird vorzugsweise Kaltband. Dem Walzen kann eine Glühbehandlung nachgeschaltet werden, die zum einen zu einer Rekristallisation des Stahlbandes führt, zum anderen eine Verbesserung des Verbundes zwischen Stahlband und Plattierungsauflage bewirkt [59, 60].

Beim *Warmplattieren* wird die bessere Umformbarkeit der Metalle bei höherer Temperatur genutzt, um den Verbundwerkstoff herzustellen. So wird z. B. Stahlband und Aluminiumband bei etwa 350 °C zusammengewalzt. Bei der Kombination von Stahl und Aluminium können nur unberuhigte Stahlsorten verwendet werden, da sonst die Haftung durch Bildung einer Legierungsschicht vermindert wird. Um die Haftung des Plattierwerkstoffs auf dem Stahlband zu verstärken, kann anschließend eine Diffusionsglühung bei rd. 550 °C erfolgen.

Plattiertes Grobblech wird meist als Walzplattierung durch Warmumformung der Plattierungspartner [61, 62] oder durch Sprengplattieren [63, 64] hergestellt. Das Warmwalzen von sprengplattiertem Halbzeug kommt als neue Verfahrensvariante dazu [57].

Beim *Walzplattieren* mit offenen bzw. nicht evakuierten Paketen wird, wenn der Plattierungswerkstoff z. B. ein nichtrostender Stahl ist, dieser vor dem Zusammenbau des sogenannten Plattierungskastens vielfach galvanisch vernickelt. Diese Maßnahme behindert die Oxidationsreaktionen während der Wärmphase vor dem Walzen und intensiviert gleichzeitig das für den Werkstoffverbund notwendige Diffusionsschweißen.

Beim *Sprengplattieren* wird einer der beiden Plattierungspartner durch Sprengstoff auf den anderen zu beschleunigt, so daß sie verschweißen. Die metallkundlichen Grundlagen des Bindungsmechanismus sind noch nicht ausreichend geklärt. Fest steht, daß der Legierungsübergang innerhalb einer sehr schmalen Zone erfolgt. Da Diffusionsvorgänge in der Bindungszone fehlen, können so auch Metallkombinationen erzeugt werden, die bei Vermischung miteinander spröde, die Plattierungshaftung schädigende Legierungen bilden würden. Beispiele sind die Kombinationen von Stahl mit Titan, Aluminium, Bronze oder Messing.

Eine Sonderstellung nimmt die *Gießplattiertechnik* ein, mit der weiche unlegierte Stähle mit nichtrostenden Auflagen plattiert werden. Bei der Gießplattiertechnik wird der Plattierwerkstoff schon beim Gießen in der Kokille mit dem Trägerwerkstoff verbunden. Beim anschließenden Auswalzen zum Warmbreitband verschweißen die zu verbindenden Werkstoffe vollständig und können durch Kaltwalzen weiter verarbeitet werden [55].

Zum *Schweißplattieren,* das bevorzugt zum Plattieren von Formteilen und Hohlkörpern angewendet wird, sei auf [65] verwiesen.

C 12.4.3 Eignung zum Abscheiden im Vakuum oder aus der Gasphase

Dem *Aufdampfen von Metallschichten im Vakuum* liegt das Prinzip zugrunde, durch Druckminderung und Temperaturerhöhung das Verdampfen des Beschichtungsmetalls zu ermöglichen und durch Kondensation auf dem Grundwerkstoff eine Schicht zu erzeugen [66]. Ein hohes Vakuum begünstigt verständlicherweise den Verdampfungsprozeß. Das zu beschichtende Werkstück kann zum Zweck einer effektiveren Kondensation gekühlt werden. Häufig ist aber auch eine Vorwärmung zweckmäßig, die allerdings die Möglichkeit eventueller Legierungsbildung zwischen Stahloberfläche und Schichtmetall berücksichtigen muß.

Dem Vakuumbedampfen ähnlich sind die Verfahren des *Vakuumzerstäubens* (Sputtern) und des *Ionenplattierens* [67]. Der apparative Aufwand und das Ergebnis der Metallbeschichtung sind dem Aufdampfen vergleichbar, jedoch ist die Leistung des Metallniederschlags geringer.

In den klassischen Bereich der Verwendung mit Zinn oder Zink oberflächenveredelten Fein- oder Feinstblechs ist auch Kaltband mit einer dünnen Aluminiumauflage, durch Elektronenstrahl-Verdampfung erzeugt, vorgedrungen [68, 69].

Besondere Anforderungen an die Eigenschaften der Stähle werden im Hinblick auf ihre *Eignung zur Vakuumbeschichtung* nicht gestellt.

Bei der *Abscheidung von Metallen aus der Gasphase auf Stahloberflächen* macht man sich den Umstand zunutze, daß einige Metalle leicht flüchtige Halogenide bilden, die sich an der Stahloberfläche mit dem Eisen umsetzen, so daß das Beschichtungsmetall frei wird und in das Stahlwerkstück eindiffundieren kann. Neben Aluminium ist hier vor allem Chrom zu nennen [70].

Für die *Erzeugung von Chrom-Diffusionsschichten auf Stahlband*, für das *Inchromieren*, wurden mehrere Verfahren entwickelt, die sich darin unterscheiden, wie ein gasförmiges Chromhalogenid der Stahloberfläche angeboten wird. Im Offenbund-Ofen, in dem das locker gewickelte Stahlband mit dem Glühgas als Reaktionsgas ständig in Berührung ist, wird entweder Chromchlorid durch Umsetzung von Ferrochrom mit Chlorgas erzeugt oder unmittelbar Chrombromid als Chromquelle eingebracht [71]. Die Chrom abgebende Substanz kann auch vor einer Diffusionsglühung als Pulver oder Paste in das Band eingewickelt werden [17]. Als Ergebnis der von Zeit und Temperatur abhängigen Chromabscheidungsreaktion und Diffusion des Überzugsmetalls ins Innere stellt sich eine Diffusionsschicht von bis zu rd. 0,1 mm Tiefe mit einem höchsten Chromgehalt an der Oberfläche von rd. 25 bis 30% ein (Bild C 12.11). Der Gradient in der Konzentrationskurve ändert sich bei dem Chromgehalt von rd. 13%, der am Ende des Inchromierens der Grenze zwischen dem außen entstandenen (Chrom-)Ferrit und dem im Innern noch bestehenden, niedriger legierten Austenit entspricht. Der hohe Legierungsgehalt an der Oberfläche verleiht dem Verbundwerkstoff eine ausgezeichnete Korrosions- und Oxidationsbeständigkeit.

Die starke Affinität des Chroms zu Kohlenstoff und Stickstoff bewirkt, daß während des Inchromierungsprozesses die diffusionsfähigen Kohlenstoff- und Stickstoffatome dem Chrom entgegenwandern und zu Karbid- und Nitridaus-

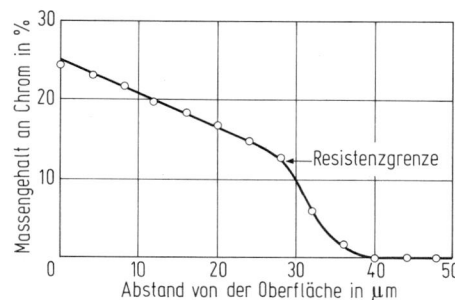

Bild C 12.11 Verlauf des Chromgehalts in der Randzone eines inchromierten Blechs.

scheidungen führen. Im allgemeinen ist die Bildung eines spröden, die weitere Chromeindiffusion behindernden Karbidsaums unerwünscht. Deshalb sollten Stähle, die zum Inchromieren vorgesehen sind, entkohlt sein. Als *geeignete Stähle* kommen Stahlsorten in Betracht, die im schmelzflüssigen Zustand entkohlt wurden, die durch den Legierungszusatz eines starken Karbonitridbildners wie Titan keine interstitiell gelösten Atome mehr enthalten oder die im festen Zustand als offen gewickeltes Band entkohlt wurden.

C 12.4.4 Eignung zum Diffusionsglühen im Einsatzverfahren

Die Metalle Chrom und Aluminium lassen sich auch im Einsatzverfahren auf Stahloberflächen aufbringen [70, 72–74]. Dabei wird dem Einsatzpulver das Metall entweder in Form von Chlorid beigemischt oder in metallischem Zustand (als Ferrolegierung) einer Reaktion mit chlorabgebenden Stoffen ausgesetzt. Die Abscheidung des Überzugsmetalls erfolgt letzten Endes wiederum über gasförmiges Chlorid nach der bereits genannten Umsetzung. Nach dem physikalisch-chemischen Grundvorgang sind also diese Einsatzverfahren, das *Chromieren* und das *Alitieren,* zu den Verfahren der Abscheidung aus der Gasphase zu zählen.

Auch Zink kann im Einsatzverfahren auf Stahloberflächen aufgebracht werden [73, 75]. Das *Sherardisieren* genannte Verfahren beruht auf der unmittelbaren Diffusion von pulverförmig angebotenem Zink in den Stahl. Bei Temperaturen von rd. 350 bis 400 °C und durch die kontaktfördernde Rotationsbewegung des Gefäßes entsteht eine Diffusionsschicht von rd. 50 µm Dicke aus Eisen-Zink-Verbindungen. Sherardisierte Werkstücke zeichnen sich durch hohe Korrosionsbeständigkeit und wegen der rauhen Oberfläche durch gute Farbhaftung aus. An die *Stahlzusammensetzung* werden keine besonderen Anforderungen gestellt.

C 12.4.5 Eignung für Spritzverfahren

Metallische Überzüge können durch Aufschmelzen und Spritzen des Metalls auf die Stahloberfläche hergestellt werden [76–78]. Die Verfahren unterscheiden sich in der Erzeugung der thermischen und kinetischen Energie. Beim *Flammspritzen* bewirkt eine Brenngas-Sauerstoff-Flamme das Aufschmelzen des meist drahtförmig zugeführten Überzugsmetalls. Die Tröpfchen werden durch den Strom von Verbrennungsgas und Druckluft auf die Werkstückoberfläche geschleudert. Das *Lichtbogenspritzen* bedient sich der elektrischen Energie und eines Druckluftstroms. Beim *Plasmaspritzen,* das mit einem Gas aus Stickstoff, Argon und etwas Wasserstoff arbeitet und die Energie eines Lichtbogens ausnutzt, können sehr hohe Temperaturen bis zu rd. 3000 °C erzeugt werden, so daß auch schwerschmelzende Metalle der Spritztechnik erschlossen werden konnten.

Das Metallspritzen zeichnet sich durch eine große Vielfalt in den *Anwendungsmöglichkeiten* aus. Sehr viele Metalle, die einem Werkstück aus Stahl einen höheren Verschleißwiderstand oder eine bessere Korrosionsbeständigkeit verleihen können, lassen sich thermisch spritzen, die Reihe der in Betracht kommenden Metalle reicht von Zink und Aluminium bis zu Molybdän und Wolfram. Dem Verfahren haften aber auch Nachteile an, die mit der Natur des tropfenförmigen Schichtaufbaus und den äußeren Bedingungen des Spritzens zusammenhängen. Es ist unvermeidbar, daß die aufgespritzte Schicht einen lamellaren Aufbau hat und neben den metallischen Partikeln auch Oxidhäute, Verunreinigungen und Poren aufweist. Diese Struktur der Spritzschicht kann eine unzureichende Korrosionsbeständigkeit und Festigkeit verursachen.

Hinsichtlich der chemischen Zusammensetzung und der sonstigen *Eigenschaften der zu beschichtenden Stähle* ergeben sich durch das thermische Spritzen keine Einschränkungen, wichtig ist jedoch, daß die Stahloberfläche vorher aufgerauht wird, um einen einwandfreien Verbund sicherzustellen. Die Spritztechnik wird dementsprechend auch in einer großen Vielfalt angewendet.

C 12.5 Eignung zur Oberflächenveredlung durch Aufbringen anorganischer Überzüge: Emaillieren

Zu den anorganischen nichtmetallischen Stoffen, die zur Veredlung von Eisen- und Stahloberflächen genutzt werden, zählt seit ältester Zeit das Email. Unter Email versteht man eine durch partielles oder vollständiges Schmelzen entstandene, meist glasig erstarrte Masse, die im wesentlichen aus Quarz und anderen Oxiden besteht und in einer oder mehreren Schichten auf das Werkstück aufgebracht wird. Der Verbundwerkstoff aus Stahl und Email vereint die vorteilhaften Eigenschaften beider Komponenten. Das Gebrauchsverhalten von Stahl läßt sich durch die schützende und dekorative Wirkung des Emails in vielfältiger Weise verbessern.

Die verschiedenen *Emaillierverfahren* lassen sich nach unterschiedlichen Gesichtspunkten unterteilen [79-82]. Neben dem konventionellen Emaillieren, bei dem Stahl mit einem Grund- und einem Deckemail beschichtet und dabei zweimal eingebrannt wird, hat sich in den letzten 20 Jahren das einschichtige Direktemaillieren in großem Umfang eingeführt. Die Email-Schichtdicke konnte dadurch von rd. 0,2 bis 0,3 mm auf etwa die Hälfte reduziert werden. Für Spezialemaillierungen wie im Chemieapparatebau sind dagegen häufig mehrere Emailschichten aufzubringen.

Vor dem Auftrag des Emails muß die *Stahloberfläche* entfettet und gebeizt werden. Dabei wird eine bestimmte Masse an metallischem Eisen abgetragen und die Blechoberfläche aufgerauht. Auf der gebeizten Oberfläche verbleibt ein als Beizbast bezeichneter Rückstand. Die chemische Zusammensetzung des Stahls wirkt sich auf sein *Beizverhalten* aus [83]. Der Beizabtrag hängt vom Gehalt einiger Stahlbegleitelemente ab, von denen Phosphor, Kupfer und Chrom an erster Stelle zu nennen sind. Bild C 12.12 zeigt, daß zunehmende Gehalte an Chrom und besonders Phosphor den Beizabtrag erhöhen, während Kupfer den Eisenabtrag bremst. Wenn zur Sicherstellung einer guten Emailhaftung ein bestimmter Beizabtrag angestrebt wird, so muß für definierte Vorbehandlungsbedingungen auch die Stahlzusammensetzung in gewissen Grenzen gehalten werden.

Nach dem Beizen wird insbesondere beim Einschichtemaillieren eine außenstromlose Vernickelung vorgenommen, die zu einer guten Haftung des Emails entscheidend beiträgt. Es kommen das Ionenaustausch- und das Reduktionsverfahren zur Anwendung [84]. Sowohl die Höhe des Beizabtrages als auch die Bedingungen der Vernickelung selbst bestimmen die abgeschiedene Nickelmenge.

Die *Haftung des Emails* auf der Stahloberfläche stellt sich als Ergebnis komplexer,

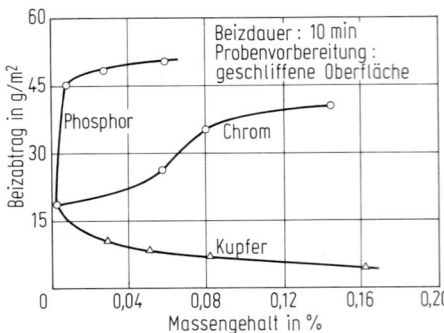

Bild C 12.12 Einfluß von Phosphor, Chrom und Kupfer im Stahl auf den Beizabtrag vor dem Emaillieren.

bei hoher Temperatur ablaufender chemischer Vorgänge und aufgrund unterschiedlicher Mechanismen ein. Beim Einbrennen des Emails bei 800 bis 850 °C reagieren das an der Blechoberfläche gebildete Eisenoxid, das Eisen aus der Stahloberfläche selbst, die in metallischer Form an der Oberfläche abgeschiedenen oder in der Emailmasse als Oxide enthaltene Schwermetalle Nickel und Kobalt und die silikatische Schmelze so miteinander, daß es zu einer innigen Verzahnung von Email und Stahloberfläche kommt und zusätzlich eine chemische Bindung an der Phasengrenze zur guten Haftung der Reaktionspartner beiträgt [79, 80]. Die während der chemischen Reaktionen entstandenen Gase, vor allem das durch Oxidation des aus dem Stahl diffundierten Kohlenstoffs gebildete Kohlenmonoxid, werden bei der langsamen Erstarrung der Emailschmelze teilweise festgehalten, so daß sich eine blasendurchsetzte glasige Emailschicht ergibt. Bild C 12.13 zeigt eine typische Emailstruktur und die feine Verzahnung an der Phasengrenze, die nach Ablösung des Stahls besonders deutlich erkennbar ist.

Die *Eignung eines Stahls zum Emaillieren* leitet sich folgerichtig aus den Voraussetzungen für diese Vorgänge ab. Die oxidierende Atmosphäre beim Brennen führt zu einer mit dem Kohlenstoffgehalt des Stahls zunehmenden Kohlenmonoxidentwicklung, die im erstarrten Email Blasen hinterläßt. Deshalb wird zum *konventionellen Emaillieren* Stahlblech mit Kohlenstoffgehalten unter rd. 0,1 % eingesetzt. In der Vergangenheit wurde bevorzugt unberuhigter Stahl verwendet, da hier infolge des geringeren Kohlenstoffgehalts in der äußeren Schicht eine geringere Gasentwicklung einsetzt und diese Außenzonen in der Regel frei von Desoxidationsprodukten sind. Wenn eine *einschichtige Direktemaillierung* angewendet wird, muß die CO-Blasenbildung durch einen besonders niedrigen Kohlenstoffgehalt des Stahlblechs begrenzt werden. Ein solch niedriger Kohlenstoffgehalt kann erreicht werden durch eine Entkohlung im flüssigen Zustand (Vakuumentkohlung), im festen Zustand (Offenbund-Glühung) und auch durch Legieren mit Elementen mit einer starken Neigung zur Abbindung des Kohlenstoffs (z. B. Titan und Niob).

Die Oxidation des Eisens beim Brennen als Teilschritt der elektrochemischen Reaktionen an der Phasengrenze zum Email und die Anreicherung der silikatischen Schmelze an FeO sind entscheidende Voraussetzungen für die Haftung des Emails. Enthält der Stahl stark sauerstoffaffine Legierungsmetalle wie Titan, so kann die Oxidation des Eisens beeinträchtigt und die die Haftung vermittelnden Reaktionen

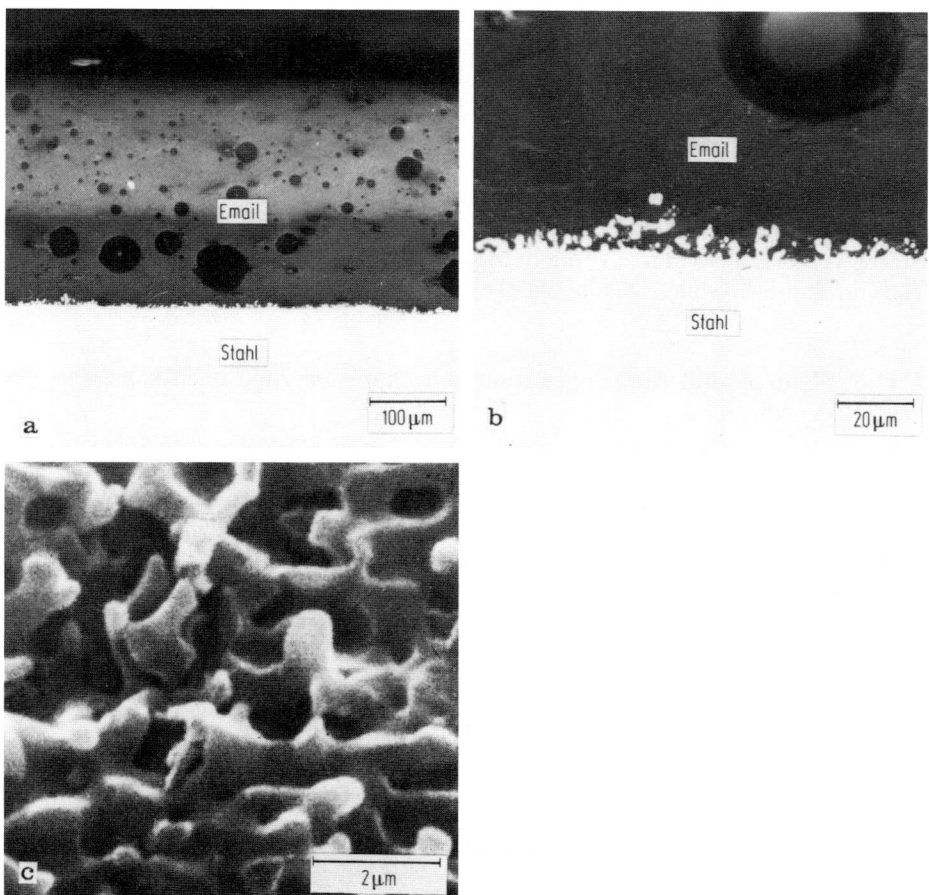

Bild C 12.13 Emailliertes Stahlblech. **a** Konventionelle Zweischichtemaillierung; **b** Phasengrenze Stahl/Email; **c** Phasengrenze nach Ablösen des Stahls.

gestört werden [80]. Beim Emaillieren legierter Stähle müssen deshalb geeignete Maßnahmen bei der Vorbehandlung oder beim Einbrennen getroffen werden.

Stähle, deren Kohlenstoffgehalt durch Entkohlung oder Abbindung in schwerlöslichen Karbiden sehr niedrig eingestellt ist, haben im übrigen den Vorteil, daß sie zum verzugsarmen Einbrennen besonders geeignet sind, da bei ihnen die Austenitisierungstemperatur beim Einbrennen nicht überschritten wird.

Der bei der Reduktion von Kristallwasser aus dem Emailschlicker und von Wasserdampf aus den Ofengasen entstehende Wasserstoff kann sich bei hoher Temperatur bis zur Löslichkeitsgrenze im Stahl lösen, muß aber beim Abkühlen als Wasserstoffgas aus dem System Stahl-Email austreten können. Wenn insbesondere beim beidseitigen Emaillieren der Wasserstoff nur schlecht entweichen kann, müssen ihm im Stahl Haftstellen, wie innere Hohlräume oder Phasengrenzen, angeboten werden, damit er nicht bis zur Grenzfläche diffundieren und das Email in Form von Fischschuppen absprengen kann [85, 86]. Bei unberuhigtem Stahl, der in der Vergangenheit überwiegend für Flachzeug zum Emaillieren eingesetzt wurde, bot sich über die Einstellung relativ hoher Sauerstoffgehalte und damit Oxidmengen eine metallurgische Möglichkeit zur Darbietung von Haftstellen für Wasserstoff an. Bild C 12.14 zeigt, wie die das Einfangen des rekombinierenden Wasserstoffs gut beschreibende Kenngröße der Wasserstoff-Durchtrittszeit t_0 mit dem Sauerstoffgehalt im Stahl ansteigt [84]. Wird der Stahl aus Gründen der besseren Kaltumformbarkeit oder der Wirtschaftlichkeit mit Aluminium beruhigt und im Strang vergossen, so müssen andere Möglichkeiten, „Wasserstoffallen" einzubringen, im Stahlwerk oder in den Walzwerken genutzt werden.

C 12.6 Eignung zum Aufbringen anorganischer Überzüge nach sonstigen Verfahren

Zur Oberflächenbehandlung von kaltgewalztem, auch von verzinktem Feinblech ist die *Phosphatierung* das am meisten verwendete Verfahren zur Vorbehandlung vor der Lackierung; durch diesen Schritt wird die Haftfestigkeit von Lackschichten sowie der Korrosionsschutz verbessert. Zum Ziehen von Drähten und Stäben werden Phosphatüberzüge als Träger der Ziehhilfsmittel aufgebracht.

Die für Stahloberflächen wichtigsten Verfahren sind das Zinkphosphatierverfahren und das Alkaliphosphatierverfahren. Die beiden Verfahren unterscheiden sich dadurch, daß bei der Zinkphosphatierung das schichtbildende Kation von der Behandlungslösung, bei der Alkaliphosphatierung aber vom Trägerwerkstoff geliefert wird.

Das gebildete tertiäre Phosphat besteht hauptsächlich aus Hopeit $Zn_3(PO_4)_2 \cdot 4H_2O$ und Phosphophyllit $Zn_2Fe(PO_4)_2 \cdot 4H_2O$. Die ablaufenden Reaktionen

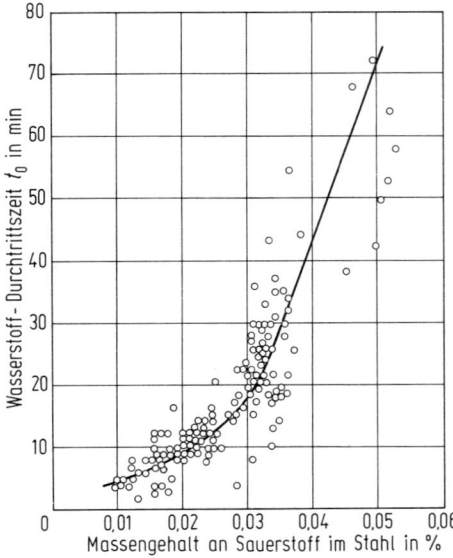

Bild C 12.14 Einfluß des Sauerstoffgehalts im Stahl auf die Wasserstoff-Durchtrittszeit t_0.

kommen zum Stillstand, wenn die Oberfläche mit der Phosphatschicht bedeckt ist und keine freie Stahloberfläche mehr zur Reaktion zur Verfügung steht. Auf diese Weise werden Zinkphosphatschichten mit einem durchschnittlichen Gewicht von 1 bis 4 g/m^2 erzeugt. Bei einer Alkaliphosphatierung liegen die Schichtgewichte zwischen 0,6 und 1 g/m^2 [87–89].

Die gute *Haftung der Phosphatschicht* auf der Stahloberfläche wurde früher durch eine mechanische Verklammerung der Phosphatkristalle mit der rauhen Oberfläche erklärt. Neuere Arbeiten haben jedoch gezeigt, daß eine gute Haftung dann erzielt wird, wenn eine Textur- und Epitaxieorientierung der Phosphatkristalle zu den Kristalliten des Trägerwerkstoffs besteht [90–92].

Unter dem Begriff *Chromatierung* versteht man eine Reihe von Verfahren, bei denen die Oberfläche von Teilen z. B. aus Stahl oder verzinktem Stahl zur Verbesserung des Korrosionsschutzes mit Chrom-VI-haltigen Lösungen behandelt wird. Je nach angewendetem Verfahren entstehen an der Stahloberfläche Schichten, die durch chemische bzw. elektrochemische Reaktion mit dem Stahl auch III-wertiges und metallisches Chrom enthalten [93–95]. Nach dem Chromatieren kann ein Nachwalzen und Ölen erfolgen.

Weder für das Phosphatieren noch das Chromatieren sind besondere Anforderungen an die in Betracht kommenden Stähle zu stellen.

C 12.7 Eignung zum Beschichten mit organischen Stoffen

Unter Beschichtung (vor allem von Band: coil coating) versteht man ein *Verfahren*, bei dem kaltgewalztes Band aus Stahl ohne Überzug oder mit metallischen Überzügen auf speziellen Bandbeschichtungsanlagen in einem kontinuierlichen Arbeitsgang gereinigt, chemisch vorbehandelt und ein- oder beidseitig durch Walzenauftrag von flüssigen organischen Beschichtungsstoffen mit anschließender Wärmetrocknung bzw. Wärmevernetzung oder durch Laminieren von Kunststoff-Folien mit Hilfe von Klebstoffen beschichtet wird.

Die Durchlaufgeschwindigkeiten betragen bis etwa 200 m/min. Integrierte Abwasser- und Abluftreinigung sorgen für ein umweltfreundliches Oberflächenveredlungsverfahren.

Die wichtigsten *Beschichtungsstoffe* (wärmehärtende oder thermoplastische Lacke, Dispersionen und thermoplastische Folien) mit den üblichen Schichtdicken sind in Tabelle C 12.1 zusammengestellt. Dabei gibt es zahlreiche Möglichkeiten je nachdem, ob die Bandober- oder -unterseite beschichtet werden soll und ob Einschicht- oder Zweitschichtaufbau vorgesehen ist. Zusätzlich können Schutzmittel wie abziehbare Schutzfolien, Wachs oder Öl aufgebracht werden.

Da Reaktionen zwischen den Beschichtungsstoffen und dem Grundwerkstoff nicht auftreten, sind besondere Aussagen über *Eignung von Stahl zum Beschichten* mit organischen Stoffen nicht zu machen.

Tabelle C 12.1 Wichtige organische Beschichtungsstoffe

Beschichtungsstoffe	Üblicher Schichtdickenbereich in µm

Flüssigbeschichtung
  mit Lacken oder Dispersionen auf Basis
  Alkyd, Polyester, Acrylat, silikonmodifizierte Systeme,
  Epoxid, Polyvinylfluorid, Zinkstaubsysteme
	5 ... 25

PVC-Organosol/-Plastisol	30 ... 400
Folienbeschichtung auf Basis Acrylat, PVC, Polyvinylfluorid, Polyethylen	38 ... 300

Zusammenstellung wiederholt verwendeter Kurzzeichen

In diesem Buch werden i. allg. die Kurzzeichen dort, wo sie genannt werden, jeweils im Zusammenhang mit dem Text erläutert. Darüber hinaus werden geläufige Symbole in der folgenden Zusammenstellung gesondert erfaßt.

Lateinische Buchstaben

A	Austenit
A	Bruchdehnung
	(für eine Meßlänge von $L_0 = 5{,}65\,\sqrt{S_0}$ oder von $L_0 = 5\,d_0$ im Zugversuch)
A	abgeschreckt (Wärmebehandlungszustand)
A	angelassen (Wärmebehandlungszustand)
A_{gl}	Gleichmaßdehnung (Zugversuch)
A_v	Kerbschlagarbeit
a	Aktivität eines Elements
a	Gitterkonstante (Kristallgitter)
B	Bainit (Gefüge)
B	magnetische Induktion
b	Burgers-Vektor (bei Versetzungen)
c	Konzentration
c	spezifische Wärme
D	Diffusionskoeffizient
E	Elastizitätsmodul
F	Ferrit (Gefüge)
F	Kraft (allgemein)
G	Gibbsche Energie
G	Schubmodul
G	(weich)geglüht (Wärmebehandlungszustand)
H	gehärtet (Wärmebehandlungszustand)
H	magnetische Feldstärke
H	Enthalpie
HB	Brinell-Härte
HRC	Rockwell-C-Härte
HV	Vickers-Härte
J	J-Integral (Bruchmechanik)
J	magnetische Polarisation
K	kaltverfestigt
K_1	Spannungsintensitätsfaktor (Bruchmechanik)
K_{Ic}	Rißzähigkeit, Bruchzähigkeit (Bruchmechanik)

K_L	Vorfaktor in der Ludwik-Gleichung (Gl. C1.17)
kfz	kubisch-flächenzentriert (Kristallgitter-Kennzeichnung)
krz	kubisch-raumzentriert (Kristallgitter-Kennzeichnung)
k	Boltzmann-Konstante
k_f	Fließspannung (Formänderungsfestigkeit)
L	lösungsgeglüht (Wärmebehandlungszustand)
L	Lebensdauer
L	Laufweg einer Versetzung
L	momentane Meßlänge (einer Zugprobe)
L_o	Anfangsmeßlänge (einer Zugprobe)
L_u	Meßlänge nach dem Bruch
M	Magnetisierung
M	Martensit (Gefüge)
M	Moment
N	normalgeglüht (Wärmebehandlungszustand)
N	(Bruch-) Schwingspielzahl (Dauerfestigkeitsversuch)
n	Schwingspielfrequenz (Dauerfestigkeitsversuch)
n	Verfestigungsexponent
n	Anzahl (z. B. von Versetzungen)
P	Perlit (Gefüge)
p	Partialdruck
p_H	Wasserstoffionenkonzentration
Q	Aktivierungsenergie
R	Gaskonstante
R	Verhältnis σ_M/σ_O (Dauerschwingverhalten)
R	beruhigt (beruhigter Stahl)
RR	besonders beruhigt (besonders beruhigter Stahl)
R_e	Streckgrenze allgemein
R_{eL}	untere Streckgrenze
R_{eH}	obere Streckgrenze
R_p	Dehngrenze allgemein
$R_{p0,2}$	0,2%-Dehngrenze
R_{p1}	1%-Dehngrenze
R_m	Zugfestigkeit
RT	Raumtemperatur
r	Ruhegrad der Beanspruchung σ_m/σ_o (Dauerschwingverhalten)
r	Radius allgemein, Ortskoordinate
S	Entropie
S	Spannungsverhältnis der Dauerfestigkeit σ_U/σ_O
S	Fläche, insbesondere momentane Querschnittsfläche (einer Zugprobe)
S_o	Anfangsquerschnitt (einer Zugprobe)
S_u	kleinster Querschnitt nach dem Bruch
SRK	Spannungsrißkorrosion
s	Abstand, Länge allgemein
s	Spannungsverhältnis σ_u/σ_o (Dauerschwingverhalten)
T	Temperatur
$T_ü$	Übergangstemperatur (der Kerbschlagarbeit)

T_s Schmelztemperatur
TM thermomechanische Behandlung
t Zeit
U Energie
U_w Wechselwirkungsenergie
U unbehandelt (Wärmebehandlungszustand)
U unberuhigt (unberuhigter Stahl)
V vergütet (Wärmebehandlungszustand)
V Volumen
v (Reaktions-) Geschwindigkeit
W Widerstandsmoment
WEZ Wärmeeinflußzone (durch Schweißwärme beeinflußte Zone des Grundwerkstoffs)
Z Brucheinschnürung (Zugversuch)

Griechische Buchstaben

α linearer Wärmeausdehnungskoeffizient
α Ferrit (Gefüge)
α_k Formzahl, Spannungskerbfaktor
γ Austenit (Gefüge)
γ Scherung, Abgleitung, Schiebung
γ Grenzflächen-, Oberflächenenergie, auch Energie im Zusammenhang mit Bruchvorgängen
Δ Änderungsbetrag einer Größe, einer Kennzahl
δ Rißöffnung, -aufweitung (Bruchmechanik)
δ δ-Ferrit (Gefüge)
ε Dehnung allgemein
$\varkappa$ Mehrachsigkeitskennzahl
Θ Zementit
λ Wärmeleitfähigkeit
λ Wellenlänge
μ Permeabilität
ν Querkontraktionszahl (Poissonsche-Zahl)
π Mehrachsigkeitsgrad
ρ Versetzungsdichte
ρ spezifischer elektrischer Widerstand
σ Spannung allgemein
σ_f Fließspannung, s. k_f
σ_f^* mikroskopische Spaltbruchspannung
τ Schubspannung
φ Umformgrad (logarithmische Formänderung)

Literaturverzeichnis

A Die technische und wirtschaftliche Bedeutung des Stahls

1. Propyläen-Weltgeschichte. Hrsg. von G. Mann u. A. Heuß. 1. Bd.: Vorgeschichte. Frühe Hochkulturen. Berlin 1963. – Zur Geschichte der Entwicklung der Verfahren zur Eisen- und Stahlerzeugung siehe Johannsen, O.: Geschichte des Eisens, 3. Aufl. Düsseldorf 1953. – Roesch, K.: 3500 Jahre Stahl. München u. Düsseldorf 1979. (Abhandlungen und Berichte des Deutschen Museums Jg. 47, H. 2.)
2. Zur Terminologie der Wörter „Eisen" und „Stahl" siehe besonders Gmelin-Durrer: Metallurgie des Eisens, 4. Aufl., Bd. 1a. Weinheim/Bergstr. 1964 (Gmelins Handbuch der anorganischen Chemie. System Nr. 59, Eisen. 5. A, Lfg. 3 bis 5) S. 1a/10a.
3. Sprandel, R.: Das Eisengewerbe im Mittelalter. Stuttgart 1968; siehe weiter die Schrift „Schwerpunkte der Eisengewinnung und Eisenverarbeitung in Europa 1500–1650". In: Kölner Kolloquien zur internationalen Sozial- und Wirtschaftsgeschichte, Bd. 2. Köln, Wien 1974.
4. Ress, F. M.: Geschichte und wirtschaftliche Bedeutung der oberpfälzischen Eisenindustrie von den Anfängen bis zur Zeit des 30jährigen Krieges. Regensburg 1950. – Ress, F. M.: Bauten, Denkmäler und Stiftungen Deutscher Eisenhüttenleute. Düsseldorf 1960.
5. Marchand, H.: Säkularstatistik der deutschen Eisenindustrie. Essen 1939 (Schriften der Volkswirtschaftlichen Vereinigung im rheinisch-westfälischen Industriegebiet. Neue Folge. Hauptreihe H. 3).
6. Erwähnt in „Statistics of the iron and steel industries". Hrsg. von British Iron and Steel Federation. London 1937. S. 7.
7. Hogan, W. T.: Economic history of the iron and steel industry in the United States. Vol. 1. Lexington (Mass.), Toronto, London 1971.
8. Die statistischen Angaben beruhen auf folgenden Quellen: Vierteljahreshefte zur Fachstatistik über Eisen und Stahl, 4. Vierteljahresheft 1982. Hrsg.: Statistisches Bundesamt, Außenstelle Düsseldorf. – Statistisches Jahrbuch der Eisen- und Stahlindustrie 1982. Hrsg.: Wirtschaftsvereinigung Eisen- und Stahlindustrie, Düsseldorf; s. a. Stahl u. Eisen 94 (1974) S. 1017/20. – Annual statistical report of the American Iron and Steel Institute. New York 1981. – Jahrbuch Eisen und Stahl. Hrsg. vom Statistischen Amt der Europäischen Gemeinschaften. Luxemburg/Brüssel. – Monthly report of the iron & steel statistics, Bd. 26, H. 2. Hrsg.: The Japan Iron and Steel Federation. Tokyo 1983. – Quarterly bulletin of steel statistics for Europe. Hrsg. von United Nations, New York. – Steel statistical yearbook. Hrsg. von International Iron and Steel Institute. Brüssel 1982. – 1979/80 Statistical Yearbook. Hrsg. von United Nations. New York 1981.
9. Z. Ver. Dt. Ing. 76 (1932) S. 574/76.
10. Siehe z. B. Bennecke, R., u. H. H. Weigand: Thyssen Edelstahl Techn. Ber. 7 (1981) S. 107/22.
11. Gocht, W.: Wirtschaftsgeologie. Berlin, Heidelberg, New York 1978. S. 64, Tab. II. 5. – Gamboa, H.: In: Proceedings of the third international iron steel congress, 16–20 April 1978, Chicago (Ill.). Sponsored by the American Society for Metals and Iron Steel Society of AIME. Metals Park (Ohio) 1979. S. 31/39.
12. Untersuchungen über Angebot und Nachfrage mineralischer Rohstoffe; Berichte des Bundesamtes für Geowissenschaften und Rohstoffe, Hannover, und des Deutschen Instituts für Wirtschaftsforschung, Berlin:
    Bd. 1: Ausfallrisiko bei 31 Rohstoffen (1977).
    Bd. 3: Aluminium (1973).
    Bd. 6: Molybdän (1975).

Bd. 7: Chrom (1975).
Bd. 9: Wolfram (1977).
Bd. 10: Nickel (1978).
Bd. 11: Kobalt (1978).
Bd. 14: Vanadium (1981).
Bd. 16: Niob (1982). –
Minerals yearbooks. Hrsg.: Bureau of Mines, Department of the Interior, United States of America. – Mineral facts and problems. 5th ed. Hrsg.: United States Department of the Interior. Washington 1975. (Bulletin Bureau of Mines Nr. 667). Edition 1980 (Bulletin Bureau of Mines Nr. 671). – Metallstatistik 1971-1981. 69. Jh. Hrsg.: Metallgesellschaft Frankfurt a. M., Frankfurt 1982. – Sutulov, A.: Molybdenum and rhenium 1778-1977. Concepcion (Chile) 1976. – 1st International ferroalloys conference, held on oct. 9-11, 1977 at Zürich. Hrsg.: T. J. Tarring and M. Spoors. London 1978. – Herbertson, R., u. A. N. Sage: The virtues of vanadium. Hrsg.: Highveld Steel and Vanadium Corp., Ltd. London 1979. – Gümpel, P., u. H. H. Weigand: Thyssen Edelstahl Techn. Ber. 5 (1979) S. 75/82. – Chromium and the steel industry. Hrsg.: Committee on raw materials, Working Group on Chromium. The International Iron and Steel Institute. Brüssel 1981. – Sage, A. N.: Metall 35 (1981) S. 1160/61. – Beckers, G., u. K.-P. Minutti: Metall 35 (1981) S. 1165. – Rüdinger, K.: Metall 35 (1981) S. 778/79; derselbe: Thyssen Edelstahl Techn. Ber. 8 (1982) S. 57/63. – Eggert, P., C. Kippenberger, J. Priem, H. Schmidt u. E. Wettig: Metall 36 (1982) S. 580/84. – Lauprecht, W. E., u. W. Fairhurst: Stahl u. Eisen 102 (1982) S. 641/48. – Herzberg, W.: Stahl u. Eisen 102 (1982) S. 650/56.

B 2 Thermodynamik des Eisens und seiner Legierungen

1. Wagner, C.: Thermodynamics of alloys. London 1952.
2. Darken, L. S., u. R. W. Gurry: Physical chemistry of metals. New York 1953.
3. Mannchen, W.: Einführung in die Thermodynamik der Mischphasen. Leipzig 1965.
4. Denbigh, K.: The principles of chemical equilibrium. 3.ed. Cambridge 1971.
5. Schmalzried, H., u. A. Navrotsky: Festkörperthermodynamik. Weinheim/Bergstr. 1975.
6. Kubaschewski, O., u. C. B. Alcoock: Metallurgical thermochemistry. Oxford/New York/Toronto/Sydney/Paris/Frankfurt 1979. (International series on materials science and technology. Vol. 24.)
7. Wie unter [4], S. 98.
8. Zener, C.: In: Phase stability in metals and alloys. Hrsg.: P. S. Rudman, J. Stringer u. R. I. Jaffee. New York 1967. S. 25/57.
9. Wie unter [4], S. 353/56.
10. Kaufman, L., u. H. Bernstein: Computer calculation of phase diagrams. New York/London 1970.
11. Kaufman, L.: In: Metallurgical chemistry. [Hrsg.:] National Physical Laboratory, Department of Trade and Industry. London 1971. S. 373/402, bes. S. 387.
12. Wie unter [10], S. 5/32 u. 63/68.
13. Pitsch, W.: In: Grundlagen des Festigkeits- und Bruchverhaltens <ohne Berücksichtigung höherer Temperaturen und schwingender Beanspruchung>. Hrsg. von W. Dahl. Düsseldorf 1974. Kap. 1.4.
14. Pepperhoff, W.: persönliche Mitt. (1981).
15. Wie unter [10], S. 23.
16. Kaufman, L.: Calphad 1 (1977) S. 1 ff.
17. Hillert, M.: In: Phase transformations. [Publ. by] American Society for Metals, Metals Park/Ohio. London 1970. S. 181/218.
18. Hillert, M., u. L. I. Staffansson: Acta Chem. Scand. 24 (1970) S. 3618/26.
19. Hillert, M.: Prediction of iron-base phase diagram. TRITA-MAC-0132. Royal Institute of Technology Stockholm, Dez. 1977. – Hillert, M.: In: Hardenability concepts with applications to steel. Ed.: D. V. Doane u. J. S. Kirkaldy. Publ. of the Metallurgical Society of AIME. New York 1978. S. 5/27.
20. Becker, R.: Theorie der Wärme. Berlin, Göttingen, Heidelberg 1955. §§ 66 bis 69.
21. Becker, R.: Z. Metallkde. 29 (1937) S. 245/49.
22. Inden, G.: Z. Metallkde. 66 (1975) S. 577/82 u. 648/53; 68 (1977) S. 529/34.

23. Schlatte, G., G. Inden, u. W. Pitsch: Z. Metallkde. 65 (1974) S. 94/100; 67 (1976) S. 462/66.
24. Wie unter [1], S. 8/10.
25. Wie unter [4], S. 79.
26. Wie unter [4], S. 287.
27. Haasen, P.: Physikalische Metallkunde. Berlin, Heidelberg, New York 1974, S. 95.
28. Allibert, C., C. Bernard, H. D. Nüssler u. P. J. Spencer: In: Proceedings of CALPHAD VIII – Conference 1979 in Stockholm, S. 207/27.
29. Kaufman, L., u. H. Nesor: Z. Metallkde. 64 (1973) S. 249/57.
30. Harvig, H.: Jernkont. Ann. 155 (1971) S. 157/61.
31. Smith, R. P.: Trans. metallurg. Soc. AIME 236 (1966) S. 220/21.
32. Hillert, M., u. M. Waldenström: Metallurg. Trans. 8 A (1977) S. 5/13.
33. Ansara, I.: Internat. Metals Rev. 1 (1979) S. 20/53.
34. McLean, D.: Grain boundaries in metals. Oxford 1957. Kap. 5.
35. Cochardt, A. W., G. Schoeck u. H. Wiedersich: Acta metallurg., New York, 3 (1955) S. 533/37.
36. Pitsch, W.: In: Festigkeits- und Bruchverhalten bei höheren Temperaturen. Bd. 1. Berichte, gehalten im Kontaktstudium Werkstoffkunde Eisen und Stahl IV. Hrsg. von W. Dahl u. W. Pitsch. Düsseldorf 1980. S. 149/79.
37. Uhrenius, B.: In: Hardenability concepts with application to steel. Ed.: D. V. Doane u. J. S. Kirkaldy. Publ. of the Metallurgical Society of AIME. New York 1978. S. 28/81.
38. Orr, R. L., u. J. Chipman: Trans. metallurg. Soc. AIME 239 (1967) S. 630/33.

B 3 Keimbildung

1. Regnier, P.: In: Handbook of surfaces and interfaces. Vol. 2. Hrsg.: L. Dobrzynski. New York/London 1978. S. 1/64.
2. Murr, L. E.: Interfacial phenomena in metals and alloys. Reading/Mass. 1975.
3. De Bruyn, P. L.: In: Surface phenomena, fundamental phenomena in the materials sciences. Vol. 3. Hrsg.: L. J. Bonis, P. L. de Bruyn u. J. J. Duga. New York 1966, S. 1/36.
4. Ericsson, T.: Acta metallurg., New York, 14 (1966) S. 1073/84.
5. Cabrera, N.: Surface Sci. 2 (1964) S. 320/45.
6. Becker, R.: Ann. Phys. 32 (1938) S. 128/40.
7. Sauthoff, G.: In: Grundlagen der Wärmebehandlung von Stahl. Hrsg.: W. Pitsch. Düsseldorf 1976. S. 43/55.
8. Russell, K. C.: In: Phase transformations. [Publ. by] American Society for Metals, Metals Park (Ohio), London 1970. S. 219/68.
9. Cahn, J. W.: Trans. metallurg. Soc. AIME 242 (1968) S. 166/80.
10. Mirold, S., u. K. Binder: Acta metallurg., New York, 25 (1977) S. 1435/44.
11. Inden, G.: J. Phys. 38 (1977) S. C 7-373/C 7-377.
12. Goodman, S. R., S. S. Brenner u. J. R. Low jr.: Metallurg. Trans. 4 (1973) S. 2371/78.
13. Hobstetter, J. N.: Metals Technol. 15 (1948) No. 2447, S. 1/10.
14. Reiss, H., u. M. Shugard: J. Chem. Phys. 65 (1976) S. 5280/93.
15. Kahlweit, M.: Z. Phys. Chem., N. F., 34 (1962) S. 163/81.
16. Kahlweit, M.: Z. Metallkde. 60 (1969) S. 532/34.
17. Hondros, E. D.: J. Phys. 36 (1975) C 4 S. 117/35.
18. Hillert, M.: In: The mechanism of phase transformations in crystalline solids. Publ. by The Institute of Metals. London 1969. S. 231/47. (Monograph and report series. No. 33.)
19. Pitsch, W.: Arch. Eisenhüttenwes. 34 (1963) S. 641/45.
20. Russell, K. C.: Acta metallurg., New York, 17 (1969) S. 1123/31.
21. Sauthoff, G.: In: Festigkeits- und Bruchverhalten bei höheren Temperaturen. Berichte, gehalten im Kontaktstudium Werkstoffkunde Eisen und Stahl IV. Hrsg. von W. Dahl u. W. Pitsch. Düsseldorf 1980. S. 100/48.
22. Eshelby, J. D.: Proc. Roy. Soc., Ser. A, 241 (1957) S. 376/96.
23. Christian, J. W.: Acta metallurg., New York, 6 (1958) S. 377/79.
24. Brown, L. M., u. G. R. Woolhouse: Philos. Mag. (8) 21 (1970) S. 329/45.
25. Sauthoff, G.: Phys. status solidi 26 a (1974) S. K 5/K 7.

26. Heikkinen, V. K., u. T. J. Hakkarainen: Philos. Mag. 28 (1973) S. 237/40.
27. Aaronson, H. I., M. R. Plichta, G. W. Franti u. K. C. Russell: Metallurg. Trans. 9 A (1978) S. 363/71.
28. Katgerman, L., u. J. Van Liere: Acta metallurg., New York, 26 (1978) S. 361/67.
29. Gomez-Ramirez, R., u. G. M. Pound: Metallurg. Trans. 4 (1973) S. 1563/70.
30. Nicholson, R. B.: In: Phase transformations. [Publ. by] American Society for Metals, Metals Park (Ohio), London 1970. S. 269/312.
31. Hornbogen, E.: Z. Metallkde. 56 (1965) S. 133/54.
32. Hornbogen, E., u. H.-P. Jung: Z. Metallkde. 55 (1964) S. 691/98.
33. Hougardy, H. P.: Wie unter [7], S. 107/24.

B 4 Diffusion

1. Darken, L. S., u. R. W. Gurry: Physical chemistry of metals. New York, Toronto, London 1953. (Metallurgy and metallurgical engineering series.) Kap. 18.
2. Shewmon, P. G.: Diffusion in solids. New York, San Francisco, Toronto, London 1963.
3. Schmalzried, H.: Festkörperreaktionen. Weinheim/Bergstr. 1971. S. 55/76 u. 103/33.
4. Darken, L. S.: Trans. Amer. Inst. min. metallurg. Engrs. 175 (1948) S. 184 ff.
5. Heumann, Th.: In: Grundlagen der Wärmebehandlung von Stahl. Berichte, gehalten im Kontaktstudium Werkstoffkunde Eisen und Stahl II. Hrsg.: W. Pitsch. Düsseldorf 1976. S. 19/41.
6. Haasen, P.: Physikalische Metallkunde. Berlin, Heidelberg, New York 1974. Kap. 8.
7. Cahn, J. W.: Trans. metallurg. Soc. AIME 242 (1968) S. 166/80.
8. Wever, H., G. Frohberg u. P. Adam: Elektro- und Thermotransport in Metallen. Leipzig 1973.
9. Li, J. C.-M.: Metallurg. Trans. 9 A (1978) S. 1353/80.
10. Burton, B.: Diffusional creep of polycrystalline materials. Aedermannsdorf 1977.
11. Smith, R. P.: Acta metallurg., New York, 1 (1953) S. 578/87.
12. Diffusion and defect data. Hrsg.: F. H. Wöhlbier. Aedermannsdorf.
13. Bester, H., u. K. W. Lange: Arch. Eisenhüttenwes. 43 (1972) S. 207/13.
14. DaSilva, J. R. G., u. R. B. McLellan: Mater. Sci. Engrs. 26 (1976) S. 83/87.
15. Wells, C., W. Batz u. R. F. Mehl: Trans. metallurg. Soc. AIME 188 (1950) S. 553/60.
16. Riecke, E.: In: Proceedings of the 8. international congress metallic corrosion, Mainz 1981. Hrsg.: DECHEMA. Vol. 1. S. 605 ff.
17. Cottrell, A. H.: An introduction to metallurgy. London 1967. S. 348/50.
18. Wie unter [3], S. 61/64.
19. Brown, A. M., u. M. F. Ashby: Acta metallurg., New York, 28 (1980) S. 1085/1101.
20. Hettich, G., H. Mehrer u. K. Maier: Scripta metallurg., Elmsford, 11 (1977) S. 795/802.
21. Fridberg, J., L.-E. Törndahl u. M. Hillert: Jernkont. Ann. 153 (1969) S. 263/76.
22. Gjostein, N. A.: In: Diffusion. [Publ. by] American Society for Metals. Metals Park/Ohio 1973. S. 241/44.
23. Sauthoff, G.: In: Festigkeits- und Bruchverhalten bei höheren Temperaturen. Berichte, gehalten im Kontaktstudium Werkstoffkunde Eisen und Stahl IV. Hrsg.: W. Dahl u. W. Pitsch. Bd. 1. Düsseldorf 1980. S. 100/48.
24. Rhines, F. N.: In: Atom movements. Cleveland 1951. S. 174/98.
25. Matosyan, M. A., u. V. M. Golikov: Phys. Metals Metallogr. 25 (1968) Nr. 2, S. 187/90.
26. Gittus, J.: Irradiation effects in crystalline solids. London 1978.
27. Smigelskas, A. D., u. E. O. Kirkendall: Trans. Amer. Inst. min. metallurg. Engrs., Inst. Metals Div., 171 (1947) S. 130/42.
28. Million, B., J. Ruzickova, J. Velisek u. J. Vrestal: Mater. Sci. Engrs. 50 (1981) S. 43/52.
29. Russell, K. C.: Acta metallurg., New York, 17 (1969) S. 1123/31 (Appendix).
30. Li, C. Y., J. M. Blakely u. A. H. Feingold: Acta metallurg., New York, 14 (1966) S. 1397/402.
31. Hillert, M.: In: Physical chemistry in metallurgy. Ed. by R. M. Fisher, R. A. Oriani and E. T. Turkdogan. Monroeville 1976. S. 445/62.
32. Li, C.-Y., u. R. A. Oriani: In: Oxide dispersion strengthening. Ed. G. Ansell. 1968. S. 431/67.
33. Chin, B. A., G. M. Pound u. W. D. Nix: Metallurg. Trans. 8 A (1977) S. 1517/22 u. 1523/30.
34. Fuentes-Samaniego, R., u. W. D. Nix: Scripta metallurg., Elmsford, 15 (1981) S. 15/20.
35. Menon, M. N., u. S. M. Copley: Acta metallurg., New York, 23 (1975) S. 199/207.

36. Brown, L. C., u. J. S. Kirkaldy: Trans. metallurg. Soc. AIME 230 (1964) S. 223/26.
37. Darken, L. S.: Trans. metallurg. Soc. AIME 180 (1949) S. 430/41.
38. Guy, A. G., V. Leroy u. T. B. Lindemer: Trans. Amer. Soc. Metals 59 (1966) S. 517/34.
39. Kirkaldy, J. S., Zia-Ul-Haq u. L. C. Brown: Trans. Amer. Soc. Metals 56 (1963) S. 834/49.
40. Guy, A. G., u. C. B. Smith: Trans. Amer. Soc. Metals 55 (1962) S. 1/9.
41. Steiner, W., u. O. Krisement: Arch. Eisenhüttenwes. 30 (1959) S. 637/40.
42. Guy, A. G., u. J. Philibert: Z. Metallkde. 56 (1965) S. 841/45.
43. Roper, G. W., u. D. P. Whittle: Metal Sci. 14 (1980) S. 21/28.
44. Kirkaldy, J. S.: Advances in Mater. Res. 4 (1970) S. 55/100.
45. Crank, J.: The mathematics of diffusion. Oxford 1970. S. 1 ff. u. 9 ff.
46. Wagner, C.: In: Atom movements. Cleveland 1951. S. 153/73.
47. Wie unter [3], S. 68, 85 ff u. 146 ff.

B 5 Typische Stahlgefüge

1. Hornbogen, E., u. G. Petzow: Z. Metallkde. 61 (1970) S. 81/94.
2. Haasen, P.: Physikalische Metallkunde. Berlin, Heidelberg, New York 1974, S. 11/58.
3. Gleiter, H., u. B. Chalmers: High-angle grain boundaries. Oxford, New York, Toronto, Sydney, Braunschweig 1972. (Progress in materials science. Vol. 16.)
4. Schrader, A., u. A. Rose: Gefüge der Stähle. [Hrsg.:] Europäische Gemeinschaft für Kohle und Stahl. Hohe Behörde. Düsseldorf 1966. (De ferri metallographia. 2.)
5. Habraken, L., u. J.-L. de Brouwer: Grundlagen der Metallographie. [Hrsg.:] Europäische Gemeinschaft für Kohle und Stahl. Hohe Behörde. Bruxelles 1966. (De ferri metallographia. 1.)
6. Horstmann, D.: Das Zustandsschaubild Eisen-Kohlenstoff und die Grundlagen der Wärmebehandlung der Eisen-Kohlenstoff-Legierungen. 4. Aufl. Düsseldorf 1961. (Bericht des Werkstoffausschusses des Vereins Deutscher Eisenhüttenleute. Nr. 180.)
7. Houdremont, E.: Handbuch der Sonderstahlkunde. 3. Aufl. Berlin, Göttingen, Heidelberg, Düsseldorf 1956. S. 122/472.
8. Aaronson, H. I.: In: Decomposition of austenite by diffusional processes. Ed. by V. F. Zackay and H. I. Aaronson. New York, London 1962. S. 387/548.
9. Warlimont, H.: In: Grundlagen der Wärmebehandlung von Stahl. Berichte, gehalten im Kontaktstudium Werkstoffkunde Eisen und Stahl II. Hrsg.: W. Pitsch. Düsseldorf 1976. S. 93/105.
10. Speich, G. R., u. W. C. Leslie: Metallurg. Trans. 3 (1972) S. 1043/54.
11. Krauss, G., u. A. R. Marder: Metallurg. Trans. 2 (1971) S. 2343/57.
12. Bibby, M. J., u. J. G. Parr: J. Iron Steel Inst. 202 (1964) S. 100/04.
13. Speich, G. R., u. H. Warlimont: J. Iron Steel Inst. 206 (1968) S. 385/92.
14. Bain, E. C.: Trans. Amer. Inst. min. metallurg. Engrs. 70 (1924) S. 25/46.
15. Kurdjumov, G. V.: Metallurg. Trans. 7 A (1976) S. 999/1011.
16. DeCristofaro, N., u. R. Kaplow: Metallurg. Trans. 8 A (1977) S. 35/44.
17. Kurdjumov, G. V., u. A. G. Khachaturyan: Metallurg. Trans. 3 (1972) S. 1069/76.
18. Pitsch, W., u. A. Schrader: Arch. Eisenhüttenwes. 29 (1958) S. 715/21.
19. Pitsch, W., u. A. Schrader: Arch. Eisenhüttenwes. 29 (1958) S. 485/88.
20. Wie unter [7], S. 473/92.
21. Wever, F.: Arch. Eisenhüttenwes. 2 (1928/29) S. 739/48.
22. Wie unter [7], S. 919 ff.
23. Wie unter [7], S. 1458.
24. Hardenability concepts with applications to steel. Hrsg.: D. V. Doane und J. S. Kirkaldy. New York 1978. S. 421 ff.
25. Wie unter [24], S. 349 ff.
26. Hornbogen, E.: Arch. Eisenhüttenwes. 43 (1972) S. 307/13.
27. Wie unter [24], S. 163/77.
28. Pepperhoff, W., u. W. Pitsch: Arch. Eisenhüttenwes. 47 (1976) S. 685/90.
29. Haasen, P.: Phys. Blätter 34 (1978) S. 573/84.
30. Warlimont, H.: Z. Metallkde. 69 (1978) S. 212/20.

B6 Kinetik und Morphologie verschiedener Gefügereaktionen

1. Speich, G. R., A. Szirmae u. M. J. Richards: Trans. metallurg. Soc. AIME 245 (1969) S. 1063/74.
2. Smith, R. P.: Acta metallurg., New York, 1 (1953) S. 578/86.
3. Aaron, H. B., u. G. R. Kotler: Metallurg. Trans. 2 (1971) S. 393/408.
4. Hillert, M., K. Nilsson u. L.-E. Törndahl: J. Iron Steel Inst. 209 (1971) S. 49/66.
5. Nolfi jr., F. V., P. G. Shewmon u. J. S. Foster: Metallurg. Trans. 1 (1970) S. 789/800.
6. Hillert, M.: In: Physical chemistry in metallurgy. Hrsg.: R. M. Fisher, R. A. Oriani und E. T. Turkdogan. Monroeville 1976. S. 445/62.
7. Purdy, G. R., u. J. S. Kirkaldy: Metallurg. Trans. 2 (1971) S. 371/78.
8. Fridberg, J., L.-E. Törndahl u. M. Hillert: Jernkont. Ann. 153 (1969) S. 263/76.
9. Swartz, J. C.: Trans. metallurg. Soc. AIME 245 (1969) S. 1083/92.
10. Darken, L. S.: In: Physical chemistry of metallic solutions and intermetallic compounds. London 1959. Paper 4 G.
11. Pitsch, W., u. P. L. Ryder: Script. metallurg., Elmsford, 11 (1977) S. 431/34.
12. Pitsch, W.: Arch. Eisenhüttenwes. 38 (1967) S. 853/64.
13. Hornbogen, E.: Z. Metallkde. 56 (1965) S. 133/54.
14. Schrader, A., u. A. Rose: Gefüge der Stähle. [Hrsg.:] Europäische Gemeinschaft für Kohle und Stahl. Hohe Behörde. Düsseldorf 1966. (De ferri metallographia. 2.)
15. Silcock, J. M.: J. Iron Steel Inst. 211 (1973) S. 792/800.
16. Heikkinen, V. K., u. T. J. Hakkarainen: Philos. Mag. 28 (1973) S. 237/40.
17. Schnaas, A., u. H. J. Grabke: Werkst. u. Korrosion 29 (1978) S. 635/44.
18. Unthank, D. C., J. H. Driver u. K. H. Jack: Metal Sci. 8 (1974) S. 209/14.
19. Bohnenkamp, K., u. H. J. Engell: Arch. Eisenhüttenwes. 35 (1964) S. 1011/18.
20. Kahlweit, M.: In: Physical chemistry. Hrsg.: H. Eyring, D. Henderson u. W. Jost. Vol. 10. New York 1970. S. 719/59; s. bes. S. 747.
21. Sauthoff, G.: In: Grundlagen der Wärmebehandlung von Stahl. Berichte, gehalten im Kontaktstudium Werkstoffkunde Eisen und Stahl II. Hrsg.: W. Pitsch. Düsseldorf 1976. S. 43/55.
22. Stauff, J.: Kolloidchemie. Berlin, Göttingen, Heidelberg 1960. S. 303/06.
23. Zener, C.: J. appl. Phys. 20 (1949) S. 950.
24. Christian, J. W.: The theory of transformations in metals and alloys. Oxford 1965. S. 481/89.
25. Ham, F. S.: J. Phys. Chem. Solids 6 (1958) S. 335/51.
26. Bradley, J. R., J. M. Rigsbee u. H. I. Aaronson: Metallurg. Trans. 8 A (1977) S. 323/33.
27. Simonen, E. P., H. I. Aaronson u. R. Trivedi: Metallurg. Trans. 4 (1973) S. 1239/45.
28. Dahl, W., u. E. Lenz: Arch. Eisenhüttenwes. 46 (1975) S. 119/25.
29. Jones, G. J., u. R. K. Trivedi: J. appl. Phys. 42 (1971) S. 4299/304.
30. Tien, J. K., P. G. Shewmon u. J. S. Foster: Scripta metallurg., Elmsford, 7 (1973) S. 1171/74.
31. Sauthoff, G.: In: Festigkeits- und Bruchverhalten bei höheren Temperaturen. Berichte, gehalten im Kontaktstudium Werkstoffkunde Eisen und Stahl IV. Hrsg.: W. Dahl u. W. Pitsch. 2 Bde. Düsseldorf 1980. S. 100/48.
32. Hillert, M.: In: Physical chemistry in metallurgy. Ed.: R. M. Fisher, R. A. Oriani and E. T. Turkdogan. Monroeville, Penn. 1976. S. 445/62.
33. Hillert, M.: Jernkont. Ann. 141 (1957) S. 67/89.
34. Serin, B., Y. Desalos, P. Maitrepierre u. J. Rofes-Vernis: Mém. Sci. Rev. Mét. 75 (1978) S. 355/69.
35. Wagner, C.: Z. Elektrochem. 65 (1961) S. 581/91.
36. Li, C.-Y., u. R. A. Oriani: In: Oxide dispersion strengthening. Hrsg.: G. Ansell. New York 1968. S. 431/67.
37. Mukherjee, T., W. E. Stumpf, C. M. Sellars u. W. J. McG. Tegart: J. Iron Steel Inst. 207 (1969) S. 621/31.
38. Kahlweit, M.: Scripta metallurg., Elmsford, 10 (1976) S. 601/03.
39. Fischmeister, H., u. G. Grimvall: In: Sintering & related phenomena. Hrsg.: G. C. Kuczynski. New York 1973. (Materials Science Research Vol. VI.) S. 119/49.
40. Sauthoff, G.: Acta metallurg., New York, 21 (1973) S. 273/79.
41. Boyd, J. D., u. R. B. Nicholson: Acta metallurg., New York, 19 (1971) S. 1379/91.
42. Speich, G. R., u. R. A. Oriani: Trans. metallurg. Soc. AIME 233 (1965) S. 623/31.
43. Ardell, A. J.: Acta metallurg., New York, 20 (1972) S. 601/09.
44. Jain, S. C., u. A. E. Hughes: J. Mater. Sci. 13 (1978) S. 1611/31.

45. Brailsford, A. D., u. P. Wynblatt: Acta metallurg., New York, 27 (1979) S. 489/97.
46. Shiflet, G. J., H. I. Aaronson u. T. H. Courtney: Acta metallurg., New York, 27 (1979) S. 377/85.
47. White, R. J.: Mater. Sci. Engng. 40 (1979) S. 15/20.
48. Baker, R. G., u. J. Nutting: J. Iron Steel Inst. 193 (1959) S. 257/68.
49. Houdremont, E.: Handbuch der Sonderstahlkunde. 3. Aufl. 2 Bde. Berlin, Göttingen, Heidelberg u. Düsseldorf 1956. S. 130/43 bzw. S. 154/64 bzw. 143/54.
50. Hull, F. C., u. R. F. Mehl: Trans. Amer. Soc. Metals 30 (1942) S. 381/424.
51. Hillert, M.: In: Decomposition of austenite by diffusional processes. Ed.: V. F. Zackay and H. I. Aaronson. New York, London 1962. S. 197/237.
52. Puls, M. P., u. J. S. Kirkaldy: Metallurg. Trans. 3 (1972) S. 2777/96.
53. Ilschner, B.: In: Grundlagen der Wärmebehandlung von Stahl. Berichte, gehalten im Kontaktstudium Werkstoffkunde Eisen und Stahl II. Hrsg. von W. Pitsch. Düsseldorf 1976. S. 67/76.
54. Pitsch, W.: Acta metallurg., New York, 10 (1962) S. 79.
55. Dippenaar, R. J., u. R. W. K. Honeycombe: Proc. Roy. Soc., Ser. A, 333 (1973) S. 455.
56. Lupton, D. F., u. D. H. Warrington: Acta metallurg., New York, 20 (1972) S. 1325/33.
57. Ryder, P. L., W. Pitsch u. R. F. Mehl: Acta metallurg., New York, 15 (1967) S. 1431/40.
58. Smith, C. S.: Trans. Amer. Soc. Metals 45 (1953) S. 533/75.
59. Hillert, M.: Metallurg. Trans. 3 (1972) S. 2729/41.
60. Zener, C.: Trans. Amer. Inst. min. metallurg. Engrs. 167 (1946) S. 550.
61. Hillert, M., u. M. Waldenström: Calphad 1 (1977) S. 97.
62. Bolling, G. F., u. R. H. Richman: Metallurg. Trans. 1 (1970) S. 2095/104.
63. Williams, J., u. S. G. Glover: Wie unter [53].
64. Mehl, R. F.: J. Iron Steel Inst. 159 (1948) S. 113/29.
65. Tzitzelkov, I., H. P. Hougardy u. A. Rose: Arch. Eisenhüttenwes. 45 (1974) S. 525/32.
66. Scheil, E., u. A. Lange-Weise: Arch. Eisenhüttenwes. 11 (1937/38) S. 93/95.
67. Turnbull, D.: Acta metallurg., New York, 3 (1955) S. 55/63.
68. Hillert, M.: Metallurg. Trans. 6 A (1975) S. 5/19.
69. Razik, N. A., G. W. Lorimer u. N. Ridley: Acta metallurg., New York, 22 (1974) S. 1249/58.
70. Kirkaldy, J. S., B. A. Thomson u. E. A. Baganis: In: Hardenability concepts with application to steel. Ed.: D. V. Doane and J. S. Kirkaldy. Publication of the Metallurgical Society of American Institute of mining and metallurgical Engineers. New York 1978.
71. Uhrenius, B.: Wie unter [70] S. 28/81.
72. Honeycombe, R. W. K., u. F. B. Pickering: Metallurg. Trans. 3 (1972) S. 1099/112.
73. Howell, P. R., J. V. Bee u. R. W. K. Honeycombe: Metallurg. Trans. 10 A (1979) S. 1213/22.
74. Honeycombe, R. W. K.: Metallurg. Trans. 7 A (1976) S. 915/36.
75. Kaufman, L., u. M. Cohen: In: Progress in metal physics. Vol. 7. 1958. S. 165/246.
76. Christian, J. W.: The theory of transformations in metals and alloys. Oxford 1965. S. 415 ff.
77. Wayman, C. M.: The crystallography of martensic transformations in alloys of iron. In: Advances in materials research. Vol. 3. Ed.: H. Herman. New York, London, Sydney 1968.
78. Magee, C. L.: Phase transformations. [Publ. by] American Society for Metals. London 1970. S. 115/56.
79. Hornbogen, E.: Verfestigungsmechanismen in Stählen. Symposium der Climax Molybdenum Company in Zürich. 1969. S. 1.
80. Haasen, P.: Physikalische Metallkunde. Berlin/Heidelberg/New York 1974. S. 302/21.
81. Pitsch, W.: In: Grundlagen der Wärmebehandlung von Stahl. Berichte, gehalten im Kontaktstudium Werkstoffkunde Eisen und Stahl II. Hrsg. von W. Pitsch. Düsseldorf 1976. S. 77/91.
82. Wechsler, M. S., D. S. Liebermann u. T. A. Read: J. Metals, Trans., 5 (1953) S. 1503/15.
83. Bowles, J. S., u. J. K. Mackenzie: Acta metallurg., New York, 2 (1954) S. 129/47 u. 224/34. – J. Australian Inst. Metals 5 (1960) S. 90.
84. Bain, E. C.: Trans. Amer. Inst. min. metallurg. Engrs. 70 (1924) S. 25/46.
85. Liebermann, D. S.: Acta metallurg., New York, 6 (1958) S. 680/93.
86. Neuhäuser, H. J., u. W. Pitsch: Acta metallurg., New York, 19 (1971) S. 337/44.
87. Bowles, J. S., u. D. P. Dunne: Acta metallurg., New York, 17 (1969) S. 677/85.
88. Ahlers, M.: Z. Metallkde. 65 (1974) S. 576/79.
89. Kurdjumov, G., u. G. Sachs: Z. Phys. 64 (1930) S. 325/43.
90. Nishiyama, Z.: Sci. Rep. Tôhoku Univ. 23 (1934) S. 637/64.
91. Wassermann, G.: Mitt. K.-Wilh.-Inst. Eisenforsch. 17 (1935) S. 149/55.

92. Pitsch, W.: Philos. Mag. 4 (1959) S. 577/84.
93. Bogers, A. J.: Acta metallurg., New York, 10 (1962) S. 260.
94. Pitsch, W.: Arch. Eisenhüttenwes. 38 (1967) S. 853/64.
95. Dunne, D. P., u. S. S. Bowles: Acta metallurg., New York, 17 (1969) S. 201/12.
96. Krauss, G., u. A. R. Marder: Metallurg. Trans. 2 (1971) S. 2343/57. – Marder, A. R., u. G. Krauss: Trans. Amer. Soc. Metals 60 (1967) S. 651/60.
97. Cohen, M.: Trans. metallurg. Soc. AIME 212 (1958) S. 171/83.
98. Russell, K. C.: Acta metallurg., New York, 16 (1968) S. 761/69.
99. Eichelman jr., G. H., u. F. C. Hull: Trans. Amer. Soc. Metals 45 (1953) S. 77/104 und Hornbogen, E.: Arch. Eisenhüttenwes. 43 (1972) S. 307/13.
100. Ling, H. C., u. W. S. Owen: Acta metallurg., New York, 29 (1981) S. 1721.
101. Neuhäuser, H. J., u. W. Pitsch: Arch. Eisenhüttenwes. 44 (1973) S. 235/40.
102. Umemoto, M., u. W. S. Owen: Metallurg. Trans. 5 (1974) S. 2041/46.
103. Keßler, H., u. W. Pitsch: Arch. Eisenhüttenwes. 38 (1967) S. 321/28.
104. Dunne, D. P., u. C. M. Wayman: Metallurg. Trans. 4 (1973) S. 137/45 u. 147/52.
105. Hehemann, R. F.: In: Phase transformations. [Publ. by] American Society for Metals, Metals Park/Ohio. London 1970. S. 397/432.
106. Hehemann, R. F., K. R. Kinsman u. H. I. Aaronson: Metallurg. Trans. 3 (1972) S. 1077/94.
107. Warlimont, H.: In: Grundlagen der Wärmebehandlung von Stahl. Berichte, gehalten im Kontaktstudium Werkstoffkunde Eisen und Stahl II. Hrsg.: W. Pitsch. Düsseldorf 1976. S. 93/105.
108. Beiträge von J. M. Oblak u. R. F. Hehemann, von L. J. Habraken u. M. Economopoulos sowie von F. B. Pickering: In: Transformation and hardenability of steels. Symposium sponsored by Climax Molybdenum Company of Michigan. Ann Arbor 1967. S. 15/38 (a), 69/108 (b) sowie 109 (c).
109. Honeycombe, R. W. K., u. F. B. Pickering: Metallurg. Trans. 3 (1972) S. 1099/112.
110. Davenport, E. S., u. E. C. Bain: Trans. Amer. Inst. min. metallurg. Engrs., Iron Steel Div., 90 (1930) S. 117/54.
111. Wever, F., u. E. Lange: Mitt. K.-Wilh.-Inst. Eisenforsch. Düsseldorf 14 (1932) S. 71/83.
112. Atlas zur Wärmebehandlung der Stähle. Hrsg. v. Max-Planck-Institut für Eisenforschung in Zusammenarbeit mit dem Werkstoffausschuß des Vereins Deutscher Eisenhüttenleute. T. 1 von F. Wever u. A. Rose, T. 2 von A. Rose, W. Peter, W. Strassburg u. L. Rademacher. Düsseldorf 1954/56/58. Blatt II-403 D.
113. Srinivasan, G. R., u. C. M. Wayman: Acta metallurg., New York, 16 (1968) S. 609/20. – Dieselben: Acta metallurg., New York, 16 (1968) S. 621/36.
114. Hoekstra, S.: Dr. Diss. Techn. Hochsch. Twente Niederlande 1980. – Derselbe: Acta metallurg., New York, 28 (1980) S. 507/17.
115. Speich, G. R., u. M. Cohen: Trans. metallurg. Soc. AIME 218 (1960) S. 1050/59.
116. Kapitel „Premartensite Phenomena" in: Proceedings of first JIM international symposium on „New aspects of martensitic transformations". Japan Inst. Metals 17 (1976) Supplement.
117. Lelie, H. M. M. van der: Dr.-Diss. Techn. Hochsch. Twente Niederlande 1977.
118. Huang, O.-H., u. G. Thomas: Metallurg. Trans. 8 A (1977) S. 1661.
119. Mehl, R. F.: In: Hardenability of alloy steels. [Hrsg.:] American Society for Metals. Cleveland/Ohio 1939. S. 1.
120. Shimizu, K., T. Ko u. Z. Nishiyama: Trans. Japan Inst. Metals 5 (1964) S. 225.
121. Bach, P. W.: Dissertation Twente 1981 und zusammen mit J. Beyer u. C. A. Verbraak in Scripta Met. 14 (1980) S. 205.
122. Kaufman, L., S. V. Radcliffe u. M. Cohen: In: Decomposition of austenite by diffusional processes. Ed. by V. F. Zackay u. H. I. Aaronson. New York, London 1962. S. 313/52.
123. Ko, T., u. S. A. Cottrell: J. Iron Steel Inst. 172 (1952) S. 307/13 u. 3 Taf.
124. Shackleton, D. N., u. P. M. Kelly: In: Physical properties of martensite and bainite. London 1965. (Spec. Rep. Iron Steel Inst. Nr. 93). S. 126/34 u. 142/52. – Dieselben: Acta metallurg., New York, 15 (1967) S. 979/92.
125. Pitsch, W.: Arch. Eisenhüttenwes. 38 (1967) S. 853/64.
126. Bowles, J. S., u. N. F. Kennon: J. Austral. Inst. Metals 5 (1960) S. 81.
127. Aaronson, H. I.: In: The mechanism of phase transformations in crystalline solids. Publ. by the Institute of Metals. London 1969. S. 270/81. (Monograph and Report Series. No. 33.)
128. Krisement, O., u. F. Wever: In: Mechanism of phase transformations in metals. [Publ. by] Institute of Metals. London 1956. (Monograph and Report Series. No. 18.) S. 253/63.

129. Kinsman, K. R., u. H. I. Aaronson: Wie unter [108], S. 39/55.
130. Habraken, L., u. J.-L. de Brouwer: Grundlagen der Metallographie. [Hrsg.:] Europäische Gemeinschaft für Kohle und Stahl. Hohe Behörde. Bruxelles 1966. (De ferri metallographia. 1.)
131. Ryder, P. L., u. W. Pitsch: Acta metallurg., New York, 14 (1966) S. 1437/48 and Scripta Met. 11 (1977) S. 431/36.
132. Sleeswyk, A. W.: Philos. Mag. 13 (1966) S. 1223.
133. Bagaryatski, Y. A.: Doklady Akademii Nauk SSSR 73 (1950) S. 1161.
134. Pitsch, W., u. A. Schrader: Arch. Eisenhüttenwes. 29 (1958) S. 485/88.
135. Pitsch, W.: Arch. Eisenhüttenwes. 34 (1963) S. 381/90. – Derselbe: Arch. Eisenhüttenwes. 34 (1963) S. 641/45.
136. Pitsch, W.: Arch. Eisenhüttenwes. 32 (1961) S. 493/500 u. 573/85.
137. Bhadeshia, H. K. D. H., u. D. V. Edmonds: Met. Trans. 10 A (1979) S. 895.
138. Pitsch, W., in: Stickstoff in Metallen. Hrsg. Dt. Akademie der Wiss. zu Berlin. Berlin 1965, S. 118/28.

B 7 Gefügeentwicklung durch thermische und mechanische Behandlungen

1. Lücke, K., u. G. Gottstein: In: Grundlagen der Wärmebehandlung von Stahl. Berichte, gehalten im Kontaktstudium Werkstoffkunde Eisen und Stahl II. Hrsg. von W. Pitsch. Düsseldorf 1976. S. 125/42.
2. Cotterill, P., u. P. R. Mould: Recrystallization and grain growth in metals. London 1976.
3. Recrystallization of metallic materials. Hrsg.: F. Haessner. Stuttgart 1978.
4. Blum, W.: In: Festigkeits- und Bruchverhalten bei höheren Temperaturen. Berichte, gehalten im Kontaktstudium Werkstoffkunde Eisen und Stahl IV. Hrsg.: W. Dahl u. W. Pitsch. Bd. 1, Düsseldorf 1980. S. 53/99.
5. Hornbogen, E., u. H. Kreye: Wie unter [1], S. 143/54.
6. McQueen, H. J.: Metallurg. Trans. 8A (1977) S. 807/24.
7. Pitsch, W.: In: Stickstoff in Metallen. Veranst. von der Sektion für Hüttenwesen der Deutschen Akademie der Wissenschaften zu Berlin und der Gesellschaft Deutscher Berg- u. Hüttenleute. (Deutsche Akademie der Wissenschaften zu Berlin. Reihe A. Tagungen. Bd. 13.) S. 118/28.
8. Michalak, J. T., u. H. Hu: Metallurg. Trans. 10A (1979) S. 975/83.
9. Wassermann, G., u. J. Grewen: Texturen metallischer Werkstoffe. Berlin, Göttingen, Heidelberg 1962.
10. Leslie, W. C., F. J. Plecity u. J. T. Michalak: Trans. metallurg. Soc. AIME 221 (1961) S. 691/700.
11. Ganesan, P., K. Okazaki u. H. Conrad: Metallurg. Trans. 10A (1979) S. 1021/29.
12. Hillert, M.: Acta metallurg., New York, 13 (1965) S. 227/38.
13. Lücke, K., u. H. P. Stüwe: Acta metallurg., New York, 19 (1971) S. 1087/99.
14. Hillert, M.: Metal Sci. 13 (1979) S. 118/24.
15. Rowe, R. G.: Metallurg. Trans. 10A (1979) S. 997/1011.
16. Hellman, P., u. M. Hillert: Scand. J. Metallurgy 4 (1975) S. 211/19.
17. McQueen, H. J., u. J. J. Jonas: In: Plastic deformation of materials. Hrsg. von R. J. Arsenault. New York 1975. (Treatise on Materials Science. Vol. 6.) S. 393/493.
18. Mecking, H., u. G. Gottstein: Wie unter [3], S. 195/222.
19. Kohlrausch, F.: Praktische Physik. Bd. 1. Stuttgart 1968. S. 169 u. 171.
20. Glover, G., u. C. M. Sellars: Metallurg. Trans. 4 (1973) S. 765/75.
21. Roberts, W., H. Boden u. B. Ahlblom: Metal Sci. 13 (1979) S. 195/205.
22. Kamma, C., u. E. Hornbogen: J. Mater. Sci. 11 (1976) S. 2340/44.
23. Sauthoff, G.: Wie unter [4], S. 100/48.
24. Wie unter [2], S. 232 ff.
25. Leslie, W. C., J. T. Michalak u. F. W. Aul: Iron and its dilute solid solutions. New York, London 1963. S. 119 ff.
26. Hornbogen, E., u. U. Köster: Wie unter [3], S. 159/94.
27. Nyhof, G. H.: Härterei-techn. Mitt. 36 (1981) S. 242/47. – Derselbe: Diss. Techn. Hochsch. Delft 1981.
28. Dahl, W.: Wie unter [1], S. 57/66.
29. Becker, J., E. Hornbogen u. P. Stratmann: Z. Metallkde. 71 (1980) S. 27/31.
30. Owen, S. S.: Metals Technol. 7 (1980) S. 1/13.

31. Meyer, L.: Stahl u. Eisen 101 (1981) S. 483/91.
32. Lepot, L., T. Greday u. L. Habraken: Rapport MPS 76 des Centre de Recherche Métallurgique. Liège 1968.
33. Le Bon, A., J. Rofes-Vernis, D. Henriet u. C. Rossard: IRSID – techn. Halbjahresbericht (EGKS 6210–82) 1/1974.
34. Meyer, L.: Wie unter [1], S. 173/86.
35. Coldren, A. P., u. G. T. Eldis: J. Metals 32 (1980) Nr. 3, S. 41/80.
36. Zackay, V. F., M. W. Justusson u. D. J. Schmatz: In: Strengthening mechanisms in solids. [Hrsg.:] American Society for Metals. Metals Park/Ohio 1962. S. 179/216.
37. Neubauer, B.: Verfestigung technischer Stahllegierungen durch Austenitformhärten. Hannover 1973. (Dr.-Ing.-Diss. Techn. Univ. Hannover.)
38. Speller, W.: Beeinflussung der Ausscheidung in Fe-Cr-Si-Legierungen durch plastische Umformung. Dr. rer. nat. Diss. Techn. Hochsch. Aachen.
39. Weißenberg, H., u. E. Hornbogen: Arch. Eisenhüttenwes. 50 (1979) S. 479/83.
40. Zackay, V.: J. Iron Steel Inst. 207 (1969) S. 894/901.
41. Rose, A., u. H. P. Hougardy: Z. Metallkde. 58 (1967) S. 747/52.
42. Delaey, L.: Z. Metallkde. 63 (1972) S. 531/41.
43. Hornbogen, E.: Metallurg. Trans. 10A (1979) S. 947/72.

B 9 Darstellung der Umwandlungen für technische Anwendungen und Möglichkeiten ihrer Beeinflussung

1. Das Zustandsschaubild Eisen-Kohlenstoff und die Grundlagen der Wärmebehandlung der Eisen-Kohlenstoff-Legierungen. 4. Aufl. Im Auftrag des Werkstoffausschusses des Vereins Deutscher Eisenhüttenleute von D. Horstmann. Düsseldorf 1961 (Bericht des Werkstoffausschusses des Vereins Deutscher Eisenhüttenleute Nr. 180).
2. Hougardy, H. P.: Die Umwandlungen der Stähle. Teil 1. Düsseldorf 1975.
3. Schürmann, E., u. R. Schmid: Arch. Eisenhüttenwes. 50 (1979) S. 185/86.
4. Schürmann, E., u. R. Schmid: Arch. Eisenhüttenwes. 50 (1979) S. 101/03.
5. Schenck, H., E. Steinmetz u. M. Gloz: Arch. Eisenhüttenwes. 42 (1971) S. 307/10.
6. Hougardy, H. P.: In: Microstructural science, Vol. 9. Proceedings of the thirteenth annual technical meeting of the International Metallographic Society. New York, Oxford 1981. S. 111/22.
7. Jellinghaus, W.: Arch. Eisenhüttenwes. 37 (1966) S. 181/92.
8. Uhrenius, B.: A compendium of ternary iron-base diagrams. In: Hardenability concepts with applications to steel. Hrsg. Doane and Kirkaldy, Metallurgical Society of AIME, New York. 1978. S. 28/81.
9. Razik, N. A., G. W. Lorimer u. N. Ridley: Metallurg. Trans. 7A (1976) S. 209/14.
10. Rose, A., u. W. Strassburg: Arch. Eisenhüttenwes. 27 (1956) S. 513/20.
11. Rose, A., S. Takaishi u. H. P. Hougardy: Arch. Eisenhüttenwes. 35 (1964) S. 209/20.
12. Atlas zur Wärmebehandlung der Stähle. Hrsg. vom Max-Planck-Institut für Eisenforschung in Zusammenarbeit mit der Technischen Universität Berlin und dem Werkstoffausschuß des Vereins Deutscher Eisenhüttenleute. Bd. 3. Orlich, J., A. Rose u. P. Wiest: ZTA-Schaubilder. Düsseldorf 1973.
13. Atlas zur Wärmebehandlung der Stähle. Hrsg. vom Max-Planck-Institut für Eisenforschung in Zusammenarbeit mit der Technischen Universität Berlin und dem Werkstoffausschuß des Vereins Deutscher Eisenhüttenleute. Bd. 4. Orlich, J., u. H. J. Pietrzeniuk: ZTA-Schaubilder. Düsseldorf 1976.
14. Hougardy, H. P.: Die Umwandlung der unlegierten Stähle. Teil 2. Düsseldorf 1982.
15. DIN 17 014, T. 1. Wärmebehandlung von Eisenwerkstoffen, Fachbegriffe und -ausdrücke. Ausg. März 1975.
16. Rose, A.: Stahl u. Eisen 85 (1965) S. 1229/41.
17. Atlas zur Wärmebehandlung der Stähle. Hrsg. vom Max-Planck-Institut für Eisenforschung in Zusammenarbeit mit dem Werkstoffausschuß des Vereins Deutscher Eisenhüttenleute. Bd. 1, T. 1 von F. Wever u. A. Rose; Bd. 1, T. 2 von A. Rose, W. Peter, W. Strassburg u. L. Rademacher. Düsseldorf 1954–1958.
18. Thyssen Techn. Ber. 7 (1981) Sonderh. S. 107/236.
19. Stähli, G.: Härtereitechn. Mitt. 34 (1979) S. 55/63.

20. Lücke, K., u. G. Gottstein: In: Grundlagen der Wärmebehandlung von Stahl. Berichte im Kontaktstudium „Werkstoffkunde Eisen und Stahl II". Hrsg. von W. Pitsch. Düsseldorf 1976. S. 125/42.
21. Hougardy, H. P., H. J. Pietrzeniuk u. A. Rose: In: Tagungsberichte der Informationstagung über dispersionsgehärtete Baustähle. Europäische Gemeinschaft für Kohle und Stahl. Luxemburg 1972. S. 53/70. – Sachowa, E., u. H. P. Hougardy: Bericht der Europäischen Gemeinschaft für Kohle und Stahl. Kommission Technische Forschung Stahl. Luxemburg 1975.
22. Wiester, H. J., u. G. Finke: Stahl u. Eisen 71 (1951) S. 1002/11.
23. Hougardy, H. P.: Draht 19 (1968) S. 918/26.
24. Hougardy, H.: Wie unter [20], S. 108/24.
25. Rose, A., A. Krisch u. F. Pentzlin: Stahl u. Eisen 91 (1971) S. 1001/20.
26. Rose, A., u. H. P. Hougardy: Arch. Eisenhüttenwes. 34 (1963) S. 259/67 u. 369/76.
27. Atlas zur Wärmebehandlung der Stähle. Hrsg. vom Max-Planck-Institut für Eisenforschung in Zusammenarbeit mit dem Werkstoffausschuß des Vereins Deutscher Eisenhüttenleute. Bd. 2. Von A. Rose u. H. P. Hougardy. Düsseldorf 1972.
28. Schrader, A., u. A. Rose: Gefüge der Stähle. (De ferri metallographia, 2.) Düsseldorf 1966.
29. Haufe, W.: Schnellstähle und ihre Wärmebehandlung. München 1951.
30. Kunze, E., u. H. Brandis: DEW Techn. Ber. 5 (1965) S. 106/10.
31. Thelnik, K.-E.: Scand. J. Metallurg. 7 (1978) S. 252/63.
32. Rose, A., u. L. Rademacher: Stahl u. Eisen 77 (1957) S. 409/21.
33. Meyer, L.: Stahl u. Eisen 101 (1981) S. 483/91.
34. Formable HSLA and dual-phase steels. Hrsg. von A. T. Davenport. New York 1978. – Structure and properties of dual-phase steels. Hrsg. von R. A. Kot and J. W. Morris. New York 1979. – Becker, J., E. Hornbogen u. P. Stratmann: Z. Metallkde. 71 (1980) S. 27/31.
35. Peter, W., u. H. Finkler: Arch. Eisenhüttenwes. 45 (1974) S. 533/40.
36. Malik, H. I.: Arch. Eisenhüttenwes. 45 (1974) S. 559/60.
37. Malik, H. I.: Arch. Eisenhüttenwes. 47 (1976) S. 453/54.
38. Malik, H. I.: Arch. Eisenhüttenwes. 48 (1977) S. 401/02.
39. Pickering, F. B.: Physical metallurgy and the design of steels. London 1978.
40. Kinsman, K. R., u. H. I. Aaronson: Metallurg. Trans. 4 (1973) S. 959/67.
41. Marder, A. R., u. B. L. Bramfitt: Metallurg. Trans. 7 A (1976) S. 902/05.
42. Hultgren, A.: Rev. Metallurg. 50 (1953) S. 737/60 und 847/67.
43. Sjusin, W. I.: Akad. Nauk UdSSR 10 (1941) S. 109.
44. DIN 50191. Stirnabschreckversuch. Entw. Febr. 1980.
45. Freiburg, A., W. Knorr u. M. Kühlmeyer: Härtereitechn. Mitt. 29 (1974) S. 11/18.
46. Atlas of isothermal transformation diagrams. London 1949. (2. ed. 1956.) (Spec. Rep. Iron Steel Inst. No. 40.) – Atlas of isothermal transformation diagrams 2. ed. [Hrsg.:] United States Steel Corporation. Pittsburgh 1951. Suppl. 1953. – Transformation characteristics of nickel steels. [Hrsg.:] The Mond Nickel Company Limited. London 1952. – Transformation characteritics of direct-hardening nickelalloy steels. Publ. by the Mond Nickel Company Limited, London 1958. (Isothermal transformation diagrams for nickel steels. Erg. 1.) – Popov, A. A., u. A. E. Popova: Isotermitscheskie i termokinetitscheskie diagrammy raspada pereochlaschdennogo austenita. Gossudarstvennoe nautschno-technitscheskoe isdatelstvo maschinostroitelnoi literaturiy. Moskau, Swerdlowsk 1961. –
Courbes de transformation des aciers de fabrication française. [Hrsg.:] Institut de Récherches de la Sidérurgie. Saint-Germain-en Lay. Bd. 1 u. 2 von G. Delbart und A. Constant. [1953–1956]. Bd. 3 u. 4 von G. Delbart, A. Constant u. A. Clerc [um 1961]. (Publications de l'Institut de Recherches de la Sidérurgie.) – Alloy steels. [Hrsg.:] Samuel Fox & Company Limited. Sheffield [um 1961]. – Economopoulos, M., N. Lambert u. J. Habraken: Diagrammes de transformation des aciers fabriqués dans le Benelux. Vol. 1. [Hrsg.:] Centre National de Recherches Métallurgiques. Bruxelles 1967. – Maratray, F., u. R. Usseglis-Nanot: Courbes de transformation de fontes blanches au chrome et ou chromemolybdène. [Hrsg.:] Climax Molybdenum S. A. Paris 1970. – Cias, W. W.: Phase transformation kinetics and hardenability of medium-carbon alloy steels. [Hrsg.:] Climax Molybdenum Company, Greenwich Conn. (um 1972). – Continuous cooling transformation diagrams. [Hrsg.:] Fundamental Research Laboratories, R. and D. Bureau, Nippon Steel Corporation. Tokyo 1972. – Cias, W. W.: Phase transformation kinetics of selected wrought constructional steels. [Hrsg.:] Climax Molybdenum Company, Greenwich Conn. 1977. – Atlas of isothermal transformation and cooling transformation diagrams. [Hrsg.:] American Society for Metals, Metals Park, Ohio 1977.

47. Maynier, Ph., P. F. Martin, P. Bastien u. J. Sébille: Mémoires sci. Rev. Métallurg. 63 (1966) S. 997/1016.
48. Kulmburg, A.: In: Sonderbände der Praktischen Metallographie. Bd. 10: Fortschritte in der Metallographie. Stuttgart 1979. S. 285/99.
49. Kirkaldy, J. S., B. A. Thomson u. E. A. Baganis: In: Hardenability concepts with applications to steel. Hrsg.: Doane and Kirkaldy, Metallurgical Society of AIME, New York 1978. S. 82/125.
50. Eldis, G. T.: Wie unter [49], S. 126/48.
51. Brandis, H.: TEW-Techn. Ber. 1 (1975) S. 8/10.
52. Jaffe, L. D., u. I. H. Hollomon: Trans. AIME 167 (1946) S. 617/26.
53. Nehrenberg, A. E.: Trans. AIME 167 (1946) S. 467/90.
54. Krauss, G.: Wie unter [49], S. 229/45.
55. Koistinen, D. P., u. R. E. Marburger: Acta Metallurg., New York 7 (1959) S. 59/60.
56. Wie unter [49], S. 163/76.
57. Houdremont, E.: Handbuch der Sonderstahlkunde. 3. Aufl. 1. Bd. Berlin, Göttingen, Heidelberg u. Düsseldorf 1956. S. 298 ff.
58. Deb, P., M. C. Chaturvedi u. A. K. Jena: Metals Technol. 9 (1982) Nr. 2, S. 76/80.
59. Brandis, H., u. A. von den Steinen: TEW-Techn. Ber. 1 (1975) S. 11/16.
60. Jatczak, C. F.: Metallurg. Trans. 4 (1973) S. 2267/77.
61. Doane, D.: Wie unter [49], S. 351/96.
62. Johnson, W. A., u. R. F. Mehl: Trans. Amer. Inst. min. metallurg. Engrs., Iron Steel Div., 135 (1939) S. 416/58.
63. Austin, J. B., u. R. L. Rickett: Trans. Amer. Inst. min. metallurg. Engrs., Iron Steel Div., 135 (1939) S. 1/20.
64. Tzitzelkov, I., H. P. Hougardy u. A. Rose: Arch. Eisenhüttenwes. 45 (1974) S. 525/32.
65. Schaaber, O.: Härtereitechn. Mitt. 25 (1970) S. 177/85.
66. Hougardy, H. P.: Härtereitechn. Mitt. 33 (1978) S. 115/17.
67. Wie unter [49], S. 483/88.

C 1 Mechanische Eigenschaften

1. Dahl, W.: Stahl u. Eisen 104 (1984) S. 267/74.
1a. Grundlagen des Festigkeits- und Bruchverhaltens. Berichte, gehalten im Kontaktstudium „Werkstoffkunde Eisen und Stahl". I. Hrsg.: W. Dahl. Düsseldorf 1974.
2. Grundlagen der Festigkeit, der Zähigkeit und des Bruchs. Berichte, gehalten im Kontaktstudium „Werkstoffkunde Eisen und Stahl". I. Hrsg.: W. Dahl, 2 Bde. Düsseldorf 1983.
3. Troost, A.: Einführung in die allgemeine Werkstoffkunde metallischer Werkstoffe. I. Mannheim, Zürich 1980.
4. Böhm, H.: Einführung in die Metallkunde. Mannheim, Zürich 1968. (B. I. - Hochschultaschenbücher 196/196a).
5. Haasen, P.: Physikalische Metallkunde. Berlin, Heidelberg, New York 1974.
6. Ilschner, B.: Werkstoffwissenschaften. Berlin, Heidelberg, New York 1982.
7. Reed-Hill, R. E.: Physical metallurgy principles. 2. ed. New York 1973.
8. Kochendörfer, A.: Physikalische Grundlagen der Formänderungsfestigkeit der Metalle. Düsseldorf 1963. Ergänzung von 1966. (Stahleisen-Sonderberichte. H. 5.)
9. Festigkeit metallischer Werkstoffe. Berichte zum Symposium der Deutschen Gesellschaft für Metallkunde. Bad Nauheim, Nov. 1974.
10. Wie unter [3], S. 28/57.
11. Lücke, K.: Wie unter [1], S. 5/18.
12. Guy, A. G.: Physical metallurgy for engineers. Reading/Mass. 1962.
13. Hull, D.: Introduction to dislocations. 2. ed. Oxford 1975.
14. Cottrell, A. H.: Dislocations and plastic flow in crystals. 3. ed. Oxford 1958.
15. Frank, F. C., u. W. T. Read jr.: A symposium on the plastic deformation of crystalline solids. [Hrsg.:] Mellon Institute. Pittsburgh 1950. S. 44/48. - Ders.: Phys. Rev. 79 (1950) S. 722/23.
16. Lücke, K., u. G. Gottstein: Wie unter [1], S. 19/32.
17. Kochendörfer, A., u. W. Kayser: Arch. Eisenhüttenwes. 39 (1968) S. 233/41 u. 243/48.

18. Dahl, W., u. H. Rees: Die Spannungs-Dehnungs-Kurve von Stahl. Düsseldorf 1976.
18a. Belche, P.: Einfluß von Prüftemperatur und Dehngeschwindigkeit auf das Fließverhalten von Stählen mit besonderer Berücksichtigung des Werkstoffverhaltens bei statischer Beanspruchung. Aachen 1983. (Dr.-Ing. Diss. Techn. Hochsch. Aachen.)
19. DIN-Taschenbuch 19, Materialprüfnormen für metallische Werkstoffe. 9. Aufl. Hrsg. vom Deutschen Normenausschuß. Berlin 1981. – DIN 50145. Ausg. Mai 1975. – DIN 50125. Ausg. April 1951.
20. Gerischer, K.: In: Neuzeitliche Verfahren der Werkstoffprüfung. Hrsg. vom Verein Deutscher Eisenhüttenleute. Düsseldorf 1973. S. 5/16.
21. Macherauch, E.: Praktikum in Werkstoffkunde. 3. Aufl. Braunschweig 1981.
22. Siebel, E.: Ber. Werkstoffaussch. d. Fachausschüsse des VDEh Nr. 71, 1925. S. 1/3.
23. Troost, A., u. E. El-Magd: Arch. Eisenhüttenwes. 43 (1972) S. 907/11.
24. Andresen, K., u. G. Lange: Arch. Eisenhüttenwes. 48 (1977) S. 409/13.
25. Dahl, W.: In: Werkstoffkunde der gebräuchlichen Stähle. Hrsg. vom Verein Deutscher Eisenhüttenleute. Düsseldorf 1977. S. 49/74.
25a. Dahl, W., W. Hesse u. A. Krabiell: Stahl u. Eisen 103 (1983) S. 87/90.
26. Ludwik, P.: Elemente der technologischen Mechanik. Berlin 1909.
27. Hollomon, J. H.: Trans. metallurg. Soc. AIME 1962 (1945) S. 268/90.
28. Dahl, W., u. H. Rees: Mater.-Prüf. 19 (1977) S. 304/10.
29. Pitsch, W.: Wie unter [1], S. 41/52.
30. Miyazaki, S., u. H. Fujita: Trans. Japan. Inst. Metals 20 (1979) S. 603/08.
31. Wie unter [18], S. 10.
32. Cottrell, A. H.: Trans. metallurg. Soc. AIME 212 (1958) S. 192/203.
33. Gilman, J. J., u. W. G. Jonston: J. appl. Phys. 30 (1959) S. 129/44.
34. Rooyen, G. T. van: Mater. Sci. Eng. 3 (1968/69) S. 105/17.
35. Delwiche, D. E., u. D. W. Moon: Mater. Sci. Eng. 9 (1972) S. 347/54.
36. Dahl, W., u. E. Lenz: Arch. Eisenhüttenwes. 46 (1975) S. 119/25.
37. Keh, A. S., Y. Nakada u. W. C. Leslie: In: Dislocation dynamics. Hrsg.: A. R. Rosenfield u. a. New York 1968. S. 381/408.
38. Hornbogen, E.: In: Die Verfestigung von Stahl. Symposium der Climax Molybdenum Company, Zürich, 5. u. 6. Mai 1969, Greenwich/Conn. 1970. S. 1/15.
39. Dahl, W., u. H. Rees: Arch. Eisenhüttenwes. 50 (1979) S. 401/06.
40. Krabiell, A., u. W. Dahl: Arch. Eisenhüttenwes. 52 (1981) S. 429/36.
41. Conrad, H.: The relation between the structure and mechanical properties of metals. Vol. II. London 1963. S. 476.
42. Seeger, A.: Dislocations and mechanical properties of crystals. New York 1957. S. 243/329.
43. Friedel, J.: Dislocations. Reading/Mass. 1964. S. 66/71.
44. Busse, H., u. J. Koropp: Arch. Eisenhüttenwes. 49 (1978) S. 365/68.
45. Koropp, J., u. A. Kochendörfer: Arch. Eisenhüttenwes. 49 (1978) S. 195/200.
46. Dahl, W.: In: Programm Eisen- u. Stahlforschung und -technologie. Statusbericht 1980. Projektleitung Rohstofforschung (PLR) der KFA Jülich GmbH. Im Auftrag des Bundesministers für Forschung und Technologie (BMFT). Jülich 1980. S. 534/43.
47. Padmanabhan, K. A., u. G. J. Davies: Superplasticity. Berlin, Heidelberg, New York 1980.
48. Steinen, A. von den, u. B. Huchtemann: Thyssen Edelstahl Techn. Ber. 5 (1979) S. 153/61.
49. Krause, U.: In: Grundlagen der bildsamen Formgebung. Hrsg. vom Verein Deutscher Eisenhüttenleute. Düsseldorf 1966. S. 99/145.
50. Stüwe, H. P.: Wie unter [1], S. 33/39.
51. Domke, W.: Werkstoffkunde und Werkstoffprüfung. 6. Aufl. Essen 1975.
52. Wie unter [19], DIN 50106. Ausg. Dez. 1978. Siehe auch Stahleisen-Prüfblatt 1123-73. Ausg. Juli 1973.
53. Wiegels, H., u. R. Herbertz: Stahl u. Eisen 101 (1981) S. 1127/32.
54. Wiegels, H., u. R. Herbertz: Stahl u. Eisen 101 (1981) S. 1487/92.
55. Wie unter [19], Hinweise in DIN 1602.
56. Witzel, W.: Radex-Rdsch. 1980, S. 151/60.
57. Wie unter [19], DIN 50110. Ausg. Febr. 1962.
58. Troost, A., u. D. Schaefer, Konstruktion 14 (1962) S. 436/41.
59. Wie unter [19], DIN 50133. T. 1 u. 2. Ausg. Dez. 1972. – DIN 50351. Ausg. Jan. 1973. – DIN 50103. T. 1 u. 2. Ausg. Dez. 1972.

60. Wie unter [49], S. 124 ff.
61. Straßburger, Ch.: Entwicklungen zur Festigkeitssteigerung der Stähle unter besonderer Berücksichtigung der unlegierten und mikrolegierten Baustähle. Düsseldorf 1976.
62. Pickering, F. B.: Physical metallurgy and the design of steels. London 1978.
63. Honeycombe, R. W. K.: Steels, microstructure and properties. London 1981.
64. Leslie, W. C.: The physical metallurgy of steels. Washington, New York 1981.
65. Hornbogen, E.: Z. Metallkde. 64 (1973) S. 867/70.
66. Dahl, W., u. H. Rees: Wie unter [1], S. 53/70.
67. Dahl, W.: Wie unter [2], Bd. 1, S. 208/25.
68. Dahl, W., u. H. Rees: Wie unter [9], S. 100/80.
69. Dahl, W., u. H. Rees: Arch. Eisenhüttenwes. 49 (1978) S. 25/29.
70. Cottrell, A. H.: Trans. metallurg. Soc. AIME 212 (1958) S. 192/203.
71. Cottrell, A. H.: In: The relation between structure and mechanical properties of metals. Vol. 2. [Hrsg.:] National Physical Laboratory. London 1963. (National Physical Laboratory Symposium No. 15.) S. 456/73.
72. Fisher, R. M.: Deformation of iron. Ph. D. Diss., Univ. of Cambridge (1962); vgl. [71], S. 468.
73. Dahl, W., u. H. Rees: Arch. Eisenhüttenwes. 50 (1979) S. 355/60.
74. Kühlmeyer, M.: Einfluß der statistischen Korngrößenverteilung auf die Streckgrenze von Stahl. Düsseldorf 1978.
75. Atkinson, M.: In: Strenth of metals and alloys. Vol. 1 u. 2. Ed. by P. Haasen, V. Gerold u. G. Kostorz. New York, Oxford, Toronto, Sydney, Paris, Kronberg 1979.
76. Gleiter, H.: Wie unter [1], S. 71/83.
77. Pitsch, W.: Wie unter [1], S. 41/52.
78. Fleischer, R. L., In: The Strengthening of metals. Ed. by D. Peckner. New York, London 1964, S. 93/140. - Ders.: Acta metallurg., New York, 15 (1967) S. 1513/19.
79. Labusch, R.: Phys. status solidi 41 (1970) S. 659/69. - Ders.: Acta metallurg., New York 20 (1972) S. 917/27.
80. Büchner, A. R., u. H. D. Kemnitz: Z. Metallkde. 69 (1978) S. 22/25.
81. Wie unter [5], S. 26/27.
82. Leslie, W. C.: Metallurg. Trans. 3 (1972) S. 5/26.
83. Pink, E.: Z. Metallkde. 64 (1973) S. 871/81.
84. Keh, A. S.: In: Direct observation of imperfections in crystals. Hrsg.: J. B. Newkirk u. J. H. Wernick, New York, London 1962 (Metallurgical Society Conferences. Vol. 14.) S. 213/38.
85. Hornbogen, E.: Wie unter [1], S. 85/100.
86. Hüther, W., u. B. Reppich: Z. Metallkde. 69 (1978) S. 628/34.
87. Hornbogen, E.: Stahl u. Eisen 93 (1973) S. 822/26.
88. Hornbogen, E.: Wie unter [1], S. 111/20.
89. Irvine, K. J.: Iron & Steel 44 (1971) Nr. 1, S. 31/38; vgl. [61].
90. Flügge, J., W. Heller, E. Stolte u. W. Dahl: Arch. Eisenhüttenwes. 47 (1976) S. 635/40.
91. Winchell, P. G., u. M. Cohen: Trans. Amer. Soc. Metals 55 (1962) S. 347/61.
92. Kochendörfer, A.: Arch. Eisenhüttenwes. 37 (1966) S. 877/85.
93. Meyer, L.: Wie unter [2], Bd. 2, S. 734/61.
94. Küppers, W., u. W. Schmidt: Bänder Bleche Rohre (1977) S. 341/45.
95. Bischoff, W.: Blech Rohre Profile 25 (1978) S. 601/06.
96. Lotter, U., L. Meyer u. R.-D. Knorr: Arch. Eisenhüttenwes. 47 (1976) S. 289/94.
97. Macherauch, E.: Z. Werkst.-Techn. 10 (1979) S. 97/111.
98. Macherauch, E.: Mater.-Prüf. 20 (1978) S. 28/33.
99. Tetelman, A. S., u. A. J. McEvily: Bruchverhalten Technischer Werkstoffe. Düsseldorf 1971.
100. Aurich, D.: Bruchvorgänge in metallischen Werkstoffen, Hrsg.: E. Macherauch u. V. Gerold. Karlsruhe 1978.
101. Henry, G., u. D. Horstmann: Fraktographie und Mikrofraktographie. [Bearb. im] Max-Planck-Institut für Eisenforschung und Institut de Recherches de la Sidérurgie Française. Brüssel, Düsseldorf 1979. (De ferri metallographia 5.)
102. Metals handbook. [Hrsg.:] American Society for Metals. B. ed. Vol. 9. Metals Park/Ohio 1974.
103. An atlas of metal damage. 2. Aufl. Hrsg. von L. Engel u. H. Klingele. München 1981.
104. Dahl, W., K. Kühne u. H.-Chr. Zeislmair: Wie unter [2], Bd. 1, S. 321/80.
105. Griffith, A. A.: Philos. Trans. Royal Soc., London, A 221 (1920) S. 163/98.

106. Dahl, W.: Stahl u. Eisen 101 (1981) S. 967/76.
107. Pawelski, O.: Wie unter [49], S. 5/49.
108. Neuber, H.: Kerbspannungslehre. 2. Aufl. Berlin, Göttingen, Heidelberg 1958.
109. Wie unter [3], S. 267 ff., 301 ff. u. 331 ff.
110. Hill, R.: Mathematical theory of plasticity. Oxford, London 1950.
111. Kühne, K.: Einfluß des Spannungszustandes und des Gefüges auf die Spaltbruchspannung von Baustählen. Aachen 1982. (Dr.-Ing. Diss. Techn. Hochsch. Aachen.)
112. Degenkolbe, J.: Wie unter [1], S. 203/18.
113. Degenkolbe, J.: Wie unter [2], Bd. 1, S. 381/453.
114. Heller, W., u. K. J. Kremer: Stahl u. Eisen 89 (1969) S. 1005/18.
115. Dahl, W., u. A. Krabiell: Arch. Eisenhüttenwes. 51 (1980) S. 29/35.
116. Degenkolbe, J., u. B. Müsgen: Stahl u. Eisen 93 (1973) S. 1218/21.
117. Wie unter [19], DIN 50115, Ausg. Febr. 1975.
118. What does the charpy test really tell us? In: Proceedings of symposium held at the annual meeting of the AIME, Denver, Dol. Feb. 27. u. 28. 1978. Ed.: A. R. Rosenfield u. a. Metals Park/Ohio 1978.
119. Mall, H.-P., u. E. Schmidtmann: Arch. Eisenhüttenwes. 38 (1967) S. 571/76.
120. Mall, H.-P., u. E. Schmidtmann: Stahl u. Eisen 89 (1969) S. 304/21.
121. Wellinger, K., u. D. Blind: Bänder Bleche Rohre 8 (1967) S. 550/56. Dahl, W.: Wie unter [26], T. I. S. 49/70.
122. Soete, W.: In: Fracture 1977. Vol. 1. Ed. J. Taplin. Waterloo 1977. S. 775/804.
123. Soete, W.: Schweißen u. Schneiden 28 (1976) S. 125/28.
124. Soete, W.: A criterion for the acceptability of weld defects. In: 3rd International symposium of the Japan Welding Society, Sept. 1978, Tokyo. S. 63/70.
125. Robertson, T. S.: J. Iron Steel Inst. 175 (1953) S. 361/74 u. Taf.
126. Kussmaul, K., E. Krägeloh, A. Kochendörfer, u. E. Hagedorn, Nuclear Engng. and Design 43 (1977) S. 203/17.
127. Degenkolbe, J., u. B. Müsgen: Mater.-Prüf. 11 (1969) S. 365/72.
128. Degenkolbe, J., u. B. Müsgen: Oerlikon Schweißmitt. 37 (1979) Nr. 88, S. 27/35.
129. ASTM Standards E 436-74.
130. Stahl-Eisen Prüfblatt 1325-79. Ausg. Dez. 1979.
131. Pellini, W. S., u. P. P. Puzak: NRL Rep. 5920, March 15, 1963.
132. Pellini, W. S., u. P. P. Puzak, NRL Rep. 6030, Nov. 5, 1963.
133. Helbig, R.: Stahl u. Eisen 100 (1980) S. 1560/65.
134. Vergleich der Aussagen verschiedener Sprödbruchprüfverfahren, Schlußbericht zum Forschungsvertrag Nr. 6210-55/1/510. [Hrsg.:] Verein Deutscher Eisenhüttenleute; Kommission der Europäischen Gemeinschaften. Luxembourg 1975 (EUR 5391 d).
135. Wie unter [20], S. 18/20.
136. Dahl, W.: Wie unter [1], S. 189/201.
137. Dahl, W., H. Hengstenberg u. H. Behrens: Stahl u. Eisen 88 (1968) S. 578/96; vgl. [61].
138. Straßburger, Chr., u. D. Schauwinhold: Stahl u. Eisen 87 (1967) S. 792/98.
139. Dahl, W.: Erörterungsbeitrag zu Heller, W., u. E. Stolte: Stahl u. Eisen 90 (1970) S. 909/16; s. bes. S. 914/16; vgl. [61].
140. Degenkolbe, J., u. B. Müsgen: Arch. Eisenhüttenwes. 44 (1973) S. 769/74.
141. Rinebolt, J. A., u. W. J. Harris: Trans. Amer. Soc. Metals 43 (1951) S. 1175/214; vgl. [61].
142. Meyer, L., u. H. de Boer: Thyssen Techn. Ber. 9 (1977) S. 20/29.
143. Straßburger, Chr., L. Meyer u. F. Heisterkamp: Bänder Bleche Rohre 12 (1971) S. 153/59; vgl. [61].
144. Meyer, L.: Stahl u. Eisen 97 (1977) S. 410/16.
145. Baumgardt, H., W. Bräutigam u. L. Meyer: Stahl u. Eisen 98 (1978) S. 349/56.
146. Dahl, W.: Stahl u. Eisen 97 (1977) S. 402/09.
147. Wahlster, M., A. Choudhury u. L. E. Rohde: Rheinstahl Techn. 8 (1970) S. 164/71.
148. Dahl, W., H. Hengstenberg u. C. Düren: Stahl u. Eisen 88 (1968) S. 364/77.
149. Bühler, H. E.: Radex Rdsch. 1975, S. 464/80 u. S. 485/516.
150. Schönherr, W.: Schweißen u. Schneiden 27 (1975) S. 491/95.
151. Fuchs, A., K. Täffner, A. Krisch u. A. Kochendörfer: Arch. Eisenhüttenwes. 46 (1975) S. 127/36.
152. Curry, D. A.: Metal Sci. 14 (1980) S. 319/26.
153. Dahl, W., u. M. Uebags: Wie unter [1], S. 163/69.
154. Cottrell, A. H.: Trans. metallurg. Soc. AIME 212 (1958) S. 192/203.

155. Reiff, K.: Arch. Eisenhüttenwes. 43 (1972) S. 567/70.
156. Smith, E.: Acta metallurg., New York, 14 (1966) S. 985/89 u. 991/96.
157. Knott, J. F.: Wie unter [122], S. 61/92.
158. Armstrong, R. W.: Wie unter [122], S. 83/96.
159. Dahl, W., u. M. Uebags: Stahl u. Eisen 97 (1977) S. 1112/18.
160. Riedel, H., u. A. Kochendörfer: Arch. Eisenhüttenwes. 50 (1979) S. 173/78.
161. Curry, D. A., u. J. F. Knott: Metal Sci. 12 (1978) S. 511/14. – Dieselben: Metal Sci. 13 (1979) S. 341/45.
162. Knott, J. F.: Metal Sci. 14 (1980) S. 327/36.
163. Dahl, W., u. H.-Chr. Zeislmair: Bruchmechanik an Baustählen. Düsseldorf 1982.
164. Rice, J. R., u. D. M. Tracey: J. Mech. Phys. Solids 24 (1976) S. 147/69.
165. Hancock, J. W., u. A. C. Mackenzie: J. Mech. Phys. Solids 24 (1976) S. 147/69.
166. Hancock, J. W., u. M. J. Cowling: Metal Sci. 14 (1980) S. 293/304.
167. Schwalbe, K.-H.: Bruchmechanik metallischer Werkstoffe. München 1980.
168. Blumenauer, H.: Bruchmechanik. Leipzig 1973.
169. Broek, D.: Elementary engineering fracture mechanics. Alphen aan den Rijn 1978.
170. Hagedorn, E., u. H.-Chr. Zeislmair: Wie unter [2], Bd. 2, S. 455/571.
171. Kieselbach, R.: In: Festschrift der Eidgenössischen Materialprüfungs- u. Versuchsanstalt. 1880–1980. Hrsg.: T. H. Erismann. Dübendorf 1980. S. 113/22.
172. Engng. Fracture Mech. 3 (1971) S. 345/47.
173. Feddern, G., u. E. Macherauch: Z. Metallkde. 64 (1973) S. 882/84.
174. Wessel, E. T.: Engng. Fracture Mech. 1 (1968) S. 77/103.
175. Clark, W. G. jr., u. J. D. Landes: In: Stress corrosion new approaches. Philadelphia/Pa. 1976 (ASTM Spec. Techn. Publ. No. 610) S. 108/27.
176. Erismann, T. H., u. M. Prodan: Mater.-Prüf. 18 (1976) S. 4/8.
177. Dahl, W., u. D. Aurich: Mater.-Prüf. 20 (1978) S. 6/10.
178. Srawley, J. E.: In: Practical fracture mechanics for structural steel. Proceedings of the symposium on fracture toughness concepts for weldable structural steel, Risley, April 1969. Ed.: M. O. Dobson. (London) 1969. S. A 1–A 13.
179. Redmer, J.: Wie unter [2], Bd. 2, S. 573/96.
180. Redmer, J.: Zwei- und dreidimensionale elasto-plastische Finite Element-Berechnungen von bruchmechanischen Problemen. Aachen 1981 (Dr.-Ing.-Diss. Techn. Hochsch. Aachen.)
181. Dahl, W.: Stahl u. Eisen 93 (1973) S. 578/87.
182. Ritter, J. C.: Engng. Fracture Mech. 9 (1977) S. 529/40.
183. Dahl, W., u. H.-Chr. Zeislmair: Arch. Eisenhüttenwes. 51 (1980) S. 7/14.
184. Dahl, W., u. W. B. Kretzschmann: Arch. Eisenhüttenwes. 47 (1976) S. 691/96.
185. Dugdale, D. S.: J. Mech. Phys. Solids 8 (1960) S. 100/04.
186. Bilby, B. A., A. H. Cottrell u. K. H. Swinden: Proc. Roy. Soc., London, Ser. A, 272 (1963) S. 304/14.
187. Macherauch, E.: Wie unter [1], S. 143/61.
188. Zeislmair, H.-Chr., u. W. Dahl: In: Fortschritt-Berichte der VDI-Zeitschriften, Reihe 18, Nr. 10, 1981, T. 3, S. 3.1/3.24.
189. Deleu, E.: Rev. Soud. 36 (1980) S. 28/33.
190. Rice, J. R.: ASME, Ser. E, J. appl. Mech., 35 (1968) S. 379/86.
191. Dahl, W., u. W. Rohde: Stahl u. Eisen 96 (1976) S. 1327/33.
192. Brown, W. F., u. J. E. Srawley: In: Fracture toughness testing and its applications. Philadelphia/Pa. 1965. (ASTM Spec. Techn. Publ. No. 381.) S. 133/98.
193. Krabiell, A., u. W. Dahl: Arch. Eisenhüttenwes. 53 (1982) S. 225/30.
194. Issler, L., u. K. Kussmaul: Wie unter [2], Bd. 2, S. 597/646.
195. Werkstoffe, Fertigung und Prüfung drucktragender Komponenten von Hochleistungsdampfkraftwerken. Hrsg.: K. Kussmaul. Essen 1981.
196. Fromm, K., u. H.-D. Schulze: Schweißen u. Schneiden 32 (1980) S. 416/20.
197. Burdekin, F. M., u. D. E. W. Stone: J. Strain Analysis 1 (1966) Nr. 2, S. 145/53.
198. Dawes, M. G.: Weld. Res. Suppl. 1974, S. 369/79.
199. Harrison, J. D., M. G. Dawes, G. H. Archer u. M. S. Kamath: In: Elastic-Plastic Fracture. Philadelphia/Pa. 1979. (ASTM Spec. Techn. Publ. No. 668.) S. 606/31.
200. Begley, J. A., J. D. Landes u. W. K. Wilson: In: Fracture analysis. Philadelphia/Pa. 1974. (ASTM Spec. Techn. Publ. No. 560.) S. 155/69.

Literatur zu C 1

201. Irvine, K. J., F. B. Pickering u. T. Gladman: J. Iron Steel Inst. 205 (1967) S. 161/82.
202. Gladman, T.: J. Iron Steel Inst. 203 (1965) S. 1038/39; vgl. [61].
203. Straßburger, Chr., u. L. Meyer: Thyssenforsch. 3 (1971) S. 2/7; vgl. [61].
204. Meyer, L.: Stahl u. Eisen 101 (1981) S. 483/91.
205. Lorenz, K., W. M. Hof, K. Hulka, K. Kaup, H. Litzke u. U. Schrape: Stahl u. Eisen 101 (1981) S. 593/600.
206. Irvine, K. J.: Iron & Steel 44 (1971) Nr. 1, S. 31/38; vgl. [61].
207. Becker, J., Cheng, X. u. E. Hornbogen: Z. Werkst.-Techn. 12 (1981) S. 301/08.
208. Becker, J., E. Hornbogen u. P. Stratmann: Z. Metallkde. 71 (1980) S. 27/31.
209. Tither, G., A. P. Coldren u. J. W. Morrow: Iron & Steelmaker 6 (1979) Nr. 8, S. 16/25.
210. Dahl, W.: Wie unter [1], S. 101/10.
211. Kishi, T., u. J. Gokyu: Metallurg. Trans. 4 (1973) S. 390/92; vgl. [210].
212. Jäniche, W., E. Stolte u. J. Kügler: Techn. Mitt. Krupp, Forsch.-Ber., 23 (1965) S. 117/44; vgl. [210].
213. Robiller, G., u. Ch. Straßburger: Mater.-Prüf. 11 (1969) S. 89/95; vgl. [210].
214. Hoff, H., u. G. Fischer: Stahl u. Eisen 78 (1958) S. 1313/20.
215. Degenkolbe, J., u. D. Uwer: Mater.-Prüf. 12 (1970) S. 383/86; vgl. [210].
216. Verhalten von Stahl bei schwingender Beanspruchung. Berichte, gehalten im Kontaktstudium „Werkstoffkunde Eisen und Stahl". III. Hrsg.: W. Dahl. Düsseldorf 1978.
217. Munz, D., K.-H. Schwalbe u. P. Mayr: Dauerschwingverhalten metallischer Werkstoffe. Braunschweig 1971.
218. Schwingfestigkeit. Hrsg.: W. Günther. Leipzig 1973.
219. Hagedorn, K. E.: Stahl u. Eisen 98 (1978) S. 102/07.
220. Schmidt, W.: Wie unter [216], S. 1/22.
221. Hempel, M.: Arch. Eisenhüttenwes. 38 (1967) S. 446/55; vgl. [222].
222. Dengel, D.: Wie unter [216], S. 23/46.
223. Reik, W., P. Mayr u. E. Macherauch: Arch. Eisenhüttenwes. 50 (1979) S. 407/11.
224. Mayr, P.: Wie unter [216], S. 82/99.
225. Dengel, D.: Z. Werkst.-Techn. 6 (1975) S. 253/61; vgl. [222].
226. Heckel, K.: Wie unter [216], S. 165/85.
227. Pilo, D., W. Reik, P. Mayr u. E. Macherauch: Arch. Eisenhüttenwes. 48 (1977) S. 575/78.
228. Neumann, P.: Wie unter [216], S. 100/10.
229. Neumann, P.: Acta metallurg., New York, 17 (1969) S. 1219/25; vgl. [228].
230. Laird, C.: Fatigue crack propagation. Philadelphia/Pa. 1967. (ASTM Spec. Techn. Publ. No. 415.) S. 131/68; vgl. [228].
231. Neumann, P.: Acta metallurg., New York, 22 (1974) S. 1155/65; vgl. [228].
232. Schijve, J.: Engng. Fracture Mech. 11 (1979) S. 167/221.
233. Schwalbe, K.-H.: Wie unter [216], S. 180/89.
234. Macherauch, E., u. W. Reik: Wie unter [216], S. 111/40.
235. Reik, W., P. Mayr u. E. Macherauch: Arch. Eisenhüttenwes. 52 (1981) S. 325/28.
236. Hempel, M., u. C. H. Plock: Mitt. K.-Wilh.-Inst. Eisenforsch. 17 (1935) S. 19/31; vgl. [234].
237. Hempel, M.: Draht 11 (1960) S. 429/37; vgl. [234].
238. Zenner, H.: In: VDI-Ber. Nr. 268, 1976, S. 101/12; vgl. [234].
239. Randak, A., A. Stanz u. W. Verderber: Stahl u. Eisen 92 (1972) S. 981/93; vgl. [234].
240. Klesnil, M., M. Holzmann, P. Lukas u. P. Rys: J. Iron Steel Inst. 203 (1965) S. 47/53; vgl. [234].
241. Bahre, K.: Z. Werkst.-Techn. 9 (1978) S. 45/56.
242. Schmidtmann, E., u. P. Emrich: Arch. Eisenhüttenwes. 40 (1969) S. 651/59; vgl. [234].
243. Neuber, H.: Konstruktion 20 (1968) S. 245/51; vgl. [226].
244. Kloos, K.-H.: In: VDI-Ber. Nr. 268, 1976, S. 63/76; vgl. [234].
245. Köhler, J.: Statistischer Größeneinfluß im Dauerschwingverhalten ungekerbter und gekerbter metallischer Bauteile. München 1975. (Dr.-Ing.-Diss. Techn. Univ. München.); vgl. [226].
246. Richards, K. G.: Fatigue strength of welded structures. Cambridge 1969; vgl. [234].
247. Buxbaum, O., u. J. M. Zaschel: Wie unter [216], S. 208/22.
248. Fischer, R., u. E. Haibach: Wie unter [216], S. 223/42.
249. Ostermann, H., u. V. Grubisic: Wie unter [216], S. 243/60.
250. Gassner, E.: Konstruktion 6 (1954) S. 97/104.
251. Leitfaden für eine Betriebsfestigkeitsrechnung. [Hrsg.:] Verein Deutscher Eisenhüttenleute. Düsseldorf 1977. (Bericht der Arbeitsgemeinschaft Betriebsfestigkeit. Nr. ABF-01.)

252. Nowack, H.: Wie unter [216], S. 261/76.
253. Miner, M. A.: J. appl. Mech. 12 (1945) S. 159/64. – Palmgren, A.: VDI-Z. 58 (1924) S. 339/41.
254. Morrow, J.: In: Cyclic plastic strain energie and fatigue of metals. Philadelphia/Pa. 1965. (ASTM Spec. Techn. Publ. No. 378.) S. 45/87; vgl. [252].
255. Dahl, W., u. G. Roth: In: Proceedings of the international symposium on low-cycle fatigue strength and elasto-plastic behavior of materials. Deutscher Verband für Materialprüfung [DVM] 5. Sitzung des Arbeitskreises „Betriebsfestigkeit", 8./9. Okt. 1979 Stuttgart. Hrsg.: K.-T. Rie u. E. Haibach. S. 519/28.
256. Festigkeits- u. Bruchverhalten bei höheren Temperaturen. Hrsg.: W. Dahl u. W. Pitsch. 2 Bde. Berichte, gehalten im Kontaktstudium „Werkstoffkunde Eisen und Stahl IV". Düsseldorf 1980.
257. Ilschner, B.: Hochtemperatur-Plastizität. Berlin/Heidelberg/New York 1973. (Reine und angewandte Metallkunde in Einzeldarstellungen. Bd. 23.)
258. Vanovsek, W., H.-P. Stüwe u. H. Trenkler: Arch. Eisenhüttenwes. 47 (1976) S. 535/39; vgl. [259].
259. Pitsch, W.: Wie unter [256], Bd. 1. S. 149/79.
260. Warmumformung und Warmfestigkeit. [Hrsg.:] Deutsche Gesellschaft für Metallkunde. Oberursel 1976.
261. Winkler, P.-J., u. W. Dahl: Wie unter [256], Bd. 1. S. 218/46.
262. Finkler, H.: Wie unter [256], Bd. 1. S. 247/76.
263. Kopp, R., u. H.-J. Pehle: Wie unter [256], Bd. 1. S. 180/217.
264. Pawelski, O.: Stahl u. Eisen 98 (1978) S. 181/89.
265. Müller, H. G.: Wie unter [49], S. 146/61.
266. Blum, W.: Wie unter [256], Bd. 1. S. 53/99.
267. Rossard, C.: Métaux Corrosion-Ind. 35 (1960) S. 102/15, 140/53, 190/205 u. 9 Taf.; vgl. [266].
268. Ilschner, B.: Wie unter [256], Bd. 1. S. 1/30.
269. Hornbogen, E.: Wie unter [256], Bd. 1. S. 31/52.
270. Ergebnisse deutscher Zeitstandversuche langer Dauer. Hrsg. vom Verein Deutscher Eisenhüttenleute in Zusammenarbeit mit der Arbeitsgemeinschaft für warmfeste Stähle und der Arbeitsgemeinschaft für Hochtemperaturwerkstoffe. Düsseldorf 1969.
271. Schmidt, W.: Wie unter [256], Bd. 1. S. 277/342.
272. Steinen, A. von den: In: Gasturbinen, Probleme und Anwendungen. Düsseldorf 1967. S. 131/46; vgl. [271].
273. Ilschner, B.: Z. Werkst.-Techn. 2 (1971) S. 123/27.
274. Garofalo, F.: Fundamentals of creep and creep rupture in metals. New York 1965.
275. Dorn, J. E.: J. Mech. Phys. Solids 3 (1955) S. 85/116.
276. Larson, F. R., u. J. Miller: Trans. Amer. Soc. mech. Engrs. 74 (1952) S. 765/75.
277. Krisch, A., u. W. Wepner: Arch. Eisenhüttenwes. 28 (1957) S. 339/44.
278. Weber, H.: Wie unter [256], Bd. 2. S. 1/69.
279. Granacher, J.: Wie unter [256], Bd. 2. S. 324/77.
280. Ewald, J., W. Jacobeit, K. H. Mayer u. W. Wiemann: Wie unter [122], Vol. 2. S. 777/84.
281. Breitling, H., E. D. Großer u. H. Lorenz: Arch. Eisenhüttenwes. 48 (1977) S. 403/07; vgl. [279].
282. Ellison, E. G., u. D. Walton: In: International Conference on creep and fatigue. Publ. by Institution of Mechanical Engineers. London. S. 173.1/12; vgl. [279].
283. Fields, R. J., T. Weerasooriya u. M. F. Ashby: Metallurg. Trans. 11 A (1980) S. 333/47.
284. Sauthoff, G.: Wie unter [256], Bd. 1. S. 100/48.
285. Piearcey, B. J., u. B. E. Terkelsen: Trans. metallurg. Soc. AIME 239 (1967) S. 1143/50.
286. Wirth, G.: Wie unter [260], S. 203/227. Vgl. Klein, M. J., A. G. Metcalfe u. J. Machlin: High-temperature strength of Cb/W-composites. Material Engineering Congress (ASM), 14.-19. Okt. 1972. Cleveland/Ohio.

C 2 Physikalische Eigenschaften

1. Pearson, W. B.: A handbook of lattice spacings and structures of metals and alloys. London, New York, Paris, Los Angeles 1958. S. 625 ff.
2. Kohlhaas, R., u. E. Kohlhaas: In: Landolt-Börnstein: Zahlenwerte und Funktionen aus Physik, Chemie, Astronomie, Geophysik und Technik. 6. Aufl. Bd. 4. T. 2a. Berlin 1963. S. 131/300.

3. Kelley, K. K.: J. Chem. Phys. 11 (1943) S. 16/18.
4. Wallace, D. C., P. N. Siddles u. G. C. Danielson: J. appl. Phys. 31 (1960) S. 168/76.
5. Braun, M.: Über die spezifische Wärme von Eisen, Kobalt und Nickel im Bereich hoher Temperaturen. Köln 1964. (Diss. Univ. Köln).
6. Bendick, W., u. W. Pepperhoff: Acta metallurg., New York, 30 (1982) S. 679/84.
7. Heininger, F., E. Bucher u. J. Müller: Phys. condens. Mat. 5 (1966) S. 243/84.
8. Ledbetter, H. M., u. R. P. Reed: J. Phys. Chem. Reference Data 2 (1974) S. 531/618.
9. Richter, F.: Die wichtigsten physikalischen Eigenschaften von 52 Eisenwerkstoffen. Düsseldorf 1973. (Stahleisen-Sonderberichte. H. 8.)
10. Koch, K. M., u. W. Jellinghaus: Einführung in die Physik magnetischer Werkstoffe. Wien 1957.
11. Kneller, E.: Ferromagnetismus. Berlin, Göttingen, Heidelberg 1962.
12. Kohlhaas, R., A. A. Raible u. W. Rocker: Z. angew. Phys. 30 (1970) S. 254/57.
13. Kohlhaas, R., u. F. Richter: Arch. Eisenhüttenwes. 33 (1962) S. 291/99.
14. Richter, F., u. R. Kohlhaas: Arch. Eisenhüttenwes. 36 (1965) S. 827/33.
15. Pepperhoff, W.: Temperaturstrahlung. Darmstadt 1956.
16. Weaver, J. H., G. Kafka, D. W. Lynch u. E. E. Koch: Physikalische Daten. Optical Properties of Metals (P. I). Fachinformationszentrum Karlsruhe 1981 (Nr. 18-1).
17. Pepperhoff, W., u. H.-H. Ettwig: Interferenzschichten-Mikroskopie. Darmstadt 1970.
18. Sedov, V. L.: Soviet Phys. JETP 16 (1962) S. 68/69.
19. Kondorskii, E. I., u. V. L. Sedov: J. appl. Phys., Suppl., 31 (1960) S. 3315/55.
20. Gonser, U., C. J. Meechan, A. H. Muir u. H. Wiedersich: J. appl. Phys. 34 (1963) S. 2373/78.
21. Johanson, G. J., M. B. McGirr u. D. A. Wheeler: Phys. Rev., Ser. B, 1 (1970) S. 3208.
22. Ettwig, H. H., u. W. Pepperhoff: Arch. Eisenhüttenwes. 46 (1975) S. 667/68.
23. Ishikawa, Y., Y. Endoh u. T. Takimotu: J. Phys. Chem. Solids 31 (1970) S. 1225/34.
24. Ehrhart, P., B. Schönfeld, H.-H. Ettwig u. W. Pepperhoff: JMMM [Journ. of Magnetism and Magnetic Materials] 22 (1980) S. 79/85.
25. Bendick, W., H.-H. Ettwig, F. Richter u. W. Pepperhoff: Z. Metallkde. 68 (1977) S. 103/07.
26. Weiss, R. J.: Proc. Phys. Soc. 82 (1963) S. 281/88.
27. Oelsen, W.: Stahl u. Eisen 69 (1949) S. 468/75.
28. Hume-Rothery, W.: Elements of structural metallurgy. London 1961. (Monograph and Report Series. No. 26.)
29. Bozorth, R. M.: Ferromagnetism. New York 1955.
30. Pepperhoff, W., u. W. Pitsch: Arch. Eisenhüttenwes. 47 (1976) S. 685/90.
31. Neidhoeffer, W., u. A. Schweng: JMMM 9 (1978) S. 112/22.
32. Inden, G., u. W. O. Meyer: Z. Metallkde. 66 (1975) S. 725/27.
33. Weiss, R. J., u. K. J. Tauer: J. Phys. Chem. 4 (1958) S. 135/43.
34. Endoh, Y., u. Y. Ishikawa: J. Phys. Soc. Japan 30 (1971) S. 1614/27.
35. Kaufman, L., u. M. Cohen: J. Metals, Trans., 8 (1956) S. 1393/400.
36. Dubinin, S. F., S. G. Teploukhov, S. K. Sidorov, Y. A. Izyumov u. V. N. Syromyatnika: Phys. status solidi (1) 61 (1980) S. 159/67.
37. Rhiger, D. R., u. R. Ingalls: Phys. Rev. Letters 28 (1972) S. 749/52.
38. Ettwig, H.-H., u. W. Pepperhoff: JMMM 2 (1976) S. 292/95.
39. Bendick, W., u. W. Pepperhoff: J. Phys., Ser. F, 11 (1981) S. 57/63.
40. Ettwig, H.-H., u. W. Pepperhoff: Phys. status solidi (a) 23 (1974) S. 105/11.
41. Wohlfahrt, E. P., Y. Nakamura u. M. Shimizu: JMMM 10 (1979) S. 307/16.
42. Nakamura, Y., M. Shiga u. N. Shikazono: J. Phys. Soc. Japan 19 (1964) S. 1177.
43. Richter, F., u. W. Pepperhoff: Arch. Eisenhüttenwes. 47 (1976) 45/50. (Dort weitere Lit.-Angaben.)
44. Hausch, G., u. H. Warlimont: Z. Metallkde. 64 (1973) S. 152/60.
45. Bendick, W., H.-H. Ettwig u. W. Pepperhoff: J. Phys., Ser. F, 8 (1978) S. 2525/34.
46. Richter, F.: Arch. Eisenhüttenwes. 50 (1979) S. 515/19.
47. Arajs, S., B. F. Oliver u. J. T. Michalak: J. appl. Phys. 38 (1967) S. 1676/77.
48. Ondracek, G.: Z. Werkst.-Techn. 8 (1977) S. 240/46 u. 280/87; 9 (1978) S. 31/36 u. 140/47.
49. Powell, R. W.: J. Iron Steel Inst. 154 (1946) S. 99/105.

C3 Chemische Eigenschaften

1. Rahmel, A., u. W. Schwenk: Korrosion und Korrosionsschutz von Stählen. Weinheim, New York 1977.
2. Kaesche, H.: Die Korrosion der Metalle. 2. Aufl. Berlin, Heidelberg, New York 1979.
3. Prüfung und Untersuchung der Korrosionsbeständigkeit von Stählen. Hrsg. vom Verein Deutscher Eisenhüttenleute. Düsseldorf 1973.
4. Baeckmann, W. v., u. W. Schwenk: Handbuch des kathodischen Korrosionsschutzes. Weinheim 1971.
5. Hauffe, K.: Oxidation of metals. New York 1965.
6. Kofstad, P.: High temperature oxidation of metals. New York 1966.
7. Goursat, A. G., u. W. W. Smeltzer: High temperature materials, coatings and surface interactions. Hrsg. von J. B. Newkirk. Tel-Aviv 1980 S. 49/91.
8. Fraunhofer, J. A., u. G. A. Pickup: The oxidation of low alloy steels in air and flue gases. Wie unter [7]. S. 7/45.
9. Darken, L. S., u. R. W. Gurry: J. Amer. chem. Soc. 67 (1945) S. 1398/412.
10. Spencer, J., u. O. Kubaschewski: CALPHAD Vol. 2. 1978. S. 147/67.
11. Swisher, J. H., u. E. T. Turkdogan: Trans. metallurg. Soc. AIME 239 (1967) S. 426/31.
12. Franck, W., H.-J. Engell u. A. Seeger: Z. Metallkde. 58 (1967) S. 452/55. – Dieselben: Trans. metallurg. Soc. AIME 242 (1968) S. 749/50.
13. Fender, B. E. F., u. F. D. Riley: J. Phys. Chem. Solids 30 (1969) S. 793/98.
14. Wagner, C., u. E. Koch: Z. Phys. Chem., Abt. B, 32 (1936) S. 439/46.
15. Geiger, G. H., R. L. Levin u. J. B. Wagner jr.: J. Phys. Chem. Solids 27 (1966) 947 ff. – Swaroop, B., u. J. B. Wagner jr.: Trans. metallurg. Soc. AIME 239 (1967) S. 1215/18.
16. Kofstad, P., u. A. Z. Hed: J. electrochem. Soc. 115 (1968) S. 102/04. – Roth, W. L.: Acta Cryst. 13 (1960) S. 140/49.
17. Schmalzried, H., u. J. D. Tretjakow: Ber. Bunsenges. phys. Chem. 70 (1966) S. 180/89.
18. Himmel, L., R. F. Mehl u. C. E. Birchenall: J. Metals, Trans., 5 (1953) S. 827/43.
19. Castle, J. E., u. P. L. Surman: J. phys. Chem. 71 (1967) S. 4255/73. – Dieselben: J. phys. Chem. 73 (1969) S. 632/34.
20. Hagel, W. C.: Trans. metallurg. Soc. AIME 236 (1966) S. 179/84.
21. Kubaschewski, O.: Iron-binary-phase-diagrams. Berlin, Heidelberg, New York u. Düsseldorf 1982. S. 125/28. – Siehe auch Rau, H.: J. Phys. Chem. Solids 37 (1976) S. 425/29.
22. Burgmann, W. G., Urbain u. M. G. Frohberg: Mém. sci. Rev. Métallurg. 65 (1968) S. 567/78.
23. Grabke, H. J., u. E. M. Petersen: unveröff.
24. Barbouth, N., u. J. Oudar: Scripta metallurg., Elmsford, 6 (1972) S. 371/76.
25. Libowitz, G. G.: In: Reactivity of solids. Hrsg. von J. S. Anderson, W. M. Roberts u. F. S. Stone. London 1972. S. 107.
26. Grönvold, F., u. H. Haraldson: Acta Chim. Scand. 6 (1952) S. 1452 ff.
27. Condit, R. H., R. R. Hobbins u. C. E. Birchenall: Oxidation of Metals 8 (1974) S. 409/55.
28. Kubaschewski, O., u. C. B. Alcock: Metallurgical thermochemist. 5. ed. Oxford, New York, Toronto, Sydney, Paris, Frankfurt 1979. – Barin, J., u. O. Knacke: Thermochemical properties of inorganic substances. Berlin, Heidelberg, New York u. Düsseldorf 1973. – JANAF thermochemical data. Dow Chemical Co. Midland/Mich. 1962/63.
29. Sticher, J., u. H. Schmalzried: Zur geometrischen Darstellung thermodynamischer Zustandsgrößen in Mehrstoffsystemen auf Eisenbasis. Report: Institut für Theoretische Hüttenkunde und Angewandte Physikalische Chemie der Technischen Universität Clausthal. Mai 1975.
30. Shatynski, S. R.: Oxidation of Metals 11 (1977) S. 307/19.
31. Shatynski, S. R.: Oxidation of Metals 13 (1979) S. 105/18.
32. Giggins, C. S., u. F. S. Pettit: Oxidation of Metals 14 (1980) S. 363/413.
33. Grabke, H. J., u. A. Schnaas: In: Alloy 800. Proceedings of the Petten international conference. Hrsg. von W. Betteridge u. a. Amsterdam 1978. S. 195/211.
34. Portele, F.: Z. Naturforsch. 24 a (1969) S. 1268 ff. – Pignocco, A. J., u. G. E. Pelissier: Surface Sci. 7 (1967) S. 261/78.
35. Leygraf, C., u. S. Ekelund: Surface Sci. 40 (1973) S. 609/35.
36. Sewell, P. B., D. F. Mitchell u. M. Cohen: Surface Sci. 33 (1972) S. 535/52.

37. Viefhaus, H., u. H. J. Grabke: Surface Sci. 109 (1981) S. 1/10.
38. Horgan, A. M., u. D. A. King: Surface Sci. 23 (1970) S. 259/82. – Chang, S., u. W. H. Wade: J. Phys. Chem. 74 (1970) S. 2484/88.
39. Fromhold jr., A. T.: Theory of metal oxidation. Amsterdam 1976.
40. Holm, R.: Vakuum-Techn. 23 (1974) S. 208/11. – Holm, R., u. E. M. Horn: Metalloberfläche 28 (1974) S. 490/95.
41. Olefjord, I.: Scand. J. Metallurg. 3 (1974) S. 129/36.
42. Bardolle, J., u. J. Bénard: Rev. Métallurg. Mém., 49 (1952) S. 613/22. – C. R. hebd. Séances Acad. Sci. 232 (1951) S. 231/32.
43. Brown, A. M., u. P. L. Surman: Surface Sci. 52 (1975) S. 85/102.
44. Rahmel, A.: In: Chemical metallurgy of iron and steel. London-1973. (ISI-Publ. No. 146.) S. 395/401 u. 419/20.
45. Engell, H.-J.: Acta metallurg., New York, 6 (1958) S. 439/45.
46. Reppich, B.: Phys. status solidi 20 (1967) S. 69/82. – Crouch, A. G.: J. Amer. ceram. Soc. 55 (1972) S. 558/63.
47. Manning, M. I.: In: Corrosion and mechanical stress at high temperatures. Proceedings European Symposium. Hrsg. von V. Guttmann u. M. Merz. London 1981.
48. Bruce, D., u. P. Hancock: J. Inst. Metals 97 (1969) S. 140/55. – Dieselben: J. Iron Steel Inst. 207 (1970) S. 1021/24.
49. Caplan, D., u. M. Cohen: Corrosion Sci. 6 (1966) S. 321/35.
50. Boggs, W. E., R. H. Kackik u. G. E. Pelissier: J. Electrochem. Soc. 112 (1965) S. 539 ff. u. 114 (1967) S. 32/39.
51. Hauffe, K., u. H. Pfeiffer: Z. Metallkde. 44 (1953) S. 27/36.
52. Pettit, F. S., R. Yinger u. J. B. Wagner jr.: Acta metallurg., New York, 8 (1960) S. 617/23.
53. Smeltzer, W. W.: Trans. metallurg. Soc. AIME 218 (1960) S. 674/81. – Smeltzer, W. W.: Acta metallurg., New York, 8 (1960) S. 377/83.
54. Turkdogan, E. T., W. M. McKewan u. L. Zwell: J. Phys. Chem. 69 (1965) S. 327/334.
55. Gala, A., u. H. J. Grabke: Arch. Eisenhüttenwes. 43 (1972) S. 463/69.
56. Grabke, H. J.: Ber. Bunsenges. phys. Chem. 69 (1965) S. 48/57.
57. Grabke, H. J., u. H. Viefhaus: Ber. Bunsenges. phys. Chem. 84 (1980) S. 152/59.
58. Pettit, F. S., u. J. B. Wagner jr.: Acta metallurg., New York, 12 (1964) S. 35/40.
59. Rahmel, A., u. J. Tobolski: Werkst. u. Korrosion 16 (1965) S. 662/76. – Dieselben: Corrosion Sci. 5 (1965) S. 333/46.
60. Kühn, M., u. F. Oeters: Arch. Eisenhüttenwes. 46 (1975) S. 515/20.
61. Pritchard, A. M., J. E. Antill, K. R. J. Cottell, K. A. Peakall u. A. E. Truswell: Oxidation of Metals 9 (1975) S. 181/214.
62. Bohnenkamp, K., u. H.-J. Engell: Arch. Eisenhüttenwes. 33 (1962) S. 359/67. – Langer, K., u. H. Trenkler: Berg- u. hüttenm. Mh. 110 (1965) S. 291/304. – Dlaska, H., u. H. Trenkler: Berg- u. hüttenm. Mh. 113 (1968) S. 313/31.
63. Meurer, H., u. H. Schmalzried: Arch. Eisenhüttenwes. 42 (1971) S. 87/93.
64. Koenigsmann, W., u. F. Oeters: Werkst. u. Korrosion 29 (1978) S. 10/16. – Dieselben: Werkst. u. Korrosion 31 (1980) S. 272/80.
65. Peters, F.-K., u. H.-J. Engell: Arch. Eisenhüttenwes. 30 (1959) S. 272/80. – Kosec, L., F. Vodopivec u. R. Tixier: Métaux Corrosion Ind. 44 (1969) S. 187/203. – Olsson, R. G., B. B. Rice u. E. T. Turkdogan: J. Iron Steel Inst. 207 (1969) S. 1607/11. – German, P. A., u. D. Maxwell: Werkst. u. Korrosion 22 (1971) S. 382/85.
66. Morris, L. A., u. W. W. Smeltzer: Acta metallurg., New York, 15 (1967) S. 1591/96. – Dalvi, A. D., u. W. W. Smeltzer: J. electrochem. Soc. 121 (1974) S. 386/94.
67. Wagner, C.: Corrosion Sci. 9 (1969) S. 91/109.
68. Wood, G. C., I. G. Wright, T. Hodgkiess u. D. P. Whittle: Werkst. u. Korrosion 21 (1170) S. 900/10. – Boggs, W. E.: J. electrochem. Soc. 118 (1971) S. 906/18.
69. Hay, K. A., F. G. Hicks u. D. R. Holmes: Werkst. u. Korrosion 21 (1970) S. 917/24.
70. Hagel, W. C.: Corrosion, Houston, 21 (1965) S. 316/26.
71. Bateman, G. J., u. R. Rolls: Brit. Corrosion J. 5 (1970) Nr. 5, S. 122/27.
72. Logani, R. C., u. W. W. Smeltzer: Oxidation of Metals 1 (1969) S. 3/21. – Dieselben: Oxidation of Metals 3 (1971) S. 15/32. – Dieselben: Oxidation of Metals 3 (1971) S. 279/90.
73. Rahmel, A.: Mitt. Verein. Großkesselbes. Nr. 74, 1961, S. 319/32.

74. Fraunhofer, J. A. v., u. G. A. Pickup: Wie unter [7], S. 7 ff. – Wood, G. C.: Oxidation of Metals 2 (1970) S. 11/57. – Bateman, G. J., u. R. Rolls: Brit. Corrosion J. 5 (1970) S. 122/27.
75. Scheil, E., u. E. H. Schulz: Arch. Eisenhüttenwes. 6 (1932/33) S. 155/60.
76. Tien, J. K., u. F. S. Pettit: Metallurg. Trans. 3 (1972) S. 1587/99. – Pivin, J. C., D. Delaunay, C. Roques-Carmes, A. M. Huntz u. P. Lacombe: Corrosion Sci. 20 (1980) S. 351/73. – Whittle, D. P., u. J. Stringer: Phil. Trans. Roy. Soc., London, A 295 (1980) S. 309/29.
77. Wood, G. C., J. A. Richardson, M. G. Hobby u. J. Boustead: Corrosion Sci. 9 (1969) S. 659/71.
78. Croll, J. E., u. G. R. Wallwork: Oxidation of Metals 1 (1969) S. 55/71.
79. Hauffe, K., u. A. Rahmel: Z. phys. Chem. 199 (1951) S. 152/69. – Meussner, R. A., u. C. E. Birchenall: Corrosion, Houston, 13 (1957) S. 677/89.
80. Foroulis, Z. A.: Werkst. u. Korrosion 29 (1978) S. 385/93.
81. Turkdogan, E. T.: Trans. metallurg. Soc. AIME 242 (1968) S. 1665/72. – Worrell, W. L., u. E. T. Turkdogan: Trans. metallurg. Soc. AIME 242 (1968) S. 1673/78.
82. Simkovich, G.: Werkst. u. Korrosion 21 (1970) S. 973/77. – Zelouf, S., u. G. Simkovich: Trans. metallurg. Soc. AIME 245 (1969) S. 875/76.
83. Rahmel, A.: Oxidation of Metals 9 (1975) S. 401/08. – Flatley, T., u. N. Birks: J. Iron Steel Inst. 209 (1971) S. 523/33.
84. Salisburg, R. P., u. N. Birks: J. Iron Steel Inst. 209 (1971) S. 534/40.
85. Gordon, B. A., u. V. Nagarajan: Oxidation of Metals 13 (1979) S. 197/209. – Jacob, K. T., D. Bhogeswara Rao u. H. G. Nelson: Oxidation of Metals 13 (1979) S. 25/55.
86. Perkins, R. A.: Wie unter [33], S. 213/29. – Natesan, K.: In: Environmental degradation of high temperature materials. Spring Residential Conference, March 1981. – Williams, D. S., R. Möller u. H. J. Grabke: Oxidation of Metals 16 (1981) S. 253/66.
87. Mrowec, St.: Werkst. u. Korrosion 31 (1980) S. 371/86.
88. Auer, W.: In: Proceedings of the 8th international congress on metallic corrosion 1981. Hrsg.: DECHEMA, Frankfurt/Main 1981. Bd. 2. S. 649/54.
89. Stringer, J., u. W. T. Bakker: Wie unter [88], Bd. 3. S. 2157/79.
90. Neumann, F., u. U. Wyss: Härterei-techn. Mitt. 25 (1970) S. 253/70. – Stickels, C. A., C. M. Mack u. M. Brachaczek: Metallurg. Trans. 11 B (1980) S. 471/79 u. 481/84.
91. Rimmer, K., E. Schwarz-Bergkampf u. J. Wünning: Z. wirtsch. Fertigung 70 (1975) S. 347/55.
92. Grabke, H. J.: Ber. Bunsenges. phys. Chem. 69 (1965) S. 409/14. – Derselbe: Metallurg. Trans. 1 (1970) S. 2972/75.
93. Grabke, H. J., u. E. Martin: Arch. Eisenhüttenwes. 44 (1973) S. 837/42.
94. Turkdogan, E. T., u. L. J. Martonik: High Temp. Sci. 2 (1970) S. 154/68.
95. Fruehan, R. J.: Metallurg. Trans. 4 (1973) S. 2123/32. – Grabke, H. J., u. G. Tauber: Arch. Eisenhüttenwes. 46 (1975) S. 215/22. – Shatynski, S. R., u. H. J. Grabke: Arch. Eisenhüttenwes. 49 (1978) S. 129/33. – Kaspersma, J. H., u. R. H. Shay: Metallurg. Trans. 12 B (1981) S. 77/83.
96. Collin, R., S. Gunnarson u. D. Thulin: J. Iron Steel Inst. 210 (1972) S. 777/84.
97. Williams, D. S., R. Möller u. H. J. Grabke: High Temp. Sci. 14 (1981) S. 33/50.
98. Grabke, H. J.: Mater. Sci. Engng. 42 (1980) S. 91/99.
99. Grabke, H. J., E. M. Müller u. G. Konczos: Scripta Metallurg., Elmsford, 14 (1980) S. 159/62.
100. Collin, R., S. Gunnarson u. D. Thulin: Härterei-techn. Mitt. 25 (1970) S. 17/22.
101. Krishtal, M. A.: Diffusion processes in iron alloys. Washington D. C. 1970.
102. Bose, S. K., u. H. J. Grabke: Z. Metallkde. 69 (1978) S. 8/15.
103. Roy, S. K., H. J. Grabke u. W. Wepner: Arch. Eisenhüttenwes. 51 (1980) S. 91/96.
104. Schnaas, A., u. H. J. Grabke: Oxidation of Metals 12 (1978) S. 387/404.
105. Grabke, H. J., U. Gravenhorst u. W. Steinkusch: Werkst. u. Korrosion 27 (1976) S. 291/96.
106. Ledjeff, K., A. Rahmel u. M. Schorr: Werkst. u. Korrosion 30 (1979) S. 767/84.
107. Ledjeff, K., A. Rahmel u. M. Schorr: Werkst. u. Korrosion 31 (1980) S. 83/97.
108. Schnaas, A., u. H. J. Grabke: Werkst. u. Korrosion 29 (1978) S. 635/44.
109. Lücke, K.: Arch. Eisenhüttenwes. 25 (1954) S. 181/85. – Mayer, A.: Stahl u. Eisen 83 (1963) S. 1169/76.
110. Naeser, G., u. A. Fiedler: Arch. Eisenhüttenwes. 38 (1967) S. 345/49; 39 (1968) S. 779/81.
111. Hoff, H.-H., u. H.-J. Engell: Hoesch Ber. 4 (1969) S. 90/101.
112. Krishnan, G., A. C. Scott, B. J. Wood u. D. Cubicciotti: Metallurg. Trans. 10 A (1979) S. 1798/800.
113. Grabke, H. J.: Proceedings of the IIIrd international congress of catalysis. Hrsg.: W. M. H. Sachtler, G. C. A. Schuit u. P. Zwietering. Amsterdam 1965. S. 928/38.

114. Lehrer, E.: Z. Elektrochem. 36 (1930) S. 383/92.
115. Grabke, H. J.: Ber. Bunsenges. phys. Chem. 72 (1968) S. 533/48.
116. Grabke, H. J.: Arch. Eisenhüttenwes. 46 (1973) S. 603/08.
117. Bohnenkamp, K.: Arch. Eisenhüttenwes. 38 (1967) S. 229/32.
118. Parikh, M.: Die Entstickung von Kaltband aus unberuhigt vergossenem Stahl. Clausthal 1976. (Dr.-Ing.-Diss. Techn. Univ. Clausthal.)
119. Hayes, P., u. P. Grieveson: Acta metallurg., New York, 23 (1975) S. 937/42.
120. Seybolt, A. U.: Trans. metallurg. Soc. AIME 245 (1969) S. 769/78. – Knüppel, H., K. Brotzmann u. F. Eberhard: Stahl u. Eisen 78 (1958) S. 1871/80. – Norén, T. M., u. L. Kindbom: Stahl u. Eisen 78 (1958) S. 1881/91; 79 (1959) S. 1938/39.
121. Jack, K. H.: Scand. J. Metallurg. 1 (1972) S. 195/202. – Huffman, G. P., u. H. H. Podgurski: Acta Metallurg., New York, 23 (1975) S. 1367/79.
122. Bohnenkamp, K.: Arch. Eisenhüttenwes. 38 (1967) S. 433/37.
123. Podgurski, H. H., u. H. E. Knechtel: Trans. metallurg. Soc. AIME 245 (1969) S. 1595/602.
124. Podgurski, H. H., R. A. Oriani u. F. N. Davis: Trans. metallurg. Soc. AIME 245 (1969) S. 1603/08.
125. Podgurski, H. H., u. R. A. Oriani: Trans. Metallurg. Soc. AIME 3 (1972) S. 2055/63.
126. Aydin, I., H.-E. Bühler u. A. Rahmel: Werkst. u. Korrosion 31 (1980) S. 675/82. – Steinkusch, W.: Werkst. u. Korrosion 27 (1976) S. 91/96.
127. Schley, J. R., u. J. F. Bennett: Corrosion, Houston, (1967) S. 276/87, s. bes. S. 279.
128. Moran, J. J., J. R. Mihalisin u. E. N. Skinner: Corrosion, Houston, 17 (1961) S. 191/95. – Jäckel, U., u. W. Schwenk: Werkst. u. Korrosion 22 (1971) S. 1/7.
129. Oelsen, W., u. K. H. Sauer: Arch. Eisenhüttenwes. 38 (1967) S. 141/44. – Strocchi, P. M., A. Melandri u. A. Tamba: Arch. Eisenhüttenwes. 38 (1967) S. 135/40. – Mori, T., E. Ichise, u. Y. Niwa: Trans. Iron Steel Inst. Japan 13 (1973) S. 392/401. – Jentzsch, W.-D., u. S. Böhmer: Neue Hütte 11 (1974) S. 647/53.
130. Hudson, R. M.: Trans. metallurg. Soc. AIME 230 (1964) S. 1138/40. – Kor, G. J. W., u. J. F. van Rumpt: J. Iron Steel Inst. 207 (1969) S. 1377/81.
131. Fast, J. D., u. H. A. C. M. Bruning: Z. Elektrochem. 63 (1959) S. 765/72.
132. Koryta, J., J. Dvořák u. V. Boháčková: Electrochemistry. London 1970. S. 140/44. – Kortüm, G.: Lehrbuch der Elektrochemie. 4. Aufl. Weinheim/Bergstr. 1966.
133. Vetter, K. J.: Electrochemical kinetics. New York, London 1967. – Kaesche, H.: Die Korrosion der Metalle. Berlin, Heidelberg, New York 1979.
134. Pourbaix, M.: Atlas of electrochemical equilibria. Houston 1974.
135. Latimer, W. M.: Oxidation potentials. New York 1950. – Pourbaix, M.: In: Passivity and its breakdown on iron and iron base alloys. USA-Japan Seminar. Hrsg.: R. W. Staehle u. H. Okada. Houston 1976.
136. Baeckmann, G. v., u. W. Schwenk: Handbuch des kathodischen Korrosionsschutzes. 2. Aufl. Weinheim/Bergstr. 1980.
137. Wagner, C., u. W. Traud: Z. Elektrochem. 44 (1938) S. 391/402.
138. Heusler, K. E.: Z. Elektrochem., Ber. Bunsenges. phys. Chem., 62 (1958) S. 582/87. – Bockris, J. O. M., D. Drazic u. A. R. Despic: Electrochim. Acta 4 (1961) S. 325/61. – Eichkorn, G., W. J. Lorenz, L. Albert u. H. Fischer: Electrochim. Acta 13 (1968) S. 183/97.
139. Ramchandran, T., u. K. Bohnenkamp: Werkst. u. Korrosion 30 (1979) S. 43/46. – Tsinman, A. I., u. L. A. Danielyan: Zaščita Metallov 10 (1974) S. 308/11.
140. Vilche, J. R., u. A. J. Arvia: Corrosion Sci. 15 (1975) S. 419/31.
141. Moon, A., u. K. Nobe: Corrosion, Houston, 33 (1977) S. 300/04.
142. Kortun, V. N., V. F. Mogilenko u. A. M. Greshchik: Elektrokhimiya 11 (1975) S. 277/80. – Cid, M., A. Jouanneau, D. Nganga u. M. C. Petit: Electrochim. Acta 23 (1978) S. 945/51.
143. Burstein, G. T., u. G. A. Wright: Electrochim. Acta 20 (1975) S. 95/99.
144. Boudarenko, L. Z., u. N. G. Klyuchnikov: Metals Abstr. 5 (1973) S. 1483, Ref. 34-0742.
145. Skominas, V. Yu., K. K. Yuodis u. Yu. Yu. Matulis: Metals Abstr. 12 (1979) S. 101, Ref. 34–0372.
146. Dafft, E. G., K. Bohnenkamp u. H.-J. Engell: Corrosion Sci. 19 (1979) S. 591/612. – Dafft, E. G.: Elektrochemische Permeationsversuche zur Kinetik der Wasserstoffaufnahme von Palladium und Eisen. Clausthal 1977. (Dr.-Ing.-Diss. Techn. Univ. Clausthal.)
147. Eine exaktere Darstellung unter Verwendung von dimensionslosen Kenngrößen ist gegeben. In: Rahmel, A., u. W. Schwenk: Korrosion und Korrosionsschutz von Stählen, Weinheim, New York 1977. S. 32/33.

148. Kaesche, H.: Die Korrosion der Metalle. Berlin, Heidelberg, New York 1979. S. 374/82.
149. Buckowiecki, A.: Schweiz. Arch. angew. Wiss. Techn. 23 (1957) S. 97/104.
150. Evans, U. R., u. C. A. J. Taylor: Corrosion Sci. 12 (1972) S. 227/46. – Hickling, A., u. D. J. G. Ives: Electrochim. Acta 20 (1975) S. 63/69.
151. Bohnenkamp, K.: Arch. Eisenhüttenwes. 47 (1976) S. 751/56.
152. Schikorr, G.: Werkst. u. Korrosion 14 (1963) S. 69/80.
153. Engell, H.-J., u. N. D. Stolica: Arch. Eisenhüttenwes. 30 (1959) S. 239/48. – Herbsleb, G., u. H.-J. Engell: Z. Elektrochem. 65 (1961) S. 881/87.
154. Wagner, C.: Ber. Bunsenges. phys. Chem. 77 (1973) S. 1090/97.
155. Sato, N., u. G. Okamoto: J. electrochem. Soc. 110 (1963) S. 605/14. – Vetter, K. J., u. K. Arnold: Z. Elektrochem. 64 (1960) S. 244/51.
156. Kolotyrkin, Y. M.: Z. Elektrochem. 62 (1958) S. 664/70.
157. Olivier, R.: Leiden 1955. (Diss. Univ. Leiden.)
158. Osozawa, K., u. H.-J. Engell: Corrosion Sci. 6 (1966) S. 389/93.
159. Engell, H.-J., u. T. Ramchandran: Z. phys. Chem. 215 (1960) S. 176/184.
160. Rockel, M. B.: Corrosion, Houston, 29 (1973) S. 393/96.
161. Herbsleb, G., u. H.-J. Engell: Z. Elektrochem., Ber. Bunsenges. phys. Chem., 65 (1961) S. 881/87. – Dieselben: Z. phys. Chem. 215 (1960) S. 167/75.
162. Vetter, K. J., u. H.-H. Strehblow: Ber. Bunsenges. phys. Chem. 74 (1970) S. 1024/35.
163. Brauns, E., u. W. Schwenk: Arch. Eisenhüttenwes. 32 (1961) S. 387/96.
164. Lorenz, K., u. G. Medawar: Thyssenforsch. 1 (1969) S. 97/108.
165. Stefec, R., F. Franz u. A. Holecek: Werkst. u. Korrosion 30 (1979) S. 189/97.
166. Szklarska-Smialowska, Z.: Localised corrosion. Houston 1974. S. 312 ff.
167. Baes, C. F., u. R. E. Messner: The hydrolysis of cations. New York 1976.
168. Lukomski, N., u. K. Bohnenkamp: Werkst. u. Korrosion 30 (1979) S. 482/86.
169. Oldfield, J. W., u. W. H. Sutton: Brit. Corrosion J. 13 (1978) S. 13/22.
170. Bungardt, K., E. Kunze u. E. Horn: Arch. Eisenhüttenwes. 29 (1958) S. 193/203.
171. Demo, J. J., u. A. P. Bond: Corrosion, Houston, 31 (1975) S. 21/22. – Nichol, T. J., u. J. A. Davis: In: Intergranular corrosion of stainless alloys. Philadelphia/Pa. 1978. (ASTM Spec. Techn. Publ. No. 656.)
172. Siehe z. B. unter [1] S. 135/39.
173. Grützner, G.: Arch. Eisenhüttenwes. 44 (1973) S. 189/96. – Derselbe: Stahl u. Eisen 93 (1973) S. 9/18.
174. Dehmel, O.: Radex-Rdsch. 1977, S. 201/09.
175. Smith, A. F.: Metal Sci. 9 (1975) S. 375/79.
176. Osozawa, K., K. Bohnenkamp u. H.-J. Engell: Corrosion Sci. 6 (1966) S. 421/33.
177. Strauß, B., H. Schottky u. J. Hinnüber: Z. anorg. Chem. 188 (1930) S. 309/24.
178. Fickelscher, H.: Werkst. u. Korrosion 33 (1982) S. 146/50.
179. Swann, P. R.: Corrosion, Houston, 19 (1963) S. 102/12.
180. Leu, K. W., u. J. N. Helle: Corrosion, Houston, 14 (1958) S. 249 t/254 t. – Wassermann, G.: Z. Metallkde. 34 (1942) S. 297/302.
181. Davidson, D. L., u. F. F. Lyle: Corrosion, Houston, 31 (1975) S. 135/39.
182. Engell, H.-J.: In: The theory of stress corrosion cracking in alloys. Hrsg.: J. C. Scully. Brüssel 1971. S. 86/104.
183. Gröschel, F.: Untersuchungen zur Rolle der Plastizität bei der Spannungsrißkorrosion in Fe-Cr-Ni-Einkristallen. Aachen 1981. (Dr.-Ing.-Diss. Techn. Hochsch. Aachen.)
184. Erb, U., u. H. Gleiter: Acta metallurg., New York, demnächst.
185. Brauns, E., u. H. Ternes: Werkst. u. Korrosion 19 (1968) S. 1/19.
186. Reed, R. E., u. H. W. Paxton: In: First international congress on metallic corrosion, London, 10–15. April 1961. London 1962. S. 301/08.
187. Ahlers, M., u. E. Riecke: Corrosion Sci. 18 (1978) S. 21/38.
188. Marek, M., u. R. F. Hochmann: Corrosion, Houston, 27 (1971) S. 361/70.
189. Hänninen, H. E.: Internat. Metals Rev. 24 (1979) S. 85/135.
190. Speidel, M. O.: Corrosion, Houston, 33 (1977) S. 199/203.
191. Takano, M.: Corrosion, Houston, 30 (1974) S. 441/46.
192. Hashimoto, K.: Corrosion, Houston, 31 (1975) S. 398/406.
193. Bäumel, A., u. H.-J. Engell: Arch. Eisenhüttenwes. 32 (1961) S. 379/86.

194. Bohnenkamp, K.: Arch. Eisenhüttenwes. 39 (1968) S. 361/68.
195. Wendler-Kalsch, E.: Werkst. u. Korrosion 31 (1980) S. 534/42.
196. Rädecker, W., u. B. N. Mishra: Werkst. u. Korrosion 17 (1966) S. 193/97.
197. Küpper, J., H. Erhart u. H. J. Grabke: Corrosion Sci. 21 (1981) S. 227/38.
198. Cleavy, H. J., u. N. D. Greene: Corrosion Sci. 7 (1967) S. 821/31. – Foroulis, Z. A., u. H. H. Uhlig: J. electrochem. Soc. 112 (1965) S. 1177 ff.
199. Dafft, E. G., K. Bohnenkamp u. H.-J. Engell: Corrosion Sci. 19 (1979) S. 591/612.
200. Riecke, E.: Werkst. u. Korrosion 29 (1978) S. 106/12.
201. Berechnet aus den Werten des Diffusions- und des Permeationskoeffizienten nach Riecke, E.: Wie unter [88], Bd. 1. S. 605.
202. Hirth, J. P.: Metallurg. Trans. 11 A (1980) S. 861/90.
203. Engell, H.-J.: Stahl u. Eisen 98 (1978) S. 637/41.
204. Oriani, R. A.: Ber. Bunsenges. phys. Chem. 76 (1972) S. 848/57.
205. Wedler, G., K. P. Geus, K. G. Kolb u. G. Mc Elhiney: Appl. Surf. Sci. 1 (1978) S. 471 ff.

C 4 Eignung zur Wärmebehandlung

1. DIN 17 014. T. 1. Wärmebehandlung von Eisenwerkstoffen, Fachbegriffe und -ausdrücke. Ausg. Feb. 1976
2. Fachausdrücke auf dem Gebiet der Wärmebehandlung T. I bis VIII. – Härterei-Techn. Mitt. 33 (1978) S. 329/35; 35 (1980) S. 97/100, S. 199/203 u. 309/11; 36 (1981) S. 201/04 u. 332/34; 37 (1982) S. 93/94 u. S. 244.
3. DIN 8528. Schweißbarkeit. Ausg. 1973.
4. EURONORM 52–67. Fachausdrücke der Wärmebehandlung. Ausg. 1983.
5. Rose, A.: Stahl u. Eisen 85 (1965) S. 1229/40 u. 1267/68.
6. Brugger, H., E. Macherauch u. O. Vöhringer: Härterei-Techn. Mitt. 26 (1971) S. 340/47.
7. Fischmeister, H., u. B. Karlsson: Z. Metallkde. 68 (1977) S. 311/27.
8. Hornbogen, E.: Z. Metallkde. 68 (1977) S. 455/69.
9. Hougardy, H. P.: Härterei-Techn. Mitt. 33 (1978) S. 252/58.
10. Plöckinger, E.: Stahl u. Eisen 92 (1972) S. 972/81.
11. Randak, A., A. Stanz u. W. Verderber: Stahl u. Eisen 92 (1972) S. 981/93.
12. Zum Gahr, K. H., u. L. J. Eberhartinger: Z. Metallkde. 67 (1976) S. 640/45.
13. Dahmen, U., u. E. Hornbogen: Z. Metallkde. 66 (1975) S. 255/60.
14. Kochendörfer, A.: Z. Metallkde. 62 (1971) S. 1/12, 71/85, 173/85 u. 255/69.
15. Hornbogen, E., u. M. Gräf: Acta metallurg., New York, 25 (1977) S. 877/81.
16. Hornbogen, E., u. K. H. Zum Gahr: Z. Metallkde. 67 (1976) S. 79/86.
17. Spitzig, W. A., u. R. J. Sober: Metallurg. Trans. 12 A (1981) S. 281/91.
18. Haberling, E., u. K. Rasche: Thyssen Edelstahl Techn. Ber. 7 (1981) S. 168/74.
19. Heiser, F. A., u. R. W. Hertzberg: J. Iron Steel Inst. 209 (1971) S. 975/80.
20. Chao, H.-C.: Metallurg. Trans. 9 A (1978) S. 509/13.
21. Rose, A., A. Krisch u. F. Pentzlin: Stahl u. Eisen 91 (1971) S. 1001/20. – Kochendörfer, A., K. E. Hagedorn, G. Schlatte u. H. Ibach: Arch. Eisenhüttenwes. 50 (1979) S. 123/26.
22. Flügge, J., W. Heller u. R. Schweitzer: Stahl u. Eisen 99 (1979) S. 841/45.
23. Spitzer, H.: Stahl u. Eisen 92 (1972) S. 994/1002.
24. Fuchs, W., K. Täffner, A. Krisch u. A. Kochendörfer: Arch. Eisenhüttenwes. 46 (1975) S. 127/36.
25. Bhattacharya, D.: Metallurg. Trans. 12 A (1981) S. 973/85.
26. Kloos, K. H., B. Kaiser u. D. Schreiber: Z. Werkst.-Techn. 12 (1981) S. 206/18.
27. Meyer, L.: Stahl u. Eisen 97 (1977) S. 410/16.
28. Biesterfeld, W., E. Haberling u. K. Rasche: Thyssen Edelstahl Techn. Ber. 5 (1979) S. 97/101.
29. Meyer, L.: Stahl u. Eisen 101 (1981) S. 483/91.
30. Lotter, U., W. Müschenborn u. R.-D. Knorr: Thyssen Techn. Ber. 10 (1978) S. 35/42.
31. Sonne, H.-M., B. Pretnar, N. Mesto u. W. Müschenborn: Arch. Eisenhüttenwes. 50 (1979) S. 503/06.
32. Straßburger, C., u. W. Müschenborn: Bänder, Bleche, Rohre 10 (1969) S. 211/18.
33. Pickering, F. B.: Physical metallurgy and the design of steels. London, 1978.

34. Sprödes Versagen von Bauteilen aus Stahl. Düsseldorf 1978. (VDI-Bericht. Nr. 318.)
35. Hyzak, J. M., u. I. M. Bernstein: Metallurg. Trans. 7 A (1976) S. 1217/24.
36. Just, E.: In: Grundlagen der technischen Wärmebehandlung von Stahl. Hrsg. J. Grosch. 1981. S. 167/89.
37. Hardenability Concepts with Applications to Steel. Ed.: Doane and Kirkaldy Metallurgical Society of AIME. New York, 1978. S. 163/76.
38. Magonon, P. L.: Metallurg. Trans. 7 A (1976) S. 1389/400.
39. Kochendörfer, A.: Arch. Eisenhüttenwes. 37 (1966) S. 877/85.
40. Langford, G.: Metallurg. Trans. A 8 (1977) S. 861/75.
41. Houin, J. P., A. Simon u. G. Beck: Trans. Iron Steel Inst. Japan 21 (1981) S. 726/31.
42. Marder, A. R., u. B. L. Bramfitt: Metallurg. Trans. A 7 (1976) S. 365/72.
43. Flügge, J., W. Heller. E. Stolte u. W. Dahl: Arch. Eisenhüttenwes. 47 (1976) S. 635/41.
44. Malik, H. I.: Arch. Eisenhüttenwes. 50 (1979) S. 449/50.
45. Park, Y. J., u. I. M. Bernstein: Metallurg. Trans. 10 A (1979) S. 1653/64.
46. Naylor, J. P.: Metallurg. Trans. A 10 (1979) S. 861/73.
47. Honeycombe, R. W. K., u. F. B. Pickering: Metallurg. Trans. 3 (1972) S. 1099/112.
48. Nakajima, H., u. T. Araki: Trans. Nat. Res. Inst. Metals Japan 19 (1977) Nr. 3, S. 8/15.
49. DIN 50 601. Metallographische Prüfverfahren. Ermittlung der Austenit- und Ferritkorngröße von Stahl und anderen Eisenwerkstoffen. Ausg. 1984.
50. Desalos, Y., u. R. Laurent: Mem. Sci. Rev. Métallurg. 3 (1979) S. 73/107.
51. Roberts, M. J.: Metallurg. Trans. 1 (1970) S. 3287/94.
52. Matsuda, S., T. Inoue, H. Mimura u. Y. Okamura: Trans. Iron Steel Inst. Japan 12 (1972) S. 325/33.
53. Naylor, J. P., u. P. R. Krahe: Metallurg. Trans. 5 (1974) S. 1699/701.
54. Ohtani, H., F. Terasaki u. T. Kunitake: Trans. Iron Steel Inst. Japan 12 (1972) S. 118/27.
55. Brozzo, P., G. Buzzichelli, A. Mascanzoni u. M. Mirabile: Metal Sci. 11 (1977) S. 123/29.
56. Vöhringer, O., u. E. Macherauch: Härterei-Techn. Mitt. 32 (1977) S. 152/202.
57. Malik, L., u. J. A. Lund: Metallurg. Trans. 3 (1972) S. 1403/06.
58. Yokota, M.-J., u. G. Y. Lai: Metallurg. Trans. 6 A (1975) S. 1832/35.
59. Davies, R. G., u. C. L. Magee: Metallurg. Trans. 3 (1972) S. 307/13.
60. Becker, J., E. Hornbogen u. P. Stratmann: Z. Metallkde. 71 (1980) S. 27/31.
61. Rademacher, L.: TEW Techn. Ber. 1 (1975) S. 26/33.
62. Legat, A., u. R. Mitsche: Arch. Eisenhüttenwes. 45 (1974) S. 133/36.
63. Burns, K. W., u. F. B. Pickering: J. Iron Steel Inst. 202 (1964) S. 899/906.
64. Engineer, S., u. A. von den Steinen: Thyssen Edelstahl Techn. Ber. 6 (1980) S. 85/89.
65. Brandis, H., S. Engineer u. A. von den Steinen: Härterei-Techn. Mitt. 36 (1981) S. 134/36.
66. Rawal, S. P., u. J. Gurland: Metallurg. Trans. A 8 (1977) S. 691/98.
67. Aernoudt, E., u. J. G. Sevillano: J. Iron Steel Inst. 211 (1973) S. 718/25.
68. Rosenfield, A. R., G. T. Hahn u. J. D. Embury: Metallurg. Trans. 3 (1972) S. 2797/804.
69. Davies, R. G.: Metallurg. Trans. 9 A (1978) S. 451/55.
70. Marder, A. R.: Metallurg. Trans. 12 A (1981) S. 1569/79.
71. Becker, J., E. Hornbogen u. F. Wendl: Z. Metallkde. 72 (1981) S. 89/96.
72. Structure and Properties of Dual-Phase Steels. Ed. by R. A. Kot and J. W. Morris. The Metallurgical Society of AIME. 1979.
73. Forch, W., W. Witte u. S. Bidani: Stahl u. Eisen 100 (1980) S. 1329/38.
74. Ucisik, A. H., C. J. McMahon jr. u. H. C. Feng: Metallurg. Trans. 9 A (1978) S. 321/29.
75. Caron, R. N., u. G. Krauss: Metallurg. Trans. 3 (1972) S. 2381/89.
76. Onel, K., u. J. Nutting: Metal Sci. 13 (1979) S. 573/79.
77. Smith, D. W., u. R. F. Hehemann: J. Iron Steel Inst. 209 (1971) S. 476/81.
78. Klärner, H.-F., u. E. Hougardy: Arch. Eisenhüttenwes. 6 (1970) S. 587/93.
79. Piehl, K.-H.: Stahl u. Eisen 95 (1975) S. 837/44.
80. Engineer, S., u. H. Michel: Thyssen Edelstahl Techn. Ber. 8 (1982) S. 13/15.
81. Huang, D.-H., u. G. Thomas: Metallurg. Trans. 2 (1971) S. 1587/98. – Dieselben: Metallurg. Trans. 3 (1972) S. 343/46.
82. Kalish, D.: Metallurg. Trans. 3 (1972) S. 341/42.
83. Forch, K.: Vergütete Baustähle für Schweißkonstruktionen und Schmiedestücke. In: Grundlagen der Wärmebehandlung von Stahl. Berichte, gehalten im Kontaktstudium „Werkstoffkunde Eisen und Stahl" II. Hrsg. von W. Pitsch, Düsseldorf, 1976. S. 155/71.

84. Mehta, K. K.: Thyssen Edelstahl Techn. Ber. 8 (1982) S. 9/12.
85. Rademacher, L.: Härterei-Techn. Mitt. 33 (1978) S. 241/51.
86. Kuo, K.: J. Iron Steel Inst. 174 (1953) S. 223/28.
87. Rapatz, F.: Die Edelstähle. Berlin, Göttingen, Heidelberg 1951. S. 785 ff.
88. Miller, M. K., P. A. Beaven u. G. D. W. Smith: Metallurg. Trans. 12 A (1981) S. 1197/204.
89. Thomas, G.: Metallurg. Trans. 9 A (1978) S. 439/50.
90. Speich, G. R., u. W. C. Leslie: Metallurg. Trans. 3 (1972) S. 1043/54.
91. Simcoe, C. R., A. E. Nehrenberg, V. Biss u. A. P. Coldren: Trans. Amer. Soc. Metals 61 (1968) S. 834/42.
92. Clayton, J. Q., u. J. F. Knott: Metal Sci. 16 (1982) S. 145/52.
93. Rellick, J. R., u. C. J. McMahon jr.: Metallurg. Trans. 5 (1974) S. 2439/50.
94. Ohtani, H., H. C. Feng, C. J. McMahon jr. u. R. A. Mulford: Metallurg. Trans. 7 A (1976) S. 87/95.
95. Lihl, F., u. W. Löw: Arch. Eisenhüttenwes. 37 (1966) S. 165/71.
96. Erhart, H., H.-J. Grabke u. R. Möller: Arch. Eisenhüttenwes. 52 (1981) S. 451/52.
97. Kameda, J., u. C. J. McMahon jr.: Metallurg. Trans. 12 A (1981) S. 31/37.
98. Briant, C. L., u. R. P. Messmer: Acta metallurg., New York, 30 (1982) S. 1811/18.
99. Yu, J., u. E. J. McMahon jr.: Metallurg. Trans. 11 A (1980) S. 277/89.
100. Guillou, R., M. Guttmann u. Ph. Dumoulin: Metal Sci. 15 (1981) S. 63/72.
101. Spink, G. M.: Metallurg. Trans. 8 A (1977) S. 135/43.
102. Briant, C. L., u. S. K. Banerji: Metallurg. Trans. 12 A (1981) S. 309/19.
103. Hartweck, W. G., u. H. J. Grabke: Acta metallurg., New York, 29 (1981) S. 1237/46.
104. Anda, E., W. Losch, H. Majlis u. J. E. Ure: Acta metallurg., New York, 30 (1982) S. 611/14.
105. Thelning, K.-E.: Härterei-Techn. Mitt. 25 (1970) S. 271/81.
106. Macherauch, E., H. Wohlfahrt u. U. Wolfstieg: Härterei-Techn. Mitt. 28 (1973) S. 201/11.
107. Macherauch, E.: Z. Werkst.-Techn. 10 (1979) S. 97/111.
108. Hengerer, F., B. Strässle u. P. Bremi: Stahl u. Eisen 89 (1969) S. 641/54.
109. Jaquemar, C.: Berg- u. hüttenm. Mh. 124 (1979) S. 20/30.
110. Haug, V., u. E. Macherauch: Eigenspannungen und Lastspannungen. München 1982.
111. Rose, A.: Härterei-Techn. Mitt. 21 (1966) S. 1/6. - Rose, A.: Berg- u. hüttenm. Mh. 110 (1965) S. 393/402.
112. Bühler, H., u. A. Rose: Arch. Eisenhüttenwes. 40 (1969) S. 411/23.
113. Berns, H.: Z. Werkst.-Techn. 8 (1977) S. 149/57.
114. Yu, H.-J., U. Wolfstieg u. E. Macherauch: Arch. Eisenhüttenwes. 50 (1979) S. 81/84. - Inoue, T., u. K. Tanaka: Internat. J. Mech. Sci. 17 (1975) S. 361/67. - Tüns, H. J., u. H. P. Hougardy: Grundlagen der thermoplastischen Berechnung von Spannungsverteilungen bei der Wärmebehandlung von Stählen am Beispiel des Programmsystems THEPLA. In: Eigenspannungen. Berichte eines Symposiums in Bad Nauheim 1979. [Hrsg.:] Deutsche Gesellschaft für Metallkunde. Oberursel 1980. S. 171/80. - Denis, S., A. Simon u. G. Beck: Härterei-Techn. Mitt. 37 (1982) 1, S. 18/27. - Hougardy, H. P., u. M. Wildau: Härterei-Techn. Mitt. 38 (1983). - Hougardy, H. P., u. M. Wildau: Arch. Eisenhüttenwes. 54 (1983).
115. Rose, A., u. H. P. Hougardy: Umwandlungsverhalten, Härte und Härtbarkeit der Einsatzstähle. Köln, Opladen 1969. (Forschungsberichte des Landes Nordrhein-Westfalen. Nr. 1946.)
116. Bahre, K.: Z. Werkst.-Techn. 9 (1978) S. 45/56.
117. Kloos, K. H., u. B. Kaiser: Härterei-Techn. Mitt. 37 (1982) S. 7/17.
118. Lipp, H. J., u. K. Detert: Arch. Eisenhüttenwes. 47 (1976) S. 697/702.
119. Wolf, H., u. W. Böhm: Arch. Eisenhüttenwes. 12 (1971) S. 509/13.
120. Atlas zur Wärmebehandlung der Stähle. Hrsg. vom Max-Planck-Institut für Eisenforschung in Zusammenarbeit mit dem Werkstoffausschuß des Vereins Deutscher Eisenhüttenleute. Bd. 1. T. 1 von F. Wever u. A. Rose, Bd. 1. T. 2 von A. Rose, W. Peter, W. Strassburg u. L. Rademacher. Düsseldorf 1954–1958.
121. Hougardy, H.: Die Umwandlung der unlegierten Stähle. T. 2. Düsseldorf 1982.
122. Hougardy, H. P.: Härterei-Techn. Mitt. 33 (1978) S. 115/17.
123. Grange, R. A.: Metallurg. Trans. 2 (1971) S. 65/78.
124. Kocjancic, B., u. G. Reichelt: Härterei-Techn. Mitt. 30 (1975) S. 321/34. - Kocjancic, B., u. D. Dengel: Härterei-Techn. Mitt. 34 (1979) S. 149/55.
125. Peter, W., u. H. Finkler: Härterei-Techn. Mitt. 24 (1969) S. 210/17.

126. Lücke, K., u. G. Gottstein: Wie unter [83], S. 125/42. – Hornbogen, E., u. H. Kreye: Wie unter [83], S. 143/54.
127. Hansen, S. S., J. B. Van der Sande u. M. Cohen: Metallurg. Trans. 11 A (1980) S. 387/401.
128. Humbert, J., B. Bergmann, K. Richter u. G. Arouza: Arch. Eisenhüttenwes. 52 (1981) S. 359/66.
129. Cuddy, L. J., J. J. Bauwin u. J. C. Raley: Metallurg. Trans. 11 A (1980) S. 381/86.
130. Cuddy, L. J.: Metallurg. Trans. 12 A (1981) S. 1313/20.
131. Nichtrostende Stähle. Hrsg. Edelstahl-Vereinigung E. V. und Verein Deutscher Eisenhüttenleute. Düsseldorf 1977. – Thyssen Edelstahl Techn. Ber. 3 (1979) S. 7/72.
132. Österle, W., u. H. Wever: Z. Metallkde. 72 (1981) S. 230/37. – Bunge, H.-J., D. Grzesik, G. Ahrnd u. M. Schulze: Arch. Eisenhüttenwes. 52 (1981) S. 407/11.
133. Wassermann, G., u. J. Greven: Texturen metallischer Werkstoffe. Berlin, Heidelberg, New York 1962. – Michalak, J. T., u. R. D. Schoone: Trans. Metallurg. Soc. AIME 242 (1968) S. 1149/60.
134. Toda, K., H. Gondoh, H. Takechi u. M. Abe: Stahl u. Eisen 96 (1976) S. 1320/26. – Drewes, E. J.: Einfluß der Wärmebehandlung auf die mechanischen Eigenschaften von kaltgewalztem Feinblech. In: Kontaktstudium des Vereins Deutscher Eisenhüttenleute: Umformtechnik, T. II. Kaltwalzen auf flacher Bahn. 1981.
135. Rose, A., u. A. Klein: Stahl u. Eisen 79 (1959) S. 1901/12. – Rose, A., H. P. Hougardy u. A. Klein: Der Einfluß der Unterkühlung auf die Kristallisationsformen voreutektoidisch ausgeschiedener Phasen und von eutektoidischen Phasengemengen. Köln/Opladen 1964. (Forschungsberichte des Landes Nordrhein-Westfalen Nr. 1419.)
136. Rademacher, L.: Wie unter [83], S. 195/219.
137. Rose, A., S. Takaishi u. H. P. Hougardy: Arch. Eisenhüttenwes. 35 (1964) S. 209/20.
138. Engineer, S., H.-J. Klaar u. A. von den Steinen: Thyssen Edelstahl Techn. Ber. 6 (1980) S. 90/97.
139. Dunlop, G. L., C.-J. Carlsson u. G. Frimodig: Metallurg. Trans. 9 A (1978) S. 261/66.
140. Dietl, W.: Stahl u. Eisen 99 (1979) S. 1168/72.
141. Heller, W., u. J. Flügge: Stahl u. Eisen 100 (1980) S. 1240/46.
142. Funke, P., H. Krautmacher u. R. Kohlgrüber: Stahl u. Eisen 102 (1982) S. 53/87.
143. Wittek, R., u. P. Funke: Stahl u. Eisen 99 (1979) S. 509/13.
144. Stolte, E., u. W. Heller: Stahl u. Eisen 94 (1974) S. 486/93.
145. Degenkolbe, J., u. B. Müsgen: Thyssen Techn. Ber. 12 (1980) S. 15/23.
146. Mehta, K. K.: Thyssen Edelstahl Techn. Ber. 6 (1980) S. 111/16.
147. Huchtemann, B., u. L. Rademacher: TEW Techn. Ber. 2 (1976) S. 137/43.
148. Houdremont, E.: Handbuch der Sonderstahlkunde. 1. Bd. Berlin, Göttingen, Heidelberg u. Düsseldorf 1956. S. 291 ff.
149. DIN 50190. T 2. Härtetiefe wärmebehandelter Teile. Ermittlung der Einhärtungstiefe nach Randschichthärten. Ausg. März 1979.
150. DIN 50191. Prüfung von Eisenwerkstoffen, Stirnabschreckversuch. Ausg. Febr. 1971.
151. DIN 17200. Vergütungsstähle. Ausg. Dez. 1969.
152. DIN 17021. T 1. Wärmebehandlung von Eisenwerkstoffen. Werkstoffauswahl, Stahlauswahl aufgrund der Härtbarkeit. Ausg. Febr. 1976.
153. Liedtke, D.: Härterei-Techn. Mitt. 35 (1980) S. 171/74.
154. Burgdorf, E. H.: Härterei-Techn. Mitt. 36 (1981) S. 86/90. – Wünning, J.: Härterei-Techn. Mitt. 36 (1981) S. 231/41.
155. Opel, P., C. Florin, F. Hochstein u. K. Fischer: Stahl u. Eisen 90 (1970) S. 465/74.
156. Snoeijer, B.: VDI-Z. 117 (1975) S. 985/90.
157. Liebig, H. P.: VDI-Z. 117 (1975) S. 999/1008.
158. Rademacher, L.: Wie unter [34], S. 51/64.
159. Banerji, S. K., C. J. McMahon jr. u. H. C. Feng: Metallurg. Trans. 9 A (1978) S. 237/47.
160. Mehta, K. K.: TEW Techn. Ber. 2 (1976) S. 130/36. – Wada, T., u. W. C. Hagel: Metallurg. Trans. 9 A (1978) S. 691/96. – Mulford, R. A., C. J. McMahon jr., D. P. Pope u. H. C. Feng: Metallurg. Trans. 7 A (1976) S. 1269/74.
161. Wada, T., u. D. V. Doane: Metallurg. Trans. 5 (1974) S. 231/39.
162. Haberling, E., u. H. Martens: Thyssen Edelstahl Techn. Ber. 3 (1977) S. 100/04.
163. Rademacher, L.: Fachber. Hüttenprax. Metallweiterverarb. 18 (1980) S. 662/63, 665/71, 674 u. 676/78.
164. Schönfeld, K.-H., u. R. Krumpholz: Härterei-Techn. Mitt. 35 (1980) S. 215/19.

165. Courrier, R., u. G. le Caer: Mém. Sci. Rev. Métallurg. 71 (1974) S. 691/709. - Brandis, H., H. Kiesheyer u. G. Lennartz: Arch. Eisenhüttenwes. 46 (1975) S. 799/804.
166. Petri, R., E. Schnabel u. P. Schwaab: Arch. Eisenhüttenwes. 51 (1980) S. 355/60.
167. Vedula, K. M., u. R. W. Heckel: Metallurg. Trans. 1 (1970) S. 9/18.
168. Jonck, R.: Wie unter [36], S. 148/66.
169. Connert, W.: Stahl u. Eisen (1960) S. 1049/60.
170. Anand, L., u. J. Gurland: Metallurg. Trans. 7 A (1976) S. 191/97.
171. Nijhoff, G. H.: Härterei-Techn. Mitt. 36 (1981) S. 242/47.
172. Chattopadhyay, S., u. C. M. Sellars: Acta metallurg., New York, 30 (1982) S. 157/70.
173. Kanaka, T.: Internat. Metals Rev. 26 (1981) S. 185/212.
174. Freiwillig, R., J. Kudrman u. P. Chráska: Metallurg. Trans. 7 A (1976) S. 1091/97.
175. Neubauer, B.: Verfestigung technischer Stahllegierungen durch Austenitformhärten. Aachen 1973. (Dr.-Ing.-Diss. Techn. Hochsch. Aachen.)
176. Engl, B.: Einfluß der Verformung des instabilen Austenits auf die Gefügeausbildung und die Zähigkeit legierter Werkzeugstähle. Aachen 1977. (Dr.-Ing.-Diss. Techn. Hochsch. Aachen.)
177. Frodl, D., E. Plänker u. K. Vetter: Stahl u. Eisen 101 (1981) S. 75/79.
178. Luton, M. J., R. Dorvel u. R. A. Petkovic: Metallurg. Trans. 11 A (1980) S. 411/20.
179. Weiss, I., u. J. J. Jonas: Metallurg. Trans. 10 A (1979) S. 831/39.
180. Kozasu, I., T. Shimizu u. K. Tsukada: Trans. Iron Steel Inst. Japan 12 (1972) S. 305/13.
181. Kaspar, R., L. Peichl u. O. Pawelski: Stahl u. Eisen 101 (1981) S. 721/26.
182. Desalos, Y., R. Laurent u. A. Le Bon: Mém. Sci. Rev. Métallurg. 76 (1979) S. 377/96.
183. Schmidtmann, E., u. H. Hlawiczka: Arch. Eisenhüttenwes. 44 (1973) S. 529/36.
184. Stüwe, H. P.: Z. Metallkde. 72 (1981) S. 746/51.
185. McCutcheon, D. B., T. W. Trumper u. J. D. Embury: Rev. Métallurg. 73 (1976) S. 143/74.
186. Weißenberg, H., u. E. Hornbogen: Arch. Eisenhüttenwes. 50 (1979) S. 479/83.
187. Edwards, R. H., u. N. F. Kennon: Metallurg. Trans. 9 A (1978) S. 1801/09.
188. Lauprecht, W. E., H. Imgrund u. P. Coldren: Stahl u. Eisen 93 (1973) S. 1041/54. - Hornbogen, E., u. K.-D. Beckmann: Arch. Eisenhüttenwes. 49 (1976) S. 553/58.
189. Bramfitt, B. L., u. A. R. Marder: Metallurg. Trans. 8 A (1977) S. 1263/73.
190. Engl, B., u. A. Fuchs: Prakt. Metallogr. 17 (1980) S. 3/13.
191. Kühne, K., H. Dünnwald u. W. Dahl: In: Proceedings of the 4th European Conference on Fracture. Leoben 1982. S. 328/34.
192. Engl, B., u. A. Fuchs: Stahl u. Eisen 101 (1981) S. 1161/66.
193. Engl, B., u. A. Fuchs: Wie unter [191], S. 335/42.
194. Vlad, C., u. H. Paulitsch: Stahl u. Eisen 97 (1977) S. 1088/95.
195. Ruhfus, H.: Wärmebehandlung der Eisenwerkstoffe. Düsseldorf 1958. (Stahleisen-Bücher, Bd. 15.)
196. Hauffe, W.: Schnellstähle und ihre Wärmebehandlung. München 1951.
197. Seidel, W., u. H. Uetz: Härterei-Techn. Mitt. 37 (1982) S. 211/19.
198. Stähli, G.: Härterei-Techn. Mitt. 34 (1979) S. 55/63.
199. Schaaber, O.: Wie unter [83], S. 187/94.
200. Eigenschaften von Werkstoffen mit Verschleiß-Schutzschichten. Berichte in: Härterei-Techn. Mitt. 37 (1982) S. 158/95.
201. Hougardy, H. P.: Zusammenfassende Darstellung des Umwandlungsverhaltens. In: Grundlagen der Wärmebehandlung von Stahl. Hrsg. W. Pitsch, Düsseldorf 1976. S. 108/24.
202. Wünning, J., G. Leyens u. G. Woelk: Härterei-Techn. Mitt. 31 (1976) S. 132/37. - Luiten, C. H., F. Limque u. F. Bless: Härterei-Techn. Mitt. 34 (1979) S. 253/59. - Montevecchi, I.: Härterei-Techn. Mitt. 35 (1980) S. 117/21.
203. Neumann, F., u. B. Person: Härterei-Techn. Mitt. 23 (1968) S. 296/310. - Neumann, F., u. U. Wyss: Härterei-Techn. Mitt. 25 (1970) S. 253/66. - Neumann, F.: Härterei-Techn. Mitt. 30 (1975) S. 12/20.
204. Liedtke, D.: Einsatzhärten. Hrsg. von der Beratungsstelle für Stahlverwendung Düsseldorf 1981. (Merkblätter über sachgemäße Stahlverwendung. Nr. 452.)
205. Grosch, J., D. Liedtke, K. Kallhart, D. Tacke, R. Hoffmann, C. H. Luiten u. F. W. Eysell: Härterei-Techn. Mitt. 36 (1981) S. 262/69.
206. Knorr, W., H.-J. Peters u. G. Tacke: Härterei-Techn. Mitt. 36 (1981) S. 129/33. - Mehta, K. K., u. L. Rademacher: TEW Techn. Ber. 2 (1976) S. 118/123.

207. Brugger, H.: Schweiz. Arch. angew. Wiss. u. Techn. 36 (1970) S. 219/29. – Schmidt, W.: TEW Techn. Ber. 1 (1975) S. 34/37. – Schmidtmann, E., u. G. Kopfer: Arch. Eisenhüttenwes. 52 (1981) S. 483/9.
208. Rose, A., u. H. P. Hougardy: In: Transformation and Hardenability in Steels. Symposium sponsored by Climax Molybdenum Company of Michigan. Ann Arbor 1967. S. 155/67.
209. Ohsawa, M.: Härterei-Techn. Mitt. 34 (1979) S. 64/71.
210. Mittemeijer, E. J.: Härterei-Techn. Mitt. 36 (1981) S. 57/67.
211. Atanasova, J. R.: Härterei-Techn. Mitt. 31 (1976) S. 325/26.
212. Atanasova, J. R.: Härterei-Techn. Mitt. 34 (1979) S. 10/13.
213. Zyśk, J.: Härterei-Techn. Mitt. 35 (1980) S. 6/10.
214. Edenhofer, B., u. H. Trenkler: Härterei-Techn. Mitt. 34 (1979) S. 156/67.
215. Rademacher, L., M. Hoock u. K. K. Mehta: Thyssen Edelstahl Techn. Ber. 5 (1979) S. 162/69. – Lampe, T., u. K.-T. Rie: Z. Metallkde. 72 (1981) S. 269/74.
216. Edenhofer, B., u. H. Trenkler: Härterei-Techn. Mitt. 35 (1980) S. 220/29.
217. Hoffmann, R.: Härterei-Techn. Mitt. 31 (1976) S. 152/57.
218. Hoffmann, F.: Härterei-Techn. Mitt. 36 (1981) S. 255/57.
219. Hutterer, K., W. Kaltenbrunner u. A. Kohnhauser: Härterei-Techn. Mitt. 31 (1976) S. 145/52.
220. Roempler, D.: Härterei-Techn. Mitt. 34 (1979) S. 219/26.
221. Hanke, M.: Härterei-Techn. Mitt. 36 (1981) S. 301/05.
222. Chatterjee-Fischer, R.: Härterei-Techn. Mitt. 36 (1981) S. 270/75. – Derselbe: Härterei-Techn. Mitt. 36 (1981) S. 335/43.
223. Kunst, H., u. O. Schaaber: Härterei-Techn. Mitt. 22 (1967) S. 275/89.
224. Wie unter [223], S. 1/25.

C 5   Eignung zum Schweißen

1. DIN 1910. T. 1. Schweißen, Begriffe, Einteilung der Schweißverfahren. Ausg. Dez. 1974.
2. DIN 8528. T. 1. Schweißbarkeit, metallische Werkstoffe, Begriffe. Ausg. Juni 1973.
3. Degenkolbe, J., u. D. Uwer: Schweißen u. Schneiden 24 (1972) S. 300/05.
4. Ruge, J.: Handbuch der Schweißtechnik. 2. Aufl. Bd. 1. Berlin, Heidelberg, New York 1980.
5. DIN-Taschenbuch 8. Schweißtechnik 1. Normen über Schweißzusätze, Fertigung, Güte und Prüfung. 9. Aufl. Hrsg. vom Deutschen Normenausschuß. Berlin, Köln 1982. – DIN-Taschenbuch 65. Schweißtechnik 2. Normen über Geräte und Zubehör für Autogenverfahren, Löten, Thermisches Schneiden, Thermisches Spritzen und Arbeitsschutz. 3. Aufl. Berlin, Köln 1980. – DIN-Taschenbuch 145. Schweißtechnik 3. Normen über Begriffe, Zeichnerische Darstellung und Elektrische Schweißeinrichtungen. 2. Aufl. Berlin, Köln 1982.
6. DIN 1910. T. 11. Schweißen, werkstoffbedingte Begriffe für das Metallschweißen. Ausg. Febr. 1979.
7. DIN 1912. T. 1. Zeichnerische Darstellung, Schweißen, Löten. Ausg. Juni 1976. – DIN 1912. T. 3. Zeichnerische Darstellung, Schweißen, Löten, Auftragschweißen. Ausg. Aug. 1982.
8. DIN 8505. Löten. T. 1 u. 2. Ausg. Mai 1979; T. 3. Entw. Aug. 1981.
9. DIN 1912. T. 5. Zeichnerische Darstellung, Schweißen, Löten. Ausg. Febr. 1979. – Sahmel, P., u. H.-J. Veit: Grundlagen der Gestaltung geschweißter Konstruktionen. Düsseldorf 1981.
10. Ruge, J.: Handbuch der Schweißtechnik. 2. Aufl. Bd. 2. Verfahren und Fertigung. Berlin, Heidelberg, New York 1980.
11. Abbrennstumpfschweißen von Schienen. Hrsg. von der Beratungsstelle für Stahlverwendung. Düsseldorf 1981. (Merkblätter über sachgemäße Stahlverwendung. Nr. 258.)
12. Dorn, L., u. A. Jüch: Schweißen u. Schneiden 32 (1980) S. 20/24.
13. Wannyn, R.: Rev. Soudure 1 (1981) S. 23/27.
14. Dilthey, U., P. Hirsch, H. Osterlitz u. B. Wübbels: Schweißen u. Schneiden 33 (1981) S. 173/77.
15. Nakamura, T.: Schweißen u. Schneiden 33 (1981) S. 443/46.
16. Masumoto, I., K. Nishiguchi, K. Shinada, Y. Toda u. U. Kawai: Schweißen u. Schneiden 33 (1981) S. 438/43.
17. Eichhorn, F.: Schweißtechnische Fertigungsverfahren. Rheinisch-Westfälische Technische Hochschule Aachen, 1980.
18. Thiele, W.-R.: Schweißen u. Schneiden 33 (1981) S. 19/22.

Literatur zu C 5

19. Werkstoff und Schweißung. Handbuch für die Werkstoff- und werkstoffbedingte Verfahrenstechnik der Schweißung. 3 Bde. Hrsg. F. Erdmann-Jesnitzer. Berlin 1951–1959.
20. DIN 1910. T. 4. Schweißen, Schutzgasschweißen. Verfahren. Ausg. Aug. 1979.
21. Müller, P., u. L. Wolff: Handbuch des Unterpulverschweißens. T. III. 1978. T. IV. 1976. T. V. 1979. Düsseldorf. (Fachbuchreihe Schweißtechnik. Bd. 63. III–V.)
22. Eichhorn, F., u. K. Blasing: Schweißen u. Schneiden 33 (1981) S. 9/13.
23. Mantel, W.: Schweißen u. Schneiden 33 (1981) S. 14/15.
24. Locci, J.-M., B. Barbé u. E. Haug: Schweißen u. Schneiden 32 (1980) S. 224/28.
25. Ziller, J.: Schweißen u. Schneiden 32 (1980) S. 220/24.
26. Amthor, D., u. H.-J. Krause: Schweißen u. Schneiden 32 (1980) S. 13/16.
27. Kreye, H., u. I. Wittkamp: Z. Metallkde. 68 (1977) S. 253/59.
28. Kreye, H., u. K. Thomas: Schweißen u. Schneiden 29 (1977) S. 249/52.
29. Klein, W.: Schweißen u. Schneiden 19 (1967) S. 172/75.
30. DIN 1910. T. 2. Schweißen, Schweißen von Metallen, Verfahren. Ausg. Aug. 1977.
31. Cerjak, H., D. Pellkofer u. J. Schmidt: Schweißen u. Schneiden 33 (1981) S. 493/97.
32. Mewes, W.: Kleine Schweißkunde für Maschinenbauer. Düsseldorf 1978. (VDI-Reihe Kleine Stahlkunde.)
33. Leistungskennwerte für Schweißen, Schneiden und verwandte Verfahren. Hrsg.: G. Aichele. Düsseldorf 1980. (Fachbuchreihe Schweißtechnik. 72.)
34. Hummitzsch, W.: Stahl u. Eisen 97 (1977) S. 1208/13.
35. Thier, H.: Schweißen u. Schneiden 29 (1977) S. 241/46.
36. Soete, W.: Rev. Soudure 1 (1981) S. 7/20.
37. Sicherung der Güte von Schweißverbindungen. [Hrsg.:] Deutscher Verband für Schweißtechnik. Düsseldorf 1979. (DVS-Berichte. Bd. 55.)
38. Kämpen, K. in den: Schrumpfungen und Kräfte beim Lichtbogenschweißen. Aachen 1976. (Dr.-Ing.-Diss. Techn. Hochsch. Aachen.)
39. Rykalin, N. N.: Berechnung der Wärmevorgänge beim Schweißen. Berlin 1957.
40. Degenkolbe, J., H. Hougardy u. D. Uwer: Schweißen unlegierter und niedriglegierter Baustähle. Hrsg. von der Beratungsstelle für Stahlverwendung. Düsseldorf 1980. (Merkblätter für sachgemäße Stahlverwendung. Nr. 381.)
41. DIN 50 601. Metallografische Prüfverfahren. Bestimmung der Austenit- und der Ferritkorngröße von Stahl und Eisenwerkstoffen. Entw. Dez. 1981.
42. Dadian, M.: La solidification des soudures synthese des connaissances actuelles. IIW Doc. IX 1210-81.
43. Anik, S., L. Dorn u. G. Faninger: Schweißen u. Schneiden 32 (1980) S. 357/63. – Savage, W.: Weld. World 18 (1980) Nr. 5/6, S. 90/114.
44. Eichhorn, F., u. A. Engel: Schweißen u. Schneiden 25 (1973) S. 498/99.
45. Eichhorn, F., u. A. Engel: Schweißen u. Schneiden 21 (1969) S. 584/87.
46. Berdenis, P.: Schweißen u. Schneiden 32 (1980) S. 100/05.
47. Berkhout, C. F., u. P. H. van Lent: Schweißen u. Schneiden 20 (1968) S. 256/60.
48. Schmidtmann, E., u. H. Rippel: Schweißen u. Schneiden 27 (1975) S. 261/65.
49. Rosenthal, D.: Trans. Amer. Soc. mech. Engrs. 68 (1946) S. 849/66.
50. Kas, J., u. T. Adrichem: Schweißen u. Schneiden 21 (1969) S. 199/203.
51. Eichhorn, F., u. K. Niederhoff: Schweißen u. Schneiden 25 (1973) S. 241/45.
52. DIN 1910. T. 12. Schweißen, fertigungsbedingte Begriffe für Metallschweißen. Ausg. Sept. 1980.
53. Eichhorn, F., u. K. Niederhoff: Schweißen u. Schneiden 24 (1972) S. 399/403.
54. Gnirß, G.: Schweißen u. Schneiden 33 (1981) S. 325/28; 34 (1982) S. 33/34.
55. Stahl-Eisen-Werkstoffblatt 088-76. Schweißgeeignete Feinkornbaustähle. Ausg. Okt. 1976.
56. Uwer, D., u. J. Degenkolbe: Z. Schweißtechn. 66 (1976) Nr. 4, S. 73/88.
57. Uwer, D.: Schweißen u. Schneiden 30 (1978) S. 243/48.
58. Richter, F.: Die wichtigsten physikalischen Eigenschaften von 52 Eisenwerkstoffen. Düsseldorf 1973. (Stahleisen-Sonderberichte. H. 10.)
59. Uwer, D., u. J. Degenkolbe: Stahl u. Eisen 97 (1977) S. 1201/07.
60. Ruge, J., u. G. Gnirß: Schweißen u. Schneiden 23 (1971) S. 255/58.
61. Eifler, K.: Schweißen u. Schneiden 34 (1982) S. 423/27.
62. Schneider, J.: Schweißen u. Schneiden 32 (1980) S. 49/51.
63. Ashby, M. F., u. K. E. Easterling: A first report on welding diagrams. IIW Doc. IX-1224-82.

64. Masubuchi, K.: Analysis of welded structures. Pergamon Press. Oxford, New York, Toronto, Sydney, Paris, Frankfurt 1980.
65. Eichhorn, F., H.-A. Ruegenberg u. P. Gröger: Schweißen u. Schneiden 33 (1981) S. 257/61.
66. Kunze, E., u. H. Brandis: DEW Techn. Ber. 5 (1965) S. 106/10.
67. Ruge, J., R. Müller u. H.-J. Peetz: Schweißen u. Schneiden 33 (1981) S. 363/68.
68. Atlas zur Wärmebehandlung der Stähle. Bd. 2. Von A. Rose u. H. Hougardy. Hrsg. vom Max-Planck-Institut für Eisenforschung in Zusammenarbeit mit dem Werkstoffausschuß des Vereins Deutscher Eisenhüttenleute. Düsseldorf 1972.
69. Rose, A.: Stahl u. Eisen 86 (1966) S. 663/72.
70. Schmidtmann, E., u. H. Rippel: Schweißen u. Schneiden 27 (1975) S. 399/402.
71. Christensen, N., u. T. Simonsen: Scand. J. Metallurg. 10 (1981) S. 147/56.
72. Seyffarth, P.: Atlas der Schweiß-ZTU-Schaubilder. Bd. 1 u. 2. Eigenverlag Wilhelm-Pieck-Universität Rostock, Sektion Schiffbautechnik, 1978. – Seyffarth, P.: Atlas Schweiß-ZTU-Schaubilder. Düsseldorf 1982. (Fachbuchreihe Schweißtechnik. Bd. 75.)
73. Seyffarth, P., u. O. G. Kassatkin: IIW Doc. IX-1228-82, 1982.
74. Seyffarth, P., u. M. Beyer: Schweißtechn. 27 (1977) S. 177/80.
75. Bühler, H., H.-A. Rappe u. A. Rose: Arch. Eisenhüttenwes. 45 (1974) S. 719/28.
76. Schweißtechnischer Gefügeatlas. Hrsg. V. Horn. Düsseldorf 1974. (Fachbuchreihe Schweißtechnik. Bd. 66.) – Compendium of weld metal microstructures and mechanical properties. IIW Doc. IX-1247-82. – De ferri metallographia. Bd. 4. [Hrsg.:] Alta auctoritas communitatis Europaeae carbonis ferrique. Hohe Behörde der Europäischen Gemeinschaft für Kohle und Stahl. Düsseldorf 1983.
77. Hoffmeister, H., u. R. Mundt: Arch. Eisenhüttenwes. 52 (1981) S. 159/64.
78. Weber, H.: Z. Werkstofftechn. 10 (1979) S. 221/56.
79. Radaj, D.: Festigkeitsnachweise. T. I. Düsseldorf 1974.
80. Kunz, A.: Schweißen u. Schneiden 26 (1974) S. 261/66.
81. Degenkolbe, J., u. D. Uwer: Schweißen u. Schneiden 27 (1975) S. 348/53.
82. Degenkolbe, J., H. Höhne u. D. Uwer: Schweißen u. Schneiden 34 (1982) S. 137/41.
83. Degenkolbe, J., u. D. Uwer: Schweißen u. Schneiden 26 (1974) S. 429/33.
84. Dorn, L., u. G. Niebuhr: Schweißen u. Schneiden 32 (1980) S. 216/20.
85. Uwer, D.: Schweißen u. Schneiden 33 (1981) S. 59/63.
86. Degenkolbe, J., u. B. Müsgen: Thyssen Techn. Ber. 12 (1980) S. 15/23.
87. Rappe, H.-A.: Beitrag zur Frage der Schweißeigenspannungen. Hannover 1972. (Dr.-Ing.-Diss. Techn. Univ. Hannover.)
88. Eichhorn, F., u. P. Hirsch: Schweißen u. Schneiden 29 (1976) S. 86/89.
89. Eichhorn, F., P. Hirsch, W.-G. Burchard, H.-J. Klaar u. B. Wübbels: Schweißen u. Schneiden 32 (1980) S. 442/48.
90. DIN 1913. T. 2. Stabelektroden für das Verbindungsschweißen von Stahl, unlegiert und niedriglegiert; Prüfung der Stabelektrode, Schweißgutproben. Ausg. Mai 1976.
91. Degenkolbe, J., u. H. H. Behrenbeck: Schweißen u. Schneiden 20 (1968) S. 355/62.
92. Hummitzsch, W.: Schweißen u. Schneiden 26 (1974) S. 490/93.
93. Tsuboi, J., u. H. Terashima: Review of strength and thoughness of Ti and Ti-B microalloyed deposits. IIW Doc. IX-1246-82.
94. Berkhout, C. F., J. E. Bass u. J. P. Langerak: Influence of the composition and microstructure on the mechanical properties of single pass submerged arc weldmetal. Kommission der Europäischen Gemeinschaften. Luxembourg 1982. (EUR 7748.)
95. Uwer, D.: Stahl u. Eisen 100 (1980) S. 483/88.
96. Schmidtmann, E.: Stahl u. Eisen 99 (1979) S. 106/12.
97. Dorn, L., G. Niebuhr u. G. Wawer: Schweißen u. Schneiden 29 (1977) S. 246/49.
98. Degenkolbe, J., u. B. Müsgen: Schweißen u. Schneiden 24 (1972) S. 389/90.
99. Fromm, K., u. H.-D. Schulze: Schweißen u. Schneiden 32 (1980) S. 416/20.
100. Nakano, Y., u. M. Tanaka: Trans. Iron Steel Inst. Japan 22 (1982) S. 147/53.
101. Hagedorn, E., u. A. Kochendörfer: Arch. Eisenhüttenwes. 42 (1971) S. 39/47.
102. Radaj, D.: Festigkeitsnachweise. T. II. Düsseldorf 1974.
103. Seyffarth, P., u. O. G. Kassatkin: Schweißtechn. 27 (1977) S. 58/62.
104. Chung, Se-Hi, H. Takahashi u. M. Suzuki: Microstructural gradient in HAZ and ITS influence upon toe HAZ fracture toughness. IIW Doc. IX-1063-77.

105. Petershagen, H.: Schweißen u. Schneiden 33 (1981) S. 165/68. – Petershagen, H.: Schweißen u. Schneiden 33 (1981) S. 237/39.
106. Anik, S., u. L. Dorn: Schweißen u. Schneiden 34 (1982) S. 530/34.
107. Stahlberg, R.: Schweißen u. Schneiden 31 (1979) S. 533/34.
108. Simon, P., u. A. Bragard: Amélioration des propriétés de fatigue des joints soudés. Commission des Communautés Européennes. Luxembourg 1978. (EUR 5974 f.)
109. Benoit, D., H.-P. Lieurade u. M. Truchon: Fatigue à programme des assemblages soudés. Commission des Communautés Européennes. Luxembourg 1978. (EUR 5989 f.)
110. Olivier, R., u. W. Ritter: Wöhlerlinienkatalog für Schweißverbindungen aus Baustählen. Einheitliche statistische Auswertung von Ergebnissen aus Schwingfestigkeitsversuchen. T. I. Düsseldorf 1979. (DVS-Berichte. Bd. 56/I.)
111. DIN 1913. Stabelektroden für das Verbindungsschweißen von Stahl, unlegiert und niedriglegiert. T. 1. Ausg. Jan. 1976; T. 2. Ausg. Mai 1976.
112. Rabensteiner, G., u. H. Schabereiter: Stahl u. Eisen 102 (1982) S. 577/82.
113. Straßburg, F. W.: Schweißen nichtrostender Stähle. 2. Aufl. Düsseldorf 1982. (Fachbuchreihe Schweißtechnik. Bd. 67.)
114. Berlekom, P. B. van: Schweißen u. Schneiden 32 (1980) S. 100/02.
115. Meyer, L., u. C. Straßburger: Thyssen Techn. Ber. 11 (1979) S. 110/19.
116. Lundqvist, B., u. K. Olsson: Schweißen u. Schneiden 32 (1980) S. 255/58.
117. Faber, G., u. T. Gooch: Welded joints between stainless and low alloy steels: Current position. IIW Doc. IX-1200-81.
118. Lohbrandt, H., u. H.-D. Gall: Thyssen Techn. Ber. 13 (1981) Nr. 1, S. 41/47.
119. Wirtz, H.: Schweißen u. Schneiden 22 (1970) S. 417/21.
120. Wohlfahrt, H., u. E. Macherauch: Mater.-Prüf. 19 (1977) S. 272/80.
121. Neumann, A., u. K.-D. Röbenack: Verformungen und Spannungen beim Schweißen. Düsseldorf 1978. (Fachbuchreihe Schweißtechnik. Bd. 73.)
122. Malisius, R.: Schrumpfungen, Spannungen und Risse beim Schweißen. 4. Aufl. Düsseldorf 1977. (Fachbuchreihe Schweißtechnik. Bd. 10.)
123. Wirtz, H.: Das Verhalten der Stähle beim Schweißen. Überarb. von U. Boese u. D. Werner. Düsseldorf. T. 1. 3. Aufl. 1980. T. 2. 3. Aufl. Veröff. demnächst. (Fachbuchreihe Schweißtechnik. Bd. 44.)
124. DVS-Merkblatt 1002. T. 1. Schweißeigenspannungen, Einteilung, Benennung, Erklärung. Veröff. demnächst.
125. Rappe, H.-A.: Schweißen u. Schneiden 26 (1974) S. 45/50.
126. Bühler, H., u. W. Jankowski: Arch. Eisenhüttenwes. 48 (1977) S. 633/38.
127. Höhne, K.: Untersuchungen zur Verzugsminderung beim Schweißen von Feinblechen. Dresden 1979. (Diss. Hochsch. Dresden.)
128. Hauk, V., u. E. Macherauch: Eigenspannungen und Lastspannungen. München 1982. (Härtereitechnische Mitteilungen. Beih.)
129. Bühler, H., u. W. Jankowski: Arch. Eisenhüttenwes. 49 (1978) S. 83/87.
130. Seyffarth, P., M. Beyer u. H. Herold: Schweißtechn. 29 (1979) S. 503/07.
131. Seifert, K., u. W. Jüptner: Schweißen u. Schneiden 32 (1980) S. 1/5.
132. Kleistner, H., M. Omar, N. Reuter, W. Schmalenberg u. K. Wilken: In: DVS-Ber. Bd. 64. 1980. S. 28/34.
133. Yu, H.-J., U. Wolfstieg u. E. Macherauch: Arch. Eisenhüttenwes. 49 (1978) S. 593/96.
134. Nguyen, C.-T.: Schweißen u. Schneiden 32 (1980) S. 10/12.
135. Plumier, A.: Rev. Soudure 1 (1981) S. 29/45.
136. Christow, D.: Schweißen u. Schneiden 32 (1980) S. 148/50.
137. Eigenspannungen. Hrsg. von der Deutschen Gesellschaft für Metallkunde. Oberursel 1980.
138. DIN 8524. Fehler an Schmelzschweißverbindungen aus metallischen Werkstoffen. T. 1. Ausg. Nov. 1971; T. 2. Ausg. März 1979.
139. DIN 8524. T. 3. Fehler an Schweißverbindungen aus metallischen Werkstoffen, Risse. Ausg. Aug. 1975.
140. Herberg, G., u. F. Link: Z. Werkstofftechn. 10 (1979) S. 127/32.
141. Krabiel, A., u. W. Dahl: Arch. Eisenhüttenwes. 53 (1982) S. 225/30.
142. Homberg, G., u. G. Wellnitz: Schweißen u. Schneiden 27 (1975) S. 90/93.
143. Klingauf, S.: Schweißen u. Schneiden 32 (1980) S. 258/63.

144. Dahl, W., C. Düren u. H. Müsch: Stahl u. Eisen 93 (1973) S. 805/22.
145. Homma, H., N. Mori u. K. Asano: A study on hot ductility of simulated weld metals. IIW Doc. IX-1113-79.
146. Schmidtmann, E., u. W. Eckel: Schweißen u. Schneiden 34 (1982) S. 239/43.
147. Berns, H., U. Killing u. H. Thier: Schweißen u. Schneiden 33 (1981) S. 650/55.
148. Perteneder, E., u. F. Jeglitsch: Prakt. Metallogr. 10 (1982) S. 573/91.
149. Suutala, N., T. Takalo u. T. Moisio: Metall. Trans. 11 A (1980) S. 717/25.
150. Morishige, N., M. Kuribayashi u. H. Okabayashi: IIW Doc. IX-1114-79.
151. Schmidtmann, E., u. G. Homberg: Schweißen u. Schneiden 28 (1976) S. 470/74.
152. Thiessen, W., u. B. Poweleit: Schweißen u. Schneiden 31 (1979) S. 148/52.
153. Bernas, J., u. J. Némec: Schweißen u. Schneiden 33 (1981) S. 169/72.
154. Wilken, K.: Schweißen u. Schneiden 32 (1980) S. 71/74.
155. Hoffmeister, H., P. Schimmel u. W. Stiller: Arch. Eisenhüttenwes. 49 (1978) S. 201/06.
156. Neumann, V., W. Florian u. W. Schönherr: Stahl u. Eisen 99 (1979) S. 1260/65.
157. Ruge, J., u. G. Schröder: Arch. Eisenhüttenwes. 52 (1981) S. 243/50.
158. Ruge, J., u. G. Schröder: Arch. Eisenhüttenwes. 53 (1982) S. 199/208.
159. Riecke, E.: Arch. Eisenhüttenwes. 49 (1978) S. 509/20.
160. Prüfverfahren zur Beurteilung der Kaltrißanfälligkeit von Stählen. Düsseldorf 1980. (DVS-Berichte. Bd. 64.)
161. Eisenbeis, C.: Schweißen u. Schneiden 32 (1980) S. 409/13.
162. Rothe, W., H. Vehoff u. P. Neumann: In: Third international congress on hydrogen and materials, Paris, 7.–11. Juni 1982. Vol. 2. S. 695/700.
163. Dahl, W., K. W. Lange u. S.-H. Hwang: Untersuchungen zur Wasserstoffversprödung von Stahl. Opladen 1979. (Forschungsberichte des Landes Nordrhein-Westfalen. Nr. 2815.)
164. Yurioka, N., S. Ohshita, H. Nakamura u. K. Asano: An analysis of effects of micro-structure, strain and stress on the hydrogen accumulation in the weld heat-affected zone. IIW Doc. IX-1161-80.
165. Ruge, J.: Schweißtechn. 27 (1977) S. 181/84.
166. Düren, C. F.: Schweißen u. Schneiden 31 (1979) S. 201/05.
167. DVS Merkblatt 1001. Implant-Test. Dez. 1983.
168. Düren, C., u. J. Gronsfeld: In: DVS-Ber. Bd. 64. 1980. S. 80/87.
169. Feinkornbaustähle – Schweißen und Prüfen. Düsseldorf 1980. (DVS-Berichte. Bd. 62.)
170. Grimme, D.: Stahl u. Eisen 102 (1982) S. 735/35.
171. Shinada, K., u. M. Tamura: Schweißen u. Schneiden 34 (1982) S. 141/45.
172. Schaefer, R., u. H.-G. Schafstall: Schweißen u. Schneiden 33 (1981) S. 578/84.
173. Schaefer, R., u. H.-G. Schafstall: Schweißen u. Schneiden 33 (1981) S. 114/22.
174. Suzuki, H., u. N. Yurioka: Prevention against cold cracking by the hydrogen accumulation cracking parameter PHA. IIW Doc. IX-1232-82.
175. Kußmaul, K., J. Ewald u. G. Maier: Schweißen u. Schneiden 30 (1978) S. 257/62.
176. Rabe, W.: Schweißen u. Schneiden 26 (1974) S. 386/89.
177. Detert, K., H. Kanbach, M. Pohl u. E. Schmidtmann: Arch. Eisenhüttenwes. 53 (1982) S. 239/44.
178. Hrivňák, I., u. V. Magula: The study of reheat cracking in low alloy steel welded joints. IIW Doc. IX-1121-79.
179. Schmitt-Thomas, G., u. L. Vollrath: Arch. Eisenhüttenwes. 53 (1982) S. 443/49.
180. Schmidtmann, E., u. U. Zeislmair: Arch. Eisenhüttenwes. 52 (1981) S. 399/406.
181. Rabe, W., u. J. Ruge: Schweißen u. Schneiden 28 (1976) S. 425/29.
182. Kreye, H., I. Olefjord u. J. Löttgers: Arch. Eisenhüttenwes. 48 (1977) S. 291/95.
183. Ying-shu, W., L. Dong-tu u. Q. Mei-ling: Research on formation-mechanism of reheat cracking with 18 MnMoNb steel and provisions of prevention. IIW Doc. IX-1136-79.
184. Bott, G., H. Bankstahl u. E. Sembritzki: Schweißen u. Schneiden 32 (1980) S. 102/05.
185. Forch, K.: Untersuchung zur Frage der Rißbildung beim Spannungsarmglühen ferritischer Stähle. Kommission der Europäischen Gemeinschaften. Luxembourg 1981. (EUR 7294 d.)
186. Forch, K., B. Kemman u. J. Ruge: Arch. Eisenhüttenwes. 51 (1980) S. 477/83.
187. Faber, G., u. C. M. Maggi: Arch. Eisenhüttenwes. 36 (1965) S. 497/500.
188. Piel, K.-H.: Stahl u. Eisen 93 (1973) S. 568/77.
189. Detert, K.: Arch. Eisenhüttenwes. 45 (1974) S. 245/55.
190. Schellhammer, W.: Über die Ursachen von Relaxations- und Heißrißbildung in der Wärme-

einflußzone der Feinkornbaustähle 22 NiMoCr 37 und 20 MnMoNi 55 – Auswertungen von Untersuchungen an Verfahrens- und Arbeitsproben sowie Versuchsschweißungen. Braunschweig 1978. (Diss. Techn. Univ. Braunschweig.)
191. Vougioukas, P., K. Forch u. K.-H. Piehl: Stahl u. Eisen 94 (1974) S. 805/13.
192. Tamaki, K., J. Suzuki u. M. Kojima: The combined influences of chromium and molybdenum on stress relief cracking. IIW Doc. IX-1112-79.
193. Ruge, J., B. Kemmann u. K. Forch: Arch. Eisenhüttenwes. 51 (1980) S. 469/76.
194. Schönherr, W.: Schweißen u. Schneiden 27 (1975) S. 491/95.
195. Aubert, H., M. Bouleau, J. Laniesse, Cl. Lelong u. M. Pigoury: Soud. techn. Conn. 31 (1977) S. 93/110.
196. Stahl-Eisen-Lieferbedingungen 096-74. Blech, Band und Breitflachstahl mit verbesserten Eigenschaften für Beanspruchungen senkrecht zur Erzeugnisoberfläche. Ausg. Mai 1974.
197. Meyer, H.-J.: Weld. World 18 (1980) S. 196/207. – Derselbe: Schweißen u. Schneiden 34 (1982) S. 157/59.
198. Baumgardt, H., W. Bräutigam u. L. Meyer: Stahl u. Eisen 98 (1978) S. 349/56.
199. Ito, Y., Y. Ohmori, M. Nakanishi u. Y. Komizo: The effects of metallurgical factors on lamellar tearing susceptibility in low alloy high strength steels. IIW Doc. IX-1020-77.
200. Schönherr, W.: Metallurgical and constructional measures for the prevention of lamellar tearing in welded structures. IIW Doc. IX-1142-79.
201. Schönherr, W.: Newly published specifications for lamellar tearing in Japan. IIW. Doc. IX-1255-82.
202. Hrivňák, I.: Lamellar tearing in austenitic steels. IIW Doc. IX-1119-79.
203. Bühler, H., u. W. Jankowski: Arch. Eisenhüttenwes. 49 (1978) S. 77/81.
204. Müsgen, B.: Thyssen Techn. Ber. 13 (1981) S. 76/85.
205. Kußmaul, K., J. Ewald u. V. Braun: Stahl u. Eisen 99 (1979) S. 1244/49.
206. Kauczor, E.: Schweißen u. Schneiden 31 (1979) S. 365/67.
207. Dorn, L., S. Anik u. A. Günaltan: Schweißen u. Schneiden 32 (1980) S. 5/9.
208. Dahl, W.: Stahl u. Eisen 93 (1973) S. 578/86.
209. Hrivňák, I.: Guide to the welding and weldability of pearlite-reduced and pearlite-free steels. IIW Doc. IX-1227.82 second draft.
210. Suzuki, H.: Carbon equivalent for steel weldability. IIW Doc. IX-1230-82.
211. Christensen, N.: In: DVS-Ber. Bd. 64. 1980. S. 51/55.
212. Klug, P.: Beitrag zur Prüfung der Heißrißanfälligkeit von hochlegierten Schweißzusatzwerkstoffen mit dem PVR-Test (Programmierter Verformungs-Riß-Test). Graz 1980. (Diss. Techn. Univ. Graz.)
213. Linden, H. v. d., u. W. Schönherr: Compilation of cold cracking tests. IIW Doc. IX-752-71. – Faure, F., R. Palengat, F. Roux, P. Bocquet u. M. Delafin: Experimental methods for studying cold cracking sensitivity of interfaces in welds between dissimilar metals. IIW Doc. IX-1241-82.
214. Cold cracking test methods using implants. IIW Doc. IX-1240-82.
215. Wilken, K.: Schweißen u. Schneiden 26 (1974) S. 295/99.
216. Adrian, H.: Bänder Bleche Rohre 5 (1977) S. 189/94.
217. Salter, G. R., u. J. Doherty: Metal Construction 13 (1981) S. 544/50.
218. Düren, C.: Schweißen u. Schneiden 26 (1974) S. 350/53.
219. Pech, P.: Schweißen u. Schneiden 32 (1980) S. 456/60.

C 6 Warmumformbarkeit

1. Pawelski, O.: Warmumformung und Warmfestigkeit. [Hrsg.:] Deutsche Gesellschaft Metallkunde. Oberursel 1975.
2. Ermittlung von Kennwerten für die Warmumformbarkeit von Stählen. Hrsg. vom Verein Deutscher Eisenhüttenleute. Düsseldorf 1972.
3. Gerlach, H., u. H. Bangert: In: Neuzeitliche Verfahren der Werkstoffprüfung. Hrsg. vom Verein Deutscher Eisenhüttenleute. Düsseldorf 1973. S. 61/79.
4. Pawelski, O., U. Rüdiger u. R. Kaspar: Stahl u. Eisen 98 (1978) S. 181/89.
5. Stenger, H.: Bänder Bleche Rohre 8 (1967) S. 599/605.

6. Frobin, R.: Kenngrößen für die Umformbarkeit. Karl-Marx-Stadt 1966 (Diss. Techn. Hochsch. Karl-Marx-Stadt.)
7. Schiller, H.: Beitrag zum Einfluß der Art des Spannungszustandes auf das Umformverhalten metallischer Werkstoffe. Karl-Marx-Stadt 1971. (Diss. Techn. Hochsch. Karl-Marx-Stadt.)
8. Exner, K.-Ch.: Freiberg. Forsch.-H., Reihe B, Nr. 183, 1975, 166 S.
9. Ilschner, B.: Hochtemperatur-Plastizität. Berlin, Heidelberg, New York 1973. S. 208 ff.
10. Stüwe, H.-P., u. B. Drube: Z. Metallkde. 58 (1967) S. 499/506.
11. Chen, C. W., u. E. S. Machlin: J. Metals 9 (1957) S. 829/35.
12. Grant, H. J.: In: International Conference on atomic mechanisms of fracture Swampscott, Mass., 1959. S. 562/78.
13. Savage, W. F., E. F. Nippes u. M. C. Mushalla: Weld. Res. 1978. S. 237 s/45 s.
14. Herbsleb, G., u. W. Schwenk: Werkst. u. Korrosion 28 (1977) S. 145/53.
15. Turkdogan, E. T., S. Ignatowicz u. J. Pearson: J. Iron Steel Inst. 180 (1955) S. 349/54.
16. Schmidtmann, E., u. G. Wellnitz: Arch. Eisenhüttenwes. 47 (1976) S. 101/06.
17. Dahl, W., C. Düren u. H. Müsch: Stahl u. Eisen 93 (1973) S. 813/22.
18. Schmidtmann, E., u. L. Pleugel: Arch. Eisenhüttenwes. 51 (1980) S. 49/54.
19. Schmidtmann, E., u. L. Pleugel: Arch. Eisenhüttenwes. 51 (1980) S. 55/60.
20. Gittins, A.: Internat. Metals Rev. 1977 Sept. S. 213/21.
21. Kiessling, R.: Nonmetallic inclusions in Steel. Pt. 3. London 1968 (Spec. Rep. Iron Steel Inst. No. 115.)
22. Malkiewicz, T., u. S. Rudnik: J. Iron Steel Inst. 201 (1963) S. 33/38.
23. Castro, R., u. R. Poussardin: Circ. Inform. Techn. 19 (1962) S. 505/27.
24. Winkler, P. J., u. W. Dahl: In: Festigkeits- und Bruchverhalten bei höheren Temperaturen. Berichte, gehalten im Kontaktstudium „Werkstoffkunde Eisen und Stahl IV". Hrsg. von W. Dahl u. W. Pitsch. Bd. 1. Düsseldorf 1980. S. 218/46.
25. Dreger, D. R.: Mach. Design 3 (1975) S. 134/37.
26. Smith, C. J., u. N. Ridley: Metals Technol. 1 (1974) S. 191/98.
27. Morrison, W. B.: Trans. Amer. Soc. Metals 61 (1968) S. 423/34.
28. Opel, P., u. S. Wagner: Arch. Eisenhüttenwes. 35 (1964) S. 1133/44.
29. Dahl, W., u. H. Hengstenberg: Arch. Eisenhüttenwes. 35 (1964) S. 1123/31.
30. Schnabel, E., u. P. Schwaab: Arch. Eisenhüttenwes. 47 (1976) S. 547/52.
31. Dahl, W., G. Kalwa u. P. J. Winkler: Arch. Eisenhüttenwes. 49 (1978) S. 135/40.
32. Dahl, W., G. Kalwa u. P. J. Winkler: Arch. Eisenhüttenwes. 49 (1978) S. 141/46.
33. Weber, K.-H.: Arch. Eisenhüttenwes. 40 (1969) S. 541/50.

C 7 Kalt-Massivumformbarkeit

1. VDI-Richtlinie 3200, Bl. 1. Fließkurven metallischer Werkstoffe. Ausg. Okt. 1978.
2. Reihle, M.: Arch. Eisenhüttenwes. 32 (1961) S. 331/36.
3. Siebel, E.: Arch. Eisenhüttenwes. 19 (1948) S. 145/52.
4. Stahl-Eisen-Prüfblatt 1123-73. Kaltstauchversuch zur Ermittlung des Verfestigungsverhaltens. Ausg. Juli 1973.
5. Strassburger, C., W. Müschenborn u. G. Robiller: In: Neuzeitliche Verfahren der Werkstoffprüfung. Hrsg. vom Verein Deutscher Eisenhüttenleute. Düsseldorf 1973. S. 35/60.
6. Gerlach, H., u. H. Bangert: Wie unter [5], S. 61/79.
7. Langerweger, J., u. H. Trenkler: Berg- u. hüttenm. Mh. 113 (1968) S. 104/14.
8. Frobin, R.: Fertigungstechn. u. Betr. 15 (1965) S. 550/54.
9. Krause, U.: Stahl u. Eisen 83 (1963) S. 1626/40.
10. Mises, R. v.: Nachr. Ges. Wiss. Göttingen, Math.-phys. Klasse, 1913, S. 582/92.
11. Tresca, H.: C. R. Hebd. Séances Acad. Sci., Paris, 59 (1864) S. 754.
12. Lehrbuch der Umformtechnik. Bd. 1. Grundlagen. Hrsg. von K. Lange. Berlin, Heidelberg, New York 1972.
13. Materna, D., u. H. Fritz: Sheet Metal Ind. 54 (1977) Nr. 1, S. 57/58 u. 61/63.
14. Krause, U.: Arch. Eisenhüttenwes. 34 (1963) S. 745/54.
15. Reissner, O.: Masch.-Markt 184 (1978) S. 552/54.

Literatur zu C 8

16. Hennig, W., u. K. H. Weber: Neue Hütte 22 (1977) S. 531/35.
17. Robiller, G., W. Schmidt u. C. Strassburger: Stahl u. Eisen 98 (1978) S. 157/63.
18. Jonck, R., E. Just u. D. Wicke: Z. wirtsch. Fertigung 69 (1974) S. 419/24.
19. Wilhelm, H.: Untersuchungen über den Zusammenhang zwischen Vickershärte und Vergleichsformänderung bei Kaltumformvorgängen. Essen 1969 (Ber. aus dem Institut für Umformtechnik, Techn. Hochsch. Stuttgart. Nr. 9.)
20. Jonck, R.: Härterei-Technik u. Wärmebehandl. 7 (1961) S. 255/63.
21. Stenger, H.: Bänder Bleche Rohre 8 (1967) S. 599/605.
22. Wie unter [12], Bd. 2. Massivumformung. 1974. S. 361/62.
23. Jonck, R.: Z. wirtsch. Fertigung 69 (1974) S. 525/32.

C 8 Kaltumformbarkeit von Flachzeug

1. Lehrbuch der Umformtechnik. Bd. 3. Blechumformung. Hrsg. von K. Lange. Berlin, Heidelberg, New York 1975.
2. Doege, E.: Z. ind. Fertigung 66 (1976) S. 615/19.
3. Müschenborn, W., H.-M. Sonne u. L. Meyer: Bänder Bleche Rohre 14 (1973) S. 394/99; 15 (1974) S. 407/14 u. 515/20.
4. Blickwede, D. J.: Trans. Amer. Soc. Metals 61 (1968) S. 653/79.
5. Straßburger, C., W. Müschenborn u. G. Robiller: In: Neuzeitliche Verfahren der Werkstoffprüfung. Hrsg. vom Verein Deutscher Eisenhüttenleute. Düsseldorf 1973. S. 35/60.
6. Whiteley, R. L., D. E. Wise u. D. J. Blickwede: Sheet Metal Ind. 38 (1961) S. 349/53 u. 358.
7. Sonne, H.-M., B. Pretnar u. W. Müschenborn: Arch. Eisenhüttenwes. 50 (1979) S. 503/08.
8. Panknin, W., u. W. Eychmüller: Mitt. Forsch.-Ges. Blechverarb. 1955, S. 205/09.
9. Kienzle, O., u. K. Mietzner: Atlas umgeformter metallischer Oberflächen. Berlin, Heidelberg, New York 1967.
10. Blümel, K. W., u. F. Krechter: Thyssen Techn. Ber. 11 (1979) S. 120/25.
11. Meyer, L., u. C. Straßburger: Thyssen Techn. Ber. 11 (1979) S. 110/19.
12. Blümel, K. W.: Thyssen Techn. Ber. 13 (1981) S. 16/24.
13. Müschenborn, W., u. W. Warnecke: VDI-Ber. Nr. 256, 1976, S. 57/66.
14. Yoshida, K.: Trans. Iron Steel Inst. Japan 21 (1981) S. 761/66.
15. Morrison, W. B.: Trans. Amer. Soc. Metals 59 (1966) S. 824/46.
16. Irie, T., S. Satoh, K. Hashiguchi, J. Takahashi u. O. Hashimoto: Kawasaki Steel Techn. Rep. Nr. 2. März 1981. S. 14/22.
17. Grumbach, M., P. Parniere, L. Roesch u. C. Sanz: In: 8th biennal congress of the IDDRG, International deep drawing research group, Gothenburg, 1974. Gothenburg 1974. S. 62/76.
18. Troost, A.: Einführung in die allgemeine Werkstoffkunde metallischer Werkstoffe. I. Mannheim, Zürich 1979. S. 28/57.
19. Müschenborn, W., u. H.-M. Sonne: In: 10th biennial congress of the IDDRG, International deep drawing research group, Warwick, 1978. Redhill/Surrey 1978. S. 193/201.
20. Dahl, W., u. H. Rees: Die Spannungs-Dehnungs-Kurve von Stahl. Düsseldorf 1976.
21. Meyer, L., F. Heisterkamp u. W. Müschenborn: In: Microalloying 75. [Hrsg.:] Union Carbide Corporation, Metals Division. New York 1977. S. 153/67.
22. Müschenborn, W., K. Blümel, L. Meyer u. C. Straßburger: In: 9th biennial congress of the IDDRG, International deep drawing research group, Ann Arbor, 1976. S. 13/38.
23. Dual phase and cold pressing vanadium steels in the automobile industry. [Hrsg.:] Vanitec, Vanadium International Technical Committee. London 1978.
24. Formable HSLA and dual-phase-steels. Ed. by A. T. Davenport. New York 1979.
25. Structure and properties of dual-phase-steels. Ed. by R. A. Kot, u. J. W. Morris. Publ. by American Institute of Mining, Metallurgical and Petroleum Engineers. Warrendale 1979.
26. Küppers, W., u. W. Schmidt: Bänder Bleche Rohre 18 (1977) S. 341/45.
27. Küppers, W., u. W. Schmidt: Wie unter [26], S. 268/71 u. 309/11.
28. Reissner, J., H. Mülders u. E. Plänker: Tech. Mitt. Krupp., Forsch.-Ber. 40 (1982) S. 19/26.
29. Angel, T.: J. Iron Steel Inst. 177 (1954) S. 165/74.
30. Massip, A., u. L. Meyer: Thyssen Techn. Ber. 10 (1978) S. 26/34.

31. Lotter, U., W. Müschenborn u. R. D. Knorr: Thyssen Techn. Ber. 10 (1979) S. 35/42.
32. Lotter, U., L. Meyer u. R. D. Knorr: Arch. Eisenhüttenwes. 47 (1976) S. 289/94.
33. Keeler, S. P.: Metal Progr. 118 (1980) Nr. 2, S. 24/29.
34. Hilsen, R. R., I. F. Hughes u. D. T. Quinto: Wie unter [19], S. XXXV/XLIV.

C9 Zerspanbarkeit

1. DIN 8588. Fertigungsverfahren Zerteilen. Einordnung, Unterteilung, Begriffe. Ausg. August 1981.
    DIN 8589. Fertigungsverfahren Spanen.
        Teil 0 Einordnung, Unterteilung, Begriffe. Ausg. März 1981.
        Teil 1 Drehen. Ausg. August 1982.
        Teil 2 Bohren, Senken, Reiben. Ausg. August 1982.
        Teil 3 Fräsen. Ausg. August 1982.
        Teil 4 Hobeln, Stoßen. Ausg. August 1982.
        Teil 5 Räumen. Ausg. August 1982.
        Teil 6 Sägen. Ausg. August 1982.
        Teil 7 Feilen, Raspeln. Ausg. August 1982.
        Teil 8 Bürstspanen. Ausg. August 1982.
        Teil 9 Schaben und Meißeln. Entwurf November 1980.
        Teil 10 Schleifen. Entwurf September 1978.
    DIN 6580. Begriffe der Zerspantechnik; Bewegungen und Geometrie des Zerspanvorgangs. Ausg. April 1963.
    DIN 6581. Begriffe der Zerspantechnik; Geometrie am Schneidkeil des Werkzeugs. Ausg. Mai 1966.
2. Vieregge, G.: Zerspanung der Eisenwerkstoffe. Düsseldorf 1970.
3. Bericht über das 12. Aachener Werkzeugmaschinenkolloquium 1965. Ind.-Anz. 87 (1965) S. 1635/47.
4. König, W., u. W. Kreis: Z. Metallkde. 66 (1975) S. 1/9 u. 82/86.
5. Opitz, H., W. König u. F. Meyer: Spanende Formgebung. In: Werkstoff-Handbuch Stahl und Eisen, 4. Aufl. Düsseldorf 1965. Bl. Teil 33–1/Teil 33–9.
6. Lowack, H.: Temperaturen an Hartmetall-Drehwerkzeugen bei der Stahlzerspanung. Aachen 1967. (Dr.-Ing.-Diss. Techn. Hochsch. Aachen.)
7. König, W.: Leistungssteigerungen bei spanenden und abtragenden Bearbeitungsverfahren. Essen 1971. (Girardet-Taschenbuch der Technik. 6.)
8. Stahl-Eisen-Prüfblätter über Zerspanversuche. Ausg. Dez. 1969.
    1160 – Allgemeines und Grundbegriffe.
    1161 – Temperaturstandzeit-Drehversuch.
    1162 – Verschleißstandzeit-Drehversuch.
    1166 – Temperaturstandzeit-Drehversuch mit ansteigender Schnittgeschwindigkeit.
    1168 – Zerspankraftmessung im Drehversuch.
    1178 – Spanbeurteilung.
    Siehe auch Schallbroch, H., u. H. Bethmann: Kurzprüfverfahren der Zerspanbarkeit. Leipzig 1950.
9. Vergleich der Ergebnisse von Zerspanbarkeitsuntersuchungen sowie von Gefüge- und Festigkeitsuntersuchungen an Einsatz- und Vergütungsstählen. Stahl u. Eisen 83 (1963) S. 1709/26 u. 1802/15.
10. König, W., K. Essel u. L. Witte: Spezifische Schnittkraftwerte für die Zerspanung metallischer Werkstoffe. Düsseldorf 1982.
11. Kölger, H.: Z. wirtsch. Fertigung 56 (1961) S. 403/09.
12. Gappisch, M., u. W. Schilling: Ind.-Anz. 87 (1965) S. 1625.
13. Tolley, J., u. J. A. Charles: Metals Technol. 3 (1976) S. 248/53.
14. Staudinger, H.: Techn. Zbl. prakt. Metallbearb. 53 (1959) S. 256/61.
15. DIN 17 210. Einsatzstähle, Gütevorschriften. Ausg. Dez. 1969.
16. Knorr, W.: Schweizer Arch. angew. Wiss. Techn. 23 (1957) S. 258/66. – Härterei-techn. Mitt. 13 (1959) S. 201/26.
17. Knorr, W., E. Habicht u. H. C. Haumer: Stahl u. Eisen 83 (1963) S. 1477/84.

18. Ammareller, S., u. P. Opel: Stahl u. Eisen 75 (1955) S. 65/69.
19. Tacke, G.: Stahl u. Eisen 94 (1974) S. 792/804.
20. Steinen, A. von den, u. H. P. Wisniowski: DEW Techn. Ber. 11 (1971) S. 222/29.
21. Dressel, P. G., u. K. Vetter: Härterei-techn. Mitt. 27 (1972) S. 100/09.
22. Freiburg, A., W. Knorr u. M. Kühlmeyer: Härterei-techn. Mitt. 29 (1974) S. 11/19.
23. Menges, G., u. H. Treppschuh: VDI-Z. 101 (1959) S. 265/300.
24. Motalik, F.: Werkstatt u. Betr. 98 (1965) S. 533/39.
25. Tipnis, V. A.: Werkstatt u. Betr. 104 (1971) S. 323/30.
26. Berkenkamp, E.: Thyssen Edelstahl Techn. Ber. 3 (1977) S. 151/56.
27. Nölke, H.: Die Herstellung von Rundproben aus schwer zerspanbaren Werkstoffen auf einer Kopierdrehmaschine. Bochum 1975. (Ing.-Arb. Fachhochschule Bochum, Fachbereich 4 (Maschinenwesen) vom 13. 3. 75.)
28. Dahl, W., H. Hengstenberg u. C. Düren: Stahl u. Eisen 86 (1966) S. 796/817.
29. Knorr, W.: Stahl u. Eisen 97 (1977) S. 417/24.
30. Gray, A. G.: Metal Progr. 100 (1971), Nr. 4, S. 83/88, 93, 96/97, 100, 102, 104 u. 106.
31. Randak, A., u. H. Vöge: Z. wirtsch. Fertigung 67 (1972) S. 653/56.
32. Ortmann, R., R. Singh u. H. H. Weigand: DEW Techn. Ber. 13 (1973) S. 40/44.
33. Naylor, D. J., D. T. Llewellyn u. D. M. Keane: Metals Technol. 3 (1976) S. 254/71.
34. Rev. Metallurg. 74 (1977) S. 21/34.
35. Randak, A., W. Knorr u. H. Vöge: In: International symposium on influence of metallurgy on machinability of steel, 26.–28. Sept. 1977, Tokio. Vortrag 9, S. 107/28.
36. Vöge, H.: Einfluß der oxidischen Einschlüsse in Edelbaustählen auf deren Zerspanbarkeit mit Schnellarbeitsstahlwerkzeugen. Aachen 1976. (Dr.-Ing.-Diss. Techn. Hochsch. Aachen.)
37. Wicher, A., u. R. Pape: Stahl u. Eisen 87 (1967) S. 1169/78 u. 1262/69.
38. Gemeinschaftsversuche des Unterausschusses für Bearbeitungsfragen. Arch. Eisenhüttenwes. 41 (1970) S. 267/77.
39. König, W.: Ind.-Anz. 87 (1965) S. 463/70, 845/50 u. 1033/38.
40. DAS 1 241 624 vom 1. Juni 1967. – Tipnis, V. A., R. A. Joseph u. J. H. Doubrava: Metals Engng. Quart. 13 (1973) Nr. 4, S. 39/47.
41. Begley, F. L. jr., u. R. Mehll: Trans. ASME, Ser. D, J. basic Engng. 82 (1960) S. 347/59.
42. Bersch, B.: Wirkung von Blei auf die Zerspanbarkeit von Automatenstahl. Aachen 1971. (Dr.-Ing.-Diss. Techn. Hochsch. Aachen.)
43. Boulger, F.: Trans. Amer. Soc. Metals 52 (1960) S. 698/712.
44. Spencer, R. C., C. D. Nagell u. R. Richmond: Metall Progr. 82 (1962) Nr. 6, S. 73/78.
45. Taylor, F. W.: On the art of cutting metals. In: Proc. Amer. Soc. Mech. Engrs. 28 (1906) Nr. 3, S. 3/248; deutsche Ausgabe von Wallichs, A.: Über Dreharbeit und Werkzeugstähle. Berlin 1908.
46. König, W., u. W. R. Depiereux: Ind.-Anz. 91 (1969) Nr. 61, S. 1481/84.
47. Techn. Information Fried. Krupp Widia-Fabrik TI J2 10287.
48. Ewersheim, W., u. D. Gebauer: Techn. Zbl. prakt. Metallbearb. 72 (1978) Nr. 3, S. 13/16.
49. Vetter, T.: Metall 26 (1972) S. 134/39.
50. Mullins, P. J.: Iron Age 211 (1973) Nr. 24, S. 78/79. – Iron Age Metalworking Internat. 12 (1973) Nr. 10, S. 33/34.
51. Kohlhaas, E., O. Jung u. D. Schuler: Arch. Eisenhüttenwes. 45 (1974) S. 475/81.
52. Werkstatt u. Betr. 111 (1978) S. 11/12.
53. Ind.-Anz. 100 (1978) S. 26.
54. Iron Age 207 (1971) Nr. 22, S. 64.
55. Spur, G., R. Clausen u. J. Herzke: C.I.R.P.-Ann. 19 (1971) Nr. 3, S. 477/84.
56. Herzke, J.: VDI-Z. 114 (1972) S. 494/500.

C 10 Verschleißwiderstand

1. DIN 50 320. Verschleiß; Begriffe, Systemanalyse von Verschleißvorgängen, Gliederung des Verschleißgebietes. Ausg. Dez. 1979.
2. DIN 50 321. Verschleiß-Meßgrößen. Ausg. Dez. 1979.
3. Broszeit, E.: In: VDI-Ber. Nr. 194, 1973.

4. Uetz, H., u. J. Föhl: In: VDI-Ber. Nr. 243, 1975, S. 127/42.
5. Habig, K.-H.: Z. Werkst.-Techn. 4 (1973) S. 33/40.
6. Gee, A. W. J. de: Internat. Metals Rev. 25 (1979) S. 57/67.
7. Chruščov, M. M.: In: Proceedings of the conference on lubrication and wear, London, 1–3 Oct. 1957. Publ. by the Institution of Mechanical Engineers. London, 1958, S. 655/59.
8. Eßlinger, P.: VDI-Z. 105 (1963) S. 1209/18.
9. Chruščov, M. M., u. A. A. Soroko-Novicaja: Izv. akad. nauk SSSR, otdel. tek. nauk, 1955, Nr. 12, S. 35/47.
10. Zum Gahr, K.-H., u. L. Wagner: Arch. Eisenhüttenwes. 50 (1979) S. 315/20.
11. Zum Gahr, K.-H.: Z. Metallkde. 68 (1977) S. 783/92.
12. Zum Gahr, K.-H.: Z. Metallkde. 69 (1978) S. 643/50.
13. Wie unter [12], S. 312/19.
14. Suh, N. P.: Wear 44 (1977) S. 1/16.
15. Kloos, K.-H., u. E. Broszeit: In: VDI-Ber. Nr. 243, 1975, S. 189/204.
16. Glatzel, W.-D., u. H. Brauer: Chem.-Ing.-Techn. 50 (1978) S. 487/97.
17. Rieger, H.: Z. Metallkde. 58 (1967) S. 821/27.
18. Uetz, H., u. J. Föhl: Braunkohle Wärme Energie 20 (1970) S. 1/9.
19. Rieger, H.: Z. Metallkde. 57 (1966) S. 693/99.
20. Czichos, H.: Amts- u. Mitt.-Bl. der BAM 7 (1977) S. 5/10.
21. Sargent, L. B.: Trans. ASLE 21 (1978) S. 285/90.
22. Hartweck, W.: Stahl u. Eisen 97 (1977) S. 638/39.
23. Gee, A. W. J. de: Mater.-Prüf. 9 (1967) S. 166/69.
24. Bartel, A. A.: In: VDI-Ber. Nr. 243, 1975, S. 157/70.
25. Waterhouse, R. B.: Wear 45 (1977) S. 355/64.
26. Chruščov, M. M., u. M. A. Babichev: Trenie i iznos v mašinach, akad. nauk SSSR, 9 (1956) S. 19/26.
27. Welsh, N. C.: Philos. Trans. Roy. Soc., London, Ser. A., 257 (1965) Nr. 1077, S. 31/70.
28. Uetz, H., u. M. R. Nounou: Z. Werkst.-Techn. 3 (1972) S. 64/68.
29. König, W.: In: Werkstoffkunde der gebräuchlichen Stähle. T. 2. Hrsg. vom Verein Deutscher Eisenhüttenleute. Düsseldorf 1977. S. 327/56.
30. Verschleißschutz durch Oberflächenschichten. Düsseldorf 1979. (VDI-Ber.-Nr. 333.)
31. Habig, K.-H.: Vorgetragen anläßlich der Tagung „Metallkundliche Aspekte des Verschleißes", Bad Pyrmont, 25./26. Okt. 1979. – Habig, K.-H.: Reibung und Verschleiß. Hrsg. von K.-H. Zum Gahr. Oberursel 1983.

C 11 Schneidhaltigkeit

1. Lexikon der Begriffe und Bezeichnungen in der Eisen- und Stahlindustrie mit Definitionen und Erklärungen. 2. Aufl. Hrsg. von der Beratungsstelle für Stahlverwendung in Zusammenarbeit mit dem Verein Deutscher Eisenhüttenleute. Düsseldorf 1974. – Stahl-Eisen-Prüfblatt 1160-69. Zerspanversuche. Allgemeine und Grundbegriffe. Ausg. Dez. 1969.
2. DIN 8580. Fertigungsverfahren. Einteilung. Ausg. Juni 1974.
3. Bühler, H., F. Pollmar u. A. Roser: Arch. Eisenhüttenwes. 41 (1970) S. 989/96.
4. Stahl-Eisen-Prüfblatt 1161-69. Zerspanversuche. Temperaturstandzeit-Drehversuch. Ausg. Dezember 1969.
5. Stahl-Eisen-Prüfblatt 1162-69. Zerspanversuche. Verschleißstandzeit-Drehversuch. Ausg. Dezember 1969.
6. Stahl-Eisen-Prüfblatt 1166-69. Zerspanversuche. Temperaturstandzeit-Drehversuch mit ansteigender Schnittgeschwindigkeit. Ausg. Dezember 1969.

C 12 Eignung zur Oberflächenveredlung

1. Horstmann, D.: Stahl u. Eisen 86 (1966) S. 1481/86.
2. Horstmann, D.: Der Ablauf der Reaktionen zwischen Eisen und Zink. Hrsg. vom Gemeinschaftsausschuß Verzinken e. V. Düsseldorf 1974. (Schriftenreihe Gemeinschaftsaussch. Verzinken. Nr. 1.)

3. Cameron, D. I.: Lyaght Res. Rep. 133 (1959).
4. Horstmann, D.: Arch. Eisenhüttenwes. 25 (1954) S. 251/19.
5. Horstmann, D.: Stahl u. Eisen 80 (1960) S. 1531/40.
6. Stadelmaier, H. H., u. W. K. Hardy: Metall 14 (1960) S. 778/79.
7. Bablik, H., u. A. Merz: Metallwirtsch. 20 (1941) S. 1097/100.
8. Horstmann, D.: Arch. Eisenhüttenwes. 25 (1954) S. 527/33.
9. Sandelin, R. W.: Wire & W. Prod. 15 (1940) S. 655/76, 721/49; 16 (1941) S. 28/35, 55 u. 58.
10. Horstmann, D.: Arch. Eisenhüttenwes. 46 (1975) S. 137/41.
11. Guttmann, H., u. P. Niessen: In: Proceedings of the seminar on galvanizing of silicon containing steels, Liege 1975. S. 198/216. Edited by CRM. Published by ILZRO, New York, 1975.
12. Sebisty, J. J., u. G. E. Ruddle: Wie unter [11], S. 219/41.
13. Hoffmann, J., C. Emond u. V. Leroy: Influence des conditions de galvanisation sur les propriétés de dépôt de zinc. Application aux problèmes posés aux aciers pour galvanisation à facon. Abschlußbericht Commission des Communautés Européenes, Convention Nr. 7210-Ma/2/203. Luxemburg 1980. Vgl. Pelerin, J., J. Hoffmann u. V. Leroy: Metall 35 (1981) S. 870/73.
14. Horstmann, D.: Arch. Eisenhüttenwes. 27 (1956) S. 297/302.
15. Koenitzer, J., u. H. Schmitz: In: Metec '79. Internationale Fachmesse und Kongreß für Hüttentechnik, 18.–20. 6. 1979, Düsseldorf. [Hrsg. von Düsseldorfer Messegesellschaft, NOWEA, in Zusammenarbeit mit dem Verein Deutscher Eisenhüttenleute. Düsseldorf 1979. Ber. 8.4. 23 S.
16. Röhring, H.: Z. Metallkde. 26 (1934) S. 87/90.
17. Gebhard, E., u. W. Obrowski: Z. Metallkde. 44 (1953) S. 738/41.
18. Gürtler, G., u. K. Sagel: Z. Metallkde. 46 (1955) S. 738/41.
19. Seith, W., u. Ch. Ochsenfahrt: Z. Metallkde. 35 (1943) S. 242/45.
20. Schneider, K., u. H. Kessler: Metall 7 (1953) S. 608/10.
21. Stroup, P. T., u. G. A. Purdy: Metal Progress 57 (1950) S. 59/63.
22. Smith, E. M.: Mater. & Meth. 34 (1951) S. 95/96.
23. Gittings, D. O., D. H. Rowland u. J. O. Mack: Trans. Amer. Soc. Metals 43 (1951) S. 587/610.
24. Warnecke, W., u. S. Baumgartl: Metalloberfläche 31 (1977) S. 476/81.
25. Weber, F., M. Espenhahn, A. Nikoleizig u. H. Klotzki: Stahl u. Eisen 94 (1974) S. 187/93.
26. Horton, J. B., u. A. R. Borzillo: In: Intergalva 79. 12th international galvanizing conference, Paris 1979. Edited proceedings. Ed. by Zinc Development Association. London 1981. S. 43.
27. Herrschaft, D. C., J. Pelerin u. B. Bramaud: In: Galfan, Galvanizing Alloy & Technology, ILZRO, New York, Okt. 1981.
28. Edwards, C. A., u. A. Preece: J. Iron Steel Inst. 124 (1931) S. 41/69 u. 5 Taf.
29. Ehret, W. F., u. A. F. Westgren: J. Amer. chem. Soc. 55 (1933) S. 1339/51.
30. Ehret, W. F., u. D. H. Gurinsky: J. Amer. chem. Soc. 65 (1943) S. 1226/30.
31. Jones, W. D., u. W. E. Hoare: J. Iron Steel Inst. 129 (1934) S. 273/81.
32. Romig, O. E.: Metal Prog. 42 (1942) S. 899/904.
33. Nial, O.: Svensk Kem. Tidskr. 59 (1947) S. 165/83.
34. Hansen, M.: Constitution of binary alloys. 2nd ed. New York, Toronto, London 1958. (Metallurgy and metallurgical engineering series.)
35. Wie unter [34], S. 695.
36. Thweites, C. I.: Hot-dip coating with tin-lead alloys. TRI-Veröffentlichung Nr. 334 (1962).
37. Roßmann, Chr.: Jb. Oberflächentechn. Bd. 27. 1971. S. 40/54.
38. Raub, E.: Metalloberfläche, Ausg. B, 3 (1951) S. 92 u. 135.
39. Paatsch, W.: Jb. Oberflächentechn. Bd. 33. 1977. S. 254/59.
40. Geller, W., u. Th. H. Sinn: Arch. Eisenhüttenwes. 21 (1950) S. 423/30.
41. Zeilmaker, H.: Electrodeposition and Surface Treatm. 1 (1972/73) S. 109/22.
42. Kunze, E., u. K. Hückel: In: Proceedings „Corrosion week 74". Vol. II. Budapest 1974. S. 397/408.
43. Nagel, G.: Galvanotechn. 66 (1975) S. 953/55.
44. DRP 57 33 00 vom 12. Juli 1929.
45. Evans, D. J.: Trans. Inst. Metal Finish. 29 (1953) S. 355/60.
46. Bradford, S. A.: Trans. Amer. Soc. Metals 59 (1966) S. 644/51.
47. Davies, J. E., u. W. E. Hoare: J. Iron Steel Inst. 168 (1951) S. 134/40.
48. Trillat, J. J., u. K. Mihama: Metaux Corrosion Ind. 32 (1957) S. 102/10.
49. Kokorin, G. A.: Ind. Lubr. Fibr. 29 (1964) S. 1024/26.
50. Luner, C., u. M. V. Murray: J. electrochem. Soc. 111 (1964) S. 407/10.

51. Biber, H. E., u. W. T. Harter: J. electrochem. Soc. 113 (1966) S. 828/34.
52. Schüz, W.: Metalloberfläche 25 (1971) S. 190/94.
53. Knauschner, A.: Oberflächenveredeln und Plattieren von Metallen. Leipzig 1979. S. 264/99.
54. Falkenhagen, G.: In: Herstellung von kaltgewalztem Band. T.2. Hrsg. vom Verein Deutscher Eisenhüttenleute. Düsseldorf 1970. S. 192/238.
55. Jargon, F., u. H. J. Langhammer: Bleche Rohre Profile 27 (1980) S. 676/80.
56. Meuthen, B., u. U. Tenhaven: Stahl u. Eisen 85 (1965) S. 1754/62.
57. Pircher, H., u. R. Pennenkamp: Stahl u. Eisen 102 (1982) S. 619/24.
58. Köcher, R.: In: VDI-Ber. Nr. 277, 1977, S. 235/44.
59. Amer. Pat. 3 387 357 vom 29. März 1963; 3 906 618 vom 20. Sept. 1974.
60. Durst, G.: J. Metals 8 (1956) S. 328/33.
61. Müsgen, B.: Z. Werkst.-Techn. 6 (1975) S. 181/87.
62. Neuhaus, W.: In: VDI-Ber. Nr. 333, 1979, S. 137/43.
63. Crossland, B., u. I. D. Williams: Metals & Mater. 4 (1970) Nr. 7, (Beil. Metallurg. Rev. Nr. 144), S. 79/100.
64. Prümmer, R.: Z. ind. Fertigung 65 (1975) S. 377/82.
65. Lauprecht, W., u. E. Theis: Schweißen u. Schneiden 22 (1970) S. 123/28.
66. Schiller, S., u. U. Heisig: Bedampfungstechnik. Berlin 1975.
67. Broszeit, E., u. H. M. Gabriel: Z. Werkst.-Techn. 9 (1978) S. 289/97.
68. Olette, M., M. F. Ancey-Moret u. C. Gattelier: Corrosion, Houston, 17 (1969) S. 123/30.
69. Koitzsch, L., J. Mangelsdorf u. E. Buchwald: Neue Hütte 19 (1974) S. 381/83.
70. Becker, G., K. Daeves u. F. Steinberg: Stahl u. Eisen 61 (1941) S. 289/94.
71. Iron Age 188 (1961) S. 10, S. 133/35.
72. Drewett, R.: Anti-Corrosion 16 (1969) Nr. 4, S. 11/16.
73. Drewett, R.: Wie unter [72], Nr. 8, S. 11/16.
74. Drewett, R.: Wie unter [72], Nr. 6, S. 10/14.
75. Sjoukes, F.: Blech Rohre Profile 26 (1979) S. 182/84.
76. Ullmanns Encyklopädie der technischen Chemie. 4. Aufl. Bd. 16. Hrsg. von E. Bartholomé, E. Biekert [u. a.]. Weinheim/Bergstr. 1978. S. 545/52.
77. Steffens, H.-D., u. H.-M. Höhle: Jb. Oberflächentechn. Bd. 34. 1978. S. 232/41. – Bd. 35. 1979. S. 291/305. – Bd. 36. 1980. S. 280/90.
78. Steffens, H.-D.: In: VDI-Ber. Nr. 333, 1979, S. 105/11.
79. Kyri, H.: Handbuch für Bayer Email. Bd. 1. Köln 1974.
80. Warnecke, W.: Über das Emaillierverhalten von kaltgewalzten Feinblechen aus mikrolegierten Sondertiefziehstählen. Clausthal 1979. (Dr.-Ing.-Diss. Techn. Univ. Clausthal.)
81. Jürging, K., J. Zwach u. U. Tenhaven: Mitt. Ver. Dt. Emailfachl. 20 (1972) S. 77/82.
82. Joseph, W.: Mitt. Ver. Dt. Emailfachl. 27 (1979) S. 121/32.
83. Warnecke, W., H. W. Birmes, H.-E. Bühler u. L. Meyer: In: Interfinish '76. 9. Weltkongreß für Oberflächentechnik. Tagungsband. Amsterdam.
84. Warnecke, W., S. Baumgartl, H.-W. Birmes, H.-E. Bühler, L. Meyer u. G. Morck: Mitt. Ver. Dt. Emailfachl. 25 (1977) S. 112/25.
85. Albrecht, J., W. Birmes, E. Büchel u. L. Meyer: Mitt. Ver. Dt. Emailfachl. 19 (1971) S. 21/25.
86. Listhuber, F., K. Ecker, M. Mayrhofer u. E. Giegerl: Berg- u. hüttenm. Mh. 116 (1971) S. 452/58.
87. Machu, W.: Die Phosphatierung. Weinheim 1950.
88. Rausch, W.: Die Phosphatierung von Metallen. Saulgau 1974.
89. Menzer, W.: In: Interfinish '68. 7. Internationale Tagung für Oberflächentechnik und 36. Veranstaltung der Europäischen Föderation Korrosion, Hannover, 5.–9. Mai 1968. Veranst.: Deutsche Gesellschaft für Galvanotechnik, Düsseldorf, im Auftrag des International Council for Electrodeposition and Metal Finishing, London. o. O. [1968]. S. 79/86.
90. Gebhardt, M.: Fachber. Oberflächentechn. 9 (1971) S. 81/88.
91. Neuhaus, A., u. M. Gebhardt: Werkst. u. Korrosion 17 (1966) S. 567/85.
92. Neuhaus, A., E. Jumpertz u. M. Gebhardt: Z. Elektrochem. 66 (1962) S. 593/601.
93. Blum, H.: Jb. Oberflächentechn. Bd. 27. 1971. S. 230/45.
94. Möller, F.: Jb. Oberflächentechn. Bd. 32. 1976. S. 243/45.
95. Oppen, D.: Jb. Oberflächentechn. Bd. 35. 1979. S. 177/84.

Sachverzeichnis

Die **fett** gedruckten Zahlen verweisen auf Seiten, auf denen das Stichwort ausführlich behandelt wird.

Abgleitung (in einem Kristall) 236
Abkühlungsdauer
-, von 800 bis 500 °C
-, -, Bedeutung für die Austenitumwandlung 218
-, von 850 bis 500 °C
-, -, Bedeutung für die Austenitumwandlung 503
-, -, Einfluß auf die mechanischen Eigenschaften von 50 CrMo 4   503
-, kritische 230
-, -, zur Berechnung der Art der Austenitumwandlung aus der chemischen Zusammensetzung 230
-, -, zur Ermittlung der Härtbarkeit aus der chemischen Zusammensetzung 230
Abkühlungsdauer $t_{8/5}$
-, Begriff 538
-, Berechnung 539
-, Blechdickeneinfluß 540
-, Einfluß der Arbeitstemperatur beim Schweißen 539
Abkühlungsgeschwindigkeit
-, kritische 113
-, -, obere, für Austenit-Martensit-Umwandlung maßgebend (K_m) 113, 214, **219**, 512
-, -, Formel über Einfluß von Kohlenstoff, Chrom, Mangan, Molybdän und Nickel 113
-, -, untere, für Austenit-Perlit-Umwandlung maßgebend (K_p) 214, **219**
Abkühlungsverlauf bei der Wärmebehandlung, Einfluß der Werkstückabmessungen 503
Abkühlzeit s. Abkühlungsdauer
Abrasion s. Furchungsverschleiß
Abscheiden aus der Gasphase (Oberflächenveredlung) 667
Abschreckalterung 251
Abschreckspannungen 500
-, Entstehung beim Schweißen 551
Ac_1-Temperatur 200
-, Formel zur Berechnung aus der chemischen Zusammensetzung **229**
Ac_3-Temperatur 200
-, Formel zur Berechnung aus der chemischen Zusammensetzung **229**
Adhäsion s. Haftverschleiß

Ätzgruben, Entstehung an Gitterbaufehlern bei Korrosion 463
Aktivität, chemische 44
Alitieren 668
Alterung 250, **309**
-, mechanische 251, 377
-, bei Werkzeugstahl nach Härtung 517
Alterungsfreiheit 606
Aluminium, Einfluß auf Oxidation von Stahl 449
Aluminiumüberzüge 661
-, Aufbau 661
Amplitudenkollektiv 370
  s. auch Betriebsfestigkeit
Anisotropie 278
-, des Fließverhaltens **278**
-, -, Kennzeichnung durch r-Wert 278
-, kristallographische 599
-, planare 598
-, -, Einfluß der Stahlart 611
-, senkrechte 597
-, -, Bedeutung für die Tiefziehbarkeit 598
-, der Zähigkeitseigenschaften 311
-, -, Sulfideinfluß 311
Anisotropieenergie 409
Anlassen 514
Anlaßtemperatur, Einfluß auf Gefüge 497
Anlaßversprödung 499, 514
-, Begleitelementeinfluß 499
-, Kennwerte 515
-, -, Übergangstemperatur der Kerbschlagarbeit 515
Anrißlebensdauer 373
-, Errechnung 373
Anstrengung 262, 290
Antiferromagnetismus 413
-, von γ-Eisen 413
Antimon
-, Einfluß auf Anlaßversprödung 499
-, Einfluß auf Lötbrüchigkeit 448
Arrhenius-Gleichung 257
-, Anwendung auf Dehngeschwindigkeit 257
-, Anwendung auf Zugfestigkeit 259
Arsen
-, Einfluß auf Anlaßversprödung 499
-, Einfluß auf Lötbrüchigkeit 448

ASTM-Dickenkriterium 324
  s. auch Bruchmechanik
Atomvolumen
–, von α-Eisenmischkristallen 415
–, von Reinsteisen 402
Aufhärtbarkeit 513
Aufkohlung **453**
–, Kohlenstoffübertragung, Zeitgesetz 454
–, Vorgänge 453
Auflösung, anodische
  (bei Korrosion) 463
Aufschmelzgrad
  (beim Schweißen) 532
Aufschmelzungsriß
  (in Schweißungen) 553
Aufstickung
–, als Korrosionsvorgang 456
–, Einfluß von Aluminium 458
–, Einfluß von Chrom 458
–, s. auch Nitrieren
Aushärtung 514, **516**
Ausscheidungen 121
  (aus festen übersättigten Lösungen) 273
–, Auswirkungen
–, –, auf Alterung 309
–, –, auf Festigkeit 273
–, –, auf Zähigkeit 309
–, Energiebetrachtungen 121
–, Gesamtverlauf 134
–, –, Theorien (Keimbildungs-, Vergröberungs-, Wachstumstheorie) 135
–, Teilchenform, Einflußgrößen 123
–, Teilchengröße, Häufigkeitsverteilung 134
–, Wachstumshemmungen 129
–, –, durch Diffusion 129
–, –, durch elastische Spannungen 129
Ausscheidungshärtung 516
–, durch Niob-, Titan-, Vanadin-Karbid, Einfluß auf mechanische Eigenschaften 510
Ausscheidungsrisse 551
–, in Schweißungen 551
–, beim Spannungsarmglühen 557
Austausch-Einlagerungs-Mischkristalle 53
–, Gibbssche Energien 53
Austauschstromdichte
  (bei Korrosionsvorgängen) 462
Austenit 99, **115**
–, Entstehungsbereich im Temperatur-Kohlenstoffgehalt-Diagramm 99
–, Zerspanbarkeit 623
Austenit-Bainit-Umwandlung **170**
–, Arten 170
–, Bereiche der Bainitbildung je nach Kohlenstoffgehalt und Temperatur 173
–, Kinetik 166
–, kristallographische Untersuchungen 174

–, Mechanismen 170
–, Reliefbildung dabei 166
–, Zementitausscheidung dabei 174
Austenitformhärten 519
–, Einfluß auf Festigkeits-Zähigkeits-Verhältnis 519
–, Wirkung von Niob, Titan, Vanadin 519
Austenitformvergütung 513
Austenitgefüge 191
–, Einfluß von Wärmebehandlungen nach Verformung 191
Austenitisierung 207
–, Einfluß des Ausgangszustandes des Stahls 207
–, Einfluß substitutioneller Legierungselemente 118
–, –, Homogenisierung der Konzentrationsunterschiede durch Glühen 120
–, im einphasigen Bereich, Einflußgrößen 115
–, im zweiphasigen Bereich 117
Austenitisierungsparameter
  (bei mathematischer Beschreibung des Umwandlungsverhaltens) 228
Austenitkorngröße 203
–, Einfluß auf Austenitumwandlung 507
–, Einfluß auf Widmannstättenschen Ferrit 508
–, Einflußgrößen 204, 506
–, –, Temperatur und Zeit 204, 506
–, –, Aluminiumnitrid 208
–, –, Karbid, Nitrid oder Karbonitrid bildende Legierungselemente 192, 208
–, –, nichtmetallische Einschlüsse 208
–, –, Rekristallisation 506
–, –, Schweißbedingungen 536
–, Einflußnahme zur Feinkornerzeugung 192, 207, 506
–, Kennzeichnung 506
–, –, durch Härtebruchproben 209
–, Wirkung auf die Eigenschaften 506
Austenit-Martensit-Umwandlung **150**
–, Charakterisierung 150
–, Energiebetrachtungen 151
–, Habitusebene der entstehenden Martensitplatten 156
Austenit-Perlit-Umwandlung 138
Austenitstabilität 612
–, Einfluß auf die Umformbarkeit 591, 612
Austenitumwandlung 98, 115, 210
  s. auch Austenit-Bainit-, Austenit-Martensit-, Austenit-Perlit-Umwandlung
–, Einflußgrößen
–, –, Austenitkorngröße 220
–, –, Legierungselemente 112, 221, 223
–, –, Schwankungen in der chemischen Zusammensetzung 225
–, –, Seigerungen 224

Sachverzeichnis 723

-, Kennzeichnung durch kritische Abkühlungs-
    dauern 218
-, mathematische Beschreibung 228, **230**
Austin-Rickett-Formel
    (Austenitumwandlung) 230
Automatenstahl, Zerspanbarkeit 624

Bagaryatski-Zusammenhang 175
Bain-Deformation 153
Bainit 165
-, Entstehungsbereich im Temperatur-Kohlen-
    stoffgehalt-Diagramm 99
-, Unterscheidung gegenüber Martensit 217
-, Unterscheidung von oberem und unterem
    Bainit 105, 168
Bainitgefüge **165**
-, Auswirkungen auf
-, -, Anlaßsprödigkeit 512
-, -, Festigkeit 511
-, -, Streckgrenze 491, 511
-, -, Übergangstemperatur 493, 511
-, -, Zähigkeit 493, 511
-, -, Zerspanbarkeit 623
-, Eigenschaften im Vergleich zu Perlit 496, 511
-, Einflußgrößen
-, -, Abkühlungsgeschwindigkeit 511
-, -, Anlaßtemperatur 497
-, -, Austenitkorngröße 494, 512
-, -, Legierungsgehalt 511
-, Korngrößendefinition 491
-, Merkmale 165
-, -, Lanzettbreite 493
-, -, Paketgröße 492, 493
Bain-Zusammenhang
    (Martensitgefüge) 154
Bandstahl
-, Begriff und Einteilung 25
-, oberflächenveredelt, Begriff 25
Bauschinger-Effekt **341**
-, Abbau 345
-, Deutung 345
-, Einflußgrößen 342
-, -, Kohlenstoffgehalt 342
-, -, Vorverformungsrichtung 343
-, -, Vorverformungsspannung 343
bauteilähnliche Proben 301
Beanspruchungskollektiv 370
Bearbeitung, elektrochemische 629
Bearbeitung, elektroerosive 629
Begleitprobenverfahren 366
Beizverhalten
    (von Stahl) 669
Belagbildung
    (auf Zerspanungswerkzeugen) 627
Belastbarkeit 289
Belastungsablauf, standardisierter 372

Belgien, Stahlverbrauch je Einwohner 11
Beschichten mit organischen Stoffen
    (Oberflächenveredlung) 673
Beschichtungsstoffe 674
Beständigkeitsbereiche von $\alpha + \gamma$, γ und $\gamma + \Theta$ im
    Eisen-Kohlenstoff-System 148
-, Einfluß von Mangan und von Silizium 148
Betriebsfestigkeit **368**
-, Prüfverfahren 370
Betriebsspannungen-Nachfahrversuch 370
Biegefestigkeit 261
Biegeversuch 260
-, mit bauteilähnlichen Proben 303
-, zur Fließkurvenermittlung 260
-, zur Rißstoppuntersuchung 305
Bimetall s. Thermobimetall-Legierungen
Blausprödigkeit 377
Blech, Begriff und Einteilung 75
Blei, Einfluß auf die Zerspanbarkeit 628
Bloch-Wände 432
Bohrsche Magnetone 408
Borieren 528
Brasilien, Stahlverbrauch je Einwohner 11
Breitflachstahl, Begriff 25
Brinell-Härte 261
Bruchanalyse-Diagramm 334
Brucharten **280**
-, Kennzeichnung 280
Bruchaussehen 281
-, normalflächig 281
-, scherflächig 281
-, wabenartig 281
Bruchdehnung 246
-, Temperaturabhängigkeit 253
Brucheinschnürung 246
-, Abhängigkeit vom Gefüge 489
Bruchformänderung 566
Bruchformen
    (bei Kaltumformung) 586
Bruchkarte 394
Bruchmechanik, linear-elastische **317**
-, Anwendung 321
-, -, auf schwingende Beanspruchung 373
-, Gültigkeitsgrenzen 323
-, -, ASTM-Dickenkriterium 324
-, Kennwerte 317
-, -, Übertragbarkeit 332
-, Proben 318
-, -, Einschwingen des Ermüdungsanrisses 324
-, -, Größe der plastischen Zone 322
Bruchverhalten **279**
-, Einflußgrößen 284
-, -, äußere 284
-, -, Ausscheidungen 310
-, -, Beanspruchungsgeschwindigkeit **284**
-, -, Gefüge **306**
-, -, Korngröße 306

-, -, Kriechbeanspruchung 394
-, -, Spannungszustand 285
-, -, Temperatur 284
-, Prüfung 294
-, -, mit bauteilähnlichen Proben 301
-, -, mit Großproben 301
-, -, mit Kleinproben 295
Bruchvorgang 293
-, Modellvorstellungen 313
-, Wirkung nichtmetallischer Phasen 281
-, Wirkung zweiter Phasen 281
Bruchzähigkeit 320
Bruttospannung 301
Burdekin-COD-Design-Curve 335
Burgers-Umlauf 238
Burgers-Vektor 238

Cal-DeOx
 (Stahl mit verbesserter Zerspanbarkeit) 627
Calphad-Formalismus 47
-, Anwendbarkeit auf Eisenmischkristalle 47
Calphad-Methode
 (Berechnung von Zustandsschaubildern) 39
CAT (Crack Arrest Temperature) 303, 335
chemische Eigenschaften 434
China, Stahlverbrauch je Einwohner 11
χ-Phase (Chi-Phase) 518
Chrom
-, anodische Auflösung bei Korrosion 463
-, Einfluß auf Stahloxidation 449
-, Einfluß auf Witterungsbeständigkeit 465
Chromatieren 673
Chromieren 668
Chromkarbid
-, Ausscheidungsverhalten 472
-, -, Kohlenstoffeinfluß 472
-, -, Einfluß kohlenstoffaffiner Elemente 475
-, Löslichkeit 472
Chromnitrid
-, Ausscheidungsverhalten 475
-, Löslichkeit 473
Chromverarmung (an Korngrenzen),
 Entstehungsbedingungen 473
Chruščov-Gerade 632
Coble-Kriechen 394
COD-Design-Curve 336
COD-Konzept 327
Cottrell-Effekt 270, 375
Cottrell-Näherung für Spaltbruch 314
Cottrell-Theorie für Sprödbruch 314
-, Erweiterung durch Reiff 315
-, -, Berücksichtigung harter Korngrenzenausscheidungen 315
Cottrell-Wolken 249
Crack Arrest Temperature 303, 335
Curie-Temperatur

-, von α-Eisenmischkristallen 420
-, von Eisen-Kobalt-Legierungen 420
-, von Eisen-Mangan-Legierungen 424
-, von Eisen-Nickel-Legierungen 421
-, von Eisen-Übergangsmetall-Legierungen 423
-, von Reineisen 401

Darkensche Gleichungen 90
Darkenscher Diffusionskoeffizient 90
Dauerfestigkeit s. Dauerschwingfestigkeit
Dauerfestigkeitsschaubild 358
-, nach Haigh 359
-, nach Smith 359
Dauermagnetwerkstoffe 432
-, Anforderungen an Gefüge 432
Dauerschwingfestigkeit 345
 s. auch Dauerschwingverhalten 345
-, Definition 345
-, Einflußgrößen 358
-, Prüfung 345
-, -, Einflußgrößen: Probenform, Prüffrequenz,
  überlagerte Spannungen 359
-, -, Übertragbarkeit der Prüfergebnisse 349
-, von Schweißverbindungen 368, 549
Dauerschwingverhalten 345
-, anrißfreie Phase 350
-, Einflußgrößen 358
-, -, Beanspruchungsart 358
-, -, Eigenspannungen 502
-, -, Gefüge 360
-, -, Geometrie 364
-, -, Kerben 364
-, -, Korrosionsbeanspruchung 359
-, -, Oberflächenbeschaffenheit 363
-, -, Spannungszustand 364
-, -, Umgebung 368
-, Einzelprozesse 350
-, Rißausbreitung 354
-, Rißbildung 354
-, von Schweißverbindungen 368
Deckschicht
 (bei Korrosion) 460
Dehngrenze 245
-, 1%- 245
-, 0,2%- 245
-, von Baustählen, allgemeinen 487
-, von Vergütungsstählen, legierten 487
-, von Vergütungsstählen, unlegierten 487
Dehnungsamplituden, ertragbare 348
Dehnungsanteilregel 391
Dehnungskerbfaktor 365
Dehnungs-Wöhler-Linie 373
Dehnung, wahre 247
Dehnungszustand, ebener 288
Delamination
 (Verschleißmechanismus) 635

Sachverzeichnis

Design-Curve 336
Desoxidation, Einfluß auf Zerspanbarkeit 627
Deutschland, Bundesrepublik
-, Stahlerzeugung
-, -, vor 1870 3
-, -, Entwicklung nach 1870 10
-, Stahlverbrauch je Einwohner 11
Diffusion **77**
-, Aktivierungsenergie 82
-, Beweglichkeit der Atome 79
-, Darkensche Gleichungen 90
-, Einfluß von Korngrenzen 86
-, Einfluß von Leerstellen 84
-, Einfluß von Versetzungen 86
-, im System Eisen-Sauerstoff 436
-, im System Eisen-Schwefel 438
-, in Oxiden 435
-, in Reineisen 82
-, in ternären Mischkristallen 93
-, in Verbindungen 96
-, thermodynamischer Faktor 80
-, von Austauschatomen in binären Mischkristallen 87
-, von Begleitstoffen in Reineisen 82
-, von Kohlenstoff in Reineisen 82
Diffusionsgeschwindigkeit
-, von Oxiden und Sulfiden, Vergleich 453
-, -, Folgerungen für die Legierung von Hochtemperaturstählen 453
Diffusionsglühen
    (Oberflächenveredlung) 668
Diffusionskoeffizient **80**
-, Einflußgrößen 80
-, für Selbstdiffusion 85
-, -, Einflußgrößen 85
-, nach Darken 90
-, von Eisen und Sauerstoff in Eisenoxiden 438
-, von Wasserstoff in α-Eisen 83
Diffusionsstrom, bei Einlagerungsatomen 78
-, Einflußgrößen 78
-, treibende Kraft 79
Direktemaillierung, einschichtige 669
-, Eignung von Stahl 670
Direkthärtung 524
Doppelhärtung 525
Double-Tension-Test 303
Drop-Weight-Tear-Test 305
Dualphasengefüge 191, 221, 608
-, Entstehung 191, 221
-, Unterschied gegen Duplexgefüge 191
Dualphasen-Stähle 340, 608
-, mechanische Eigenschaften 495, 497, 609
Duplexgefüge, Entstehung 189
Durchmesser, idealer kritischer
    (Kennwert für Härtbarkeit) 230
Durchvergütung 522

Edelstahl, Begriff 20
Eigenschaften, chemische s. chemische Eigenschaften
Eigenschaften, mechanische s. mechanische Eigenschaften
Eigenschaften, physikalische s. physikalische Eigenschaften
Eigenschaften von γ-Eisen im instabilen Temperaturbereich 413
Eigenspannungen **279**
-, 1. Art 279
-, 2. Art 279
-, 3. Art 279
-, Einfluß auf das Fließverhalten 279
-, Entstehung beim Schweißen 551
Einbrandkerben, Einfluß auf Dauerschwingfestigkeit von Schweißverbindungen 549
Einhärtbarkeit 513
Einhärtungstiefe 513
Einheitskollektive 370
Einlagerungsmischkristalle, Gibbssche Energie 49
Einsatzhärten **523**
-, Einflüsse 524
-, erreichbare Oberflächenhärte 525
-, Umwandlungsverhalten aufgekohlter Stähle 525
Einsatzstähle, Ac_1 und Ac_3-Temperatur, Berechnung aus der chemischen Zusammensetzung 229
Einschlüsse s. nichtmetallische Einschlüsse
Einschichtemaillieren 669
Einstufenversuch 347, 369
Eisen
-, Thermodynamik **33**
-, thermodynamisches Gleichgewicht mit Gasen 435
Eisen-Chrom-Aluminium-Sauerstoff-Schwefel, thermodynamisches Stabilitätsdiagramm bei 928 °C 442
Eisenerz, derzeit wichtigste Förderländer 18
Eisen-Kohlenstoff-Phasendiagramm 53, **199**
Eisenlegierungen
-, nicht magnetisierbare 424
-, Thermodynamik 33
Eisen-Nickel-Sauerstoff, Stabilitätsbereiche der Mischoxide 441
Eisennitride, vorkommende Phasen 121, **457**
Eisen-Sauerstoff-Phasendiagramm 437
Eisen-Schwefel-Phasendiagramm 439
Eisenwerkstoffe, Begriff 21
Eisenzeit 3
ε-Karbid (Epsilon-Karbid), Ausscheidung aus Martensit bei 100 bis 200 °C 109
Elastizitätsgrenze, technische 245
Elastizitätsmodul 235
-, von Reineisen 406

Elektroblech, Begriff und Einteilung 25
Elektrochemische Gleichgewichte von Eisen, Chrom und Nickel mit wäßrigen Elektrolyten 459
Elektrodenpotential 460
Elinvare 428
Elektrolyse (Oberflächenveredlung) 663
-, Oberflächenvorbereitung dazu 663
Emailhaftung 669
Emaillieren 669
-, Eignung von Stahl 670
-, -, Kohlenstoffeinfluß 670
-, -, Wasserstoffeinfluß 672
-, Fischschuppenbildung 672
-, Verfahren 669
Energiefreisetzungsrate 320
Entfestigung 374
-, bei schwingender Beanspruchung 350
Enthalpie 33, 35
Entkohlung von Stahl **453**
-, Ablauf bei Oberflächenoxidation 448
-, -, bei Mitwirkung von Wasserstoff und Wasserdampf 455
Entmischung, spinodale
-, als Basis für Keimbildung 66
-, thermodynamische Energie 46
Entropie 33, 39, 41
Entspannungsglühen 517
Entstickung **456**
-, durch Reaktion mit Wasserstoff 458
-, Einflußgrößen 459
-, -, Druck 459
-, -, Schwefelgehalt 459
-, -, Siliziumgehalt 459
-, -, Temperatur 459
-, -, Wasserdampf 459
Erholung 177, 381
-, dynamische 184, 382
-, statische 382
Ermüdung 345
  s. auch Dauerschwingverhalten
Ermüdungsgleitbänder 353
Ermüdungsverschleiß
-, Einfluß auf Dauerschwingfestigkeit 635
-, Mechanismus 634
-, Prüfung 641
Erstarrungsrisse
  (in Schweißungen) 553
ESSO-Test 303
Explosion-Bulge-Test 305
Explosion-Tear-Test 305
Extrusion
  (beim Gleitvorgang) 354

FAD (Fracture-Analysis-Diagram) 334
Fallgewichtsversuch 305

Faltenfreiheit 603
Faserstruktur 487
-, Einfluß auf die Anisotropie der mechanischen Eigenschaften 487
fast shear 316
FATT (Fracture Appearance Transition Temperature) 515
Fehlpassung
  (ausgeschiedener Teilchen) 123
Feinblech, Begriff 25
Feinkornbaustähle, Einfluß des Schweißens auf ihre mechanischen Eigenschaften 546
Feinkornstahl, Begriff 21
Feinstblech, Begriff 25
Ferrit 99, 138
-, körniger 99
-, -, Entstehungsbereich 99
-, Widmannstättenscher 126
-, -, Entstehungsbereich 99
-, -, Wachstum 126
-, Zerspanbarkeit, Einfluß auf 621
Ferritausscheidung, voreutektoidische 226
Ferritkorngröße 493
-, Einfluß auf Streckgrenze 493
-, Einfluß auf Übergangstemperatur 493
Ferrit-Perlit-Gefüge 98
-, Einfluß auf die mechanischen Eigenschaften 495, 509
-, Einstellung durch Normalglühen 509
-, Einstellung durch Walzen mit geregelter Temperaturführung 509
Ferritzeilen, Einfluß auf Zerspanbarkeit 621
Festigkeit **235**
-, Abhängigkeit vom Gefüge 486
-, Zusammenhang mit Zähigkeit 486
Festigkeitssteigerung **262**
-, Einfluß der Gefügeausbildung 262, 275
-, -, Austenit 278
-, -, Bainit 278
-, -, Ferrit-Perlit 275
-, -, Martensit 276
-, -, mehrphasige Gefüge 276
-, Mechanismen **262**, 486
-, -, Ausscheidungshärtung **273**, 275
-, -, Entmischung im Mischkristall 271
-, -, Kombination der Mechanismen 275
-, -, Kornfeinung **263**, 275
-, -, Mischkristallbildung **269**
-, -, Nahordnung im Mischkristall 271
-, -, Versetzungsdichte-Erhöhung **272**
-, -, Wirkung nichtschneidbarer Teilchen 275
-, -, Wirkung schneidbarer Teilchen 273
Feueraluminieren 661
-, Aluminiumschmelzen-Einfluß 662
-, Eignung von Stahl 661
-, Reaktionen 661
Feuerverbleien 663

Feuerverzinken **656**
-, beidseitig 661
-, Eignung von Stahl 658
-, -, Einfluß des Siliziumgehalts 659
-, einseitig 661
-, Reaktionen 656
-, Zinkschmelzen-Einfluß
Feuerverzinnen 663
Ficksches Gesetz (Änderung des Diffusionsstroms mit Zeit und Konzentration) 94
Fischschuppen 672
fittability 603
Flacherzeugnisse, Begriff und Einteilung 25
Flade-Potential 466
-, Bedeutung für die Passivierung 466
Flammspritzen
  (Oberflächenveredlung) 668
FLC-Kurve s. Forming Limit Curve
Fleischer-Formel 273
Fleischer-Modell 266
Fließbedingung **262**
-, nach v. Mises 262
-, nach Tresca 262
Fließbruchmechanik 332
Fließen **235**
-, allgemeines 291
-, ruckfreies 251
-, ruckweises 252
Fließgrenze 247
Fließkriterien s. Fließbedingung
Fließkurve **248**, 260, **580**
-, Einflußgrößen 581
-, -, Gefüge 592
-, -, Prüfverfahren ‚581
-, -, Prüfbedingungen 581, 582
-, Ermittlung 260, 581
-, -, Biegeversuch 260
-, -, Torsionsversuch 260
-, -, Verdrehversuch 260
-, -, Zugversuch 248
-, -, Zylinderstauchversuch 260
-, Errechnung aus anderen Werkstoffkennwerten 584
-, ideale 579
-, isothermische 582
-, polytrope 582
-, reale 579
-, von austenitischem Stahl 583, 593, 611
-, von ferritischem Stahl 581, 583, 611
Fließpotential 262, 290
Fließspannung 247, 377, 564, 579
-, Einfluß des Umformgrades 588
-, Ermittlung **377**
-, -, Flachstauchversuch 379
-, -, Torsionsversuch 378
-, -, Verdrehversuch 378
-, -, Zylinderstauchversuch 378

Fließverhalten **235**, 252
-, Anisotropie 278
-, Eigenspannungseinfluß 279
-, Textureinfluß 278
Formänderung, logarithmische s. Umformgrad
Formänderung, wahre 579, 580
Formänderungen
  (bei der Wärmebehandlung) 502
Formänderungsanalyse 602
Formänderungsfestigkeit s. Fließspannung
Formänderungsvermögen **564**, 579, 595
-, Begriff 564, 579
-, Einflußgrößen 565
-, -, Gefüge 567, 590
-, -, Spannungszustand 565
-, -, Vorgeschichte, thermische
-, -, Werkstoff 567
-, -, Zusammensetzung, chemische 587
-, Kenngrößen 579
-, Zusammenhang mit Warmumformbarkeit 565
Formänderungswiderstand 377, 579
Formgenauigkeit 600, 603
Forming Limit Curve 602
  s. auch Grenzformänderungskurve
Formstahl, Begriff und Einteilung 24
Formzahl 289
Frank-Read-Quelle 242
Frankreich
-, Edelstahlerzeugung 14
-, Stahlerzeugung vor 1870 4
Fressen
  (Verschleißerscheinung) 636
FTE-Temperatur (Fracture Transition Elastic Temperature) 305, 335
Furchungsverschleiß 632
-, Einflußgrößen 632
-, -, Gefüge des Stahls 633
-, -, Härte des Stahls 632
-, -, Härte des angreifenden Stoffes 638
-, Systembeispiele 631
-, Vermeidung 638
-, Widerstand von Stahl, Prüfung 641

Galfan 662
Galvalume 662
Galvannealing 660
γ-α-Gleichgewichtstemperatur 113
-, Einflußgrößen
-, -, Chromgehalt 113
-, -, Kohlenstoffgehalt 113
-, -, Mangangehalt 113
γ-Eisenmischkristalle
-, Magnetismus 419
-, physikalische Eigenschaften 419
γ_1-γ_2-Hypothese 414

γ'-Nitrid Fe$_4$N, Ausscheidung aus Eisen-Stickstoff-Legierungen 176
Gefüge, allgemein, Zusammenhang mit Stahleigenschaften 485
Gefüge mit ausgeschiedenen Teilchen 185
Gefüge, Begriffsbestimmung 97
Gefügeentwicklung durch thermische und mechanische Behandlungen 177
Gefügeoptimierung **262**
-, festigkeitsbezogen 262, 275, **337**
-, zähigkeitsbezogen **337**
Gefügereaktionen **196**
-, Kinetik 197
-, Morphologie 197
-, Übersicht 196
Gefügetextur 487, 508
-, Auswirkungen auf
-, -, Anisotropie 508
-, -, Formänderungsvermögen 487
-, -, Rekristallisationsablauf 508
-, -, Tiefziehbarkeit 508
Gefügezeiligkeit
-, Abhängigkeit von Seigerungen 509
-, Einfluß auf Zähigkeit 509
-, Vermeidung 509
general yield s. Fließen, allgemeines
Gestaltsänderungsenergie 262
Gibbssche Energie 33
-, bei Austauschmischkristallen 49
-, bei Einlagerungsmischkristallen 40
-, für Lösungen, ideale 41
-, für Lösungen, reguläre 41
-, partielle, bezogen auf eine Komponente 44
-, verschiedener Phasen (α und γ) 171
Gibbs-Thomson-Gleichung 125
Gießplattieren 666
Gleichgewichtsschaubilder **198**
s. auch Phasendiagramme
-, Bedeutung für Kenntnis von Umwandlungsvorgängen 198
-, Eisen-Kohlenstoff 199
-, -, Einfluß von Legierungselementen 200
Gleichmaßdehnung 246
-, Temperaturabhängigkeit 253
Gleisoberbau-Erzeugnisse, Begriff und Einteilung 24
Gleitbänder, persistente s. Ermüdungsgleitbänder
Gleitbruch 280, **316**
-, Einzelprozesse 316
-, Gefügeabhängigkeit 310
-, stabiler 311
-, Übergang zum Spaltbruch 285
-, Vorgang 316
-, Zusammenhang mit Festigkeit 486
Gleitlinientheorie 290
Gleitstufen 236, 354

-, an der Oberfläche, Ausgang von Spannungsrißkorrosion 475
Gleitsystem 244
Gleitung, alternierende 355
Gitterverfestigung 266
G-Kurve 330
Gradientenversuch 303
Graphitgleichgewicht 58
Grenzflächenenergie, Mitwirkung bei Keimbildung 64
Grenzformänderungskurve 601
-, Einfluß der Stahlart 610
Grenz-Schwingspielzahl 347
Grenzstromdichte
(bei Korrosionsvorgängen) 462
Griffith-Gleichung 283
Grobblech, Begriff 25
Grobkornzone
(bei Schweißungen) 543
Größeneinfluß
(beim Dauerschwingverhalten) 368
Großbritannien
-, Edelstahlerzeugung 15
-, Stahlerzeugung vor 1870 4, 6
Großzugversuch 301
-, Bedingungen, kritische 301
-, an Schweißverbindungen 302
Grubenausbau-Profile, Begriff 24
Grundstahl, Begriff 215
Guinier-Preston-Zonen 457
Gußeisen, Wettbewerb mit Stahl 4

Habitusebene 156
Hämatit, Homogenitätsbereich 436
Härtbarkeit 212, 213, 513
-, Abkühlungsdauer, kritische zur Kennzeichnung 229
-, Durchmesser, idealer kritischer zur Kennzeichnung 229
-, Stirnabschreckversuch, zur Kennzeichnung 513
Härte 261
-, Beziehung zur Zugfestigkeit 261
-, von Stahl 41 Cr 4 211
-, -, Einfluß der Gefügezusammensetzung 214
Härtebruchprobe
(Prüfung der Austenitkorngröße) 209
Härte-Härtetemperatur-Schaubilder 204
Härten 513
Härteprüfung 261
-, nach Brinell 261
-, nach Rockwell 261
-, nach Shore 261
-, nach Vickers 261
Härtung 513
-, durch Sprühkühlung 513

Sachverzeichnis

–, im Warmbad 513
Härtungsgrad 513, 514
Härtungszustand 512
–, Einfluß auf Schneidhaltigkeit von Schnellarbeitsstahl 647
Haftverschleiß 636
–, Anpreßdruck, Einfluß 639
–, Mechanismus 636
–, Stahlhärte, Einfluß 640
–, Systembeispiele 631
Halbzeug, Begriff und Einteilung 24
Hall-Petch-Gleichung **263**, 489
–, Anwendung auf Fließkurve 267
–, Bedeutung der Korngrößenverteilung 268
–, Einwände 268
Hartmetallegierungen
–, Biegebruchfestigkeit 648
–, Härte 648
–, Schneidhaltigkeit 648
Heißbrüchigkeit 448
–, Kupfereinfluß 448
–, Ursachen 448
Heißrissigkeit
  (in Schweißungen) 548, 552, 554, 569
Heißrißneigung
  (von Schweißungen) 536
–, bei austenitischen Stählen 551
–, –, Verringerung 551
Heißzerspanung 629
Heizleiterlegierung 451
Heyrowski-Reaktion
  (bei der Korrosion von Metallen) 464
Hillsche Gleitlinientheorie 290
Hollomon und Jaffe-Formel
  (Berechnung der M_s-Temperatur) 229
Homogenisierungsglühen 95
Hookesche Ersatzspannungen 365
Hookescher Kerbfaktor 365
Hookesches Gesetz 235, 245
Hume-Rotherysche Löslichkeitsregel 415
Hundeknochenmodell 323
Hystereseschleife
  (Magnetisierungskurve) 408
Hysteresisschleife
  (Dauerschwingversuch) 347
–, Aufwickeln 350

IF-Stahl (Interstitial Free-Stahl) 606
Implantversuch 556
–, Aussage über Kaltrißneigung (beim Schweißen) 556
–, Beziehung zur Schweißeignung 556
–, Beziehung zu wasserstoffinduzierten Rissen 561
Inchromieren 667
Indien, Stahlverbrauch je Einwohner 11

INFOS (Informationszentrum für Schnittwerte) 629
Inhibitoren 480
Interkristalline Korrosion 471
–, bei Chrom- und Chrom-Nickel-Stählen 472
–, Sensibilisierung 473
Intrusion
  (beim Gleitvorgang) 354
Invarlegierungen 427
–, Wärmeausdehnungskoeffizient .427
Ionenplattieren
  (Oberflächenveredlung) 667
Isoforming 193
Isotropie
  (der Zähigkeitseigenschaften) 313

Japan
–, Stahlerzeugung, Entwicklung 10
–, Stahlverbrauch je Einwohner 11
J-Integral **327**, 333
J_R-Kurve 330, 333
Johnson-Mehl-Gleichung 178, 179, 230

Kaltbreitband, Begriff 25
Kalt-Massivumformbarkeit **578**
–, Einflußgrößen 584
–, –, Alterung 590
–, –, Gefüge 587
–, –, Gitterstruktur 587
–, –, Spannungszustand 587
–, –, Wärmebehandlung 589
–, –, Zusammensetzung, chemische 587
–, Kenngrößen 579
–, –, Ermittlung 579
–, von austenitischem Stahl 591
–, von ferritischem Stahl 588
–, von martensitischem Stahl 591
Kalt-Massivumformung 578
–, Wirkung auf Stahleigenschaften 587
Kaltplattieren 665
Kaltrisse
  (in Schweißungen) 548, 552, 555
Kaltumformbarkeit, allgemein 578
–, Begriff 578, 595
Kaltumformbarkeit von Flachzeug **595**
–, Begriff 595
–, Bewertungskriterien 596
–, –, Anisotropie, senkrechte (s. auch r-Wert) 597
–, –, Kennwerte aus nachbildenden Prüfverfahren 599
–, –, Kennwerte aus technologischen Prüfverfahren 599
–, –, Kerbzugversuchswerte 599
–, –, Oberflächenbeschaffenheit 600
–, –, Umformbeanspruchung 600

-, -, Verfestigungsexponent (s. auch *n*-Wert) 597
-, -, Zugversuchswerte 596
-, Einflußgrößen 603
-, -, Gefüge **604**
-, -, Oberflächenbeschaffenheit 614
-, -, Oberflächenveredlung 615
-, -, Reinheitsgrad 612
-, -, Textur 613
-, -, Zusammensetzung, chemische 604
Kaltumformung, Begriff 578
Kaltverschweißung (Verschleißerscheinung) 636
Karbide
-, Bildungsbedingungen bei Oberflächenreaktionen 440
-, Gibbssche Energie 57
Karbidanteil am Gefüge, Einfluß auf Schneidhaltigkeit 645
Karbidausscheidung, Kinetik 127
Karbidbildung, innere (bei Aufkohlung) 455
Kavitationsverschleiß 631
-, Mechanismus 631
-, Systembeispiele 631
Keimbildung **64**
-, Arbeit, abhängig vom Keimradius 66
-, Einfluß auf örtliche Verteilung von Ausscheidungen 123
-, Energie zur Bildung des kritischen Keims 67
-, Gesetzmäßigkeiten 64
-, Grenzflächenenergie 70
-, heterogene (an Gitterdefekten) 72
-, inkohärente 68
-, kohärente 69
-, Rate, Maßstab 73
-, Theorie 66
Kerbproben-Verhalten 293
Kerbschärfe 289
Kerbschlagarbeit 296
-, Hochlage 296
-, Tieflage 296
-, Übergangstemperatur 296
-, -, Bedeutung 486
-, -, Einfluß der Bainitpaketgröße 493
-, -, Einfluß der Ferritkorngröße 493
-, -, Einfluß von Sulfideinschlüssen 489
-, Wertestreuung 298
Kerbschlagarbeits-Temperatur-Kurve 296
-, Gefügeeinfluß 488
Kerbschlagbiegeversuch 296
-, Instrumentierung 296
-, -, Kraft-Durchbiegungs-Kurven 296
Kerbschlagproben 297
Kerbschlagzähigkeit s. Kerbschlagarbeit
Kerbspannungstheorie, linear-elastische 366
Kerr-Effekt 412

Kinken (bei Versetzungen) 257
Kirkendall-Effekt 89, 130
Kleinwinkelkorngrenzen 242
K_m s. Abkühlungsgeschwindigkeit, kritische, obere
Kohlenstoffäquivalent 561
-, Beziehung zur Schweißeignung 561
-, Zusammenhang mit Kaltrißneigung 557
Kohlenstoffgehalt
-, Einfluß auf Zerspanbarkeit 621
Kohlenstofflöslichkeit 200
-, in Austenit 200
-, in Ferrit 200
-, Versetzungsdichte-Einfluß 62
Kollaps, plastischer 333
Kompressibilität von Reineisen 406
Konfigurationsentropie 41
Korngleitverschleiß 631
-, Mechanismus 631
-, Systembeispiele 631
Korngrenzen 265
-, Bedeutung für die Festigkeitssteigerung 265, 486
Korngrenzenferrit 99
-, Entstehungsbereich 99
-, Wachstum 126
Korngrenzengleiten 567
Korngrenzenwiderstand 263
-, Temperaturabhängigkeit 267
Korngrenzenzementit 99, 101
-, Entstehungsbereich 99
Korngröße s. auch Austenitkorngröße
-, Definition bei Bainit 491
Kornvergröberung 183
-, Einflußgrößen
-, -, chemische Zusammensetzung 183
-, -, Temperatur 183
-, -, Zeit 181
-, bei Rekristallisation 181
Kornzerfall 474
Korrosion **461**
-, abtragende 461
-, atmosphärische 465
-, elektrochemische 461
-, interkristalline 471
-, Lochfraß 471
-, selektive, von passivem Eisen 470
-, Spaltkorrosion 472
-, Spannungsrißkorrosion 475, 550
-, Teilreaktionen (anodische und kathodische) 461, 463
-, thermodynamische Gleichgewichte 434
Korrosionserzeugnisse, ihre Hydrolyse 472
Korrosionspotential 461
K_p s. Abkühlungsgeschwindigkeit, kritische, untere

Sachverzeichnis

Kriechbruch **394**
-, Gefügeeinfluß 396
Kriechen **384**
-, Deutung der Vorgänge 393
-, primäres 384
-, sekundäres 384
-, stationäres 384
-, tertiäres 384
Kriechverhalten 383, **393**
　s. auch Zeitstandverhalten
-, Deutung der Vorgänge **393**
-, Einflußgrößen 396
-, -, Gefüge 397
-, -, Koagulation 398
-, -, Korngrenzengleiten 396
-, -, Stapelfehlerenergie 396
-, -, Teilchen, nichtschneidbare 396
-, -, Teilchen, schneidbare 396
-, -, Umlösung 398
-, -, Versetzungsdichte 397
Kriechwiderstand 396
Kristallenergie 409
Kristallgitter des Eisens 108, 401
Kurzzeichen, Zusammenstellung 675
Kurzzeithärtung
　(von Oberflächenschichten) 523
Kupfer
-, Einfluß auf Lötbrüchigkeit 448
-, Einfluß auf Witterungsbeständigkeit 465

Lamellenrisse
　(in Schweißverbindungen) 559
Langerzeugnisse, Begriff und Einteilung 24
Langzeitstandverhalten s. Zeitstandverhalten
Lanzettbainit 491
　s. auch Bainitgefüge
Lanzettmartensit 159
　s. auch Martensitgefüge
Larson-Miller-Parameter 389
Lebensdaueranteilregel 391
Lebensdauerlinie 371
Lebensdauervorhersage **372**
LEED-Untersuchungen (Low Energy Electron Diffraction) 443
Leerstellen
-, Eisenionen-Leerstellen in Wüstit 436
-, Kationen-Leerstellen 436
-, -, Diffusion, Bedeutung für Wachsen der Oxidschicht 445
Legierungselemente des Eisens 18
-, Einteilung nach Wirkung auf γ-Phase 415
Legierungsparameter *L*
　(im Zusammenhang mit ZTU-Schaubildern) 221
Leitfähigkeit, elektrische und thermische
-, physikalische Grundlagen 410

-, von Reineisen 410
-, Wiedemann-Franz-Lorenzsches Gesetz 411
Lichtbogenspritzen
　(Oberflächenveredlung) 668
Lochbildung
　(beim Gleitbruch) 316
Lochfraß 471
Lochwachstum
　(beim Gleitbruch) 316
Löslichkeit
-, von Schwefel in γ-Eisen 569
Lötbruch 568
-, Einfluß von Antimon, Arsen, Kupfer, Zinn 448
-, Ursachen 448, 568
Lorenz-Konstante
-, von Reineisen 411
Ludwik-Gleichung **248**
-, Anwendung auf Reibungsspannung 267
-, Konstanten 249, 255
-, -, Temperaturabhängigkeit 255
Lüders-Band 249, 352
Lüders-Dehnung 249
-, Temperaturabhängigkeit 253
Lüders-Front 250
Luxemburg, Stahlverbrauch je Einwohner 11

Magnetisierungskurve, Erklärung 408
Magnetismus
-, Beitrag der Enthalpie des α-Kristalls 38
Magnetit, Homogenitätsbereich 436
Magnetone, Bohrsche 408
Makrostützwirkung 364
Mangansulfid, Einfluß auf die Zerspanbarkeit 623
Maraging 517
Martensit 99, **150**
-, Entstehungsbereich 99
-, Kristallographie 153
-, Lanzettmartensit 103, 159
-, Plattenmartensit 103
-, Temperatur 210
-, Tetragonalität, ihre Entstehung 108
-, thermoelastischer 163
Martensitgefüge
-, Anlaßbehandlung ohne und mit Kaltumformung bei Stahl mit 9% Ni 190
-, Anlaßtemperatur-Einfluß 497
-, Entstehungsbedingungen 512
-, Keimbildung 161
-, mechanische Eigenschaften 495
-, Streckgrenze, Unterschied bei Lanzett- und Plattenmartensit 495
-, Zerspanbarkeit, Einfluß auf 622
Maßänderungen
　(bei Wärmebehandlung) 502

Massivumformung, Begriff 578
mechanische Eigenschaften **235**
-, Einflußgrößen 235
-, -, Beanspruchungsart 235, 341, 345
-, -, Gefüge 262, 306, 337
-, -, Temperatur 375, 377, 383
-, von Schweißungen
-, -, Einfluß der Abkühlungsdauer $t_{8/5}$ 547
-, -, Einfluß des Schweißvorgangs 358, 396, 546
Mehrachsigkeit 291
-, örtliche 291
-, vor Kerben 292
-, vor Rissen 292
Mehrachsigkeitsgrad 300
Mehrachsigkeitskennzahl 289
Meniskus-Verfahren 661
Meßrasterverfahren 601
Metallicum, Begriff und Beginn 3
Mikroriß-Auslösung 313
Mischgefüge, mechanische Eigenschaften 495
Mischkorn, Entstehung bei der Austenitisierung 209
Mischkristallbildung, Bedeutung für die Festigkeitssteigerung 270
Mischkristalle 40, 87
Mischkristallverfestigung **269**
-, durch Stapelfehler 271
-, im Perlit 489
Mischungsregel, Geltungsbereich bei mehrphasigen Gefügen 430
Mittelspannung
  (Dauerschwingversuch) 345, 358
Mohrsche Spannungskreise 286
Moment, magnetisches
-, von α-Eisen 408
-, von γ-Eisen 421
-, -, Nickel-Einfluß 421
Morrison-Beziehung 604
M_s-Temperatur
  s. Martensittemperatur
MST-Stahl (Mikrolegierter Sondertiefzieh-Stahl) 606

Nabarro-Herring-Kriechen 393
Nachziehfaktor (bei Relaxationsversuchen an Schweißverbindungen) 559
Nadelferrit 278
Nahtfaktor 539
Nahtgeometrie 539
NDT-Temperatur (Nil Ductility Transition Temperature) 305, 335
Néel-Temperatur
-, von Eisen-Mangan-Legierungen 420
-, von Eisen-Nickel-Legierungen 421
-, von Reineisen 413
-, von Übergangsmetall-Legierungen 423

Nehrenberg-Formel
  (zur Berechnung der M_s-Temperatur) 229
Nernstsche Diffusionsdichte 464
-, Einfluß auf Korrosionsgeschwindigkeit 464
Neuber-Formel 365
nichtmetallische Einschlüsse
-, Wirkung auf
-, -, Faserstruktur 487
-, -, Sprödbruchneigung 313
-, -, Zähigkeit 487
-, zeilenförmige Anordnung 226
Nickel
-, Auflösung, anodische bei Korrosion 463
-, Wirkung auf
-, -, Oxidation von Stahl 449
-, -, Witterungsbeständigkeit 465
Niob
-, Wirkung beim Austenitformhärten 519
-, Wirkung bei thermomechanischer Behandlung 519
Niobkarbid
-, bei Ausscheidungshärtung des Ferrits
-, -, Einfluß auf mechanische Eigenschaften 510
-, Löslichkeit in Austenit 57
-, -, Temperaturabhängigkeit 57
Nitridausscheidungen 189
Nitride, Einfluß auf Oxidationsbeständigkeit und Versprödung 458
Nitrieren 527
-, Einfluß auf Dauerschwingfestigkeit 527
Nitrierhärtung 457
-, Ablauf in NH_3-H_2-Gemischen 457
-, Einfluß der chemischen Zusammensetzung des Stahls 457
Normalglühen **509**
Normal-Wasserstoffelektrode 459
n-Wert 597
  s. auch Verfestigungsexponent
-, Bedeutung für Streckziehbarkeit 598

Oberflächengüte (des bearbeiteten Werkstoffs) zur Zerspanbarkeitsbewertung 618
Oberflächenhärtung 522
Oberflächenreaktionen
  des Eisens mit Sauerstoff 435
Oberflächenspannung
  von Eisen, Verringerung durch Wasserstoff 481
Oberflächenveredlung 615, **654**
-, Einfluß auf den Grundwerkstoff 655
-, Oberflächenvorbehandlung dazu 654
-, Verfahren 654
-, -, Abscheiden aus der Gasphase 667
-, -, Aufbringen von Überzügen anorganischer Art 669

Sachverzeichnis

-, -, Beschichten mit organischen Stoffen 673
-, -, Chromatieren 673
-, -, Diffusionsglühen 668
-, -, Elektrolyse 663
-, -, Emaillieren 669
-, -, Phosphatieren 672
-, -, Plattieren 665
-, -, Schmelztauchen 656
-, -, Spritzverfahren 668
-, -, Vakuumbedampfen 666
Oberflächenzerrüttung
 s. Ermüdungsverschleiß
Oberspannung
 (Dauerschwingversuch) 345
Optimierung
-, der Gefügeausbildung 337
-, der mechanischen Eigenschaften 337
Orientierungszusammenhänge
 (bei Umwandlungsvorgängen) 158, 160
Orowan-Mechanismus 243, 396
Ostwald-Reifung **131**, 137, 274, 398
Oxidation 442, 444
-, Gesetzmäßigkeiten 442, 446
-, Einflußgrößen 449
-, -, Aluminiumgehalt 449
-, -, Chromgehalt 449
-, -, Kohlenstoffgehalt 448
-, -, Nickelgehalt 449
-, -, Oberfläche 444
-, Kinetik und Mechanismen 442
Oxide, Fehlordnung 436
Oxideinschlüsse, niedrig schmelzende, Einfluß auf Zerspanbarkeit 626, 627
Oxidkeramik, für Anforderungen an Schneidhaltigkeit 649
Oxidschichten 444
-, Wachstums-Zeitgesetz 435, 444

Palmgren-Miner-Regel 372
Paragleichgewicht 119
Paris-Gleichung 356, 392
Passivbereich
 (bei Korrosionsabläufen) 467
 s. auch Stromdichte-Spannungs-Kurven
Passivierung 466
-, Vorgang 466
-, von Chrom 469
-, von Eisen 466
-, von Eisenlegierungen 469
-, von Nickel 468
Passivschichten 466
Patentieren 510
Peierls-Modell 257
Peierls-Nabarro-Spannung 266
Pellini-Fracture-Analysis-Diagram 334
Pellini-Versuch 305

Pendelglühen
 (zum Karbideinformen) 519
Perlit **138**
-, anomaler 213
-, -, Entstehung 213
-, entarteter 100, 518
-, -, Entstehung 213, 214
-, Entstehungsbereich 99
-, Kristallographie 141
-, Lamellenabstand 145
-, Wachstumskinetik 141
Perlitbildung 138
-, Einflußgrößen
-, -, Legierungselemente 146
-, -, Unterkühlung 145
-, Energiebetrachtungen 138
-, Keimbildung 140
-, Reaktionen 139
-, Wachstumskinetik 141
-, Zeitgesetz 144
Perlitgefüge 138, 508
-, Eigenschaften in Abhängigkeit von der Ausbildungsform 491
-, Eigenschaften im Vergleich zum Bainitgefüge 496
-, Entstehungsbedingungen 508
-, Orientierung zum Austenit 141
-, Wirkung auf
-, -, mechanische Eigenschaften 489, 491
-, -, Zerspanbarkeit 496
Perlitkolonie 141
-, Orientierungsbeziehung zum Austenit 141
-, Wachstumsgeschwindigkeit 144
Phasendiagramme
 s. auch Zustandsschaubilder
-, Eisen-Chrom-Kohlenstoff 149
-, Eisen-Kohlenstoff 53, 199
-, Eisen-Kohlenstoff-Legierungselement
 (Gibbssche Energien) 57
-, Eisen-Sauerstoff 437
-, Eisen-Schwefel 439
Phasenstabilität, Beurteilungsgrundlagen 34
Phosphatieren 672
Phosphor
-, Einfluß auf Anlaßversprödung 499
-, Einfluß auf Witterungsbeständigkeit 465
physikalische Eigenschaften **401**
-, elastische Eigenschaften 406
-, Leitungseigenschaften 410
-, magnetische Eigenschaften 406
-, optische Eigenschaften 412
-, von α-Eisenmischkristallen 415
-, von γ-Eisenmischkristallen 419
-, von Reineisen 401
-, Einflußgrößen
-, -, Gefüge 430
-, -, Gitterstruktur 415, 419

-, -, Gitterstörungen 428
Platine, Begriff 24
plane strain 601
Plasmaspritzen
 (Oberflächenveredlung) 668
Plattenbainit 493
Plattenmartensit 103
-, kristallographisches Bildungsmodell 153
Plattieren 665
Polarisation
 (von Reineisen) 406
Portevin-Le Chatelier-Effekt 251
Potential, elektrisches 459
-, Messung über Vergleichselektrode 459
Potential-p_H-Diagramme 460
-, von Eisen und Eisenoxiden in wäßrigen Lösungen 460
Prandtlsche Strömungsgrenzschicht 464
-, Bedeutung für Korrosion 464
Proben, bauteilähnliche 301
Profilerzeugnisse
 s. Langerzeugnisse
Promotoren
 (für Wasserstoffaufnahme) 480
Proportionalitätsgrenze 245
Pyrit 439
Pyrrhotit 439

Qualitätsstahl, Begriff 20
Quergleitung 244
Querkontraktionszahl 236
Quetschgrenze 247

Radius, kritischer
 (für den Ausscheidungsverlauf) 136
Randentkohlung 448
-, Ablauf und Zeitabhängigkeit 448
Randschichthärtung 484, 523
Randschicht-Kurzzeithärtung 523
Rammpfähle, Begriff 24
Rechteckknüppel, Begriff 24
Rechteckvorblock, Begriff 24
Reflexionsvermögen
 (von Reineisen) 412
reheat cracking (Rißbildung beim Spannungsarmglühen) 557
Reiboxidation
 (Verschleißerscheinung) 637
Reibungsspannung 263, 266
-, Temperaturabhängigkeit 267
Reibwiderstand 615
Reiffscher Ansatz 315
Reineisen 401
-, Atomvolumen 401
-, Curie-Temperatur 401

-, Dichte 402
-, Elastizitätsmodul 406
-, Gitterkonstante 402
-, Kompressibilität 406
-, Kristallstruktur 401
-, magnetische Eigenschaften 406
-, Néel-Temperatur 413
-, optische Eigenschaften 412
-, Polarisation 406
-, Suszeptibilität 406
-, Umwandlungstemperaturen 401
-, Volumenmagnetostriktion 404
-, Wärmeausdehnung 403
-, Wärmekapazität 404
-, Wärmetönungen (bei Umwandlungen) 405, 406
Reißfestigkeit 247
-, Temperaturabhängigkeit 253
Rekristallisation **178**, 381
-, Ablauf 179
-, Begriff 178
-, dynamische 184, 382
-, Einfluß von Ausscheidungsteilchen 186
-, Geschwindigkeit, Einfluß von Mangan 179
-, Keimbildung 179
-, metadynamische 383
-, sekundäre 187
-, statische 382
-, bei gleichzeitiger Umwandlung 188
-, Textur 179
Relaxationsversuch 375, 384
-, an Schweißungen 560
Restaustenit 205
-, Einfluß auf die Härte
-, -, von Stahl 100 Cr 6 206
-, -, von unlegierten Stählen 205
Riß, interkristalliner
 (beim Schweißen) 557
Rißauffangtemperatur 303
Rißaufweitung, kritische 336
Rißausbreitung 293, 354
-, Geschwindigkeit
 (bei schwingender Beanspruchung) 355
-, instabile 294
-, stabile 294
Rißauslösung 294
Rißbildung in Schweißungen 552
-, Wasserstoffeinfluß 555
Rißbreite, kritische 302
Rißenergie 313
Rißentstehung 293
Rißfortpflanzung 294
Rißlänge, effektive
 (Bruchmechanik) 331
Rißlänge, kritische 302
Rißöffnung
 (Bruchmechanik) 327

Rißöffnungskonzept
 s. COD-Konzept
Rißwachstum
-, instabiles 294
-, stabiles 294
Rißstopp 294
Rißwiderstandskurve 330
Rißzähigkeit **320**
-, Geometrieabhängigkeit 331
-, Geschwindigkeitseinfluß 333
-, Temperaturabhängigkeit 324, 331
-, Wasserstoffeinfluß 481
R-Kurve 331
Robertson-Versuch 303
Rockwell-Härte 261
Röschenbildung
 (bei hitzebeständigen Stählen) 449
-, Einfluß von Nickel 451
Rohblock, Begriff 24
Rohbramme, Begriff 24
Rohstahl, Begriff 24
Rost 465
-, Zusammensetzung 465
-, -, Änderung durch Legierungselemente im Stahl 465
Rotbruch 568
Rückgleitung 354
Rückprallhärte 261
Rußland, Stahlerzeugung vor 1870 6
r-Wert 278, 597
-, zur Anisotropie-Kennzeichnung 278
-, Beeinflussung durch die Stahlerzeugungsbedingungen 605
-, zur Tiefziehbarkeits-Kennzeichnung 598
-, Textureinfluß 598

Sandelin-Effekt 659
Sauerstoffadsorption 443
-, Einfluß der Orientierung der Eisenoberfläche 443
Schadensakkumulationshypothese 391
Schaeffler-Diagramm 555
-, Bereich der Stahlzusammensetzung mit Heißrißneigung beim Schweißen 555
Schalenhärtung 522
Scharfkerbbiegeproben 304
Scharfkerbproben 296
Schichtverschleiß 637
-, Einfluß des Anpreßdrucks 639
-, Systembeispiele 631
Schmelzlinie
 (beim Schweißen), Begriff 532
Schmelztauchverfahren **656**
-, mit Aluminium-Zink-Legierungen 662
-, Feueraluminieren 661
-, Feuerverbleien 663

-, Feuerverzinken 656
-, Feuerverzinnen 663
Schmiergleitverschleiß 631
-, Mechanismus 631
-, Systembeispiele 631
Schmierwälzverschleiß 631
-, Mechanismus 631
-, Systembeispiele 631
Schneidhaltigkeit **643**
-, Begriff 643
-, Einflußgrößen 643
-, -, Arbeitsbedingungen 649
-, -, Gefüge des Werkstoffs 644
-, -, Karbidanteil am Gefüge
-, -, Schneidengeometrie 649
-, -, Schneidspalt 650
-, Prüfung 651
-, -, Betriebsversuche 653
-, -, Temperaturstandzeit-Drehversuch 651, 653
-, -, Verschleißstandzeit-Drehversuch 652
-, Werkstoffe, geeignete 644
-, -, Hartmetallegierungen 648
-, -, Oxidkeramik 649
-, -, Stahl, ledeburitisch 645
-, -, Stahl, übereutektoidisch 645
-, -, Stahl, untereutektoidisch 645
Schnellarbeitsstahl
-, Härte 516, 647
-, -, Anlaßtemperatur-Einfluß 516
-, -, Austenitisierungstemperatur-Einfluß 516, 647
-, Restaustenitgehalt 516
-, -, Anlaßtemperatur-Einfluß 516
-, -, Austenitisierungstemperatur-Einfluß 516
Schnittkraft 618
-, Bewertungsgröße für Zerspanbarkeit 618
-, Zusammenhang mit Zugfestigkeit 619
Schraubenversetzung 238
Schrumpfspannungen 551
-, Entstehung beim Schweißen 551
Schubmodul 236
Schubspannung 236
-, kritische 244, 586
Schubspannungs-Abgleitungs-Kurve 243
Schubspannungsbruch 586
Schutzschicht
 (bei Korrosionsvorgängen) 460
Schwall-Verfahren
 (Oberflächenveredlung) 661
Schwarz-Weiß-Gefüge, Bedeutung für Zerspanbarkeit 621
Schweden
-, Edelstahlerzeugung 14
-, Stahlerzeugung vor 1800 5
Schwefeldioxidgehalt der Atmosphäre, Einfluß auf die Korrosion 465

Schwefel, Einfluß auf
-, Anlaßversprödung 499
-, Oberflächengüte nach Zerspanung 625
-, Spanform 624
-, Zerspanbarkeit 621
Schweißbarkeit
 s. Schweißeignung
Schweißeignung **529**
-, Begriff 530
-, Beurteilung durch
-, -, Kohlenstoffäquivalent 561
-, -, Schweißversuche 561
-, -, Umwandlungsverhalten 561
Schweißen
-, Begriff 529
-, Einflußgrößen 530
Schweißnaht
-, Begriff 534
-, Gefügeausbildung 543
-, mechanische Eigenschaften 546
Schweißparameter 536
Schweißplattieren 666
Schweißspannungen 551
-, Entstehung und Auswirkungen 551
Schweißverbindungen
-, Normalglühen 559
-, Spannungsarmglühen 559
Schweißverfahren, Übersicht 533
Schwellfestigkeit 347
Schwingspielzahl 345
Seigerung, Sichtbarmachen 201
Sekundärhärte 278
Sekundärhärtung
 (beim Anlassen von Martensit) 498
Selbstdiffusionskoeffizient
-, von Eisen in Eisenoxiden 436
-, von Reineisen 85
-, von Sauerstoff in Eisenoxiden 436
Selen, Einfluß auf die Zerspanbarkeit 628
Sendzimir-Verfahren 660
Separation 521
Sherardisieren 668
Shore-Härte 261
Sicherheitskonzept **334**
σ-Phase (Sigma-Phase), Ausscheidung aus Stahl
 mit 28% Cr und 2% Mo 518
Silizium, Einfluß auf
-, magnetische Eigenschaften von α-Eisenmischkristallen 417
-, Oxidation von Stahl 450
Snoeck-Effekt 270, 375
SOD-Test 303
Sonderkarbide
-, Anlaßtemperatur-Einfluß auf ihre Ausscheidung 498
-, Ausscheidung aus Martensit beim Anlassen 516

Sondertiefziehstahl, mikrolegiert 606, 610
 s. auch MST-Stahl
Sowjetunion (UdSSR)
-, Stahlerzeugung 10
-, Stahlverbrauch je Einwohner 11
Spaltbruch **281**, 291
-, Ausbreitung 283
-, Deutung, metallkundliche 313
-, interkristalliner 283
-, transkristalliner 284
Spaltbruchspannung 282
-, mikroskopische 285, 306, 315
-, theoretische 282
-, Zusammenhang mit Festigkeit 486
Spaltflächengröße
 (bei Sprödbruch), Zusammenhang mit Zähigkeit 491
Spaltkorrosion 472
-, Entstehungsbedingungen 472
Spanausbildung
 (Bewertungsgröße für Zerspanbarkeit) 618
Spannung
-, Entstehung durch Randschichthärtung 501
-, Entstehung durch Wärmebehandlung 500
Spannung, wahre 247, 579, 580
Spannungsamplitude
 s. Spannungsausschlag
Spannungsarmglühen 502, **559**
-, von Schweißverbindungen 552
-, Vorgehen beim 502
Spannungsausschlag
 (Dauerschwingversuch) 345
Spannungs-Dehnungs-Kurve **245**
-, Einflußgrößen
-, -, Prüfgeschwindigkeit 252
-, -, Prüftemperatur 252
-, Meßverfahren 245
-, wahre 247
-, -, Beschreibung durch Formel 268
-, -, Beschreibung durch Ludwik-Gleichung 248
-, zyklische
-, -, Beschreibung durch Ludwik-Gleichung 351
Spannungsintensität 356
-, Schwingbreite 356
-, zyklische 356
Spannungsintensitätsfaktor 319
Spannungskerbfaktor 364
Spannungskonzentrationsfaktor, plastischer 290
Spannungsrißkorrosion **475**
-, Anfälligkeit von Stählen, Vergrößerung durch Schweißen 550
-, Einfluß von Begleitelementen 478
-, Entstehungsbedingungen 475
-, Modell des Ablaufs 476

Sachverzeichnis

-, -, in austenitischen Stählen 476
-, -, in ferritischen und perlitischen Stählen 477
-, -, Rißverlauf in den beiden Stahlgruppen 478
Spannungssicherheit 389
Spannungsverhältnis 347, 356
Spannungszustand 286
-, Darstellung, graphische
  s. Mohrsche Spannungskreise
-, dreiachsiger 287
-, ebener 287, 322
-, vor Kerben **287**, 322
-, zweiachsiger 287
Spitzentemperatur-Abkühlzeit-(Eigenschafts)-Schaubilder (für Schweißungen) 543
Splitting 521
Sprengplattieren 666
Spritzverfahren
  (Oberflächenveredlung) 668
Sprödbruch **283**
Sprödbruchneigung 285, 306
-, Einfluß nichtmetallischer Einschlüsse 313
Sprödigkeit, Begriff 486
Sprühkühlung 513
Spülverschleiß 631
-, Mechanismus 631
-, Systembeispiele 631
Spundwanderzeugnisse, Begriff 24
Sputtern
  (Oberflächenveredlung) 667
Stabilisierung
  (bei nichtrostenden Stählen) 475
-, Einfluß auf Korrosionsverhalten 475
Stabilitätsdiagramme 440
-, für Stahllegierungsmetalle mit Sauerstoff 441
-, für Stahllegierungsmetalle mit Schwefel 442, 452
Stabilitätsparameter 36
Stahl
-, Bedeutung heute 8, 26
-, Begriff 10
-, Edelstahl, Abgrenzung 20
-, Erzeugungsmengen 14
-, legierter Stahl, Abgrenzung 20
-, Qualitätsstahl, Abgrenzung 20
-, Sorteneinteilung 19
-, Wettbewerb
-, -, mit Gußeisen 4
-, -, mit anderen Bau- und Werkstoffen 26
Stahlbeschichtung, mit organischen Stoffen 673
Stahlerzeugnisse, Einteilung nach Fertigungsstufe und Form 23
Stahlerzeugung
-, Desoxidations- und Legierungsmittel, Verbrauch in Deutschland 17

-, Eisenerze, Verbrauch in Deutschland 16
-, Erzeugungsmengen
-, -, vor 1800 4
-, -, seit 1870 9
-, Rohstoffe, Herkunft 17
-, Vergleich einiger Länder 15
Stahlerzeugungsverfahren
-, Desoxidation, Legierung und Vergießen, Einfluß 13
-, Entwicklung, geschichtliche 3, 11
Stahlguß, Anteil an der Rohstahlerzeugung in verschiedenen Ländern 15
Stahlrohrerzeugung, Anteil in einigen Ländern 15
Stahlsorten
-, Einteilung 19
-, hochfest, mikrolegiert 609
-, phosphorlegiert 609
-, schneidhaltig 644
-, -, ledeburitisch 645
-, -, übereutektoidisch 645
-, -, untereutektoidisch 644
-, wetterfest (rostträge) 465
Stahlverbrauch
  je Einwohner in verschiedenen Ländern 11
Stapelfehler 241
Stapelfehlerenergie 241, 256
Stauchgrenze 247
Stickstoff, Löslichkeit in Eisen 121, 457
Stirnabschreckversuch
  (Härtbarkeitsprüfung) 230, 513
Stop-off-Verfahren
  (Oberflächenveredlung) 661
Strahlverschleiß 631
-, Mechanimus 631
-, Systembeispiele 631
Stranggruß
-, Anwendung in ausgewählten Ländern 15
-, Einordnung, statistische 24
Streckgrenze 245
  s. auch Fließgrenze, Dehngrenze
-, ausgeprägte **249**
-, -, Deutung 249
-, Gefügeeinfluß 489, 491
-, obere 245, 249
-, statische 259
-, untere 245, 249
-, -, Abhängigkeit von Dehngeschwindigkeit **252**, 257
-, -, Temperaturabhängigkeit **252**, 257
-, -, Umrechnung auf andere Temperaturen und Dehngeschwindigkeiten 259
-, zyklische 352
Streckgrenzenerhöhung 606
-, Mechanismen 606
-, -, Ausscheidungshärtung 607
-, -, Kornfeinung 607

-, -, Mischkristallverfestigung 607
-, -, Versetzungsdichte-Erhöhung 606
Streckziehbarkeit 598, 601
stress relief cracking
  (Risse durch Spannungsarmglühen) 557
stretch zone
  (Bruchmechanik) 324
Stromdichte-Spannungs-Kurven
-, von austenitischen Chrom-Nickel-Stählen 470
-, von ferritischen Chromstählen 469
-, zur Untersuchung elektrochemischer Korrosion 462
-, zur Untersuchung von Passivierungsmöglichkeiten 466
Stützwirkung 364
-, makroskopische 366
-, mikroskopische 367
Stufenversetzung 237
Sulfidbildung, innere, in Stählen 452
Sulfide
-, Einfluß auf Zerspanbarkeit 623
-, Fehlordnung 438
Sulfideffekt 313
Sulfideinfluß
  s. Anisotropie
Sulfideinschlüsse
-, Einfluß auf Kerbschlagarbeit 487, 489
-, Einfluß auf Verformbarkeit 489
Sulfidformbeeinflussung 312
-, Auswirkungen 313, 337
Sulfidierung von Stahl, Zeitgesetz 452
Sulfidkontrolle 612
Superinvare 427
Superplastizität 260
Suszeptibilität von Reineisen 406
-, Temperaturabhängigkeit 408

Tafel-Reaktion
  (bei Korrosion) 464
Taylor-Formel
  (Zerspanbarkeit) 629
Teilchen, nichtschneidbare 273, 396
Teilchen, schneidbare 275, 396
Teilversetzung 240
Tellur, Einfluß auf Zerspanbarkeit 628
Temperaturstandzeit-Drehversuch 651
-, mit ansteigender Schnittgeschwindigkeit 653
Temperatur-Zeit-Verlauf in Schweißverbindungen 534
Ternband und Ternblech
-, Begriff 25
-, Eigenschaften 663
Terrassenbruch
  (in Schweißverbindungen) 313, 559
Textur

-, Einfluß auf das Fließverhalten 278
-, Einfluß auf das Austenitformhärten 519
Thermobimetall-Legierungen 425
Thermochemische Wärmebehandlungen 523
Thermodynamische Funktionen 59
-, Einfluß von Gitterstörungen 59
-, Literaturzusammenstellung 60
-, Zahlenwerte 59
Thermomechanische Behandlungen 276, 339, 519
-, Einfluß auf Festigkeits-Zähigkeits-Verhältnis 521
-, Einfluß auf Übergangstemperatur 520
-, Einfluß auf Versetzungsdichte des Ferrits 520
-, Wesen 193
-, Wirkung von Niob, Titan und Vanadin 519
Tiefziehbarkeit 597, 601
-, Einfluß der Gefügetextur 508
Tiefziehstahl 604
Titan
-, Wirkung beim Austenitformhärten 519
-, Wirkung bei thermomechanischer Behandlung 519
Titankarbid
-, bei Ausscheidungshärtung des Ferrits, Einfluß auf mechanische Eigenschaften 510
Tracer-Diffusionskoeffizient 473
-, von Chrom bei 650 °C 473
-, von Kohlenstoff bei 650 °C 473
-, von Reineisen bei 500 bis 1500 °C 85
Transkristallisation 137
Transpassiver Bereich
  (bei Strom-Spannungs-Kurven) 467
Tribochemische Reaktionen
  s. Schichtverschleiß
Tribooxidation 641
Trichterbruch 280
TRIP-Stähle (Transformation Induced Plasticity) 194
Trockengleitverschleiß 631
-, Mechanismus 631
-, Systembeispiele 631
Trockenwälzverschleiß 631
-, Mechanismus 631
-, Systembeispiele 631
Tropfenschlagverschleiß 631
-, Mechanismus 631
-, Systembeispiele 631
Tschechoslowakei, Stahlverbrauch je Einwohner 11

Übergangskriechen 384, 387
Übergangstemperatur **285**
-, Einflußgrößen 285
-, -, Ausscheidungen 309

Sachverzeichnis

-, -, Kornfeinung 310
-, -, Phosphorgehalt 499
-, -, Rekristallisation, dynamische 310
-, -, Spannungszustand 292
-, -, Streckgrenzenerhöhung 309
-, -, Verformungsgeschwindigkeit 285
-, der Kerbschlagarbeit 296
-, Prüfung 294
-, -, Geschwindigkeitseinfluß 285
-, Übertragbarkeit der Werte 306
Überzüge organischer Art
   (Oberflächenveredlung) 669
Umformbarkeit 564, 579
-, Kennwerte 564
-, -, Ermittlung 564
Umformgeschwindigkeit 378
Umformgrad 247, 378, 565, **579**
Umformschaubild 577
Umformung, superplastische 571
Ummagnetisierungsverluste 417
-, Silizium-Einfluß in α-Eisenmischkristallen 417
Umwandlungsenergie
-, Einfluß auf Wachstum ausgeschiedener Teilchen 125
-, Mitwirkung bei Keimbildung 64
Umwandlungslinie, allotrope 43
-, Temperatur des allotropen Gleichgewichts 43
Umwandlungstemperaturen 200
-, Berechnung aus der chemischen Zusammensetzung 229
Unterspannung
   (Dauerschwingversuch) 345
Unterwasserschweißen 556
up-hill-Diffusion 80

Vakuumbedampfen
   (Oberflächenveredlung) 666
Vakuumzerstäuben
   (Oberflächenveredlung) 667
Vanadin
-, Wirkung beim Austenitformhärten 519
-, Wirkung bei thermomechanischer Behandlung 519
Vanadinkarbid
-, bei Ausscheidungshärtung des Ferrits, Einfluß auf mechanische Eigenschaften 510
Verbindungen, stöchiometrische
-, Gibbssche Energie 55
Verdrehgrenze 247
Vereinigte Staaten von Amerika
-, legierter Stahl, Erzeugung 16
-, Stahlerzeugung um 1800 6
-, -, Anteil seit 1870 12, 14
-, Stahlverbrauch je Einwohner 11

Verfestigung 245, 272
-, des Austenits 256
-, homogene 250
-, beim Kaltumformen 584
-, des kfz Gitters 591
-, des krz Gitters 591
-, negative 584
-, von Reineisen 184
Verfestigungsexponent 249, **256**, 597
-, Bedeutung für die Fließkurve 592
-, Bedeutung für die Streckziehbarkeit 598
-, differentieller 609
-, exponentieller 609
-, Einfluß der Stahlart 609
Verfestigungsmechanismen 607
   s. auch Streckgrenzenerhöhung
Verfestigungsverhalten 611
-, austenitischer Stähle 611
Verfestigungsvermögen 591
Verformbarkeit
   s. Formänderungsvermögen
Verformbarkeitsindex 570
Verformungsalterung 251, 377
Verformungsarbeit 259
Verformungswärme 259
Vergleichsdehnung 262, 377
Vergleichselektrode
   (Korrosionsuntersuchungen) 459
Vergleichsspannung **262**, 290, 377
Vergleichsumformgeschwindigkeit 379
-, nach v. Mises 379
-, nach Tresca 379
Vergleichsumformgrad 379
-, nach v. Mises 379
-, nach Tresca 379
Vergröberung
   (ausgeschiedener Teilchen) 131
Vergüten **514**
-, Anlaßversprödung beim 514
Vergütungsgefüge 514
-, Festigkeits-Zähigkeits-Verhältnis 515
-, Zähigkeit im Vergleich zu Ferrit-Perlit-Gefüge 487
Vergütungsstähle, Ac_1- und Ac_3-Temperatur, Berechnung aus der chemischen Zusammensetzung 229
Verhalten, linear-elastisches 317
   s. auch Bruchmechanik
Verschleißarten, Überblick 631
Verschleißmechanismen 631
Verschleißschutzschichten 526
-, durch Borieren 528
-, durch Nitrieren 527
Verschleißstandzeit-Drehversuch 652
Verschleißwiderstand **630**
-, Einflußgrößen
-, -, Bruchzähigkeit 635

-, -, Dauerschwingfestigkeit 635
-, -, Gefüge 632
-, -, Mechanismen 630
-, Prüfung 641
Versetzungen **237**
-, Annihilation 242
-, Aufspaltung 240
-, Ausstricken 382, 393
-, Bedeutung für Festigkeitssteigerung 272, 486
-, Blockierung 249
-, Dipolbildung 242
-, Einstricken 382, 393
-, Erzeugung 242
-, Umgehung von Teilchen 243
-, Verhalten an Hindernissen 241
-, Wechselwirkungen 240
-, -, mit Fremdatomen 269
Versetzungsanordnungen, koplanare 475
-, Einfluß auf Spannungsrißkorrosion 475
Versetzungsbewegungen 262
-, Behinderung durch
-, -, 0-dimensionale Hindernisse 269
-, -, 1-dimensionale Hindernisse 272
-, -, 2-dimensionale Hindernisse 263
-, -, 3-dimensionale Hindernisse 273
Versetzungsdichte 243
-, Bedeutung für das Bruchverhalten 307
-, Erhöhung durch Kaltverformung 272, 307
-, Erhöhung durch Umwandlung, diffusionslose 273
Versetzungslaufweg 243
Versetzungslinie 237
Versetzungsring 239
Versprödung, durch Wasserstoff 481
Versprödung
-, 300 °C 498
-, 475 °C 498
Verunreinigungsverfestigung 266
Verzerrungsenergie, elastische, Einfluß auf Keimbildung 70
Verzinnen, elektrolytisches 665
Verzug
 (bei Wärmebehandlung) 502
Vickers-Härte 261
Volmer-Reaktion
 (bei der Korrosion von Metallen) 463
Volumenmagnetostriktion 427
-, bei γ-Eisenlegierungen 427
-, Einfluß von Gitterbaufehlern 428
-, von Reineisen 404
Vorblock, Begriff 24
Vorbramme, Begriff 24

Wabenbruch 281
Wachstum von Ausscheidungsteilchen

-, voreutektoidischer Ferrit (bei 750 °C) 126, 130
-, -, Einfluß von Bor, Niob und Mangan 130
-, Kinetik 124
-, Wege im Radius-Zeit-Diagramm 136
Wälzverschleiß 631
-, Mechanismus 631
-, Systembeispiele 631
Wärme, spezifische
 s. Wärmekapazität
Wärmeableitung
 (aus Schweißzonen) 539
Wärmeausdehnung 403
-, austenitischer Stähle 431
-, von Eisen-Mangan-Nickel-Legierungen 425
-, von Eisen-Nickel-Chrom-Legierungen 426
-, ferritischer Stähle 431
-, von Reineisen 403
Wärmebehandelbarkeit
 s. Wärmebehandlung, Eignung zur 483
Wärmebehandlung 483
-, Arten
-, -, Anlassen 107, 497, **514**, 647
-, -, Ausscheidungshärten 121, 516
-, -, Austenitisieren 115, 201, 220, 647
-, -, Behandlungen BF und BG zur Verbesserung der Zerspanbarkeit (Schwarz-Weiß-Gefüge) 621, 623
-, -, Borieren 528
-, -, Einsatzhärten 523
-, -, Härten 512
-, -, Nitrieren 527
-, -, Normalglühen 509
-, -, Patentieren 510
-, -, Randschichthärten 523
-, -, Rekristallisationsglühen 178
-, -, Schalenhärten 522
-, -, Spannungsarmglühen 559
-, -, thermochemische Behandlungen 523
-, -, -, Borieren 528
-, -, -, Einsatzhärten 453, 523
 (Direkthärten) 524
-, -, -, Nitrieren 456, 527
-, -, thermomechanische Behandlungen 189, 193, 519
-, -, -, Austenitformhärten 519
-, -, -, Austenitformvergüten 519
-, -, -, Isoforming 193
-, -, -, TRIP-(Transformation Induced Plasticity) Stahl-Erzeugung 194
-, -, -, Walzen mit geregelter Temperaturführung 509
-, -, -, Warmformvergüten 519
-, -, Vergüten 514
-, -, Wärmebehandlungen nach Kaltumformung 177
-, -, Warmbadhärten 513

Sachverzeichnis 741

-, -, Weichglühen 187, 517
-, -, -, Pendelglühen 518
-, Begriffsbestimmung 483
-, Eignung zur 483
-, Einfluß der Werkstückabmessungen 502
Wärmeeinflußzone
   (beim Schweißen) 532
-, Begriff 532
-, Gefügeausbildung 543
Wärmekapazität
-, von Reineisen 404
-, -, Änderung mit der Temperatur 404
-, von γ-Eisenlegierungen 428
Wärmeleitfähigkeit, von Reineisen 411
Wärmetönungen bei Umwandlung von Reineisen 405
Walzdraht, Begriff 24
Walzen mit geregelter Temperaturführung bei Ferrit-Perlit-Gefüge, Einfluß der Werkstückabmessungen 509
Walzplattieren 666
Walzstahl, weiterverarbeitet
   s. u. Walzstahl-Enderzeugnisse
Walzstahl-Enderzeugnisse, Begriff und Einteilung 24
Walzstahlerzeugung
-, Erzeugnisformen 24
-, -, Vergleich der größten Eisenindustrieländer 15
Walzstahl-Fertigerzeugnisse, Begriff und Einteilung 24
Warmbreitband, Begriff 25
Warmbruch 573
Warmbruchneigung 573
-, Einflußgrößen 573
Warmbruchverhalten 573
Warmflachstauchversuch 565
Warmfließgrenze, Vergleich mit Spannungen bei Wärmebehandlung, 500
Warmformvergütung 513
Warmplattieren 666
Warmumformbarkeit **564**
-, Einflußgrößen 565
-, -, Aluminiumgehalt 572
-, -, Ausscheidungen 573
-, -, Einschlüsse, nichtmetallische 569
-, -, Gefüge, einphasige 567
-, -, Gefüge, mehrphasige 568
-, -, Korngrenzenausscheidungen 573
-, -, Phasen, flüssige 568
-, -, Schwefelgehalt 575
-, Kenngrößen 564
-, -, Ermittlung 260, 564
-, von austenitischem Stahl 571
-, von ferritischem Stahl, chromhaltig 570
-, von ferritischem Stahl, unlegiert 572
-, von Stahlgruppen 576

Warmumformsimulator 564
Warmumformung 377
-, Begriff 564
-, metallkundliche Vorgänge 381
Warmumformverhalten 377, **567**
-, Einflußgrößen 567
-, metallkundliche Grundlagen 567
Warmzerspanung 629
Wasserstoff, Anlaß zur Rißbildung in Schweißungen 555
Wasserstoffallen
   s. Emaillieren
Wasserstoffaufnahme, von Stahloberflächen bei Korrosionsvorgängen 479
Wasserstoff-Durchtrittszeit 672
Wasserstoffgehalt im Schweißgut 556
-, Einflußgrößen 556
Wasserstoffversprödung
-, Ablauf 479
-, Notwendigkeit der Unterscheidung gegenüber Spannungsrißkorrosion 475
-, bei Oberflächenveredlung 664
Wechselfestigkeit 347
Wechselverformungsverhalten 352
Weichglühen 517
-, Vorgang 187
-, Zweck 517
Weißblech und Weißband, Begriff 25
Werkstoffe
-, hartmagnetische, Anforderungen an Gefüge 432
-, weichmagnetische, Anforderungen an Gefüge 432
Werkzeugstahl, Sekundärhärtung beim Anlassen 516
Werkzeugverschleiß, Bewertungsgröße für Zerspanbarkeit 618
Widerstand, elektrischer 410
   s. auch Leitfähigkeit, elektrische
-, von austenitischen Stählen 431
-, von ferritischen Stählen 431
-, von Reineisen 410, 431
-, Temperatureinfluß 410
Widerstandsmoment 261
Widmannstättenscher Ferrit
-, Entstehungsbedingungen 508
Wiedemann-Franz-Lorenzsches Gesetz 411
Wirkungsgrad, thermischer
   (bei Schweißverfahren) 539
Wismut, Einfluß auf Zerspanbarkeit 628
Witterungsbeständigkeit 465
-, Legierungseinfluß 465
Wöhler-Kurve 347
Wöhler-Schaubild 348
Wöhler-Versuch 347
-, Auswertung 349
Wüstit 436

–, Phasengrenzen im System Eisen-Sauerstoff 436
–, Homogenitätsbereich 436

Zähigkeit **279**, 486
–, Anisotropie 311
–, –, Sulfideinfluß 311
–, Gefügeeinfluß 486
–, Isotropie 313
Zähigkeitsverhalten **294**
–, Prüfung 294
–, –, Einflußgrößen 295
–, –, mit bauteilähnlichen Proben 301
–, –, mit Großproben 301
–, –, mit Kleinproben 295
Zeilen, Zeiligkeit
  s. Gefügezeiligkeit
Zeitbruchlinie 384, 386
Zeitdehngrenzlinie 384
Zeitdehnlinie 386
Zeitfestigkeit 347
Zeitsicherheit 389
Zeitstandfestigkeit 375, 398
Zeitstand-Schaubild 384
Zeitstandverhalten **383**
  s. auch Kriechverhalten
–, Anwendung der Bruchmechanik 392
–, Einfluß überlagerter Spannungen 389
–, Gefügeeinfluß 396
–, –, Gefügestabilität 398
–, Prüfung 375, **384**
–, –, Darstellung der Prüfergebnisse 384
–, –, Extrapolation 383, **387**
–, –, Kriechversuch 375, **384**
–, –, Relaxationsversuch 375, 384
–, –, Zeitstandversuch 384
Zeit-Temperatur-Ausscheidungs-Schaubilder 517
–, von Stahl mit 28 % Cr und 2 % Mo 518
–, von warmfestem Stahl 10 CrMo 9 10 137
Zeit-Temperatur-Austenitisierungs-Schaubilder 201
–, für isothermische Austenitisierung 203
–, für kontinuierliche Austenitisierung 204
–, –, Anwendungsbereich 204, 207
–, für übereutektoidische Stähle 204
–, für untereutektoidische Stähle 203
–, Genauigkeit 209
–, von Stahlsorten
–, –, 34 CrMo 4, isothermisch 203
  kontinuierlich 206
–, –, 50 CrV 4, isothermisch 207
–, –, 100 Cr 6, isothermisch 205
–, –, Cf 53, kontinuierlich 208
–, –, StE 355, kontinuierlich 535
–, Zusammenhang mit Gleichgewichtsschaubild 210

Zeit-Temperatur-Keimbildungs-Diagramme 73
Zeit-Temperatur-Reaktions-Diagramme 188
Zeit-Temperatur-Rekristalliations-Diagramme 181
Zeit-Temperatur-Umwandlungs-Schaubilder 210
–, Anwendung auf Schweißungen 541
–, Berechnung 231
–, Einfluß der Abmessungen 502
–, Einfluß des Ausgangszustands 212
–, Einfluß von Streuungen der chemischen Zusammensetzung 225
–, für isothermische Umwandlung 211
–, –, von Stahl 41 Cr 4 211
–, –, von Stahl X 210 Cr 12 224
–, für kontinuierliche Abkühlung 213
–, –, von Stahl 14 NiCr 14 218, 525
–, –, von Stahl 41 Cr 4 214
–, –, von Stahl 50 CrMo 4 503
–, –, von Stahl 50 CrV 4 225
–, –, von Stahl St 52-3 542
–, –, von Stahl StE 690 216
–, Genauigkeit 228
–, Zusammenhang mit Gleichgewichtsschaubild 218
Zellstruktur 352
Zementit
–, Ausscheidung im Ferrit 125
–, Ausscheidung im Martensit 126
–, Löslichkeit im Stahl 121
–, Widmannstättenscher 99
–, Wirkung der Form auf die Zerspanbarkeit 623
Zerspanbarkeit **617**
–, Bewertungsgrößen 618
–, Einflußgrößen 616
–, –, Austenitgefüge 623
–, –, Bainitgefüge 622
–, –, Ferrit-Perlit-Gefüge 620
–, –, Ferritzeilen 621
–, –, Legierungszusätze (Blei, Selen, Tellur, Wismut) 628
–, –, Martensitgefüge 622
–, –, Oxideinschlüsse 626
–, –, Schwarz-Weiß-Gefüge 621
–, –, Schwefelgehalt 624
–, –, Sulfidgehalt 623
–, –, Zementitform 623
–, Wirkung auf Werkzeugverschleiß 618
–, Zusammenhang mit Zugfestigkeit 619
Zinküberzüge 656
–, Aufbau 657, 660
Zinn, Einfluß auf Anlaßversprödung 499
Zinnüberzüge 663, 665
Zipfelbildung 612
Zonenkorrektur, plastische 324
Zugfestigkeit 246

Sachverzeichnis

-, Ermittlung 245
-, Temperaturabhängigkeit 253
Zugversuch 245
   s. auch Großzugversuch
Zunderkonstante
-, Einfluß des Chromgehalts bei Eisen-Chrom-Legierungen 450
Zunderschicht
   s. Oxidschicht
Zustandsschaubilder (s. auch Phasendiagramme)
-, Berechnung aus thermodynamischen Unterlagen 47

-, Eisen-Kohlenstoff 53, 99, **199**
-, Eisen-Kohlenstoff-Chrom 149
-, Eisen-Kohlenstoff-Mangan 48, 146, 148
-, Eisen-Kohlenstoff-Silizium 148
-, Eisen-Nickel-Sauerstoff 441
-, Eisen-Sauerstoff 437
-, Eisen-Schwefel 439, 569
-, -, Manganeinfluß 569
-, Eisen-Zink 656
Zwischengitteratome
   (Wasserstoff im Stahl) 480